U0339744

The Road to Reality

通向实在之路

——宇宙法则的完全指南

[英] 罗杰·彭罗斯 著　王文浩 译

湖南科学技术出版社

谨以此书纪念

丹尼斯·席艾玛

一位引领我走上物理学之路的导师

目　录

前　言

　　本书将带领读者踏上人类探索征途中至为重要也最为壮阔的一程——追寻主宰宇宙的深层原理，力图使读者对此获得一些直观的认识。这段征程历时 2500 余年之久，最终人们获得了某些实质性进展。但是，整个过程艰辛异常，关于那些原理的绝大部分真正理解总是姗姗来迟。这一内在的困难曾不止一次使得人们迷失方向，我们实在是应引为前车之鉴。然而，尽管是到了 20 世纪，人们已经获得了许多崭新见解，但其中的某些观点却是如此炫目以至于很多当代科学家跟着大肆鼓吹我们也许已接近对物理学中所有深层原理的最基本理解。不过，在本书关于截至 20 世纪末的基本理论的描述中，我将向读者传达一种更为冷静的态度。这些观点不会被"乐观主义者"全盘接受，但我相信不久的将来整个探索的航向会发生重大转变，甚至比上个世纪的那些革命来得更为剧烈。

　　读者会发现本书充斥着大量的数学公式，只是在必要的地方我才会提醒读者该处作了重大的数学简化。对于是否使用数学公式，我曾进行过认真思考，结论是：不使用一定量的数学符号和真正的数学概念，就不可能向读者传达我真正要表达的意思。的确，关于物理世界深层原理的理解依赖于对其数学形式的充分领悟。某些读者或许会因此感到灰心丧气，因为他们带着某种成见，以为自己哪怕在最基础的层次上也完全不具备这种能力。他们或许会争辩说，如果连分数运算都不会，还谈何理解当今物理学研究的前沿动向呢？这当然的确不太容易。

　　然而我还是比较乐观地相信这种传达是可能的。或许我就是一个无可救药的乐天派。首先，我怀疑那些不能或仅仅宣称自己不能做分数运算的读者，他们是否多少有点自欺的嫌疑？我相信其中相当一部分实际上有这方面的潜力，只是他们自己并无觉察。当然也有少数人，即使在极其简单的一串数学符号面前，占据他们脑海的恐怕也只有家长或教师们那一张张严厉的面孔。这种压力迫使他们为完成任务而学习，最终获得的无非是不求甚解的鹦鹉学舌式的本领，遑论领会数学的魔力或美感。因此，对这些人来说，要理解本书的确有一定困难，但我仍坚信并非无路可寻。即使对那些真的无法进行分数运算的人，只要他们对这个精彩世界（我毫不怀疑其存在性）有一星半点的感受，就会发现实际上有相当多的道路向他们敞开着。

我母亲的一位密友，在她成功结束其芭蕾舞演员的生涯后曾亲口告诉我，当她还是一个小女孩的时候，完全不能理解分数。那时我还年轻，尚未完全拓展作为数学家的职业生涯，但似乎已经能从这个领域的研究中获得乐趣。"我的麻烦在于消去运算，"她说，"我就从没找着做消去运算的诀窍。"而事实上，她是一位优雅聪慧的女士；而且，我认为理解那些复杂舞蹈所需的脑力活动一点也不比理解数学问题所需的智力来得低级。于是，在过高地估计了自己的口才之后，我像别的很多人曾经所做的那样，力图向这位女士展示"消去运算"的简单性并讲解其逻辑含义。

这番努力看来也和其他人一样是徒劳的。（她的父亲碰巧是一位优秀的科学家，而且是皇家学会的成员，因此她应有充分的条件来理解科学。我猜测，或许正是家长那"冰冷的面孔"抑制了这种理解力的发展。）但在一番深思之后，我不禁怀疑，她以及与她有类似困难的人在这种情感因素之外是否还存在着另一重理智上的障碍，而这重障碍恰是我自己在对数学的轻松理解中未曾察觉到的？事实的确如此，在数学和数学物理领域中，人们实际上处处遭遇到这同一道深刻的难题，而我们与它的第一次接触就是在消去分子分母中的公因子这一看似自然的运算中。

那些因为反复练习而已经习惯消去运算的人，很可能对这一看似简单的手续中潜伏着的实际困难已不再敏感。或许，对消去运算报有神秘感的大部分人实际上觉察到了那个深刻的难题，而我们这些傲慢轻率的人却对之视而不见。那么，究竟难点何在？这个问题与数学家在证明数学对象的存在性以及它们与物理真实性的可能关系时所使用的方法有关。

当我 11 岁在学校念书的时候，老师曾向全班同学问及分数（例如 $\frac{3}{8}$）的确切含义，我当时几乎被这个问题吓住了。同学们给出了各种答案，如将一块点心分成若干份以及诸如此类的建议，但是这些答案都被老师否决了，原因（不外乎）是这些答案只是分数这一精确的数学概念在各种不精确的物理场合下应用的结果。它们并没有说清分数这个数学概念的真实含义。另有一些自告奋勇的回答，例如 $\frac{3}{8}$ 是"3 在上面，8 在下面，中间由一道横线隔开"。令我惊讶的是，老师对这类回答同样给予严肃对待。我记不清问题最终是如何解决的，但是凭着多年以后大学数学专业学习经历的后见之明，我猜想那位教师当时可能是鼓足了勇气，力图用等价类这一普适的数学概念来告诉我们什么是分数的确切定义。

"等价类"意指何物？它如何能用于分数这个例子并给出分数的真正含义？我们的讨论将由上面给出的答案之一"3 在上面，8 在下面"开始。这个答案基本上指明了分数是一对有序的整数，在本例中即数字 3 和 8。但不能认为"分数"本身就是这种有序数对，例如 $\frac{6}{16}$ 与 $\frac{3}{8}$ 是相同的数，但（6，16）与（3，8）显然并不相同。当然这只是个消去问题。$\frac{6}{16}$ 可写成 $\frac{3\times2}{8\times2}$，将后者分子和分母中的公因子 2 消去即可得到 $\frac{3}{8}$。是什么法则确保了这个程序的合理性，因而在某种意义上能将（6，16）与（3，8）"等同"起来呢？数学家的回答——听起来就像在逃避——是将消去法则直接放进了分数的定义中：整数对 $(a \times n, b \times n)$ 被认为与整数对 (a, b) 表示的是相同的分数，此处 n 是任意的非零整数（当然 b 不能为零）。

但是，即便如此，我们还是不知道分数究竟为何物。上面的定义仅仅与分数的表示相关，那么，分数到底是什么？依据数学家的"等价类"概念，分数 $\frac{3}{8}$ 代表着一个数对的无限集合

$$(3,8),(-3,-8),(6,16),(-6,-16),(9,24),(-9,-24),(12,32),\cdots,$$

其中每个数对都能由任何别的数对通过反复运用消去法则而得到[1]。我们还需要其他一些定义来告诉我们如何对这些整数对进行加、减、乘等运算（这里普通的代数运算规则是成立的），以及如何把整数本身当作一类特殊的分数。

这个定义涵盖了分数定义所需的全部数学知识（例如 $\frac{1}{2}$，将其与自身相加便得到 1，等等），而且如我们所见，消去运算已直接作为分数定义的一部分了。但这些似乎过于形式化了，人们有理由怀疑它是否真的抓住了我们对分数的直观理解。虽然像如此普适的"等价类"概念（上述例子不过是其一个特例）在建立数学的相容性和存在性方面是一种强有力的纯数学工具，但它看来太过头重脚轻了。它几乎无法传递出我们关于 $\frac{3}{8}$ 的直观理解！难怪我母亲的朋友对此深感困惑。

有鉴于此，在对数学概念进行描述时，只要可能，我将尽量避免卖弄学识的嫌疑。我将放弃用"数对的无穷序列"来定义分数这类做法，即使它在数学严格性和精确性方面确有很高价值。我更关注的是能否向读者传达大量重要数学观念所固有的美感和魔力。例如，$\frac{3}{8}$ 将被简单地视为这样一种数学对象，即将其自身连续相加 8 次可得到整数 3。这一操作的魔力在于，即使我们在真实世界中无法直接体验到分数的确切定义——将点心分块只是一个近似（这不同于自然数 1，2，3，它们将我们直接体验到的可数物理实体精确地定量化了），分数概念仍然是有用的。要理解分数概念的一致性，方法之一即是如上所述，用无限整数对的集合这一"定义"。不过，这并非表示 $\frac{3}{8}$ 真是一个集合，更妥当的想法是将它当作具有某种（柏拉图式）存在性的对象，而那个无限集合仅仅是我们关于这类对象一致性的一种表述。相似地，我们相信 $\frac{3}{8}$ 可简单理解为某种真实的存在物，而"数对的无限集合"仅仅是炫耀学问的一种手段——一旦领悟了概念的确切含义，这种手段就可以丢弃了。事实上，大量的数学知识都是靠这种方式得以理解的。

---

〔1〕　这个序列称为"等价类"，因为它确实是一类对象（在本例中，即整数对）。类中所有成员在特定意义上被视为是彼此等价的。

对数学家（就我所知，至少是其中的绝大多数）而言，数学绝不仅是人类文化的创造物，她有其自身的客观存在性和生命轨迹，而且其中大部分表现出与物理世界惊人的一致性。不借助数学的语言，人们就不可能对物理世界的基本原理有任何深入的理解。具体到"等价类"概念，它不仅与许多重要（且易使人混淆的）数学思想有关，而且也与许多重要（且易使人混淆的）物理思想有关，例如爱因斯坦的广义相对论以及现代粒子物理理论中描述自然界基本相互作用力的规范理论。在现代物理学中，人们不可避免地要直接面对大量微妙而繁杂的数学，这就是为什么我不惜花费整整前 16 章来介绍这些数学概念的原因。

关于如何掌握本书所述的内容，我想提请读者注意，本书可以在 4 个不同层次上进行阅读。你或许属于那种一遇到公式就读不下去的基层读者（有些读者可能在理解和分数有关的术语时会有困难），对此我的建议是越过公式只读文字。我相信你仍然能从本书中学到不少东西。这种方式就像我小时候不时浏览散放在房间里的棋类杂志那样。国际象棋曾是我父母和兄弟们生活中的重要内容，但我除了津津有味地欣赏他们在下棋过程中表现出的那种不寻常的个性之外，对棋本身我几乎毫无兴趣。我能从他们频频走出的某些妙招中学到一些东西，尽管我不见得能理解这些招数，而且我也并未打算深究其中的奥妙。不过，对我而言，这仍然是一项能吸引我的愉快且颇具启发的活动。类似的，对于几乎没有任何数学背景的读者，如果他们因为勇气或好奇而愿意加入到探索物质世界深层次的数学及物理原理的旅行中来，我希望本书展示的数学能带给他们某些感兴趣的东西。不必担心跳过某些方程式（我自己就常这样做），只要愿意，你可以跳过部分甚至整个章节，因为它们对你眼下的理解或许的确不太有用。本书提供的素材在难度和技巧上均有很大跨度，而书中其他地方可能会更对你的口味。你大可以蜻蜓点水式地浏览本书。我相信书中大量的交叉索引足以阐明某些你不太熟悉的概念，你只需按索引的提示回到以前未曾读过的小节就能弄清所需的概念和符号。

如果你是高一层次的读者，可能已经准备好要细细研读书中的每一个数学公式，但你或许并不愿意（或没有时间）验证我给出的种种命题。我在全书的数学部分中安插了一些练习题，其答案就肯定了这些命题的正确性。习题按难度分为 3 个层次：

* 表示非常简单；

** 表示需要稍加思索；

*** 表示不太容易。

当然，你完全可以先跳过这些习题，这不会导致丧失阅读的连贯性。

如果你想要熟练掌握书中的各种（重要）数学概念，但对它们却并不完全熟悉，我希望这些练习能有效帮助你积累各种技巧。数学就是这样，一星半点的独立思考要比仅仅阅读一遍能够获得深刻得多的理解（如果需要参考答案，请登录网页 www.roadsolutions.ox.ac.uk）。

当然，没准你已经是这个领域的专家，对理解书中阐述的数学并无任何困难（绝大部分内容都是你熟悉的），你并不想花时间在那些习题上。不过，你会发现，对很多话题我都根据自己的体会给出了一些与众不同（甚至非常不同）的见解。你或许有兴趣知道我对很多现代物理理论（如超对称、暴胀宇宙学、大爆炸的本质、黑洞、弦理论或 M 理论、圈量子引力理论、扭量理论以及量子理论的基础等等）所持的态度。毋庸置疑，在很多话题上我们的意见会相左，但争论本身从来就是科学发展的重要部分，因此我并不后悔将这些可能有悖于现代理论物理主流的观点公诸于众。

读者可能会认为本书实际上是在探讨数学和物理之间的关系以及两者的互动发展如何强烈左右着人们寻找更好的宇宙理论的各种动机。从目前的进展看来，这些动机的一个共同的基本要素是源于人们对数学的美感、深度和精密性的判断。显然，这种数学影响力可能至关重要，20世纪物理学中最成功的几项进展都与此相关：狄拉克的电子方程，量子力学的一般框架，爱因斯坦的广义相对论。但是，即使在所有这些例子中，物理学的考察——最终是观测证据——才是接受这些理论的最重要判据。今天，对于那些实质性地推进了人们对宇宙规律理解的诸多观念，充分的物理学判据（如实验数据，甚至实验的可行性）尚付阙如。因此，我们不得不问，仅仅数学上的可行性是否足以保障这些想法的正确性？这个问题极其微妙，我会在本书中不断挑起类似话题。我相信它们在别的地方从未得到过充分讨论。

虽然我会不时给出一些可能招致争议的观点，但每遇此情形，我都会耐心地向读者指明这一点。因此，本书确实可用作关于现代物理学核心理念（及其困惑）的一本真正指南。当然，你也可以权当这个主题已经得到了很好理解，因此在人类步入公元第 3 个千年之际，本书也可作为对现代物理学的忠实介绍而用于课堂教学。

符号说明

（当你熟悉了概念开始阅读的时候，会发现有些字符还是令人糊涂！）

在本书中，我在使用某些特殊字符时尽量保持前后一致，但不可能完全做到这样，因此这里对我所采用的主要用法作一交代将有助于读者更好地使用本书。

像 w^2，p^n，$\log z$，$\cos\theta$，$\mathrm{e}^{\mathrm{i}\theta}$ 或 e^x 等中的白斜体（希腊或拉丁）字母主要用于数学变量的传统表示，它们是数字量或标量；而那些公认的常数，像 e，i 或 π，以及公认的函数符号如 sin，cos 或 log 等，则用正体字母来表示。但标准物理学常数如 c，G，h，$\hbar$，g 或 k 则用斜体。

矢量和张量，在被视作（抽象）的对象时，用粗黑斜体表示，例如 $\boldsymbol{R}$ 是黎曼曲率张量，而它的各个元素则写作白斜体（包括其指标符号），如 R_{abcd}。为与 §12.8 引入的抽象指标记法保持一致，量 R_{abcd} 也用于表示整个张量 $\boldsymbol{R}$，如果这个量能够在上下文中得到清楚、适当的解释的话。抽象的线性变换均为张量，也用粗黑斜体表示，如 $\boldsymbol{T}$。抽象指标形式 $T^a{}_b$ 也可以用来表示这样的抽象线性变换，在适当情形下，指标的交错排列清楚地说明了它与矩阵乘积顺序之间的精确关系。因此，（抽象）指标表达式 $S^a{}_b T^b{}_c$ 表示两线性变换的乘积 $\boldsymbol{ST}$。对于一般张量，符号 $S^a{}_b$ 和 $T^b{}_c$ 还可以（根据上下文或在文中有明确规定）表示粗正体字母 **S** 和 **T** 所代表的矩阵的相应的列。此时 **ST** 表示相应的矩阵乘积。像符号 R_{abcd} 和 $S^a{}_b$ 的这种"双重解释"应不至于造成混乱，因为这些符号所服从的代数（或微分）关系在两种情形下的解释是相同的。这样的量的第三种记号——图示记法——有时也会用到，其描述见图 12.17，12.18，14.6，14.7，14.21，19.1 以及书中其他一些地方。

在很多地方，我需要将相对论的四维时空下的量与相应的普通三维纯空间下的量区别开来。这时我们用粗斜体如 $\boldsymbol{p}$ 或 $\boldsymbol{x}$ 来分别表示四维动量或四维位置，其相应的三维纯空间量则用粗正体 **p** 或 **x** 来表示。正像记号 **T** 表示一个矩阵而 $\boldsymbol{T}$ 表示一个抽象的线性变换，量 $\boldsymbol{p}$ 和 $\boldsymbol{x}$ 可以分别看成是对三维空间分量的"表示"，而 $\boldsymbol{p}$ 和 $\boldsymbol{x}$ 则可认为有更抽象的、与分量无关的理解（虽然对此我不作特别严格的限定）。三维矢量 $\mathbf{a} = (a_1, a_2, a_3)$ 的欧几里得"长度"将写作 a，这里 $a^2 = a_1^2 +$

$a_2^2 + a_3^2$，$\mathbf{a}$ 与 $\mathbf{b} = (b_1, b_2, b_3)$ 的标量积写作 $\mathbf{a} \cdot \mathbf{b} = a_1 b_1 + a_2 b_2 + a_3 b_3$。标量积的这种"点"记号可用于一般 n 维情形，也可以用于抽象余矢量 $\boldsymbol{\alpha}$ 与矢量 $\boldsymbol{\xi}$ 的标积（内积）$\boldsymbol{\alpha} \cdot \boldsymbol{\xi}$。

记号的复杂性主要出现在量子力学里，这个领域的物理量大多需要用线性算符来表示。文中我不采用那种在字母头上加"帽"（音调符号"∧"）来表示熟悉的经典量所对应的量子算符的标准做法，我认为这样会造成符号间不必要的拥挤。（我采用的哲学立场是将经典量及其对应的量子符"等量齐观"——因此二者使用同一符号是公允的——只是在经典场合我们应意识到此时忽略了 $\hbar$ 量级的量，故经典对易性质 $ab = ba$ 能够成立，而在量子力学里，ab 与 ba 之间会有 $\hbar$ 量级的差别。）出于与上述内容保持一致的考虑，这种线性算符似应该用粗斜体字母（像 $\boldsymbol{T}$）来标记，但这么做将与我的这种哲学相冲突，并使上一自然段所要求的区分变得无效。因此，凡涉及具体的量，如动量 $\mathbf{p}$ 或 p，位置 $\mathbf{x}$ 或 x，我会依据本段所述的理由采用与经典情形相同的记号。但对少数具体的量子算符，也会采用如 $\boldsymbol{Q}$ 这样的粗斜体字母。

空心字母 $\mathbb{N}$，$\mathbb{Z}$，$\mathbb{R}$，$\mathbb{C}$ 和 $\mathbb{F}_q$ 分别表示自然数（即非负整数）系、整数系、实数系、复数系和有 q 个元素的有限域（q 是某个素数幂，见 §16.1），这是数学中的标准用法。相应地，$\mathbb{N}^n$，$\mathbb{Z}^n$，$\mathbb{R}^n$，$\mathbb{C}^n$ 和 $\mathbb{F}_q^n$ 分别表示这些数的有序 n 元组。它们是正规数学对象的标准应用。在本书中，这种记号将被扩展到像欧几里得三维空间 $\mathbb{E}^3$ 甚至更一般的 n 维空间 $\mathbb{E}^n$ 这样的其他标准数学结构上。本书中经常会用到标准的四维平直闵可夫斯基时空，它本身是一个"伪"欧几里得空间，因此我用 $\mathbb{M}$ 来表示这个空间（$\mathbb{M}^n$ 表示 n 维的闵可夫斯基时空——即 1 维时间加（$n-1$）个空间维的"洛伦兹"时空）。有时我用 $\mathbb{C}$ 来形容"复化的"，因此我们可以用 $\mathbb{CE}^n$ 来表示一个复欧几里得四维空间。空心字符 $\mathbb{P}$ 也可以用作形容词，用来表示"射影的"（见 §15.6），而作名词时，$\mathbb{P}^n$ 表示一个 n 维射影空间（如果清楚了这一点，你就会明白我用 $\mathbb{RP}^n$ 和 $\mathbb{CP}^n$ 分别指实的和复的 n 维射影空间）。在扭量理论（第 33 章）中，存在复四维空间 $\mathbb{T}$，它与 $\mathbb{M}$（或其复化的 $\mathbb{CM}$）以正则方式相联系，同样存在射影的 $\mathbb{PT}$。在这一理论中，还存在类光扭量的空间 $\mathbb{N}$（该字符的双重功效不会引起冲突），其射影版本是 $\mathbb{PN}$。

空心字符 $\mathbb{C}$ 作形容词用时不应与无衬线字体 C 相混淆，后者表示"的复共轭"（见 §§13.1，13.2）。这与 C 在粒子物理中的用法即电荷共轭表示基本相似，电荷共轭是指每种粒子与其反粒子交换电荷的运算（见第 24、25 章）。这种运算通常被认为应与另两种基本粒子物理运算联合起来考虑，这后两种一种是宇称 P，即镜面反射运算，另一种是时间反演 T。无衬线粗体有不同的功用，字母 V，W 和 H 最常被用作表示矢量空间。H 专指量子力学的希尔伯特空间，$\mathbb{H}^n$ 表示复 n 维希尔伯特空间。矢量空间的意义很清楚，是平直的。那些弯曲（或可弯曲）的空间用 $\mathcal{M}$，$\mathcal{S}$ 或 $\mathcal{T}$ 这样的字符来表示，特殊字符 $\mathscr{I}$ 表示类光无穷远。此外，我们还用到通常约定的拉格朗日量（$\mathcal{L}$）和哈密顿量（$\mathcal{H}$），它们在物理学理论中占有特殊地位。

引　子

　　阿姆台，国王的首席工艺师，一位技巧非凡的艺术家。这天晚上，在完成了一项极具创造力　1
的工作后，他疲倦地躺在工作间的长凳上睡着了。或许因为潜伏在四周的某种难以言传的紧张
感，这一夜他睡得并不安宁，连他自己也不能确定是否真的入睡了。恍惚之间，白昼似乎突然降
临了。但屋外敲更的声音却分明提醒着他现在仍是夜晚。

　　他猛然站了起来，惊讶地发现晨曦竟然出现在北方的天边。的确，透过宽阔的窗户向北方洋
面上远远望去，那里正闪耀着令人惶惶不安的赤红的光芒。阿姆台连忙走到窗前举目凝望，顿时
被眼前的景象惊呆了。真难以置信，太阳从未曾从北方升起过呀！短暂的心慌意乱之后，他终于
意识到，出现在北方天空中的并不是熟悉的太阳，而是一条炽热的赤红光柱从海平面升起直插
云霄。

　　就在他久久伫立之时，光柱的顶端渐渐结成了一块浓黑的云团，形如一个巨大的伞盖，而下
方的伞把则喷发出熊熊的光焰，景象极为诡异。伞盖不停向外伸展并逐渐变黑，仿佛一个刚从地
底钻出来的魔鬼。夜空中原本星光朗朗，但现在众星都被这个来自地狱仍在不断生长的怪物一
一吞噬了。

　　虽然内心极度恐惧，阿姆台仍被眼前景象的完美对称和令人敬畏的美感惊呆了。这之后，这
个恐怖的云团开始被风吹得向东偏移了几分。这可能使阿姆台稍觉欣慰，因为这个可怕的魔咒
看来暂时被打破了。然而，恐惧再次袭来，他感到脚下的大地起了一阵从未体验过的晃动，而且
伴随着一阵极不熟悉的不祥的轰隆声。他不明白到底是什么原因导致了这样一场震怒。在此之
前，他还未曾目睹过如此剧烈的天神之怒。

　　他马上想到了自己刚刚完成的那个用于祭祀的杯子。当时他就对杯子的设计方案表示过疑　2
虑，而此刻他不禁为之深深自责。难道是因为牛神形象还不够吓人，为此触怒了牛神？不过，他
很快就意识到了这个想法的荒诞不经。如此微不足道的事情尚不足以引发他所目睹的这场雷霆
之怒，况且这也并非针对他个人而来。他感到，大神殿肯定会有麻烦。祭司（兼国王）应该马
上向这位魔鬼般的天神祷告，应该马上奉上祭品。传统的水果甚至动物的后代肯定已经不足以

平息这样强烈的愤怒。祭奉之物必须是活人。

思绪未定之间，他突然惊呼一声，接着就被一股伴随着强风的气流冲到了屋内。巨大的声响让他暂时丧失了听觉。架上那些装饰精美的小罐被风刮到墙上，撞得粉碎。他远远地躺在一个角落里——那里正是冲击波将他击倒的地方，意识开始苏醒。他看见整个房间一片狼藉，接着便惊恐地发现那只他最心爱的陶罐已经四分五裂，上面那个精心设计的图案也已化为乌有。

阿姆台摇晃着从地上站起来，一步步挪到窗前。这一次，他战战兢兢地准备重新审视海面上的骇人场景。借着远处那个大熔炉的强光，他一眼看见一轮巨浪正向他所在的海岸袭来。它像是一个巨大的槽，前端耸立着陡峭的水墙，正快速地向岸边推进。阿姆台再次被震慑住了，他呆在原地，目睹这一波浪排山倒海似地汹涌而来。最终，波浪抵达了海岸，海面随即飞速后撤，暴露出大片海滩及渔船。紧接着，峭壁似的巨浪挟着摧枯拉朽般的力量撞入这片新生的海滩，渔船和附近的房舍无一幸免，转眼化为泡影。幸运的是，尽管水墙已经升得非常高，他自己的房子却能安然无恙，因为它正好坐落在离海岸有相当一段距离的高地上。

神殿也同样幸免于难。但是，阿姆台仍为可能到来的灭顶之灾深深恐惧。他的判断是对的，尽管连他自己都不清楚这个判断会多么正确。他知道，用奴隶作为祭品已经不能使那个可怕的天神平息下来。需要一些别的东西。他的思绪不由转到了他的儿子、女儿甚至出生不久的小孙子身上。看来连他们也不能幸免。

3　　　情况的确如他所料。人们很快就将一个少女和另一个出身良好的年轻人带到了山梁上的那个庙宇进行祭祀仪式。然而，仪式尚未结束，灾难便不期而至。大地开始剧烈地摇晃，庙顶坍塌了，所有祭司和祭品在刹那间都成了罹难者。他们躺在那里，作为这场在祭祀仪式中途发生的灾难的见证，将被尘封3500余年之久。

毁灭性的地震过后，人们仍心有余悸，但世界并未因此而终结。大神殿几乎面目全非，但阿姆台及其同胞们居住的小岛上仍有不少人幸存下来。劫后余生的人们将重建家园。被毁掉的神殿将会从废墟上重新站立起来，甚至恢复当年的庄严与显赫。然而，阿姆台已决定离开这座小岛，因为他的世界已经发生了无可挽回的改变。

在他熟悉的这个世界里，由大地女神护佑的和平、繁荣及文明曾延续了千年。精妙的艺术蔚然成风，与邻国的贸易往来频繁。辉煌的大神殿曾经是一个巨大奢华的迷宫，一个自成一体的城市。在那里，绘制着动物和鲜花的壁画美轮美奂，给水、排水系统高效而有序。人们几乎从未经历过战乱，也无需多少防护设施。但是现在，阿姆台觉察到，大地女神的统治已经被另一个价值观迥异的存在物颠覆了。

阿姆台的幼子，一个熟练的木匠和水手，最终修复了家里的小舟。靠着这条小舟，阿姆台于几年之后率领全家离开了岛屿。就在这几年的时间里，阿姆台的孙子已经变成了一个思路敏捷、对周围事物充满好奇心的男孩。整个航程耗时数天，所幸海上的天气异乎寻常的平静。一个清朗的夜晚，阿姆台正在向小孙子解释天空中恒星位置的分布图，一个奇怪的想法突然袭上心头：在那次由恶魔制造的灾难前后，天空中的星位看起来却没有丝毫变化。

　　凭着艺术家的锐利眼光，阿姆台对星图有着相当的了解。他认为，天上的这些小灯烛也应被那天晚上的可怖力量推离原先的位置。他的那些小罐，特别是他无比钟爱的那一只，不就化为齑粉了吗？另外，月亮的面容也一如从前，在布满恒星的天宇中她仍走着一成不变的路线，至少阿姆台自己看不出有任何改变。灾后的好几个月中，天空确曾出现过大的变化，比如说更黑，而且时有云团遮掩，甚至有时候月亮、太阳也呈现出不寻常的颜色。但这些都已成过去，日月的运行依旧如初。同样，天上的众星也没有显示出明显的移位。

　　他感到疑惑不解。既然那些地位远高于恶魔的诸神对这场灾难如此漠不关心，那么控制魔鬼的神秘力量为什么会被岛上这些微不足道的人类的愚蠢祭祀和祭品触怒呢？他为自己脑海曾经闪过的可笑念头深感羞愧，当时他还以为仅凭那些罐子上的花纹就能招来魔鬼呢。

　　他一直被"为什么"这一问题深深困扰。控制这个世界运行的背后的力量是什么？为什么有时候这些力量会以某些看来不可思议的方式突然爆发出来？他和小孙子一起讨论这些问题，但是没有得到任何答案。

　　……一个世纪过去了，然后是又一个千年，答案仍无处可寻……

　　阿姆弗斯，这个终生居住在祖辈们栖息的同一小镇上的手艺人，一直以制作装饰精美的手链、耳环、庆典用杯具以及其他精细手工艺品谋生。这些活计是他的家族延续了近40代的传统，自1100年前的阿姆台开始便不间断地一直传到阿姆弗斯。

　　代代相传的不仅有家族的手艺，当初困扰阿姆台的那些疑问如今也深深困扰着阿姆弗斯。关于那次灾难如何摧毁了一个祥和的文明世界的故事，以及阿姆台对于那次灾难的见解，同样也传到了阿姆弗斯这一代。按阿姆弗斯的理解，天上众神有着崇高的地位，他们不受这一可怕事件的影响。然而，对于居住在城市里、用活人祭祀而且宗教仪式并不怎么盛大的渺小的人类来说，那次事件却具有灾难性的后果。于是，他通过比较得出结论，那次灾难必定是某种与人类自身活动无关的巨大力量所导致的。但自阿姆台始，这股力量的本质从未能被人们认识。

　　阿姆弗斯曾研究过植物、昆虫和其他小动物以及岩石晶体的结构。他那双敏锐的眼睛在装饰设计上派上过大用场。他对农业感兴趣，被小麦和其他谷物的发育生长深深吸引。但所有这些并不能回答"为什么"的问题，对此他从未满意过。他深信，在自然界的各种规则图式背后一定深藏着某种原因，只不过他手中尚未掌握揭开答案的工具。

　　一天晚上，夜空清晰可见。阿姆弗斯仰望苍穹，竭力要从星图中辨认出那些化身为星座的男神和女神的形象。然而，即便拥有一双艺术家的眼睛，他也很难看出多少相似性来。他不免疑惑，为何诸神不按更易懂的方式来组织众恒星？照它们的实际布局来看，不像是有意识的设计，而更像是农夫随机撒种式的产物。意识到这一点，他立即产生了一个古怪的想法：与其追问恒星或其他物体布局的成因，倒不如找出事物运行中普遍存在的更深层的有序性。

4

5

阿姆弗斯的出发点是，人们并不是从种子撒播到地上形成的分布中来识别有序，而是从种子发育成结构巧妙且相似的植株这一奇迹般的过程中来寻找有序。我们不想徒劳地追问种子撒播到泥土中所形成布局的含义。相反的，控制每颗种子按几乎同样的奇妙方式生长的内在力量却必定意味着某种深藏的奥秘。要让这一切成为可能，大自然的规律必须具备绝佳的精度。

由此，阿姆弗斯开始意识到，如果深层原理不具备一定的精度，则世界将毫无秩序可言。但正如我们看到的，现实事物的运行的确表现出极高的有序性。而且，我们思考这些事情的方式也必然是精确的，否则我们早就误入歧途了。

再后来，阿姆弗斯听人说起在陆上的另一个地方居住着一位智者，他与阿姆弗斯持有相似的信念。按这位智者的见解，人们要坚定自己的信仰，决不应诉诸古代的教义和传统，而只有靠着绝对正确的推理得出精确的结论。而这种精确度本质上只能源于数学，最终可追溯到数的观念以及这种观念在几何形式上的应用。因此，是数和几何，而不是神话和迷信，真正主宰了这个世界的运转。

如同 1100 年前的祖辈阿姆台那样，阿姆弗斯也决定出海一游。他来到了克洛顿城，在那里，智者拥有 571 位男性以及 28 位女性追随者。阿姆弗斯自己很快也被吸纳进了这个探求真理的团体。那位伟大的智者正是毕达哥拉斯。

第一章
科学的根源

1.1　探寻世界的成因

主宰宇宙的规律是什么？我们如何获知这些规律？这种认识怎样能帮助我们理解周围的世界并将其导向为我所用？ 7

自人类诞生以来，人们就一直深深困扰于这类问题。最初，人们力图借助日常生活中的经验来理解控制世界的种种力量。他们曾想象存在着控制周围事物的某种东西或某个人，就像他们自己设法操控事物那样。事实上，人们曾认为自身的命运一直为某些外物所左右，这些存在物具有我们所熟悉的人类的各种欲求，例如自尊、性爱、野心、愤怒、恐惧、复仇、激情、惩戒、忠诚甚至艺术气质。相应地，一些自然事件——阳光、雨露、风暴、饥荒、疾病或瘟疫——则被看作是男神或女神们受到这些欲望驱使而表现出的反复无常。而且，除了向神像祈福以外，人们并无其他举措能够影响这些事件的进程。

与此同时，另一些全然不同的自然图式也逐渐发展成型。太阳在天空中运行的精确定位以及这种运动与昼夜更替的确定关系，就是当时人类所认识到的最明显的例子。人们注意到，太阳在恒星天球中的相对定位不仅与季节的交替规律紧密相关，而且对气候有显著影响，并因此影响到植物和动物的行为。月亮的运行似乎也受到严密控制，月相就是由月亮相对于太阳的位置来决定的。人们发现，地球上海陆交界处的潮汐所具有的高度规律性正是由月亮的位置（和月相）控制的。最终，甚至对远为复杂的行星视运动，人们也开始认识到它背后的高度精确性和规律性，从而对行星运动抱有的神秘感也逐渐消失了。看来，如果天上世界确由众神的意志所左右，那么这些天神自身的行为也定然受制于数学定律的魔力。 8

同样，地上世界的诸般现象，例如温度的日（年）变化、海洋的潮涨潮落以及植物生长等，都由某些规律支配着。这些规律受天上世界的影响，且与主导众神的法则具有相同的数学规则。然而，天上物体与地上行为的这种关系有时会被夸大或者曲解，从而附上一种不恰当的重要性，

· 5 ·

这就是玄秘的占星术的起源。人们花了好几个世纪才从纯粹的神秘臆测中挣脱出来，并真正科学地认识到天上的世界究竟如何影响到地上的生活。不过，人们最初就知道这种影响确实是存在的，而且支配天上世界的数学法则与地上的事物运行规律是相关的。

地上物体的行为中还有其他一些看似与此无关的规律性，其中之一就是同一区域中所有物体会朝同一方向坠落，其原因是存在着我们今天称之为引力的这么一种作用。物体有时也会从一种状态变到另一种状态，比如冰的融化或盐的溶解，但是其总量看来是永不改变的，这就是质量守恒定律。另外人们注意到，很多物质实体具有一种很重要的性质，即它们能保持自身的形状，由此产生了刚体运动的观念，进而人们才可能用精密、确凿的几何语言——欧几里得三维几何——来理解空间位置关系。后来人们进一步认识到，几何学中的"直线"与光线（或视线）的概念相同。这些观念所具有的精确性和完美性正是强烈吸引先人及今人的根源所在。

然而，尽管数学本身的确代表着某种深刻的真理，但日常生活中，万物运行所蕴含的这种数学上的精准却表现得极为有限甚至乏味。因此，为数学真实性而着魔的古人们常会任由想象力如脱缰野马般随意驰骋。例如，在占星学中，几何图案通常象征着神秘玄妙的力量，五角形和七角形具有某种魔力。而且，人们还在柏拉图正多面体与构成世界的基本元素之间附上了纯属迷信的联系（见图1.1）。好几百年后，人们才对物质、引力、几何、行星运动以及光的行为之间的真实关系有更深的理解，即我们今天所具有的知识。

9

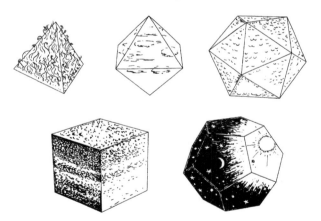

图1.1 古希腊人对5种柏拉图正多面体和4种基本"元素"（火、气、水和土）之间所做的奇异联想，天上世界由正十二面体表示。

1.2 数学真理

要真正理解支配自然界的神秘力量，首先必须将真理从纯粹的迷信中剥离出来。但在可靠地完成这一任务之前，古人们还须做些预备性工作，即找到如何从数学上将真理和迷信分开的方法，这需要某种程序来鉴别一个给定的数学命题是否为真。除非这一预备步骤得到圆满完成，否则就没有希望从数学上认真探讨那些更加困难的、包括支配外部世界的各种力的一系列问题。认识到理解自然界的关键在于寻求颠扑不破的数学真理，这可能是科学发展的第一个主要突破。

尽管自古埃及和古巴比伦时代以来，人们就已经猜测出各种数学真理，但直到古希腊米利都的大哲学家泰勒斯（Thales，约公元前 625 ~ 约前 547）和萨摩斯岛的毕达哥拉斯 [1,*]（Pythagoras，约公元前 572 ~ 约前 497）引入了数学证明的思想后，理解数学——从而理解科学本身——的第一块基石才得以确立。第一个引进证明概念的人可能是泰勒斯，但最先将证明用来澄清某些不如此就无法说明事情的则是毕达哥拉斯。此外，毕达哥拉斯还深刻洞察到数及各种算术概念对主导物理世界运行的重要性。据说，导致这一认识的一个重要因素，是他注意到由七弦琴或长笛发出的最为美妙的和声正好对应于各音的振动弦长或指孔气柱长的最简单长度比。因此，人们传言是他引入了所谓的"毕达哥拉斯音阶"，即作为西方音乐基础的主要音程关系的频率之比。[2] 著名的毕达哥拉斯定理断言，直角三角形斜边长度的平方等于两条直角边长度的平方和，这或许比任何其他事物更能说明在数的算术运算与物理空间的几何性质之间确实存在的精确关系（见第 2 章）。

当时，在位于今天意大利南部的克洛顿城（Croton），毕达哥拉斯拥有大批的追随者，即毕达哥拉斯学派。然而，由于他的弟子们严守机密，因而极大地削弱了这个学派对外界的影响，几乎所有曾经得到过的详细结论都在漫漫历史长河中遗失了。但尽管如此，也还是有部分结论被侥幸地泄露出来，当然其代价是惨重的——据记载，至少有一次，窃密者被处以溺毙的极刑！

不管怎么说，毕达哥拉斯学派终究对人类思想进程产生了深远的影响。有了数学证明的观念，人们第一次有可能做出确凿无疑的论断，即使到已积累了大量新知的今天，这些论断仍然像当初刚提出来的时候那样是真实可信的。自那时起，数学的这种与时间无关的真理性开始被揭示出来。

那么，究竟什么是"数学证明"呢？数学中的证明是指遵循纯粹逻辑推理因而无懈可击的论证过程，这个过程确保能从已知为正确的数学命题或某些特殊的原初命题，即正确性自明的公理出发，来推断所给命题的正确性。一个数学命题一旦通过这种方式得以建立，我们就称之为定理。

毕达哥拉斯学派的许多定理本质上都是关于几何的，而另一些命题则与数有关。这些只与数相关的命题甚至在今天都有着无可挑剔的正确性，正如它们在毕达哥拉斯时代那样。相比之下，那些通过数学证明的几何定理处境又如何呢？它们当然也保持着一目了然的正确性，然而今天，问题变得复杂化了。这个问题的实质以我们今天的知识程度来审视，当然要比毕达哥拉斯时代看得更为清楚。古人们仅知晓一种几何，即所谓欧几里得几何，而我们现在则知道还存在多种其他类型的几何。因此，但凡谈及古希腊时代的几何定理，非常要紧的一点是要明了我们涉及的

　＊　正文中由上标数字表示的注释集中在各章末。

实际上是欧几里得几何。（我会在 §2.4 明确阐述这些议题，并给出一个重要的非欧几何的例子。）

欧几里得几何是一种精巧的数学结构，有着一整套独特的公理（包括一些不太确定的命题，又称公设）。这种几何提供了真实物理世界某个特定方面的极好的近似描述，即对刚体的几何形状以及刚体在三维空间中运动时相互间位置关系的描述。古希腊人对这些性质非常熟悉，它们是如此自洽，以至于人们乐于将其视为"自明"的数学真理从而直接作为公理（或公设）来看待。正如我们将在 17～19 章以及 §§27.8，11 看到的，爱因斯坦的广义相对论——甚至狭义相对论中的闵可夫斯基时空——为物理世界提供了一种不同于欧几里得几何而且更为精确的几何描述，尽管欧几里得几何已经相当精确。因此，当我们考察几何学命题时，必须仔细判断出这种"公理"是否在任何意义上都是正确的。

但在此情形下，究竟什么才能称得上是"正确的"？生活在雅典的古希腊大哲学家柏拉图（Plato，约公元前429～约前347，毕达哥拉斯之后约一个世纪）早就充分认识到了这个困难。柏拉图明确指出，任何作为无懈可击的真理而出现的数学命题都不会指向任何实际的物理对象（像由沙土或木料或石料等材料制造的近似正方形、三角形、圆、球形和立方体），而是针对某种理想化客体。他想象这些理想化客体应处于与现实世界截然不同的另一个世界中。今天，我们把这个世界称作柏拉图的数学形式世界。物质世界的种种结构，比如从纸上剪下来的或标记在某个平面上的正方形、圆环或三角形，或用大理石制作的立方体、正四面体或球体，看起来虽与那些理想物非常一致，但也仅仅是相近而已。正方形、立方体、圆、球体、三角形等等这样的数学对象不是物理世界的一部分，而是存在于柏拉图那个理想的数学形式的国度中。

1.3 柏拉图的数学世界"真实"吗？

理念学说在那个时代曾是一种非凡的思想，直到今天它也仍是一种极具说服力的思想。然而，就任何可理解的意义而言，柏拉图的数学世界是否真的存在呢？包括哲学家在内的很多人都倾向于认为这纯属虚构——它无非是人类想象力信马由缰的产物。与之相比，柏拉图本人的观点可谓真知灼见。这种观点要求我们认真区分精确的数学存在物与周围物理世界中存在的种种近似物，甚至可以说，这种观点提供了近代科学事业得以发展的蓝图。科学家们一直在为世界——或世界的某些方面——提出模型，这些模型要经受先前的观察结果以及精心设计的实验的检验。如果模型能够通过这些严格的检验，而且其内部结构协调，那么我们就认为它是合适的。就我们目前的讨论来说，这些模型的关键在于它们本质上是纯粹的抽象数学模型。具体地说，科学模型的内在协调性的问题实质上是要求模型的各个细节都必须充分明确，而这种精度上的要求使得模型必须是一种数学模型，否则的话我们就无法确保所研究的问题一定有明确的答案。

如果说模型本身在某种意义上也具有"存在性"，那么这种存在性只能寓于柏拉图的数学形式世界中。你当然可以采取相反的立场，认为模型仅仅存在于各人的头脑中，从而无需将柏拉图世界看作是任何意义上的绝对或"实在"物。但是，认为数学结构具有客观实在性的观点可以为我们提供一条重要启示。毕竟，我们每个人的头脑总是不精确、不可靠的，而且在对事物的判断上人与人之间未必就能达成一致。而科学理论所要求的精确性、可靠性和协调性则需要由某种超越任何个人（靠不住的）头脑的条件来保证。正是在数学里，我们发现了比在个人头脑牢靠得多的确定性。这难道还不能说明在我们之外存在着每个个体无法企及的某种实在么？

尽管如此，你仍可以采取另一种观点，即数学世界没有独立的存在性，它仅仅是由某些从不同头脑中提炼出来被人们一致认可的思想堆砌出来的世界。但即便是这样一种观点也仍不足以推翻上述数学实在论的论点。当我们说"被人们一致认可"的时候，这究竟是指"被神志清醒的人一致认可"，还是"被数学专业的博士们一致认可"（当然，这种质疑方式在柏拉图时代并不常用）？谁有权力可以对此发表"权威"的判决意见？这里看来出现了一个危险的逻辑循环。要判定某人是否神志正常需要某种外部标准，当谈及"权威"时也是如此，除非大家一致采纳某种非科学的标准，比如"多数人意见"原则（必须指出的是，无论这一原则对民主政治有多重要，它绝不能用作科学研究上应予采纳的一种判据）。况且，数学本身所具有的确定性也非单个数学家的洞察力所能企及。任何在数学领域里工作的人，无论是积极从事数学研究还是仅使用他人的结果，常会感到自己只是在一个远远超越自身的广漠世界里跋涉，这个世界的客观存在超出了纯属信念的范畴，无论这种信念是来自他们自己或别的专家。

如果我们换一种表述方式来讨论柏拉图世界的客观存在性或许会有助于读者理解。这里所说的存在性就是指数学真理的客观性。在我看来，柏拉图式的存在性意味着存在一种不依赖于个人观点或特定文化的客观的外在标准。这样一种"存在"还可以是数学以外的其他事物，比如道德和美感（参见 §1.5）。不过，此处我仅关心数学的客观性，因为这个议题讨论起来更加清楚明了。

让我们考察一个关于数学真理的例子，然后看看它是怎样与客观性联系起来的。1637 年，费马（Pierre de Fermat，1601～1665）提出了一个著名的命题，即"费马大定理"（如果 n 是大于 2 的整数，那么就不存在这样的整数的正 n 次幂[3]：它可以写成另两个整数的正 n 次幂之和）。他将这个定理写在了《代数》——由公元 3 世纪的希腊数学家丢番图（Diophantos）所著——一书书页的空白处。在这页的空白处，费马还写道："我已经发现了该定理的一个绝妙的证明，可惜空白处太窄写不下。"费马的这个命题在此后的 350 年内一直未能解决，尽管有无数杰出的数学家在共同努力。1995 年，怀尔斯（Andrew Wiles，1953～　）终于（在众多前辈数学家的工作基础上）给出了一个证明，这个证明的合理性现在已经为数学界所公认。

那么，是否可以说费马命题在由他本人提出之前就一直为真，或者说其合理性不过是依赖于数学家团体的某种主观判断标准的文化产物？我们不妨先假定对于该命题合理性的判定确属主观。因此，我们可以合理地设想某数学家 X 在 1995 年之前找到了这一命题的某个真实存在的反例。[4] 在这种情况下，数学界只能承认并接受这个反例。既然 X 先生已经先于怀尔斯证明了费马命题是错的，那么此后怀尔斯企图证实费马命题的任何努力将不得不视为徒劳。进而，我们可以问，既然 X 先生的反例正确无误，那么费马完全相信他在页边写下的那个"绝妙的证明"是否仅仅是他个人的一种错觉？如果认为数学的真实性源于主观臆断，那么就可能出现以下情况：费马当初的证明的确被认为是合理的（如果他向同行们展示了这一证明过程，并且得到一致的承认），但同时这个证明却故意掩盖了出现 X 先生反例的可能性。我坚信，任何数学家，无论他对柏拉图主义持何种态度，都会将这种可能情况视为无稽之谈。

当然，也可能怀尔斯的论证中包含了一个错误而费马原先的命题的确是错的，或者怀尔斯的论证根本上就是错的，但费马的命题却是正确的。又或者怀尔斯的论证基本上正确，但其中含有某些"不严格的步骤"，以至于按照后来出现的某些标准，它在数学上无法得到认可。凡此种种，不一而足。不过，我们在这里真正要强调的是费马命题自身的客观性，而不是是否有人在某个时候以某种特别令人信服的方式向数学界证实（或证伪）了该命题。

应当指出的是，从数学逻辑来看，费马命题还只属于数学陈述中特别简单的一类，[5] 它的客观性尤为明显。只有极少数[6]数学家会认为这类命题的正确性是主观的——虽然可能在选择更具说服力的论证方式上存在某种主观性。但是，的确存在着其他数学命题，其正确性只能当然地认为是某种"观念的产物"。最为人熟知的可能是选择公理。这个公理的内容眼下并不重要（我将在 §16.3 予以介绍），此处它仅仅作为一个例证。大多数数学家会认为选择公理"显然正确"，而另一些人则认为这个命题还需推敲，甚至可能就是错的（我本人在某种程度上倾向于后一种观点）。还有人将这个命题的"真理性"当作观念的产物，或者说某种依赖于所选择的公理系统及论证程序规则（"形式系统"，见 §16.6）的事物。支持最后这种观点的数学家（他承认明确的数学陈述是客观的，例如上面讨论的费马命题）是相对较弱的柏拉图主义者，而那些坚信选择公理的客观真实性的数学家可谓是坚定的柏拉图主义者。

鉴于选择公理与物理世界运行背后的数学有关，我将在 §16.3 重新回到这个议题上来，尽管在物理理论中这一点并未得到充分认识。至于现在，读者大可不必受此问题过度搅扰。如果选择公理能用这种或那种无懈可击的数学推理方式得以解决，[7] 那么它的真理性就是一个完全客观的事实。这样，无论是选择公理本身或是其否命题，都属于我所说的"柏拉图世界"这个范畴。相反，如果这个公理只是观念或任意决断的产物，那么绝对数学形式化的柏拉图世界将既不包含选择公理本身也排斥其否命题（尽管它容许存在如下形式的命题："由选择公理可知，事情将会如此这般"或"由如此这般的数学系统的规则可知，选择公理的确是一个定理"）。

属于柏拉图世界的数学命题一定是那些具有客观真理性的命题。的确，我认为数学客观性就是数学柏拉图主义所要强调的那种东西。但凡说某一数学命题具有柏拉图式的实在性，即是指在客观意义上它完全是真的。对其他的数学观念——比如数字 7 这一概念，或整数的乘法法则，或某个含有无穷多个元素的集合概念——我们可以作同样的理解，即它们都具有柏拉图式的实在性，因为它们都是客观的观念。我认为，柏拉图式的存在就是一种客观存在，因此不应被看作是"神秘"或"非科学"的，尽管事实上有些人持有这样的观点。

与选择公理的情况类似，要判断某个具体的数学对象是否具有客观实在性有时候会非常微妙而且技术化。但尽管如此，也不是说就只有数学家才能充分领会众多数学概念的确定性。图 1.2 描绘的是著名的曼德布罗特集这一数学对象的不同细微部分。这个集合具有极其精细的结构，但这并非人工设计使然，而是一种完全由极为简单的数学规则生成的结构。这里我们不讨论这个规则的细节，否则会大大分散注意力。我们将把这种细节讨论放到 §4.5 去进行。

图 1.2 （a）曼德布罗特集。（b），（c）和（d）分别是图（a）上的不同区域在相应的线性放大倍数 11.6，168.9 和 1042 下的细节。

这里我要强调的是，没有人，甚至包括曼德布罗特（Benoit Mandelbrot，1924～ ）本人，在他第一眼看见这个集合的精细结构中所蕴含的不可思议的复杂性时，就能够充分意识到这个集合异常丰富的特性。曼德布罗特集显然不是我们头脑想象出来的。它是一种客观的数学存在。如果我们打算为这个集合寻找一个实际对应物，那么这个对应物也一定不会存在于我们的头脑中，因为没有人能完全理解这个集合的无穷类型和无限复杂性。它也不可能存在于计算机绘制的大量示意图中，虽然这些图像的确抓住了该集合某些难以理解的复杂细节，但顶多也只是集合的一丁点近似。尽管如此，集合本身的确定性仍不容怀疑，因为当我们以越来越精细的方式审视这个集合的细节时，我们总是揭示出同样的结构，而且这一点并不取决于作出这一检验的具体是哪一位数学家或哪一台计算机。因此，曼德布罗特集只能存在于柏拉图的数学形式世界里。

我知道，有不少读者在寻找数学结构的对应物方面存在一定困难。我希望这些读者稍微拓展一下对于"存在"的理解。柏拉图世界里数学形式的存在方式与物理世界中各种对象（如桌椅）的存在方式不同。它们没有空间位置，也不在时间中。客观存在的数学观念必须被当作与时间无关的对象，而不能认为是在第一次为人类认识时它们才获得了自身的存在性。曼德布罗特集那令人眩晕的细节——如图 1.2（c）和 1.2（d）所示——并不是当人们首次在计算机屏幕或打印纸上将其显示出来时才变成了客观存在物，而且也不是当它蕴含的一般观念首次被人们——实际上不是曼德布罗特本人，而是布鲁克斯（R. Brooks）和马塔尔斯基（J. P. Matalski）在 1981 年或许更早——揭示出来时其存在性才得以确立。布鲁克斯、马塔尔斯基甚至曼德布罗特本人，对图 1.2（c）和 1.2（d）所示的精细结构并没有任何真正的概念。这些结构从来就是"存在着的"。在"与时间无关"这层意义上说，无论它们在何时何地由何人揭示出来，其存在形态与我们今日所见当别无二致。

1.4　三个世界与三重奥秘

因此，数学存在不但有别于物理存在，也不同于人类心智所能够感知到的那种存在。但它与后二者之间存在着某种深刻而神秘的联系。图 1.3 用球体示意性地画出了这三种存在形式——物理的、心智的和柏拉图数学的——它们分属三个独立的"世界"。图中还一并画出了三个世界之间的神秘联系。有必要说明，图中所示的只是我个人的看法或偏见。

我们注意到，图中第一种神秘联系——柏拉图数学世界和物理世界之间的关系——只是数学世界的很小一部分与现实的物理世界相关联。这不难理解，现实生活中纯数学家的绝大多数研究本来就与物理学或其他学科没有太多联系（参见 §34.9），尽管其研究成果经常会有意想不到的应用。第二种神秘联系体现在心智活动与一定的物理结构（明确地说，指健康、清醒的头脑）之间的关联，显然，并非大多数物理结构都能产生智能活动。一只猫的脑部活动或许真具有智能的品质，但没人会认为石块也应如此。最后是第三种神秘联系，我认为它是自明的，即绝对数学真理只对应于部分的心智活动！（通常我们更多的是对恼怒、愉悦、焦虑、兴奋等各种日常情绪的体验。）这三个事实体现为每个世界与相邻世界的关联均以小基底为出发点，三个世界按顺时针方向依次排列。我对于这三重关系的观点可以表述为后一个世界仅仅对应着前一世界的某个部分。

根据图 1.3，整个物理世界的运转受到数学定律的支配。我将在后面的章节给出支持这一论点的强有力（但不完备）的证据。据此，物理世界中的任何事物，即使是在细节上，也都受到数学原理的支配——它们可能是我们将在以后各章要学到的各种方程，也许是某些未知的、截然不同于今日所称"方程"的数学观念。如果这是正确的，那么甚至我们人类的一举一动最终都完全受数学控制。此处"控制"并不排除某些服从几率原理的随机行为。

相信很多人都会对这类观点感到不安，我自己也是如此。然而，我仍倾向于接受这样一种普遍关系，因为不如此我们就难以在受数学支配的物理行为与不受数学支配的物理行为之间清楚地划界。在我看来，这种不安一定程度上是源于我们对"数学支配"一词所抱的狭隘观念。本

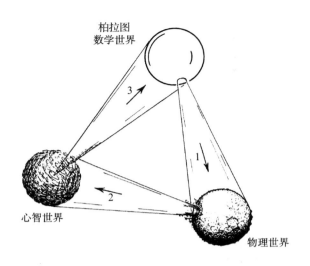

图1.3　柏拉图的数学世界，物理世界和心智世界及其神秘联系

书的目的之一就是要探讨并向读者展示，正确的数学观念会带给我们怎样的丰富性、力量及美感。

从图1.2所示的曼德布罗特集这个例子出发，我们可以一瞥这一构造所涉及的可能范围及其内在的美。但是，即使这样的结构也只是整个数学的冰山一角，因为它所展示的性态严格取决于计算。而在这之外还有难以计数的丰富的数学结构！我由衷地相信自己及朋友们的种种行为最终都受这些数学原理的主宰。你可能会好奇我怎么会有这种念头，答案很简单：我愿意带着这种想法生活。我宁可在柏拉图神话般数学世界中的那些原则的支配下采取行动，也不愿在诸如追求享乐、贪婪、侵略性暴力等最原始的动机的驱使下为所欲为。即使很多人会争辩说，如果从严格的科学意义上看，这些动机也有着一定价值。

不难想象，很多读者仍难以认同宇宙中的一切运动都完全由数学定律掌控。同样地，很多人对图1.3所示的另两层神秘联系——也是我的一孔之见——会表示反对。例如，他们会认为，图中所示的一切心智活动均根源于物质性的观点实际上是作者的一种僵化的科学教条。这的确是我个人的观点，但也应当承认，我们至今也还没有说得过去的科学证据来表明存在着没有物理基础的"心智"活动。另一种异议来自宗教，他们坚信存在非物质的心智活动，而且会列举出某些他们认为极为有利的证据，尽管这些证据与常规科学的发现完全相左。

图1.3还展示了我的另外一个观点，即柏拉图数学世界完全在人类心智所及的范围之内。这意味着，至少在原则上不存在任何不能通过逻辑推理获知的数学真理。当然，的确存在大量数学命题（简单的如算术加减运算）其复杂程度使得不可能由人脑来完成全部必要的逻辑推演，但这并不背离图1.3试图传达的含义，因为它们具有潜在的可认知性。值得引起我们注意的倒是可

20

能还存在另一类根本无法通过逻辑推演来证明的数学命题，它们是真正与图1.3的意图相背离的数学存在。（在 §16.6 我会用更多的篇幅来阐述这个问题，我们将讨论它与哥德尔那个广为人知的不完备定理的关系。）[8]

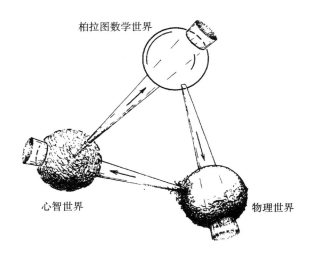

图1.4 重新画出的图1.3的三个"世界"。这里容许背离作者提出的三者间的相互关系。

作为对那些不认可我上述观点的读者的让步，我重新画出三个世界之间的关系，见图1.4。在这幅图中，所有三种与我上述观点相左的可能情形都是容许的。相应地，超出数学控制的物理运动有了容身之地，不依附于任何物质结构的心智活动也成为可能，最后，该图容许存在其真实性原则上为人类推理能力和洞察力所无法企及的数学命题。

这幅扩展后的图像甚至比我所偏爱的图1.3具有更多潜在的神秘性。依我看，图1.3所表达的科学观点已经足够神秘，甚至在转换到更为包容的概念框架图1.4后，这些神秘之处依旧存在。为什么数学定律在被用于物理世界时会有如此非凡的精度，这仍是一个巨大的谜。（我们将在 §19.8，§26.7 和 §27.13 中浏览基本物理理论中某些具有极高精度的例子。）而且，不仅仅是精度，理论自身的精妙复杂之处及其表现出的数学美也是极为深奥的谜。此外，经过适当组织的物质——此处特指人（或动物）的大脑——如何能魔法般地获得意识，这无疑也是一个重大的谜团。最后，我们如何感知数学真理这件事本身也显得神秘莫测，这绝不仅仅是因为我们的大脑被训练成能够进行可靠的"计算"，其中一定存在着某种深刻得多的原因！想想吧，即便是我们当中知识最为贫乏的人也能很好地理解"零"、"一"、"二"、"三"、"四"等词语的确切含义。[9]

关于第三重奥秘的某些话题将在下一章展开（更详细的参见 §§16.5, 6），在那里我们将有机会讨论什么是数学证明。不过，本书的主旨是上述三重谜团中的第一个，即数学和真实物理世界之间的非凡关系。假使没有对数学概念的一定程度的掌握，人们绝不可能恰当理解现代科学那异乎寻常的有效性。毫无疑问，这会使那些因为要学习如此多的数学知识才能获得这种理解的读者深感沮丧。但是,我可以肯定地说,情况并不完全像他们担心的那样糟糕。我建议这些读者不妨一试。无论你此前持何种观点,我希望本书都能让你感到原来数学也可以这么有趣!

本书不会关注图 1.3 及 1.4 所示的第二种神秘联系,即心智活动——尤其是意识——的产生与某种适当的物理结构的关系 (在 §34.7 中略有提及)。探索物理世界和相关数学定律就够我们忙的了。况且,关于心智活动的种种话题尚存在激烈的争论,卷入其中只会削弱本书的主题。不过,有一点值得在此处指出:如果不对其物质基础作更深入的了解,我们不太可能深刻地理解人类心智的本质。这当然纯属个人观点,但我坚信当务之急就是尽快实现对这个物质基础的突破性认识,这一点我们将在以后的章节里予以阐述。如果没有这些突破,那么对心智过程能取得实质性理解的任何期待都是过于乐观了。[10]

1.5 善、真、美

图 1.3 和图 1.4 还提出了与上述相关的更进一步的话题。前面的内容把柏拉图关于"理想形式的世界"仅仅局限于数学形式上了。数学与真这一特殊的理想化概念息息相关。柏拉图本人曾坚持认为存在着另外两种基本的绝对理念,即美与善。我完全相信这类理念的存在,也相信在柏拉图世界中还存在着具有同样本性的其他绝对理念。

在后文中,我们将遇到体现着真与美之间紧密关系的例子,这些关系在阐明如何发现及接受物理理论的同时,也令人深感困惑 (请特别留意 §§34.2,3,9,亦见图 34.1)。另外,美不仅在探寻物理世界背后的数学原理方面有着毋庸置疑 (虽然经常很含糊) 的作用,审美标准对数学概念本身的发展也至关重要:它不仅导致新发现,而且还是通向真理的向导。我觉得,数学家们共同持有的信念之一——在我们身外存在着一个真实的柏拉图世界——正是源于他们不断揭示出的数学概念中所潜藏的奇妙且出乎意料的美。

与本书关系不太大、但是在更广的范围内无疑非常重要的另一个问题,是关于道德这一绝对理念:何为善?何为恶?我们的头脑是如何获得这些判断的?道德与心智世界有着深刻的联系,因为它与由意识赋予的判断乃至意识本身紧密相关。难以想象如果没有知觉的存在,道德会有什么意义。随着科技的进步,理解道德得以显现的物质环境愈加显得紧迫。我相信科学问题的道德含义绝不应被剥离掉,尤其在今天这样的技术时代,这个问题显得比以往任何时候都更为重要。不过,这些话题已经越出本书的范围。在有足够的能力判别善恶之前,我们需要关注如何鉴别真伪的问题。

图 1.3 还隐藏着另一重谜,我把它留到了最后。我故意把图画成你们所见到的,就是为了凸显这一佯谬。如图所示 (这的确符合我的初衷),前面的世界怎么可能完全涵盖其投射的世界呢?我不认为这会使我放弃个人的见解,相反地,这恰好指明了比上述奥秘更为深刻的另一重谜。这可能意味着三个世界其实并不孤立,而是分别反映出某个完整世界的更深刻真相的不同

侧面，而我们今天对此几乎一无所知。要想适当地阐明这些难题，我们还有很长的路要走。

我已经离题太远了。本章的目的是想向读者强调，数学在整个科学（无论是古代科学还是现代科学）中的核心地位。现在让我们前往柏拉图数学世界进行一番探索——至少应领略一下与物理存在的本质有着密切联系的那部分尽管较小但却非常重要的区域。

注 释

§ 1.2

1.1 不幸的是，关于毕达哥拉斯本人、他的生平、其追随者或他们的作品的所有知识几乎都不尽可信，人们只能确定上述种种在历史上确实存在过以及毕达哥拉斯确曾提出过音乐和声中的简单比值这些事实。参见 Burkert（1972）。但是，仍然有大量重要结论被普遍认为应归功于毕达哥拉斯。因此，我仅仅使用"毕达哥拉斯学派"作为一个标记，并无意于追求历史描述的准确性。

1.2 这是指纯的"全音阶"，它包含一组频率（与振动单元的长度成反比）$24:27:30:36:40:45:48$，由这组频率可以衍生出大量悦耳的和弦。通常将现代钢琴上的白键调谐到（作为在维持毕达哥拉斯纯和弦以及便于转调的要求之间的一个折衷）与这组毕达哥拉斯比值相近，按照平均律音阶，相对频率为 $1:\alpha^2:\alpha^4:\alpha^5:\alpha^7:\alpha^9:\alpha^{11}:\alpha^{12}$，其中 $\alpha = \sqrt[12]{2} = 1.05946\cdots$。（注意：$\alpha^5$ 表示 α 的 5 次方，即 $\alpha \times \alpha \times \alpha \times \alpha \times \alpha$。$\sqrt[12]{2}$ 表示 2 的 12 次方根，即它的 12 次方等于 2，因此 $\alpha^{12} = 2$。参见注释 1.3 和 § 5.2。）

§ 1.3

1.3 由注释 1.2 知，一个数的 n 次方即是将该数自乘 n 次。因此，5 的 3 次方是 125，记为 $5^3 = 125$。3 的 4 次方等于 81，记为 $3^4 = 81$，依此类推。

1.4 事实上，当怀尔斯于 1993 年 6 月在剑桥首次宣布其证明时，情况就已经很明朗了，不过当他在接下来的时间里对其证明进行修补时，数学界开始谣传 Noam Elkies 已经找到了费马定理的一个反例。1988 年，Elkies 曾找到过欧拉猜想——方程 $x^4 + y^4 + z^4 = w^4$ 没有正的解——的一个反例，从而证否了该猜想。因此，说他证伪了费马定理也并非难以置信。遗憾的是，挑起这一谣传的电子邮件发自 4 月 1 日，最后被确认为是 Henri Darmon 的一个恶作剧。见 Singh（1997），293 页。

1.5 用术语说，即 Π_1 一句式，见 § 16.6。

1.6 我意识到，在某种意义上，我自己正在卷入这一断言所招致的麻烦当中。此处的要点并不是持这种极端观点的数学家是否占极小的一部分（当然，我也未曾就此问题在数学家当中做过可信的问卷调查），而是要强调的确有人非常严肃地对待这种极端观点。请读者自行判断。

1.7 某些读者可能会注意到哥德尔和科恩的观点，他们指出选择公理与集合论（策梅罗－弗兰克公理体系）的更为基本的标准公理无关。必须澄清的是，哥德尔和科恩的讨论本身并没有指出选择公理不能以别的方式得以解决。这种观点是有先例的，例如 Paul Cohen 在其著作（Cohen 1966，第 14 章，§13）最末一节中就表达这一立场，只不过在那里他关注的是连续统假设而不是选择公理。见 § 16.5。

§ 1.4

1.8 有意思的是，一个相信数学完全源于心智的彻底的反柏拉图主义者也必然会相信没有任何一个正确的数学论断不能被逻辑推理所把握。例如，假设费马大定理（原则上）不能被逻辑地推演出来，那么这位反柏拉图主义者也会认为判断该命题的真或伪是无意义的，因为这种判断的有效性必须来自证明或证否的心智活动。

1.9 见 Penrose（1997b）。

1.10 我本人关于可以容纳智能的物理世界的一系列观点，在 Penrose（1989，1994，1996，1997）等书中有相应的表述。

第二章
古代定理和现代问题

2.1 毕达哥拉斯定理

让我们来考虑几何问题。上一章里我们避而不谈的所谓不同的"几何种类"究竟指的是什么？为了逐渐展开这个问题，我们先回到毕达哥拉斯那里考虑以他的名字命名的著名定理：[1] 对任何直角三角形，斜边（直角所对的边）长的平方等于另两边长的平方和（图 2.1）。我们确信这个命题成立的理由是什么呢？我们又该怎样来"证明"毕达哥拉斯定理呢？这可以有许多论证方法。这里我打算考虑两种特别明确易懂的形式，每一种强调了不同的方面。

25

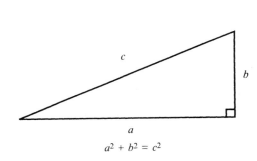

$$a^2 + b^2 = c^2$$

图 2.1 毕达哥拉斯定理：任何直角三角形的斜边长 c 的平方等于另两边长 a 和 b 的平方和。

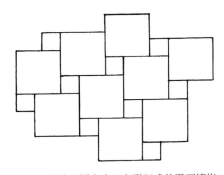

图 2.2 两种不同大小正方形组成的平面镶嵌。

首先，我们来考虑图 2.2 所示的图形。它由两个不同大小的正方形组成。很"显然"，这种图案可以无限连续地重复铺排下去，以致不留缝隙亦不重叠地铺满整个平面。图案的这种重复性还反映了这样一个事实：如果我们标出大正方形的中心，则这些中心组成另一个更大的正方形体系的各个顶点，这个更大的正方形较原先的那两种有一个倾角（图 2.3），它能够单独覆盖整个平面。我们也可以以严格相同的方式对每个斜正方形进行标线，使得这些正方形的标线拟合成原先的两个正方形图案。如果我们不是取原先两个正方形中较大的那个的中心，而是取其

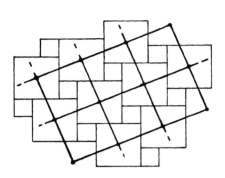

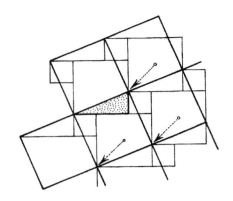

图2.3 较大的正方形的中心构成了更大的有一定倾角的正方形格子的各顶点。

图2.4 斜正方形格子可进行平移，由此斜格子的顶点与原正方形格子的顶点重合，图中显示了斜正方形的边长正好是（阴影）三角形的斜边长，它的另两条边的边长则分别为两原正方形的边长。

26 他任意点，然后将每块上相应的点按上述方式标出并连接起来，我们同样能够得到覆盖整个平面的倾斜正方形图案，新图案的大小、倾角与前述的斜正方形完全相同，只不过不加转动地移动了一个位置——即经过了所谓的平移。为简单计，我们将这个起始点选定为原图案的一个角上（图2.4）。

显然，斜正方形的面积必等同于两较小的正方形的面积和——我们可以沿前述的标线将斜正方形裁成小块，然后不加转动地移动各小块直到恢复成原先的两小正方形（例如图2.5）。此外，从图2.4还可以看出，大的斜正方形的边长是一个直角三角形的斜边长，而这个直角三角形的另两条边的边长则正好分别是两个小正方形的边长。由此我们得到毕达哥拉斯定理：直角三角形斜边的平方等于另两边的平方和。

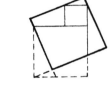

图2.5 从斜正方形的任意一点开始，将它裁成小块，移动各小块即可恢复原先的两小正方形。

上述论证确实给出了这一定理简单证明的实质，它使我们有"理由"相信这个定理是真的。这种明显性是那些不具明确目的仅由一连串逻辑步骤给出的更为正式的论证所不具备的。但也应指出，我们的论证里隐含了几个假定，不仅如图2.2所示的重复正方形这种看似明显的样式是一种假定，甚至图2.6的实际几何可能性——这更关键，即正方形在几何上是可能

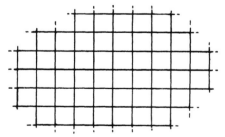

图2.6 熟悉的等正方形格子。我们怎么知道它一定存在？

的这一点也是一种假定！我们的所谓"正方形"究竟是什么意思？通常我们认为，正方形是一种平面图形，它的所有边全相等，所有角都是直角。那何谓直角？我们说，我们可以想象有两条

直线在某点相互交叉，形成 4 个相等的角，那么这 4 个角中的每一个都是直角。

现在我们试着来构造一个正方形。取 3 条等长的线段 AB、BC 和 CD，其中∠ABC 和∠BCD 是直角，D 和 A 在线 BC 的同一边，如图 2.7 所示。问题来了：AD 与其他三条线段等长吗？还有，∠DAB 和∠CDA 也是直角吗？按照图的左右对称性，这些角应当是彼此相等的，但它们真的就是直角吗？它只是看起来显然如此，那是因为我们熟悉正方形，也许是因为我们还记得学校里学过的某些欧几里得论述，诸如 BA 和 CD 一定是彼此"平行"的，一对平行线的"截线"与平行线形成的角对应相等，等等。从这些论述立

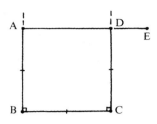

图 2.7　试构造一个正方形。取∠ABC 和 ∠BCD 为直角，线段 AB = BC = CD。我们要问：DA 与这些线段等长吗？∠DAB 和 ∠CDA 也是直角吗？

刻可得到，∠DAB 必与其补角∠ADC 相等（即等于图 2.7 中的∠EDC，因为 ADE 是一直线），因此也就与∠ADC 相等。一个角（∠ADC）等于其补角当且仅当它是个直角。我们还可以证明边 AD 必与 BC 等长，当然这一点也可以从平行线 BA 和 CD 的截线性质得到。因此，从欧几里得式的论证我们的确能够证明，由直角构成的正方形是真实存在的。但这里隐含了一个很深的问题。

2.2　欧几里得公设

欧几里得在构筑他的几何大厦时，对其证明所依赖的假定有过相当仔细的考虑。[2] 特别是，他将所谓公理——一些自明的真理，它们基本上是关于点、线等的定义——的明确命题与 5 个公设——一些假定，其有效性不那么确实，但从我们周围世界的几何性质来看似乎是正确的——进行了仔细的区分。这些假定中的最后一条，即所谓欧几里得第五公设，被认为比其他几条更缺少自明性，许多世纪以来，人们一直认为它应当能够从其他几条更为明确的公设中导出。欧几里得第五公设通常又称为平行公设，这里我们来研究一下这条公设。

在讨论平行公设之前，有必要指出欧几里得其他四条公设的性质。这些公设主要涉及（欧几里得）平面几何，虽然欧几里得在他后来的工作中也曾考虑过三维空间问题。他的平面几何的要素是点、直线和圆。这里，我将"直线"（或简称为"线"）看成是两端无限延伸的，相反的则称为"线段"。欧几里得第一公设是说，两点间存在（唯一的）直线段。第二公设是说，任何直线段可无限（连续地）延伸。第三公设为给定任一点及任意半径值可以有一个圆。最后，第四公设是说，所有直角都相等。[3]

从现代观点看，其中的一些公设略显奇怪，特别是第四公设，但我们应当意识到，欧几里得几何的这些基本概念，基本上都源自理想刚体的运动，以及由两个这样的理想刚体同时相对运动带来的全等观念。一物的直角与另一物的直角相等很可能来自这样的经验：我们移动一物使

得由此形成直角的线正好与移动另一物时形成的直角线重合。实际上，第四公设说的是空间的各向同性和均匀性，因此一地的图形才可能与另一地的图形具有"相同的"（即全等的）几何形状。第二和第三公设表述的是空间可无限扩张并且没有"间隙"的观念，而第一公设表述的是直线段的基本性质。虽然欧几里得看待几何的方式与我们今天的方式大相径庭，但他的前四个公设基本上包括了我们目前的（二维）完全均匀且各向同性的度规空间，范围上是无限的。实际上，按照当代宇宙学的理解，这样一种图像似乎与实际宇宙的大尺度空间性质紧密相关，我们将在§27.11和§28.10再来讨论这个问题。

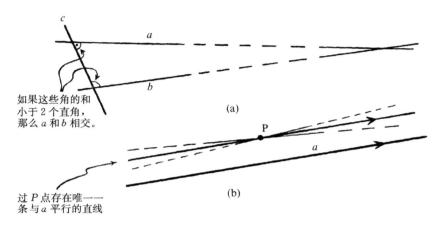

图 2.8（a） 欧几里得平行公设。直线段 *a* 和 *b* 为另一条直线 *c* 所截，使得 *c* 的某一侧的同旁内角和小于两个直角，则 *a* 和 *b*（假设可延伸到足够远）最终必相交。**（b）**（等价的）普莱菲尔公理：如果 *a* 是平面上一直线，P 为平面上 *a* 外的一点，则过 P 点平面上存在唯一一条直线与 *a* 平行。

那么什么是欧几里得第五公设（或平行公设）呢？按照欧几里得对这一公设的基本描述，它可陈述为：如果平面上两条直线段 *a* 和 *b* 同时为另一条直线 *c* 所截（故 *c* 称为 *a* 和 *b* 的截线），使得 *c* 的某一侧的同旁内角和小于两个直角，则 *a* 和 *b* 在该侧的部分经无限延伸后必在某一点相交（见图 2.8（a））。这个公设的等价形式（有时称为普莱菲尔公理 ［Playfair's axiom］）表述为：给定一直线和直线外一点，过该点存在唯一一条直线与已知直线平行（见图 2.8（b））。这里，"平行"线是指同一平面上两条彼此不相交的直线（我们知道，"线"是个指两端可充分延伸的概念，不是指欧几里得"线段"）。[*][2.1] 一旦有了平行公设，我们就能够着手建立正方形存在所需的性质。如果一对直线与一截线相交，使得截线的同旁内角和等于两个直角，则我们就能够证明这对直线是平行的。进一步还有，这对直线的任意一条截线都具有这样的角的性质。这差不多就是上述建立正方形论证所需的东西了。我们看到，证明所有边全相等所有角都是直角的正方形能够建立起来要用到的正是平行公设。没有平行公设，我们就不可能真正建立（通常意义上的各角都是直角的）正方形。

---

[*]［2.1］证明：如果平行公设的欧几里得形式成立，则必有普莱菲尔的平行线唯一性结论。

为了"严格证明"像正方形这样明显的事实我们需要对假设给予高度关注，这好像是一种数学上的矫情。我们为什么要对"正方形"这样一种人尽皆知的熟悉图形保持关注呢？一会儿我们还会看到，实际上欧几里得曾长期困扰于这一问题。欧几里得的执著不是没有道理，它与宇宙的实际几何这样的深层次问题密切相关。特别是，实际宇宙中是否存在着宇宙学尺度上的物理"正方形"，这并不是一个显然的问题。它是一个观察问题，目前的证据看起来并不一致（见 §2.7 和 §28.10）。

31

2.3 毕达哥拉斯定理的相似面积证明

下一节我们再来讨论不作平行公设假定的数学意义。相关的物理问题则放在 §18.4、§27.11、§28.10 和 §34.4 讨论。但在讨论这些问题之前，我们先回到毕达哥拉斯定理的另一个种证明上来。

有一种最简单方法可以看出欧几里得几何中毕达哥拉斯命题的真确性。这就是考虑如下的直角三角形构形：它由斜边所对直角向斜边做垂线分割成的两个小三角形组成（图2.9）。现在我们有了三个三角形：原三角形和由它分割而成的两个小三角形。显然，原三角形的面积等于两小三角形面积之和。

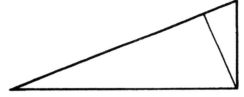

图 2.9　用相似三角形证明毕达哥拉斯定理。取一个直角三角形，从它的斜边所对的直角向斜边做垂线，将原三角形分割成两个小三角形。显然，两小三角形面积之和等于原三角形的面积。三个三角形彼此相似，故它们的面积正比于各自斜边长的平方。由此毕达哥拉斯定理得证。

现在我们很容易看出，这3个三角形是彼此相似的。就是说它们有相同的形状（尽管大小不同），或者说，我们可以通过按比例放大或缩小加上刚性移动从一个得到另一个。由此还可知，这3个三角形依次对应的角相同。每个小三角形都与大三角形共一个角，并且三者都有一个直角。这样第三个角也必然相同，因为三角形的内角和是一个常数。我们知道，相似的平面图形之间有一个共同性质，即它们的面积与其相应的线性维度的平方成正比。具体到三角形，这个线性维度可取为其最长的边，即斜边。而两个小三角形的斜边正好就是原三角形的两条直角边。于是（从原三角形的面积等于两小三角形面积之和这一事实）我们立刻得到，原三角形斜边的平方等于两直角边的平方和，即毕达哥拉斯定理！

32

同样，这个论证中有一些假设有待检验。其中最关键的是三角形的内角和是一个常数这一事实。（这个常数是180°，但欧几里得总喜欢称其为"两个直角"。用现代更"自然的"数学语言来表述则是这样：在欧几里得几何里，三角形的内角和为 π。这是用弧度来度量一个角，而"°"所表示的度相当于 π/180，故我们有 180° = π。）通常的证明如图 2.10 所示。我们延长 CA 到 E，并过 A 画直线 AD 平行于 CB。于是（由平行公设），∠EAD 和 ∠ACB 相等，∠DAB 和

∠CBA 相等。由于∠EAD、∠DAB 和
∠BAC 之和为 π（即 180° 或两个直
角），因此三角形的三个角∠ACB、
∠CBA 和∠BAC 之和必为 π——此即
所需证明的。但注意，这里我们用到了
平行公设。

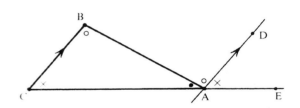

图 2.10　三角形 ABC 的内角和等于 π（= 180° = 两个直角）的证明。延长 CA 到 E，画直线 AD 平行于 CB。由平行公设，∠EAD 和∠ACB 相等，∠DAB 和∠CBA 相等。由于∠EAD、∠DAB 和∠BAC 之和为 π，因此三角形的三个角∠ACB、∠CBA 和∠BAC 之和必为 π。

　　毕达哥拉斯定理的这个证明也可以
用来说明相似形的面积正比于其线性维
度大小的平方这个命题。（这里我取每

个三角形的斜边来表示这个线性维度。）这一事实不仅依赖于真正存在着不同大小的图形（即我
们用平行公设建立起来的图 2.9 所示的三角形）之间的相似关系，而且取决于一些与我们如何定
义非规则形状"面积"有关的更复杂的问题。这些一般性问题通常是通过求极限来解决的，眼
下我不打算在此作深入讨论。但可以指出一点，它将引领我们进入与几何中数的种类有关的那
些更深入的问题，我们将在 §§3.1 ~ 3 予以讨论。

　　上一节讨论的一个重要主题是毕达哥拉斯定理似乎取决于平行公设。这是真的吗？假定平
行公设错了呢？是不是意味着毕达哥拉斯定理本身也不成立呢？提出这种可能性有什么意义？让
我们试着回答这样一个问题：如果平行公设确实可以看成是不成立的，那将会怎样？我们似乎正
在进入一个神秘的虚幻世界，在这里我们在学校里学的几何知识被整个倒了个个儿。但我们会
发现，这么做有着更深刻的意义。

2.4　双曲几何：共形图像

　　请看图 2.11。它是一幅埃舍尔（M. C. Escher, 1898 ~ 1972）木刻画《圆极限 I》的复制品。
这幅作品为我们提供了对一种几何——所谓双曲几何（也称为罗巴切夫斯基 ［Lobachevsky］ 几
何）——的非常精确的表示。在这种几何下，平行公设不成立，毕达哥拉斯定理也不成立，三
角形的内角和不等于 π。而且，对给定的大小的形状，一般不存在同等大小的相似形。

　　在图 2.11 中，埃舍尔用了一种特定的双曲几何表示，其中整个双曲平面"世界"被"挤
压"到普通欧几里得平面上圆的内部。这个边界圆表示这个双曲世界的"无穷远"。在埃舍尔的
画中我们可以看到，处于边界圆附近的鱼非常拥挤。但我们应当意识到，这是一种假象。想象一
下，假如你是一条这样的鱼，那么不论你处于埃舍尔画的边缘还是处于它的中心，整个（双曲）
世界对你来说不会两样。这种几何里的"距离"概念与欧几里得平面的距离概念不同。由于我
们是从欧几里得几何的视角来看埃舍尔画的，因此接近边界圆的鱼才会看上去显得微小。但从
白鱼和黑鱼本身的"双曲"几何视角上看，它们认为它们与处于中心的那些弟兄们无论大小还

是形状都并无二致。另外，虽然从我们外在的欧几里得几何观点看，它们似乎越接近边界圆越挤，但从它们自己的双曲观点角度上看，边界总是在无穷远。对他们来说，既不存在边界圆，也不存在在它们之外的"欧几里得"空间。它们的整个世界是由在我们看来严格处于圆内的那些东西组成的。

图 2.11　埃舍尔的木刻画《圆极限 I》。它展示了双曲几何的共形表示。

用更数学化的语言来说，这种双曲几何图像是如何构造的？考虑欧几里得平面上任意一个圆。处于这个圆内部的点集代表着整个双曲平面上的点集。双曲几何的直线表现为与边界圆垂直相交的欧几里得圆的一段。可以证明，双曲几何里任意相交的两条曲线在交点处的角精确等于欧几里得几何下测得的两曲线在交点处的角。这种性质的表示称为共形表示。正是由于这一点，埃舍尔所用的双曲几何的这种特殊表示有时被称为双曲平面的共形模型。（经常也称它为庞加莱圆盘。这一术语的历史渊源将在§2.6 讨论。）

现在我们可以看看在双曲几何里三角形的内角和是不是等于 π 了。从图 2.12 一望便知这是不对的，三角形的内角和要小于 π。我们或许会认为这是双曲几何不令人满意的地方，因为对三角形的内角和我们似乎得不到一个"简洁的"答案。但是我们可以从双曲三角形的内角和得到另一个特别优美和值得注意的结果。具体地说，如果三角形的三个角分别为 α，β 和 γ，则我们有公式（由兰伯特（Johann Heinrich Lambert，1728～1777）发现）：

$$\pi - (\alpha + \beta + \gamma) = C\Delta,$$

这里 Δ 是三角形的面积，C 是某个常数。这个常数的选取依赖于所测长度和面积所用的"单位"。通常我们总是取 $C = 1$。在双曲几何下，三角形的面积可以如此简单地表达，这确实是一个

图 2.12 与图 2.11 相同的埃舍尔的作品，只是图中加入了双曲直线（与边界圆垂直相交的欧几里得圆或线）和一个双曲三角形。双曲角等于欧几里得角。平行公设在此显然不成立，三角形的内角和小于 π。

非比寻常的事实。在欧几里得几何里，三角形的面积不可能简单地根据它的角表示出来，而是相当复杂地取决于其边长。

36　　　实际上，共形表示下的双曲几何内容远不止这一点，我还没有描述两点间的双曲几何距离是如何定义的（在能够真正讨论面积之前，我们有必要搞清楚什么是"距离"）。这里我直接给出圆上两点 A 和 B 之间的双曲距离表达式：

$$\log \frac{\mathrm{QA} \cdot \mathrm{PB}}{\mathrm{QB} \cdot \mathrm{PA}},$$

这里，P 和 Q 是过点 A 和 B 且垂直于边界圆的欧几里得圆（即双曲直线）与边界圆的交点，"QA"等是欧几里得距离（见图 2.13）。如果要在兰伯特面积公式里出现 C（即 $C \neq 1$），我们只要将上述距离公式乘以 $C^{-1/2}$ 即可（C 的平方根的倒数）。** [4],[2.2] 后面我会更清楚地说明，这个量 $C^{-1/2}$ 指的是这种几何的伪半径。

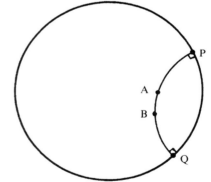

图 2.13 在共形表示中，A 和 B 之间的双曲距离是 $\log|\mathrm{QA} \cdot \mathrm{PB}/\mathrm{QB} \cdot \mathrm{PA}|$，其中 QA 等是欧几里得距离，P 和 Q 是过 A 和 B 的与边界圆（双曲直线）垂直的欧几里得圆与边界圆的交点。

如果你对这种带"log"的数学表达式感到为难，不必着急。这种公式只是为那些想更清楚

** 〔2.2〕你能给出一个简单的理由吗？

地了解这一问题的人准备的。我不打算解释为什么表达式会是这个样子（例如，为什么按这种方式定义的两点间的最短双曲距离实际是沿双曲直线来量度的，还有为什么沿双曲直线测得的距离可以适当地"相加"，等等）。*[2.3] 对"log"（对数）的使用我也要说声抱歉，我只能说事实就是如此。实际上，这里的对数是指自然对数（"以 e 为底的对数"），我将在 §§5.2，3 予以详细介绍。我们会发现，对数真的是非常漂亮和神秘（就像 e 一样），同时在许多方面也非常重要。

可以证明，这种距离定义下的双曲几何具有欧几里得几何中除了与平行公设有关的那些性质之外的所有其他性质。我们可以有三角形和其他不同形状和大小的平面图形，可以在与欧几里得几何同样多的自由度下"刚性地"（保持其双曲形状和大小不变）移动这些图形，因此，像欧几里得情形下一样，所谓两个图形出现"全等"，指的是它们"可通过刚性移动使二者完全重合"。按照这种双曲几何，埃舍尔木刻画中的所有白鱼是彼此全等的，所有黑鱼亦如此。

2.5 双曲几何的其他表示

显然，白鱼看上去不全一样，但这是因为我们是从欧几里得几何而不是从双曲几何的视角来看他们。埃舍尔的画只是利用了双曲几何在欧几里得几何下的特殊表示，双曲几何本身则是一个更为抽象的不依赖于任何特定欧几里得表示的东西。但这种表示对我们大有裨益，它使我们能够用更熟悉、看起来更"具体"的形态，即欧几里得几何形态来看待双曲几何。除此之外，这种表示还清楚地显示了双曲几何具有相容的结构，由此可知，平行公设不可能从欧几里得几何的其他公设中得到证明。

双曲几何的确还存在其他的欧几里得几何的表示，这些表示明显不同于埃舍尔所用的共形表示。其中之一就是所谓的射影表示。在射影表示中，整个双曲平面同样被描述为欧几里得平面上圆的内部，但现在双曲直线是用欧几里得直线（而不是圆弧）来表示。这种明显简单化的代价就是现在双曲角不再等于欧几里得角，很多人认为这种代价过大了。在这种表示下，A 和 B 两点之间的双曲距离由下式给出（图 2.14）：

$$\frac{1}{2}\log\frac{RA \cdot SB}{RB \cdot SA}$$

（像在共形表示里一样，取 $C = 1$），这里 R 和 S 是直线 AB 的延长线与边界圆的交点。我们可以按下述办法从双曲几何的共形表示中来得到这种表示：从中心沿径向扩展一个量

$$\frac{2R^2}{R^2 + r_c^2}$$

---

*[2.3] 看看你能否用这个公式证明，如果 A，B 和 C 是双曲直线上递次的三个点，则双曲距离"AB"等满足"AB" + "BC" = "AC"。你可以利用 §§5.2，3 所述的对数一般性质：$\log(ab) = \log a + \log b$。

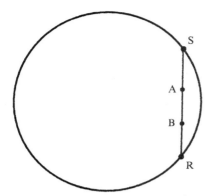

图 2.14 在射影表示中，双曲距离公式为 $\frac{1}{2}\log\{\mathrm{RA} \cdot \mathrm{SB}/\mathrm{RB} \cdot \mathrm{SA}\}$，这里 R 和 S 是欧几里得（也是双曲的）直线 AB 与边界圆的交点。

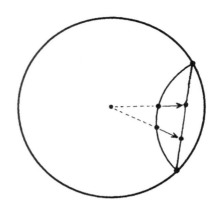

图 2.15 为了从共形表示得到射影表示，从中心向外延伸一个因子 $2R^2/(R^2+r_c^2)$，这里 R 是边界圆半径，r_c 是从共形表示中一点的边界圆的中心向外的欧几里得距离。

图 2.16 由共形表示变换到射影表示得到的图 2.11 的埃舍尔的画。

这里 R 是边界圆半径，r_c 是从共形表示中一点的边界圆的中心向外的欧几里得距离（图 2.15）。*[2.4] 图 2.16 是按此公式将图 2.11 的埃舍尔的画从共形表示变换到射影表示下的图形。（尽管忽略了细节，埃舍尔的那种精确的艺术特点仍十分明显。）虽然不是那么吸引人，但它提供了一个全新的视角！

---

*[2.4] 证明这一点。（提示：你可以用图 2.17 所示的贝尔特拉米几何，如果愿意的话。）

还有一种更直接的几何方法可用来表示这种几何，它与共形表示和射影表示都有一定联系。所有这三种表示都归功于天才的意大利几何学家贝尔特拉米（Eugenio Beltrami，1835 – 1900）。考虑一个球面 S，它的赤道大圆恰好与双曲几何的射影表示的边界圆重合。现在我们来求 S 的北半球面 S^+ 上的双曲几何表示，我称它为半球表示。见图 2.17。为了从平面（设为水平面）的射

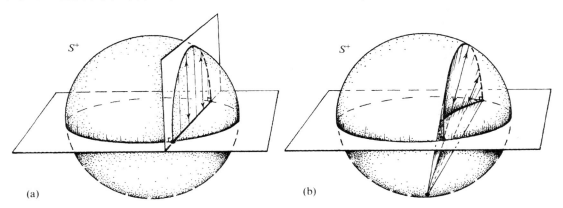

图 2.17 将双曲几何的三种表示联系在一起的贝尔特拉米几何。（a）半球表示（共形于北半球面 S^+）垂直投影为赤道面上的射影表示。（b）半球表示从南极点球极平面投影为赤道面上的共形表示。

影表示过渡到新的球面上的表示，我们只需垂直向上投影（图 2.17(a)）。代表双曲直线的平面上的直线在 S^+ 上表示为与赤道大圆垂直相交的半圆。而要从 S^+ 上的表示得到平面上的共形表示，我们从南极进行投影（图 2.17(b)）。这就是所谓的球极平面投影，它在本书中扮演着重要角色（§8.3，§18.4，§22.9 和§33.6）。我们将在§8.3 叙述球极平面投影的两个重要性质，一个是说这种投影是共形的，因此它是保角的，就是说，投影将球面上的圆变换成平面上的圆（有一个例外，就是变换成直线）。✱[2.5]✱✱✱[2.6]

双曲几何存在着不同的欧几里得空间下的表示，这一事实强调的是，这些表示不过是双曲几何的"欧几里得模型"，切不可当作是双曲几何实际的样子。如同欧几里得几何一样（见§1.3 和序言），双曲几何有它自己的"柏拉图存在"。这些"模型"里没一个可被认为比其他的更有资格充当双曲几何的"正确"图像。每一种表示在帮助我们理解方面都有其非常重要的价值，我们之所以对欧几里得表示印象深刻，只不过是因为我们更熟悉这种框架罢了。对生长在直接体验双曲几何（而不是欧几里得几何）的智慧生物来说，用双曲几何的概念来理解欧几里得几何同样是件自然的事。在§18.4，我们还将遇到双曲几何的另一种模型，这就是狭义相对论的闵可夫斯基几何。

✱[2.5] 假定球极平面投影的这两个性质成立，且双曲几何的共形表示如§2.4 所述，证明：贝尔特拉米的半球表示是共形的，此时双曲"直线"成为垂直的半圆。

✱✱✱[2.6] 你能看出如何证明这两个性质吗？（提示：在圆的情形下证明：投影锥被两个正相对倾斜的平面所截。）

在结束本节的时候，让我们回到双曲几何下正方形的存在性问题上来。在双曲几何里，虽然不存在四个角都是直角的正方形，但存在更为一般的其各角均小于直角的"正方形"。构造这种正方形的最简单的方法，就是画两条在 O 点成直角相交的直线。我们的"正方形"现在就是这样一种四边形，它的四个顶点是这两条直线与以 O 为中心的圆的交点 A，B，C，D（见图22.18）。由于图形的对称性，四边形 ABCD 的四条边相等，四个角也相等。但这些角是直角吗？在双曲几何下不是。实际上它们可以是小于直角的任意（正）角，但就不能是直角。（双曲）正方形的面积越大（即上述结构中的圆越大），这个角就越小。在图

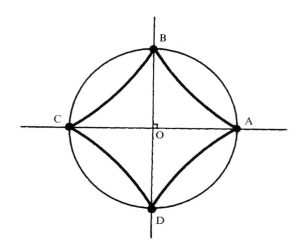

图2.18 双曲"正方形"是一种双曲四边形，它的顶点是两条过 O 点正交的直线与以 O 为中心的圆的交点 A，B，C，D。由于图形的对称性，四边形 ABCD 的四条边相等，四个角也相等。这些角不是直角，但可以是小于 $\frac{1}{2}\pi$ 的任意正角。

2.19（a），我用共形模式画了双曲正方形格子，它的每个顶点上有 5 个正方形（而不是欧几里得几何的 4 个），故顶角为 $\frac{2}{5}\pi$ 或 72°。图2.19（b）是用射影模型表示画出的同样的格子。我们看到，这种调整对于图 2.2 中的两正方形格子是不容许的。✳✳✳〔2.7〕

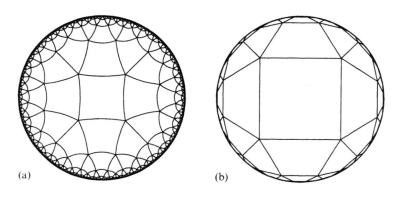

(a)   (b)

图2.19 双曲空间里的正方形格子，它的每个顶点上都有 5 个正方形，故正方形的顶角为 $\frac{2}{5}\pi$ 或 72°。（a）共形表示，（b）射影表示。

✳✳✳〔2.7〕看看你能否用双曲矩形和正方形作类似的事情。

2.6 双曲几何的历史渊源

这里我们不妨对双曲几何发现的历史做些回顾。在大约公元前 300 年欧几里得几何原本发表 42 后的几个世纪里，不少数学家都试图用其他公理和公设来证明第五公设。这些努力在 1733 年以萨凯里（Jesuit Girolamo Saccheri, 1667～1733）的史诗般的工作达到顶点。但似乎萨凯里本人一定以为他的这项倾注了毕生心血的工作是一个错误，充其量只是一个未完成的尝试——他试图通过证明每个三角形的内角和小于两直角的假设必将导致矛盾的思路来证明平行公设。虽经巨大的努力，但他仍无法从逻辑上做到这一点，最后他相当不肯定地总结道：

> 锐角假设绝对是个错误，因为它与直线性质相矛盾。[5]

"锐角"假设认为，图 2.8 中的直线 a 和 b 有时不相交。实际上，这不仅是可能的，而且直接导致双曲几何！

萨凯里是怎么发觉他要证明的东西是不可能的呢？他用于证明欧几里得第五公设的思路是：先假设第五公设是错的，然后从这个假设推出矛盾。这是一种最为悠久且极富成效的数学推理方法——最早可能还是毕达哥拉斯引入的——称为反证法（或称归谬法）。按这种方法，为了要 43 证明某个命题为真，我们首先得假设该命题不成立，然后从中推出矛盾。找到了矛盾也就证明了原命题为真。[6] 在数学推理中，反证法是一种相当有力的方法，今天我们依然经常使用。杰出的数学家哈代（G. H. Hardy, 1877～1947）的一番话很值得引述于此：

> 欧几里得极为偏爱的归谬法是数学家最好使的一种武器。这是一种比象棋中任何开局谋略都更为精巧的谋略：棋手可能会牺牲一个兵或其他棋子来开局，而数学家牺牲的则是整个棋局。[7]

以后我们还会看到这一重要原理的其他应用（见 §3.1 和 §§16.4, 6）。

然而，萨凯里没能从他的证明过程中发现任何矛盾。因此他无法得到对第五公设的证明。但在证明过程中，他事实上发现了远为重要的东西：一种不同于欧几里得几何的新几何——这就是 §§2.4, 5 里讨论的我们现在称为双曲几何的那种几何。从欧几里得第五公设不成立的假设中，他没导出矛盾，倒是导出一堆看上去奇怪、令人难以置信但却十分有趣的定理。这些结果尽管看上去古怪，但却没有一个有矛盾。现在我们知道，萨凯里用这种方法是不可能有机会找出真正的矛盾的，因为道理很简单，从数学上具有相容性结构这一点上看，双曲几何确实是存在的。用 §1.3 的术语来说就是，双曲几何是居于柏拉图数学形式世界里的。（双曲几何的物理实在问题见 §2.7 和 §28.10。）

萨凯里之后不久，目光深邃的数学家兰伯特也从欧几里得第五公设不成立的假设中导出一堆令人惊奇的几何结果，其中就包括§2.4所述的用内角和来表达双曲三角形面积公式这样的漂亮结果。似乎有迹象表明，至少在他晚年，兰伯特很可能已经形成了这样的观点：从否定欧几里得第五公设出发，或许能够得到一种相容的几何。兰伯特作此猜测的理由似乎是建立在他的这样一种预想基础上的：理论上有可能存在基于"虚半径球面"（即"半径平方"为负数）的几何。兰伯特公式 $\pi - (\alpha + \beta + \gamma) = C\Delta$ 给出了双曲三角形的面积 Δ，其中 α，β 和 γ 是三角形的三个角，C 是一常数（$-C$ 就是所谓双曲平面的"高斯曲率"）。这个公式看上去与更早以前哈里奥特（Thomas Hariot，1560~1621）得到的球面三角形面积公式 $\Delta = R^2(\alpha + \beta + \gamma - \pi)$ 非常相似，所谓球面三角形是指由半径为 R 的球面上的大圆弧[8]所框出的区域（图2.20）。***[2.8] 为了回到兰伯特公式，我们令

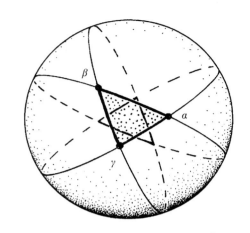

图2.20 球面三角形的哈里奥特公式 $\Delta = R^2(\alpha + \beta + \gamma - \pi)$，其中 α，β 和 γ 是球面三角形的三个角。在双曲三角形的兰伯特公式里，只要令 $C = -1/R^2$ 即可得到上述哈里奥特公式。

$$C = -\frac{1}{R^2}$$

但是，要得到双曲几何所需的正的 C 值，我们必须要求球面半径为"虚数"（即负数的平方根）。这样，半径 R 由虚数 $(-C)^{-1/2}$ 给出。这也就是为什么我们把§2.4引入的实量 $C^{-1/2}$ 称为"伪半径"。实际上，兰伯特的方法从我们当今更现代的观点（见第4章和§18.4）看是相当合理的，这说明他具有足以预见到这一点的深邃眼光。

但传统的观点（我认为有点不公正）拒绝给予兰伯特以第一个构造非欧几何的荣誉，而是认为这第一人的荣誉应当属于（半个世纪后的）大数学家高斯（Carl Friedrich Gauss，1777~1855），因为他第一个明确接受了一种有别于欧几里得几何的充分相容的几何，在这种几何中，平行公设不成立。作为一个异常谨慎的人，同时又担心这一惊人发现将引起争论，高斯没有公布他的发现，而是采取秘而不宣。[9] 在高斯开始此项研究的30年后，双曲几何又再次为其他一些人独立发现，这其中就包括波尔约（Hungarian János Bolyai，1775~1856，1829年前后）和（尤其是）俄罗斯几何学家罗巴切夫斯基（Nicolai Ivanovich Lobachvsky，1792~1856，1826年前后）（因此双曲几何经常也称为*罗巴切夫斯基几何*）。

前面所述的双曲几何的射影表示和共形表示都是由贝尔特拉米发现并于1868年发表，文章

*** [2.8] 试仅用对称性和球面总面积为 $4\pi R^2$ 这一事实证明这个球面三角公式。提示：先求由连接球面对径点的两个大圆弧框出的部分球面面积，然后切割、黏贴并利用对称性进行论证。记住图2.20。

中还包括了诸如半球表示这样的其他一些优美的表示。然而，通常人们将共形表示称为"庞加莱模型"，因为庞加莱于 1882 年对这一表示的再发现比贝尔特拉米的原创性工作更出名（主要是因为庞加莱对这一表示进行了重要的应用）。[10] 无独有偶，可怜的老贝尔特拉米的射影表示则经常被冠以"克莱因表示"。在数学上，一个数学概念不以其最初发现者的名字命名，这并非鲜见。在眼下的这个例子中，至少庞加莱重新发现了共形表示（克莱因则是于 1871 年重新发现了射影表示）。数学上还有些概念其被命名的数学家甚至不知道有此结果！[11]

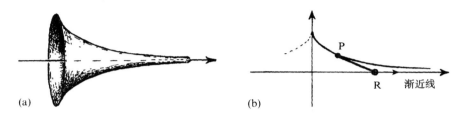

图 2.21 （a）伪球面。它可通过旋转（b）曳物线来获得。为了得到曳物线，想象在一个水平面上有一根直的轻质无摩擦刚性棒，其一端 P 固连着一个点状重物，另一端 R 沿渐近（直）线移动，于是 P 点描绘出一条曳物线。

有一种以贝尔特拉米著称的双曲几何表示（这是他 1868 年发现的），这就是所谓伪球面上的几何表示（图 2.21）。这种曲面可通过旋转曳物线来获得，牛顿在 1676 年首次研究了这种曲线及其"渐近线"。所谓渐近线是一条曲线逐步靠近的直线，当曲线趋于无穷时它与曲线渐近相切。这里，我们可以将渐近线想象成是画在质地粗糙的水平面上的。好比有一根直的轻质刚性棒，其一端 P 固连着一个点状重物，另一端 R 沿渐近线移动。于是 P 点描绘出一条曳物线。明金（F. G. Minding, 1806~1885）在 1839 年发现，伪球面有一个负常数的内在几何。贝尔特拉米正是根据这个事实构造了第一个双曲几何模型。由于这种伪球面模型的双曲距离度量与沿曲面的欧几里得距离的度量相一致，因此它似乎能够说服数学家接受平面双曲几何的相容性。然而，它也是一个有点蹩脚的模型，因为它只能对双曲几何作局部表示，而不能像贝尔特拉米的其他模型那样进行整体的表示。

2.7 与物理空间的关系

双曲几何在高维下也有完美的表现。此外，存在着高维的共形表示和射影表示。对三维双曲几何，边界圆替换为边界球面。整个无限大的三维双曲几何由这个有限的欧几里得球面的内部来代表。其余的基本上与我们以前的一样。在共形表示里，三维双曲几何中的直线表现为与边界球面垂直相交的欧几里得圆，角则直接由欧几里得度量给出，距离公式同二维情形。在射影表示下，双曲直线就是欧几里得直线，距离公式也与二维情形下一样。

实际的宇宙在宇宙学尺度上的情形会是怎样的呢？我们能够期望它的空间几何是欧几里得

46

的吗？抑或它更接近于其他某种几何，例如我们在§§2.4~6所考察的著名的双曲几何（当然是其三维形式）？这确实是个严肃的问题。从爱因斯坦的广义相对论（§17.9和§19.6）我们知道，欧几里得几何只是对实际物理空间的几何的一种（极为精确的）近似。这种物理几何甚至不是严格均匀的，总存在一些由物质密度所引起的波纹起伏。但据宇宙学家当前所能得到的最好的观察资料显示，这些波纹似乎可以在宇宙学尺度上被平均到一个相当好的程度（见§27.13和§§28.4~10），实际宇宙的空间几何极为接近于均匀的（分布均匀且各向同性——见§27.11）几何。至少欧几里得的前四条公设是经得起时间检验的。

有些事情需要在这里澄清一下。基本上说，满足均匀性（各点性质都一样）和各向同性（各方向性质都一样）条件的几何大致有3种：欧几里得型的、双曲型的和椭圆型的。欧几里得几何我们是再熟悉不过了（已存在了23个世纪）。双曲几何则是本章的主题。但什么是椭圆几何呢？根本上说，椭圆平面几何就是那种球面上图形所满足的几何。我们在§2.6讨论兰伯特的双曲几何时见到过它。图2.22a，b，c分别是椭圆、欧几里得和双曲三种几何下用相似的天使和魔鬼镶嵌成的埃舍尔的画，其中第三种是图2.11的一种有趣的替代品。（还存在三维的椭圆几何及其各种表示，在这些表示中，球面对径的两点被认为表示的是同一点。这些问题我们将放在§27.11进行较深入的讨论。）但是，椭圆情形被认为违反了欧几里得第二和第三公设（也就包括了第一公设）。因为这是一种范围有限的几何（因此两点间可有多条线段）。

那么宇宙的大尺度空间几何的观察结果又是如何的呢？凭心而论，我们并不清楚，虽然最近出现了不少广为宣传的论调，声称欧几里得几何还是对的，它的第五公设也仍然成立，就是说平均而言，空间的几何性质仍是"欧几里得型的"。[12] 另一方面，也有证据（一些证据来自同一类实验）较为肯定地宣称，宇宙空间总体上是双曲型的。[13] 除此之外，也有些理论家一直在为椭圆模型进行争论，这种情形是不可能用同样支持欧几里得模型的证据来排除的（见§34.4后半部分）。读者会注意到，这个问题仍然充满争议，经常还会引起激烈的争吵。在本书的后面几章，我将给出许多与此有关的观点（我并不打算隐瞒我自己对双曲模型的偏好，但我会尽可能公正地介绍其他观点）。

对那些像我这样为双曲几何的美所吸引，同时也对现代物理的宏大感到由衷赞叹的人来说，这种极好的几何还有另一种作用，这就是它对理解现代物理宇宙所具有的无可争议的基础性作用。按照现代的相对论理论，速度空间一定是三维双曲几何的（见§18.4），而不是那种在古老的牛顿理论中才成立的欧几里得几何。这将有助于我们理解解开相对论的某些谜团。例如，想象一下，一艘正以接近光速的速度掠过建筑物的飞船以差不多相同的速度向前抛射出一个物体。然而，该物体相对于建筑物的速度永远不可能超过光速。对于这种不可能性，我们在§18.4可以从双曲几何角度找到一个直接的解释。这些引人入胜的问题只有在后面的章节才能够展开论述。

毕达哥拉斯定理的情形又如何呢？我们已看到，它在双曲几何下不成立。那么难道我们就这么放弃祖先传下来的这一伟大遗产吗？不会的，就双曲几何——以及所有各种从双曲几何推广

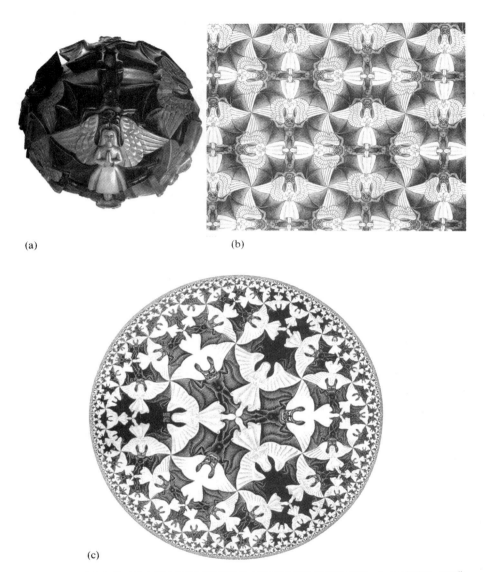

(a)　　　　　　　　　　　　　　(b)

(c)

图 2.22　用 埃舍尔的天使和魔鬼拼贴画显示的均匀平面几何的三种基本型。(a) 椭圆型（正曲率）；(b) 欧几里得型（零曲率）和 (c) 双曲型（负曲率）。它们都是共形表示（埃舍尔作品《圆极限Ⅳ》，与图 2.17 比较）。

而来的"黎曼"几何（它们构成爱因斯坦广义相对论的基本框架，见 §13.8，§14.7，§18.1 和 §19.6）——而言，在小尺度极限方面毕达哥拉斯定理仍起着关键性作用。何况，毕达哥拉斯定理的巨大影响早已深入到数学和物理的广泛领域（例如量子力学的"幺正"度规结构，见 §22.3）。尽管这一定理从某种意义上说已为"大尺度"距离上的相应定理所取代，但它在小尺度几何结构方面仍具有中心地位，它的应用范围远远超出了最初提出时的预想。

49

注 释

§2.1

2.1　历史上究竟是谁最先证明了"毕达哥拉斯定理"，这一点很不清楚，见注释1.1。古埃及人和古巴比伦人似乎已经知道这一定理的一些事例。毕达哥拉斯及其学派的真正作用被夸大了。

§2.2

2.2　尽管欧几里得已经非常小心，但他的工作中仍隐含了各种假设。它们主要涉及我们今天称为"拓扑"的那些问题，这些问题在欧几里得和他的同时代人看来，似乎是"直观上显然"的。这些未经言明的假设只有到几个世纪后，特别是19世纪末才由希尔伯特明确指出。后文中我将略去这些说明。

2.3　例如见 Thomas（1939）。

§2.4

2.4　本书中会经常用到像 $C^{-1/2}$ 这样的"指数"记号。正如注释1.2已经指出的，a^5 表示 $a \times a \times a \times a \times a$；相应地，对正整数 n，a 自乘 n 次的积记为 a^n。这种记法可扩展到负指数，故 a^{-1} 就是 a 的倒数 $1/a$，a^{-n} 就是 a^n 的倒数 $1/a^n$，或等价地 $(a^{-1})^n$。为了与§5.2的更为一般性的讨论保持一致，对正数 a，$a^{1/n}$ 为"a 的 n 次方根"，它是满足 $(a^{1n})^n = a$ 的（正）数（见注释1.1）。进一步，a^{mn} 是 $a^{1/n}$ 的 m 次幂。

§2.6

2.5　Sacchri（1733），Prop. XXXIII。

2.6　极少数数学家持有所谓的直觉主义观点，这种观点不接受"反证法"，认为这一法则属非构造性的，因此有时会导致出现对某个数学对象的不具任何构造意义的断言。这个问题与§16.6所讨论的问题有关，见 Heyting（1956）。

2.7　Hardy（1940），34页。

2.8　大圆弧是球面上的"最短"曲线（测地线）；它们处于过球面中心的平面上。

2.9　高斯的职业兴趣是在测地方面，他是否真的试图从物理空间上来判断是否存在可测量的欧几里得几何的偏差，这仍是个有争论的问题。由于他对非欧几何问题始终保持沉默，因此，如果他事实上试图这么做，他也不会对外声张，更何况（如我们现在所知）这种效应是如此之弱，他注定不会成功。目前的主流观点是，他"只是进行测地工作"，关心的是大地的曲率，而非空间曲率。但我认为很难相信他会一点不在意欧几里得几何的任何明显的偏差，见 Fauvel and Gray（1987）。

2.10　所谓"庞加莱半平面"表示最初也出自贝尔特拉米，见 Beltrami（1868）。

2.11　这一点甚至可用于高斯本人（另一方面说，他也经常超前预料到其他数学家的工作）。拓扑学上有一条重要的数学定理称为"高斯－博内定理"，它可以用所谓"高斯映射"来漂亮地证明，但这定理本身实际上是 Blaschke（W. J. E. Blaschke 1885 ~ 1962）提出的，而优美的证明过程则是由 Olinde Rodrigues（1749 ~ 1851）发现的。就是说，不论是结果还是证明过程甚至都不为高斯或博内所知。一些教科书中曾正确引述过更为基本的"高斯－博内定理"，见 Willmore（1959）和 Rindler（2001）。

§2.7

2.12　宇宙总体结构的主要证据基本来源于对宇宙的微波背景辐射的细致分析，我们将在§§27.7，10，11，13，§§28.5，10和§34.14对此进行讨论。基本参考文献见 de Bernardis et al.（2000）；更精确、更新的数据见 Netterfield et al.（2002）（有关 BOOMERanG 的）、Hanany et al.（2000）（有关 MAXIMA 的）和 Halverson et al.（2001）（有关 DASI 的）。

2.13　理论基础见 Gurzadyan and Torres（1997）；Gurzadyan and Kocharyan（1994）。相应的微波背景辐射数据分析：COBE 数据见 Gurzadyan and Kocharyan（1992）；BOOMERanG 数据见 Gurzadyan et al.（2002, 2003）；WWMAP 数据见 Gurzadyan et al.（2004）。

第三章
物理世界里数的种类

3.1 毕达哥拉斯灾难?

现在我们回到反证法问题上来,这一方法曾被萨凯里用于他对欧几里得第五公设的证明。经 51
典数学里有许多成功运用这种方法的例子,最著名的一个例子出自毕达哥拉斯学派,这一证明方
法解决了下面这样一个数学问题,尽管给他们带来巨大麻烦:我们能找到一个其平方等于数2的有
理数(即分数)吗? 答案是不能,一会儿我将给出这个数学命题:不存在这样的有理数。

为什么毕达哥拉斯学派对这个发现会感到如此烦恼呢? 我们知道,一个分数——也就是一个
有理数——总可以表示为两个整数 a 和 b 的比值 a/b,其中 b 非零。(分数的定义见前言。)毕达哥
拉斯学派原来一直认为,他们的全部几何可以用有理数量度的长度来表示。有理数非常简单,用
简单有限的几个概念就能说明白,而且能够用于度量距离大小。如果所有几何都能用有理数表示
的话,那么事情就会变得相当简单易懂。另一方面,"有理"数的概念要求可无限操作,这对古人来
说显得相当困难(原因可以有很多)。为什么不存在其平方等于数2的有理数会是一个困难呢?
这还要回到毕达哥拉斯定理本身。在欧几里得几何里,如果我们有一个单位边长的正方形,那么
它的对角线就是一个其平方等于 $1^2 + 1^2 = 2$ 的数(见图
3.1)。如果不存在这样一个能够描述正方形对角线长的
数,这无疑是几何学的灾难。开始时,毕达哥拉斯试图用能
够以整数比描述的"实际的数"概念来解决这个问题。下面
我们看看为什么这么做没用。

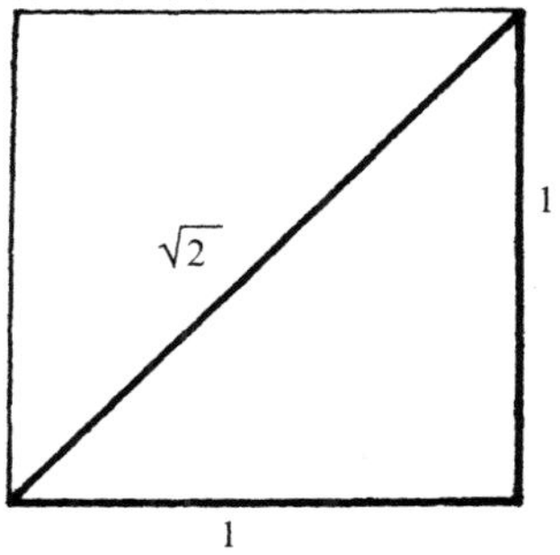

这个问题可归结为:为什么对正整数 a 和 b,方程

$$\left(\frac{a}{b}\right)^2 = 2$$

无解? 我们用反证法来证明不可能存在这样的 a 和 b。为

图 3.1 按毕达哥拉斯定理,单位边长的正方形有对角线 $\sqrt{2}$。

52

此我们假设，如果这样的 a 和 b 存在，那么

用 b^2 乘以上述方程的两边，可得到

$$a^2 = 2b^2,$$

另外，显然有 $a^2 > b^2 > 0$。[1] 现在方程的右边是偶数，故 a 必为偶数（不可能是奇的，因为奇数的平方还是奇数）。不妨设 $a = 2c$ 这里 c 是某个正整数。我们用 $2c$ 替换下方程里的 a，再平方，有

$$4c^2 = 2b^2,$$

两边再除以 2，

$$b^2 = 2c^2,$$

于是有结论 $b^2 > c^2 > 0$. 这个方程除了 b 取代 a 和 c 取代 b 之外，形式与以前的完全一样，只是有一点，相应的整数较之以前变小了。现在我们不断重复这个论证过程，由此得到一个方程的无穷序列

$$a^2 = 2b^2, b^2 = 2c^2, c^2 = 2d^2, d^2 = 2e^2, \cdots,$$

这里

$$a^2 > b^2 > c^2 > d^2 > e^2 > \cdots,$$

53　所有这些整数都是正的。但一个递减的正整数序列最后必然达到零，这与这个序列的无穷性质相矛盾。带来矛盾的是我们所做的假设，即存在平方为 2 的有理数。因此，正如我们要证的，不存在这样的有理数。[2]

上述论证中有些要点应当挑明。首先，按照正常的数学证明程序，论证中涉及的数的性质应是"明白的"或是之前得到认可的。例如，我们利用了奇数的平方总是奇数，以及一个整数不是奇数就是偶数这些事实。我们另外用到的一个基本事实是，每个严格递减的正整数序列一定达到零。

确认论证中使用的精确假设之所以重要——尽管这些假设中有些完全是"显然"的——是因为数学家们经常对论证中并非原初所关心的其他方面感兴趣。如果这些方面的性质仍满足原假设，那么论证就仍是有效的，同时所证的命题也因此获得了比原有的更广泛的意义，因为它可以用到这些其他方面。但另一方面，如果某些所需的假设在这些新的方面不能成立，那么我们就知道了原命题在这些新的方面是不成立的。（例如，认识到如下事实很重要：在 §2.2 的毕达哥拉斯定理证明中我们用到了平行公设，因此该定理在双曲几何下是不成立的。）

54　在上述论证中，原初的对象是整数，而我们关心的那些数——有理数——则是整数的商。对于这样的数，的确不存在其平方等于 2 的情形。但还存在另一些并非整数和有理数的其他类型的数。正是 2 的平方根的需要迫使古希腊人非常不情愿地越过整数和有理数的樊篱去寻找新的数。他们发现他们不得不接受的这种新的数就是我们今天的所谓"实数"：一种我们现在用十进制无限展开来表示的数（虽然古希腊人不知道有这种表示）。实际上，2 的确有一个实数的平方根，

即（我们将它写在下面）

$$\sqrt{2} = 1.41421356237309504880168872\cdots$$

在下一节我们还将更仔细地考虑这个"实数"的物理功用。

出于好奇，我们不妨问一句，为什么上面对"不存在 2 的平方根"的证明对实数（或实数比，二者是一回事）是无效的？如果我们将论证中的"整数"代换为"实数"会发生事情？我们说，基本的差别在于，严格递减的正实数（甚至其分数）序列必达到一个定值这一点是错的，因此论证在这一点上不成立。[3]（例如，考虑无限序列 1，$\frac{1}{2}$，$\frac{1}{4}$，$\frac{1}{8}$，$\frac{1}{16}$，$\frac{1}{32}$。）人们也许还担心这种情形下"奇"和"偶"实数之间是否有差别。事实上，这种区别丝毫不造成论证困难，因为所有的实数和所有的"偶实数"一样多：对任一实数 a，总存在一个实数 c 使得 $a = 2c$，对实数两边除 2 总是可能的。

3.2　实数系

因此，古希腊人不得不接受这样一个事实：如果（欧几里得）几何概念要得以健康发展，有理数显然是不足的。今天，我们从不担心某个几何量是否会无法单用有理数来度量。这是因为我们已非常熟悉"实数"概念。虽然袖珍计算器只能以有限几位数字来表示数，但我们很快就明白，这是一个由于计算器运算能力所限得到的近似数。我们容许对理想的（柏拉图）数学数（mathematical number）作十进制无限连续展开。这种方法甚至可用于分数的十进制表示，例如像

$$\frac{1}{3} = 0.333\,333\,333\cdots,$$

$$\frac{29}{12} = 2.416\,666\,666\cdots,$$

$$\frac{9}{7} = 1.285\,714\,285\,714\,285,$$

$$\frac{237}{148} = 1.601\,351\,351\,35\cdots$$

分数的十进制展开总是循环的，即是说在某个数位之后，这个无穷数字列是由某个有限长数字列的无限重复构成的。在上面的这些例子中，重复数字列分别为 3，6，285714 和 135。

古希腊人不知道十进制展开，但他们有他们自己的办法来对付无理数。实际上，他们所采用的是我们今天称为连分数的表示系统。这里我们不必深究，只予以稍许点评。一个连分数[4]就是一个有限或无限的表达式 $a + (b + (c + (d + \cdots)^{-1})^{-1})^{-1}$，这里 a，b，c，d，$\cdots$都是正整数：

$$a + \cfrac{1}{b + \cfrac{1}{c + \cfrac{1}{d + \cdots}}}$$

任何大于 1 的有理数都可以写成一个可穷尽的这种表达式（这里为避免歧义，我们通常要求最后的整数大于 1）。例如，$52/9 = 5 + (1 + (3 + (2)^{-1})^{-1})^{-1}$：

$$\frac{52}{9} = 5 + \cfrac{1}{1 + \cfrac{1}{3 + \cfrac{1}{2}}}$$

而对于小于 1 的正有理数，我们只需容许表达式中第一个整数是零。对非有理数的实数，我们只需*[3.1] 要求这种连分数表达式可以无限重复下去，下面是一些例子 5

$$\sqrt{2} = 1 + (2 + (2 + (2 + (2 + \cdots)^{-1})^{-1})^{-1})^{-1},$$

$$7 - \sqrt{3} = 5 + (3 + (1 + (2 + (1 + (2 + (1 + (2 + \cdots)^{-1})^{-1})^{-1})^{-1})^{-1})^{-1})^{-1},$$

$$\pi = 3 + (7 + (15 + (1 + (292 + (1 + (1 + (1 + (2 + \cdots)^{-1})^{-1})^{-1})^{-1})^{-1})^{-1})^{-1})^{-1})^{-1}。$$

在前两个例子中，自然数的序列——即第一个例子中的 1，2，2，2，…和第二个例子中的 5，3，1，2，1，2，…——似乎有这样的性质：他们都是最终循环序列（在第一个例子中是 2，第二个例子中是 1，2）。**[3.2] 从前述熟悉的十进制记法我们知道，只有有理数才有（有限的 或）最终循环表达式。另一方面，有理数总可以表示为一个有限的连分数，这一点可看成是古希腊人在"连分数"表示方面所达到的成就。于是，我们自然要问，哪些数会有最终循环的连分数表达式？就我们目前的知识来说，这都是一个非凡的定理，它最先是由 18 世纪的数学家约瑟夫·C·拉格朗日（以后我们还会遇到他所提出的其他重要概念，特别是在第 20 章里）证明的：那些有最终循环连分数表达式的数是所谓的二次无理数。6

什么是二次无理数呢？它对古希腊几何有何重要意义？我们说，这是一种可以表示为如下形式的数

$$a + \sqrt{b},$$

这里 a 和 b 都是分数，且 b 不是一个完全平方数。这种数对欧几里得几何之所以重要，是因为它们都是可由尺规作图直接得到的无理数。（回想一下，§3.1 的毕达哥拉斯定理第一次引领我们来考虑 $\sqrt{2}$ 问题，还有些其他的关于欧几里得长度的简单作图问题直接让我们领略了上述形式的其他无理数。）

二次无理数的一些特例是那种 $a = 0$ 及 b 为（非平方）自然数（或大于 1 的有理数）的情形：

---

*[3.1] 试着用你的计算器（假定它有 "$\sqrt{\ }$" 和 "x^{-1}" 键）得到足够精度的这些展开式。取 $\pi = 3.141\,592\,653\,589\,793\cdots$（提示：在纸上记下十进制下每个数的整数部分，然后求小数部分的倒数；再将得到的十进制数的整数部分记下，然后再求剩余小数部分的倒数；依次类推，即可得到所需精度的展开式。）

**[3.2] 假定这就是两个连分数表达式的最终循环序列，证明：他们所代表的必定是等号左边的量。（提示：找出这个量满足的二次方程，并参考注释 3.6。）

$$\sqrt{2},\ \sqrt{3},\ \sqrt{5},\ \sqrt{6},\ \sqrt{7},\ \sqrt{8},\ \sqrt{10},\ \sqrt{11},\ \cdots$$

这种数的连分数表示特别有意思，其自然数序列有一种奇妙性质。它由某个数 A 开始，然后紧接着是一个"回文"序列（即正读倒读都一样的序列）$B，C，D，\cdots，D，C，B$，再接着是 $2A$，然后又是无限重复的 $B，C，D，\cdots，D，C，B，2A$ 序列。我们以 $\sqrt{14}$ 为例，其自然数序列为

$$3，1，2，1，6，1，2，1，6，1，2，1，6，1，2，1，6，\cdots$$

这里 $A = 3$，回文序列 $B，C，D，\cdots，D，C，B$ 只有 3 个数 1，2，1。

　　古希腊人在这方面懂得多少呢？他们可能知道的不少——很可能我上面所说的所有事情（包括拉格朗日定理）他们都知道，只是不能对每一件事情都给出严格证明。与柏拉图同时代的泰特托斯（Theaetetos，公元前 417～前 369）似乎就已经确立了其中的大部分。甚至有证据表明，这些知识（包括上面的重复性的回文序列）在柏拉图的对话里都有所反映。[7]

　　虽然利用二次无理数概念使我们有办法得到适合欧几里得几何的数，但它满足不了所有的需要。在欧几里得原本的第 10 卷（最难的一卷）里，就已经考虑了形如 $\sqrt{a+\sqrt{b}}$ 这样的数（其中 a 和 b 均是正有理数）。这些一般都不是二次无理数，但它们却出现在尺规作图里。满足几何作图的数都是些能用自然数通过重复使用加、减、乘、除四则运算和取平方根来构造而得到的数。但其专有的运算极为复杂，而且从尺规作图以外的欧几里得几何来考虑，这些数仍是非常有限的。古希腊人采取的更为令人满意的大胆步骤——这一步实际有多大胆将在 §§16.3～5 叙述——是容许完全一般化的无限连分数表达式。这种表示使得古希腊人能够得到足以描述欧几里得几何的任何数。

　　用现代术语来说，这些数其实就是所谓的"实数"。虽然这种数的完全令人满意的定义要到 19 世纪（戴德金、康托尔和其他人的工作）才出现，但古希腊的大数学家和天文学家、柏拉图的学生欧多克索斯（Eudoxos）早在公元前 4 世纪就已得到了这一概念的基本思想。下面我们对欧多克索斯的见解作一恰当评述。

　　首先我们注意到，欧几里得几何里的数可以表示为长度的比值，而不是长度本身。按此做法，具体的长度单位（像"英寸"或古希腊的"指[1]"）是不需要的。此外，有了长度比，无论多少个比值相乘都不受限制（这样当多于 3 个的长度相乘时就不需要考虑高维"超体积"）。欧多克索斯理论的第一步就是为诸如一个长度比 $a:b$ 大于另一个长度比 $c:d$ 这样的命题提供判据。这个判据是说，存在正整数 M 和 N，使得自身相加 M 次的长度 a 大于自身相加 N 次的长度 b，同时自身相加 N 次的 d 大于自身相加 M 次的 c。**[3.3] 对于 $a:b$ 小于 $c:d$ 的情形也有相应的判据。对比值相等的情形则这两种判据皆失效。有了这种天才的比值"相等"的概念，欧多克索

---

　　〔1〕　dactylos，古希腊长度单位，1 指约为 1.65 厘米。——译注
　　**〔3.3〕你能知道为什么吗？

58　斯实际上也就有了依据长度比建立起来的抽象的"实数"概念。他还建立了这种实数的加法和乘法运算法则。***[3.4]

　　然而，古希腊人的实数概念与当代的实数概念之间存在本质上的差别。因为古希腊人把数系看成是由物理空间距离概念基本"给定"的，因此问题归结为如何来确定实际的"距离"量度。而"空间"作为一种绝对的柏拉图理念早已深入人心，即使其中存在实际的物理客体也不可能使这种柏拉图理念有所改变。8（但从§17.9和§§19.6，8我们将看到，爱因斯坦的广义相对论已经从根本上改变了这种空间观念和物质观念。）

　　在古希腊人看来，沙滩上画出的正方形或大理石雕出的立方体这些物理对象，都不过是对柏拉图几何理念合理的有时甚至是极好的近似。隐藏在这些柏拉图形式背后的则是空间本身：一种高度抽象或概念化的存在，它可以看成是柏拉图实体的直接外化。这种理想化几何上的距离量度是某种待确定的量，相应地，我们可以适当地从给定的欧几里得空间的几何里抽出实数这种理想化概念。事实上，这就是欧多克索斯借以成功的方法。

　　然而，到了19、20世纪之交，认为数学上数的概念应与物理空间的性质分离开来的观点已经出现。由于数学上出现了不同于欧几里得的相容的几何，因此坚持数学上"几何"概念必定是从"真实"物理空间的假定性质中抽取出来的观点显然是不合时宜的。更主要的是，根据非完美物理对象的行为来断定这种假想的基本"柏拉图物理几何"的具体性质，如果不是不可能的，起码也是非常困难的。例如，要根据所定义的"几何距离"来了解数的性质，就需要知道无穷小和无穷大距离上会发生什么。甚至在今天，这些问题也还没有明确无误的答案（在后面的章节里我还会谈到这些问题）。因此，通过不直接依赖于物理测量来发展数的性质是非常合适的一种做法。正由此，戴德金和康托尔借助于不直接涉及几何的概念发展了他们的何"谓"实数的思想。

59　　戴德金的实数定义是根据有理数的无穷集给出的。大致如下：考虑按大小顺序排列的正、负有理数（和零）。零在当中，负有理数在左边延伸至无穷，正有理数在右边延伸至无穷。（这只是出于视觉考虑，实际上戴德金的程序完全是抽象的。）想象一个"切口"将该序列一分为二，切口左边的均小于右边。如果切口的"刀锋"没"伤"着有理数，而是插在两个有理数之间，我们就说切口所在位置定义了一个无理实数。更确切地说，只有在切口左边的所有数中没有最大的数，同时右边的所有数中没有最小的数的情形下，切口的位置所指才是无理数。将如此定义的"无理数"系加到已有的有理数系上，我们就得到了完整的实数系。

　　通过简单定义，戴德金程序直接给出了实数的加法律、减法律、乘法律和除法律。此外，它使得我们能够定义极限，由此，前述的无限连分数

$$1 + (2 + (2 + (2 + (2 + \cdots)^{-1})^{-1})^{-1})^{-1}$$

***[3.4] 你能看出如何建立这些法则吗？

或无穷和

$$1 - \frac{1}{3} + \frac{1}{5} - \frac{1}{7} + \frac{1}{9} - \cdots$$

都可以赋予实数意义。事实上,前一个式子给出无理数 $\sqrt{2}$,后一个式子给出 $\pi/4$。可取极限性是许多数学概念的基础,正是在这一点上实数显示出其特殊的力量。[9] (读者想必还记得,正如 §2.3 所述,"求极限过程"是面积的一般定义的必要条件。)

3.3　物理世界里的实数

这里触及到一个深刻问题。在数学概念发展的过程中,一个重要的原始推动力就是寻找能准确反映物理世界行为的数学结构。但要用这些明晰的数学概念来检验物理世界的细节通常是不可能的,尽管这些数学概念可以直接从中抽象出来。但进步是有的,因为数学概念往往有一种似乎完全源自其自身的"动力"。数学思想的发展自然会引出各种问题。其中有些(如在求取正方形对角线长度时出现的问题)可导致原初的数学概念根据所出现的问题而发生根本性的扩展。这些扩展中,有些似乎是我们被迫做出的,有些则是出于方便、相容性或数学美等考虑做出的。这样,数学的发展似乎偏离了原先设立的方向,即不再反映物理行为。但在许多情形下,正是这种源自数学相容性和数学美的推动力,为我们带来了比预期的更深刻也更广泛地反映物理世界的数学结构和概念,就好像大自然本身也是在那些引导人类数学思想的相容性和美的判据的引领下发展的。

实数系本身就是这样一个例子。大自然没有直接证据表明物理上存在一种可扩展到任意大尺度上的"距离"概念;同样,也没有证据表明距离的概念可以运用到任意小尺度上。实际上,就没有证据表明一定存在着与几何上精确使用的实数距离相一致的"空间点"。在欧几里得时代,几乎没有证据支持说这种欧几里得"距离"可以向外扩展到譬如说 10^{12} 米,[10] 或向内用于 10^{-5} 米。但是,正是受到数学上实数系表现出的相容性和美的激励,迄今为止所有成功应用于广泛领域的物理理论才无一例外地继续坚持这种古老的"实数"概念。虽然从欧几里得时代可获得的证据上说,这么做缺乏正当性,但我们对实数系的信心似乎已经得到了回报。今天,成功的现代宇宙学理论已将实数距离的运用范围扩展到 10^{26} 米甚至更大的尺度上,而粒子物理的精确性则将这种距离概念用到了 10^{-17} 米甚至更小的范围内。(物理上预期的最小尺度要比现今所用的还小 18 个数量级,即 10^{-35} 米,这就是量子引力的"普朗克尺度",我们将在 §§31.1, 6~12, 14 和 §32.7 对此予以讨论。)实数系应用的有效范围从欧几里得时代的 10^{17} 量级的跨度扩展到今天物理理论直接用到的 10^{43} 量级,增长了约 26 个数量级,这无可辩驳地证明了我们对数学理想化概念运用的正当性。

实际上,实数系的物理有效性要比这宽泛得多。首先,面积和体积也是可用实数来精确测量的量。体积量度是距离量度的立方(面积则是距离的平方)。这样,就体积而言,我们可以认为其相关的跨度范围也是三次方的。在欧几里得时代，这个跨度是$(10^{17})^3 = 10^{51}$，而在今天，则至少是$(10^{43})^3 = 10^{129}$。除此之外，现代理论还有许多其他需要用实数来描述的物理量。最值得指出的就是时间。按照相对论，时间必须和空间结合起来形成时空概念（我们将在第 17 章讨论这个问题）。时空体积是 4 维的，我们不妨将时间跨度（在现有理论里也是10^{43}）也一并加以考虑，这样，总的数量级就至少是10^{172}。在后面（§27.13 和§28.7）的讨论中，我们还将看到更大的实数，尽管在某些情形下实数（而非整数）应用是否具有实质性意义这一点还不十分清楚。

对于自阿基米德始，经过伽利略和牛顿，到麦克斯韦、爱因斯坦、薛定谔、狄拉克和其他学者所创立的物理理论来说，更为重要的是，实数系在标准的微积分程式化方面始终起着必要框架的关键作用（见第 6 章）。所有成功的动力学理论都需要微积分概念来系统化。现在，常规的微积分处理都需要用到实数的无穷小性质。也就是说，在小尺度一端，原则上应用完全是在实数范围内进行的。微积分的思想奠定了其他诸如速度、动量和能量等物理概念的基础。结果，实数系以一种基础性的形式进入各种成功的物理理论。正如早先在§2.3 和§3.2 谈及面积时指出的，这里要求存在实数系小尺度结构的无穷小极限。

但是我们仍可以问一句，就最深层次的物理实在的描述而言，实数系真的是"正确的"吗？在 20 世纪初开始引入量子力学概念的时候，人们感到这大概就是见证物理世界在最小尺度上的离散或颗粒性质的层面了。[11] 能量显然只以离散丛——或叫"量子"——的方式存在，"作用量"和"自旋"等物理量似乎也只以基本单位的离散乘积形式出现（作用量的经典概念见§§20.1，5，其量子概念见§26.6；自旋概念见§§22.8 – 12）。因此，各个物理学家都试图在这种最小尺度上离散性支配着所有作用的基础上建立起各自的世界图景。

然而，正如我们现在对量子力学的理解，理论并没有迫使我们（更未引导我们）采取这样一种观点：在最小尺度上，空间、时间或能量一定取离散或颗粒性质（见第 21、22 章，特别是§22.13 的最后一段）。但不论怎样，自然界在根本上是离散的观念始终伴随着我们，尽管事实上量子力学就其标准形式体系来说并没有暗示这一点。例如，大量子物理学家薛定谔（Erwin Schrödinger）就曾最先提出，基本空间离散性的改变实际上是必需的：[12]

当代数学家们极为熟悉的范围连续性思想是一种过分的要求，这是对我们可感知的性质的一种巨大的外推。

他将这一看法与早期希腊人关于自然界离散性的某些思想联系起来。爱因斯坦在他晚年出版的著作中也曾建议，基于离散性的（代数）理论可能是未来物理学发展的方向：[13]

人们有很好的理由来说明为什么实在不能表示为连续的场……量子现象……必然引导去寻找描述实在的纯代数理论。但没人知道如何获得这种理论的基础。[14]

其他人[15]也追随过这种思想，见§33.1。在 20 世纪 50 年代后期，我自己也做过这类尝试，提出了我称之为"自旋网络"的理论，其中量子力学自旋的离散性质被当作物理学综合（即基于离散而非实数基的）处理的基础性材料。（这一理论将在§32.6予以简述。）虽然我在这个方向上的见解并未发展成一种综合性理论（但后来它在某种程度上变形为"扭量理论"；见§33.2），但自旋网络理论现在已被其他人用作解决量子引力的基础性问题的主要工具之一。[16]我将在第32章简单描述这些不同的概念。不论怎样，就业经尝试和检验的物理理论现状来看——正如它在过去24个世纪所经历的那样——实数仍然是我们理解物理世界的基本要素。

3.4　自然数需要物理世界吗？

在§3.2描述戴德金对实数系的处理时，我预先假定了有理数是"意义明确的"。实际上，63
从整数过渡到有理数并不困难。有理数不过是整数的比（见前言）。那么整数本身又如何呢？这些数根植于物理概念吗？前两段所述的物理的离散方法无疑要依赖于自然数（即"计数数"）及其到整数的扩展（包括负数）。在希腊人那里，负数并不是实际的"数"，因此我们首先要探究的是自然数本身的物理地位。

自然数是那些我们用0，1，2，3，4，…来指称的对象，就是说，它们是非负整数。（现代处理往往包括0，这从数学的观点来看是适当的，虽然古希腊人似乎并不认为"0"是实际的数。"0"的使用要等到印度数学家引入才有可能。这一工作始于7世纪的婆罗摩笈多（Brahmagupta），以后分别为9世纪的摩珂毗罗（Mahāvīra）和12世纪的婆什迦罗（Bhāskara）所继承。）自然数的作用是清楚而无歧义的。他们真正是最基本的"计数数"，这种数的基本功能与几何定理或物理规律无关。自然数具有熟悉的运算法则，尤其是加法运算（如$37+79=116$）和乘法运算（如$37\times79=2923$）。这些运算使得自然数对可以组合生成新的自然数，它们与世界的几何性质无关。

然而，我们可以提出这样的问题：自然数本身是否具有一定意义？它们真的是一种独立于物理世界的实际性质的客观存在吗？我们的自然数概念依赖于我们周围世界里现存的那些持久的意义明确的各种对象。当我们打算清点东西的时候，自然数最初就这么出现了。但这给人的印象似乎自然数依赖于世间存在的可用于"清点"的那些可长期加以区分的"东西"。另一方面，假定我们周围的世界里充斥的都是些始终在变化的客体，这个世界里的自然数还是一种"自然的"概念吗？不仅如此，如果宇宙间包含的实际上只有有限个"东西"，这种情形下，"自然"数本身将会在某一点到达尽头！我们甚至可以想象一个完全由无定形无特征物质构成的宇宙，对这种宇宙来说，数量化概念恐怕根本就是不合适的。这时"自然数"概念指的是什么呢？

即使出现的是这么一种情形——这种宇宙中的居民发现我们当前的"自然数"这种数学概64
念难于理解，很难想象这个基础性概念还有什么重要性可言。可以有多种方法将自然数引入纯数学，这些方法似乎与物理世界的实际性质不无关系。本质上说，这里需要用到的是"集合"

的概念，这个概念是一种抽象，从任何意义上说，它都与物理世界的具体结构无关。实际上，对这个问题已有明确的区分，我将在后面（§16.5）再回到这个问题上来。眼下我们不妨暂且忽略这种细微差别。

我们来考虑这么一种引入自然数的方式（由康托尔率先提出，后由杰出的数学家冯·诺伊曼（John von Neumann, 1903~1957）改进），其中自然数可通过集合的抽象概念来引入。这个程序使我们能够定义所谓的"序数"。所有集合中最简单的是"零集"或叫"空集"，其中不含任何元素！空集通常记为∅，我们可将这个定义写成

$$\varnothing = \{ \quad \},$$

这里花括弧表示一个集合，至于其元素，就是括弧中的量。对于零集，括弧中没有任何元素，因此这种集合是名副其实的空集。我们可由∅联想到0。接下来我们进一步，定义一个只以∅为唯一元素的集合，即集合{∅}。注意，{∅}不等同于空集∅。集合{∅}有一个元素（即∅），而∅本身则没有任何元素。我们可由{∅}联想到自然数1。下一步我们再来定义有两个元素的集合，这两个元素就是我们刚刚说的两个集合，即∅和{∅}，故新的集为{∅,{∅}}，我们将它与自然数2联系起来。依此类推，我们将3与以上述3个集合为元素的集合{∅,{∅},{∅,{∅}}}联系起来；将4与集合{∅,{∅},{∅,{∅}},{∅,{∅},{∅,{∅}}}}联系起来；等等。这虽不是我们通常考虑的定义自然数的方式，但它却是数学家用来实现自然数定义的一种方法。（将这个定义与前言中的讨论作比较。）更重要的是，这种定义至少说明，像自然数这样的对象[17]是可以无中生有的，用到的仅仅是"集合"这一抽象概念。我们得到的是一个抽象的（柏拉图）数学单元的无穷序列——分别包含了0，1，2，3，…元素的一系列集合，每个集合代表一个自然数，完全独立于宇宙的实际物理性质。在图1.3中，我们想象"存在"一个独立的柏拉图数学概念——在目前情形，它就是自然数本身——但这个"存在"似乎仅凭我们头脑的想象就可以魔术般变出来，并且确实地接近它，丝毫无需借助物理宇宙的性质。戴德金的构造显示了这种"纯粹思维"的过程是如何能够深入进行的，它使我们能够同样无需借助周围世界的实际物理性质来"构造"出整个实数系。[18] 然而，如上指出，"实数"的确与我们周边世界有着直接的联系——这个"第一谜团"的神秘性质见图1.3。

3.5 物理世界里的离散数

我们正在逐步取得进展。我们可以回顾一下，戴德金的构造的确利用了有理数集，而非直接用自然数集。如上所述，一旦我们有了自然数的概念，"定义"有理数并不难。但作为中间步骤，我们不妨先定义整数概念，它是自然数或自然数的负数（零的负数就是零本身）。从形式上看，给出"负数"的数学定义不存在困难：粗略地讲就是给每个自然数（除了零）加一个符号"–"，然后相应地给出加、减、乘、除等算术运算法则。但这里我们没有涉及负数的"物理意

义"的问题，例如，何谓草地上有负 3 头牛？

　　我想这是清楚的，不像自然数本身，物理对象的负数概念可以没有明确的物理内容。负整数倒是有非常有价值的作用，像银行结余和其他财政交易出现的情形。但它们与物理世界有直接联系吗？我这里说的"直接联系"，不是指那种在相关信息中出现负实数的情形，例如当我们作距离测量时，取某个方向为正，那么在相反方向上测得的就为负值（对时间也可以作同样理解，从当前指向过去的方向通常认为是负的）。而我这里所说的数是个标量，它无所谓方向（或时序）。在这些场合，似乎正是有正负的整数系提供了直接的物理关联。

66

　　令人惊奇的是，只是在过去的这一百年里，整数系确与物理现实存在着直接关联这一事实才变得十分明显。第一个可用整数作适当计量的物理量的例子是电荷。[19] 就目前所知（这个事实还未完全得到理论支持），任何离散的孤立物体的电荷都是某个特定值即质子（或电子，其电荷为质子的等量负值）电荷的或正、或负、或零的整数倍。[20] 据信，从一定意义上说，质子是由更小的称为"夸克"的粒子（和额外的称为"胶子"的无电荷粒子）组成的复合体。每个质子有 3 个夸克，它们的电荷值分别为 $\frac{2}{3}$，$\frac{2}{3}$，$-\frac{1}{3}$。这些分数电荷加起来正好给出质子的总电荷数 1。如果夸克是基本成分，那么基本电荷单位就该是我们现在所用的三分之一。但无论怎样，所测得的电荷总是整数这一点是没错的，只不过现在是质子电荷的三分之一的整数倍。（夸克和胶子在现代粒子物理中的作用将在 §§25.3 – 7 中讨论。）

　　电荷只是所谓加和性量子数的一个例子。量子数是用来刻画大自然的粒子性的量。如果我们只是简单地将各组分粒子的值相加（当然还要考虑符号，就像对上面列举的质子及其组分夸克所做的处理一样），就可以导出某个复合量的值，那么这种量子数就是"加和性的"，这里我取的是实数。根据我们目前物理知识，一个非常明显的事实是，所有已知的加和性量子数[21] 的确都属整数系，而非一般的实数，也不是简单的自然数——因为实际上总存在负值。

　　事实上，根据 20 世纪的物理学理解，物理量的负数是有明确意义的。大物理学家狄拉克于 1929 ~ 1931 年提出了他的反粒子理论。按照这个理论（往后我们会了解），每一种粒子都会存在相应的反粒子，反粒子的加和性量子数精确地取原粒子量子数的负数，见 §§24.2,8。因此，整数系（包括负数）的确与物理世界有着明确的联系——一种只在 20 世纪才看得非常明显的物理联系，尽管这么多世纪以来整数一直都是在数学、商业和人类的许多其他活动中才显出其巨大价值。

67

　　然而，在这个节骨眼儿上，一个重要的限定条件必须给出。尽管在一定意义上说反粒子就是负的质子，但它确实不是"减去一个质子"。其理由是，符号相反只是针对加和性的量子数而言，而在现代物理理论中，质量概念并不是一个加和性概念。这个问题将在 §18.7 再作进一步解释。如果反质子是由"减去一个质子"得到的，那么它的质量就将是通常质子质量的负值。而实际物理粒子的质量是不允许取负值的，反质子的质量完全等同于普通质子的质量，即都是正质量。后面我们将看到，按照粒子场论的观点，存在所谓的"虚"粒子，它的质量（更确切地说，应是能量）可以是负的。"减去一个质子"其实就是这个虚拟的反质子。但虚粒子是无法像"实际粒子"那样独立存在的。

现在我们来问一个与有理数相关的问题。这个数系与物理世界有直接联系吗？就目前所知，情形似乎并非如此，至少在传统理论中是这样。尽管物理上有过有理数系在其中扮演一定角色的个例[22]，但很难说这些个例就反映了有理数的基础物理作用。另一方面，有理数在基础的量子力学概率方面倒可能起着特殊的作用（一个有理数概率表示多种可能性之一的选择，每一种这样的选择包含有限种可能性）。这种事情在自旋网络理论里发挥着一定的作用，见§32.6所述。但目前来看，这些概念的适当地位还不得而知。

但是还有另外一些种类的数，按照公认的理论，它们在宇宙的运行机制上似乎扮演着基本的角色。其中最重要也最突出的是复数，它带有一个看起来挺神秘的量 $\sqrt{-1}$，通常记作 "i"，这个 i 是附在实数系上的。它第一次出现是在 16 世纪，但随后却遭受了几百年的冷落，数学界对复数的数学功效的认识是逐渐加深的，直到它成为一种不可或缺的、甚至是神奇的数学思维的基本要素。但我们现在发现，它们的基础作用不限于数学，这些奇怪的数在物理世界的最小尺度的运算上同样起着异乎寻常的基本作用。我们有理由感到神奇，比起作为我们在本节考虑的实数系，它更是一个数学概念与物理宇宙的深刻的运行机制相融合的突出例证。下面我们就来探讨这些神奇的数。

注　释

§ 3.1

3.1　本书中经常用到的记号 > ， < ， ⩾ ， ⩽ 分别表示"大于"、"小于"、"大于或等于"和"小于或等于"。

3.2　有些读者或许会注意到存在一个明显更短的论证，如果我们由要求 a/b 为"其中最低项"开始（即 a 和 b 没有公因子）的话。但是这就假定了这样一个最低项总是存在的，这虽然是对的，但需要证明。为给定分数 A/B 寻找最低项表达式（隐性的或显性的——譬如说用欧几里得算法；例子见 Hardy and Wright 1945，134 页；Davenport 1952，26 页；Littlewood 1949，第 4 章；和 Penrose 1989，第 2 章）涉及类似于文中的推理，但更复杂。

3.3　人们或许会反对说，上述论证中用实数颇有些奇怪，因为"实有理数"（即实数的商）其实就是实数。但这并不能使文中所述变得无效。我们可以这么说，原论证中 a 和 b 取的是整数而非有理数也正是这个原因。因为如果 a 和 b 只是有理数，那么论证在"递减"这个问题上就会失效，即使结果本身仍是正确的。

§ 3.2

3.4　从因果关系上看，像 $a+(b+(c+(d+\cdots)^{-1})^{-1})^{-1}$ 这样的表达式看起来是相当奇怪的。但它们出现在古希腊人的思想里却是非常自然的(虽然希腊人并未使用这种特殊记号)。文中寻找分数的最低项的欧几里得算法见注释 3.2。欧几里得算法(当阐明后)会精确导出这种连分数表达式。希腊人或许还将这种算法用到两个几何长度的比上。按此处考虑的最一般情形，其结果可能是无限连分数。

3.5　(证明中)有关连分数的更多内容见 Davenport(1952)第 4 章给出的精彩评述。可以这么说，在某些方面，实数的连分数表示要比十进位制展开式更深刻也更有趣，你可以在当代数学的许多不同分支里找到其应用，包括§§2.4,5 讨论的双曲几何。另一方面,连分数完全不适合做实际运算,而传统的十进位制表示则要容易得多。

3.6 二次无理数之所以有此称呼是因为它们是作为一般二次方程

$$Ax^2 + Bx + C = 0$$

的解而出现的,这里 A 不为零,其解为

$$-\frac{B}{2A} + \sqrt{\left(\frac{B}{2A}\right)^2 - \frac{C}{A}} \quad \text{和} \quad -\frac{B}{2A} - \sqrt{\left(\frac{B}{2A}\right)^2 - \frac{C}{A}}$$

这里,为使解在实数域内,我们要求 B^2 大于 $4AC$。当 A,B 和 C 是整数或有理数,且方程没有有理数解时,该方程的解就是二次无理数。

3.7 Stelios Negrepontis 教授告诉我,这个证据可从柏拉图的对话体"三部曲"《泰阿泰德》、《智者》、《政治家》中的第三部《政治家》中找到,见 Negrepontis (2000)。

3.8 关于古希腊人对空间性质的思考,见 Sorabji (1983, 1988)。

3.9 见 Hardy (1914);Conway (1976);Burkill (1962)。

§ 3.3

3.10 "百万百万"的科学记法"10^{12}"用了注释 1.2 和 2.4 所描述的指数形式。本书中,我将尽量避免使用像"百万"这样的词汇,特别是"十亿",用科学记法要清楚得多。单词"十亿"特别容易让人糊涂,因为在美国人的使用中——现在英国也普遍采用了——"十亿"是指 10^9,而在英国的较老(更合逻辑)的用法中,与大多数其他欧洲国家的语言中一样,是指 10^{12}。像 10^{-6} 这样的负指数(指"百万分之一"),采用的也是常规的科学记法。

10^{12} 米的距离大约是日地距离的 7 倍。这差不多是太阳到木星的距离,虽然这个距离在欧几里得时代不可能知道,而且估计得也过小。

3.11 例子见 Russell (1927),第 4 章。

3.12 Schrödinger (1952),30 ~ 31 页。

3.13 见 Stachel (1993)。

3.14 Einstein (1955),166 页。

3.15 见 Snyder (1947);Schild (1949);Ahmavara (1965)。

3.16 见 Ashtekar(1986);Ashtekar and Lewandowski(2004);Smolin(1988,2001);Rovelli (1998,2003)。

§ 3.4

3.17 这里的有限情形下的"序数"的概念也可以扩展到无限序数,最小的叫康托尔"ω",它是所有有限序数的有序集。

3.18 但"构造"的概念不应在过强的意义上理解。在 §16.6 我们将发现,有许多(实际上是绝大部分)实数是无法用计算程序来得到的。

§ 3.5

3.19 爱尔兰物理学家斯托尼(George Johnstone Stoney)于 1874 年第一个给出基本电荷的(粗略)估计值,1891 年,将这个基本单位命名为"电子"。1909 年,美国物理学家密立根(Robert Andrews Millikan)设计了著名的"油滴实验",精确证明验证了带电体(即实验中的油滴)的电荷量是明确规定值——电子电荷的整数倍。

3.20 1959 年,利特尔顿(R. A. Lyttleton)和邦迪(H. Bondi)提出,质子和(负)电子间微小的电荷偏差(10^{18}分之一的量级)或许能解释宇宙的膨胀(这方面内容见 §§27. 11,13 和第 28 章)。见 Lyttleton and Bondi (1959)。不幸的是,这个理论预言的这个偏差不久就被几个实验所否定。但不管怎样,这一见解提供了一种创造性思考的范例。

70

3.21 我这里将"加和性"量子数与物理学家的所谓"乘积性"量子数区别开来,后者将在 §5.5 介绍。

3.22 例如,在"分数量子霍尔效应"中,人们会发现有理数在其中扮演着关键角色,例子见 Fröhlich and Pedrini (2000)。

第四章
奇幻的复数

4.1　魔数 "i"

如果 -1 有平方根会怎样？正数的平方总是正数，负数的平方也是正数（0 的平方还是 0，因此我们几乎不用它）。我们发现，似乎不可能找到一个数其平方是负数。但这只是我们以前看到的情形，就像我们宣称 2 在有理数系内没有平方根一样。在那种情形下，我们是通过将有理数系扩大到更大的数系来解决问题的，这个更大的数系就是实数系。现在这个法子应该还会有效。

它确实是有效的。实际上我们现在要做的要比从有理数扩大到实数所需做的容易得多，也远没有那么彻底。（1545 年，卡尔达诺（Gerolamo Cardano，1501～1576）在其著作《大术》中首次介绍了复数概念，随后，邦贝利（Raphael Bombelli，约 1528～约 1571）于 1572 年在其《代数》一书中引入了复数的运算方法。）我们需要做的就是引入一个称作为 "i" 的量，它是 -1 的平方根，将它附在实数系上，这样 i 与实数结合组成如下表达式

$$a + ib,$$

这里 a 和 b 是任意实数。任何这样的组合都称作复数。易见复数的加法为：

$$(a + ib) + (c + id) = (a + c) + i(b + d)$$

形式上它与以前的一样(不过是用 $a + c$ 和 $b + d$ 取代了原先表达式中的 a 和 b)。那乘法呢？这也容易。我们来看看怎么将 $a + ib$ 乘以 $c + id$。首先我们按代数的一般法则得到二者相乘的展开式：[1]

$$(a + ib)(c + id) = ac + ibc + aid + ibid$$

$$= ac + i(bc + ad) + i^2 bd$$

由于 $i^2 = -1$，因此我们可将上式写成

$$(a + ib)(c + id) = (ac - bd) + i(bc + ad),$$

它与我们原先的 $a + ib$ 具有相同的形式，只不过是 $ac - bd$ 取代了 a，$bc + ad$ 取代了 b。

　　两复数相减也极为简单，但相除呢？我们知道，在通常的算术运算里，任何不为零的实数都

可以作除数。现在我们就来试着用复数 $a + ib$ 除以复数 $c + id$。我们必须将后者看成非零项，这意味着 c 和 d 不能同时为零。故 $c^2 + d^2 > 0$ 因此 $c^2 + d^2 \neq 0$ 这样我们就可以用 $c^2 + d^2$ 作除数。大家可通过直接练习 $*^{[4.1]}$ 来检验（下式两端同乘以 $c + id$ ）

$$\frac{(a + ib)}{(c + id)} = \frac{ac + bd}{c^2 + d^2} + i\frac{bc - ad}{c^2 + d^2}.$$

这个形式也与原先的基本相同，因此也是一个复数。

当我们熟悉了这种复数的演算，我们就不再将 $a + ib$ 看成是一对数即两个实数 a 和 b，而是一个完整的数，我们用符号 z 来表示它：$z = a + ib$。可以验证，复数满足所有的代数运算规则。$**^{[2.1]}$ 事实上，所有这些做起来比验证实数的每一项法则要直接得多。（对于这种验证，我们回顾一下分数所满足的代数法则就会充满信心，然后再用戴德金的"切口"来说明这些法则对实数也适用。）从这个观点看，人们对复数的疑虑持续了这么长时间，而远为复杂的从有理数到实数的扩展则在古希腊时代之后被毫不怀疑地普遍接受，这似乎很不正常。

推测起来，出现这种疑虑大概是因为当时人们"看"不到复数在当今物理世界里表现出的那种作用。在实数情形，我们看到，距离、时间和其他物理量都显示出对这种性质的数的需要；但复数则似乎仅仅是由那些试图得到比以往更大的数域的数学家的想象产生的一种发明。但从 §3.3 我们知道，数学上的实数与长度或时间等物理概念的联系并非如我们想象的那么清楚。我们无法直接看清戴德金切口的细节，也不清楚任意大或任意小的时间或长度在自然界是否真的存在。我们只能说，所谓"实数"，其实和复数一样也是数学家头脑的产物。但我们会发现，复数、实数甚至更多种类的数都属于一个具有惊人性质的共同体。就好像大自然本身也和我们一样，对复数系的范围和协调性留有深刻印象，于是将这个世界在最小尺度上的精确运行托付给了它。在 21～23 章，我们将更深入细致地看到它是怎么工作的。

应当说，只谈及复数的范围和协调性对这个数系来说是不公正的。在我看来，它还具有更多的只能用"魔力"来形容的品质。在本章余下部分和随后的两章，我将尽量让读者领略这种魔力的奇幻性。然后在第 7～9 章，我们再来见证复数最奇特、最出乎意料的那些方面。

在复数为人所知的过去这四百年里，复数的许多神奇性质开始逐渐显露出来。要说人们早就知道数学里有这么一种数，而且其作用和深刻的数学洞察力是单独使用实数所根本无法实现的，这一点本身就是个奇迹。我们没有任何理由期望物理世界会关照它。自卡尔达诺和邦贝利引入这些数以来，350 年过去了，其间纯粹是其数学上的作用才使人们感知到复数的神奇。毫无疑问，对所有那些对复数持怀疑态度的人来说，当他们得知，按 20 世纪最新的三夸克物理理论，在最小尺度上支配这个世界的行为规律的正是复数系时，不啻于晴天霹雳。

$*$ 〔4.1〕做做看。

$**$ 〔4.2〕验证这一点，相关法则为 $w + z = z + w$，$w + (u + z) = (w + u) + z$，$wz = zw$，$w(uz) = (wu)z$，$w(u + z) = wu + wz$，$w + 0 = w$，$w1 = w$。

这些内容将是本书后半部分的中心议题（特别是第 21～23 章）。眼下我们关注的是复数的数学魔力，物理魔力留待以后再说。截至目前，我们所做的只是要求 -1 有平方根，且要求保留通常的算术运算法则，我们已经断言，这些要求是能够得到协调一致的满足的。它看起来并不难做到。但的确是个奇迹！

4.2　用复数解方程

74　　在以下讨论中，我认为有必要引入更多的数学记号。对此我很抱歉。但是，不运用适当数量的记号，要认真讲清楚数学概念几乎是不可能的。我知道我们有很多对此反感的读者。对这些读者我的忠告是，只读文字，别太在意方程。最多也就浏览一遍就过去。本书里确实零散地分布有不少数学表达式，尤其是在后面的一些章节。我猜想即使你不打算彻底搞懂所有这些公式实际意味着什么，你还是能够理解全书的大部分内容。我希望如此，因为复数的魔力是一种特别值得欣赏的奇迹。如果你能运用数学记号，那么效果会更好。

　　首先，我们要问，其他的数有没有平方根？例如 -2 的平方根是什么意思？这很好解释。复数 $i\sqrt{2}$ 就是 -2 的平方根，而且 $-i\sqrt{2}$ 也是。进一步说，对任何正实数 a，复数 $i\sqrt{a}$ 和 $-i\sqrt{a}$ 都是 $-a$ 的平方根。真正的魔力不在这里。但当我们考虑一般的复数 $a+ib$（这里 a 和 b 是任意实数）时情况会是怎样的呢？我们发现，复数

$$\sqrt{\frac{1}{2}\left(a+\sqrt{a^2+b^2}\right)}+i\sqrt{\frac{1}{2}\left(-a+\sqrt{a^2+b^2}\right)}$$

的平方就是 $a+ib$（它的负值也如此）。*[4.3] 由此我们看到，即使只在单个量（即 -1）上附加了一个平方根，其结果里的每一个数也会自动出现平方根！这是我们在从有理数过渡到实数的讨论中不曾遇到过的事情。在那种情形下，仅仅是向有理数系引入一个 $\sqrt{2}$ 都会使我们无所适从。

　　但这只是刚刚开始。我们可以接着问三次根、五次根、999 次根、第 π 次根——甚至第 i 次根。我们惊奇地发现，不论选什么样的复数根，也不论我们用的是什么样的复数（零除外），这个问题总有一个复数解。（事实上，正如我们将看到的，这个问题通常有许多不同的解。前面我们说过，对平方根可得到两个解，复数 z 的负平方根也是 z 的平方根。对开高阶次方会得到更多的解，见 §5.4。）

75　　我们还只接触到复数魔力的皮毛。我刚刚陈述的只是些非常简单的东西（一旦我们有了复数的对数概念的话，见第 5 章）。更有意思的当属所谓"代数基本定理"，它是说，像

$$1-z+z^4=0$$

或

---

*〔4.3〕验证这一点。

$$\pi + iz - \sqrt{417z^3} + z^{999} = 0,$$

这样的任意多项式方程必有复数解。说得更明白点，形如

$$a_0 + a_1 z + a_2 z^2 + a_3 z^3 + \cdots + a_n z^n = 0$$

这样的方程必有解（通常是几个不同的解），这里 a_0，a_1，a_2，a_3，$\cdots$，a_n 是给定的复数，且 a_n 不为零。[2]（这里 n 可以取任意大的正整数。）作为比较，我们来回顾一下 i 的引进过程。实际上，引进 i 就是为了给出特定方程

$$1 + z^2 = 0$$

的解，并未作其他考虑。

在作进一步论述之前，我们有必要指出，自 1539 年前后，卡尔达诺首次知道了复数并受到其神奇性质的启发后，他一直关注着这样一个问题，那就是找出（实）三次方程（即上述的 $n=3$）的一般解的表达式。卡尔达诺发现，一般的三次方程总可以通过简单代换缩并为

$$x^3 = 3px + 2q$$

形式。这里 p 和 q 都是实数，我们将这个方程写成关于 x 而不是 z 的方程，只是要表明现在考虑的是实数解而不是复数解。卡尔达诺的复数解（见他 1545 年发表的《大术》一书）似乎是由他于 1539 年从尼古拉·丰塔纳（Nicolò Fontana，"塔尔塔利亚"[1]）的部分解发展而来，虽然这个部分解（也许甚至是完整解）早先（1526 年以前）已由费罗（Scipione del Ferro，1465 ~ 1526）发现。[3]（费罗 –）卡尔达诺解大致如下（按现代记法）：

$$x = (q+w)^{\frac{1}{3}} + (q-w)^{\frac{1}{3}},$$

这里

$$w = (q^2 - p^3)^{\frac{1}{2}}.$$

如果

$$q^2 \geqslant p^3,$$

那么这个方程在实数系下没有任何问题。这时方程只有一个实数解，就是上面的（费罗 –）卡尔达诺公式正确给出的解。但如果

$$q^2 < p^3$$

即所谓不可约情形，那么尽管方程存在 3 个实数解，但上面公式里却包含了负数 $q^2 - p^3$ 的平方根，因此不引入复数是不可能做到的。实际上，正如邦贝利后来证明的（见他 1572 年出版的《代数》第 2 章），如果我们承认复数，那么所有 3 个实数解都可由上述公式正确地表示。[4]（这是说得通的，因为该公式提供了叠加了的两个复数，它们的 i 部分在求和中相互抵消，从而给出实数解。[5]）这里神秘的是，尽管这个方程看上去与复数无关——方程有实系数，解也是实的

76

---

　　[1]　Tartaglia，意为"口吃者"。——译注

（在"不可约情形"下）——但我们需要到复数领地里走一遭才能得到纯粹的实数解。如果我们固守直接但狭窄的"实数"途径，则只能是两手空空而回。（具有讽刺意味的是，如果公式里不涉及复数，则原方程的复数解就只能是这些情形。）

4.3 幂级数的收敛

尽管存在这些事实，可我们在感受复数魔力方面并没有走得太远。还有更多的问题有待考察！例如，其中复数堪称无价的一个领域就是弄清所谓幂级数的性态。幂级数是指如下形式的无穷和

$$a_0 + a_1 x + a_2 x^2 + a_3 x^3 + \cdots$$

由于这个和涉及到无穷多项，级数很可能是发散的，就是说，我们在求和时逐渐增加其项数，将得不到一个具体有限的值。例如，考虑级数

$$1 + x^2 + x^4 + x^6 + x^8 + \cdots$$

77 （这里我取 $a_0 = 1$，$a_1 = 0$，$a_2 = 1$，$a_3 = 0$，$a_4 = 1$，$a_5 = 0$，$a_6 = 1$，$\cdots$）。如果我们令 $x = 1$，则依次加和每一项，有

$$1,\ 1 + 1 = 2,\ 1 + 1 + 1 = 3,$$
$$1 + 1 + 1 + 1 = 4,\ 1 + 1 + 1 + 1 + 1 = 5,\ 等等$$

我们看到，这个级数不可能趋近某个具体有限值，即它是发散的。更糟糕的是，例如当我们取 $x = 2$ 时，由于每一项都比以前更大，故逐次加起来有

$$1,\ 1 + 4 = 5,\ 1 + 4 + 16 = 21,\ 1 + 4 + 16 + 64 = 85,\ 等等$$

它显然也是发散的。另一方面，如果我们取 $x = \dfrac{1}{2}$，则有

$$1,\ 1 + \frac{1}{4} = \frac{5}{4},\ 1 + \frac{1}{4} + \frac{1}{16} = \frac{21}{16},\ 1 + \frac{1}{4} + \frac{1}{16} + \frac{1}{64} = \frac{85}{64},\ \cdots$$

可以证明，这些值越来越趋近于极限值 $\dfrac{4}{3}$，因此级数是收敛的。

由这个级数我们不难理解，一定意义上说，级数 $x = 1$ 和 $x = 2$ 必定是发散的，而 $x = \dfrac{1}{2}$ 则收敛到 $\dfrac{4}{3}$，因为我们能够清楚地写出整个级数的和的答案：*[4.4]

$$1 + x^2 + x^4 + x^6 + x^8 + \cdots = (1 - x^2)^{-1}。$$

当代入 $x = 1$，我们得到答案 $(1 - 1^2)^{-1} = 0^{-1}$，它是"无穷大"，[6] 这就解释了为什么级数在 x 的这个值处必定发散。当我们代入 $x = \dfrac{1}{2}$，得到答案 $\left(1 - \dfrac{1}{4}\right)^{-1} = \dfrac{4}{3}$，级数确实收敛到这个特定值。

————————————

*〔4.4〕你能看出如何验证这个表达式吗？

所有这些看似非常合理。那对 $x = 2$ 又如何呢？如果代入公式，"答案"是 $(1 - 4)^{-1} = -\dfrac{1}{3}$，虽然我们知道直接相加级数各项不可能得到这个值，因为我们加的都是正的项，而 $-\dfrac{1}{3}$ 是负的。级数发散的理由是，当 $x = 2$ 时，级数的每一项实际上都比 $x = 1$ 时级数的相应各项要大。在 $x = 2$ 情形，问题不在于"答案"一定是无穷大，而是我们根本无法直接通过级数求和来得到答案。在图 4.1 中，我画了这个级数的部分和（即对有限项求和），并给出了"答案"$(1 - x^2)^{-1}$，我们看到，只要 x 严格[7]限定在 -1 和 $+1$ 之间，部分和的曲线就如预料的确实收敛到这个答案，即 $(1 - x^2)^{-1}$。但在这个区域之外，级数则是发散的，不可能趋向任何有限值。

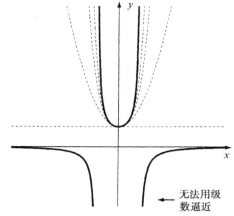

图 4.1 $(1 - x^2)^{-1}$ 级数的部分和 $1, 1 + x^2, 1 + x^2 + x^4$，$1 + x^2 + x^4 + x^6$。图中显示了 $(1 - x^2)^{-1}$ 在 $|x| < 1$ 收敛和在 $|x| > 1$ 发散。

无法用级数逼近 ←

虽然这有点儿离题，但它有助于我们讲清下面这个重要问题。我们要问的是：将 $x = 2$ 代入上述表达式所得到的结果，即

$$1 + 2^2 + 2^4 + 2^6 + 2^8 + \cdots = (1 - 2^2)^{-1} = -\frac{1}{3}$$

有何意义？18 世纪的大数学家欧拉（Leonhard Euler）经常就这么写方程，大家拿他的这种荒谬来取笑在当时曾是一种时髦，而人们原谅他归根结底是因为在那个时候对级数"收敛"这样的问题谁都没有恰当的处理办法。事实上，级数严格的数学处理要等到 18 世纪末 19 世纪初通过柯西（Augustin Cauchy）和其他人的工作才有可能。而按照严格的数学处理，上述方程将被归于"无意义"一类。但我认为重要的是在适当意义上对它的作用做出评估，欧拉在写下这些明显谬误的方程时实际上是知道自己在做什么的，从这个意义上来说，这些方程应被看成是"正确的"。

在数学上，要求某人的方程必须有严格准确的意义这是绝对含糊不得的。但是，对那些有可能最终导致更深刻理解的"探索现象背后的事情"抱宽容态度也同样重要。如果过分追求逻辑上的严格，就很容易对事情看走眼。谁都知道，正数项的和 $1 + 4 + 16 + 64 + 256 + \cdots$ 不可能等于 $-\dfrac{1}{3}$。相关的例子还可以举出求方程 $x^2 + 1 = 0$ 的实数解，它无解，但如果我们就这样把它丢在一边了，我们就会错过由复数的引入所带来的对数系的更深刻的理解。这种认识同样适用于如何看待求 $x^2 = 2$ 的有理数解的荒谬性问题。实际上，我们完全有可能给上述无穷级数的答案"$-\dfrac{1}{3}$"以一种数学解释，只是要十分小心，知道哪些是可以做的哪些是不可以做的。具体讨论

78

79

这些事情不是我们的目的，[8] 但有必要指出，在现代物理里，尤其是在量子场论领域，这种性质的发散级数比比皆是（具体见 §§26.7，9 和 §§31.2，13）。要确定这样得到的"答案"是否有实际意义，或是否正确，这可是个非常有讲究的活儿。有时会有这样的事情：通过发散表达式得到的极为精确的答案很偶然地在与物理实验结果的比较中被确认了。但更多的则经常是不走运。这些微妙的处理在现代物理理论中起着非常重要的作用，人们经常在评估理论时用到它。与我们这里的讨论直接相关的是，这种对如此明显的无意义表达式的"感觉"经常取决于复数的性质。

现在我们回到级数收敛的问题上来，看看如何使复数适用于这种情形。为此，我们来考虑与 $(1-x^2)^{-1}$ 稍有些不同的函数 $(1+x^2)^{-1}$，看看它是否有一个合理的幂级数展开式。我们的运气不错，撞上了一个完全收敛的情形，因为 $(1+x^2)^{-1}$ 在整个实数范围内是光滑的并且是有限的。$(1+x^2)^{-1}$ 的幂级数十分简单，只是与我们前面遇到的稍有不同：

$$1 - x^2 + x^4 - x^6 + x^8 - \cdots = (1+x^2)^{-1},$$

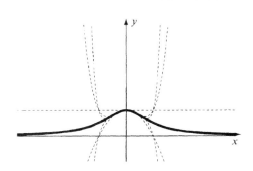

图 4.2 $(1+x^2)^{-1}$ 级数的部分和 $1, 1-x^2, 1-x^2+x^4,$ $1-x^2+x^4-x^6, 1-x^2+x^4-x^6+x^8$。图中显示了 $(1+x^2)^{-1}$ 在 $|x|<1$ 收敛和在 $|x|>1$ 发散，尽管事实上函数在 $x = \pm1$ 处性态良好。

差别就在于现在是隔项改变符号。*[4.5] 在图 4.2 中，我像前面做的那样，分别画出了直到级数前五项的部分和以及答案 $(1+x^2)^{-1}$。令人惊讶的是，部分和仍只在 x 处于 -1 和 $+1$ 之间时收敛到答案。对于在这之外的 x，级数仍是发散的，尽管此时答案未必是无穷大，这与前面的情形不尽相同。我们可以用同样的三个值 $x=1$，$x=2$，$x=\frac{1}{2}$ 来检验这一点。我们发现，同前面一样，只在 $x=\frac{1}{2}$ 的情形下级数才收敛，且正确收敛到整个级数和的极限值 $4/5$：

$$x = 1:\ 1,\ 0,\ 1,\ 0,\ 1,\ 0,\ 1,\ \cdots,$$

$$x = 2:\ 1,\ -3,\ 13,\ -51,\ 205,\ -819,\ \cdots,$$

$$x = \frac{1}{2}:\ 1,\ \frac{3}{4},\ \frac{13}{16},\ \frac{51}{64},\ \frac{205}{256},\ \frac{819}{1024},\ \cdots$$

我们注意到，第一种情形下的"发散"其实是级数部分和的不确定，虽然它们实际上并不趋于无穷。

因此，仅就实数范围来说，级数的实际求和与直接取得"答案"（有可能是无穷大）之间存在着令人迷惑的差异。部分和在同一位置（$x = \pm1$）存在"跳跃"（或者说，存在剧烈的上下摆动），以前我们就遇到过这种麻烦，只是现在无穷和的答案，即 $(1+x^2)^{-1}$，在这些地方没有显示

*[4.5] 你能看出这两个级数之间具有简单关系的基本原因吗？

80

出什么值得注意的特征。如果我们检查这个函数的复值而不是仅局限于实值，这个谜团就解开了。

4.4　韦塞尔复平面

为了看清这里发生的事情，我们需要用到标准欧几里得平面下的复数几何表示。韦塞尔（Caspar Wessel，1797）、阿尔冈（Jean Robert Argand，1806）、沃伦（John Warren，1828）和高斯（Carl Friedrich Gauss，1831 年之前）都曾独立地提出过复平面（见图 4.3）的思想，他们清楚地给出了复平面上复数加法和乘法的几何解释。在图 4.3 中，我用了标准的笛卡儿坐标系，x 轴水平地指向右，y 轴垂直地指向上。复数

$$z = x + iy$$

由平面上笛卡儿坐标点（x，y）来表示。

现在我们来考虑实数 x，它相当于复数 $z = x + iy$ 在 $y = 0$ 时的特殊情形。由此我们认为图中的 x 轴代表实线（即沿直线线性有序排列的全部实数）。这样，复平面直接向我们展示了实数系如何扩展成为完整的复数系的图像表示。这条实线通常被称为复平面上的"实轴"。相应地，y 轴被称为"虚轴"，它由全体实数乘以 i 组成。

现在我们回到此前表示为幂级数的两个函数上来。过去我们将它们看成是实变量 x 的函数，即 $(1 - x^2)^{-1}$ 和 $(1 + x^2)^{-1}$，但现在我们要对其加

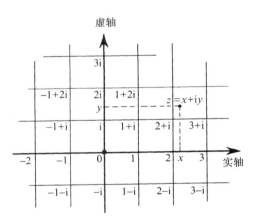

图 4.3　$z = x + iy$ 的复平面。在笛卡儿坐标（x，y）下，水平地向右伸展的 x 轴叫实轴；垂直向上的 y 轴叫虚轴。

以扩展，使其适用于复变量 z。这么做并没有什么困难，只需简单地分别写成 $(1 - z^2)^{-1}$ 和 $(1 + z^2)^{-1}$ 即可。在前一个实函数 $(1 - x^2)^{-1}$ 情形，我们很容易看出"发散"的原因出在哪里，因为函数在 $x = -1$ 和 $x = +1$ 两个位置上是奇异的（即变得无穷大）；但对 $(1 + x^2)^{-1}$，则在这两个位置上非奇异，函数完全没有实奇点。然而，从复变量 z 角度看，这两个函数则要彼此对等得多。$(1 - z^2)^{-1}$ 在自原点始实轴的单位长度位置 $z = \pm 1$ 上有奇点，而现在 $(1 + z^2)^{-1}$ 也有两个奇点，位置分别在 $z = \pm i$（因为 $1 + z^2 = 0$），即自原点始虚轴的单位长度的两个位置上。

但这些复奇点怎么用来解决幂级数的收敛和发散问题呢？我们有个绝好的办法。现在，我们将幂级数看成是复变量 z 而非实变量 x 的函数，我们来看看在复平面 z 的哪些位置上级数收敛或发散。一般认为，[9] 对于任意幂级数

$$a_0 + a_1 z + a_2 z^2 + a_3 z^3 + \cdots,$$

在复平面上总存在以原点 0 为中心的某个圆，称为收敛圆，它具有这样的性质：如果复数 z 严格

处于圆内，则级数收敛到 z 点的值；如果 z 严格处于圆外，则级数在 z 点发散。（当 z 恰巧处于圆上，此时级数是收敛还是发散是个较为微妙的问题，这里不想多说，尽管这个问题与 §§9.6, 7 将要讨论的问题有一定的联系。）现在我们涉及两种在非零 z 值处级数发散的极限情形，一种是收敛圆收缩为零半径的情形，另一种是收敛圆扩展到无穷大半径的情形，此时在所有 z 点级数都收敛。要找出某个特定函数的收敛圆实际区域，我们可观察一下函数的奇点在复平面的什么位置，为此，我们以原点 $z = 0$ 为中心，画一个不包含奇点的尽可能大的圆（即最接近原点的奇点画圆）。

具体到 $(1 - z^2)^{-1}$ 和 $(1 + z^2)^{-1}$ 情形，奇点是所谓极点这种简单类型（出现于某个多项式中，但其倒数形式则没有）。这里这些极点都位于原点的单位距离上。我们看到，在两种情形下，收敛圆都是以原点为中心的单位圆。二者在实轴上的点相同，均为 $z = \pm 1$（见图 4.4）。这就解释了为什么两个函数在同一区域内会有同样的收敛和发散性质——事实上这个性质在从实变量函数来看表现得并不明显。因此，复数为我们提供了洞察级数性态的深刻的理解力，这是实变量函数所不具备的。

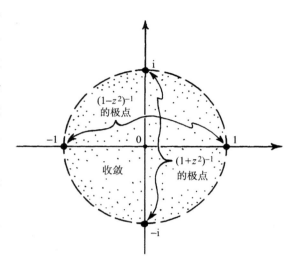

图 4.4 在复平面内，函数 $(1 - z^2)^{-1}$ 和 $(1 + z^2)^{-1}$ 有相同的收敛圆，前者在 $z = \pm 1$ 处有极点，后者在 $z = \pm i$ 处有极点，所有这些极点都距原点等（单位）距离。

4.5 如何构造曼德布罗特集

为结束本章，让我们来看看另一种类型的收敛/发散问题。这就是我们在 §1.3 和图 1.2 描述的所谓曼德布罗特集这样一种异乎寻常的基础结构。实际上，这只是韦塞尔复平面的一个子集，它可以以一种相当简单的方式来定义，尽管这个集合看上去极为复杂。我们要做的就是检验下列代换的重复应用：

$$z \longmapsto z^2 + c,$$

这里 c 是某个取定的复数。我们可将 c 看成是以 $z = 0$ 为原点的复平面上的一点。于是，我们迭代这个代换就能看到点 z 在复平面上的行为。如果它趋向无穷，那么给点 c 着白色；如果 z 限定在某个区域内而不趋向无穷，我们就给点 c 着黑色。黑色区域给出的就是曼德布罗特集。

让我们更具体地描述这一过程。怎么进行迭代呢？首先，我们固定 c，然后取一点 z，作代换，于是 z 变成了 $z^2 + c$。再次代换，即用 $z^2 + c$ 取代 $z^2 + c$ 里 "z" 的位置，得到 $(z^2 + c)^2 + c$。再用 $(z^2 + c)^2 + c$ 取代 $z^2 + c$ 里 "z" 的位置，于是表达式变成 $((z^2 + c)^2 + c)^2 + c$。再用 $((z^2 + c)^2 +$

$c)^2 + c$ 取代 $z^2 + c$ 里"z"的位置，我们得到$(((z^2 + c)^2 + c)^2 + c)^2 + c$，等等。

现在我们来看看如果令 $z = 0$ 并作这种迭代会出现什么情况。这时得到的是如下序列：

$$0,\ c,\ c^2 + c,\ (c^2 + c)^2 + c,\ ((c^2 + c)^2 + c)^2 + c,\ \cdots$$

它给出复平面上的一个点列。（在计算机上，我们可以每次独立地选择一个复数 c 来纯粹数值地做此演算，而不是用上述代数表达式。从计算上考虑，每次都重新做算术运算显然要"便宜"得多。）现在，对给定的 c 值，两件事必发生其一：（i）序列里的点逐渐距离原点越来越远，也就是说，序列是无界的，或者（ii）每个点都处于复平面上某个距原点一定距离的范围之内（即处于关于原点的某个圆内），也就是说，序列是有界的。图 1.2a 的白色区域就是 c 的位置给出的无界序列（i），而黑色区域则是满足有界情形（ii）的 c 的位置，即曼德布罗特集。

曼德布罗特集起因于这样一个事实：存在许多种不同的而且经常是高度纠缠的方式使得被迭代的序列保持有界。我们可以有各种圆和"几乎"为圆的精心组合，它们以各种巧妙的方式散布在平面上——但要从细节上搞懂这个集的异乎寻常的复杂性，就需要涉及复分析和数论的具体内容，这无疑就得走得太远了。有兴趣的读者可参考 Peitgen and Reichter（1986）、Peitgen and Saupe（1988）来了解更多的内容和图像（亦见 Douady and Hubbard，1985）。

注　释

§4.1

4.1　这些结果见练习［4.2］。

§4.2

4.2　这是任何单参数 z 的复多项式因式分解为线性因子

$$a_0 + a_1 z + a_2 z^2 + \cdots + a_n z^n = a_n(z - b_1)(z - b_2)\cdots(z - b_n)$$

的直接结果，**[2.1] 这个结果通常称为"代数基本定理"。

4.3　有个故事说，在卡尔达诺发誓保守秘密的条件下，塔尔塔利亚曾将这个部分解透露给卡尔达诺。这样，如果信守诺言，卡尔达诺就不能发表他的一般解。然而在这之后，1543 年，卡尔达诺到波伦亚作了次旅行，检查了费罗的遗稿并确信，这些解实际上是费罗的遗产。卡尔达诺认为这给了他发表所有这些结果的自由。1545 年，卡尔达诺在《大术》一书中发表了这些结果（并对塔尔塔利亚和费罗表示了致谢）。塔尔塔利亚不同意这种做法，这场争论产生了非常恶劣的后果（见 Wykes 1969）。

4.4　进一步了解请见 van der Waerden（1985）。

4.5　其理由是，我们将两个彼此复共轭的复数相加（见§10.1），得到的和总是一个实数。

§4.3

4.6　从注释 2.4 可知，0^{-1} 即 $\dfrac{1}{0}$，这种非法运算的"结果"可以方便地表示为"$0^{-1} = \infty$"。

4.7　"严格"意味着端点值不包括在这个范围内。

4.8　进一步信息见，例如，Hardy（1940）。

§4.4

4.9　例如，见 Priestley（2003），71 页——指"收敛半径"——和 Needham（2002），67 页，264 页。

**[4.6] 证明这一点。（提示：证明，只要用 $z = b$ 是给定方程的解，那么这个多项式"除以"$z - b$ 就不会有余项。）

第五章
对数、幂和根的几何

5.1 复代数几何

86   上章末讨论的复数的神奇性质包括许多方面，现在我们回头再看看其中更为基础的一些要素。首先，我们来看§4.1的加法和乘法规则在复平面上如何几何地表示出来。我们可以分别用图5.1(a),(b)的平行四边形法则和相似三角形法则来表示它们。具体来说，对于两个一般的复数 w 和 z，点 $w+z$ 和 wz 分别由以下命题确定：

点 0，w，$w+z$，z 分别是平行四边形的四个顶点，

且

顶点为 0，1，w 的三角形和顶点为 0，z，wz 的三角形相似。

87 （这里采用通常约定的逆时针周线取向。我的意思是说，我们沿平行四边形逆时针转一圈，从 w 到 $w+z$ 的线段平行于 0 到 z 的线段，等等；此外，三角形间的相似关系不考虑"反射"因素。并且容许存在三角形和平行四边形按不同方式退化的特殊情形。**[5.1]）感兴趣的读者可以用三角学和直接计算来检验这些运算法则。**[5.2]但是，我们还有其他办法来看待这些关系，它们可以免去具体计算，而且更具洞察力。

    我们先来考虑将整个复平面映射到自身的不同映射（或"变换"）的加法和乘法。任意给定的复数 w 定义了一种"加法映射"和一种"乘法映射"，它们是这样的运算：当作用于任意复数 z 时，前者为将 w 加到 z 上，后者为取 w 和 z 的积，就是说，

$$z \longmapsto w+z \qquad \text{和} \qquad z \longmapsto wz。$$

很容易看出，加法映射就是不加转动地沿复平面滑行或改变其大小或形状——一种平移变换

  [5.1] 检验这些不同的可能性。

  [5.2] 不妨试试。

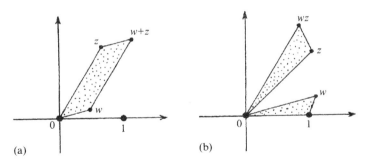

图 5.1　复代数基本法则的几何描述。（a）加法的平行四边形法则：0，w，$w+z$，z 分别给出平行四边形的四个顶点。（b）乘法的相似三角形法则：顶点为 0，1，w 的三角形和顶点为 0，z，wz 的三角形相似。

（见 §2.1）——将原点 0 移至点 w；见图 5.2（a）。平行四边形法则就是对这种情形的复述。但什么是乘法映射呢？它是一种保持原点不动和形状不变的变换——将点 1 变换到点 w。在一般情形下，它包括具有均匀扩展（或收缩）的（非反射）转动变换，见图 5.2（b）。**✱✱✱**[5.3] 相似三角形法则有效地表明了这一点。这个映射对于我们在 §8.2 的讨论有重要意义。

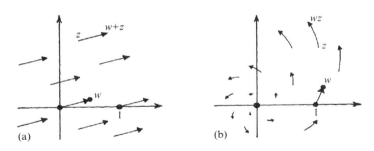

图 5.2　（a）加法映射"$+w$"提供了复平面从 0 到 w 的平移。（b）乘法映射"$\times w$"提供复平面关于 0 的转动和从 1 到 w 的扩展（或收缩）。

在特定的 $w=i$ 的情形，乘法映射就是按右手法则（即逆时针）转过一个直角（$\pi/2$）。如果我们两次运用这一运算，则转过 π，它相当于关于原点对称的反射变换；换句话说，这种乘法映射就是将每个复数 z 变换到其负值。它是"神秘"方程 $i^2 = -1$ 的图像表示（图5.3）。"乘以 i"的运算是通过几何上"转过一个直角"的变换来实现的。按这种观点看，这种运算的"平方"（即操作两次）似乎并不神秘，不过就是"取负值"。自然，这种观点并未除去笼罩在复代数为什么如此有效这一点上的魔力和神秘面纱，也不能告诉我们这些数的清楚的物理意义。例如，我们可以问：为什么只是平面转动，三维下情形如何？以后特别是在 §§11.2，3、§18.5、

✱✱✱〔5.3〕试不做具体计算也不用三角学来验证这一点。（提示：这是"分配律"$w(z_1 + z_2) = wz_1 + wz_2$ 的结果，它说明复平面保"线性"结构，而 $w(iz) = i(wz)$ 则说明转过一个直角的转动是保角的，即直角在转动中保持不变。）

§§21.6，9、§§22.2，3，8—10、§33.2 和§34.8 等章节，我将讨论这个问题的不同方面。

在复数的平面描述中，我们对平面上的点用的是标准的笛卡儿坐标(x,y)，但我们也可以用极坐标$[r,\theta]$。这里正实数r量度自原点始的距离，角度θ量度直线自原点到点z的实轴按逆时针方向转过的角度，见图5.4（a）。量r也叫作复数z的模，我们经常写作

$$r = |z|,$$

θ 叫做幅角（在量子力学里，有时也称作相角）。对$z=0$点，我们不考虑其幅角θ，但仍定义r为自原点的距离，此时就是$r=0$。

89

为清楚起见，我们可要求θ的主值处于一定的象限范

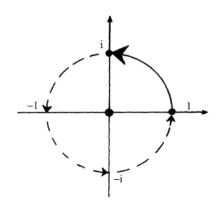

图5.3　在复平面上，"乘以 i"的特殊运算是通过几何上"转过一个直角"的变换来实现的。可用图像来表示"神秘"方程 $i^2 = -1$。

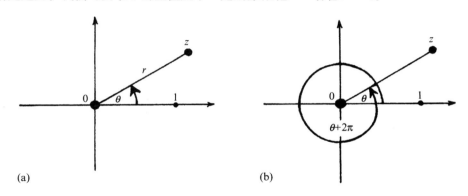

(a)　　　　　　　(b)

图5.4　（a）笛卡儿坐标(x,y)到极坐标$[r,\theta]$的转换，我们有$z = x + iy = re^{i\theta}$，其中模$r = |z|$是自原点始的距离，幅角$\theta$是直线自原点到点$z$的实轴按逆时针方向转过的角度。（b）如果$\theta$的主值范围取$-\pi < \theta \leqslant \pi$，我们可容许$z$绕原点转动任意圈、$\theta$增加$2\pi$的整数倍而意义不变。

围内，例如$-\pi < \theta \leqslant \pi$（这是标准约定）。同时我们也可以认为对幅角增加$2\pi$的整数倍而其效果不变。这使我们能够在度量角度时可以不论正反方向绕原点转任意圈（见图5.4（b））。（这第二种观点实际上是一种更深刻的观点，它的意义我们不久就会知道。）由图5.5和基本三角函数关系我们看到，

$$x = r\cos\theta \quad \text{和} \quad y = r\sin\theta,$$

反过来有

$$r = \sqrt{x^2 + y^2} \quad \text{和} \quad \theta = \arctan\frac{y}{x},$$

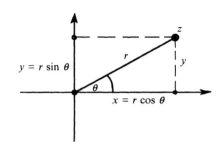

图5.5　复数的笛卡儿坐标与极坐标之间的转换关系：$x = r\cos\theta$ 和 $y = r\sin\theta$，反过来有 $r = \sqrt{x^2 + y^2}$ 和 $\theta = \tan^{-1}(y/x)$。

这里 $\theta = \tan^{-1}(y/x)$ 量度多值函数 $\tan^{-1}$ 的某个特定值。（对那些已忘了三角函数的读者，前两个 式子不过是直角三角形中一个角的正弦和余弦函数的复述："角的余弦等于邻边比上斜边"，"角的正弦等于对边比上斜边"，r 就是斜边；后两个式子表示的是毕达哥拉斯定理的逆形式："角的正切等于对边比上邻边"。我们还应注意到，$\tan^{-1}$ 就是正切 $\tan$ 的反函数，而不是倒数，因此上述方程 $\theta = \tan^{-1}(y/x)$ 表示 $\tan\theta = y/x$. 最后，$\tan^{-1}$ 的值具有任意性，就是说，θ 可以增加 2π 的整数倍而关系不变。）[1]

5.2　复对数概念

现在，如图 5.1(b) 所示的两个复数的乘法的"相似三角形法则"可重新表述为如下事实：两个复数的相乘，相当于它们的幅角相加，模相乘。*[5.4]注意，这里就幅角运算规则来说，我们实际上已将乘法转换为加法，其原理是应用了对数运算法则（两数之积的对数等于该两数的对数之和：$\log ab = \log a + \log b$），这也是计算尺（图 5.6）的工作原理，在早年的计算实践中它具有根本的重要性。[2] 现在我们都改用电子计算器来做乘法运算了，尽管这比计算尺或对数表快了很多，也要精确得多，但如果我们没能直接体验过对数运算的美和深刻的重要性，我们就会在理解上失去一些非常有价值的东西。我们将看到，对数在复数间的关系上具有基础性地位。在非常明确的意义上，复数的幅角实际上就是一个对数。我们试着来了解这是怎么回事儿。

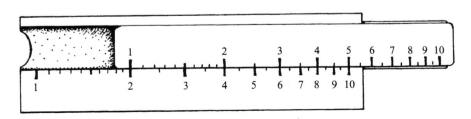

图 5.6　计算尺按对数定标关系来显示数，从而使乘法运算变成为尺上距离的加和运算，其依据的公式为 $\log_b(p \times q) = \log_b p + \log_b q$。（图中显示的是乘以 2 的例子。）

从 §4.2 的命题可知，取复数根实质上就是个如何理解复对数的问题。我们将发现，复对数 与三角学之间存在着值得注意的关系。这些我们在此也一并考虑进来。

先回顾一下通常的对数。对数是"数的自乘"或指数运算的一种逆运算。"自乘"是一种将加法转换成乘法的运算，为什么这么说呢？我们任取一个（非零）数 b。于是有公式（将加法转换成乘法）

$$b^{m+n} = b^m \times b^n,$$

＊〔5.4〕验证这一点。

如果 m 和 n 都是正整数，这是很显然的，因为等号两边都表示有 $m+n$ 个 b 相乘。我们要做的就是找出一般化的法则，使其不仅适用于 m 和 n 不是正整数的情形，而且可用于任意复数。为此，我们需要找出"使 b 自乘 z 次"的正确定义，这里 z 是复数。我们还需要使上述公式，即 $b^{w+z}=b^w \times b^z$，对复指数 w 和 z 成立。

实际上，一定意义上说，这个过程见证了 §4.1 所述的由毕达哥拉斯始，经由欧多克索斯、婆罗摩笈多，直到卡尔达诺和邦贝利（及此后）各个时期数的概念是如何一步步地从正整数发展到复数的历史。起先，人们将" b^z "的概念（这里 z 是正整数）理解为 z 个 b 的简单乘积 $b \times b \times \cdots \times b$，特别是 $b^1=b$。随后（在婆罗摩笈多的引领下），我们懂得了 z 可以为 0，认识到只需令 $b^0=1$ 就可以保持 $b^{w+z}=b^w \times b^z$ 成立。再后来又将 z 扩展到负数，并基于同样的理由认识到，对于 $z=-1$ 的情形，必须将 b^{-1} 定义为 b 的倒数（即 $1/b$），这样 b^{-n}（n 是自然数）就可理解为 b^{-1} 的 n 次幂。这以后，我们再次将 z 一般化，容许 z 是一个分数，依然由 $z=1/n$ 开始，这里 n 是个正整数。重复应用 $b^{w+z}=b^w \times b^z$ 我们即可得出结论 $(b^z)^n=b^{zn}$；由此，令 $z=1/n$，我们即导出 $b^{1/n}$ 为 b 的 n 次根的事实。

我们可以在实数域里这么做，只要数 b 始终是正的即可。然后，我们可以将 $b^{1/n}$ 看成是 b 的唯一的正 n 次根（这里 n 是正整数），接着我们对任意有理数 $z=m/n$，将 b^z 定义为 b 的 n 次根的 m 次幂；再（利用取极限过程）将 z 扩展到实数。但是，如果容许 b 是负数，那么我们需要在 $z=1/2$ 处停一下，因为这时 $\sqrt{b}$ 需要引入 i，由此我们转向了复数。进入复数世界后，让我们喘口气，振作精神，接着走下去。

我们得这样来定义 b^p：对所有复数 p, q 和 b（$b \neq 0$），

$$b^{p+q}=b^p \times b^q。$$

由此，我们希望将以 b 为底的对数（记为" $\log_b$ "）定义为函数 $f(z)=b^z$ 的逆运算，即

$$z=\log_b w，\quad 如果 \ w=b^z。$$

然后我们期望

$$\log_b(p \times q)=\log_b p+\log_b q，$$

因此，这种对数概念确实将乘法转换成了加法。

5.3 多值性，自然对数

虽然这基本上是正确的，但这么做技术上还有些困难（这点一会儿再谈）。首先，b^z 是"多值"的。就是说，" b^z "的意义一般来说可以有多种不同的答案。对 $\log_b w$ 来说也是如此。我们已经见过 b^z 在 z 为分数值时的多值性。例如，若 $z=1/2$，则" b^z "的意义应当是"某个数 t 的平方等于 b "，就是说，$t^2=t \times t=b^{\frac{1}{2}} \times b^{\frac{1}{2}}=b^{\frac{1}{2}+\frac{1}{2}}=b^1=b$。如果某个数 t 满足这种性质，那么 $-t$ 也

将满足（因为 $(-t) \times (-t) = t^2 = b$）。假定 $b \neq 0$，我们有两个不同的 $b^{1/2}$ 解（通常写作 $\pm\sqrt{b}$）。更一般地，对 $b^{1/n}$（n 为正整数 1，2，3，4，$\cdots$），我们有 n 个不同的复数解。事实上，只要 n 是（非零）有理数，我们就一定有有限个解；如果 n 是无理数，则得到的是无限多个解，一会儿我们就会明白这一点。

我们来试试，看如何消除这些不确定性。先从选择特定的 b 开始，这里取其为基本常数"e"，它称为自然对数的底。这么做有助于减少多值性问题。e 的定义为：

$$e = 1 + \frac{1}{1!} + \frac{1}{2!} + \frac{1}{3!} + \frac{1}{4!} + \cdots = 2.718\,281\,828\,5\cdots,$$

这里感叹号"!"表示阶乘，即

$$n! = 1 \times 2 \times 3 \times 4 \times \cdots \times n,$$

故 $1! = 1$，$2! = 2$，$3! = 6$，等等。由 $f(z) = e^z$ 定义的函数叫指数函数，通常写作"exp"。当这个函数作用于 z 时，可将其看成是"使 e 自乘 z 次"，这个"幂"可定义为如下的级数：

$$e^z = 1 + \frac{z}{1!} + \frac{z^2}{2!} + \frac{z^3}{3!} + \frac{z^4}{4!} + \cdots。$$

这个重要的幂级数实际上对所有 z 值均收敛（因此它有无穷大的收敛圆，见 §4.4）。在 $b = e$ 的情形下，"b^z"的多值性正是通过这个无穷和得到了一种特定的选择。例如，若 $z = 1/2$，则级数给出正的量 $+\sqrt{e}$ 而不是 $-\sqrt{e}$。按照级数定义，***[5.5] $z = 1/2$ 实际上给出的是 $e^{1/2}$，由 e^z 知，它的平方就是 e，这个事实总满足所需的"加法转乘法"性质

$$e^{a+b} = e^a e^b,$$

故 $(e^{\frac{1}{2}})^2 = e^{\frac{1}{2}} e^{\frac{1}{2}} = e^{\frac{1}{2}+\frac{1}{2}} = e^1 = e$。

我们试用 e^z 的这个定义来处理无歧义的对数，它定义为指数函数的反函数：

$$z = \log w，\text{如果 } w = e^z。$$

这是自然对数（我将它写成不带底符号的"log"）。[3] 从上述加法转乘法的性质，我们预期有"乘法转加法"的法则：

$$\log ab = \log a + \log b。$$

要一眼看出这种 e^z 的反函数必定存在并非易事。但是，它说明一个事实，对任意不为零的复数 w，总存在 z 使得 $w = e^z$，因此我们可定义 $\log w = z$。但这里有个陷阱：答案不唯一。

我们怎么来表示这个答案呢？如果 $[r, \theta]$ 是 w 的极坐标表示，那么我们就可以按普通的笛卡儿形式（$z = x + iy$）写出对数 z：

$$z = \log r + i\theta,$$

*** 〔5.5〕直接从级数验证这一点。（提示：按照整数指数的"二项式定理"，$(a+b)^n$ 的 $a^p b^q$ 项的系数为 $n!/p!q!$。）

这里 $\log r$ 是正实数 r 的普通的自然对数——实指数的反函数。为什么呢？这从图 5.7 看得很清楚，这种实对数是存在的。在图 5.7（a）中，我们画出了 $r = e^x$ 的图像。只需将坐标轴颠倒个个儿，我们即得到反函数 $x = \log r$ 的图像如图 5.7（b）。毫不奇怪，$z = \log w$ 的实部正是普通的实对数。奇怪的倒是[4] z 的虚部恰好就是复数 w 的幅角 θ。这一事实证实了我们早先所说的复数的幅角实际就是一种对数形式的断言。

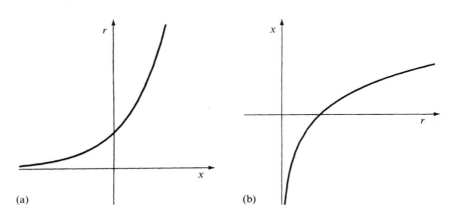

(a)　　　　　　　　　　　　(b)

图 5.7　为了得到正实数 r 的对数，考虑图（a）$r = e^x$ 的图像。这个图像囊括了 r 的所有正值，因此，将这幅图像颠倒一下，我们就得到了关于正值 r 的反函数 $x = \log r$ 的图像（b）。

此前我们说过，复数的幅角定义存在不确定性。我们可以让 θ 加上 2π 的任意整数倍而实际效果不变（回忆图 5.4（b））。相应地，在 $w = e^z$ 中，对给定的 w 存在多种不同的解 z。如果我们取定一个这样的 z，则 $z + 2\pi i n$ 也是可能的解，其中 n 是任意整数。因此，w 的对数只能确定到相差一个任意倍 $2\pi i$ 的程度。必须记住，在诸如 $\log ab = \log a + \log b$ 的表达式里也存在这种不确定性，我们必须对对数做出适当的选择。

复对数的这种特征似乎是一种让人恼火的事情。然而，在 §7.2 我们将看到，它却是复数最有力、有用和神奇性质的核心。复分析的关键全在于此。眼下我们只是试着评估一下这种不确定性的实质。

理解 $\log w$ 的这种不确定性的另一种方法是通过如下公式

$$e^{2\pi i} = 1,$$

由此有，$e^{z+2\pi i} = e^z = w$，等等，这说明，对 w 的代数来说，$z + 2\pi i$ 的效果与 z 一样（我们可以将此重复任意倍）。上述公式与著名的欧拉公式紧密相关：

$$e^{\pi i} + 1 = 0$$

（这个公式将 5 个基本量 0，1，i，π 和 e 通过一个神秘的表达式联系起来）。[5.6]

为了更好地理解这些性质，我们不妨对表达式 $z = \log r + i\theta$ 取指数，得到

＊〔5.6〕由此证明 $z + \pi i$ 是 $-w$ 的对数。

$$w = e^z = e^{\log r + i\theta} = e^{\log r} e^{i\theta} = r e^{i\theta}$$

它说明，复数 w 的极坐标表达式可以更明确地写成

$$w = r e^{i\theta}。$$

从这种方式我们看得很明白，如果两个复数相乘，得到的是它们的模的积和幅角的和（$r e^{i\theta} s e^{i\ddot{o}} = rs e^{i(\theta + \ddot{o})}$，故 r 和 s 相乘，而 θ 和 $\ddot{o}$ 相加——记住，从 $\theta + \ddot{o}$ 上减去 2π 不会造成任何影响），就像图 5.1b 的相似三角形法则所显示的那样。以后我不再讨论记号 $[r, \theta]$，而是直接用上述表达式。注意，若 $r = 1$，$\theta = \pi$，则我们得到 -1 并回到图 5.4(a) 几何所示的欧拉定理 $e^{\pi i} + 1 = 0$；若 $r = 1$，$\theta = 2\pi$，则我们得到 $+1$ 和 $e^{2\pi i} = 1$。

$r = 1$ 的圆称为复平面上的单位圆（见图 5.8）。它由 $w = e^{i\theta}$（θ 为实数）按上述表达式给出。将这个表达式与前面给出的量 $w = x + iy$ 的实部 $x = r\cos\theta$ 和虚部 $y = r\sin\theta$ 作比较，可得内容丰富的"柯茨 – 欧拉公式"[5]

$$e^{i\theta} = \cos\theta + i\sin\theta,$$

这个公式以复指数函数的简单性质基本包括了三角学的核心内容。

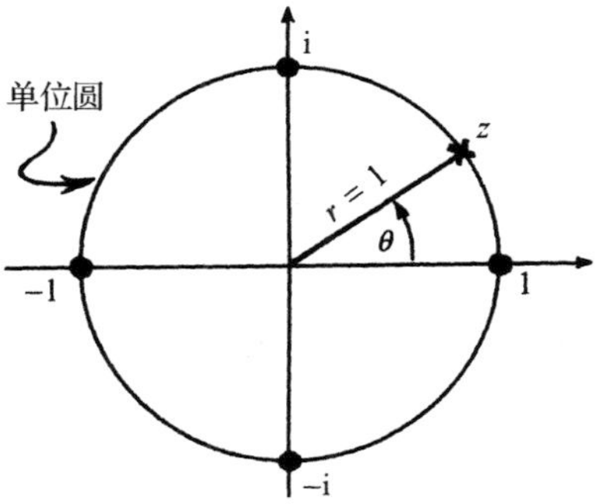

图 5.8 由单位模长复数组成的单位圆。这些复数均满足正值 θ 的柯茨 – 欧拉公式 $e^{i\theta} = \cos\theta + i\sin\theta$。

96

我们来看看它在基本的情形下是如何工作的。特别是，当我们将基本关系 $e^{a+b} = e^a e^b$ 按实部和虚部进行展开时，立即得到[5.7] 看起来异常复杂的表达式

$$\cos(a + b) = \cos a \cos b - \sin a \sin b,$$

$$\sin(a + b) = \sin a \cos b + \cos a \sin b。$$

同样，对 $e^{3i\theta} = (e^{i\theta})^3$ 作展开，可很快得到[6],[5.8]

$$\cos 3\theta = \cos^3 \theta - 3 \cos \theta \sin^2 \theta,$$

$$\sin 3\theta = 3 \sin \theta \cos^2 \theta - \sin^3 \theta。$$

这种使复杂公式变成相当简单的复数表示的直接方法的确像是具有某种魔力。

5.4 复数幂

现在让我们回到定义 w^z（或如前面写的 b^z）的问题上来。我们可将它写成

$$w^z = e^{z \log w}$$

（因为我们有 $e^{z \log w} = (e^{\log w})^z$ 和 $e^{\log w} = w$）。同时我们注意到，由于 $\log w$ 的多值性，我们可以增

97

---

* [5.7] 验证一下
* [5.8] 验证一下。

加任意整数倍的 $2\pi\mathrm{i}$ 到 $\log w$ 上来得到另一个容许的答案。这意味着我们可以用 $\mathrm{e}^{z\cdot2\pi\mathrm{i}}$ 的任意整数倍来乘或除 w^z 的一个特定值，得到的还是这个 "w^z"。看看一般情形下由此给出的复平面上点的分布（见图 5.9）亦为快事。这些点就是两等角螺线交点。（等角螺线——或称为对数螺线——是一种与所有过极点的射线的交角都相等的平面曲线。）**✳✳✳**[5.9]

如果我们不注意，这种不确定性会给我们带来各种麻烦。**✳✳**[5.10] 避免这些麻烦的最好方法就是采用如下规则：记号 w^z 只用于 $\log w$ 的特定选择已明确了的情形。（对 e^z 这一特殊情形，默认的约定为 $\log\mathrm{e}=1$。于是标准记号 e^z 与更为一般的 w^z 相一致。）一旦 $\log w$ 的这种选择得到具体化，则 w^z 对所有 z 有无歧义的定义。

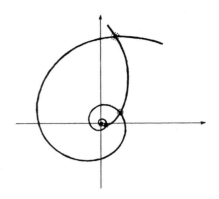

图 5.9　不同的 $w^z\,(=\mathrm{e}^{z\log w})$ 值。任意整数倍的 $2\pi\mathrm{i}$ 可加到 $\log w$ 上以得到另一容许值，这意味着我们可以用 $\mathrm{e}^{z\,2\pi\mathrm{i}}$ 的任意整数倍来乘或除 w^z 得到的还是这个 "w^z"。在一般情形下，这些数表现为复平面上两等角螺线的交点（等角螺线是一种与所有过极点的射线的交角都相等的平面曲线）。

这里还要说上几句。如果要定义 "以 b 为底的对数"（记为 "$\log_b$" 的函数），我们还得对 $\log b$ 做出规定，因为我们需要用 $w=b^z$ 来定义 $z=\log_b w$。即使如此，$\log_b w$ 仍是多值的（$\log w$ 也如此），我们可以将 $2\pi\mathrm{i}/\log b$ 的任意整数倍加到 $\log_b w$ 上。**✳**[5.11]

在过去曾使一些数学家中计的一个奇思怪想是量 i^{i}。它曾被认为是 "人们能够想象的至高虚幻"。但实际上，通过规定 $\log\mathrm{i}=\frac{1}{2}\pi\mathrm{i}$，**✳**[5.12] 我们发现它有实的答案：

$$\mathrm{i}^{\mathrm{i}}=\mathrm{e}^{\mathrm{i}\log\mathrm{i}}=\mathrm{e}^{\mathrm{i}\frac{1}{2}\pi\mathrm{i}}=\mathrm{e}^{-\pi/2}=0.207\,879\,576\cdots。$$

如果对 $\log\mathrm{i}$ 作其他规定，那么就还存在着其他多种答案。这些答案可通过将上述量乘以 $\mathrm{e}^{2\pi n}$ 来得到，这里 n 是任意整数（或等价地，将上述量自乘 $4n+1$ 次，这里 n 是整数——正负均可**✳**[5.13]）。令人惊奇的是，所有这些 i^{i} 的值都是实数。

再来看看 $z=\frac{1}{2}$ 时 w^z 的情形。一定意义上说，我们希望仍能用两个量 $\pm\sqrt{w}$ 来表示 "$w^{1/2}$"。实际上，这两个量可以简单地用先规定 $\log w$ 的一个量的值再由此规定另一个的办法来得到。这样处理导致 $w^{1/2}$ 改变符号（由欧拉公式 $\mathrm{e}^{\pi\mathrm{i}}=-1$）。类似地，对于 $n=3,4,5,\cdots$，我们可生成

✳✳✳〔5.9〕证明这一点。可有多少种方法？找出所有特解。

✳✳〔5.10〕解这个"疑难"：因为 $\mathrm{e}=\mathrm{e}^{1+2\pi\mathrm{i}}$，故 $\mathrm{e}=(\mathrm{e}^{1+2\pi\mathrm{i}})^{1+2\pi\mathrm{i}}=\mathrm{e}^{1+4\pi\mathrm{i}-4\pi^2}=\mathrm{e}^{1-4\pi^2}$。

✳〔5.11〕证明这一点。

✳〔5.12〕为什么这是一种容许的规定？

✳〔5.13〕证明为什么这是有效的。

$z^n = w$ 的所有 n 个解 $w^{1/n}$，只要 $\log w$ 的依次不同的值都有定义。*[5.14] 更一般地，现在可以来研究非零复数 w 的 z 次根的问题了，这里 z 是非零复数，我们曾在 §4.2 回避了这个问题。这个 z 次根可表示为 $w^{1/z}$，一般来说，我们得到的是无穷多个这样的解，这要看 $\log w$ 的选择是如何规定的。通过正确选定 $\log w^{1/z}$，即规定为 $(\log w)/z$，我们得到 $(w^{1/z})^z = w$。提醒一句，更一般地，

$$(w^a)^b = w^{ab},$$

一旦我们对（右边的）$\log w$ 作出了具体规定，（左边的）$\log w^a$ 就具体化为 $a\log w$。**[5.15]

当 $z = n$ 为正整数时，事情要简单得多，我们恰好得到 n 个根。此时一个特有意思的情形是 $w = 1$。在依次指定 $\log 1$ 的可能值分别等于 0，$2\pi i$，$4\pi i$，$6\pi i$，$\cdots$ 之后，我们得到 $1^{1/n}$ 的可能值分别为 $1 = e^0$，$e^{2\pi i/n}$，$e^{4\pi i/n}$，$e^{6\pi i/n}$，$\cdots$。我们可把它们写为 1，ϵ，ϵ^2，ϵ^3，$\cdots$，这里 $\epsilon = e^{2\pi i/n}$。在复平面上，它们是单位圆上均布的 n 个点，称为 n 次单位根。这些点是正 n 边形（图 5.10）的顶点。（注意，$\log 1$ 的 $-2\pi i$，$-4\pi i$，$-6\pi i$ 等的选取同样是 n 次根，只不过取的是逆序。）

对给定的 n，有趣的是，这 n 次单位根构成所谓有限乘法群，更具体地说，就是循环群 $\mathbb{Z}_n$（见 §13.1）。我们有具有如下性质的 n 个量：它们中任意两个之积给出其中的第三个量。我们也可以用一个量除以另一个量来得到第三个量。

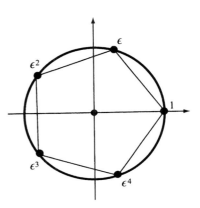

图 5.10 单位圆上均布的单位 $e^{2\pi i/n}$（$r = 1, 2, \cdots, n$）的 n 次单位根是正 n 边形的顶点。这里 $n = 5$。

99

例如，考虑 $n = 3$ 的情形。现在我们有 3 个元素 1，ω 和 ω^2，这里 $\omega = e^{2\pi i/3}$（故 $\omega^3 = 1$，$\omega^{-1} = \omega^2$）。对这些数我们有如下乘法表和除法表：

$\times$	1	ω	ω^2
1	1	ω	ω^2
ω	ω	ω^2	1
ω^2	ω^2	1	ω

$\div$	1	ω	ω^2
1	1	ω^2	ω
ω	ω	1	ω^2
ω^2	ω^2	ω	1

在复平面上，这些数由等边三角形的顶点来表示。乘以 ω 相当于使三角形逆时针转过 $\dfrac{2}{3}\pi$（即 $120°$），乘以 ω^2 相当于使三角形顺时针转过 $\dfrac{2}{3}\pi$；至于除法，转动方向正好相反（见图 5.11）。

---

* 〔5.14〕验证这一点。
** 〔5.15〕证明这一点。

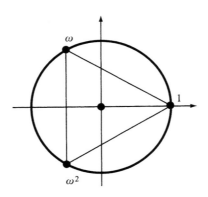

图 5.11 单位三次根 1, ω 和 ω^2 构成的等边三角形。乘以 ω 相当于使三角形逆时针转过 120°，乘以 ω^2 则使三角形顺时针转过 120°。

5.5 与现代粒子物理学的某些关联

现代粒子物理学对复数这样的数很有兴趣，因为它们有可能用作乘积性量子数。在 §3.5，我提到过这样的事实：就目前所知，粒子物理学中的加和性（标量）量子数总是以整数计的。现在我们看到，还存在一些乘积性量子数的例子，它们似乎都是 n 次单位根。我知道的只是传统粒子物理学中的一些例子，其中大部分属相当无趣的 $n=2$ 情形。也存在一种明显属 $n=3$ 的情形和 $n=4$ 的可能情形。遗憾的是，在大多数情形下，这种量子数不是普适的，就是说，它不能应用于所有粒子。正因此，我将这种量子数称之为近似的。

所谓宇称的量是一种 $n=2$ 的（近似）乘积性量子数。（还存在其他的 $n=2$ 的近似量子数，它们在许多方面与宇称相似，如 g 宇称。这里我不讨论这些情形。）复合系统的宇称概念是由其基本成分粒子的宇称（通过相乘）构成的。成分粒子的宇称可以是偶的，此时粒子的镜像反射与粒子本身相同（在近似意义上）；相反，如果粒子的宇称是奇的，那么其镜像反射就是其反粒子（见 §3.5，§§24.1~3，8 和 §26.4）。由于镜像反射（或取反粒子）的概念相当于"平方到 1"（即操作两次回到出发点），这种量子数——我们称其为 ϵ ——有性质 $\epsilon^2=1$，因此它必为 $n=2$ 的"n 次单位根"（即 $\epsilon=+1$ 或 $\epsilon=-1$）。这个概念只是近似的，因为宇称在所谓"弱相互作用"下不是守恒量，也正因此，某些粒子没有明确定义的宇称概念（见 §§25.3，4）。

此外，在通常的描述中，宇称概念只用于所谓玻色子的粒子族。其余的粒子则属于另一族，即所谓费米子。玻色子与费米子之间的区别是非常重要的概念，也是一个有点复杂的概念，我们将在 §§23.7，8 再来谈这个问题。（作为一种现象，我们有必要搞清楚当我们将粒子态持续转过 2π（即 360°）时将发生什么事情。我们说，在这种转动下，只有玻色子恢复到原状态，而费米子则要操作两次才能回到原状态。见 §11.3 和 §22.8。）可以这么说，"两个费米子合成一个玻色子"，"两个玻色子则仍产生一个玻色子"，而"一个玻色子和一个费米子则生成一个费米子"。因此，我们可将乘积性量子数 -1 赋给费米子，而将 $+1$ 赋给玻色子，由此来描述费米子/玻色子的性质。这样我们就有了 $n=2$ 情形下的另一种乘积性量子数。就目前所知，这种量子数才是严格的乘积性量子数。

在我看来，宇称概念也可以运用于费米子，虽然它不是传统意义上的那种。这必须与费米子/玻色子的量子数是 $n=4$ 的复合乘积性量子数这一点结合起来。对费米子，宇称值可以是 $+i$ 或 $-i$，其两次镜像反射具有 2π 转动的效果。对玻色子，宇称值可以和以前一样，是 ±1。

$n=3$ 情形下的乘积性量子数就是我以前说的夸克性。（这不是一个标准的术语，通常也不指量子数这样的概念，但它反映了当今粒子物理中一个重要方面。）我在 §3.5 说过，所谓强子（质子、中子、π 介子等等）这样的"强相互作用"粒子都是由夸克组成的（见 §25.6）。这些夸克具有非整数倍而是 $\frac{1}{3}$ 倍电子电荷的电荷值。但是，夸克不能作为独立粒子存在，它们的复合物只能在其总电荷数加起来为电子电荷的整数倍时才可能独立存在。令 q 为以电子电荷的负值为单位测得的电荷值（这样，电子本身在此单位下为 $q=-1$，通常规定电子电荷为负值）。对夸克，我们有 $q=2/3$ 或 $-1/3$，对反夸克，$q=1/3$ 或 $-2/3$。因此，如果我们将夸克性的乘积性量子数取为 $e^{-2q\pi i}$，就会发现它取值 1，ω 和 ω^2。夸克的夸克性是 ω，反夸克的夸克性是 ω^2。自身能够独立存在的粒子其夸克性只能是 1。按 §5.4，夸克性自由度构成循环群 $\mathbb{Z}_3$。（在 §16.1，我将在增设元素 "0" 和加法概念的基础上，阐述这个群如何扩展到有限域 $\mathbb{F}_4$。）

在本节和前节中，我展示了复数在数学方面的某些神奇性，并且暗示了它们极为有限的应用。但我没有谈及复数的另一些方面，这是我还是数学系大学生时所学到的我自认为是复数最为神奇的那些方面（见第 7 章）。在那以后，我看到了这种神奇的更多方面，其中之一就是它奇妙的互补性（我们在第 9 章末尾予以描述），这给当时还是大学生的我留下了深刻印象。当然，这些事情都基于基本的微积分概念，因此，为了向读者传递这种神奇性，我们有必要先搞清这些基础概念。这么做还有另一个理由，那就是微积分绝对是正确理解物理的基本条件！

注　释

§5.1

5.1　还应提到的三角函数有 $\cot\theta=\cos\theta/\sin\theta=(\tan\theta)^{-1}$，$\sec\theta=(\cos\theta)^{-1}$ 和 $\operatorname{cosec}\theta=(\sin\theta)^{-1}$。还有"双曲"函数 $\sinh t=\frac{1}{2}(e^t-e^{-t})$，$\cosh t=\frac{1}{2}(e^t+e^{-t})$，$\tanh t=\sinh t/\cosh t$，等等。注意，这些函数的反函数记为 $\cot^{-1}$，$\sinh^{-1}$，等等，就像 §5.1 里的"$\tan^{-1}(y/x)$"那样。

§5.2

5.2　对数是由纳皮尔（John Napier，1550~1617）于 1614 年引入的，1624 年，布里格斯（Henry Briggs，1561~1630）将其推广应用。

§5.3

5.3　自然对数通常也作 "ln"。

5.4 从迄今所建立起来的情况看，我们不能推断说公式 $z = \log r + \mathrm{i}\theta$ 中的 "$\mathrm{i}\theta$" 不可是 $\mathrm{i}\theta$ 的实数倍。这需要计算。

5.5 柯茨（Cotes, 1714）得到过等价的公式 $\log(\cos\theta + \mathrm{i}\,\sin\theta) = \mathrm{i}\theta$，欧拉的 $\mathrm{e}^{\mathrm{i}\theta} = \cos\theta + \mathrm{i}\,\sin\theta$ 第一次出现时似乎要比前者晚了 30 年（见 Euler, 1748）。

5.6 这里对 $(\cos\theta)^3$ 我用的是方便（但有些不合逻辑）的记法 $\cos^3\theta$。而记号 $\cos^{-1}\theta$ 通常则用以表示反函数 $\arccos\theta$。公式 $\sin n\theta + \mathrm{i}\,\cos n\theta = (\sin\theta + \mathrm{i}\,\cos\theta)^n$ 有时也称为"棣莫弗（De Moivre）定理"。亚伯拉罕·棣莫弗作为与罗杰·柯茨同时代的人，似乎也是 $\mathrm{e}^{\mathrm{i}\theta} = \sin\theta + \mathrm{i}\,\cos\theta$ 的共同发现者之一。

第六章

实数微积分

6.1　如何构造实函数？

　　微积分——或按其更复杂的名字，数学分析——是由两个基本要素构成的：微分和积分。微　103
分涉及速度、加速度、斜率和曲线和曲面的曲率等量的运算。它们反映的是事物变化的快慢，是
一些根据单个点最小邻域的结构和性态来局域定义的量。而积分则涉及面积和体积、引力中心
和其他一些涉及总体性质的量的计算。它们反映的是某种形式总量的量度，这些量不局限于单
个点的最小邻域或局域的性态。一个显著的事实，即微积分基本定理，本质上是这两个要素的互
逆运算。正是这一事实使得这两个重要的数学研究领域能够统合起来提供一种强有力的分析工
具和计算技术。

　　数学分析这一主题的思想，正如它在 17 世纪由费马、牛顿和莱布尼茨初创时那样，可追溯
到公元前 3 世纪的阿基米德。之所以称为"演算（calculus）"是因为它确实提供了一种计算技
术，许多用其他概念很难把握的问题经常借此"自行"得到解决，这里用到的仅仅是下述一些
相对简单的规则，它们经常是无需经大量深入思考即可得到应用。当然，在这种演算中，微分运
算和积分运算之间有着十分明显的区别，说不上哪个"容易"哪个"困难"。在处理那些由已知
函数构成的显性公式时，微分运算要"容易"些，积分要"难"些，很多情形下积分都不可能
按显式进行到底。另一方面，当函数不是以公式给出，而是以数值表列出时，则积分变得"容
易"，微分显得"困难"，严格来说，此时不存在通常意义上的微分。数值技术一般来讲是包含
了近似的，但它有一套严格的理论作保证，可以对事物拟合得非常好，而在这种场合下可用的是
积分，微分则无能为力。让我们来具体地理解这一点。要处理的对象实际上都可称之为　104
"函数"。

　　对欧拉等 17～18 世纪的数学家来说，"函数"是指那种能够以显式写下来的关系式，像 x^2
或 $\sin x$ 或 $\log(3 - x + e^x)$，或由某个包含积分的公式所定义的关系式，也可以是一个明确给定的

幂级数。今天，我们更愿意用"映射"的概念，它将函数定义域中某列数（或更一般的对象）A"映射"为所谓函数值域的另一列数 B（图 6.1）。这种映射的要点是，该函数将值域 B 中的一个数对应到定义域 A 中的一个数。（我们可将函数看成是对属于 A 的数的"检查"，其依赖的唯一标准就是看它是否能够产生一个明确属于 B 的数。）这种函数相当于一种"对照表"。它不要求函数一定要以显式的公式来给出。

定义域   值域

图 6.1 作为"映射"的函数，由此函数的定义域（数或其他对象的某个阵列 A）被"映射"到其值域（另一个阵列 B）。A 的每个元素被赋给 B 的某个具体值，虽然 A 的不同元素可能得到同样的值，而另一些 B 的值则无法达到。

我们来考虑一些例子。在图 6.2，我画了 3 个简单函数[1] x^2、$|x|$ 和 $\theta(x)$ 的图。每种情形的定义域和值域都属实数域，我们通常用字母 $\mathbb{R}$ 来代表这个实数域。"x^2"函数的意义就是取实数的平方。"$|x|$"（称为绝对值）函数是指：若 x 非负，则函数值为 x；若 x 是负数，则函数值取 $-x$；因此 $|x|$ 本身永远非负。函数"$\theta(x)$"的意义是：x 为负值时 $\theta(x)$ 为 0，x 为正值时 $\theta(x)$ 为 1；通常还定义 $\theta(0) = \frac{1}{2}$。（这个函数称为赫维塞德阶梯函数，赫维塞德（Oliver Heaviside，1850 ~ 1925）的另一项重要贡献见 §21.1，他更出名的是他首次提出了地球大气的"赫维塞德层"假说，这个概念对无线电广播至为关键。）这 3 个函数中的每一个从现代意义上说都是完美函数，但在欧拉那里，[2] 要说 $|x|$ 或 $\theta(x)$ 是"函数"是颇难接受的。

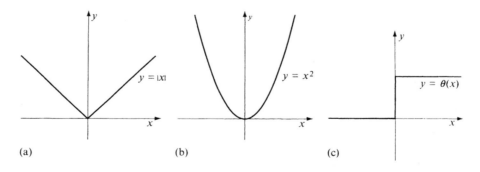

(a)   (b)   (c)

图 6.2 （a）$|x|$，（b）x^2 和（c）$\theta(x)$ 的图像。各情形下的定义域和目标域均为实数域。

为什么呢？一种可能是认为，$|x|$ 和 $\theta(x)$ 的麻烦在于有太多的"如果 x 如此这般，那么函数将因此那般，而如果 x 是…"这样的陈述，而且还不具备函数的"漂亮形式"。但这么说有点混淆视听了，不管怎么说，我们很怀疑 $|x|$ 的真正不足是出于公式方面的原因，何况一旦我们认可 $|x|$，我们就能够写出 $\theta(x)$ 的公式：*[6.1]

---

*[6.1] 验证这一点（略去 $x = 0$）。

$$\theta(x) = \frac{|x| + x}{2x}$$

（虽然我们也不知道它在 $\theta(0)$ 处是否能得到正确的值，毕竟公式给出的是 0/0）。$|x|$ 的麻烦更多的在于它是不"光滑"的而非其公式是否"漂亮"。从图 6.2(a) 我们看到，函数图像在中心拐了个"角"。正是这个角使得 $|x|$ 在 $x = 0$ 点没有完好的斜率定义。下面就让我们转到这个概念上来。

6.2 函数的斜率

如上所述，微分运算包括求"斜率"。从图 6.2a 所示的 $|x|$ 的图像我们清楚地看到，函数在原点的斜率不唯一，因为这里有个折角。但除原点之外，在其他地方斜率是唯一确定的。$|x|$ 在原点处的这种麻烦被称为 $|x|$ 在原点处不可微，换一种等价的说法，就是函数在此处不光滑。相反，如图 6.2(b) 所示的函数 x^2 则是处处都有唯一定义的斜率，它因此也是处处可微的。

图 6.2(c) 所示的函数 $\theta(x)$ 比 $|x|$ 更麻烦，因为 $\theta(x)$ 在原点（$x = 0$）处有一"跳跃"。这时我们说 $\theta(x)$ 在原点不连续。相比之下，函数 x^2 和 $|x|$ 则是处处连续的。$|x|$ 在原点处的麻烦不是连续性失效而是可微性失效。（虽然连续性失效和可微性失效不是一回事，但二者实际上是彼此相关的概念，这一点我们一会儿就要谈到。）

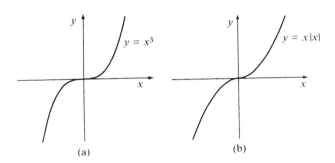

图 6.3 (a) x^3 和 (b) $x|x|$（即如果 $x \geqslant 0$，则 x^2；如果 $x < 0$，则 $-x^2$）的图像。

可以想象，这两种缺失哪一种都不会令欧拉高兴，它们似乎正是 $|x|$ 和 $\theta(x)$ 不能成为"真"函数的理由。现在我们来考虑图 6.3 所示的两个函数。第一个是 x^3，它在任何意义下都称得上是函数；而第二个是 $x|x|$，它在 x 非负区域的图像与 x^2 相同，但在 x 为负的区域相当于 $-x^2$ 吗？乍一看，两个图像彼此非常相像且肯定"光滑"。二者不仅在原点的"斜率"有绝对完好的值，即都是零（这意味着曲线在此处有水平的斜率），而且在最直接的意义上也是处处"可微"的。但是，$x|x|$ 肯定不是令欧拉满意的那种"漂亮"函数。

$x|x|$ 的"错误"在于它在原点没有定义完好的曲率，曲率的概念也涉及微分计算。实际上，"曲率"是一种与所谓"二次导数"有关的运算，就是说要做两次微分。因此我们可以说，函数 $x|x|$ 在原点不是二次可微的。我们将在 §6.3 来考虑二次和更高次导数。

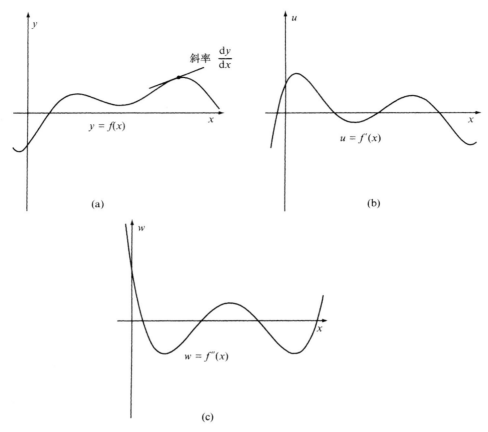

图 6.4 笛卡儿坐标系下的(a) $y = f(x)$,(b) 一阶导数 $u = f'(x)$ ($= dy/dx$)和(c) 二阶导数 $f''(x) = d^2 y/dx^2$ 的图像。(注意, $f(x)$ 在 $f'(x)$ 与 x 轴相交的地方有水平斜率,而在 $f''(x)$ 与 x 轴相交的地方有拐点。)

　　为了开始正确理解这些事情,我们有必要看看微分运算实际是如何进行的。为此我们得知道如何来量度斜率。如图 6.4 所示,我画了一条比较有代表性的函数图像 $f(x)$ 。图 6.4(a)的曲线描述的是关系 $y = f(x)$ 。正如通常笛卡儿坐标描述的那样,这里坐标 y 的值量度的是高度, x 值量度的是水平位移。我曾说过,曲线在某一点 p 处的斜率就是该点的 y 坐标的增量除以 x 坐标的增量,相当于我们在 p 点作曲线的切线。("切线"的数学定义取决于适当的求极限过程,但这不是我在这里要达到的目的。我希望读者能够明白我的这种直观描述足以满足我们当前的需要。[3])斜率的标准记法是 dy/dx (读成" dy 比 dx ")。我们可将" dy "看成是 y 值沿曲线的一个非常小的增量," dx "为相应的 x 值的小的增量。(这里,技术上严格说来都要求取"极限",即是说这些小量应尽量减小到零。)

　　现在我们来考虑另一种曲线,即前述曲线上每一点 p 的斜率值关于 x 的曲线,见图 6.4(b)。这里我们再次用笛卡儿表示法,但垂直轴表示的是 dy/dx 而非 y 。水平移位则仍由 x 量度。画出的这个函数通常称为 $f'(x)$,也可以写成 $dy/dx = f'(x)$ 。我们把 dy/dx 称作 y 关于 x 的导数,把

$f'(x)$ 称作 $f(x)$ 的导数。[4]

6.3 高阶导数；C^∞ 光滑函数

现在我们来看看取二阶导数时会发生什么。这意味着我们现在是将图 6.4（b）的斜率函数看成新的曲线 $u = f'(x)$，这里 u 代表 dy/dx。图 6.4（c）画出了这个"二阶"斜率函数，它是 du/dx 关于 x 的图像，因此 du/dx 的值就是二阶曲线 $u = f'(x)$ 的斜率。它给出的就是原函数 $f(x)$ 的二阶导数，通常写成 $f''(x)$。我们用 dy/dx 取代 du/dx 中的 u，就得到 y 关于 x 的二阶导数，它可以写成（尽管有点不正规）d^2y/dx^2。

注意，原函数 $f(x)$ 有水平斜率处的 x 值恰好就是 $f'(x)$ 与 x 轴的交点的 x 值（故对这些 x 值 dy/dx 为零）。这些位置也就是 $f(x)$ 取（局部）极大或极小值的位置，当我们要求函数的（局部）最大值或最小值时它们就显得非常重要了。那么二阶导数 $f''(x)$ 与 x 轴的交点的点有什么意义呢？我们说这些是 $f(x)$ 的曲率为零的位置。一般来说，在这些点上，曲线 $y = f(x)$ 的"弯曲"方向会从曲线的一侧变到另一侧，我们把这种点称为拐点。（实际上，说 $f''(x)$ "量度"曲线 $y = f(x)$ 的曲率不是很准确，真正的曲率是由比 $f''(x)$ 更复杂但包括 $f''(x)$ 的表达式[5] 给出的，当 $f''(x)$ 为零时，这个曲率也为零。）

接下来我们考虑前述的两个（表面上）看似相似的函数 x^3 和 $x|x|$。在图 6.5（a），（b），（c）中，我像在图 6.4 中做的那样画了 x^3 及其一阶和二阶导数的图像，图 6.5（d），（e），（f）则为 $x|x|$ 的相应图像。在 x^3 情形，我们已看到，其一阶和二阶导数的连续性和光滑性都不成问题。实际上，它的一阶导数为 $3x^2$，二阶导数为 $6x$，二者都不会让欧拉不舒服。（一会儿我们再来讲如何得到这些显式。）但在 $x|x|$ 情形，其一阶导数出现了如图 6.2（a）的"折角"的麻烦，而二阶导数则会出现类似于图 6.2（c）的"阶梯函数"性态。我们已经知道，这时函数的一阶导数失去了光滑性，二阶导数则连连续性也丧失了。欧拉是根本不会理会这种情形的。实际上，$x|x|$ 的一阶导数是 $2|x|$，二阶导数是 $-2 + 4\theta(x)$。（那些追求严谨的读者可能会抱怨说，我不该把 $2|x|$ 麻利地写成"一阶导数"，因为它在原点是不可微的。确实是这样，但这只是小问题：用第 9 章末引入的概念就会知道，这么做有其正当性。）

我们很容易想象，函数完全有可能在计算多阶导数时失去光滑性和连续性。事实上形为 $x^n|x|$ 的函数就是这么一个例子，其中 n 可以取任意大的正整数。数学上将这种情形称为函数 $f(x)$ 是 C^n 光滑的，如果它（在定义域的每个点上）有 n 阶导数并且第 n 阶导数连续的话。[6] 函数 $x^n|x|$ 是 C^n 光滑的，但它在原点不是 C^{n+1} 光滑的。

n 要多大才能使欧拉满意呢？显然，n 的任何具体值都不会让他满意。欧拉想要的是那种任意阶可微的自尊的函数。数学上将这种情形称为函数 $f(x)$ 是 C^∞ 光滑的，如果它对任意一个正整数 n 都是 C^n 光滑的话。换句话说，一个 C^∞ 光滑函数必是任意阶可微的。

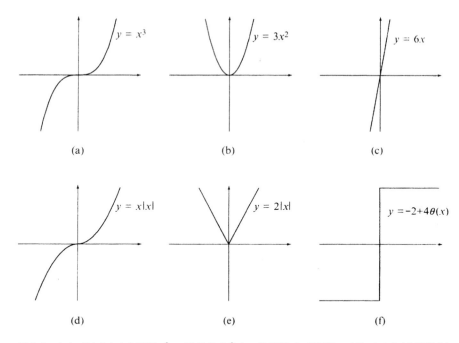

图 6.5 （a）、（b）和（c）分别是 x^3、一阶导数 $3x^2$ 和二阶导数 $6x$ 的图像。（d）、（e）和（f）则分别是 $x|x|$、一阶导数 $2|x|$ 和二阶导数 $-2+4\theta(x)$ 的图像。

欧拉的函数概念大概就是这种具有 C^∞ 光滑的函数。至少我们可以想象，他所要求的函数应在其定义域的绝大部分场合是 C^∞ 光滑的。但对 $1/x$（图 6.6）情形会如何呢？它在原点显然不是 C^∞ 光滑的。按今天的函数定义，它甚至在原点都无定义。但欧拉肯定会认为 $1/x$ 是一种体面的"函数"，尽管有这样的问题，因为它毕竟具有外观简单好看的形式。人们还可以看出，其实欧拉并不是非常在意他的函数是否在定义域的每一点都是 C^∞ 光滑的（假定他毕竟还关心"定义域"的话）。甚至函数在奇点出错这样的事情在他看来都不要紧。但 $|x|$ 和 $\theta(x)$ 不就和 $1/x$ 一样在同样

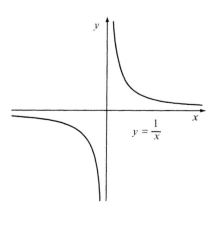

图 6.6 $1/x$ 的图像。

的"奇点"出错了吗？由此看来，无论我们怎么努力，我们都把握不住"欧拉式的"函数概念是否就是我们所描述的那种概念。

现在我们来看另一个例子。考虑函数 $h(x)$，它定义为

$$h(x) = \begin{cases} 0, & x \leqslant 0, \\ e^{-1/x} & x > 0. \end{cases}$$

这个函数的图像见图 6.7。看起来它明显是光滑函数。实际上它的确是非常光滑的。它在整个实

111

数域都是 C^∞ 光滑的。（证明这一点属数学系本科生课程的内容。我记得我还是本科生的时候就
做过这类的作业。***[6.2]）尽管它绝对光滑，但我们可以想象，欧拉对这种形式的函数一定是嗤
之以鼻的。在欧拉看来，它显然就不是"一个函数"，而是"纠集在一块儿的两个函数"，不论
你把原点处的"疮疤"捯饬得多么光滑。相反，对欧拉来说，$1/x$ 则是一个函数，尽管事实上它
在原点处被难堪地"撕裂"成两半，甚至连连续都谈不上，就更甭说光滑了（图6.6）。在欧拉
看来，$h(x)$ 并不比 $|x|$ 和 $\theta(x)$ 好多少，因为在这些情形中，它们明显都是"粘合起来的两个函数"，
尽管这种粘合工作做得是如此天衣无缝（对 $\theta(x)$，似乎还有"脱胶"的危险）。

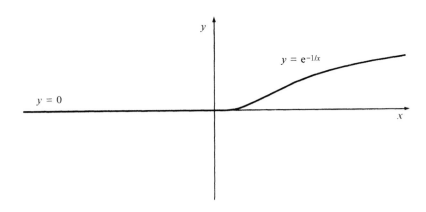

图6.7　$y = h(x)$（$x \leqslant 0$ 时为零，$x > 0$ 时为 $\mathrm{e}^{-1/x}$）的图像，它是 C^∞ 光滑的。

6.4　"欧拉的"函数概念

我们怎么才能准确把握欧拉的这种并非两个函数粘合而成的纯粹单函数概念呢？正如 $h(x)$
所示，C^∞ 光滑是不够的。其实我们有两种完全不同的方法来解决这个问题。方法之一是用复数，
它看似简单，但实际上相当复杂。要求也很简单：函数 $f(x)$ 可延拓为关于复变量 z 的函数 $f(z)$ 并
使 $f(z)$ 在关于 z 的一阶可微的意义下是光滑的。（因此，$f(z)$ 是复数意义上的 C^1 函数。）这里真正
显示了复数超凡的魔力，当然我们不会在此深究：如果 $f(z)$ 关于 z 一阶可微，那么它到任意阶都是
可微的！

下一章我们再来讨论复数的微积分问题，这里我们再看看另一种仅用实数来处理"欧拉函
数概念"的方法，这就是我们在 §2.5 所述的幂级数方法。（欧拉可称得上是处理幂级数的真正
大师级人物。）其实，在我们考虑复数可微性之前，熟悉幂级数方法是非常有用的。局部上看，
复数可微性与可展开成幂级数是等价的，这也是复数魔力的一个真正所在。

***〔6.2〕如果你知识了得，不妨证证看。

我将以适当方式对此进行叙述，眼下我们先解决实函数问题。假定某个实函数 $f(x)$ 有如下幂级数展开形式：

$$f(x) = a_0 + a_1 x + a_2 x^2 + a_3 x^3 + a_4 x^4 + \cdots$$

我们有多种办法从 $f(x)$ 确定各系数 $a_0, a_1, a_2, a_3, a_4, \cdots$。因为如果这种展开存在，则 $f(x)$ 必为 C^∞ 光滑（我们不久会知道，这并非充分），因此我们有新函数 $f'(x), f''(x), f'''(x), f''''(x), \cdots$，等等。它们分别是 $f(x)$ 的一阶、二阶、三阶等等的导数。实际上我们关心的只是这些函数在原点 $(x=0)$ 的值，我们要求 $f(x)$ 在此处 C^∞ 光滑。如果 $f(x)$ 有幂级数展开式，则有结果（有时称为麦克劳林级数[7]）*[6.3]

$$a_0 = f(0), \quad a_1 = \frac{f'(0)}{1!}, \quad a_2 = \frac{f''(0)}{2!}, \quad a_3 = \frac{f'''(0)}{3!}, \quad a_4 = \frac{f''''(0)}{4!}, \cdots$$

（由 §5.3 知道，$n! = 1 \times 2 \times \cdots \times n$）那么其他方法是否也能奏效？如果各项 a 值如此确定，（包含原点的某个区间上的）幂级数的和真的就能还原为 $f(x)$？

让我们回到貌似天衣无缝的 $h(x)$ 上来。你也许已注意到，这个概念在连接点 $(x=0)$ 是有缺陷的。我们来试试看 $h(x)$ 是否真的能展开成幂级数。取 $f(x) = h(x)$，然后考虑各个系数 $a_0, a_1, a_2, a_3, a_4, \cdots$，显然，这些系数全取零，因为级数必须满足 $h(x) = 0$，无论 x 是从哪边趋于原点。实际上，我们发现，从 $e^{-1/x}$ 方面看这些系数也全都是零，这也是为什么说 $h(x)$ 在原点是 C^∞ 光滑的基本理由，因为从原点的两边求得的所有各阶导数都彼此相等。但这个结果却表明，幂级数展开对 $h(x)$ 来说是无效的，因为所有项都是零（见练习 6.2），因此无法求和得到 $e^{-1/x}$。这样，我们可将 $h(x)$ 在连接点 $x=0$ 的缺陷归结为：函数 $h(x)$ 不能表示成幂级数。对此我们说 $h(x)$ 在 $x=0$ 不是解析的。

在上述讨论中，我一直做的都是幂级数关于原点的展开。对函数实数定义域中的其他点，我们一样可以做类似的处理，但得将"原点"移到相应的位置上。例如，我们要在定义域中的实数 p 点展开，这时就得将原先幂级数展开中的 x 代换为 $x-p$：

$$f(x) = a_0 + a_1(x-p) + a_2(x-p)^2 + a_3(x-p)^3 + \cdots,$$

相应地，各系数为

$$a_0 = f(p), \quad a_1 = \frac{f'(p)}{1!}, \quad a_2 = \frac{f''(p)}{2!}, \quad a_3 = \frac{f'''(p)}{3!} \cdots$$

这叫幂级数在 p 点的展开。函数 $f(x)$ 称为在 p 点是解析的，如果它在 $x-p$ 的某个区间上可以展开成上述幂级数的话。如果函数 $f(x)$ 在定义域的所有点上都是解析的，我们就说它是解析函数，或等价地，是 C^∞ 光滑函数。一定意义上说，解析函数甚至比 C^∞ 光滑函数"更光滑"。另外，解析函数有这样的性质：我们不可能像上面给出的 $\theta(x), |x|, x|x|, x^n|x|$ 或 $h(x)$ 那样，将两个"不同的"解

---

*〔6.3〕用本节末给出的法则证明这一点。

析函数粘合在一起。欧拉一定很喜欢这种解析函数,它们确实都是"实实在在的"函数!

然而,所有这些幂级数,哪一个驾驭起来都不是件省心的事情,即使是想象一下都未必容易。而"复"方法看起来就要省劲得多。何况它还能加深我们对函数的理解。例如,函数 $1/x$ 在 $x=0$ 点不是解析的,但它仍是"一个函数"。***[6.4] "幂级数哲学"可是无法直接告诉我们这一点。我们将看到,从复数观点看,$1/x$ 显然只是一个函数。

6.5 微分法则

在讨论这些问题前,有必要对我们实际要用到的神奇的微分计算法则先说两句——这些法则使得我们几乎可以不加考虑地对函数进行微分,当然数月的练习还是必要的!利用这些法则,我们可以直接写出许多函数的导数,特别是当这些函数是用幂级数来表示时就更是如此。

在前面的论述中,我举过个例子:x^3 的导数是 $3x^2$。它是一个简单而又重要的公式的特例:x^n 的导数是 nx^{n-1},我们可以将其写成

$$\frac{\mathrm{d}(x^n)}{\mathrm{d}x} = nx^{n-1}。$$

(我们已经走得太远了,这里我的目的是要解释为什么这个公式能够成立。这其实不难证明,有兴趣的读者可以从任何一本有关微积分的基础教材中找到所有必要的材料。[8] 顺便说一句,n 不必是一个整数。)我们还可以将这个公式(通过乘以"$\mathrm{d}x$")表示成更方便的形式:[9]

$$\mathrm{d}(x^n) = nx^{n-1}\mathrm{d}x。$$

我们不需要知道更多的关于如何进行幂级数微分的细节。但还有两个基本法则需要知道。首先,函数和的导数等于函数导数的和:

$$\mathrm{d}[f(x) + g(x)] = \mathrm{d}f(x) + \mathrm{d}g(x)。$$

这个法则可以扩展到对有限个函数的和。[10] 其次,乘以一个常数的函数的导数等于常数乘以该函数的导数:

$$\mathrm{d}\{a\,f(x)\} = a\,\mathrm{d}f(x)。$$

这里所谓"常数"是指不随 x 变化的一个数。幂级数的系数 a_0,a_1,a_2,a_3,a_4,$\cdots$都是常数。有了这些法则,我们就可以直接进行幂级数的微分。*[6.5]

常数 a 的另一种表示是

$$\mathrm{d}a = 0。$$

回想一下我们就会发现,上面这些法则实际上是"莱布尼茨法则"的特殊情形($g(x) = a$):

***〔6.4〕考虑"一个函数"e^{-1/x^2}。证明:它在原点是 C^∞ 的但不是解析的。

*〔6.5〕用 §5.3 给出的 e^x 的幂级数证明:$\mathrm{d}\mathrm{e}^x = \mathrm{e}^x\mathrm{d}x$。

$$d\{f(x)g(x)\} = f(x)\,dg(x) + g(x)\,df(x)$$

（对任意自然数 n, $d(x^n)/dx = nx^{n-1}$ 也可以从莱布尼茨法则导出[6.6]）。还有一个有用公式：

$$d\{f(g(x))\} = f'(g(x))g'(x)\,dx。$$

从后两式和第一式，将 $f(x)[g(x)]^{-1}$ 代入莱布尼茨法则，我们可导出[6.7]

$$d\left(\frac{f(x)}{g(x)}\right) = \frac{g(x)\,df(x) - f(x)\,dg(x)}{g(x)^2}。$$

有了这些法则的武装（当然还得加上多多的练习），我们无需了解为什么这些法则是有效的就可以成为"微分专家"了！这就是优越的微积分的力量。[6.8]除此之外，再加上一些特殊函数的导数，[6.9]我们就更像专家了。有了这些，就是一个生手也会很快变成微分专家俱乐部的"新成员"，让我再提供些主要的例子：11, [6.10]

$$d(e^x) = e^x\,dx,$$

$$d(\log x) = \frac{dx}{x},$$

$$d(\sin x) = \cos x\,dx,$$

$$d(\cos x) = -\sin x\,dx,$$

$$d(\tan x) = \frac{dx}{\cos^2 x},$$

$$d(\sin^{-1} x) = \frac{dx}{\sqrt{1-x^2}},$$

$$d(\cos^{-1} x) = \frac{-dx}{\sqrt{1-x^2}},$$

$$d(\tan^{-1} x) = \frac{dx}{1+x^2}。$$

这样就说明了我们在本节开头所指出的一点，对于显函数，微分运算是"容易"的。当然，我不是说你可以在不清醒的眯盹状态下就能习得这些知识。在一些特例中，表达式还是相当复杂的。我说"容易"，只是说进行微分有一套明确的计算程序。如果我们知道表达式的每个部分如何进行微分，那么这个计算程序就会告诉我们如何进行整个表达式的微分计算。"容易"还意味着这种计算可以在计算机上快速进行。但如果我们从反方向进行，事情就要复杂得多了。

[6.6] 建立这个关系。

[6.7] 导出这一点。

[6.8] 对 $y = (1-x^2)^4$, $y = (1+x)/(1-x)$, 求 dy/dx。

[6.9] 设 a 是一常数，求 $d(\log_a x)$, $d(\log_x a)$, $d(x^x)$。

[6.10] 首先，做练习 [6.5]；然后导出 $d(e^{\log x})$ 的二阶导数；de^{ix} 的三阶、四阶导数，假定复数量的求导如同实数量一样；并从较易的形式出发推导余下的式子，注意利用 $d(\sin(\sin^{-1} x))$，等等公式，并注意到 $\cos^2 x + \sin^2 x = 1$。

6.6　积分

如本章开头所述，积分是微分的逆运算。这种运算的目的是要找出满足 $g'(x) = f(x)$ 的函数 $g(x)$，即找到方程 $dy/dx = f(x)$ 的解 $y = g(x)$。换一种说法，就是说，从图6.4（或图6.5）上看，我们现在不是要从上往下进行，而是自下往上地进行。"微积分基本定理"的美就在于这个程序可以告诉我们对每一条连续曲线如何求出其面积。我们来看图6.8。我们知道，图（b）中曲线 $u = f(x)$ 可以从图（a）的曲线 $y = g(x)$ 得到，因为它画的是曲线的斜率，$f(x)$ 是 $g(x)$ 的导数。这些是我们前面

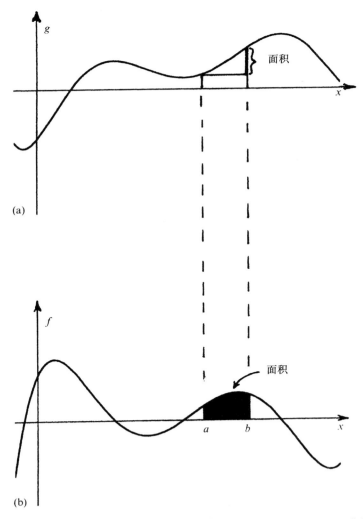

图6.8　微积分基本定理：图6.4（a），（b）的重新解释，读图顺序自下而上。上图曲线（a）是下图曲线（b）的面积曲线，这里面积由两条竖直线 $x = a$ 和 $x = b$、x 轴和下图曲线本身所围成，它反映为上图曲线在这两点的曲线高度差 $g(b) - g(a)$。

所做的工作,现在我们从图(b)的曲线着手。我们发现,曲线$g(x)$反映的是曲线$f(x)$下的面积。说得更清楚点儿:如果我们在图(b)中取两条竖直线,例如$x=a$和$x=b$,那么由这两条线、x轴和曲线本身所围成面积,将反映为图(a)的曲线在不同x值之间的高度差。当然,这里还应注意"正负号"。对于曲线$f(x)$在x轴以下的部分所围成的区域,其面积为负。另外,图中我取的是$a<b$,曲线$g(x)$的"高度差"为$g(b)-g(a)$。如果$a>b$,则正负号变号。

在图6.9,我试着从直观角度来说明为什么斜率和面积之间存在着这种反比关系。我们将b设为仅比a大一点点,这样,下图中所考虑的面积就是由相邻直线$x=a$和$x=b$限定的非常窄的带状区域。这个面积的度量基本上可看作是带的狭窄宽度(即$b-a$)与高度(从x轴到曲线)的乘积。而带的高度可用上图中曲线在该点的斜率来度量。因此带状面积就是这个斜率乘以带宽。而这个斜率乘以带宽就是上图中曲线从a到b的变化,即差$g(b)-g(a)$。因此,对很窄的条带,其面积正是由这个差来度量。宽带可看成是大量的这种窄带的叠加,这样,总面积就可以用上图中曲线的整个积分来度量。

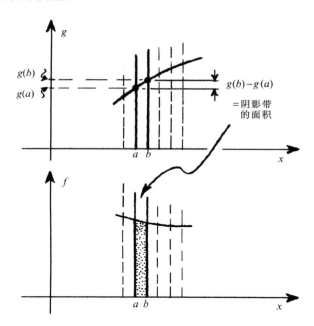

图6.9 取b稍大于a,$b>a$。在下图中,相邻直线$x=a$和$x=b$限定的非常窄的带状区域大小为带的宽度$b-a$与高度(从x轴到曲线)的乘积。这个高度就是上图曲线在该点的斜率。因此带状面积就是这个斜率乘以带宽。这也就是上图曲线从a到b的变化,即差$g(b)-g(a)$。将许多这样的窄带叠加起来,我们发现,下图曲线的宽带面积变化即构成上图曲线。

这里我必须特别强调一点,在下曲线到上曲线的对应中,我们并未对整个图曲线的高度位置做出具体规定,我们关心的只是上曲线的高度差,因此整个曲线往上或往下平移一个常量不会有任何差别。这一点从"斜率"的解释中也可以看得很清楚,如果我们整条上曲线往上或往下移动,两点间的斜率并不改变。这就是说,如果我们在计算中加一个常量C到$g(x)$,则结果函

数仍是对 $f(x)$ 的微分:

$$\mathrm{d}(g(x) + C) = \mathrm{d}g(x) + \mathrm{d}C = f(x)\,\mathrm{d}x + 0 = f(x)\,\mathrm{d}x。$$

这个函数 $g(x)$,或等价的附加了任意常数 C 的 $g(x) + C$,称为 $f(x)$ 的不定积分,写成

$$\int f(x)\,\mathrm{d}x = g(x) + 常数$$

这是关系式 $\mathrm{d}[g(x) + 常数] = f(x)\,\mathrm{d}x$ 的另一种表达形式,因此我们通常将符号 "$\int$" 看成是 "d" 的逆运算。如果我们要求 $x = a$ 和 $x = b$ 之间的具体面积,则相应的运算称为定积分,写成

$$\int_a^b f(x)\,\mathrm{d}x = g(b) - g(a)。$$

如果知道了函数 $f(x)$,并欲求其积分 $g(x)$,我们可没有像微分那样直接的运算法则。这里需要用到许多技巧,它们都可以在标准教科书和计算手册里找到,但仅有这些还远远不够。实际上,我们经常会发现,为了表示积分的结果,我们先前用的那些标准显函数必须拓宽,必须"发现"新函数。而在前述的例子里我们也已经看到了这一点。假定我们只熟悉那些由 x 的幂组合而成的函数,对一般的幂 x^n,积分得到 $x^{n+1}/(n+1)$。(这只是用了 §6.5 的公式:$\mathrm{d}(x^{n+1})/\mathrm{d}x = (n+1)x^n$。)一切都很顺利,但到了 $n = -1$,情形大不相同了,因为预设的答案 $x^{n+1}/(n+1)$ 中分母变成了零,答案无效。那么我们怎么来积分 x^{-1} 呢?我们幸运地注意到,§6.5 的公式列表里正好有这么个公式 $\mathrm{d}(\log x) = x^{-1}\,\mathrm{d}x$,因此 x^{-1} 积分的结果是 $\log x + 常数$。

这一次我们够幸运! 这是因为我们刚好研究过对数函数,知道它的特性。但在其他情形,我们会发现,有时根本就不存在我们以前所知的那些函数。常常是积分本身提供了新函数的定义。在这个意义上说,显积分是"困难的"。

但另一方面,如果我们不把注意力放在显性表达式上,而是放在作为给定函数的导数或被积函数的存在性问题上,那么情况就大不一样了。这时积分是一种平稳的运算,而微分则可能引起问题。这些特点对数值型计算也是一样的。基本上说,微分的问题在于它强烈依赖于待微函数的细节。如果我们没有待微函数的显性表达式,就有可能出问题。而积分对这种细节要求就非常不敏感,我们关心的是被积函数的宽泛的整体性质。事实上,定义域为"闭"区间 $a \leqslant x \leqslant b$ 的任何连续函数(C^0 函数)都是可积的,[12]结果是 C^1(即 C^1 光滑)的。它可再次积分,结果为 C^2 型光滑函数,再积结果为 C^3,等等。积分使得函数越来越光滑,我们可以无止境地进行下去。另一方面,微分则使事情越来越"糟",它可能会终止于某个点上,在此处函数变得"不可微"。

但是,对这些问题,我们也有办法使微分过程可无限连续地进行下去。其实在我容许对函数 $|x|$ 进行微分以得到 $\theta(x)$ 时,我就已经暗示了这一点。我们还可以走得更远,对 $\theta(x)$ 进行微分,尽管它在原点有无穷大的斜率,其"答案"就是所谓的狄拉克[13] δ 函数——量子力学里相当重要的一个概念。δ 函数并不是通常(现代)意义上的那种将定义域映射到目标域的真正的函数,它在原点没有"值"(唯一可能的就是无穷大)。但我们在许多数学门类里都可以找到这种 δ 函数的

清楚的数学定义，这就是所谓的分布。

为此，我们有必要将 C^n 函数概念扩展到 n 可以取负整数的情形。函数 $\theta(x)$ 是 C^{-1} 函数，δ 函数则是 C^{-2} 函数。我们每微分一次，可微性就减少一个单位（即变负一个单位）。所有这一切似乎使得我们越来越远离欧拉的"体面函数"了，他告诉过我们不要与这种函数打交道。但事实上这些函数似乎都很有用。以后我们会发现，正是在这种地方，复数向我们展示了最神奇的魔力！但我现在还不能恰当地描述这一点，这要等到第 9 章以后才行。读者还得再忍耐一会儿，我们还得做些基础准备，用另一些超神奇的材料做些铺垫。

注 释

§ 6.1

6.1 这里我采取了一种稍嫌"滥用符号"的做法。例如，x^2 通常是指函数值而非函数。映射 x 到 x^2 的函数本身则记为 $x \longmapsto x^2$，或按丘奇（1941）的《λ 演算》一书，记为 $\lambda x[x^2]$。见 Penrose（1989），第二章。

6.2 在这一节里，我会不断提到欧拉所笃信的函数概念。然而，在此我要说清楚，我所谓的"欧拉"概念是指一种假设的或理想化的个体。我并没有在任何具体事例里给出莱昂纳多·欧拉自己的观点的直接信息。但我用我的"欧拉"所表述的思想距欧拉实际要表述的思想并不太远。关于欧拉的进一步文献见 Boyer（1968）；Thiele（1982）；Dunham（1999）。

§ 6.2

6.3 细节见 Buekill（1962）。

6.4 严格来说，函数 f' 才是函数 f 的导数；我们无法直接从 f 在 x 点的值得到 f' 在 x 点的值，见注释 6.1。

§ 6.3

6.5 注意：$f''(x)/[1+f'(x)^2]^{3/2}$。

6.6 事实上，这意味着直到包括 n 阶在内的所有导数都必须是连续的，因为可微性的数学定义要求满足这种连续性。

§ 6.4

6.7 传统上，这个幂级数关于原点的展开叫做（并没什么历史依据）麦克劳林级数，关于任意点 p 的一般展开（见本节后述）则归功于 Brook Taylor（1685～1731）。

§ 6.5

6.8 见 Edwards and Penney（2002）。

6.9 眼下就按下列公式处理，或者说"将 dx 乘到等号的另一边"，如果你愿意的话。我这里采用的记法与微分形式是一致的，后者将在 §§12.3～6 进行讨论。

6.10 但是，在将这一法则应用到幂级数的无穷多项求和问题时还有些技术细节需要注意。对 x 严格限定在收敛圆之内的情形，这个细节可忽略，见 §2.5。见 Priestley（2003）。

6.11 从 §5.1 可知，$\sin^{-1}$、$\cos^{-1}$ 和 $\tan^{-1}$ 分别是 $\sin$、$\cos$ 和 $\tan$ 的反函数。因此，$\sin(\sin^{-1}x)=x$，等等。

我们得记住，这些反函数都是"多值函数"，其取值范围分别为 $-\dfrac{\pi}{2} \leqslant \sin^{-1}x \leqslant \dfrac{\pi}{2}$，$0 \leqslant \cos^{-1}x \leqslant \pi$ 和 $-\dfrac{\pi}{2} < \tan^{-1}x < \dfrac{\pi}{2}$。

§ 6.6

6.12 定义域的重要一点就在于所谓的紧致性，见 §12.6。实线上包括端点的有限区间是紧致的。

6.13 显然，在狄拉克之前许多年，奥利佛·赫维塞德就有了"δ 函数"。

第七章
复数微积分

7.1　复光滑，全纯函数

我们如何理解复函数 $f(z)$ 的可微概念呢？要在本书中对这个问题做充分说明显然是不合适的。[1] 即使是对 §6.2 里的实函数我也没做细节展开。但我至少可以就所涉要点进行一些阐述。下面就是对实现复数微分所需的要点所作的一个简单介绍，在这之后我将对某些出人意料的方面稍作展开。

对复数微分，大体上说，我们要求复曲线 $w = f(z)$ 在函数定义域内的任意点 z 上有"斜率"概念。（函数 $f(z)$ 及其变量 z 都可取复值。）为使这个"斜率"概念有意义，当我们在 z 的复平面上沿任意方向变动 z 时，$f(z)$ 必须满足一对特定的方程，称为柯西－黎曼方程[2]（涉及 $f(z)$ 的实部和虚部关于 z 的实部和虚部的导数，见 §10.5）。这些方程给出了一些有关复数积分的相当有趣的结果——它使我们能够定义新的称为周线积分的积分概念。根据这种周线积分，我们可导出关于 $f(z)$ 的 n 阶导数的一个漂亮公式。这样，一旦我们有了一阶导数，所有高阶导数也就迎刃而解了。

然后，我们再用这个公式得到 $f(z)$ 的泰勒级数的各个系数，同时必须证明这个级数收敛到 $f(z)$。有了这些结果之后，我们就得到了 $f(z)$ 在 z 复平面上某个圆内的泰勒级数表达式，$f(z)$ 在其中有定义并可微。你会发现，这是个奇迹：复光滑的任意复函数必然都是解析的！

与此相应的是，复分析在确认某些"粘合"的 C^∞ 函数（如上一章的"$h(x)$"）的求极限方面没有任何问题。复光滑的力量一定会让欧拉感到欣慰。（不幸的是，欧拉有点生不逢时，当柯西在 1821 年首次发现这种复光滑的神奇力量时，欧拉已去世 38 年了。）我们看到，复光滑为"欧拉函数"概念提供了一种比幂级数展开更为简洁的表达方式。而且从复数观点看，这种函数还带来另外的好处。回想一下，让人头痛的"$1/x$"看上去像是"一个函数"，尽管实曲线 $y = 1/x$ 是由分离的两段组成，就是说这两段之间不存在"解析的"连接点。而从复数上看，显然 $1/z$ 就是一个函数。函数在复平面上唯一"出错"的地方就是原点 $z = 0$。如果我们从复平面上抠掉这一点，剩下的仍是一个连通的区域。$x < 0$ 的实线部分与 $x > 0$ 的部分通过复平面连接。因此，$1/z$ 确实是一个连通的复函数，这与实数情形有很大的不同。

这种意义上的复光滑（复解析）函数称为全纯的。全纯函数在我们后面的内容里占有重要的地位。我们将看到，在第 8 章，其重要性表现在将共形映射与黎曼曲面联系起来；在第 9 章则反映在傅里叶级数（波动理论的基础）上。它们在量子力学和量子场论方面也起着至关重要的作用（见 §24.3 和 §26.3）。它们还是某些新物理理论发展的基础（特别是在扭量理论（第 33 章）和弦论（§§31.5, 11, 12）中更是如此）。

7.2 周线积分

诚如 §7.1 所说，虽然这里不便于给出数学论证的所有细节，但我们不妨看看其概貌。特别是周线积分，它能给读者带来某种理解上的方便。首先，我们来回顾一下上一章给出的定积分的记法，不过现在我们要用复变量 z 来取代以前的实变量 x：

$$\int_a^b f(z)\,\mathrm{d}z = g(b) - g(a) ,$$

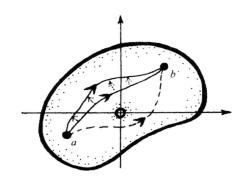

图 7.1 从 a 到 b 的不同路径。全纯函数沿某条路径积分的结果与沿 f 的定义域内另一条路径得到的结果是一样的。如果某个函数的定义域内有"洞"（例如 $1/z$ 函数在 $z = 0$ 处），那么路径间的形变就会有障碍，因此得到的将是不同的答案。

这里 $g'(z) = f(z)$。在实数情形，这个积分是从实线上一点 a 积到实线上另一点 b。沿实线从 a 到 b 只有唯一一条路径。但在复公式里，我们可以将 a 和 b 看成是复平面上的两点。从 a 到 b 有不止一条路径，而是有无数条路径。柯西－黎曼方程告诉我们的是，如果我们沿着某条路径[3]积分，那么得到的结果与沿另一条路径得到的结果是一样的，这另一条路径可以在函数定义域内通过对第一条路径进行连续形变来得到。（见图 7.1。这一性质是 §12.6 所述的"外运算基本定理"的一个简单情形的结果。）对某些函数，如 $1/z$，定义域有一个"洞"（对 $1/z$ 情形这个洞就是 $z = 0$），因此从 a 到 b 可有根本不同的路径。这里所谓"根本不同的"是指在函数定义域内一条路径无法通过连续形变而成为另一条路径。在此情形下，a 到 b 的积分值对不同路径会有不同的答案。

这里有必要澄清（或更正）一点。当我谈到一条路径可以通过连续形变而成为另一条路径时，我是指数学家所谓的同调形变，不是指同伦形变。对于同调形变，在路径上切去彼此对等的一段是合法的，只要截去的部分方向相反，见图 7.2。能够通过形变由此及彼的两条路径称为属于同一个同调类。相反，同伦形变不容许这种剪切。满足不容许这种剪切的由此及彼形变的两条路径称为属于同一个同伦类。同伦曲线总是同调曲线，但反之不一定成立。在连续运动中，同伦

125

和同调是等价的。因此，它们都是拓扑学的研究对象。我们后面会看到，拓扑学的各个方面在其他领域也起着重要作用。

函数 $f(z) = 1/z$ 就是一种路径不同调时答案不唯一的函数。我们从对数上可看到为什么必然如此。在上一章末我们曾指出，$\log z$ 是 $1/z$ 的不定积分。（实际上，我们只针对实变量 x 进行过论述，但个中道理对相应的复数情形也是适用的。这是一个一般性的原理，我们也用到其他显函数上。）因此我们有

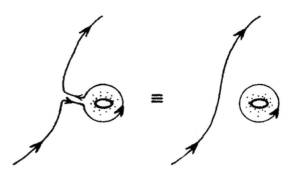

图 7.2　在同调形变中，路径的某些部分可以彼此抵消，如果它们的路径方向正好相反的话。有时这会产生一个分离的环。

$$\int_a^b \frac{dz}{z} = \log b - \log a$$

但从 §5.3 我们知道，复对数可以有不同的"答案"，而且我们可以从一个答案连续变换到另一个答案。为了说明这一点，我们固定 a 而使 b 变动。我们可以让 b 沿正向（逆时针）绕原点连续转一周（图 7.3(a)），最后回到原出发地。从 §5.3 可知，$\log b$ 的虚部就是幅角（即 b 沿正向绕实轴转过的角，见图 5.4(b)）。因此转动带来的是幅角严格增加 $2\pi i$（图 7.3(b)）。这样，当积分路径沿正向绕原点转一周，积分值也增加了 $2\pi i$。

我们可以按闭周线来重新得到这个结果，其存在性是复分析最具特色和最有力的一个方面。我们来考虑两条路径之间的差别，就是说，我们先将第二条路径变换成第一条，然后再按反方向对第一条进行变换（图 7.3(c)）。我们在同调的意义上来考虑这种差别，因此可以截去"往返

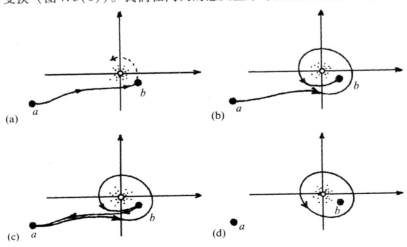

图 7.3　（a）从 a 到 b 积分 $z^{-1}dz$ 得到 $\log b - \log a$。（b）固定 a，令 b 绕原点逆时针转一圈，则 $\log b$ 增加 $2\pi i$。（c）然后沿原路径再返回到 a。（d）当自 a 始的重合路径被切去后，剩下的是一个逆时针闭周线积分 $\oint z^{-1}dz = 2\pi i$。

126 两次"的部分，并对余下部分通过连续变形进行取直。于是我们得到一条闭合路径——周线——仅绕原点转一圈的环（图 7.3(d)），它与 a 或 b 的位置无关。这是一个（闭）周线积分的例子，通常用符号 $\oint$ 表示。我们发现，*[7.1]

$$\oint \frac{\mathrm{d}z}{z} = 2\pi\mathrm{i} \text{ 。}$$

当然，在用这个符号时，我们必须仔细弄清楚实际所用的周线是哪一条——或干脆说，用的周线属哪个同调类。如果周线绕了两次（沿正向），则我们得到的是 $4\pi\mathrm{i}$。如果是沿反向（即顺时针）绕原点一次，则答案是 $-2\pi\mathrm{i}$。

127 有趣的是，用闭周线得到非平凡解的这种性质强烈依赖于复对数的多值性，这是对数定义所带来的繁复性的一个特点。这并不奇怪，实际上，复分析的力量正取决于此。在下面的两个自然段里，我将概述这种性质的含义。我希望非数学出身的读者能够从中有所领悟。我相信这种讨论能够反映出数学论证中所具有的那种地道的、惊人的性质。

7.3 复光滑幂级数

上述表达式是著名的柯西公式的一个特殊情形（常数函数 $f(z) = 2\pi\mathrm{i}$），它是根据围绕原点的周线积分来表示一个全纯函数的值：[4]

$$\frac{1}{2\pi\mathrm{i}} \oint \frac{f(z)}{z}\mathrm{d}z = f(0) \text{ 。}$$

这里，$f(z)$ 在原点是全纯的（即在任何包括原点的区域内都是光滑的），周线是仅包围原点的某个环——或是去掉原点的函数定义域内同调于该周线的任何一个。由此，我们有一个明显的事实，即函数在原点的取值完全等同于它在原点周边的一系列点上的取值。（柯西公式基本上就是柯西-黎曼方程与上述表达式 $\oint z^{-1}\mathrm{d}z = 2\pi\mathrm{i}$ 在取小环极限时的共同推论，这里不打算给出细节证明。）

如果在柯西公式里不用 $1/z$，而是用 $1/z^{n+1}$，这里 n 是某个正整数，则我们得到的是"高阶"柯西公式，它给出 $f(z)$ 在原点的 n 阶导数 $f^{(n)}(z)$：

$$\frac{n!}{2\pi\mathrm{i}} \oint \frac{f(z)}{z^{n+1}}\mathrm{d}z = f^{(n)}(0)$$

（$n!$ 见 §5.3。）我们可以指出，这个公式经 $f(z)$ 的幂级数检验是"正确的"，*[7.2]但这相当于用未经证明的结果来举证，因为我们还不知道其幂级数展开是否存在，甚至不知道 $f(z)$ 的 n 阶导数是否存在。现在我们只知道 $f(z)$ 是复光滑的，并不知道它是否具有高于一阶的可微性。但是，我们就先用该公式作为 $f(z)$ 在原点的 n 阶导数的定义。然后再将这个"定义"与麦克劳林公式 $a_n =$

---

* [7.1] 解释：当 n 为不等于 -1 的整数时，为什么有 $\oint z^n\mathrm{d}z = 0$？

* [7.2] 将 $f(z)$ 的麦克劳林级数代入积分来证明这一点。

$f^{(n)}(0)/n!$ 相结合来求得幂级数的系数（见 §6.4）

$$a_0 + a_1 z + a_2 a^2 + a_3 z^3 + a_4 z^4 + \cdots,$$

经过一番工作，我们能够证明这个级数确实在含原点的某个区域内收敛到 $f(z)$。因此，函数在原点附近有由公式给出的 n 阶导数。**[7.3]这种做法包含了证明的要点，它说明包围原点的区域上的复光滑确实意味着函数在原点是（复）解析的（即是全纯的）。

显然，在上面的讨论中，原点没有任何特殊性。像 §5.3 所做的一样，利用泰勒级数我们同样可以给出 $f(z)$ 关于复平面上另一点 p 点处的幂级数。为此我们只要将原点移至 p 点就可得到"原点位移后"的柯西公式

$$\frac{1}{2\pi i} \oint \frac{f(z)}{(z-p)} dz = f(p),$$

和 n 阶导数表达式

$$\frac{n!}{2\pi i} \oint \frac{f(z)}{(z-p)^{n+1}} dz = f^{(n)}(p),$$

这里周线环绕的是复平面上的 p 点。因此，复光滑意味着在定义域内处处解析（全纯性）。

我选择说明论证的基础，即局部上看，复光滑意味着解析性，而不是单纯地要求读者盲目相信其结果，是因为这是一种数学家经常采用的得到结果的有效方法。不论是论证的前提（$f(z)$ 是复光滑的）还是结果（$f(z)$ 是解析的）都不包含对周线积分概念或复对数多值性概念的暗示。但是，这些内容为找到正确答案提供了关键线索。我们很难看出有什么"直接"的方法能够做到这一点。关键还在于数学的可鉴赏性。复对数本身的诱人性质就是我们用其进行研究的一个原因。这种内在的魅力显然与对数在其他领域可能的应用无关。其实在很大程度上我们对周线积分的考虑也是如此。基本概念里总具有某种异乎寻常的优美品质，这包括自由的拓扑性和高度的精确性。**[7.4]何况还不仅仅是这些完美品质——周线积分还为各不同领域提供了一种强有力的有用的数学工具，它具有复数的各种神奇性质。特别是，它提供了一种估算定积分和无穷级数求和的神奇方法。***[7.5]***[7.6]它在物理和工程上，在数学的其他分支上，都有许多应用。欧拉要是

** [7.3] 至少从形式上证明所有这些，不必是严格论证。

** [7.4] 在一个闭周线 Γ 上，或在除了 f 有极点的有限点集之外的 Γ 内，函数 $f(z)$ 处处是全纯的。从 §4.4 我们知道，在 $z=\alpha$ 位置上出现 n 阶极点的 $f(z)$ 有形式 $h(z)/(z-\alpha)^n$，这里 $h(z)$ 在 α 位置是正则函数。证明：$\oint\Gamma f(z)dz = 2\pi i \times \{$这些极点的留数之和$\}$，其中极点 α 上的留数为 $h^{n-1}(\alpha)/(n-1)!$。

*** [7.5] 通过在如下组成的闭周线 Γ 上积分 $z^{-1}e^{iz}$ 证明 $\int_0^\infty x^{-1}\sin x\, dx = \frac{\pi}{2}$，该周线由实轴上从 $-R$ 到 $-\epsilon$、从 ϵ 到 R（$R > \epsilon > 0$）两部分和上半平面上半径分别为 R 和 ϵ 的两个半圆弧组成。然后令 $\epsilon \to 0$ 和 $R \to \infty$。

*** [7.6] 通过在大周线上（譬如说以原点为中心的边长 $2N+1$ 的正方形，N 是一个大数）积分 $f(z) = z^{-2}\cot \pi z$（见注释5.1），然后令 $N \to \infty$ 来证明 $1 + \frac{1}{2^2} + \frac{1}{3^2} + \frac{1}{4^2} + \cdots = \frac{\pi^2}{6}$。（提示：利用练习[7.5]，求出 $f(z)$ 的极点和留数。并证明为什么当 $N \to \infty$ 时 $f(z)$ 的周线积分趋于零。）

知道该有多高兴!

7.4 解析延拓

现在我们有了绝好的结果:某区域上的复光滑等价于在该区域的任一点上存在幂级数展开。但我应当把这里的"区域"解释得更清楚一点。技术上说,我这里指的是数学家们所谓的开区域。所谓某一点 a 处于区域内,是指存在一个以 a 为圆心的圆,它的内部也都处于该区域内。这么说可能不是很直观,让我们来看一个例子。一个单点不是一个开区域,也不是通常的曲线。但复平面上单位圆的内部,即那些距原点距离严格小于单位长的点组成的点集,则是开区域。这是因为任何一个严格处于该圆之内的点,不论它多么靠近边界,总可以用一个更小的圆来包围,而这个更小的圆的内部仍严格处于单位圆内(图 7.4)。另一方面,由那些距原点距离严格小于或等于单位长的点组成的闭圆盘则不是开区域,因为此时包括了圆周边界,而圆周上的任意一点则不具有上述性质,即不存在包围该点的一个圆,其内部均处于该区域之内。

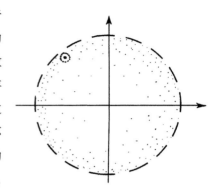

图 7.4 开的单位圆盘 $|x| < 1$。任何一个严格处于该圆盘之内的点,不论它多么靠近边界周线,总可以用一个更小的、其内部严格处于单位圆内的圆来包围。而闭圆盘 $|x| \leq 1$ 则由于包括了周线上的点因而做不到这一点。

现在我们来考虑某个全纯函数 $f(z)$ 的定义域[5] D,这里我们取 D 为开区域。在 D 上的每一点,函数 $f(z)$ 都是复光滑的。因此,由上述可知,如果我们取定 D 中某一点 p,则在含 p 的某个适当区域内有 $f(z)$ 关于 p 的收敛的幂级数。这个"适当"区域有多大呢?大致可以这么说,对一个特定的 p,幂级数不可能在整个 D 上都成立。回忆一下 §4.4 的收敛圆可知,这是以 p 为中心的某个圆(半径可以无限大),对严格处于该圆内的点,幂级数收敛,但对严格处于该圆外的点 z 则不收敛。假定 $f(z)$ 在 q 点有奇点,即在该点上 $f(z)$ 不可

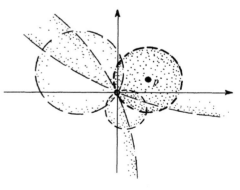

图 7.5 对 $f(z) = 1/z$,其定义域 D 是去掉原点的整个复平面。D 中任意一点 p 的收敛圆是以 p 为中心、p 到原点距离为半径的圆。为了覆盖整个 D,我们需要(无数个)这样的圆拼块。

能延拓同时保持复光滑(例如,原点 $q = 0$ 是 $f(z) = 1/z$ 的奇点,见 §7.1。奇点通常是指函数的"奇异点",正则点则是函数非奇异的地方,从而也是全纯的地方),那么收敛圆就不能大到将 q 包含到其内部。因此我们有大大小小一系列收敛圆(通常数目上无限大),它们总合起来覆盖整个 D,而

不是用单独一个圆来覆盖它。$f(z) = 1/z$ 的情形图示了这个问题（图 7.5）。这里定义域 D 是去掉原点的复平面。如果在 D 中选取一点 p，则收敛圆就是以 p 为圆心过原点的圆。**[7.7] 我们需要无穷多个这样的圆来覆盖整个区域 D。

这向我们提出了一个重要的解析延拓的问题。假定在某定义域 D 内有全纯函数 $f(z)$，我们来考虑这样一个问题：我们能够将 D 延拓到更大的区域 D' 使得 $f(z)$ 在 D' 上也是全纯的吗？例如，$f(z)$ 取特定收敛圆内收敛的幂级数形式，我们要将 $f(z)$ 延拓到圆外。这常常是可能的。在 §4.4，我们考虑了级数 $1 - z^2 + z^4 - z^6 + \cdots$，它有单位圆作为收敛圆，同时可自然延拓到函数 $(1 + z^2)^{-1}$，它在去掉两点 $+i$ 和 $-i$ 的整个复平面上是全纯的。因此，这个例子表明，函数确实可解析延拓到远大于原初给定的定义域上。

在这个例子中，我们能够写出一个清楚的函数公式，但在更多的场合下这并不容易。尽管如此，我们毕竟有了一个用以解析延拓的一般程序。我们可以这么来做：先从某个小区域开始，在该区域上我们有全纯函数 $f(z)$ 的一个局部有效的幂级数表达式。然后我们试着沿某条路径在不同点不断重复应用幂级数来延拓函数。我们沿路径取一系列点，并对每个点取幂级数，这样就得到了一系列幂级数表达式。只要这一系列收敛圆的内部是相互重叠的，这么做就是可行的（图 7.6）。这个程序执行完，则结果函数也就由函数在原区域的取值和沿路径的延拓唯一地确定了。

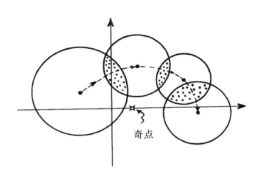

奇点

图 7.6 全纯函数可用一系列点的一系列幂级数表达式来解析延拓。这个过程沿连接路径是唯一的，如果相应的收敛圆相互重叠的话。

因此，这个解析延拓的过程显示了全纯函数的"刚性"。而在实 C^∞ 函数情形，对函数的作用我们可能会"随时改变主意"（像 §6.3 的光滑补丁 $h(x)$，它对所有负的 x 值会突然取零而"截断"），而这在全纯函数上是不可能发生的。函数一旦在原区域取定，路径也取定，则函数拓展的选择是唯一的。事实上，这一性质对实变量的实解析函数也是成立的，它们不仅有类似的"刚性"，而且路径也基本上是唯一的，只有一个方向或沿实线方向。而在复函数情形，由于二维复平面上路径的自由度要大得多，因此解析延拓也更有趣。

为了说明这一点，我们仍来考虑 $\log z$。由于它在原点的奇异性，显然它在原点没有幂级数展开式。但如果我们愿意，我们可以作关于点 $p = 1$ 的展开，即得到级数**[7.8]

$$\log z = (z-1) - \frac{1}{2}(z-1)^2 + \frac{1}{3}(z-1)^3 - \frac{1}{4}(z-1)^4 + \cdots$$

** [7.7] $f(z) = 1/z$ 在点 p 的幂级数是什么？
** [7.8] 导出这个级数。

收敛圆是以 $z = 1$ 为圆心的单位圆。我们围绕原点按逆时针方向取一系列这样的单位圆来进行解析延拓。我们可以以取关于点 1，ω，ω^2 等最后回到 1 的一系列幂级数，这样围绕原点转一圈最后回到出发点（图 7.7）。图中我用了 §5.4 末讨论的三次方单位根 1，$\omega = e^{2\pi i/3}$ 和 $\omega^2 = e^{4\pi i/3}$，绕原点的路径取等边三角形。当然，我也可以取 1，i，-1，$-i$，1，那样要稍微麻烦点儿。但不管怎样，我们都没必要写出幂级数，因为我们已经知道了函数本身的明确答案，即 $\log z$。问题是当我们绕原点转了一圈后，发现已将函数唯一地扩展为不同于起初的一个新的值。就是说，我们转了一圈，函数增加了 $2\pi i$。如果我

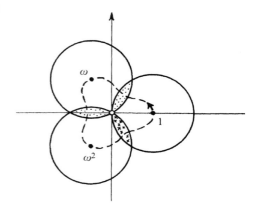

图 7.7 从 $z = 1$ 开始，沿逆时针环绕原点的路径（顺序依次为 $1, \omega, \omega^2, 1, \omega = e^{2\pi i/3}$）解析延拓 $f(x) = \log z$。我们发现，f 增加了 $2\pi i$。

们沿反方向转一圈，则需从原函数值上减去 $2\pi i$。因此，解析延拓的唯一性可以是非常敏感的，它唯一取决于所取的路径。对比 $\log z$ 更复杂的多值函数，我们依然可以通过较增加一个常数（如 $2\pi i$）更复杂的操作来得到某个值。

顺便指出，解析延拓的概念不必特指幂级数，尽管事实上它们在我的一些描述中很管用。例如，在数论里，就有另一类级数起着重要作用，它们称为狄利克雷级数。其中最重要的当属（欧拉 - ）黎曼 ζ 函数，[6] 它定义为下述的无限和[7]

$$\zeta(z) = 1^{-z} + 2^{-z} + 3^{-z} + 4^{-z} + 5^{-z} + \cdots,$$

当 z 的实部大于 1 时它收敛到全纯函数 $\zeta(z)$。这个函数的解析延拓在去掉点 $z = 1$ 之外的整个复平面上是唯一的（并且是"单值的"）。如今最重要的未解决数学问题大概要算是黎曼猜想了，它与解析延拓了的 ζ 函数的零点有关，即与 $\zeta(z) = 0$ 的解有关。对 $z = -2$，-4，-6，$\cdots$ 容易看出它们是 $\zeta(z) = 0$ 的解，这些是实零点。黎曼猜想认为，所有其余的零点都处于 $\mathrm{Re}(z) = \frac{1}{2}$ 的直线上，就是说，仅当 z 的实部等于 $\frac{1}{2}$ 时，$\zeta(z)$ 为零（除非 z 是负偶数）。所有的数值计算都支持这个猜想，但它的真理性至今尚不得而知。它对素数理论有着基本的深远影响。[8]

注 释

§ 7.1

7.1 对那些想系统了解这个问题的几何细节的读者，我建议你们去看 Needham（1997）。

7.2 我将在 §10.5 引入偏微分概念之后再给出这些公式。

§ 7.2

7.3 说得更明确点儿，f"沿"路径 $z = p(t)$（p 是实参数 t 的光滑复值函数）的积分可表示为定积分 $\int_u^v f\big(p(t)\big) p'(t)\,\mathrm{d}t = \int_a^b f(z)\,\mathrm{d}z$，这里 $p(u)$ 是路径起点 a 的值，$p(v)$ 是终点 b 的值。

§ 7.3

7.4　柯西公式必定为真的"理由"是，对绕原点的小闭合圆环，$f(z)$ 实际上可看成是一个常数 $f(0)$，于是这种情形退回到 §7.2 的研究。

7.5　这是这方面术语让人烦恼的地方。"域（domain）"有两重意义。一个是"复平面上连通的开区域"，我们这里不用这重意义。另一个就是我们这里所用的（如前 §6.1）函数 f 被定义的复平面区域，它不必是开的或是连通的。

7.6　欧拉最早考虑了这种 ζ 函数，但通常总是用黎曼来命名，以纪念他在将这个函数拓展到复平面上所做的基础性工作。

7.7　注意这个级数与通常幂级数 $(-z)+(-z)^2+(-z)^3+\cdots=-z(1+z)^{-1}$ 之间"上下颠倒"的奇妙关系。

7.8　有关 ζ 函数和黎曼猜想的进一步内容请见 Apostol（1976），Priestley（2003）。通俗评述见 Derbyshire（2003），du Sautoy（2003），Sabbagh（2002），Devlin（1988，2002）。

第八章
黎曼曲面和复映射

8.1　黎曼曲面概念

135　　　　这里，我们给出一种理解对数函数——或其他任意"多值函数"——的解析延拓的方法，这就是基于所谓黎曼曲面的方法。黎曼的思想是将函数看成是定义在这样一种定义域上，它不是复平面的简单子集，而是一个多层区域。以 $\log z$ 为例，其图像就是一个绕垂直轴旋转而下直到复平面的倾斜螺旋面，见图 8.1。对数函数在这个多叶螺旋复平面上是单值的，因为我们每绕原点一周，对数就增加 $2\pi i$，这个值就处于上一叶的螺旋面上。这里各对数值之间不会有任何冲突，因为它的定义域是一种展开的环绕空间——黎曼曲面的一个例证——这是一种细节上不同于复平面本身的空间。

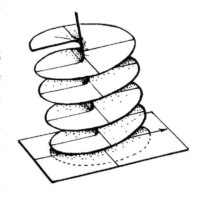

图 8.1　$\log z$ 的黎曼曲面，其图像是一个绕垂直轴旋转而下的倾斜螺旋面。

　　　　引入这一思想的黎曼（Bernhardt Riemann，1826～1866）是最伟大的数学家之一，在他短暂的一生里，他提出的许多数学思想深刻改变了数学的进程。在

136　本书中，我们还将遇到他的其他一些贡献，例如作为爱因斯坦广义相对论基础的那些概念（黎曼的另一项极其重要的贡献见第 7 章末尾所述）。在黎曼引入我们今天称之为"黎曼曲面"这一概念之前，数学家们一直对如何处理这些所谓的"多值函数"（对数只是其中最简单的一个例子）莫衷一是。为严格起见，许多人感到有必要以某种我个人很不赞同的方式来处理这类函数。（附带说一下，我在大学里学的仍旧是这种方式，尽管这距黎曼划时代的论文发表已过去了近一个世纪。）特别是，对数函数的定义域会被从原点到无穷远拉一条线这样一种随意的方式所"割裂"。在我看来，这是对庄严的数学结构的一种粗鲁的损毁。黎曼教导我们，应当用不同的方式来处理事情。全纯函数为什么必须像普通"函数"那样，理解为固定定义域到确定值域的映射？

这实在是让人很不舒服。在解析延拓中我们看到，全纯函数"自己有脑子"确定自身的定义域该是什么样，这与我们最初派分给它的复平面区域基本无关。我们可以将函数的定义域表示为与函数有关的黎曼曲面，但这个定义域不是提前给定的。正是函数本身的显形式告诉我们定义域实际用的是哪一种黎曼曲面。

不久我们还将遇到各种其他类型的黎曼曲面。这个优美的概念在现代试图找到数学物理的新的基础——主要指弦论（§§31.5，13），也包括扭量理论（§§33.2，10）——方面发挥着重要作用。事实上，$\log z$ 的黎曼曲面只是这种曲面里最简单的一种。它只是提示我们其中都有什么。函数 z^a 的黎曼曲面要比 $\log z$ 稍有意思些，但这也只是在 a 为有理数时是如此。当 a 是无理数时，z^a 的黎曼曲面具有和 $\log z$ 的一样的结构，而在 a 是有理数时，假设其最简形式为 $a = m/n$，则旋转面转了 n 圈后将回到出发点。*[8.1]在所有这些例子中，原点 $z = 0$ 称为分支点。如果旋转面转了 n 圈后回到出发点（在 $z^{m/n}$ 中，m 和 n 无公因子），我们就说这个分支点有有限阶，或称它是 n 阶的。如果旋转面转了任意圈仍不能回到出发点（如 $\log z$ 的情形），我们就称这个分支点

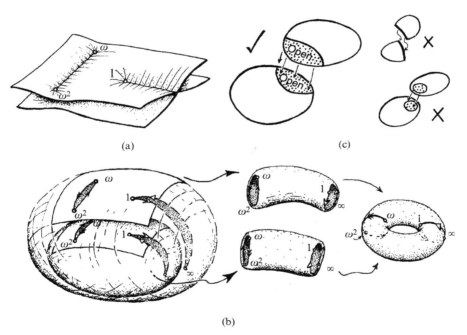

图8.2 （a）由两叶构建的 $(1-z^3)^{1/2}$ 的黎曼曲面，它在 $1, \omega, \omega^2$（和 ∞）等处有阶数为 2 的分支点。（b）为了看出 $(1-z^3)^{1/2}$ 的黎曼曲面是拓扑上的环面，我们将（a）的面想象成带有割缝（分别为从 ω 到 ω^2 和从 1 到 ∞）的两个黎曼球面，它们沿箭头所指方向粘合起来，形成相应的拓扑柱面，最后再粘合成环面。（c）为了构建黎曼曲面（或一般流形），我们将坐标空间的拼块粘合起来——这些拼块是复平面的开区域部分。拼块之间必须存在（开集）重叠（而且在并的情形下，例如上述的最后一种情形，必须不存在"非豪斯道夫分支"，见图12.5（b）和§12.2）。

---

*[8.1] 解释为什么。

137 是无穷阶的。

表达式 $(1-z^3)^{1/2}$ 对这一思想做了更清楚的注解。这个函数有 3 个分支点，分别是 $z=1$，$z=\omega$ 和 $z=\omega^2$（这里 $\omega=e^{2\pi i/3}$，见 §5.4，§7.4），故 $1-z^3=0$，另外还有一个"无穷分支点"。如果我们在每个分支点的紧邻域内绕分支点完整地转一圈（对"无穷分支点"，这意味着要绕一个大圈），会发现函数改变了正负号，再绕一圈，函数值又变回原初的值。因此我们看到，所有分支点都是 2 阶的。我们有两叶来构成黎曼曲面，它们按图 8.2（a）所示的方式粘合起来。在图 8.2（b）里，我采用某种拓扑弯曲来说明黎曼曲面实际上是一种环面拓扑结构，就像环状面包圈，只是多了 4 个小洞，它们对应于 4 个分支点本身。实际上，这些洞可以（用 4 个单点）毫不含糊地填补起来，这样黎曼曲面就有了严格的环面拓扑。**[8.2]

138 黎曼曲面是一般流形概念的第一个例子。流形是一种局部（即在点的足够小邻域内）"弯曲"的空间，它看上去像通常的欧几里得空间。我们在第 10 和 12 章里还会遇到更多的流形。在现代物理的许多领域中，流形概念都是至关重要的概念。特别是在爱因斯坦的广义相对论中，它具有核心地位。流形可看成是由许多不同的拼块拼贴而成的，这种拼贴是无缝的，这一点与 §6.3 末尾的 $h(x)$ 函数大不一样。无缝拼贴的性质是指两个拼块之间总能够保证有适当的（开集）重叠（见图 8.2（c）和 §12.2 的图 12.5）。

在黎曼曲面情形，流形（即黎曼曲面本身）是由不同的"叶"所对应的复平面拼块粘合成一个整体而构成的。像上面的情形一样，最后也有几个有限阶分支点留下的"洞"，而这些洞也一样可以补起来。对于无穷阶分支点，事情要复杂些，这里很难作简单的一般性叙述。

作为例子，让我们来看看对数函数的"螺旋上升"的黎曼曲面。在纸模型上作这种粘合的一个方法，是按如下方式依次交替地取拼块进行粘合：（a）拼块为去掉非负实数的复平面，（b）拼块去掉非正实数的复平面。每个（a）拼块的上半部分与下一个（b）拼块的上半部分粘合，每个（b）拼块的下半部分与下一个（a）拼块的下半部分粘合，见图 8.3。初始位置和无穷远位置上是无穷阶分支点——由此我们惊奇地发现，整个螺旋上升结构恰好等价于带有一个单洞的球

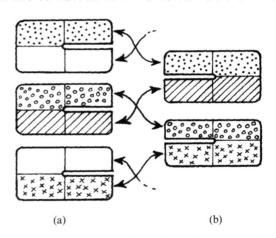

图 8.3 我们可通过如下依次交替地取拼块进行粘合的方式来构建 $\log z$ 的黎曼曲面；（a）为去掉非负实数的复平面拼块，（b）为去掉非正实数的复平面拼块。每个（a）拼块的上半部分与下一个（b）拼块的上半部分粘合，每个（b）拼块的下半部分与下一个（a）拼块的下半部分粘合。

** 〔8.2〕试作 $(1-z^4)^{1/2}$。

面，这个洞同样可以补上从而形成完整的球面。**[8.3]

8.2　共形映射

有了流形之后，我们来考虑从一个拼块到另一个拼块的过渡过程中哪些局域结构得以保留。通常我们讨论的是实流形，各种不同的拼块都是（固定维）欧几里得空间的一部分，它们沿不同的（开）重合区域粘合成一个整体。相邻拼块的局域结构之间的匹配通常只是一个如何保持连续或光滑的问题。我们到 §10.2 再来讨论这个问题。但在黎曼曲面情形，我们关心的是复光滑，由 §7.1 我们知道，这是一个更为复杂的问题，涉及柯西－黎曼方程。虽然我们还未直接与它打过交道（我们在 §10.5 讨论这个问题），但不妨先了解一下这个方程所含结构的几何意义。这个结构非常完美、非常灵活和有力，它引出了具有广泛应用的数学概念。

这个概念就是共形几何概念。大致上说，在共形几何里，我们感兴趣的是形状而不是大小，这里指的是无限小尺度下的形状。在从一个（开）平面区域到另一个（开）平面区域的共形映射下，有限大小的形状通常是要变形的，但无限小的形状则保持不变。我们认为这种性质可以用到平面上的小（无限小的）圆上。在共形映射下，这些小圆可扩张也可收缩，但不会变形成小椭圆。见图 8.4。

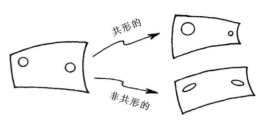

图 8.4　在共形映射下，小（无限小的）圆可扩张也可收缩，但不会变形成小椭圆。

为了加深对共形变换的理解，我们来看图 2.11 给出的埃舍尔的画，它提供了一种如 §2.4 所述的欧几里得平面下双曲平面的共形表示（贝尔特拉米的"庞加莱圆盘"）。双曲平面是非常对称的。特别是存在这样的变换，它将埃舍尔画的中心部分变换到紧靠约束圆内侧的相应的狭窄部分。我们可以把这种变换表示成取约束圆内部到自身的欧几里得平面的共形移动。显然，这样一种变换通常不保持单个图形的大小（因为中间部分远大于边缘部分），但形状大致可保持不变。当每个图形的细节取得越小，这种保形性就越精确，因此无限小形状就得以完全保持不变。读者或许会发现，有一种略微不同的特性更有用：共性变换下不变的曲线间夹角。它刻画了变换的共形本质。

对于某些函数 $f(z)$ 的复光滑（全纯）性,这种共形性质能作什么呢？我们试试看如何得到复光滑几何内容的直观图像。让我们回到函数 f 的"映射"观点，将关系 $w = f(z)$ 看成是一种 z 复平面（函数 f 的定义域）到 w 复平面（值域）的映射，见图 8.5。我们要问：什么样的局部几何性质能够

**[8.3] 你能看出这是怎么回事吗？（提示：考虑变量 $w(= \log z)$ 的黎曼球面,见 §8.3。）

将映射塑造成全纯的？答案令人称奇。f 的全纯性实际上等价于共形且非反射的映射（非反射——或保定向——是指变换中保形的小块形状不是反射的，即不是"颠倒的"，见 §12.6）。

$w = f(z)$ 变换中的"光滑"概念是指在无限小极限情形下变换是如何操作的。先考虑实数情形，我们再回到 §6.2 的实函数 $f(x)$ 情形，见图 6.4 的 $y = f(x)$ 的图。如果函数图在某一点

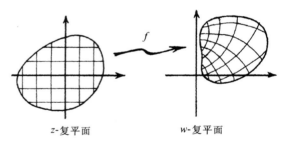

图 8.5 映射 $w = f(z)$ 分别在 z 复平面有开区域的定义域，在 w 复平面有开区域的值域。函数 f 的全纯性等价于这种共形且非反射的映射。

有明确定义的切线，则函数 f 在该点上是光滑的。我们可以通过想象来画这条切线：将过该点的曲线逐步放大，只要它是光滑的，那么随着放大倍数逐渐提高，过该点的曲线就会越来越像直线，最后在无穷大放大倍数的极限下它就等效为切线。复光滑的情形类似，只是需要把这一思想应用到从 z 复平面到 w 复平面的映射上。为了检验这种映射的无穷小性质，我们在一个平面上画出点 z 的紧邻域，并将它映射到另一个平面上 w 的紧邻域。而要检验点的这种紧邻域性质，我们想象用一个巨大的系数分别将 z 和 w 的邻域放大，在极限情形下，从 z 的扩充邻域到 w 的扩充邻域的映射就变成了简单的平面线性变换，但如果它是全纯的，那么这种变换基本上就是 §5.1 所研究的变换之一。由此可知，在一般情形下，从 z 的邻域到 w 的邻域的变换可简单地看成是一种带均匀扩充（或收缩）的转动，见图 5.2(b)。也就是说，小的形状（或夹角）是不变的，而且没有反射，这说明这种映射确实是共形且非反射的。

我们来看几个例子。映射的特例之一是如 §5.1 所示的使 z 加上一个常数 b 或乘上一个常数 a（图 5.2），它们显然不仅是全纯的（$z + b$ 和 az 显然都是可微的），也是共形的。这些是一般组合（非齐次线性）变换

$$w = az + b$$

的特例。这种变换给出平面的欧几里得运动（非反射）与均匀扩张（或收缩）的组合。事实上，它们是唯一的全复 z 平面到全复 w 平面的（非反射）共形映射。除此之外，它们还具有实际圆——不止是无限小圆——映射到实际圆，以及直线映射到直线的非常特殊的性质。

另一种简单全纯函数是互反函数

$$w = z^{-1},$$

它把去掉原点的复平面映射到去掉原点的复平面。神奇的是，这种变换也把实际圆映射到实际圆**[8.4]（这里我们认为直线是一种特殊的圆——即半径无穷大的圆）。这个变换与实轴的反射

** 〔8.4〕证明这一点。

合在一起，就构成所谓的反演。而将它与前面考虑的非齐次线性映射相结合，则得到更一般的变换*[8.5]

$$w = \frac{az + b}{cz + d},$$

它称作双线性或默比乌斯变换。由前面所述，这些变换也必定将圆映射为圆（直线看作是圆的一种特殊情形）。这个默比乌斯变换实际上将去掉点 $-d/c$ 的整个复平面映射到去掉点 a/c 的整个复平面——作为完全非平庸映射的变换，我们要求 $ad \neq bc$（分子不是分母的固定倍数）。

注意，从 z 平面去掉的点其值（$z = -d/c$）将给出"$w = \infty$"；相应地，从 w 平面去掉的点其值（$w = a/c$）将给出"$z = \infty$"。实际上，如果我们将"∞"包括进定义域和值域，那么整个变换将更具总体意义。这就是关于最简单（紧）黎曼曲面——黎曼球面的一种思考方法。

8.3 黎曼球面

简单地将额外的点"∞"结合到复平面并不能使 ∞ 的邻域是否满足无缝结构要求这一问题得到彻底解决，对出现在其他地方的奇点同样如此。我们处理这个问题的方法，是将球面看作是由两个"坐标拼块"拼合而成的，一个是 z 平面，另一个是 w 平面。除两点外，整个球面划分为 z 坐标和 w 坐标（经由默比乌斯变换而关联）。而这两个点中，一个只有 z 坐标（此处 w 是"无穷远"），另一个只有 w 坐标（此处 z 是"无穷远"）。我们用 z 或 w 或同时用二者来定义所需的共形结构，这里同时用二者得到的共形结构与使用其中一种得到的是一样的，因为两坐标间关系是全纯的。

事实上，在 z 和 w 之间，我们不需要像一般默比乌斯变换那样复杂的变换。考虑下述这种特别简单的默比乌斯变换就已足够：

$$w = \frac{1}{z}, \qquad z = \frac{1}{w},$$

这里 $z = 0$ 和 $w = 0$ 都给出对方拼块上的 ∞。我在图 8.6 说明了这个变换如何映射 z 的实轴和虚轴。

所有这些以一种相当抽象的方式定义了黎曼球面。通过图 8.7(a) 所示的几何，我们可以更清楚地看出为什么黎曼球面被称为"球面"。我取 z 平面来表示这个几何球面的赤道面。球面上的点通过由南极发出的所谓球极平面投影被映射到这个赤道面上。这好比我从南极经赤道面上点 z 画一条三维空间里的直线。这条直线再次与球面相遇的地方就是复数 z 所代表的球面上的点。球面上有一个点，即南极点本身，他代表的是 $z = \infty$。为了看出 w 如何符合这一图像，我们想象它的复平面是颠倒过来的（$w = 1$，i，-1，$-i$ 分别对应于 $z = 1$，$-i$，-1，i），而且球极

---

*[8.5] 验证：变换 $z \longmapsto Az + B$，$z \longmapsto z^{-1}$，$z \longmapsto Cz + D$ 的结果确实是一种双映射。

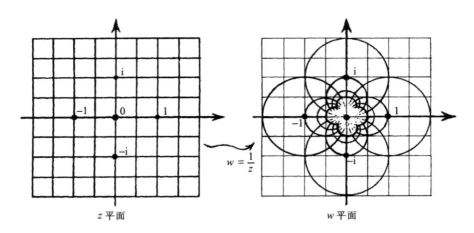

图 8.6 通过 $w = 1/z$，$z = 1/w$ 从 z 复平面和 w 复平面拼贴黎曼球面。（这里 z 的网格线也显示在 w－复平面上。）除了原点 $z = 0$ 和 $w = 0$ 二者互给出对方拼块上的"∞"点之外，其他区域均重叠。

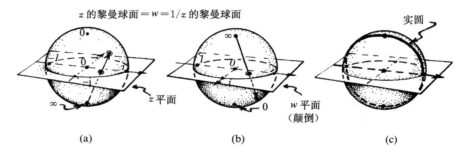

图 8.7 （a）作为单位球面的黎曼球面，其赤道面与（水平的）z 复平面上的单位圆重合。球面上的点经南极点发出的直线被投影（按球极投影方式）到 z 平面上，南极点本身给出 $z = \infty$。（b）作为 w 平面的赤道面的再解释。它被颠倒过来，但实轴不变，球极投影现在则由北极点（$w = \infty$）发出，这里 $w = 1/z$。（c）实轴是这个黎曼球面上的大圆，像垂直而不是水平画出的单位圆。

平面投影是从北极发出的（图 8.7（b））。**[8.6] 球极平面投影的一个重要而又漂亮的性质是它把球面上的圆映射为平面上的圆（或直线）。[1] 因此，在球面上，双线性（默比乌斯）变换将圆变成圆。这个显著的事实对我们将在 §18.5 要遇到的相对论具有重要意义（它还与旋量理论和扭量理论有着深刻联系，见 §22.8，§24.7，§§33.2，4）。

我们注意到，从黎曼球面的观点看，实轴实则为"另一个圆"，与单位圆没有本质的区别，只是画在了垂直方向上而不是水平方向上（图 8.7（c））。通过转动我们就能由此及彼。转动是共形的，因此它可由球面到自身的全纯映射给出。实际上，取整个黎曼球面到自身的每一个（非

**[8.6] 验证这两个球极平面投影的关系是 $w = z^{-1}$。

反射）共形映射都是由双线性（默比乌斯）变换实现的，因此我们所考虑的特定转动可明确表现为双线性变换给定的两个复参数 z 和 t 的黎曼球面之间的关系**[8.7]

$$t = \frac{z-1}{iz+i}, \quad z = \frac{-t+i}{t+i}。$$

在图 8.8 中，我画出了 t 和 z 的复平面间的对应关系，其中特地标出了由实轴界定的 t 的上半平面如何被映射到由单位圆界定的 z 的单位圆盘。这个特殊变换对我们下一章的讨论很重要。

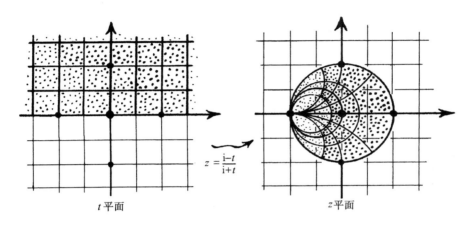

$$z = \frac{i-t}{i+t}$$

t 平面 z 平面

图 8.8 t 和 z 的复平面间的对应关系 $t = (z-1)/(iz+i)$，$z = (-t+i)/(t+i)$。由实轴界定的 t 的上半平面被映射到由单位圆界定的 z 的单位圆盘。

黎曼球面是最简单的紧——或者叫"闭"——黎曼曲面。[2] "紧"的概念见 §12.6。相反，前面所述的对数函数的"螺旋上升的"黎曼曲面则是非紧的。对于 $(1-z^3)^{1/2}$ 的黎曼曲面情形，我们需要补上分支点带来的四个洞来使它成为紧的（如果不补，它就是非紧的），这种"紧致化"就是我们通常要做的。正如早先所说的，用有限阶分支点来进行这种"填洞"工作总是可能的。在 §8.1 我们看到，对于对数情形，我们可以用一个单点来填原点和无穷远点两处的分支点以便得到紧的黎曼曲面。实际上，存在一种紧黎曼曲面的完全分类（黎曼本人的成就），这种分类对许多领域（包括弦论）都是重要的。下面我来简单介绍一下这种分类。

8.4 紧黎曼曲面的亏格

首先我们按照曲面的拓扑来对其进行分类，就是说，按照曲面在连续变换中保持不变的性质来分类。二维可定向（见 §12.6 末）紧曲面是非常简单的。它可由称之为曲面亏格的单个自然数来给定。大致上说，我们要做的就是数一数曲面具有的"环柄"数。对于球面，亏格是 0，

** [8.7] 证明这一点。

环面的亏格是 1。日常所用的茶杯的曲面亏格也是 1（1 个环柄），因此它与环面在拓扑上是相同的。常吃的纽结状椒盐饼的亏格是 3。图 8.9 是一些例子。

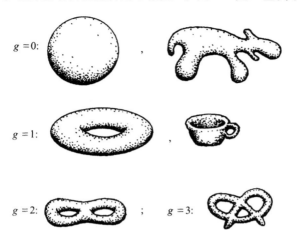

g = 0:

g = 1:

g = 2:   ;   g = 3:

图 8.9　黎曼曲面的亏格就是它的"环柄"数目。球面的亏格是 0，环面或茶杯状曲面的亏格是 1。常吃的纽结状椒盐饼的亏格是 3。

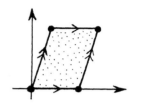

图 8.10　为了构建亏格为 1 的黎曼曲面，我们取平行四边形界定的复平面区域，其顶点分别（依次标定）为 $0, 1, 1 + p, p$，然后将对边粘合起来。量 p 给出的是黎曼曲面的模。

146　　　除了亏格 0 之外，亏格本身并不能确定曲面。我们还需要知道某些复参数，它们称为模。让我用环面（亏格 1）来解释这个问题。构造亏格 1 的黎曼曲面的一种简单方法，是取一个由平行四边形界定的复平面区域，譬如说顶点分别为 $0, 1, 1 + p, p$（依次标定）的区域，见图 8.10。现在，我们想象将这个四边形的对边粘合起来，即 0 到 1 的边与 p 到 $1 + p$ 的边相粘，0 到 p 的边与 1 到 $1 + p$ 的边相粘。（只要愿意，我们总能够找到其他拼块来覆盖缝。）粘合生成的黎曼曲面就是拓扑上等价的环面。可以证明，对不同的 p 值，结果曲面通常并不彼此等价。就是说，我们不可能运用全纯映射从一个变换到另一个。（但也存在某些零散的等价关系，像用 $1 + p$ 或用 $-p$ 或 $1/p$ 来取代 p 形成的曲面之间的关系。***[8.8]）考虑图 8.11 所示的两种情形，我们很容易从直观上理解不是所有具有相同拓扑的黎曼曲面都可

图 8.11　两个不等价的环面拓扑型黎曼曲面。

147　以等价的。对其中的一个图形我取非常小的 p 值，我们得到的是一个细长的环面，而另一个图形的 p 值则取得接近 i，故而环面肥美。直观上可以很清楚地看出，这二者之间不可能共形等价，事实也的确是这样。

对亏格 1 只存在一个复模数 p，但对亏格 2 我们发现有三个复模数。为了能像对亏格 1 我们构造了平行四边形那样，通过粘贴来构造亏格 2 的黎曼曲面，我们可以用双曲平面来构造所需的

***[8.8] 证明这些位移给出全纯等价的空间。找出所有使这些等价物产生黎曼曲面的额外对称性的特殊 p 值。

形状，见图 8.12。这对更高亏格的情形也是成立的。对亏格 g（这里 $g \geq 2$）的复模数 m，有 $m = 3g - 3$。

人们或许会奇怪，复模数的公式 $3g - 3$ 怎么会对所有亏格值 $g = 2$，3，4，5，…都有效，而只对 $g = 0$ 或 1 失效。对此我们有实际的"理由"，它必须结合复参数 s 一起来考察，这个参数是规定黎曼曲面的不同的连续（全纯）自变换性质所需的。对 $g \geq 2$，不存在这种连续自变换（虽然存在离散的自变换），故 $s = 0$。但对 $g = 1$，图 8.10 的平行四边形的复平面可在平面内任意方向上平移（无转动的刚性运动）。位移量（和方向）可用单个复参数 a 来具体确定，因此平移可通过 $z \mapsto z + a$ 来实现，故当 $g = 1$ 时 $s = 1$。在球面（亏格 0）情形，自变换是通过双线性变换来实现的，即 $z \mapsto (az + b)/(cz + d)$。这里自由度由三个[3]独立比值 $a : b : c : d$ 给定。因此对 $g = 0$ 情形，我们有 $s = 3$。这样，对所有情形，确定自变换所需的复模数和复参数之间的差 $m - s$ 满足

$$m - s = 3g - 3.$$

（这个公式还与更深层次的问题有关，但这已超出本书的范围了。[4]）

很显然，在通过共形（全纯）变换来改变黎曼曲面的表观"形状"，但同时保持黎曼曲面的结构性质不变方面，存在着相当大的自由度。例如，在球面拓扑情形，有许多度量几何都是可行的（如图 8.13 所示）；但它们都共形于标准（"圆形的"）单位球面。（在 §14.7 我会更清楚地说明"度量"的概念。）而对于高亏格情形，表观上数量很大的关于曲面"形状"的自由度能够被削减为由上述公式给定的有限的几个复模数。但是，曲面的形状也还存在一些不受这种共形自由度（即由模本身规定的那些参数）约束的总体性质。这种自由度的应用在多大程度上有效是一个较难定论的问题。

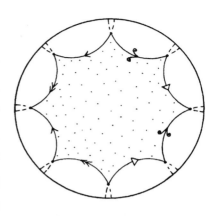

图 8.12 超双曲平面的八角形区域，通过粘合产生亏格 2 的黎曼曲面。

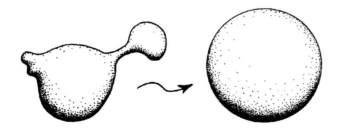

图 8.13 每个 $g = 0$ 的度量几何都共形全等于标准的（"圆形"）单位球面。

8.5 黎曼映射定理

但是，涉及全纯变换的众多自由度的判定可通过著名的黎曼映射定理来取得。这个定理是说，如果我们在复平面上有某个由非自交闭环界定的闭区域（见注释 8.1），则存在全纯映射将该区域匹配到闭单位圆（见图 8.14）。（环的"驯顺性"可以适当放宽，但这些避免不了环带有拐角或其他更糟糕的使环线不可导的形状，例子见图 8.14。）我们甚至可以比这走得更远，以相当随意的方式在环上取三个点 a，b，c，并认为它们映射到单位圆上的三个点 a', b', c'（譬如说 $a'=1, b'=\omega, c'=\omega^2$），唯一的限定是点 a，b，c 绕环的次序必须与 a', b', c' 绕单位圆的次序相同。而且映射必须是唯一确定的。另一种唯一确定映射的方法，是在环上只取一点 a，而将另一点 j 取在环内，然后认为 a 映射到单位圆上的点 a'（譬如说 $a'=1$），j 映射到单位圆内的点 j'（譬如说 $j'=0$）。

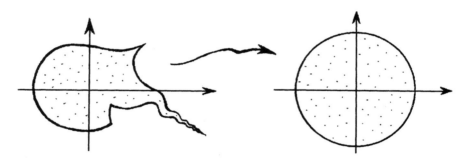

图 8.14 黎曼映射定理认为，由简单闭环（不必光滑）界定的复平面上的任何开区域都能够全纯映射到单位圆的内部，边界亦可作相应的映射。

现在，让我们想象着我们是在黎曼球面上而不是在复平面上应用黎曼映射定理。从黎曼球面的观点看，闭环的"内部"与环的"外部"具有相同的地位（如同从另一侧来看球面），因此定理可以平等地应用于环的外部和内部。这样，就存在一种"相反"形式的黎曼映射定理，它是说，复平面上环的外部可以映射到单位圆的外部，其唯一性可通过下述简单要求来保证：环上指定点 a 映射到单位圆上的指定点 a'（譬如说 $a'=1$），而 j 和 j' 则为 ∞ 所取代。[5]

这种所需的映射经常能够明确地实现，原因是它能够提供物理上感兴趣问题的解，例如对流过翼型物体的气流（在理想情形下，气流是所谓"无粘滞"、"不可压缩"和"非转动"的）的处理。我记得当我还是数学系本科生的时候，我曾对此感到非常惊讶，特别是著名的茹科夫斯基（E. N. Zhoukowski，1847～1921）翼型变换理论，如图 8.15 所示，它可以通过如下变换明确地给出

$$w = \frac{1}{2}\left(z + \frac{1}{z}\right),$$

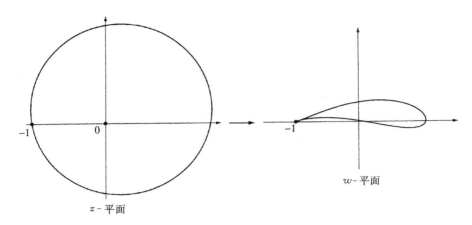

图 8.15　茹科夫斯基变换 $w = \frac{1}{2}(z + 1/z)$ 将过 $z = -1$ 的圆的外部变到翼型截面,使得通过机翼的气流模式变得可计算。

这是一种关于过点 $z = -1$ 的圆的变换。这个形状与 20 世纪 30 年代的飞机机翼截面形状非常相似,因此机翼附近的(理想)气流可直接从圆截面"翼"的形状得到,而后者又可以从另一种全纯变换来得到。(我曾被告知,飞机机翼之所以如此普遍地采用这种形状,就是因为人们可根据茹科夫斯基变换理论从数学上对它进行研究。我相信这不是真的!)

当然,这些知识的应用还涉及具体的假设和简化。不仅零粘滞性、不可压缩性和非旋转流体是出于方便而作的假设,而且将流体视同与翼长等长因此实质上的三维问题被完全缩减为二维问题也是非常大胆的简化。很明显,流过机翼流体的实际计算在数学处理上要远为复杂得多。但在实际处理过程中,我们没有理由认为我们可以抛开对像茹科夫斯基变换那样的全纯函数的直接完美的应用。你可以争辩说,在发现复数能够诱人地应用于现实世界里这个显然非常重要的问题方面,的确有着很强的幸运成分。大气无疑是由数目巨大的单个基本颗粒组成的(事实上,每立方厘米大约有 10^{20} 个),因此气流的宏观描述涉及相当数量上的平均和近似。但这并不是说我们就一定需要空气动力学的数学方程将支配这些单粒子的物理定律的每一个数学公式都包括进来。

在 §4.1 我曾指出过在"最小尺度"的物理作用上复数实际所扮演的"超凡且又基本的角色",在支配粒子行为方面(见 §21.2)的确存在这样的全纯函数。但对于宏观系统,一般来说这种"复结构"变得完全被埋没了,只有在非常特殊的情况下(像上面所说的气流问题),复数和全纯几何才能表现出其自然的用途。但还有些场合,其中基本的复结构甚至可以在宏观水平上表现出来。这种情形有时我们能在麦克斯韦电磁理论和其他波动现象中看到,在相对论中也存在这种特别令人称奇的事例(见 §18.5)。在下一章,我们将看到复数和全纯函数在现象背后表现出的神奇性。

151

注　释

§ 8.3

8.1　见练习 [2.5]。

8.2　在涉及曲面（或更一般的流形即 n 维曲面，见第 12 章）方面，"闭合"一词的使用存在术语上的混乱。对于流形，"闭合"意味着"紧致但无界"，这与拓扑意义上单纯的"闭"概念大不相同，后者是 §7.4 讨论的"开"概念的互补概念。（拓扑上说，一个"闭集"就是一个包含了其所有极限点的集合。闭集的补集是开集，反之一样——这里，集合 S 在某个外围拓扑空间 V 内的"补集"是 V 的不在 S 内的元素组成的集合。）上面所说的"紧致但无界"概念中的"（边）界"一词也存在混乱，但本书不打算讨论它。对第 12 章所述的通常流形（即无界流形），"闭"流形概念（与拓扑流形概念相反）等价于"紧"流形概念。为了避免混淆，本书中我通常只用"紧"而不用"闭"这个词，只是在下述情形下是例外：对拓扑圆 S^1 的实一维流形，我们用"闭曲线"来称呼；对空间紧致（即包含紧类空超曲面，见 §27.11）的宇宙模型，我们称闭宇宙。

152

§ 8.4

8.3　如果我们将 a，b，c，d 中的每一个都乘（重定标）以同一个非零复数，则变换不受影响，但如果我们分别改变它们，则变换也随之改变。这个总体重定标自由度减少了变换的一个独立参数，使之从 4 减为 3。

8.4　这可以说是另一个长长的故事的开始，其高潮是非常一般且强有力的阿蒂亚－辛格（Atiyah-Singer 1963）定理。

§ 8.5

8.5　应当指出，只有对精确为圆的环，两种黎曼映射定理的组合才可以给出完全光滑的黎曼球面。

第九章
傅里叶分解和超函数

9.1 傅里叶级数

让我们回到 §6.1 提出的欧拉和他的同时代人认为是可接受的"实在函数"问题上来。在 §7.1，我们已说明了全纯（复解析）函数可能是欧拉最为满意的函数。但今天的大多数数学家会认为这样一种"函数"概念限定得毫无道理。孰对孰错？在本章末我们会给出这个问题的令人惊奇的答案。但首先我们得搞懂问题是什么。

在将数学应用到物理世界的问题的过程中，经常需要一种灵活性，而这是全纯函数和它的实搭档——解析（即 C^ω）函数——都不具有的。由于解析函数的唯一性（见 §7.4 的描述），定义在复平面某个连通开区域 $\mathcal{D}$ 上的全纯函数的总体行为是完全确定的，如果我们知道了它在 $\mathcal{D}$ 的某个小开子区域上的行为的话。类似地，定义在实线 $\mathbb{R}$ 的某个连通片断 $\mathcal{R}$ 上的实变量解析函数也是完全确定的，一旦函数在 $\mathcal{R}$ 的某个小开子区域上已知的话。这种刚性对于物理系统的实际模型来说似乎是不恰当的。

当我们考虑波的传播时，会发现这种刚性显得特别别扭。波的传播，包括像射频波或光的电磁信号的发送，其功效大都在于信息可通过这种方式传递。毕竟信号传递的全部意义就在于能够使接受者得到意想不到的信息。如果信号形式必须采用解析函数的形式，那么就不可能在信息中"改变主意"。信号的任何一小部分都会使整个信号始终完全确定。而实际上我们经常是根据如何不连续，或偏离解析性来研究波的传播的。

我们来考虑如何从数学上描述波。研究波的一种最有效的方式是通过著名的傅里叶分析来进行。约瑟夫·傅里叶（Joseph Fourier，1768～1830）是一位法国数学家。他一直关注的一个问题是如何将周期性振荡分解成"正弦波"分量。在音乐中，这个问题基本上就是如何将某个乐音表示成其组分"纯的基音"。"周期"一词是指经过一定时间周期就严格重复自身的模式（譬如说振荡物体的物理位移），它也可以指空间上的周期，像晶体、壁纸或远海水波等表现出的重复性模式。数学上，我们说一个函数 f（譬如说关于实变量 χ 的函数[1]）是周期性的，是指对所有 χ，满足

$$f(\chi + l) = f(\chi),$$

这里 l 是表示周期的固定数。因此，如果我们将 $y = f(\chi)$ 的图像沿 χ 轴"平移"一个量 l，它看上去将和以前一样（图9.1（a））。（傅里叶用以处理函数的方法——傅里叶变换——将在 §9.4 描述。）

"纯的基音"是一些像 $\sin\chi$ 或 $\cos\chi$ 这样的振荡模式（图9.1（b））。这些模式有周期 2π，因为

$$\sin(\chi + 2\pi) = \sin\chi, \quad \cos(\chi + 2\pi) = \cos\chi。$$

这些关系在单复数 $e^{i\chi} = \cos\chi + i\sin\chi$ 的周期性中是显然的，

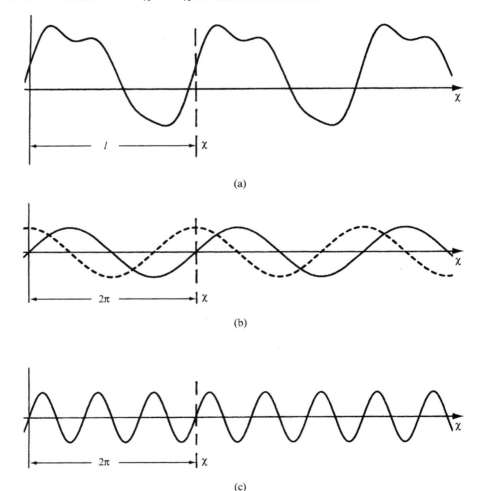

(a)

(b)

(c)

图9.1 周期函数。（a）如果对所有 χ 有 $f(\chi) = f(\chi + l)$，我们说函数 $f(\chi)$ 有周期 l，这意味着如果我们将 $y = f(\chi)$ 的图像沿 χ 轴移动 l，它看上去将和以前一样。（b）"纯基音" $\sin\chi$ 或 $\cos\chi$（如点画线所示）有周期 $l = 2\pi$。（c）"高次谐频"纯音在周期 l 的时间里振荡数次，它们仍有周期 l，同时还有更小的周期（如 $\sin3\chi$ 有周期 $l = 2\pi$，同时还有更小的周期 $l = 2\pi/3$）。

$$e^{i(\chi+2\pi)} = e^{i\chi}。$$

我们在 §5.3 就见过它。如果我们打算把周期定为 l 而不是 2π，那么我们就必须"重定标"函数中的 χ，取 $e^{i2\pi\chi/l}$ 而不是 $e^{i\chi}$。相应地，实部和虚部 $\cos(2\pi\chi/l)$ 和 $\sin(2\pi\chi/l)$ 也有周期 l。但这不是唯一的。在周期 l 内，振荡未必就只一次，函数可以振荡两次、三次直到 n 次，这里 n 是任意正整数（图 9.1（c）），故我们发现，

$$e^{i \cdot 2\pi n\chi/l}, \quad \sin\left(\frac{2\pi n\chi}{l}\right), \quad \cos\left(\frac{2\pi n\chi}{l}\right)$$

中的每一个都有周期 l（此外还有较小的周期 l/n）。在音乐中，这些表达式（$n = 2，3，4，\cdots$）称为高次谐音。

　　傅里叶提出（并解决）的一个问题是如何将一般的周期为 l 的函数 $f(x)$ 表示为纯基音的和。对每个 n，一般来说纯基音对总的和声的贡献表现为不同的幅度，而这种差异主要取决于波形（即取决于函数 $y = f(\chi)$ 图像的形状）。图 9.2 展示了一些简单的例子。但通常，对 $f(\chi)$ 有贡献的各种纯基音的数目是无限的。更具体地说，傅里叶所要求的，是 $f(\chi)$ 到其各纯基音分量的分解系数 $c，a_1，b_1，a_2，b_2，a_3，b_3，a_4，\cdots$

$$f(\chi) = c + a_1\cos\omega\chi + b_1\sin\omega\chi + a_2\cos2\omega\chi + b_2\sin2\omega\chi + a_3\cos3\omega\chi + b_3\sin3\omega\chi + \cdots,$$

这里，为使表达式看上去更简洁，我是按照角频率 ω 来写的（这里的"ω"与 §§5.4，5 的"ω"不相干），$\omega = 2\pi/l$。

　　有些读者可能会认为这个 $f(\chi)$ 表达式还是看起来太复杂——他们是对的。如果我们将 $\cos$ 和 $\sin$ 整合为复指数形式（$e^{iA\chi} = \cos A\chi + i\sin A\chi$），这个公式就漂亮多了，因此，

$$f(\chi) = \cdots + \alpha_{-2}e^{-2i\omega\chi} + \alpha_{-1}e^{-i\omega\chi} + \alpha_0 + \alpha_1 e^{i\omega\chi} + \alpha_2 e^{2i\omega\chi} + \alpha_3 e^{3i\omega\chi} + \cdots,$$

这里 *[9.1]

$$a_n = \alpha_n + \alpha_{-n}, \quad b_n = i\alpha_n - i\alpha_{-n}, \quad c = \alpha_0$$

其中 $n = 1，2，3，4，\cdots$ 如果我们取 $z = e^{i\omega\chi}$，并定义函数 $F(z)$ 为 $f(\chi)$ 的同型复变量 z 的函数，那么这个表达数会更简洁。这时我们有

$$F(z) = \cdots + \alpha_{-2}z^{-2} + \alpha_{-1}z^{-1} + \alpha_0 z^0 + \alpha_1 z^1 + \alpha_2 z^2 + \alpha_3 z^3 + \cdots,$$

这里

$$F(z) = F(e^{i\omega\chi}) = f(\chi)。$$

我们还可以通过运用求和号 $\sum$ 使它变得更简洁，"$\sum$"的意义是"对所有整数 r 值，将所有项加起来"：

$$F(z) = \sum \alpha_r z^r。$$

＊〔9.1〕证明这一点。

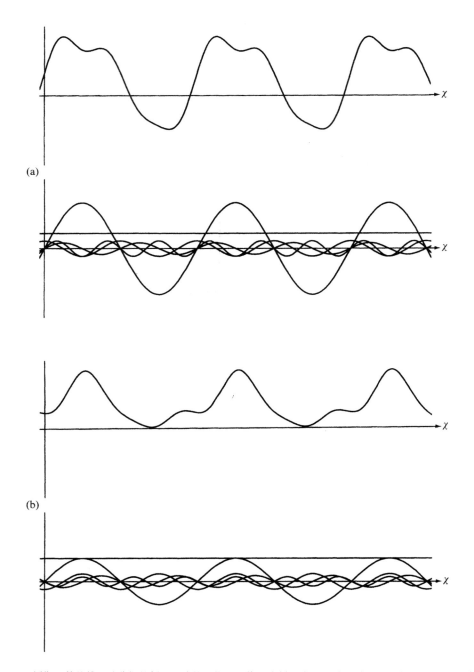

图9.2 周期函数的傅里叶分解的例子。波的形状（图像的尖锐程度）取决于傅里叶系数。各函数极其傅里叶分量如下：（a）$f(\chi) = \frac{2}{3} + 2\sin\chi + \frac{1}{3}\cos2\chi + \frac{1}{4}\sin2\chi + \frac{1}{3}3\chi$。（b）$f(\chi) = \frac{1}{2} + \sin\chi - \frac{1}{3}\cos2\chi - \frac{1}{4}\sin2\chi - \frac{1}{5}\sin3\chi$。

这看上去有点像幂级数（§4.3）。只是容许出现负幂次项。它称为洛朗级数。在下一节里

我们将看到这个表达式的重要性。※※[9.2]

9.2　圆上的函数

洛朗级数确实为我们提供了一种傅里叶级数的简洁的表达式。但这种表达式隐含着关于傅里叶分解的另一种有趣的观点。由于周期函数可无穷次地重复出现，因此我们可认为这种（实变量 χ 的）函数是定义在圆上的（图 9.3），这里函数的周期 l 就是圆的周长，χ 量度绕过圆的弧长。这些弧长不是直线，而是绕圆进行，因此周期性自动包含其中。

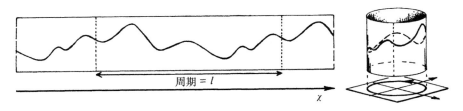

图 9.3　实变量 χ 的周期函数可以看成是定义在周长为 l 的圆上，这里我们将 χ 的实轴"卷成"圆。对于 $l = 2\pi$，我们取这个圆为复平面上的单位圆。

出于方便起见（至少在时间上作如此考虑），我们把这个圆取为复平面上的单位圆，其周长为 2π，也就是说，周期 l 是 2π。相应地，

$$\omega = 1, \quad \text{故 } z = e^{i\chi}.$$

（对其他的周期值，我们只需适当重定标变量 χ 来重申 ω。）由傅里叶分解的各个"纯基音"表示的不同的 cos 和 sin 项，现在可简单地表示为 z 的正或负次幂，即第 n 阶谐波的 $z^{\pm n}$。在单位圆上，这些幂恰好给出我们所需的 cos 和 sin 振荡项，见图 9.4。

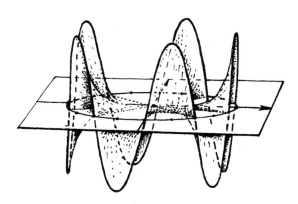

图 9.4　在单位圆上，函数 z^n 的实部和虚部看上去都是 n 次余弦和正弦谐波（分别是 $e^{in\chi}$ 的实部和虚部，这里 $z = e^{i\chi}$）。图中画出的是 $n = 5$ 的 z^5 的实部。

现在我们有了非常简练的表达周期函数 $f(\chi)$ 的傅里叶分解的方法。我们把 $f(\chi) = F(z)$ 看成是定义在 z 平面的单位圆上，这里 $z = e^{i\chi}$，于是傅里叶分解正好是这个函数在复参数 z 下的洛朗级数表示。但好处还不仅限于简练。这种表示还提供了对傅里叶级数性质及其所表示的函数

※※［9.2］证明：若 F 在单位圆上是解析的，则系数 α_n 从而 a_n，b_n 和 c_n 可由公式 $\alpha_n = (2\pi i)^{-1} \oint z^{-n-1} F(z) \mathrm{d}z$ 获得。

性质的更深刻的认识。从本书的最终目的来说，更紧要的是它与量子力学有着重要联系，因此有助于加深我们对大自然的理解。这一切还反映了复数的神奇性，因为当 z 越出单位圆时我们仍能够用洛朗级数表达式。业已证明，对 z 处于单位圆上的情形，这个级数会依据 z 在单位圆外时级数的性态来告诉我们某些关于 $F(z)$ 的重要信息。

现在，让我们（从§4.4）回顾一下收敛圆的概念，就是说，在这个圆内幂级数收敛，而在圆外幂级数发散。洛朗级数也有非常类似的对应概念：收敛圆环。这是复平面上严格处于两个以原点为圆心的同心圆之间的区域（图9.5(a)）。一旦我们有了通常幂级数的收敛圆的概念，对此很容易理解。具有正幂的级数部分[3]

$$F^- = \alpha_1 z^1 + \alpha_2 z^2 + \alpha_3 z^3 + \cdots$$

有普通的收敛圆，其半径譬如说为 A，对所有其模小于 A 的 z 值，级数收敛。而对于具有负幂的级数部分，即

$$F^+ = \cdots + \alpha_{-3} z^{-3} + \alpha_{-2} z^{-2} + \alpha_{-1} z^{-1},$$

我们将其理解为倒参数 $w = 1/z$ 的普通幂级数。它在 w 平面内有譬如说其半径为 $1/B$ 的收敛圆，对所有其模小于 $1/B$ 的 w 值，级数收敛。（我们这里讨论的实际上是第8章所述的黎曼球面——见图8.7，z 坐标对应于一个半球，w 坐标对应于另一个半球，见图9.5(b)。下一节我们再探讨这种黎曼球面的特性。）因此，对于其模大于 B 的 z 值，级数的负幂部分将收敛。只要 $B < A$，这两个收敛区域就将重叠，于是我们得到整个洛朗级数的收敛圆环。注意，函数 $f(\chi) = F(e^{i\chi}) = F(z)$ 的整个傅里叶级数或洛朗级数是由

$$F(z) = F^+ + \alpha_0 + F^-$$

给定的，这里必须包括附加的常数项 α_0。

在目前情形，我们要求的是在单位圆上收敛，因为正是在此我们才有 $z = e^{i\chi}$（对实数 χ），当 z 处在单位圆上时，$f(\chi)$ 的傅里叶级数收敛问题其实就是 $F(z)$ 的洛朗级数的收敛问题。因此，我们似乎需要 $B < 1 < A$ 来保证单位圆确实处于收敛圆环之内。对傅里叶级数的收敛性而言，这是否意味着我们必须要求单位圆处于收敛圆环之内？

如果 $f(\chi)$ 是解析的（即 C^ω），情形确实如此。于是函数 $f(\chi)$ 可扩展为函数 $F(z)$，它在包括单位圆的某个开区域上是全纯的。[4] 但如果 $f(\chi)$ 不是解析的，那么就会出现一种有趣的情形。在这种情形下，要么收敛圆环收缩变成单位圆本身——严格说来，对真正的收敛圆环这是不容许的，因为收敛圆环必须是开区域，而单位圆则不是——要么单位圆变成收敛圆环的外边界或内边界。这些问题在§§9.6,7会变得很重要。

眼下，我们先考虑 $f(\chi)$ 不是解析的会发生什么情况，并考虑 $f(\chi)$ 为解析时的较简单情形。然后我们有 z 平面内严格处于 $F(z)$ 的真正收敛圆环内的单位圆，它由（以原点为圆心）半径 A 和 B 的圆界定（$B < 1 < A$）。洛朗级数的正幂部分 F^- 收敛到 z 平面内其模小于 A 的那些点；负幂

部分 F^+ 则收敛到 z 平面内其模大于 B 的那些点。因此，二者都收敛到收敛圆环本身之内（在非常平凡的意义上，常数项 α_0 显然对所有 z 均"收敛"）。这使我们看到，$F(z)$ "劈裂"为两部分，一部分全纯成分处于外圆之内，另一部分全纯成分处于内圆之外，它们分别定义为级数表达式 F^- 和 F^+。

关于常数项 α_0 是否包含于 F^- 或 F^+ 内这一点还有些模糊之处。实际上，存留这点模糊或许更好。因为 F^- 和 F^+ 之间存在对称性，如果我们采用黎曼球面的图像，这点会变得更清楚（图9.5b）。它使我们有了一种更完整的图像，下面让我们来探讨这一问题。

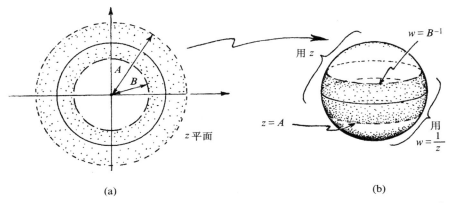

图 9.5　（a）洛朗级数 $F(z) = F^+ + \alpha_0 + F^-$ 的收敛圆环，这里 $F^+ = \cdots + \alpha_{-3} z^{-3} + \alpha_{-2} z^{-2} + \alpha_{-1} z^{-1}$，$F^- = \alpha_1 z^1 + \alpha_2 z^2 + \alpha_3 z^3 + \cdots$。由 $w = z^{-1}$，F^+ 的收敛半径为 A，F^- 的为 B^{-1}。（b）黎曼球面上（见图8.7）的情形亦同样，这里 z 指扩展了的北半球，w（$= z^{-1}$）指扩展了的南半球。

9.3　黎曼球面上的频率剖分

坐标 z 和 w（$=1/z$）给出了两个覆盖黎曼球面的拼块。单位圆变成了球的赤道面，圆环现在成了赤道面的"项圈"。我们把劈裂的 $F(z)$ 看成是两部分的和，一部分全纯地扩展到南半球——称为 $F(z)$ 的正频率部分——如 $F^+(z)$ 所定义，并加上所选的常数项；另一部分全纯地扩展到北半球——称为 $F(z)$ 的负频率部分——如 $F^-(z)$ 所定义，并加上常数项的剩余部分。如果我们忽略掉常数项，那么这个劈裂就唯一地取决于向两半球扩展的全纯性要求。**[9.3]**

这么做常常是方便的：我们用画在黎曼球面上的圆（或其他闭曲线）的取向来指称圆的"内"或"外"。单位圆在 z 平面上的标准取向是按标准 θ 坐标增加的方向即逆时针方向为正方向的。如果我们颠倒这个取向（例如用 $-\theta$ 取代 θ），则正、负频率发生交换。一般闭环的取向约定也与此一致。如果"钟面"处于环内，则取向是逆时针的；反之，如果"钟面"处于环外，

[9.3] 你能看出为什么吗？

则取向是顺时针的。这种约定规定了有向闭环的"内"和
"外"。图9.6能够澄清这一问题。

在§24.3和§§26.2-4我们将看到，函数剖分为正、负
两个频率部分这一点对量子理论至关重要，特别是对量子场
论。我这里给出的具体公式并不是这种频率剖分的最常见的
形式，但它在许多不同场合（特别是在旋量理论中，见
§33.10）有莫大的好处。常用公式并不像关心傅里叶展开
那样直接关心全纯性的扩张。正频率部分通常由 e^{-inx} 的倍数
给定，这里 n 为正。相反，e^{inx} 的倍数给出负频率部分。正
频率函数完全由正频率分量组成。

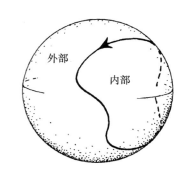

图 9.6　安排给黎曼球面上闭环的
"内"和"外"的定向定义如下：环内
定向为"钟面"的逆时针方向（环外
为顺时针方向）。

然而，这种描述并未完全反映出频率剖分的全部内容。
有许多黎曼面到自身的全纯映射，它们将每个半球映射到自身，但却不保北极或南极点（即
$z=0$ 或 $z=\infty$ 的点）。**[9.4]这些映射保正/负频率剖分，但不保单个的傅里叶分量 e^{-inx} 或 e^{inx}。因
此，剖分为正、负频率的问题（对量子理论至为关键）是比挑出单个傅里叶分量更为一般的概念。

在通常的量子力学讨论中，正/负频率剖分涉及的是时间 t 的函数，我们一般并不把时间看
成是走过一个圆，但我们可以用简单的变换从 χ 绕圆行一圈来得到 t 的整个范围：从"过去的极
限"$t=-\infty$ 到"未来的极限"$t=\infty$。这里我将 χ 的取值范围规定为两极限 $\chi=-\pi$ 和 $\chi=\pi$ 之
间区域（因此 $z=e^{ix}$ 按逆时针方向行遍复平面上整个单位圆，从 $z=-1$ 出发最后又回到 $z=-1$，
见图9.7）。这样的变换可由下式给出

$$t=\tan\frac{1}{2}\chi。$$

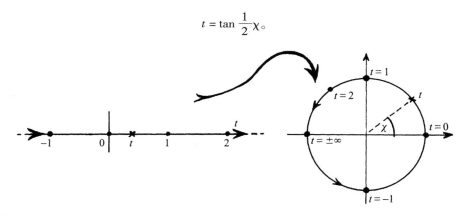

图9.7　在量子力学里，正/负两个频率剖分是指时间 t 的未必是周期性的函数。如果我们用 t 到
z（$=e^{ix}$）的变换，那么在整个 t 区域（从 $-\infty$ 到 $+\infty$）上，我们仍可运用图9.5的剖分，这时
我们按逆时针绕单位圆转圈，从 $z=-1$ 出发又回到 $z=-1$，故 χ 从 $-\pi$ 到 π。)

**[9.4] 这些映射中哪些是显映射？

这个关系图由图9.8给出，简单的几何解释见图9.9。

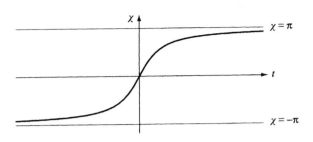

图9.8　$t = \tan\dfrac{\chi}{2}$ 的图像。

这个特殊变换的一个好处是它全纯地扩展到了整个黎曼球面，我们在§8.3就考虑过这个变换（见图8.8），它把单位圆（z 平面）变成实直线（t 平面）：**〔9.5〕

$$t = \frac{z-1}{iz+i}, \quad z = \frac{-t+i}{t+i}。$$

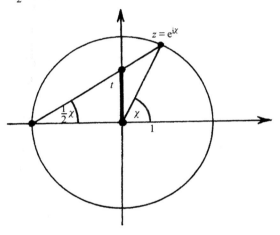

图9.9　$t = \tan\dfrac{\chi}{2}$ 的几何。

z 平面上单位圆的内部对应于 t 平面的上半部，z 单位圆的外部对应于 t 平面的下半部。因此，t 的正频率函数是那些全纯扩展到 t 的下半平面的函数，负频率函数则全纯扩展到 t 的上半平面。（但技术上有一点需要额外考虑，这就是 t 平面的"∞"。但如果我们是在黎曼球面上考虑问题，而不是在复 t 平面上考虑问题，则这一点很容易处理。）

164

然而，时间坐标 t 下"正频率"概念的标准表述并不是按我在这里给出的特定形式来陈述的，而是按照 $f(\chi)$ 的所谓傅里叶变换来进行的。答案与我给出的实际上是一样的，[5] 但由于傅里叶变换从各方面说对量子力学都是至关重要的，因此在这里有必要解释一下什么是傅里叶变换。

9.4　傅里叶变换

根本上说，傅里叶变换是傅里叶级数在周期函数 $f(\chi)$ 的周期 l 越来越大以至无穷时的极限情形。在这种极限情形下，函数 $f(\chi)$ 的周期没有任何限制：它就是一个普通函数。[6] 当我们研究波的传播和"不可预料"信号的发送等问题时，这会带来相当大的好处，因为我们不必非要

✱✱〔9.5〕证明：这个式子给出与上面给出的相同的 t。

坚持信号以周期形式出现了。傅里叶级数容许我们将这种"一次性的"信号按周期性的"纯基音"来分析。实际上，它是通过将函数 $f(\chi)$ 取周期 $l \to \infty$ 来实现的。随着周期 l 取得越来越大，纯基音谐频（对某个正实数 n，周期为 l/n）也就越来越接近我们所取的任意正实数。（我们知道，任意正实数可用有理数任意逼近。）这个事实告诉我们，现在任何频率的纯基音都可以是一个傅里叶分量。我们现在不是要把 $f(\chi)$ 表示成离散的傅里叶分量的和，而是要将 $f(\chi)$ 表示成所有频率的连续和，这意味着将 $f(\chi)$ 表示成关于频率的积分（见 §6.6）。

让我们概要地看看它是如何工作的。首先，周期 l 的周期函数 $f(x)$ 的傅里叶分解的"最简洁"表达式为：

$$F(z) = \sum \alpha_r z^r, \qquad 这里 z = e^{i\omega\chi}$$

（角频率 $\omega = 2\pi/l$）。我们取初始周期 2π，这样 $\omega = 1$。现在我们来试着增加周期到某个大数 N 倍（故 $l = 2\pi N$），由此频率降低了相同倍数（即 $\omega = N^{-1}$）。原用作基本纯基音的振荡波现在变成了这个新的低频波的 N 次谐波，而用作 n 次谐波的纯基音现在则成了 (nN) 次谐波。当我们取 N 趋向无穷的极限时，要通过标签"谐频数"（即数字 n）来跟踪某个具体的振荡分量就显得不合适了，因为这个数字总在变化。也就是说，在上面的求和中用整数 r 来指称振荡分量已经不合适了，因为一个固定的 r 值标称一个具体的谐频（$r = \pm n$ 表示第 n 次谐波），而不是示踪某个具体的基音频率。示踪某个具体的基音频率的是 r/N，因此我们需要有新的变量来标称它。请记住，在后面章节（特别是在 §21.11）的傅里叶变换的重要应用中，我们将把这个 N 趋向无穷时的新变量称为"p"，它表示某个量子力学粒子（其位置由 x 量度）的动量。[7] 在这种极限情形下，我们也可以反过来用 x 来取代 χ，如有必要的话。通过如下所述我们会发现，在取极限后，χ 实际上已变成 z 的实部。

对有限的 N，我们有

$$p = \frac{r}{N}。$$

在 $N \to \infty$ 的极限情形下，参数 p 成了连续变量。由于求和中的"系数 α_r"依赖于连续的实值参数 p 而非离散的整数参数 r，因此我们可将 α_r 对 r 的依赖关系写成标准的函数形式 $g(p)$ 而不是下标形式 g_p。实际工作中，我们对求和 $\sum \alpha_r z^r$ 中的 α_r 作替换

$$\alpha_r \mapsto g(p),$$

但必须记住，随着 N 取得越来越大，处于 p 值的某个小区间内的项数也越来越多（基本上正比于 N，因为我们考虑的是处于该区间的分数 n/N）。与此同时，量 $g(p)$ 实际上可看成是对密度的量度，因此在求和号 $\sum$ 变成积分号 $\int$ 的极限情形下，$g(p)$ 必须后附一个 $\mathrm{d}p$。最后，考虑求和 $\sum \alpha_r z^r$ 中的 z^r 项。我们有 $z = e^{i\omega\chi}$，这里 $\omega = N^{-1}$；因此 $z = e^{i\chi/N}$，$z^r = e^{ir\chi/N} = e^{i\chi p}$。将这些式子合起来，取极限 $N \to \infty$，我们得到表达式

$$\sum \alpha_r z^r \rightarrow \int_{-\infty}^{\infty} g(p) \, \mathrm{e}^{\mathrm{i}\chi p} \, \mathrm{d}p,$$

它就是我们的函数 $f(\chi)$。实际过程中常在这个积分上附加一项标度因子 $(2\pi)^{-1/2}$，这样，用 $f(\chi)$ 表示 $g(p)$ 的逆运算就与用 $g(p)$ 表示的 $f(\chi)$ 具有完全相同的对称形式：

$$f(\chi) = (2\pi)^{-1/2} \int_{-\infty}^{\infty} g(p) \, \mathrm{e}^{\mathrm{i}\chi p} \, \mathrm{d}p, \qquad g(p) = (2\pi)^{-1/2} \int_{-\infty}^{\infty} f(\chi) \, \mathrm{e}^{-\mathrm{i}\chi p} \, \mathrm{d}\chi。$$

函数 $f(\chi)$ 和 $g(p)$ 称为互为傅里叶变换。✱✱✱[9.6]

9.5 傅里叶变换的频率剖分

如果定义在整个实线上的（复）函数 $f(\chi)$ 的傅里叶变换 $g(p)$ 对所有 $p \geqslant 0$ 均为零，则称 $f(\chi)$ 为正频率函数。这时 $f(\chi)$ 就只由 $p < 0$ 的 $\mathrm{e}^{\mathrm{i}\chi p}$ 的分量组成。（欧拉一定又要替 $g(p)$ 担心了（见 §6.1），它明显是由 $p < 0$ 时的非零函数与 $p > 0$ 时的零"粘合"而成的。但它似乎体现了 $f(\chi)$ 完美的"全纯"特性。）表示这种"正频率"条件的另一种方法是依据 $f(\chi)$ 的全纯可扩展性质，我们在讲述傅里叶级数前谈到过这种性质。现在我们将变量 χ 取为实轴上的点（故在实轴上有 $\chi = x$），在黎曼球面上，这个"实轴"（包括点"$\chi = \infty$"）是实圆（图 8.7c）。这个圆将球面分成了两个半球，凸向"外"的对应于标准复平面图形的下半平面。$f(\chi)$ 为正频率函数的条件现在全纯地扩展为这个凸向"外"的半球面。

但当我们比较这两种"正频率"定义时，有一个问题需要注意。它牵涉到我们如何处理点 $z = \infty$，因为函数 $f(\chi)$ 一般在这里总是奇异的。实际上，只要我们采用下面（§9.7）要说的"超函数"观点，$z = \infty$ 处的奇异性就不会引起实质性的困难。对 "$f(\infty)$" 也采取类似的适当处理，我们可以证明，我在上面给出的这两种正频率定义基本上是彼此一致的。[8]

对有兴趣的读者，根据黎曼球面来检验一下与 §9.4 中取极限有关的几何是有益的，这种取极限过程使我们从傅里叶级数过渡到傅里叶变换。让我们回到早先考虑的 z 平面描述。对周期 2π 的函数 $f(\chi)$，这里 χ 度量单位圆的弧长。假定我们以持续增大步长的方式改变周期，使之取一系列比 2π 更大的值，同时仍取 χ 为圆的弧长。这可以通过考虑一系列越来越大的圆来实现，但为了使取极限过程不失几何意义，我们假定这些圆全都在 $\chi = 0$ 点彼此相切（图 9.10（a））。下面为简单计，我们取这个点为原点 $z = 0$（不是 $z = 1$），则所有圆均处下半平面。这样，初始圆对应周期 $l = 2\pi$，该单位圆的圆心在 $z = -\mathrm{i}$，而不是原点。对周期 $l > 2\pi$ 的那些圆，其圆心处于复平面上 $C = -\mathrm{i}l/2\pi$ 的位置，在 $l \rightarrow \infty$ 的极限情形，我们得到实轴本身（故 $\chi = x$），"圆心"沿负的

✱✱✱ [9.6] 概要说明，如何利用练习 [9.2] 的周线积分表达式 $\alpha_n = (2\pi\mathrm{i})^{-1} \oint z^{-n-1} F(z) \, \mathrm{d}z$ 的极限形式从 $f(\chi)$ 得到 $g(p)$？

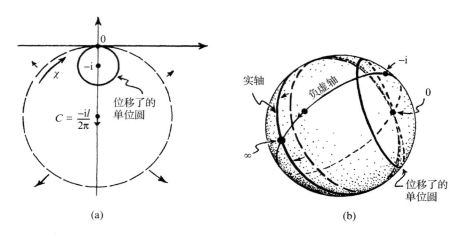

(a)　　　　　　　　　　　　　　　(b)

图9.10 $l \to \infty$ 时的正频率条件，这里 l 是 $f(\chi)$ 的周期。（a）由 $l = 2\pi$ 开始，定义在单位圆上的 f 的圆心在 $z = -i$。随着 l 增加，圆的半径为 l，圆心在 $C = -il/2\pi$ 的位置。在每一种情形下，χ 为顺时针测得的圆弧长。正频率表示 f 可全纯地扩展到圆内，在 $l = \infty$ 极限情形下，则扩展到下半平面。（b）同样，在黎曼球面上，对有限的 l，傅里叶级数可由关于 $z = -il/2\pi$ 的洛朗级数得到，但是在球面上这个点不是圆心，并且随着取 $l = \infty$ 极限，该点变成无穷远点 ∞，这时傅里叶级数变成傅里叶变换。

虚轴方向移至无穷远。在每一种情形，我们现在都取 χ 为顺时针测得的圆弧长（在极限情形，则为沿实轴的正距离），且在原点 $\chi = 0$。由于现在圆是非标准（顺时针）取向，它们的"外侧"即为它们的内部（见§9.3，图9.6），因此正频率条件指的就是这个内部。现在我们将 χ 和 z 之间的关系表示成 **[9.7]**

$$z = \frac{il}{2\pi}(e^{-i\chi} - 1)。$$

对有限的 l，我们可通过点 $C = -il/2\pi$ 处的洛朗级数将 $f(\chi)$ 表示成傅里叶级数，并通过取极限 $l \to \infty$ 得到傅里叶变换。在有限 l 的情形下，当 $f(\chi)$ 的全纯可扩展性延伸到相关圆的内部时，我们得到正频率条件；而在 $l \to \infty$ 的极限情形下，$f(\chi)$ 的这种全纯可扩展性延伸到整个下半平面，以便与上述条件相一致。

那么洛朗级数在 $l \to \infty$ 的极限情形下会怎样呢？这时我们需要借助黎曼球面来理解。对有限的 l 值，点 $C(= -il/2\pi)$ 是 χ 圆的圆心，但在黎曼球面上，点 C 已不再像圆心。随着 l 的递增，C 沿黎曼球面上表示虚轴的圆向外运动（图9.10（b）），点 $C(= -il/2\pi)$ 越来越不像圆心。最后，在 $l = \infty$ 的极限情形下，C 变成黎曼球面上的点 $z = \infty$。但当 $C = \infty$，我们发现它实际上是处在本当是圆心的圆上！（这个圆就是现在的实轴。）因此，取关于这个点的幂级数将出现奇异（或"奇点"）——当然这是预料之中的，因为我们不再能得到各项的和，只能得到连续的积分。

[9.7] 导出这个表达式。

9.6　哪种函数是适当的？

　　现在让我们回到本章开头提出的关于适当可用的"函数"种类的问题上来。我们可以提出如下问题：哪一种函数可用来表示傅里叶变换？将注意力仅限定在解析（即 C^{ω}）函数上是不恰当的，因为如我们上面所见，正频率函数 $f(\chi)$ ——它当然是解析的了——的傅里叶变换 $g(p)$ 显然是一种从非零函数到零函数的非解析"粘合"的结果。一个函数和它的傅里叶变换之间是对称的，因此采用这样一种非标准形式似乎不合道理。另外还应当指出，$f(\chi)$ 在点 $\chi=\infty$ 的行为关系到正/负频率剖分，而且只有在相当特殊的场合下 $f(\chi)$ 在 ∞ 才是（C^{ω}）解析的（因为这要求 $f(\chi)$ 在 $\chi\to+\infty$ 和 $\chi\to-\infty$ 之间严格匹配）。除此之外，我们还不能忽略当初研究傅里叶变换的物理动机，即这种变换应使我们能够处理那种传递"不曾预料的"（非解析）信息的信号。因此，我们必须回到本章开头我们所面临的问题上来：我们应当采用哪一种函数作为"实在"函数？

　　一方面我们知道，欧拉和他的同时代人可能满足于将一个全纯（或解析）函数当作他们心仪的那种"函数"；而另一方面，这些函数对许多数学和物理方面的问题，包括波传播的问题，显得无能为力，因此函数概念必须向更一般的意义上拓展。这些观点中哪一个更"正确"呢？普遍存在这样一种看法，认为第一种观点的支持者都是些"老古董"，那些摩登的概念肯定都偏向于第二种观点，因此全纯或解析函数只是一般的"函数"概念里一种非常特殊的情形。但这就是我们必须采取的"正确"态度吗？让我们试着用 18 世纪的思想框架来思考这一问题。

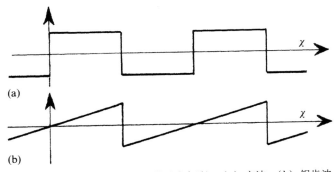

图 9.11　不连续周期函数（具有完全看似合理的傅里叶表示）：（a）方波，（b）锯齿波。

　　先看 19 世纪初的约瑟夫·傅里叶是怎么做的。在傅里叶向人们展示说某些周期函数，像图 9.11 描述的方波或锯齿波，具有完全看似合理的傅里叶表示时，那些属于"解析"（欧拉）学派的老学究们一定吃惊不小！当时傅里叶遇到了来自数学传统势力的一片反对之声。很多人不愿接受他的结论。例如，方波函数怎么可以用一个"公式"来表示？但正如傅里叶展示的，级数

$$s(\chi) = \sin\chi + \frac{1}{3}\sin 3\chi + \frac{1}{5}\sin 5\chi + \frac{1}{7}\sin 7\chi + \cdots$$

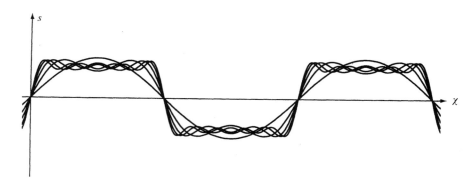

图 9.12 傅里叶级数 $s(\chi) = \sin\chi + \dfrac{1}{3}\sin 3\chi + \dfrac{1}{5}\sin 5\chi + \dfrac{1}{7}\sin 7\chi + \cdots$ 的部分和，收敛到一个（像图 9.11（a）的）方波。

这个和实际上就是一种方波，这种方波是一种在两个常数 $\dfrac{1}{4}\pi$ 和 $-\dfrac{1}{4}\pi$ 之间的半周期为 π 的振荡（图 9.12）。

170　　让我们看看上述图形如何用洛朗级数来表示。我们有相当漂亮的表达式 **[9.8]**

$$2\mathrm{i}s(\chi) = \cdots - \frac{1}{5}z^{-5} - \frac{1}{3}z^{-3} - z^{-1} + z + \frac{1}{3}z^3 + \frac{1}{5}z^5 + \cdots,$$

这里 $z = \mathrm{e}^{\mathrm{i}x}$。事实上，这只是一个收敛圆环退缩为单位圆（未留下开区域）的例子。但我们仍可以根据全纯函数对此予以解释，如果我们将洛朗级数分成两部分，一部分具有正幂，给出普通的 z 的幂级数；另一部分具有负幂，给出 z^{-1} 的幂级数。实际上它们都是已知的级数，可直接求和：**[9.9]**

171

$$S^- = z + \frac{1}{3}z^3 + \frac{1}{5}z^5 + \cdots = \frac{1}{2}\log\left(\frac{1+z}{1-z}\right)$$

和

$$S^+ = \cdots - \frac{1}{5}z^{-5} - \frac{1}{3}z^{-3} - z^{-1} = -\frac{1}{2}\log\left(\frac{1+z^{-1}}{1-z^{-1}}\right),$$

由此给出 $2\mathrm{i}s(\chi) = S^- + S^+$。稍许重排这些表达式即可导出结论：$S^-$ 和 $-S^+$ 只差 $\pm\dfrac{1}{2}\mathrm{i}\pi$。由此可知 $s(\chi) = \pm\dfrac{1}{4}\pi$。**[9.10]** 但我们还需要进一步了解为什么我们实际得到的是一个量在不同值之间的方波振荡。

如果我们作 §8.3 给出的变换 $t = (z-1)/(\mathrm{i}z+\mathrm{i})$，会使我们欣赏接下来要发生的事变得更容

＊〔9.8〕证明这个表达式。

＊＊〔9.9〕利用 §7.4 末尾给出的 $\log z$ 在 $z=0$ 处的幂级数展开式，证明这个表达式。

＊〔9.10〕证明这个式子（假定 $|s(\chi)| < 3\pi/2$）。

易些。这个变换将 z 平面上单位圆的内部变换成 t 平面的上半平面（如图 8.8 所示）。对 t 来说，量 S^- 现在是指上半平面，S^+ 指下半平面，我们发现（对数里可能会差个 $2\pi\mathrm{i}$）

$$S^- = -\frac{1}{2}\log t + \frac{1}{2}\log \mathrm{i}, \quad S^+ = \frac{1}{2}\log t + \frac{1}{2}\log \mathrm{i}。$$

接下来对数从相应的起始点 $t=\mathrm{i}$（这时 $S^-=0$）和 $t=-\mathrm{i}$（这时 $S^+=0$）开始连续地取值，我们发现，沿正实 t-轴有 $S^-+S^+=+\frac{1}{2}\mathrm{i}\pi$，而沿负实 t 轴有 $S^-+S^+=-\frac{1}{2}\mathrm{i}\pi$。**[9.11] 由此我们得到结论，沿 z 平面上单位圆的上半部分有 $s(\chi)=+\frac{1}{4}\pi$，而沿其下半部分我们有 $s(\chi)=-\frac{1}{4}\pi$。这说明，正如傅里叶所断言的，傅里叶级数确实加和到方波。

从这个例子我们得到了什么教训呢？我们已看到，一个特定的（周期）函数，它甚至不是连续的，更甭说可微了（在 C^{-1} 函数意义上），能够被表示成完全合理的傅里叶级数。同样，当我们将一个函数看成是定义在单位圆上，那么它就一定能够用看起来合理的洛朗级数表示出来，虽然这个级数的收敛圆环事实上已经退缩为单位圆本身。这个洛朗级数的正半部分和负半部分各自加和成为半黎曼球面上的完美的全纯函数。一个定义在单位圆的一侧，另一个定义在另一侧。我们可将这两个函数的"和"看成是单位圆本身给出的所要求的方波。正是因为在单位圆的 $z=\pm1$ 的两点上存在分支奇点，才使得这个和可以从一侧"跳到"另一侧，给出以这个和的形式出现的方波。这些分支奇点还使得两侧的幂级数在单位圆外不收敛。

172

9.7 超函数

这个例子只是一个很特殊的情形，但它向我们示范了一般必须经历的过程步骤。我们要问，能够定义在单位圆上（黎曼球面上）并能够表示成开区间上的全纯函数 F^+ 和 F^- 的"和"的最一般的函数形式是什么？这里 F^+ 定义在单位圆一侧的开区间上，F^- 定义在单位圆的另一侧的开区间上，恰如我们上面所给的例子中的情形。我们发现，这个问题的答案将直接导致一个古怪但重要的概念——"超函数"。

实际上，将 f 看成是 F^- 和 $-F^+$ 之间的"差"将更富于启发性。这么做的一个理由是，在最一般的情形下，对实际单位圆来说，F^- 或 F^+ 可能都不存在解析扩展，因此在圆上这种"和"意味着什么并不清楚。但是，我们可以将 F^- 和 $-F^+$ 之间的差视为这两个函数间"跳跃"的表示，此时它们的定义域已在单位圆上合二为一。

复平面上曲线一侧的全纯函数与另一侧的另一个全纯函数之间"跳跃"的这一思想——这里的两个全纯函数都无需全纯地扩展过曲线本身——实际上为我们提供了一种全新的定义在曲

** 〔9.11〕证明这个式子。

线上的"函数"概念。这就是（解析）曲线上超函数的定义。这是由日本数学家佐藤干夫（Sato Mikio，1926～）[1] 于 1958 年提出的一个绝妙的概念。[9] 不久我们就会看到，佐藤实际的定义比这里用的更加优美。[10]

对于超函数的定义，我们不必考虑像完整的单位圆那样的闭曲线，而是考虑曲线的某一段即可。更经常的是将超函数定义在某段实线段 γ 上。我们将 γ 看成是 a 和 b 之间的实线段，这里 a 和 b 都是实数且有 $a < b$。于是，定义在 γ 上的一个超函数是横越 γ 的跳跃，它从开集 $\mathcal{R}^-$（以 γ 为上界）上的全纯函数 f 到开集 $\mathcal{R}^+$（以 γ 为下界）上的全纯函数 g，见图 9.13。

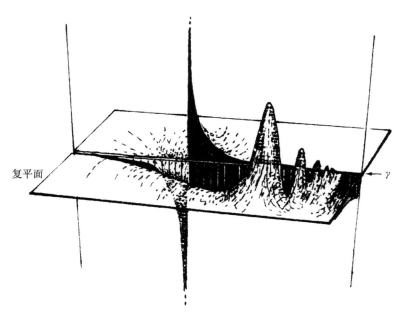

复平面

γ

图 9.13　实轴段 γ 上的超函数表示 γ 上一侧的全纯函数到另一侧的全纯函数的"跳跃"。

像这样简单地称它为"跳跃"并没有使我们了解多少这是怎么回事（数学上也很不严谨）。佐藤对这个问题的处理相当完美，他采用的是异常简洁的形式化的代数方法。我们可以用这两个全纯函数对 (f, g) 来表示这一跳跃。我们说这样的一个对 (f, g) 等价于另一个对 (f_0, g_0)，如果后者是通过在 f 和 g 上加上同一个全纯函数 h 而得到的话，这里 h 定义在由 $\mathcal{R}^-$ 和 $\mathcal{R}^+$ 沿曲线段 γ 联合组成的（开）区域 $\mathcal{R}$ 上，见图 9.14。我们可以说

$$(f, g) \text{ 等价于 } (f + h, \ g + h),$$

这里全纯函数 f 和 g 分别定义在 $\mathcal{R}^-$ 和 $\mathcal{R}^+$ 上，h 为联合区域 $\mathcal{R}$ 上任意全纯函数。这两个表达式都可以用来表示同一个超函数。在数学上，超函数本身指的是这种对的等价类，"约化模"[11] 定义在 $\mathcal{R}$ 上的全纯函数 h。读者可以回顾一下序言里提到的与分数定义相关联的"等价类"的概

173

174

---

　〔1〕　2003 年，与美国数学家泰特(John T. Tato)一起荣获 2002/2003 年度沃尔夫数学奖。——译者

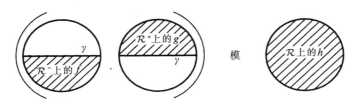

图 9.14 在部分实轴 γ 上，超函数由一对全纯函数 (f,g) 提供，这里 f 定义在以 γ 为上界的某个开区域 $\mathcal{R}^-$ 上，g 定义在以 γ 为下界的开区域 $\mathcal{R}^+$ 上。γ 上的实际超函数 h 是 (f,g) 与 $(f+h, g+h)$ 的模，这里 h 是 $\mathcal{R}^-$、γ 和 $\mathcal{R}^+$ 的并 $\mathcal{R}$ 上的全纯函数。

念。它与这里所用的一样都是一般性概念。现在的关键是，增加 h 虽不影响 f 和 g 之间的"跳跃"，但 h 能以与这种跳跃无关的方式改变 f 和 g。（例如，h 能够改变这些函数偶尔出现的持续离开 γ 进入开区域 $\mathcal{R}^-$ 和 $\mathcal{R}^+$。）因此，跳跃本身可由这个等价类来表示。

读者可能真的被搞糊涂了。这种巧妙的定义似乎主要取决于我们对开区域 $\mathcal{R}^-$ 和 $\mathcal{R}^+$ 的任意选择，仅有的限制是它们得有共同的边界线 γ。但令人惊奇的是，超函数的定义并不依赖于这种选择。按照所谓的切除定理，实际上这种超函数概念在很大程度上独立于 $\mathcal{R}^-$ 和 $\mathcal{R}^+$ 的具体选择，见图 9.15 的前 3 个例子。

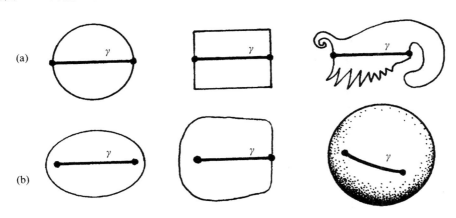

图 9.15 切除定理告诉我们，超函数概念与开区域 $\mathcal{R}$ 的选择无关，只要 $\mathcal{R}$ 包含给定的曲线 γ。
(a) 区域 $\mathcal{R} - \gamma$ 可以包含两个分离的片断（于是我们得到如图 9.14 所示的两个独立的全纯函数 f 和 g）；(b) $\mathcal{R} - \gamma$ 可以是一个单个的连通片断，这时 f 和 g 只是同一个全纯函数的两个部分。

事实上，切除定理给予我们的比这更多。我们不要求开区域 $\mathcal{R}$ 上被可移除的 γ 分成两部分（即 $\mathcal{R}^-$ 和 $\mathcal{R}^+$）。我们所需的是，复平面上开区域 $\mathcal{R}$ 必须包含开线段[12] γ。$\mathcal{R} - \gamma$（即去掉 γ 后 $\mathcal{R}$ 所剩余的部分[13]）似乎是由两个分离部分组成，恰如我们上面一直在考虑的，但更一般的是，从 $\mathcal{R}$ 中去掉 γ 后留下的是一个单个连通的区域，如图 9.15 的后 3 个例子所示。在这些情形下，我们必须去掉 γ 的内端点 a 或 b，这样，我们就只有一个开集，我称它为 $\mathcal{R} - \overline{\gamma}$。在这种更一般的情形下，超函数定义为"$\mathcal{R}$ 上的全纯函数，约化模 $\mathcal{R} - \overline{\gamma}$ 上全纯函数"。一个明显的事实是，

$\mathcal{R}$ 的这种非常自由的选择对由此定义的"超函数"类没有任何影响。*[9.12] a 和 b 都处于 $\mathcal{R}$ 内的情形对超函数的积分是有用的，因为这样的话我们可用 $\mathcal{R} - \bar{\gamma}$ 内的闭周线。

所有这些都可以用到我们先前的黎曼球面上圆的情形。这时取 $\mathcal{R}$ 为整个黎曼球面较为有利，因为这时我们必须"取模"的函数是在整个黎曼球面上具有全局性的全纯函数，有一条定理是说，这些函数都只是常数。（实际上这些"常数"就是我们在§9.2里的 α_0。）因此，一个定义在黎曼球面的圆上模常数的全纯函数可具体化为这个圆一侧全区域上的全纯函数和另一侧的另一个全纯函数。这给出了一种将圆上一个任意超函数唯一地剖分（模常数）成其正/负频率分量的方法。

作为结束，我们来考虑超函数的一些基本性质。我用符号 $(\,|f, g|\,)$ 来表示由分别全纯定义在 $\mathcal{R}^-$ 和 $\mathcal{R}^+$ 上的函数对 f 和 g 给出的超函数（这里我将 γ 划分 $\mathcal{R}$ 成 $\mathcal{R}^-$ 和 $\mathcal{R}^+$ 的情形颠倒了过来）。因此，如果我们对同一个超函数有两个不同的表示 $(\,|f, g|\,)$ 和 $(\,|f_0, g_0|\,)$，就是说，$(\,|f, g|\,) = (\,|f_0, g_0|\,)$，那么 $f - f_0$ 和 $g - g_0$ 是两个相同的定义在 $\mathcal{R}$ 上的全纯函数 h，但它们分别被约束在 $\mathcal{R}^-$ 和 $\mathcal{R}^+$。我们可以直接给出这两个超函数的和、导数和一个超函数与定义在 γ 上的解析函数 q 的积：

176

$$(\,|f, g|\,) + (\,|f_1, g_1|\,) = (\,|f + f_1, \ g + g_1|\,),$$

$$\frac{\mathrm{d}(\,|f, g|\,)}{\mathrm{d}z} = \left(\ \left| \frac{\mathrm{d}f}{\mathrm{d}z}, \frac{\mathrm{d}g}{\mathrm{d}z} \right| \ \right),$$

$$q(\,|f, g|\,) = (\,|qf, qg|\,)。$$

这里，在最后这个表达式中，解析函数 q 被全纯扩展到 γ 的一个邻域。[14],**[9.13] 我们可将 q 本身表示成一个超函数 $q = (\,|q, 0|\,) = (\,|0, -q|\,)$，但一般没有定义在两个超函数之间的的积。不存在积并非超函数成为广义函数的缺陷。这里可有多种处理。[15] 例如，狄拉克的 δ 函数（见§6.6）不能够平方就曾使许多量子场论学家陷入无尽的烦恼。

在 $\gamma = \mathbb{R}$，在 $\mathcal{R}^-$ 和 $\mathcal{R}^+$ 分别是上、下开复半平面的情形下，超函数表示的一些简单的例子可举出赫维塞德阶梯函数 $\theta(x)$ 和狄拉克（－赫维塞德）δ 函数 $\delta(x)(\ = \mathrm{d}\theta(x)/\mathrm{d}x)$（§§6.1，6）：

$$\theta(x) = \left(\ \left| \frac{1}{2\pi \mathrm{i}} \log z, \frac{1}{2\pi \mathrm{i}} \log z - 1 \right| \ \right),$$

$$\delta(x) = \left(\ \left| \frac{1}{2\pi \mathrm{i} z}, \frac{1}{2\pi \mathrm{i} z} \right| \ \right),$$

这里我们取对数分支 $\log 1 = 0$。超函数 $(\,|f, g|\,)$ 在整个实线上的积分可由 f 沿紧邻实线下方的环线的积分减去 g 沿紧邻实线上方的环线积分来表示（假定二者均收敛），方向均为从左到右。**[9.14]

---

　　*[9.12] 当 $\mathcal{R} - \bar{\gamma}$ 分为 $\mathcal{R}^-$ 和 $\mathcal{R}^+$ 两部分时，为什么"$\mathcal{R}$ 上约化模 $\mathcal{R} - \bar{\gamma}$ 上全纯函数的全纯函数"就成了我们先前所给出的超函数的定义？

　　**[9.13] 这里有一些细微差别，请找出来。提示：仔细考虑有关定义域。

　　**[9.14] 就 $q(x)$ 为解析的情形，检查 $\int q(x)\delta(x)\mathrm{d}x = q(0)$ 中 δ 函数的标准性质。

注意，其至当 f 和 g 是同一函数的解析延拓时，这个超函数仍可以是非平凡的。

超函数有多一般？它们肯定包含所有的解析函数，还包括像 $\theta(x)$ 和我们前面讨论的方波那样的不连续函数，或其他通过这类函数叠加所得到的 C^{-1} 函数。实际上，所有 C^{-1} 函数都是超函数的例子。此外，由于我们可通过对超函数进行微分来得到另一个超函数，而且任意 C^{-2} 函数都可以由 C^{-1} 函数的微分得到，因此所有 C^{-2} 函数也都是超函数。我们已经看到，超函数包含狄拉克 δ 函数。我们可以不断地微分。这样，对任意整数 n，任何 C^{-n} 函数都是一个超函数。至于 $C^{-\infty}$ 函数，也就是分布函数（§6.6），情形又如何呢？是的，它们仍然全都是超函数。

通常，分布函数是作为所谓 C^{∞} 光滑函数的对偶空间的元素来定义的。[16]"对偶空间"的概念将在 §12.3（和 §13.6）里描述。实际上，对任意整数 n，C^n 函数空间的对偶（在适当意义下）就是 C^{-2-n} 函数空间，这里 n 可以取到无穷，$n = \infty$，如果我们有 $-2-\infty = -\infty$ 和 $-2+\infty = \infty$ 的话。相应地，$C^{-\infty}$ 函数与 C^{∞} 函数对偶。那么 C^{ω} 函数的对偶（$C^{-\omega}$）是怎样的呢？经过对"对偶"的适当定义，这些 $C^{-\omega}$ 函数同样是超函数！

我们已经转了一圈。为了尽可能使"函数"概念一般化，使之摆脱"解析"或"全纯"函数——让欧拉满意的那种函数——概念的限制，我们已领略了极其一般和灵活的超函数概念。但超函数本身又是以非常简单的方式定义在"欧拉"全纯函数概念基础上的。在我看来，这是复数最为神奇的成功的一个方面。欧拉要是能活着看到这一点那该多好！

注　释

§9.1

9.1　这里我用希腊字母 χ 而不用普通的似乎更自然的 x，只是因为我们需要将这个变量与复数 z 的实部 x 区别开来，后者在下述内容中扮演着重要角色。

9.2　对实变量 χ，就是说，对取实数的 a_n，b_n 和 c，我们并不要求 $f(\chi)$ 一定要是实的。实变量的复函数在数学上是完全合法的。$f(\chi)$ 是实的的条件是 α_{-n} 是 α_n 的复共轭。复共轭概念将在 §10.1 介绍。

§9.2

9.3　用 "F^{-}" 表示正幂级数部分而用 "F^{+}" 表示负幂级数部分，这种看似反常的记号法主要源于量子力学文献的习惯约定（见 §§21.2, 3 和 §24.3）。对此我只能说抱歉，但这不影响我对它的正确使用。

9.4　这是一个一般性的准则：对定义在实域 $\mathcal{R}$ 上的任意 C^{ω} 函数 f，我们可以"复化" $\mathcal{R}$ 来扩展到复域 $\mathbb{C}\mathcal{R}$，它称为 $\mathcal{R}$ 的"复加厚"。它将 $\mathcal{R}$ 包含在其内部，使得 f 唯一地扩展为 $\mathbb{C}\mathcal{R}$ 上的全纯函数。

9.5　例如见 Bailey *et al.*（1982）。

§9.4

9.6　另一方面，通常要求，当 χ 趋于正负无穷大时，$f(\chi)$ 的行为"合理"。我们在这里不必关注这一点，就我采用的方式来说，这一要求不必是限定性的。

9.7　在量子力学里，通常还引入另一个常量 $\hbar$ 来适当确定在与 x 关系中的 p 的标长（见 §§21.2, 11），但眼下为简单计，我取 $\hbar = 1$。$\hbar$ 是普朗克常数的狄拉克形式（即 $h/2\pi$，这里 h 是原始的普朗克"作用量子"）。经过适当定义基本单位，我们总可以取 $\hbar = 1$。见 §27.10。

§9.5

9.8　见 Bailey *et al.*（1982）。

§9.7

9.9　见 Sato（1958, 1959, 1960）。

9.10 亦见 Bremermann（1965），尽管在这一工作中并未明确指明使用"超函数"。

9.11 "modulo（模）"概念的另一方面内容将在 §16.1 讨论（并请与注释 3.17 比较）。

9.12 这里"开端"是指端点 a 和 b 都不包含在 γ 内，因此"包含" γ 并不意味着 $\mathcal{R}$ 内包含 a 和 b。

9.13 这种集 $\mathcal{R}$ 与 γ 之间的"差"通常也写成 $\mathcal{R} \setminus \gamma$。

9.14 "…的邻域"的数学定义是"包含…的开集"。

9.15 "一般化函数"概念的更标准的（"分布"）处理见 Schwartz（1966）；Friedlander（1982）；Gel'fand and Shilov（1964）；Trèves（1967）。对于"非线性"方面非常有用的另一种处理，它将"积的存在性问题"转换为"非唯一性问题"，见 Colombeau（1983，1985）和 Grosser *et al.*（2001）。

9.16 超函数与 §33.9 将要讨论的全纯层上同调之间也存在重要的相互联系。这些概念在高维曲面上的超函数理论中扮演着重要角色，见 Sato（1959，1960）以及 Harvey（1966）。

第十章

曲　面

10.1　复维和实维

　　上两个世纪数学上最突出的成就之一是处理非平直多维空间的各种技术的发展。这对本书要达到的目标至关重要，在此我向读者概述一下这些发展，当代物理全仰仗它们。

　　到目前为止，我们一直考虑的是一维空间。读者可能对这种说法感到奇怪，前几章叙述的不正是复平面、黎曼球面和其他各种黎曼曲面吗？但是，从全纯函数的角度看，这些曲面本质上都只是一维的，正如我们在§8.2指出的，这个维是复维。我们可用一个参数将这种空间点与其他种类的（局域）空间点区别开来，虽然这个参数是个复数。因此，这些"曲面"实际上应被看成是曲线，即复曲线。我们可以将一个复数 z 分成实部和虚部 (x, y)，即 $z = x + \mathrm{i}y$，这里 x 和 y 是两个独立的实参数。但如何将一个复数按此方式进行划分已不属于全纯运算的范畴。只要我们关心的只是全纯结构，就像我们到目前为止所考虑的复空间情形，我们就必须把单个复参数看成是仅提供一维。这至少是我建议应当采取的观点。

　　另一方面，人们也可以采取相反的观点，就是说，全纯运算只是更一般运算的一种特例。只要愿意，x 和 y 就都可以分开来作为各自独立的参数来考虑。实现这一想法的适当方法是通过复共轭概念，这是一种非全纯的运算。复数 $z = x + \mathrm{i}y$ 的复共轭是由下列形式给出的复数 $\bar{z}$（这里 x 和 y 均为实数）：

$$\bar{z} = x - \mathrm{i}y。$$

　　在 z 复平面内，得到一个复数的复共轭的运算相当于平面关于实线的反射（见图10.1）。从§8.2的讨论可知，全纯运算总是保复平面定向的。如果我们打算考虑（部分）倒向复平面（复平面取向上下颠倒了个个儿）的共形映射，那么我们就需要将复共轭运算包括进来。但考虑到其他标准运算（加、乘、取极限），复共轭也允许我们将映射一般化，使它们不必是共形的。实际上，部分复平面到部分复平面的任何映射（譬如说是连续变换）都可以通过共轭运算和其他运算一起共同来实现。

　　说得具体点，我们可以将全纯函数考虑成由加法、乘法运算加上取极限构成的函数（因为这些运算足以构成幂级数，一种作为连续部分和的极限的无限和）。**[10.1] 如果再综合进复共轭，那么我们就能够生成一般的（譬如说连续的）x 和 y 的函数，因为我们可将 x 和 y 分别表示成

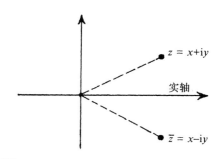

图 10.1　$z = x + \mathrm{i}y$（x 和 y 均为实数）的复共轭是 $\bar{z} = x - \mathrm{i}y$，它可从 z 平面关于实轴的反射来得到。

$$x = \frac{z + \bar{z}}{2}, \quad y = \frac{z - \bar{z}}{2\mathrm{i}}$$

（x 和 y 的任何连续函数都可由实数经和、积和取极限来构成）。当考虑 z 的非全纯函数时，我们启用记号 $F(z, \bar{z})$，这里 $\bar{z}$ 的意义同前。这么做是要强调，一旦离开了全纯领域，我们就必须把函数看成是定义在实二维而不是复一维空间上的。函数 $F(z, \bar{z})$ 同样可看成是由 z 的实部和虚部来表示，譬如说，我们可将这个函数写成 $f(x, y)$。但尽管我们有 $f(x, y) = F(z, \bar{z})$，f 的数学显式一般则不同于 F 的数学显式。例如，如果 $F(z, \bar{z}) = z^2 + \bar{z}^2$，则 $f(x, y) = 2x^2 - 2y^2$。再举个例子，$F(z, \bar{z}) = z\bar{z}$，则 $f(x, y) = x^2 + y^2$，它是 z 的模 $|z|$ 的平方，即**[10.2]

$$z\bar{z} = |z|^2 \text{。}$$

10.2　光滑，偏导数

　　由于考虑的是不止一个变量的函数，现在我们正进入高维空间，因此有必要就高维空间下的"微积分"交代几句。正如下一章我们将清楚看到的那样，空间——即流形——可以是 n 维的，这里 n 是一个正实数。（n 维流形经常也简作 n 流形。）爱因斯坦的广义相对论用四维流形描述时空，许多现代理论甚至要用到更高维的流形。我们将在第 12 章来讨论一般的 n 维流形，但在本章，出于简单计，我们只考虑实二维流形（或曲面）$\mathcal{S}$ 的情形。这样，我们可用局部（实）坐标 x 和 y 来标出 $\mathcal{S}$ 的不同的点（$\mathcal{S}$ 的某个局部区域上的点）。实际上，这里的讨论也可以看作是一般 n 维情形的代表。

　　例如，一个二维曲面可以是一个普通的平面或球面。但这种曲面不是"复平面"或"黎曼曲面"，因为我们并不在意它是否像复空间那样被赋予了结构（即具有定义在该曲面上的"全纯函数"概念）。我们关心的只是它是否是光滑流形。几何上看，这意味着我们不必像对 §8.2 的

**[10.1]　解释为什么减法和除法运算可以从中推出。
**[10.2]　导出这两个式子。

黎曼曲面所做的那样在意诸如局部共形结构之类的事情，而是需要能够辨别定义在空间上的函数（即函数的定义域为该空间）是否"光滑"。

为了得到何谓"光滑"流形的直观概念，我们来考虑与立方体相对的球面（这里我谈的都是指其表面而非内部）。以球面上的光滑函数为例，我们可将表示赤道面上方高度的函数称为"高度函数"（这里球面就是普通三维欧几里得空间内的图形，赤道面向下的距离计为负）。见图 10.2(a)。另一方面，如果所考虑的函数是高度函数的模（见§6.1和图 10.2(b)），则赤道面向下的距离也计为正，这样，这个函数沿赤道面就不光滑了。但如果我们考虑的是高度函数的平方，那么这个函数在球面上依然是光滑的（图 10.2(c)）。在所有这些情形里，函数在北极和南极点都是光滑的，尽管在极点处等高度的周线呈"奇点"状。唯一不光滑的情形出现在图 10.2(b)的赤道面处。

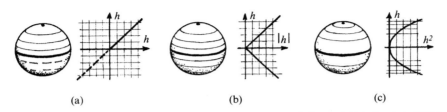

(a)　　　　　　　　　　(b)　　　　　　　　　　(c)

图 10.2 在欧几里得三维空间里画出的球面 S 上的函数，这里 h 表示赤道面上方的高度。(a) 函数 h 本身是 S 上的光滑函数（虚线表示负值）。(b) 模 $|h|$（见图 6.2(a)）沿赤道面不是光滑函数。(c) 平方 h^2 在整个 S 上都是光滑函数。

为了加深对此的理解，我们引入曲面 S 上的坐标系。这些坐标仅需应用于局部，我们可将 S 想象为是由一系列局部拼块——坐标拼块——按类似于§8.1对黎曼曲面所做的那样"粘合"而成的。（例如对于球面，我们需要不止一块这种拼块。）在一个拼块内，光滑坐标可标示不同的点，如图 10.3。这里坐标皆取实数值，我们不妨称其为 x 和 y（这里没有任何暗示要将它们组合成复数形式）。假定我们有某个定义在 S 上的光滑函数 Φ。在现代数学的词汇里，Φ 是指从 S 到实数空间 $\mathbb{R}$ 的光滑映射

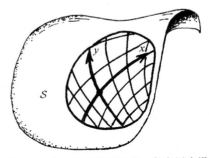

图 10.3 在一个局部拼块内，各点用光滑（实数）坐标 (x, y) 来表示。

（如果 Φ 是 S 上的复值函数，则它表示的是 S 到复数空间 $\mathbb{C}$ 的光滑映射），因为 Φ 为 S 的每一个点赋一个实（复）数——即 Φ 映射 S 到实（复）数。这种函数有时被称为 S 上的标量场。在一个特定拼块上，量 Φ 可表示为一个两坐标的函数：

$$\Phi = f(x, y),$$

这里量 Φ 的光滑性可用函数 $f(x, y)$ 的可微性来表示。

我还没解释什么是多变量函数的"可微性"。虽然直观上很清楚，但要在此给出严格定义还

是有点儿过于技术化了。[1] 当然作些适当说明还是必要的。

假定 f 作为一对变量 (x, y) 的函数是可微的，我们不妨先将 $f(x, y)$ 看成是关于单个变量 x 的函数，此时 y 取定为某个常数值。这样，这个函数作为单变量 x 的函数（§6.3），一定是光滑的（至少 C^1）。进而我们将 $f(x, y)$ 看成是关于单变量 y 的函数，x 取定某个常数值，此时这个单变量 y 的函数一定也是光滑的（C^1）。但这还远远不够充分。有许多关于 x 和 y 分别光滑的函数未必对变量对 (x, y) 也一定是光滑的。✲✲✲[10.3] 光滑的充分条件是，该函数分别关于 x 和 y 的导数每一个都必须是变量对 (x, y) 的连续函数。类似要求对变量数超过两个的函数也成立。我们用"偏导数"符号 ∂ 来标记关于每个变量的微分。$f(x, y)$ 关于 x 和 y 的偏导数分别写成

184

$$\frac{\partial f}{\partial x} \quad \text{和} \quad \frac{\partial f}{\partial y}。$$

（作为例子，我们来看看 $f(x, y) = x^2 + xy^2 + y^3$，这时有 $\partial f/\partial x = 2x + y^2$ 和 $\partial f/\partial y = 2xy + 3y^2$。）如果这些量存在并连续，那么我们说 Φ 是曲面上的（C^1）连续函数。

我们还可以考虑高阶偏导数，f 关于 x 和 y 的二阶偏导数分别为

$$\frac{\partial^2 f}{\partial x^2} \quad \text{和} \quad \frac{\partial^2 f}{\partial y^2}。$$

（这里显然要求 C^2 连续。）还有一种"混合"的二阶导数 $\partial^2 f/\partial x \partial y$，它的意义是 $\partial(\partial f/\partial y)/\partial x$，即"$f$ 关于 y 的偏导数关于 x 的偏导数"。我们还可以将这个混合偏导数写成 $\partial^2 f/\partial y \partial x$。实际上，这两个量相等正是 f 的（二阶）可微性的结果：✲✲[10.4]

$$\frac{\partial^2 f}{\partial x \partial y} = \frac{\partial^2 f}{\partial y \partial x}。$$

（两变量函数的 C^2 连续性要求满足这一点。）✲✲✲[10.5] 对更高阶的导数（和更高阶的光滑性），我们有相应的量：

✲✲✲〔10.3〕分别在 $N = 2, 1, \frac{1}{2}$ 三种情形下考虑实函数 $f(x, y) = xy(x^2 + y^2)^{-N}$。证明：在每一种情形下，对于固定的 y 值，函数都是关于 x 可微（C^∞）的（对调 x 和 y，结论相同）。尽管如此，f 不是坐标对 (x, y) 的光滑函数。对三种不同的情形，利用不同的函数来证明这个判断：对 $N = 2$ 的情形，说明该函数在原点 $(0, 0)$ 的邻域内甚至是无界的（即函数在此可以取任意大的值）；对 $N = 1$ 的情形，说明函数尽管是 (x, y) 的有界函数但是不连续；对 $N = \frac{1}{2}$ 的情形，说明函数尽管连续，但沿 $x = y$ 不光滑。（提示：检验每个函数沿过 (x, y) 平面上原点的直线的值。）有些读者可能会发现，用适当的计算机三维作图软件很容易搞定这些事情，如果条件容许的话——但这绝不是必需的。

✲✲〔10.4〕证明：混合二阶导数 $\partial^2 f/\partial y \partial x$ 和 $\partial^2 f/\partial x \partial y$ 总是相等的，如果 $f(x, y)$ 是一多项式的话。（x 和 y 的多项式是由 x、y 和常数仅用加法和乘法构建起来的式子。）

✲✲✲〔10.5〕证明：函数 $f = xy(x^2 - y^2)/(x^2 + y^2)$ 的混合二阶导数在原点相等。直接说明该函数的二阶偏导数在原点处不连续。

$$\frac{\partial^3 f}{\partial x^3}, \quad \frac{\partial^3 f}{\partial x^2 \partial y} = \frac{\partial^3 f}{\partial x \partial y \partial x} = \frac{\partial^3 f}{\partial y \partial x^2}, \quad \text{等等。}$$

我之所以要用不同的字母将 f 与 Φ 仔细地区分开来，是因为我们打算根据各种不同坐标系下的表达式来考虑定义在曲面上的量 Φ。函数 $f(x, y)$ 的数学表达式可以随拼块不同而变化，即使 Φ 在被这些拼块"覆盖"的曲面上任意特定点上的值保持不变。特别是这种情形可以出现在不同坐标拼块之间的重叠区域（图 10.4）。如果第二套坐标集记为 (X, Y)，则对新坐标拼块下的 Φ 值，我们有新的表达式

$$\Phi = F(X, Y)。$$

因此在两个坐标拼块之间的重叠区域，我们有

$$F(X, Y) = f(x, y)，$$

图 10.4 为了覆盖整个 $\mathcal{S}$，我们必须将不同的坐标拼块"粘合"起来。$\mathcal{S}$ 上的光滑函数 Φ 在某个拼块上有坐标表达式 $\Phi = f(x, y)$，而另一个拼块上有 $\Phi = F(X, Y)$（相应的局部坐标分别为 (x, y)，(X, Y)）。在重叠区域，$f(x, y) = F(X, Y)$，这里 X 和 Y 是 x 和 y 的光滑函数。

但如上所述，由量 X 和 Y 表示的特定的 F 表达式一般不同于由 x 和 y 表示的 f 的表达式。在重叠区，X 和 Y 可能都是 x 和 y 的复杂函数，这些函数可能必须被结合进从 f 到 F 的转换中去。[*][10.6] 这些将一个坐标系下的坐标用另一个坐标系下的坐标来表示

$$X = X(x, y) \text{ 和 } Y = Y(x, y)$$

的函数及其反函数

$$x = x(X, Y) \text{ 和 } y = y(X, Y)$$

称为转移函数，它们表示不同拼块间坐标的转换。这些转移函数都是光滑的——为简单计，我们姑且设为 C^∞ 光滑——它引出这样一个结果：量 Φ 的"光滑"概念与拼块重叠区的坐标选择无关。

10.3 矢量场和 1 形式

存在一种独立于坐标选择的函数"导数"概念。对于定义在 $\mathcal{S}$ 上的函数 Φ 来说，这个导数的标准记号为 $\mathrm{d}\Phi$，这里

$$\mathrm{d}\Phi = \frac{\partial f}{\partial x} \mathrm{d}x + \frac{\partial f}{\partial y} \mathrm{d}y。$$

由此开始我们进入某些复杂主题的讨论，我们得花些功夫来适应这些描述。首先，像"$\mathrm{d}\Phi$"或"$\mathrm{d}x$"这样的量最初都看作是"无穷小"量，它们出现在我们利用微积分里的导数"$\mathrm{d}y/\mathrm{d}x$"公式求极限的运算中（见 §6.2）。在 §6.5 的某些表达式中，我曾考虑过诸如 $\mathrm{d}(\log x) = \mathrm{d}x/x$ 这样

---

[*][10.6] 对 $f(x, y) = x^3 - y^3$ 找出 $F(X, Y)$ 的显形式，这里 $X = x - y$，$Y = xy$，提示：$x^2 + xy + y^2$ 用 X，Y 来表达是怎样的？这与 f 有什么关系？

的运算。当时这些公式都被看成仅仅是形式上的,[2] 像上面这个式子（d(logx) = dx/x）就被认为是"更正确的"表达式 d(logx)/dx = 1/x 的一种方便的写法（"两边乘以 dx"）。但另一方面,当我将"dΦ"写进上述公式中时,我是指它是某种称为 1 形式（虽然这还不是 1 形式的最一般的形式,见 §10.4 和 §12.6）的几何量,这一点对像 d(logx) = dx/x 这样的式子同样有效。1 形式不是"无穷小";它有稍许不同的解释,这种重要的解释已经存在了很多年,我一会儿就会谈到它。尽管对"d"的解释前后差异很大,但数学表达式的形式（像 §6.5 中所列的那些）——只要等号两边不除以 dx ——则完全不变。

上面所示的公式里还存在着另一种潜在的混淆,它出现在如下情形中:我们在等号左边用 Φ,而在右边用 f。我提及这一点主要还是出于区分 Φ 与 f 的考虑。量 Φ 是定义域在流形 𝒮 上的函数,而 f 的定义域则是某个特定坐标拼块的 (x, y) 平面上的某个（开）区域。如果我要用"关于 x 的偏导数"的概念,那么我就需要知道"保持另一个变量 y 不变"是指什么。正是因为这一点,因此 f 而不是 Φ,总是用在右边,因为 f "知道" x 和 y 坐标是指什么,而 Φ 则不知道这些。但即使如此,以这种方式显示的公式也还存在着弄混的可能,因为这里没涉及函数的自变量。我们将左边的 Φ 用于二维流形 𝒮 的特定点 p,而将 f 用于 p 点的特定坐标值 (x, y)。严格来说,为了使表达式有意义,我们必须用显式来给出。但老这么说也惹人烦,最方便的是写成如下形式:

$$d\Phi = \frac{\partial \Phi}{\partial x}dx + \frac{d\Phi}{dy}dy,$$

或写成"非实体"的算符形式:

$$d = dx\,\frac{\partial}{\partial x} + dy\,\frac{\partial}{\partial y}。$$

我试着来解释它们的意义。这些公式是所谓链式法则的例子。如前所述,当 Φ 是定义在 𝒮 上的某个函数时,它们具有类似于"∂Φ/∂x"的意义。

我们怎么来理解像 ∂/∂x 这样的算符能够应用于定义在 𝒮 上的 Φ 函数,而不只是应用于变量 x 和 y 的函数这样的事情呢?让我们先来看看,当我们将 ∂/∂x 应用于另一坐标系 (X, Y) 时,它有什么意义。"链式法则"的适当公式现在变成

$$\frac{\partial}{\partial x} = \frac{\partial X}{\partial x}\frac{\partial}{\partial X} + \frac{\partial Y}{\partial x}\frac{\partial}{\partial Y}。$$

因此,在 (X, Y) 坐标系下,我们有看上去更复杂的表达式 (∂X/∂x)∂/∂X + (∂Y/∂x)∂/∂Y,它与 (x, y) 坐标系下看起来简单的表达式 ∂/∂x 表示的是完全同样的运算。这个更复杂的表达式可以写成如下形式的一个量 ξ,

$$\xi = A\,\frac{\partial}{\partial X} + B\,\frac{\partial}{\partial Y},$$

这里 A 和 B 都是 X 和 Y 的 (C∞) 光滑函数。在眼下用 ξ 表示 (x, y) 坐标系下 ∂/∂x 的特定情

形，我们有 $A = \partial X/\partial x$ 和 $B = \partial Y/\partial x$。但我们可以考虑更一般的 A 和 B 不取具体形式的量 ξ。这种量 ξ 称为 $\mathcal{S}$ 上的矢量场（在 (X, Y) 坐标拼块下）。我们重写原始坐标系 (x, y) 下的 ξ，发现它和 (X, Y) 坐标系下的具有相同的一般形式：

$$\xi = a\,\frac{\partial}{\partial x} + b\,\frac{\partial}{\partial y}$$

（虽然函数 a 和 b 一般不同于 A 和 B）。**[10.7] 这使我们能够将矢量场从 (X, Y) 拼块扩展到重叠的 (x, y) 拼块。通过这种方式，取足够多的所需的拼块，我们就能将矢量场 ξ 扩充到整个 $\mathcal{S}$ 上。

所有这些可能会使读者感到非常困惑！当然我的目的不是要让你看不懂，而是要找到非常基本的正确的几何概念的解析形式。我们称为"矢量场"的微分算符 ξ 有一个非常明确的如图 10.5 所示的几何解释。我们将 ξ 想象为描述了一个画在 $\mathcal{S}$ 上的"小箭头场"，虽然在 $\mathcal{S}$ 的某些地方，箭头可能会收缩成一点，ξ 在这些地方取值为零。（为了得到更鲜明的矢量场图像，我们可以将其想象成电视上天气预报节目里的风向图。）箭头所指的方向代表着 ξ 的微商这个函数的增长方向。我们将这个函数取为 Φ，ξ 对 Φ 的作用，即 $\xi(\Phi) = a\partial\Phi/\partial x + b\partial\Phi/\partial y$，量度 Φ 沿箭头方向的增长

图 10.5 作为 $\mathcal{S}$ 上的"小箭头场"的矢量场 ξ 的几何解释。

率，见图 10.6。箭头的大小（长度）具有根据所测得的增长率来确定"尺度"的意义。更恰当地说，我们应当把所有箭头都当作无穷小，每一个都将 $\mathcal{S}$ 上的一点 p（处于箭"尾"）与"相邻的" $\mathcal{S}$ 上的另一点 p'（处于箭"头"）连接起来。为了看得更清楚点，让我们取某个小的正数 ϵ 作为两分离点 p 和 p' 之间沿 ξ 方向分离程度的量度。于是，差 $\Phi(p') - \Phi(p)$ 除以 ϵ 给出量 $\xi(\Phi)$ 的近似值。ϵ 取得越小，近似程度就越好。最后，当 p' 无限接近 p（即 $\epsilon \to 0$）时，我们就得到了实际的 $\xi(\Phi)$。有时我们也称其为 Φ 在 ξ 方向上的梯度（或斜率）。

在矢量场 $\partial/\partial x$ 这一特定情形，箭头全都指向常量 y 的坐标线方向。这就形象地说明了经常引起困扰的对偏导数 "$\partial/\partial x$" 这一标准数学概念的理解问题。我们可能一直认为表达式 "$\partial/\partial x$" 主要涉及的是量 x。但其实它更多的则是与未经言明的变量相联系，在此即为变量 y 而不是 x。当我们考虑坐标变换时，譬如说从 (x, y) 到 (X, Y) 且使一个坐标维持不变，这个记号特别容易引起误解。例如，考虑如下这个非常简单的坐标变换

$$X = x, \quad Y = y + x.$$

**[10.7] 根据 a 和 b 找出 A 和 B；通过类比，根据 A 和 B 写出 a 和 b。

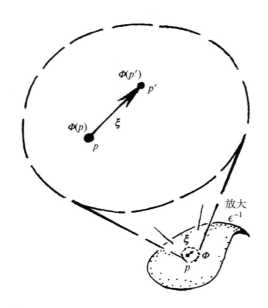

图 10.6 ξ 对标量场 Φ 的作用给出 Φ 沿 ξ 箭头方向的增长率。我们可将这种箭头设想成无穷小量，每一个都将 $\mathcal{S}$ 上的一点 p（箭"尾"）与 $\mathcal{S}$ 上"相邻"的另一点 p'（箭"头"）连接起来，图中用一个很大的放大倍数（因子 ϵ^{-1}，ϵ 是小的正数）显示了 p 的邻域。差 $\Phi(p') - \Phi(p)$ 除以 ϵ（取 $\epsilon \to 0$ 极限）给出 Φ 在 ξ 方向上的梯度 $\xi(\Phi)$。

我们发现＊[10.8]

$$\frac{\partial}{\partial X} = \frac{\partial}{\partial x} - \frac{\partial}{\partial y}, \quad \frac{\partial}{\partial Y} = \frac{\partial}{\partial y}\text{。}$$

我们看到，$\partial/\partial X$ 不等同于 $\partial/\partial x$，尽管事实上 X 等同于 x——反之，在这个例子中，$\partial/\partial Y$ 则等同于 $\partial/\partial y$，尽管 Y 并不等同于 y。这种情形就是我的同事尼克·伍德豪斯（Nick Woodhouse）所说的"微积分第二基本困惑"![3] 另一方面，为什么 $\partial/\partial X \neq \partial/\partial x$，这在几何上很清楚，因为相应的"箭头"指向不同的坐标线（图 10.7）。

现在我们来解释量 $\mathrm{d}\Phi$。它称为 Φ 的梯度（或外导数），表示 Φ 沿 $\mathcal{S}$ 的所有可能方向如何变化。$\mathrm{d}\Phi$ 的一种好的几何图像是借助于 $\mathcal{S}$ 的等高线系，见图 10.8（a）。我们将 $\mathcal{S}$ 视为一幅普通的地图（这里"map"一词是指你旅行时随身携带的纸质地图，不是数学概念"映射"），它可以是球状的，如果我们打算将 $\mathcal{S}$ 看成是弯曲的流形的话。函数 Φ 可以代表海拔高度。这样 $\mathrm{d}\Phi$ 就代表了地面相对于水平面的坡度。等高线标出的是所有海拔高度相同的位置。在 $\mathcal{S}$ 的任意一点 p 上，等高线的周线方向给出梯度为零的方向（地表坡度的"斜轴"），因此它是 p 点处满足 $\xi(\Phi) = 0$ 的箭头 ξ 所指的方向。当我们顺着等高线行走时，我们既不爬坡也不下坡。但如果我们横越等高线，那么就存

＊[10.8] 推导这个公式。提示：你可将"链式法则"用到 $\partial/\partial X$ 和 $\partial/\partial Y$ 上，它们可严格类比于我们早先所示的 $\partial/\partial x$ 的表达式。

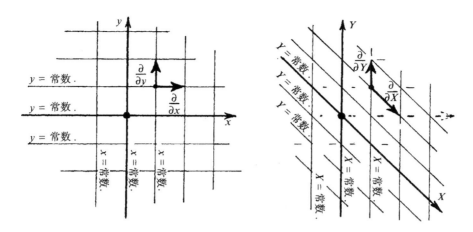

图 10.7 微积分第二基本困惑可图解为：在坐标变换 $X = x$，$Y = y + x$ 下，尽管 $X = x$，但 $\partial/\partial X \neq \partial/\partial X$；尽管 $Y \neq y$，但 $\partial/\partial Y = \partial/\partial y$。偏微分算子可理解为沿坐标线的"箭头"，这种理解通过几何图像可以看得很清楚（$x =$ 常数与 $X =$ 常数一致，但 $y =$ 常数与 $Y =$ 常数不一致）。

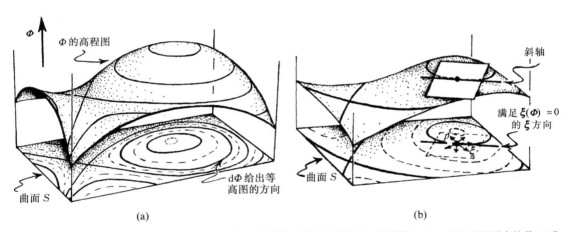

图 10.8 我们可以借助 S 的等高线系画出标量场 Φ 沿所有可能方向的梯度（外导数）$d\Phi$。（a）这里画出的是 S 垂直上方的 Φ 值，因此 S 上的等高线（Φ 值为常数）代表相同的海拔高度。（b）在 S 的任意一点 p，等高线的切线方向给出梯度为零的方向（山坡的"斜轴"），即 p 点处满足 $\xi(\Phi) = 0$ 的箭头 ξ 所指的方向。等高线的截线给出 Φ 值的递增或递减，$\xi(\Phi)$ 量度等高线沿 ξ 方向的拥挤程度。

在 Φ 的增长,其上升率,即 $\xi(\Phi)$,可通过等高线沿该方向的拥挤程度来量度,见图 10.8（b）。

10.4 分量，标量积

按照表达式

$$\xi = a \frac{\partial}{\partial x} + b \frac{\partial}{\partial y},$$

矢量场 ξ 可看成是由两部分组成的，一部分正比于 $\partial/\partial x$，指向常数 y 的坐标线方向；另一部分

191 正比于 $\partial/\partial y$，指向常数 x 的坐标线方向。因此在 (x, y) 坐标系下，我们可用相关的权重因子对 (a, b) 来表示 ξ。数字 a 和 b 分别表示 ξ 在该坐标系下的分量，见图 10.9。（严格来说，ξ 的这两个"分量"实际上是组成矢量场 ξ 的两个矢量场 $a\partial/\partial x$ 和 $b\partial/\partial y$，见图 10.9——对下面 $\mathrm{d}\Phi$ 的分量我们也可作同样的理解。但"分量"一词现在在许多数学文献中已获得"坐标标签"的意义，特别是联系到张量计算的情形就更是如此，见 §12.8。）

类似地，量 $\mathrm{d}\Phi$（"1 形式"）由 $\mathrm{d}x$ 和 $\mathrm{d}y$ 两项组成：

$$\mathrm{d}\Phi = u\mathrm{d}x + v\mathrm{d}y。$$

这样，(u, v) 可用来表示 $\mathrm{d}\Phi$，数字 u 和 v 是 $\mathrm{d}\Phi$

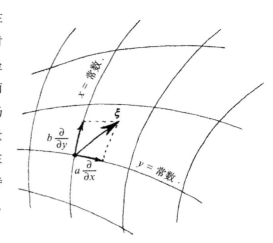

图 10.9 矢量 $\xi = a\partial/\partial x + b\partial/\partial y$ 可看成是由两部分组成的：一部分正比于 $\partial/\partial x$，方向沿 $y =$ 常数的坐标线方向：另一部分正比于 $\partial/\partial y$，方向沿 $x =$ 常数的坐标线方向。相关的权重因子 (a, b) 称为 ξ 在 (x, y) 坐标系下的分量。

192 在同一坐标系下的分量。（实际上，这里我们有 $u = \partial\Phi/\partial x$ 和 $v = \partial\Phi/\partial y$。）1 形式 $\mathrm{d}\Phi$ 的分量 (u, v) 与矢量场 ξ 的分量 (a, b) 之间的关系可通过量 $\xi(\Phi)$ 获得，正如我们上面看到的，这个量量度 Φ 在 ξ 方向上的增长率。我们发现，*[10.9] $\xi(\Phi)$ 的值由下式给出：

$$\xi(\Phi) = au + bv。$$

我们称 $au + bv$ 为 (a, b) 代表的 ξ 与 (u, v) 代表的 $\mathrm{d}\Phi$ 之间的标量积（或内积）。这个标量积有时也写成 $\mathrm{d}\Phi \cdot \xi$，如果我们不打算考虑具体坐标系而只是抽象地表示的话。我们有

$$\mathrm{d}\Phi \cdot \xi = \xi(\Phi)。$$

这里，同一个公式之所以有两种不同的记号，是因为 $\mathrm{d}\Phi \cdot \xi$ 的运算表达式可以运用到比 $\mathrm{d}\Phi$ 的表达式更一般的 1 形式上（§12.3）。如果 η 是一个这样的 1 形式，则它与任意矢量场 ξ 有标量积 $\eta \cdot \xi$。

实际上，1 形式的定义本质上可看成是这样一个量，它和矢量场结合形成"标量积"。因此，量 $\mathrm{d}\Phi$ 与矢量场形成标量积这个事实也可以刻画为 1 形式。（在有些文献中，1 形式又称为余矢量。）在这个意义上，1 形式（余矢量）与矢量场是对偶关系。"对偶"概念在 §12.3 里有较详细的叙述，在那里我们会看到这些概念在高维"曲面"（即 n 流形）上的相当一般的应用。高维 193 下 1 形式的几何意义见 §§12.3–5，眼下它就是等高线族。如果 $\mathrm{d}\Phi \cdot \xi = 0$（即如果 $\xi(\Phi) = 0$），则这些线表示箭头 ξ 所指的方向。

---

*[10.9] 用我们早先给出的"链式法则"导出这个显性公式。

10.5 柯西－黎曼方程

但在进入下一章要说的高维情形之前，我们先回到本章开始时提出的问题：那种能够重新解释为一维复流形的所需的二维曲面的性质是什么。基本上看，我们需要一种刻画这些全纯复值函数 Φ 的方法。全纯条件是一种局部条件，因此我们可将其看成是在每个拼块上满足的条件，并要求它在拼块间的重叠处具有相容性。在 (x, y) 拼块上，我们要求 Φ 关于复数 $z = x + \mathrm{i}y$ 是全纯的，在重叠的 (X, Y) 拼块上，则要求 Φ 关于复数 $Z = X + \mathrm{i}Y$ 是全纯的。二者间的相容性由下述要求来保证：在重叠区域，Z 是 z 的全纯函数，反之亦然。（如果在 z 拼块上 Φ 是全纯的，那么 Φ 必在 Z 拼块上也是全纯的，因为全纯函数的全纯函数仍是全纯函数。**[10.10]）

现在，我们如何根据 Φ 和 z 的实部和虚部来表示 Φ 的全纯性条件呢？这些条件就是 §7.1 所述的柯西－黎曼方程。但这个方程的显形式是什么样的呢？我们可以将 Φ 想象成由 z 和 $\bar{z}$ 来表示（正如我们在本章开头看到的，z 的实部和虚部，即 x 和 y，可根据 z 和 $\bar{z}$ 重新表示为 $x = (z + \bar{z})/2$ 和 $y = (z - \bar{z})/2\mathrm{i}$）。我们必须将这个条件表示成 Φ "仅依赖于 z"（即 "与 $\bar{z}$ 无关"）。

这意味着什么呢？想象一下，如果我们不是用复共轭对 z 和 $\bar{z}$，而是譬如说用独立的变量 u 和 v。我们要表达的是这样一个事实：某个作为 u 和 v 的函数的量 Ψ 实际上与 v 无关。这种独立性可表示为

$$\frac{\partial \Psi}{\partial v} = 0$$

（因为这个方程告诉我们，对每个 u 值，Ψ 关于 v 都是常数，因此 Ψ 仅与 u 相关）。[4] 相应地，Φ "独立于 $\bar{z}$" 就应当表示为

$$\frac{\partial \Phi}{\partial \bar{z}} = 0,$$

它确实表达了 Φ 的全纯性（虽然这种 "类比论证" 不应作为这一事实的证明）。[5] 利用链式法则，我们可根据 (x, y) 坐标系下的偏导数将这个方程重新表述为：**[10.11]

$$\frac{\partial \Phi}{\partial x} + \mathrm{i}\frac{\partial \Phi}{\partial y} = 0。$$

将 Φ 写成其实部和虚部：

$$\Phi = \alpha + \mathrm{i}\beta,$$

这里 α 和 β 都是实数，我们得到柯西－黎曼方程[6]，***[10.12]

　**[10.10] 用三种不同的观点解释这一点：（a）从一般原理出发的直觉观点（怎么才能出现 $\bar{z}$?），（b）用 §8.2 所述的全纯映射几何，（c）用链式法则和我们下述的柯西－黎曼方程。

　**[10.11] 导出该式。

　***[10.12] 从导数的定义出发，给出柯西－黎曼方程的一种更直接的推导。

$$\frac{\partial \alpha}{\partial x} = \frac{\partial \beta}{\partial y}, \qquad \frac{\partial \alpha}{\partial y} = -\frac{\partial \beta}{\partial x}。$$

由于在 (x, y) 坐标拼块与 (X, Y) 坐标拼块的重叠区，我们要求 $Z = X + iY$ 关于复数 $z = x + iy$ 是全纯的，因此在 (x, y) 与 (X, Y) 之间也有柯西－黎曼方程成立：

$$\frac{\partial X}{\partial x} = \frac{\partial Y}{\partial y}, \qquad \frac{\partial X}{\partial y} = -\frac{\partial Y}{\partial x}。$$

如果这个条件在任意两坐标拼块之间成立，那么经过总合我们就得到黎曼曲面 $\mathcal{S}$。（这些就是我在 §7.1 提到的必需的解析条件。）我们知道，这种曲面也可以看成是一维复流形。但是，按照目前的"柯西－黎曼"观点，我们认为 $\mathcal{S}$ 是一种具有特殊结构（即由柯西－黎曼方程确定的）的二维实流形。

与那种"纯粹的"坚持全纯运算并将 $\mathcal{S}$ 视为"曲线"的观点（一种对我们后述内容（第33章，§34.8）具有重要意义的哲学观点）相比，"柯西－黎曼"观点在许多方面都显得非常有力。例如，它容许我们利用偏微分方程的存在性理论方面的许多有用的技术来证明结果。下面我们试给出（重要的）一例。

如果柯西－黎曼方程 $\partial \alpha / \partial x = \partial \beta / \partial y$ 和 $\partial \alpha / \partial y = -\partial \beta / \partial x$ 成立，那么 α 和 β 中的每一个量都将单独满足特定的方程（拉普拉斯方程）。因为我们有*[10.13]

$$\nabla^2 \alpha = 0, \; \nabla^2 \beta = 0,$$

这里二阶导数算子 ∇^2 称为（二维）拉普拉斯算子，定义为

$$\nabla^2 = \frac{\partial^2}{\partial x^2} + \frac{\partial^2}{\partial y^2}。$$

拉普拉斯算子在许多物理领域有着重要应用（§21.2，§22.11，§§24.3－6）。例如，假如我们在金属丝框架上张起一层肥皂液膜，并让它的两边相对于水平面有一轻微的抬高，如图 10.10 所示。这样，薄膜高于水平面的高度将是拉普拉斯方程的一个解（这种垂直偏离越小，解的近似程度就越高）。[7]（三维）拉普拉斯方程在牛顿引力理论（和静电理论，见 17 和 19 章）里扮演着重要角色，因为这个方程满足自由空间引力场（或静电力场）的势函数。

柯西－黎曼方程的解可由二维拉普拉斯方程的解直接导出。如果我们有满足 $\nabla^2 \alpha = 0$ 的 α，则可按 $\beta = \int (\partial \alpha / \partial x) \, \mathrm{d}y$ 来构造 β；这样，我们会发现两个柯西－黎曼方程都得到满足。**[10.14]这一事实可用来证明和演示上章末的结论。

我们具体地考虑 §9.7 末的结论，即任何定义在复平面单位圆上的连续函数 f 都能够表示为一个超函数。这个论断还可以表述为：任何连续的 f 都能够表示为两部分之和，一部分全纯地扩

---

* [10.13] 证明这一点。
** [10.14] 证明这一点。

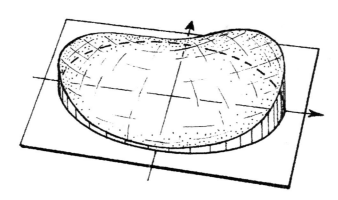

图 10.10　张在金属丝框架上的肥皂液膜。框架的两边相对于水平面有一轻微的抬高。薄膜高于水平面的高度给出拉普拉斯方程的一个解（这种垂直偏离越小，解的近似程度就越高）。

展到单位圆的内部，另一部分全纯地扩展到单位圆的外部。这里我们将复平面完全看成是黎曼球面。按照 §9.2 的讨论，这个断言也等价于存在 f 的傅立叶级数表示，这里 f 被看成是一个实变量的周期函数。为简单计，我们假定 f 是实值的。（复值情形可按照将 f 分成实部和虚部来进行。）存在这样的定理：我们能够将 f 连续地扩展到圆的内部，在圆内 f 满足 $\nabla^2 f=0$。（这一事实直观上很容易理解，我们不妨借助图 10.10 对肥皂膜的讨论来说明。为此，按某个固定的小数 ϵ 将 f 适当地缩小为新函数 ϵf，可以想见，现在这个金属丝框架处于复平面的单位圆上，其两边略微抬高一个量 ϵf。[8] 张起的肥皂液膜的高度在圆上和圆内分别给出 ϵf 和 f。）利用上述 $g=\int(\partial f/\partial x)\,dy$，我们可以得到作为 f 的虚部的 g，这样 $f+ig$ 在整个单位圆内部都是全纯的。这个步骤也适用于产生单位圆上的 f 的虚部的 g（一般是超函数形式，因此 $f+ig$ 是负频率）。现在我们重复运用这个步骤到单位圆的外部（但仍视为是在黎曼球面上），就会发现，$f-ig$ 连续扩展到圆的外部，并且是正频率。而 $f=\dfrac{1}{2}(f+ig)+\dfrac{1}{2}(f-ig)$ 正好给出我们所需的结果。

注　释

§10.2

10.1　多变量可微性的详细讨论见 Marsden and Tromba（1996）。

§10.3

10.2　虽然（17 世纪后半叶）莱布尼兹最初引入的 "dx" 显示出巨大的力量和灵活性，例如它可以将自身右边的量处理成代数量，但对二阶导数，这种处理没有扩展到记号 "d^2x"。如果他当时对这种记号做出调整，将 y 关于 x 的二阶导数写成 $(d^2y-d^2x\,dy/dx)/dx^2$，那么量 "d^2x" 的确是一种代数上相容的量（这里 "dx^2" 表示 $dxdx$，等等）。但由于这种表达式的复杂性，还不清楚实际上如何做到这一点。

10.3　"第一基本困惑" 涉及 §10.2 中 f 和 $\varPhi$ 的使用，特别是在取偏导数时。见 Woodhouse（1987）。

§10.5

10.4　我们必须将这个条件看成是仅针对局部意义上的条件。例如，我们有定义在 (u,v) 平面腰果状区

域上的光滑函数 $\Phi(u, v)$，在该区域内，$\partial\Phi/\partial v = 0$，但作为 u 的函数，Φ 并不是完全相容的。*******[10.15]

10.5 虽然这不是柯西–黎曼方程的极其严格的论证，但它提供了取这种形式的基本理由。

10.6 实际上，早在柯西或黎曼之前的 1752 年，达朗贝尔（Jean LeRond D'Alembert, 1717 – 1783）就发现了这些方程（见 Struik 1954, 219 页）。

10.7 魏尔斯特拉斯（1866 年）根据自由全纯函数发现，实际的肥皂液膜方程（拉普拉斯方程是对它的一个近似）有一个绝好的一般解。

10.8 因为 f 在圆上连续，它必是有界的（即它的值处于固定的最小值和最大值之间）。由标准定理可知，这个圆是一个紧空间。（"紧"的概念见 §12.6，Kahn 1995；Frankel 2001）。于是我们可以重新标定 f（将它乘以一个小的常数 ϵ），这样上下界就都变小了。肥皂液膜的类比为将 ϵf 的存在性扩展到圆内提供了合理的解释，它满足拉普拉斯方程。当然这不是证明，这种所谓"圆盘上的狄利克雷问题"的严格证明见 Strauss（1992）或 Brown and Churchill（2004）。

197

***[10.15] 针对 $\Phi(u,v) = \theta(v)h(u)$ 的情形解释这一点，这里函数 θ 和 h 的定义均如 §§6.1, 3 所示。腰果状区域必须不包括非负 u 轴。

第十一章

超复数

11.1　四元数代数

我们如何把前面章节的内容推广到高维上去呢？我将在下一章里描述研究 n 维流形的标准（现代）步骤，但出于其他一些考虑，如果我先向读者介绍一些针对高维研究而提出的早期数学思想，那么这将更富于启发性。这些早期数学思想已被证明与当今理论物理学的某些研究有着重要的直接联系。

正如前面提到的二维拉普拉斯方程（一种物理上相当重要的方程）的解可以非常简单地用全纯函数来表示一样，复分析的美和力量曾引领着 19 世纪的数学家们去寻找可以很自然地运用于三维空间的"广义复数"。著名的爱尔兰数学家哈密顿（William Rowan Hamilton，1805－1865）就是这样一位长期深入研究这种问题的人。1843 年 10 月 16 日这天，当他与妻子沿着都柏林的皇家运河散步时，他终于找到了问题的答案。这让他兴奋不已，当即在布鲁厄姆（Brougham）桥的石墩上刻下了这个基本方程

$$\mathbf{i}^2 = \mathbf{j}^2 = \mathbf{k}^2 = \mathbf{ijk} = -1$$

这里三个量 $\mathbf{i}$，$\mathbf{j}$ 和 $\mathbf{k}$ 中的每一个都是独立的"-1 的平方根"（如同复数符号 i 一样），其一般组合

$$q = t + u\mathbf{i} + v\mathbf{j} + w\mathbf{k},$$

称为一般四元数，其中 t, u, v 和 w 均为实数。这些量满足代数里除了一条之外的所有其他运算关系。这个例外——这正是这种哈密顿数的真正创新之处[1]——就是乘法交换律的破坏。因为哈密顿发现**[11.1]

**〔11.1〕假定只有乘法结合律 $a(bc) = (ab)c$ 成立，从哈密顿的"布鲁厄姆桥方程"出发，直接证明这些关系。

199

$$ij = -ji, \quad jk = -kj, \quad ki = -ik,$$

这是对标准的乘法交换律 $ab = ba$ 的严重背离。

四元数仍然满足加法的交换律和结合律、乘法结合律、以及加法上的乘法分配律*[11.2]，即

$$a + b = b + a,$$

$$a + (b + c) = (a + b) + c$$

$$a(bc) = (ab)c,$$

$$a(b + c) = ab + ac,$$

$$(a + b)c = ac + bc,$$

同样，也存在对加和性"单位元"0 和乘积性"单位元"1 的运算，如

$$a + 0 = a, \quad 1a = a1 = a。$$

如果撇开最后一个式子，上面这些关系式定义了代数学中所称的环。（在我看来，"环"这个概念完全没有直观性可言——如同抽象代数里许多其他术语一样——我也不知道它的起源。）如果把最后一个式子也包括进来，我们得到的是所谓幺环。

四元数还提供了所谓实数域上的矢量空间的例证。在矢量空间里，我们能够将两个元素（矢量[2]）ξ 和 η 加起来构成二者的和 $\xi + \eta$，这个和服从交换律和结合律：

$$\xi + \eta = \eta + \xi,$$

$$(\xi + \eta) + \zeta = \xi + (\eta + \zeta),$$

我们可以用"标量"（这里仅取实数 f 和 g）乘以矢量，这样，下述分配律和结合律等均成立：

$$(f + g)\xi = f\xi + g\xi,$$

$$f(\xi + \eta) = f\xi + f\eta,$$

$$f(g\xi) = (fg)\xi,$$

$$1\xi = \xi。$$

四元数组成实数域上四维矢量空间，这是因为正好有四个独立"基"量 1，$\mathbf{i}$，$\mathbf{j}$ 和 $\mathbf{k}$，它们张起四元数的整个空间，也就是说，任何一个四元数都能唯一地表示为这些基元的实数倍的和。以后我们还将看到这种矢量空间的许多其他例子。

200

依照上述乘法结合律，四元数还提供了一种称之为实数域上代数的例证。但哈密顿四元数的特点在于，除了乘法运算外，我们还可以有除法运算，即对于任一非零四元数 q，存在一个（乘积性的）逆 q^{-1}，它满足

$$q^{-1}q = qq^{-1} = 1,$$

由此给出一种称之为四元数除环的结构。对这个逆运算，显然有

$$q^{-1} = \bar{q}\,(q\,\bar{q})^{-1},$$

---

*[11.2] 求两个一般四元数的和与积，从而说明这些关系式的确成立。

其中 q 的（四元数型）共轭 $\bar{q}$ 定义为

$$\bar{q} = t - u\mathbf{i} - v\mathbf{j} - w\mathbf{k},$$

加上前面定义的 $q = t + u\mathbf{i} + v\mathbf{j} + w\mathbf{k}$，我们有

$$q\,\bar{q} = t^2 + u^2 + v^2 + w^2,$$

因此，除非 $q = 0$（即 $t = u = v = w = 0$），否则实数 $q\,\bar{q}$ 不为零。这样，一旦 q^{-1} 有定义（只要 $q \neq 0$），$(q\,\bar{q})^{-1}$ 必存在。*[11.3]

11.2 四元数的物理角色

四元数为我们提供了一种非常优美的代数结构，并使我们有可能将一种神奇的计算极其自然地用于处理物理问题和三维物理空间里的几何问题。为此，哈密顿将自己生命的最后 22 年全都投入到发展这么一种四元数计算的工作中。但依我们目前的眼光看，回眸 19 世纪和 20 世纪，我们必须承认，这种英勇无畏的努力虽值得称道，但终归于失败。这不是说四元数在数学上（甚至物理上）不重要，它们在寻求代数的各种推广的舞台上的确扮演过非常重要的角色，在某种间接意义上，这种影响还相当深远，但具有原创意义的"纯四元数"最终没能成为人们所期待的那种具有非凡前途的数学大纛。

为什么它们没能成功？在为物理世界寻找"正确的"数学所作的努力方面我们应记取什么样的教训？首先，很明显，如果我们将四元数类比为高维上的复数，那么这种类比在维数上不是从二维到三维，而是从二维到四维，因为上述 q 表示里的"t"分量，应当相当于四维之一的"实轴"。我们真希望用 t 来表示时间，[3] 这样，四元数就可以用来描述四维时空而不只是空间。从 20 世纪的观点看，如果能够做到这一点那真是太好了，要知道四维时空可是我们将要在第 17 章里展开的现代相对论理论的核心内容！但事实证明，四元数并不适合用来描述时空，这主要是因为四元数的平方形式 $q\,\bar{q} = t^2 + u^2 + v^2 + w^2$ 不符合相对论的要求（这个问题我们会在以后详加讨论，见 §13.8 和 §18.1）。哈密顿当然不知道相对论，因为他早生了一个世纪。不管怎么说，这都是一个错综复杂的问题，我不想在此多做纠缠，以后我们再来慢慢解决（见 §13.8，§§18.1–4，§22.11 节末，§28.9，§31.13，§32.2）。

哈密顿失利的另一个原因，也可能是更主要的原因，是四元数实际上并不像人们第一眼看到的那样在数学上已臻"完美"，它们是相当蹩脚的"魔术师"。确切地说，在数学完备性方面它们还无法和复数相比，我们找不到一种全纯函数意义上的令人满意的四元数。[4] 其原因十分简单，由前一章可知，复变量 z 的全纯函数特征是它有全纯"独立的"复共轭 $\bar{z}$，而对于四元数，

201

---

*[11.3] 检验 q^{-1} 定义的实际效果。

我们发现，如果根据 q 定义来寻求代数意义上 q 的四元数共轭 $\bar{q}$ 的话，这种 $\bar{q}$ 只能表达为

$$\bar{q} = -\frac{1}{2}(q + iqi + jqj + kqk)。$$

这里 $\mathbf{i}$，$\mathbf{j}$ 和 $\mathbf{k}$ 均为常量。*[11.4] 如果"四元全纯"意味着"通过加和、乘积和取极限从四元数来构建"的话，那么 $\bar{q}$ 必须是一种 q 的四元全纯函数，这就把整个概念搞乱了。

我们是否有可能找到某种调整了的四元数，以便更直接地应用到物理世界？研究表明，这是可能的，但必须牺牲掉四元数用作除数（如果不为零的话）这一重要特性。如何推广到高维呢？不久我们就会看到克利福德是如何做到这一点的，以及这种推广对物理学具有的重要意义。而所有这些变化导致了对可除代数性质的放弃。

那么是否还存在保留了可除性的推广四元数呢？事实上这是存在的，但首先要明了的是，已有定理证明，除非我们将代数规则放宽到允许放弃乘法交换律，否则一切无从谈起。1843 年，在接到哈密顿来信宣称发现了四元数之后大约两个月，格雷夫斯（John Graves，1806—1870）发现存在一种"双"四元数——我们现在称之为八元数。1845 年，这种性质的数又为凯莱（Arthur Cayley，1821—1895）重新发现。八元数不遵从乘法结合律 $a(bc) = (ab)c$（尽管在限定性恒等式 $a(ab) = a^2 b$ 和 $(ab)b = ab^2$ 中还残留了这种运算律的痕迹）。其结构之美在于它仍是一种可除代数，尽管是一种非结合代数。（对于每个非零 a，存在 a^{-1} 使得 $a^{-1}(ab) = b = (ba)a^{-1}$。）八元数构成一种八维非结合可除代数，它有 7 个像四元代数里 $\mathbf{i}$，$\mathbf{j}$ 和 $\mathbf{k}$ 这样的量，这些量加上 1 共同张起八元代数的八维空间。这些基元各自的乘积律（$\mathbf{ij} = \mathbf{k} = -\mathbf{ji}$，等等）稍有些复杂，我们最好把它放到 §16.2 节里去介绍，在那里我们将给出一种优美的描述，如图 16.3 所示。令人沮丧的是，如果我们仍要保留可除代数性质的话，就无法找到一种让人满意的途径将八元数推广到更高维情形。从胡尔维茨（A. Hurwitz，1859～1919）的代数结果（1898）可知，四元（和八元）恒等式"$q\bar{q}=$平方和"对 1，2，4，8 以外的维数无效。事实上，除了这些维根本就不存在可除代数（零除外）。从后面 §15.4 将给出的著名的拓扑定理[5] 可知，可除代数的确只有实数、复数、四元数和八元数。

如果我们打算放弃可除性，那么就可以将四元数概念推广到更高维上去。这种推广对现代物理发展的确起着强有力的启迪作用，这就是克利福德代数概念，它是由杰出但短命的英国数学家克利福德（William Kingdon Clifford，1845～1879）于 1878 年引入的。[6] 克利福德代数实际上有两个来源，二者都为理解高于复数描述的二维空间提供了知识准备。一个来源是我们这里讨论的哈密顿的四元数代数，另一个来源则更早，这就是由鲜为人知的德国中学教师格罗斯曼（Hermann Grassman，1809～1877）于 1844 年首次提出，并于 1862 年重新修订的格拉斯曼代数。[7] 这种代数对当今理论物理亦有着直接影响。（具体地说，§31.3 里的超对称概念就从根本上依赖

---

*[11.4] 检验该式。

于这种代数。在现代物理学标准模型框架之外的任何试图发展物理学基础的尝试中，差不多都存在这种超对称概念。）因此，熟悉格拉斯曼代数和克利福德代数是极为重要的，我们将于§11.6节和§11.5节分别对这两种代数展开讨论。

克利福德（和格拉斯曼）代数涉及一种来自所考虑的高维空间的新因素。在能够充分领略这一点之前，我们有必要从几何角度再来审视四元数，这也是从另一个角度来理解现代物理所必需的。

11.3　四元数几何

将四元数的基本量 i，j 和 k 视为普通欧几里得三维空间里的 3 个相互垂直（右手系）轴（如图 11.1）。现在我们回顾一下，在§5.1 里，普通复数理论里的量 i 可按运算"乘以 i"来理解。在复平面上，这一运算相当于"以原点为轴按正方向（逆时针）转过一直角"。现在我们将这一理解扩展到四元数上去，将"乘以 i"想象为是在三维空间里以 i 轴为轴（因此（j，k）平面相当于复平面）按正方向（逆时针）转过一直角。同样，我们可将乘以 j 理解为绕 j 轴（按正方向）转过一直角，乘以 k 理解为绕 k 轴转过一直角。但如果这些旋转都是像复数情形下的直角旋转，则乘积关系将失效，因为如果在绕 i 轴转动后跟着就绕 j 轴转，其结果并不等于我们期望得到的绕 k 轴转动的结果。

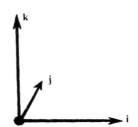

图 11.1　基本四元数 i，j，k 表示为普通欧几里得三维空间的 3 个（构成右手系的）相互垂直的轴。

204

取一个日常物品然后转动它，我们很容易看清楚这一点。我建议大家用一本书来进行。将合上的书平放在你面前的水平桌面上，将 k 轴想象为垂直指向上方，i 轴指向书的右侧，j 轴指向你的正前方，三轴均过书的中心。如果我们将书先绕 i 轴按正方向转过一直角，再绕 j 轴按正方向转过一直角，就会发现书最终处于书脊朝上的状态，这种状态是无法通过单独绕 k 轴转动来恢复到原初状态的（图 11.2）。

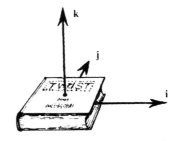

图 11.2　我们可将四元数算子 i，j，k 表示为某个物体（这里取为一本书）的转动（转过 180°即 π）。

要使得上述两种转法产生相同结果，我们必须每次转过两个直角（180°或 π），这似乎很奇怪，因为它肯定不是按我们对复数 i 作用理解的方式的直接类比。麻烦主要是，如果我们对一个轴连续两次运用这一运算，我们转过的是 360°（或 2π），实际上就是简单地将物体恢复到原状态，显然这相当于 $i^2 = 1$ 而不是 $i^2 = -1$。但正是这种地方出现了神奇的新概念。这是一种相当微妙且十分重要的思想，从中我们可以看到这种数学对于描述像电子、质子和中子等基本粒子的量子物理来说是多么重要。正如我们将在§23.7 里看到的那样，如果没有这种作用，普通的固态物质就不可能存在，这一数学基本概念就是旋量（spinor）概念。[8]

那么什么是旋量呢？本质上说，它是这样一种对象，当它经历过 2π 角转动后，正好处于初态的相反态。这似乎有点荒谬，因为按照我们的日常经验，物体经过这种转动后总是回到初态，而不是其他状态。为了理解旋量的这种古怪性质——我指的是自旋体的性质——我们且回到前述的书上。我们得有一种办法来监测书是怎么转动的：将长纸带的一端紧夹于书页里，另一端紧固于某个固件（譬如桌子一堆书下，如图 11.3（a））。书绕过自身的轴转过 2π 角，使得纸带也跟着扭转。这种扭曲状态在书不作进一步转动情形下是无法恢复原状的（图 11.3（b））。但如果将书再转一周，即总共转过 4π 角，这时我们会惊奇地发现，纸带的扭转状态可以通过下述方式完全去掉：保持书的位置不动，将纸带套过书一圈（图 11.3（c））。这说明，纸带保持书转过的 2π 转动次数的奇偶性不变，而不是全部转动次数的累加。也就是说，如果我们将纸带转过偶数次 2π 角，则纸带的扭曲状态可完全消除；而如果纸带转过的是奇数次 2π 角，那么纸带会一直保持扭曲状态。纸带的这种特性对任一转轴、或对不同转轴的连续操作都成立。

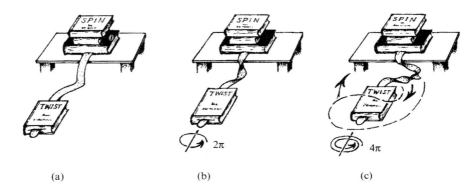

(a)　　　　　　　　　(b)　　　　　　　　　(c)

图 11.3　由图 11.2 里的书代表的自旋体。书的偶数次 2π 转动相当于不转，而奇数次 2π 转动则不然。（a）用一端固着于桌上一堆书下、另一端夹于转动的书内的长纸带来跟踪书的 2π 转动次数的奇偶性。（b）书的 2π 转动使得纸带扭转，如果书不作进一步转动，纸带的这种扭转无法恢复。（c）书的 4π 转动造成的纸带扭转可通过将纸带套过书一圈来完全去掉。

因此，为了刻画这种自旋体，我们可以想象空间有这么一个常见物体，它带着一副足够柔软的附件。这个附件可由前述的纸带来代表，它可以以任何连续方式活动，但其两端必须保持固定，一端固着于自旋体上，另一端固定在外结构上。按这种设想，我们的拖着一条纸带的"自旋书"就是这么一种位形，纸带的另一端固定于外结构上。只有当纸带可经过连续变形到书的另一种位形下的纸带状态时，我们才认为自旋书的前后两种位形是等价的。就每一本普通书的位形而言，都确切存在两种不等价的自旋书位形，其中一种是另一种的相反态。

我们来考察如果将这种设想用到四元数上能否得到各种正确的乘法律。将书置于你面前的桌上，纸带紧夹于书页间。然后使书对 $\mathbf{i}$ 轴转动书至 π 角，接着再绕 $\mathbf{j}$ 轴转过 π 角，如所预料，我们得到的书的位形等价于书绕 **k** 轴转过 π 角的位形，这与哈密顿的 **ij**＝**k** 完全一致。

这里有一点不能令人满意的地方。如果我们坚持所有转动都按右手规则进行，那么通过适当跟踪纸带的扭转轨迹，我们会发现得到的却是 **ij**＝－**k**。这一点不是很重要，我们可以通过采用多种方式来改正它。例如我们可以用左手定则（即顺时针）转过 2π 而不是按右手定则来代表四元数（此时我们回到"**ij**＝**k**"），也可以将 **i**，**j**，**k** 轴的正方向定为顺时针而不是逆时针方向。当然最好还是采用一种新的乘法运算顺序的约定，即"乘积 **pq**"代表的是先行 **q** 运算再行 **p** 运算，而不是先 **p** 后 **q** 的顺序。

实际上，对这种看似古怪的约定可以有一个好的理由来说明，这得涉及算子——例如微商算子 $\partial/\partial x$——通常我们都将其理解为作用到它右边的量，因此算子 **P** 作用到 **Φ** 上通常写成 **P**(**Φ**)，或简写成 **PΦ**。相应地，如果我们先行 **P** 作用再行 **Q** 作用到 **Φ** 上，我们总写成 **Q**(**P**(**Φ**))，或简为 **QPΦ**，也就是 **QP** 作用到 **Φ**。

我自己采用的解决这种讨厌的四元数符号问题的办法还是取标准的右手定则，对算子作用顺序也还是采用"通常的"倒序约定。对读者来说，这很简单，所有哈密顿的"布鲁厄姆桥"方程 $\mathbf{i}^2=\mathbf{j}^2=\mathbf{k}^2=\mathbf{ijk}=-1$ 都满足"自旋书"特性。我们要记住的是，**ijk** 现在表示的是"先 **k** 后 **j** 再 **i**"的作用顺序。[9]

11.4 转动如何叠加

转角的奇妙特性可用另一种方式展示出来。这是一种三维空间里转动所特有的（固有的，而不是由镜像反射得出的）表现方式，即是说，如果我们把一系列转动合起来，其总的效果可以用对某个转轴的转动来代表。问题是如何用简单的几何方法找到这个等价的转动轴，以及如何确定转过的角度大小。哈密顿找到了一种优美的方法。[10]让我们来看看这种方法是如何工作的，我这里采用的描述与哈密顿当初的描述稍有不同。

回想一下，在合成由简单平动引起的两个不同的平移量时，我们是用标准的三角形法则（等价于平行四边形法则，见图 5.1(a)）来得到结果。因此，我们可将第一次平动表示为一个矢量（这里指的是一段有向线段，其方向由线段上箭头表示），第二次平动表示为另一个矢量，其末端正好与第一个矢量的前端相接。直接连接第一个矢量的末端和第二个矢量的前端所给出的矢量则代表了这两个平动的叠加，见图 11.4(a)。

那么对于转动我们可否提出类似操作？答案是肯定的。现在我们将"矢量"设想为取自球面大圆的定向弧，箭头方向依然代表弧的正方向。（球面上大圆是指球与过球心的平面的截线。）我们可将这段"矢量弧"想象为代表着沿箭头方向的转动，转动轴通过球心且垂直于大圆所在平面。

我们可否按类似于普通平移叠加的"三角形法则"来考虑两个转动的叠加呢？应当说我们的确能够做到这一点，但这里有个"陷阱"，因为"矢量弧"所代表的转动转过的角度必须是弧

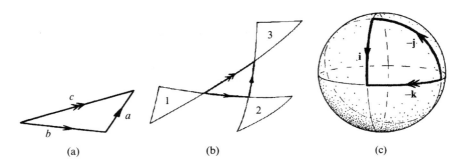

图 11.4　（a）由有向线段表示的欧几里得平面里的平动。双箭头线段表示其他两段线段按三角形法则的叠加。（b）对于三维欧几里得空间里的转动，线段是单位球面上的大圆弧，每段弧代表一个转动（转轴垂直于圆弧所在平面），其转过的角度为这段弧长所代表的角的两倍。为了看清其叠加原理，依次以弧长构成的球面三角形的三个顶点为反射点反射形成三个外三角形。第一次转动取三角形 1 到三角形 2，第二次转动取三角形 2 到三角形 3，两次转动的叠加转为从三角形 1 到三角形 3。（c）作为特例的四元数关系 **ij** = **k**（以 **i**（ **−j**）＝ **−k** 形式出现）。每个转动的转角均为 π，但由半角 π/2 来代表。

本身角度的两倍。（为方便起见，我们取一单位长半径的球面，这样，弧所代表的角度简单地说就是沿弧测得的弧长。如果"三角形法则"成立，则转动转过该弧的转角必是这条弧长的两倍。）其道理见图 11.4（b）。处于中心的曲线（球面）三角形展示了"三角形法则"，三个外三角形分别由这个中心三角形对三个顶点的相应反射所形成。两个初始转动取为从某个外三角形上某一点到第二个外三角形上相应点再到第三个外三角形的相应点，二者的叠加转动取为从第一个三角形上的该点按平行弧线直接连到第三个外三角形的相应点。我们注意到，每个这样的转动均转过两倍于初始三角形相应弧长的角。***[11.5] 在 §18.4 节里，我们将看到相对论物理里充满了各种这类构造（图 18.3）。

　　我们可在上面考虑的具体场合检验这种关系，并用图来示范这种四元数关系 **ij** = **k**。由 **i**，**j** 和 **k** 代表的转动取转过 π 角。因此，为了描述"三角形法则"，我们使用的弧长正好是这个角的一半，即 $\frac{1}{2}\pi$，图解如图 11.4（c）（为清楚起见，图中取的是 **i**（ **−j**）＝ **−k**）。我们还可以把关系 $i^2 = -1$ 看作是对弧长为 π 的大圆弧的一种说明：它表示从球面上一点延伸至其对径点（用 "−1" 表示）。这显然不同于弧长为零或 2π 的弧，尽管二者都表示回复到原初位置的一种转动。"矢量弧"描述正确表示了"自旋体"的转动。

　　***〔11.5〕在哈密顿当初的构造中，用的是与此"对偶的"球面三角形，其顶点在大圆与转动的三个轴相交的位置上。试给出其作用原理（可以"对偶化"文中给出的幅角），转动的大小由这个对偶三角形的二倍角代表。

11.5　克利福德代数

为了处理高维并阐明克利福德代数概念，我们必须考虑所谓"关于轴的转动"在高维下指的是什么。在 n 维空间里，这种基本转动同样有"轴"，但这种轴是 $(n-2)$ 维空间，而不只是那种我们在描述普通三维转动里使用的一维直线轴。但除了这一点不同之外，关于 $(n-2)$ 维轴的转动基本上类似于我们熟悉的普通三维转动的情形，即转动完全取决于轴的取向和转角的大小。我们同样有具有下述性质的自旋体：如果使这种物体持续转过 2π 角，其结果不是回复到初态，而是处于初态的"相反"态，但转过 4π 角的转动则总是回到初态。

但高维转动的上述特点暗示其中存在某种"新要素"：在维数大于 3 的情形下，关于不同的 $(n-2)$ 维轴基本转动的叠加不可能总等价为关于某个 $(n-2)$ 维轴的转动。在高维情形下，一般性的转动（叠加）不可能描述得如此简单。这种（广义）转动也许有"轴"（即转动形成的空间），其维数可以取一系列不同的值。因此，对于 n 维克利福德代数，我们需要对代表不同转动的各种情形加以分级。实际上，研究表明，这种分级最好是从比转过 π 角更基本的地方开始，即从 $(n-1)$ 维（超）平面的反射开始。两个这类（关于两个垂直平面的）反射的叠加产生转过 π 的转动，并把这种以前称为基本 π 转动的转动看作是"次级"项，而反射则作为初级项。***[11.6]

我们用 γ_1，γ_2，γ_3，$\cdots$，γ_n 来表示这些基本反射，这里 γ_r 代表在保持其他各轴不变条件下使第 r 个坐标轴反向。对于适当形式的"自旋体"，沿某个坐标轴方向反射两次即得到与其初态相反的状态。因此，我们有 n 个初级反射项所满足的类四元数关系式：

$$\gamma_1^2 = -1, \quad \gamma_2^2 = -1, \quad \gamma_3^2 = -1, \quad \cdots, \quad \gamma_n^2 = -1,$$

代表 π 转动的次级项是两个不同的 γ 的乘积，这些积具有（与四元数非常类似的）反交换性质：

$$\gamma_p \gamma_q = -\gamma_q \gamma_p \quad (p \neq q).$$

具体到三维情形（$n=3$），我们可定义三个不同的"二阶"量

$$\mathbf{i} = \gamma_2 \gamma_3, \quad \mathbf{j} = \gamma_3 \gamma_1, \quad \mathbf{k} = \gamma_1 \gamma_2,$$

易证这三个量 $\mathbf{i}$，$\mathbf{j}$ 和 $\mathbf{k}$ 满足四元数代数律（哈密顿的"布鲁厄姆桥"方程）。*[11.7]

n 维空间下克利福德代数的一般元素是不同个相异的 γ 乘积的实数倍的和（即不同个 γ 积的线性组合）。一级（初级）项即 n 个不同的个量 γ_p，二级（次级）项是 $\frac{1}{2}n(n-1)$ 个相互独立

***[11.6] 对于三维欧几里得空间情形，找出这种变换的几何性质，它是两个不相互垂直的平面反射的叠加。

*[11.7] 证明这一判断。

的乘积 $\gamma_p\gamma_q$（$p<q$）；三级项是 $\frac{1}{6}n(n-1)(n-2)$ 个相互独立的三重积 $\gamma_p\gamma_q\gamma_r$（$p<q<r$）；四级项是 $\frac{1}{24}n(n-1)(n-2)(n-3)$ 个相互独立的四重积；等等，最后是单一的第 n 级项 $\gamma_1\gamma_2\gamma_3\cdots\gamma_n$。取遍所有这些项再加上零级项 1，我们总共有

$$1+n+\frac{1}{2}n(n-1)+\frac{1}{6}n(n-1)(n-2)+\cdots+1=2^n$$

项。**[11.8] 克利福德代数的一般元素就是这些项的线性组合。因此，在 §11.1 描述的意义下，克利福德代数里的元素构成实数域上的 2^n 维代数。它们构成幺环，但不是四元数的那种幺环，因为它们不构成可除环。

克利福德代数之所以重要的一个原因是它对定义旋量有重要作用。物理上，旋量最先出现在著名的狄拉克电子方程里（Dirac，1928），用来表示电子态（见第 24 章）。我们可将旋量设想为这么一种对象，即克利福德代数里的元素可作为算子作用其上，产生我们前面所讨论的自旋体的基本反射和转动。"自旋体"概念往往容易让人糊涂，不够直观。一些研究者在研究中倾向于将其视为纯粹的（克利福德）代数[11]来处理。这种处理方式当然有它的好处，特别是针对一般严格的 n 维讨论更是如此。但我认为不忽视其几何性质亦很重要，故在此我一直强调这一点。

在 n 维情形下，[12] 旋量的全部空间（有时也称为*自旋空间*）为 $2^{n/2}$ 维（若 n 是偶数）或 $2^{(n-1)/2}$ 维（若 n 是奇数）。若当 n 是偶数时，自旋空间劈为两相互独立的空间（有时称为"约化旋量"空间或"半旋量"空间），其中每个空间的维数是 $2^{(n-2)/2}$ 维，也就是说，全空间里的每个元素均为分别取自两约化空间的两元素之和。偶数 n 维空间里的反射将一种约化自旋空间的
211 元素转换成另一个约化自旋空间的元素。约化自旋空间的元素都有确定的"手征"，两种约化自旋空间里元素的手征正好相反。这在物理上极其重要，这里我指的是四维时空里的自旋。这两种约化自旋空间均为二维，一个代表右手系，另一个代表左手系。大自然似乎为这两种约化自旋空间安排了不同的角色，正是通过这一事实，我们才发现了不具有反射不变性的物理过程。这一发现是 20 世纪物理学最惊人的史无前例的伟大发现之一（理论预言由杨振宁和李政道提出，后由吴健雄及其领导的小组在实验上给予证实），它说明自然界里存在着一些基本作用过程，这些作用在其镜像形式下不可能出现。以后我们还会回到这些基本问题上来（§§25.3，4，§32.2，§§33.4，7，11，14）。

旋量在各种不同层面上还有着重要的应用数学价值[13]（见 §§22.8 – 11，§§23.4，5，§§24.6，7，§§32.3，4，§§33.4，6，8，11），它们在计算领域能够获得实际应用。由于自旋空间里的维数（$2^{n/2}$，等等）与初始空间的维数 n 之间呈"指数"关系，因此当 n 较小时，旋量无疑是一种较好的实用工具。例如，对于日常四维时空，每个约化自旋空间的维数只有 2，而对现

**[11.8] 证明该式。提示：考虑 $(1+1)^n$ 的展开。

代的 11 维 "M 理论"（见 §31.14），其自旋空间有 32 维。

11.6 格拉斯曼代数

最后，让我们回到格拉斯曼代数上来。从上述讨论的观点看，我们可将格拉斯曼代数视为一种克利福德代数的退化情形。这里我们有类似于克利福德代数里 $\boldsymbol{\gamma}_1$，$\boldsymbol{\gamma}_2$，$\boldsymbol{\gamma}_3$，$\cdots$，$\boldsymbol{\gamma}_n$ 的反交换生成元 $\boldsymbol{\eta}_1$，$\boldsymbol{\eta}_2$，$\boldsymbol{\eta}_3$，$\cdots$，$\boldsymbol{\eta}_n$，但其中每个 $\boldsymbol{\eta}_s$ 的平方为零，而不是克利福德代数里的 -1：

$$\boldsymbol{\eta}_1^2 = 0，\quad \boldsymbol{\eta}_2^2 = 0，\quad \cdots，\quad \boldsymbol{\eta}_n^2 = 0。$$

类似于克利福德代数情形，这里反交换律

$$\boldsymbol{\eta}_p \boldsymbol{\eta}_q = -\boldsymbol{\eta}_q \boldsymbol{\eta}_p$$

亦成立，而且格拉斯曼代数比克利福德代数更 "系统化"，因为这里我们可以去掉 "$p \neq q$" 的限制，这样，由 $\boldsymbol{\eta}_p \boldsymbol{\eta}_p = -\boldsymbol{\eta}_p \boldsymbol{\eta}_p$ 直接就有 $\boldsymbol{\eta}_p^2 = 0$。

格拉斯曼代数的确比克利福德代数更基本也更普适。因为它仅取决于极少数局域结构。根本上说，克利福德代数需要 "知道" 什么代表 "垂直" 才可以从反射中建立起通常的转动概念，而在格拉斯曼代数里，"转动" 并不是那种需要描述的概念。换句话说，"克利福德代数" 和 "旋量" 这些概念是建立在空间度规概念基础上的，而格拉斯曼代数则不是。（度规的讨论见 §13.8 和 §14.7。）

格拉斯曼代数关注的是不同维下的 "平面元素" 这一基本概念。我们这么来考虑，将每个基本量 $\boldsymbol{\eta}_1$，$\boldsymbol{\eta}_2$，$\boldsymbol{\eta}_3$，$\cdots$，$\boldsymbol{\eta}_n$ 看作是在某个 n 维空间的坐标原点上定义的一个线元或 "矢量"（不是反射的超平面），每个 $\boldsymbol{\eta}$ 与 n 个坐标轴中的一个轴相关联。（这些坐标轴可以是 "斜的"，因为格拉斯曼代数并不关心垂直性，见图 11.5。）位于原点的一般矢量是某种组合

$$\boldsymbol{a} = a_1 \boldsymbol{\eta}_1 + a_2 \boldsymbol{\eta}_2 + \cdots + a_n \boldsymbol{\eta}_n，$$

其中 a_1，a_2，$\cdots$，a_n 是实数。（在复空间内，a_i 也可以是复数，但两种情形在代数处理上是类似的。）为了描述由两个这种矢量 $\boldsymbol{a}$，$\boldsymbol{b}$ 组成的二维平面元素，这里 $\boldsymbol{b}$ 表为

$$\boldsymbol{b} = b_1 \boldsymbol{\eta}_1 + b_2 \boldsymbol{\eta}_2 + \cdots + b_n \boldsymbol{\eta}_n，$$

我们给出 $\boldsymbol{a}$ 对 $\boldsymbol{b}$ 的格拉斯曼积。出于避免与其他形式积混淆的考虑，我采用 $\boldsymbol{a} \wedge \boldsymbol{b}$ 来表示这种积（称为 "楔积"）而不用并置符号，相应地，前面的 $\boldsymbol{\eta}_p \boldsymbol{\eta}_q$ 现在应改为 $\boldsymbol{\eta}_p \wedge \boldsymbol{\eta}_q$，$\boldsymbol{\eta}$ 的反交换律改为

$$\boldsymbol{\eta}_p \wedge \boldsymbol{\eta}_q = -\boldsymbol{\eta}_q \wedge \boldsymbol{\eta}_p。$$

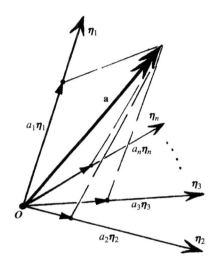

图 11.5 格拉斯曼代数的每个基元 $\boldsymbol{\eta}_1$，$\boldsymbol{\eta}_2$，$\boldsymbol{\eta}_3 \cdots$，$\boldsymbol{\eta}_n$ 定义 n 维空间原点 O 上的一个矢量。这些矢量可以沿着不同的坐标轴（它们可以是 "斜" 轴，格拉斯曼代数并不关心垂直性）。O 上的一般矢量是某个线性组合 $\boldsymbol{a} = a_1 \boldsymbol{\eta}_1 + a_2 \boldsymbol{\eta}_2 + \cdots + a_n \boldsymbol{\eta}_n$。

212

213

将积的分配律（见§11.1）应用到定义积 $a \wedge b$，我们可得到更为一般的反交换性质*[11.9]

$$a \wedge b = -b \wedge a,$$

这里 a，b 是两任意矢量。量 $a \wedge b$ 提供了一种由 a，b 组成的平面元素的代数表示（图11.6a）。注意，这种表示不仅包含了平面元素的取向（因为 $a \wedge b$ 的符号与 a 和 b 的符号有关），而且也包含了其幅度大小。

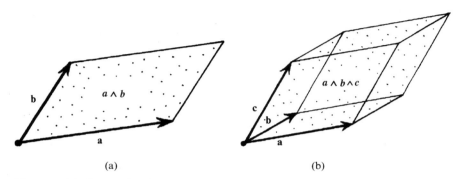

图11.6　（a）量 $a \wedge b$ 表示由独立矢量 a 和 b 所张的（定向的标量）平面面元。（b）三重格拉斯曼积 $a \wedge b \wedge c$ 表示由独立矢量 a，b 和 c 所张的三维元。

我们或许会问，对应于 a 表为 $(a_1, a_2, \cdots, a_n)$，b 表为 $(b_1, b_2, \cdots, b_n)$，我们如何将 $a \wedge b$ 型的量表为一组分量？这里 a_i，b_i 分别表示 a 和 b 关于 η_1，η_2，η_3，$\cdots$，η_n 线性组合的相应系数。我们说，$a \wedge b$ 可以相应地表为 $\eta_1 \wedge \eta_2$，$\eta_1 \wedge \eta_3$ 等的线性组合，问题是如何确定各系数，因为这里涉及某种确定的约定选择。例如，$\eta_1 \wedge \eta_2$ 和 $\eta_2 \wedge \eta_1$ 不独立（二者互为相反），我们得在二者中选其一。但研究表明，如果将二者都包括进来，并把与之相关的系数各分一半，则表达式更具系统化。于是我们发现*[11.10]，$a \wedge b$ 的系数，或者说是分量，可表为各种量 $a_{[p}b_{q]}$，这里方括号表示反对称化，其定义为

$$A_{[pq]} = \frac{1}{2}(A_{pq} - A_{qp}),$$

因此，

$$a_{[p}b_{q]} = \frac{1}{2}(a_p b_q - a_q b_p)。$$

下面我们来处理三维"平面元素"。取 a，b 和 c 作为生成这种三维元的三个独立矢量。我们可取三重格拉斯曼积 $a \wedge b \wedge c$ 来表示这种三维元（包括其取向和大小），并发现它也有反交换律性质（见图11.6(b)）

$$a \wedge b \wedge c = b \wedge c \wedge a = c \wedge a \wedge b = -b \wedge a \wedge c = -a \wedge c \wedge b = -c \wedge b \wedge a。$$

214

---

*〔11.9〕证明该式。

*〔11.10〕对 $n = 2$ 情形写出 $a \wedge b$ 的全部展开式，看看它是如何组成的。

$a \wedge b \wedge c$ 的分量取为

$$a_{[p}b_q c_{r]} = \frac{1}{6}(a_p b_q c_r + a_q b_r c_p + a_r b_p c_q - a_q b_p c_r - a_r b_q c_p - a_r b_q c_p),$$

这里方括号同样表示反对称运算，如上式右边所示。

类似地，我们可将这种定义推广到 r 个元素，这里 r 可取到全空间维数 n。r 阶楔积的分量可由各矢量分量的反对称积表示。*[11.11]，**[11.12]因此，格拉斯曼代数的确提供了一套用于描述任意（有限）维基本几何线性元的有力工具。

从格拉斯曼代数具有 r 阶元（这里 r 是构成楔积中 $\boldsymbol{\eta}$ 的数目）这一点来看，这种代数是一种秩代数。数目 r（$r = 0, 1, 2, \cdots, n$）称为格拉斯曼代数元素的秩。但应当明白，秩 r 代数中的一般元素不必是单一的楔积（如 $r = 3$ 情形下的 $\boldsymbol{a} \wedge \boldsymbol{b} \wedge \boldsymbol{c}$），它可以是各种楔积之和。相应地，格拉斯曼代数中存在许多元素，它们并不直接描述 r 维几何元素，这种"非几何"的格拉斯曼元还将出现在以后的讨论中（§12.7）。

一般而言，如果 $\boldsymbol{P}$ 是秩 p 的元素，$\boldsymbol{Q}$ 是秩 q 的元素，我们规定秩为（$p+q$）的楔积 $\boldsymbol{P} \wedge \boldsymbol{Q}$ 具有分量 $P_{[a\cdots c}Q_{d\cdots f]}$，这里 $P_{a\cdots c}$ 和 $Q_{d\cdots f}$ 分别是 $\boldsymbol{P}$ 和 $\boldsymbol{Q}$ 的分量，于是有**[11.13]，*[11.14]

$$\boldsymbol{P} \wedge \boldsymbol{Q} = \begin{cases} +\boldsymbol{Q} \wedge \boldsymbol{P} & \text{若 } p, \text{ 或 } q, \text{ 或二者均为偶数；} \\ -\boldsymbol{Q} \wedge \boldsymbol{P} & \text{若 } p \text{ 和 } q \text{ 均为奇数。} \end{cases}$$

秩 r 不变的各元素之和仍是秩 r 的元素。我们也可把所有不同秩的元素加起来得到一个"混合"量，这个量没有具体的秩，但这种格拉斯曼代元素没有直接意义。

注　释

§11.1

11.1 按 Eduard 和 Klein 的研究（1989），高斯在 1820 年前后显然已注意到四元数的乘法律,但他没发表（Gauss,1900）。这一点曾引起 Tait(1900) 和 Knott(1900) 的争议。进一步细节见 Crowe(1967)。

11.2 "矢量"这个名称有一系列意义。这里我们不要求它与 §10.3 里的"矢量场"的微分概念相联系。

§11.2

11.3 我并不清楚哈密顿本人怀有这种想法到什么程度。在他发现四元数之前,他一直对"时间推移"的代数处理保有浓厚兴趣。这一点可能会影响到他接受四元数的第四维,见 Crowe(1967),23 ~ 27 页。

11.4 不管怎么说,在全纯类四元数概念及其在物理理论的价值方面毕竟已做了许多工作。见 Gürsey（1983）;Adler(1995)。我们或许可将作为求解无质量自由场方程的扭量表达式看作是得到拉普拉斯方程解的适当的全纯函数方法的四维类比。当然这里用的是复分析,不是四元数。有关四元数和八元数的一般性参考文献见 Conway and Smith(2003)。

11.5 见 Adams and Atiyah(1966)。

---

* 〔11.11〕写出四矢量楔积的显表达式。

** 〔11.12〕试证：如果 $\boldsymbol{a}$ 替代为 $\boldsymbol{a}$ 加上某个矢量的任意实数倍，则替代后的量与这个矢量的楔积保持不变。

** 〔11.13〕证明该式。

* 〔11.14〕如果 p 是奇数，推导 $\boldsymbol{P} \wedge \boldsymbol{P} = 0$。

11. 6   见 Clifford(1878)。现代文献见 Hestenes and Sobczyk(2001);Lounesto(1999)。

11. 7   见 Grassmann(1844,1862);van der Waerden(1985),191~192 页;Crowe(1967),第三章。

§11. 3

11. 8   这个词发声类似"spinnor",不是"spynor"。

11. 9   虽然我不知道是谁第一个建议用这种方法来理解四元数乘法的,但早在 1978 年赫尔辛基召开的国际数学大会上,J. H. Conway 已用这种方法来作私下讨论,见 Newman(1942);Penrose and Rindler(1984),41~46 页。

§11. 4

11. 10   见 Pars(1968)。

§11. 5

11. 11   关于用克利福德代数来处理许多物理问题,见 Lasenby *et al.*(2000)及其所附的参考文献。

11. 12   见 Cartan(1966);Brauer and weyl(1935);Penrose and Rindler(1986),附录;Harvey(1990);Budinich and Trautman(1988)。

11. 13   一些例子见 Lounesto(1999);Cartan(1966);Crumeyrolle(1990);Chevalley(1954);Kamberov(2002)。

第十二章
n 维流形

12.1 为什么要研究高维流形？

现在我们来研究建立高维流形的一般程序，这里维数 n 可以是任意正整数（甚至可以为零，如果我们将单点视为零维流形的话）。对几乎所有现代物理基本理论而言，流形都是一种最基本的概念。读者或许奇怪，既然日常时空只有四维，物理上为什么会对 n 维（$n > 4$）流形如此感兴趣。事实上，许多现代理论，像弦论，都是在维数远大于 4 的高维"时空"里进行研究的。不久我们就会接触到这类问题（§15.1，§§31.4，10－12，14－17），我们将考察这一概念在物理上应用的可行性。即使暂不考虑 n 维流形是否真正适用于描述实际"时空"这个问题，物理上也还有其他一些截然不同但却十分令人信服的理由来说明流形应用的必要性。

例如，在三维欧几里得空间里，普通刚体的构形空间（以后我们称其为空间 $\mathcal{C}$）就是六维非欧几里得流形（见图 12.1）。所谓构形空间是指由刚体不同的物理定位的代表点构成的空间。

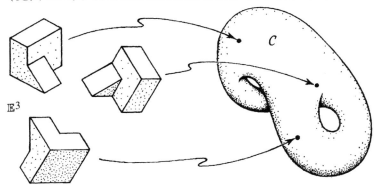

图 12.1 构形空间 $\mathcal{C}$，其中的每一点代表刚体在三维欧几里得空间 $\mathbb{E}^3$ 中的一种可能定位：$\mathcal{C}$ 是六维非欧几里得流形。

它有 6 个维是因为我们需要有 3 个维（自由度）来确定该刚体的力心位置，另 3 个维用来确定刚体的转动取向。*[12.1]那它为什么一定是非欧几里得的呢？这有许多理由，其中一个特别明显的理由是它的拓扑不同于六维欧几里得空间下的拓扑。C 的这种"非平凡拓扑性质"在三维空间的直接表现就是刚体的转动取向。我们把这种三维空间称为 $\mathcal{R}$。$\mathcal{R}$ 的每一点代表刚体的一种转动取向。读者一定还记得我们在前一章描述过的书的转动，这里我们仍取书作为刚体的直观表达（当然书不得打开，否则相应于书页的翻动，其构形空间就得有更多的维度）。

218　　　　那么怎么来认识这种"非平凡拓扑性质"呢？可以想象，这不是一个简单的三维或六维流形问题，但我们有一些数学规则来判定这种性质。还记得 §8.4 里我们对黎曼曲面的考察吧（图8.9），在那里我们考察过几种不同的非平凡的二维曲面，除了黎曼球面之外，最简单的曲面是环面（亏格为 1 的曲面）。我们如何来辨别环面与球面之间的不同呢？方法之一是考察曲面上的闭合曲线。可以非常直观地看出，如果我们围绕环面画出一些闭合的圈，那么这些圈是无法通过连续变形收缩到零（某个单点）的；而球面上的每个闭合圈则总能够按此方式收缩到零（图12.2）。欧几里得平面上的闭合圈也可以收缩到零，因此我们说球面和平面在"可缩性"这一点

219　上是单连通的，而环面（和高亏格曲面）则由于存在不可缩的圈因而是多连通的。[1]由此，我们从曲面本身得到一种区分环面（和高亏格曲面）与球面（和平面）的方法。

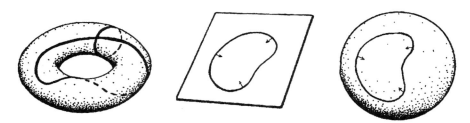

图 12.2　环面上的一些圈无法在环表面连续收缩到零（某个点），而在平面或球面上，每个闭合圈则总能够收缩到零。相应地，我们称平面和球面是单连通的，而环面（和高环柄数曲面）则是多连通的。

我们可用上述办法来区分三维流形 $\mathcal{R}$ 的拓扑与平凡的三维欧几里得拓扑，也可以用来区分六维流形 C 拓扑与平凡的六维欧几里得空间。我们不妨再回到 §11.3 里那本拖着条纸带的"书"上。书的每一次转动造成的书面法线取向可由 $\mathcal{R}$ 上一点来表示。如果我们连续将书转过 2π，则书面法线回到原初的取向。我们可将这整个变动结果想象为 $\mathcal{R}$ 内的某个闭合圈（图12.3）。那么能否将这一闭曲线连续地收缩到零（某个单点）呢？圈的形变相当于书本转动时书面法线的逐渐变化，直到它停止转动为止。但不要忘记，我们还有一条拖着的纸带。2π 转动造成的纸带扭曲，是无法在书不动的条件下仅通过纸带本身的连续变动来解开的，而且在书的 2π

---

*〔12.1〕用更明白的语言解释这个维数。

转动过程中，这种扭曲（或变换成奇数倍 2π 的扭曲）将始终存在。因此可以得出结论，2π 转动不可能通过实际的连续变形完全回复到非转动状态，相应地，我们也不可能在 $\mathcal{R}$ 上找到一个可连续收缩到零的闭合圈。三维流形 $\mathcal{R}$（类似地，六维流形 $\mathcal{C}$）必是多连通的，因此拓扑上它们不同于单连通的三维欧几里得空间（或六维欧几里得空间）。[2]

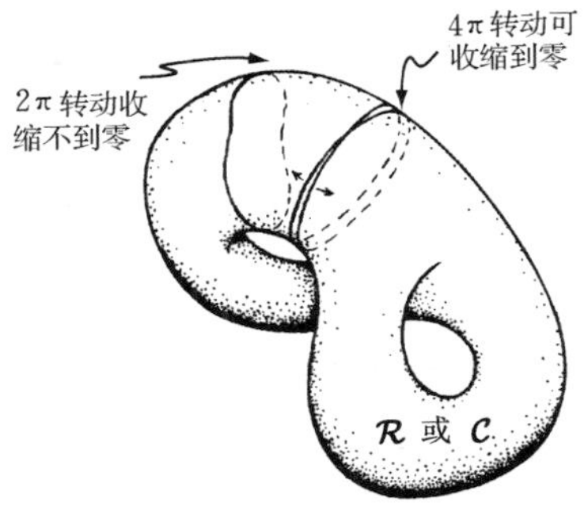

需要指出的是，$\mathcal{R}$ 和 $\mathcal{C}$ 的多连通性是一种比环面的多连通性更有趣的性质。这是因为代表 2π 转动的闭合圈有一种奇妙性质：如果这个圈再绕一次（4π 转动）的话，我们会得到一条可连续变形到一点的闭合圈[12.2]。（这在环面上是不可能发生的。）$\mathcal{R}$ 和 $\mathcal{C}$ 中闭合圈的这种奇妙性质是所谓拓扑挠性的一个例子。

图 12.3 如图 12.2 所示的多连通概念可将三维流形 $\mathcal{R}$（转动空间）拓扑或六维流形 $\mathcal{C}$（构形空间）拓扑与"平凡的"三维欧几里得空间拓扑和六维欧几里得空间拓扑区分开。$\mathcal{R}$ 或 $\mathcal{C}$ 上表示 2π 连续转动的圈不能收缩到一点，故 $\mathcal{R}$ 或 $\mathcal{C}$ 是多连通的。但当圈横穿过两次（表示 4π 转动）后，这个圈就可缩为一点（拓扑挠性）。

从这个例子中我们可以看到，正是物理上对空间（如六维流形 $\mathcal{C}$）的兴趣才使得研究不仅突破了普通时空维数的限制，而且推进到非平凡拓扑领域。实际上，对于涉及大量独立粒子的体系而言，这种与物理有关的空间维数将远大于 6，多维空间不仅以构形空间形式出现，而且还以相空间形式出现。在气体的构形空间 $\mathcal{K}$ 里，气体分子被描述成三维空间里的单个质点，故 $\mathcal{K}$ 有 $3N$ 维，这里 N 是气体中的分子数。$\mathcal{K}$ 的每一点代表一种气体构形，其中每个分子的位置是独立确定的（图 12.4（a））。在气体的相空间 $\mathcal{P}$ 里，我们还必须跟踪每个分子的动量（分子的质量乘以速度）变化。动量是一个矢量（有 3 个分量），因此总维数是 $6N$。这样，$\mathcal{P}$ 的每一点不仅代表所有气体分子的位置，而且还代表着每个独立粒子的运动（图 12.4（b））。

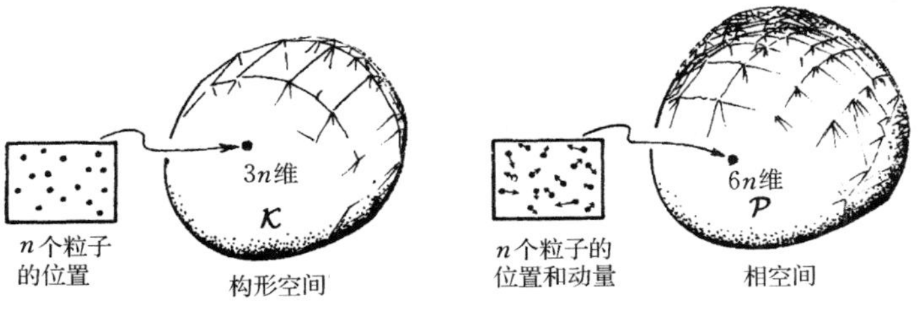

图 12.4 （a）三维空间的某个区域中 n 个点粒子系统的构形空间 $\mathcal{K}$。它有 $3n$ 维，$\mathcal{K}$ 的每一点代表所有 n 个粒子的一种定位。（b）相空间 $\mathcal{P}$ 有 $6n$ 维，P 的每一点代表所有 n 个粒子的定位和动量。

***〔12.2〕说明如何利用练习〔12.8〕给出的 $\mathcal{R}$ 的表示来做到这一点。

即使是一点点空气，也含有 10^{19} 个分子，[3] 故 $\mathcal{P}$ 有差不多 60 000 000 000 000 000 000 维！在研究涉及大量粒子的（经典）物理系统的行为方面，相空间特别有用。

12.2　流形与坐标拼块

现在我们来考虑如何从数学上处理 n 维流形结构。n 维流形 $\mathcal{M}$ 的构造可完全按类似于第 8 章和第 10 章（见 §10.2）的方法来处理，我们先用一系列坐标拼块得到曲面 $\mathcal{S}$。但是现在对于每个拼块我们需要远比数对 (x, y) 或 (X, Y) 多得多的坐标。事实上每个拼块上有 n 个坐标，这里 n 是 $\mathcal{M}$ 的维数（取正整数）。基于这个原因，我们不再用各个不同的字母而是用（上）数字指标来区分不同的坐标

$$x^1, \ x^2, \ \cdots, \ x^n.$$

这里别犯糊涂。这些不是 x 的不同幂，而是各个独立的实数。读者兴许会感到迷惑，我是不是刻意要故弄玄虚，为什么不用下指标（例如 $x_1, \ x_2, \ \cdots, \ x_n$）而非要用上指标呢？这很容易造成诸如坐标 x^3 和量 x 的 3 次方之间的混乱。这里犯晕的读者的确无辜，我自己就认为它不仅容易让人糊涂，偶尔甚至非常令人不快。但出于历史原因，经典张量分析（在本章后面部分我们会有更严谨的描述）的标准惯例一直就是如此。这些惯例牵涉到上下指标位置使用的严格规则，其中用于标示坐标的指标恰好就是放在上角位置。（这些规则在使用中非常有效，遗憾的是它没为坐标选择下指标约定，恐怕我们只能这么将就了。）

怎么来刻画流形 $\mathcal{M}$ 呢？我们将它看作是许多坐标拼块的"粘合"。这里每个拼块都是 $\mathbb{R}^n$ 的一个开区域，$\mathbb{R}^n$ 代表"坐标空间"，其中的点是 n 元组实数 $(x^1, \ x^2, \ \cdots, \ x^n)$，大家一定还记得（§6.1）$\mathbb{R}$ 代表的是实数系。在粘合过程中，我们有所谓转移函数，它将某个拼块的坐标表示为其他拼块坐标的函数。坐标拼块之间的重叠可以在流形 $\mathcal{M}$ 的任何地方找到。这些转移函数必须满足一些约束条件以保证整个粘合过程的协调性。粘合过程如图 12.5(a) 所示。为了生成标准流形，[4] 即所谓豪斯道夫空间，我们得格外小心。（非豪斯道夫流形可以是"分支"，如图 12.5(b) 和图 8.2(c) 所示。）豪斯道夫空间有明确的属性：对空间上两个相异的点，存在包含每一点的开集，这些开集彼此不相交（图 12.5c）。

必须明确，得到流形并不意味着就"知道"它的各个拼块，或"知道"其中某个点的具体坐标值。看待流形 $\mathcal{M}$ 的正确方法是，它可以通过拼接坐标拼块的方式建立起来，但之后我们得"忘却"这种拼接的具体过程。流形有它自己的数学结构，坐标只是辅助性的，可以按我们需要的方式重新引入。在这里介绍流形严格的数学定义（有多种表述方式）只会分散我们的注意力。[5]

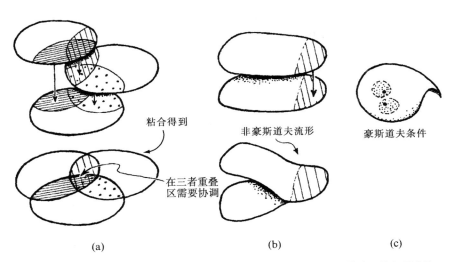

图 12.5　（a）在每个三重叠合区域上，表示重叠坐标拼块的坐标平移的转移函数必须满足一种协调关系。（b）各对拼块之间的（开集）重叠区域必须适当，否则就可能出现具有非豪斯道夫空间特征的"分支"。（c）豪斯道夫空间具有这样一种性质：空间上相异的两点各有彼此不重叠的邻域。（在（b）中，为使"粘合"部分是开集，其"边界"（即出现分支的地方）必然处于分离状态，正是在这个地方豪斯道夫条件得不到满足。）

12.3　标量、矢量和余矢量

　　如同 §10.2 节所述，我们同样有流形 $\mathcal{M}$ 上的光滑函数 Φ 概念（有时候称为 $\mathcal{M}$ 上的标量场）。Φ 定义在坐标拼块上，作为这个拼块上 n 维坐标的光滑函数。这里"光滑"是指"C^∞ 光滑"（见 §6.3），因为由此得到的理论最为简明。在两个拼块的重叠处，一个拼块的坐标是另一个拼块坐标的光滑函数。因此在重叠区域，Φ 关于一组坐标是光滑的意味着它关于另一组坐标也是光滑的。以这种方式将局部（拼块上）定义的标量函数 Φ 的光滑性推广到整个 $\mathcal{M}$，我们就得到了整个 $\mathcal{M}$ 上函数 Φ 的光滑性。

　　下一步我们来定义 $\mathcal{M}$ 上的矢量场 $\boldsymbol{\xi}$ 概念。几何上，我们应将矢量场理解为 $\mathcal{M}$ 上的一簇"箭头"（图 10.5），这里 $\boldsymbol{\xi}$ 是这样一种量，它以微分算子形式作用在（光滑）标量场 Φ 上，产生另一个标量场 $\boldsymbol{\xi}(\Phi)$。类似于 §10.3 里的二维情形，$\boldsymbol{\xi}(\Phi)$ 可理解为 Φ 在 $\boldsymbol{\xi}$ 所代表箭头方向上的增长率。作为"微分算子"，$\boldsymbol{\xi}$ 同样满足相应的代数关系（类似我们在 §6.5 节里的情形，即 $\mathrm{d}(f+g)=\mathrm{d}f+\mathrm{d}g$，$\mathrm{d}(fg)=f\mathrm{d}g+g\mathrm{d}f$，$\mathrm{d}a=0$ 若 a 为常数的话）：

$$\boldsymbol{\xi}(\Phi+\Psi)=\boldsymbol{\xi}(\Phi)+\boldsymbol{\xi}(\Psi),$$

$$\boldsymbol{\xi}(\Phi\Psi)=\Phi\boldsymbol{\xi}(\Psi)+\Psi\boldsymbol{\xi}(\Phi),$$

$$\boldsymbol{\xi}(k)=0\ 如果\ k\ 是常数的话.$$

事实上，有定理证明，这些代数性质足以使 $\boldsymbol{\xi}$ 成为一种矢量场。[6]

我们还可以用纯代数方法来定义 1 形式，它的另一个名字叫余矢量场。（一会儿我们就来说明它的几何意义。）余矢量场 $\boldsymbol{\alpha}$ 可看作是矢量场到标量场的映射，$\boldsymbol{\alpha}$ 对 $\boldsymbol{\xi}$ 的作用写成 $\boldsymbol{\alpha} \cdot \boldsymbol{\xi}$（$\boldsymbol{\alpha}$ 与 $\boldsymbol{\xi}$ 的标积），这里，对矢量场 $\boldsymbol{\xi}$ 和 $\boldsymbol{\eta}$，以及标量场 $\boldsymbol{\Phi}$，我们有线性关系：

$$\boldsymbol{\alpha} \cdot (\boldsymbol{\xi} + \boldsymbol{\eta}) = \boldsymbol{\alpha} \cdot \boldsymbol{\xi} + \boldsymbol{\alpha} \cdot \boldsymbol{\eta},$$

$$\boldsymbol{\alpha} \cdot (\boldsymbol{\Phi}\boldsymbol{\xi}) = \boldsymbol{\Phi}(\boldsymbol{\alpha} \cdot \boldsymbol{\xi}).$$

这些关系将余矢量定义为矢量的偶。可以证明，二者之间的这种对偶关系是对称的，因此我们有相应的关系式

$$(\boldsymbol{\alpha} + \boldsymbol{\beta}) \cdot \boldsymbol{\xi} = \boldsymbol{\alpha} \cdot \boldsymbol{\xi} + \boldsymbol{\beta} \cdot \boldsymbol{\xi},$$

$$(\boldsymbol{\Phi}\boldsymbol{\alpha}) \cdot \boldsymbol{\xi} = \boldsymbol{\Phi}(\boldsymbol{\alpha} \cdot \boldsymbol{\xi}),$$

上述关系给出了两个余矢量之和的定义，以及余矢量与标量之积的定义。若取余矢量空间的对偶空间，我们即得到原始的矢量空间，反之也一样。（换句话说，"余矢量"也是矢量。）

我们可将这些关系看作是定义在整个场上的，也可视其为是定义在 $\mathcal{M}$ 的某一点上的。某固定点 o 上的所有矢量组成一个矢量空间。（正如在 §11.1 里描述的，在矢量空间内，两元素 $\boldsymbol{\xi}$ 和 $\boldsymbol{\eta}$ 相加构成二者之和 $\boldsymbol{\xi} + \boldsymbol{\eta}$，并有 $\boldsymbol{\xi} + \boldsymbol{\eta} = \boldsymbol{\eta} + \boldsymbol{\xi}$ 和 $(\boldsymbol{\xi} + \boldsymbol{\eta}) + \boldsymbol{\zeta} = \boldsymbol{\xi} + (\boldsymbol{\eta} + \boldsymbol{\zeta})$，还可用实数 f 和 g 等标量来乘以这些元素，即有 $(f + g)\boldsymbol{\xi} = f\boldsymbol{\xi} + g\boldsymbol{\xi}, f(\boldsymbol{\xi} + \boldsymbol{\eta}) = f\boldsymbol{\xi} + f\boldsymbol{\eta}, f(g\boldsymbol{\xi}) = (fg)\boldsymbol{\xi}, 1\boldsymbol{\xi} = \boldsymbol{\xi}$。）我们可以将这种（平直）矢量空间视为 o 点紧邻域上的一种流形结构（图 12.6）。我们称这种矢量空间为 $\mathcal{M}$ 在 o 点的切空间 T_0。对 T_0 可作如下的直观理

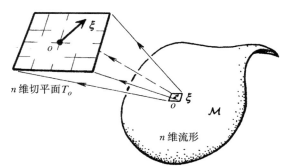

图 12.6 n 维流形 $\mathcal{M}$ 在 o 点的切空间 T_0 可直观地理解为这样一种极限空间：当 o 点的邻域变得越来越小时，我们用放大倍数越来越高的放大镜来观察它所得到的结果。（比较图 10.6。）结果空间 T_0 是平直的：是一种 n 维矢量空间。

解：它是 $\mathcal{M}$ 上 o 点的邻域变得越来越小时趋近的极限空间。如果我们用放大倍数越来越高的放大镜来观察 o 点周围的区域，就会发现该区域变得无限"伸展开来"，在极限情形下，$\mathcal{M}$ 的"曲率"会被"熨平"，从而给出 T_0 的平直结构。矢量空间 T_0 有（有限）维度 n，因为在 o 点我们可以找到一组 n 个基元，即量 $\partial/\partial x^1, \cdots\cdots, \partial/\partial x^n$，它们指向各坐标轴。$T_0$ 中的任一元素都能够唯一线性地用这组基元表达出来（亦见 §13.5）。

按上述方法我们可构造 T_0 的对偶空间（o 点的余矢量空间），它称为 $\mathcal{M}$ 在 o 点的余切空间 T_0^*，余矢量场的一个特例是标量场 $\boldsymbol{\Phi}$ 的梯度（或称外导数）$\mathrm{d}\boldsymbol{\Phi}$。（在二维情形下，我们已经遇到过这个记号，见 §10.3。）余矢量 $\mathrm{d}\boldsymbol{\Phi}$（分量 $\partial\boldsymbol{\Phi}/\partial x^1, \cdots\cdots \partial\boldsymbol{\Phi}/\partial x^n$）有确定的性质：

$$\mathrm{d}\boldsymbol{\Phi} \cdot \boldsymbol{\xi} = \boldsymbol{\xi}(\boldsymbol{\Phi}).$$

（亦见 §10.4。）**[12.3] 尽管不是所有余矢量都有形式 dΦ，但对某些 Φ，它们可在任一单点上表达为这种形式。不久我们即会看到为什么这种形式不会扩展为余矢量场。

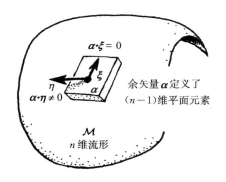

图 12.7　$\mathcal{M}$ 的某个点上的（非零）余矢量 $\boldsymbol{\alpha}$ 定义了一个 $(n-1)$ 维平面元素。满足 $\boldsymbol{\alpha} \cdot \boldsymbol{\xi} = 0$ 的矢量 $\boldsymbol{\xi}$ 规定了这个面元的各个方向。

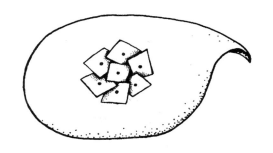

图 12.8　一般来说，由余矢量场 $\boldsymbol{\alpha}$ 定义的 $(n-1)$ 维平面元素会出现扭曲，这使它们无法协调地与 $(n-1)$ 维曲面族相切——尽管在 $\boldsymbol{\alpha} = \mathrm{d}\Phi$（$\Phi$ 是标量场）情形下，它们与 $\Phi =$ 常数的曲面（图 10.8 里"等高线"的推广）相切。

余矢量与矢量在几何方面的差别是什么呢？在 $\mathcal{M}$ 的每一点上，一个（非零）余矢量 $\boldsymbol{\alpha}$ 确定了一个 $(n-1)$ 维平面元，该面元的各个方向由满足 $\boldsymbol{\alpha} \cdot \boldsymbol{\xi} = 0$ 的矢量 $\boldsymbol{\xi}$ 确定，见图 12.7。对于 $\boldsymbol{\alpha} = \mathrm{d}\Phi$ 的特例，这些 $(n-1)$ 维平面元均与常数 Φ 的 $(n-1)$ 维曲面族*[12.4]（它是如图 10.8(a) 所示的"等高线"概念的推广）相切。但一般来说，由余矢量 $\boldsymbol{\alpha}$ 定义的平面元常出现扭曲，这使它们无法协调地与 $(n-1)$ 维曲面族相切（见图 12.8）。[7]

具体到坐标为 x^1，x^2，$\cdots$，x^n 的坐标拼块情形，矢量（场）$\boldsymbol{\xi}$ 可用一组分量（ξ^1，ξ^2，$\cdots$，ξ^n）来表示，其中每个分量表示的是 $\boldsymbol{\xi}$ 关于该坐标拼块的各偏微分算子的系数（见 §10.4）

$$\boldsymbol{\xi} = \xi^1 \frac{\partial}{\partial x^1} + \xi^2 \frac{\partial}{\partial x^2} + \cdots + \xi^n \frac{\partial}{\partial x^n},$$

就某一点的矢量而言，ξ^1，ξ^2，$\cdots$，ξ^n 只是 n 个实数；对于某个坐标拼块内的矢量场来说，它们是坐标 x^1，x^2，$\cdots$，x^n 的 n 个（光滑）函数（提醒读者注意，这里"ξ^n"不代表 $\boldsymbol{\xi}$ 的 n 次幂）。我们知道，算子"$\partial/\partial x^r$"表示取第 r 个坐标轴方向上的变化率，因此，上述 $\boldsymbol{\xi}$ 表达式把矢量 $\boldsymbol{\xi}$ 表示为（作为算子它相当于"取 $\boldsymbol{\xi}$ 方向变化率"）沿各坐标轴方向的那些矢量的线性组合（见图 12.9）。

类似地，在坐标拼块内，余矢量（场）$\boldsymbol{\alpha}$ 可表为一组分量（α_1，α_2，$\cdots$，α_n）：

$$\boldsymbol{\alpha} = \alpha_1 \mathrm{d}x^1 + \alpha_2 \mathrm{d}x^2 + \cdots + \alpha_n \mathrm{d}x^n,$$

即表为基本 1 形式（余矢量）[8] $\mathrm{d}x^1$，$\mathrm{d}x^2$，$\cdots$，$\mathrm{d}x^n$ 的线性组合。几何上说，每个 $\mathrm{d}x^r$ 表示除了 x^r

226

227

**[12.3] 试证：这么定义的"dΦ"满足如上所述的余矢量的"线性性"要求。

*[12.4] 为什么？

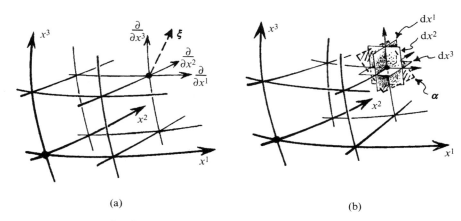

(a)   (b)

图 12.9　坐标拼块（x^1，x^2，$\cdots$，x^n）下的分量（这里 $n=3$）。（a）对于矢量（场）$\boldsymbol{\xi}$，这些分量是（$\boldsymbol{\xi}=\xi^1\partial/\partial x^1+\xi^2\partial/\partial x^2+\cdots+\xi^n\partial/\partial x^n$）里的系数（$\xi^1$，$\xi^2$，$\cdots$，$\xi^n$），这里"$\partial/\partial x^r$"表示"取第 r 个坐标轴方向上的变化率"（亦见图 10.9）。（b）对余矢量（场）$\boldsymbol{\alpha}$，这些分量是 $\boldsymbol{\alpha}=\alpha_1 dx^1+\alpha_2 dx^2+\cdots+\alpha_n dx^n$，里的系数（$\alpha_1$，$\alpha_2$，$\cdots$，$\alpha_n$），这里"$dx^r$"表示"$x^r$ 的梯度"，即除了 x^r 轴之外的所有其他坐标轴所张的（$n-1$）维平面元素。

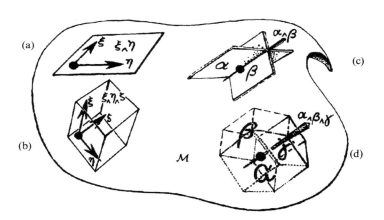

图 12.10　（a）$\mathcal{M}$ 的某个点上由独立矢量 $\boldsymbol{\xi}$ 和 $\boldsymbol{\eta}$ 张起的二维平面元素，它描述为双矢量 $\boldsymbol{\xi}\wedge\boldsymbol{\eta}$；（b）类似地，由独立矢量 $\boldsymbol{\xi}$，$\boldsymbol{\eta}$ 和 $\boldsymbol{\zeta}$ 张起的三维平面元素通过三矢量 $\boldsymbol{\xi}\wedge\boldsymbol{\eta}\wedge\boldsymbol{\zeta}$ 来描述；（c）（$n-2$）维平面元素，作为由 1 形式 $\boldsymbol{\alpha}$，$\boldsymbol{\beta}$ 确定的两个（$n-1$）维平面元素的交，由 $\boldsymbol{\alpha}\wedge\boldsymbol{\beta}$ 来描述；（d）（$n-3$）维平面元素作为由 1 形式上 $\boldsymbol{\alpha}$，$\boldsymbol{\beta}$，$\boldsymbol{\gamma}$ 确定的 3 个（$n-1$）维平面元素的交，由 $\boldsymbol{\alpha}\wedge\boldsymbol{\beta}\wedge\boldsymbol{\gamma}$ 来描述。

轴之外的所有其他坐标轴所张的（$n-1$）维平面元（图 12.9b）。**[12.5]** 标积 $\boldsymbol{\alpha}\cdot\boldsymbol{\xi}$ 由下式给出：**[12.6]**

$$\boldsymbol{\alpha}\cdot\boldsymbol{\xi}=\alpha_1\xi^1+\alpha_2\xi^2+\cdots+\alpha_n\xi^n。$$

＊〔12.5〕试证：dx^2 有分量（0，1，0，$\cdots$，0），它表示与 $x^2=$ 常数平面相切的超平面元。

＊＊〔12.6〕用链式法则（见 §10.3）证明：对于 $\boldsymbol{\alpha}=d\Phi$ 情形，表达式 $\boldsymbol{\alpha}\cdot\boldsymbol{\xi}$ 与 $d\Phi\cdot\boldsymbol{\xi}=\boldsymbol{\xi}(\Phi)$ 一致。

12.4 格拉斯曼积

现在我们来考虑用 §11.6 里定义的格拉斯曼积的概念来表示不同维张起的平面元。$\mathcal{M}$ 的某一点上的二维平面元（或 $\mathcal{M}$ 上二维平面元场）可表为量

$$\boldsymbol{\xi} \wedge \boldsymbol{\eta},$$

这里 $\boldsymbol{\xi}$ 和 $\boldsymbol{\eta}$ 是张起二维平面（见图 11.6（a）和图 12.10（a））的两个独立矢量（或矢量场）。量 $\boldsymbol{\xi} \wedge \boldsymbol{\eta}$ 有时被当作（简单）双矢量。按上章末所述，简单双矢量的分量据 $\boldsymbol{\xi}$ 和 $\boldsymbol{\eta}$ 的各分量可表为：

$$\xi^{[r}\eta^{s]} = \frac{1}{2}(\xi^r \eta^s - \xi^s \eta^r),$$

简单双矢量 $\boldsymbol{\xi} \wedge \boldsymbol{\eta}$ 的和 $\boldsymbol{\psi}$ 也称为双矢量，其分量 ψ^{rs} 具有关于 r 和 s 的反对称性质，即 $\psi^{rs} = -\psi^{sr}$。

类似地，三维平面元（或这样的场）可表为简单三矢量

$$\boldsymbol{\xi} \wedge \boldsymbol{\eta} \wedge \boldsymbol{\zeta},$$

这里，矢量 $\boldsymbol{\xi}$，$\boldsymbol{\eta}$ 和 $\boldsymbol{\zeta}$ 张起三维平面（图 11.6（b）和图 12.10（b）），其分量为

$$\xi^{[r}\eta^s\zeta^{t]} = \frac{1}{6}(\xi^r \eta^s \zeta^t + \xi^s \eta^t \zeta^r + \xi^t \eta^r \zeta^s - \xi^r \eta^t \zeta^s - \xi^t \eta^s \zeta^r - \xi^s \eta^r \zeta^t)。$$

一般三矢量 $\boldsymbol{\tau}$ 有完全反对称分量 τ^{rst}，它总可表为这种简单三矢量的和。我们可按这种方式来定义由简单四矢量表示的四维平面元，等等。一般 n 矢量具有多个完全反对称分量集，并且它总可以表示为简单 n 矢量的和。

这里有个问题让人感到迷惑。现在我们似乎有两种不同方式来表示 $(n-1)$ 维平面元：一种是 1 形式（余矢量），另一种是由张起 $(n-1)$ 维平面的 $n-1$ 个独立矢量的"楔积"得到的 $(n-1)$ 维矢量。这两种方式描述的量在几何上有明显区别，但很微妙。我们可将 1 形式视为一种"密度"，而对 $(n-1)$ 维矢量则不行。为了更清楚地说明这一点，我们先引入一般的 p 形式概念。

为从基础抓起，我们从 1 形式而不是从矢量出发来处理上述多维矢量。给定 p 个独立的 1 形式 $\boldsymbol{\alpha}$，$\boldsymbol{\beta}$，$\cdots$，$\boldsymbol{\delta}$，组成楔积

$$\boldsymbol{\alpha} \wedge \boldsymbol{\beta} \wedge \cdots \wedge \boldsymbol{\delta},$$

在坐标拼块上，它有如下分量（用 §11.6 引入的一般方括号指标记法）：

$$\alpha_{[r}\beta_s \cdots \delta_{u]}。$$

这个量决定了 $(n-p)$ 维平面元（或场），这种元素是不同个分别由 $\boldsymbol{\alpha}$，$\cdots$，$\boldsymbol{\delta}$ 单独决定的 $(n-1)$ 维平面元的交（图 12.10（c），（d））。这个量称为简单 p 形式。在 p 矢量情形下，最一般的 p 形式未必能直接表示为余矢量的楔积（当然 $p = 0, 1, n-1, n$ 等情形除外），而是这些楔积

的各项之和。从分量上看，一般 p 形式 $\boldsymbol{\varphi}$（在任一坐标拼块下）可表示为一组量

$$\varphi_{rs\cdots u}$$

它对各指标 r, s, $\cdots$, u 是反对称的（这里 r, s, $\cdots$, u 中的每一个均从 1 取到 n）。数目上这组量共有 p 个分量。所述反对称性意味着，如果交换任意一对指标，我们将得到一个与被交换量正好相反（差一负号）的量。利用 §11.6 定义的方括号，我们可将这种反对称性表示为方程**[12.7]

$$\varphi_{[rs\cdots u]} = \varphi_{rs\cdots u}。$$

这里还要指出，作为 p 形式 $\boldsymbol{\varphi}$ 与 q 形式 $\boldsymbol{\chi}$ 的楔积，$(p+q)$ 形式 $\boldsymbol{\varphi} \wedge \boldsymbol{\chi}$ 有分量

$$\varphi_{[rs\ldots u}\chi_{jk\cdots m]},$$

反对称化对所有指标均成立（这里 $\chi_{jk\cdots m}$ 是 $\boldsymbol{\chi}$ 的分量）。**[12.8] 类似记法亦可应用到 p 矢量与 q 矢量的楔积上。

12.5　形式的积分

现在我们来考察 p 形式的"密度"特征。我们知道，在普通物理里，物体的密度是指其单位体积的质量。这个密度是组成该物体材料的一种属性。如果我们知道一个物体的总体积及其所用材料属性，那么我们就可用"密度"概念来估算它的总质量。从数学上说，我们要做的就是对该密度作体积分。本质上，所谓密度不过是在某种区域上一种适当可积的量，即积分符号后的那个被积函数。这里要小心的是区分不同维空间的积分。（例如，"单位面积质量"是一种不同于"单位体积质量"的量。）我们发现 p 形式正是这么一种在 p 维空间里适当可积的量。

我们从 1 形式开始来研究这种积分。这是最简单情形，涉及的只是一维流形上某个量的积分，即沿曲线 γ 的积分。由 §6.6 里的普通（一维）积分知，这个积分可写成

$$\int f(x)\,\mathrm{d}x,$$

这里 x 是沿曲线 γ 所取的某个实变量。我们把量"$f(x)\,\mathrm{d}x$"视为 1 形式的记号。1 形式的记法已被精心裁剪得与通常积分记法相一致。这就是 20 世纪计算领域里著名的外演算，它是由杰出的法国数学家嘉当（Élie Cartan，1869 ~ 1951）引入的，这个名字我们还会在第 13、14 和 17 章里遇到。这种演算与 17 世纪莱布尼茨（Gottfried Wilhelm Leibniz，1646 ~ 1716）引入的"$\mathrm{d}x$"记法可谓是珠联璧合。在嘉当框架下，我们不是把"$\mathrm{d}x$"看作是"无穷小量"，而是一种适当的密度（1 形式），它用来作沿曲线的积分。

** 〔12.7〕该解释该式。

** 〔12.8〕试证：$\boldsymbol{\varphi} \wedge \boldsymbol{\chi} = \boldsymbol{\alpha} \wedge \cdots \wedge \boldsymbol{\gamma} \wedge \boldsymbol{\lambda} \wedge \cdots \wedge \boldsymbol{\nu}$，这里 $\boldsymbol{\varphi} = \boldsymbol{\alpha} \wedge \cdots \wedge \boldsymbol{\gamma}$，$\boldsymbol{\chi} = \boldsymbol{\lambda} \wedge \cdots \wedge \boldsymbol{\nu}$。

这种记法好在它自动地与我们欲调用的变量变化相联系。譬如说，如果我们改变参量 x 到另一参量 X，则我们认为 1 形式 $\boldsymbol{\alpha} = f(x)\,dx$ 保持不变——即 $\int \boldsymbol{\alpha}$ 保持不变——即使它关于 x 或 X 的显函数表达式有变化。**[12.9] 我们也可将 1 形式 $\boldsymbol{\alpha}$ 看作是定义在曲线所在的更高维背景空间上的。参数 x 或 X 可视为这种背景空间里某个坐标拼块下的坐标。这样，当我们变到另一个坐标拼块时，很自然地就过渡到另一个坐标。我们可将这个积分简记为

$$\int \boldsymbol{\alpha} \quad \text{或} \quad \int_{\mathcal{R}} \boldsymbol{\alpha},$$

231

这里 $\mathcal{R}$ 代表用来积分给定曲线 γ 的某一段。

那么怎么表示高维下的区域积分呢？对二维区域，积分号后的被积函数应为 2 形式，[9] 写成 $f(x,y)\,dx \wedge dy$（或类似的和），这样，我们有

$$\int_{\mathcal{R}} f(x,y)\,dx \wedge dy = \int_{\mathcal{R}} \boldsymbol{\alpha}$$

（或这样的量的和），这里 $\mathcal{R}$ 是待积的二维区域面积，它取自某个给定的二维曲面。参数 x，y 作为曲面的局域坐标，同样可用一对数偶来表示，只是记号的区分上要当心，别弄混了。如果 2 形式得自二维区域 $\mathcal{R}$ 所在的高维背景空间，那么上述计算不会有任何问题。所有这些计算均可推广到三维区域下的 3 形式和四维区域下的 4 形式，等等。嘉当微分记号下的楔积（包括 §12.6 里的外导数）在坐标变化时同样成立。（这里无须述及繁复的"雅可比行列式"。）***[12.10]

由 §6.6 的微积分基本定理可知，对于一维积分，积分运算是微分运算的逆运算，换言之，

$$\int_a^b \frac{df(x)}{dx}\,dx = f(b) - f(a).$$

这一定理在高维下是否有相应的类比形式呢？回答是肯定的。不同维下的这种类比曾冠以不同的称呼（Ostrogradski，Gauss，Green，Kelvin，Stokes，等等），但其一般结果，也就是嘉当的微分形式外演算的基本部分，通常称为"外演算基本定理"。[10] 这个定理是建立在嘉当的一般外导数概念上的，下面我们就先讨论外导数这个概念。

12.6 外导数

定义上述重要概念的一种"非坐标"途径，就是公理化地建立外导数概念：对每个 $p = 0$，1，$\cdots$，$n-1$，用独特的算子"d"作用到 p 形式，产生 $(p+1)$ 形式。这种作用有如下性质：

232

** [12.9] 给出显式，对定积分 $\int_a^b \boldsymbol{\alpha}$，解释如何取上下限。

*** [12.10] 令 $G = \int_{-\infty}^{\infty} e^{-x^2}\,dx$，解释为什么 $G^2 = \int_{\mathbb{R}2} e^{-(x^2+y^2)}\,dx \wedge dy$，将这个积分变换到极坐标 $(r,\ \theta)$（§5.1）下进行估值，由此证明 $G = \sqrt{\pi}$。

$$d(\boldsymbol{\alpha} + \boldsymbol{\beta}) = d\boldsymbol{\alpha} + d\boldsymbol{\beta},$$

$$d(\boldsymbol{\alpha} \wedge \boldsymbol{\gamma}) = d\boldsymbol{\alpha} \wedge \boldsymbol{\gamma} + (-1)^p \boldsymbol{\alpha} \wedge d\boldsymbol{\gamma},$$

$$d(d\boldsymbol{\alpha}) = 0,$$

这里 $\boldsymbol{\alpha}$ 代表 p 形式，对 0 形式（即标量），$d\Phi$（"Φ 的梯度"）的意义与早先讨论的相同。（从 $d\Phi \cdot \boldsymbol{\xi} = \boldsymbol{\xi}(\Phi)$ 定义式知，这里的 "d" 与 dx 里的 "d" 是完全相同的算子。）上面罗列的最后一个方程式经常写成

$$d^2 = 0,$$

这是外导数算子 d 的一个关键性质。（我们会注意到，上面第二个方程里之"所以"出现看起来别扭的项 $(-1)^p$，是因为其后的 "d" 实在是"站错了位置"，得"穿过" $\boldsymbol{\alpha}$，这里 p 是反对称指标。在下面的指标记法下这一点会变得更清楚。）✳✳〔12.11〕

按上述性质，作为梯度 $\boldsymbol{\alpha} = d\Phi$ 的 1 形式 $\boldsymbol{\alpha}$ 必然满足 $d\boldsymbol{\alpha} = 0$。✳〔12.12〕但不是所有 1 形式都满足这一关系。事实上，若 1 形式 $\boldsymbol{\alpha}$ 满足 $d\boldsymbol{\alpha} = 0$，则局部（即包含任一给定点的足够小开集）上，存在某个 Φ 使 $\boldsymbol{\alpha} = d\Phi$。这是重要的庞加莱引理[11]的一种情形，✳✳✳〔12.13〕这条引理认为，如果 p 形式 $\boldsymbol{\beta}$ 满足 $d\boldsymbol{\beta} = 0$，则对于 $(p-1)$ 形式 $\boldsymbol{\gamma}$，局部上 $\boldsymbol{\beta}$ 有形式 $\boldsymbol{\beta} = d\boldsymbol{\gamma}$。

运用分量概念，我们很容易弄清什么是外导数。考虑 p 形式 $\boldsymbol{\alpha}$。在坐标为 $(x^1, x^2, \cdots, x^n)$ 的坐标拼块下，$\boldsymbol{\alpha}$ 表示为反对称分量 $\alpha_{r\cdots t}$（$= \alpha_{[r\cdots t]}$，这里 $r\cdots t$ 是 p 个数，见 §11.6）的集合，记为

$$\boldsymbol{\alpha} = \sum \alpha_{r\cdots t} dx^r \wedge \cdots \wedge dx^t,$$

这里求和（由符号 $\sum$ 表示）取遍 $r\cdots t$ 的每一个指标，每个指标均从 1 取到 n。（有些读者不喜欢这种重复表达式，因为楔积的反对称性使得每个非零项被重复计算了 p 次。但考虑到这么使用可使记法变得更清楚，因此我还是喜欢用这个表达法。）p 形式 $\boldsymbol{\alpha}$ 的外导数是 $(p+1)$ 形式，记为 $d\boldsymbol{\alpha}$，它有分量

233

$$(d\boldsymbol{\alpha})_{qr\cdots t} = \frac{\partial}{\partial x^{[q}} \alpha_{r\cdots t]},$$

（这个记法看上去有些复杂，反对称化——这个表达式的关键——延伸到所有 $p+1$ 指标，包括导数符号后变量 x 的指标）。✳✳〔12.14〕，✳✳✳〔12.15〕

✳✳〔12.11〕利用上述关系，证明：$d(Adx + bdy) = (\partial B/\partial x - \partial A/\partial y) \cdot dxdy$。

✳〔12.12〕为什么？

✳✳✳〔12.13〕假定练习〔12.10〕的结果成立，对 $p = 1$ 证明庞加莱引理。

✳✳〔12.14〕直接证明：在这种坐标定义下，外导数满足所有"公理"。

✳✳✳〔12.15〕试证：不论选择什么样的坐标系，只要形式分量 $\alpha_{r\cdots t}$ 的变换满足要求——形式 $\boldsymbol{\alpha}$ 本身在坐标变换下保持不变，那么这种坐标定义给出的是同一个量 $d\boldsymbol{\alpha}$。提示：这种变换恒等于 §13.8 给出的 $\begin{bmatrix} 0 \\ p \end{bmatrix}$ 价张量分量的被动变换。

现在我们给出外演算基本定理。对于 p 形式 φ，表达式如下（图 12.11）：

$$\int_{\mathcal{R}} \mathrm{d}\varphi = \int_{\partial\mathcal{R}} \varphi \text{。}$$

这里 $\mathcal{R}$ 是某个（$p + 1$）维（定向）紧致区域，其（定向）p 维边界（当然也是紧的）记为 $\partial\mathcal{R}$。

这里有好些词我还没来得及解释。就当前意义来说，直观上，"紧的"是指区域 $\mathcal{R}$ 不"趋于无穷大"，它没有"割去的洞"，也没有"边界被移走"。更准确地说，紧致区域 $\mathcal{R}$ 是指这样一种区域，[12] 其中 $\mathcal{R}$ 内的任一无穷点列必聚合到 $\mathcal{R}$ 内一点（图 12.12(a)）。这里，聚点 y 有如下性质：$\mathcal{R}$ 内包含 y 的任一开集（见 §7.4）必包含许多无穷点列（故点列里的点将无限地靠近 y）。无穷维欧几里得平面是非紧的，但球面则是紧的，环面也是紧的。处于复平面单位圆（闭单位圆盘）内或圆上的点集也是紧的，但如果我们从这个集上割去圆本身，甚至仅割去圆心一点，则剩下的集合就不再是紧的了，见图 12.13。

234

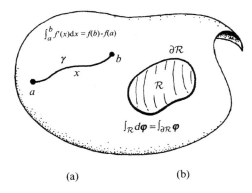

(a)　　　　　(b)

图 12.11　外演算基本定理 $\int_{\mathcal{R}} d\varphi = \int_{\partial\mathcal{R}} \varphi$。(a) 经典（17 世纪）情形 $\int_b^a f'(x)dx = f(b) - f(a)$，这里和 $\mathcal{R}$ 都是曲线 γ 上从 a 到 b 的以 x 为参数的曲线段，因此 $\partial\gamma$ 由 γ 的端点 $x = a$（负端起计量）和 $x = b$（正端点）组成。(b) p 形式 φ 的一般情形，$\mathcal{R}$ 是带 p 维边界 $\partial\mathcal{R}$ 的定向（$p + 1$）维紧致区域。

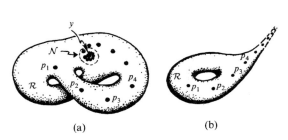

(a)　　　　　(b)

图 12.12　紧致性。(a) 紧致空间 $\mathcal{R}$ 具有性质：$\mathcal{R}$ 内无穷点列 p_1, p_2, p_3, … 最终必累加到 $\mathcal{R}$ 内某个点 y —— 因此 $\mathcal{R}$ 内每个包含 y 的开集 $\mathcal{N}$ 必包含（无穷）多个序列。(b) 非紧空间不具有这种性质。

"定向的"指的是 R 的每一点上有一致的手征（图 12.14）。对零维流形或离散点集，定向就是将"正"（$+$）或"负"（$-$）简单赋给每个点（图 12.14(a)）；对一维流形或曲线，定向就是指定曲线的正方向，这个方向可用曲线上的箭头来表示（图 12.14(b)）；对于二维流形，定向可由带箭头的小圆圈或一段圆弧来表示（图 12.14(c)），它代表曲面上该点的切向量转动时的正方向；对于三维流形，定向由某点上三个独立矢量轴来代表，三轴间关系要么按"右手系"，要么按"左手系"（见 §11.3 和图 11.1），见图 13.14(d)。只有那种非常罕见的空间我们才无法确定其方向。默比乌斯带（图 12.15）就是其中的一个（非定向的）例子。

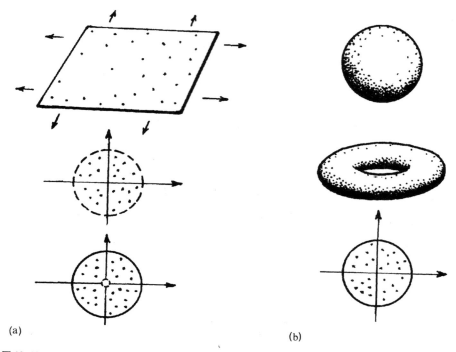

图 12.13　（a）一些非紧空间：无穷欧几里得平面，开单位圆盘和去掉圆心的闭圆盘。（b）紧致空间的例子：球面，环面和闭单位圆盘。（实边界线是集合的一部分，断开的边界线则不是。）

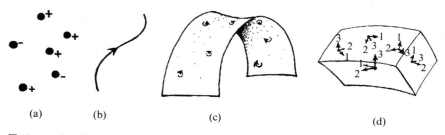

图 12.14　定向性。（a）（多分量）零维流形是一个离散点集；定向就是将"正"（＋）或"负"（－）简单赋给每个点；（b）对一维流形或曲线，定向就是指定曲线的正方向，这个方向可用曲线上的箭头来表示；（c）对二维流形，定向可由带箭头的小圆弧来表示，它代表曲面上该点的切矢量转动时的正方向；（d）对三维流形，定向由某点上 3 个独立矢量轴来代表，三轴间关系按"右手系"（参见图 11.1）

236

（定向紧致的）（$p+1$）维区域 $\mathcal{R}$ 的边界 $\partial\mathcal{R}$，由 $\mathcal{R}$ 的那些不处于 $\mathcal{R}$ 的内部的点组成。如果 $\mathcal{R}$ 是适当非病态的，则 $\partial\mathcal{R}$ 是（定向紧致的）p 维区域，虽然它可能为空。$\partial\mathcal{R}$ 的边界 $\partial\partial\mathcal{R}$ 为空，故 $\partial^2=0$，这个关系补足了早先的 $\mathrm{d}^2=0$。

237　　复平面上闭合单位圆盘的边界是个单位圆；单位球面的边界为空；有限长直圆柱（二维圆柱面）的边界由两端的两个圆组成，但二者的取向相反；有限长线段的边界由两端点组成，一个取 ＋，另一个取 －，见图 12.16。[13] 前述的原始一维微积分基本定理只是外演算基本定理在 $\mathcal{R}$ 取某一线段时的一个特例。

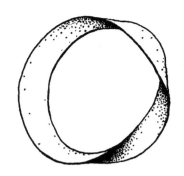

图 12.15 默比乌斯带：一个非定向的例子。

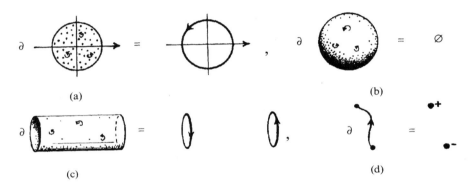

图 12.16 性态良好的 $(p+1)$ 维定向紧致区域 $\mathcal{R}$ 的边界 $\partial \mathcal{R}$，是（定向紧致的）p 维区域（可能为空），它由那些不属于 $\mathcal{R}$ 的 $(p+1)$ 维内部的 $\mathcal{R}$ 的点组成。（a）闭合单位圆盘的边界（由复平面 $\mathbb{C}$ 内 $|z| \leqslant 1$ 给定）是个单位圆；（b）单位球面的边界为空（$\varnothing$ 表示空集，见 §3.4）；（c）有限长圆柱面的边界由两端的两个圆组成，它们的取向相反；（d）有限长曲线段的边界由两端点组成，一个取 $+$，另一个取 $-$。

12.7　体积元，求和规则

现在我们回到 n 维流形 $\mathcal{M}$ 的 p 形式与 $(n-p)$ 维矢量之间的关系上来。为了理解这种关系，最好是先考察一下 $p=n$ 的极限情形。这时我们实际上研究的是 $\mathcal{M}$ 上 n 形式与标量场之间的关系。对于 n 形式 ε 的情形，$\mathcal{M}$ 的 o 点上相伴的 n 维曲面元正好是 o 点上整 n 维切平面。ε 只提供对 n 维密度的量度，无所谓方向性。这种密度（假定处处不为零）有时用来代表 n 维流形 $\mathcal{M}$ 的体积元。体积元可用来将 $(n-p)$ 维矢量转换为 p 形式，反之亦可。（有时还存在一种用来赋给流形作为其"结构"的体积元，此时 p 形式与 $(n-p)$ 维矢量之间不存在根本区别。）

怎样才能够利用体积元将 $(n-p)$ 维矢量转换到 p 形式呢？我们知道，利用 n 形式 ε 的分量在每个坐标拼块下的表达式，ε 可表为具有 n 个反对称下指标的量

$$\varepsilon_{r\cdots w}$$

（有些人喜欢将因子 $(n!)^{-1}$ 包含在这个表达式里，但我不太理会在这种地方出现的各种别扭的因子，它们会影响到我们对主要概念的注意力。）我们可以用这个量 $\varepsilon_{r\cdots w}$ 将 $(n-p)$ 维矢量 $\boldsymbol{\psi}$ 的分量族 $\psi^{u\cdots w}$ 转换成 p 形式 $\boldsymbol{\alpha}$ 的分量族 $\alpha_{r\cdots t}$。下节我们将利用张量代数运算的便捷性对此作充分讨论。这种代数将 $\psi^{u\cdots w}$ 的 $n-p$ 个上指标与 $\varepsilon_{r\cdots w}$ 的 n 个下指标里的 $n-p$ 个指标"粘合"，剩下的 p 个不匹配的下指标正好是 $\alpha_{r\cdots t}$ 所需的，这种"粘合"运算其实就是张量的"缩并"（或"平移"），它确保每个上指标能够与相应的下指标配对，这些配对指标在求和之后的最终表达式里被消去。

缩并的原型是标积，它将余矢量 $\boldsymbol{\beta}$ 的分量 β_r 和矢量 $\boldsymbol{\xi}$ 的分量 ξ^r 这两组分量的相应元素相乘，然后对相同指标求和，从而合并成一个标量

$$\boldsymbol{\beta} \cdot \boldsymbol{\xi} = \sum \beta_r \xi^r,$$

238　　这里求和是指相同指标 r（一个上标一个下标）的加和。这种求和处理可以应用到多指标量上。物理学家们发现，采用由爱因斯坦引入的这种求和约定实在太方便了。这种约定在运算上略去了实际加号，并假定，只要在某一项的上下指标位置上出现相同的指标字母，就意味着对这一对上下指标求和，求和运算总是对该指标从 1 取到 n。相应地，现在标积可简单写成

$$\boldsymbol{\beta} \cdot \boldsymbol{\xi} = \beta_r \xi^r.$$

利用这一约定，我们可将上述根据 $(n-p)$ 维矢量和体积元来表达 p 形式的处理过程概括为

$$\alpha_{r\cdots t} \propto \varepsilon_{r\cdots tu\cdots w} \psi^{u\cdots w},$$

这里有 $n-p$ 个指标 $u, \cdots, w$ 被缩并掉。我在这里引入符号" $\propto$ "代表"正比于"，表示符号两边的每一边都是另一边的非零倍数。这样表达式就不会充斥着各种复杂的因子，让人看着眼晕。有时譬如说 $(n-p)$ 维矢量 $\boldsymbol{\psi}$ 和 p 形式 $\boldsymbol{\alpha}$ 互为对偶关系[14]，如果这种关系（直至正比性）成立，此时还存在相应的逆运算

$$\psi^{u\cdots w} \propto \alpha_{r\cdots t} \epsilon^{r\cdots tu\cdots w},$$

这里 ϵ（n 维矢量）是适当的体积的倒数形式，常与 $\boldsymbol{\varepsilon}$ 按下式"归一化"：

$$\boldsymbol{\varepsilon} \cdot \boldsymbol{\epsilon} = \varepsilon_{r\cdots w} \epsilon^{r\cdots w} = n!,$$

（尽管我们在此并不关心归一化问题）。

这些公式均属经典张量代数（§12.8）的一部分，它提供了一种强有力的操作程序（它们均可扩展到张量的微积分上，我们将在第 14 章再作详述），利用指数记法加上爱因斯坦求和规则，我们可得到不少东西。在这种代数里，用于反对称化的方括号和对称化的圆括号也起着重要作用：

$$\psi^{(ab)} = \frac{1}{2} (\psi^{ab} + \psi^{ba}),$$

$$\psi^{(abc)} = \frac{1}{6}(\psi^{abc} + \psi^{acb} + \psi^{bca} + \psi^{bac} + \psi^{cab} + \psi^{cba}),$$

等等，

其中所有定义为方括号的负号均为正号取代。

作为方括号记法优越性的另一些例子，我们来看看怎样写出简单 p 形式 $\boldsymbol{\alpha}$ 或 q 维矢量 $\boldsymbol{\psi}$ 的条件，即是说，如何写出 p 个个体 1 形式的楔积或 q 个普通矢量的楔积。根据各自的分量，相应的条件为

$$\alpha_{[r\cdots t}\,\alpha_{u]v\cdots w} = 0 \quad \text{或} \quad \psi^{[r\cdots t}\psi^{u]v\cdots w} = 0,$$

这里第一个因子的所有指标与第二个因子的某一个指标构成"斜对称积"。[15] 如果 $\boldsymbol{\alpha}$ 和 $\boldsymbol{\psi}$ 恰巧互为对偶，则我们可将两个条件并为

$$\psi^{r\cdots tu}\alpha_{uv\cdots w} = 0,$$

这里只有 $\boldsymbol{\psi}$ 的一个指标与 $\boldsymbol{\alpha}$ 的一个指标缩并。这样表达的对称性说明，简单 p 形式的对偶是简单 $(n-p)$ 维矢量，反之也一样。✳✳✳[12.16]

12.8　张量：抽象指标记法和图示记法

数学家和物理学家们经常在记法上发生冲突。我们可以用这两种记法来写方程 $\boldsymbol{\beta} \cdot \boldsymbol{\xi} = \beta_r \xi^r$ 的两边作为例子。数学家的记法显然与坐标无关，表达式 $\boldsymbol{\beta} \cdot \boldsymbol{\xi}$（数学文献里更常见的是 $(\boldsymbol{\beta} \cdot \boldsymbol{\xi})$ 或 $<\beta, \xi>$ 这种记法）无须参照任何坐标系，标积运算完全是定义在几何/代数术语上的。另一方面，物理学家的表达式 $\beta_r \xi^r$ 反映的是某种坐标系下的分量。当我们从一个坐标拼块移向另一个坐标拼块时，分量形式将发生变化。进一步来说，这种记号依赖于"不良的"求和约定（这与标准的数学用法多有冲突）。但是，物理学家的记法自有其灵活方便的地方，特别是在那些数学家尚未涉足的地方用以构造一种新运算时更是如此。对于某些繁复的计算（像与上面最后一对表达式有关的那些式子），如果我们不借助指标表示，经常是简直就无法进行下去。纯数学家们经常会发现，他们不得不（为难地）诉诸"坐标拼块"的计算——当论证中有时需要用到一些基本计算量的时候——因为他们很少用到求和约定。

在我看来，这种冲突多半是人为的，只要我们改变立场就很容易解决它。当物理学家运用量 "ξ^a" 时，她或他心里通常想的是那种我一直记为 $\boldsymbol{\xi}$ 的实际的矢量，而不是这个矢量在某种坐标系下的分量。对 "α_a" 我们同样可作此理解，它代表的是一个实际的 1 形式。实际上，这种思想完全可以通过所谓抽象指标记法[16]这一框架来严格地体现。在这个框架下，指标不代表某种坐

✳✳✳〔12.16〕试证：为简单起见，所有这些条件均等价；在 $p=2$ 情形下证明：$\alpha_{[rs}\alpha_{u]v} = 0$ 的充分性。（提示：缩并两矢量的这个表式。）

标系下的 1, 2, …, n 之一, 它只是代数表述中的一种抽象符号。这种记法在避开由具体坐标系带来的概念上缺陷（如是否简明等）的同时, 保留了指标记号的实际优越性。此外, 业已证明, 抽象指标记法还有许多其他的实际好处, 尤其是关系到有关旋量的表述方面。[17]

但抽象指标记法仍存在视觉上难以辨认的问题, 它无法通过一个公式揭示出所有重要细节, 因为指标符号本来就小, 再加上精心排布, 人们辨认起来非常吃力。这些困难可通过引入另一种张量代数记法来缓解。这就是我下面要讲的图示记法。

首先, 我们应当清楚张量实际上是什么。在指标记法里, 张量记为

$$Q_{a\cdots c}^{f\cdots h}$$

这样一个量。它有 p 个上标和 q 个下标 $(p, q \geq 0)$, 且不必是专门对称的。我们称这种表达式为价[18]$\begin{bmatrix} p \\ q \end{bmatrix}$ 的张量（或 $\begin{bmatrix} p \\ q \end{bmatrix}$ 价张量, $\begin{bmatrix} p \\ q \end{bmatrix}$ 张量）。从代数上说, 它表示这样一个量 Q, 它可视为是 q 个矢量 $A, \cdots, C$ 和 p 个余矢量 $F, \cdots, H$ 的（某种特殊的所谓多重线性[19]）函数

$$Q(A, \cdots, C; F, \cdots, H) = A^a \cdots C^c Q_{a\cdots c}^{f\cdots h} F_f \cdots H_h \text{。}$$

在图示记法下, 张量 Q 则表示为一种清楚的符号（如矩形, 三角形, 椭圆形, 依方便而定）, 该符号拖着 q 条向下的线段（"腿"）, 举着 p 条向上的线段（"臂"）。在任一张量表达式里, 不同元素相乘可表示为某种符号的并置, 它不必是线性有序的。任意两指标的缩并必然表现为上下线段的自上而下的连接。其他各种例子见图 12.17 和图 12.18, 其中包括了我们遇到的各种公式的表达。作为一种记号, 我们用横在各指标线段上的横杠来表示反对称化, 它相当于指标记法里的方括号（虽然业已证明对涉及阶乘因子我们可方便地采用不同的约定）。"波浪"线对应于对称化。虽然图示记法通常较难印刷, 但它为许多手工计算带来莫大方便, 我自己已经用了 50 年![20]

241
242
243

12.9 复流形

最后, 我们回到第 10 章提到的复流形上来。当我们将黎曼曲面视为一维曲面时, 我们只能根据复平面上的全纯运算来考虑。对高维流形, 我们也可以这么来对付。考虑坐标 $x^1, x^2, \cdots,$ x^n, 现在它们均为复数 $z^1, z^2, \cdots, z^n$, 并且关于这些坐标的函数全是全纯函数。我们再次将流形视为由一块块坐标拼块"粘合"起来的, 每块拼块是坐标空间 $\mathbb{C}^n$ 的开区域, 该空间里的点表示复数的 n 元组 $(z^1, z^2, \cdots, z^n)$（从§10.2, "$\mathbb{C}$"本身就代表复数系）。表坐标变换的转移函数完全由全纯函数确定。我们可按与前述相同的方式来定义实 n 维流形下的全纯矢量场、全纯余矢量场、全纯 p 形式、全纯张量等。

但还存在另一种哲学立场: 我们可根据实部和虚部来表示复数坐标 $z^j = x^j + \mathrm{i}y^j$（或者这么说吧, 如果将复共轭也作为可接受函数包括进来, 那么运算就不必是专门的全纯函数, 见§10.1）。于是, "复 n 维流形"不再被看作是 n 维空间, 而是实 $2n$ 维流形。当然, 这是一种带

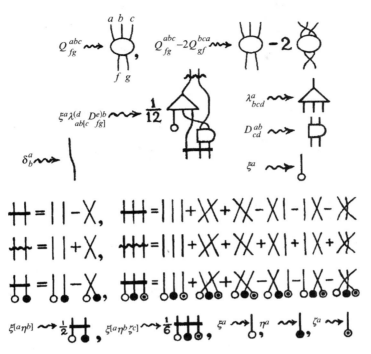

图 12.17 张量的图示记法记号。$\begin{bmatrix} 3 \\ 2 \end{bmatrix}$价张量 $\boldsymbol{Q}$ 表示带 3 个臂 2 条腿的椭圆，一般的 $\begin{bmatrix} p \\ q \end{bmatrix}$价张量图有 p 个臂 q 条腿。在表示像 $Q^{abc}_{fg} - 2Q^{bac}_{gf}$ 这样的式子时，图示记法用臂和腿的末端在纸上的位置变动来表示指标的变动，而不是诉诸指标字母。张量指标的缩并用臂和腿的连接来表示，图中展示了 $\xi^a \lambda^{(d}_{ab[c} D^{e)b}_{fg]}$ 的图。这个图同时也展示了横在各指标线段上的粗横杠所表示的反对称化，和表示对称化的波浪线。图中因子 $\frac{1}{12}$ 是（为简化计算）对称项和反对称项在图示记法中消去时产生的归一化阶乘分母（这里我们需要 $\frac{1}{2!} \times \frac{1}{3!} = \frac{1}{12}$）。在图的下半段，反对称项和对称项均写成"无实体"的表达式（利用§13.3，图 13.6（c）引入的克罗内克 δ^a_b 的图示）。它们被用来表示（多矢量的）楔积 $\boldsymbol{\xi} \wedge \boldsymbol{\eta}$ 和 $\boldsymbol{\xi} \wedge \boldsymbol{\eta} \wedge \boldsymbol{\zeta}$。

有非常特殊的局部结构（这里指复结构）的 $2n$ 维流形。

我们有各种方法来表述这一概念。本质上说，这里需要的是一种高维下的柯西－黎曼方程（§10.5），但表述上不尽相同。我们来考虑流形上复矢量场与实矢量场之间的关系。可将复矢量场 $\boldsymbol{\zeta}$ 表为如下形式

$$\boldsymbol{\zeta} = \boldsymbol{\xi} + \mathrm{i}\boldsymbol{\eta},$$

这里 $\boldsymbol{\xi}$ 和 $\boldsymbol{\eta}$ 均为 $2n$ 维流形上的普通实矢量场。所谓"复结构"不过是告诉我们这些实矢量场是如何彼此联系的，以及为使 $\boldsymbol{\zeta}$ 能够成为"全纯的"，它们应遵从什么样的微分方程。现在，我们来考虑新的由复场 $\boldsymbol{\zeta}$ 乘以 i 产生的复矢量场。可以看到，为了保持协调性，必有 $\mathrm{i}\boldsymbol{\zeta} = -\boldsymbol{\eta} + \mathrm{i}\boldsymbol{\xi}$，这样实矢量场 $\boldsymbol{\zeta}$ 由 $-\boldsymbol{\eta}$ 取代，而 $\boldsymbol{\eta}$ 则由 $\boldsymbol{\xi}$ 取代，实施这种替代的运算 $\boldsymbol{J}$（即 $J(\boldsymbol{\xi}) = -\boldsymbol{\eta}$，$J(\boldsymbol{\eta}) = \boldsymbol{\xi}$）就是通常所指的"复结构"。

若两次使用 $\boldsymbol{J}$，相当于增加一负号（因为 $\mathrm{i}^2 = -1$），故这种操作可写成

244

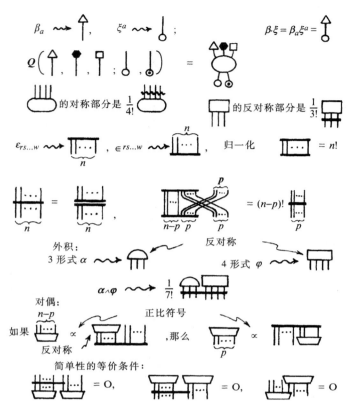

图 12.18 更多的张量的图示记法记号。余矢量 β（1 形式）的图有一条单腿，它与矢量 ξ 的单臂相连给出二者的标积。更一般地，由 $\begin{bmatrix} p \\ q \end{bmatrix}$ 价张量 Q 定义的多重线性形式用图来表示，就是将 p 个可变余矢量的 p 个臂与腿相连，再将 q 个矢量的 q 条腿与臂相连（图中给出的是 $q = 3$ 和 $p = 2$ 情形）。一般张量的对称和反对称部分可用图 12.17 里运算中的波浪线和粗横杠来表示。横杠也可与体积 n 形式 $\xi_{rs\cdots w}$（n 维空间）及其对偶 n 矢量 $\epsilon^{rs\cdots w}$ 的图示记法连用，给出二者的归一化 $\varepsilon_{rs\cdots w}\epsilon^{rs\cdots w} = n!$ 等价于 $(n!\ \delta^a_{[r}\delta^b_s\cdots\delta^f_{w]} = \epsilon^{ab\cdots f}\ \varepsilon_{rs\cdots w}$（$n$ 个反对称指标）和 $(\varepsilon_{a\cdots cu\cdots w}\epsilon^{a\cdots ce\cdots f} = p!\ (n-p)!\ \delta_{[u}\cdots\delta^f_{w]})$（见 §13.3 和图 13.6（c））的关系也可以用图示记法表示。图中下方依次表示的是形式的外积，p 形式与（$n-p$）矢量的"对偶"，以及"简单性"条件。（外导数的图见图 14.18。）

$$J^2 = -1。$$

这个条件定义了所谓殆复结构。为了将其具体化到实际复结构里去，有必要提出与之协调的"全纯"流形概念，这是一种 J 所遵循的微分方程。[21] 还有一条著名定理，称之为纽兰德－尼伦博格定理，[22] 它说的是，带 J 结构的 $2n$ 维实流形是解释 m 维复流形的充分（还应加上必要）条件。这条定理使我们可以自由地在关于复流形的两种观点上作出选择。

注 释

§12.1

12.1 这里"可缩性"是在同伦（见 §7.2，图 7.2）意义上说的，因此不允许"消去"反向环线段，这种多连通属同伦论内容。见 Huggett and Jordan（2001）；Sutherland（1975）。

12.2 严格来说，这里的讨论尚未完成，因为我拿不出令人信服的理由来证明，如果两端固定，纸带的 2π 扭转就一定不能连续地解开。***[12.17] 见 Penrose and Rindler（1984），41～44 页。

12.3 这里我们将气体分子处理成点粒子。对于有内部自由度或转动自由度的分子来说，$\mathcal{P}$ 的维数要大得多。

§12.2

12.4 普通的"流形"概念假定，空间 $\mathcal{M}$ 首先是一种拓扑空间。对空间 $\mathcal{M}$ 赋以拓扑就是明确指出这里的点集是所谓"开"的（参见 §7.4）。开集具有这样的属性：两个开集的交是开集，它们的并（有限或无限）也是开集。另外，对文中所说的豪斯道夫条件，是指通常要求 $\mathcal{M}$ 的拓扑受到其他方面限制，特别是它必须满足所谓"仿紧性"要求。对这个概念以及与此相关概念的意义，有兴趣的读者可参阅 Kelley（1965）；Engelking（1968）或其他有关普通拓扑学的标准教材。但就本书目的而言，仅需假定 $\mathcal{M}$ 是由 $\mathbb{R}^n$ 的局域有限的开区域拼块构成的就已足够，这里"局域有限"是指每个拼块仅与数量有限的其他拼块相交。

在流形定义里往往要求的最后一项条件是，它是连通的，这意味着它只包含"一个"集合（意思是它不是两个不相连的非空开集的并）。这里我不坚持这一点。如果需要连通性，我们将适时明确指出。

12.5 例如，见 Kobayashi and Nomizu（1963）；Hicks（1965）；Lang（1972）；Hawking and Ellis（1973）。定义流形 $\mathcal{M}$ 的一种有趣方法，是直接从定义在 $\mathcal{M}$ 上的标量场的可交换代数出发重构 $\mathcal{M}$ 本身，见 Chevalley（1946）；Nomizu（1956）；Penrose and Rindler（1984）。这一想法推广到非交换代数，便有了 Alain Connes（1994）的"非交换几何"概念，这个概念为"量子时空几何"提供了一种现代的处理手段（见 §33.1）。

§12.3

12.6 见 Helgason（2001）；Frankel（2001）。

12.7 由 1 形式 $\boldsymbol{\alpha}$ 定义的 $(n-1)$ 维平面元族与 1 参数 $(n-1)$ 维曲面族切触（故对某些标量场 λ，$\varPhi$，有 $\boldsymbol{\alpha}=\lambda\mathrm{d}\varPhi$）的一般条件称为弗罗贝尼乌斯条件：$\boldsymbol{\alpha}\wedge\mathrm{d}\boldsymbol{\alpha}=0$，见 Flanders（1963）。

12.8 概念混乱容易出现在这种地方：例如像"$\mathrm{d}x^r$"在"经典"概念里表示无穷小位移（矢量），而在我们这里，它表示余矢量。事实上，这里采用的记法是协调一致的，但需要我们保持清醒的头脑。从上指标 r 看，$\mathrm{d}x^r$ 似乎具有矢量特征，如果我们按 §12.8 将 r 视作抽象指标，那么它就是矢量。另一方面，如果将 r 视作数字指标，如 $r=2$，那么 $\mathrm{d}x^r$ 代表的就是余矢量，即标量 $y=x^2$（"x^2"不是 x 的平方）的梯度 $\mathrm{d}x^2$。但这要取决于对"d"的理解，它代表的是梯度而不是经典意义上的无穷小记号。实际上，如果我们将 r 视为抽象指标，d 视为梯度，那么"$\mathrm{d}x^r$"其实就是（抽象的）克罗内克 δ！

§12.5

12.9 这是一种类推，如果从"无穷小"观点来看"$\mathrm{d}x$"的话。这里从"$\mathrm{d}x\wedge\mathrm{d}y$"的反交换性质可知，我们正在用定向面积测度方法对密度进行运算。

12.10 这个术语是 N. M. J. Woodhouse 向我提议的。有时这个定理称为斯托克斯定理。但这似乎很不恰当，因为斯托克斯的唯一贡献就是把这个明显得自 Willian Thomson（1824～1907，Lord Kelvin 即开尔文勋爵）的命题变成了（剑桥大学）史密斯奖竞赛题。

§12.6

12.11 见 Flanders（1963）。（在这本书里，凡我称为"庞加莱引理"的地方指的都是其逆定理。）

12.12 关于拓扑空间的紧致性有更为广泛应用性定义，但它不如我们这儿给出的这么直观。空间 $\mathcal{R}$ 是紧的是指，对每一种将 $\mathcal{R}$ 表为开集并（the union of open sets）的方式，都存在这些开集（它们的并仍在 $\mathcal{R}$ 内）的有限集合。

*** 〔12.17〕将普通三维空间里的转动表示为矢量，其方向指向转轴，转轴的长等于转角。证明：$\mathcal{R}$ 的拓扑可由普通球面限定的（半径为 π 的）实心球来描述，曲面上的每一点均可叠合到其对径点。直接讨论证明：为什么表示 2π 转动的闭圈不能连续变形到一个点。

12.13 有关这些问题的更多材料见 Willmore（1959）。

§12.7

12.14 这个"对偶"概念与 §12.3 里描述的余矢量是矢量的"对偶"这种对偶概念有很大的不同。它与另一个"对偶"概念——Hodge 对偶——密切相关。这种对偶性在电磁理论（§19.2）里多有应用，它的各种变体则在量子引力（§31.14，§32.2，§§33.11，12）和粒子物理（§25.8）的各种处理中起着重要作用。遗憾的是，在所有这些场合，数学术语上的局限性有可能使人造成错觉。

12.15 见 Penrose and Rindler（1984），165，166 页。

§12.8

12.16 见 Penrose（1968），135~141 页；Penrose and Rindler（1984），68~103 页；Penrose（1971）。

12.17 见 Penrose（1968）；Penrose and Rindler（1984，1986）；Penrose（1971）和 O'Donnell（2003）。

12.18 有时 $p+q$ 的值用秩这个术语来表示，但这容易让人糊涂，因为在与矩阵相关的概念里，"秩"具有独立意义。见 §13.8 里的注释 13.10。

12.19 这意味着 A，$\cdots$，C；F，$\cdots$，H 里的每一个都是独立线性的，亦见 §§13.7~10。

12.20 见 Penrose and Rindler（1984），附录；Penrose（1971）；Cvitanovič and Kennedy（1982）。

§12.9

12.21 这个称为"由 J 构造的尼詹休伊斯（Nijenhuis）张量"的表达式为零，我们可将其写成 $J^d_{[a}\partial J^c_{b]}/\partial x^d + J^c_d \partial J^d_{[a}/\partial x^{b]} = 0$。

12.22 Newlander and Nirenberg（1957）。

第十三章

对称群

13.1 变换群

具有对称性的空间概念在现代物理里极为重要。为什么这么说呢？我们可能会认为，完全精
确的对称不过是某种例外，或说是某种出于方便的近似。虽然像正方形或球面这样的对称性作
为理想化的（"柏拉图的"；见 §1.3）数学结构的确是一种客观存在，但我们通常是将其物理原型
视为这种柏拉图理想物的粗略表示。因此，世界上并不存在严格意义上的实际对称体。但从高度
成功的 20 世纪物理理论这一明显事实可知，所有物理相互作用（包括引力）都与这样一种概念
相一致，严格说来这一概念是建立在具有对称性的物理结构基础上的，即使从基本描述上来说，
这种对称性也完全称得上是严格的！

这个概念指的是什么？这是一种人们称之为"规范联络"的概念。单就这个名称本身来说，
我们获知不多，但这却是个十分重要的概念，它将引领我们找出应用于流形一般对象上的那种
精妙的（"容易犯糊涂的"）微分概念（这些对象比诸如 p 形式等概念更为一般，它们从属于外
微分范畴，见第 12 章里的描述）。我们将用本章后的两章来讨论这些流形上的一般对象。作为预
先准备，本章里我们先探讨对称群这一基本概念。这个概念在物理，化学和晶体学等领域有着重
要应用，对于数学本身的许多领域里也极为重要。

我们先举个简单例子。譬如说正方形的对称是指什么？我们可以有两种不同的答案，具体要
依据我们是否允许正方形的取向发生翻转（即正方形翻个个儿）而定。我们先来考虑不允许取
向发生翻转的情形。这时正方形的对称性是指正方形在其所在平面内转过若干个 90° 的结果。为
方便起见，我们可像在第 5 章里那样，用复数来表示这些转动。将四方形的四个顶点取为复平面
上的点 1，i，−1，−i（图 13.1（a）），这样，基本转动可由乘以 i（即"i×"）来表示。i 的不
同幂代表了所有的转动，它们可划分为如下四种（图 13.1（b））：

$$i^0 = 1, \quad i^1 = i, \quad i^2 = -1, \quad i^3 = -i$$

第四种幂 $i^4 = 1$ 回到初态，因此不会有更多的元素了。这四种元素的两两乘积也是这四个元素之一。

这四个元素为我们提供了群的简单例子。群由一组元素和定义在这组元素的数偶（表记为符号并置）上的乘法律构成。这些元素满足乘法结合律：

$$a(bc) = (ab)c;$$

群中存在单位元 1，使得

$$1a = a1 = a;$$

对群中每一个 a，对存在其逆 a^{-1}，使得***[13.1]

$$a^{-1}a = aa^{-1} = 1。$$

使一物体（不必是正方形）回到自身原状态的对称运算总是满足这些代数律，我们称这些代数律为群公理。

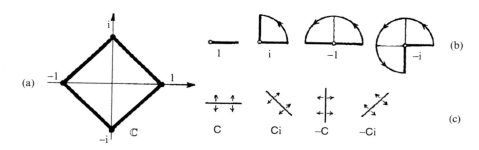

图 13.1 正方形的对称性。（a）我们可用复平面 $\mathbb{C}$ 上的点 1，i，−1，−i 来表示四方形的四个顶点。（b）$\mathbb{C}$ 里的非镜向反射转动群可分别表示为乘积 $1 = i^0$，$i = i^1$，$-1 = i^2$，$-i = i^3$。（c）**C** 里的镜向反射转动群由 **C**（复共轭），**C**i，**−C**，**−C**i 给出。

249　　回忆一下我们在第 11 章里推荐的约定，即在积 ab 中，我们认为是先行 b 运算，再行 a 运算。我们可将 ab 视为作用到其右边对象的算符，这样，对物体 $\boldsymbol{\Phi}$ 施加的对称作用，姑且设为 b，可写作 $\boldsymbol{\Phi} \mapsto b(\boldsymbol{\Phi})$，跟着 a 作用写成 $b(\boldsymbol{\Phi}) \mapsto a(b(\boldsymbol{\Phi}))$。二者合成后即为 $\boldsymbol{\Phi} \mapsto a(b(\boldsymbol{\Phi}))$，或简写为 $\boldsymbol{\Phi} \mapsto ab(\boldsymbol{\Phi})$。单位元的作用相当于使物体保持原状态不变（显然这总是一种对称作用），元素的逆相当于对给定对称性的逆作用，使物体回复到原状态。

在上述正方形的非镜向反射转动这个具体事例里，ab 还满足交换律

$$ab = ba。$$

具有这种交换律的群称为阿贝尔群，用以纪念不幸短命的挪威数学家尼尔斯·亨里克·阿贝尔（Niels Henrik Abel，1802~1929）[1]。显然，满足复数乘法的群一定是阿贝尔群（因为单个

***[13.1] 证明：若对于所有 a，我们仅假定 $1a = a$ 和 $a^{-1}a = 1$，加上结合律 $a(bc) = (ab)c$，那么就可推出：$a1 = a$ 和 $aa^{-1} = 1$。（提示：a 不是唯一的具有逆的元素）。另一方面，试证明：为什么说 $a1 = a$，$a^{-1}=1$ 和 $a(bc) = (ab)c$ 不是充分的。

复数的乘法总是可交换的）。我们已在第五章结尾见过这种群的另一个例子，即由单位 1 的第 n 个根生成的有限循环群 $\mathbb{Z}_n$。*[13.2]

现在我们来考虑允许正方形取向作镜像反射的情形。我们仍用复数来表示这个正方形，只是要增加一种新运算，暂且记为 C，即复共轭运算。（它使正方形关于水平线翻转，见 §10.1 里的图 10.1。）我们发现（图 13.1(c)），存在如下"乘法律"：*[13.3]

$$Ci = (-i)C, \quad C(-1) = (-1)C, \quad C(-i) = iC, \quad CC = 1$$

（这里[2]包括今后，我将把 $(-i)C$ 写成 $-iC$，余类推）。事实上，我们仅从这些基本关系即可得到整个群的乘法律：**[13.4]

$$i^4 = 1, \quad C^2 = 1, \quad Ci = i^3 C,$$

由上面最后一个式子可知，这个群是非阿贝尔群。群内相异元素的总和称为群的序。具体到这个例子，群的序为 8。

现在我们考虑另一种简单情形，即普通球面的旋转对称群。类似前述，我们先考虑非镜面反射的情形。这时对称群有无限多个元素，因为我们可在三维空间里绕任意轴转过任意角来得到对称性，这个对称群实际上构成某种三维空间，即第 12 章里记为 $\mathcal{R}$ 的三维流形。这里我们为这个群（三维流形）起一个正式的名称，叫 SO(3) 群，[3] 它是三维空间里非镜面反射的正交群。如果我们现在将反射包括进来，那么将得到一组全新的对称——称得上是另一种三维流形——它与前述的

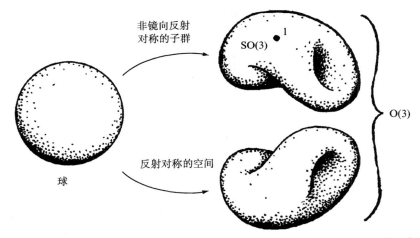

图 13.2 球的转动对称性。整个对称群,O(3),是不连通的三维流形，它由两部分组成。包含恒等元素 1 的那个分支叫球的非镜向反射对称的(正规)子群 SO(3)。余下的分支叫反射对称的三维流形。

---

*[13.2] 解释为什么矢量空间是阿贝尔群——称为加法性阿贝尔群——其中群的"乘法"运算是矢量空间的"加法"运算。

*[13.3] 验证这些关系（记住 Ci 代表"先行运算 i×，再行运算 C"，等等）。（提示：你可以仅对 1 和 i 进行运算来检验这些关系，为什么？）

**[13.4] 试证这些关系式。

非镜面反射的 SO(3) 群不连通,或者说这是一种涉及球面取向翻转的对称。这个群的所有元素同样构成三维流形,但这是一种非连通的三维流形,它由两个分离的连通分支组成（图 13.2）。整个群空间称为 O(3)。

这两个例子展示了两类最重要的群：有限群和连续群（或称为李群,见 §13.6）。[4] 虽然二者之间存在很大差别,但也有许多重要的共同性质。

13.2　子群和单群

群的子群概念有着特殊意义。为了说明子群,我们从某个群中选出一些元素组成新的群,它像整个群一样满足同样的乘法律和逆运算。对许多现代粒子物理理论来说,子群尤显重要。人们总是倾向于认为,自然界存在某种基本对称性,这种基本对称性将不同粒子彼此连结起来,并使得不同粒子间的相互作用彼此关联。但我们至今没有找到这样一种明白表示对称的完全群,反过来,我们倒是看到这种基本对称性发生"破缺"导致产生原始群的某个子群,这种子群表现出明显的对称性。因此,弄清楚这种假想的"基本"对称群实际会有什么样的子群这一点非常重要。为了阐明那些在自然界明显存在的对称性是否源自这种假想群的子群等问题,我还将在 §§25.5 – 8, §26.11 和 §28.1 节里不断回到这个主题上来。

我们来研究子群的一些特例。这些例子均取自我们已考察过的那些情形。正方形的非镜面反射对称构成该正方形整个八元素对称群的四元素子群 {1, i, −1, −i}。同样,非镜面反射转动群 SO(3) 构成了完全群 O(3) 的子群。正方形的另一个对称子群由四元素 {1, −1, C, −C} 组成,第三个子群则只有两元素 {1, −1}。*[13.5] 除此之外,还存在由单位元本身构成的平凡子群 {1}（整个群本身也是一种平凡子群）。

上面列举的这些不同的子群有一种特别重要的性质,即它们都是所谓正规子群。恰当点说,正规子群的意义在于它是总群任一元素的作用只留下来一种正规子群。更专业点说,总群的每一个元素都可与正规子群进行对易。说得更明白点,假若有总群 $\mathcal{G}$ 和子群 $\mathcal{S}$,如果从群 $\mathcal{G}$ 里挑出某个元素 g,于是我就可以用 $\mathcal{S}g$ 来代表由所有 $\mathcal{S}$ 元素里的每一个在右边乘上 g（右乘以 g）所组成的集合。这样,具体到正方形对称群的子群 $\mathcal{S} = \{1, -1, C, -C\}$,如果我们取 $g = i$,便得到 $\mathcal{S}i = \{i, -i, Ci, -Ci\}$。类似地,记号 $g\mathcal{S}$ 代表的是由所有 $\mathcal{S}$ 元素里的每一个在左边乘上 g（左乘以 g）组成的集合。对于所举的例子,就是 $i\mathcal{S} = \{i, -i, iC, -iC\}$。$\mathcal{S}$ 要成为 $\mathcal{G}$ 的正规子群的条件,就是要求这两个集合相同,即对 $\mathcal{G}$ 中的所有 g,有

$$\mathcal{S}g = g\mathcal{S}.$$

通过这个例子我们看到,情形的确如此（因为 Ci = −iC, −Ci = iC）。但我们也应记住,两花括

---

*〔13.5〕验证：本段里的所有这些元素集合都是子群（记住〔13.2〕里的提示）。

号里元素累加形成的集应看作是无序集（因此将 Si 和 iS 的表达式都写出来后，在所有元素累加的集合中，出现 $-iC$ 和 iC 的倒序无关紧要）。

我们也可以写出正方形对称群的非正规子群，如两元素子群 $\{1, C\}$。因为有 $\{1, C\}i = \{i, Ci\}$，而 $i\{1, C\} = \{i, -Ci\}$。注意，如果在正方形上标以指向右的水平箭头（如图 13.3（a）所示），我们就会意识到这种子群是一种新的（约化）对称群。如果将箭头指向斜下方（图 13.3（b）），那么就可以得到另一个非正规子群 $\{1, Ci\}$。$**[13.6]$ 在 O(3) 里，只有唯一一个非平凡正规子群，$***[13.7]$ 就是 SO(3)，但却有许多个非正规子群。如果我们在球面上选定某个有有限个点的点集，然后来求球面关于这些点的对称性，即可得到这种非正规子群。但如果只标一个点，则子群由球面绕该点到原点连线的轴转动组成（图 13.3（c））。另一方面，如果我们标出的点譬如说是规则多边形的各个顶点，那么这个子群是个有限群，它由该规则多边形的对称群组成（图 13.3（d））。

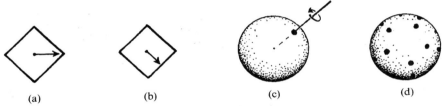

（a）　　　　　　（b）　　　　　　（c）　　　　　　（d）

图 13.3　（a）在图 13.1 的正方形上标以指向右边的箭头，使正方形的对称群减少到非正规子群 $\{1, C\}$。（b）在正方形上标以指向右下对角线的箭头，则产生不同的非正规子群 $\{1, Ci\}$。（c）在图 13.2 的球面上标一单点，使球面的对称群减少到 O(3) 的（非正规）子群 O(2)：这个群表示球面绕原点与这个单点连线为轴的转动。（d）如果在球面上标以正多面体（这里是正十二面体）的顶点，则其对称群是 O(3) 的有限（非正规）子群。

正规群之所以重要的一个原因是，如果群 G 有非平凡正规子群，那么我们可将 G 剖成一系列较小的群。假定 S 是 G 的正规子群，那么由各个不同的 Sg 组成的集合（这里 g 取遍 G 中所有元素）本身构成一个群。注意，对某个给定集合 Sg，g 的选取通常不唯一，我们可以有 $Sg_1 = Sg_2$，这里 g_1，g_2 为 G 中不同元素。对任一子群 S，形 Sg 的集合称为 G 的陪集。若 S 是正规群，则陪集构成一个群。原因是，如果我们有两个这样的陪集 Sg 和 Sh（g 和 h 均为 G 的元素），则可将二者的"积"定义为

$$(Sg)(Sh) = S(gh),$$

易知，只要 S 是正规群，那么所有群公理皆满足，因为上式右边有定义且不依赖于方程左边各陪集表达式里 g 和 h 的选择。$**[13.8]$ 按这个方式定义的合成群称为 G 对其正规子群 S 的商群，记

$**$〔13.6〕检验这些判断，找出两个或更多个非正规子群，并证明不会再有更多个了。

$***$〔13.7〕证明这一点。（提示：那些组转动会是转动不变量？）

$**$〔13.8〕验证这一点，并证明：如果 S 不是正规群，这些公理失效。

为$\frac{\mathcal{G}}{\mathcal{S}}$。对于由相异陪集$\mathcal{S}g$组成的商空间（不是群），我们往往也写成$\frac{\mathcal{G}}{\mathcal{S}}$，即使$\mathcal{S}$不是正规子群。✳✳[13.9]

没有非平凡正规子群的群称为单群。群SO(3)就是单群的一个例子。显然，单群是构建群理论的基本材料。19世纪和20世纪里数学发展上的巨大成就之一就是找到了所有有限单群和所有连续单群。对于连续单群（即李群）这个纯数学领域的研究，始于对数学产生过巨大影响的德国数学家威廉·基灵（Wilhelm Killing，1847~1923）的工作。按伟大的几何学家和代数学家艾利耶·嘉当（我们曾在第12章里遇到过他，以后在第17章还会再次与他相会）的说法，基灵在1888~1890年间发表的这方面的基础性论文，以及他在1894年完成的将群理论基本建立起来的论文，是迄今为止最重要的数学论文之一。[5]即使到今天，分类研究仍然是数学和物理各学科领域内一项重要的基础性工作。基灵的工作证明，存在4族连续单群，即A_m，B_m，C_m和D_m（$m=1$，2，$\cdots$），其相应的维数分别为$m(m+2)$，$m(2m+1)$，$m(2m+1)$和$m(2m-1)$，我们称之为典型群（见§13.10节末）；另有5种例外群E_6，E_7，E_8，F_4和G_2，其维数分别是78，133，248，52和14。

有限单群的分类更为困难，完成的时间也离我们更近些，这是20世纪里一大群数学家历经多年（尤其是最近借助计算机）才在1982年最终得以完成的一项成果。[6]有限单群同样存在一些系统的有限单群族和有限个例外有限单群。其中最大的例外群是大魔群，其序为

$$= 808017424794512875886459904961710757005754368000000000$$
$$= 2^{46} \times 3^{20} \times 5^9 \times 7^6 \times 11^2 \times 13^3 \times 17 \times 19 \times 23 \times 29 \times 31 \times 41 \times 47 \times 59 \times 71$$

在当代理论物理的许多领域，例外群特别受青睐。在弦论中，E_8群起着特别重要的作用（§31.14），另外一些学者则对巨大但有限的大魔群在未来理论表述中所起作用寄予厚望。[7]

单群的分类是一般群分类研究中的重要一步。如上所述，一般群总可以用单群（加上阿贝尔群）构建出来。当然，这还不是事情的全部，因为要从单群构造出另一个群我们还需要进一步的信息。这里我不想深入到其中的细节，只打算用最简明的例子说明一下其构造过程：设$\mathcal{G}$和$\mathcal{H}$是两个群，二者可合成为所谓积群$\mathcal{G} \times \mathcal{H}$，其元素为数偶$(g,h)$，这里$g$属于$\mathcal{G}$，$h$属于$\mathcal{H}$，$\mathcal{G} \times \mathcal{H}$的两元素$(g_1,h_1)$和$(g_2,h_2)$之间的乘法规则定义为

$$(g_1,h_1)(g_2,h_2) = (g_1g_2,h_1h_2)，$$

易证这里群公理皆满足。粒子物理里的许多群实际上都是单群的积群（或这类积群的简单调整型）。✳[13.10]

✳✳[13.9] 试解释：对于$\mathcal{G}$的任意一个有限子群$\mathcal{S}$，$\frac{\mathcal{G}}{\mathcal{S}}$元素的数目为什么是$\mathcal{G}$的阶除以$\mathcal{S}$的阶。

✳[13.10] 验证：对任意两个群$\mathcal{G}$和$\mathcal{H}$，$\mathcal{G} \times \mathcal{H}$是一个群，并且我们可以用$\mathcal{H}$来叠合商群$\frac{(\mathcal{G} \times \mathcal{H})}{\mathcal{G}}$。

13.3 线性变换和矩阵

我们在群的一般性研究里总会遇到一类特殊的对称群。这就是矢量空间里的对称群。矢量空间的各种对称性可通过保持矢量空间结构不变的线性变换来表现。

在§11.1节和§12.3节里，我们已分别定义了矢量空间 **V** 里的矢量加法和矢量的数乘，并说明了矢量加法的几何图像可用平行四边形法则来确定，而数乘则表现为矢量在尺度上放大（或缩小）若干倍（图 13.4）。这些运算我们通常指的都是实数域下情形，但实际上，在复矢量空间上这些关系也依然成立（由于复数的奇妙性，在许多场合下甚至更重要），尽管我们很难用图来描述。**V** 的线性变换是一种 **V** 到自身的变换，它保持 **V** 的结构不变。更一般地，我们也可将线性变换视为一个矢量空间到另一个矢量空间的变换。

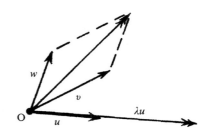

图 13.4 线性变换保它所作用空间的矢量空间结构不变。这个结构由加和运算（按平行四边形法则）和数乘一个标量 λ（它可以是实数，在复空间情形下可以是复数）运算确定。只要原点 O 固定，这种变换保直线的"平直性"和"平行性"不变。

255

线性变换可清楚地表示为数的阵列，我们称之为矩阵。矩阵概念在许多数学分支里都很重要，这一节（以及§§13.4，5）里我们将利用精致的代数规则来考察一些极为有用的矩阵。实际上，§§13.3－7 节都可看作是一种学习矩阵理论及其在连续群里应用的快速教程。这里描述的概念对于正确理解量子理论极为重要，那些已熟悉这些内容的读者，或对即将展开的量子理论的细节无甚兴趣的读者，可以跳过这几节。

要弄明白什么是线性变换，我们不妨先来考虑三维矢量空间的情形，观察它与§13.1节里讨论过的关于球面对称的转动群 O(3)（或 SO(3)）之间的关系。我们可将球面视为是嵌入在三维欧几里得空间 $\mathbb{E}^3$ 里（此空间可看作矢量空间，其原点 O 即球面的球心[8]），它在普通笛卡儿坐标系（x，y，z）下的轨迹为*[13.11]

$$x^2 + y^2 + z^2 = 1$$

球面的转动现在表为关于 $\mathbb{E}^3$ 的线性变换，但这是一种称为正交变换的特殊变换，对此我们还将在 13.8 里再作讨论。

一般的线性变换通常会将球面压成或拉成椭球面，如图 13.5 所示。几何上看，线性变换是一种保持直线和"平行"线的"平直性"不变，当然还要保证原点不动的变换，但它并不保证直角或其他角不变，因此，在均匀但各向异性的变换中，几何形状会受到挤压或拉抻。

256

---

*〔13.11〕对于距 o 单位距离上的点，说明如何从§2.1 的毕达哥拉斯定理导出这个方程。

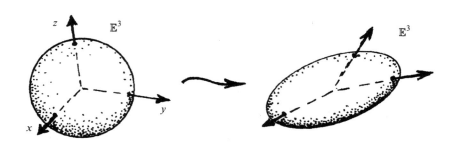

图13.5 作用在 $\mathbb{E}^3$ 上的线性变换（笛卡儿坐标系 x，y，z 下的表达式）通常会将单位球面 $x^2 + y^2 + z^2 = 1$ 压成或拉成椭球面。正交群 $O(3)$ 由保单位球面不变的 $\mathbb{E}^3$ 的线性变换构成。

我们如何用坐标 x，y，z 来表示线性变换呢？答案是每个新坐标都可表为老坐标的（均匀的）线性组合，即分别表为 $\alpha x + \beta y + \gamma z$ 形式，这里 α，β，γ 是常数。**[13.12] 我们有 3 个这样的表达式，每个表达式代表一个新坐标。为了以集约形式写下所有这 3 个式子，我们不妨再启用第 12 章里的指标记法。为此将坐标改写成 (x^1, x^2, x^3)，这里

$$x^1 = x, \quad x^2 = y, \quad x^3 = z。$$

（再次提醒：这里上指标不表示幂指数，见 §12.2）。三维欧氏空间里的某一点的坐标写为 x^a，其中 $a = 1$，2，3。指标记法的好处是这种讨论可以应用到多维情形。我们来考虑 a（和我们使用的所有其他指标字母）从 1 取到 n 的情形，这里 n 是一固定的正整数。对于前述情形，$n = 3$。

利用爱因斯坦求和约定（§12.7），指标记法下一般线性变换形式为：[9],*[13.13]

$$x^a \mapsto T^a{}_b \, x^b。$$

我们称这种线性变换为 T。显然 T 取决于一组分量 $T^a{}_b$。这样一组分量指的是一个 $m \times n$ 的矩阵，通常是数的方阵（但在另一些情形下，可能是 $m \times n$ 长方形阵）。在三维情形下，上述方程写成

$$\begin{pmatrix} x^1 \\ x^2 \\ x^3 \end{pmatrix} \mapsto \begin{pmatrix} T^1{}_1 & T^1{}_2 & T^1{}_3 \\ T^2{}_1 & T^2{}_2 & T^2{}_3 \\ T^3{}_1 & T^3{}_2 & T^3{}_3 \end{pmatrix} \begin{pmatrix} x^1 \\ x^2 \\ x^3 \end{pmatrix},$$

它代表 3 种独立的关系，开始的那个为 $x^1 \mapsto T^1{}_1 x^1 + T^1{}_2 x^2 + T^1{}_3 x^3$。*[13.14]

我们也可以不用指标或显式坐标，而将上述方程直接写成 $\boldsymbol{x} \mapsto \boldsymbol{Tx}$。如果我们愿意，还可以采用抽象指标记法（§12.8），但这时 "$x^a \mapsto T^a{}_b x^b$" 不是分量表达式，而是代表这种抽象变换 $\boldsymbol{x} \mapsto \boldsymbol{Tx}$。（对于指标代表的是抽象表达式还是分量表达式这二者区别变得十分重要的场合，应当

**[13.12] 你能解释为什么吗？为简单计，请在二维情形下验证这一关系。

*[13.13] 在三维情形下证明该式。

*[13.14] 写出这个式子的所有项，解释这个式子是如何表示为 $x^a \mapsto T^a{}_b x^b$ 的。

有文字提示。）还有一种图示记法也可用于表述上述方程，如图 13.6a 所示。在以后叙述中，我会交替使用数字矩阵（$T^a{}_b$）和抽象线性变换 T 这两种表达式，如果二者在技术上的区别不甚重要的话（前者有赖于具体矢量空间 V 的具体坐标系，后者则否）。

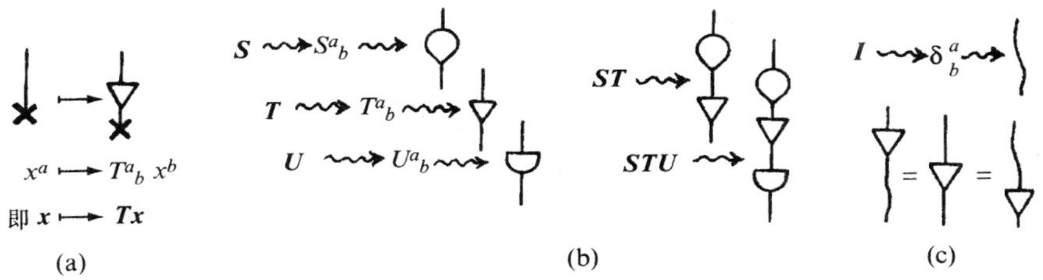

图 13.6　（a）线性变换 $x^a \longmapsto T^a{}_b x^b$，或写成无指标的 $x \longmapsto Tx$（或像 §12.8 里那样把指标看作是抽象的）的图示形式。（b）线性变换 S，T，U 和它们的积 ST 和 STU 的图示记法。我们把连续积用符号的垂直连接来表示。（c）克罗内克 δ^a_b，或单位线性变换 I，用一段"无主体"线段表示，这样，关系 $T^a{}_b \delta^b_c = T^a{}_c = \delta^a_b T^b{}_c$ 在这种记法下自动满足（也可参见图 12.17）。

现在我们考虑第二种线性变换 S，它往往跟在 T 后面使用，二者的积 R（$R = ST$）有分量（或抽象指标）表达式

$$R^a{}_c = S^a{}_b T^b{}_c$$

（分量的加和约定）。*[13.15] 积 ST 的图示记法见图 13.6(b)。注意，在图示记法下，线性变换的连续积用符号的垂直连接来表示。从记法上看，这恰好提供了一种使用上的方便，但如果我们还能够采用水平连线来连接符号那就十分完善了。（那样的话，代数和图示记法之间的联系就更紧密了。）

单位线性变换 I 的分量通常写成 δ^a_b（克罗内克 δ，一种标准约定，其指标不是像通常那样错开书写）：

$$\delta^a_b = \begin{cases} 1 & \text{若 } a = b, \\ 0 & \text{若 } a \neq b, \end{cases}$$

于是我们有*[13.16]

$$T^a{}_b \delta^b_c = T^a{}_c = \delta^a_b T^b{}_c$$

其代数关系为 $TI = T = IT$。分量 δ^a_b 的方阵沿主对角线（从左上角到右下角）为 1。对于 $n = 3$ 情形，I 为

$$\begin{pmatrix} 1 & 0 & 0 \\ 0 & 1 & 0 \\ 0 & 0 & 1 \end{pmatrix}$$

*[13.15] R，S 和 T 之间的关系是什么？把它写成分量的 3×3 方阵元素的展开形式。如果你熟悉"矩阵乘法"的正规律，你会看清楚这一点。

*[13.16] 验证该式。

在图示记法下，我们可简单地用一段实线来代表克罗内克 δ，上述代数式的符号表示见图 13.6c。

259

将整个矢量空间向下映射到其中某个较低维区域（子空间）的线性变换称为奇异的（或称退化的，降秩的）。[10] T 为奇异的等价条件是存在非零矢量 v 使得**[13.17]

$$Tv = 0。$$

如果变换是非奇异的，那么它有逆矩阵，**[13.18] T 的逆写成 T^{-1}，故对于逆矩阵，有

$$TT^{-1} = I = T^{-1}T，$$

我们可用图示记法来清晰方便地表示这个逆矩阵，如图 13.7。这里我引入了一种非常有用的符号来表示反对称的列维－齐维塔量 $\varepsilon_{a\cdots c}$ 和 $\epsilon^{a\cdots c}$（按 $\varepsilon_{a\cdots c}\epsilon^{a\cdots c} = n!$ 归一化），这种反对称量最先是在 §12.7 节和图 12.18 中引入的。**[13.19]

矩阵代数（最先由多产的英国数学家和律师亚瑟·凯莱（Arthur Carley，1821～1895）于 1858 年提出）[11] 可以在非常广阔的领域找到其应用，（例如统计学，工程学，晶体学，心理学，计算机等领域，更不用说量子力学了）。这种代数包括了 §§11.3，5，6 节里的四元代数，克利福德代数和格拉斯曼代数。我用粗黑正体大写字母（A，B，C，…）来表示组成矩阵的分量阵列（对于抽象的线性变换则用粗黑斜体字母来表示）。以后我们主要讨论的是 n 固定的 $n \times n$ 阵，

260

我们可定义这种矩阵的加法和乘法概念，以下标准代数运算均成立：

$$A + B = B + A \quad A + (B + C) = (A + B) + C \quad A(BC) = (AB)C，$$
$$A(B + C) = AB + AC \quad (A + B)C = AC + BC$$

（A + B 的每个元素即为相应的 A 的元素与 B 的元素之和）。但是通常乘法交换律不满足，即 $AB \neq BA$。而且，如上所见，不为零的 $n \times n$ 阵未必总有逆矩阵。

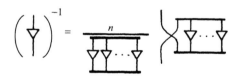

图 13.7 以图示形式给出的非奇异（$n \times n$）矩阵 T 的逆 T^{-1}。这里的图示采用 §12.7 引入并如图 12.18 所示的列维－齐维塔反对称量 $\varepsilon_{a\cdots c}$ 和 $\epsilon^{a\cdots c}$（按 $\varepsilon_{a\cdots c}\epsilon^{a\cdots c} = n!$ 归一化）的符号形式。

还需要指出，这种代数可扩展到 $m \times n$ 阵情形，这里 m 不必等于 n。但是，$m \times n$ 阵和 $p \times q$ 阵之间的加法运算则只有在 $p = m$，$n = q$ 条件下才成立；二者间的乘法要求 $n = p$，其结果是 $m \times q$ 阵。这种扩展型代数包括了形如 Tx 这样的积，这里列矢量 x 可看作是 $n \times 1$ 矩阵。*[13.20]

一般线性群 GL(n) 是一种 n 维矢量空间的对称群，它显然满足作为一种 $n \times n$ 非奇异矩阵的乘法群。如果矢量空间是实空间，即出现在矩阵里的相应数字均为实数，那么我们把这种完全线

**[13.17] 为什么？证明：如果分量的阵列里有一列全部是零，或有全同的两列，则必有此结果。为什么如果有两行全同也会有此结果？

**[13.18] 不用显式证明为什么？

**[13.19] 用图 12.18 给出的图示关系直接证明，这个定义给出 $TT^{-1} = I = T^{-1}T$

*[13.20] 解释这一点，给出长方形矩阵的完整的代数规则。

性群称为 GL(n, $\mathbb{R}$)。我们也可以考虑复数域下情形，得到复完全线性群 GL(n, $\mathbb{C}$)。这些群都有正规子群，分别写作 SL(n, $\mathbb{R}$) 和 SL(n, $\mathbb{C}$)，或简写为 $SL(n)$，称为特殊线性群，当然这么做的前提是要求底场（§16. 1）$\mathbb{R}$ 和 $\mathbb{C}$ 已知。这些群可通过要求矩阵的行列式等于 1 来获得，行列式的概念我们在下节解释。

13.4　行列式和迹

什么叫 $n \times n$ 矩阵的行列式呢？这是由矩阵元素计算出的一个数。当且仅当矩阵是奇异阵时这个数为 0。图示记法可清楚地描述行列式，如图 13.8(a)。而它的指标记法则为

$$\frac{1}{n!} \epsilon^{ab \cdots d} T^{e}_{a} T^f_{b} \cdots T^h_{d} \varepsilon_{ef \cdots h}$$

这里 $\epsilon^{a \cdots d}$ 和 $\varepsilon_{e \cdots h}$ 是反对称列维–齐维塔张量，对 n 维空间情形，二者按

$$\epsilon^{a \cdots d} \varepsilon_{a \cdots d} = n!$$

261

归一化（还应记得 $n! = 1 \times 2 \times 3 \times \cdots \times n$），其中 a，$\cdots$，d 和 e，$\cdots$，h 数值上都是 n。

我们还可以将行列式写成 det (T^a_{b}) 或 det$\boldsymbol{T}$（有时也写成 $|\boldsymbol{T}|$，或组成矩阵的阵列，只是用两道竖线代替了圆括号）。具体到 2×2 和 3×3 矩阵情形，其行列式写为**[13.21]

$$\det \begin{pmatrix} a & b \\ c & d \end{pmatrix} = ad - bc,$$

$$\det \begin{pmatrix} a & b & c \\ d & e & f \\ g & h & j \end{pmatrix} = aej - afh + bfg - bdj + cdh - ceg。$$

行列式满足一种重要而且十分明显的关系

$$\det \mathbf{AB} = \det\mathbf{A} \, \det\mathbf{B},$$

在图示记法（图 13.8(b)）里这种关系看得更清楚。这里的关键是有图 12.18***[13.22] 的公式化体系作保证。当用指标记法来写时，上式形同

$$\epsilon^{a \cdots c} \varepsilon_{f \cdots h} = n! \, \delta^{[a}_f \cdots \delta^{c]}_h$$

262

（方括号用法见 §11.6）和

$$\epsilon^{ab \cdots c} \varepsilon_{fb \cdots c} = (n-1)! \, \delta^a_f。$$

我们还有矩阵（或称为线性变换）的迹的概念

$$\text{trace}\boldsymbol{T} = T^a_{a} = T^1_{1} + T^2_{2} + \cdots + T^n_{n}$$

** 〔13.21〕由图 13.8(a) 的表达式出发推导这些关系。

*** 〔13.22〕证明这些关系成立。

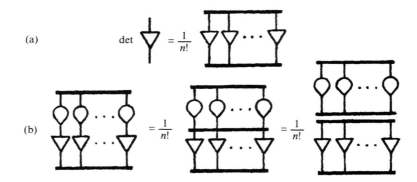

图 13.8　（a）$\det(T^a{}_b) = \det T = |T|$ 的图示记法。（b）$\det(ST) = \det S \det T$ 的图示记法证明。表反对称的横杠可插在中间，因为它所穿过的指标线已经存在反对称性，见图 12.17，图 12.18。

（即沿主对角线的各元素之和，见 §13.3），其图示记法见图 13.9。与行列式不同的是，这里没有两个矩阵的积 **AB** 的迹分别与 **A** 的迹和 **B** 的迹之间的特有的关系。但有关系*[13.23]

$$\text{trace}(\mathbf{A} + \mathbf{B}) = \text{trace } \mathbf{A} + \text{trace } \mathbf{B}。$$

　　行列式与迹之间存在一种重要联系，它主要用于处理"无穷小"线性变换。给定 $n \times n$ 矩阵 $\mathbf{I} + \varepsilon \mathbf{A}$，其中 ε 是"无穷小"的数，这时我们可以忽略其平方 ε^2（包括更高阶的幂 ε^3，ε^4 等），将行列式写成**[13.24]

$$\det(\mathbf{I} + \varepsilon \mathbf{A}) = 1 + \varepsilon \text{ trace } \mathbf{A}$$

（略去了 ε^2 及其以上的高阶项）。特别地，SL(n) 的无穷小元素，即表示无穷小转动的 SL(n) 的元素，作为单位行列式（与 GL(n) 的行列式相反），可用迹为零的 $\mathbf{I} + \varepsilon \mathbf{A}$ 里的 **A** 来刻画。我们将在 §13.10 里讨论这种表示的意义。事实上，上述这些公式均可通过下式推广到有限的（即不是无穷小的）的线性变换***[13.25]：

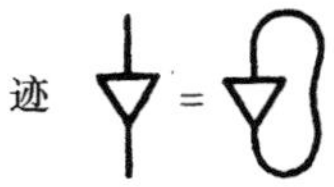

$$\det e^{\mathbf{A}} = e^{\text{trace } \mathbf{A}},$$

图 13.9　迹 $T(= T^a{}_b)$ 的图示记法。

263　这里，矩阵"$e^{\mathbf{A}}$"可像普通幂指数那样作展开（§5.3），即

$$e^{\mathbf{A}} = \mathbf{I} + \mathbf{A} + \frac{1}{2}\mathbf{A}^2 + \frac{1}{6}\mathbf{A}^3 + \frac{1}{24}\mathbf{A}^4 + \cdots$$

我们将在 §13.6 和 §14.6 节再回到这些问题上来。

＊〔13.23〕证明这一点。

＊＊〔13.24〕证明这一点。

＊＊＊〔13.25〕建立这个表达式。（提示，根据 §13.5 里描述的矩阵的本征值来运用矩阵的"正则形式"。首先假定这些本征值不相等（见习题〔13.27〕），然后运用一般性推导证明某些本征值的相等不可能造成这一恒等式不成立。）

13.5 本征值与本征矢量

与线性变换相关的最重要的概念当属"本征值"和"本征矢量"。这些也是量子力学里的关键概念，我们以后会在§21.5 和§§22.1，5 等节里体会到这一点。当然这两个概念也在其他数学分支和应用领域扮演着重要角色。线性变换 T 的本征矢量是一个非零复矢量 v，T 作用到 v 上使 v 变化数倍，即是说，存在复数 λ，它叫做相应的本征值，使得

$$Tv = \lambda v, \quad 即 \quad T^a{}_b v^b = \lambda v^a.$$

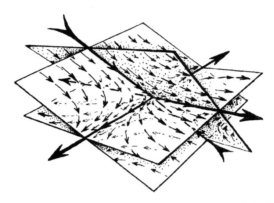

图 13.10 线性变换 T 的作用。它的本征矢量总是构成过原点的线性空间（图中的三条线）。这些空间在 T 的作用下不变。（在这个例子中，有两个（不相等的）正本征值（箭头指向外）和一个负本征值（箭头指向内）。）

我们也可将这个方程写成 $(T - \lambda I)v = 0$，这样，如果 λ 是 T 的本征值，则量 $T - \lambda I$ 必为奇异的。反之，若 $T - \lambda I$ 为奇异的，则 λ 必为 T 的本征值。注意，若 v 是本征矢量，则 v 的非零复数倍也是本征矢量。这些乘积矢量的一维复空间在变换 T 下是不变的，这是 v 作为本征矢量的一种性质（图 13.10）。

由上述可知，λ 成为 T 的本征值的条件是

$$\det(T - \lambda I) = 0.$$

将此式展开，我们得到一个关于 λ 的最高次幂为 n 的多项式方程**[13.26]。由§4.2 的"代数基本定理"，我们可将关于 λ 的多项式 $\det(T - \lambda I)$ 分解成一系列线性因子的积。它将上述方程简化为

$$(\lambda_1 - \lambda)(\lambda_2 - \lambda)(\lambda_3 - \lambda)\cdots(\lambda_n - \lambda) = 0$$

这里，复数 λ_1，λ_2，$\cdots$，λ_n 是 T 的不同的本征值。在某些特定情形下，这些因子里的某些项可以相同，这时我们有多重本征值。本征值 λ_r 的重合次数 m 即为因子 $\lambda_r - \lambda$ 在上述乘积式中出现的次数。对于 $n \times n$ 矩阵，T 的本征值的总数等于 n。*[13.27]

对于重复次数 r 的本征值 λ，相应的本征矢量空间组成维数为 d 的线性空间，这里 $1 \leqslant d \leqslant r$。对于某些型矩阵，包括酉阵、埃尔米特阵和量子力学里最感兴趣的正规矩阵（分别见§13.9，§§22.4，6），我们总有最大维数 $d = r$（尽管对于给定的 r，$d = 1$ 情形是最"普遍"的）。这真够幸运，要知道 $d < r$ 情形可难处理多了。在量子力学里，本征值的重复数就是退化指数（参见

264

**[13.26] 试试看你能不能用图示方式来表示这个多项式的系数。对 $n = 1$ 和 $n = 2$ 情形进行验证。

*[13.27] 试证：$\det T = \lambda_1$，λ_2，$\cdots$，λ_n，$\text{trace } T = \lambda_1 + \lambda_2 + \cdots + \lambda_n$。

§§ 22.6，7）。

n 维矢量空间 V 的基是 n 个线性独立矢量 $\boldsymbol{e}_1$，$\boldsymbol{e}_2$，$\cdots$，$\boldsymbol{e}_n$ 的有序集 $\boldsymbol{e} = (\boldsymbol{e}_1$，$\boldsymbol{e}_2$，$\cdots$，$\boldsymbol{e}_n)$。这意味着对于不全为零的 α_1，α_2，$\cdots$，α_n，不存在形如 $\alpha_1 \boldsymbol{e}_1 + \alpha_2 \boldsymbol{e}_2 + \cdots + \alpha_n \boldsymbol{e}_n = 0$ 的关系。V 的每个元素因此都是唯一的这些基元的线性组合。✢✢✢[13.28]事实上，这一性质正是在 V 作为无穷维空间这种更广泛意义上基之所以为基的根本所在，因为此时线性独立本身已不充分。

因此，如果给定一组基 $\boldsymbol{e} = (\boldsymbol{e}_1$，$\boldsymbol{e}_2$，$\cdots$，$\boldsymbol{e}_n)$，则 V 的任一元素 $\boldsymbol{x}$ 可唯一地写成（这里指标 j 不是抽象指标）

$$\boldsymbol{x} = x^1 \boldsymbol{e}_1 + x^2 \boldsymbol{e}_2 + \cdots + x^n \boldsymbol{e}_n = x^j \boldsymbol{e}_j。$$

265　这里 $(x^1$，x^2，$\cdots$，$x^n)$ 是 $\boldsymbol{x}$ 关于 $\boldsymbol{e}$ 的各分量的有序集（试与 §12.3 比较）。非奇异线性变换 $\boldsymbol{T}$ 可将一组基变换成另一组基。进一步地，如果 $\boldsymbol{e}$ 和 $\boldsymbol{f}$ 分别是两组给定基，则总存在唯一的 $\boldsymbol{T}$，使每个 $\boldsymbol{e}_a$ 变换成相应的 $\boldsymbol{f}_j$：

$$\boldsymbol{T} \boldsymbol{e}_j = \boldsymbol{f}_j。$$

分量总是相对于基 $\boldsymbol{e}$ 而言的，因此各基元素 $\boldsymbol{e}_1$，$\boldsymbol{e}_2$，$\cdots$，$\boldsymbol{e}_n$ 本身的分量分别为 $(1,0,0,\cdots,0)$，$(0,1,0,\cdots,0)$，$\cdots$，$(0,0,\cdots,0,1)$。换言之，$\boldsymbol{e}_j$ 的分量是 $(\delta_j^1, \delta_j^2, \delta_j^3, \cdots, \delta_j^n)$，✢[13.29]当所有分量均取关于基 $\boldsymbol{e}$ 的分量时，$\boldsymbol{T}$ 可表示为矩阵 $(T^i{}_j)$，这里 $\boldsymbol{f}_j$ 在基 $\boldsymbol{e}$ 下的分量为✢✢[13.30]

$$(T^1{}_j，T^2{}_j，T^3{}_j，\cdots，T^n{}_j)。$$

这里有必要重申，线性变换与矩阵在概念上是有区别的，后者指的是取决于某个基的表达式，而前者则是不依赖于某个基的抽象关系。

现在，假定 $\boldsymbol{T}$ 的每个相重的本征值（如果存在的话）满足 $d = r$，即它的本征空间维数等于重根数，于是我们可找到 V 的一组基 $(\boldsymbol{e}_1$，$\boldsymbol{e}_2$，$\cdots \boldsymbol{e}_n)$，其中每个元素都是 $\boldsymbol{T}$ 的本征矢量。✢✢✢[13.31]令相应的本征值为 λ_1，λ_2，$\cdots$，λ_n：

$$\boldsymbol{T}\boldsymbol{e}_1 = \lambda_1 \boldsymbol{e}_1，\quad \boldsymbol{T}\boldsymbol{e}_2 = \lambda_2 \boldsymbol{e}_2，\quad \cdots，\quad \boldsymbol{T}\boldsymbol{e}_n = \lambda_n \boldsymbol{e}_n。$$

如果像前面所做的那样，$\boldsymbol{T}$ 将基 $\boldsymbol{e}$ 变换到基 $\boldsymbol{f}$，则基 $\boldsymbol{f}$ 的元素正如上所示，有 $\boldsymbol{f}_1 = \lambda_1 \boldsymbol{e}_1$，$\boldsymbol{f}_2 = \lambda_2 \boldsymbol{e}_2$，$\cdots \boldsymbol{f}_n = \lambda_n \boldsymbol{e}_n$。于是在基 $\boldsymbol{e}$ 下，$\boldsymbol{T}$ 取对角阵形式

$$\begin{pmatrix} \lambda_1 & 0 & \cdots & 0 \\ 0 & \lambda_2 & \cdots & 0 \\ \vdots & \vdots & \vdots \vdots \vdots & \vdots \\ 0 & 0 & \cdots & \lambda_n \end{pmatrix},$$

✢✢✢〔13.28〕证明这一点。

✢〔13.29〕解释这种记法。

✢✢〔13.30〕为什么？在 $\boldsymbol{f}$ 基下 $\boldsymbol{e}_i$ 的分量如何表示？

✢✢✢〔13.31〕试试你能否证明。提示：对每一个重数为 r 的本征值，取 r 个线性独立的本征矢量。证明，当所有这些矢量间的关系是连续左乘以 $\boldsymbol{T}$ 时，将导致矛盾。

即 $T_1^1 = \lambda_1$，$T_2^2 = \lambda_2$，$\cdots$，$T_n^n = \lambda_n$，其余分量为零。线性变换的这种正则形式在概念上和计算上都极为重要。[12]

13.6 表示理论与李代数

群的表示理论是一种（特别是对量子理论来说）重要的概念体系。我们在 §13.1 讨论过群表示的一个非常简单的例子，我们看到，正方形的非镜面反射对称性可用复数表示，群的乘法表现为复数的乘法。但用于非阿贝尔群的却没这么简单，因为复数乘法是可交换的，而线性变换（或矩阵）通常则是不可交换的。因此，我们可以将这一点当作非阿贝尔群判据的一种合理的预估。事实上，在 §13.3 的开始我们就已经遇到了这种情形，在那里我们根据三维线性变换来表示转动群 O(3)。

在第 22 章我们将看到，量子力学都是用线性变换来处理的。更进一步说，各种对称群在现代粒子理论里占有极为重要的位置，这些群包括转动群 O(3)、相对论下的对称群（第 18 章）和表示基本粒子相互作用的各种对称群（第 25 章）等等。因此，这些群的表示理论，特别是根据线性变换来表示的这些群，在量子理论中扮演着极为重要的角色。

事实表明，量子理论（特别是第 26 章的量子场论）经常涉及无限维空间的线性变换。但出于简单计，这里我只谈有限维情形下的线性变换表示。我们将遇到的大多数概念都可应用到无限维表示中去，尽管在某些场合下二者存在有明显的差异。

什么是群的表示呢？对于群 $\mathcal{G}$，表示理论关心的是找出 GL(n) 的某个子群（即 $n \times n$ 矩阵的乘法群），它具有这样的性质：对 $\mathcal{G}$ 的任一元素 g，存在相应的线性变换 $\boldsymbol{T}(g)$（属于 GL(n)），使得 $\mathcal{G}$ 的乘法律在 GL(n) 的运算中得以保留，即，对 $\mathcal{G}$ 的任意两元素 g，h，有

$$\boldsymbol{T}(g)\boldsymbol{T}(h) = \boldsymbol{T}(gh)。$$

只要 g 不同于 h，$\boldsymbol{T}(g)$ 就不等于 $\boldsymbol{T}(h)$，这时我们称这种表示是忠实的。在此情形下，我们有群 $\mathcal{G}$ 的恒同摹本，即 GL(n) 的子群。

实际上，GL(n, $\mathbb{R}$) 里的每个有限群都有一个忠实的表示，这里 n 是 $\mathcal{G}$ 的阶，※※[13.32] 当然经常还存在许多不忠实表示。另一方面，下述情形则未必正确：每个（有限维的）连续群在某个 GL(n) 上有忠实表示。但如果我们不在意群的总体面貌，那么（局部上）群表示总是可能的。[13]

影响深远的原创型挪威数学家索弗斯·李（Sophus Lie，1842～1899）提出过一种能够对连续群的局部表示作完整处理的优美理论。（正因此，连续群通常被称为"李群"，见 §13.1）。这

※※〔13.32〕证明这一点。提示：用有限群 $\mathcal{G}$ 的个别元素来标记该元素所在的表示矩阵的每一列和每一行，如果标记了行、列的某个 $\mathcal{G}$ 元素与这个特殊矩阵所表示的 $\mathcal{G}$ 元素之间存在某种确定关系（找出这种关系！），则在矩阵的这个位置置 1，否则置 0。

一理论是建立在对无穷小群元素的研究基础上的。[14]这些无穷小元素定义了一种代数，即李代数，它可以给出群的局部结构的全部信息。虽然李代数不提供群的全部总体结构，但通常认为这并不重要。

什么是李代数呢？假定我们有一个矩阵（或线性变换）$I + \varepsilon A$ 用来表示某个连续群 $\mathcal{G}$ 的"无穷小"元素 a，这里 ε 取"小量"（与§13.4末尾相比较）。如果用 $I + \varepsilon A$ 和 $I + \varepsilon B$ 的矩阵积来表示两元素 a 和 b 的积 ab，我们得到

$$(I + \varepsilon A)(I + \varepsilon B) = I + \varepsilon(A + B) + \varepsilon^2 AB = I + \varepsilon(A + B)$$

这里，我们忽略了二阶小量 ε^2，因为它"小得无法计算"了。由此可知，两无穷小元素 a 和 b 的群积 ab 可用矩阵的和 $A + B$ 来表示。

的确，量 A，B，$\cdots$ 的和运算是李代数的一部分，但和是可交换的，而群 $\mathcal{G}$ 在这里却是非阿贝尔的，因此，如果只考虑和的话（事实上是只考虑 $\mathcal{G}$ 的维数），我们就无法把握群结构的主要实质。$\mathcal{G}$ 的非阿贝尔性质可通过群的换位子*[13.33]

$$a\, b\, a^{-1}\, b^{-1}$$

来说明。我们把这个式子按 $I + \varepsilon A$ 等来展开，注意到幂级数展开式 $(I + \varepsilon A)^{-1} = I - \varepsilon A + \varepsilon^2 A^2 - \varepsilon^3 A^3 + \cdots$（这个级数很容易用 $I + \varepsilon A$ 乘以两边来检验）。现在我们将 ε^3 作为"小得无法计算"加以忽略，但保留 ε^2 项，于是**[13.34]

$$(I + \varepsilon A)(I + \varepsilon B)(I + \varepsilon A)^{-1}(I + \varepsilon B)^{-1}$$
$$= (I + \varepsilon A)(I + \varepsilon B)(I - \varepsilon A + \varepsilon^2 A^2)(I - \varepsilon B + \varepsilon^2 B^2)$$
$$= I - \varepsilon^2(AB - BA)$$

它告诉我们，如果要对非阿贝尔群 $\mathcal{G}$ 进行细致研究，我们就必须利用"换位子"或李括号

$$[A, B] = AB - BA。$$

这样，李代数就可以反复运用算符 $+$，$-$ 和括号运算 $[\,,\,]$ 来构建了，这里习惯上允许普通的数乘（可以是实数或复数）。李代数的"加法"性具有通常的矢量空间结构（如同§11.1里的四元数）。另外，李括号满足分配律，等等，即

$$[A + B, C] = [A, C] + [B, C], \quad [\lambda A, B] = \lambda[A, B],$$

反对称性

$$[A, B] = -[B, A],$$

（因此有 $[A, C + D] = [A, C] + [A, D]$，$[A, \lambda B] = \lambda[A, B]$），和称之为雅可比恒等式的精巧关系**[13.35]

＊〔13.33〕当 a 和 b 可交换时为什么这个表示正好是单位群元素？

＊＊〔13.34〕详细说明这个"阶 ε^2"的运算。

＊＊〔13.35〕证明该式。

$$[A,[B,C]] + [B,[C,A]] + [C,[A,B]] = 0$$

（其更一般形式见 §14.6）。

我们可为矩阵 A，B，C，…的矢量空间选定一个基 $(E_1, E_2, \cdots, E_N)$（这里 N 是群 $\mathcal{G}$ 的维数，如果表示是忠实的话）。由此形成不同的换位子 $[E_\alpha, E_\beta]$，我们用基元素来表示这些换位子，得到关系（用求和约定）

$$[E_\alpha, E_\beta] = \gamma_{\alpha\beta}{}^\chi E_\chi.$$

N^3 个分量 $\gamma_{\alpha\beta}{}^\chi$ 称为 $\mathcal{G}$ 的结构常数，它们不都相互独立，因为由上述反对称性和雅可比恒等式知，它们满足（见 §11.6 里的括号记法）※※[13.36]

$$\gamma_{\alpha\beta}{}^\chi = -\gamma_{\beta\alpha}{}^\chi, \qquad \gamma_{[\alpha\beta}{}^\xi \gamma_{\chi]\xi}{}^\zeta = 0$$

这些关系的图示记法见图 13.11。

269

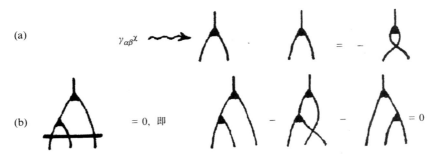

图 13.11 （a）结构常数 $\gamma_{\alpha\beta}{}^\chi$ 的图示记法，图中显示了 α 和 β 之间的反对称性。（b）雅可比恒等式的图示记法。

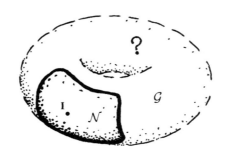

图 13.12 李群 $\mathcal{G}$ 的（忠实表示的）李代数（根本上说，是结构常数 $\gamma_{\alpha\beta}{}^\chi$）决定了 $\mathcal{G}$ 的局部结构，也就是说，它在某个（足够小的）围绕单位元素 I 的开区域 $\mathcal{N}$ 内固定了 $\mathcal{G}$ 的结构，但它并未告诉我们 $\mathcal{G}$ 的总体性质。

事实很明显，忠实表示的李代数结构（根本上说，是结构常数 $\gamma_{\alpha\beta}{}^\chi$）足以确定群 $\mathcal{G}$ 的精确的局部性质。这里"局部"是指在"群流形" $\tilde{g}$ 内围绕单位元素 I 的（足够小的）N 维开区域

※※〔13.36〕证明该式。

$\mathcal{N}$，其中 $\tilde{g}$ 的点代表 $\mathcal{G}$ 的不同元素（见图 13.12）。实际上，从李群元素 A 开始，按 §13.4 节末定义的"指数化"运算 e^A 方法，我们可以构造相应的实际有限的（即非无穷小的）群元素。（我们将在 §14.6 节再作稍仔细点的考虑。）因此，通过线性变换（或矩阵）得到的连续群的表示理论可大幅度转换为线性变换下李代数表示的研究，物理上经常就是这么用的。

这一点对量子力学尤为重要。在量子力学里，李代数元素本身经常被直接用来解释物理量（诸如角动量，此时群 $\mathcal{G}$ 是转动群，以后我们会在 §22.8 里看到这一点）。

270　李代数矩阵在结构上要比相应的李群矩阵简单得多，这是因为前者服从线性关系而不是非线性的缘故（见 §13.10 里经典群的情形）。量子物理家所钟爱的也正是这一点！

13.7　张量表示空间；可约性

从群 $\mathcal{G}$ 的某个特定表示出发，我们有多种途径来构建群 $\mathcal{G}$ 的更为精彩的表示。具体怎么做呢？假定 $\mathcal{G}$ 可表示为作用在 n 维矢量空间 $\mathbf{V}$ 上的某线性变换族 $\mathcal{T}$。这个 $\mathbf{V}$ 称为 $\mathcal{G}$ 的表示空间。$\mathcal{G}$ 的元素 t 可通过 $\mathcal{T}$ 内相应的线性变换 T 来表示，这里 T 对任一个属于 $\mathbf{V}$ 的 x 作用为 $x \mapsto Tx$。在（抽象）指标记法（§12.7）下，我们像在 §13.3 里做的那样，写成 $x^a \mapsto T^a{}_b x^b$。图示记法表示则如图 13.6(a)。现在就让我们从给定的 $\mathbf{V}$ 开始，看看还能找到 $\mathcal{G}$ 的别的什么表示空间。

第一个例子是 §12.3 里 $\mathbf{V}$ 的对偶空间 $\mathbf{V}^*$。$\mathbf{V}^*$ 的元素定义为 $\mathbf{V}$ 到标量的线性映射。在指标记法（§12.7）下，我们可写出（$\mathbf{V}^*$ 里）y 对 $\mathbf{V}$ 的元素 x 的作用 $y_a x^a$。记号 $y \cdot x$ 以前（§12.3）一直用来表示这一点（$y \cdot x = y_a x^a$），但现在我们可以用矩阵记号来表示：

$$\mathbf{y}\mathbf{x} = y_a x^a,$$

这里 $\mathbf{y}$ 取为行矢量（即 $1 \times n$ 矩阵），$\mathbf{x}$ 取为列矢量（$n \times 1$ 矩阵）。变换 $\mathbf{x} \mapsto T\mathbf{x}$ 现在可看作是矩阵变换。相应地，对偶空间 $\mathbf{V}^*$ 经历线性变换

$$\mathbf{y} \mapsto \mathbf{y}S, \quad 即 \quad y_a \mapsto y_b S^b{}_a$$

这里 S 是 T 的逆：

$$S = T^{-1}, \quad 故 \quad S^a{}_b T^b{}_c = \delta^a_c,$$

271　这是因为对于 $\mathbf{x} \mapsto T\mathbf{x}$，我们需要 $\mathbf{y} \mapsto \mathbf{y}T^{-1}$ 来保证 $\mathbf{y}\mathbf{x}$ 在 $\mapsto$ 下保持不变。

行矢量 $\mathbf{y}$ 的使用使我们有了一种非标准乘法序。另一种更为常用的书写形式是借助矩阵 $\mathbf{A}$ 的转置记号 $\mathbf{A}^{\mathrm{T}}$。矩阵 $\mathbf{A}^{\mathrm{T}}$ 的元素与 $\mathbf{A}$ 的相同，只是行与列进行了交换。如果 $\mathbf{A}$ 是方阵（$n \times n$），则 $\mathbf{A}^{\mathrm{T}}$ 也是，其元素是 $\mathbf{A}$ 中各元素按对角线翻转了的结果（见 §13.3）；如果 $\mathbf{A}$ 是长方形阵（$m \times n$），则 $\mathbf{A}^{\mathrm{T}}$ 是 $n \times m$，其中元素相应地作位置对调。因此，$\mathbf{y}^{\mathrm{T}}$ 是标准列矢量，我们可将 $\mathbf{y} \mapsto \mathbf{y}S$ 写成

$$\mathbf{y}^{\mathrm{T}} \mapsto S^{\mathrm{T}}\mathbf{y}^{\mathrm{T}},$$

这是因为转置运算 $^\mathrm{T}$ 颠倒了乘法的顺序：$(\mathbf{AB})^\mathrm{T} = \mathbf{B}^\mathrm{T}\mathbf{A}^\mathrm{T}$。因此我们看到，表示空间 $\mathbf{V}$ 的对偶空间 $\mathbf{V}^*$ 本身就是 $\mathcal{G}$ 的表示空间。注意，逆运算 $^{-1}$ 也是乘法倒序的，$(\mathbf{AB})^{-1} = \mathbf{B}^{-1}\mathbf{A}^{-1}$，**[13.37]** 因此，表示所需的乘法序得以恢复。

上述这些考虑可应用到 $\mathbf{V}$ 所构造的张量的不同矢量空间上，见 §12.8。我们知道，（矢量空间 $\mathbf{V}$ 上）价 $\begin{bmatrix} p \\ q \end{bmatrix}$ 张量 $\mathbf{Q}$ 有如下指标描述

$$Q_{a\cdots c}^{f\cdots h}$$

（其中 p 和 q 分别为上、下指标）。我们可将两个同价的张量相加，也可用标量乘以张量，价 $\begin{bmatrix} p \\ q \end{bmatrix}$ 不变的张量构成维数为 n^{p+q}（分量的总数目）的矢量空间。**[13.38]** 在抽象记法中，我们把 $\mathbf{Q}$ 视为属于张量积

$$\mathbf{V}^* \otimes \mathbf{V}^* \otimes \cdots \otimes \mathbf{V}^* \otimes \mathbf{V} \otimes \mathbf{V} \otimes \cdots \otimes \mathbf{V}$$

的矢量空间，它有 q 个相同的对偶空间 $\mathbf{V}^*$ 和 p 个相同的 $\mathbf{V}$（p，$q \geqslant 0$）。（在 §23.3 节我们再详细解释"张量积"概念。）从 §12.8 节知，张量是作为多重线性函数来定义的。这已足以满足我们这里的需要（尽管在无穷维情形下还有些条件需要考虑，这在 §23.8 节的多粒子量子态应用上是必需的。）[15]

一旦线性变换 $x^a \mapsto T^a{}_b x^b$ 应用于 $\mathbf{V}$，就会在上述张量积空间里导出相应的线性变换，其表达式为 **[13.39]**

$$Q_{a\cdots c}^{f\cdots h} \mapsto S^{a'}{}_a \cdots S^{c'}{}_c T^f{}_{f'} \cdots T^h{}_{h'} Q_{a'\cdots c'}^{f'\cdots h'}$$

这里指标较小，请看仔细。为了弄明白是什么与什么相加，我建议大家用图示记法，那样更清楚，如图 13.13。我们看到，$Q_{\cdots}^{\cdots}$ 的每个下标，就像 y_a 那样，由逆矩阵 $\mathbf{S} = \mathbf{T}^{-1}$（或由 $\mathbf{S}^\mathrm{T}$）来变换；每个上标则像 x^a 那样，由 $\mathbf{T}$ 来变换。相应地，$\mathbf{V}$ 上 $\begin{bmatrix} p \\ q \end{bmatrix}$ 价张量的空间也是 $\mathcal{G}$ 的 n^{p+q} 维表示空间。

然而，这些表示空间都是那种所谓可约化的。我们仅以 $\begin{bmatrix} 2 \\ 0 \end{bmatrix}$ 价张量 Q^{ab} 为例来说明这种性质。这种张量总可以剖分为对称部分 $Q^{(ab)}$ 和反对称部分 $Q^{[ab]}$（§12.7 和 §11.6）：

$$Q^{ab} = Q^{(ab)} + Q^{[ab]}$$

这里

$$Q^{(ab)} = \frac{1}{2}(Q^{ab} + Q^{ba}), \qquad Q^{[ab]} = \frac{1}{2}(Q^{ab} - Q^{ba})。$$

$*$ 〔13.37〕 为什么？

$*$ 〔13.38〕 为什么是这个数？

$**$ 〔13.39〕 证明这一点。

对称空间 $\mathbf{V}_+$ 的维数为 $\frac{1}{2}n(n+1)$，反对称空间 $\mathbf{V}_-$ 的维数为 $\frac{1}{2}n(n-1)$。**[13.40] 不难看出，在变换 $x^a \mapsto T^a{}_b x^b$ 下，我们有 $Q^{ab} \mapsto T^a{}_c T^b{}_d Q^{cd}$，其对称部分和反对称部分则分别变换到对称张量和反对张量。*[13.41] 相应地，空间 $\mathbf{V}_+$ 和 $\mathbf{V}_-$ 分别是 $\mathcal{G}$ 的表示空间。选取 $\mathbf{V}$ 的基使前 $\frac{1}{2}n(n+1)$ 个基元素属于 $\mathbf{V}_+$，而剩下的 $\frac{1}{2}n(n-1)$ 个属于 $\mathbf{V}_-$，这样，我们就得到了由呈 $n^2 \times n^2$ 个"对角块"形式的所有矩阵构成的表示：

$$\begin{pmatrix} \mathbf{A} & \mathbf{O} \\ \mathbf{O} & \mathbf{B} \end{pmatrix}$$

这里 $\mathbf{A}$ 代表 $\frac{1}{2}n(n+1) \times \frac{1}{2}n(n+1)$ 阵，$\mathbf{B}$ 代表 $\frac{1}{2}n(n-1) \times \frac{1}{2}n(n-1)$ 阵，两个 $\mathbf{O}$ 代表由零构成的相应长方形矩阵块。

这种形式的表示被用作 $\mathbf{A}$ 矩阵表示和 $\mathbf{B}$ 矩阵表示的直和。因此在这个意义上，关于 $\begin{bmatrix} 2 \\ 0 \end{bmatrix}$ 价张量的表示是可约化的。**[13.42] "直和"的概念也可以扩展到较小的表示——数（可以是无穷）上。

事实上，"约化表示"有着更广泛的意义，其中之一就是基的选取，所有表示矩阵都可以更为复杂的形式

$$\begin{pmatrix} \mathbf{A} & \mathbf{C} \\ \mathbf{O} & \mathbf{B} \end{pmatrix},$$

呈现出来，这里 $\mathbf{A}$ 是 $p \times p$ 矩阵，$\mathbf{B}$ 是 $q \times q$ 矩阵，$\mathbf{C}$ 是 $p \times q$ 矩阵，且 p，$q \geqslant 1$（p，q 皆为定值）。注意，如果表示矩阵全都以此形式出现，那么每一个 $\mathbf{A}$ 矩阵和 $\mathbf{B}$ 矩阵都单独构成 $\mathcal{G}$ 的（较小的）表示。*[13.43] 如果 $\mathbf{C}$ 矩阵元素全为零，则我们回到前述情形，即这种表示是两个较小的表示的直和。如果某个表示不是可约化的（$\mathbf{C}$ 可有可无），则称这种表示是不可约化的。如果我们在表示中从未出现过不可约化情形（此处要求 $\mathbf{C}$ 不为零），则称表示是完全约化的，这时它是不可约化表示的直和。

存在一类重要的连续群，叫半单群。这是一类已得到充分研究的群，它包括 §13.2 里的单群。紧半单群有一种十分可人的性质：它的所有表示都是完全可约化的。（"紧"的定义请见

274

** [13.40] 证明这一点。

* [13.41] 解释这一点。

** [13.42] 证明：$\begin{bmatrix} 1 \\ 1 \end{bmatrix}$ 价张量的表示空间也是可约化的。提示：将任何张量剖分成"无迹"部分和有"迹"的部分。

* [13.43] 验证这一点。

§12.6 和图 12.13）。这种性质可充分用于研究这样一种群的不可约化表示，其每个表示恰好是这些不可约化表示的直和。事实上，这种群的每个不可约化表示都是有限维的（但如果半单群不是紧致的，那么情况就不是这样，此时那些非完全可约化的表示也能够出现）。

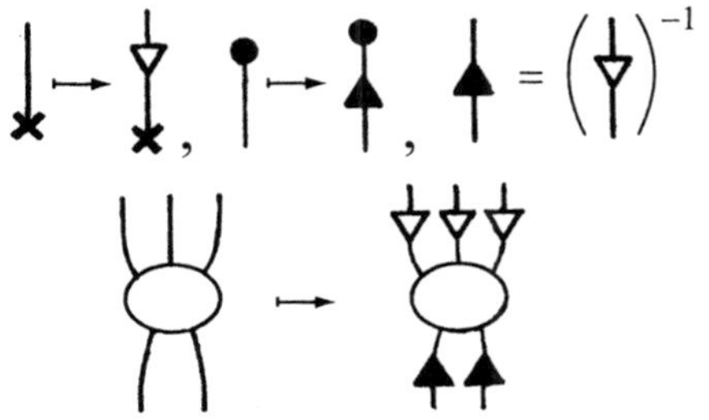

什么是半单群呢？回想一下 §13.6 里的结构常数 $\gamma_{\alpha\beta}{}^{\chi}$，它规定了李括号并定义了群 $\mathcal{G}$ 的局部结构。还有一个相当重要的量，即所谓[16] "基灵形式" κ，它可用 $\gamma_{\alpha\beta}{}^{\chi}$ 来构建：*[13.44]

图 13.13　应用到矢量空间 V 中 x 的线性变换 $x^a \longmapsto T^a{}_b x^b$（其中 T 由白色三角来描述）通过逆变换 $S = T^{-1}$（由黑三角描述）扩展到对偶空间 V^*，并由此扩展到 $\begin{bmatrix} p \\ q \end{bmatrix}$ 价张量 Q 的空间 $V^* \otimes \cdots \otimes V^* \otimes V \otimes \cdots \otimes V$。图中显示的是 $p = 3$，$q = 2$ 的情形，Q 由带三臂两腿的椭圆表示，且有 $Q_{ab}{}^{cde} \propto S^{a'}{}_a S^{b'}{}_b T^d{}_{c'} T^d{}_{d'} T^e{}_{e'} Q_{a'b'}{}^{c'd'e'}$。

$$\kappa_{\alpha\beta} = \gamma_{\alpha\zeta}{}^{\xi} \gamma_{\beta\xi}{}^{\zeta} = \kappa_{\beta\alpha}$$

它的图示记法见图 13.14。$\mathcal{G}$ 成为半单群的条件是矩阵 $\kappa_{\alpha\beta}$ 是非奇异的。

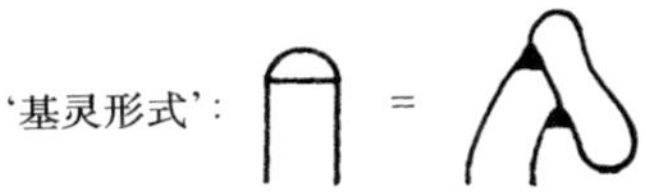

对半单群的紧致条件有过不少评述。对一组给定的结构常数 $\gamma_{\alpha\beta}{}^{\chi}$，不妨假定它们全为实数，由这些结构常数生成的可以是实李代数，也可以是复李代数。在复数情形下，我们得不到紧群 $\mathcal{G}$，这只有在实数情形下才有可能。事实上，紧致性只可能出

图 13.14　由结构常数 $\gamma_{\alpha\zeta}{}^{\xi}$ 按 $\gamma_{\alpha\beta} = \gamma_{\alpha\zeta}{}^{\xi} \gamma_{\beta\xi}{}^{\zeta}$ 定义的"基灵形式" $\gamma_{\alpha\beta}$。

现在 $-\kappa_{\beta\alpha}$ 是所谓正定的（其意义见 §13.8）实数情形下。对固定的 $\gamma_{\alpha\beta}{}^{\chi}$，在实数群 $\mathcal{G}$ 情形下，我们总能够用同样的 $\gamma_{\alpha\beta}{}^{\chi}$ 构造出 $\mathcal{G}$ 的复化 $\mathbb{C}\mathcal{G}$（至少是局部上），但对李代数则需有复系数。但不同的实群 $\mathcal{G}$ 往往会产生相同的[17] $\mathbb{C}\mathcal{G}$。这些不同的实数群被称为复数群的不同的实数形式。在以后的章节里我们将看到这种群的重要例子，特别是在 §18.2，其中我们将进行四维欧几里得运动与狭义相对论下的洛伦兹/庞加莱对称性之间的比较。复半单李群有一种突出性质，即它只有一个紧的实数形式 $\mathcal{G}$。

13.8　正交群

我们现在再回到正交群。在 §13.3 的开头，我们已经看到如何用普通笛卡儿坐标系 (x, y, z) 将 O(3) 或 SO(3) 忠实地表示为三维实矢量空间里的线性变换。这里球面

275

---

*[13.44] 为什么 $\kappa_{\alpha\beta} = \kappa_{\beta\alpha}$？

$$x^2 + y^2 + z^2 = 1$$

是线性变换下的左不变量（其中上标 2 是"平方"）。现在我们把这个方程写成指标形式（§12.7），以便推广到 n 维情形。在指标形式下，球面方程为

$$g_{ab}x^a x^b = 1,$$

它表示 $(x^1)^2 + \cdots + (x^n)^2 = 1$，分量 g_{ab} 由

$$g_{ab} = \begin{cases} 1 & \text{若 } a = b \\ 0 & \text{若 } a \neq b \end{cases}$$

给出。在图示记法下，我建议读者用"卡箍"来表示 g_{ab}，如图 13.15（a）所示；用逆（"倒卡箍"，如图 13.15（a））来表示 g^{ab}（它与 g_{ab} 是同一个量）：

$$g_{ba}g^{bc} = \delta_a^c = g^{cb}g_{ba}\text{。}$$

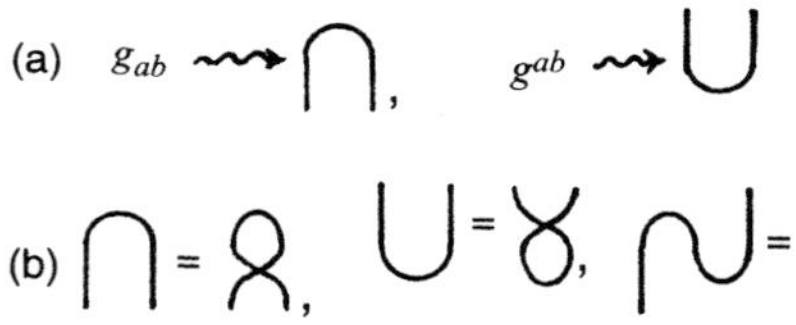

276　　被弄糊涂了的读者有充分的理由质疑：为什么要引入两个新记号来表示 g_{ab} 和 g^{ab} 这两个内容上与我在 §13.3 里用 δ_a^c 代表的完全相同的矩阵分量？原因有二，首先是记号的一致性要求，其次是所处的情形不同。当我们在坐标系下进行线性变换时，按某种置换

$$x^a \longmapsto t^a{}_b x^b,$$

此处 $t^a{}_b$ 是非奇异的，因此它有逆 $s^a{}_b$：

$$t^a{}_b s^b{}_c = \delta_c^a = s^a{}_b t^b{}_c\text{。}$$

我们在 §§13.3，7 里考虑的都是这种线性变换，但现在我们要考虑的则与此截然不同。在前述各节里，我们可将线性变换视为主动的，因此矢量空间 **V** 本身被认为是活动的，而现在我们要研究的线性变换是被动的，故研究对象即矢量空间 **V** 本身是逐点固定的，而变化的只是坐标表示。对此的另一种理解是，我们前面使用的基（e_1，e_2，$\cdots$，e_n）（用作根据分量的矢量/张量等量的表示[18]），现在被替代为另一组基，见图 13.16。

　　与我们在 §13.7 里看到的张量的主动变换直接相联系的，是张量 Q 的分量 $Q_{p\cdots r}^{a\cdots c}$ 的相应的被动变换，它可表示为**[13.45]

277

$$Q_{p\cdots r}^{a\cdots c} \longmapsto t^a{}_b \cdots t^c{}_f Q_{j\cdots l}^{d\cdots f} s_p^j \cdots s^l{}_r\text{。}$$

将此应用到 δ_b^a 上可知，其分量完全不变，*[13.46]而对于 g_{ab} 则不是这样。此外，一般来说，在坐标变换后，分量 g^{ab} 完全不同于 g_{ab}（逆矩阵）。因此，增设符号 g^{ab} 和 g_{ab} 的理由，简单地说，就是因为唯有它们才能够象特定坐标系（笛卡儿坐标系）里的 δ_b^a 那样表示同样的分量矩阵。一般

（a）　$g_{ab} \rightsquigarrow \cap$，　　$g^{ab} \rightsquigarrow \cup$

（b）

图 13.15　（a）用图示记法下"卡箍"表示的度规 g_{ab} 和它的逆 g^{ab}。（b）图示记法下关系 $g_{ab} = g_{ba}$（即 $\boldsymbol{g}^{\mathrm{T}} = \boldsymbol{g}$），$g^{ab} = g^{ba}$ 和 $g_{ab}g^{bc} = \delta_a^c$。

　　**[13.45] 利用注释 13.18 来建立这个关系式。

　　*[13.46] 为什么？

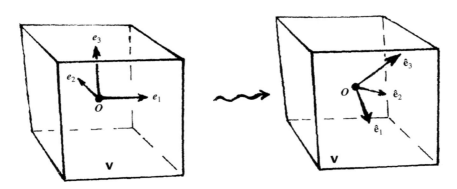

图 13.16 矢量空间 **V** 里的被动变换不改变 **V** 的逐点固定性质，但改变 **V** 的坐标表示，即基 e_1，e_2，$\cdots$，e_n 替换为另一种基底（图中展示的是 $n = 3$ 情形）。

来说，分量可能是不同的。这一点对广义相对论具有重要意义，因为在广义相对论里，坐标系通常并不能取为这种特定的（笛卡儿）形式。

一般的坐标变换会使得分量 g_{ab} 的矩阵变得更为复杂，虽然还不是完全一般的矩阵。它保留了对称矩阵里 a 和 b 之间的对称性质。"对称"项说明，各分量的方阵是关于主对角线对称的，即 $\mathbf{g}^{\mathrm{T}} = \mathbf{g}$（§13.3 里的"转置"记法）。在指标记法下，这种对称性表现为两种等价的*[13.47]形式：

$$g_{ab} = g_{ba}, \quad g^{ab} = g^{ba},$$

在图示记法下的关系则见图 13.15b。

反过来考虑会怎样呢？是不是任何非奇异 $n \times n$ 实对称矩阵都可以约化为克罗内克 δ 的分量形式？我们说这不完全对，实线性坐标变换的情形就不全是这样。能够经此变换而约化为克罗内克 δ 的分量的实对称阵，要求沿主对角线元素不为 1 或 −1。沿主对角线 1 的个数 p 和 −1 的个数 q 都是一种不变量，就是说，我们不可能用另一种实线性变换来得到不同的 p，q 值。不变量 (p, q) 称为 $\mathbf{g}$ 的符号差。（符号差有时记为 $p - q$，有时也用 $+ \cdots + - \cdots -$ 这样的形式来表示。）实际上，当 g 是奇异阵时，这一概念也是适用的，只是需要在主对角线上加上一些 0，而且 0 的数目像 1 和 −1 的数目一样变成了符号差的一部分。如果我们只有 1，则 $\mathbf{g}$ 是非奇异的，且 $q = 0$，此时我们称 $\mathbf{g}$ 是正定的。$p = 1$ 和 $q \neq 0$（或 $q = 1$ 和 $p \neq 0$）的非奇异矩阵 $\mathbf{g}$ 称为洛伦兹型的，以纪念丹麦物理学家 H. A. 洛伦兹（H. A. Lorentz，1853 ~ 1928），他在这方面的重要工作已成为相对论理论的基石之一，见 §§17.6 ~ 9 和 §§18.1 ~ 3。

在其他一些特定场合（见 §20.3，§24.3 和 §29.3）下非常重要的正定矩阵 **A** 的另一特征， 278
是对所有 $x \neq 0$，实对称阵 **A** 满足

* 〔13.47〕为什么等价？

$$\mathbf{x}^{\mathsf{T}}\mathbf{A}\mathbf{x} > 0$$

在指标记法下，它写成："$A_{ab}x^a x^b > 0$，除非矢量 x^a 为零"。**[13.48] 如果将式子里的 > 代换为 ≥，这个称述仍成立，则称 **A** 是非负定（或正半定）的（因此对某些非零 **x**，现在允许 $\mathbf{x}^{\mathsf{T}}\mathbf{A}\mathbf{x} = 0$）。

在适当场合下，我们将对称非奇异 $\begin{bmatrix} 0 \\ 2 \end{bmatrix}$ 价张量 g_{ab} 称为度规。而对 **g** 不是正定的情形，则称 g_{ab} 是伪度规。这个术语主要用于那些沿曲线作"距离" ds 定义的场合，这里 ds 由其平方 $ds^2 = g_{ab}dx^a dx^b$ 来定义。我们将在 §14.7 里讨论这个概念在曲面流形（见 §10.2，§§12.1，2）上的应用，而在 §17.8 的洛伦兹度规情形下，它提供了一种实际是描述相对论时间的"距离"测量。有时我们也把量

$$|\boldsymbol{v}| = (g_{ab}v^a v^b)^{1/2}$$

作为矢量 $\boldsymbol{v}$ 的长度，这里 v^a 是指标形式。

我们再回到正交群 O(n) 的定义上来。它不过就是 n 维的线性变换群——我们称其为正交变换群——它保给定的正定 **g**。"保" **g** 是指正交变换 **T** 必须满足

$$g_{ab}T^a{}_c T^b{}_d = g_{cd}。$$

这是 §13.7 里描述的（主动）张量变换法则应用到 g_{ab} 上的一个例子（该方程的图示记法见图 13.17）。正交变换群保正定 **g** 的另一种说法是，前述的度规形式 ds^2 在正交变换下保持不变。如果我们愿意，我们可以坚持认为分量 g_{ab} 实际上就是克罗内克 δ——当然这是指在 §§13.1，3 给出的 O(3) 定义下——但对群也一样，[19] 不论我们取什么样的 g_{ab} 的 $n \times n$ 正定阵列。**[13.49]

图 13.17　如果 $g_{ab}T^a{}_c T^b{}_d = g_{cd}$，则 **T** 是正交变换。

通过 g_{ab} 的具体如克罗内克 δ 那样的分量实现，描述正交变换的矩阵满足**[13.50]

$$\boldsymbol{T}^{-1} = \boldsymbol{T}^{\mathsf{T}}。$$

这种矩阵称为正交矩阵。实正交 $n \times n$ 矩阵提供了群 O(n) 的一种具体实现方式。具体化到非镜面反射群 SO(n)，我们要求其行列式为 1：***[13.51]

$$\det \boldsymbol{T} = 1$$

我们也可以考虑相应的伪正交群 O(p,q) 和 SO(p,q)。这些群出自虽非奇异但也未必正定的 **g**，此时它有更为一般的符号差 (p,q)。$p = 1$，$q = 3$（或等价的 $p = 3$，$q = 1$）情形称为洛伦兹群，如上所述，它在相对论里起着基础性作用。我们还将发现（如果不考虑时间反演的话），洛伦兹群

**[13.48] 你能确定这个判断么？

**[13.49] 解释为什么。

**[13.50] 解释这个关系式。在伪正交变换情形下（定义见下一个自然段），$\boldsymbol{T}^{-1}$ 指什么？

***[13.51] 解释为什么这个式子等价于保体积形式 $\varepsilon_{a\cdots c}$，即 $\varepsilon_{a\cdots c}T^a{}_p \cdots T^c{}_r = \varepsilon_{p\cdots r}$？进一步，为什么保这种符号就充分了？

等同于我们在 §2.7 里遇到的三维双曲空间里的对称群;(如果不考虑空间反演的话)它也等同于黎曼球面上的对称群,这种群我们曾在 §8.2 里用双线性(默比乌斯)变换产生过。这里不宜多作解释,我们最好还是在对狭义相对论的闵可夫斯基时空几何(§§18.4,5)有了一定了解之后再来说明这些事实。我们还将从 §33.2 看到,这些事实对扭量理论也具有重要意义。

对于固定的 $n(p+q=n)$,不同的群 $O(p,q)$ 之间到底有哪些"差异"?($n=2$ 的正定群和 $n=3$ 的洛伦兹群之间的对比见图 13.18。)应当说,它们是密切相关的,所有这些群有相同的维数 $\frac{1}{2}n(n-1)$。它们是同一个复数群 $O(n,\mathbb{C})$($O(n)$ 的复化群)的所谓实形式。这个复化群的定义同 $O(n)(=O(n,\mathbb{R}))$,但允许复数型的线性变换。虽然我在本章主要谈的是实线性变换,但通

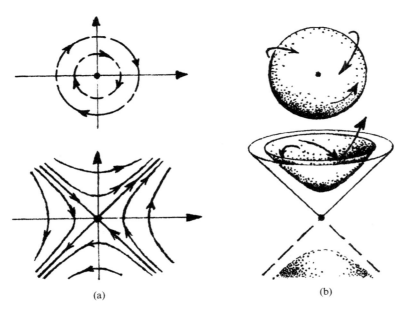

图 13.18 (a) $O(2,0)$ 与 $O(1,1)$ 的对比。(b) $O(3,0)$ 与 $O(1,2)$ 的类似对比,图中两种情形里都是"单位圆"。对于 $O(1,2)$ 情形(见 §§2.4,5 和 §18.4),这个"圆"是双曲面(或两个这样的双曲面)。

篇讨论在将句中字眼"实数"替换为"复数"后仍成立。(此时坐标 x^a 换为复数坐标,矩阵分量也作同样处理。)唯一的根本区别,正如我们前面指出的,在于符号差概念。复线性坐标变换能够在 g_{ab} 的对角化时将 -1 变换为 $+1$,反之亦可,**[13.52] 因此,现在符号差概念已没什么意义,复数下 g 的唯一的不变量[20] 是它的秩,即对角化后的非零项的项数。对于非奇异 g,秩有最大值,即 n。 280

那么这些不同的实形式之间的差别什么情况下才是重要的呢?这倒是个棘手的问题,但物

**** 〔13.52〕 为什么?

理学家们通常对这种区别并不以为意，即使这种差别变得重要时亦如此。正定情形的好处就在于群是紧的，这时许多数学问题变得较容易处理（见§13.7）。有时人们甚至漫不经心地将紧致情形下的结果用于非紧情形($p \neq 0 \neq q$)，殊不知这通常是不对的。（例如，在紧致情形下，我们只需要考虑有限维的表示，但在非紧情形下，就需要额外考虑无穷维表示。）另一方面，也存在一些忽略二者差别反而使我们可以有更好的理解的情形。（我们可将这种情形与§2.4里伯兰特根据角的定义得到双曲三角形的面积公式的发现过程作一比较。他是由球面的虚半径来导出公式的，这一点类似于这里的符号差变化，现在符号差也容许某些坐标有虚数值。在§18.4的图 18.9里，我将把兰伯特的处理方法应用到非欧几何上来。）

281

$O(n, \mathbb{C})$的各种可能的不同的实形式可通过一组关于矩阵元素的不等式（例如 det $\boldsymbol{T} > 0$）来鉴别。量子理论的一个特性就是这种不等式经常在物理过程中被破坏。例如，一定意义上说，虚量在量子力学里有实际物理意义，因此不同符号差之间的区别有可能变得模糊不清。另一方面，我印象中物理学家们经常并不在意那些他们本该在意的东西。其实这个问题直接关系到我们对各种现代理论的检验（§28.9，§31.11，§32.3），其中许多是事后才注意到的。这就是我在§11.2里提到的"错综复杂的"情形！

13.9 酉群

群 $O(n, \mathbb{C})$提供了一种将"转动群"从实群推广到复数群的方法。但也还有另一种推广方法，从某种意义上说，这种方法甚至更有意义。这就是酉群概念。

"酉"是指什么？我们说，正交群处理的是保二次型的问题，这个问题可等价地表示为$g_{ab}x^ax^b$或 $\mathbf{x}^\mathsf{T}\mathbf{g}\mathbf{x}$。对酉群来说，我们用的是复线性变换，这种变换保的则是所谓埃尔米特型（用以纪念重要的19世纪法国数学家 Charles Hermite，1822 ~ 1901）。

什么是埃尔米特型呢？我们还是从正交矩阵说起。不过不是讨论（关于x的）二次型，而是（关于x，y的）对称双线性型

$$g(\boldsymbol{x},\boldsymbol{y}) = g_{ab}x^ay^b = \mathbf{x}^\mathsf{T}\mathbf{g}\mathbf{y}$$

这个型最先是在§12.8里作为张量的"多重线性函数"的一个具体例子提出的，并应用到$\begin{bmatrix}0\\2\end{bmatrix}$价张量 g（令 $\boldsymbol{y} = \boldsymbol{x}$，我们就回到上述二次型）。$g$ 的对称性可表为

$$g(\boldsymbol{x}, \boldsymbol{y}) = g(\boldsymbol{y}, \boldsymbol{x}),$$

第二个变量 $\boldsymbol{y}$ 的线性性表为

$$g(\boldsymbol{x}, \boldsymbol{y} + \boldsymbol{w}) = g(\boldsymbol{x}, \boldsymbol{y}) + g(\boldsymbol{x}, \boldsymbol{w}), \ g(\boldsymbol{x}, \lambda\boldsymbol{y}) = \lambda g(\boldsymbol{x}, \boldsymbol{y})$$

对于双线性性，我们还要求第一个变量也满足线性性，但它首先要遵循对称关系。

埃尔米特型 $h(x, y)$ 则满足埃尔米特对称性

$$h(x, y) = \overline{h(y, x)},$$

以及关于第二个变量 y 的线性性：

$$h(x, y+w) = h(x, y) + h(x, w), \qquad h(x, \lambda y) = \lambda h(x, y)。$$

对第一个变量来说，埃尔米特对称性意味着所谓反线性性：

$$h(x+w, y) = h(x, y) + h(w, y), \quad h(\lambda x, y) = \bar{\lambda} h(x, y)。$$

正如正交群保（非奇异的）对称双线性型，保非奇异埃尔米特型的复线性变换则提供酉群。

我们能用这种型做什么呢？（不必对称的）非奇异双线性型 g 提供了一种将 x, y 所属的矢量空间 $\mathbf{V}$ 与其对偶空间 $\mathbf{V}^*$ 等同的方法，因此，若 v 属于 $\mathbf{V}$，则 $g(v,\ )$ 提供了一种 $\mathbf{V}$ 上的线性映射，它把 $\mathbf{V}$ 的元素 x 映射为数 $g(v,x)$。换句话说，$g(v,\ \ )$ 是 $\mathbf{V}^*$ 的元素（见§12.3）。在指数记法下，这个 $\mathbf{V}^*$ 元素为余矢量 $v^a g_{ab}$，习惯上我们用同一个粗黑字母 v 来表示，但是带有下标 g_{ab}（见§14.7），即

$$v_b = v^a g_{ab}。$$

这种算符的逆可以用逆度规 $\begin{bmatrix} 2 \\ 0 \end{bmatrix}$ 价张量 g^{ab} 来提升 v_a 的指标来实现：

$$v^a = g^{ab} v_b。$$

我们将这种方法类比到埃尔米特型上。类似前述，矢量空间 $\mathbf{V}$ 的每个元素 v 的选取给出了对偶空间 $\mathbf{V}^*$ 的元素 $h(v,\ \ )$，但不同的是，这里 $h(v,\ \ )$ 反线性地而不是线性地依赖于 v，因此 $h(\lambda v,\ \ ) = \bar{\lambda} h(v,\ \ )$。

等价的说法是，$h(v,\ \ )$ 对 $\bar{v}$ 是线性的，这里矢量 $\bar{v}$ 是 v 的"复共轭"。我们来考虑由这些复共轭矢量构成的离散矢量空间 $\bar{v}$。这种处理方法对（抽象）指标记法特别有用，这时我们不妨用 a', b', c', $\cdots$ 这样的指标"字母"来标记这些复共轭元素，这里，加撇的指标和不加撇的指标之间不允许做缩并（求和）。复共轭运算使加撇的指标和不加撇的指标进行交换。在指标记法下，埃尔米特型表示为量 $h_{a'b}$ 的阵列，其中每一型一个（下）指标，这样，

$$h(x,y) = h_{a'b} \bar{x}^{a'} y^b$$

（$\bar{x}^{a'}$ 是 x^a 的复共轭），这里"埃尔米特型"表现为

$$h_{a'b} = \overline{h_{b'a}}$$

$h_{a'b}$ 阵列的作用是升降指数，但这里它将加撇的变为不加撇的，反之也一样。因此它作用的结果是产生复共轭空间的对偶空间：

$$\bar{v}_b = \bar{v}^{a'} h_{a'b}, \qquad v_{a'} = h_{a'b} v^b。$$

对于这些运算的逆（这里我们认为埃尔米特型是非奇异的，即分量 $h^{ab'}$ 的矩阵是非奇异的），我们有 $h_{a'b}$ 的逆 $h^{ab'}$

$$h^{ab'} h_{b'c} = \delta_c^a, \quad h_{a'b} h^{bc'} = \delta_{a'}^{c'},$$

283

这是因为**〔13.53〕

$$\bar{v}^{a'} = \bar{v}_b h^{ba'}, \quad v^a = h^{ab'} v_{b'}。$$

其实，利用上述关系，所有加撇的指标均可通过 $h_{a'b}$（和相应的逆 $h^{ab'}$）加以消除。我们可对张量应用上述方法将加撇指标逐个消除，这样复共轭空间就与其对偶空间完全"重合"，而不是形成完全分离的空间。

这种把重合与对偶合并成复共轭概念（尽管它不常写成指标记法）的"复共轭"运算——通常也称为埃尔米特共轭运算——对量子力学以及数学和物理里许多其他相关领域（如 §33.5 的扭量理论）具有核心重要性。在量子力学文献中，复共轭常记为剑形符"†"，有时也标为星号"∗"。

我比较爱用星号，这在数学文献里更常见，因此我在这里用粗黑体星号。这里适合用星号还因为它起着矢量空间 **V** 和对偶空间 **V*** 之间的交换作用。价 $\begin{bmatrix} p \\ q \end{bmatrix}$ 的复张量（所有加撇指标都已消去）通过 ∗ 映射为价 $\begin{bmatrix} q \\ p \end{bmatrix}$ 的张量。因此，∗ 的作用是使上指标变为下指标，下指标变为上指标。至于标量，∗ 就是普通的复共轭运算。运算 ∗ 是一种与埃尔米特型 h 本身等价的概念。

284

最熟悉的埃尔米特共轭运算（出现在分量 $h_{a'b}$ 取克罗内克 δ 的情形里），就是取每个分量的复共轭，同时按上标变下标、下标变上标等规则重组各分量。相应地，线性变换的各分量矩阵取这些复共轭的转置（有时称为矩阵的共轭转置），因此，对于 2×2 情形，我们有

$$\begin{pmatrix} a & b \\ c & d \end{pmatrix}^* = \begin{pmatrix} \bar{a} & \bar{c} \\ \bar{b} & \bar{d} \end{pmatrix}。$$

在这个意义上说，埃尔米特矩阵是一种等于埃尔米特共轭的矩阵。这个概念，以及更广义上的抽象埃尔米特算子，在量子力学里极为重要。

请注意，∗ 是反线性的是指，对具有相同的价的张量 T 和 U，以及任意复数 z，有

$$(T + U)^* = T^* + U^*, \quad (zT)^* = \bar{z} T^*。$$

∗ 的作用还必须保张量积，但由于指标位置颠倒，这种作用颠倒了缩并的顺序。具体地说，当 ∗ 作用到线性变换（指具有一个上指标和一个下指标的张量）时，乘法的序是颠倒的：

$$(LM)^* = M^* L^*。$$

在图示记法下，这种共轭运算可以非常简洁地表示为水平面的反射，其中包括了所要求的上下指标间的交换，见图 13.19。

285 我们可用运算 ∗ 来定义 **V** 的两个元素 v 和 w 之间的埃尔米特标积，即余矢量 v^* 与矢量 w 的标积（不同场合可方便地用不同的记法）：

〔13.53〕 验证这些关系，解释 $h^{ab'}$ 记号的协调性。

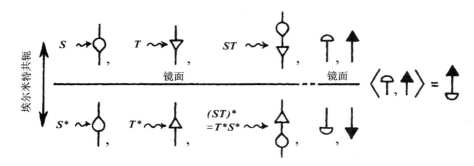

图 13.19 埃尔米特共轭（*）的运算可以非常方便地表示为水平面的反射。它使"臂"与"腿"交换，并使乘法倒序：$(ST)^* = T^*S^*$。图中还给出了埃尔米特标积（$v|w$）= $v^* w$ 的图示记法（这样，取复共轭就是把最右边的图上下倒个个儿）。

$$\langle v|w \rangle = v^* \cdot w = h(v, w)$$

（见图 13.19），我们有

$$\langle v|w \rangle = \overline{\langle w|v \rangle}.$$

具体到 $w = v$ 情形，我们得到 v 关于 * 的范数：

$$\| v \| = \langle v|v \rangle.$$

我们可选定 **V** 的一个基 $(e_1, e_2, \cdots, e_n)$，在这个基下，分量 $h_{a'b}$ 是简单的 n^2 个复数

$$h_{a'b} = h(e_a, e_b) = \langle e_a|e_b \rangle,$$

它们组成埃尔米特矩阵的元素。基 $(e_1, e_2, \cdots e_n)$ 称为关于 * 的伪正交基，条件是

$$\langle e_i | e_j \rangle = \begin{cases} \pm 1 & \text{若 } i = j; \\ 0 & \text{若 } i \neq j \end{cases}$$

当其中所有 ± 符号代之以 + 时，即每个 ±1 都是 1 时，我们称这个基是正交基。

伪正交基总是存在的，但它有多种选择。在这种基下，矩阵 $h_{a'b}$ 是对角矩阵，且对角线上元素仅由若干个 1 和 −1 组成。1 的数目 p 和 −1 的数目 q 在 * 作用下不变，它与基的选取无关。这使我们可将符号差 (p, q) 定义为算子 * 下的不变量。

如果 $q = 0$，则称 * 是正定的，在此情形下，[21] 非零矢量的范数总是正的：**[13.54]

$$v \neq 0 \quad \text{意味着} \quad \| v \| > 0。$$

注意，这里"正定"的概念是 §13.8 里复数情形的推广。

线性变换 T 的逆为 T^*，故

$$T^{-1} = T^*, \quad \text{即} \quad T T^* = I = T^* T$$

当 * 是正定的，我们称 T 是酉矩阵；其他情形下，则称 T 是伪酉矩阵。**[13.55] T 是"酉矩阵"是 　286

** 〔13.54〕证明这一点。

** 〔13.55〕证明：这些变换正是那些保矢量 v 和余矢量 v^* 之间埃尔米特对应的关系式，它们也保 $h_{ab'}$。

指当 $*$ 表示通常共轭转置运算时，矩阵 $\boldsymbol{T}$ 满足上述关系，因此有 $\boldsymbol{T}^{-1} = \bar{\boldsymbol{T}}$。

n 维酉变换群，或 $(n \times n)$ 酉矩阵的群，称为酉群 $\mathrm{U}(n)$。更一般地，当 $*$ 有符号差 (p,q) 时，我们有伪酉群 $\mathrm{U}(p,q)$。[22] 如果变换有单位行列式，则相应地我们有 $\mathrm{SU}(n)$ 和 $\mathrm{SU}(p,q)$。酉变换是量子力学里的基本变换（它们在纯数学的许多领域也有重要应用）。

13.10 辛群

从前两节里，我们了解了正交群和酉群。它们都是所谓典型群的例子，即单李群而非例外李群（§13.2）。所有典型群均属于辛群族。在经典物理学（正如我们将在 §20.4 里看到的）和量子物理学中，辛群，特别是无穷维辛群（§26.3），非常重要。

什么叫辛群呢？让我们再回到双线性型概念上来，但现在我们不取定义正交群所需的对称性 $(\boldsymbol{g}(\boldsymbol{x}, \boldsymbol{y}) = \boldsymbol{g}(\boldsymbol{y}, \boldsymbol{x}))$，而是取反对称性

$$s(\boldsymbol{x}, \boldsymbol{y}) = -s(\boldsymbol{y}, \boldsymbol{x}),$$

加上线性性

$$s(\boldsymbol{x}, \boldsymbol{y} + \boldsymbol{w}) = s(\boldsymbol{x}, \boldsymbol{y}) + s(\boldsymbol{x}, \boldsymbol{w}), \qquad s(\boldsymbol{x}, \lambda\boldsymbol{y}) = \lambda s(\boldsymbol{x}, \boldsymbol{y}),$$

此处第一个变量 $\boldsymbol{x}$ 的线性性遵从反对称性；我们可将不同表述下的这种反对称型记为

$$s(\boldsymbol{x}, \boldsymbol{y}) = x^a s_{ab} y^b = \mathbf{x}^{\mathsf{T}} \mathbf{S} \mathbf{y},$$

它与对称情形基本相同，只是这里 s_{ab} 取反对称的：

$$s_{ba} = -s_{ab} \quad \text{即} \quad \mathbf{S}^{\mathsf{T}} = -\mathbf{S},$$

$\mathbf{S}$ 是 s_{ab} 的分量矩阵，一般要求 $\mathbf{S}$ 是非奇异的，于是 s_{ab} 有逆 s^{ab}，且满足[23]

$$s_{ab} s^{bc} = \delta_a^c = s^{cb} s_{ba},$$

287 这里 $s^{ab} = -s^{ba}$。

我们注意到，与对称矩阵相比，反对称矩阵 $\mathbf{S}$ 等于其负的转置矩阵。切记，仅当 n 是偶数时，$n \times n$ 的反对称矩阵 $\mathbf{S}$ 才是非奇异的。✳✳[13.56] 这里 n 是 $\mathbf{x}$ 和 $\mathbf{y}$ 所属空间 $\mathbf{V}$ 的维数，以后我们都将 n 取为偶数。

$\mathrm{GL}(n)$ 的元素 $\mathbf{T}$ 保这种非奇异反对称度规 s_{ab}（或等价说法，双线性型 s），是指

$$s_{ab} T^a{}_c T^b{}_d = s_{cd}, \quad \text{即} \quad \mathbf{T}^{\mathsf{T}} \mathbf{S} \mathbf{T} = \mathbf{S}。$$

我们称这种 $\mathbf{T}$ 是辛的，由这些元素构成的群称为辛群（我们将在 §20.4 里看到，这是一种在经典力学相当重要的群）。但是，当我们在文献里遇到这个术语时可能还会有不清楚的地方。数学上我们把（实）辛群的严格定义为复辛群 $\mathrm{Sp}\left(\frac{1}{2}n, \mathbb{C}\right)$ 的实形式，这里 $T^a{}_b$（或 $\mathbf{T}$）是满足上述

✳✳〔13.56〕证明这一点。

关系的复数群。这么定义下的特殊实形式是非紧的，但根据 §13.7 末尾的叙述可知，$\mathrm{Sp}\left(\frac{1}{2}n,\ \mathbb{C}\right)$ 是半单群，还存在这种复群的另一种紧致的实形式，我们通常所谓的（实）辛群 $\mathrm{Sp}\left(\frac{1}{2}n\right)$ 指的正是这种紧实单群。

怎么才能找到这些不同的实形式呢？实际上，如同正交群情形一样，实辛群也存在符号差概念，只不过不像在正交群和酉群里那么出名罢了。保 s_{ab} 的实变换辛群的符号差是一种"剖分符号差"$\left(\frac{1}{2}n,\ \frac{1}{2}n\right)$。对于紧实辛群，其符号差为 $(n,0)$ 或 $(0,n)$。

这些符号差是怎么定义的呢？对每一对满足 $p+q=n$ 的自然数 p,q，我们可通过取复群 $\mathrm{Sp}\left(\frac{1}{2}n,\ \mathbb{C}\right)$ 里的这样一些元素来定义其"实形式"：这些元素的符号差（p,q）也是伪酉群的符号差，即属于 $\mathrm{U}(p,q)$ 的（§13.9）。由此我们得到（伪）辛群 $\mathrm{Sp}(p,q)$。[24]（换一种说法，$\mathrm{Sp}(p,q)$ 是 $\mathrm{Sp}\left(\frac{1}{2}n,\ \mathbb{C}\right)$ 与 $\mathrm{U}(p,q)$ 的交。）在指标记法下，$\mathrm{Sp}(p,q)$ 可定义为复线性变换 T^a_b 的群，它不但保上述的反对称度规 s_{ab}，也保分量 $h_{a'b}$ 的埃尔米特矩阵 $\mathbf{H}$，即

$$\overline{T}^{a'}_{\ b'}\,T^a_{\ b}\,h_{a'a}=h_{b'b},$$

这里 $\mathbf{H}$ 有符号差（p,q）（因此我们可找到一个伪规范正交基，使 $\mathbf{H}$ 的主对角线上有 p 个 1 和 q 个 -1，见 §13.9）。[25] 紧致典型辛群 $\mathrm{Sp}\left(\frac{1}{2}n\right)$ 就是这里的 $\mathrm{Sp}(n,0)$（或 $\mathrm{Sp}(0,n)$），但经典物理里最重要的形式是 $\mathrm{Sp}\left(\frac{1}{2}n,\ \frac{1}{2}n\right)$。✳✳✳[13.57]

如同正交群和酉群下情形，我们可选取基底使分量 s_{ab} 有特别简单的形式。这种形式不是主对角型，因为仅有的反对称对角型矩阵是 0。我们将 s_{ab} 的矩阵取为沿主对角线的 2×2 个矩阵子块，每个子块形为

$$\begin{pmatrix} 0 & 1 \\ -1 & 0 \end{pmatrix}.$$

对于熟悉的剖分符号差 $\mathrm{Sp}\left(\frac{1}{2}n,\ \frac{1}{2}n\right)$ 情形，我们可以取保这种形式的实线性变换。而一般情形 $\mathrm{Sp}(p,q)$，通常是取符号差（p,q）的伪酉型变换，而不是实线性变换。✳✳✳[13.58]

从具有相同的李代数（参见 §13.6）这一点来说，对不同的（小）p 和 q 值，某些正交群、酉群和辛群是相同的（"同构的"），或至少是局部相同（"局部同构"）的。[26] 最基本的例子是 $\mathrm{SO}(2)$ 群，它描述圆的非镜向反射对称群，形式上与酉群 $\mathrm{U}(1)$ 同，$\mathrm{U}(1)$ 是单位模复数 $e^{i\theta}$（θ 是

288

✳✳✳〔13.57〕运用这种法则找出 $\mathrm{Sp}(1)$ 和 $\mathrm{Sp}(1,1)$ 的显表达式。

✳✳✳〔13.58〕对 $p=q=n/2$ 情形证明，这些不同的表达式是等价的。

实数）的乘积群。*[13.59] 物理上看，这一点特别重要：SU(2) 和 Sp(1) 相同，并且局部也与 SO(3) 相同（最后这个群的双覆盖性质与§11.3 里描述的三维空间里转动的四元数表示的二重性质一致）。这对于自旋的量子物理非常重要（§22.8）。对相对论有重要意义的是，等同于 Sp(1,ℂ) 的 SL(2,ℂ) 局部等同于洛伦兹群 O(1,3) 的非镜向反射部分（也是它的双覆盖）。我们还发现，SU(1,1)，Sp(1,1) 和 SO(2,1) 相同，还有其他一些例子。对扭量理论特别值得指出的是，SU(2,2) 与群 O(2,4) 中的非镜向反射部分在局部上是等同的（见§33.3）。

通过求矩阵方程

$$\mathbf{X}^{\mathrm{T}}\mathbf{S} + \mathbf{S}\mathbf{X} = 0, \quad 即 \quad \mathbf{S}\,\mathbf{X} = (\mathbf{S}\,\mathbf{X})^{\mathrm{T}},$$

289 的解 $\mathbf{X}$，我们可得到辛群的李代数。这样，无穷小变换（李代数元素）$\mathbf{X}$ 即为 $\mathbf{S}^{-1}$ 乘以 $n \times n$ 对称矩阵。由此可见，辛群的维数是 $\frac{1}{2}n(n+1)$。注意，$\mathbf{X}$ 是无迹的（即迹 $\mathbf{X} = 0$，见§13.4）。**[13.60] 同样，依据反对称矩阵和埃尔米特矩阵的纯虚数部分，我们可分别获得正交群和酉群的李代数，二者的维数分别为 $\frac{1}{2}n(n-1)$ 和 n^2。***[13.61]

在§13.4 里我们就提到，对于有单位行列式的变换，无穷小元素 $\mathbf{X}$ 的迹为 0，这一点在辛群上自动满足，在正交群情形下，所有无穷小元素都有单位行列式。**[13.62] 在酉群情形下，限定到 SU(n) 是所需的进一步条件（迹 $\mathbf{X} = 0$），故群的维数减为 $n^2 - 1$。

§13.2 里所指的典型群有时标以 $\mathbf{A}_m$，$\mathbf{B}_m$，$\mathbf{C}_m$，$\mathbf{D}_m$（$m = 1, 2, 3, \cdots$），它们分别简称为 SU($m+1$)，SO($2m+1$)，Sp(m) 和 SO($2m$)，即我们在§§13.8,10 里研究过的群。从上述讨论可知，它们如§13.2 里所说的那样，分别有维数 $m(m+2)$，$(2m+1)$，$m(2m+1)$ 和 $m(2m-1)$。因此，读者现在可一览所有典型单群。正如我们已经看到的，这些群，包括它们的某些不同（复化）的"实形式"，在物理上有着非常重要的作用。下一章我们将进一步熟悉这些群，正如本章开头所述，从现代物理角度看，所有物理相互作用均受"规范联络"的支配，其关键是依赖于其严格对称的各种空间。当然，我们还需要知道"规范理论"实际指的是什么，这些内容见第15 章。

注　释

§13.1

13.1　阿贝尔生于 1802 年，因肺病（肺结核）卒于 1829 年，享年 26 岁。更一般的非阿贝尔群（$ab \neq ba$）

---

　　*[13.59] 为什么它们相同？

　　**[13.60] 解释：方程 $\mathbf{X}^{\mathrm{T}}\mathbf{S} + \mathbf{S}\mathbf{X} = 0$ 是怎么来的？为什么 $\mathbf{S}\mathbf{X} = (\mathbf{S}\mathbf{X})^{\mathrm{T}}$？为什么 $\mathbf{X}$ 的迹为零？给出李代数的显式。为什么它的维数是这样？

　　***[13.61] 描述这些李代数并求出它们的维数。

　　**[13.62] 为什么？这在几何上意味着什么？

则是由更为不幸、短命的法国数学家埃瓦里斯特·伽罗瓦（Evariste Galois, 1811~1832）引入的。他在一次决斗中被杀，当时尚未年满 21 岁。决斗前夜，他匆忙写下了有关利用这些群来研究代数方程可解性的革命性的思想，现在我们称它作伽罗瓦理论。

13.2 我们还应注意，" $-C$ "意味着"取共轭，然后乘以 -1"，即 $-C = (-1)C$。

13.3 S 代表"Special 特殊的"（意思是"单位行列式的"），从这里的上下文可知，它只是告诉我们，反向变动不予考虑；O 代表"orthogonal 正交的"，它是指坐标轴的"正交性"（即直角性质）在变动中保持不变；3 代表我们所考虑的是三维下的转动。

13.4 有一条著名的定理告诉我们，每个连续群不仅是光滑的（即§§6.3, 6 里的记号 C^0 实指 C^1，甚至可以是 C^∞），而且还是解析的（即 C^0 实指 C^ω）。这个结果作为著名的"希尔伯特第五问题"的解，是由 Andrew Mattei Gleason, Deane Montgomery, Leo Zippin 和 Hidehiko Yamabe 等人于 1953 年给出的，见 Montgomeryand Zippin（1955）。它在§13.6 里可以解释用幂级数的理由。

§13.2

13.5 见 van der Waerden（1985），166~174 页。

13.6 见 Devlin（1988）。

13.7 见 Conway and Norton（1972），Dolan（1996）。

§13.3

13.8 我们将在§14.1 里看到，欧几里得空间是一种仿射空间。如果我们取特殊点(原点)O，它就变成了矢量空间。

13.9 在本书的许多地方，错开排列张量符号的指标不仅是方便的，有时甚至是必需的。在线性变换情形下，我们需要用它来表示矩阵乘法的顺序。

13.10 这是个维数 r 的矢量空间区域（$r<n$），我们称 r 为矩阵或线性变换 T 的秩。非奇异 $n \times n$ 矩阵的秩为 n（"秩"的概念也用于长方形矩阵。）比较注释 12.18。

13.11 矩阵理论的历史见 MacDuffee（1933）。

§13.5

13.12 在那些本征矢量张不起整个空间（即 d 小于相应的 r）的奇异情形下，我们仍可找到典范形式，不过现在只允许 1 出现在主对角线上。这些留存下来的 1 恰好都在方块内，这些方块的对角线上的项就等于本征值（若当范式），见 Anton and Busby（2003）。其实在若当之前两年的 1868 年，魏尔斯特拉斯(K. T. W. Weierstrass, 1815~1897)显然就已经发现了这个范式，见 Hawkins（1977）。

§13.6

13.13 为了说明这一点，考虑 SL$(n, \mathbb{R})$［即 GL$(n, \mathbb{R})$ 本身的单位行列式元素］。这个群有"双覆盖"$\widetilde{\text{SL}}(n, \mathbb{R})$（要求 $n \geqslant 3$），它得自 SL$(n, \mathbb{R})$ 的方式基本上等同于§11.3 里我们在研究带纸带的书的转动时从 SO（3）很快找到 $\widetilde{\text{SO}}$(3)的情形。因此，$\widetilde{\text{SO}}$(3)是普通三维空间里自旋客体的（非镜向反射）转动群。同样，我们可以将§13.3 里那些服从带有"挤压"或"拉伸"的更一般的线性变换的对象也看作"自旋客体"，这样，我们得到局部等同于 SL$(n, \mathbb{R})$ 的群 $\widetilde{\text{SL}}(n, \mathbb{R})$，但实际上它不可能是 GL$(m)$ 的忠实表示。见注解 15.9。

13.14 这个概念有明确定义，见注解 13.4。

§13.7

13.15 见 Thirring（1983）。

13.16 这里我们再次遇到了那种变幻莫测的数学概念命名的情形。正如这个领域里习惯上与嘉当这个名字连在一起（如"嘉当子代数，嘉当积分"等）的许多重要概念实际上最初是源自基灵（见§13.2）一样，我们所谓的"基灵形式"实则来自嘉当（和赫尔曼·外尔），见 Hawkins（2000），§6.2。但是，我们将要在§30.6 里遇到的"基灵向量"则的确是来自基灵的工作(Hawkins, 2000, 128 页注释 20)。

13.17 在这段上下文里，我（有意）在数学上稍显随便地使用"同样的"一词，其严格的数学用词是"同构的"。

290

291

§13.8

13.18 关于如何经此过程做到这一点，我一直不十分明了。$\mathbf{V}$ 的基 $\boldsymbol{e} = (\boldsymbol{e}_1, \boldsymbol{e}_2, \cdots, \boldsymbol{e}_n)$ 通过性质 $\boldsymbol{e}^i \cdot \boldsymbol{e}_j = \delta^i_j$ 与其对偶基，即 $\mathbf{V}^*$ 的基 $\boldsymbol{e}^* = (\boldsymbol{e}^1, \boldsymbol{e}^2, \cdots, \boldsymbol{e}^n)$ 相联系。应用 §12.8 里的多重线性函数到 p 个对偶基元素与 q 个基元素的不同组合上，我们就可以得到 $\begin{bmatrix} p \\ q \end{bmatrix}$ 价张量 $\boldsymbol{Q}$ 的分量：$Q^{f\cdots h}_{a\cdots c} = \boldsymbol{Q}(\boldsymbol{e}^f, \cdots, \boldsymbol{e}^h; \boldsymbol{e}_a, \cdots, \boldsymbol{e}_c)$。

13.19 见注释 13.3。

13.20 见注释 13.10。读者对这一点可能会有迷惑：为什么 §13.5 里的 T^a_b 可以有许多不变量，即本征值 $\lambda_1, \lambda_2, \cdots, \lambda_n$，而 g_{ab} 则没有？答案是不同的指标位置上变换的性态是不同的。

§13.9

13.21 注意，在正定情形下，按注释 13.18 的理解，$(\boldsymbol{e}^*_1, \boldsymbol{e}^*_2, \cdots, \boldsymbol{e}^*_n)$ 是 $(\boldsymbol{e}_1, \boldsymbol{e}_2, \cdots, \boldsymbol{e}_n)$ 的对偶基。

13.22 对于固定的 $p + q = n$，群 $\mathrm{U}(p,q)$ 和 $\mathrm{GL}(n, \mathbb{R})$ 都具有相同的复化群即 $\mathrm{GL}(n, \mathbb{C})$，它们也都是这种复群的不同实形式。

§13.10

13.23 正如 g_{ab} 和 g^{ab} 的作用一样，我们可以用 s_{ab} 和 s^{ab} 来提升和降低张量的指数，这样，$v_a = s_{ab}v^b$，$v^a = s^{ab}v_b$（见 §13.8）。但由于反对称性，我们要注意使指标的顺序保持一致。熟悉二阶旋量计算的读者（见 Penrose and Rindler 1984，vol. 1）也许会注意到这里的 s_{ab} 与那里计算中 ε_{AB} 之间的记号上的差异。

13.24 我不太关心这些不同的实形式的标准术语和记号，因此，为目前计，我们一直都用 $\mathrm{Sp}(p, q)$ 记号。

13.25 事实上，$\mathrm{Sp}\left(\dfrac{1}{2}n, \mathbb{C}\right)$ 有单位行列式，因此我们不需要类似 $\mathrm{SO}(n)$ 和 $\mathrm{SU}(n)$ 那样的 "$\mathrm{SSp}\left(\dfrac{1}{2}n\right)$"。原因是据 s_{ab} 我们有关于列维－齐维塔 $\varepsilon\cdots$ 的表达式（"Pfaffian"），无论 s_{ab} 取什么形式，这个表达式不变。

13.26 见注释 13.17。

第十四章
流形上的微积分

14.1　流形上的微分

在前一章（§§13.3，6，10）我们看到，对称群可以作用于矢量空间，这种作用表现为矢量空间的线性变换。对于特定的群，我们可以认为矢量空间具有某种线性变换下不变的特定结构。这个"结构"概念是一个重要概念。例如，它可以是正交群（§13.8）下的度规结构，或是酉群（§13.9）下保持不变的埃尔米特结构。正如前面指出的，一般说来，作用在矢量空间上的群的表示理论在数学和物理的许多领域，特别是在量子理论里，非常重要。我们以后会看到（特别是在§22.2），具有埃尔米特（标积）结构的矢量空间构成量子理论的本质基础。

但是，矢量空间本身是一种非常特殊的空间，对现代物理的许多领域来说，数学上还需要一些更一般的条件。甚至古老的欧几里得几何都不是矢量空间，因为矢量空间必须有一个特别显著的特点，那就是（由零矢量给出的）原点，而在欧氏几何中每一点都是平权的。事实上，欧氏空间只是所谓仿射空间的一个例子。仿射空间很像矢量空间，只是"遗忘"了原点；实际上这种空间同样有相容的平行四边形概念。**[14.1]***[14.2]只要我们将某个点设为原点，我们就可以在其中按"平行四边形法则"定义矢量加法（见§13.3，图13.4）。

爱因斯坦卓越的广义相对论里的弯曲时空显然比矢量空间更为一般，它是一种四维流形。但这种时空几何概念要求有某种（局域）结构——一种光滑流形上的结构（见第12章）。类似

**[14.1] 令 $[a, b; c, d]$ 代表"$abcd$ 构成平行四边形"这一陈述（这里 a，b，d 和 c 像§5.1里那样依次作为各顶点）。由公理（i）对任意 a，b 和 c，存在 d 使有 $[a, b; c, d]$；（ii）如果存在 $[a, b; c, d]$，则存在 $[b, a; d, c]$ 和 $[a, c; b, d]$；（iii）如果存在 $[a, b; c, d]$ 和 $[a, b; e, f]$，则存在 $[c, d; e, f]$ 证明：当选定某个点作为原点之后，这个代数结构简化为"矢量空间"结构，但如§11.1那样没有"标量乘积"运算，就是说，我们得到的是加和性的阿贝尔群规则；见练习 [13.2]。

***[14.2] 你能看出如何将它推广到非阿贝尔情形下吗？

地，（§12.1 里简单考虑的）物理系统的构形空间和相空间也要求具有局域结构。我们如何来安排所需的结构呢？这样一种局域结构（在度规结构下）可提供一种对两点间"距离"的测量，或对曲面"面积"的测度（具体如 §13.10 里的辛结构下情形），或曲线间"夹角"（如 §8.2 里黎曼曲面的共形结构下情形），等等。正如刚刚讲的，在所有这些例子中，矢量空间概念都可以告诉我们所需的那种局域几何是什么，这就是流形 $\mathcal{M}$ 的某一点 p 上的 n 维切空间 $\mathcal{T}_p$（这里我们把 $\mathcal{T}_p$ 看成是紧邻 $\mathcal{M}$ 的 p 点的附近区域的"无穷延展"，见图 12.6）。

相应地，我们在第 13 章里遇到过的各种群结构和张量在流形的各个点附近都有局域相关性。我们将看到，爱因斯坦弯曲时空在每个切空间上的确有一种由洛伦兹（伪）度规（§13.8）确定的局域结构，而经典力学的相空间（参见 §12.1）则具有局部辛结构（§13.10）。这两个带结构流形的例子在现代物理理论里扮演着重要角色。但在这些空间里运用的微积分该有什么样的形式呢？

正如前述，我们在第 12 章研究的 n 维流形仅要求是光滑的，且不带任何特定的局域结构。在这样一种无结构光滑流形 $\mathcal{M}$ 上，没多少有意义的微积分运算。最重要的是，我们甚至没有一般的微分概念可用于这种流形 $\mathcal{M}$。

需要澄清一点，在具体坐标拼块上，我们可根据这个拼块上的坐标 x^1，x^2，$\cdots$，x^n，利用（偏）微分算子 $\partial/\partial x^1, \partial/\partial x^2, \cdots, \partial/\partial x^n$（见 §10.2）对感兴趣的各种量作简单微分（见 §10.2）。但在大多数情形下，得出的结果没什么几何意义，因为这些结果取决于所使用的坐标的具体（任意）选择。当我们从一个坐标拼块转移到另一个坐标拼块时，这些结果一般来说并不相互匹配（参见图 10.7）。

然而，在 §12.6 里我们就已经指出，微分概念之所以重要，是因为它实际上可用于一般的 n 维光滑（无结构）流形——从一个坐标卡到另一个坐标卡——这就是微分形式的外导数。但这种运算受到作用范围的限制，因为它只能用于 p 形式，而且还无法提供 p 形式如何变化的信息。那么我们能否找到一种能够用于一般光滑流形上某些量（譬如说矢量场和张量场）的完备的"导数"概念呢？这种导数概念应当可以独立地定义在任何具体坐标上，这种坐标或许会恰好被选来标示某个坐标拼块上的点。能有这样一种可用于流形上结构的与坐标无关的微积分当然再好不过，我们可以用它来说明矢量场和张量场是如何随位置变化的，但我们如何实现它呢？

14.2 平行移动

由 §10.3 和 §12.3 可知，对于一般的 n 维光滑流形 $\mathcal{M}$ 上的标量场 Φ，我们可以有对"变化率"即 1 形式 $d\Phi$ 的适当度量，这里 $d\Phi = 0$ 表示 Φ 在（在整个 $\mathcal{M}$ 的连通域上）是一常数。但这种度量对一般张量无效，它甚至不能用于矢量场 ξ。为什么呢？麻烦出在这里：在一般流形里，我们没有适当的 ξ 为常数的概念（一会儿你就会看到），而应用于 ξ 的微分（"梯度"）运算

则应当具有对常数 ξ 作用结果为零的性质（正如 $\mathrm{d}\Phi=0$ 表示标量场 Φ 的恒常性那样）。更一般地，我们要求对于"不是常数"的 ξ，这种求导运算应当测度 ξ 关于定常值的导数。

为什么在一般 n 维流形 $\mathcal{M}$ 上会有矢量"恒常性"问题呢？在普通欧几里得空间内，常矢量场 ξ 应有这样一种性质：作为几何描述的所有"箭头"彼此平行。这样，某种"平行化"概念必将成为 $\mathcal{M}$ 结构的一部分。对此我们或许会担心，因为我们总惦记着欧几里得第五公设问题——平行公理——它曾是第二章讨论的中心议题。例如，双曲几何

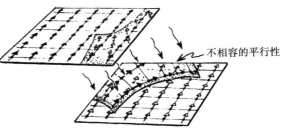

不相容的平行性

图 14.1　欧几里得"平行"概念很可能在两个坐标拼块的重叠处是失效的。

就不允许有处处"平行的"矢量场。不管怎么说，"平行化"概念不是流形 $\mathcal{M}$ 仅仅因为它是光滑流形就可以拥有的性质。在图 14.1 中，我们用由两个欧几里得平面拼块组成的二维流形这一例子展示了这种困难，普通的欧几里得"平行"概念无法与拼块间的过渡相容。

为了对什么样的平行概念才是适当的这一点有所了解，我们不妨先来考察一下普通二维球面 S^2 的内在几何性质。我们在 S^2 上选一特定点 p（譬如说北极）和 p 的一个特定切矢量 v（譬如说如图 14.2 那样，沿格林尼治子午圈方向）。在 S^2 的其他点上，哪些切矢量会与 v"平行"呢？如果我们按标准做法简单地将 S^2 嵌入到欧几里得三维空间来导出"平行"概念，那么我们将发现，在 S^2 的大多数点 q 上，根本就不存在这种意义下的与 v"平行"的 S^2 的切矢量，因为 q 点的切平面通常不包含 v 方向。（只有过 p 且垂直于 p 点的格林尼治子午圈的大圆才包含这种

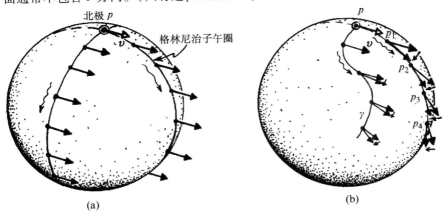

(a)　　　　　　　　　　　　　(b)

图 14.2　球面 S^2 上的"平行"。取北极为 p 点，其切矢量 v 沿格林尼治子午圈方向。在 S^2 的其他点上，哪些切矢量会与 v"平行"呢？（a）直接用嵌入 S^2 到 E^3 而导出的"平行"概念是无效的，因为（除了沿垂直于格林尼治子午圈的大圆）与 v"平行"的矢量不可能保持与 S^2 相切。（b）为了弥补这一点，我们沿给定曲线 γ 移动 v，并不断将 v 投影到与球面相切的方向上。（把 γ 想象成是由极多的微小片段 p_0p_1，p_1p_2，p_2p_3，…，组成的，并对每一小段进行投影。然后随着各小段被分得越来越小，我们取极限。）这种平行移动概念既显示在格林尼治子午圈上，也显示在一般曲线 γ 上。

意义下平行于 v 的 S^2 的切矢量的点。）适当的 S^2 上的平行化概念应专指切矢量。因此，当我们逐渐移动 q 使之远离 p 点时，我们必须尽可能地将 v 的方向移向 q 点的切平面。事实上，这种想法不仅可行，而且效果不错，但有个新特征需要点明，就是我们得到的平行化概念与我们如何移动 q 使之远离 p 点所取的路径相关。[1] 在"平行"概念里，这个路径无关性是真正的新要素，它的各种表述方式为有关粒子相互作用的现代理论的成功奠定了基础，这里当然也包括爱因斯坦广义相对论。

为了将这一点理解得更透彻些，我们来考虑 S^2 上的路径 γ，它起自 p 点止于 S^2 上另一点 q。我们可以把 γ 想象成是由极多的 N 个小段 p_0p_1，p_1p_2，p_2p_3，$\cdots$，$p_{N-1}p_N$ 组成的，这里起点 p_0 $=p$，末段的终点 $p_N=q$。然后想象在 γ 上移动 v，使得在每一小段 $p_{r-1}p_r$ 上 v 均平行于该小段本身——这里用了前述意义上的周围是欧几里得三维空间这一概念——然后，将 v 投影到 p_r 点的切空间，见图 14.2（b）。通过这种操作，我们最终得到 q 点上的切矢量，粗略地说，我们可以认为这个矢量自 p 至 q 一直是尽可能完全在曲面上沿 γ 平行滑动。实际上这种操作还是多少要依赖于 γ 近似为一系列小段的程度，但随着各小段被分得越来越小，在极限情形下可以证明，我们得到的是一个意义明确的结果，它不依赖于我们划分 γ 成各小段的具体细节。这种操作就是所谓的 v 沿 γ 的平行移动。在图 14.3 里，我画出了自 p 出发的沿 5 个不同路径（都是大圆）的平行移动看上去像是什么的样子。

那么，上述的路径相关指的是什么呢？在图 14.4 里，我在 S^2 上标出了点 p 和 q，以及自 p 至 q 的两条路径。一条是沿着大圆方向，另一条由经中点 r 处连接的一对大圆弧组成。我们从图 14.3 的几何可以看出，沿这两条路径（其中一条有个拐角，但这无关紧要）的平行移动得到的

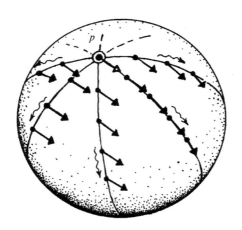

图 14.3 v 沿 5 个不同路径（都是大圆）的平行移动。

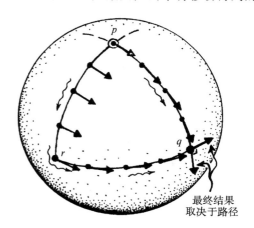

最终结果
取决于路径

图 14.4 平行移动的路径依赖性。这里展示的是自 p 至 q 的两条不同路径。一条是沿着大圆方向，另一条由经中点 r 处连接的一对大圆弧组成。沿这两条路径的平行移动在 q 点给出了两个不同的结果，二者方向上差了一个直角。

是两个非常不同的结果，对如图情形，二者方向上差了一个直角。注意，这里的差异只是矢量的方向发生了转动。我们有理由相信，按这种特定方式定义的平行移动概念总是保持矢量的长度不变。（然而，还有不同于上述方式的其他形式的"平行移动"存在。这些问题对以后的章节（§14.8，§§15.7，8，§19.4）很重要。）当我们将路径 γ 取为一闭环（即 $p=q$）时，可以看到以极端方式出现的这种角度差异，在这种情形下，平行移动的切矢量的初始方向和终态方向之间很可能不同。事实上，就严格的单位半径的几何球面而言，这种差异是一个转角，如果以弧度计，该转角的值精确等于环（所包围的）的总面积。**[14.3]

14.3　协变导数

我们如何才能将这种"平行移动"的概念用于定义适当的矢量场（从而一般张量场）的微分概念呢？基本思想是这样：我们可以对一个矢量（或张量）场实际沿某个方向离开点 p 的行为与同一个矢量自 p 点出发沿同方向的平行移动进行比较，并用前者减去后者。我们可以将这种方法应用到沿某条曲线 γ 的有限位移上，但对于定义矢量场的（一阶）导数来说，我们只需要离开 p 的无限小位移就够了，而这仅取决于曲线自 p 点"出发"的方式，即仅取决于 γ 在 p 点的切矢量 w（图14.5）。通常我们用符号 ∇ 来表记以这种方式出现的微分概念，它称为协变导数算子，或简称为联络。

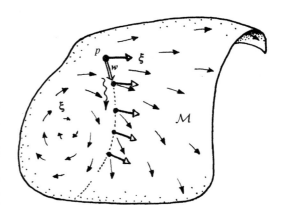

图14.5 协变导数的概念可与平行移动联系起来理解。M 上矢量场 ξ（黑箭头）逐点而异的程度由对它偏离平行移动所提供的标准（白箭头）来量度。这种比较可沿（p 点始的）整个曲线 γ 进行，但对 p 点上的一阶协变导数 ∇_{w}，我们需要知道 γ 在 p 点的切矢量 w，它决定着 ξ 在 p 点沿 w 方向的协变导数 $\nabla_{w}\xi$。

这种算子的一项基本要求（对于 S^2 上按上述方式定义的概念来说，事实证明这种要求是正确的）是，算子线性地依赖于矢量 w。因此，由 w 的位移（方向）定义的协变导数记为 ∇_{w}，对于两个这样的位移矢量 w 和 u，它必须满足

$$\nabla_{w+u} = \nabla_{w} + \nabla_{u},$$

对一个标量因子 λ：

$$\nabla_{\lambda w} = \lambda \nabla_{w}.$$

**〔14.3〕看看你能否在球面三角（S^2 上由大圆弧构成的三角形）的情形下验证这一判断，你可以直接运用§2.6里哈里奥特于1603年给出的有关球面三角的面积公式。

从记法上看，把矢量符号置于▼之下似乎很别扭，也的确很别扭！但是，在使用像 "∇_w" 这样的表达式方面，数学家与物理学家的记法之间存有真正的分歧。对数学家而言，这个表达式表示的可能是那种我用▼所表示的运算，而物理学家则倾向于将 w 理解为指标而不是矢量场。在物理学家的记法里，算子 $\underset{w}{\nabla}$ 表为

$$\underset{w}{\nabla} = w^a \nabla_a,$$

上述的线性性直接反映出记法上的一致性：

$$(w^a + u^a)\nabla_a = w^a\nabla_a + u^a\nabla_a, \quad (\lambda w^a)\nabla_a = \lambda(w^a\nabla_a)。$$

▼的下标的位置与它作为矢量场的对偶项是一致的（正如上述线性性所反映的，见 §12.3），即▼是一个余矢量算子（价 $\begin{bmatrix} 0 \\ 1 \end{bmatrix}$ 的算子）。因此，当▼作用到矢量场 ξ（价 $\begin{bmatrix} 1 \\ 0 \end{bmatrix}$）时，其结果 $\nabla\xi$ 是一个 $\begin{bmatrix} 1 \\ 1 \end{bmatrix}$ 价的张量。这一点在指标法下非常清楚：张量 $\nabla\xi$ 的分量（或抽象指标）的表达式的记法为 $\nabla_a\xi^b$。事实上，我们有一种很自然的方式将算子▼的适用范围从矢量扩展到一般价的张量，▼对 $\begin{bmatrix} p \\ q \end{bmatrix}$ 价张量 T 的作用生成一个 $\begin{bmatrix} \ p \\ q+1 \end{bmatrix}$ 价的张量 ∇T。其运算法则在指标记法下可方面地表达出来，但在数学家的记法里则显得别扭，我们不久就会遇到。

在作用于矢量场时，▼满足 §12.6 里微分算子 d 所满足的那些运算法则：

$$\nabla(\xi + \eta) = \nabla\xi + \nabla\eta$$

和莱布尼茨法则

$$\nabla(\lambda\xi) = \lambda\nabla\xi + \xi\nabla\lambda,$$

这里 ξ 和 η 是矢量场，λ 是标量场。作为联络的一种正规要求，▼对标量的作用与梯度（外导数）d 对标量的作用相同：

$$\nabla\Phi = d\Phi。$$

▼作用于一般张量场的扩展由下述两项自然要求唯一确定。**[14.4] 第一项为（对同价张量 T 和 U）加和性：

$$\nabla(T + U) = \nabla T + \nabla U$$

300

第二项是适当形式的莱布尼茨法则。这里莱布尼茨法则陈述起来有些拗口，在数学家的那种不用指标的记法下就更是如此。其大致形式（对任意价的张量 T 和 U）是

$$\nabla(T \cdot U) = (\nabla T) \cdot U + T \cdot \nabla U。$$

但它需要解释。符号 · 是一种收缩积形式，T 的一组上下标与 U 的一组上下标缩并（允许集为空，此时积变成外积，无缩并）。在上述公式里，等号右边两项的缩并精确反映了等号左边各项，▼的指标字母在整个表达式前后都是相同的。

** 〔14.4〕解释为什么是唯一的。提示：考虑▼对 $\alpha \cdot \xi$ 等的作用。

在书写前述表达张量的莱布尼茨法则的公式时，数学家的记法还有一个特别不方便的地方，就是指标无所指。如果我们用$\overset{\triangledown}{\nabla}$而不是$\nabla$情况会好些，因为 w 示踪∇的指标，只要我们愿意，我们可以进行类似其他指标的操作，与矢量或余矢量场缩并每个指标（不是通过∇的作用）。在我看来，用指标会使问题表达得较为清楚，但在图示记法下则更加清楚，此时微分可标记为绕被微分的量画的一个环。在图 14.6 里，我用张量的莱布尼茨法则为例展示了这一点。

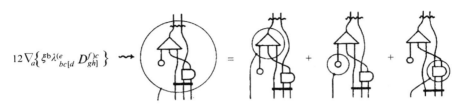

$$12\nabla_a\left\{\xi^b\lambda^{(e}_{bc[d}D^{f)c}_{gh]}\right\} \rightsquigarrow$$

图 14.6 在图示记法里，协变微分可以方便地标记为绕被微分的量画的一个环。这里以张量的莱布尼茨法则应用$\nabla_a\{\xi^b\lambda^{(e}_{bc[d}D^{f)c}_{gh]}\}$为例展示了这一点（见图 12.17）。（反对称因子给出"12"。）

所有这些性质在"坐标导数"算子$\partial/\partial x^a$取代∇_a时也是正确的。事实上，在任一坐标拼块上，我们可以用$\partial/\partial x^a$来定义这个拼块上的具体联络，我称它为坐标联络。它不是一种非常令人感兴趣的联络，因为坐标是任意的。（它提供了一种"平行"概念，这个概念把所有坐标线视为"平行"。）在两个坐标拼块的重叠处，由其中一个拼块的坐标定义的联络通常与另一个拼块定义的联络不一致（见图 14.1）。尽管坐标联络不"令人感兴趣"（物理上肯定没意思），但它在阐明表达式时常常是很有用的。原因得牵涉到这样一种事实：如果我们在两个联络之间取差分，这个差分对某个张量 T 的作用总可以根据 T 和一个确定的价$\begin{bmatrix}1\\2\end{bmatrix}$的张量 $\boldsymbol{\Gamma}$ 用完全代数的形式（即不用微分）表达出来。***[14.5] 这使我们能够将∇对 T 的作用清楚地表示为分量 $T^{a\cdots t}_{d\cdots f}$ 的坐标导数^2 加上某些涉及分量 Γ^a_{bc} 的附加项。***[14.6]

14.4 曲率和挠率

坐标联络是一种相当特殊的联络，因为与一般联络不同，这种联络定义了一种与路径无关

***[14.5] 看看你能否证明这一点，找出明确表达式。提示：首先看两个联络之间的差分对矢量场 $\boldsymbol{\xi}$ 的作用，给出指标形式 $\xi^c\Gamma^a_{bc}$ 的答案；其次，证明这种联络的差分作用到余矢量 $\boldsymbol{\alpha}$ 上将有指标形式 $-\alpha_c\Gamma^c_{ba}$；最后，用$\begin{bmatrix}p\\q\end{bmatrix}$价张量 T 的定义作为 q 矢量关于 p 余矢量的多重线性函数（参见§14.2），找出联络的差分作用到 T 的一般指标表达式。

***[14.6] 作为这一应用，将两个联络分别取为∇和坐标联络。找出∇作用于任一张量的坐标表达式，说明如何从 $\Gamma^a_{b1}=\nabla_b\delta^a_1$，$\cdots$，$\Gamma^a_{bn}=\nabla_b\delta^a_n$，即根据$\nabla$对每一个坐标矢量 δ^a_1，$\cdots$，δ^a_n 的作用，明确地得到分量 Γ^a_{bc}。（这里 a 是矢量指标，依据§12.8，它可视为"抽象指标"，因此"δ^a_1"等的确代表矢量而不只是各组分量，但 n 仅表示空间维数。注意，坐标联络零化每一个坐标矢量。）

的平行性。它必然涉及坐标导数算子的交换性（我们在§10.2里指出过的形式 $\partial^2 f / \partial x \partial y = \partial^2 f / \partial y \partial x$）：

$$\frac{\partial^2}{\partial x^a \partial x^b} = \frac{\partial^2}{\partial x^b \partial x^a}。$$

换一种说法，我们可以说量 $\partial^2 / \partial x^a \partial x^b$ 是（关于指数 a，b）对称的。不久我们就会看到它所涉及的与路径无关的平行性是指什么。对一般联络 ∇，这种对称性质对 $\nabla_a \nabla_b$ 不成立，其反对称部分 $\nabla_{[a} \nabla_{b]}$ 产生两个特殊张量，一个价 $\begin{bmatrix} 1 \\ 2 \end{bmatrix}$ 的称为挠率张量 $\boldsymbol{\tau}$，另一个价 $\begin{bmatrix} 1 \\ 3 \end{bmatrix}$ 的称为曲率张量 $\boldsymbol{R}$。当 $\nabla_{[a} \nabla_{b]}$ 作用到标量上结果不为零时就会出现挠率。在大多数物理理论里，一般认为 ∇ 是无挠的，即 $\boldsymbol{\tau} = 0$，这无疑使问题得以简化。但也存在一些理论，像超引力和爱因斯坦 – 嘉当 – 席艾玛 – 基伯自旋/挠率理论，它们具有不为零的挠率，这种挠率在物理上有重要意义，见注释19.10和§31.3。当存在挠率时，其关于 ab 反对称的指数表达式 $\tau_{ab}{}^c$ 定义为 ***[14.7]

$$(\nabla_a \nabla_b - \nabla_b \nabla_a) \Phi = \tau_{ab}{}^c \nabla_c \Phi。$$

在无挠情形下，***[14.8] 曲率张量 $\boldsymbol{R}$ 可定义^3 为 **[14.9]

$$(\nabla_a \nabla_b - \nabla_b \nabla_a) \xi^d = R_{abc}{}^d \xi^c。$$

正像这个领域里已习以为常的那样，我们遇上了带许多小指标的那种令人沮丧的表达式，因此我认为大家用如图14.7(a),(b)那样的图示记法来表示这些关键表达式。不管怎样，我还是认为，对于带抽象指标的张量，这些指标量应像§12.8那样具有适当的可读性。（在文献里，在指标的序、符号等方面存有众多不同的惯例。我一直促使读者接受我自己所使用的这套记法——至少在我是唯一作者的文章里如此！）事实上，$R_{abc}{}^d$ 对第一对指标 ab 是反对称的，即

$$R_{bac}{}^d = -R_{abc}{}^d，$$

（见图14.7(c)）这从 $(\nabla_a \nabla_b - \nabla_b \nabla_a = 2\nabla_{[a} \nabla_{b]})$ 的相应的反对称性上看是很明显的。不久我们就会看到这种反对称性的重要性。在无挠情形下，我们有额外的对称关系 **[14.10]（图14.7(d)）

$$R_{[abc]}{}^d = 0，\quad 即 \quad R_{abc}{}^d + R_{bca}{}^d + R_{cab}{}^d = 0。$$

这一关系有时称为"比安基第一恒等式"。我称它为比安基对称性。这个比安基恒等式（图14.7(e)）的提法说明通常还有"第二个"这种恒等式，在无挠情形下，它是 **[14.11]

***〔14.7〕解释为什么右边必须具有一般形式；根据 $\varGamma_{bc}^a$ 找出分量 τ_{bc}^a。见练习〔14.6〕。

***〔14.8〕证明：当挠率不为零时，需要什么样的附加项才能保证表达式的一致性。

**〔14.9〕$\nabla_a \nabla_b - \nabla_b \nabla_a$ 对余矢量的作用的相应表达式是什么？导出价 $\begin{bmatrix} p \\ q \end{bmatrix}$ 的一般张量的表达式。

**〔14.10〕先解释"即"；然后从前面定义 $R_{abc}{}^d$ 的方程出发，通过扩展 $\nabla_{[a} \nabla_b (\xi^d \nabla_{d]} \Phi)$ 来导出该式。（图示记法会有帮助。）

**〔14.11〕从前面定义 $R_{abc}{}^d$ 的方程出发，通过两种途径扩展 $\nabla_{[a} \nabla_b \nabla_{d]} \xi^e$ 来导出这个式子。（图示记法会有帮助。）

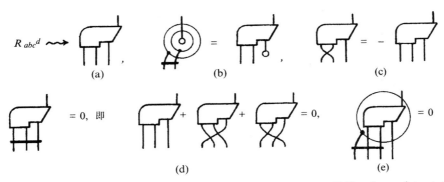

图 14.7 （a）曲率张量 $R_{abc}{}^d$ 的一种方便的图示记法。（b）里奇恒等式 $(\nabla_a \nabla_b - \nabla_b \nabla_a)\xi^d = R_{abc}{}^d \xi^c$。（c）反对称性 $R_{bac}{}^d = -R_{abc}{}^d$。（d）比安基对称 $R_{[abc]}{}^d = 0$，它简化为 $R_{abc}{}^d + R_{bca}{}^d + R_{cab}{}^d = 0$。（e）比安基恒等式 $\nabla_{[a}R_{bc]d}{}^e = 0$。

$$\nabla_{[a}R_{bc]d}{}^e = 0, \qquad 即 \qquad \nabla_a R_{bcd}{}^e + \nabla_b R_{cad}{}^e + \nabla_c R_{abd}{}^e = 0。$$

正如我们在 §19.6 将会看到的，这个比安基恒等式对爱因斯坦场方程至为关键。

曲率是表示联络的路径依赖性的基本量（至少在局部范围是这样）。如果我们设想沿空间 $\mathcal{M}$ 内的一个小环按 ∇ 所定义的平行移动概念来移动矢量，回到出发点后我们将发现，正是 $\boldsymbol{R}$ 测度了矢量改变的程度。最容易想到的是将这个环设想为画在空间 $\mathcal{M}$ 内的"无穷小平行四边形"。（正如我们将看到的，在 ∇ 是无挠的情形下，这种"平行四边形"足以存在。）然而，这里先要澄清一些不同的概念。

14.5 测地线、平行四边形和曲率

首先，为了构建我们自己的平行四边形，我们来考虑由联络 ∇ 定义的测地线概念。测地线的重要性还可以有其他一些理由来说明。它们类似于欧几里得几何的直线。在前面考虑的球面 S^2 的例子（图 14.2–14.4）中，测地线是球面上的大圆。更一般地，在欧几里得空间里的曲面上，测地线是长度最短的曲线（可取沿曲面张紧的弦来代表）。后面（§17.9）我们会看到，测地线对于爱因斯坦的广义相对论具有根本的重要性，它表示自由落体在时空里的路径。联络 ∇ 是如何提供测地线概念的呢？本质上，根据 ∇ 所定义的平行概念，测地线就是一条持续地"平行于自身"的曲线 γ。我们如何准确地表达这个要求呢？假定矢量 $\boldsymbol{t}$（即 t^a）沿 γ 始终与 γ 相切，那么要求 $\boldsymbol{t}$ 的方向沿 γ 保持与自身平行这项要求可以表示为[4]

$$\nabla_t \boldsymbol{t} \propto \boldsymbol{t}, \qquad 即 \qquad t^a \nabla_a t^b \propto t^b$$

（符号"$\propto$"表示"正比于"，见 §12.7）。当这一条件成立时，根据 ∇ 所定义的平行概念，$\boldsymbol{t}$ 可沿 γ 伸展或收缩，但它的方向"保持不变"。如果我们希望确认不发生这种"伸或缩"，则矢量 $\boldsymbol{t}$ 本身沿 γ 保持常数，于是，我们需要更强的条件：切矢量 $\boldsymbol{t}$ 沿 γ 作平行移动，即要求

$$\nabla_t \boldsymbol{t} = 0, \qquad 即 \qquad t^a \nabla_a t^b = 0$$

303

304

沿整个 γ 成立，这里矢量 t（或其指标形式 t^a）沿 γ 与 γ 相切。

根据这个更强的方程，不仅 t 的方向，而且 t 的"标长"沿 γ 亦是常数。这意味着什么呢？首先要说明的是，任何曲线（不必是测地线），经（适当光滑的）坐标 u 参数化之后，都与其沿曲线的切矢量 t 的标长的特定选择密切相关。就是说，t 代表着沿曲线对 u 的微分（d/du）。我们可以有选择地把这个条件写成

$$t(u) = 1$$

或

$$\nabla_t u = 1, \quad \text{即} \quad t^a \nabla_a u = 1$$

沿曲线成立。**[14.12]

在测地线 γ 的情形下，满足 $\nabla_t t = 0$ 的 t 标长的更强的选择与称之为沿 γ 的仿射参数 u 的特定类型密切相关**[14.13]，见图14.8。当我们有了沿曲线"距离"的适当概念后，我们通常将仿射参数取为这种距离的测度。但仿射参数更为一般。例如，在相对论里，我们需要的是针对光线的仿射参数，这里适当的"距离测度"不起作用，因为它是零！（见§17.8和§18.1。）

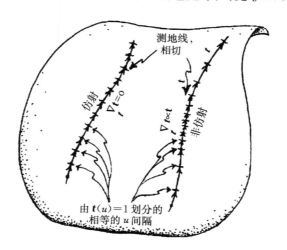

图14.8 对任一沿曲线 γ 定义的（适当光滑的）参数 u，总是自然地伴有 γ 的切矢量 t 的场，因此，t 代表沿 γ 的 d/du（等价于 $t(u) = 1$，或 $t^a \nabla_a u = 1$）。如果 γ 是测地线，则 u 称为仿射参数，如果 t 是沿 γ 做平行移动，从而 $\nabla_t t = 0$ 而不只是 $\nabla_t t \propto t$。根据 ∇，仿射参数是"等间距的"。

现在我们试用测地线来构建平行四边形。从 $\mathscr{M}$ 内某一点 p 开始，由 p 出发画两条测地线 λ 和 μ，它们在 p 点的切矢量分别为 L 和 M，相应的仿射参数分别为 l 和 m。取某个正数 ε，并从 p 点出发分别沿 λ 量出一段仿射距离 $l = \varepsilon$ 至 q 点，沿 μ 量出仿射距离 $m = \varepsilon$ 至 r 点，见图14.9

**[14.12] 论证所有这些条件的等价性。

**[14.13] 证明：如果 u 和 v 是 r 上关于 t 的两个不同选择的仿射参数，则 $v = Au + B$，这里 A 和 B 沿 γ 都是常数。

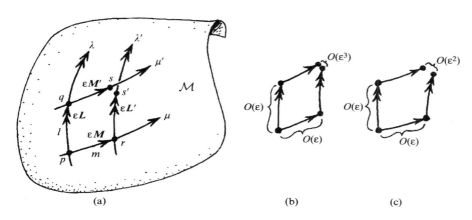

图 14.9 (a) 试用测地线构建平行四边形。在 $\mathcal{M}$ 内，过 p 点取两条测地线 λ 和 μ，它们在 p 点的切矢量分别为 L 和 M，相应的仿射参数分别为 l 和 m。从 p 点出发，分别沿 λ 取仿射距离 $l=\varepsilon$ 得到点 q，沿 μ 取仿射距离 $m=\varepsilon$ 得到点 r（这里 $\varepsilon > 0$ 是某个固定的小数）。测地线段 pq 和 pr 分别有"带箭头长度"εL 和 εM。为了构成平行四边形，我们用平行移动方式（沿 λ $\nabla_L M = 0$）将 M 沿 λ 从 p 移至 q，由此我们得到与 μ 相邻的测地线 μ'，然后，再沿新的"平行"箭头 $\varepsilon M'$ 取仿射距离 ε 将 M 沿 μ' 从 q 移至 s。类似地，用平行移动方式将 L 沿 μ 从 p 移至 γ，然后再沿 λ' 方向从 q 始取仿射距离 $m=\varepsilon$ 将 L 沿平行箭头 $\varepsilon L'$ 从 r 移至 s'。(b) 一般来说，$s \neq s'$，故平行四边形不精确闭合，但如果挠率 τ 为零，则间隙只是 $O(\varepsilon^3)$ 的。(c) 如果存在不为零的挠率 τ，就会出现 $O(\varepsilon^2)$ 项。

(a)。（直觉上，我们认为测地线段 pq 和 pr 对某个小量 ε 分别有"带箭头长度"εL 和 εM。）为了完成平行四边形，我们需要从 q 点出发沿新的测地线 μ' 按"平行"于 M 的方向移动。为了取得这种"平行"条件，我们用平行移动的方法将 M 沿 λ 从 p 移至 q（这意味着要求 M 沿 λ 满足 $\nabla_L M = 0$）。现在，我们试着设置平行四边形的最后一个顶点 s 点，这个 s 点由从 q 出发沿 μ' 取仿射距离 $m=\varepsilon$ 而定。当然，我们也可以试着按另一条路径来确定这个最后的顶点：从 r 出发沿 λ' 取仿射距离 $l=\varepsilon$ 至终点 s'，这里测地线 λ' 由从 p 出发沿"平行"于 M 的方向用平行移动的方法沿 μ 从 p 移至 r 而定。要得到一个彻底令人信服的平行四边形，我们必须要求这两个被选的终点 s 和 s' 是同一个点（$s = s'$）！

但是，除非在非常特殊的情形（如欧几里得几何）下，一般来说这两个点并不相同。（回忆一下我们曾在 §2.1 尝试着构造正方形！）在一定意义上，如果矢量 εL 和 εM 取得相当"小"，那么这些点将不会"非常"不同。但到底有多大程度上的差异要取决于挠率 τ。为了确切理解这一点，我们需要比现在掌握的多得多的微积分知识。本质上，我们能够将这种对欧几里得几何的相关偏差看作是某种尺度上的表现，这种尺度的大小取决于小量 ε 的选择。我们不太关心测度上这种偏离平直程度的实际大小，而是关心它们随 ε 取得越来越小而趋近于零的速率。因此，我们对这些量的精确值无甚兴趣，而是想知道这样一个量 Q 趋于零的速率是否和 ε，抑或和 ε^2 或是 ε^3，或是 ε 的其他某个具体函数一样快。（在 §13.6 我们已经看到过这类事情。）这里"和…一样快"是指，在某个坐标系下表示时，Q 分量的绝对值要小于 ε（抑或 ε^2，或是 ε^3，或是 ε 的

306

其他某个具体函数）的某个正常数倍。（因此"和…一样快"包括"比…还快"！）在这些情形下，我们分别说 Q 是 ε 阶，或 ε^2 阶，或 ε^3 阶等等的，分别记做 $O(\varepsilon)$，或 $O(\varepsilon^2)$，或 $O(\varepsilon^3)$ 等等。它们与具体的坐标系选择无关，而这一点也正是这种"小量级"概念之所以灵敏和重要的一个理由。我在这里的描述一直非常简约，对于尚未入门但又对此感兴趣的读者，我希望他们去研读有关这方面的著名而又全面的著作。[5] 直觉上，我们仅需记住，$O(\varepsilon^3)$ 的意思是比 $O(\varepsilon^2)$ 要小很多，而后者又比 $O(\varepsilon)$ 要小很多，依此类推。

我们回到待处理的平行四边形来。p 点的初始矢量 εL 和 εM 属 $O(\varepsilon)$ 阶，因此边 pq 和 pr 也是 $O(\varepsilon)$ 的，qs 和 rs' 也是。那么"间隙"ss' 会有多大呢？答案是这样的：如果联络是无挠的，ss' 总是 $O(\varepsilon^3)$ 的，见图 14.9（b），事实上，这一性质完全刻画了无挠条件；如果存在不为零的挠率 τ，则 ss' 将以 $O(\varepsilon^2)$ 项形式出现在（某个）平行四边形上，见图 14.9（c）。✳✳✳[14.14] 有时我们（相当笼统地）说，挠率为零是平行四边形封闭的条件（意思是"接近于 ε^2 阶"）。

假定现在挠率为零。我们能用这种平行四边形来解释曲率吗？的确可以。假定在 p 点我们有第三个矢量 N，将它沿平行四边形按平行移动方式自 p 经 r 移到 s'。（当挠率为零时，这种在 ε^2 阶上的比较是有意义的，因为 s 和 s' 之间的间隙是 $O(\varepsilon^3)$ 的，可忽略；当挠率不为零时，我们得注意会出现另外的挠率项，见练习〔14.7〕。）我们发现，按 pqs 平行移动的结果与按 prs' 平行移动的结果之间的差为

$$\varepsilon^2 L^a M^b N^c R_{abc}{}^d。$$

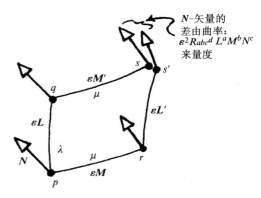

这为我们提供了对曲率张量 R 的非常直接的几何解释，见图 14.10。（如果我们考虑沿整个平行四边形来平行移动 N，起点和终点都选在 p 点，并忽略平行四边形各顶点的 $O(\varepsilon^3)$ 的偏差，我们就能得到一种与上述解释等价的解释。N 在起点和终点的值之间的差仍是上述量 $\varepsilon^2 L^a M^b N^c R_{abc}{}^d$。）

我们知道，$R_{abc}{}^d$ 是关于 ab 反对称的。这说明上述表达式只对 $L^a M^b$ 即楔积 $L \wedge M$ 的反对称部分 $L^{[a} M^{b]}$ 敏感，见 §11.6。因此，只有 p 点的 L 和 M 所张起的二维平面元素之间是关联的。在 $\mathcal{M}$ 本身就是二维曲面的情形下，只有一个独立的曲率分量（因为在 p 点二维平面元素与 $\mathcal{M}$ 相切）。这个分量提供的是我在 §2.6 里间接提到的二维曲面的高斯

图 14.10 在 $\tau = 0$ 时用平行四边形解释曲率。通过平行移动方式将第三个矢量 N 自 p 经 q 移到 s，并与取道自 p 经 r 移到 s' 的结果进行比较。度量差值的 $O(\varepsilon^2)$ 项为 $\varepsilon^2 L^a M^b N^c R_{abc}{}^d$，即 $\varepsilon^2 R(L, M, N)$，它给出对曲率张量 R 的直接的几何解释。

✳✳✳〔14.14〕找出这一项。

曲率，它用以区别球面欧几里得平面和双曲空间里的局部测地线。在更高维下，事情更复杂，因为 $L \wedge M$ 的二维平面元素的各种不同选择会造成曲率的更多的分量。

在一种特定情形下，曲率的这种几何解释具有特别重要的意义。当矢量 N 取为与 L 相同时即属这种情形。此时我们可将平行四边形的边 pq 和 rs' 分别看作是两个邻近测地线 γ 和 γ' 的一段，矢量 L 与这些测地线相切。p 点的矢量 εM 度量 p 点上 γ 与 γ' 之间的位移。M 有时称为联络矢量。开始时测地线 γ 和 γ' 彼此平行（好比是沿 pr 的联络矢量的两个"端点"），将矢量 $L(=N)$ 沿第二条路径 prs' 以平行移动的方式移至 s' 点，并使之在 s' 处保持与测地线 γ' 相切。但如果我们将 L 沿第一条路径 pqs 以平行移动的方式移至 s 点，则我们得到 γ 附近另一条测地线 γ'' 的起始矢量，这里 γ'' 由点 q 稍"后"的位置沿平行于 γ 的方向出发。这两个 L（一个在 s'，另一个在 s）的 $O(\varepsilon^3)$ 阶差，即 $\varepsilon^2 L^a M^b L^c R_{abc}{}^d$，度量 γ' 离开 γ 的"相对加速度"或"测地线偏差"。见图 14.11。（数学上这个测地线偏差由所谓的雅可比方程来描述。）在图 14.12 里，我展示了 $\mathcal{M}$ 分别为正和负（高斯）曲率的二维曲面时的测地线偏差。当曲率为正时，相邻测地线开始时是平行的，然后彼此弯向对方；当曲率为负时，它们彼此分开。我们将看到，这一点对 §17.5 和 §19.6 里的爱因斯坦广义相对论有深远意义。309

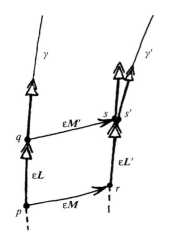

图14.11 测地线偏差：在图 14.10 的平行四边形里取 $L=N$；经平行移动的切矢量 L 和 L' 得到的边 pq 和 rs'，看作是分别自 p 和 r 出发的邻近的两条测地线 γ 和 γ'（γ 即为 λ，γ' 即为 λ'）的一段，p 点的连络矢量为 M。γ 和 γ' 之间的测地线偏差由 L 沿路径 prs' 和 pqs 平行位移后的差来测定，为 $\varepsilon^2 L^a M^b L^c R_{abc}{}^d$。

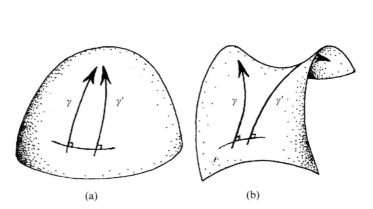

(a)　　　　　　　　　(b)

图14.12 $\mathcal{M}$ 是二维曲面时的测地线偏差，（a）（高斯）曲率为正时，测地线 γ 和 γ' 彼此弯向对方，（b）曲率为负时，它们彼此分开。

14.6 李导数

在上述平行四边形的路径依赖性的讨论中，对于联络▽，我已经用物理学家的指标记法给予了表示。在数学家的记法下，直接写出这些特定表达式并不容易。取而代之的是，人们很自然地采用一种与此稍有不同的途径。（记法上的不同如何能促进概念上不同方向的课题研究，这很值得注意！）这条途径涉及另一种微分运算，即所谓李括号——它是 §13.6 里引入的相同名称运算的更一般的形式。它也是称之为李导数这一重要概念的一种特殊情况。这些概念其实与联络的任何特定选取无关（因此可应用于一般的无结构光滑流形）。我倾向于先对李导数和李括号作一般性的讨论，然后在本节末我们再回过头来讨论它们与曲率和挠率的关系。

然而，对定义在流形 $\mathcal{M}$ 上的李导数，我们要求矢量场 ξ 在 $\mathcal{M}$ 上是预先指定的。于是李导数，写作 $£_{\xi}$ 是一种关于矢量场 ξ 的运算。导数 $£_{\xi}Q$ 量度某个量 Q 在受到矢量场 ξ 的作用时产生"曳引"的变化，见图 14.13。它通常用于张量（甚至非张量项，如联络）。首先，我们只考虑矢量场 $\eta(=Q)$ 关于另一个矢量场 ξ 的李导数。我们发现，它的确与 §13.6 里引入的"李括号"的运算相同，只是范围更广。我们来看看如何把它推广到随后的张量场 Q 上。

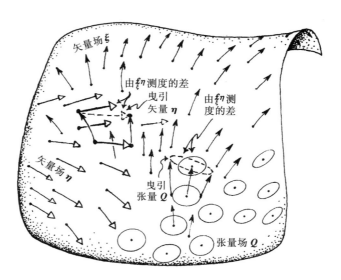

图 14.13 定义在一般流形 $\mathcal{M}$ 上的关于 $\mathcal{M}$ 上给定光滑矢量场 ξ 的李导数。因此，$£_{\xi}Q$ 测度的是量 Q（例如矢量场 η 或张量场 Q）与受到 ξ "曳引"作用的量比较时表现出的实际变化。

回想一下，在 §12.3 里，矢量场本身可以解释成作用在标量场 Φ，Ψ，…上的微分算子，它满足三条法则：（i）$\xi(\Phi+\Psi)=\xi(\Phi)+\xi(\Psi)$，（ii）$\xi(\Phi\Psi)=\Psi\xi(\Phi)+\Phi\xi(\Psi)$ 和（iii）

$\boldsymbol{\xi}(k) = 0$，这里 k 是常数。我们可以直接证明，*[14.15] 由

$$\boldsymbol{\omega}(\boldsymbol{\Phi}) = \boldsymbol{\xi}(\boldsymbol{\eta}(\boldsymbol{\Phi})) - \boldsymbol{\eta}(\boldsymbol{\xi}(\boldsymbol{\Phi}))$$

定义的算子 $\boldsymbol{\omega}$ 满足这三条法则，只要 $\boldsymbol{\xi}$ 和 $\boldsymbol{\eta}$ 也满足这些法则，这样，$\boldsymbol{\omega}$ 必然也是矢量场。上述两种 $\boldsymbol{\xi}$ 和 $\boldsymbol{\eta}$ 运算的换位子经常写成（如同 §13.6 里情形）李括号记法

$$\boldsymbol{\omega} = \boldsymbol{\xi}\boldsymbol{\eta} - \boldsymbol{\eta}\boldsymbol{\xi} = [\boldsymbol{\xi}, \boldsymbol{\eta}]\,。$$

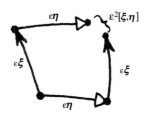

图 14.14　两矢量场 $\boldsymbol{\xi}$, $\boldsymbol{\eta}$ 之间的李括号 $[\boldsymbol{\xi}, \boldsymbol{\eta}]$（$= \underset{\boldsymbol{\xi}}{\boldsymbol{\eta}}$）度量 $O(\varepsilon)$ 阶"带箭头的"不完整四边形的 $O(\varepsilon^2)$ 间隙，这里的四边形由 $\varepsilon\boldsymbol{\xi}$ 和 $\varepsilon\boldsymbol{\eta}$ 构成。

两个矢量场 $\boldsymbol{\xi}$ 和 $\boldsymbol{\eta}$ 之间的换位子的几何意义见图 14.14。如果用 $\boldsymbol{\xi}$ 和 $\boldsymbol{\eta}$（每个取为 $O(\varepsilon)$）来构造一个"带箭头的"四边形，就会发现，$\boldsymbol{\omega}$ 量度"间隙"（$O(\varepsilon^3)$ 阶）。我们可以证明，*[14.16] 对易满足如下关系

$$[\boldsymbol{\xi}, \boldsymbol{\eta}] = -[\boldsymbol{\eta}, \boldsymbol{\xi}]\,, \quad [\boldsymbol{\xi} + \boldsymbol{\eta}, \boldsymbol{\zeta}] = [\boldsymbol{\xi}, \boldsymbol{\zeta}] + [\boldsymbol{\eta}, \boldsymbol{\zeta}]\,,$$

$$[\boldsymbol{\xi}, [\boldsymbol{\eta}, \boldsymbol{\zeta}]] + [\boldsymbol{\eta}, [\boldsymbol{\zeta}, \boldsymbol{\xi}]] + [\boldsymbol{\zeta}, [\boldsymbol{\xi}, \boldsymbol{\eta}]] = 0\,,$$

它们就像我们在 §13.6 里看到的李群的无穷小元素的换位子作用。

如上定义的对易运算如何与李群的无穷小元素的代数（§13.6）相联系呢？容我暂且离题 312 对此作一解释。我们把群视为流形 $\mathcal{G}$（叫做群流形），它的点都是李群元素。更一般地，我们可以把李群元素作用其上的任何流形 $\mathcal{H}$ 看成是光滑的变换（像球面 S^2，见图 13.2 的转动群 $\mathcal{G} =$ SO(3) 的情形），但眼下我们主要关心的是群流形 $\mathcal{G}$ 而不是更一般的 $\mathcal{H}$，因为我们感兴趣的是整个群 $\mathcal{G}$ 是如何关联到李代数的结构的。我们将无穷小群元素描绘成 $\mathcal{G}$（或 $\mathcal{H}$）上的特殊矢量场。就是说，我们考虑沿 $\mathcal{G}$ 上相关的矢量场使 $\mathcal{G}$ 做无穷小移动，以表示与以下运算相应的变换：用由 $\boldsymbol{\xi}$ 表示的无穷小元素来左乘每一个群元素。见图 14.15（a）。

取一小正数 ε，我们可以将 $\varepsilon\boldsymbol{\xi}$ 视为 $\mathcal{G}$ 沿矢量场 $\boldsymbol{\xi}$ 作的 $O(\varepsilon)$ 位移，单位群元素 $\boldsymbol{I}$ 对应于零位 313 移。两个这种无穷小群作用 $\varepsilon\boldsymbol{\xi}$ 和 $\varepsilon\boldsymbol{\eta}$ 的积，如果仅取 $O(\varepsilon)$ 阶，由二者的和 $\varepsilon\boldsymbol{\xi} + \varepsilon\boldsymbol{\eta}$ 给出。这样，表示 $\varepsilon\boldsymbol{\xi}$ 和 $\varepsilon\boldsymbol{\eta}$ 的"箭头"只需根据平行四边形法则相加（图 14.15（b））。但这些没给我们提供多少有关群结构的信息（事实上，我们只知道它的维数，因为只涉及群的单位元素 $\boldsymbol{I}$ 的切空间的加和结构）。为了得到群结构，我们需要精确到 $O(\varepsilon^2)$ 阶。如同 §13.6 那样，通过观察换位子 $\boldsymbol{\xi}\boldsymbol{\eta} - \boldsymbol{\eta}\boldsymbol{\xi} = [\boldsymbol{\xi}, \boldsymbol{\eta}]$ 即知我们做得到这一点。现在，$\varepsilon^2[\boldsymbol{\xi}, \boldsymbol{\eta}]$ 相当于"平行四边形"的 $O(\varepsilon^2)$ 间隙，它在原点 $\boldsymbol{I}$ 的两条初始边为 $\varepsilon\boldsymbol{\xi}$ 和 $\varepsilon\boldsymbol{\eta}$。有关的"平行"概念来自群作用，它提供了所需的"平行移动"概念，实际上由此给出了具有挠率但无曲率的联络。***[14.17] 见图 14.15（c）。

正如 §13.6 说明的那样，这些矢量场的李代数提供了群的完整的（局部）结构。这里我们

＊〔14.15〕证明这一点。

＊〔14.16〕演算一下。

＊＊＊〔14.17〕试解释为什么有挠率但无曲率。

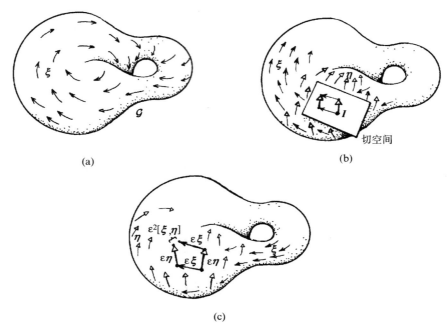

(a)　　　　　　　　　　　　　　(b)

(c)

图 14.15 李代数运算在连续群流形 $\mathcal{G}$ 上的几何解释。（a）$\mathcal{G}$ 的每个元素左乘以无穷小群元素 $\boldsymbol{\xi}$（李代数元素）给出 $\mathcal{G}$ 的无穷小位移，即 $\mathcal{G}$ 上的矢量场 $\boldsymbol{\xi}$。（b）精确到一阶，则两个这样的无穷小位移 $\boldsymbol{\xi}$ 和 $\boldsymbol{\eta}$ 的积恰好给出 $\boldsymbol{\xi}+\boldsymbol{\eta}$，反映的仅是（$\boldsymbol{I}$ 的）切空间的结构。（c）局部群结构出现在二阶水平 $\varepsilon^2[\boldsymbol{\xi},\boldsymbol{\eta}]$ 上，给出了由 $\boldsymbol{I}$ 的两条边 $\varepsilon\boldsymbol{\xi}$ 和 $\varepsilon\boldsymbol{\eta}$ 构成的"平行四边形"的 $O(\varepsilon^2)$ 间隙。

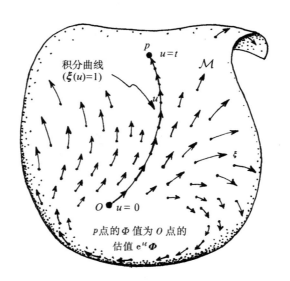

图 14.16 $\mathcal{M}$ 内矢量场 $\boldsymbol{\xi}$ 的积分曲线是"跟随 $\boldsymbol{\xi}$ 箭头"的曲线 γ，即曲线的切矢量是 $\boldsymbol{\xi}$ 矢量，它由参数值 u 按 $\boldsymbol{\xi}(u)=1$ 而定（参见 §14.5 和图 14.8）。假定 $\mathcal{M}$ 和 $\boldsymbol{\xi}$ 都是解析的（即 C^ω），随着标量场 Φ，即曲线 γ 从基点 $O(u=0)$ 延伸到点 $P(u=t)$，p 点的 Φ 值（假定它收敛）由 O 点的 $e^{t\xi}\Phi$，这里 $e^{t\xi}=1+t\xi+\frac{1}{2}t^2\xi^2+\frac{1}{6}t^3\xi^3+\cdots$，其中 ξ^r 代表 O 点上沿 γ 的第 r 阶导数 $\mathrm{d}^r/\mathrm{d}u^r$。

可以给出从李代数元素 $\boldsymbol{\xi}$ 得到普通有限（即非无穷小）群元素 x 的程序。它称为指数化（参见 §5.3，§13.4）：

$$x = e^{\boldsymbol{\xi}} = \boldsymbol{I} + \boldsymbol{\xi} + \frac{1}{2}\boldsymbol{\xi}^2 + \frac{1}{6}\boldsymbol{\xi}^3 + \cdots.$$

这里 $\boldsymbol{\xi}^2$ 指"两次运用 $\boldsymbol{\xi}$ 的二阶导数算子"，余类推（$\boldsymbol{I}$ 是单位算子）。它本质上就是 §6.4 里描述的泰勒定理。**[14.18] 于是，两个有限群元素 x 和 y 的积可从表式 $e^{\boldsymbol{\xi}}e^{\boldsymbol{\eta}}$ 得到。它不同于完全由 $\boldsymbol{\xi}$ 和 $\boldsymbol{\eta}$ 李代数表达式[6] 构建的表式 $e^{\boldsymbol{\xi}+\boldsymbol{\eta}}$（与 §5.3 比较）。

有必要指出，这种指数化运算 $e^{\boldsymbol{\xi}}$ 也可以用于一般流形 $\mathcal{M}$ 内的矢量场 $\boldsymbol{\xi}$（假定这里 $\mathcal{M}$ 和 $\boldsymbol{\xi}$ 都是解析的——即 C^{ω} 光滑的，见 §6.4）。由 §12.3（和图 10.6）我们知道，当 ε 取得很小时，$\varepsilon\boldsymbol{\xi}(\boldsymbol{\Phi})$ 量度的是标量场 $\boldsymbol{\Phi}$ 在表示 $\varepsilon\boldsymbol{\xi}$ 的"箭头"方向上的增量 $O(\varepsilon)$。说得更准确点儿，量 $e^{t\boldsymbol{\xi}}(\boldsymbol{\Phi})$ 量度的是我们从起点 O 跟随"$\boldsymbol{\xi}$ 箭头"到由参数值 $u=t$ 给定的终点所取得的总值 $\boldsymbol{\Phi}$，这里参数 u 是满足 $\boldsymbol{\xi}(u)=1$ 的分度值（参见 §14.5 和图 14.8）。$e^{t\boldsymbol{\xi}}(\boldsymbol{\Phi})$ 的幂级数表达式里的所有各级导数（即在 $\boldsymbol{\xi}^r(\boldsymbol{\Phi})$ 里出现的是 r 级导数）取在原点的值（假定它们均收敛）。"跟随箭头"是指沿所谓 $\boldsymbol{\xi}$ 的"积分曲线"，即是说，沿其切矢量是 $\boldsymbol{\xi}$ 矢量的曲线。见图 14.16。[7]

那么什么是李导数的定义？首先，我们简单地将李括号重写为 $\underset{\boldsymbol{\xi}}{\mathfrak{L}}$（取决于 $\boldsymbol{\xi}$），它作用于矢量场 $\boldsymbol{\eta}$：

$$\underset{\boldsymbol{\xi}}{\mathfrak{L}}\,\boldsymbol{\eta} = [\boldsymbol{\xi},\,\boldsymbol{\eta}].$$

这就是 $\begin{bmatrix}1\\0\end{bmatrix}$ 价张量 $\boldsymbol{\eta}$（关于 $\boldsymbol{\xi}$）的李导数 $\underset{\boldsymbol{\xi}}{\mathfrak{L}}$。我们希望把它写成某种给定的无挠联络 ∇ 的形式。所要求的表达式（其图示记法形式见图 14.17(a)）

$$\underset{\boldsymbol{\xi}}{\mathfrak{L}}\,\boldsymbol{\eta} = \underset{\boldsymbol{\xi}}{\nabla}\,\boldsymbol{\eta} - \underset{\boldsymbol{\eta}}{\nabla}\,\boldsymbol{\xi}, \quad \text{即} \quad (\underset{\boldsymbol{\xi}}{\mathfrak{L}}\,\boldsymbol{\eta})^a = \xi^a\nabla_a\eta^b - \eta^a\nabla_a\xi^b,$$

可直接由 $\boldsymbol{\xi}(\boldsymbol{\Phi}) = \xi^a\nabla_a\boldsymbol{\Phi}$ 等获得。**[14.19]，***[14.20] 为了获得一般张量的李导数，我们采用这么一

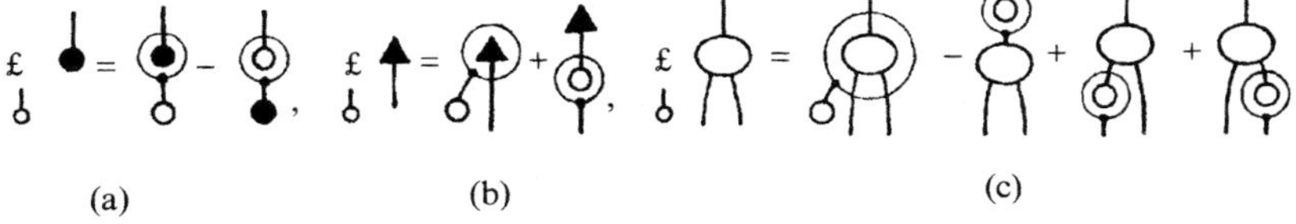

(a)　　　　　　　　(b)　　　　　　　　(c)

图 14.17 李导数的图示记法。（a）矢量 $\boldsymbol{\eta}$：$(\underset{\boldsymbol{\xi}}{\mathfrak{L}}\,\boldsymbol{\eta})^a = \xi^a\nabla_a\eta^b - \eta^a\nabla_a\xi^b$ 的图示记法；（b）余矢量 $\boldsymbol{\alpha}$：$(\underset{\boldsymbol{\xi}}{\mathfrak{L}}\,\boldsymbol{\alpha})_a = \xi^b\nabla_b\alpha_a + \alpha_b\nabla_a\xi^b$ 的图示记法；（c）$\left(\begin{bmatrix}1\\2\end{bmatrix}$ 价$\right)$ 张量 $\boldsymbol{Q}$：$\underset{\boldsymbol{\xi}}{\mathfrak{L}}\,Q_{ab}^c = \xi^u\nabla_u Q_{ab}^c + Q_{ub}^c\nabla_a\xi^u + Q_{au}^c\nabla_b\xi^u - Q_{ab}^u\nabla_u\xi^c$ 的图示记法。

** [14.18] 试解释为什么当 a 为常数时，$e^{a\mathrm{d}/\mathrm{d}y}f(y) = f(y+a)$。

　[14.19] 对 $\underset{\boldsymbol{\xi}}{\mathfrak{L}}\,\boldsymbol{\eta}$ 导出此式。

*** [14.20] 挠率如何调整练习 [14.18] 里的公式？

314

315

种规则，$\underset{\xi}{\pounds}$ 满足类似于联络$\underset{\xi}{\nabla}$所满足的规则（除非 ξ 不存在线性性）：对标量 Φ，$\underset{\xi}{\pounds}\,\Phi = \xi$ (Φ)；对同价的张量 T 和 U，$\underset{\xi}{\pounds}\,(T+U) = \underset{\xi}{\pounds}\,T + \underset{\xi}{\pounds}\,U$;缩并的顺序排列在各项中不变 $\underset{\xi}{\pounds}\,(T \cdot U) = (\underset{\xi}{\pounds}\,T) \cdot U + T \cdot (\underset{\xi}{\pounds}\,U)$。从这些关系式和 $\underset{\xi}{\pounds}\,\eta = [\xi,\eta]$ 知，$\underset{\xi}{\pounds}$ 对任一张量的作用具有唯一性。[8]
特别是，对余矢量 α（价$\begin{bmatrix}0\\1\end{bmatrix}$），

$$\underset{\xi}{\pounds}\,\alpha = \nabla_{\xi}\alpha + \alpha \cdot (\nabla\xi)，即\quad (\underset{\xi}{\pounds}\,\alpha)_a = \xi^b\nabla_b\alpha_a + \alpha_b\nabla_a\xi^b$$

（∇是无挠的），见图 14.17（b）。例如对价$\begin{bmatrix}1\\2\end{bmatrix}$的张量 Q，我们有（图 14.17（c））**[14.21]

$$\underset{\xi}{\pounds}\,Q_{ab}^c = \xi^u\nabla_u Q_{ab}^c + Q_{ub}^c\nabla_a\xi^u + Q_{au}^c\nabla_b\xi^u - Q_{ab}^u\nabla_u\xi^c.$$

我们注意到，作为 ξ 和 Q 的函数，作用于 ξ 和张量场 Q 的李导数与联络无关，即是说，无论我们选取什么样的无挠算子∇_a，其李导数都是一样的。（这一点正确是因为 $\underset{\xi}{\pounds}$ 由梯度"d"算子唯一地定义。）特别是，我们可以用（任一局部坐标系下的）坐标导数算子$\partial/\partial x^a$来取代∇_a，所得结果相同。即使对挠率不为零的联络，我们仍然可以用李导数概念，这时我们依据由给定联络唯一定义的第二联络来表示它。这个第二联络是无挠的，它通过"减去"给定联络的张量而得到。***[14.22]

和外导数一样（见§12.6），李导数也具有与联络无关的性质，即对任一 p 形式 α，在指标表达式 $\alpha_{b\dots d}$ 下有

$$(\mathrm{d}\alpha)_{ab\dots d} = \nabla_{[a}\alpha_{b\dots d]}，$$

这里，∇是任意无挠联络，见图 14.18。这个表达式与§12.6 里的有相同的形式，只是那里用的是明确的坐标联络$\partial/\partial x^a$。我们立即可以看出，上述表达式实际上与无挠联络的选择无关。***[14.23]从这个表达式即可得到关键性质 $\mathrm{d}^2\alpha = 0$。*[14.24]从这个意义上说，还存在其他的与联络无关的特定表达式。[9]

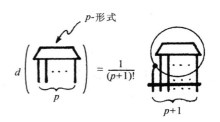

图 14.18 p 形式：$(\mathrm{d}\alpha)_{ab\dots d} = \nabla_{[a}\alpha_{b\dots d]}$ 的外导数的图示记法。

最后，我们回到具有联络∇的流形 $\mathcal{M}$ 的曲率问题上来。我们发现，在数学家的记法下，曲率张量的定义需要用到李括号：

$$(\underset{L}{\nabla}\,\underset{M}{\nabla} - \underset{M}{\nabla}\,\underset{L}{\nabla} - \underset{[L,M]}{\nabla})N = R(L,M,N)，$$

这里 $R(L,M,N)$ 指矢量 $L^aM^bN^cR_{abc}{}^d$。**[14.25]尽管这种记法里包含了额外的换位子项这一不利因素，但却有补偿性的有利的一面，那就是现在自动地就包含了挠率（这与物理学家的记法

** [14.21] 确定其唯一性，验证上述余向量公式，并以显式给出一般张量的李导数。

*** [14.22] 取"Γ"作为两指标反对称的联络之间的差，说明如何找出第二联络。（见练习 [14.5]）

*** [14.23] 确定这一点，并说明挠率张量 Γ 的存在是如何调整这个表达式的。

* [14.24] 证明它。

** [14.25]（如果挠率为零）说明这个表达式等价于先前的物理学家的表达式。

里挠率需要额外的一项不同）。由换位子项的几何意义（图14.14）可知，由向量场 L 和 M 构建的 $O(\varepsilon)$ 四边形容许有 $O(\varepsilon^2)$ 的"间隙"。事实上还有一个好处，就是现在矢量 N 绕之做移动的环不必是（精确到以前所要求的阶的）"平行四边形"，而只需是（曲线）四边形即可。见图 14.19。如果 $[L, M] = 0$，则这个四边形闭合（到 $O(\varepsilon^2)$ 阶）。

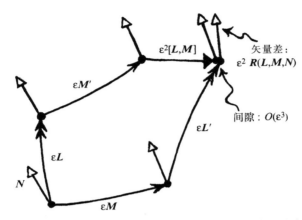

图 14.19　"数学家记号"$(\nabla_{L} M - \nabla_{M} L - \nabla_{(M, L)}) N = R(L, M, N)$ 下的曲率，它由矢量 N 沿 εL，εM，$\varepsilon L'$，$\varepsilon M'$ 等边围成的（不完整）"四边形"平行移动时产生的 $O(\varepsilon^2)$ 残差组成。李括号呈献 $\varepsilon^2 [L, M]$ 填充 $O(\varepsilon^2)$ 的空隙 $O(\varepsilon^3)$ 量级。（矢量 $R(L, M, N)$ 的指标形式为 $L^a M^b N^c R_{abc}{}^d$。）

14.7　度规能为你做什么?

直到现在，我们考虑的一直都是简单带有联络 ∇ 的流形 $\mathcal{M}$。这使 $\mathcal{M}$ 具有某种确定的结构。但更常见的是将联络看作是由定义在 $\mathcal{M}$ 上的度规引起的二级结构。由 §13.8 知，度规（或伪度规）是一个非奇异的对称的 $\begin{bmatrix} 0 \\ 2 \end{bmatrix}$ 价张量 g。我们要求 g 是一个光滑的张量场，以便用于 $\mathcal{M}$ 的不同点的切空间。被赋予这样一种度规的流形称为黎曼流形，或伪黎曼流形。[10]（我们在第 7、8 章已经遇到过伟大的数学家黎曼。他在高斯对二维"黎曼"流形研究的基础上，首创带度规的 n 维流形概念。）通常，名词"黎曼流形"是指 g 为正定的情形（见 §13.8）。在此情形下，沿任一光滑曲线有（正的）距离测度，它定义为 ds 沿该曲线的积分（图14.20），这里

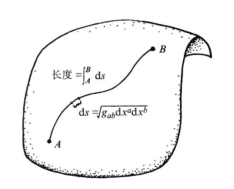

图 14.20　光滑曲线的长度为 $\int ds$，这里 $ds^2 = g_{ab} dx^a dx^b$。

$$ds^2 = g_{ab} dx^a dx^b.$$

318

通过沿曲线的积分来定义该曲线的长度是十分恰当的——在 g 是正定的情形下，它就是寻常我们熟悉的字面意义上的"长度"。虽然 ds 不是 1 形式，但它具有和 1 形式一样的性质，因为它是合法的沿曲线积分的量。连接点 A 与点 B 的曲线的长度 l 表示为[11]

$$\ell = \int_A^B ds, \qquad 这里 \qquad ds = (g_{ab} dx^a dx^b)^{\frac{1}{2}}.$$

有必要指出，在欧几里得空间，曲线长度的普通定义是明确的，这在笛卡儿坐标系下看得最清楚，这时分量 g_{ab} 取 §13.3 里标准的"克罗内克 δ"形式（即如果 $a = b$，取 1；如果 $a \neq b$，取 0）。§13.3 已指出，本质上，ds 的表达式是毕达哥拉斯定理（§2.1）的一种反映（见练习 [13.11]），只是针对的是无穷小水平的运算。然而，在一般的黎曼流形上，我们按上述公式测度的曲线长度则有着有别于欧几里得几何的几何意义，它说明毕达哥拉斯定理不能用于有限间距（相对于无限小而言）的情形。尽管如此，值得称道的是，这条古老的定理仍起着基础性的作用——现在是在无穷小水平上。（读者不妨回顾一下 §2.7 的最后一段。）

我们将在 §17.7 里看到，符号差为 + − − − 的情形在相对论里有着特殊的重要性，在那里（伪）度规直接测度理想时钟的时间。同样，任一矢量 v 有长度$|v|$，定义为

$$|v|^2 = g_{ab} v^a v^b,$$

只要 v 不为零，正定度规 g 就是正的。然而，在相对论里，我们需要的是洛伦兹度规（见 §13.8），此时$|v|^2$ 可以取两种符号。以后我们将看清楚这一点的意义（§17.9，§18.3）。

非奇异（伪）度规 g 是如何唯一地确定无挠联络∇的呢？表示∇的这一要求的一种方法，简单地说就是矢量在做平行移动时必须始终保持长度不变（在 §14.2 里，我曾针对球面 S^2 上的平行移动提出过这种性质）。我们可将这一要求等价地表示为

$$\nabla g = 0。$$

这一条件（加上挠率为零）足以确定∇。✳✳✳[14.26] 这个联络∇有各种名称：黎曼联络、克里斯托费尔联络或列维-齐维塔联络（以纪念 Bernhardt Riemann，1826 ~ 1866，Elwin Christoffel，1829 ~ 1900 和 Tullio Levi-Civita，1873 ~ 1941，他们都对这一概念的形成提出过重要思想）。✳✳✳[14.27]

对度规 g（我们仍取正定的）确定联络还可以有另一种理解。测地线的概念可直接从度规得到。实际上，$\mathcal{M}$ 上取两固定点之间最小长度 $\int ds$（见图 14.20）的曲线就是度规 g 的测地线。对于了解联络∇来说，最重要的就是要知道测地线轨迹。完全确定∇所需的其他信息还包括要知道

✳✳✳[14.26] 对联络量 Γ_{bc}^a（克里斯托费尔符号）导出显式分量表达式 $\Gamma_{bc}^a = \frac{1}{2} g^{ad}(\partial g_{bd}/\partial x^c + \partial g_{cd}/\partial x^b + \partial g_{cb}/\partial x^d)$。（见练习 [14.6]）。

✳✳✳[14.27] 用克里斯托费尔符号导出曲率张量的经典表达式 $R_{abc}{}^d = \partial \Gamma_{cb}^d/\partial x^a - \partial \Gamma_{ca}^d/\partial x^b + \Gamma_{cb}^u \Gamma_{ua}^d - \Gamma_{ca}^d \Gamma_{ub}^d$。提示：用 §14.4 里的曲率张量定义，其中 ξ^d 依次是每个坐标矢量 δ_1^a，δ_2^a，…，δ_n^a。（如同在练习 [14.6] 里，我们把量 δ_1^a，δ_2^a，…看作是实际的一个个矢量，其中上指标 a 按 §12.8 可视为抽象指数）。

沿测地线的仿射参数。这些参数量度曲线的弧长，它们及其参数的常数倍都决定于 $\boldsymbol{g}$。***[14.28] 对于 $\boldsymbol{g}$ 不是正定的情形，讨论基本上相同，只是测地线不极小化 $\int ds$，此时对测地线而言，这个积分是所谓"稳态的"。（这个问题以后还会讨论，见 §17.9 和 §20.1。）

在（伪）黎曼几何里，度规 g_{ab} 和它的逆 g^{ab}（由 $g^{ab}g_{bc}=\delta_c^a$ 定义）可用于提升或降低张量的指数。特别是，像 §13.9 那样，矢量可被变换为余矢量，余矢量可被变换为矢量：

$$v_a = g_{ab}v^b, \qquad \alpha^a = g^{ab}\alpha_b.$$

通常是固定该符号（这里是 v 和 α）不变，用指标位置来区分量的几何特征。将此操作应用到降低曲率张量的上指标，我们可定义黎曼张量（或称为黎曼 – 克里斯托费尔张量）

$$R_{abcd} = R_{abc}{}^e g_{ed},$$

它有价 $\begin{bmatrix} 0 \\ 4 \end{bmatrix}$。除了我们先前有过的两种对称关系（$ab$ 间的反对称和比安基对称，即 abc 的反对称部分为零）之外，它还有某些显著的对称性。我们还有**[14.29] cd 之间的反对称，和 ab 与 cd 交换上的对称性：

$$R_{abcd} = -R_{abdc} = R_{cdab}。$$

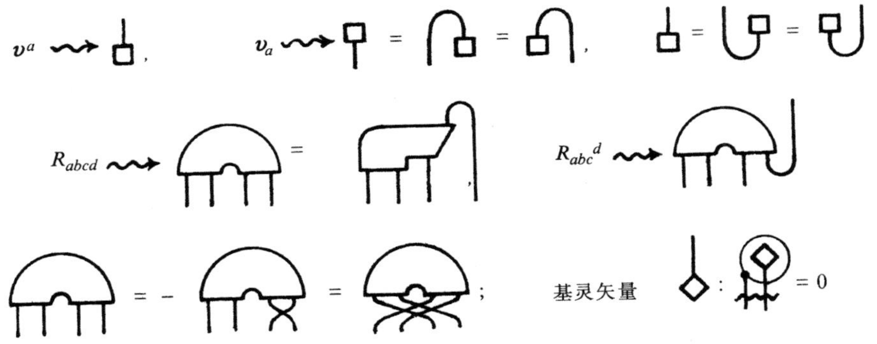

图 14.21 用"钩"状记法表示指数的升和降：$v_a = g_{ab}v^b = v^b g_{ba}$，$v^a = g^{ab}v_b = v_b g^{ba}$，$R_{abcd} = R_{abc}{}^e g_{ed}$，$R_{abc}{}^d = R_{abce}g^{ed}$，$R_{abcd} = -R_{abdc} = R_{cdab}$；若 $\nabla_{(a}\kappa_{b)}=0$，则 κ^a 为基灵矢量。

这些关系的图解记法表示见图 14.21。n 维流形的一般 $\begin{bmatrix} 0 \\ 4 \end{bmatrix}$ 价张量有 n^4 个分量；但对于黎曼张量，由于其对称性，这些分量中只有 $\frac{1}{12}n^2(n^2-1)$ 个是独立的。**[14.30]

现在，我们不妨将注意力集中到（伪）黎曼流形 $\mathcal{M}$ 的基灵矢量概念上。存在矢量场 $\boldsymbol{\kappa}$，它

***〔14.28〕提供细节对此作完整讨论。

**〔14.29〕建立这些关系，首先从 $\nabla_{[a}\nabla_{b]}g_{cd}=0$ 导出 cd 间的反对称性，然后用两个这种反对称性和比安基对称性来得到交换对称性。

**〔14.30〕验证：当 $n=4$ 时，这些对称性只容许 20 个独立分量。

具有这样的性质：关于它的李微分零化度规：

$$\underset{\kappa}{\pounds}\, g = 0.$$

我们可以用指标记法（像§12.7里那样，我们用圆括号记对称化，亦见图14.21）将这个方程重写为

$$\nabla_a\boldsymbol{\kappa}_b + \nabla_b\boldsymbol{\kappa}_a = 0, \quad 即 \quad \nabla_{(a}\boldsymbol{\kappa}_{b)} = 0,$$

321 这里▼是标准的列维–齐维塔联络。**[14.31]（伪）黎曼流形 $\mathcal{M}$ 的基灵矢量是 $\mathcal{M}$ 的连续对称性（如果 $\mathcal{M}$ 是非紧的，它可能只是一种局部[12]对称性）的生成元。如果 $\mathcal{M}$ 包含不止一个独立的基灵矢量，则这两个向量的交换子也是基灵矢量。**[14.32]我们将在 §19.5 和 §§30.4，6，7 里看到，基灵矢量在相对论理论里具有特殊重要性。

14.8 辛流形

应当说，可以用来定义唯一联络的局部张量结构并不是有很多，值得庆幸的是我们常常可以得到具有物理意义的度规（或伪度规）。当我们有某种由（非奇异）反对称张量场 S（以其分量 S_{ab} 形式）给定的结构时，我们得到一组重要的例证，它们未必是唯一的。经典力学里的相空间就是这样一种结构（§20.1）。在 §§20.2，4 和 §27.3 里，我会对这些值得注意的空间作进一步讨论。它们是以辛流形著称的例子。除了反对称性和非奇异这两点，辛结构 S 必须满足*[14.33]

322

$$\mathrm{d}S = 0.$$

（这可能是 $2m$ 维实流形上实辛形式的标准情形，其中的局部对称性由通常的"剖分符号差"辛群 $\mathrm{Sp}(m,m)$ 给出，见§13.10。我不太关心那些已得到深入研究的其他种符号差的"辛流形"。）

S_{ab} 的逆 S^{ab}（由 $S^{ab}S_{bc} = \delta_c^a$ 定义）定义了所谓"泊松括号"（以纪念杰出的法国数学家泊松（Siméon Denis Poisson，1781~1840））。它将相空间上的两个标量场 Φ 和 Ψ 结合起来给出第三个标量场：

$$\{\Phi, \Psi\} = -\frac{1}{2}S^{ab}\nabla_a\Phi\nabla_b\Psi$$

（这里因子 $-\frac{1}{2}$ 只是因为需要与传统的坐标表达式相一致而置）。这个量在经典力学里非常重要。以后（§20.4）我们会了解它是如何运用到哈密顿方程的，这些方程提供了处理经典物理动力学问题的基本通用程序，并建立起与量子力学的联系。从 S 的反对称性和 $\mathrm{d}S = 0$ 条件我们可以得

**[14.31] 推导这个方程。

**[14.32] 通过直接计算验证这一"几何上明显的"事实，为什么它是"明显的"？

*[14.33] 用任一无挠联络▼解释，为什么它可以写成 $\nabla_a S_{bc} + \nabla_b S_{ca} + \nabla_c S_{ab} = 0$？

到如下的精巧关系***[14.34]

$$\{\Phi, \Psi\} = -\{\Psi, \Phi\} \qquad \{\Theta, \{\Phi, \Psi\}\} + \{\Phi, \{\Psi, \Theta\}\} + \{\Psi, \{\Theta, \Phi\}\} = 0。$$

它可以与§14.6里相应的换位子（李括号）恒等式相比较。（回忆一下雅可比恒等式。）在§20.4里考虑经典力学的几何描述时，我们还会回到辛流形的这些相当丰富的几何上来。

　　辛流形的局部结构是所谓"松弛"结构的一个例证。例如，辛流形没有曲率概念，这可能是局部来说辛流形区别于其他流形的一个标志。如果我们有两个具有相同的维数（和相同的符号差，见§13.10）的实辛流形，则它们在局部上是完全等同的（就是说，对一个流形上任一点 p 和另一个流形上一点 q，存在恒等的 p 开集和 q 开集[13]）。这与（伪）黎曼流形，或那些仅指定了联络的流形完全不同。在后者这些情形下，曲率张量（及其各种协变导数）定义了某种可区分的局部结构，不同的流形下的这些结构往往是不同的。

　　这种"松弛"结构还有其他一些例证，§21.9里定义的复结构就是其中之一。我们可通过复结构将 $2m$ 维实流形理解为 m 维复流形。在此情形下，松弛是明显的，因为除了局部用于对不同的复（或 $\mathbb{C}^m$）流形加以区分的复维数 m 之外，再无其他明显特征。如果流形被赋予某个复（全纯的）辛结构，它也仍是松弛的**[14.35]（此时我们甚至不用担心复 S_{ab} 的"符号差"概念，见§13.10。）

323

　　松弛结构的许多其他例证都可以具体化。其中之一可能是其上矢量场处处不为零的实流形。另一方面，其上有两个一般矢量场的实流形可能不是松弛的。***[14.36]松弛问题对扭量理论具有某种重要性，这一点我们将在§33.11里看到。

注　释

§14.2
14.1　事实上，拓扑上存在这样的理由：在 S^2 的所有点上，不论怎样安排"平行于" v 都是不可能的（只能是"饮鸩止渴"）。但正如克利福德平行线的构造（见§15.4）所展示的，类似的叙述对 S^3 则未必成立。

§14.3
14.2　在许多物理文献和较老的数学文献里，坐标导数 $\partial/\partial x^a$ 由附在被微分量的指标串右端的下标 a 表示，前面有一逗号。对于 ∇_a 情形，则常用分号来代替逗号。

　　　记号 ∇_a 在抽象指标记法（§12.8）下非常有用，本书正文里的子方程都可（应当）作此理解。在这种记法下，坐标表达式也可以得到有效处理，但需要两种可资区别的指标类型，用以区分分量和抽象指标（见 Penrose 1968；Penrose and Rindler 1984）。

§14.4
14.3　引入度规（§14.7）后指标交错是必要的，因为我们需要留出空白用于升降指标。

***〔14.34〕演示这些关系，首先建立 $S^{a[b}\nabla_a S^{cd]} = 0$。

**〔14.35〕解释为什么。

***〔14.36〕对每一种情形解释为什么。提示：用 $\boldsymbol{\xi} = \partial/\partial x^1$ 构建坐标系，然后重复取李导数来构建标架等结构。

§ **14. 5**

14.4 严格来说，∇ 作用于定义在 $\mathcal{M}$ 上的场，而不只是沿 $\mathcal{M}$ 内的曲线作用。但这个方程可作此理解，因为这里算子只沿曲线方向进行微分。如果我们愿意，我们可将 t 定义的区域视为以任意方式从 γ 光滑地向外扩展到 $\mathcal{M}$ 内。这里以何种方式无关紧要，因为我们要求的只是 t 的方程沿 γ 成立。

324 14.5 例子见 Nayfeh（1993）；Simmond and Mann（1998）。

§**14. 6**

14.6 在 Baker-Campbell-Hausdoff 公式里，我们看到换位子的李代数的明确角色，公式的前几项可明白地写为 $e^{\xi}e^{\eta} = e^{\xi+\eta+\frac{1}{2}[\xi,\eta]+\frac{1}{12}([\xi,[\xi,\eta]]+[[\xi,\eta],\eta])+\cdots}$，这里省略号表示 ξ 和 η 的多重换位子的进一步展开式，即由 ξ 和 η 生成的李代数元素。

14.7 更准确地说，我们可以沿这条曲线将坐标 x^2，x^3，$\cdots$，x^n 取为常数，并取 $x^1 = t$；于是沿这条曲线 $\xi = \partial/\partial t$。我们由泰勒定理（§6.4）可知，上述处理给出 $e^{t\xi}(\Phi)$。

14.8 类似于从 ξ 的指数表示 $e^{t\xi}$ 可得到有限距离范围内的标量 Φ 的值，当在"曳引"参照系里进行度量时，将 ξ 代换为 $\underset{\xi}{\boldsymbol{\xi}}$，我们有相应的指数表示，并得到限距离范围内的张量 Q。

14.9 见 Schouten（1954）；Penrose and Rindler（1984），p202。

§**14. 7**

14.10 在某些数学书里，名词"半黎曼流形"一直用来指未定义情形（见 O'Neill 1983），但我认为"伪黎曼流形"才是更恰当的术语。

14.11 赋予该表达式以一定意义的通用方法是沿曲线引入参量，譬如说 u，并记为 $ds = (ds/du)du$。量 ds/du 是 u 的普通函数，可据 dx^a/du 来表示。

14.12 这里"局域性"可从下述意义来理解：对 $\mathcal{M}$ 的每一点 p，存在 κ 的某个非零倍数的小常数的指数表示（§14.6），它把含 p 的某个开集带到 $\mathcal{M}$ 内具有相同度规结构的另一个开集。

§**14. 8**

14.13 这里"恒等的"是指这样的事实：我们可用辛结构对应的方式将每个点映射为另一个点。

第十五章
纤维丛和规范联络

15.1　纤维丛的物理背景

在第 14、15 章里引入的方法足以处理爱因斯坦的广义相对论和经典力学的相空间。然而，许多有关粒子相互作用的现代理论还有赖于 §14.3 里引入的"联络"（或协变导数）这一特定概念的一般化。这里一般化指的是规范联络。基本说来，原始的协变导数概念是基于矢量沿流形 $\mathcal{M}$ 上曲线作平行移动（§14.2）这一概念上的。有了矢量的平行移动概念，我们就可以唯一地将它扩展到任一张量的移动上（§14.3）。这里，矢量和张量都是指 $\mathcal{M}$ 的各点上的切空间里的量（见 §12.3，§14.1 和图 12.6）。但是规范联络指的却是物理上感兴趣的某些量的"平行移动"，我们最好把这些量看作是某种"空间"而不是 $\mathcal{M}$ 的某个点 p 上的切空间，但在一定意义上，它仍然是"局域于点 p 上"的。

为了把我们现在到底要的是什么这一点说得更透彻些，我们不妨回顾一下前面的内容。由 §§12.3, 8 节可知，一旦有了矢量空间——这里指某一点的切矢量空间——我们就能够构造其对偶空间（余矢量空间）和所有 $\begin{bmatrix} p \\ q \end{bmatrix}$ 价张量空间。因此很显然，如果我们有 p 点的切空间 T_p，那么 $\begin{bmatrix} p \\ q \end{bmatrix}$ 价张量空间（包括余切空间和作为 $\begin{bmatrix} 0 \\ 1 \end{bmatrix}$ 张量的余矢量）并"不是什么新东西"。（类似的叙述——至少在我看来——可以应用到 p 点的旋量空间上；见 §11.3。有些人试图对旋量采取不同的处理，这些观点不是我们这里要考虑的。）就处理粒子相互作用（而不是引力作用）的规范理论而言，所需的空间不同于上述空间（因此它们才真正是新的），我们不妨将它们看作是一种附加在普通时空上的"空间"维。这些额外的"空间"维经常被当作内部维，因此沿这种"内部方向"运动实际上并不能使我们离开我们所在的时空点。

我们需要用丛的概念来从几何上理解"内部维"。丛是一个非常精确的数学概念（我们将在 §15.2 里予以研究）。早在物理学家认识它之前，在纯数学领域，人们就发现丛的概念很有用。[1]

后来物理学家们意识到，他们以前使用的一些重要概念其实都可以在丛的概念上来理解。这之后，理论物理学家对这一所需的数学概念变得非常熟悉，并将其纳入自己的理论中。在某些现代理论里，这些概念往往还以一种修正了的形式出现，相应的时空则被认为是获得了额外维。

在当代寻求基础物理的更基本框架（例如超引力或弦理论）的许多努力中，"时空"这一概念被扩展到更高的维数。于是"内部维"也成了额外的空间维。这些额外的空间维本质上具有与普通的时间和空间维相同的地位，"时空"因此获得了比标准的四维时空更多的维数。这种思想可追溯到 1919 年，当时卡鲁扎（Theodor Kaluza，1885 ~ 1954）和克莱因（Oskar Klein，1894 ~ 1977）对爱因斯坦的广义相对论进行了扩展，其中的时空维数由 4 维增至 5 维。这额外的 1 维使完美的麦克斯韦电磁理论被囊括进来成为某种意义上的"时空几何描述"。然而，这个"第五维"必须看成是"蜷曲的微小的圈"，因此我们无法像对普通空间维那样直接感知它。

对此人们常以水龙带作类比（见图 15.1），它代表对卡鲁扎 – 克莱因型一维宇宙的修正。从大尺度上看，水龙带的确是 1 维的：就一个长度维。但当我们从更接近的地方来看，会发现水龙带的表面实际上是二维的，只是这额外的维在远小于水龙带长度的尺度上紧紧地蜷缩着。这可以直接类比解释为什么我们在五维卡鲁扎 – 克莱因整体"时空"上只能感知到四维物理时空。卡鲁扎 – 克莱因的五维时空是对水龙带的二维曲面的直接类比，其中我们实际感知的四维时空相当于水龙带的基本的一维面貌。

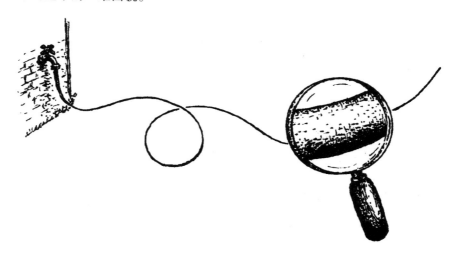

图 15.1 水龙带模型。大尺度上看，它是一维的，但从小尺度上看，它具有二维表面。同样，按卡鲁扎—克莱因的概念，也存在通常尺度上无法观察到的"小的"额外的空间维。

从很多方面看，这都是一种有吸引力的思想，它的确富有创意。实际上，那些当代纯物理理论（如我们将在第 31 章遇到的超引力理论和弦理论）的倡导者们发现，他们不得不在比卡鲁扎 – 克莱因理论更高的维数上考虑问题（其中最流行的是总维数分别为 26，11 和 10 三种情形）。人们认识到，那些不同于电磁作用的各种相互作用，可以通过我们将要介绍的规范联络概念被包括进这些理论里。

然而，需要强调的是，卡鲁扎－克莱因思想仍属于猜测性的。我们并不认为有关粒子相互作用的现行规范理论所依据的这种"内部维"等同于普通的时空维，因此它们并非源自卡鲁扎－克莱因型理论。下述问题不啻为一种有趣的思索：从任何重要意义上说，将现行规范理论的"内部维"看作是最终来源于这种（卡鲁扎－克莱因型）"扩展时空"这么做是否理智？[2] 以后（§31.4）我还会回到这个问题上来。

与将这些内部维看作是更高维时空的一部分不同，我们将其视为时空上的所谓纤维丛（或简称丛）可能更合适。这是一个在粒子相互作用的现代规范理论中占据中心位置的重要概念。我们想象一下，在时空的每个点的"上方"还有另一个称之为纤维的空间。根据前述的物理图像，这种纤维由所有内部维组成。但丛概念要比纤维有着更广泛的应用，因此我们最好不必拘泥于这种物理解释，至少眼下是这样。

15.2 丛的数学思想

丛（或纤维丛）$\mathcal{B}$ 是一个带有某种结构的流形，它由另两个流形 $\mathcal{M}$ 和 $\mathcal{V}$ 来定义，这里 $\mathcal{M}$ 称为底空间（在大多数物理应用中，它是时空本身），$\mathcal{V}$ 称为纤维（在大多数物理应用中，它是内部空间）。丛 $\mathcal{B}$ 本身可看作是完全由整个纤维族 $\mathcal{V}$ 组成的，实际上它是由"价值 $\mathcal{M}$ 的 $\mathcal{V}$"构成的——见图15.2。最简单的丛是所谓的积空间。它是那种平凡的或是"非扭曲的"丛，而更有意思的是扭曲丛。一会儿我会给出这两种情形的例子。空间 $\mathcal{V}$ 也具有某种对称性，这一点很重要。因为正是有了这些提供扭曲自由的对称性才使得丛概念变得有意思。我们感兴趣的有关 $\mathcal{V}$ 的对称性的群 $\mathcal{G}$ 称为丛 $\mathcal{B}$ 的群。我们经常说 $\mathcal{B}$ 是 $\mathcal{M}$ 上的 $\mathcal{G}$ 丛。在很多情形下，我们将 $\mathcal{V}$ 看成是矢量空间，并称丛是矢量丛。因此群 $\mathcal{G}$ 是相应维度下的一般线性群或其子群（§§13.3，6－10）。

我们不认为 $\mathcal{M}$ 是 $\mathcal{B}$ 的一部分（即 $\mathcal{M}$ 不在 $\mathcal{B}$ 内），而是将 $\mathcal{B}$ 看作是与 $\mathcal{M}$ 分离的空间，某种意义上说，我们更倾向于认为 $\mathcal{B}$ 是立于底空间 $\mathcal{M}$ 之"上"的。在丛 $\mathcal{B}$ 内，有许多纤维 $\mathcal{V}$ 的拷贝，在 $\mathcal{M}$ 的每一点的上方都立着一个完整的 $\mathcal{V}$ 拷贝。纤维的各个拷贝之间是不相连的（即无二者相交），它们的全体构成整个丛 $\mathcal{B}$。与 $\mathcal{B}$ 相关联的 $\mathcal{M}$ 可看作是丛 $\mathcal{B}$ 除以纤维族 $\mathcal{V}$ 的商空间。就是说，$\mathcal{M}$ 的每一点精确对应于一个单独的 $\mathcal{V}$ 拷贝。从 $\mathcal{B}$ 到 $\mathcal{M}$ 存在连续映射，它称为 $\mathcal{B}$ 到 $\mathcal{M}$ 的规范投影，并将每根完整的纤维 $\mathcal{V}$ 投影到 $\mathcal{M}$ 上该纤维立于其上的那个特定的点。（见图15.2。）

$\mathcal{M}$ 与 $\mathcal{V}$ 的积空间（$\mathcal{M}$ 上 $\mathcal{V}$ 的平凡丛）记作 $\mathcal{M} \times \mathcal{V}$。$\mathcal{M} \times \mathcal{V}$ 的点是元素对 (a, b)，其中 a 属于 $\mathcal{M}$，b 属于 $\mathcal{V}$，见图15.3（a）。（在§13.2里我们已经看到过同样的思想应用于

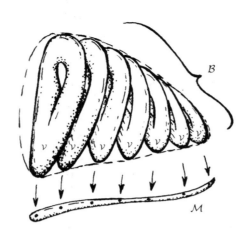

图 15.2 具有底空间 $\mathcal{M}$ 和纤维 $\mathcal{V}$ 的丛 $\mathcal{B}$ 可看作是由"价值 $\mathcal{M}$ 的 $\mathcal{V}$"构成的。从 $\mathcal{B}$ 到 $\mathcal{M}$ 的规范投影可看作是每根纤维 $\mathcal{V}$ 坍缩到一个单点。

群。）[3] $\mathcal{M}$ 上更为一般的"扭曲"丛 $\mathcal{B}$ 局部上类似于 $\mathcal{M} \times \mathcal{V}$，这是在下述意义上说的：$\mathcal{B}$ 在 $\mathcal{M}$ 的任意小开区域里的那部分在结构上与 $\mathcal{M} \times \mathcal{V}$ 在 $\mathcal{M}$ 的同样开区域里的那部分等同，见图 15.3（b）。但是，当我们在 $\mathcal{M}$ 内移动时，上述纤维会扭曲，结果整体上看 $\mathcal{B}$ 并不等同于（往往是拓扑上不同于）$\mathcal{M} \times \mathcal{V}$。$\mathcal{B}$ 的维数总是 $\mathcal{M}$ 和 $\mathcal{V}$ 的维数之和，而与扭曲无关。✳[15.1]

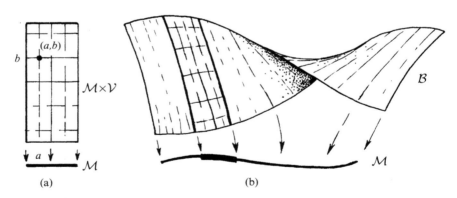

(a)   (b)

图 15.3 （a）作为"平凡"丛的特例的 $\mathcal{M}$ 与 $\mathcal{V}$ 的积空间 $\mathcal{M} \times \mathcal{V}$。它的点可理解为 $\mathcal{M}$ 里的 a 和 $\mathcal{V}$ 里的 b 构成的元素对 (a, b)。（b）$\mathcal{M}$ 上带纤维 $\mathcal{V}$ 的"扭曲"丛 $\mathcal{B}$ 局部类似于 $\mathcal{M} \times \mathcal{V}$——即 $\mathcal{B}$ 在 $\mathcal{M}$ 的任意小开区域里的那部分与 $\mathcal{M} \times \mathcal{V}$ 在同一个 $\mathcal{M}$ 开区域里的那部分等同。但纤维扭曲了，因此 $\mathcal{B}$ 整体上不等同于 $\mathcal{M} \times \mathcal{V}$。

所有这些很容易让人糊涂，因此，为使大家对丛像什么样儿这一点有个正确印象，我来举个例子。首先，将空间 $\mathcal{M}$ 取为圆 S^1，将纤维 $\mathcal{V}$ 取为一维矢量空间（拓扑上我们可在将其描述为一根带有原点 0 的实线 $\mathbb{R}$）。这种丛称为 S^1 上的（实）线丛。现在，$\mathcal{M} \times \mathcal{V}$ 是一个二维圆柱

330

✳〔15.1〕解释为什么 $\mathcal{M} \times \mathcal{V}$ 的维是 $\mathcal{M}$ 的维和 $\mathcal{V}$ 的维的和。

面，见图15.4（a）。那么如何来构造 $\mathcal{M}$ 上带纤维 $\mathcal{V}$ 的扭曲丛 $\mathcal{B}$ 呢？我们可以取默比乌斯带来考察，见图15.4（b）（和图12.15）。我们来看看为什么说它是一个丛——"局部"等同于圆柱

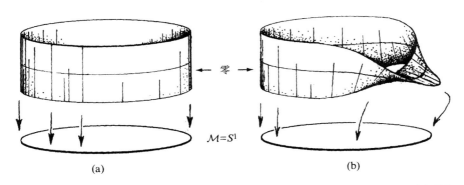

图15.4 为了弄明白这种扭曲是如何出现的，我们来考虑取 $\mathcal{M}$ 为圆 S^1，纤维 $\mathcal{V}$ 取一维矢量空间（即仅有原点 0 别无它值（如恒等元 1）的 $\mathbb{R}$ 的模型空间）的情形。（a）平凡情形 $\mathcal{M} \times \mathcal{V}$，这里是普通的二维柱面；（b）扭曲情形，我们得到（如图12.15那样的）默比乌斯带。

面。我们可以从 S^1 上移去点 p 来产生底空间 S^1 上一个足够"局域"的区域。这么做破坏了底圆，使之成了单连通的[4]线段[5]$S^1 - p$，$\mathcal{B}$ 在这一线段上方的部分与 $S^1 - p$ 上方立着的圆柱面部分完全相同。只有在我们对整个 S^1 的上方进行检查的时候，默比乌斯丛 $\mathcal{B}$ 与圆柱面的差别才会显现出来。我们可以把 S^1 想像成两个拼块 $S^1 - p$ 和 $S^1 - q$ 拼接成的结果，这里 p 和 q 是 S^1 上不同的两点。然后，我们可以用两个相应的拼块拼出整个 $\mathcal{B}$，其中每个拼块都是 S^1 的单个拼块上的平凡丛。正是在这两个平凡丛拼块的"粘合"过程中才出现柱面丛的"扭曲"（图15.5）。事情已经非常清楚，出现的将是带有简单扭曲的默比乌斯带。如果我们像图15.5（b）那样减小 S^1 的拼块的尺寸，不会对 $\mathcal{B}$ 的结构产生任何影响。

认识到如下事实很重要：这种扭曲是由纤维 $\mathcal{V}$ 的特定对称性引起的，即由使一维矢量空间的元素发生符号反向的那种对称性所引起。（就是说，对 $\mathcal{V}$ 中每个 $\boldsymbol{v}$，有 $\boldsymbol{v} \mapsto -\boldsymbol{v}$。）这种运算保留了 $\mathcal{V}$ 的矢量空间结构。应当指出，这一运算并不是一种实数域 $\mathbb{R}$ 上实际的对称运算。$\mathbb{R}$ 本身不具有任何对称性。（例如，数字 1 肯定不同于 -1，$x \mapsto -x$ 不是 $\mathbb{R}$ 上的对称运算，它无法保持 $\mathbb{R}$ 的乘法结构不变。*[15.2]）正是基于这个原因，我们才将 $\mathcal{V}$ 取为一维实矢量空间而不只是实线 $\mathbb{R}$ 本身。有时我们说 $\mathcal{V}$ 是对实线的模仿。不久我们还将看到其他纤维对称性是如何造成另一些扭曲的。

331

∗〔15.2〕解释这一点。

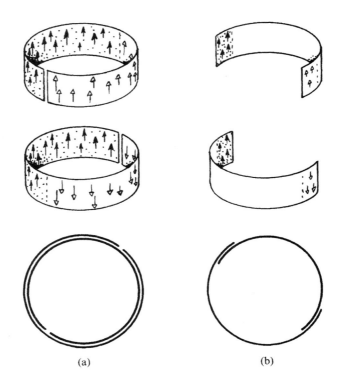

图 15.5 （a）通过移去 S^1 的点 p，我们能构造一个底空间 S^1 的足够"局域的"（单连通）区域，即在 $S^1 - p$ 上的那部分丛。同样，我们可将这种做法应用于 $S^1 - q$ 上 $\mathcal{B}$ 的那部分区域，这里 q 是 S^1 的另一点。如果能够将 $\mathcal{B}$ 的两部分直接粘合起来，我们得到的是一个柱面。但如果对要粘合的两部分之一先作上/下反射（$\mathcal{V}$ 的一种对称性），然后再粘合，则我们得到的是默比乌斯带。（b）如果我们减小 S^1 的两部分的大小，使得只有一小部分区域发生重叠，则默比乌斯带会变得更清楚些。

15.3 丛的截面

一种能够刻画圆柱面与默比乌斯丛之间差别的方法是根据所谓丛的截面。几何上，我们把 $\mathcal{M}$ 上丛 $\mathcal{B}$ 的截面看作是 $\mathcal{M}$ 在 $\mathcal{B}$ 内连续的像，它与每根单个的纤维交于一点（见图 15.6（a）），并称其为底空间 $\mathcal{M}$ 到丛的"提升"。注意，如果我们用映射将 $\mathcal{M}$ 提升到 $\mathcal{B}$ 的截面，然后再进行规范投影，我们恰好得到 $\mathcal{M}$ 到自身的恒等映射（即是说，$\mathcal{M}$ 的每一点都正好被映射回自身）。

对于平凡丛 $\mathcal{M} \times \mathcal{V}$，它的截面可以简单理解为底空间 $\mathcal{M}$ 上的在空间 $\mathcal{V}$ 取值的连续函数（即它们是 $\mathcal{M}$ 到 $\mathcal{V}$ 的连续映射）。因此，$\mathcal{M} \times \mathcal{V}$ 的截面[6]以连续方式将 $\mathcal{V}$ 的每一点赋给 $\mathcal{M}$ 的每一点。这一普通概念可表现为如图 15.6（b）所展示的函数图。更一般地，扭曲丛 $\mathcal{B}$ 的任一截面定义了一个"扭曲函数"概念，它比普通的函数概念更一般。

我们回到前述 §15.2 里的特例上来。对柱面情形（积丛 $\mathcal{M} \times \mathcal{V}$），截面可以简单地表示为环绕柱面一圈的曲线，它与每根纤维只相交一次（图 15.7（a））。由于这个丛正好是积空间，所以我

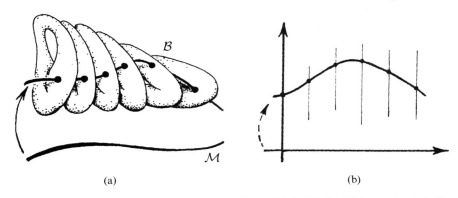

图 15.6　（a）丛 $\mathcal{B}$ 的截面是 $\mathcal{M}$ 在 $\mathcal{B}$ 内连续的像，它与每根单个的纤维交于一点。（b）截面可看作是对普通函数图概念的一般化。

们可连贯地将每根纤维看作是实线的一个拷贝，在每根纤维上，坐标值 0 标出的是带"记号点"的零截面，它代表矢量空间 $\mathcal{V}$ 的零。一般截面给出的是圆上的一个实值函数（零截面之上的"高度"即圆的每一点上的函数值）。显然，存在许多不与零截面相交的截面（S^1 上的非零函数）。例如，我们可取平行于零截面但不与之重合的柱面截面。它表示的是圆上的常值非零函数。

333

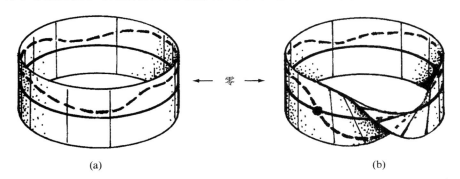

图 15.7　（a）S^1 上的线丛的截面是一个只绕行一周的环，它与每根纤维仅相交一次。（b）默比乌斯丛：每个截面都与零截面相交。

　　然而，当我们考虑默比乌斯丛 $\mathcal{B}$ 时，会发现情况非常不同。读者不难发现，现在 $\mathcal{B}$ 的每个截面必与零截面相交（图 15.7（b））。（零截面的概念仍可用，因为 $\mathcal{V}$ 是一个带零"标识"的矢量空间。）与前例的这种定性的差异清楚地说明，拓扑上 $\mathcal{B}$ 一定不同于 $\mathcal{M} \times \mathcal{V}$。说得更具体点儿，我们可以像以前一样开始将实数坐标赋给不同的纤维 $\mathcal{V}$，但必须采取一种约定，即在圆的某个点上使正负号"反向"（$x \longmapsto -x$），这样，当我们沿着圆依次考察时，除了变号位置点之外，$\mathcal{B}$ 的截面与圆上实值函数的对应关系是处处连续的。任何这种截面必在某处取值为零。✱✱[15.3]

　　在这个例子中，截面族的性质足以将默比乌斯丛和柱面区别开来。截面族的检验经常导致产生一种有用的方法，用以对相同底空间 $\mathcal{M}$ 上各种不同的丛进行区分。然而，与丛的其他情形

✱✱〔15.3〕用上述给定的两拼块的 $\mathcal{B}$ 结构说明这段论证。

相比，在默比乌斯丛和积空间（圆柱面）之间进行的区分并不算极端。有时丛根本就没有截面！下面我们来考虑一种特别重要的著名例子。

15.4 克利福德丛

这个例子我们得认真对待！底空间 $\mathcal{M}$ 取二维球面 S^2，这样，丛流形 $\mathcal{B}$ 是三维球面 S^3，纤维 $\mathcal{V}$ 是圆 S^1（"一维球面"）。这就是通常所说的 S^3 的霍普夫纤维化，一种由海因茨·霍普夫（Heinz Hopf，1894~1971）指出的拓扑结构（1931）。但霍普夫的做法显然是基于（适当参考了）更早的克利福德提出的"克利福德平行线"的几何构造（见第 11 章）。我将这种几何纤维化了的 S^3 称为克利福德丛。

获得克利福德丛的一种极富启发性的方法是先考虑复数对 (w, z) 的空间 $\mathbb{C}^2$。（简单地说，这里 $\mathbb{C}^2$ 的有关结构就是一个二维复矢量空间，见§12.9。）丛空间 $\mathcal{B}$（$= S^3$）可看作是位于 $\mathbb{C}^2$ 内的单位三维球面 S^3，它由如下方程（见§10.1 节末）定义：

$$|w|^2 + |z|^2 = 1。$$

它表示实方程 $u^2 + v^2 + x^2 + y^2 = 1$，这是一个三维球面的方程，其中 $w = u + iv$ 和 $z = x + iy$ 分别是 w 和 z 按各自的实部和虚部的表示。（这是对欧几里得三维空间里笛卡儿坐标系 x，y，z 下的普通二维球面方程 $x^2 + y^2 + z^2 = 1$ 的直接类比。）

为了进行纤维化，我们来考虑过原点的复直线（即 $\mathbb{C}^2$ 的一维复矢量子空间）。每一根这样的直线都由如下形式的方程给出：

$$Aw + Bz = 0，$$

这里 A 和 B 是复数（不全为零）。作为一维复矢量空间，这根直线是复平面的一个拷贝，它交 S^3 于圆 S^1 内，我们可将这个圆看成是它所在平面上的单位圆（图 15.8）。这些圆都是纤维 $\mathcal{V} = S^1$。不同的线只在原点相交，没有两个圆 S^1 会有共同点。因此，这族 S^1 的确构成作为 S^3 的丛结构的纤维。

底空间 $\mathcal{M}$ 是什么呢？显然，如果我们令 A 和 B 乘以同一个非零复数，我们得到的是同一条直线 $Aw + Bz = 0$，因此只有比值 $A : B$ 能够区分不同的直线。不论 A 还是 B 都可以为零，但二者不能同时为零。这种比值下的空间就是§8.3 里较详尽地描述过的黎曼球面。因此，我们将这里的丛的底空间 $\mathcal{M}$ 等同于黎曼球面 S^2。由此可见，S^3 可以看作是 S^2 上的 S^1 丛。（如果要求丛、底空间和纤维全都是球面，一般来说我们不能期望在其他维度上也能得到这样的关系。但可以证明，当我们用四元数取代上述讨论中的复数 w 和 z 后，就可将 S^7 看作是 S^4 上的 S^3 丛；***[15.4] 类

*** 〔15.4〕对此予以论证。你能看清在 S^{15} 情形下是如何做的吗？

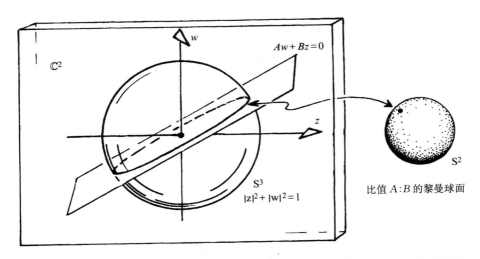

图 15.8　克利福德丛。取坐标为 (w, z) 的空间 $\mathbb{C}^2$，它包含由 $|w|^2 + |z|^2 = 1$ 给定的三维球面 $\mathcal{B} = S^3$。每根纤维 $\mathcal{V} = S^1$ 都是过原点的复直线 $Aw + Bz = 0$（$\mathbb{C}^2$ 的一维复矢量子空间）内的由比值 $A : B$ 确定的单位圆。这种比值的黎曼球面 S^2 是底空间 $\mathcal{M}$。

似地，将 w 和 z 替换为八元数（见 §11.2 和 §16.2），则 S^{15} 可视为 S^8 上的 S^7 丛；但这种做法在其他更高维球面上行不通。[7]）

　　S^3 内的这族圆称作克利福德平行线，是一族特别有意思的圆。这些都是大圆，它们互相缠绕，却始终保持相同的间距（这就是它们为什么会被认为是"平行的"原因）。任意两个圆相连，故它们都是斜的（不共球面）。在欧几里得三维空间里，斜直线（不共面）有如下性质：随着直线趋向无穷远，它们之间的距离也越来越大。而三维球面具有正曲率，因此作为 S^3 内测地线的克利福德圆有一种补偿趋向，使得彼此间按 §14.5 所述的测地线偏转效应而弯向对方（见图 14.12）。这两种效应在克利福德平行线情形下精确地相互补偿，如图 15.9。为了得到克利福德平行线族的图像，我们采用完全类似于 §8.3 里研究黎曼球面时将 S^2 球面投影到欧几里得平面的做法（见图 8.7），从"南极"立体地将 S^3 投影到作为赤道面的欧几里得三维空间，正如通过 S^2 的球面投影，S^3 上的圆映射为欧几里得三维空间里的圆。见图 33.15 所示的投影产生的克利福德圆族的图像。这种构形对扭量理论具有潜在的重要意义，[8] 相关的几何将在 §33.6 描述。

(a)　　　　　　　　　　　　　　　　　　　(b)

图 15.9　（a）在欧几里得三维空间内，斜直线之间距离渐行渐远。（b）在 S^3 上，正曲率为弯曲的测地线（大圆）提供了一种补偿趋势，使它们（借助于测地线偏转，见图 14.12）彼此靠拢。在克利福德平行线情形下，这种补偿相当精确。

依据上述事实可以断言，这种特殊的（克利福德）<u>丛</u>可能是一种根本不具有截面的<u>丛</u>。我们怎么来理解这一点呢？首先应当指出，克利福德丛的"扭曲"是因为存在如下事实：圆纤维有一种由圆的旋转给定的严格对称性（群 O(2)，或等价的 U(1)，见练习［13.59］）。我们无法使每一根这种纤维等同为某个特定的圆，譬如复平面 $\mathbb{C}$ 的单位圆。如果我们做得到这一点，那么我们就可以顺理成章地在这个圆上选取某个特定的点（例如 $\mathbb{C}$ 的单位圆上的点 1），然后由此得到克利福德丛的截面。之所以会出现不存在截面这种情形，是因为克利福德圆只是 $\mathbb{C}$ 的单位圆上的模型，而不与之等同。

当然，这一事实本身并没有告诉我们为什么克利福德丛没有连续截面。为了弄清楚这一点，我们换一种方式来考察克利福德丛或许会有帮助。事实上，球面 S^3 的每一点都可以看作是 S^2 的某一点上单位长度的"自旋性"切矢量。***[15.5] 由 §11.3 可知，自旋体有这么一种性质：当完全
337转过 2π 时，它会变到其初态的相反状态。根据这一陈述，丛 $\mathcal{B}$ （ $=S^3$）的截面表示的应是 $\mathcal{M}$（ $=S^2$）上的一个连续的自旋性单位矢量场。而众所周知，拓扑上不存在 S^2 上整体连续的普通单位切矢量场。使这些方向发生"自旋"显然无助于问题的解决，故整体连续的单位自旋性切矢量场也不可能存在。由此知，<u>丛</u> $\mathcal{B}$ （ $=S^3$）没有截面。

这个问题值得作进一步讨论，因为从这个例子中我们可获取更多的东西。首先，对上述克利福德<u>丛</u>稍作调整，我们能得到 S^2 的单位切矢量的实际<u>丛</u> $\mathcal{B}'$。由于任何普通的单位切矢量只有两种自旋体的表现形式（一种是另一种的"负"态），如果我们打算从旋量矢量过渡到普通矢量，我们就必须叠合这二者。对克利福德<u>丛</u> $\mathcal{B}$ （ $=S^3$）而言，这就意味着 S^3 的两个点必须叠合起来以给出 S^2 的单位矢量的丛 $\mathcal{B}'$ 的一个单点[9]。S^3 的这对必须叠合起来的点是这个三维球面上的对径点。见图 15.10。$\mathcal{B}'$ 的纤维仍是圆。$\mathcal{B}$ （ $=S^3$）的每根圆纤维恰好在 $\mathcal{B}'$ 的每根圆纤维上"缠绕两圈"。现在 $\mathcal{B}'$ 的每个点表示的是 S^2 的有单位切矢量的一个点。事实上，空间 $\mathcal{B}'$ 与我们在
338§12.1 里遇到的空间 $\mathbb{R}$ 在拓扑上是等同的，后者表示三维欧几里得空间里的物体（如 §11.3 里所考虑的书）的不同空间取向。如果我们把"物体"想象成在每个点上都标有箭头（单位切矢量）的球面 S^2，这一点就会变得清楚。这个箭头使球面的空间取向完全确定下来。

15.5　复矢量丛，（余）切丛

将克利福德丛（以及 $\mathcal{B}'$ 的）背后的概念稍加扩展，我们可得到复矢量丛的一个好范例，这就是我称之为 $\mathcal{B}^{\mathbb{C}}$（或 $\mathcal{B}'^{\mathbb{C}}$）的情形。每一条直线 $Aw + Bz = 0$ 本身都是一个一维复矢量空间。（整个直线由一个矢量（ w，z）与复数 λ 的乘积族组成，这里（ w，z）倍乘为（ λw，λz）。）现在我们将这个一维复矢量空间看作是纤维 $\mathcal{V}$。黎曼球面 S^2 同前一样是底空间。

*** 〔15.5〕证明这一点。提示：取切矢量为 $u\partial/\partial v - v\partial/\partial u + x\partial/\partial y - y\partial/\partial x$。

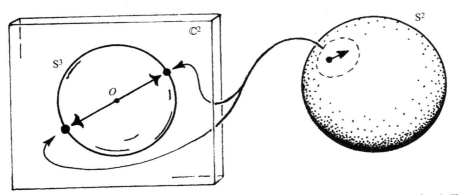

图 15.10 S^2 的单位切矢量的丛 $\mathcal{B}'$ 是对克利福德丛的一种微小修正，其中 S^3 的对径点被叠合。如果不做这种叠合，我们得到的 S^3 即为 S^2 的自旋性切矢量的（克利福德）丛 $\mathcal{B}$。$\mathcal{B}'$ 的纤维仍是圆的，但 $\mathcal{B}$（$=S^3$）的每根圆纤维在 $\mathcal{B}'$ 的每根圆纤维上缠绕两圈。

为了得到正确的复矢量丛 $\mathcal{B}^{\mathbb{C}}$，我们还需要做下一步事情。在 $\mathbb{C}^2$ 内，不同的纤维彼此之间不是分开的，所有纤维有一个共同的原点（0，0）。因此，为了得到 $\mathcal{B}^{\mathbb{C}}$，我们必须用整个黎曼球面（$\mathbb{CP}^1$，见 §15.6）取代原点来改造 $\mathbb{C}^2$，这样，我们得到的不仅是一个零，而是整个黎曼球面的零值，每个零对应一根纤维，给出丛的零截面（见图 15.11）。这个过程就是所谓的 $\mathbb{C}^2$ 原点的拉开（代数几何学、复流形理论、弦理论、扭量理论和其他许多领域中的一个很重要的概

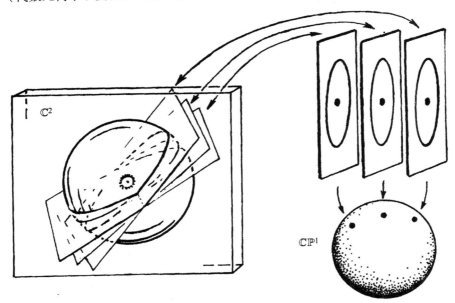

图 15.11 通过取整条线 $Aw + Bz = 0$（复平面）而不只是单位圆，我们得到复线丛 $\mathcal{B}^{\mathbb{C}}$ 的一个例子，现在纤维 $\mathcal{V}$ 是一个一维矢量空间。黎曼球面 $S^2 = \mathbb{CP}^1$（也是复流形，见 §8.3，§15.6）仍是底空间 $\mathcal{M}$。但为使不同的纤维不相连，我们必须"拉开"原点（0，0），代之以整个黎曼球面，由此得到黎曼球面的零值。

念）。由于我们现在容许纤维上出现零，故存在 $\mathcal{B}$ 的连续截面。这些截面表示 S^2 的旋量场。S^2 的点上的一个"旋量"不是仅仅被刻画为 S^2 点上的一个"自旋性单位切矢量"，而是可以按正实数"比例增减"或变为零的矢量。可以证明，S^2 的点上的这样一个"旋量"有可能为我们提供一种复二维矢量空间。*[15.6]

整个丛 $\mathcal{B}^{\mathbb{C}}$ 是一种复（即全纯的）结构——事实上，它称为复线丛，因为纤维都是一维复直线。由于这种结构完全是建立在全纯概念上的，因此是一种全纯体。**[15.7] 特别是，它的底空间是一复曲线——黎曼球面（见§8.3）——纤维是一维复矢量空间。相应地，还存在另一种与此相关的截面概念，即所谓全纯截面。全纯截面是这样一种复丛截面，它本身就是丛的一个复子流形（这仅意味着它由全纯方程局域给定）。有时，在复线丛情形下，这样一种截面是指一个底空间上的扭曲全纯函数。这些在纯数学和数学物理的许多领域都非常重要。[11] 它们在扭量理论（见§33.8）中也扮演着特殊角色。全纯截面构成一个严格可控且重要的截面族。在 $\mathcal{B}^{\mathbb{C}}$ 情形下，不存在异于零截面的（整体）全纯截面（即它处处为零）。

对这种结构作些许调整之后（相当于 $\mathcal{B}$ 到 $\mathcal{B}'$ 的变换），我们得到的是 S^2 上的矢量场而不是旋量场。适当的丛 $\mathcal{B}'^{\mathbb{C}}$ 一样可以理解为一个复矢量丛——事实上它是所谓的矢量丛 $\mathcal{B}^{\mathbb{C}}$ 的平方。它完全按 $\mathcal{B}^{\mathbb{C}}$ 的方式构造，只有一点例外：现在是将每一点 (w,z) 与其"对径"点 $(-w，-z)$ 叠合，(w,z) 与复数 λ 的乘积现在是 $(\lambda^{1/2}w,\lambda^{1/2}z)$ 而不是 $(\lambda w，\lambda z)$。

结束这一节之前，我要指出，丛 $\mathcal{B}'^{\mathbb{C}}$ 可以依据实际需要作其他解释，如 S^2 的所谓切丛 $T(S^2)$。一般流形 $\mathcal{M}$ 的切丛 $T(\mathcal{M})$ 是这样一种空间，它的每一点表示 $\mathcal{M}$ 的一点以及这点上 $\mathcal{M}$ 的切矢量。见图 15.12（a）。***[15.8] $T(\mathcal{M})$ 的截面表示 $\mathcal{M}$ 上的一个矢量场。物理上更为重要的或许是流形 $\mathcal{M}$ 上的余切丛 $T^*(\mathcal{M})$ 概念，$T^*(\mathcal{M})$ 的每一点表示 M 的一点以及这点上的余矢量（图 15.12（b））。在第 20 章，我们将探讨这些概念的某些重要方面。$T^*(\mathcal{M})$ 的截面表示 $\mathcal{M}$ 的一个余矢量场。可以证明，余切丛总是辛流形（见§14.9，§§20.2，4），这一事实对经典力学相当重要。我们还可以相应地定义不同的张量丛，张量场可以看作是这种丛的截面。

15.6 射影空间

与一般矢量空间相关的另一个重要概念是射影空间的概念。矢量空间本身"几乎"就是射影空间上的一个丛。如果我们去掉矢量空间的原点，那么我们就切实得到射影空间上的丛，纤维就是去了原点的一条线。另一种做法是，就像 §15.5 给出的特例 $\mathcal{B}^{\mathbb{C}}$ 那样，我们可以"拉开"

---

*[15.6] 为什么每个这种旋量场可以在 S^2 的至少一点上取值为零？

**[15.7] 详细解释这一点。

***[15.8] 证明：被看作是 S^2 上实丛的 $\mathcal{B}'^{\mathbb{C}}$ 的确与 $T(S^2)$ 相同。提示：重新检查练习 [15.5]。

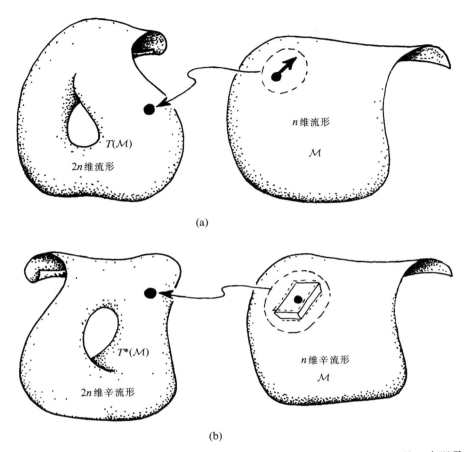

(a)

(b)

图 15.12　（a）对于一般流形 $\mathcal{M}$ 而言，它的切丛 $T(\mathcal{M})$ 的每一点表示的是 $\mathcal{M}$ 的一点以及这点上 $\mathcal{M}$ 的切矢量。$T(\mathcal{M})$ 的截面表示 $\mathcal{M}$ 上的一个向量场。（b）余切丛 $T^*(\mathcal{M})$ 的情况类似，只是余矢量替代了矢量。余切丛总是辛流形。

矢量空间的原点。（一会儿我还会回到这一点上来。）射影空间在数学里相当重要，它在量子力学的几何（§21.9 和 §22.9）以及扭量理论（§33.5）里也扮演着特殊角色。因此，在这里对这些空间给予简明的评述是合适的。

射影空间的概念大概起源于素描和绘画里的透视研究，这些研究都是在欧几里得几何框架下进行的。在欧几里得平面内，两条相异直线总要相交，除非它们是平行线。然而，如果我们在一张竖直放置的纸上画一幅延伸到远方地平线的平行线（譬如说一条直马路的边线）图，就会发现，图上的这些线表现为在地平线的"灭点（vanishing point）"相交（图 15.13）。射影几何通过在欧几里得平面上引入使平行线在无穷远相交的"无穷远点"来认真处理这些"灭点"。

关于普通的三维欧几里得空间有许多定理，由于有平行线这种例外情形要说明，这些定理总那么拗口。在图 15.14 里，我描述了两个著名的例子，即帕普斯（Pappos）定理[12]（公元 3 世纪末发现）和德萨格（Desargues）定理（1636 年发现）。在每个例子中，定理（我以其"逆命

图 15.13 射影几何将"无穷远点"与欧几里得平面相关联，使得平行线在无穷远点相交。在艺术家的直立画布上的画中，水平面上的一对延伸到远方的平行线（一条平直马路的两边）表现为在地平线的"灭点"处相交。

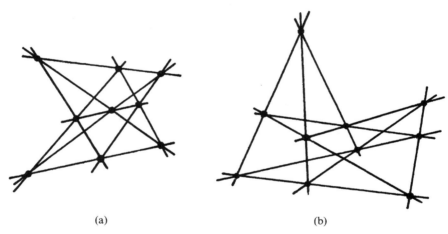

(a)   (b)

图 15.14 平面射影几何里两个著名定理的图：（a）有 9 条直线和 9 个结点的帕普斯定理，（b）有 10 条直线和 10 个结点的德萨格定理。两种情形都断言，如果除一点外的其他标记点都是 3 条直线的交点，那么余下的这一点一定也是 3 条直线的交点。

题"形式来陈述）断言，如果图中的所有直线（帕普斯定理中是 9 条，德萨格定理中是 10 条）都以三线共点的方式交于图中标出的黑结点（帕普斯定理中有 9 个，德萨格定理中有 10 个）中

342 除了一点之外的所有点，那么余下的这个结点必也是三线的共点。但是对于存在彼此平行的 3 条直线情形，只要这 3 条平行线可视为共点（即有"无穷远点"），那么以这种方式叙述的这些定理仍是正确的。按这种理解，定理在线段平行时仍是正确的。甚至当某条线段完全处于无穷远时定理也成立。因此，帕普斯定理和德萨格定理在射影几何里比在欧几里得几何里更恰当。

343   我们如何构造 n 维射影空间 $\mathbb{P}^n$ 呢？最直接的方法是取一个（$n+1$）维矢量空间 $\mathbf{V}^{n+1}$，将空间 $\mathbb{P}^n$ 视为 $\mathbf{V}^{n+1}$ 的一维矢量子空间。（这些一维矢量子空间是过 $\mathbf{V}^{n+1}$ 的原点的直线。）$\mathbb{P}^n$ 的一

条直线（本身就是 $\mathbb{P}^1$ 的例子）由 $\mathbf{V}^{n+1}$ 的二维子空间（过原点的平面）给出，$\mathbb{P}^n$ 的共线点如同直线一样出现在这种平面上（图 15.15）。还存在 $\mathbb{P}^n$ 的更高维的平直子空间，它们是包含在 $\mathbb{P}^n$ 内的射影空间 $\mathbb{P}^r$（$r<n$）。每个 $\mathbb{P}^r$ 对应于 $\mathbf{V}^{n+1}$ 的一个 $(r+1)$ 维矢量子空间。

这种构造（在 $n=2$ 情形下）程式化了绘画技巧里的透视过程；我们可以想象，艺术家的眼睛处于矢量空间 $\mathbf{V}^3$ 的原点 O，这个空间代表着艺术家周围的三维欧几里得空间。过 O（艺术家的眼睛）的光线被感知成一个点。因此，艺术家的"视场"，也就是全部这种光线，可看作是一个射影平面 $\mathbb{P}^2$。（见图 15.15。）按照上述 $\mathbb{P}^2$ 内"直线"的定义，艺术家感知的空间内（不过 O）的任何直线对应于该直线与 O 构成的平面。

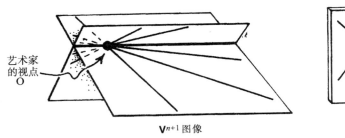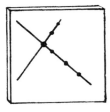

$\mathbf{V}^{n+1}$ 图像　　　　　　　　$\mathbb{P}^n$ 图像

图 15.15　为了构造 n 维投影空间 $\mathbb{P}^n$，取一个 $(n+1)$ 维矢量空间 $\mathbf{V}^{n+1}$，并将空间 $\mathbb{P}^n$ 视为 $\mathbf{V}^{n+1}$ 的一维矢量子空间（过 $\mathbf{V}^{n+1}$ 的原点的直线）。$\mathbb{P}^n$ 的直线由 $\mathbf{V}^{n+1}$ 的二维子空间（过原点的平面）给出，$\mathbb{P}^n$ 的共线点以该平面上过 O 的直线出现。这种处理既适用于实情形（$\mathbb{RP}^n$），也适用于复情形（$\mathbb{CP}$）^{n}。$\mathbb{RP}^n$ 几何使绘画技巧里的透视过程程式化：考虑艺术家的眼睛处于 $\mathbf{V}^3$ 的原点 O，将 $\mathbf{V}^3$ 视为艺术家周围的三维欧几里得空间。艺术家看到的过 O 的光线是一个点。他画在画布上的任何一条具体"直线"（$\mathbb{RP}^2$ 内的 $\mathbb{RP}^1$）则对应于该直线与 O 构成的平面（$\mathbf{V}^2$）。过 O 的平面对总是相交，即使它们是由 $\mathbf{V}^3$ 中的平行线与 O 构成的。（例如，左图中两条底边界线就相当于图 15.13 里马路的边缘。）

设想这位艺术家在与某个（不过 O 点的）具体平直平面重合的画布上精确绘制了一幅风景画。任何这种平面都只能捕捉到整个 $\mathbb{P}^2$ 的一个部分。它一定不与与之平行的光线相交。但若干个平面拼接起来就足以涵盖整个 $\mathbb{P}^2$（3 个就够[13]，*[15.9]）。这种平面里的平行线将被看作是在另一个平面里共灭点的直线。

我们既可考虑实射影空间 $\mathbb{P}^n=\mathbb{RP}^n$，也可考虑复射影空间 $\mathbb{P}^n=\mathbb{CP}^n$。我们已经考虑过复射影空间的一个例子，即黎曼球面 $\mathbb{CP}^1$。我们知道，黎曼球面是作为复数对 (w,z)（二者不全为零）的比值空间出现的，它是 $\mathbb{C}^2$ 内过原点的复直线空间（见图 15.8）。更一般地，任何射影空间都能够赋以所谓齐次坐标。对于产生 $\mathbb{P}^n$ 的 $(n+1)$ 维矢量空间 $\mathbf{V}^{n+1}$，齐次坐标为 z^0，z^1，z^2，…，z^n，但 $\mathbb{P}^n$ 的"齐次坐标"则是 n 个独立比值

　＊〔15.9〕解释如何做到这一点。提示：考虑笛卡儿坐标 (x,y,z)。一次取两个，加上画布给出的第三个构成一个整体。

344

$$z^0 : z^1 : z^2 : \cdots : z^n$$

（这里各个 z 不全为零），而不是单个 z 的值。**[15.10] 如果 z^r 都为实数，则这些坐标描述 $\mathbb{RP}^n$，空间 $\mathbf{V}^{n+1}$ 可与 $\mathbb{R}^{n+1}$（$n+1$ 维实数空间，见 §12.2）叠合。如果它们都是复数，则描述的是 $\mathbb{CP}^n$，空间 $\mathbf{V}^{n+1}$ 可与 $\mathbb{C}^{n+1}$（$n+1$ 维复数空间，见 §12.9）叠合。

由于我们将 $O = (0, 0, \cdots, 0)$ 排除在容许的齐次坐标之外，这样，当我们将 $\mathbb{R}^{n+1}$ 或 $\mathbb{C}^{n+1}$ 分别看作是 $\mathbb{RP}^n$ 或 $\mathbb{CP}^n$ 上的丛时，其原点被略去[14]（给出的是 $\mathbb{R}^{n+1} - O$ 或 $\mathbb{C}^{n+1} - O$）。因此，纤维的原点也必须除去。在实数情形下，这种处理将纤维分成了两部分（但这不意味着丛也分成了两部分；事实上，当 $n > 0$ 时 $\mathbb{R}^{n+1} - O$ 是连通的）。***[15.11] 在复数情形下，纤维是 $\mathbb{C}^{n+1} - O$（经常写成 $\mathbb{C}^*$），它是连通的。无论哪一种情形，我们都倾向于复原纤维的原点，使得我们得到的是一个矢量丛。但如果我们要这么做，事情远非给 $\mathbb{R}^{n+1}$ 或 $\mathbb{C}^{n+1}$ 安个原点那么简单。以前述的 $\mathbb{C}^2$ 情形为例，我们必须为每个纤维分别找回原点，使得原点被"拉开"。丛空间变成内置了 $\mathbb{RP}^n$ 而不是 O 的 $\mathbb{R}^{n+1}$，或内置了 $\mathbb{CP}^n$ 而不是 O 的 $\mathbb{C}^{n+1}$。

在复数情形下，我们还可以考虑 $\mathbb{C}^{n+1}$ 内的 $(2n+1)$ 维单位球面 S^{2n+1}，就像我们在 $n = 1$ 时构造克利福德丛那样。每根纤维在圆 S^1 内与 S^{2n+1} 相交，由此我们得到 $\mathbb{CP}^n$ 上作为 S^1 丛的 S^{2n+1}。这种结构提供了量子力学的几何基础——尽管这种漂亮的几何只是偶尔给量子物理的思考带来启发——从中我们会发现，对 $(n+1)$ 维态系统，物理上不同的量子态组成的空间是 $\mathbb{CP}^n$ 的。另外，存在所谓的相这样一个量，通常我们将它看作是单位模的复数（$e^{i\theta}$，其中 θ 是实数，见 §5.3），而且还是真正的扭曲单位模复数。[15] 在本章末以及在 21 和 22 章（见 §21.9 和 §22.9）认真考虑量子力学问题时，我们还会回到这个问题上来。

15.7 丛联络的非平凡性

刚刚我领着读者围绕一些重要的纤维丛和与之相关的概念迅速兜了一圈！涉及的几何和拓扑相当复杂，因此如果有些头晕目眩，大可不必慌张。现在我们回到那种简单得多的问题上来——我的意思是，为了弄懂概念，我们不需要（至少开始时如此）这么多维度。虽然下面这个关于丛的例子非常简单，但它却包含了我们以前尚未遇到过的一种重要且微妙的丛概念。在前面考虑的那些丛里，丛的非平凡性是以某种几何拓扑特征而出现的，"扭曲"就是一种这样的拓扑性质。然而，从重要性上说，丛完全可能是非平凡的，尽管它在拓扑上是平凡的。

** [15.10] 解释为什么存在 n 个独立比值。对于拼起来能覆盖 $\mathbb{P}^n$ 的 $n+1$ 个不同的坐标拼块，找出由 n 个（z^i 组成的）普通坐标构成的 $n+1$ 个集合。

*** [15.11] 解释这种几何，证明：$\mathbb{RP}^n$ 上的丛 $\mathbb{R}^{n+1} - O$ 可理解为 S^n 上的丛 $\mathbb{R}^{n+1} - O$（纤维 $\mathbb{R}^+$ 为正实的）与 $\mathbb{RP}^n$ 的二重覆盖 S^n 的叠加。

让我们回到最初的例子上来，底空间 $\mathcal{M}$ 是普通圆 S^1，纤维 $\mathcal{V}$ 是一维实矢量空间。现在我们将按与简单的纤维 $\mathcal{V}$ 的"触发反转"稍许不同的方式来构造丛 $\mathcal{B}$。当时我们绕 $\mathcal{M}$ 巡游一圈，得到的是默比乌斯丛，但现在我们要给出因子为 2 的如图 15.16 描述的一种伸展。它使用的也是一维实矢量的空间对称性，但这种对称性不同于默比乌斯丛所用的"触发"对称性 $v \mapsto -v$。"伸展"变换 $v \mapsto 2v$ 同样保留了 $\mathbf{V}$ 的矢量空间结构。现在的问题已不在于丛的拓扑。拓扑上我们同样（如图 15.4(a)所示的第一个例子）有柱面 $S^1 \times \mathbb{R}$，但现在丛上存在一种不同的"应变"，我们可根据丛上适当的联络来认识它。

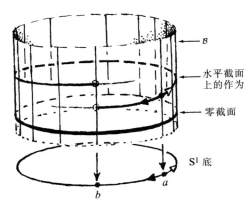

图 15.16　$\mathcal{M} = S^1$ 上的"应变"线丛 $\mathcal{B}$，这里用了图 15.4，15.5 和 15.7 里的纤维 $\mathbf{V}$ 的不同对称性（$\mathbf{V}$ 仍是一维实矢量空间 $\mathbf{V}^1$），即伸展了一个正因子倍数（此处是 2）。拓扑恰好是圆柱面 $S^1 \times \mathbb{R}$，但从 $\mathcal{B}$ 的联络上可以看出存在"形变"。这个联络定义了 $\mathcal{B}$ 内曲线的"水平的"局部概念。如果考虑底空间内从 a 到 b 的两条路径，短道的标以黑箭头，绕道的标以白箭头，那么当我们沿不同路径走到 b 时就会发现有差别（差一个因子 2），这说明"水平的"概念在这里是路径相关的。

我们前述的（第 14 章里讨论的）联络类型与流形 $\mathcal{M}$ 上曲线的切矢量的"平行性"概念有关，但眼下，我们将联络看作是定义在 $\mathcal{M}$ 的切丛 $T(\mathcal{M})$ 上的。由于 $T(\mathcal{M})$ 的一个点表示的是 $\mathcal{M}$ 上点 a 处 $\mathcal{M}$ 的切矢量 v，因此 v 沿 $\mathcal{M}$ 内曲线 γ 的移动可以由 $T(\mathcal{M})$ 内曲线 γ_v 来表示（见图 15.17（a））。有了所谓"平行"就是指 v 的移动这一概念，也就有了丛内曲线 γ_v 的"水平的"概念（因为在丛内保持 γ_v "水平"就是指在底空间内保持 v 沿曲线 γ "不变"）。这里的思想是将"水平"这一概念一般化，以便应用到丛而不是切丛上，见图 15.17（b）。在第 14 章里（这种一般化的起初阶段）我们看到，由于联络概念的扩展，使得它可以应用到切矢量以外的地方，即一般地应用到余矢量和 $\begin{bmatrix} p \\ q \end{bmatrix}$ 张量上。然而正如 §15.1 指出的，这是一种非常有限的应用，因为联络从矢量到这些不同的量上的扩展是唯一指定的，没留下额外的自由度（本质上是因为余切丛和张量丛都完全由切丛确定）。对于 $\mathcal{M}$ 上的一般丛，没必要一定伴有切丛，因此联络在这种丛上的行为可以完全独立于它在切矢量上的行为模式。对于 $\mathcal{M}$ 上不伴有 $T(\mathcal{M})$ 的丛

346

347

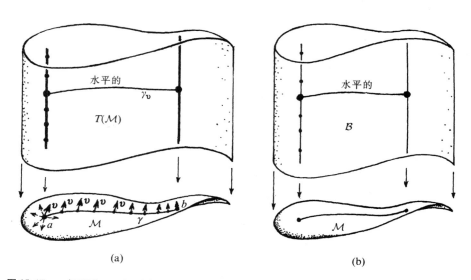

(a)   (b)

图 15.17　一般流形 $\mathcal{M}$ 上不同类型联络的比较。（a）根据 $\mathcal{M}$ 的切丛 $T(\mathcal{M})$（图 15.12）描述的原型概念（§14.3），它定义了沿 $\mathcal{M}$ 的曲线移动的切矢量的"平行"概念。$\mathcal{M}$ 上 a 点的特定切矢量 v 由 a 点上方 $T(\mathcal{M})$ 内纤维的一个特定点来表示。从该点出发的 $T(\mathcal{M})$ 内"水平"曲线 γ_v 代表 v 沿 $\mathcal{M}$ 的曲线 γ 的水平移动。（b）同样的思想应用到 $\mathcal{M}$ 上丛 $\mathcal{B}$ 而非 $T(\mathcal{M})$，这里 $\mathcal{M}$ 的"常值"移动由 $\mathcal{B}$ 的"水平的"概念定义。

而言，谈论"平行性"未必恰当，因为"平行"概念（局域上）指的就是方向，其基本意义就是指切矢量的方向。相应地，我们通常更多的是指丛所描述的量的局部"不变性"，而不是 $T(\mathcal{M})$ 所描述的切矢量的"平行性"。这种局域的"不变性"概念——即丛的"水平性"——提供了一种所谓丛联络的结构。

348　　　现在，让我们回到图 15.16 描述的圆 S^1 上的"应变"丛 $\mathcal{B}$ 上来。考虑 $\mathcal{B}$ 的这么一个部分，在立于 S^1 的某个"拓扑平凡"区域上这个意义上它是平凡的；我们将它记为立于单连通区域 S^1-p 上（如图 15.5）的部分 $\mathcal{B}_p$，这里 p 是 S^1 的某个点。我们将把 $\mathcal{B}_p$ 看成是积空间 $(\mathrm{S}^1-p)\times\mathbb{R}$，丛联络提供了一种 S^1-p 上普通实值函数意义上的截面不变性的概念。因此，在图 15.18 中，我们看得到 $\mathcal{B}_p$ 内表示实际水平线的常数截面。对第二个拼块 $\mathcal{B}_q$（$q\neq p$）作同样的应用，这里整个丛由两个拼块粘合而成。但在粘合时，右边拼块区域相对于左边伸展了一倍（右边区域相当于原来的两倍）。因此，当沿底空间 S^1 环绕一周（图 15.5）时，保持局部水平的（非零）部分将相差因子 2。相应地，根据这种特定的丛联络要求，丛 $\mathcal{B}$（除了零截面外）没有局部水平的截面。

　　　　我们可以从稍许不同的角度来看看这种情形。想象在底空间 S^1 里有一段自 a 始到 b 止的曲线，并设想 S^1 上一纤维取值函数从 a 到 b 作"常数移动"。就是说，我们在 $\mathcal{B}$ 上找一曲线，它局
349 部上是前述曲线上方的一个水平截面（图 15.16）。现在，底空间上从 a 到 b 有不止一条曲线，如果我们沿其中的一条行走，我们在 b 点得到的终值将与沿另一条曲线行走时得到的终值不同。

我们定义的这种常数移动概念是路径相关的。

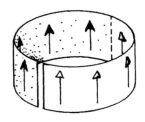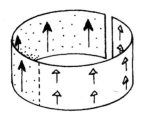

图 15.18　考虑（图 15.16 里）$\mathcal{B}$ 的部分 $\mathcal{B}_p$，它立于 S^1 的"平凡"区域 $S^1 - p$ 的上方；类似地，我们有如图 15.15(a) 的 $\mathcal{B}_q$。在每个拼块上取通常意义上的"水平"。但在粘合时，右边拼块区域相对于左边伸展了一倍。它提供了如图 15.16 所示的联络。

这种路径相关性与我们在 13 章里讨论切丛联络∇时遇到的路径相关性不完全一致。因为在那里，存在的是一种即使在无限小闭环上也会出现的局部路径相关性，它可看作是联络的曲率。而在"应变"丛 $\mathcal{B}$ 情形下，路径相关性则是一种整体性质。显然，这个例子中不可能存在局域的路径相关性，因为这里的底空间是一维的。但这个例子正好说明，即使不存在局部的路径相关性，仍然有可能存在整体的路径相关性。

15.8　丛曲率

我们还可以换个例子来研究二维空间上的丛，为此选取其中的一个特定的圆来代表最初的 S^1。出于方便起见，我们将 S^1 取为复平面上的单位圆，由此得到新丛 $\mathcal{B}^{\mathbb{C}}$ 的底空间 $\mathcal{M}^{\mathbb{C}}$（由 $\mathcal{M}^{\mathbb{C}} = \mathbb{C}$ 给定，见图 15.19）。纤维仍取实线 $\mathbb{R}$ 的拷贝。我来看看如何将丛联络扩展到这个空间。

如果新丛 $\mathcal{B}^{\mathbb{C}}$ 内不存在"应变"，那么我们可将这种联络视为复平面 $\mathcal{M}^{\mathbb{C}}$ 上直接由标准的关于坐标 $(z, \bar{z})$ 的微分给定。于是截面 Φ（z 和 $\bar{z}$ 的实值函数）的"不变性"可简单等同于普通意义上的不变性，即 $\partial\Phi/\partial z = 0$（由于 Φ 是实的，故也有 $\partial\Phi/\partial\bar{z} = 0$）。为了将"应变"引入丛联络，我们将算子 $\partial/\partial z$ 调整为新算子 ∇，

$$\nabla = \frac{\partial}{\partial z} - A$$

量 A 是 z 的一个仅作（标量）倍乘"运算"的复（不必全纯）光滑函数。算子 ∇ 作用在诸如 Φ 上。拓扑上看，丛 $\mathcal{B}^{\mathbb{C}}$ 只是一个平凡丛 $\mathbb{C} \times \mathbb{R}$，故我们可对 $\mathcal{B}^{\mathbb{C}}$ 用整体坐标 (z, Φ)，其中 z 是复的，Φ 是实的。

　　$\mathcal{B}^{\mathbb{C}}$ 的截面由作为 z 函数的 Φ

$$\Phi = \Phi(z, \bar{z})$$

确定（$\bar{z}$ 的出现说明不具有全纯性，见 §10.5）。对于常（即水平的）截面，我们要求 $\nabla\Phi = 0$（由于 Φ 是实的，故也有 $\bar{\nabla}\Phi = 0$），即

350

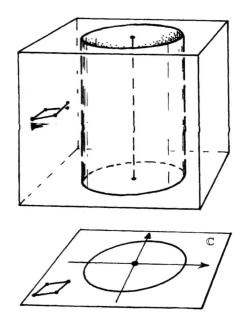

图15.19 为了在丛（现在是 $\mathcal{B}^{\mathbb{C}}$）内得到局部路径相关性，我们需要至少二维的底空间 $\mathcal{M}^{\mathbb{C}}$，现在 $\mathcal{M}^{\mathbb{C}}$ 取复平面 $\mathbb{C}$，其中图 15.16 的 S^1 取为复平面上的单位圆。纤维仍是 $\mathbf{V}^1$（即仿效实线 $\mathbb{R}$）。取 z 为 $\mathbb{C} = \mathcal{M}^{\mathbb{C}}$ 的复坐标，我们用显式联络 $\nabla = \partial/\partial z - A$，这里 A 是 z 的复光滑函数。当 A 是全纯的，丛曲率为零；但如果（对适当的 k）$A = \mathrm{i}kz$，则对单位圆上方的那部分，我们得到图 15.16 的形变丛。在 $\mathcal{M}^{\mathbb{C}}$ 内小平行四边形上的非闭合水平多边形上，丛曲率可以看得很清楚。

$$\frac{\partial \varPhi}{\partial z} = A\varPhi。$$

如果 A 是全纯的，那么解这个方程无任何困难，因为形为 $\varPhi = e^{(B+\bar{B})}$ 的表达式符合要求，这里 $B = \int A\,dz$。**[15.12] 然而，在一般情形下，对于非全纯 A，因为作用于 $\varPhi$ 的对易子关系

$$\nabla\bar{\nabla} - \bar{\nabla}\nabla = \frac{\partial A}{\partial \bar{z}} = -\frac{\partial \bar{A}}{\partial z}$$

我们得不到非零解。**[15.13]（右边给出一个通常不为零的 $\varPhi$ 倍的数，尽管左边不具有方程 $\partial\varPhi/\partial z = A\varPhi$ 的任何实数解。）这个对易子用来定义 ∇ 的曲率，它由 $\partial A/\partial\bar{z}$ 的虚部给出。该曲率度量丛的局部"应变"程度。

通过具体选取 A，$A = \mathrm{i}k\bar{z}$（其中 k 为适当实常数），使对易子取非零常数值，这样，当我们沿 $\mathcal{M}^{\mathbb{C}}$ 上闭环行走时，我们可得到正比于闭环面积的"伸展因子"。具体应用到单位圆 S^1 上，我们可通过取 S^1 上部分丛来再造 S^1 上的初始"应变"丛 $\mathcal{B}$。通过取适当的 κ 值，我们得到所要

** 〔15.12〕验证该式。

** 〔15.13〕证明该公式。

351

求的单位圆上"因子为 2 的伸展"。**[15.14]

这个对易子由直接类比 §14.4 里生成挠率和曲率的算符 ∇_a 的对易子得到。我们可假定挠率为零。（挠率必须由切矢量上的联络来作用，与我们这里考虑的丛（如切丛）不相干。）对 n 维底空间 $\mathcal{M}$，我们有类似于 14 章里 ∇_a 和 $\underset{\chi}{\blacktriangledown}$ 的量，只是它们现在是作用在丛上。[16] 适当组成对易子，我们可得到丛联络的曲率。如果这种曲率为零，则我们有多个局部为常数的丛截面；否则我们在找寻截面时就会碰壁，就是说我们找到的是一条局部路径相关的联络。曲率在无穷小水平上描述这种路径相关性，见图 15.19 的说明。

在某些坐标系下，联络通常依据指标而表示为一般形式的算子

$$\nabla_a = \frac{\partial}{\partial x^a} - A_a,$$

这里，量 A_a 可看作是某种被压缩的"丛指数"。我们可以用希腊字母来表示这些指标[17]（假定我们考虑的是矢量丛，这样将用到张量概念），于是量 A_a 看起来就像 $A_a{}^\mu{}_\lambda$。（作为完全指数表示，或许是 δ^μ_λ 乘以另两项。）丛曲率可以是量

$$F_{ab}{}^\mu{}_\lambda,$$

其中反对称指标对 ab 表示的是 $\mathcal{M}$ 的二维切平面方向，这一点与我们前述的曲率张量情形完全相同，只是现在指标 λ 和 μ 表示的是纤维的方向（通常被压缩）。还有一个比安基（第二）恒等式（§14.4）的直接类比。（复数坐标仅用在 $\mathcal{B}^{\mathbb{C}}$ 这个特例中才是方便的，指标法可以像在 n 维情形下一样使用。）

应当指出，在许多纤维丛情形下，与丛结构有关的对称性不必完全与纤维的对称性重合。例如，S^1 上的"应变"丛 $\mathcal{B}$，或 $\mathbb{C}$ 上的 $\mathcal{B}^{\mathbb{C}}$，我们都可以将一维纤维看作是扩展到二维实矢量空间，这里纤维的"伸展"可用二维矢量空间的均匀膨胀来表示。我们还可以为这个二维实矢量空间提供附加结构，使它成为一维复矢量空间，"伸展"相当于乘以一个实数（图 15.20）。这促使我们考虑如果设置的是一个"复伸展"会是什么情形。一个特例是乘以单位模的复数（$\times e^{i\theta}$，其中 θ 是实数），它代表一种转动，而不是实际伸展（图 15.21）（它是一种前述的克利福德丛情形）。在此情形下，涉及的群为 U(1)，即幺模复数乘法群（见 §13.9）。具有 U(1) 对称群的丛联络在物理上特别重要，因为它们描述电磁相互作用，我们将在 §19.4 里谈到这一点。如果我们把纤维看成是建立在单位圆 S^1 上，而不是建立在整个复平面 $\mathbb{C}$ 上，那么我们就抓住了这个丛的本质。某种意义上说，这么做更"经济"，因为剩余平面被圆"带走"，不提供额外的信息。尽管如此，用复平面作纤维也有某些益处，因为丛可成为（复）矢量丛。[18]

在后面章节，我们将看到这些概念在表述物理力的现代理论中表现出的力量。在"规范联络"这一形式下，丛联络的确是关键，各种确定的物理场都以这些联络的曲率形式出现（麦克

*** 〔15.14〕确认本段中这一命题，找出能给出所需因子 2 的 k 的显式值。

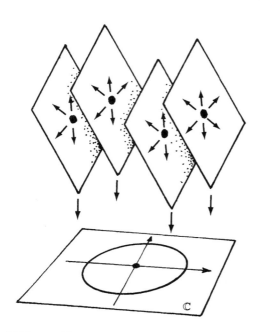

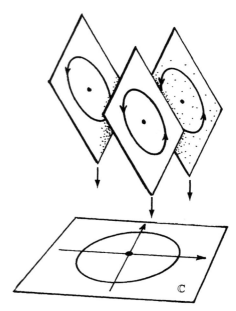

图 **15.20** 我们还可以将纤维做成一维复矢量空间，这里"伸展"相当于乘以一实数。

图 **15.21** 换一种方式，我们可以通过乘以一复数（$e^{i\theta}$，其中 θ 是实数）来设置"复伸展"，这样丛的群是 U(1)，即这些复数的乘法群。

斯韦的电磁场是原型例证）。我们已看到，具有严格对称性的纤维对这一思想至关重要。它提出了这种对称性起源以及这些对称性实际上是什么这样的根本问题。我们以后特别是在第 28、31 和 34 章里还将再回到这个重要问题上来。

注　释

§ 15.1

15.1　例如 Steenrod（1951）。1967 年前后，首先注意到物理学的"规范理论"概念确与丛上的联络相关的物理学家似乎只有 Andrzej Trautman；见 Trautman（1970）（亦见 Penrose 等，1997，p. A4）。

15.2　事实上，通常并不认为弦理论中额外的时空维（卡拉比 - 丘空间，见 §31.14）就是纤维丛的"纤维"。纤维可能是卡拉比 - 丘空间内的某种旋量场空间。

§ 15.2

15.3　积空间的完整定义还需要更多的信息，因此 $\mathcal{M} \times \mathcal{V}$ 的拓扑和光滑等概念有明确定义。如果对每个 $\mathcal{M}$ 和 $\mathcal{V}$ 可以有体积量度，那么 $\mathcal{M} \times \mathcal{V}$ 的体积就是 $\mathcal{M}$ 和 $\mathcal{V}$ 各自体积的积。适时转到这些问题上来似乎有点儿离题，但尽管如此，技术上说，我认为是必要的。相关的文献见 Kelly（1965）；Lefshetz（1949）；或 Munkres（1954）。

15.4　见 §12.1"单连通"的一般意义。

15.5　为记法简明计，对由去掉 p 点的 S^1 构成的空间我一直记为"$S^1 - p$"。讲究修辞的人可能会写成"$S^1 - \{p\}$"或"$S^1 \setminus \{p\}$"（见尾注 9.13）。这些记法之间的"区别"在于两个集合的不同上，"$\{p\}$"指的是仅含一个元素 p 的集合。

§ 15.3

15.6　通常纯数学家比较看重语法，但他们中许多人感到用"associated with"似乎意犹未尽的时候，已习惯于借用糟糕的短语"associated to"。我不明白为什么他们不用语法纯正的"assigned to"。在我看来，"associated to" 比其他一般数学家滥用的 "associated as"（我得承认我自己有时也这么用）更糟
糕，因为它和可替换的短语 "according to whether" 一样，有点儿饶舌。

§15.4

15.7 见 Adams and Atiyah（1966）.

15.8 见 Penrose（1987）；Penrose and Rindler（1986）.

15.9 我们说 $\mathcal{B}$ 是 $\mathcal{B}'$ 的覆盖空间。事实上，$\mathcal{B}$ 是 B' 的通用覆盖空间。由于是单连通的，它不可能作进一步覆盖。

§15.5

15.10 在 Penrose 和 Rindler（1986）合著的第一章里，对二维旋量的几何描述有详细讨论。

15.11 例如在 §9.5 里，我们根据全纯函数的扩展分析了（实变量）函数到正负频率部分的剖分（这对量子场论至为关键），但可能会使读者回忆起那种与常值函数有关的某种别扭。当我们在 §§33.8，10 里容许这些函数成为扭曲的全纯函数并与纽子理论相关联时，这个问题将大为改观。

§15.6

15.12 这里我用希腊拼法，尽管拉丁拼法 "Pappus" 可能更为常见。

15.13 认为艺术家的视角是球面 S^2 而不是过 O 的定向光线 $\mathbb{P}^2$，这是有道理的，正因此在文中我一直用的都是非定向视线。球面恰好是射影平面的二重覆盖，从它的"几何"这一点上说，唯一麻烦的是两条"线"（即大圆）相交产生的是点对而不是单点。艺术家需要 4 张画布而不是 3 张才能覆盖球面 S^2。

15.14 见注 15.5。

15.15 这一事实与一种令人感兴趣而且十分重要的量子力学概念 "Berry 相" 有关（见 Berry 1984，1985；Simon 1983；Aharonov and Anandan 1987；另见 Woodhouse 1991，225 – 49 页），这个概念认为，我们不知道"1"在单位圆上的位置，即是说，对 S^1 丛而言，这个"数"是 S^1 纤维的一个元素，在此情形下，S^{2n+1} 超过 $\mathbb{CP}^n$。

§15.8

15.16 对于 ∇_a 情形，我们还需要用它作用到（余）切矢量上，这样 ∇_a 可对具有时空指标的量进行运算，以便给出对易子 $\nabla_{[a}\nabla_{b]}$ 的意义。对于 ∇，我们可以用对易子 $\nabla_{X}\nabla_{M} - \nabla_{M}\nabla_{L} - \nabla_{[L,M]}$，因此对它不作要求。

15.17 丛指标的这种指标记法在 Penrose and Rindler（1984）的第五章里有清楚的说明。

15.18 另一方面，当纤维是单位圆时，丛变成为一种在其他场合下很有用的主丛。主丛是这样一种丛，它的纤维 $\mathcal{V}$ 实际上建模在自身对称的群 $\mathcal{G}$ 上。简言之，对主丛而言，$\mathcal{G}$ 和 $\mathcal{V}$ 是相同的。更确切地说，在我们"忘记"哪些是 $\mathcal{G}$ 的恒等元素的地方，$\mathcal{V}$ 才是 $\mathcal{G}$。根据 §14.1 和练习 [14.1]，[14.2]，$\mathcal{V}$ 是一种仿射空间（但不必是阿贝尔型的）。

第十六章
无限的阶梯

16.1 有限域

通常认为，数学的一般特征就是强调物理宇宙的运行对无限有着根本的依赖关系。在古希腊人那里，甚至在发现他们不得不考虑实数系之前，他们对有理数的使用已经非常熟悉（见§3.1）。无穷有理数系不仅允许数量变得无限的大（一种与自然数本身共有的性质），而且也允许在无限小尺度上对数量作无止境的细分。有些人对无穷的这些特征感到困惑。他们更愿意宇宙在广度上是有限的，同时还是有限可分的，这样在最细小的层面上将出现一种基本的离散性。

虽然这种立场明显不合传统，但它并非具有内在矛盾性。的确，一直都有这样一种观点，认为实数系 R 下表观的基本物理作用是对只有有限个元素的"真正的"物理数系的逼近。（这种做法一直有人在尝试，特别是阿玛瓦拉（Y. Ahmavaara, 1965）和他的合作者，见§33.1。）我们怎么来理解这种有限数系呢？最简单的例子是那些按"模 p 约化"的整数所构造的例子，这里 p 是某个素数（我们知道，素数是那些除了本身和 1 之外没有其他因子的自然数 2，3，5，7，11，13，17，…，1 本身不是素数。）为了约化模 p 的整数，我们将两个整数视为等价的，如果它们的差是 p 的倍数的话；就是说，

$$a \equiv b \pmod{p}$$

当且仅当

$$a - b = kp \quad (\text{对某个整数 } k)。$$

按照这一描述，整数严格地划分为 p 的"等价类"（见序言有关等价类的概念）。因此只要 $a \equiv b$，a 和 b 就属同一类）。这些类可看作是有限域 $\mathbb{F}_p$ 的元素，而且只有 p 个这样的元素。（这里我采用代数学家的术语"域（field）"，不要将它与流形上的"场"如矢量或张量场相混淆，也不要与物理场如电磁场相混淆。代数里的域只是一个交换性除环，见§11.1。）通常的加法、减法、

（交换性）乘法和除法对 $\mathbb{F}_p$ 的元素均成立。**[16.1] 但是，我们还有另外的奇妙性质，就是如果我们将 p 个相同元素相加，我们得到的总是零（当然，素数 p 本身必须算作"零"）。

注意，$\mathbb{F}_p$ 正如刚才描述的那样，其元素本身定义成"整数的无限集"——因为"等价类"本身就是无限集，例如等价类 $\{\cdots, -7, -2, 3, 8, 13, \cdots\}$ 定义了 $\mathbb{F}_5$（$p=5$）的元素。因此，为了定义构成有限数系的那些量，我们得借助于无限！这是数学家们经常使用的根据无限集来严格定义一个数学对象的方法的例子。涉及（序言中提到的）分数定义的"等价类"构造也同样如此。我认为，对于把数系（对某个适当的 p）$\mathbb{F}_p$ 看成"真正"根植于自然的人来说，"等价类"构造只不过是出于数学家的方便，目的是依据（传统上）更为熟悉的无限构造来给出某种严格的表述。事实上，这里我们不必借助整数的无限集，它不过是最为系统的构造而已。对任何给定的情形，我们都可以通过另一种方式简单罗列出所有运算，因为这些运算在数量上总是有限的。

我们从细节上来看看 $p=5$ 的情形。为此将 $\mathbb{F}_p$ 的元素贴上标签 $0, 1, 2, 3, 4$，于是我们有加法表和乘法表

+	0	1	2	3	4
0	0	1	2	3	4
1	1	2	3	4	0
2	2	3	4	0	1
3	3	4	0	1	2
4	4	0	1	2	3

×	0	1	2	3	4
0	0	0	0	0	0
1	0	1	2	3	4
2	0	2	4	1	3
3	0	3	1	4	2
4	0	4	3	2	1

注意，每个非零元素在 $2 \times 3 \equiv 1 \pmod 5$，等的意义下有乘法性的逆：

$$1^{-1} = 1, \quad 2^{-1} = 3, \quad 3^{-1} = 2, \quad 4^{-1} = 4。$$

（以后在涉及一个具体有限数系的元素时，我用"$=$"来代替"$\equiv$"。）

我们可以用更为精巧的方法构造出其他有限域 $\mathbb{F}_q$，这里元素的总数是某个素数的幂：$q = p^m$。我们只需看看最简单例子，即 $q = 4 = 2^2$。我们可以将不同的元素标以 $0, 1, \omega, \omega^2$，这里 $\omega^3 = 1$，对每个 x 有 $x + x = 0$。这种做法稍稍扩展了作为单位立方根的复数 $1, \omega, \omega^2$ 的乘法群（其描述见 §5.4，我们在 §5.5 里描述强相互作用粒子的"夸克性质"时也提到过这一点）。要得到 $\mathbb{F}_4$，我们只需加上"0"并给出与此有关的"加法"运算 $x + x = 0$。*[16.2] 在一般情形 $\mathbb{F}_{p^m}$ 下，我们有 $x + x + \cdots + x = 0$，其中 x 的数目为 p。

** [16.1] 说明这些运算法则是如何作用的，解释为什么 p 必须是素数。

* [16.2] 构造完整的 $\mathbb{F}_4$ 的加法和乘法表，检验代数律的有效性（这里假定 $1 + \omega + \omega^2 = 0$）。

16.2 物理上需要的是有限还是无限几何？

虽说这种观点代代相传不绝如缕，但我们并不清楚它是否真的对物理学产生过重要影响。从任何意义上说，如果用 $\mathbb{F}_q$ 取代实数系的位置，那么 p 一定得相当大（这样"$x + x + \cdots + x = 0$"将不会以一种观察得到的性态出现）。在我看来，一种基本依赖于某个极端大的素数的物理理论恐怕要比那种取决于简单的无限概念的理论远更复杂（且不可信）。但尽管如此，探究这些问题还是蛮有意思的。实际上，当某个 $\mathbb{F}_q$ 的元素作为坐标给定时，其大部分几何特征得以保留。演算概念更值得关心，毕竟其中许多思想也留存了下来。

360　　我们不妨看看具有有限个点的射影几何是如何工作的，同时探究一下域 $\mathbb{F}_q$ 上的 n 维射影空间 $\mathbb{P}^n(\mathbb{F}_q)$。我们发现，$\mathbb{P}^n(\mathbb{F}_q)$ 有恰好 $1 + q + q^2 + \cdots + q^n = (q^{n+1} - 1)/(q - 1)$ 个不同的点。**〔16.3〕射影平面 $\mathbb{P}^2(\mathbb{F}_q)$ 尤为迷人，它们有着非常优美的结构，现描述如下：取一个硬纸板做成的圆盘，然后在圆心用大头针将它钉在另一张固定的背景（圆）卡片上使之可以自由转动；再在背景卡片的圆周上等弧长地标出 $1 + q + q^2$ 个点，并按逆时针方向将其编号为 0，1，2，…，$q(1 + q)$。在活动圆盘上，在一些精心选定的区划上标出 $1 + q$ 个特殊点，这些特定区划是这么选定的：对于选定的背景卡片上两个标记点，活动圆盘上恰好有这样一个区间，其相应的圆盘上的两特殊点与选定的背景卡片上的两个标记点重合。我们换一种说法：如果将圆盘上这些特定点之间的（背景圆周上的）弧长依次设为 a^0，a^1，…，a^q（这里假设背景圆周上两相邻编号之间的弧长为单位长），那么整个圆周长就可以用所有这些 a^i 的和来表示。我们把这个圆盘叫做魔盘。图 16.1 显示了 $q = 2$，3，4 和 5 的情形，这里 a^0，a^1，…，a^q 分别取 1，2，4；1，2，6，4；1，3，10，2，5；1，2，7，4，12，5。***〔16.4〕对于 $q = 7$，8，9，13 和 16 的情形，魔盘的 a^0，a^1，…，a^q 分别取 1，2，10，19，4，7，9，5；1，2，4，8，16，5，18，9，10；1，2，6，18，22，7，5，16，4，10；1，2，13，7，5，14，34，6，4，33，18，17，21，8；1，2，4，8，16，32，27，26，11，9，45，13，10，29，5，17，18。有数学定理可证明，对每一个 $\mathbb{P}^2(\mathbb{F}_q)$（$q$ 为某个素数的幂）都存在一个魔盘。[1] 读者会发现，检验帕普斯定理和德萨格定理（见 §15.6，图 15.14）的不同情形会非常有意思。[2]（取 $q > 2$，这样对非退化构形将有足够多的点！）图 16.2 展示了两个这样的例子（分别为 $q = 3$ 的德萨格定理和 $q = 5$ 的帕普斯定理，用的都是图 16.1 的魔盘）。

　　**〔16.3〕证明该式。

　　***〔16.4〕对于 $q = 3$，5 情形，说明如何构造新的魔盘？（你可以从魔盘的某个标记点开始，然后每隔一个角距离使下一个标记点倍增一个固定值。）为什么这么做能行？

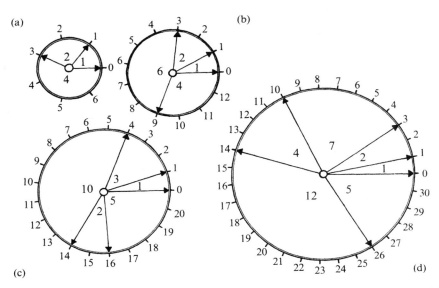

图 16.1　有限射影平面 $\mathbb{P}^2(\mathbb{F}_q)$（$q$ 为某个素数的幂）的魔盘。背景圆周上等弧长地标出了编号为 0，1，2，…，$q(1+q)$ 的 $1+q+q^2$ 个点。在自由转动的圆盘上，有箭头标出 $1+q$ 个特定位置：$\mathbb{P}^2(\mathbb{F}_q)$ 内线的端点。这些特定位置构成这么一种定位：对于选定的背景卡片上两个不同数字，活动圆盘上恰好有一个定位，其相应的箭头正好指向这两个数字。几个特定 q 值的魔盘如（a）$q=2$；（b）$q=3$；（c）$q=4$ 和（d）$q=5$。

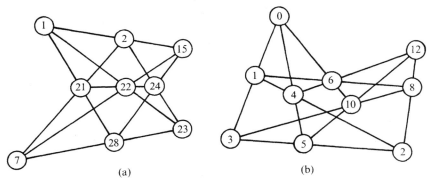

图 16.2　图 15.14 里两个定理的有限几何版本：（a）帕普斯定理（$q=5$）；（b）德萨格定理（$q=3$），分别使用了图 16.1d 和图 16.1b 的魔盘。

从其他角度看，$q=2$ 的最简单情形特别有趣。***[16.5] 这个平面上有 7 个点，它称为**法诺**（Fano）**平面**，见图 16.3，这里圆被看成是"直线"。尽管作为一种几何它的范围十分有限，但它却在不同方面扮演着重要角色，如果八元数（§11.2，§15.4）的乘法律满足的话。法诺平

362

***〔16.5〕有限域 F_8 有元素 0，1，ε，ε^2，ε^3，ε^4，ε^5，ε^6，这里 $\varepsilon^7=1$，$1+1=0$。证明：要么（1）存在形如 $\varepsilon^a+\varepsilon^b+\varepsilon^c=0$ 的恒等式，这里 a，b，c 是图 16.1（a）中背景圆上可使活动圆盘上三点连成一线的数字；要么（2）其他同前，只是 ε^3 取代了 ε（即 $\varepsilon^{3a}+\varepsilon^{3b}+\varepsilon^{3c}=0$）。

面上的这 7 个点，每个都与八元代数的一个生成元 $\mathbf{i}_0$，$\mathbf{i}_1$，$\mathbf{i}_2$，$\cdots$，$\mathbf{i}_6$ 相联系。这里的每个生成元都满足 $\mathbf{i}_r^2 = -1$。为了找出不同生成元之间的积，我们只要在法诺平面上找到一条连接这两个生成元的代表点的线即可，于是这条线上的剩余那点就是这二者的积所代表的那个点（包括符号）。正因此，法诺平面的简单图并不充分，因为我们还需要去确定积的符号。我们可以通过回顾对图 16.1（a）所示魔盘的描述，或通过图 16.3 里（等价）箭头的安排（依次循环解释）来确认这个符号。让我们为魔盘上的标示点排个循环序，譬如说逆时针方向。于是，如果 $\mathbf{i}_x$，$\mathbf{i}_y$，$\mathbf{i}_z$ 的循环序与魔盘上的排布一致的话，则有 $\mathbf{i}_x \mathbf{i}_y = \mathbf{i}_z$；否则有 $\mathbf{i}_x \mathbf{i}_y = -\mathbf{i}_z$。特别地，我们有 $\mathbf{i}_0 \mathbf{i}_1 = \mathbf{i}_3 = -\mathbf{i}_1 \mathbf{i}_0$，$\mathbf{i}_0 \mathbf{i}_2 = \mathbf{i}_6$，$\mathbf{i}_1 \mathbf{i}_6 = -\mathbf{i}_5$，$\mathbf{i}_4 \mathbf{i}_2 = -\mathbf{i}_1$，等等。✱✱✱[16.6]

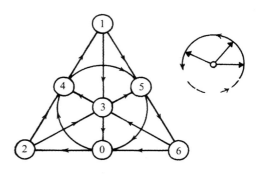

图 16.3 由 7 个点和 7 条线（圆也算作"直线"）组成的法诺平面 $\mathbb{P}^2(\mathbb{F}_2)$，数字编号同图 16.1（a）。它提供了一种八元除法代数的基元 $\mathbf{i}_0$，$\mathbf{i}_1$，$\mathbf{i}_2$，$\cdots$，$\mathbf{i}_6$ 之间的乘法表，这里箭头给出的是"＋"号的循环序。

虽然这些几何和代数结构十分优美，但它们与物理世界的运作似乎没有明显的联系。如果我们抱有 §1.4 里图 1.3 的观点，我们就不会对此感到奇怪，因为与支配宇宙的物理定律直接相关的那些数学不过是整个柏拉图数学世界的一小部分，就我们目前的理解而言，它似乎就是这样。只有当我们的知识在未来深化之后，八元数代数或有限几何的这种优美结构的重要意义才可能被认识到。但就现状来说，在我看来，情况还不足以让人信服地作出这种判断。[3] 仅有数学上的完美是远远不够的（还可见 §34.9）。这一点告诫我们，在研究宇宙规律的基本原理时务必小心从事！

我们还是把思绪从这些撩人的有限结构上移开，回到那种令人敬畏的内在的无限丰富的数学上来。有必要预先指出，无限结构（如自然数 $\mathbb{N}$ 的总体）可能是某种针对实在描述的数学形式体系的一部分，这种形式体系无意于将这些无限结构直接解释为无限大（或无限小）的物理对象。例如，某些理论试图发展出一种架构，在其中的最低层次上会出现离散性（当然也是有限的），而且它同时具有描述无限大结构的能力。我自己就曾将这种架构具体应用到原先的一些想法上，以便用自旋网络（spin networks，我将在 §32.6 对其简述）建立一种有限的空间，其理由是基于如下事实：按标准量子力学，一个物体的自旋的量度由确定量（$\hbar/2$）的自然数的倍数给出。正如我在 §3.3 提及的，在量子力学发展的早期，人们的确满怀希望（尽管未能为后来的发展所实现）地认为，量子理论将是描述世界的主流物理学，这个世界在最小层次上实际上就是离散的。在当今成功的各种理论中，正如事实证明的那样，我们是将时空看成为一个连续统，

✱✱✱[16.6] 证明：当 a，b，c 是生成元时，"结合子" $a(bc) - (ab)c$ 关于 a，b，c 是反对称的，并推导该式（故有 $a(ab) = a^2 b$）对所有元均成立。提示：利用图 16.3 和法诺平面的完全对称性。

即使在涉及量子概念时亦如此。与小尺度时空离散有关的概念则被视为"非规范的"（§33.1）。甚至在那些试图将量子力学概念应用到时空结构本身的理论中，其基本特征仍是连续统。这种情形在阿什台卡－罗威利－斯莫林（Ashtekar-Rovelli-Smolin）的圈变量理论里表现得特别明显，其中许多离散（组合）概念，如包含在纽结（knots）和链（link）理论中的那些概念，起着至关重要的作用，这些理论的基本结构里也包括自旋网络。（我们将在第32章看到这个杰出架构的某些方面，在§33.1，我们将讨论与"离散时空"有关的其他一些概念。）

因此，至少对于时间，我们似乎有必要认真对待无限的使用，特别是在物理连续统的数学描述方面。但在此我们需要的是一种什么样的无限呢？在§3.2里，我大致介绍了根据有理数的无限集来构建实数系的"戴德金分割"方法。实际上，这是在无限概念发展方面迈出的一大步，它大大超越了有理数本身具有的无限性。在此讨论这个问题有着一定的意义。事实上，正如伟大的丹麦/俄罗斯/德国数学家乔治·康托尔在1874年证明的那样（这是他直到1895年才完成的理论的一部分），无限存在不同的大小。自然数的无穷大实际上是各种无穷大里最小的一种，不同的无穷大在越来越大的尺度上保持着无尽的连续性。我们来看看康托尔具有首创意义的这些基本概念。

16.3　无限的不同大小

康托尔革命的第一个关键是一一对应概念。[4] 我们说两个集合有相同的势（用通常的语言说，就是它们有"同样数目的元素"），是指能在两个集合的元素之间建立一一对应关系，使得没有元素得不到对应。对于有限集（即有有限个元素 1，2，3，4…的集合，甚至可以是零个元素的集合，此时我们规定它对应于空）这种对应（"元素个数相同"）显然成立。但对于无限集，则存在一种新特征（伟大的物理学家和天文学家伽利略早在1638年就注意到了这一点），[5] 即无限集有一个等势的真子集（这里"真"是指该子集不等同于整个集合）。

我们以自然数集 $\mathbb{N}$

$$\mathbb{N} = \{0,1,2,3,4,5,\cdots\} \text{[1]}$$

为例来看看这一特征。如果从这个集合里去掉 0，[6] 则新集 $\mathbb{N}-0$ 显然与 $\mathbb{N}$ 等势，因为我们可以在 $\mathbb{N}$ 的元素 r 与 $\mathbb{N}-0$ 的元素 $r+1$ 之间建立一一对应。我们也可以采用伽利略的例子，由此看到，平方数集 $\{0，1，4，9，16，25，\cdots\}$ 也必然与 $\mathbb{N}$ 等势，尽管从严格意义上说平方数只是自然数总体数集中的一个微不足道的部分。我们还可以看到，所有整数的集合 $\mathbb{Z}$ 的势也与 $\mathbb{N}$ 的势相等。如果我们将 $\mathbb{Z}$ 的序记为

$$\{0,1,-1,2,-2,3,-3,4,-4,\cdots\}$$

那么显然它可以和 $\mathbb{N}$ 的元素 $\{0，1，2，3，4，5，6，7，8，\cdots\}$ 配对。更惊人的是有理数的势

---

〔1〕　注意，数学里的自然数定义不包括0。这里我们权且接受作者的这种安排。——译者

365 也与 $\mathbb{N}$ 的势相等。我们可以有多种方法来直接验证这一点，***[16.7]，**[16.8]这里就不具体予以说明了，我们来看看这个特例是如何纳入康托尔神奇的无限基数理论的一般框架的。

首先，什么是基数？本质上说，就是某个集合里元素的"个数"，我们把两个集合看作是有"相同的元素个数"当且仅当它们之间可以建立一一对应。对此我们可以用"等价类"概念（在前面 §16.1 里，我们用它定义了素数 p 的 $\mathbb{F}_p$，还可见序言）作更精确的定义，这时我们说集合 A 的基数 α 是所有与 A 等势的集合的等价类。实际上，逻辑学家弗雷格（Gottlob Frege，1848 ～ 1925）在 1884 年就做过这种尝试，但在像"所有集"这样的开端概念面前遇到了基本困难，因为它们会引起严重的矛盾（在 §16.5 里我们将看出这一点）。为了避免这一矛盾，似乎有必要对"所有可能的集合"设立某种限制。接下来我要对这种令人头晕的问题多说几句。我们暂且像以前那样（我是指象在序言里处理有理数的"等价类"定义时那样）先回避这个问题。我们把势简单地看作是可以从集合间一一对应概念里抽取出来的数学实体（柏拉图世界里的居民！）。当且仅当集合 A 与 B 之间可以建立一一对应时，我们说 A "有势 α" 或 "有 α 个元素"，只要 B 也"有势 α"或"有 α 个元素"。注意，在下述意义下，自然数总是可视为基数——因为它比 §3.4 给出的"序"定义($0 = \{\}, 1 = \{0\}, 2 = \{0, \{0\}\}, 3 = \{0, \{0\}, \{0, \{0\}\}\}, \cdots$) 更接近于自然数的直觉概念！实际上自然数的势是有限的（这是相对于像 $\mathbb{N}$ 那样的具有无限势的集合来说的，这些集合含有与其自身等势的真子集）。

其次，我们可以建立基数间的关系。我们说势 α 小于或等于势 β，并记为

$$\alpha \leqslant \beta$$

366 （或等价地 $\beta \geqslant \alpha$），是指具有势 α 的集合 A 的元素可以与具有势 β 的集合 B 的某个子集（不必是真子集）的元素建立一一对应。应当清楚，如果 $\alpha \leqslant \beta$ 且 $\beta \leqslant \gamma$，那么 $\alpha \leqslant \gamma$。*[16.9]基数理论的一个漂亮的结果是，如果

$$\alpha \leqslant \beta \text{ 且 } \beta \leqslant \alpha,$$

那么

$$\alpha = \beta,$$

这意味着 A 与 B 之间存在一一对应。***[16.10]我们可以问是否存在既不满足 $\alpha \leqslant \beta$ 也不满足 $\beta \leqslant \alpha$ 的

***〔16.7〕看看你能否通过找到某种为所有分数编序的系统方法来给出这种一一程序。你会发现练习〔16.8〕的结果很有用。

**〔16.8〕证明：函数 $\frac{1}{2}((a+b)^2 + 3a + b)$ 为在自然数和自然数偶 (a, b) 之间明确提供了一种一一对应。

*〔16.9〕仔细解释这一点。

***〔16.10〕证明这一点。思路：存在一一映射 b 使 A 映射到 B 的某个子集 $bA(= b(A))$，和一一映射 a 使 B 映射到 A 的某个子集 aB；考虑 A 到 B 的映射，它用 b 将 $A - aB$ 映射到 $bA - baB$，将 $abA - abaB$ 映射到 $babA - babaB$，等等；并用 a^{-1} 将 $aB - abA$ 映射到 $B - bA$，将 $abaB - ababA$ 映射到 $baB - babA$，等等；并对这么做的 A 和 B 的其余元素进行分类。

势偶 α 和 β，这样的势是不可比的。事实上，从著名的选择公理（参见§1.3）可知，不存在不可比的势。

选择公理认为，如果有集合 A，它的元素均为非空集，则存在集合 B，它包含属于 A 的每个集合里的一个元素。乍一看，这条选择公理的陈述似乎非常明白（见图16.4），但要将它看作为普适的命题也并非完全没有争议。我的态度是应对它谨慎从事。选择公理的麻烦在于它是一条纯粹的"存在性"判断，对于 B 的内容未作任何规则上的说明。实际上这会带来一系列严重的后果。其中之一就是巴拿赫—塔斯基（Banach-Tarski）定理，[7] 这个定理认为，通常三维欧几里得空间内的单位球面可通过简单的欧几里得运动（即平移和转动）而被分割成具有如下性质的 5 个部分：这些部分可以重新组合成两个完整的单位球面！这里的"部分"当然不是刚性的物块，而是错综复杂的点集，它以一种完全非构造性的方式来定义，只是作为"存在"的判断被用在选择公理上。

图16.4 选择公理认为，对所有元素均为非空集的任一集合 A，存在集合 B，它包含属于 A 的每个集合里的一个元素。

现在，我们不加证明地罗列几条最基本的基数性质。首先，符号 $\leqslant$ 用于自然数（有限势）时具有通常的意义。从而有任何自然数小于或等于（$\leqslant$）任何无限基数——实际上是前者严格小于（$<$）后者。现在假定 $\beta \leqslant \alpha$，这里 α 是无限势，于是（与我们所熟悉的有限数目形成强烈对比的是）并 $A \cup B$ 的势明显大于这两者，即 α 的势，而积 $A \times B$ 的势仍是 α。（我们此前已见识过积的例子，例如§13.2 和§15.2。集 $A \times B$ 由所有数偶（a, b）组成，其中 a 取自 A，b 取自 B。对于有限集，其积的势就是各自的势的普通数量积，对于不止一个元素的有限集来说，积的势总是大于各自的势。）如果我们要找出那些远大于已有的无限，仅上述这一点是远远不够的。我们得"绑"定 α。

下一节我们将讨论如何"松绑"。但眼下我们可看到，以上我们所做的至少足以说明有理数的数目和自然数的一样多。下面我们采用康托尔的符号 $\aleph_0$（$\aleph$ 是希伯来语的第一个字母，$\aleph_0$ 读作"阿列夫零"）来表示自然数集 $\mathbb{N}$ 的势，由上述知，它等同于整数集 $\mathbb{Z}$ 的势。实际上，无限数 $\aleph_0$ 是无限势里最小的。现在要问，有理数集的势 ρ 是多少？任何有理数均可写成 a/b 的形式，其中 a, b 均为整数。我们发现，有理数集与集 $\mathbb{N} \times \mathbb{N}$ 的一个子集之间存在一一对应，因此 ρ 小于或等于 $\mathbb{N} \times \mathbb{N}$ 的势。但由前述（或通过直接利用练习［16.8］），$\mathbb{N} \times \mathbb{N}$ 的势等于 $\mathbb{N}$ 的势，即 $\aleph_0$。故有 $\rho \leqslant \aleph_0$。但整数集包含于有理数集中，故有 $\aleph_0 \leqslant \rho$。因此，$\rho = \aleph_0$。

16.4 康托尔对角线法

现在我们论述康托尔早期的惊人成就，即他的下述论断：确实存在严格大于 $\aleph_0$ 的无限势，实数集 $\mathbb{R}$ 的势就是这样一种无限势。在此我将把这一结果作为康托尔更一般的

367

368

$$\alpha < 2^{\alpha}$$

的特例来给出，这里 $\alpha < \beta$ 意味着 $\alpha \le \beta$ 且 $\alpha \ne \beta$（我们当然还可以将 $\alpha < \beta$ 写成 $\beta > \alpha$）。康托尔对这一结果的证明是整个数学史上最富于原创意义和影响最为深远的成就之一。但它却简单到我可以在此完整地给出。

首先我来解释一些记法符号。如果我们有两个集合 A 和 B，则集合 B^A 是所有从 A 到 B 的映射构成的集合。这个记法用到有理数会是什么意思？我们来考虑将 A 散布开来，每个"点"代表 A 的一个元素。于是，为了描述 B^A 的元素，我们将 B 的一个元素放到每个点上。这就是 A 到 B 的映射，因为它提供了一种 B 的元素到 A 的每个元素上的配分（见图 16.5）。采用"指数记法" B^A 的理由，是因为当我们将这种做法应用到有限集，例如有 a 个元素的 A 和有 b 个元素的 B 时，B 的元素到 A 的每个元素上的配分总次数就是 b^a。（对 A 的第

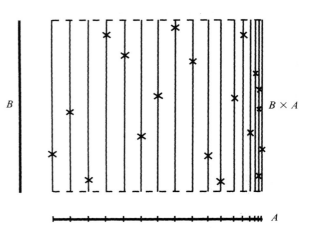

图 16.5 对于一般性集合 A 和 B，所有 A 到 B 的映射的集合记为 B^A（亦见图 6.1）。A 的每个元素赋给 B 的一个特定元素，于是得到 $B \times A$ 的截面，它可看作是（像图 15.6a 那样的）A 上的丛，但这里不存在连续的概念。

一个元素有 b 次配分，对 A 的第二个元素也有 b 次配分，对 A 的第三个元素也有 b 次配分，等等，因此对 A 的 a 个元素有总共 a 个 b 的连乘积 $b \times b \times b \times \cdots \times b$ 次配分，即 b^a。）康托尔将 B^A 的势记为

$$\beta^{\alpha},$$

这里 β 和 α 分别是 B 和 A 的势。

当 $\beta = 2$ 时这种记法有特别重要的意义。这里我们取 B 为有两个元素"in"和"out"的集。由此 B^A 的元素是"in"或"out"到 A 的每个元素的配分。这样一种配分就相当于选取 A 的子集（即"in"元素的子集）。故此时的 B^A 恰好是 A 的子集的集合（我们常用 2^A 来表示这种子集的集合）。相应地，

2^{α} 是具有 α 个元素的任一集合的子集的总数。

现在我们给出康托尔的证明。它采用的是经典的古希腊传统的"反证法"（§2.6，§3.1）。首先，我们假定 $\alpha = 2^{\alpha}$，因此在集合 A 和它的子集的集合 2^A 之间存在一一对应。于是这种对应将使 A 的每个元素 a 与 A 的特定子集 $S(a)$ 相联系。我们可预期，有时 $S(a)$ 能够将 a 作为一个元素包括进来，但有时则不能。我们来考虑在 $S(a)$ 不包含 a 的情形下所有元素 a 的集合。该集合必是 A 的某个特定子集 Q（根据需要，这个集既可以是空集也可以是整个 A 本身）。在一一对应

假定下，对 S 中的某个 q，必有 $Q = S(q)$。现在我们要问："q 是否在 Q 中？"首先假定 q 不在 Q 中。于是 q 必属于 A 的那个我们刚刚取定为子集 Q 的元素集合，即 q 必属于 Q，矛盾。这样只留下另一个选择，就是 q 在 Q 中。但这样 q 就不能属于我们称之为 Q 的集合，即 q 不属于 Q，再次出现矛盾。因此我们有结论：A 和 2^A 之间不存在一一对应。

最后，我们需要证明 $\alpha \leqslant 2^\alpha$，即在 A 和 2^A 的某个子集之间存在一一对应。这可将一一对应简单应用于配分 A 的每个元素 a 到 A 的只包含元素 a 而无其他元素的特殊子集这一点来实现。由此我们建立起所需的 $\alpha < 2^\alpha$，因此也就证明了 $\alpha \leqslant 2^\alpha$ 但 $\alpha \neq 2^\alpha$。

虽然这个推导有点让人犯晕（任何犯糊涂的读者可以仔细多看几遍），但从它不诉诸任何需要专业知识就能掌握的数学概念这一点来看，它极为"优美"。也正是在这一点上，它所得出的那种非比寻常的推论才显得尤为突出。它不仅使我们看到，存在远比自然数多得多的实数，而且证明了可能的无限大的数在大的方面是无止境的。进一步，通过适当调整，这一论证可证明，不存在任何可以确定一般计算是否能够完成的计算途径（图灵命题）。与此相关的一个结果是哥德尔著名的不完备定理，该定理表明，不存在一组预先指定的可信的数学法则，可用之于概述判定数学真理的所有程序。下一节我将聊一聊如何得到这个结果方面的一些趣事。

但作为本节内容的结束，我们来看看为什么上述结果事实上确立了康托尔在有关无限方面的第一个非凡的突破，即居然存在比自然数多得多的实数。（这一突破使人们确信，的确存在非平凡的无限理论！）如果我们能够看出实数的势（通常记为 **C**）实际上就等于 $2^{\aleph_0}$：

$$\mathbf{C} = 2^{\aleph_0},$$

那么，通过上述论证，就有 $\mathbf{C} > \aleph_0$。

可以有多种方法看出 $\mathbf{C} = 2^{\aleph_0}$。为了证明 $2^{\aleph_0} \leqslant \mathbf{C}$（实际上我们只需证明 $\mathbf{C} > \aleph_0$ 就够了），我们只需在 $2^{\mathbb{N}}$ 和 $\mathbb{R}$ 的某个子集之间建立起一一对应就足够了。我们可以将 $2^{\mathbb{N}}$ 的每个元素看成是 0 或 1（"out"或"in"）到每个自然数的一种赋值，即这种元素可视为一无穷序列，例如

$$1001100010111101\cdots$$

（$2^{\mathbb{N}}$ 的这个特定元素将 1 赋给自然数 0，将 0 赋给自然数 1，将 0 赋给自然数 2，将 1 赋给自然数 3，将 1 赋给自然数 4，…，因此子集为 $\{0, 3, 4, 8, \cdots\}$。）现在我们可以将它看作是某个实数的二进制展开来试着读取这个完整的数字序列，这里我们认为小数点处于最左边。不幸的是，这么做并不成功，因为在确定这么一种表示时还存在不确定性，即这个序列可能是以完全由 0 或完全由 1 组成的无限序列来结束。*[16.11] 我们可以借助任意多台傻瓜机来绕开这个难题，方法之一是在二进制数字之间插入（譬如）数字 3，从而得到

$$0.31303031313030303130313131313031\cdots,$$

＊〔16.11〕解释这一点。

然后将其作为某个实数的普通十进制表达式来读取。这样，我们确实在 $2^{\mathbb{N}}$ 和 $\mathbb{R}$ 的某个子集之间建立起一一对应。因此 $2^{\aleph_0} \leqslant C$ 得证（由此得到康托尔的 $C > \aleph_0$）。

371

为了导出 $C = 2^{\aleph_0}$，我们必须证明 $C \leqslant 2^{\aleph_0}$。现在，严格处于 0 和 1 之间的每个实数都有一个（如上述考虑的）二进制展开，虽然有时显得冗长；因此，这个特定的实数集一定有 $\leqslant 2^{\aleph_0}$ 的势。在整个 $\mathbb{R}$ 上可以有多种简单函数来得到这个区间，*[16.12] 故 $C \leqslant 2^{\aleph_0}$，从而有 $C = 2^{\aleph_0}$。

康托尔给出的原始论证与上述过程有些不同，虽然本质上一样。他用的也是反证法，但更直接。他设想在 $\mathbb{N}$ 和严格处于 0 和 1 之间的实数之间存在一一对应，将所有这种实数以垂直列表形式列出，每个实数写成十进制展开式。通过"对角线法"，（一种生成无法列入表中的新实数的方法。整个列表中小数点后的数字看作是一个数字阵列，自该阵列左上角始，将表中第 n 个实数的第 n 位数字代换为不同的数字，然后将所有更改过的主对角线数字排成一排，这样得到的实数与表中所有实数都不相同。许多科普书里都介绍过这种方法，例如，见我的《皇帝新脑》一书第三章。）**[16.13] 我们可得到一个与假定该列表是完备的相冲突的矛盾。这种论证的一般形式（包括本节开头我们用来论证 $\alpha < 2^\alpha$ 的方法）有时被称为康托尔"对角线删除法"。

16.5　数学基础方面的难题

如上所述，连续统（即 $\mathbb{R}$）的势，$2^{\aleph_0}$，经常记为字母 C。康托尔比较偏爱将其标以" $\aleph_1$"，用来表示它是较 $\aleph_0$ 为大的"第二级最小"势。他试图证明 $2^{\aleph_0} = \aleph_1$，但没能成功；事实上，在康托尔提出之后的这么多年来，这种以连续统假说著称的" $2^{\aleph_0} = \aleph_1$"主张已成为一个著名的未解决问题。从"绝对"意义上说，它至今仍未解决。哥德尔（Kurt Gödel，1906 ~ 1978）和柯恩（Paul Cohen，1934 ~ 2007）能够证明，连续统假说（和选择公理）不可能通过标准集合论方法来解决。但是，由于哥德尔不完备定理（我一会儿就会讲到）和其他一些相关问题，这种证明本身并不能解决连续体假说的真理性问题。仍有可能存在一种比标准集合论更强有力的方法被用来决定连续体假说的真理性，换句话说，这个问题可能属于这样一种情形，其真伪是一个取决于人们持有什么样的数学标准的主观性问题。[8] 我们在 §1.3 曾谈到过这种问题，但涉及的是选择公理，而不是连续体假说。

372

我们看到，关系 $\alpha < 2^\alpha$ 告诉我们，不可能存在任何最大的无穷大；因为如果假设某个基数 Ω 为最大，那么基数 2^Ω 就会更大。这个事实（和康托尔为建立这个事实所作的论证）一直对数学基础有着深远的影响。特别是哲学家罗素（Bertrand Russell，1872 ~ 1970），他先前的观点认为，一定存在一个为康托尔的结论所否认的最大的基数。但 1902 年前后，在仔细研究了这个问题之

---

*[16.12] 给出一个例子。提示：参考图 9.8。

**[16.13] 对要证明的 $\alpha < 2^\alpha$ 的情形 $\alpha = \aleph_0$，解释为什么它与我前面讨论的问题在本质上是一样的。

后，他改变了自己的观点。实际上，他将康托尔的论证应用到"所有集合的集合"上，使他立刻提出了今日著名的"罗素悖论"！

这个悖论概述如下。考虑集合 $\mathcal{R}$，它由"所有那些不包含自身为元素的集合"组成。（现 ³⁷³在你信不信一个集合可以是该集合本身的一个元素这一点已无关紧要，因为如果没有集合属于其自身，那么 $\mathcal{R}$ 就是所有这种集合的集合。）我们要问的问题是，$\mathcal{R}$ 本身是一种什么样的集合？$\mathcal{R}$ 是它自身的一个元素吗？如果是，那么好，因为它（作为元素）所属的集合 $\mathcal{R}$ 的元素都不包含自身，因此（作为元素）它不属于 $\mathcal{R}$，矛盾！另一种推理是假定 $\mathcal{R}$ 不属于自身，但这样它（作为集合）必是所有那些不包含自身的集合中的一员，即 $\mathcal{R}$ 中的一员，因此 $\mathcal{R}$ 属于 $\mathcal{R}$，这与假定 $\mathcal{R}$ 不属于自身相矛盾！

或许您已经注意到，这个悖论简直就是康托尔证明 $\alpha < 2^{\alpha}$ 时思路的翻版，如果我们将 α 改换成"所有集合的集合"的话。罗素的确就是这样提出他的悖论的。[9]这个推理实际上要说的是不存在如"所有集合的集合"这样的事情。（事实上康托尔已经意识到这一点，在罗素提出"罗素悖论"之前若干年就知道这个悖论。[10]这似乎有点儿怪，像"所有集合的集合"这样明了的概念却是禁用概念。）我们可以想象，对于一个集合，如果存在一种明确的规则能告诉我们哪些属于它哪些不属于它，那么任何一种有关集合的提议都应当是完全可接受的。这里似乎就存在这么一种规则，即每个集合都处于集合中！其隐义似乎是，我们认可这个巨大的集合与它的元素享有同样的地位，即二者都是一个"集"。整个论证取决于我们对集合实际上指的是什么有明确概念。但一旦我们有了这样一个概念，问题来了：所有这些事儿的集合本身算不算是一个集？康托尔和罗素要告诉我们的就是这种问题的答案不存在！

事实上，数学家们默许这种明显的悖论的方法是想象在"集合"与"类"之间存在某种区分。（幸好有"类"这种可将那些通常很难确定其归属的事情拢到一块儿的概念，而"集"则总是用于指有明确归属的概念。）粗略地说，集合的集合，不论其是否容许被当作一个整体来考虑，都可以称之为类。有些类相当完备足以作为集来对待，但另一些类因为"太大"或"太不规则"就很难看成是集。另一方面，我们不必要求把各种类集合一块儿来得到一个更大的概念。因此，"所有集合的集合"是没有意义的（"所有类的类"也是没有意义的），但"所有集合的类"则是合法的。康托尔将这种"超级类"记为 Ω，并为它赋予了近乎自然神的意义。数学上不容许有比 Ω 更大的类了。"2^{Ω}"的麻烦在于它将 Ω 的所有不同的"子类""集合在一块儿"，其中许多并非集合，因此是不容许的。

对所有这些似乎非常令人不满的事总是存在的。我得承认我自己对此也绝对不满意。如果有一种明快的判据能告诉我们一个类何时有资格成为集，那么这套程序或许是合理的。但是，"区别"经常是以一种圆滑的方式出现的。一个类一定是一个集，当且仅当它本身可以作为另一个类的一员——在我看来这更像在诡辩！问题是我们无法明确画出一条界限。一旦画出一条界限，不久我们就会发现，它圈定的范围过窄了。我们没有理由不将某个更大的（或更难驾驭的）

类看作是集的大家庭里的一员。当然，我们必须避开那种彻头彻尾的矛盾。但更开明的是做好确认集合大家庭成员的规则工作，我们需要为集合提供更有力的数学证明方法。但这个大家庭敞开的门只要稍大一点，灾难——矛盾——就会降临，整个大厦就会坍塌！这样一条界限的划定是数学上最复杂最困难的操作之一。[11]

许多数学家宁愿从这种极端的自由主义立场上后撤，甚至采取一种顽固的保守主义"结构学派"的观点。按照这种观点，一个集合仅当存在一种我们可辨认哪些元素属于它哪些不属于它的直接构造时才是容许的。在这种严厉规则下，那些只能由选择公理定义的"集"肯定是拿不到进入集合大家庭的通行证了！但事实证明，从避开康托尔对角线法这一点上看，这些极端的保守主义做法并不比极端的自由主义更高明。下一节我们来看看问题出在哪里。

16.6 图灵机和哥德尔定理

首先，我们需要弄懂什么是数学上的"结构"概念。为此我们最好是将注意力集中在自然数集 $\mathbb{N}$ 的子集上，至少眼下是如此。我们要问，哪些子集是"结构性的"？幸运的是我们有一个绝妙的概念可资利用。这就是 20 世纪 30 年代由众多逻辑学家[12]引入、并由图灵（Alan Turing，1912～1954）于 1936 年确立的可计算性概念。由于今天我们对电子计算机已非常熟悉，因此我认为，在这里说说这些物理仪器的工作而不是根据精确的数学公式来给出相关概念就足够了。简言之，计算（或算法）就是那种理想化计算机要执行的东西。这里"理想化"的意思是指它可以在无限长的时间里毫无"磨损"地运行下去，从不出错，并且有无限大的存贮空间。这种概念在数学上就叫做图灵机。[13]

一台特定的图灵机 T 对应于某个具体的自然数计算。T 对自然数 n 的执行记为 $T(n)$，我们通常认为这个执行会产生另一个自然数 m：

$$T(n) = m。$$

图灵机可能有这样一种特性，就是"死机"（或"进入死循环"），因为计算再也不终止了。如果在我们执行某个自然数 n 时遇到这种情况，我们就说这台图灵机有缺陷。而另一方面，如果不论执行什么数都会结束，我们就说它有效。

无法终止（有缺陷的）图灵机 T 的一个可能的例子是：对给定的 n，要求找出不是 n 个平方数之和的最小的自然数（包括 $0^2 = 0$）。我们发现，$T(0) = 1, T(1) = 2, T(2) = 3, T(3) = 7$（这些方程的意义可用最后一个式子来代表："7 是非三个平方数之和的最小自然数"），[16.15] 但对于 4，T 就无休止地计算下去了。死机的原因是因为有这样一条著名定理（这是由 18 世纪法国 - 意大利数学家拉格朗日证明的）：任何自然数总可以表为四个平方数之和。（以后在不同场合我们

＊〔16.15〕粗略描述我们的程序该如何演算，并解释这些特定的值。

将会看到，特别是在第 20 和 26 章里，拉格朗日具有非常重要的地位！）

每台具体的图灵机（不论"好""坏"）都有确定的"指令表"来刻画该机要执行的具体算法。这种指令表可完全由某种"码"来具体化，也就是我们可将其写成一个数字序列。然后再将该序列编译成一个自然数 t，这样 t 就被编进了机器可执行的"程序"。按自然数 t 编码的图灵机记做 T_t。这种编码并非对所有自然数 t 都有效，如果失效，我们就说 T_t 是"有缺陷的"。这种"缺陷"也包括那些对于某个 n 机器无法停机的情形。只有那些在有限的时间里能给出答案的图灵机 T_t 才是唯一有效的。

图灵的一项重要成就，就是认识到有可能构造一台所谓普适的图灵机 U，它可以模拟任何一种图灵机。U 所需要做的就是先作用于自然数 t，使自身成为特定的图灵机 T_t，然后再作用于数 n，以便得到 $T_t(n)$。（基本上说，现代广普计算机都是普适图灵机。）我把这种综合作用写成 $U(t,n)$，因此，

$$U(t,n) = T_t(n)。$$

但是我们应记住，这里定义的图灵机只对单个的自然数有效，对诸如 (t, n) 这样的数偶无效。但正如我们前面看到的（例如练习 [16.8]），将一对自然数编码成一个自然数并非难事。机器 U 本身也定义成某个自然数，譬如说 u，故我们有

$$U = T_u。$$

我们如何来判断一台图灵机是有效的还是有缺陷的？我们能找到某种作此决定的算法吗？这个问题的答案是"不"，这是图灵取得的重要的成就之一！证明利用了康托尔对角线删除法。如同前述，我们考虑集合 $\mathbb{N}$，但不是考虑 $\mathbb{N}$ 的所有子集，而只是那些可通过计算来认定一个元素是否属于其中的子集。（这些不可能是 $\mathbb{N}$ 的所有子集，因为不同的计算的数目只是 $\aleph_0$，而 $\mathbb{N}$ 的所有子集的数目则是 $\mathbf{C}$。）这种由计算定义的集称作递归的。实际上，$\mathbb{N}$ 的递归子集取决于有效图灵机 T 的输出，这种输出只有两种：0 或 1。如果 $T(n)=1$，那么 n 就是 T 所定义的递归集的数字（"in"）；如果 $T(n)=0$，则 n 就不是其中的数字（"out"）。现在我们采用如同前述的康托尔论证方法，但对象换成了 $\mathbb{N}$ 的递归子集。这个论证告诉我们，使 T_t 成为有效图灵机的那些自然数 t 的集合不可能是递归集。不存在一种可用于一台给定图灵机 T 的算法，由它告诉我们 T 是否有缺陷！

这个论证很值得我们作更细致的探讨。图灵/康托尔论证真正要说明的是，使 T_t 成为有效的那些自然数 t 的集合甚至不是递归可列的。什么是 $\mathbb{N}$ 的递归可列子集呢？它是这样一种自然数集，当我们将一台有效图灵机依次用到 $0,1,2,3,4,\cdots$ 上时，它能最终生成这个集合中的每一个数（有可能出现不止一次）。（就是说，m 是该集中的一个数，当且仅当对某个自然数 n 有 $m=T(n)$。）$\mathbb{N}$ 的一个子集 S 是递归的，当且仅当它是递归可列的，并且其补集 $\mathbb{N}-S$ 也是递归可列的。***[16.16]

*** [16.16] 证明这一点。

使得图灵/康托尔论证推出矛盾的一一对应关系是有效图灵机的递归枚举。我们略加思考就会知道，前面所说的可归结为：不存在一种通用算法，它能告诉我们一台图灵机的工作何时会造成无法停机。

所有这些最终要告诉我们的就是，尽管我们希望坚持"极端保守主义"观点，就是说，唯一可接受的集合是递归集，其成员资格由清楚的计算规则确定，但这种观点使我们立刻意识到该如何考虑非递归集。这种观点甚至会遇到基本困难，就是不存在一种通用方法能够决定两个递归集是否相同，如果它们是用两台不同的有效图灵机 T_t 和 T_s 定义的话。[16.17]此外，如果我们按过分的保守主义观点试图对"集合"概念加以限制的话，那么这个问题将会在不同水平上一而再再而三地遇到。我们总是被推到这样一种境地，对那些不属于容许集合大家庭的情形必须考虑类。

这些问题与哥德尔的著名定理紧密相关。他关心的是数学家的证明方法的有效性问题。在20世纪初叶，数学家们穷多年之努力，力图在集合论极为开放的使用中通过引入数学形式系统来避免出现悖论（如罗素悖论）。按照这一体系，存在一组绝对明确的规则，使得那些长串的推理能被看成是一种数学证明。哥德尔所证明的结果表明，这样一套程序无效。实际上，他表明了，如果我们接受这种观点，即某种形式系统 F 的规则能够给出数学上唯一正确的结论，那么我们也必须承认，作为一种明确的数学陈述 $G(F)$，其结论的正确性不可能仅通过 F 的规则来证明。这样，哥德尔就向我们证明了任何我们准备采纳的 F 是如何被超越的。

有这样一种错觉：哥德尔定理告诉我们，存在"无法证明的数学命题"，这意味着在数学真理的"柏拉图世界"（见§1.4）里存在着原则上我们无法接近的区域。这种认识与我们应当从哥德尔定理中得到的结论实在相差太远。哥德尔定理真正要告诉我们的是，不论我们预先建立什么样的证明规则，如果我们已经视这些规则为真（即它们不会使我们导出谬误），那么就会有一套新的接近确定的数学真理的法则向我们证明，那些特定的规则不足以导出正确的结论。

我们可以从图灵的结果直接导出哥德尔的结果（尽管历史事实并非如此）。怎么做呢？形式系统的观点认为，我们不需要进一步的数学评判来检验 F 的规则是否得到了正确运用。用 F 来决定数学证明的正确性完全是一个计算问题。我们发现，对任何 F，那些能够用这套规则证明的数学定理的集合必须是递归可列的。

现在，某些著名的数学陈述可按"如此这般图灵机就不停机"这样的语言来表达。我们已经看到过一个例子，即拉格朗日定理"每个自然数都是四个平方数的和"。另一个更著名的例子是20世纪末由怀尔斯（Andrew Wiles）证明的"费马大定理"（§1.3）。[14]但还有个（未解决的）

***〔16.17〕你能看出为什么这样吗？提示：对于任意一台 T 作用于 n 的图灵机的作用，我们认为具有如下性质的图灵机 Q 是有效图灵机：如果作用于 n 的 T 在 r 次计算步骤之后不停机且有 $Q(r)=0$；或者到第 r 步时停机，但有 $Q(r)=1$。取 $Q(n)$ 与 $T_t(n)$ 的模 2 的和来得到 $T_s(n)$。

例子是著名的"哥德巴赫猜想（每个大于 2 的偶数是两个素数之和）"。这种性质的陈述就是数理逻辑学家所熟知的 Π_1 语句。从图灵的上述论证我们立刻可知，真 Π_1 语句族组成一个非递归可列集（即不是递归可列的集合）。因此，存在不可能得自 F 规则的真 Π_1 语句（这里我们假定 F 是可信的）。这是哥德尔定理的基本形式。实际上，通过对该定理更细致的检验，我们可改进论证以便得到如上陈述的定理版本，就是说，如果我们相信 F 生成真 Π_1 语句，那么我们将得到一个特定的 Π_1 语句 $G(F)$，它一定能逃脱 F 张起的网，尽管我们能断定 $G(F)$ 也是真 Π_1 语句! ***[16.18]

16.7 物理学中无限的大小

最后，我们来看看这些无限和可构造性问题是如何展现与我们前面章节的数学、以及与我们当前理解的物理之间的关系。从它们与数学和物理之间的紧密关系上看，似乎很明显，像无限集合理论和可计算性这样的对数学来说具有基本重要性的问题在对物理世界的描述方面影响还非常有限。我个人认为，我们会发现，可计算性问题最终将与未来的物理理论产生深刻的联系，[15] 但目前这些概念在数学物理方面的运用做得还非常之少。[16]

至于无限的大小，几乎还没有一种物理理论需要超过实数系 $\mathbb{R}$ 的势 $\mathbf{C}$（$= 2^{\aleph_0}$）的。复数域 $\mathbb{C}$ 的势与 $\mathbb{R}$ 的一样大（即也是 $\mathbf{C}$），因为 $\mathbb{C}$ 正好是 $\mathbb{R} \times \mathbb{R}$（实数偶），在其上定义有确定的加法律和乘法律。同样，我们考虑的矢量空间和流形都建立在这样的点族之上：它们有源自某个 $\mathbb{R} \times \mathbb{R} \times \cdots \times \mathbb{R}$（或 $\mathbb{C} \times \mathbb{C} \times \cdots \times \mathbb{C}$）的坐标，或这种坐标的有限拼接，故其势也是 $\mathbf{C}$。

对这种空间上的函数族会怎样呢？譬如，如果我们考虑具有 $\mathbf{C}$ 点的某个空间上的所有实值函数族，那么就会发现，这个族有 $\mathbf{C}^{\mathbf{C}}$ 个元（从 $\mathbf{C}$ 元空间映射到 $\mathbf{C}$ 元空间）。这肯定比 $\mathbf{C}$ 大。实际上 $\mathbf{C}^{\mathbf{C}} = 2^{\mathbf{C}}$。（这是因为 $\mathbb{R}^{\mathbb{R}}$ 的每个元素可重新理解为 $2^{\mathbb{R} \times \mathbb{R}}$ 的一个特定元素，即从 $\mathbb{R} \times \mathbb{R}$ 的一个（通常远非连续的）截面，$\mathbb{R} \times \mathbb{R}$ 的势为 $\mathbf{C}$。）然而，流形上的连续实（或复）函数（或张量场、联络）在数上仅为 $\mathbf{C}$，因为连续函数取决于它在具有有理坐标的点集上的值。由于具有有理坐标的点数正好是 $\aleph_0$，因此这些函数的数目为 $\mathbf{C}^{\aleph_0}$，但 $\mathbf{C}^{\aleph_0} = (2^{\aleph_0})^{\aleph_0} = 2^{\aleph_0 \times \aleph_0} = 2^{\aleph_0} = \mathbf{C}$。*[16.19] 在 §§6.4, 6，我们考虑了连续函数的某种推广，并导致所谓超函数（§9.7）的一般化。但这些函数的数目仍未超过 $\mathbf{C}$，因为它们是由全纯函数对（数目皆为 $\mathbf{C}$）来定义的。

在 §22.3，我们将看到，量子力学要用到具有无限维的所谓希尔伯特空间。然而，虽然这些特定的无限维空间与有限维空间有很大的不同，但其连续函数却并不比有限维空间情形下的多，因此我们再次得到总数为 $\mathbf{C}$。当我们考虑时空上杂乱的曲线空间（或杂乱的物理场构形）时，

*** 〔16.18〕看看您能否建立这个关系式。

* 〔16.19〕解释：对于集 A，B，C，为什么 $(A^B)^C$ 会等价于 $A^{B \times C}$？

最好的办法是将其与量子场论（我们将在 §26.6 讨论）的路径积分公式联系起来。但得到的似乎还是总数为 **C**，因为不管曲线有多乱，其结构中总有足够的连续性。

对物理上的空间而言，势的概念似乎不足以增进我们对大小概念的把握。几乎所有有意义的空间都有 **C** 个点。然而，这些空间在"大小"上却迥然不同，这里我们首先想到的"大小"就是矢量空间或流形 $\mathcal{M}$ 的维数。$\mathcal{M}$ 的维数可以是自然数（例如对于普通空间是 4，对于 §12.1 的相空间情形是 6×10^{19}），也可以是无穷大，如出现在量子力学里的（大多数）希尔伯特态空间情形。数学上说，最简单的无限维希尔伯特空间是无限和 $|z_1|^2 + |z_2|^2 + |z_3|^2 + \cdots$ 收敛的复数序列（z_1，z_2，z_3，$\cdots$）空间。对于无限维希尔伯特空间，最适于将其维视为 $\aleph_0$。（对于这一点有许多微妙之处值得说叨，但我们在这里还是打住为佳。）对 n 实数维空间，我们可以说它有"∞^n"个点（它表示这些连续的点组成一 n 维阵列）。对无限维情形，我们认为它有"∞^∞"个点。

我们也对定义在 $\mathcal{M}$ 上的不同场的空间感兴趣。这些场通常取光滑的，但有时它们过于一般（例如以分布形式出现），这也包括超函数理论的情形（见 §9.7）。它们可能（部分）从属于限制其自由度的微分方程。如果它们不受此限制，则可看作是"n 个变量的函数"。在每一点上，场可以有 k 个独立分量。于是我们说，场的自由度为 $\infty^{k\infty^n}$。这个概念可（局域上粗略地）理解为，[17] 该场是有 ∞^n 个点的空间到有 ∞^k 个点的空间的映射，这里我们利用了记法之间的关系

$$(\infty^k)^{\infty^n} = \infty^{k\infty^n}。$$

当对场加以适当偏微分方程限制时，则这些场完全取决于其初始数据（特别是在 §27.1 中），就是说，取决于某个较低维（譬如说 q 维）空间 S 所规定的辅助场数据。如果这些数据在 S 上可自由选取（这意味着它们基本上不受数据在 S 上所满足的微分方程或代数方程的限制），且如果数据是由 S 的每个点上的 r 个独立分量组成的，那么我们说场中的自由度是 $\infty^{r\infty^q}$。在许多情形下，要找出 r 和 q 不是件容易的事儿，但重要的是它们都是不变量，从而与场如何按另外的等价量来表示无关。[18] 这些问题对以后（见 §23.2，§§31.10-12，15-17）相当重要。

注　释

§16.2

16.1　见 Stephenson（1972），§7；Howie（1989），269~271 页；Hirschfeld（1998），98 页；魔盘等价于所谓完满差集。

16.2　目前显然还不知道是否存在（必须不是出自 $\mathbb{P}^2 (\mathbb{F}_q)$ 的）德萨格理论（或等价的帕普斯定理）不成立的魔盘——或者说，是否一定存在非德萨格（或等价的非帕普斯）有限射影平面。

16.3　八元数的物理作用毕竟年年都有人讨论（例如，见 Gürsey and Tze 1996；Dixon 1994；Mangogue and Dray 1999；Dray and Mangue 1999）；但要构造一个一般的"八元量子力学"（Addler 1995）尚存在基本困难，至于"四元量子力学"，情况要乐观些。曾有人建议将另一种所谓"p 进数"系当作有物理意义的备选者。这些 p 进数组成可用。演算法则计算的数系，它们可以像通常扩展了的十进位实数那样来表示，当然代表 0，1，2，3，$\cdots$，$p-1$（这里 p 是选定的素数）的数字除外，它们还可以是无限的，只是趋向无限的方式与十进位的方式正相反（这里我们不需要负号）。例如，

$$\cdots\cdots 24033200411.3104 ,$$

表示一个具体的 5 进数。加法和乘法法则与它们作为"普通的" p 进制算术完全相同（符号"10"表示素数 p，等等）。见 Mahler（1981）；Gouven（1993）；Brekkeand Frend（1993）；Vladimirov and Volovich（1989）；Pifkäenen（1995）以及 p 进数在物理学领域的应用。

§16.3

16.4　现代数学词汇称它为集的同构。还有其他如"自同态"、"满态射"和"单态射"（或就叫"态射"）
　　　等，数学家们倾向于在一般意义上用它们来刻画一个集或结构到另一个集或结构的映射。我则倾向于在本书避免这种词汇，因为我认为我们没必要也不值得花那么大功夫去熟悉它。

16.5　对这种性质更早的研究见 Moore（1990），第三章。

16.6　回想一下注释 15.5，我打算采用一种古怪的记法，在这种记法下，$\mathbb{N}-0$ 表示非零自然数集。有点搞笑的是，如果我们打算采纳貌似"更正确的" $\mathbb{N}-\{0\}$，同时又采纳 §3.4 里的 $\{0\}=1$，那么在考虑集合时，就会遇到更混乱的 $\mathbb{N}-1$。

16.7　见 Wagon（1985）；一般评述见 Runde（2002）。

§16.5

16.8　类似评述用于康托尔的一般连续统假设：$2^{\aleph_\alpha}=\aleph_{\alpha+1}$（这里 α 是"序数"，我这里没有讨论其定义），这些评述也可用于选择公理。

16.9　见 Russell（1903），362 页，第二项脚注 [1937 年版]。

16.10　见 Van Heijenoort（1967），114 页。

16.11　关于这些问题的新的处理方法见 Woodin（2001）。有关数学基础的一般性参考文献，见 Abian（1965）和 Wilder（1965）。

§16.6

16.12　图灵的先驱主要有：Alonzo Church，Haskell B. Curry，Stephen Kleene，Kurt Gödel 和 Emil Post，见 Gandy（1988）。

16.13　对图灵机的细节描述，见 Penrose（1989），第二章；例子，Davis（1978），原始参考文献：Turing（1937）。

16.14　见 Singh（1997）；Wiles（1995）。

§16.7

16.15　见 Penrose（1989，1994d，1997c）。

16.16　见 Komar（1964）；Geroch and Hartle（1986），§34.7。

16.17　这种有用的记法应归功于 John A. Wheeler，见 Wheeler（1960），67 页。

16.18　见 Cartan（1945），特别是 75～76 页上的 §§68，69（原版）。要注意的是，保证 $\infty^{r^\infty q}$ 里的 r 被正确计入。两个系统可以是等价的，但毕竟乍一看 r 值不相同。而 q 值的确定则非常清楚。对这些问题的严格的现代处理已使问题变得更明了了；它是根据节丛理论（见 Bryant *et al.* 1991）给出的。可以提一下，存在一种惠勒记法的精致化（见 Penrose 2003），例如 $\infty^{2\infty^2+3\infty^1+5}$ 表示"这个场依赖于 2 个二变量函数，3 个单变量函数，和 5 个常数"。这启发我们考虑形如 $\infty^{p(\infty)}$ 的表达式，这里 p 是非负整系数多项式。

第十七章

时　空

17.1　亚里士多德物理学的时空

383　　　本书从现在起，我们的注意力将从前几章的主要以数学为主的思考，转向通过理论和观察而获得的物理世界的实际面貌。让我们从理解物理世界里所有现象赖以存在的竞技场——时空——开始。我们将发现，这个概念在本书余下的大部分内容里扮演着至关重要的角色。

首先我们要问的是，为什么说"时空（spacetime）"[1]（而不说空间和时间）？将空间和时间分开来考虑，而不是把这两个看起来明显不同的概念结合成一个概念来考虑，有什么不对？尽管对时空这个问题大家似有同感，尽管爱因斯坦在他的广义相对论框架下将这一概念运用得相当纯熟，但时空概念却不是爱因斯坦的原创。而且在他第一次听到这个概念时，他似乎也并不热衷于此。此外，如果我们以事后诸葛亮的聪明回顾一下伽利略和牛顿的更为古老的相对性观点，我们发现，原则上说，他们同样能够因时空的观点大受裨益。

为了领悟这一点，让我们回到更远的历史，去看看在亚里士多德和他的同时代人的动力学框架下哪一种时空结构是恰当的。在亚里士多德物理学里，存在着欧几里得三维空间 $\mathbb{E}^3$，用来表示物理空间，空间里的点在时间上保持着自身的同一性。这是因为在亚里士多德的框架下，相对于各种动态而言，静态才是动力学上的优先态。在某一时刻一旦取定某个特定的空间点，则在下一时刻这个空间点仍是原来的那个点，只要处于该点上的粒子在这前后两个时刻之间保持静止。实在的这种图像就好比影剧院里的银幕，不论多么激烈的画面投射上去，银幕上的特定点始终保持着自身的同一性，见图 17.1。

384　　　时间也可以表示为一种欧几里得空间，只是相当平凡，仅是一维空间 $\mathbb{E}^1$。因此，我们可以把时间，还有物理空间，看作是一种"欧几里得几何"，而不仅仅是一种实值线 $\mathbb{R}$ 的拷贝。这是因为 $\mathbb{R}$ 有一个优先元 0，它可以表示为时间上的"零"，但从亚里士多德动力学观点上说，却不存在优先的原点。（在这一点上，我一直持所谓"亚里士多德动力学"或"亚里士多德物理学"

的理想化观点，我不采纳那种所谓亚里士多德实际是怎么想的观点！)[2] 如果存在优先的"时间上的原点"，那么可以想见，在原点之后的时间里，动力学规律将发生变化。而如果不存在这样一种优先的原点，那么这些规律就将在时间上保持同一性，因为它们不取决于时间。

图 17.1 物理运动是否就像我们从剧院银幕上所感知的那样？银幕上的特定点（图中画"×"的那个点），不论投射上去的是什么运动画面，始终保持着自身的同一性。

同样，我不认为存在优先的空间原点，空间在所有方向上无限延伸，使动力学规律处处起着完全相同的作用。（这同样与亚里士多德实际是怎么想的无关！）不论在一维还是三维的欧几里得几何中，都存在距离概念。在三维空间情形，这就是普通的欧几里得距离（可用譬如米或英尺来量度）；而在一维情形，就是普通的时间间隔（用譬如秒来量度）。

在亚里士多德物理学——和此后的伽利略和牛顿动力学框架下——存在一种绝对的时间上的同时性概念。因此按这种动力学理论，此时此刻，当我坐在我在牛津的家里的办公桌前敲这一行字时，仙女座同时发生了某件事（譬如一次超新星爆发），这二者间的"同时性"具有绝对意义。如果还用我们的电影银幕来比喻，则我们要问的是，这两个投影影像在银幕的相距遥远的两个位置上是同时放映的吗？这里答案很清楚，当且仅当它们出现在同一幅电影画面上时，两事件才是同时发生的。因此，我们不仅对（不同时刻的）两个事件是否发生于银幕的同一空间位置有明确的概念，而且对（不同空间位置的）两个事件是否发生于同一时刻也有明确的概念。此外，如果两事件的空间位置不同，那么不论它们是否同时发生，我们都有明确的二者间的距离概念（即在银幕上测得的距离）；同样，如果两事件发生的时间不同，那么不论它们是否发生于同一位置，我们都有明确的二者间的时间间隔概念。

所有这些告诉我们，在亚里士多德框架下，将时空看作是简单的积

$$\mathcal{A} = \mathbb{E}^1 \times \mathbb{E}^3$$

是合适的，我们称这个时空为亚里士多德时空。这是简单的偶 $(t, \mathbf{x})$ 空间，其中"时间"t 是 $\mathbb{E}^1$ 的元素，"空间点"$\mathbf{x}$ 是 $\mathbb{E}^3$ 的元素（见图 17.2）。对于两个不同的 $\mathbb{E}^1 \times \mathbb{E}^3$ 点，譬如说 $(t, \mathbf{x})$ 和 $(t', \mathbf{x}')$ ——即两不同的事件——我们有明确的二者间空间间隔的概念（即 $\mathbb{E}^3$ 的点 $\mathbf{x}$ 与 $\mathbf{x}'$ 之间的距离），也有明确的二者间的时间差概念（即在 $\mathbb{E}^1$ 中测得的 t 与 t' 之间的间隔）。特别是，我们知道两个事件是否发生于同一地点（空间位移为零），也知道它们是否发生于同一时刻（时间差为零）。

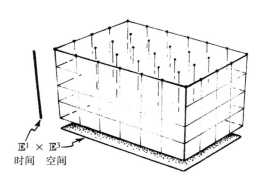

$\mathbb{E}^1 \times \mathbb{E}^3$
时间 空间

图 17.2 亚里士多德时空 $\mathcal{A} = \mathbb{E}^1 \times \mathbb{E}^3$ 是偶 $(t, \mathbf{x})$ 空间，其中 t（"时间"）在一维欧几里得空间 $\mathbb{E}^1$ 上取值，$\mathbf{x}$（"空间点"）在 $\mathbb{E}^3$ 上取值。

17.2 伽利略原理下的时空相对性

现在我们来看看，对于伽利略于 1638 年引入的动力学框架来说，什么样的时空概念是适当的。但愿我们能把伽利略相对性原理结合进时空图像里。我们来看看这条原理是怎么叙述的。最好的方法就是援引伽利略本人的叙述（我这里只给出斯蒂尔曼·德雷克）[3] 的译文节选，我强烈建议懂原文的读者去查看一下这段引文的全部）：

> 将你自己、一位朋友和几只苍蝇、蝴蝶或其他会飞的小动物一并关在一艘大船的甲板下的船舱内……天花板上吊一只瓶子，使瓶内液滴逐滴滴入正下方的容器内……让船以任意速度匀速地行驶并保证没有任何速度快慢上的波动……尽管液滴在空中下落的过程中船已向前行驶了一段距离，但液滴还是落入下方的容器内，丝毫不偏向船尾……蝴蝶和苍蝇仍是无拘无束地飞向各个地方，看不出任何因疲劳跟不上船的行驶而向船尾集中的迹象……

这里伽利略告诉我们的是，在任何匀速运动的参照系下，动力学规律都精确地一致。（这是他笃信哥白尼学说的基本信条，这个学说认为，与早先亚里士多德理论的地球必须保持静态的认识相反，地球始终处于运动中，不论我们是否注意这一点。）没什么东西可以将静态下的物理与匀速运动状态下的物理区分开来。由此我们知道，说一个特定空间点在以后的时间里还是不是选定的空间同一点，这在动力学上毫无意义。换句话说，在这里用银幕类比并不恰当！不存在时间演化中保持不变的背景空间——"银幕"。为了更有力地说明这个问题，我们来考虑地球的转动。按这种运动，地表上（譬如说，在牛津所在位置的纬度上）某一固定点每分钟约移动 10 英里。相应地，我们刚刚选定的点 p 现在将被移至邻近的威特尼镇的附近或更远。但且慢！我这里还没将地球的绕日运动考虑进去。如果考虑这种运动，那么我们发现 p 点会远出去一百多倍距离，而且是在相反方向（因为在午后，地表上该点的运动方向与地球公转方向相反），同时地球离开 p 点是如此遥远以至 p 点已移出地球的大气层！但是我是否还应该考虑太阳绕银河系中心的运动？或考虑所谓银河系本身在本星系群内的"自行"？或考虑本星系群关于室女星团中心的运动（前者只是后者中的一小部分），还有室女星团相对于巨大的后发超级星系团的运动，甚至后发星系团向"巨引力源"的移动？

显然，我们应当认真对待伽利略理论。所谓空间一特定点过了一分钟后还是我们所选定的同一个空间点这种概念没有任何意义。在伽利略动力学里，我们有的不只是一个（像物理世界的活动得以在其中随时间展开的一种场所那样的）三维欧几里得空间 $\mathbb{E}^3$，而是在每个时刻有一个不同的 $\mathbb{E}^3$，这些不同的 $\mathbb{E}^3$ 之间没有自然的同一性。

或许你会感到惊奇，这种特有的物理空间概念似乎就像是此刻一过即刻蒸发，而下一时刻一到又以完全不同的方式重新再现！对此第 15 章的数学倒是可以帮上忙，因为那种情形正是我们现在研究的这种状况。伽利略时空 $\mathcal{G}$ 不是积空间 $\mathbb{E}^1 \times \mathbb{E}^3$，而是以 $\mathbb{E}^1$ 为底空间、$\mathbb{E}^3$ 为纤维的纤维丛！[4] 在纤维丛内，纤维与纤维之间不存在逐点同一，而是相互间协调共同组成一个连通的整体。每个时空事件被自然地赋予一个时间作为一个明确的"时钟空间" $\mathbb{E}^1$ 的一个特定元素，但不存在一种明确的可以在其中自然地赋予一个空间位置的"位置空间" $\mathbb{E}^3$。用 §15.2 的丛语言来表达，就是这种对时间的自然赋值是由 $\mathcal{G}$ 到 $\mathbb{E}^1$ 的规范投影来取得的（见图 17.3；并与图 17.2 比较）。

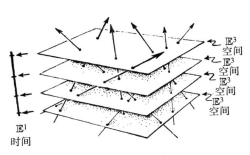

图 17.3 伽利略时空 $\mathcal{G}$ 是由底空间 $\mathbb{E}^1$ 和纤维 $\mathbb{E}^3$ 组成的纤维丛，因此不同的 $\mathbb{E}^3$ 纤维之间不存在逐点同一（无绝对空间），而每个时空事件通过规范投影被自然地赋予一个时间（绝对时间）。（比较图 15.2，但这里到底空间的规范投影是在水平面上描述的。）粒子的历史（世界线）是丛截面（比较图 15.6a），粒子的惯性运动被视为 $\mathcal{G}$ 的结构的具体化，即"直的"世界线。

17.3 时空的牛顿动力学

时空的这种"丛"图像非常有效，但我们怎样来表述这种时空的伽利略－牛顿动力学呢？毫不奇怪，在牛顿开始系统表述他的动力学定律时，发现他必须对所偏爱的"绝对空间"概念做出描述。事实上，至少在起初，牛顿更多的是像伽利略本人一样是个伽利略相对论者。这一点可以从他最初对运动定律的表述上看得很清楚。他明白地把伽利略相对性原理阐述为基本定律（这一原理认为，物理作用与作匀速运动的参照系之间的变换无关，时间概念如同它在上述伽利略时空 $\mathcal{G}$ 的图像里一样是绝对的）。

牛顿最初给出的是 5（或 6）条定律，其中定律四就是伽利略原理，[5] 但后来在他出版《自然哲学的数学原理》一书时，他将这些定律简化为我们今天所熟知的"牛顿三定律"，因为他认为这三条定律已足以导出所有其他定律。为使理论结构精确化，他需要采用"绝对空间"来描述运动。如果当时牛顿有"纤维丛"的概念（姑妄言之），那么他很可能会以"伽利略不变量"方式用之于表述定律。但没有这样一种概念，我们很难想象牛顿除了引入某种"绝对空间"概念之外，还能如何阐述其理论。

我们应当为"伽利略时空" $\mathcal{G}$ 安排怎样一种结构呢？如果是带丛联络（§15.7）的纤维丛那也未免太强了。**〔17.1〕其实我们要做的是给出一种相应于牛顿第一定律的东西。这条定律认为，如果没有力作用其上的话，粒子的运动必保持匀速和直线运动状态。此即所谓惯性定律。从时空角度看，粒子是否在做惯性运动（即"历史"）可由称之为粒子的世界线的曲线来表示。实际上，在伽利略时空里，世界线必然是伽利略丛的截面（见§15.3。*〔17.2〕和图17.3）。（惯性运动）按通常的空间概念理解，"保持匀速和直线运动状态"概念就是指时空上的简单"直线"。因此，伽利略丛 $\mathcal{G}$ 必然具有一种可描述世界线的"直线性"的结构。或者说，我们可断定 $\mathcal{G}$ 是这样一种仿射空间（§14.1），其中的仿射结构在限定到单个的 $\mathbb{E}^3$ 纤维时等同于每个 $\mathbb{E}^3$ 的欧几里得仿射结构。另一种办法是直接指定自然归属于 $\mathbb{E}^1 \times \mathbb{E}^3$（"亚里士多德"匀速运动）的 ∞^6 直线族，并用作为伽利略丛的"直线"结构，同时"忘掉"其实际的亚里士多德时空 $\mathcal{A}$ 的积结构。（回忆一下，∞^6 意味着六维族，见§16.7。）此外还有一种办法是认定伽利略时空是一种流形，它具有零曲率和零挠率的联络（当看成是 $\mathbb{E}^1$ 上的丛时，这与具有丛联络完全不同）。**〔17.3〕

事实上，这第三种观点是最令人满意的，因为它允许我们将（在§§17.5，9里描述的那种与爱因斯坦引力理论一致的）引力概念一般化。有了定义在 $\mathcal{G}$ 上的联络，也就有了测地线（§14.5）的概念。这些测地线（那些在单个 $\mathbb{E}^3$ 上的简单直线除外）定义了牛顿的惯性运动。我们还可以考虑那些不是测地线的世界线。在通常的空间概念下，这些世界线表示的是粒子的加速运动。从时空上看，这个加速度的大小可用世界线的曲率来量度。***〔17.4〕按照牛顿第二定律，这个加速度等于粒子受到的总的力除以其质量。（即牛顿的 $f = ma$，写成 $a = f \div m$ 形式，这里 a 是粒子的加速度，f 是作用到粒子上的总的力。）因此，对给定质量的粒子，世界线的曲率提供了一种对作用在粒子上的总的力的量度。

在标准牛顿力学里，作用到一个粒子上的总的力是来自所有其他粒子贡献的（矢量）和（图17.4(a)）。在任一特定的 $\mathbb{E}^3$ 下（即任一时刻），一个粒子受到的源自另一个粒子的力作用在沿连接二者的连线方向上（处于该特定的 $\mathbb{E}^3$ 内）。就是说，这种作用是同时作用在这两个粒子上（见图17.4(b)）。牛顿第三定律断言，这两个粒子中每个粒子受到的力，正如作用到对方时那样，总是大

** 〔17.1〕为什么？

* 〔17.2〕给出这么做的理由。

** 〔17.3〕更充分地解释这三种方法，说明为什么它们都能给出同样的结构。

*** 〔17.4〕试根据联络 ∇ 写出这种曲率的表达式。（如果有的话）切矢量的归一化条件是什么？

小相等,方向相反。另外,对每一种不同性质的力,有一个力定律,它告诉我们粒子间的空间距离与力的大小之间应有什么样的函数关系,每一种粒子应配以什么样的参数,并描述力的作用范围。 具体到引力,这个函数取距离平方反比关系,而且在所有尺度上都是一个确定常数,即牛顿引力常数 G,再乘以两粒子的质量积。用符号表示,就是著名的牛顿引力公式,即

$$\frac{GmM}{r^2}$$

这里 m, M 分别是两粒子质量,r 是二者间距离。

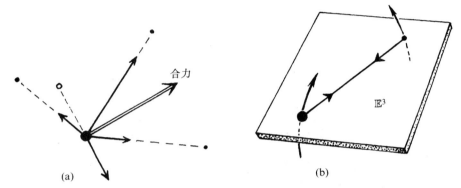

图 17.4 (a) 牛顿力:在任意时刻,作用在一个粒子上的总的力(粗箭头)是所有其他粒子贡献(引力和斥力)的矢量和。(b) 两粒子的世界线和它们之间的"瞬时"作用的力,在特定的 $\mathbb{E}^3$ 的任一时刻,这种力总是在两粒子的连线方向上。牛顿第三定律断言,一个粒子施加给另一个粒子的力与后者施于前者的力,大小相等但方向相反。

这真是绝了,仅仅从这些简单的量上我们就可以得到一个力量非凡的普适的理论,它能够以很高的精度来描述宏观物体的行为(在绝大多数情形下,对微观粒子也适用),只要它们的速度远小于光速。在引力情形,鉴于对太阳系行星运动的细致观察,理论和观察之间的一致性特别明了。现已发现,牛顿理论在 10^{-7} 的精度上仍是正确的,这是非常了不起的成就,要知道牛顿当时可利用的数据精度可只有现在的万分之一(即 10^3 分之一)。

17.4 等效原理

尽管具有非凡的精度,尽管牛顿的伟大理论在近两个半世纪来几乎未遇到挑战,但我们现在知道,这个理论并不是绝对准确的;此外,为了改进牛顿理论,我们需要用爱因斯坦的更深刻的关于引力性质的非常革命性的观点。然而,就任何观察结果而言,这一特定的观点本身并未完全改变牛顿理论。只是当涉及接近光速的情形和狭义相对论概念(我们将在 §§17.6,8 里予以考虑)时,我们才会注意到爱因斯坦的观点带来的变化。引力理论与狭义相对论的完满结合产生了爱因斯坦的广义相对论,我们将在 §17.9 予以定性说明,并在 §§19.6 – 8 里给予更细致的

讨论。

那么，爱因斯坦更深刻的观点是什么？这就是对等效原理这一基本重要性的认识。什么是等效原理呢？我们得（再次）回到伟大的伽利略那儿（16 世纪末——虽然在他之前已有先驱，如 1586 年的西蒙·斯蒂文以及更早以前的像公元 5 或 6 世纪的约安尼斯·菲利普诺斯（Ioannes Philiponos））去才能说清楚这个根本性的概念。回顾一下（据称是）伽利略的比萨斜塔实验（从比萨斜塔顶端同时落下一大一小两块石头，见图 17.5(a)）。伽利略卓越地洞察到二者将以同样的速度下落，如果不计空气阻力的话。不论他是否真的从塔上落下过石块，但他的确做过其他确认其结论的实验。

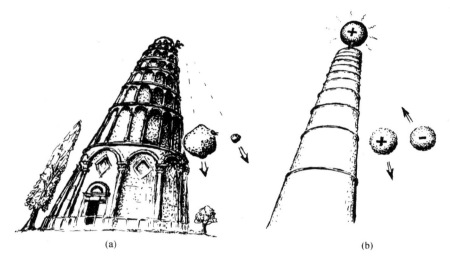

(a)　　　　　　　　　　　　(b)

图 17.5　（a）（据称是）伽利略的比萨斜塔实验。一大一小两块石头从比萨斜塔顶端落下。伽利略洞察到，如果不计空气阻力的话，二者将以同样的速度下落。（b）（具有相同质量的）带异号电荷的木髓球在指向地面的电场作用下，一个可能向"下"落，另一个则可能向上升。

现在要确定的第一点是，这是一种特定的引力场性质，而不是任何其他的力使然。伽利略的洞察所赖的这种引力性质取决于这样一个事实：由某种引力场施加在物体上的引力强度正比于该物体的质量，而运动的阻力（出现在牛顿第二定律里的量 m）也是质量。我们有必要区分这两种质量概念，为此将前一种称为引力质量，后一种称为惯性质量。（我们也可以选择保守质量和主动质量这样一种区分。所谓保守质量是指在我们考虑 m 微粒受到 M 微粒的引力作用时牛顿平方反比律 GmM/r^2 里的 m，而在考虑 m 微粒施加到 M 微粒的引力作用时，质量 m 则扮演着主动的角色。但牛顿第三定律判定，这两种质量是相等的，因此我这里不再区分这二者。[6]）因此，伽利略的洞察有赖于引力质量和惯性质量的相等（或更准确地说，呈正比性）。

从牛顿整个动力学框架的视角来看，这两种质量的同一真是自然的万幸。如果场不是引力性质的，而是譬如说电场性质的，那么结果就会完全不同。与保守的引力质量对应的电性质是电荷，而惯性质量（即加速度的阻力性质）则仍与引力情形相同（即仍是牛顿第二定律 $f = ma$ 里的 m）。如果伽利略比萨斜塔实验里的两块石头代换为具有相等的小质量但带异号电荷的木髓球[1]，在指向地面的背景电场作用下，一个球可能朝"下"落，而另一个球则上升———种完全反向的加速运动！（见图 17.5（b）。）所以会出现这种情形，是因为物体携带的电荷与惯性质量无关，甚至带的电荷符号亦可以不同。伽利略的见识不能用于电场，它只对引力这一特定情形有效。

为什么这种引力特性会称为"等价原理"呢？原来这里"等价"指的是均匀引力场等价于一种加速度。这种效应与人在空中旅行时的感觉非常相似。当飞机在加速运动时，机舱里的人可能会有一种完全错误的"下"的感觉（这里只是掉了个方向）。机舱里的人不可能仅仅通过"感觉"来区分加速效应和地球引力场效应，这两种效应能够通过两个不同方向上的叠加来使你感到"应当是"在下的情形，而其实却是处在与实际的下的方向完全不同的状态下（你或许会对窗外所见感到惊奇）。

为了说明为什么这种加速度与引力效应之间的等价性正是上面描述的伽利略的洞察力所在，393 我们再来考察他的落体运动。想象一只昆虫叮在其中的一块石头上正看着另一块。对这只昆虫来说，另一块石头看起来只是飘浮在空中而没有运动，就像完全没有引力场一样（见图 17.6（a））。在与石头一起的下落过程中，昆虫共享的加速度摒除了引力场，就好像引力根本不存在——直到石头和昆虫都落了地，这场"失重"经历[7] 才戛然而止。

我们都知道宇航员也有"失重"经历——但他们是处于绕地球的轨道上（图 17.6（b））（或正处于飞机开始俯冲的时刻）从而避免了昆虫难堪的突然结局。他们都像昆虫一样处于自由落体状态，只不过取道一种更明智的途径。引力可以（依据等效原理）通过加速来取代的事实是（保守的）引力质量等同于（或正比于）惯性质量的直接结果，它正是伽利略伟大洞察力的一个事实。

如果我们要认真对待这条等价原理，我们就必须采取一种不同于§17.3 里对待"惯性运动"所采取的观点。以前，惯性运动是作为粒子处于零合外力作用下的一种状态出现的。但这对于引 394 力有困难。由于等效原理，故不存在局域的分辨是否有引力作用或"感到的"引力是否是加速效应的方法。此外，正如伽利略石头上的昆虫或轨道上的宇航员感知的，引力可以被简单的自由落体所摒除，并且由于我们能够依此来去除引力，因此我们必须对此采取不同的观点。这就是爱因斯坦意义深远的新观点：将惯性运动视为这样一种质点运动：当质点上总的非引力性的力为零时，它们必定在引力场内做自由落体运动（因此有效的引力也减为零）。这样，昆虫的下落轨迹和宇航员的地球轨道运动必然都可视为是惯性运动。另一方面，在爱因斯坦框架下，站在地面上的某个人不经历惯性运动，因为静立于引力场里不是一种自由落体运动状态。而对牛顿来说，这一直被看作是惯性，因为在牛顿框架下"静态"总是当作"惯性"来看待的。作用于这个人

---

〔1〕 一种用木芯海绵体搓成的小球，很轻，常用作验电体。——译者

(a)   (b)

图 17.6   (a) 在图 17.5(a) 中的叮在一块石头上的昆虫看来，另一块石头只是飘浮在空中而没有运动，就像不存在引力场一样。(b) 类似地，自由轨道上的宇航员也有失重经历，其空间形态也像是飘浮，没有运动，尽管显然存在着地球。

上的引力由向上的地面支撑力来补偿，但按爱因斯坦的要求，它们各自都不为零。另一方面，在牛顿看来，昆虫或宇航员的惯性运动则都不是惯性的。

17.5   嘉当的 "牛顿时空"

我们如何将爱因斯坦的"惯性"运动概念综合进时空结构里？作为迈向完全的爱因斯坦理论的一步，考虑按爱因斯坦的观点来重构牛顿引力理论无疑是有帮助的。正如 §17.4 开头提到的，这并不真正代表牛顿理论的变化，而仅仅是给出一种不同的描述。这么做只当是我再一次擅改历史，因为提出这种重新表述的是杰出的几何学家和代数学家嘉当——我们在第 13 章（也可回顾一下 §12.5）记述过他在连续群理论方面的重要影响——时间差不多是在爱因斯坦提出他的革命性观点之后的六年里。

概略地说，在嘉当理论里，正是爱因斯坦的而非牛顿意义上的惯性运动提供了"直的"时空世界线。否则这种几何就像 §17.2 里的伽利略几何了。我把这种几何称为牛顿时空 $\mathcal{N}$，牛顿引力场可以完全编译进这种结构里。（我大概应称之为"嘉当时空"，但这是个别扭的词。毕竟亚里士多德不知道积空间，伽利略也不懂纤维丛！）

如同前述的伽利略时空 $\mathcal{G}$ 一样，时空 $\mathcal{N}$ 是由底空间 $\mathbb{E}^1$ 和纤维 $\mathbb{E}^3$ 构成的丛。但现在 $\mathcal{N}$ 上有不同于 $\mathcal{G}$ 上的某种结构，这是因为这种代表惯性的"直的"世界线族是不同的（见图 17.7(a)），至少在除了引力可被自由落体的整个参照系摒除的情形之外的所有情形里是如此。这种例外的情形可能是整个空间呈完全均匀（各点的大小和方向均相同），但可随时间变化的牛顿引力场。对这种引力场里的自由落体观察者来说，可能根本感觉不到场的存在！**[17.5] 在这样一种

**[17.5] 对给定的空间均匀但幅度和方向随时间变化牛顿引力场 $\mathbf{F}(t)$，给出 $\mathbf{x}$ 作为 t 的函数的显变换式。

情形里，$\mathcal{N}$ 的结构等同于 $\mathcal{G}$ 的结构（图 17.7b，c）。但大多数引力场与无引力场情形"本质上不同"。你能看出为什么吗？我们能否认识到在什么条件下 $\mathcal{N}$ 的结构才不同于 $\mathcal{G}$ 的结构？现在我们就来讨论这个问题。

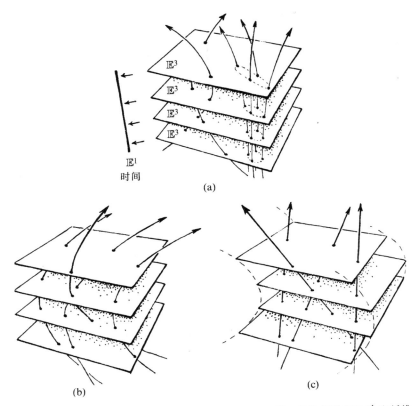

图 17.7 （a）牛顿 – 嘉当时空 $\mathcal{N}$，与伽利略时空 $\mathcal{G}$ 一样，是具有底空间 $\mathbb{E}^1$ 和纤维 $\mathbb{E}^3$ 的丛。其结构取决于引力作用下自由落体（爱因斯坦意义上的惯性）运动的类型。（b）全空间均匀的牛顿引力场特例。（c）其结构完全等同于 $\mathcal{G}$ 的情形，这一点可以通过水平"滑移"纤维 $\mathbb{E}^3$ 使所有自由落体的世界线都取直为止看出来。

这里的关键是流形 $\mathcal{N}$ 像特定情形 $\mathcal{G}$ 一样有一个联络。这个联络 ∇（见 §14.4）的测地线是"直的"世界线，它代表着爱因斯坦意义上的惯性运动。这个联络是无挠的（§14.4），但一般来说有曲率（§14.4）。正是曲率的出现使得一种引力场"本质上不同于"无引力场情形，这一点与仅考虑均匀空间的场不同。我们来看看这种曲率的物理意义。

想象宇航员阿尔伯特（我们称他为"A"）正在地球大气层外不远的空间里作落向地面的自由落体运动，速度是多大无关紧要，我们关心的只是他（和邻近质点）的加速度。A 在轨道上是安全的，不必落向地面。想象 A 处于一个质点球内，开始时周围质点相对于 A 静止。现在，按一般的牛顿力学理解，球内的不同质点都在向着地球球心 E 做加速运动，但因为各自面对 E 的方向略有不同，与 E 的距离也各不相同，因此各质点的加速度方向和大小各不相同。我们关心的是各质点相对于 A 的相对加速度，因为我们感兴趣的是一个惯性观察者——在此情形下就是 A——能从周围的惯性质点上观察到什么变化。整个情形如图 17.8(a)。与 A 呈水平偏离的质点在向 E 加速时其相对于 A 的加速度指向球内（因为它到地心的距离有限），而与 A 呈垂直偏离的质点的相对于 A 的加速度则指向球外（因为引力随距 E 的距离增加而减小）。这样，质点球将畸变成一个旋转椭球面（一种扁长的椭球面），它的主轴（对称轴）在 AE 连线的方向上。此外，最初球是畸变成一个与球等体积的椭球。***[17.6] 这是牛顿引力的平方反比律的特征表现，当我们切入爱因斯坦的广义相对论时就会体会到这一事实的意义。应当指出，这种保体积效应只在开始时（粒子相对于 A 呈静止时）成立；尽管如此，在 A 处于真空区域时，这个效应毕竟是牛顿引力场的一个普遍特征。（另一方面，椭球的旋转对称性只是这里特定的几何对称性的一种巧合。）

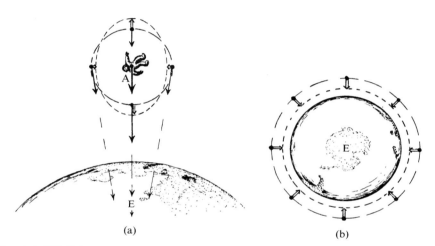

(a)   (b)

图 17.8　(a) 潮汐效应。宇航员 A（Albert）处于粒子球内，开始时周围粒子相对于 A 静止。按牛顿理论，他们都有一个指向着地心 E 的加速度（细箭头），只是方向和大小略有差别。用各质点的加速度减去 A 的加速度，我们得到各质点相对于 A 的相对加速度（粗箭头）。对于与 A 呈水平偏离的质点来说，其相对于 A 的加速度指向球内，而与 A 呈垂直偏离的质点的相对加速度则指向球外。这样，质点球将畸变成一个（扁长的）旋转椭球面，其对称轴沿 AE 方向。初始畸变保体积。(b) 现在将 A 置换为地心 E，粒子球处于地球大气层的外层，则球面各处的相对加速度（相对于 A = E）都指向内，初始体积收缩的加速度为 $4\pi GM$，这里 M 是包围的总质量。

现在，我们如何依据时空 $\mathcal{N}$ 的图像来考虑这一切呢？在图 17.9(a)，我试着说明了从 A 和周围粒子的世界线的角度看这种情形会是怎样的。（不用说，我得去掉一个空间维，因为很难描述真正的四维几何！幸好两个空间维已足以说清楚基本概念。）注意，因为与 A 的测地世界线相邻的测地线存在测地偏差，因此质点球（这里描述成质点圆）出现畸变。在 §14.5 里，我说明过为什么这种测地偏差实际上是对联络 ∇ 的曲率 $\boldsymbol{R}$ 的一种测度。

***〔17.6〕利用 $O(\ )$ 符号推导这些性质，其中无穷小应当保留到哪一级？

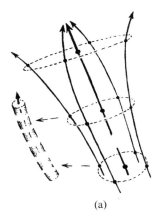

(a)   (b)

图 17.9 依据相邻测地线的相对畸变给出的图 17.8 的（图 17.7 的牛顿 – 嘉当的 $\mathcal{N}$）的时空图像。（a）从 A 和周围质点（压缩了一个空间维）的世界线上看到的虚空空间里的测地线偏差（大体是 §19.7 里的外尔曲线），如同从附近物体 E 的引力场导出的情形一样。（b）由于测地线丛内的质量密度引起的相应向心加速度（基于里奇曲率）。

在牛顿物理学里，上述畸变效应被描述成所谓引力的潮汐效应。如果交换一下 E 与 A 的位置，将 A 视为地心，而 E 视为月亮（或太阳），这个概念就很容易理解。我们把粒子球看作是地球上的洋面，于是我们看到，由于月亮（或太阳）的非均匀引力场，洋面必然会出现畸变。**[17.7] 这种畸变就是海洋的潮汐现象，因此"潮汐效应"用来直接说明时空曲率的确是合适的。

实际上，在这种情况下，对单个质点而言，月亮（或太阳）对地球表面的质点的相对加速作用只是对这些粒子受到的主要引力作用（即地球本身的引力作用）的一项小修正。当然，这种主效应是向心的，即指向地心的方向（就是这里的 A 点，见图 17.8(b)）。如果现在我们把质点球当作地球大气层的外围（这样我们可忽略空气阻力），那么球内所质点都作向心的自由落体运动（爱因斯坦意义上的惯性运动），而不是整个球面畸变到与初态体积相等的椭球面，因此这里有一种体积收缩效应。一般来说，这两种效应都存在。在虚空空间，只有畸变没有初始体积的收缩；而当球面充满物质时，则存在着与所包围的物质总质量成正比的初始体积收缩。设这个质量为 M，则体积收缩的初始"速率"（可看作是对向心加速度的一种量度）为

$$4\pi GM$$

这里 G 是牛顿引力常数。**[17.8]，***[17.9]

正如嘉当所说，我们可以按照联络 ∇ 的数学条件完全重构牛顿引力理论。这些条件是一些

** [17.7] 证明：这种潮汐畸变正比于 mr^{-3}，这里 m 是引力体（看成是质点）的质量，r 是距离。从地球上看，太阳和月亮像是具有差不多相等的角大小的圆盘，但月亮引起的地球洋面的潮汐畸变差不多是太阳的五倍。由此我们可以知道它们的相对密度之间有什么关系？

** [17.8] 假定所有质量都集中在球心，给出这一结果。

*** [17.9] 证明：不论稳态质点周围的壳层有多大，取什么形状，质量分布如何,这个结果大体上总是对的。

关于曲率 R 的基本方程，它们提供了一种对上述讨论所必需的数学表示，并将物质密度 ρ（单位体积质量）与 R 的"体积收缩"项联系起来。这里我就不给出嘉当的具体细节描述了，因为这对我们后面要讨论的完整的爱因斯坦理论（某种意义上说还更为简单）不是必需的。但是，这里重要的是概念本身，它不仅引导我们逐渐进入爱因斯坦理论，而且在后面第 30 章（§30.11）讨论量子引力难题及其可能的解时也有一定作用。

17.6 确定不变的有限光速

400
上述讨论中，我们考虑的是爱因斯坦广义相对论的两个基本面，即相对性原理和等效原理。前者告诉我们物理定律无法区分静态和匀速运动，后者则告诉我们要囊括引力场我们该对这些概念作怎样的调整。现在我们得转到爱因斯坦理论的第三个基本要点上来，这就是有限光速的概念。真不可思议，爱因斯坦理论的所有三个基本要点居然都可追溯到伽利略那里！伽利略可能是清楚表述光速有限思想的第一人，为此他实际测量过光速。其所用的方法是观察相距遥远的山顶上提灯闪光的同时性，现在我们知道，这种方法是过于粗略简单了。但在 1667 年，他根本无法预见光的实际传播速度是如此之快。

似乎伽利略和牛顿[8]在光的本性与将物质凝聚在一起的力之间可能存在深刻联系这一点上都存有深深的疑虑。这些远见卓识的真正实现要等到 20 世纪了，此时人们对化学力和将各个原子聚合起来的各种力的本性已有了真正的了解。现在我们知道，这些力本质上说都是基本的电磁作用（要考虑带电粒子间的电磁场），而电磁场理论也就是光的理论。要理解原子和化学，就需要搞懂更为基本的量子力学要点。但描述电磁场和光的基本方程则早在 1865 年就由苏格兰物理学家麦克斯韦（James clark Maxwell，1831～1879）给出了，这得归功于 30 年前法拉第（Michael Faraday，1791～1867）的影响深远的实验发现对他的启发。我们稍后再来讨论麦克斯韦理论（§19.2），当务之急是要搞清楚光速有一个确定不变的有限值，通常我们用 c 来表示，在实用单位制里其大小是每秒 3×10^8 米。

但这给我们出了个难题，如果我们要保留相对性原理的话。常识告诉我们，如果在一个观察者静止的参照系里测得的光速取特定值 c，那么在相对于静止参照系做高速运动的另一个参照系里的第二个观察者测得的光速就该有不同的值，是增大还是减小要依第二个观察者的运动状态来定。但相对性原理又要求第二个观察者的物理定律——具体到这里的情形，就是第二个观察者测得的光速——与第一个观察者的保持同一。光速不变性与相对性原理之间的这种明显的矛盾导致爱因斯坦——事实上此前也曾导致丹麦物理学家洛伦兹，更完整地说，还包括法国数学家庞加莱——提出一种完全去除这一矛盾的著名观点。

401
这个矛盾是怎么解决的呢？我们认为在这两个基本要求之间会出现这种无法解决的冲突是很自然的：一边是麦克斯韦理论，它包含绝对光速；另一边是相对性原理，它要求物理定律与据以描述的参照系的速度无关。我们为什么就不能取光速甚至超过光速的参照系呢？在这样一种参照系里，光速还能保持它原先的值吗？这些毫无疑问的矛盾不会出现在牛顿（我猜想还有伽利略）所钟爱的理论里。在他们的理论里，光的行为表现得像粒子，其速度取决于源的速度。因此伽利略和牛顿仍可以幸福地与相对性原理生活在一起。但这样一种光的本性的图像随着经年的观察遇到越来越多的矛盾，例如，据对遥远的双星的观察，光速与光源的速度无关。[9]另一方面，麦克斯韦理论变得越来越有力，不仅得到了来自实验观察的有力支持（最著名的当属1888 年的海因里希·赫兹实验了），而且理论本身也显示出令人信服的统一性质，它可以将支配电场、磁场和光的物理规律整个儿地统一到一个非常优美而且本质简单的数学框架里。在麦克斯韦理论里，光取波动而非粒子形式，我们必须面对这样一个事实：在这个理论里，光的传播速度的确就是不变的。

17.7 光锥

时空几何观点使我们有了一条特别清晰的途径用来解决麦克斯韦理论和相对性原理之间的矛盾。正像我前面提到的，这种时空观并非爱因斯坦原先采用的观点（也不是洛伦兹的观点，显然更不是庞加莱的观点）。但作为后见之明，我们可以看出这种处理的强有力之处。现在，我们暂时撇开引力以及由相对性原理带来的枝微末节和繁琐，由一块空白的白板开始——或者说，由平凡的实四维流形开始。我们希望看到存在一个基本的速度，而这个速度就是光速。在时空的任意一点（即"事件"）p，我们可设想过 p 点的沿各种不同空间方向的一簇光线。用时空语言描述就是一簇过 p 点的世界线，见图 17.10(a),(b)。

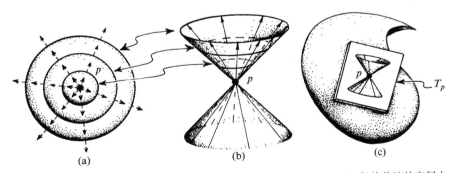

图 17.10 光锥确定了基本光速。过时空点（事件）p 的光子历史。（a）仅从单纯的空间上看，（未来）光锥是一个自 p 向外扩张的球面（波前）。（b）从时空上看，遇上 p 点的光子历史扫过 p 点的光锥。（c）鉴于后面要考虑弯曲时空，我们不妨将 p 点的光锥看作是时空（即 p 点的切空间 T_p）的局域结构。

尽管麦克斯韦理论将光看作是波动效应，但这里我们不妨将这簇世界线当成过 p 点的"光子的历史"来看待。我们有很多理由来说明这么做并不会引起重要的冲突。我们可将麦克斯韦理

402 论里的"光子"当作细微的极高频电磁扰动丛，作为以光速运动的小粒子，其行为足以满足我们的目的。（此外，我们还可用"波前"或数学家所谓的"次特征（bicharacteristics）"概念来考虑，当然更好的是用量子理论，按照这一理论，光也可以认为是由"粒子"组成，这种粒子指的正是"光子"。）

在 p 点附近，过 p 的光子历史族形成一个如图 17.10(b) 所示的时空锥，我们称它为 p 点的光锥。在时空范畴里，视光速为基本量就是视光锥为基本量。实际上，从流形几何（见第 12、14 章）的观点看，将"光锥"看作是 p 点切空间 T_p 里的一种结构（图 17.10(c)）更合适。（因为我们关心的是 p 点的速度，而速度被定义为切空间里的某个量。）人们经常用零锥这个术语来指这种切空间结构——我自己实际上也爱这么用——"光锥"这个术语则多强调它在时空中的实际位置。注意，光锥（或零锥）有过去锥和未来锥两个部分。我们可以将过去锥看作是 p 点发生向心爆聚的一次闪光的历史，因此所有光线同时会聚到事件 p；相应地，未来锥代表的是 p 点发生爆炸的一次闪光的历史，见图 17.11。

我们怎么给出 p 点零锥的数学描述呢？第 13 和 14

403 章提供了这一基础。我们要求光速在 p 点的所有方向上相等，因此一次闪光后的某个瞬间围绕该点的空间构形应是一个球面而不是其他某种卵形面。[10] 这里的"瞬间"我是指所有这些考虑都只是在 p 点的一个无限小时间（和空间）邻域内。说零锥看似"球状"实际上是指这个锥可以由切空间 1 内的二次方程给出。就是说这个方程有形式

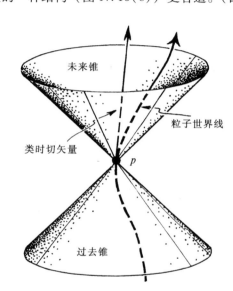

图 17.11 过去锥和未来锥。（过去零矢量的）过去零锥相当于光向心（p 点）聚爆，而（未来零矢量的）未来零锥相当于 p 点爆炸发出的闪光。有质量粒子的世界线在 p 点有（未来）类时切矢量，故处于 p 点的（未来）零锥内。

$$g_{ab}v^a v^b = 0,$$

这里 g_{ab} 是洛伦兹符号差的某个非奇异对称 $\begin{bmatrix} 0 \\ 2 \end{bmatrix}$ 张量 $\boldsymbol{g}$ 的指数形式（§13.8）。**[17.10] "零锥"里的"零"是指矢量 $\boldsymbol{v}$ 对（伪）度规 $\boldsymbol{g}$ 有零长度（$|\boldsymbol{v}|^2 = 0$）。

在此，我们只从按上述方程定义零锥的角度来考虑 $\boldsymbol{g}$。如果 $\boldsymbol{g}$ 乘以任一非零实数，得到的仍是原来的零锥（亦见 §27.12 和 §33.3）。简言之，我们要求 $\boldsymbol{g}$ 起到提供时空度规的物理作用，

404 为此我们将要求适当的尺度因子；但目前处理的只是每个时空点一个的一族零锥。为了能判断光速是常数，我们取这样一种情形：不同事件的零锥彼此平行，因为空间里的"速度"就是时

** 〔17.10〕解释为什么。

空里的"斜率"。由此我们得到时空的图像如图 17.12。

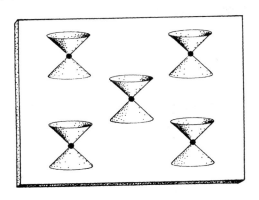

图 17.12 闵可夫斯基空间 M 是平直的,其零锥均匀排布,这里显示的是所有零锥呈平行排布。

17.8 放弃绝对时间

现在我们可以问,伽利略时空 G 的丛结构是否适于另外加入?换句话说,我们能将绝对时间概念整合到现在的图像里吗?如果是,那么我们得到的图像将是如图 17.13 的样子。时空的 $\mathbb{E}^3$ 切片使得每个切空间 T_p 成为三维平面元加上个零锥(图 17.13)。但正如我在下一章里要详细解释的,g 决定了正交性,这意味着每个事件 p 都有一个优先方向(该三维平面元关于 g 的正交完备性),这个优先方向使得静态在每个点上处于优先位置。我们失去了相对性原理!

用更平实的语言说,这个讨论可简单表述为这样

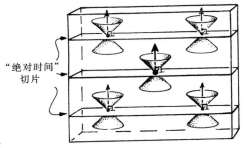

图 17.13 引入到 M 绝对时间概念确定了过 M 的一族 $\mathbb{E}^3$ 切片,也就是每个事件点的局部三维元。但每个零锥定义一个(伪)度规 g,彼此之间至多成比例,其正交性决定了存在一种静态。

一种"常识性"概念:如果存在绝对光速,那就会存在优先的"静态",在此状态下光速在各方向上是相同的。不够显然的是这种冲突仅当我们试图保留绝对时间概念(或至少是为每个 T_p 保留一个优先的三维空间)时才会凸现。我们现在很清楚该怎么做了。绝对时间概念(因此 G 和 N 的丛结构)必须放弃。在我们目前达到的复杂水平上,这么做并不让我们感到特别吃惊。我们已经看到,只要认真采纳伽利略相对性原理,我们就必须放弃绝对空间(虽然这种意识并不像它应有的那样为人所知)。因此现在,接受这样一种事实——时间如同空间一样不是一个绝对概念——似乎不应当是一场革命。

因此,我们必须向时空的 $\mathbb{E}^3$ 切片挥手作别,并承认绝对时间的观念之所以在我们的思想中

405

如此根深蒂固全是因为光速按我们熟悉的速度标准来看实在太大。在图 17.14 里，我以更接近于我们日常生活感受到的那种纵横比重画了图 17.13 的部分。但这也只是稍许接近点儿，因为我们得记着在实用单位制里，时间是用秒而距离是用米来计量的，我们发现光速 c 为

$$c = 299\ 792\ 458\ 米/秒，$$

图 17.14 重画的零锥，使空间和时间标度看起来更接近我们通常的感觉。

这个值是精确的！[11] 由于我们的时空图（和公式）在传统单位制下显得如此别扭，因此在相对论里通常总是取 $c = 1$。由此带来的结果是，如果我们以秒作为时间单位，那么就必须用光秒（即 299792458 米）作为距离单位；如果用年作为时间单位，那么就必须用光年（约为 9.46×10^{15} 米）作为距离测度，时间测度就必须用类似 $3\frac{1}{3}$ 纳秒这样的单位，如此等等。

⁴⁰⁶ 图 17.12 的时空图像最先是由极其优秀和富于创造力的数学家赫尔曼闵可夫斯基（Hermann Minkowski，1864～1909）引入的。巧的是他还是（19 世纪 90 年代末）爱因斯坦在苏黎世联邦技术学院的老师。事实上，时空本身这一概念正是出自闵可夫斯基于 1908 年出版的著作，[12]"因此单独的空间本身和时间本身注定要消失，仅仅留下个影子，只有二者的统一才能够作为独立的实体保留下来。"在我看来，尽管有爱因斯坦卓越的物理洞察力和洛伦兹以及庞加莱杰出的贡献，但狭义相对论在他们那里并没有完成，只有到了闵可夫斯基提出了基本的革命性的观点——时空——之后，才算真正大功告成。

⁴⁰⁷ 要完成闵可夫斯基关于狭义相对论基础的几何观点，即要定义闵可夫斯基时空 $\mathbb{M}$，我们必须固定 g 的标度，以便由此提供一种对世界线"长度"的量度。这种标度可用于 $\mathbb{M}$ 内的曲线上，这里的曲线是指类时曲线，其切线总是处于零锥之内（图 17.15（a），亦见图 17.11），理论上说，它们可能是通常有质量粒子的世界线。这种"长度"实际上是时间，按照公式（§14.7 和 §13.8），它测得的是（理想）时钟记录的曲线上两点 A 和 B 之间的真实时间 τ

$$\tau = \int_A^B \mathrm{d}s，\qquad 这里\ \mathrm{d}s = (g_{ab}\,\mathrm{d}x^a\,\mathrm{d}x^b)^{\frac{1}{2}}。$$

因此，我们要求时空度规 g 的选择具有符号差 $+ - - -$（这是我偏爱的选择，也有人出于不同的理由偏爱 $+ + + -$）。光子具有所谓零（或类时）世界线，它们与零锥相切（图 17.15（b））。相应地，光子经历的"时间"（如果光子真的能有此经历的话）必为零！

在我们上面的讨论中，较之时空度规我更强调时空的零锥结构。在某些场合，零锥的确比度

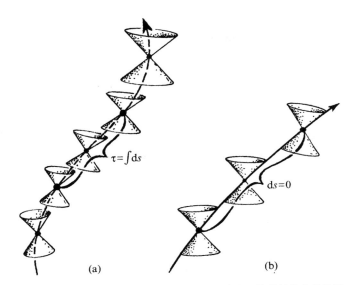

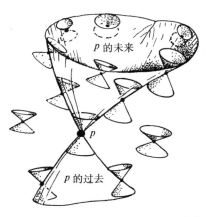

图 17.15　（a）有质量粒子的世界线是类时曲线，故其切线总是处于局域零锥之内，给出正的 $ds^2 = g_{ab}dx^a dx^b$。量 $ds = (g_{ab}dx^a dx^b)^{1/2}$ 测量的是曲线的无限小时间间隔，因此"长度" $\tau = \int ds$ 是曲线上两事件之间的粒子所携理想时钟测得的时间。（b）无质量粒子（即光子）的世界线与光锥（零世界线）相切，故时间间隔 $\tau = \int ds$ 总是零。

图 17.16　p 点的未来是一个可由自 p 出发的未来类时曲线达到的区域。图中展示了弯曲时空的情形。这个区域的边界（处处光滑）与光锥相切。有质量粒子或光子携带的信号只能到达该区域内的点或其边界上的点。p 点的过去有类似地定义。

规更为基本。特别是它们决定着时空的因果性质。正如我们已看到的，实物粒子的世界线位于零锥之内，而光线的世界线则处于零锥面上。没有物理粒子被允许有类空世界线，即处于相伴的零锥之外。[13] 如果我们把实际信号看成是由实物粒子或光子传递的，那么我们就会发现，没有信号可以在零锥所确定的区域之外传播。如果我们考虑 $\mathbb{M}$ 内某点 p，我们发现，处于未来光锥面上或光锥内的这个区域原则上是由能够收到 p 点发出的信号的那些事件组成的。类似地，$\mathbb{M}$ 的处于 p 点的过去光锥面上或光锥内的那些点，则是那些原则上能够发送信号到 p 点的事件，见图 17.16。即使考虑到传播场甚至量子力学的效应（虽然伴随着所谓量子纠缠态有可能出现某种奇怪的令人迷惑的局面——我们将在 §23.10 遇到这种情况），情形也大体类似。零锥的确规定了 $\mathbb{M}$ 的因果结构：没有任何实物或信号可以超光速传播；它们都必须限定在光锥之内（或之上）。

相对性原理会怎样呢？在 §18.2 里我们将看到，闵可夫斯基几何正好有着与伽利略物理时空 $\mathcal{G}$ 所具有的同样大的对称群。不仅 $\mathbb{M}$ 的每个点是平权的，而且所有可能的速度（未来类时方向）也都彼此平权。这一点我们将在 §18.2 里做详细解释。相对性原理在 $\mathbb{M}$ 上如同在 $\mathcal{G}$ 上一样成立！

17.9 爱因斯坦广义相对论的时空

最后，我们考虑爱因斯坦广义相对论的时空 $\mathcal{E}$。我们做的基本上就是将闵可夫斯基的 $\mathbb{M}$ 一般化，正如前面通过对伽利略的 $\mathcal{G}$ 一般化来得到牛顿（–嘉当）时空 $\mathcal{N}$ 一样。但与图 17.12 所描述的零锥的均匀排布不同，现在的零锥排布显得更不规则，如图 17.17。我们同样有洛伦兹（＋－－－）度规 g，其物理意义仍是定义理想时钟测得的时间，用的是与 $\mathbb{M}$ 内同样的公式，只是现在 g 是一种不具有 $\mathbb{M}$ 度规的那种均匀性的更一般化的度规。

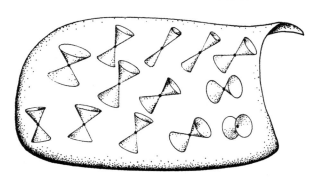

图 17.17 广义相对论的爱因斯坦时空 $\mathcal{E}$。它由闵可夫斯基空间 $\mathbb{M}$ 推广而来，其过程类似于从 $\mathcal{G}$ 到 $\mathcal{N}$（分别见图 17.12，17.3 和 17.7a）。与 $\mathbb{M}$ 的情形一样，洛伦兹（＋－－－）伪度规 g 定义了时间的物理测量。

与闵可夫斯基空间 $\mathbb{M}$ 的情形一样，由这个 g 定义的零锥结构规定了 $\mathcal{E}$ 的因果结构。局部上看二者差别不大，但当我们考察一个复杂的爱因斯坦时空 $\mathcal{E}$ 的整体因果结构时，事情就变得微妙多了。一种极端情形是出现所谓因果性破坏，即出现"闭合类时曲线"情形，这时某个事件发出的信号有可能被送回到该事件的过去！见图 17.18。对一个典型的可接受时空而言，这种情形一般是作为"非物理的"情形被排除的，我的立场是肯定要将其排除掉。但有些物理学家

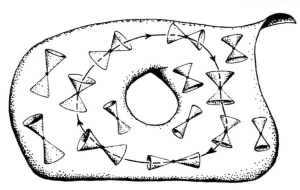

图 17.18 $\mathcal{E}$ 的因果结构取决于 g（与 $\mathbb{M}$ 的情形一样，见图 17.16），因此对于"闭合类时曲线"这种极端非物理情形，有可能出现未来方向的信号回到过去。

却持有更宽容的物质观,[14] 容许存在沿闭合类时曲线作时间旅行的可能性。（见§30.6 对这些问题的讨论。）另一类尽管古怪但尚不极端的情形是，因果结构会出现在某些与当代天体物理学紧密相关的有趣时空里，即出现在黑洞情形里。我们将在§27.8 考虑这些情形。

在§14.7，我们曾有这样的事实：（伪）度规 g 通过 $\nabla g = 0$ 决定着唯一的无挠联络 ∇。这一事实也可以用在这里。它告诉我们，爱因斯坦的惯性运动概念完全取决于时空度规。这是一种非常不同于嘉当的牛顿时空的情形，在后者的情形下，"∇" 必须由度规概念和之外的其他概念共同规定。这里的好处还在于现在度规 g 是非退化的，因此 ∇ 完全取决于度规。事实上，∇ 的类时测地线（惯性运动）由使这些曲线（局部）原时最大化的性质决定。这种原时其实就是测得的世界线的长度。（这是一种奇妙的与§14.7 里通常具有正定度规的黎曼曲面上的测地线的"绷紧弦"性质"相反的"性质。）

联络 ∇ 有曲率张量 R，其物理意义与 N 情形下给出的基本相同。局部上看，狭义相对论的闵可夫斯基时空 M 与广义相对论的爱因斯坦时空 $\mathcal{E}$ 的区别就在于对 M，$R = 0$。下一章我们将更充分地探讨洛伦兹几何，接下来看看爱因斯坦场方程是如何自然地整合进 $\mathcal{E}$ 的结构的。我们还将见证爱因斯坦革命性理论的超凡力量、完美和精确性。 410

注 释

§17.1

17.1 虽然以前我一直建议使用连字符 "space-time"，但我发现在本书的许多地方这么用会使修辞变得复杂。因此这里统一采用 "spacetime"。

17.2 对于物理上的无穷小空间概念想必会使亚里士多德感到非常困难，就像非要用欧几里得几何 $\mathbb{E}^3$ 来精确描述空间几何一样。但他关于时间的观点则与 $\mathbb{E}^1 \times \mathbb{E}^3$ 图像里的 $\mathbb{E}^1$ 非常一致。见 Moore（1990），第二章。

§17.2

17.3 见 Drake（1953），186~187 页。

17.4 见 Arnol'd（1978），Penrose（1968）.

§17.3

17.5 见他写于 1684 年的《论运动》（《原理》的前身）的手稿。亦见 Penrose（1987d），49 页。

§17.4

17.6 见 Bondi（1957）。

17.7 现在，在俄罗斯就有乘飞机和轨道飞行体验这种经历的"旅行机会"。

§17.6

17.8 见 Drake（1957），278 页，上面有伽利略在《化学家》杂志上所作的评述；亦见 Newton（1730）；Penrose（1987d），23 页。

17.9 见 de Sitter（1913）。

§17.7

17.10 人们如何鉴别球与椭球是一个难解的问题，因为我们可以在不同方向上重新校准距离，使得任何椭球看起来像"球面"。但重新校准做不到使一个非椭球的卵形面看上去像球面，至少"光滑"复校技术做不到这一点。这种卵形面将产生芬斯勒（Finsler）空间，它没有狭义相对论的（伪）黎曼结构所具有的那种优美的局部对称性。

§17.8

17.11 读者或许会对光速用米/每秒单位测得的精确整数感到非常迷惑。这一点儿都不奇怪，这一事实不过反映了极为精确的距离测量要比极为精确的时间测量更加困难。因此，米的最精确标准是用光在 1 秒的时间内通过的距离（规定为 299 792 458 米）来定义的。这样给出的米值较保存在巴黎的标准米尺更精确。

411 17.12 见 Minkowski（1952）。这是一篇提交到第 80 届德国自然科学和物理学大会（科隆，1908 年，9 月 21 日）上的《闵可夫斯基致词》的译文。

17.13 某些物理学家玩弄假想的所谓超光速"粒子"概念，这种粒子有类空世界线（因此跑得比光快）。见 Bilaniuk and Sudarshan（1969）；更技术性的见 Sudarshan and Dhar（1968）。从这种包含超光速粒子的理论中很难发展出什么东西。

§17.9

17.14 例如，见 Novikov（2001）；Davies（2003）。

第十八章
闵可夫斯基几何

18.1 欧几里得型与闵可夫斯基型四维空间

我们已经非常熟悉二维和三维空间的欧几里得几何。进一步来说,到四维欧几里得几何 $\mathbb{E}^4$ 的推广原则上并不困难,虽然从"视直觉"上看并非很快就能把握。存在许多明显很漂亮的四维构形——它们真的是非常优美,我们要是能实际看到该多好!一种较为简单(!)的这种构形是三维球面上的克利福德平行线图案,这里我们认为这个球面坐落在 $\mathbb{E}^4$ 内。从可视化上说,对这种情形我们可做得好些,因为 S^3 是三维的,我们可以通过其立体投影(见图33.15)获得某种实际的克利福德构形。(如果我们真的能"看到"作为 $\mathbb{E}^4$ 一部分的这种构形,我们就会对 $\mathbb{C}^2$ 的二维复矢量空间结构实际"看上去像什么"[1] 有一定感觉,见§15.4,图15.8。)闵可夫斯基空间 $\mathbb{M}$ 在许多方面非常类似于 $\mathbb{E}^4$,但下面我们会看到,它还有许多重要的不同点。

代数上说,$\mathbb{E}^4$ 的处理非常接近于"通常的"三维空间 $\mathbb{E}^3$ 的处理。仅有的差别就是在标准的 x,y,z 之外多了一维笛卡儿坐标 w。$\mathbb{E}^4$ 的点 (w,x,y,z) 到点 (w',x',y',z') 的距离由毕达哥拉斯关系给定:

$$s^2 = (w-w')^2 + (x-x')^2 + (y-y')^2 + (z-z)^2。$$

如果将 (w,x,y,z) 和 (w',x',y',z') 看成彼此间仅为"无穷小"位移,并将差 $(w,x,y,z) - (w',x',y',z')$ 正规地写为 $(\mathrm{d}w,\mathrm{d}x,\mathrm{d}y,\mathrm{d}z)$,即[2]

$$w' = w + \mathrm{d}w, \quad x' = x + \mathrm{d}x, \quad y' = y + \mathrm{d}y, \quad z' = z + \mathrm{d}z,$$

则我们发现,

$$\mathrm{d}s^2 = \mathrm{d}w^2 + \mathrm{d}x^2 + \mathrm{d}y^2 + \mathrm{d}z^2。$$

$\mathbb{E}^4$ 的曲线长度由与 $\mathbb{E}^3$ 情形下相同的公式给定,即 $\int \mathrm{d}s$($\mathrm{d}s$ 取正号)。

现在,闵可夫斯基时空 $\mathbb{M}$ 的几何与此非常相似,唯一区别就是符号。许多同行倾向于使用

（＋＋＋－）符号差的伪度规

$$dl^2 = -dt^2 + dx^2 + dy^2 + dz^2,$$

因为这样在考虑空间几何时较方便，且"dl^2"所代表的量对类空位移为正（即位移不在未来或过去零锥之内或之上，见图 18.1）。但由（＋－－－）符号差定义的量"ds^2"

$$ds^2 = dt^2 - dx^2 - dy^2 - dz^2$$

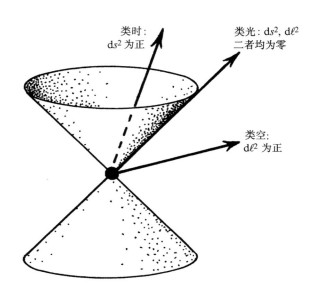

类时：
ds^2 为正

类光：ds^2, dl^2
二者均为零

类空：
dl^2 为正

图 18.1   在闵可夫斯基时空 $\mathbb{M}$ 中，度规 dl^2 提供了一种对类空位移（不在未来或过去零锥之内或之上）的空间（间隔^2）的量度。对类时位移（零锥之内），ds^2 提供了一种对时间（间隔^2）的量度，这里 $\int ds (ds > 0)$ 为理想化时钟测得的物理时间。对于零位移（沿零锥面）dt^2 和 ds^2 都是零。

具有更直接的物理意义，因为它沿作为允许的有质量粒子世界线的类时曲线为正，积分 $\int ds$ （$ds > 0$）可直接理解为理想化时钟沿世界线测得的实际的物理时间。在选择（伪）度规 $\boldsymbol{g}$（其指标形式为 g_{ab}）时，我将用（＋－－－）符号差定义，以便上述表达式可写成指标形式（§13.8）

$$ds^2 = g_{ab} dx^a dx^b。$$

414   但由 §17.8 可知，与有质量粒子情形不同，光子的世界线的 $\int ds$ 为零（故其世界线上不存在能给出"零距离"间隔的非重合点）。这一点对其他沿光的世界线行走的粒子来说也是正确的。无论走多远，这种粒子所"经历的"时间总是零！所以如此是缘于 g_{ab} 的非正定（洛伦兹）性质。

在相对论早期，曾有一种趋势，通过取时间坐标 t 为纯虚数

$$t = iw$$

来强调 $\mathbb{M}$ 几何与 $\mathbb{E}^4$ 几何的相似性。这样做使得闵可夫斯基度规的"dl^2"形式看起来与 $\mathbb{E}^4$ 的

"ds^2"形式完全一样。当然，表面的东西往往是一种错觉，因为这种看上去不自然的形式隐藏了"真实"条件，就是时间以纯虚数为单位而空间坐标则取普通的实单位。此外，在运动参照系下，这种真实条件会因为实坐标与虚坐标相互混杂而变得更复杂。事实上，目前在所谓"欧几里得量子场论"名誉下，存在着各种改头换面的与这种做法极为相似的趋势。在后面§28.9，我会谈到为什么我认为这种处理不能令人非常满意的理由（多数情况下，至少当它作为处理新的基本物理理论的关键时是如此。这种做法还被当作获得量子场论问题解的"诀窍"，在这方面它的确起着真实有用的作用）。

与采用这种看起来不自然的处理（至少我认为是这样）方式不同，我们来试着"走极端"，看看将所有坐标都取为复数（见图18.2）会怎样。这时不存在符号差上的区别，复坐标 ω，ξ，η，ζ 现在表示的是复空间 $\mathbb{C}^4$，我们可以将它视为 $\mathbb{E}^4$ 的复化空间 $\mathbb{CE}^4$。作为复仿射空间（§14.1），它与 $\mathbb{M}$ 的复化 $\mathbb{CM}$ 一样。此外，$\mathbb{CE}^4$ 和 $\mathbb{CM}$ 的每个复四维空间有一个完全等价的平直（曲率为零）复度规 $\mathbb{C}\boldsymbol{g}$。这个度规可取 $ds^2 = d\omega^2 + d\xi^2 + d\eta^2 + d\zeta^2$ 形式，这里 $\mathbb{E}^4$ 是 $\mathbb{CM}$ 的实子空间，它的所有坐标 ω，ξ，η，ζ 都是实的；而 $\mathbb{M}$ 的 ω 坐标是实的，ξ，η，ζ 都是纯虚的。作为 ω 是纯虚的但 ξ，η，ζ 都是实坐标的另一种闵可夫斯基实子空间 $\tilde{\mathbb{M}}$，其"ds^2"有闵可夫斯基度规的"dl^2"形式。$\mathbb{E}^4$、$\mathbb{M}$ 和 $\tilde{\mathbb{M}}$ 这三种子空间称为 $\mathbb{CE}^4$ 的实切片。如果我们对 $\mathbb{CE}^4$ 赋予一种

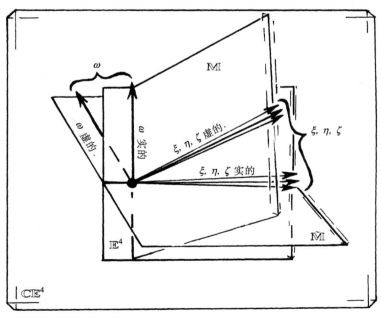

图18.2 复欧几里得空间 $\mathbb{CE}^4$ 在复笛卡儿坐标（ω，ξ，η，ζ）下有复（全纯）度规 $ds^2 = d\omega^2 + d\xi^2 + d\eta^2 + d\zeta^2$。欧几里得四维空间 $\mathbb{E}^4$ 在 ω，ξ，η，ζ 都是实数情形下为"实截面"。具有 + − − − ds^2 度规的闵可夫斯基时空是一种不同的实截面，其 ω 坐标是实的，ξ，η，ζ 都是纯虚的。我们可通过取 ω 是纯虚的但 ξ，η，ζ 是实的来得到另一种洛伦兹实截面 $\tilde{\mathbb{M}}$，由此导出的 ds^2 有闵可夫斯基度规的 + + + − "dl^2"形式。

对合的复共轭运算 C（即 $C^2 = 1$，它只允许选定的实切片逐点不变），则我们从这三者中挑出一个即可。$*$[18.1]

18.2　闵可夫斯基空间的对称群

415　　$\mathbb{E}^4$ 的对称群（即其欧几里得运动群）有 10 维，因为（i）原点固定的对称群是六维转动群 $O(4)$（当 $n = 4$ 时，$n(n-1)/2 = 6$，见 §13.8），（ii）另有原点的四维平移对称群，见图 18.3a。当我们将 $\mathbb{E}^4$ 复化为 $\mathbb{C}\mathbb{E}^4$ 时，就得到一个十维复数群。这是显然的，因为如果我们将 $\mathbb{E}^4$ 的任意一种实欧几里得运动根据坐标写成代数公式时，我们必须做的就是使出现在公式里的量（坐标和系数）变成复数而非实数，于是我们得到相应的 $\mathbb{C}\mathbb{E}^4$ 的复运动。由于前者保度规，因此后者也保度规。此外，保复度规 $\mathbb{C}\mathbf{g}$ 的 $\mathbb{C}\mathbb{E}^4$ 的所有连续运动本身也有这种性质。$*$[18.2]

416　　现在，如果我们具体化 $\mathbb{C}\mathbb{E}^4$ 的一个不同的"实截面"（譬如是坐标（ω, ξ, η, ζ）的实际条件为 ω 是纯虚的，ξ, η, ζ 是实的（符号差 + + + −）情形，或 ω 是实的，ξ, η, ζ 是纯虚的（符号差 + − − −）情形；见图 18.2），非常可能但却十分不明显的是，群有相同的维数，即 10（现在是实数维）。平移部分显然还是四维。实际上，这部分告诉我们群在 $\mathbb{M}$ 上是可递的，这意味着 $\mathbb{M}$ 的任一指定点都可像 $\mathbb{E}^4$ 情形下那样通过群的某个元素变换到 $\mathbb{M}$ 的另一指定点。但对洛伦兹群（$O(1,3)$ 或 $O(3,1)$）会怎样呢？我们怎么才能看出它像 $O(4)$ 那样只是"六维"的呢？事实上，洛伦兹群的确是六维的（见图 18.3(b)）。看出这一点的最一般方法是作李代数分析（见 §14.6），检查它在所需的小的符号变动下是否有效。$*$[18.3] 不久我们就会看到（§18.5），通过将它与黎曼球面联系起来，还存在另一种相当好的看 $O(1,3)$ 并检查其 6 个维度的方法。

417　　闵可夫斯基空间 $\mathbb{M}$ 的完全十维对称群称为庞加莱群，以纪念杰出的法国数学家亨利·庞加莱（1854～1912）在 1898～1905 年间为建立狭义相对论的基本数学结构（独立于 1905 年爱因斯坦所做的奠基性工作）所做出的贡献。[3] 庞加莱群在相对论物理，特别是粒子物理和量子场论（第 25，26 章）等方面是非常重要的。它表明，按照量子力学法则，单个粒子对应于庞加莱群的表示（§§13.6，7），其中粒子的质量和自旋的值决定着具体的表示（§22.12）。

　　本质上说，正是这种群的广泛性使得我们断定相对性原理在 $\mathbb{M}$ 上仍成立，即使光速是不变的（§§17.6，8）。首先，我们看到，由于平移子群的可递性，时空 $\mathbb{M}$ 的每一点是平权的。另外，我们有完全的（三维）空间转动对称，使得剩下的另外 3 个维可用来表达这样一个事实：

　　$*$[18.1] 对 $\mathbb{E}^4$、$\mathbb{M}$ 和 $\tilde{\mathbb{M}}$ 这三种情形找出明确的 C。提示：考虑 C 如何作用到 ω, ξ, η, ζ。在 $\mathbb{M}$ 和 $\tilde{\mathbb{M}}$ 的情形，它不是标准的复共轭运算。

　　$*$[18.2] 你能知道为什么吗？

　　$*$[18.3] 在此情形下通过检验 4×4 李代数矩阵来确认这一点。

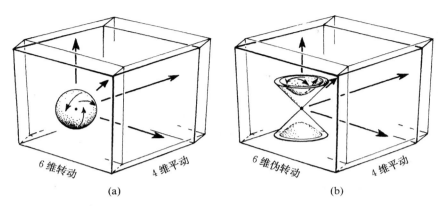

图18.3　（a）$\mathbb{E}^4$ 的欧几里得运动群是 10 维的：原点固定的 6 维转动对称群O(4)加上原点的四维平移对称群。（b）对于 M 的对称性，我们得到原点固定的六维洛伦兹群O(1,3)（或 O(3,1)）和四维平移对称群，从而有十维庞加莱对称群。

一种速度（$<c$）可完全自由地变换到另一种速度，同时保持整体结构不变——这就是基本的 M 的相对性原理！说得更正规点儿，相对性原理断言的是，在 M 的未来类时方向丛上，庞加莱群的作用是可递的。[4] 这些方向指向未来零锥的内部，并可作为观察者世界线的可能的切线方向。∗〔13.4〕但应当指出，这只是表明可以有这种效果，因为我们已经不用伽利略或牛顿时空的"同时性切片"族概念。保留这些可能会减少 O(3) 的三维时空点的对称性，使得速度失去变换的自由。

18.3　洛伦兹正交性；"时钟悖论"

这种观点将 M 视为复空间 $\mathbb{CE}^4$（或 $\mathbb{C}^4$）的"实截面"或"切片"，而不是 $\mathbb{E}^4$ 本身的有不同特征的截面。如果有正确认识，那么这不啻为一种非常实用的观点。例如，在欧几里得 $\mathbb{E}^4$ 内，我们有"正交"概念。我们可通过"复化"处理直接将其运用到 $\mathbb{CE}^4$。[5] 但是我们必须看到，这种处理一定会带来某些特征上的变化。例如我们会发现，在 $\mathbb{CE}^4$ 中，一个方向可以垂直于自身，而这在 $\mathbb{E}^4$ 中是决然不可能发生的。但当我们折回到新的实切片洛伦兹 M 时，这一特征仍得以保留。因此，在 M 中我们仍有正交的概念，只是这些与自身正交的实方向都是指向光子世界线的零方向（见下述）。

418

我们可以进一步贯彻这种正交性概念，在一个点 p 上考虑 r 维平面元 $\boldsymbol{\eta}$ 的正交补 $\boldsymbol{\eta}^\perp$。它是 p 点上所有与 p 点 $\boldsymbol{\eta}$ 的所有方向呈正交的（$4-r$）维平面元 $\boldsymbol{\eta}^\perp$。因此，一个线元的正交补是一个三维平面元，二维平面元的正交补是另一个二维平面元，三维平面元的正交补是线元。在每一种

∗〔13.4〕稍微全面点解释庞加莱群的这种作用。

情形里，再取正交补就将得到这个正交补据以成立的那个元。换句话说，$(\boldsymbol{\eta}^{\perp})^{\perp} = \boldsymbol{\eta}$。回顾一下，我们曾在 §13.9 和 §14.7 分别考虑过带 g_{ab} 和 g^{ab} 的矢量和张量的升降指标运算。当我们按 §§12.4，7 将升/降运算应用到表示 r 维曲面元的单 r 维矢量和单 $(4-r)$ 形式上时（例如 $\eta_{ab} \mapsto \eta^{ab} = \eta_{cd} g^{ac} g^{bd}$；$\eta^{ab} \mapsto \eta_{ab} = \eta^{cd} g_{ac} g_{bd}$），这种运算相当于取正交补，还可参见 §19.2。

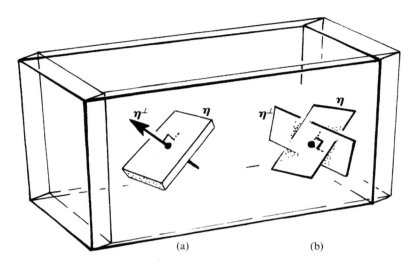

图 18.4　在 $\mathbb{E}^4$ 里，p 点的 r 维平面元 $\boldsymbol{\eta}$ 有正交补 $\boldsymbol{\eta}^{\perp}$，它是 $(4-r)$ 维平面元，这里 $\boldsymbol{\eta}$ 和 $\boldsymbol{\eta}^{\perp}$ 永远不会有共同方向。(a) 特别是，如果 $\boldsymbol{\eta}$ 是三维平面元，则 $\boldsymbol{\eta}^{\perp}$ 垂直于 $\boldsymbol{\eta}$。(b) 如果 $\boldsymbol{\eta}$ 是二维平面元，则 $\boldsymbol{\eta}^{\perp}$ 是另一个二维平面元。

例如，在 $\mathbb{E}^4$ 里，三维平面元 $\boldsymbol{\eta}$ 的正交补是不包含于 $\boldsymbol{\eta}$ 的线元 $\boldsymbol{\eta}^{\perp}$（正交于 $\boldsymbol{\eta}$），见图 18.4。但像图 18.2 一样，我们可将这一概念贯彻到复化 $\mathbb{CE}^4$ 以及不同的截面 $\mathbb{M}$ 上。实际上，我们在前一章里（§17.8）寻求 p 点上时间切片（三维类空平面元）的正交补以找出类时方向（"静态"）时，已经运用了这种处理方法。它向我们表明，如果我们既要光速有限又要绝对时间的话，就不可能保有相对性原理（见图 17.15）。**[18.5] 但我们现在要从反面来理解这一点。考虑 $\mathbb{M}$ 内特定事件 p 位置上的一个惯性观察者。假定观察者的世界线在 p 点有（类时）方向 $\boldsymbol{\tau}$。于是三维空间 $\boldsymbol{\tau}^{\perp}$ 表示观察者在 p 点的"纯空间"方向族，即观察者确信是与 p 同时发生的那些相邻事件。

这里，我的本意不是要不问缘由地在细节上发展有关相对性的特殊理论，特别是在为什么它是一种合理的"同时性"概念方面。关于这些读者可以参考几种优秀的教科书。[6] 然而，这里我要强调，这种同时性概念实际上取决于观察者的速度。在欧几里得几何里，空间方向的正交补随方向的改变而改变（图 18.5(a)）。相应地，在洛伦兹几何里，正交补同样随方向（即观察者

[18.5] (i) 在 $\mathbb{M}$ 内，一个三维平面元 $\boldsymbol{\eta}$ 在什么样的条件下才能包含其法矢量 $\boldsymbol{\eta}^{\perp}$？(ii) 证明：在 $\mathbb{CE}^4$ 内，存在两族不同的二维平面，它们是自身的正交补，但二者都不可能出现在 $\mathbb{M}$ 内。（这些所谓"自对偶"和"反自对偶"二维复平面在后面具有相当的重要性，见 §32.2 和 §33.11。）

的速度）的改变而改变。唯一的区别是这种改变使正交补向与欧几里得情形相反的方向倾斜（见图 18.5（b）），因此一个方向的正交补有可能包含该方向（见图 18.5（c）），正如上面提到的，这就是零方向上（即沿光锥）发生的情形。

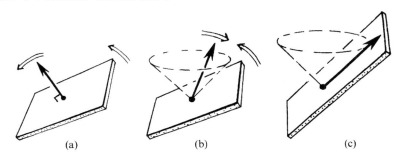

图 18.5 （a）在四维欧几里得几何里，如果一个方向发生转动，则它的正交补三维平面元也随之发生转动。（b）这一点对四维洛伦兹几何也是对的，但对于类时方向，正交补三维平面元（"同时性"的空间方向）的斜率作反向移动；（c）相应地，如果方向变成零的，则正交补实际上包含该方向。

在 $\mathbb{E}^4$ 到 $\mathbb{M}$ 的传递过程中，还存在与不等式相关的变化。最富戏剧性的是这些变化包含了狭义相对论里所谓"时钟悖论"（或"孪生子悖论"）的要素。某些读者对这个"悖论"可能很熟悉，它是指，一个以接近光速的速度乘火箭去遥远星球的空间旅行者返回后将发现，在他旅行的这几年中，地球上的时间已过去了几个世纪。正如邦迪（1964，1967）强调的，如果我们同意这样一种观点，即按运动时钟的记录，时间的流逝的确是一种沿世界线测得的"弧长"，那么这种现象就不会比下述现象更令人吃惊：欧几里得空间的两点间距离依赖于该距离测得的具体途径。二者都由同样的公式测量，即 $\int \mathrm{d}s$，但在欧几里得情形，平直路径表示的是两固定端点间测得的最小距离，而在闵可夫斯基情形，这种平直（即惯性）路径表示的则是两确定事件之间测得的最大时间（亦见 §17.9）。

导致这种现象的基本不等式就是普通欧几里得几何里所谓的三角不等式。如果 $\triangle ABC$ 是任意欧几里得三角形，则边长满足

$$AB + BC \geqslant AC,$$

等号仅当 A，B 和 C 退化为三点共线（见图 18.6（a））时成立。很自然，此处边是对称的，我们选取哪一条边作 AC 无关紧要。在洛伦兹几何里，仅当所有边都是类时的我们才有这种三角不等式，我们必须小心恰当地排序以便使 AB，BC 和 AC 都指向未来（见图 18.6（b））。现在我们得到的不等式为

$$AB + BC \leqslant AC,$$

同样，等号仅当 A，B 和 C 三点共线即共一条惯性粒子的世界线时成立。这个不等式的解释就是所谓的"时钟悖论"。空间旅行者的世界线为折线 ABC，而地球上居民的世界线为 AC。我们看

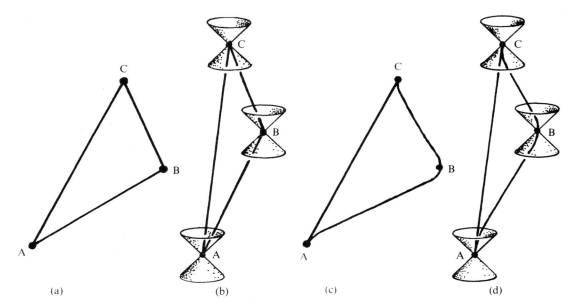

图18.6 （a）欧几里得三角不等式 $AB + BC \geqslant AC$，等号仅当 A，B，C 共线时成立。（b）在洛伦兹几何里，AB，BC，AC 都是类时的，不等式反向：$AB + BC \leqslant AC$，等号仅当 A，B 和 C 共一条惯性粒子的世界线时成立。这个不等式展示了狭义相对论的"时钟悖论"：沿世界线 ABC 行走的空间旅行者经历的时间间隔要比地球上居民经历的 AC 要短。（c）"磨光"欧几里得三角形的角不会对边长造成太大的不同，直线仍是最短的。（d）类似地，取有限加速度（"磨光"角）也不会引起时间有太大的不同，直线（惯性）路径仍是最长的。

到，按此不等式，空间旅行者的时钟记录的总时间的确比地球上记录的要短。

有人担心在这种描述中火箭的加速度未能得到正确的反映。理想情形的确应当是宇航员在
421　事件 B 处受到一个冲击（无限大的）加速度（那可是致命的！）。但是，我们可以像图18.6（d）
那样通过简单地磨光三角形的角来处理这个问题。带来的时间差的影响并不严重，这可由图
422　18.6（c）描述的欧几里得"光滑三角形"的相应情形清楚地看出。经常争议的还包括认为有必
要通过爱因斯坦的广义相对论来处理加速度，而这则完全错了。这两种理论下的时钟时间均得
自公式 $\int ds$（其中 $ds > 0$）。宇航员在狭义相对论中是允许加速的,正如同在广义相对论情形下一
样。区别仅在于衡量 ds 时实际所用的度规,即依赖于实际的 g_{ij}。只要度规取闵可夫斯基几何 $\mathbb{M}$
下的平直度规,我们就可以在狭义相对论下工作。物理上说,这意味着引力场可以忽略。当我们需
要考虑引力场时,我们必须引入爱因斯坦广义相对论的弯曲度规。这将在下一章里作充分讨论。

18.4　闵可夫斯基空间的双曲几何

我们来看看闵可夫斯基几何的更多的方面以及它与欧几里得几何的关系。在欧几里得几何
里，距定点 O 距离为 a 的点的轨迹是圆。在 $\mathbb{E}^4$ 上，这个圆自然就是三维球面 S^3。那么在 $\mathbb{M}$ 下情

形会如何呢？我们有两种场合要考虑，是哪一种取决于 a 取（正）实数还是取纯虚数（这里我采用 + − − − 符号差，否则角色要颠倒），图 18.7 展示了这两种情形。

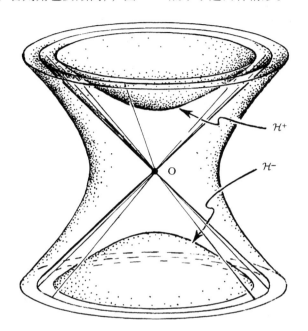

图 18.7 $\mathbb{M}$ 里的"球面"。它是自定点 O 取闵可夫斯基定长 a 的点的轨迹。如果 $a > 0$（ds^2 符号差 + − − −），我们得到两个"双曲"部分："碗状的" $\mathcal{H}^+$（处于未来光锥内）和"帽状的" $\mathcal{H}^-$（处于过去光锥内）。对虚数 a（或实 a 但 dl^2 符号差 + + + −）情形，我们得到一片与 O 类空分离的双曲面。

这里我们不具体考虑虚数 a 的情形。因此我们总是取 $a > 0$（$a < 0$ 情形是一样的）。现在，圆由两部分组成，一部分是"碗状的" $\mathcal{H}^+$，处于未来光锥内；另一部分是"帽状的" $\mathcal{H}^-$，处于过去光锥内。我们主要讨论 $\mathcal{H}^+$（$\mathcal{H}^-$ 情形类似）。那么 $\mathcal{H}^+$ 的内禀度规是什么呢？它一定是由内嵌于 $\mathbb{M}$ 的度规导出。（例如，$\mathcal{H}^+$ 内的曲线长度可通过将曲线视为 $\mathbb{M}$ 内的曲线而定。）实际上对于这种情形，由于沿 $\mathcal{H}^+$ 的方向是类空的，故 dl^2（符号差 + + + −）是个较好的量度。我们可以对 $\mathcal{H}^+$ 的度规作一个好的假定，因为它从某种程度上说仍是个"圆"，只不过带有"符号跳变"。它是怎么得来的呢？这得追溯到 1786 年兰伯特对一种违反欧几里得第五公设的几何的研究。他认为，虚半径的"球"可以提供这样一种几何，只要这种情形能说得通。实际上，上述 $\mathcal{H}^+$ 的构造正是这么一种空间——一种双曲几何模型——只不过现在是三维的。为了得到兰伯特非欧几何平面（双曲面），我们要做的就是在上述情形中去掉一个空间维。不论哪一种情形，"双曲直线"（测地线）就是 $\mathcal{H}^+$ 与过 O 的二维平面的交（图 18.8）。

当然，认为兰伯特的构思里已有这种结构是有点儿想入非非了。但它毕竟展示了这种一般性概念的内在协调性。在这种概念里，符号差可以"跳变"，实数量变成虚的，同时虚数量变成

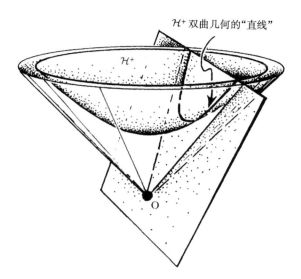

图 18.8 $\mathcal{H}^+$ 内的"双曲直线"（测地线）就是 $\mathcal{H}^+$ 与过 O 的二维平面的交。（图中显示的是二维情形，三维 $\mathcal{H}^+$ 的情形类似。）

实的。兰伯特在这些方面具有相当强的天赋。考察图 18.9 或许会给我们某种启发。这里我画的是具有坐标 (t, x, y, z) 的闵可夫斯基四维空间上的一个光锥 $t^2 - x^2 - y^2 - z^2 = 0$（$y$ 被压缩掉），并用平面

$$z + t + \lambda(t - z) = 2$$

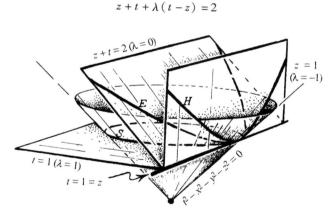

图 18.9 用三维平面 $z + t + \lambda(t-z) = 2$ 截得的光锥 $t^2 - x^2 - y^2 - z^2 = 0$ 的一族截面。截面过二维平面 $t = 1 = z$。坐标 y 被压缩，故维数看起来减少 1。当 $\lambda > 0$，截面 S 有二维球型 $\mathrm{d}l^2$ 度规，显示如 $\lambda = 1$ 的水平情形；当 $\lambda = 0$，我们得到抛物状截面 E 的平直的欧几里得型 $\mathrm{d}l^2$ 度规；当 $\lambda < 0$，我们得到双曲型 $\mathrm{d}l^2$ 度规，显示如垂直双曲截面 H（$\lambda = -1$ 情形）。

截得光锥的一族截面（λ 取不同的值），所有截面都过 $t = z = 1$ 这个特定平面。这个截面是二维的（光锥本身是三维的），可以看出，对每个正的 λ 值，二维曲面的度规正是半径为 $\lambda^{-1/2}$ 的球面度规（关于 $\mathrm{d}l^2$ 度规）。当 $\lambda = 0$，我们得到通常的欧几里得平面。（这个截面看起来不"平

424

直"，而是呈"抛物面"状，但其内禀度规的确是平直的。）✳✳[18.6] 当 λ 变成负值时，截面是虚半径（$=\lambda^{-1/2}$）的兰伯特"球面"。它的确具有双曲几何的内禀度规（关于 dl^2 的度规）。通过这种方式我们看到，兰伯特关于可能存在虚半径球面的试探性解释是站得住脚的，尽管早了好几个世纪。

我们可将"伪球面" $\mathcal{H}^+$ 的双曲几何的构造与 §§2.4,5 里描述的贝尔特拉米的共形表示和投影表示（二维情形）直接联系起来。在图 18.10 里，我展示了直接从 $\mathcal{H}^+$ 得到的两种表示的图，它清楚地说明了闵可夫斯基三维空间 $\mathbb{M}^3$（坐标 t，x，y）里伪球面的情形。在 $\mathcal{H}^+$ 上取方程 $t^2-x^2-y^2=1$，然后从原点 $(0,0,0)$ 将其投影到 $t=1$ 平面，我们得到贝尔特拉米的"克莱因"（即投影）表示；从"南极"$(-1,0,0)$ 将其投影到"赤道面" $t=0$，我们得到贝尔特拉米的"庞卡莱"表示（即"立体投影"，见 §8.3，图 8.7）。✳✳[18.7]

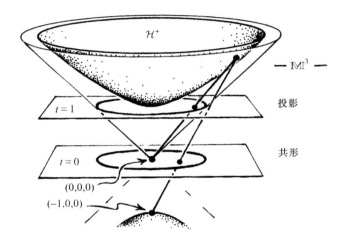

图 18.10　在闵可夫斯基三维空间 $\mathbb{M}^3$ 里，$\mathcal{H}^+$ 的二维双曲几何（由 $t^2-x^2-y^2=1$ 给定）直接与贝尔特拉米的共形和投影表示（分别见图 2.11 和 2.16——埃舍尔的作品及其变形版）相关联。贝尔特拉米的投影（"克莱因"）表示由从原点 $(0,0,0)$ 将 $\mathcal{H}^+$ 投影到 $t=1$ 平面的单位圆内部而获得。贝尔特拉米的共形（"庞加莱"）表示由从 $(-1,0,0)$ 将 $\mathcal{H}^+$ 投影到 $t=0$ 内的单位圆内部而获得。（亦见图 2.17 的贝尔特拉米几何。）对 $\mathbb{M}$ 内的三维双曲几何，同样存在类似的结构。

我们注意到，未来类时方向由 $\mathcal{H}^+$ 的点表示（这里作为定义，我取 $a=1$）。这些方向是有质量粒子可能的速度方向。因此，我们可将 $\mathcal{H}^+$ 看成是相对论的速度空间。（回顾一下，这个问题曾在 §2.7 的节末提出过。）这是相对论中经常容易误解的一个方面，那就是我们不能按通常方

✳✳ [18.6] 证明所有这些。提示：用坐标 x，y，w 将是方便的，这里 $\omega=(t-z-1/\lambda)\sqrt{\lambda}=(1-t-z)/\sqrt{\lambda}$。
✳✳ [18.7] 说明为什么双曲直线在"克莱因"情形下可以用直线来表示，而在"庞加莱"情形下则要用与边界垂直相交的圆来表示。并用"符号差跳变"概念来说明，为什么第二种情形的确是共形的。

式来提高速度。因此，如果一个火箭相对于地球以 $\frac{3}{4}c$ 沿某个方向运动，同时火箭又以相对于自身的 $\frac{3}{4}c$ 速度沿前进方向发射一枚导弹，则导弹相对于地球的速度只有 $\frac{24}{25}c$，而不是超光速的 $\left(\frac{3}{4}+\frac{3}{4}\right)c=\frac{3}{2}c$。（这里 c 是光速，为清晰起见，以后我们取单位 $c=1$。）这可以理解为双曲几何里的长度增加效应（见图 18.11）。*** [18.8]

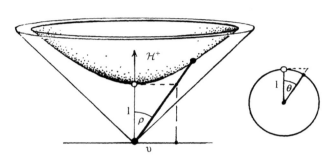

图 18.11 相对论里的速度空间是双曲空间 $\mathcal{H}^+$，这里速率 ρ（$=\tanh^{-1}v$）量度沿 $\mathcal{H}^+$ 的双曲距离（光速 $c=1$ 对应于无穷远 ρ）。它是（借助"符号差跳变"）对单位圆上圆心角 θ 所对弧长的一种类比。

为了说清楚这一点，我们需要搞懂物理上对双曲几何"长度"的解释。它实际上是一个速率量，我们用希腊字母 ρ 来表示这个量，它通过速度 v 定义为（图 18.12）：

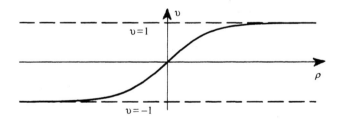

图 18.12 速度 v – 速率 ρ 的分布图（$c=1$）。这里 ρ 由 $\rho=\frac{1}{2}\log[(1+v)/(1-v)]$，即 $v=(e^\rho-e^{-\rho})/(e^\rho+e^{-\rho})=\tanh\rho$ 定义。

$$\rho=\frac{1}{2}\log\frac{1+v}{1-v}, \qquad 即 \quad v=\frac{e^\rho-e^{-\rho}}{e^\rho+e^{-\rho}},$$

（右边的表达式就是所谓 ρ 的"双曲正切"，写成"$\tanh\rho$"）。这个速率是对双曲空间 $\mathcal{H}^+$ 的"距离"的量度（在 $a=1$ 时取作单位伪半径，见 §§2.4，6）。对于速度 v 远小于光速的情形，这个

427

***[18.8] 用"符号差跳变"论证来说明，在双曲几何里，对于同空间方向的速度 uc 和 vc 的"相加"，为什么长度的加长将导致这里给出的速度加法公式，即 $(u+v)c/(1+uv)$？考虑圆周或球面上的弧长的相加，对应于每个弧的"速度"是该弧所对圆心角的正切。

速率等于 v。**[18.9] 注意，在图 2.11 显示的埃舍尔图中，描述双曲几何的无穷远（$\rho = \infty$）的边缘区代表的是不可达到的极限速度 c（$=1$）。

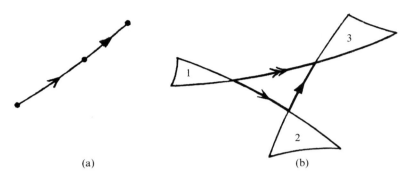

图 18.13　双曲速度空间 $\mathcal{H}^+$ 里的相对论速度合成。（a）同方向速度的合成就是简单的速率相加。（b）对不同方向的速度合成，我们用三角形法则来合成，这里双曲边长取相应速率值的一半。（比较图 11.4（b），它描述了三维空间里普通转动的合成，证明过程相同。

同方向速度的合成就是简单的速率相加（即增加双曲长度）；见图 18.13（a）。不同方向的速度合成可通过 §11.4 给出的普通转动叠加过程来进行，见图 11.4（正确使用"符号差跳变"）。这里我们将双曲三角形法则应用到待合成的两个速度上，其中每个速度由双曲长度值恰为速率值一半的一段双曲线段来代表（相应于图 11.4 中的弧长正好是转角的一半），见图 18.13（b）。

18.5　作为黎曼球面的天球

下面我们来看看双曲几何 $\mathcal{H}^+$ 的"无穷远边缘"的内部几何。这里必须清楚，我们考虑的是完整的四维闵可夫斯基时空，因此其边缘区是一球面 S^2 而不是图 2.11 中埃舍尔图的边界圆（S^1）。这个球面上的每个点代表沿零锥本身的一个方向，它代表着有质量粒子不可达到的极限速度。但无质量粒子则可达到这些极限速度，事实上，它们是无质量粒子在自由飞行中唯一可取的速度。幸运的是光子就是这样一种无质量粒子，因此你能够看见光。如果你在明澈无云的夜晚抬头仰望天空，你几乎能看到头顶上整个半圆形穹顶，上面缀满了无数的星星。事实上你正如实地描绘着构成光锥的光线族，这个光锥的中心就是此刻你用来感知天球景致的眼睛所代表的事件 O。实际上，你只能感知到光锥的一半光线，但如果你想象一下，你能跳出天外，用一种完全的视角来观察周围的天球，那么你将获得一幅更好的构成整个 O 点光锥的射线球的图。可能把这个球面看成是 O 的过去光锥更容易些，因为我们关心的是进入眼睛的光线，而不是由眼睛发出的光线。但从零直线沿两方向伸展的意义上说，光线是从过去走向未来，因此这个天球也可看

428

**[18.9] 验证这个论断；证明上述两公式的等价性。

成是代表着过 O 的整个光线族 $\mathcal{S}$（亦见 §33.2）。

拓扑上空间 $\mathcal{S}$ 是一个二维球面，但它有某种特定结构吗？我们可以想象地为它提供一个度规，并将它看成是二维黎曼空间。最明显的做法是取一个过光锥的切片，譬如说用空间三维平面 $t=1$（从光锥方程 $t^2-x^2-y^2-z^2=0$）得到单位半径度规的球面 $x^2+y^2+z^2=1$ 用以表示 $\mathcal{S}$。另一种做法是用 $t=-1$ 来做光锥切片，同样可得到单位半径的球面。这二者间的关系是一种过对径点的（保度规）映射关系，别无二致，除非我们要挑出某个观察者的过 O 的世界线并采用这个观察者的"t 坐标"。如果还存在另一个遇上同一事件 O 的观察者（相对于前一个具有很高的速度），那么在一个观察者所做的天球映射与另一个观察者做的映射之间会存在某种失真。

429

的确会存在这种失真，这是因为存在着所谓恒星光行差效应。1725 年，布拉德利（James Bradley，1693～1762）观察到这种效应。根据这种效应，恒星在天球上的视在位置与实际位置之间存在小的季节性偏差，这是由地球在公转轨道的不同位置上存在速度差异引起的。这种效应与高速行驶在雨中的车内的人所看到的情形十分相似。对车内的人来说，雨似乎是迎面扑来的，而地面观察者看到的雨则是垂直降落的。这种效应源于这样一个事实，雨的有限速度必须以恰当方式与车速合成才能解释车中观察到的相对性效应。事实上，在此情形下，车速必须远远高于雨速我们才能得到明显的表观效果。另一方面，在恒星的情形，地球的轨道速度变化要远小于恒星的光速。因此，恒星在天球上表观位置的季节性变化是非常小的（对较近的恒星，约为 0.5″）。但这种效应是存在的，它代表天球的速度型偏差，由此可知，我们不能将这个球面看作是与观察者速度无关的自然度规结构。

我在这里提出的问题是，在 $\mathcal{S}$ 上是否存在某种优美的数学结构，它较度规结构要弱，但在我们从某个观察者所做的天球映射过渡到另一个观察者做的映射时，或当两个观察者恰在事件 O 上以高速（二者间相对速度）错过时保持不变。事实上，的确存在这样一种结构，这就是我们早先在 §§8.2, 3 里研究黎曼球面时提出过的那种结构。回顾一下，黎曼球面有这样一种共形结构，虽然它没有特定的度规，因此不存在相邻点之间的距离概念或曲线长度概念，但却有定义在球面上曲线间角度的绝对概念。任何容许的（即共形的）黎曼球面到自身的变换必须是保角的。因此，（无限小的）小块形状在这种变换下必然是保形的，虽然其大小会改变。此外，球面上任意大小的圆仍变换为圆。这正是天球 $\mathcal{S}$ 拥有的结构。相应地，某个观察者感知的恒星的圆形模

430

式在另一个观察者看来也必然是圆形的。***[18.10] 这意味着星体在天空中的一个方便的标签就是赋给每个（可以到 ∞）星体的一个复数！我不知道这个建议是否会被天文学采纳，但这种复参

***〔18.10〕这个天才的论断是由极富创新精神和影响力的爱尔兰相对论学者辛格（John L. Synge）提出的，它毋需任何计算！试从细节上将论证补充完整。论证过程大致如下：考虑一种由事件 O 的过去光锥 $\mathcal{C}$ 和过 O 的三维（类时）平面 P 组成的几何构形。令 Σ 是 $\mathcal{C}$ 和 P 的截面。在某个特定的闵可夫斯基参照系下，分别就 $\mathcal{C}$、P 和 Σ 的空间轨迹，描述其随时间的变化。解释为什么处于 O 点的观察者看 Σ 是个圆，并用与参照系无关的方式说明，这种几何构形刻画了观察者看成圆的那个射线靶。

数（称为"球极坐标"，与标准的球面极角按公式 $\zeta = e^{i\varphi} \cot \frac{1}{2}\theta$ 相关联**[18.11]）的使用在广义

相对论里则是普遍的。[7]

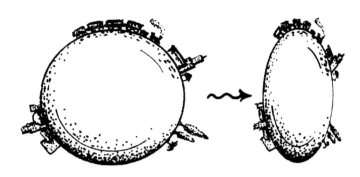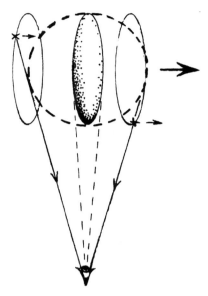

图 18.14 菲茨杰拉德-洛伦兹"压扁"效应。球状行星相对于固定参照系以速度 v（接近光速）向右运动。在这个参照系里，行星的形状被描述成沿运动方向按因子 $\gamma = \sqrt{1 - v^2/c^2}$ 被压扁。

这种性质看起来让人惊奇，特别是对那些熟悉菲茨杰拉德-洛伦兹收缩的人更是如此。通常认为，一个球面在以速度 v 运动时，在运动方向会按收缩因子 $\gamma = \sqrt{1 - v^2/c^2}$ 被压扁，见图 18.14。（这里我不仔细地讨论这种效应了，在我们考虑运动物体的空间描述时它还会出现，你可以从大多数标准的相对论论述中找到它）。[8],**[18.12] 想象一下这个球面以接近光速的速度水平地掠过头顶时的情形。很容易想到，地面上静止的观察者一定能感知到这种压扁效应。按相对性原理，如果是观察者以 v 沿相反方向运动而球面保持静止，

图 18.15 菲茨杰拉德—洛伦兹"压扁效应"不是直接可观察的，因为观察者所看到的是来自球面后部的光要比来自球面前部的光走更远的路程（后部做偏离光路运动而前部做进入光路运动）。于是表观上，球面后缘代表的是较球面前缘代表的更早时刻的球面所在的位置。这样，图像在运动方向上受到补偿性拉伸。

那么观察者感知到的这种效应是一样的。但对相对于球面呈静态的观察者来说，感知到的则仍是具有圆形轮廓的客体。这似乎与前一段的断言"感觉是圆的在哪儿感觉仍是圆"相矛盾。实际上，这里并没有矛盾，因为这种菲茨杰拉德－洛伦兹"压扁效应"不是直接可观察的，它是由对进入观察者视线的光的路径长度的细致分析带来的，对这个观察者来说，球面处于运动中，见图 18.15。那些看上去是来自球面后部的光显然要比看上去是来自球面前部的光走更远的路程。[9],**[18.13]

** 〔18.11〕导出这个公式。

*** 〔18.12〕试用上述时空几何概念导出这个公式。

*** 〔18.13〕从细节上发展这个论证，然后说明，为什么菲茨杰拉德-洛伦兹的压扁效应正好能用路径差引起的效应来补偿？证明：对小的角直径，表观效应是曲面的旋转而非压扁。

18.6 牛顿能量和（角）动量

我打算在本章里讨论的闵可夫斯基几何的最后一部分内容，是有关相对论里能量、动量和角动量等重要问题。我们将在 §18.7 里讨论这些问题，但在这之前，我想先对牛顿理论里的这些核心概念作些探讨，因为此前我们还没介绍过这些概念。这些量之所以如此重要是因为它们在牛顿理论里都是意义十分明确的守恒量，即是说，对于一个不受外力作用的系统，其总能量、总动量和总角动量在时间上是个常数。

系统的能量可认为由两部分组成，即动能（运动能）和势能（粒子间的力存储的能）。在牛顿理论里，（无结构）粒子的动能由表达式

$$\frac{1}{2}mv^2$$

给出，这里 m 是粒子的质量，v 是其速度。要得到整个动能，我们仅需将所有单个粒子的动能加起来即可（虽然对于大量组分粒子做随机运动的系统，我们可以称其能量为热能，见 §27.3）。而要得到总势能，我们需要知道所涉及的所有力的详细性质。单是总动能或总势能未必守恒，但二者的总和则一定是守恒的。

粒子的动量 **p** 是一个矢量，由下式给定：

$$\mathbf{p} = m\mathbf{v}。$$

这里 **v** 是粒子的速度矢量。要得到整个动量，我们取所有单个粒子动量的矢量和。这个总动量在时间上也是守恒的。******[18.14]

现在，我们回顾一下 §17.3 里牛顿理论下的相对性原理（伽利略相对性）。当我们从一个惯性参照系变换到另一个，能量和动量都发生变化时，守恒律又该如何起作用呢？如果第二个参照系相对于第一个参照系以速度 **u** 做匀速运动，那么在第一个参照系里有速度 **v** 的粒子在第二个参照系里的速度为 **v** – **u**，可以证明，在第一个参照系里守恒的能量和动量在第二个参照系里依然是守恒的，只要质量是不变的话（我们必须用到牛顿第三定律，见图 17.4b，§17.3）。*******[18.15]

应当指出，在牛顿力学里还有其他守恒量，其中最重要的是角动量（或动量矩）。取某一点为原点 O，假定某个粒子关于 O 的位置矢量为

$$\mathbf{x} = (x^1, \ x^2, \ x^3),$$

x^1，x^2，x^3 是粒子的笛卡儿坐标，**p** 是其动量，则其角动量

** 〔18.14〕用能量守恒和动量守恒证明：如果一只以 v_1 做匀速直线运动的台球受到另一只同质量的以 v_2 做匀速直线运动的台球的碰撞，那么碰撞后二者将相互垂直地分离（假定碰撞是完全弹性的，不存在动能到热能的转换）。

*** 〔18.15〕证明所有这些。

由下式给出

$$M = 2\mathbf{x} \wedge \mathbf{P}$$

（∧ 的意义见 §11.6）。[10] 要得到整个系统的角动量，我们只需将所有单个粒子的角动量加起来即可。*[18.16]

在牛顿力学里，如果没有外力的话，还存在另一个时间上守恒的量，尽管它不像角动量那样经常讨论到。对于单个粒子，这个量定义为

$$\mathbf{N} = t\mathbf{p} - m\mathbf{x},$$

这里 t 是时间，将所有每个粒子的 $\mathbf{N}$ 值加起来我们就得到系统的总 $\mathbf{N}$ 值。这个总 $\mathbf{N}$ 值有与上面定义的一样的形式，只不过现在 $\mathbf{x}$ 是质心的位置矢量，$\mathbf{p}$ 是系统的总动量。这个总 $\mathbf{N}$ 值守恒表示质心在做匀速直线运动，见图 18.16。***[18.17]

我们要问一个问题：所有这些量在狭义相对论下会怎样？我们还有能量、动量、角动量和质心运动的守恒概念吗？什么是质量守恒？对前四个量的回答是"是"，尽管我们必须对这些量作正确仔细的定义。至于质量守恒，就另当别论了。这时能量和质量这两个单独的牛顿守恒律合并为一个。或者说，按爱因斯坦最著名的方程

$$E = mc^2,$$

质量和能量已完全变成彼此等价的了，这里 E 是系统总能量，m 是系统总质量，c 是光速。在本章的最后一节，我们将看到它是怎么起作用的。

434

图 18.16　质心的匀速运动。量 $\mathbf{N} = t\mathbf{p} - m\mathbf{x}$（这里 t 是时间，$\mathbf{x}$ 是质心位置矢量）守恒。它表示质心以速度 $\mathbf{p}/m$ 沿直线做匀速运动。

18.7　相对论性能量和（角）动量

我们先回顾一下在相对论里空间和时间是如何变成一个概念"时空"的。将时间坐标 t 加入到三维空间位置矢量 $\mathbf{x} = （x^1, x^2, x^3）$ 中，我们得到四维矢量

$$(x^0, x^1, x^2, x^3) = (t, \mathbf{x})。$$

＊〔18.16〕为什么滑冰者自旋时收紧双臂可以增加转动速度？

＊＊＊〔18.17〕证明这一点。（注意，质心的位置矢量是量 $m\mathbf{x}$ 的和除以质量和 m。）

我们发现，动量和能量也可以作类似联合。在狭义相对论里，任何有限系统都有一个总能量 E 和一个总动量三维矢量 $\mathbf{p}$ 它们联合成所谓能量动量四维矢量，其空间分量为

$$(p^1, p^2, p^3) = c^2\mathbf{p},$$

时间分量 p^0 测量的不仅是系统的总能量，而且包括系统的总质量 m：

$$p^0 = E = mc^2,$$

它们合并成爱因斯坦著名的质 – 能关系式。

在 $c=1$ 的自然单位下，能量和质量直接相等。但我一直明确地使用光速 c（不取使 $c=1$ 的空间/时间单位）以便明白非相对论描述是如何转换的。我用的约定是将度规分量 g_{ab} 写成矩阵，其主对角线上的非零分量为 $(1, -c^{-2}, -c^{-2}, -c^{-2})$；它的逆 g^{ab} 的主对角线是 $(1, -c^2, -c^2, -c^2)$。

虽然刚开始我们将能量 – 动量视为这样一种时空矢量，但可以证明，在分量为

$$(p_0, p_1, p_2, p_3) = (E, -\mathbf{p})$$

的下角标量 p_a 的描述下，这个量更适合当作余矢量（见 §20.2 和 §21.2）。它有一个讨厌的负号（虽然 c 已经去掉了）。不论哪一种情形（p_a 还是 p^a），这个四维动量都满足守恒律。因此，对于两个或多个（或系统）粒子碰撞的情形，或单个粒子（或系统）衰变成两个或多个粒子的情形，或一个粒子被另一个粒子俘获的情形，碰撞前的所有四维动量的和等于碰撞后的所有四维动量的和。这样，能量守恒律、动量守恒律还有质量守恒律就合并成一个守恒律。它们所以能作这种合并是因为，根据相对论，在参照系变换下，这些量正如指标记法（见 §12.8）所要求的那样，只在它们之间进行转换。

我们注意到，在相对论里，系统总质量不是一个标量，因此它的值取决于对其测量的参照系。例如，在相对自身静止的参照系里测得的质量为 m 的粒子，在另一个相对它运动的参照系里测得的质量将大于 m。当然，要使这种效应显著，两参照系之间的相对速度应与光速可比拟。**[18.18]

然而，这些论述只能用于前述的保守质量系（系统不受外力）。相对论里还有另一种质量概念，即不依赖于参照系的静质量 μ（≥ 0）。它等于系统自身静止的参照系里测得的质量——即在动量为零的参照系里测得的质量。静质量 μ 等于 c^{-2} 倍静能量 $(p_a p^a)^{1/2}$，因此，

$$(c^2\mu)^2 = p_a p^a = E^2 - c^2\mathbf{p}^2;$$

我们得到 $\mu = c^{-2}(E^2 - c^2\mathbf{P}^2)^{1/2}$。这里，我采用三维矢量记法，即对于任一三维矢量 $\mathbf{a}$，我们定义 $\mathbf{a}^2 = \mathbf{a} \cdot \mathbf{a} = a_1^2 + a_2^2 + a_3^2$。这里 "·" 表示 "标量积"（类似于 §12.3 里的记法）：对于 $\mathbf{a} = (a_1, a_2, a_3)$ 和 $\mathbf{b} = (b_1, b_2, b_3)$，

$$\mathbf{a} \cdot \mathbf{b} = a_1 b_1 + a_2 b_2 + a_3 b_3$$

**[18.18] 证明：所增质量公式为 $m(1 - v^2/c^2)^{-1/2}$，这里 v 是粒子在第二个参照系里的速度；见后述。

对 $\mu > 0$ 的单个有质量粒子，我们可将四维动量取为按静质量 μ 定标的四维速度。这个四维速度 v^a 是一个与粒子世界线相切的（未来）类时矢量，它具有（闵可夫斯基）长度 c（如果取 $c = 1$，即为单位矢量）：

$$p^a = \mu v^a, \qquad 这里 \qquad v_a v^a = c^2;$$

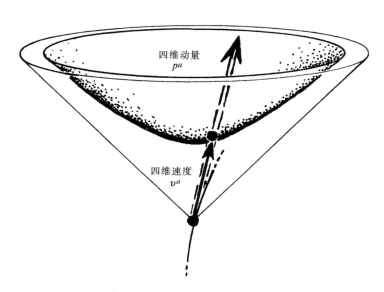

四维动量 p^a

四维速度 v^a

图 18.17 对有质量粒子，四维动量 p^a 是按静质量 μ（>0）定标的四维速度 v^a，这里 v^a 是一个与粒子世界线相切的（未来类时）单位四维矢量（取 $c=1$）。

见图 18.17。如上所述，有质量粒子的静质量是在自身静止的参照系里测得的质量（质量能量）。   436
将粒子的普通三维速度取为 $\mathbf{v}$，故有 $\mathbf{v} = (\mathrm{d}x^1/\mathrm{d}t, \mathrm{d}x^2/\mathrm{d}t, \mathrm{d}x^3/\mathrm{d}t)$，这里 $t = x^0$，我们得到 **[18.19]，**[18.20]

$$\mathbf{p} = m\mathbf{v}, \qquad m = \gamma\mu, \qquad v^a = \gamma(c^2, \mathbf{v})$$

其中

$$\gamma = (1 - \mathbf{v}^2/c^2)^{-1/2}$$

粒子可以是无质量的（即静质量为零），光子就是这样一种情形。这时四维动量是零矢量。由于静质量不守恒，因此有质量粒子完全可以衰变成无质量粒子，无质量粒子也可以变成有质量粒子。事实上，像"中性介子"（记为 π^0）这样的有质量粒子通常在 10^{-16} 秒时间内衰变为两

[18.19] 为什么？

[18.20] 用 §6.4 里的泰勒级数推导 $(1+x)^{1/2} = 1 + \dfrac{1}{2}x - \dfrac{1}{8}x^2 + \dfrac{1}{16}x^3 - \cdots$ 由此，对静质量 μ 三维动量 $\mathbf{p}$ 的粒子能量 $E = [(c^2\mu^2) + c^2\mathbf{p}^2]^{1/2}$ 导出其幂级数表达式。证明：第一项正好是静能量为 μ 的爱因斯坦质能关系式 $E = mc^2$，第二项是动能的牛顿力学表达式。写下后续的两项，以便给出完整的相对论能量的一个较好的估计。

个光子。

437 　　在任一具体参照系内，总质量能量（不是静质量）是加和守恒的，每个单光子的质量能量不为零。四维动量的叠加方式见图 18.18。

　　最后，我们来看看在相对论里角动量需要如何处理。我们可将它描述为一个关于其两指标反对称的张量 M^{ab}：

$$M^{ab} = -M^{ba}。$$

（见 §22.12 里 M^{ab} 与量子力学的关系。）对单个无结构点粒子，我们有[11]

$$M^{ab} = x^a p^b - x^b p^a，$$

这里 x^a 是在考虑角动量时粒子世界线上某点的（指标形式下的）四维位置矢量。如果粒子处于惯性运动状态，则 M^{ab} 在粒子世界线的所有点上都相同。*****[18.21] 要得到总的相对论性角动量，我们只需将每个粒子的角动量张量简单相加即可。对单个（无自旋）粒子，§18.6 里考虑的普通角动量 $\mathbf{M} = 2\mathbf{x}$

438 $\wedge \mathbf{p}$ 有三个独立的纯空间分量（$\times c^2$）M^{23}, M^{31} 和 M^{12}，而独立分量 M^{01}, M^{02} 和 M^{03} 则构成量 $\mathbf{N} = t\mathbf{p} - m\mathbf{x}(\times c^2)$。（总 $\mathbf{N}$ 守恒表示质心的匀速运动，见图 18.16。）******[18.22]

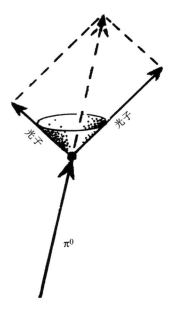

图 18.18 有质量的"中性介子"π^0 衰变为两个无静质量的光子。四维质量/能量矢量是加和守恒的，（虽然静质量不守恒）。

　　回顾一下，在 §18.2 里，闵可夫斯基空间的十维庞加莱对称群有 4 维是关于时空平移的，其他 6 维是关于（洛伦兹）转动的。在 §20.6 里我们将看到，经典力学里著名的内特尔定理作为一条重要原理是如何将对称性和守恒律联系起来的。在 §§21.1-5 和 §22.8 里，我们将看到这种联系在量子理论里的表现。它为我们提供了一种对四维动量 p_a 和六维角动量 M^{ab} 的深刻的理解，因为它们分别起因于闵可夫斯基空间的四维平移对称和六维（洛伦兹）转动对称。p_a 和 M^{ab} 的守恒在第 21 章和 §§22.8，12，13 里有着重要的应用。

注　释

§18.1

18.1　布朗大学的 Tom Banchoff 多年来一直在发展针对发展四维直觉的交互式计算系统，特别是基于 $\mathbb{C}^2$ 上黎曼曲面的复函数可视化，见 Banchoff（1990，1996）。

18.2　"ds"这个量应简单看作"无穷小量"（就像 §13.6 里的 ε）。比较注释 12.8。

§18.2

---

　　*〔18.21〕为什么？

　　**〔18.22〕对相对论情形，详细解释这一点。

18.3　有关洛伦兹、庞加莱和爱因斯坦在狭义相对论发展上的作用的特别详细的讨论，见爱因斯坦（1995），249－356 页，在我看来，在 1905 年，即使是爱因斯坦也没能完全建立狭义相对论，只有到 1908 年采用了闵可夫斯基的四维观点，才能算是完成了这种图像；见 §17.8。

18.4　还存在庞加莱群的时间反演元，它将未来类时方向变成过去类时方向。

§18.3

18.5　应当强调指出，特别是对那些已经熟悉量子力学的读者，我这里用的"正交性"复概念必须是全纯的（此即"复化"的全部含义），而不是 §13.9 里带来复共轭的那种埃尔米特概念。这个概念在数学和物理的许多其他领域也有应用。

18.6　例如，见 Rindler（1982，2001）；Synge（1956）；Taylor and Wheeler（1963）；Hartle（2002）。

§18.5

18.7　具体见 Newmann and Penrose（1966）；Penrose and Rindler（1984，§§1.2～4，§4.15；1986，§9.8）。

18.8　例如，见 Rindler（1982，2001）。

18.9　例如，见 Terrell（1959）；Penrose（1959）。

§18.6

18.10　某些读者可能会对这个表达式里的"2"感到迷惑不解，他们应当重新检验我在 §11.6 给出的"∧"的定义。$\mathbf{x} \wedge \mathbf{p}$ 的分量是 $x^{[i}p^{i]} = \dfrac{1}{2}(x^i p^j - x^j p^i)$。因此，$\mathbf{M}$ 有分量 $x^i p^j - x^j p^i$。

§18.7

18.11　在 §22.8 里我们将看到，大多数（量子化）粒子还具有内禀自旋，除了这里的"轨道 M^{ab} 之外"，这种（常数）内禀自旋也对 M^{ab} 有贡献（见 §22.12）。

439

第十九章
麦克斯韦和爱因斯坦 的经典场

19.1 背离牛顿动力学的演化

440 　　从 1687 年牛顿的《原理》出版为标志的牛顿动力学框架建立始，到 1905 年以爱因斯坦第一篇相对论论文发表为标志的狭义相对论的出现，其间出现了许多涉及基本物理学图像的重要发展。其中最大的变化就是出现了物理场的概念。由于主要是法拉第和麦克斯韦在 19 世纪的工作，人们认识到，与早先掌握的具有瞬时作用[1] 的单个粒子这种"牛顿实在"共存的，一定还存在一种弥漫于空间的物理场。后来，这种"场"的概念又成了 1915 年爱因斯坦提出的引力的弯曲时空理论里的核心概念。我们今天的所谓经典场，指的就是麦克斯韦的电磁场和爱因斯坦的引力场。

　　现在我们知道，物理世界的本质要远比经典物理所描述的复杂得多。1900 年，马克斯·普朗克揭示了需要"量子论"的第一个迹象，此后人们为完善这一理论又花去了近半个世纪。应当明了的是，除了所有这些针对"牛顿"物理基础的深刻变化之外，在此前后，牛顿理论本身的框架内也存在许多其他重要的发展，它们以强有力的数学进步的面貌出现。我们将在下一章论述这一主题。这些数学与经典场论有着重要关联，但更重要的是，它们是准确理解量子力学所必不可少的先决条件。热力学（及其精致化了的统计力学）就是这种重要进展的一个领域。它

441 研究的是由大量个体组成的系统的整体行为，运动的细节并不重要。这种系统的整体行为通常用适当的平均量来描述。这项成就发轫于 19 世纪中叶，至 20 世纪初完成，其中卡诺、克劳修斯、麦克斯韦、玻尔兹曼、吉布斯和爱因斯坦等人的贡献尤为突出。我将在第 27 章里对热力学里最重要也最令人迷惑的一些问题进行论述。

　　本章描述麦克斯韦和爱因斯坦的物理场理论，即电磁场和引力场的"经典物理学"。电磁理论在量子论中也起着重要作用，它为我们将在第 26 章论述的量子场论的进一步发展提供了原型

"场"。另一方面，对引力场的适当量子化处理则仍是扑朔迷离，充满争议。我们将在本书的后半部分（第 28 章以后）对这些量子/引力问题予以论述。但就下面将要考虑的物理来说，我们主要是研究经典意义下的物理场。

在本章开头，我已指出，牛顿基础的动摇早在 20 世纪里相对论革命和量子论革命之前的 19 世纪就已经开始。这种变化的最初迹象来自米歇尔·法拉第 1833 年前后作出的惊人的实验发现以及他为此提出的实在图像。根本上说，这种基础的变化就是人们认识到，"牛顿粒子"以及作用在粒子间的"力"已不再是宇宙间唯一的实在。"场"的观念，一种无形的实在的存在方式，必须得到认真考虑。1864 年，伟大的苏格兰物理学家詹姆斯·克拉克·麦克斯韦将这种"无形场"必须满足的方程系统化，并证明，这些场可以将能量从一个地方带到另一个地方。将电场、磁场、甚至光统一起来的这些方程就是现在人们熟知的麦克斯韦方程，也是第一个相对论性的场方程。

按 20 世纪的观点（今天，我们的数学已取得了长足进步，这里我特别要提到我们在第 12～15 章看到的流形上的微积分技术），麦克斯韦方程似乎有一种令人叹服的本性和简单性，让我们怀疑这些电/磁场还怎么去服从其他物理规律。但这种观点忽视了一个事实，那就是正是麦克斯韦方程本身导致了数学的这种极为丰富的发展；正是这些方程的形式导致了洛伦兹、庞加莱和爱因斯坦提出了狭义相对论的时空变换，由此又导致闵可夫斯基的时空概念。在时空框架下，我们可以为这些方程找到一种形式，使之能够自然发展到嘉当的微分形式理论（§12.6），并使与麦克斯韦理论中电荷守恒律和磁通量守恒律有关的积分表达式变得非常优美，这些绝妙的公式就是 §§12.5，6 里的外微积分基本定理。

看起来好像我把所有这些进展都归功于麦克斯韦方程的影响，在叙述中采取了过于极端的态度。应当说，麦克斯韦方程在这些方面的确具有不容置疑的重要意义。方程得以确立的许多先驱，像拉普拉斯、达朗贝尔、高斯、格林、奥斯特罗格拉茨基、库伦、安培和其他人当然都有着重要影响，但我们仍需要弄懂电场和磁场，它们是这些发展背后的主要驱动力——这些认识对于引力场的情形也一样。本章的其余部分就是关于如何正确理解电磁场和引力场，以及如何将其纳入现代数学的框架之内。

19.2　麦克斯韦电磁场理论

那什么是麦克斯韦方程呢？它们是用来描述电场的 3 个分量 E_1，E_2，E_3 和磁场的 3 个分量 B_1，B_2，B_3 的时间演化的偏微分方程（见 §10.2），其中电荷密度 ρ 和电流密度的 3 个分量 j_1，j_2，j_3 被认为是给定的量。那些被视为场在其中传播的环境因素作为其他场量也可以包括进来。在作基础物理讨论时，通常我们略去麦克斯韦方程中与环境媒质有关的那些方面，因为这些媒质本身实际上是由众多的细微成分组成的，每种成分原则上都能在更为基础的水平上进行处理。

为方便起见，我们取所谓"高斯"单位，并采用（§18.1 的）闵可夫斯基坐标，即 $x_0 = t$，$x_1 = x$，$x_2 = y$，$x_3 = z$（ + − − − 符号差）的时空单位（光速 $c = 1$）。

电磁场和电荷 – 电流密度（按闵可夫斯基当初使用的规范）分别综合成时空 2 形式 $\boldsymbol{F}$（称为麦克斯韦场张量）和时空矢量 $\boldsymbol{J}$（称为电荷 – 电流矢量），其分量的矩阵形式为

$$\begin{pmatrix} F_{00} & F_{01} & F_{02} & F_{03} \\ F_{10} & F_{11} & F_{12} & F_{13} \\ F_{20} & F_{21} & F_{22} & F_{23} \\ F_{30} & F_{31} & F_{32} & F_{33} \end{pmatrix} = \begin{pmatrix} 0 & E_1 & E_2 & E_3 \\ -E_1 & 0 & -B_3 & B_2 \\ -E_2 & B_3 & 0 & -B_1 \\ -E_3 & -B_2 & B_1 & 0 \end{pmatrix},$$

$$\begin{pmatrix} J^0 \\ J^1 \\ J^2 \\ J^3 \end{pmatrix} = \begin{pmatrix} \rho \\ j_1 \\ j_2 \\ j_3 \end{pmatrix}$$

注意到 2 形式要求满足反对称 $F_{ba} = -F_{ab}$。我还将使用所谓 $\boldsymbol{F}$ 和 $\boldsymbol{J}$ 的霍奇对偶，它们分别是 2 形式 $^*\boldsymbol{F}$ 和 3 形式 $^*\boldsymbol{J}$，定义为

$$\begin{pmatrix} ^*F_{00} & ^*F_{01} & ^*F_{02} & ^*F_{03} \\ ^*F_{10} & ^*F_{11} & ^*F_{12} & ^*F_{13} \\ ^*F_{20} & ^*F_{21} & ^*F_{22} & ^*F_{23} \\ ^*F_{30} & ^*F_{31} & ^*F_{32} & ^*F_{33} \end{pmatrix} = \begin{pmatrix} 0 & -B_1 & -B_2 & -B_3 \\ B_1 & 0 & -E_3 & E_2 \\ B_2 & E_3 & 0 & -E_1 \\ B_3 & -E_2 & E_1 & 0 \end{pmatrix}$$

$$\begin{pmatrix} ^*J_{123} \\ ^*J_{023} \\ ^*J_{013} \\ ^*J_{012} \end{pmatrix} = \begin{pmatrix} -\rho \\ j_1 \\ -j_2 \\ j_3 \end{pmatrix}$$

这里所需的反对称性质 $^*F_{ab} = {}^*F_{[ab]}$ 和 $^*J_{abc} = {}^*J_{[abc]}$ 均满足。根据列维 – 齐维塔张量 ε（§12.7），并由整体反对称性 ε_{abcd}（ $= \varepsilon_{[abcd]}$）和归一化条件，故有 $\varepsilon_{0123} = 1$，于是这些对偶可写成

$$^*F_{ab} = \frac{1}{2} \varepsilon_{abcd} F^{cd} \qquad 和 \qquad ^*J_{abc} = \varepsilon_{abcd} J^d,$$

这里，按 §14.7，F_{ab} 的指标升 F^{ab} 就是 $g^{ac} g^{bd} F_{cd}$。注意到 $\varepsilon^{abcd} = g^{ap} g^{bq} g^{cr} g^{ds} \varepsilon_{pqrs}$ 满足 $\varepsilon^{0123} = -1$，因此 §12.7 里的 ε 由 $\varepsilon_{abcd} = -\varepsilon^{abcd}$ 给定。$^{*[19.1]}$ 图 19.1 以图表方式给出了这些"对偶"运算（以及麦克斯韦方程本身）。我们将发现，这种意义（以及其他相关意义）下的"对偶"在各种

$*$〔19.1〕检验这些公式。

不同场合下都有着重要应用。

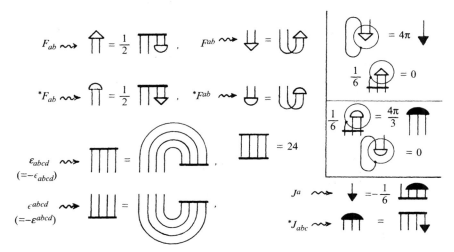

图 19.1　霍奇对偶和麦克斯韦方程的图示记法。在标准闵可夫斯基框架下，量 ε_{abcd}（$=\varepsilon_{[abcd]}$ 和 ϵ^{abcd}（$=\epsilon^{[abcd]}$），按 $\epsilon_{0123}=\epsilon^{0123}=1$ 归一化与它们的升/降（分别通过 g^{ab} 和 g_{ab}）有关系 $\varepsilon_{abcd}=-\epsilon_{abcd}$ 和 $\epsilon^{abcd}=-\varepsilon^{abcd}$。在图示法下，这种符号的变化被指标的倒置所代替。右上框出的是麦克斯韦方程，第一个是场张量 $\boldsymbol{F}$（及其升 $F^{ab}=g^{ac}g^{bd}F_{cd}$；参见图 14.21）的形式，这样，方程变为 $\nabla_a F^{ab}=4\pi J^b$，$\nabla_{[a}F_{bc]}=0$，等等。相应地，用其对偶 $^*\boldsymbol{F}$（这里 $^*F_{ab}=\frac{1}{2}\varepsilon_{abcd}F^{cd}$，$^*J_{abc}=\varepsilon_{abcd}J^d$）则方程为 $\nabla_{[a}{}^*F_{bc]}=\frac{4}{3}\pi\,{}^*J_{abc}$，$\nabla_a{}^*F^{ab}=0$。

我们还必须对霍奇对偶的几何意义作些陈述。从 §12.7 我们知道，双矢量 $\boldsymbol{H}$（由反对称量 H^{ab} 描述）到其"对偶"2 形式 $\boldsymbol{H}^{\#}$（由 $\frac{1}{2}\varepsilon_{abcd}H^{cd}$ 给出）的运算不会对其几何解释造成太大影响。例如，如果 $\boldsymbol{H}$ 是简单双矢量，从而 2 形式 $\boldsymbol{H}^{\#}$ 也是简单的（见 §12.7 节末），那么，由 $\boldsymbol{H}^{\#}$ 确定的二维平面元与由 $\boldsymbol{H}$ 确定的二维平面元将完全相同（正如 §12.7 指出的，唯一差别就是 $\boldsymbol{H}^{\#}$ 具有密度性质）。另一方面，从 2 形式 H_{ab} 到双矢量 H^{ab}（$=H_{cd}g^{ca}g^{db}$）的指标升运算则更具重要的几何作用。对于简单双矢量情形，由 H_{ab} 确定的二维平面元是由 H^{ab} 确定的二维平面元的正交补（见 §18.3）。霍奇对偶，正如它作用到 2 形式 H_{ab} 上将我们带到 $\frac{1}{2}\varepsilon_{abcd}H^{cd}$（即 $\boldsymbol{H}^{\#}$）一样，使用指标升 $H_{ab}\mapsto H^{ab}$ 并因此牵涉到正交补的传递，见图 19.2。相应地，将我们从 $\boldsymbol{F}$ 带到 $^*\boldsymbol{F}$ 的霍奇对偶也涉及正交补。

有了这种记法，我们就可以非常简洁地将麦克斯韦方程写成[19.2]

$$\mathrm{d}\boldsymbol{F}=0,\quad \mathrm{d}\,{}^*\boldsymbol{F}=4\pi\,{}^*\boldsymbol{J}。$$

444

445

[19.2] 以电场和磁场分量形式完整地写出这些公式，用算符 $\partial/\partial t$ 说明这些公式如何给出了电场和磁场的时间演化。

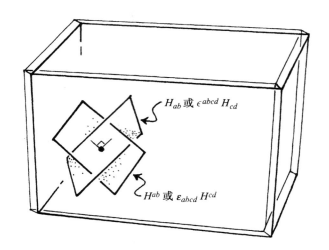

图 19.2 在四维空间里，简单双矢量 H (H^{ab}) 及其"对偶"2 形式 $H^{\#}\left(\frac{1}{2}\varepsilon_{abcd}H^{cd}\right)$ 表示的是同一个二维平面元。但 H 的指标降（即简单 2 形式 H_{ab}，它等价于其"对偶"双矢量 $\frac{1}{2}\varepsilon^{abcd}H_{cd}$）表示的则是二维正交补平面元（见图 18.4）。因此，正是霍奇对偶中的指标升/降导致了到正交补的通道。

我们还可以将麦克斯韦方程完全写成指标形式**[19.3]**

$$\nabla_{[a}F_{bc]} = 0, \qquad \nabla_a F^{ab} = 4\pi J^b。$$

注意，如果我们将外导数算子 d 用到麦克斯韦方程第二式 d*F = 4π *J 的两边，并利用 d^2 = 0 这一事实（§12.6），则可得推论：电荷 – 电流矢量 J 满足"零散度"方程**[19.4]**

$$d^*J = 0 \qquad \text{或等价地} \qquad \nabla_a J^a = 0。$$

这里，我要稍稍偏离些主题，介绍一下麦克斯韦张量的自对偶和反自对偶概念，它们在后面（§32.2 和 §§33.6，8，11，见§18.3）相当重要。这两个概念分别由下式给出：

$$^+F = \frac{1}{2}(F - i\,^*F) \quad \text{和} \quad ^-F = \frac{1}{2}(F + i\,^*F)$$

（二者彼此间复共轭）。在量子论里可以证明，这些复量分别描述右自旋光子和左自旋光子（电磁场量子）；见 §§22.7，12，图 22.7。自对偶/反自对偶性质表现为**[19.5]**

$$^*(\,^{\pm}F) = \pm i\,^{\pm}F$$

记住，*J 是实的，我们可以将两组麦克斯韦方程（分别按实部和虚部）叠加成一组：

$$d\,^+F = -2\pi i\,^*J$$

＊〔19.3〕证明它们与前述方程的等价性。

＊＊〔19.4〕证明这两种零散度形式是等价的。

＊＊〔19.5〕证明该式。首先说明，一个变量对偶两次产生负的原变量。这个负号与时空的洛伦兹符号差有关吗？请予以解释。

光子提供了光的粒子描述。我们将在第 21 章里看到，量子论是如何容许光的粒子描述和波的描述共存的。麦克斯韦的巨大成就之一，就是通过以他名字命名的这组方程，证明了存在以光速传播的电磁波，它具有所有已知的光的偏振特性（我们将在 §22.7 对其进行考察）。根据这些事实，麦克斯韦提出，光是一种电磁波现象。1888 年，差不多在麦克斯韦发表他的方程后的四分之一世纪，海因里希·赫兹通过实验确认了麦克斯韦的惊人的理论预言。

在上面的简短叙述中，我假定背景空间是平直的闵可夫斯基空间 $\mathbb{M}$，在接下来的 §§19.3，4 和 §19.5 的前一部分讨论中，我们也都采用这一假设。然而，它不是真正必要的，如果存在时空弯曲，所有结论依然有效。因此，上述分量必须看成是某个闵可夫斯基局域参照系下的量，指标记法也同样要注意这一点。✳✳✳[19.6]

19.3 麦克斯韦理论中的守恒律和通量定律

我们由电荷－电流矢量的零散度可得到电荷守恒方程。因为通过外演算基本定理（§12.6），我们有 $\int_{\mathcal{R}} \mathrm{d}\,^*\!J = \int_{\partial\mathcal{R}}\,^*\!J$，因此

$$\int_{\mathcal{Q}}\,^*\!J = 0,$$

积分在闵可夫斯基空间 $\mathbb{M}$ 的任意三维闭曲面 $\mathcal{Q}$ 上进行。（$\mathbb{M}$ 的任意三维闭曲面是 $\mathbb{M}$ 的某个四维紧致区域 $\mathcal{R}$ 的边界 $\partial\mathcal{R}$。）见图 19.3。量 $^*\!J$ 可理解为穿过 $\mathcal{Q} = \partial\mathcal{R}$ 的"电荷通量"（或电荷"流量"）。因此，上述方程告诉我们的是，穿过边界的净电荷通量为零；即所有流入 $\mathcal{R}$ 的电荷量精确等于所有从 $\mathcal{R}$ 流出的电荷量：电荷守恒。✳✳✳[19.7]

我们还可以从麦克斯韦方程第二式 $\mathrm{d}\,^*\!F = 4\pi\,^*\!J$ 导出所谓"高斯定理"。在某一时刻 $t = t_0$ 应用这一定理，就可得到三维的外演算基本定理。它告诉我们，t_0 时刻处于二维闭曲面 $\mathcal{S}$ 内的总电荷值（见图 19.4），可以表为麦克斯韦张量 $^*\!F$ 的对偶在 $\mathcal{S}$ 上的积分。或者说，通过积分穿过 $\mathcal{S}$ 的电场 E 的总通量，我们可以获得 $\mathcal{S}$ 包围的总电荷量。✳✳✳[19.8]

更一般地，即使 $\mathcal{S}$ 不处于某个固定时间点 $t = t_0$，这个定理一样可用。假定 $\mathcal{S}$ 是某个三维紧致空间区域 $\mathcal{A}$ 的二维类空边界。于是 $\mathcal{S}$ 所包围的（或用时空术语说，就是"穿过" $\mathcal{S}$ 的，见图 19.4）区域 $\mathcal{A}$ 内的总电荷量 χ 为

447

448

449

✳✳✳〔19.6〕你能看出这一点吗?在曲线坐标系下 F 和 $^*\!F$ 的分量是什么?为什么麦克斯韦方程不受其影响?

✳✳✳〔19.7〕对于 $\mathcal{R}$ 取时空"柱面"（由固定的有限时间间隔 t 里的某个界定出的空间区域构成）情形，写出该方程的完整细节，并解释，这里的"电荷通量"概念与由类空的"顶"和"底"以及类时"侧面"组成的柱面情形有何不同?

✳✳✳〔19.8〕解释这个量正好就是电通量。

$$\int_{\mathcal{S}} {}^*\boldsymbol{F} = 4\pi\chi\,, \quad \text{这里} \quad \chi = \int_{\mathcal{A}} {}^*\boldsymbol{J}\,。$$

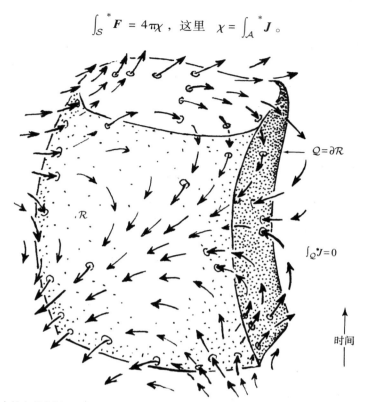

图 19.3 时空中的电荷守恒。三维闭曲面 $\mathcal{Q}$ 是闵可夫斯基时空 $\mathbb{M}$ 的某个四维紧致区域 $\mathcal{R}$ 的边界$\partial\mathcal{R}$，因此，由外演算基本定理，我们有 $\int_{\mathcal{Q}} {}^*\boldsymbol{J} = \int_{\mathcal{R}} \mathrm{d}{*}\boldsymbol{J} = 0$，因为 $\mathrm{d}{*}\boldsymbol{J}=0$。量 ${}^*\boldsymbol{J}$ 描述穿过 $\mathcal{Q}$ 的电荷"通量"，因此穿过 $\mathcal{Q}$ 流入的电荷总"通量"等于流出的电荷总"通量"，故电荷守恒。

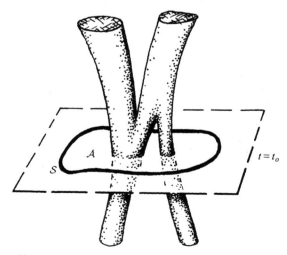

图 19.4 在某一时刻 $t = t_0$ 的三维曲面内，从麦克斯韦方程第二式 $\mathrm{d}{}^*\boldsymbol{F} = 4\pi{}^*\boldsymbol{J}$ 可得到高斯定理。这里，电通量在二维空间闭曲面的积分（${}^*\boldsymbol{F}$ 的积分）给出所包围的总电荷。实际上，这个积分不限于特定时间的二维曲面，由此高斯定理得到推广。

从麦克斯韦方程第一式 $\mathrm{d}\boldsymbol{F}=0$ 我们也可以得到相关的守恒律。除了 $\boldsymbol{F}$ 取代了 $^*\boldsymbol{F}$，相应的源项 $^*\boldsymbol{J}$ 为零，这个式子与麦克斯韦方程第二式别无二致。因此，对闵可夫斯基空间内任意二维闭曲面，[2] 我们总有通量定律

$$\int_{\mathcal{S}} \boldsymbol{F} = 0 。$$

注意，从 $^*\boldsymbol{F}$ 变换到 $\boldsymbol{F}$（或从 $\boldsymbol{F}$ 到 $^*\boldsymbol{F}$），我们只是交换了电场和磁场矢量（符号也作相应变化）。$\boldsymbol{F}$ 的无源性表达了这么一个（迄今所知的）事实：自然界不存在磁单极子。一个磁单极子本身就是一个磁北极或磁南极——而不是像普通磁体那样南北极总是成对出现。（普通的磁极不是一个独立的物理实体，只是电荷环流的一种表现。）自然界里，物理客体上似乎不存在净"磁荷"（非零"磁力"）。单从麦克斯韦方程的观点上看，似乎找不到好的理由来说明为什么不存在磁单极子，因为我们可以简单地为麦克斯韦方程第一式 $\mathrm{d}\boldsymbol{F}=0$ 的右边配备一个量，这并不造成协调性的破坏。事实上，物理学家们一直在思考磁单极子存在的可能性，并试图找到它们。它们的存在对粒子物理有着重要影响（见§28.2），但直到目前还没有任何迹象表明这种单极子在宇宙中实际存在着。

19.4　作为规范曲率的麦克斯韦场

对某个 1 形式 $\boldsymbol{A}$，麦克斯韦方程第一式 $\mathrm{d}\boldsymbol{F}=0$ 还隐含着
$$\boldsymbol{F} = 2\mathrm{d}\boldsymbol{A} ，$$
（这里用到了"庞加莱引理"：如果 r 形式 $\boldsymbol{\alpha}$ 满足 $\mathrm{d}\boldsymbol{\alpha}=0$，那么局域上总存在一个 $(r-1)$ 形式 $\boldsymbol{\beta}$ 使得 $\boldsymbol{\alpha}=\mathrm{d}\boldsymbol{\beta}$。见§12.6。）此外，在一个具有欧几里得拓扑的区域内，这个局域结果可扩展到整个区域。[3] 量 $\boldsymbol{A}$ 称为电磁势。它并不由场 $\boldsymbol{F}$ 唯一地确定，但可以有一个增量 $\mathrm{d}\boldsymbol{\Theta}$，*〔19.9〕这里 $\boldsymbol{\Theta}$ 是某个实标量场：

$$\boldsymbol{A} \longmapsto \boldsymbol{A} + \mathrm{d}\boldsymbol{\Theta}$$

在指标记法下，这些关系为

$$F_{ab} = \nabla_a A_b - \nabla_b A_a$$

并有自由度

$$A_a \longmapsto A_a + \nabla_a \boldsymbol{\Theta} 。$$

电磁势的这个"规范自由度"告诉我们，$\boldsymbol{A}$ 不是一个局域可测的量。我们不可能从实验上测得"$\boldsymbol{A}$ 在某点的值"，因为 $\boldsymbol{A} + \mathrm{d}\boldsymbol{\Theta}$ 可以像 $\boldsymbol{A}$ 一样满足同样的物理要求。但这个势为处理麦克斯韦场与某种其他物理实体 $\boldsymbol{\Psi}$ 之间的相互作用提供了数学上的线索。它是怎么起作用的呢？A_a

450

---

*〔19.9〕为什么我们可以加上这个量？

的具体作用是提供了一种规范联络（或叫<u>丛</u>联络，见§15.8）

$$\nabla_a = \partial / \partial x^a - ie A_a,$$

这里 e 是一个特定的实数，用以量化 Ψ 所代表的那个实体的电荷。实际上，这个"实体"一般是指某个带电的量子化粒子，像电子和质子，但这个 Ψ 还可以代表粒子的量子力学波函数。这些概念的全部意义要等到第 21 章才能明了，在那里我们将解释波函数概念。现在我们只需知道，Ψ 可被看作是丛的截面（§15.3），<u>丛</u>描述带电的场，正是在<u>丛</u>上▽才起着联络的作用。

电磁场量 $\boldsymbol{F}$ 和 $\boldsymbol{A}$ 是不带电荷的（它们的 $e=0$），因此，所有麦克斯韦方程等都不受这个新定义的 ∇_a 的影响，即这些方程在闵可夫斯基坐标下，仍有 $\nabla_a = \partial / \partial x^a$（如果考虑到弯曲时空，这个式子可作适当推广，见§14.3）。那么这个联络所在的<u>丛</u>的几何性质又如何呢？一种观点认为，这个丛具有时空 $\mathbb{M}$ 上描述 Ψ 的相因子 $e^{i\theta}$ 的圆（S^1）纤维。（这是那种发生在"卡鲁扎 – 克莱因"图像上的事儿，我们在§15.1 指出过这一点，但在那里整个丛都视为"时空"。）更恰当的是将丛看作是每一点上可能的 Ψ 值的矢量<u>丛</u>，相的乘积的自由度使丛成为时空 $\mathbb{M}$ 上的 U(1)<u>丛</u>。（我们在§15.8 的节末考虑过这种问题。）为使这一点讲得通，Ψ 必须是复场，其物理解释是，在某种适当意义上对位移 $\Psi \rightarrow e^{i\theta}\Psi$ 不敏感（这里 θ 是流形 $\mathcal{M}$ 上的某个实值场）。这里位移是指一种电磁规范变换，物理上将这种对位移不敏感的理解称为规范不变性。丛联络的曲率就是麦克斯韦场张量 F_{ab}。**[19.10]

在对这些概念作进一步探讨之前，我们不妨作些历史评述。在 1915 年爱因斯坦发表他的广义相对论之后不久，1918 年，外尔提出了一种一般化设想，其中长度的概念变得与路径无关。（Hermann Weyl，1885～1955，20 世纪里重要的数学天才。在那些其工作完全发表于 20 世纪的数学家中，我认为他是最有影响力的一位——他不仅是一位重要的纯数学家，而且也是一位重要的物理学家。）在外尔的理论里，零锥仍保持了它们在爱因斯坦理论里的具有的基础地位（例如，通过限定有质量粒子的极限速度，通过引入作用仅限于每一点的邻域的局域"洛伦兹群"），这样，洛伦兹（譬如说 + − − −）度规 $\boldsymbol{g}$ 对定义这些零锥的要求来说仍是局域的。然而，在外尔框架下，对时间和空间测量不存在绝对定标。因此这种度规至多只是比例性的。这样，对时空 $\mathcal{M}$ 上的某个（譬如说正的）标量函数 λ 来说，形式的变换

$$\boldsymbol{g} \longmapsto \lambda \boldsymbol{g},$$

是允许的。它们不影响 $\mathcal{M}$ 的零锥。（这种变换称为度规 $\boldsymbol{g}$ 的共形重定标。在外尔理论里，每个 $\boldsymbol{g}$ 的选取都为我们提供了一种可能的规范（gauge），距离和时间据以得到量度。）虽然外尔考虑的更多的是空间距离，但我们（按第 17 章的观点）认为它对时间测量一样可以适用。因此，在外尔几何里，不存在绝对的"理想化时钟"。任何时钟记录时间的快慢都将取决于其历史。

这种情形要比我在§18.3 里描述的标准的"时钟悖论"情形（图 18.6(d)）更"糟"。在

** [19.10] 证明这一点。提示：参见§15.8。

外尔几何里，我们可以设想，一个前往遥远恒星的空间旅行者返回地球后将发现，不只是地球上的人老了很多，就连地球上的时钟也变得与飞船上的不同步了！见图 19.5（a）。外尔正是用这些与众不同的思想将麦克斯韦电磁场理论的方程结合到时空几何里。

他的基本方法是将电磁势编译到丛联络里，就像我前面做的那样，但 ∇_a 的表达式里不含虚单位"i"。我们可将 $\mathcal{M}$ 上有关的丛看成是由那些相同的零锥共同所具有的洛伦兹度规给定的。这样，$\mathcal{M}$ 的某个点 x 上的纤维组成一族成正比的度规族（如果愿意，我们可取比例系数为正）。这些度规就是上述 $g \mapsto \lambda g$ 里可能的"λ"。对任一特定选取的度规，我们有一种沿曲线定义的距离和时间规范。但规范的选取不是绝对的，因此不存在从成比例的度规 g 等价族中进行优选的问题。除了零锥的（共形）结构之外还存在某种结构，即丛联络——或叫规范联络——它是外尔为使麦克斯韦的 F（即 F_{ab}）成为其曲率而引入的。这种曲率测度的是如图 19.5（a）所示的（当世界线出现如图 19.5（b）的无穷小偏离时的）时钟快慢上的偏差。（这一点也可与 §15.8 的图 15.16 和图 15.19 里 $\mathbb{C}$ 上的"张紧的丛" $\mathcal{BC}$ 进行比较，基本的丛概念非常类似。）

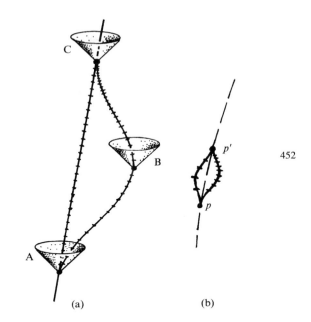

图 19.5　在外尔最初的电磁规范理论里，时间间隔（或空间间隔）概念不是绝对的，而是依赖于所取的路径。（a）图 18.6 所示的"时钟悖论"比较：在外尔理论里，空间旅行者回到家（世界线 ABC）后，发现不仅地球上的时间记录（直线 AB）与飞船上的不同，而且时钟频率也不同！（b）随着我们经历一个无限小循环（p 与相邻的 p' 之间的路径差），外尔规范曲率（给出麦克斯韦场 F）也从这个（共形）时间尺度开始发生变化。

当爱因斯坦得知这一理论后，他致信外尔说，尽管外尔概念在数学上非常优美，但其中存在基本的物理缺陷。例如，频谱似乎本应完全与原子的历史无关，但外尔理论预言的则不是这样。更主要的是，虽然当时不是所有相关的量子力学规律都已公式化（我会在后面谈到这些，见 §21.4，§§23.7，8），但外尔理论却与量子力学里同类型的不同粒子之间存在严格同一性这一原理（见 §21.4）相冲突。特别是，时钟频率与粒子质量存在直接联系。正如我们将要看到的，静质量 m 的粒子具有自然频率 mc^2h^{-1}，这里 h 是普朗克常数，c 是光速。因此在外尔几何里，不只是时钟频率，而且粒子的质量都依赖于其历史。例如，按照外尔理论，如果两个光子有不同的历史，那就几乎一定会有不同的质量，这就违反了量子力学有关同类粒子具有严格同一性（§§23.7，8）这一原理。

虽然在最初的外尔理论里存在这种致命的缺陷，但后来发现，[4] 如果我们将"规范"从（由

λ）实定标改为由单位模的复数（$e^{i\theta}$）定标，那么这一理论仍行得通。这种思想看起来很怪，但在第 21 章及其后章节（特别是 §§21.6，9）我们将看到，量子力学规则迫使我们必须采用复数来描述系统的态。特别是，单位模复数 $e^{i\theta}$ 可以乘上这种"量子态"（经常用 Ψ 表示）而局域上却不带来可观察的后果。这种"非可观察的"替代物 $\Psi \mapsto e^{i\theta}\Psi$ 就是今天仍在使用的"规范变换"，尽管现在它涉及的不是长度标长的变化，而是复平面上的转动（这种复平面既不与空间维也不与时间维直接关联）。在这种奇异的扭曲形式下，外尔理论为 $U(1)$ 联络提供了一种恰当的物理定位（我在第 15 章的末尾提到过一点），并且已成为电磁场实际相互作用的现代图像的基础。定义在电磁势上的算子∇（即 $\nabla_a = \partial/\partial x^a - ieA_a$）提供了荷电量子化波函数 Ψ 丛（§21.9）上的 $U(1)$ 丛联络。

有意思的是，联络的路径依赖性（我们可以比较一下图 19.5 里的路径依赖性）表现为一种出人意表的实验现象，即所谓阿哈罗诺夫－玻姆（Aharonov-Bohm）效应。[5] 由于联络∇的作用只是一种量子现象，因此我们在经典实验上是看不到这种路径依赖性的。阿哈罗诺夫－玻姆效应有赖于量子干涉现象（见 §21.4 和图 21.4）。在其典型实验里，电子被准直成束后由分束片分成两束通过一个无电磁场（$F=0$）的区域，区域中两束电子路径之间置有一长直密绕螺管（管内充满磁力线，管外无磁场），最后两束电子在检测屏上形成干涉条纹（见图 19.6（a））。整个过程中电子都处于无场 F 作用状态。但相关的无场区 $\mathcal{R}$（自源始，分束绕过密绕螺管，直至屏）却不是单连通的，对于 $\mathcal{R}$ 外的场 F，不存在一种规范选择使得在 $\mathcal{R}$ 内电磁势 A 处处为零。正是这种非单连通 $\mathcal{R}$ 内的非零势的存在——或更准确地说，$\mathcal{R}$ 内∇的路径依赖性——导致屏上干涉条纹出现位移。

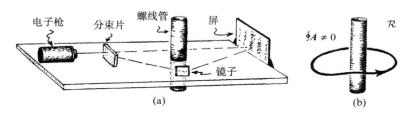

图 19.6 阿哈罗诺夫-玻姆效应。（a）一束电子被分成两束绕过导电长直密绕螺管的两边，最后在检测屏上形成量子干涉条纹（比较图 21.4）。尽管电子经过的是一个零场强（$F=0$）区域，但干涉条纹却与螺管内的磁通量强度有关。（b）这个效应依赖于 $\oint A$ 的值，这个值在积分路径是拓扑上非平凡闭合曲线时不为零，尽管路径上的 F 是零。在无场区无论怎么连续地改变路径，$\oint A$ 的值都不会变化。

事实上，干涉条纹位移效应并不依赖于 A 在局部的具体值（这也不可能，因为如上所述，A 不是一个局部可观测量），而是取决于 A 的某个非局域积分。这就是量 $\oint A$，环路取为 $\mathcal{R}$ 内的拓扑非平凡闭曲线。见图 19.6（b）。由于 $\mathcal{R}$ 内 dA 为零（因为 $\mathcal{R}$ 内 $F=0$），因此如果在 $\mathcal{R}$ 内沿这条闭曲线行走，积分 $\oint A$ 不变。**[19.11] 由此可知，$\oint A$ 在无场区 $\mathcal{R}$ 内非零。也就是说，阿哈罗诺夫－玻姆效应本身取决于这个拓扑上非平凡的无场区。

由于这个电磁联络▼概念历史上源于外尔的杰出思想（它最初是作为路径依赖性"规范"来用的），因此我们称它为规范联络——这一称呼也为一般化的电磁理论，如"杨－米尔斯"理论（一种描述弱、强相互作用的现代粒子物理理论），所采用。应当指出，严格说来，"规范联络"概念依赖于一种确切但非直接可观测的对称性的存在（对于电磁场，就是 $\Psi \to e^{i\theta}\Psi$ 对称性）。回想一下，实际上，当时爱因斯坦之所以反对外尔最初的规范概念，就是因为这个概念里包含了粒子的质量（及其自然频率）等直接可测量，因此认为它不可能用作所需意义上的"规范场"。以后我们将发现，在某些使用"规范"概念的现代理论里，这个问题显然已变得模糊不清。

19.5　能量动量张量

下面，我们将把注意力转向以"规范理论"面貌出现的其他基本经典场，也就是引力场。作为前提，首先来考虑场的能量密度（即引力源的密度）问题无疑是重要的。爱因斯坦的著名方程 $E = mc^2$ 告诉我们，质量和能量本质上是一回事儿（§18.6）。而牛顿又说过，质量是引力之源。因此，我们需要弄明白如何来描述场（如麦克斯韦电磁场）的能量密度，这个密度如何才能像引力源那样起作用。爱因斯坦告诉我们的是，通过所谓能量动量张量就能做到这一点。这个张量是一个对称的 $\begin{bmatrix} 0 \\ 2 \end{bmatrix}$ 价张量 T（指标形式 $T_{ab} = T_{ba}$），它满足守恒律

$$\nabla^a T_{ab} = 0 。$$

（在本章余下部分，我们用时空协变导数 ∇_a 代替 $\partial/\partial x^a$。因为这里的场都是不带电的，故早先的那些表达式都将被原封不动地移过来，亦见 §19.2 的最后一段，注释19.2 和练习［19.6］。）我们可以将这种表达式与电荷的守恒方程 $\nabla^a J_a = 0$ 比较一下。T_{ab} 需要附加指数的理由是，守恒量能量－动量是一个不同于标量电荷的四维（余）矢量（即 §18.7 里的四维能量动量（余）矢量 p_a）。为了更清楚地描述 T_{ab} 的物理意义，我们不妨过渡到等效量 $T^a{}_b = g^{ac}T_{cb}$，这里有一个指标被度规张量 g^{ab} 提升。*[19.12] 量 $T^a{}_b$ 将所有场与粒子的不同的密度和能量动量通量综合到一块儿。更具体地说，在标准的闵可夫斯基坐标系下，余矢量 $T^0{}_b$ 定义了四维动量密度，而 3 个余矢量 $T^1{}_b$，$T^2{}_b$，$T^3{}_b$ 则提供了四维动量在 3 个独立空间方向上的通量。这是直接比照 J^a 情形得来的，因为

[19.11] 解释这一点。

*[19.12] 在局域闵可夫斯基参照系下，单个分量 $T^a{}_b$ 与 T_{ab} 有怎样的关系？这里分量 g_{ab} 有对角形式 $(1, -1, -1, -1)$。

J^0 是电荷密度，3 个量 J^1，J^2，J^3 则提供了电荷在 3 个独立空间方向上的通量（即电流）。正是附加指数 b 告诉我们，现在守恒律指的是（余）矢量守恒。可以证明，量 T_{00} 测度的是能量密度，T_{11}，T_{22}，T_{33} 测度的是 3 个空间坐标轴方向上的压强。

正如麦克斯韦曾指出的，电磁场本身携带能量。在指标记法下，可以证明，电磁场的能量动量张量为 ✳✳[19.13]

$$\frac{1}{8\pi}(F_{ac}F^c{}_b + {}^*F_{ac}\,{}^*F^c{}_b)。$$

其他物理场也有各自的能量动量张量，各种不同的能量动量张量加在一块儿给出总的能量－动量张量，并且满足守恒方程 $\nabla^a T_{ab} = 0$。

然而，存在引力场时能量动量则相当不同。在没有引力时，时空是平直的（即闵可夫斯基空间），这时我们可以用平直（闵可夫斯基）坐标系。于是 4 个矢量 $T^a{}_0$，$T^a{}_1$，$T^a{}_2$ 和 $T^a{}_3$ 中的每一个都单独满足矢量 J^a 所满足的守恒方程（即类似 $\nabla_a J^a = 0$ 有 $\nabla_a T^a{}_0 = 0$，等），这意味着对

457 能量－动量的 4 个分量中的每一个都有类似于电荷情形下的积分守恒律（即类似于 $\int_Q {}^*J = 0$ 的量）。因此，总质量是守恒的，总动量的 3 个分量也是守恒的。但从第 17 章对爱因斯坦的等效原理的讨论，以及为什么会有弯曲时空的讨论中可知，当存在引力场时，我们必须认识到此时 "∇_a" 已不再是简单的 "$\partial/\partial x^a$"，而是（按 §14.3）有附加项 $\Gamma^b{}_{ac}$，它使 "$\nabla_a T^a{}_0$" 的真正意义变得模糊不清，并使我们无法从 "守恒方程" $\nabla^a T_{ab} = 0$ 导出能量和动量的积分守恒律。这个问题可以表述为这样一个事实：T_{ab} 的附加指数 b 使 T_{ab} 不能成为 3 形式的对偶，我们不可能写出（像 "$\mathrm{d}\,{}^*J = 0$" 中的 3 形式 ${}^*J$ 的零外导数那样的）与坐标无关的 "守恒方程" 表达式。我们似乎失去了这些物理学中最重要的守恒律——能量动量守恒律！

实际上，在能量动量守恒问题上有一种更令人满意的观点，它可以像用于闵可夫斯基空间那样用在弯曲时空 $\mathcal{M}$ 中，还可以用到角动量守恒上（见 §18.6 和 §§22.8，11）。按这种观点，假定 $\mathcal{M}$ 有基灵矢量 κ（满足 $\nabla_{(a}\kappa_{b)} = 0$，见 §14.7），它描述 $\mathcal{M}$ 的某种连续对称性。那么在闵可夫斯基空间中，就有 10 个这种独立对称性，分别是 4 个独立平移对称（3 个空间量和 1 个时间量）和 6 个独立时空转动对称（洛伦兹群 $O(1,3)$ 的非反射部分），见图 18.3b。因此，闵可夫斯基空间有 10 个独立的基灵矢量。正如我们在下一章里要说的，拉格朗日表述（内特尔定理）使我们能够从系统所具有的每一种连续对称性导出相应的守恒律。时间平移对称给出能量守恒，空间平移对称给出三维动量守恒，而旋转对称则给出角动量守恒。（对普通的空间转动，我们不仅有普通角动量的 3 个分量，还存在源自洛伦兹 "伪转动（boost）" 的 3 个分量，我们借

✳✳[19.13] 证明：如果 $J = 0$，则该式满足守恒方程 $\nabla^a T_{ab} = 0$。找出这个量的 00 分量，并用（E_1，E_2，E_3）和（B_1，B_2，B_3）形式将电磁场能量密度恢复到麦克斯韦的原初形式 $(E^2 + B^2)/8\pi$。

以从一个速度变换到另一个速度，并得到质心运动的守恒，见 §§18.6，7，图 18.16。）为了从任一具体的基灵矢量 $\boldsymbol{\kappa}$ 得到适当的守恒律，我们构造通量

$$L_a = T_{ab}\kappa^b,$$

只要对称张量 T_{ab} 满足 $\nabla^a T_{ab} = 0$，就一定有守恒律 $\nabla_a L^a = 0$。※※※[19.14] 因此，如同 §19.3 情形，存在积分守恒律 $\int_{\mathcal{Q}} {}^*\boldsymbol{L} = 0$。

这些守恒律只在具有适当的、由基灵矢量 $\boldsymbol{\kappa}$ 给出的对称性的时空里才成立。物理上看，其原因在于时空几何的自由度——即引力——受到场的去耦。时空几何仅仅是一个背景，因此不受其中的场的干扰。此外，由于对称性，场不能够从背景中得到前面所讨论的那个量（或将这个量遗留在背景里）。这些考虑对以后的讨论（特别是第 30 章里的 §§30.6，7）非常重要，但它们毕竟无助于我们了解守恒律在出现了引力情形下的命运，此时我们仍无法找回失去了的能量和动量守恒律。

自广义相对论出现以后，这一令人难堪的事实一直引起人们对这一理论的强烈质疑，多年来许多物理学家都表达过这种不快。[6] 以后（§19.8）我们会看到，实际上爱因斯坦理论是以一种相当圆滑的方式来考虑能量动量守恒的——至少在这种守恒律必不可少的情形下是如此。现在，我们就来谈谈这一点。在爱因斯坦理论里，出现在场方程里的对称 $\begin{bmatrix} 0 \\ 2 \end{bmatrix}$ 价张量 $\boldsymbol{T}$ 包含了所有非引力场（和粒子）的能量动量。而引力场本身的能量则排除在 $\boldsymbol{T}$ 的表示之外。

如果我们再次考虑到等效原理，就会明白这种观点是合理的。想像一个处于自由轨道上的观察者，譬如说处于没有窗户的飞船中，于是乎，至少从一级近似上看，根本就不存在引力场。观察者将看到，在飞船内能量是守恒的，因此方程 $\nabla^a T_{ab} = 0$ 里不含任何引力场的贡献。当然这种"守恒"只是一种近似，只要存在由引力场的不均匀性（如 §17.5 中的图 17.8（a），17.8（b）和 17.9）引起的相对加速度（潮汐）效应，就必须给予修正。于是问题变得微妙起来，我们得确认在不同情形下哪一"级"效应开始起作用。但总的来说，其结果是：量 $\boldsymbol{T}$ 及其方程 $\nabla^a T_{ab} = 0$ 应当在不受引力场非均匀性的干扰下——即不受时空联络▽的曲率 $\mathcal{R}$ 的影响下——得到保留，引力对能量动量守恒的影响应当作为某种非局域效应在总能量动量计算中进行修正。（唯一的例外可能是我们如何来考虑时空曲率带来的修正，但这个问题在这里并不重要。）从这个观点来看，引力对能量动量的影响在一定意义上——将局域方程 $\nabla^a T_{ab} = 0$ 从总体能量动量的积分守恒律分离开来——"被遗漏了"。

※※※〔19.14〕为什么？为什么说这种处理使 $\nabla^a T_{ab} = 0$ 等式具体化了？对于一个四维动量在碰撞过程中是保守量的离散粒子系统，你能给出类似于连续场守恒律 $\nabla^a (T_{ab}\kappa^b) = 0$ 的守恒律吗？提示：对给定基灵矢量 κ^a，找到一个对碰撞中的每个粒子皆为常数的量。

19.6 爱因斯坦场方程

在§19.8我们再回到这个问题上来。眼下我们要了解的是爱因斯坦场方程的实际形式。这个方程是以读者并不陌生（希望如此）的张量表述形式给出的。所以如此，部分是因为四维的时空曲率是一个复杂的问题。想象一下§17.5里那位阿尔伯特，也就是处于不受地球引力场影响的自由轨道上的宇航员A。在以A为中心的径向上存在向心加速度，而在其他方向上则是外向的加速度。这使A受到潮汐力作用。潮汐力是时空曲率的表现。要综合这些复杂效应，我们就需要带R_{abcd}的张量，它在虚空空间里有10个独立分量，在含物质的空间里有20个独立分量。实际上，R_{abcd}就是我们在§14.7里遇到的黎曼（－克里斯托费尔）张量R的指标形式。

张量表述尽管构造复杂，但仍需要它的另一个理由是这种计算在爱因斯坦理论里起着基本的作用。我们还是回到基本的等效原理这一爱因斯坦整个思路的出发点上来。对于处于自由落体中的观察者（如宇航员A）来说，引力并不成其为力，因为它无法被感知。另一方面，引力可以时空弯曲的方式表现出来。如果这种思想行得通，那么很重要的一点就是理论中不存在"优先坐标系"。[7]因为如果某一有限类的坐标系被当作优先选择的话，那么这些坐标系就可以定义为"自然的观察者参照系"，在这些参照系下，我们可以重新引入"引力"概念，这样等效原理就失效了。实际上，这一点相当微妙，许多物理学家都试图在不同场合以不同方式避开这一点。但我认为，保持坐标独立性的概念正是爱因斯坦理论的精华所在。它就是所谓的广义协变原理。这条原理不仅告诉我们不存在优先坐标系，而且告诉我们，即使存在两种代表着两种物理上不同的引力场的时空，也不存在什么可以对二者进行逐点区分的自然的优先方法，因此我们不能说一个时空里的某个点就是另一个时空里的同样的一点！这个哲学问题还涉及爱因斯坦理论与量子力学原理的关系问题，我们以后（§30.11）再来讨论。眼下应当明白的是，广义协变原理之所以重要，就在于它迫使我们接受一种与坐标无关的引力理论。正是基于这个原因，张量表述才成为爱因斯坦理论的核心。

现在我们来看看爱因斯坦方程实际上是什么。本质上说，方程的这种形式是出于两个更深层次的要求：（i）（局域的）引力源应当是服从$\nabla^a T_{ab}=0$的能量－动量张量T，（ii）在适当的牛顿极限（远小于光速，弱引力）下，能够过渡到标准的牛顿引力理论。让我们回到§17.5的讨论。在那里我们曾发现，在牛顿理论里，与观察者世界线γ初始平行且相邻的测地线有一种体积收缩效应。这些相邻的测地线以这样一种方式相对于γ加速：它们所包围的（无限小）三维类空体积δV具有$-4\pi G\,\delta M$的整体加速度，其中δM是测地线所包围的（无限小）体积里的主动引力质量。符号表示体积的收缩性，见图17.8(b)。考虑到质量分布的主动引力效应，这是牛顿理论的完整表述。

怎么才能将它转换到时空曲率R与能量动量张量T之间存在联系的方程上呢？这里的一个

关键是，这个体积收缩加速度由 $\begin{bmatrix} 0 \\ 2 \end{bmatrix}$ 价对称张量量度，这个张量称为里奇张量，定义如下：

$$R_{ab} = R_{acb}{}^c,$$

其中 R_{abcd} 是黎曼张量。*[19.17]（见图 19.7 的图示记法。我们再次看到，在符号、指标级、符号差等方面可以有无穷多种不同的约定。像以前一样，我在此向读者推荐我自己的这套方法，见 §14.4。）

更具体地说，体积（自静止开始的）加速度为**[19.16]

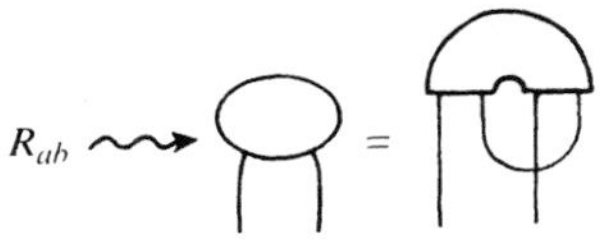

$$\mathbf{D}^2(\delta V) = R_{ab} t^a t^b \delta V,$$

这里 $\mathbf{D}$ 表示观察者原时（§17.9）下沿观察者世界线 γ 的变化率，因此 $\mathbf{D}^2$ 表示加速度。我们有

$$\mathbf{D} = t^a \nabla_a = \underset{t}{\nabla},$$

图 19.7　由 $R_{ab} = R_{acb}{}^c$（见图 14.12）定义的里奇张量的图示记法。

461

这里 t^a 是与 γ 相切的未来类时单位矢量（故 $t^a t_a = 1$）。

在观察者的局部参照系中，观察者测得的质量密度（由 $E = mc^2$ 和 $c = 1$ 知，它也是能量密度，见 §18.6）是 T_{ab} 的"00"分量，即量 $T_{ab} t^a t^b$，因此相邻测地线所包围的体积 δV 内的质量 δM 是

$$\delta M = T_{ab} t^a t^b \delta V_\circ$$

这样，由物质密度引起的体积加速度的"牛顿期望值"$-4\pi G\, \delta M$（§17.5）为

$$-4\pi G T_{ab} t^a t^b \delta V_\circ$$

但我们前面已经看到，由时空曲率引起的体积加速度效应为 $R_{ab} t^a t^b \delta V$，于是有

$$R_{ab} t^a t^b \delta V = -4\pi G T_{ab} t^a t^b \delta V_\circ$$

上式两边除以 δV，并注意到它对经历该事件的所有观察者都成立，因此我们可以去掉 $t^a t^b$，**[19.17]这样就得到了场方程

$$R_{ab} = -4\pi G T_{ab},$$

它正是爱因斯坦最初的形式。但这个形式并不令人满意，因为"守恒方程"$\nabla^a T_{ab} = 0$ 会导致 $\nabla^a R_{ab} = 0$，而这又会引起麻烦！

麻烦是什么呢？在 §14.4 里我们有比安基恒等式 $\nabla_{[a} R_{bc]d}{}^e = 0$，通过缩并，我们得到**[19.18]

$$\nabla^a \left(R_{ab} - \frac{1}{2} R g_{ab} \right) = 0,$$

＊〔19.15〕为什么 R_{ab} 是对称的？

＊＊〔19.16〕看看你能否用里奇恒等式和李导数性质证明这个式子。

＊＊〔19.17〕充分说明为什么我们可以"去掉"所有的 t^a？解释张量对称性的作用。

＊＊〔19.18〕用图示记法证明这一点。

这里里奇标量（或叫标量曲率，尽管在正定情形下，数学上采用"$-R$"可能更合乎大多数的约定）定义为

$$R = R_a{}^a$$

462　（这里 R 不要和粗黑体 $\boldsymbol{R}$ 相混淆，后者表示的是一个完整的曲率张量。）上述方程 $R_{ab} = -4\pi G T_{ab}$ 的"麻烦"是，当与缩并了的比安基恒等式合并时，导致的一个结论是能量动量张量的迹 T

$$T = T_a{}^a$$

必须在整个时空上为常量。**[19.19] 这显然是与普通的（非引力）物理图像不相协调的。对此爱因斯坦得出的最终结论是（1915 年），从一致性上说，两个满足"守恒方程" $\nabla^a(\cdots) = 0$ 的张量应当相等（仅差一个常数因子），并提出了我们现在所知的爱因斯坦场方程：[8],**[19.20]

$$R_{ab} - \frac{1}{2}Rg_{ab} = -8\pi G T_{ab}。$$

在无物质（包括电磁场）存在的特定情形下，我们有 $T_{ab} = 0$。这是真空情形。爱因斯坦方程——真空方程——变成 $R_{ab} - \frac{1}{2}Rg_{ab} = 0$，它可重写为**[19.21]

$$R_{ab} = 0。$$

里奇张量为零的空间有时也称为是里奇平直的。

19.7　进一步的问题：宇宙学常数；外尔张量

现在，我们来考虑爱因斯坦在 1917 年建议的附加项，称作宇宙学常数 Λ。这是一个非常小的常量，其实际存在性受到当代宇宙学观察的强烈置疑，它即使不为零其上限也不可能超出 $10^{-55}\mathrm{cm}^{-2}$。在我们所达到的宇宙学尺度上，没有任何观察事实与此直接相关。在上述方程中，如果用 $R_{ab} - \frac{1}{2}Rg_{ab} + \Lambda g_{ab}$ 来替代 $R_{ab} - \frac{1}{2}Rg_{ab}$ 项，那么它仍然满足"守恒方程"，因为 Λ 是常数（且 $\nabla\mathbf{g} = 0$）。爱因斯坦方程现在写成

$$R_{ab} - \frac{1}{2}R\,g_{ab} + \Lambda g_{ab} = -8\pi G\,T_{ab}。$$

爱因斯坦当初引入这个额外的项是为了在宇宙学上寻求可能的空间封闭的静态宇宙。[9] 但自463　有了 1929 年埃德温·哈勃的观测结果之后，问题已变得很清楚，宇宙是膨胀的，因此不存在静态宇宙。爱因斯坦收回了他对宇宙学常数的支持，并声称这是他一生中"最大的错误"（大概是因为他因此错过了预言宇宙膨胀！）。但无论怎样，一个概念一经产生就不会轻易地消失。自爱

** [19.19] 为什么？

** [19.20] 比较 $-4\pi G$ 来解释系数 $-8\pi G$。

** [19.21] 为什么？

因斯坦首次提出这个概念后，宇宙学常数就一直出没于宇宙学理论的背景中，让一些人忧虑，使另一些人宽慰。最近，对遥远超新星的观察使大多数理论学家重新引入 Λ 或类似的量，来解释"暗能量"，以图这些观察与另一些已知的要求相协调。[10] 以后（特别是§28.10）我还会回到这个宇宙学常数问题上来。在我看来（大多数相对论学家同样这么认为），虽然方程中容许存在这么个非零常数，但我很怀疑大自然是否乐于接受这个项。然而，正如我们将在§28.10看到的，最近的宇宙学证据似乎都指向这个方向。

我们还可以换一种方式来写爱因斯坦场方程（包含宇宙学常数）：*[19.22]（$R_{ab} = -8\pi G\left(T_{ab} - \frac{1}{2}Tg_{ab}\right) + \Lambda g_{ab}$）。用时间轴为 t^a 的局部坐标系，以便与 $t^a t^b$ 缩并后给出 00 分量。我们发现，向内的体积加速度由 $8\pi G\left(T_{00} - \frac{1}{2}Tg_{00}\right) - \Lambda$ 给定，形式为 $4\pi G(\rho + P_1 + P_2 + P_3) - \Lambda$，其中 P_1，P_2 和 P_3 是物质沿 3 个（正交）空间轴的压强值。我们将此与牛顿理论给出的 $4\pi G\,\delta M$ 作一比较，就会发现，主动引力质量密度 ρ_G 在爱因斯坦广义相对论里为

$$\rho_G = \rho + P_1 + P_2 + P_3 - \frac{\Lambda}{4\pi G},$$

而不是 $\rho_G = \rho$，后者是我们期望从"$E = mc^2$"中导出的量（单位已经取得使 $c = 1$）。Λ 的贡献极其微小，与能量相比，附加的压强项通常也极小，可以说，这是因为组成该物质的粒子运动速度与光速相比极为缓慢所致。但是，在某些极端条件下，压强对主动引力质量的贡献还是相当重要的。当一个大质量恒星处在自身引力引起的坍缩的危险边缘时，我们发现星体内的压强在增大，我们期望这有助于抵御星体的坍缩，但实际上却是加快了坍缩趋势，因为这种压强产生了额外的引力质量！

如前所述（§19.5），爱因斯坦理论里的能量动量张量 T_{ab} 类似于麦克斯韦理论里的电荷电流矢量 J_a。因此，正如 J_a 是电磁场的源一样，量 T_{ab} 可看作是引力源。那么我们是否有恰当的类似于麦克斯韦场张量 F_{ab} 的量来描述引力自由度呢？答案不是度规张量 **g**，它更类似于电磁势 **A**。一些人认为可将整个黎曼曲率张量 R_{abcd} 比作 **F**，但更合适的是取所谓外尔张量（或共形张量）C_{abcd} 来类比 **F**，它像完整的黎曼张量，只是"去掉了"里奇张量部分。这是合理的，因为里奇张量几乎与源 T_{ab} 等同，因此，如果我们要确认那些直接描述引力场的自由度，那么我们就需要去掉这些"源的自由度"。在无物质的自由空间里（为简单计，取宇宙学常数 Λ 为零），外尔张量就等于黎曼曲率张量，但通常外尔张量是通过一种看上去有些复杂的公式来定义的（其中将里奇张量从曲率里去掉了，这里我提升了两个指标，以便充分利用§11.6的方括号记法）：**[19.23]

---

* 〔19.22〕为什么？
** 〔19.23〕证明：C 的所有"迹"为零（例如 $C_{abc}{}^a = 0$，等等）。这种计算可以用图示记法进行吗？

$$C_{ab}{}^{cd} = R_{ab}{}^{cd} - 2R_{[a}{}^{[c}g_{b]}{}^{d]} + \frac{1}{3}Rg_{[a}{}^{c}g_{b]}{}^{d}。$$

在 §28.8 我们将看到外尔张量所起的关键的物理作用。时空的共形平直条件是这个量为零。

19.8 引力场能量

我们回到引力场本身的质量/能量问题上来。虽然在诸如能量动量张量 T 的问题上没有回旋余地，但显然还存在这样一种情形，就是"无形的"引力能量实际所起的物理角色。想象两个大质量物体（譬如行星）。如果它们靠得很近（我们可以假定它们同时处于相互间的静态），那么总能量里就会有（负的）引力势能的贡献，因此总质量较二者远离时为小（图 19.8）。忽略更小的能量效应（如星体表面因另一个星体的引潮场作用而产生的变形），我们看到，不论两个星体之间是靠近还是远离，实际能量动量张量 T 的总贡献都是一样的。但总质量/能量在两种情形下则不同，这种差异可能起因于引力场本身的能量（实际上是负贡献，二者接近的情形较远离的情形作用更大）。

(a) (b)

图 19.8 引力势能的非局域性。想象两颗行星（为简单计，我们可以假定它们同时处于相互间的静态）构成的系统：（a）二者相距遥远，于是负的（牛顿）势能要比（b）二者相邻情形小。因此，尽管由能量动量张量测得的总能量密度在两种情形下几乎相同，但情形（a）的总能量（或系统总质量）要大于情形（b）。

现在我们来考虑星体在各自轨道上运动时的情形。作为爱因斯坦场方程的一个结果，引力波——时空链波——将从系统中释放出来，并携（正）能量离开系统。在正常情形，这种能量损失非常小。例如，我们太阳系里从木－日系统产生的最大的这种效应及其能量损失率只相当于一只 40 瓦灯泡的辐射损失！但对于质量更大、运动更为激烈的系统，如两个相互盘绕的黑洞的最终并合态来说，能量损失就会大到足以用现今的探测器进行记录。我们现在已可以记录出现在 15 兆秒差距或 4.6×10^{23} 米距离上的引力波。

介于这两个极端之间的中间情形是著名的双中子星系统 PSR1913＋16 发出的引力波，由约瑟夫·泰勒（Joseph Taylor）和罗素·赫尔斯（Russell Hulse）领导的诺贝尔获奖小组曾对此展开研究，见图 19.9。（中子星是一种高致密星体，主要由中子组成，整个星体的密度堪比原子核。一颗由这种物质构成的网球其质量差不多相当于火卫二的质量！）人们对这个系统已观察了

25 年，其运动规律得到了非常精确的记录（之所以可能是因为其中的一颗是个脉冲星，它以每秒发出 17 个电磁"脉冲信号"精确地出现在雷达屏上）。这些信号的计时性非常精确，而且系统本身又如此"干净"，从而通过观测与理论预言的比较使爱因斯坦的广义相对论在前所未有的 10^{14} 分之一的准确度上得到确认。这个数字指的是整个 20 多年里总的计时准确度。[11]

PSR 1913+16

地球

图 19.9　赫尔斯-泰勒双中子星系统 PSR1913 + 16。其中的一个是精确定时发出电磁信号的脉冲星。根据这种信号我们可以极高的精度确认其轨道。由观察确认的系统能量损失与爱因斯坦理论对这种系统所作的引力辐射能量损失预言非常一致。这些波表现为能量动量张量为零的时空真空里的褶皱。

　　作为对广义相对论的观测检验，人们对这种性质以及 §28.8 所述的引力透镜效应的观察，从早期开始至今已经进行了许多年。但在 1915～1969 年（1969 年对遥远的类星体的射电观测标志着广义相对论的验证进入了一个新阶段[12]）期间，只有著名但令人印象相当模糊的"三个检验"来支持这一理论。其中最重要的是对爱因斯坦的水星"近日点反常进动"的解释的观察验证。这种反常与牛顿引力理论的预言之间实际上只有非常微小的偏差（仅每百年 43 角秒，或 300 万年误差一周！），但观察检验则逾半个世纪（亦见 §30.1 和 §34.9）。[13]　第二项观察是遥远星光经过太阳时产生的微弱的偏折效应。这是 1919 年亚瑟·爱丁顿（Arthur Eddington）率领的远征队在普林西比岛（Principe，靠近西非海岸）观察日全食时确认的。它是上面提到的"引力透镜"现象的一个例证。现在人们把这种效应应用到宇宙学距离尺度上，以期获得有关宇宙中质量分布的重要信息（§28.8）。最后，按爱因斯坦理论的预言，在引力势场里存在一种时钟变慢效应。1925 年，亚当斯通过对一颗作为天狼伴星的白矮星（一种密度是太阳密度数千倍的星体）的细致（而存疑的）观察来确认这种效应。但更为可信的证据是后来（1960 年）庞德（Pound）和雷布卡（Rebka）在对地球自身引力场所进行的精巧实验中取得的。（但这种效应被认为是广义能量和基本量子理论的结果，因此属于一种对爱因斯坦理论的相当弱的检验。）1964 年，埃尔温·夏皮罗（Erwin Shapiro）还提出过另一种不同的"延时"效应，即来自太阳背后的星体的光到达地球时产生的"延时"效应。1968～1971 年，他通过对水星和火星的观察确认了这种效应。更精确的观察（0.1%，1971 年）是由雷森伯格和夏皮罗利用海盗号火星探测器进行的，他们将由此获得的数据与地面得到的火星数据进行了比较。

　　显然，爱因斯坦理论现在已得到非常好的观测支持。引力波的存在似乎已得到赫尔斯－泰勒观察的明确证实，尽管还不是对这种波的直接探测。目前还有一些直接探测引力波的项目，其

466

467

目的是利用这种波来探知宇宙范围的剧烈活动（如黑洞碰撞），它们形成了一种全球性的关注。实际上，这些综合性项目[14]将建造引力波望远镜，可以说，爱因斯坦理论使我们有了另一种探索广袤宇宙的能力。

我们看到，尽管一些人对能量守恒还心存担忧，但事实上广义相对论已得到非常显著的观测支持。因此我们再来探讨一下引力能的问题。这个问题是理论和观察两方面内在统一的一个关键。观察上，PSR1913 + 16 和其他类似系统发出的引力波引起的虚空空间褶皱的确带走了能量。而虚空空间的能量动量张量为零，因此引力波能量的检测必须以不依赖局域能量"密度"的方式来进行。引力能是一种真正的非局域量，但这并不意味着我们没法对它进行数学描述。虽然客观地说，我们还没有完全搞懂引力质量/能量，但有些重要情形是我们已完全可以给出答案的。这些情形就是那些渐近平直的情形，即那些（由于与其他客体存在巨大的距离）可以与宇宙中其他客体隔离开来的引力系统。比如说，像赫尔斯－泰勒的双脉冲星那样的双星系统，我们

468 可以对其中的引力辐射能损失进行观测。赫尔曼·邦迪及其合作者的工作（后由萨克斯（*Rayner Sachs*）进行了推广，去掉了邦迪对轴对称的简化假设）[15]为这种系统里以引力波形式带走的质量/能量提供了清楚的数学描述，并使能量动量守恒律得以保留，[16] 见图 19.10。这个守恒律不具有非引力场情形所具有的那种局域性质（即"守恒方程"$\nabla^a T_{ab} = 0$），而且只能用于空间上完全孤立的系统。但其"神奇"之处在于它能够说明系统的组成，包括一些后来证明是有"积极"意义的定理，我们由此可知系统的总质量（包括上面讨论的"负引力能贡献"）不可能是负的。[17]

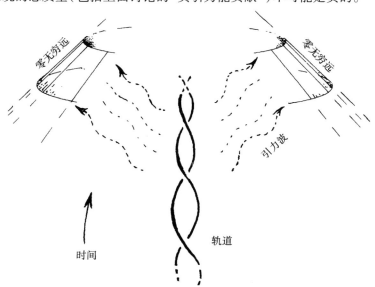

图 19.10 对于一个辐射引力波的孤立系统，假定其时空是渐近平直的，利用邦迪－萨克斯质能守恒律，我们可以精确测定其总质量/能量动量以及引力辐射损失。有关的数学量是非局域的，并定义在"零无穷远"（§27.12 里将讨论这个几何概念）。

还有一些关于相互作用场系统的守恒律的一般的解决办法。它们采用我们在下一章要介绍的拉格朗日方法。这种处理非常有力、一般而且漂亮，尽管事实上它并不能（至少是不能直接地）解决我们在引力问题上要解决的所有问题。拉格朗日方法以及与此紧密相关的哈密顿方法在当代物理中具有中心地位，对其有所了解是非常重要的，下面我们就去这一神奇的领域作一番探险。

469

注 释

§ 19.1

19.1 我很怀疑牛顿自己会这么武断地持有这种微粒说图像（见 1730 年出版的牛顿《光学》里置疑）。但这种"牛顿的"观点在 18 世纪受到 R. G. Boscovich 的强烈支持，见 Barbour（1989）。

§ 19.3

19.2 这个结果也可以用到拓扑平凡的弯曲时空中，这样，一个（主要是空间上）闭合的二维曲面总能够张起一个三维紧致区域。

§ 19.4

19.3 例如，见 Flanders（1963）。

19.4 见外尔（1928），英译版，100 ~ 101 页。W·戈登、泡利和海森伯都分别独自进行过这种观察，见 Pais（1986），345 页。

19.5 见 Aharonov and Bohm（1959）。事实上这个效应 10 年前就已被 Ehrenberg and Siday（1949）提到过。它是由 Chambers 给予实验确认，并由 Tonomura 等更确实地建立起来的（1982，1986）。

§ 19.5

19.6 见 Pais（1982）。

§ 19.6

19.7 文中"无优先坐标系"的要求不仅相当模糊，而且某种程度上说也过于严苛了。例如在平直空间，我们有理由说"笛卡儿坐标系"（这里指 § 18.1 的闵可夫斯基坐标系（t, x, y, z)，度规取最简单形式 $ds^2 = dt^2 - dx^2 - dy^2 - dz^2$）的选择"优"于所有其他坐标系，宇宙模型也有其度规看起来特别简单的特定坐标系（见 § 27.11，练习 [27.18]）。这个问题毋宁说是理论方程的最自然的表达方式就是不依赖于任何具体坐标系。

19.8 见 Stachel（2002），353 ~ 364 页。

§ 19.7

19.9 爱因斯坦模型是具有拓扑 $S^3 \times E^1$ 的空间 $\mathcal{E}$，我们将在 § 31.16 研究它。

19.10 爱因斯坦对宇宙学概念的引入是这些年里对原初的广义相对论的众多修正之一。除了 § 19.4 讨论的外尔理论和 § 31.4 的高维卡鲁扎 – 克莱因概念（现今通常与超对称性综合，见 §§ 31.2，3）之外，还有布兰斯 – 迪克修正模型，其中有额外的标量场。爱因斯坦自己也在 1925 ~ 1955 年间提出的"统一场论"中作过多种尝试。见 Einstein（1925）；Einstein（1945）；Einstein and Straus（1946）；Einstein（1948）；Einstein and Kaufman（1955）；Schrödinger（1950）；最近的文献见 Antoci（2001）。其中大部分提议都是试图将电磁场和其他场综合进广义相对论的大框架内。还应指出，这个框架也指爱因斯坦 – 嘉当 – 夏默 – 基布尔（Einstein-Cartan-Sciama-Kibble）理论，其中引入的挠率被用来描述自旋密度的直接引力效应（见 § 22.8）。

470

§ 19.8

19.11 这里，我们认为爱因斯坦理论包括了牛顿理论。需要强调的是，"10^{14}"这个数字并不表示精度上比牛顿情形有所提高。应当明白，计时精度往往取决于未知参数，如质量、轨道倾角、偏心率等。他们都需要对系统细节进行计算。"10^{14}"实际上是对图像的总体符合程度的一种量度。

19.12 1991 年，D. S. Robinson 小组用"甚长基线干涉仪"测得的结果，现在确认的广义相对论的光线弯曲效应的精度是 10^{-4}。

19.13　关于水星近日点反常的详细解释，见 Roseveare（1982）。

19.14　这些引力波研究形象地缩写成 LIGO，LISA 和 GEO。见 Shawhan（2001）；Abbott（2004）；Grishuk et al.（2001）；Thorne（1995b）和 John Baez 的 web-commentary http：//math. ucr. edu/home/baez/week143. html.

19.15　Trautman（1958）；Bondi（1960）；Bondi *et al.*（1962）；Sachs（1961，1962a）对这项工作做出了特别贡献。

19.16　亦见 Newman and Unti（1962）；Penrose（1963，1964）；Sachs（1962b）；Bonnor and Rotenberg（1966）；Penrose and Rindler（1986），423～427 页。

19.17　Schoen and Yau（1979，1982）；Witten（1981）；Nester（1981）；Parker and Taubes（1982）；Ludvigsen and Vickers（1982）；Horowitz and Perry（1982）；Reula and Tod（1984）；亦见 Penrose and Rindler（1986）；和 §32. 3，特别是注释 32. 11。

第二十章
拉格朗日量和哈密顿量

20.1 神奇的拉格朗日形式体系

在牛顿动力学定律诞生后的几个世纪里，出现了一批建立在牛顿力学基础上的令人印象深 471
刻的理论工作。欧拉、拉普拉斯、拉格朗日、勒让德、高斯、刘维尔、奥斯特罗格拉德斯基、泊
松、雅可比、哈密顿和其他一些人纷纷重新表述那种导致深刻统一认识的思想。这里我将对这一
动力学发展概貌作一简述，尽管这种介绍可能对这一成就阐述得并不充分。还应当指出，这种数
学上完美统一图像的出现似乎在告诉我们物理世界有着深厚的数学基础，即使是 17 世纪牛顿力
学所揭示的各种定律也同样如此。物理世界里可以导致如此壮美的数学结构的定律并不是很多。

由牛顿力学产生的这种完美统一图像是什么呢？基本上看，它是以两种不同但紧密联系的
形式出现的，二者各有所长。我们把第一种称为拉格朗日图像，第二种叫哈密顿图像。（通常命
名上总有些困难。人们很容易注意到，这两种图像往往都叫拉格朗日图像，尤其是在哈密顿之前
更是如此，而这种拉格朗日图像至少还部分包括了欧拉的贡献。）我们来考虑一个由众多（但有
限）独立粒子和一些不可分刚体组成的牛顿体系。存在一个 N（某个大数）维的位形空间 $\mathcal{C}$，
其中的每个点表示所有这些粒子和刚体的一种空间状态（见 §12.1）。随着时间流逝，这个表示
整个系统状态的单点将按体系的牛顿力学定律在 $\mathcal{C}$ 中运动，见图 20.1。一个明显的（很值得尝
试的）事实是，这条定律可直接通过数学程序从单一函数中导出。在拉格朗日图像（至少是在
其最简单最常用的形式[1]）里，这个函数——称为拉格朗日函数——是定义在位形空间 $\mathcal{C}$ 的切丛
$\mathrm{T}(\mathcal{C})$ 上的（图 20.2（a）），见 §15.5。而在哈密顿图像里，这个函数——称为哈密顿函数——是 472
定义在称为相空间（图 20.2（b））的余切丛 $\mathrm{T}^*(\mathcal{C})$ 上的（见 §15.5）。我们注意到，$\mathrm{T}(\mathcal{C})$（它
的每个点代表 $\mathcal{C}$ 的一点 Q 以及 Q 点的切矢量）和 $\mathrm{T}^*(\mathcal{C})$（它的每个点代表 $\mathcal{C}$ 的一点 Q 以及 Q 点
的余切矢量）都是 $2N$ 维流形。

在本节里，我们研究拉格朗日图像而把哈密顿图像留到下一节。拉格朗日的 $\mathrm{T}(\mathcal{C})$ 的坐标用

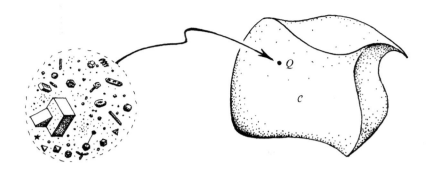

图 20.1 位形空间。N 维流形 $\mathcal{C}$ 的每个点 Q 表示一族牛顿点粒子和刚体的一种可能的空间状态。随着系统的时间演化，Q 在 $\mathcal{C}$ 中画出一条曲线。

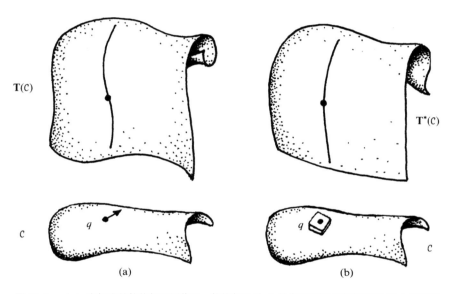

图 20.2 （a）在标准的拉格朗日图像里，拉格朗日量 $\mathcal{L}$ 是位形空间 $\mathcal{C}$ 的切丛 $\mathbf{T}(\mathcal{C})$ 上的光滑函数。（b）在哈密顿图像里，哈密顿量 $\mathcal{H}$ 是称之为相空间的余切丛 $\mathbf{T}^*(\mathcal{C})$ 上的光滑函数。

于确定牛顿体系里所有物体的位置（包括表示刚体空间取向的适当的角）及其速度（包括相应的刚体的角速度）。位置坐标 q^1，$\cdots$，q^N 通常叫"广义坐标"，用以标记位形空间 $\mathcal{C}$（大概还是"逐个拼块的"，见 §12.2）中不同的点 q。它们可以是任意（合适的）坐标，不必非得是笛卡儿坐标或其他标准坐标。这正是拉格朗日图像（哈密顿图像也一样）的优美之处。坐标的选择取决于方便。当我们考虑各种不同的一般流形时，像第 8，10，12，14 和 15 章里的坐标其作用都是一样的。与广义坐标相应的是"广义速度" $\dot{q}^1$，$\cdots$，$\dot{q}^N$，这里，字符上的"点"表示时间变化率"d/dt"：

$$\dot{q}^1 = \frac{\mathrm{d}q^1}{\mathrm{d}t}, \quad \cdots, \quad \dot{q}^N = \frac{\mathrm{d}q^N}{\mathrm{d}t}。$$

拉格朗日量 $\mathcal{L}$ 可以写成所有这些广义坐标和广义速度的函数[2]：

473

$$\mathcal{L} = \mathcal{L}(q^1, \cdots, q^N, \dot{q}^1, \cdots, \dot{q}^N)。$$

在这个表达式里，每个 $\dot{q}^r$ 都是独立变量（特别是独立于 q^r）。这也是拉格朗日量初看起来让人难以理解的地方之一，但它却是可行的。[3]

实际函数 $\mathcal{L}$ 值的标准的物理意义是系统动能 K 和外力或内力引起的势能（坐标表示见§18.6）V 之间的差 $\mathcal{L} = K - V$。系统的运动方程——涵盖了系统整个的牛顿力学行为——由所谓欧拉－拉格朗日方程给出，这组方程具有非常广泛的应用范围，同时又相当简单：

$$\frac{\mathrm{d}}{\mathrm{d}t}\frac{\partial \mathcal{L}}{\partial \dot{q}^r} = \frac{\partial \mathcal{L}}{\partial q^r}(r = 1, \cdots, N)。$$

记住，每个 $\dot{q}^r$ 都是一个独立变量，因此表达式"$\partial \mathcal{L}/\partial \dot{q}^r$"的意义是很清楚的（即指"保持其他变量固定时 $\mathcal{L}$ 对 $\dot{q}^r$ 的偏导数"）。

这些方程表达了一个明显的事实，有时我们称它为哈密顿原理或平稳作用原理。如果我们考虑 $\mathcal{C}$ 中一点 Q 的运动，那么这条原理的意义就会看得非常清楚。我们知道，$\mathcal{C}$ 表示的是由整个系统所有可能的空间位形组成的空间。当点 Q（其任意时刻的位置由 q^r 表示）以一定速率沿 $\mathcal{C}$ 中的某条曲线运动时，这个速率和它沿曲线的切向都由 $\dot{q}^r$ 的值确定。本质上说，欧拉－拉格朗日方程告诉我们的是，点 Q 在 $\mathcal{C}$ 中的运动是按作用量极小化方向进行的，这里"作用量"是指 $\mathcal{L}$ 沿位形空间 $\mathcal{C}$ 中两固定点 a, b 间曲线的积分，见图 20.3。

474

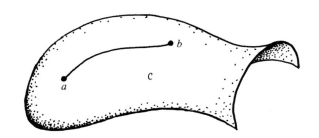

图 20.3　哈密顿原理。欧拉－拉格朗日方程告诉我们，Q 在 $\mathcal{C}$ 中的运动是这么进行的：使作用量——$\mathcal{L}$ 沿 $\mathcal{C}$ 中两固定点 a, b 间曲线的积分——在曲线变分下保持平稳。

更确切地说，这个积分未必真的达到"极小值"，说"平稳"较为恰当。这种情形基本上类似于通常的微积分运算（见§6.2），在那里，光滑实值函数 $f(x)$ 要达到极小值，就要求 $\mathrm{d}f/\mathrm{d}x = 0$，但有时 $\mathrm{d}f/\mathrm{d}x = 0$ 未必对应于函数 f 的极小值，而是极大值或可能是拐点，在高维情形下，还可能是所谓的鞍点（图 20.4(b)）。所有出现 $\mathrm{d}f/\mathrm{d}x = 0$ 的地方都称为是平稳的。见图 6.4 和 20.4。我们还可以回顾一下在§14.8，§17.9 和§18.3 里作为（局域）正定情形下"最短路径"（有时在洛伦兹情形下是"最大类时长度路径"，虽然在一般情形里只是"定长"）的（伪）黎曼空间里的测地线的类似性质。因此，Q 的轨迹可看成是空间 $\mathcal{C}$ 中某种"测地线"。

我们不妨来考虑一个简单的拉格朗日量的例子，譬如说质量 m 的单个牛顿粒子在某个不变

475

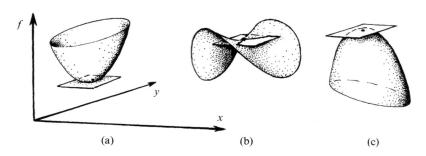

图 20.4 多变量光滑实值函数 f 的平稳值。图中显示的是两变量函数 $f(x, y)$ 的情形。处于水平的函数图（二维曲面，$\partial f/\partial x = 0 = \partial f/\partial y$）是平稳的。这种情形出现在（a）$f$ 的极小值；（b）鞍点；（c）极大值等处。在满足哈密顿原理（图 20.3）——或连接 a, b 两点的测地线——情形下，拉格朗日量 $\mathcal{L}$ 取代了 f，但路径的确定要求有无限多参数，而不只是 x, y。同样，$\mathcal{L}$ 可以是某种平稳点，但未必是极小值。

的外加势场 V（V 仅是位置的函数：$V = V(x, y, z, t)$）中的运动。V 的意义在于它确定了粒子在外场中的势能。对于地球（近地表面）的重力场情形，考虑到此时重力是恒量，我们可取 $V = mgz$，这里 z 是地面的高度，g 是重力加速度。三个速度分量为 $\dot{x}$, $\dot{y}$, $\dot{z}$，故动能为 $\frac{1}{2}mv^2$（见 §18.6），于是拉格朗日量为

$$\mathcal{L} = \frac{1}{2}m(\dot{x}^2 + \dot{y}^2 + \dot{z}^2) - mgz$$

z 的欧拉－拉格朗日方程为 $\mathrm{d}(m\dot{z})/\mathrm{d}t = -mg$，由此我们可得到指向地球的伽利略加速度常数。*[20.1]

20.2　更为对称的哈密顿图像

476　　在哈密顿图像里，我们仍用广义坐标，但现在与广义位置坐标 $q^1, \cdots, q^N$ 相应的是所谓广义动量坐标 $p_1, \cdots, p_N$（而不是速度）。对于单个自由粒子，动量就是其速度乘以质量。但一般情形下，广义动量的表示不需要这么精确。我们总是将它取为拉格朗日量关于某个广义速度的偏导数[1]

$$p_r = \frac{\partial \mathcal{L}}{\partial q^r}。$$

不管怎样，这些参数 p_r 提供了 $\mathcal{C}$ 的余切空间的坐标，因此余矢量可写成

$$p_a \mathrm{d}q^a$$

＊〔20.1〕将细节补充完整，完成论证以便给出伽利略的重力下自由落体的抛物运动。

〔1〕 原文误为 $P_r = \partial \mathcal{L}/\partial q^r$。——译注

（这里用到 §12.7 的求和约定，即使将它视为 §12.8 的抽象指标表示，也依然是正确的）。自然，这是一种 1 形式，其外导数（§12.6）

$$S = \mathrm{d}p_a \wedge \mathrm{d}q^a$$

是一个 2 形式（满足 $\mathrm{d}S = 0$），*[20.2] 它将一个自然辛结构赋给相空间 $T^*(\mathcal{C})$（见 §14.8）。哈密顿图像的有力之处在于相空间是渐近流形，这种辛结构独立于具体的用以描述动力学的哈密顿量。我们在 §20.4 会看到，经典力学与这种优美的辛流形几何密切相关。

作为理解这种几何的准备，我们来看看哈密顿动力学方程的形式。这些方程将系统的时间演化描述成这个完整的牛顿力学体系的代表点 P 在相空间 $T^*(\mathcal{C})$ 里的轨迹。演化完全由哈密顿函数支配

$$\mathcal{H} = \mathcal{H}(p_1, \cdots, p_N; q^1, \cdots, q^N)。$$

这个量（这里都是时间独立的拉格朗日量和哈密顿量）用（广义）动量和位置描述了系统的总能量。实际上，我们可通过下式来得到这个量（视为加和约定或抽象指标）：

$$\mathcal{H} = \dot{q}^r \frac{\partial \mathcal{L}}{\partial \dot{q}^r} - \mathcal{L},$$

我们可以借助广义动量来去掉其中所有的广义速度（一般来说，这么做并不容易）。在这些动量和位置坐标下，哈密顿演化方程显得非常优美对称： 477

$$\frac{\mathrm{d}p_r}{\mathrm{d}t} = -\frac{\partial \mathcal{H}}{\partial q^r}, \qquad \frac{\mathrm{d}q^r}{\mathrm{d}t} = \frac{\partial \mathcal{H}}{\partial p_r},$$

这些方程描述点 P 在 $T^*(\mathcal{C})$ 里的速度。这个速度对每一点 P 都有定义，因此我们有一个由哈密顿量 $\mathcal{H}$ 定义的 $T^*(\mathcal{C})$ 的速度场。这个矢量场可按 §12.3 给定的"偏导数算子"记法表示为**[20.3]

$$\frac{\partial \mathcal{H}}{\partial p_r} \frac{\partial}{\partial q^r} - \frac{\partial \mathcal{H}}{\partial q^r} \frac{\partial}{\partial p_r},$$

它提供了 $T^*(\mathcal{C})$ 中描述系统牛顿力学行为的"流"（图 20.5）。

具体到常重力场中的粒子运动情形（§20.1），哈密顿量 0 为

$$\mathcal{H} = \frac{p_x^2 + p_y^2 + p_z^2}{2m} + mgz = \frac{p^2}{2m} + mgz,$$ 478

这里，p_x，p_y 和 p_z 分别是笛卡儿坐标轴 x，y，z 方向上的普通空间动量分量。根据粒子总能量总可以表为位置和动量的分量形式，我们可直接写出这个量。我们也可以从前述的拉格朗日量来得到这个量。**[20.4]

∗〔20.2〕为什么？

∗∗〔20.3〕解释这一点。

∗∗〔20.4〕将它清楚地写出来。对常重力场中的落体运动，用哈密顿方程导出牛顿方程。

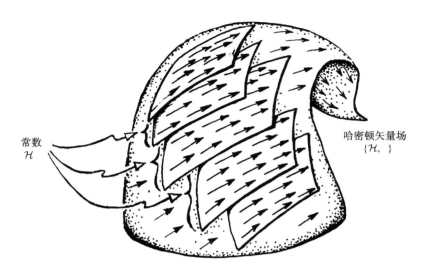

常数
$\mathcal{H}$

哈密顿矢量场
$\{\mathcal{H},\ \}$

图 20.5　表示系统牛顿力学时间演化（见§20.4）的哈密顿流 $\{\mathcal{H},\ \}$ 是相空间 $T^*(\mathcal{C})$ 中的矢量场。按照能量守恒，$\mathcal{H}$ 值固定的超曲面（能量固定，将 $\mathcal{H}$ 取为时间独立的）上的轨迹始终处于该超曲面内。

现在，我得承认我拿这些繁难的记号还没办法，但最好还是清理一下。在§18.7 我们看到，在表示平直时空的具有符号差（＋－－－）的闵可夫斯基坐标下，空间动量分量 p_1，p_2，p_3 分别是普通动量分量的负值。因此我们有 $p_x = -p_1$，$p_y = -p_2$ 和 $p_z = -p_3$。在哈密顿量的一般讨论中，我们很自然会用动量的"下指标"形式 p_a，但它与符号差（＋－－－）的相对论里的"p^a"（即 p_1，p_2，p_3）不协调。在本书里，我对此的处理是联合使用 q^a 和 p_a 来给出一般形式，这里每个 p 与 q 之间的关系按通常的符号约定，同时对可能出现的每个 p 或 q 不给予特定意义（读者可以自己决定其符号）。但当我将 x^a 和 p_a 连用时，我是在 §18.7 的意义下使用这些符号，此时 $-p_1$，$-p_2$，$-p_3$ 就是通常空间动量的分量（等于标准闵可夫斯基坐标下的 p^1，p^2，p^3）。在用到 x 而不是 q 时，我的哈密顿方程以反号形式出现：

$$\frac{\mathrm{d}p_r}{\mathrm{d}t} = \frac{\partial \mathcal{H}}{\partial x^r}, \qquad \frac{\mathrm{d}x^r}{\mathrm{d}t} = -\frac{\partial \mathcal{H}}{\partial p_r}。$$

那些不是非常关注我给出的形式细节的读者完全可以不理会这些问题。（大部分专家亦可如此，除非他们要写有关这方面的文章和书！）

20.3　小振动

在下节应用哈密顿量来描述几何性质的研究之前，我们先来考虑一种重要的情形：平衡态物理系统的振动。这个问题在许多不同的领域都会遇到，而且对我们后面处理量子力学（§22.11）问题也有特别重要的意义。振动理论既可以方便地用拉格朗日方法来描述，也可以

479

用哈密顿方法来描述。我这里主要采用哈密顿方法，因为它能使我们更直接地过渡到量子力学的振动上来（§22.11）。振动的拉格朗日理论非常类似于哈密顿理论，我们留给读者自己去处理（见练习［20.10］）。

振动系统的一个简单例子是通常在重力下振荡的单摆。如果振幅很小，则摆锤的运动可视为正弦波的时间函数（图20.6）（这是我们在§9.1就遇到过的单一的"傅立叶分量"的性态。）对于小振子，振动周期实际上与振幅（即摆锤摆过的距离）无关——这是伽利略1583年就观察得出的一个结果。这种运动称为简谐运动。

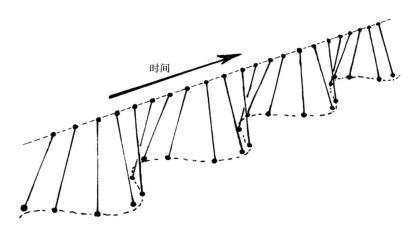

时间

图20.6 重力场中摆动的单摆。作为小振动，摆锤的运动相当于简谐运动，摆锤的位移（画成时间函数）给出"正弦波"。

本节里，我们来看看这种运动的特点。只有在非常特殊的条件下，一般物理系统（假定不考虑摩擦效应）才能在平衡位置附近做"摆动"。我们会发现，每一种小范围的摆动都可以分解成特定的振动模——称为简正模——整个系统结构只有一种按所谓简正频率振荡的简谐运动。

我们先看看如何对简谐运动进行分析。令 q 为偏离摆锤最低点的水平距离——也就是我们考虑的振动物理量偏离平衡点的位移。于是这个小位移 q 的运动方程为

$$\frac{\mathrm{d}^2 q}{\mathrm{d}t^2} = -\omega^2 q,$$

这里，正的常量 $\omega/2\pi$ 是振动频率。上式说明，指向平衡位置的加速度 $\mathrm{d}^2 q/\mathrm{d}t^2$ 正比于（比例因子 ω^2）向外的位移。从§6.5可知，$q = \cos\omega t$ 和 $q = \sin\omega t$ 都满足这个方程，二者的一般线性组合也满足这个方程：

$$q = a\,\cos\omega t + b\,\sin\omega t,$$

这里 a 和 b 是常数。**[20.5] 对于摆长为 h 的重力摆（运动限于平面内），当 q 值较小时，摆的运动

**[20.5] 验证这一点，解释为什么 $\omega/2\pi$ 是频率。解释为什么这张函数图仍像正弦曲线。为什么这是一般结果？

方程非常类似于上式，此时 $\omega^2 = g/h$；但对于较大的 q 值，则偏离这个方程。**[20.6]

假定一个一般的哈密顿系统处于广义坐标 q 取特定值 $q^a = q_0^a$ 的平衡态。我们不妨用广义坐标的原点来代表这种平衡态，即取 $q_0^a = 0$。"平衡"是指这样一种位形，如果初始无运动，那么系统将保持静态。我们感兴趣的是这种平衡是否稳定——即是否具有这样的性质：如果我们对处于平衡位形的系统施以一小扰动，系统将不会偏离平衡太远，而只是做小振动。在研究振动时，我们的确只关心这种稳定平衡位形下的振动，因此也只关心小的广义坐标 q^a 的值。此外，由于振动只涉及低速下的小扰动，故只考虑小动量 p_a。

481　假定哈密顿量可以表为 q 和 p 的解析形式（"解析"的意义见 §6.4），于是我们可以把它展开成 q 和 p 的幂级数形式。对于稳定平衡态，$q_0^a = 0$ 代表的一定是（局域）最小势能态。**[20.7]在此基础上，系统在外力作用下开始运动后，其能量（动能）将增加；在 $p_a = 0$ 时动能最小。因此总能量——就是哈密顿量 $\mathcal{H}$——在 $q_0^a = 0 = p_a$ 时局域处于最小值。这样，幂级数展开的形式为（q 和 p 的线性项，或二者皆为零）：

$$\mathcal{H} = 常数项 + \frac{1}{2}Q_{ab}q^a q^b + \frac{1}{2}P^{ab}p_a p_b + q \text{ 和 } p \text{ 的三阶或高阶项},$$

这里 Q_{ab} 和 P^{ab} 正定常系数对称矩阵（若 $q^a \neq 0$，则 $Q_{ab}q^a q^b > 0$；同时若 $p_a \neq 0$，则 $P^{ab}p_a p_b > 0$。见 §13.8）。因子 $\frac{1}{2}$ 属出于方便而置。**[20.8]

我们略去高阶项来考察一下小振动的性质。现在哈密顿方程为

$$\frac{dq^a}{dt} = \frac{\partial \mathcal{H}}{\partial p_a} = P^{ab}p_b;$$

对 t 再微分一次，

$$\frac{d^2 q^a}{dt^2} = \frac{d}{dt}P^{ab}p_b = P^{ab}\frac{dp_b}{dt}$$

$$= -P^{ab}\frac{\partial \mathcal{H}}{\partial q^b} = -P^{ab}Q_{bc}q^c = -W^a{}_c q^c。$$

这里 $W^a{}_c = P^{ab}Q_{bc}$ 是矩阵 Q_{ab} 和 P^{ab} 的积（§13.3），我们可以写成

$$\mathbf{W} = \mathbf{PQ},$$

这样，前述方程可改写为

**[20.6] 用下述三种方法证明这一点，并找出完整的方程：（a）用拉格朗日方法；（b）用哈密顿方法；（c）直接用牛顿定律。提示：证明 $\mathcal{L} = \frac{1}{2}mh^2\dot{q}^2(h^2 - \dot{q}^2)^{-1} + mg(h^2 - q^2)^{1/2}$。（注意，对这种简单情形，拉格朗日量和哈密顿量不会给我们什么新东西，它们的有力之处在于处理一般情形方面。）

**[20.7] 为什么？

**[20.8] 你能更充分地解释这一切吗？如果平衡是不稳定的，能有线性项吗？为什么？

$$\frac{\mathrm{d}^2\mathbf{q}}{\mathrm{d}t^2} = -\mathbf{Wq}。$$

我们感兴趣是矢量 $\mathbf{q}$ 所满足的矩阵 $\mathbf{W}$

$$\mathbf{Wq} = \omega^2\mathbf{q}$$

的本征矢量（§13.5），这里 ω^2 是与 $\mathbf{q}$ 相应的矩阵 $\mathbf{W}$ 的本征值。实际上，这个本征值必为正，因为矩阵 $\mathbf{P}$ 和 $\mathbf{Q}$ 都是正定的，❋❋❋[20.9] 这样，我们可以把它写成正的量 ω 的平方形式。任何这样的本征矢量 $\mathbf{q}$ 必满足方程

$$\frac{\mathrm{d}^2\mathbf{q}}{\mathrm{d}t^2} = -\omega^2\mathbf{q},$$

它表示频率为 $\omega/2\pi$ 的简谐振动。❋❋[20.10]

每个本征矢量 $\mathbf{q}$ 都是广义坐标 q^a 的某种组合，因此 $\mathbf{q}$ 对应的振动要求这些坐标同频振动，这就是振动的简正模，相应的 $\omega/2\pi$ 称为这种模对应的简正频率。在一般情形下，这些频率各不相同，但在特定的"退化"情形，某些简正频率会重合，❋❋❋[20.11] 退化的本征值也会有相应的多重个数。因此简正模的总数目仍等于广义坐标 q_1，$\cdots$，q_N 的个数 N。应当指出，相应于不同频率的任意两个简正模 $\mathbf{q}$ 和 $\mathbf{r}$ 彼此在 $\mathbf{Q}$ 定义的"度规"下是正交的，即 $\mathbf{r}^\mathbf{T}\mathbf{Qq}=0$。❋❋❋[20.12]

从中我们了解到什么了呢？我们得出了一个非常一般但明确的结论，就是一个具有 N 个自由度的经典系统能够在一种稳定平衡位形下振动。任何这样的振动都是由简正模组成的——它们可以彼此独立地进行处理——每个模都有自己的特征频率，因此共有 N 个模。在这种描述中，我们忽略了耗散效应，这种效应可使实际的宏观系统的振动最终停止，其能量被转移到成分粒子的无轨运动上。如果所有成分都在考虑的范围内（例如考虑到分子水平），那么就无所谓耗散。

从这一点上说，我所考虑的普通情形都是指系统自由度数 N 为有限的情形，但前述的理论也可以用到——至少在理想化意义上——无限维情形。如果我们用乐器发出的声音为例，相信大家就会熟悉这一概念。例如一面鼓或一个三角铁在受到敲击时就会引起不同频率的振动，这些频率决定了各自特有的音色。类似地，管乐器的发声取决于管中气柱的振动，弦乐器则取决于弦的振动，等等。

第9章研究的傅立叶分析可用于描述有限长弦的振动。我们可将弦看成是两端固定，或弯成一个圆。傅立叶分析将一般振动表示为各种模的线性组合，这些模是音质纯净的正弦波或余弦波——数量上为无限个。在此情形下，各种振动频率是基模频率的整数倍。这也正是制造一部音

❋❋❋〔20.9〕看看你能否证明这个推导。提示：证明正定矩阵的逆是正定的。

❋❋〔20.10〕看看你能否在拉格朗日形式而不是哈密顿形式下进行前述的分析。

❋❋❋〔20.11〕描述退化情形下的本征矢量系统。

❋❋❋〔20.12〕证明这一点。（由§13.7知，"T"表示"转置"。）

质嘹亮的乐器所追求的目标！但一般而言（例如对于鼓或铃），简正频率的关系并非如此简单。

在这种情形下，哈密顿形式体系或拉格朗日量形式体系可以迅速扩展到 $N = \infty$ 情形。我们还注意到，某种意义上说，我们很自然得到了一种场的拉格朗日（或哈密顿）理论（对此我们将在 §20.5 节里予以讨论）。这种理论在现代物理里有着广泛应用，特别是在关于自然界的基本理论——我们称之为弦论——里，点粒子替代为小圈（或开端的"弦"），此时的处理必须要用这种方法。在这里，自然界的各种场或粒子都被当作是由"弦"振动的简正模产生出来的（见 §§31.5，7，14）。

最后还应指出，本节讨论的只涉及稳定平衡的振动，但这种方法也可以用到不稳平衡的运动。其基本差异在于实对称矩阵 $\mathbf{Q}$ 现在不是正定的（甚至是非负定的），因此 $\mathbf{W} = \mathbf{PQ}$ 可以有负的本征值。相应的小扰动会造成远离平衡的指数发散。**[20.13]

20.4　辛几何的哈密顿动力学

让我们回头看看有限维的哈密顿方程是如何与辛几何联系起来的。如 §14.8 所述，任何辛流形都有一种称之为泊松括号的运算，它能够通过对流形上两个标量场 $\boldsymbol{\Phi}$ 和 $\boldsymbol{\Psi}$ 的演算产生另一个标量场 $\boldsymbol{\Theta}$：**[20.14]

$$\boldsymbol{\Theta} = \{\boldsymbol{\Phi}, \boldsymbol{\Psi}\} = \frac{\partial \boldsymbol{\Phi}}{\partial p_a} \frac{\partial \boldsymbol{\Psi}}{\partial q^a} - \frac{\partial \boldsymbol{\Phi}}{\partial q^a} \frac{\partial \boldsymbol{\Psi}}{\partial p_a}。$$

484　如果花括号里的 $\boldsymbol{\Psi}$ 位置空着，则我们得到微分算子 $\{\boldsymbol{\Phi}, \quad\}$，它相当于一个矢量场（§12.3），作用到 $\boldsymbol{\Psi}$ 上给出 $\{\boldsymbol{\Phi}, \boldsymbol{\Psi}\}$。如果我们用 $\mathcal{H}$ 代替 $\boldsymbol{\Phi}$，会发现矢量场 $\{\mathcal{H}, \quad\}$ "指向"系统在 $T^*(\mathcal{C})$ 上的时间演化的轨迹方向。实际上，按哈密顿方程（§20.2），$\{\mathcal{H}, \quad\}$ 就代表这种演化。辛几何的突出特点是系统的动力学演化，因此可以在几何上概括为一个标量函数（即哈密顿量）。

辛几何还有许多其他作用。例如，刘维尔曾有这么一个著名的结果：相空间体积在动力学演化中保持不变，见图 20.7。相空间的体积元取 $2N$ 形式

$$\boldsymbol{\Sigma} = S \wedge S \wedge \cdots \wedge S，$$

这里有 N 个 S 相楔积（我们可以回顾一下，辛几何的 2 形式 S 由 $S = \mathrm{d}p_a \wedge \mathrm{d}q^a$ 给定）。不难检验，S 本身在哈密顿量的演化中是不变的（即对于矢量场 $\{\mathcal{H}, \quad\}$，S 的李导数为零）。**[20.15] 于是我们有：全体积形式 $\boldsymbol{\Sigma}$ 在这种演化中也是不变的，这就是刘维尔定理。

485　由 $\{\mathcal{H}, \mathcal{H}\} = 0$*[20.16] 可知哈密顿量本身是不变的，即沿轨迹是一常数。它反映了这样

**[20.13] 描述这种性态。

**[20.14] 对 $\{\boldsymbol{\Phi}, \boldsymbol{\Psi}\}$ 验证这个表达式与 §14.8 里的一致。

**[20.15] 证明这一点。

*[20.16] 为什么？

图20.7　刘维尔定理。哈密顿流保初态相空间区域（表示一系列可能的初态）的体积，即使该区域的形状在时间演化中可能发生相当大的变化。

一个事实：封闭系统的总能量为常数。因此，每一条轨迹都在由 $\mathcal{H}=$ 常数确定的 $(N-1)$ 维曲面上，见图20.5。现在，我们可将系统的整个历史看作是它在 $\mathrm{T}^*(\mathcal{C})$ 上的轨迹。对确定的 $\mathcal{H}$ 值，轨迹空间是 $(N-2)$ 维的，见图20.8。（保持 $\mathcal{H}$ 值固定去掉了一维，"析出"一维轨迹又去掉一维。）这是一个明显而又重要的结果：得出的 $(N-2)$ 维流形仍是辛的。这种做法（不

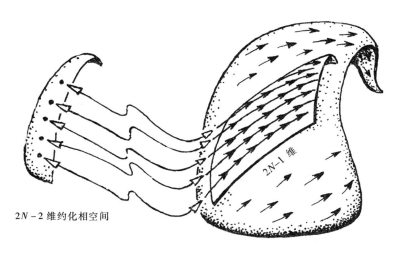

图20.8　N 维 $\mathcal{C}$ 的相空间 $\mathrm{T}^*(\mathcal{C})$ 是一个 $2N$ 维辛流形。对给定的能量值（常数 $\mathcal{H}$，见图20.5），我们有一个包含 $(2N-2)$ 维哈密顿流轨迹族的 $(2N-1)$ 维区域。表示这些轨迹的点所构成的约化相空间本身是一个 $2(N-1)$ 维辛流形。

限于 $\mathcal{H}$ 替代 Φ）在经典力学和辛几何里有着广泛应用。

牛顿力学的这种高度综合的图像无疑是优美的，但与后来的物理理论联系起来看，我们应意识到，不迷失于这种数学形式上的完美和确定性是非常重要的。大自然有个习惯，开始时，她总是向我们展示数学结构的力量和完美，使我们狂喜不已，将此作为领略宇宙万物的指南；然后再一次次地将我们从概念的麻木中摇醒，向我们证明，我们找到的这本指南不可能是对的！当然，这种轮替总是非常艺术，先前的大厦还会骄傲地屹立着，尽管它的基础已被彻底地更替了。

哈密顿方法提供了这么一种绝妙的例证。虽然它所物化的经典力学在量子世界的严酷事实面前显得矛盾，但这种方法却提供了一条通往实际的量子力学理论的重要途径。不仅如此，量子力学里的哈密顿量还是标准量子形式体系的核心成分。我这里指的是标准的非相对论性的量子理论，其中无需按照相对性原理将时间和空间结合起来考虑。而在相对论量子力学里，人们发现拉格朗日方法可以提供一种更为自然的起跳点。但我们要跃向何方呢？这需要将狭义相对论原理与那种诱使我们堕入量子场论泥潭的量子力学适当地结合起来才能回答。

在第 21 – 23、26 章，我们将着手处理量子理论和量子场论。但在此之前，我们还需要作些基础性准备。"量子场论"这个概念意味着它指的是场，而不是粒子。因此，我们先要看看用拉格朗日（或哈密顿）方法如何处理各种场。

20. 5 场的拉格朗日处理

在上面的拉格朗日（和哈密顿）方法讨论中，牛顿力学体系是由有限数量的粒子和刚体组成的。这些对象有多个但有限的自由度，因此位形空间流形 $\mathcal{M}$ 及其切丛 $T(\mathcal{M})$（也包括余切丛 $T^*(\mathcal{M})$）都是普通的有限维流形。但是，拉格朗日（和哈密顿）形式系统比这更为一般，它还可以用于物理场。场往往从一处连续地变化到另一处，它不可能用有限个参数来规定。例如，某个区域的麦克斯韦自由场的位形空间就是无限维的。

对于无限维的位形空间我们仍可以采用拉格朗日（和哈密顿）形式系统，这是经典和量子场论的标准做法。从数学上看，主要特色是函数微分概念。拉格朗日量不再仅仅是有限数目的广义坐标 q^1，$\cdots$，q^N 和广义速度 $\dot{q}^1$，$\cdots$，$\dot{q}^N$ 的函数，而是一系列场 Φ，$\cdots$，Ψ 这些场的导数 $\nabla_a\Phi$，$\cdots$，$\nabla_a\Psi$ 的函数。每个场本身都是一个时空函数，还可能带有标识其张量或旋量性质的指标；而这里出现的导数通常只是一阶的，尽管高阶导数也是允许的。注意，现在我们不为时间导数专设记号（像当初在拉格朗日量里用字母上的"·"为标记），而是采用更为对称的 ∇_a 算子。相应地，形式体系也取与有关要求保持一致的形式。

在这种场合下，拉格朗日函数经常称为泛函，因为我们关心的它们所具有的形式，而不是在自变量取具体值的实际函数值。现在，欧拉－拉格朗日方程包括了"关于场的导数"和"场的梯度"。这种运算形式上很像第 6 章里的普通微积分运算，经常还会涉及些数学技巧，如果我们要保证结果严格正确的话。习惯上物理学家们不是太在意这些，他们的注意力主要集中于形式法则的正确性上。

我不打算在此讨论这些问题的细节。这种"泛函导数"的欧拉－拉格朗日方程为（其中函数导数记为"δ"而不是"∂"）：

$$\nabla_a \frac{\delta \mathcal{L}}{\delta \nabla_a \Phi} = \frac{\delta \mathcal{L}}{\delta \Phi}, \quad \cdots, \quad \nabla_a \frac{\delta \mathcal{L}}{\delta \nabla_a \Psi} = \frac{\delta \mathcal{L}}{\delta \Psi}。$$

如上所述，场 Φ, $\cdots$, Ψ 可以有指标。本质上说，泛函的求导用的是与普通微积分相同的法则，再加上若干"数学常识"（例如，如果 $\mathcal{L} = \Phi^a \Phi^b \nabla_a \Psi_b$，那么 $\delta\mathcal{L}/\delta\Phi^c = \Phi^b \nabla_c \Psi_b + \Phi^a \nabla_a \Psi_c$, $\delta\mathcal{L}/\delta\nabla_c\Phi^d = 0$, $\delta\mathcal{L}/\delta\Psi_c = 0$, $\delta\mathcal{L}/\delta\nabla_c\Psi_d = \Phi^c\Phi^d$）。

存在类似于哈密顿原理的拉格朗日原理。对于平稳作用，这个原理就是欧拉－拉格朗日方程，这个作用量是拉格朗日量沿位形空间内两固定点 a, b 之间曲线的积分（图20.3）。在现在所考虑的更一般情形下，C 的两固定点 a, b 替代为三维时空区域内的场位形。我们经常把这些位形取为两个三维时空区域 $\mathcal{A}$ 和 $\mathcal{B}$，它们张在同一个二维空间 S 里（S 或许是无穷大），见图20.9。这个图对于后面（§26.6）量子场论里的路径积分公式同样很重要。如果需要，我们可将 $\mathcal{A}$ 和 $\mathcal{B}$ 合起来（其中之一取向要反向）形成四维时空 $\mathcal{D}$（有可能是紧的，见§12.6）的边界$\partial\mathcal{D}$，见图20.10。不管怎样，哈密顿原理反映了拉格朗日量在区域 $\mathcal{D}$ 的时空积分的平稳性。

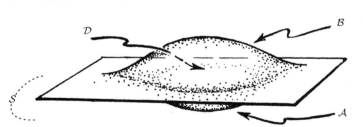

图 20.9 场的拉格朗日量的哈密顿原理。图20.3 中 C 的两固定端点 a, b 分别表示两个三维时空区域 $\mathcal{A}$, $\mathcal{B}$ 的场位形，二者构成一个包含四维区域 $\mathcal{D}$ 的"气泡"。我们可以取 $\mathcal{A}$, $\mathcal{B}$ 在有限二维曲面 S（图中未画出）上连接，也可以将"S"视为延伸到无穷远，或沿类空超曲面向外延伸，在该超曲面上，$\mathcal{A}$, $\mathcal{B}$ 在区域 $\mathcal{D}$ 之外重合（图中所示情形）。

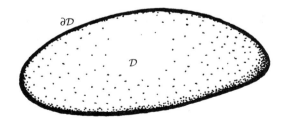

图 20.10 如果需要，我们可以将图20.9 中的 $\mathcal{A}$, $\mathcal{B}$ 连接起来——但取向相反（见图12.16）——由此构成（紧致）时空四维体积 $\mathcal{D}$ 的边界$\partial\mathcal{D}$。对$\partial\mathcal{D}$ 上给定的场位形，哈密顿原理（图20.3）表示为 $\int_D \mathcal{L}\varepsilon$ 的平稳性。

因此，我们可将拉格朗日量 $\mathcal{L}$ 看成是时空密度，严格说来，这意味着不变量是 4 形式 $\mathcal{L}\boldsymbol{\varepsilon}$，这里自然 4 形式 $\boldsymbol{\varepsilon}$ 是一个通常表为 $\boldsymbol{\varepsilon} = \mathrm{d}x^0 \wedge \mathrm{d}x^1 \wedge \mathrm{d}x^2 \wedge \mathrm{d}x^3 \sqrt{(-\det g_{ij})}$ 的量[4] 于是作用量积分为

$$S = \int_{\mathcal{D}} \mathcal{L}\boldsymbol{\varepsilon} \, 。$$

489 场方程可以从 S 对所有变量的变分都是平稳的（由此给出类似测地线的量，见图 20.3）这一论断中导出，这意味着 $\mathcal{L}$ 关于所有成分场及其导数的变分导数为零。这个条件写成

$$\delta S = 0 \, 。$$

量 S 是后面 §26.6 里量子场论中路径积分方法的核心。

20.6 如何从拉格朗日量导出现代理论？

拉格朗日理论（以及哈密顿理论）对现代物理有着深刻的影响。例如，有一条重要的定理，称为内特尔定理，告诉我们，如果普通拉格朗日量具有某种连续（光滑）对称性，则存在与此对称性相应的守恒律。特别是，如果在时间平移下存在拉格朗日不变量（即与时间无关），则存在能量守恒；如果这个不变量是空间平移下的不变量，则存在动量守恒；更进一步，如果存在关于某个轴的转动不变量，则关于这个轴有角动量守恒。对于平直时空内的孤立系统，这些对称性都是存在的。如果我们选取坐标使得给定的拉格朗日量 $\mathcal{L}$ 的对称性可以表达为这样一个事实：$\mathcal{L}$ 与某个广义"位置"坐标 q_r 无关，则守恒量将是此坐标 q_r 对应的"共轭动量" $p_r = \partial \mathcal{L}/\partial \dot{q}^r$（§20.2）。从欧拉－拉格朗日方程可知，这个 p_r 在时间上的确是常数。*[20.17]

这种处理可以推广到场的拉格朗日泛函。例如，如果存在"规范不变量"，那么我们就可找到相应的"守恒荷"（例如在电磁场情形，满足 $\Psi \mapsto \mathrm{e}^{\mathrm{i}\theta}\Psi$ 的规范不变量是电荷）。但在此情形下问题也会复杂化。例如，能否将它用于得到广义相对论下的能量动量守恒就完全不是一个清楚的问题，严格地说，这个方法在此无效。将规范对称性 $\Psi \mapsto \mathrm{e}^{\mathrm{i}\theta}\Psi$ 类比到引力情形，知相应的量"在广义坐 490 标变换下是不变量"（对于广义相对论可以根据张量运算来得到相应的方程），但在此情形下内特尔定理无效，给出的是"0 = 0"。显然，对于广义相对论，我们似乎还需要从非常不同的角度来处理。尽管在其他场合（如 §21.1 的量子理论）内特尔定理显示出强有力的作用，但它对于引力情形的作用却非常有限，甚至在渐近平直时空里，广义相对论的角动量还仍是个问号。[5]

正如渊博而多产的数学家戴维·希尔伯特第一次（1915 年）所显示的那样，爱因斯坦理论可以由拉格朗日方法导出。希尔伯特的引力拉格朗日量基本上是除以常数 $-16\pi G$ 的标量曲率 R，但需要乘上 §20.5 里的自然 4 形式 $\boldsymbol{\varepsilon}$ 才能成为密度（或 4 形式），再加上物质的拉格朗日量 $\mathcal{L}$，我们就得到总的作用量

＊〔20.17〕说明为什么。

$$S = \int_{\mathcal{D}} \Big(\mathcal{L} - \frac{1}{16\pi G} R \Big) \boldsymbol{\varepsilon}。$$

在希尔伯特提出这个作用量的时候，他已知道当时著名的物质理论——米氏理论，他是仅针对适合米氏理论的物质的拉格朗日量这种情形来阐述其引力作用原理的。他似乎一直坚信他的这套总拉格朗日量能够给出我们今天所谓的"包罗万象理论"。那是 1915 年，今天还有谁记得米氏理论？

虽然麦克斯韦理论难与米氏理论协调，但实际上，用于标准麦克斯韦电磁场的适当拉格朗日量许多年前就有了，[6] 这就是

$$\mathcal{L}_{\mathrm{EM}} = -\frac{1}{4} F_{ab} F^{ab}。$$

但要使这个量有用，我们还需要确信它可以写成关于电磁势 A_a 的形式。如果还存在带电的场，则还需要有表示这些作用的附加项，它们也都涉及 A_a。重要的是，所有这些都要用规范不变量来检验。当引力也被包括进来，就需要有一种适合引力的"规范不变量"，即坐标不变量。通常我们将其写成适当形式的张量（或按照基标架下的其他不变量形式或适当的旋量形式）来处理。

在基础物理的各种当代研究中，新理论的提出几乎都是以某种拉格朗日函数形式来给出。这有许多好处，例如导出的理论能有更好的（但也不是绝对的）协调性和不变性，或者蕴含着某种形式的"牛顿第三定律"（即如果两个场之间发生作用，则这种作用是相互的：如果一个场作用到对方，那么它也受到对方给予的同等的作用）。此外，拉格朗日量还有一个可人的性质，就是如果引入了一个新的场，则它的贡献通常就是简单地在此前的拉格朗日量中增加一项，当然所需的相互作用项也需加上。更重要的是，通过路径积分方法可以直接形成量子理论，我们将在 §26.6 里对此予以介绍。

然而，我得承认对这种基本处理我并不满意。我很难说清楚具体在什么地方，但在拉格朗日方法的通用性方面一定还有工作要做，以便能有些许导引可以用来发现新理论。另外拉格朗日量的选取也常常不唯一，有时显得过于人为做作——某种程度上甚至可说是明摆着复杂化。特别是在场的拉格朗日表述方面，存在着一种远离实际物理"口耳相传"即可领会的趋势。即使是自由麦克斯韦理论的拉格朗日量 $\frac{1}{4} F_{ab} F^{ab}$，也缺少明显的物理意义（这个量是三维形式下电场和磁场矢量长度平方差的 $\frac{1}{8}$）。*[20.18] 此外，"麦克斯韦型拉格朗日量"起不到拉格朗日量的作用，除非它表示为势的形式，虽然势 A_a 的实际值不是一个直接可观察的量。在引力场情形（不像电磁场情形），当满足场方程时，自由爱因斯坦理论的拉格朗日量恒等于零（因为 $R_{ab} - \frac{1}{2} R g_{ab} = 0$

✲〔20.18〕证明这一点。

意味着 $R=0$）。R 还是不能作为拉格朗日量来起作用，除非它可以表示为不具有不变意义的那种量（通常是某种坐标系下的度规分量）。在大多数情形下，拉格朗日密度本身不具有明确的物理意义，从而使得对同一个场方程会存在多个不同的拉格朗日量。

作为数学工具，场的拉格朗日量无疑是非常有用的，它使我们能够得出有关物理理论的大量见解。但我一直对过分依赖它们来增进我们对基础物理理论的理解这一点表示担忧。这种担忧也涉及 §26.6 的量子场论问题，但这里我得就此打住了。

492 **注　释**

§ 20.1

20.1 　（非牛顿系统的）更为一般的拉格朗日量可能涉及较高阶的导数，它们定义在 C 的所谓"节丛"上，我们这里用不上。

20.2 　通过假定系统是所谓完整的（holonomic），我简化了拉格朗日量的一般讨论。对于非完整系统，不是所有广义坐标都有与之对应的速度坐标。这种情形的一个好的例子是一只在水平面上滚动的铁环，限定条件是环不发生滑移，这样，它的接触点只能在滚动中沿环的切线方向移动。确定这个接触点位置只需两个坐标，而确定其速度仅需一个坐标。

　　对于在基础水平上进行描述的系统，我们可以认为这种非完整情形不会出现。对于环的情形，纯滚动限定是一种理想化，滑移情形被排除了。只要允许存在小的滑移，系统就变成了完整情形。

20.3 　为简单计，我这里仅考虑"与时间无关的拉格朗日量"。但我们很容易将外力的时间相关性引进来，只要取另一个"广义坐标" $q^0 = t$ 以及形式量 $\dot{q}^0$（其最大值为 1）即可。

§ 20.5

20.4 　确定 ε 的另一种方法，是在局域右手正交系下令 ε 的分量 ε_{0123} 满足 $\varepsilon_{0123}=1$（§19.2）。通过取满足 $\varepsilon_{abcd}\varepsilon_{pqrs}g^{ap}g^{bq}g^{cr}g^{ds} = -24$ 的度规，我们可将 $\begin{bmatrix} 0 \\ 4 \end{bmatrix}$ 张量 ε 确定到仅相差一个符号，ε 的符号选定可依时空体积的取向来定。✳✳✳[20.19]

§ 20.6

20.5 　见 Penrose（1982）；Penrose and Rindler（1986）；Winicour（1980）；Rizzi（1998）。

20.6 　见 Pais（1986），342 页，及其 357 页上的参考文献 46，47，48。

✳✳✳〔20.19〕证明：这个规定与正文中给出的是等价的。

第二十一章
量子粒子

21.1 非对易变量

大概大多数物理学家都会把量子力学带来的我们对世界认识上的改变看得比爱因斯坦广义 493
相对论的非凡的弯曲时空更具有革命性意义。的确，正如本章和下两章里我们将看到的，量子理
论实际上向我们表明，原子或基本粒子的亚微观水平上的"实在"离我们通常的经典图像是如
此遥远，以至我们简直对整个量子层次上的"图像"感到绝望。许多物理学家甚至怀疑量子尺
度上的"实在"是否真的存在，它们可能仅仅是赖以获得答案的一种量子力学的数学形式。（在
第 29 章，我将更详细地说明充满争议的"量子实在"问题。）

但尽管如此，上一章给出的拉格朗日／哈密顿理论———一种出自17世纪牛顿力学的全面而又
经典的框架———却为量子力学理论提供了核心基础。当然，数学形式上会存在一定变化，否则新
理论就成了旧理论的翻版了。但这种源自牛顿理论的形式体系好像一直在等待量子力学的到来，
其结构是如此合体，以至新的量子组件来了就可以简单地各归其位。

使这一切成为可能的数学上的关键显然是出于一种"好奇心"。19世纪末，富于创造力的电
气工程师和数学物理学家奥利弗·赫维塞德（Oliver Heaviside，1850～1925，我们在 §6.1 曾提
到过他）发现，微分算符经常可以像通常的数字那样来处理，这在解某些种类的微分方程时特
别有用。我们来举个例子。考虑微分方程[1]

$$y + \frac{\mathrm{d}^2 y}{\mathrm{d}x^2} = x^5,$$

494

（符号的意义见 §6.3），我们来找出满足该方程的函数 $y = y(x)$。赫维塞德的方法是将算符$\mathrm{d}/\mathrm{d}x$
看成一个数，为"清楚"计，我们不妨将这个算符记为 D：

$$D = \frac{\mathrm{d}}{\mathrm{d}x}。$$

"D^2"表示二次微分项 $d^2/dx^2 = (d/dx)^2$，我们称它为二阶微分算符，"D^3"表示三次微分项 d^3/dx^3，等等。于是上述方程变成 $y + D^2y = x^5$，或写成

$$(1 + D^2)y = x^5。$$

我们可以像"除以 $1 + D^2$"那样来"解"这个方程，答案写成 $y = (1 + D^2)^{-1}x^5$。将 $(1 + D^2)^{-1}$ 展开成"D 的幂级数"，我们有

$$y = (1 - D^2 + D^4 - D^6 + \cdots)x^5$$

（我们在 §4.3 曾考虑过这个幂级数，那里是用 x 而不是 D。）注意到（§6.5）$Dx^5 = 5x^4$，$D^2x^5 = 20x^3$，$D^3x^5 = 60x^2$，$D^4x^5 = 120x$，$D^5x^5 = 120$，$D^6x^5 = 0$，等等，我们得到（正确的！）特解*[21.1]**[21.2]***[21.3]

$$y = x^5 - 20x^3 + 120x。$$

只要我们注意运用适当的规则，这种形式化处理可以得到严格解——虽然赫维塞德刚开始用时曾遇到相当大的反对！

虽然 D ($= d/dx$) 可以像普通的数一样用代数方法来处理，但当遇到 D 和 x 混合一块儿出现的情形时我们必须小心，因为它们不对易。我们可以将"x"和"D"看成是对其右边无形函数譬如 $\Psi(x)$ 的作用。算符 x 的作用就是简单地乘上 x，而 D 的作用则是对其右边的函数作关于 x 的微商。于是我们有对易关系

$$Dx - xD = 1。$$

495

为什么是这样的呢？由 §6.5 的"莱布尼茨法则"可知，$D(x\Psi) = (D(x))\Psi + xD(\Psi)$，即 $D(x\Psi) - xD(\Psi) = (D(x))\Psi$。故有 $(Dx - xD)\Psi = 1\Psi$，记住 $D(x) = 1$（即 D 直接作用到 x 上结果是 1），这样我们就得到了上述应用于任意函数 $\Psi = \Psi(x)$ 的关系。

我们现在将这种关系扩展到多变量 $x^1, \cdots, x^N$ 和相应的 $D_1 = \partial/\partial x^1, \cdots, D_N = \partial/\partial x^N$（偏导数，这里 x^N 是第 N 个坐标，不是 x 的 N 重积）的情形，这里右边的"无形"函数现在是所有这些变量的函数：$\Psi = \Psi(x^1, \cdots, x^N)$。我们得到对易关系

$$D_bx^a - x^aD_b = \delta^a_b。$$

（这里克罗内克 δ 定义见 §13.3，这个关系包含了两方面内容：当 $a = b$，就是前述关系；当 $a \neq b$，则 x 和 D 可对易。*[20.4]）我们可以假定坐标 x^a 是普通的空间坐标或时空坐标，但也可以一般化，将其视为拉格朗日或哈密顿形式下的广义坐标 q^a。但要更进一步一般化，则会出现很

---

*[21.1] 证明：$(1 + D^2)\cos x = 0$ 和 $(1 + D^2)\sin x = 0$（参考 §6.5 的公式）。

**[21.2] 由练习 [21.1]，找出 $(1 + D^2)y = x^5$ 的通解，并证明你的解是最一般的解。

***[21.3] 看看你能否解释：为什么文中给出的程序会漏掉练习 [21.2] 通解中的大多数解？你能够提出一种找到全部解的修正了的一般程序吗？提示：对 $(1 + D^2)$ 的倒数，在什么范围内"$1 - D^2 + D^4 - D^6 + \cdots$"才真正满足要求？试将此无穷展开式作用到 $(1 + D^2)\cos x$ 上看看有什么结果。

*[20.4] 为什么？

大的困难。因此至少是目前，我们最好还是先考
虑某种 N 维平直空间 $\mathbb{E}^N$（不限于 3 或 4 维）情形。

算符 $D_1,\cdots,D_N$ 描述的是 $\mathbb{E}^N$ 沿各个轴方向的无
限小平移（图 21.1），每一个都表示一种仿射空间
$\mathbb{E}^N$ 的独立对称性。

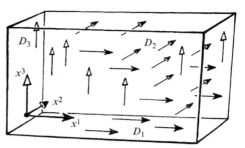

由内特尔定理（§20.6）可知，空间对称性
与动量守恒之间存在紧密联系：在某个方向上，
如果拉格朗日量在平移下不变，那么该方向上的
动量就是守恒的。这是一个优美而又重要的事实，
数学上也很好理解。量子力学某种程度上就有点
儿与此类似，只是在数学上不是这么好理解。我

图 21.1　在（仿射）N 维欧几里得空间 $\mathbb{E}^N$ 内，存在
N 个由算符（矢量场）$D_1 = \partial/\partial x^1$，$D_2 = \partial/\partial x^2$，$\cdots$，
$D_N = \partial/\partial x^N$ 产生的平移对称，这些算符与笛卡儿坐标
$x^1,x^2,\cdots,x^N$ 之间满足对易关系 $D_b x^a - x^a D_b = \delta_b^a$。
（图中显示的是 $N=3$ 情形。）

们甚至可以说它在数学上完全是出格的！但毫无疑问，这种奇怪的量子力学处理仍具有某种数
学美。因为在量子力学里，不仅是存在与对称性相关的守恒动量，而且动量本身实际上就等同于
产生这个特定对称性的微分算符！

21.2　量子哈密顿量

一个动量怎么能等同于一个微分算符呢？这话听起来就出格！准确地说，应是存在一个 $\hbar$ 因
子（狄拉克形式的普朗克常数，即 $h/2\pi$，这里 h 是真正的普朗克常数），并结合有一个虚单位 i。
这样，我们作一个古怪的定义 $p_a = i\hbar D_a$，即对于与此动量相对应的 x^a，有

$$p_a = i\hbar \frac{\partial}{\partial x^a},$$

依此而行，我们得到一个称之为位置和动量之间的正则对易法则的对易律：

$$p_b x^a - x^a p_b = i\hbar\, \delta_b^a。$$

我们用这种模样古怪的算符/动量能做什么呢？这个“量子力学动量”$i\hbar\partial/\partial x^a$ 的作用在于
可以置于经典哈密顿函数 $\mathcal{H}(p_1,\cdots,p_N;x^a,\cdots,x^N)$ 中来取代旧的经典动量 p_a 的位置。这是所谓
（正则）量子化处理的关键。我们尚不考虑相对论情形，因此“动量”就是空间动量，[2] 不是指
能量。空间 $\mathbb{E}^N$ 远比三维情形大，因为我们可以有许许多多的粒子或其他结构，所有这些对象的
不同位置和动量都在考虑之列。按照第 20 章的一般讨论，哈密顿量不容许存在显性的时间依
赖性。[3]

一般来说，我们可以将这些坐标 x^a 理解为众多粒子（或其他适当参量）的位置。在本节
里，我将只考虑单粒子的量子力学，这也是为第 23 章考虑更为复杂的多粒子体系做个形式上的
准备。在单粒子这种特定情形下，有证据表明，在时间分量 x^0 和 3 个空间分量 x^1，x^2，x^3 之间

存在相对论性对称性。一会儿我们就会看到，这一点对于定义量子力学实际的时间演化具有重要意义。但不管怎么说，作为（正则）"量子化"处理，特别是涉及多粒子情形时，这些处理都是一种非相对论处理，其中对物理上空间和时间的处理是相当不同的。

我们来看看量子哈密顿量的一个简单例子，以便了解这一概念是如何工作的。为此考虑质量为 m 的单个牛顿粒子在外场（由仅依赖于位置的势能函数 $V = V(x, y, z)$ 给出）下运动的情形。在 §20.2 里，我们已经知道了经典哈密顿量 $\mathcal{H} = (p_x^2 + p_y^2 + p_z^2)/2m + V(x, y, z)$，这里 p_x, p_y, p_z 分别是沿笛卡儿坐标轴 x, y, z 的空间动量。因此量子（正则量子化）哈密顿量为

$$\mathcal{H} = \frac{p_x^2 + p_y^2 + p_z^2}{2m} + V(x, y, z) = -\frac{\hbar^2}{2m}\nabla^2 + V(x, y, z),$$

这里 $\nabla^2 = (\partial/\partial x)^2 + (\partial/\partial y)^2 + (\partial/\partial z)^2$（即 $\partial^2/\partial x^2 + \partial^2/\partial y^2 + \partial^2/\partial z^2$）是拉普拉斯算符（见 §10.5，不过现在是三维情形）。

在这个例子里，一切都是在光滑情形下进行的（下一节我们再考虑其他情形）。但一般来说，在哈密顿量里用量子动量取代经典动量不会是一个简单明了的过程，这主要是因为在量子力学的 p 与其对应的 x 之间存在非对易关系。例如，经典哈密顿量里可以出现形式为 px 的乘积项，但我们并不清楚在相应的量子哈密顿量里是应该出现 px 呢，还是 xp，抑或 $\frac{1}{2}(px + xp)$，甚至是其他无限多种可能性的一种。这种不确定性就是所谓因子有序化问题。在许多实际情形里，由于存在某些"明显的"取舍，这种不确定性尚不严重。这些取舍通常受普遍的指导原则（如对称性或不变性要求，也可能是些强制性的物理或数学上的直觉或美学原则）支配。有时还可能出现不同的选择却导致等价的量子理论。但是，存在这种不确定性的事实表明，一个经典理论的"量子化"过程有时会涉及严重的选择问题。

498有一个相关的问题涉及坐标 $x^1, \cdots, x^N$ 选择的"一般化"。由 §§20.1, 2 可知，在相空间 $\mathcal{C}$ 里，广义坐标 $q^1, \cdots, q^N$ 的选择是完全自由的。我们要问：当我们过渡到量子理论之后，这种完全自由化还允许吗？事实上，如果我们期望每个 q^a 的经典共轭动量 p^a 都按 $-i\hbar\partial/\partial q^a$ "量子化"，则答案是"不"。这是个非常微妙的问题，它把我们带入了所谓几何量子化的神奇领域。[4]它在广义相对论所涉的领域里相当重要，不论是"引力场量子化"还是仅仅讨论弯曲时空背景下的量子场，都是如此。（我将在 §30.4 讨论弯曲背景下的量子场问题。）但只要我们能够小心从事，仍然有许多标准的情形允许我们在较平直坐标更为一般的坐标情形下进行处理。此时角坐标特别有用，其共轭的动量是角动量。以后我们将考虑角动量问题（§22.8，相对论情形见 §22.12）。

21.3 薛定谔方程

让我们暂且忽略因子有序化和广义坐标等问题，并假定有一个满意的量子力学哈密顿量。

我们能拿它干什么呢？答案是它在下述的薛定谔方程里起着关键作用，这个方程是我们理解一个量子系统随时间演化的基础。实际上，这个方程的形式取决于我们前面建立的法则。它是怎么工作的呢？首先，我们得认为在整个对易关系的最右端存在着这么一个"无形"函数 ψ。由于所有这些 $\partial/\partial x$ 的缘故，现在哈密顿量只是个算符，它需要作用到（至少是潜在地）最右端的那个对象上。作为一个时间演化方程，薛定谔方程将使得 ψ 随时间变化，因此 ψ 是时间 t 和空间 x^a 的函数：

$$\psi = \psi(x^1, \cdots, x^N; t)。$$

但它不依赖于 p_a，因为这些量现在不是"独立变量"，而是关于 x^a 的微分。这个函数 ψ 称为波函数。它给出系统的量子态。适当的时候我们将看到波函数的物理意义。

怎么才能使 ψ 关于 t 的微分与哈密顿量相统一呢？这也正是薛定谔方程如何开始时间演化的问题。由 §20.2 知，"经典的与时间无关的"哈密顿量表示的是系统的总能量。同时我们注意到（正如 §21.2 所提示的），如果量子理论能够满足相对论的要求，那么量子法则 $p_a = \mathrm{i}\hbar \partial/\partial x^a$（对单粒子）就应扩展到 $a = 0$ 分量和三个空间分量（§18.7）。相应地，在"量子化"过程中，能量应当被关于时间的微分所取代（$E = \mathrm{i}\hbar \partial/\partial t$）。薛定谔方程表示的正是这种哈密顿量的总能量"量子角色"：

$$\mathrm{i}\hbar \frac{\partial \psi}{\partial t} = \mathcal{H}\psi,$$

这里

$$\mathcal{H} = \mathcal{H}\left(\mathrm{i}\hbar \frac{\partial}{\partial x^1}, \cdots, \mathrm{i}\hbar \frac{\partial}{\partial x^N}; x^1, \cdots, x^N\right)。$$

我们还是用 §21.2 所提供的量子哈密顿量为例。质量 m 的单个牛顿粒子在势能函数 $V = V(x,y,z)$ 的外场里运动的薛定谔方程为：**[21.5]***[21.6]

$$\mathrm{i}\hbar \frac{\partial \psi}{\partial t} = -\frac{\hbar^2}{2m}\nabla^2 \psi + V\psi。$$

自然，这种微分算符对动量和能量的取代看起来就像是在玩数学魔术，令人难懂，我们满可以问这劳什子怎么用于处理拳击手或高尔夫选手挥出的动量。但按量子力学，一切还都得靠它。动量的关键在于守恒，对方受到一击的效果就是这种守恒的结果。动量只可传递，不会消失，因为它是守恒的。能量也是如此。

满怀狐疑的读者满可以抱怨，在经典哈密顿理论里，我们已经有动量守恒和能量守恒，为什么还要在物理量和那种实际上不具实体意义的微分算符之间建立奇妙的等同关系（尽管它可能

**[21.5] 对处于常牛顿引力场 $V = mgz$ 中的质量为 m 的粒子，解此薛定谔方程，这里 z 是地表上方的垂直高度，g 是向下的引力加速度。

***[21.6] 通过坐标变换 $X = x, Y = y, Z = z - \frac{1}{2}t^2 g, T = t$ 将其变换到自由落体参照系，然后证明：练习[21.5]的薛定谔方程变换成无引力场下情形，其波函数为 $\Phi = \exp\left[\mathrm{i}\left(\frac{1}{6}mt^3g^2 + mtzg\right)\right]\psi$。当我们将爱因斯坦的等效原理（§17.4）应用到量子系统时，这种变换能告诉我们什么？（注意运用 §21.9 内容。）

很好)?**[21.7] 要回答这个问题，要使这个理论更可信，我们就需要借助实验。（任何其他招数对此都显得无能为力！）实验细节问题不是我这里要强调的，但大量实验证据的确反映了这样一个本质：在频率和能量之间以及相应的波数（波长的倒数）和动量之间存在关联，而且这种关联在所有实验现象里是普遍存在的。在 §21.5 里我们将看到以 "$p_a = i\hbar\partial/\partial x^a$" 出现的这种关联，同时也可以从实验上了解到为什么能量和动量具有 "波动" 性质的原因。

21.4 量子理论的实验背景

可能最直接明显的实验证据是出自晶体材料。晶体在结构上具有晶格原子排列的空间周期性。正如著名的戴维孙－革末（C. J. Davison and L. H. Germer 1927）实验首次所显示的那样，如果我们将具有适当初始三维动量的电子射向这种晶体材料，那么电子将在晶体表面以一系列特定的角度发生折射（或反射）。实验发现，这些方向和角度取决于入射和出射的、与晶格的周期性相关的三维动量。这些实验结果表明，电子的三维动量与晶格的周期性位移距离之间存在精确的反比关系，见图 21.2。用其他粒子进行实验也可得到同样的结论。这一结论就是，动量 p 的粒子似乎像波一样具有周期性，其波长 λ 与动量幅度大小 p 之间存在着普适的反比关系（所涉的普朗克常数 $h = 2\pi\hbar$）：

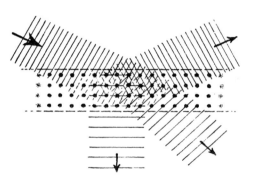

图 21.2 戴维孙－革末实验。一束具有三维动量 P 的电子遇到具有周期性晶体结构的材料后，如果原子排布的特征标长与电子的德布罗意波长相匹配，则晶体上就会出现散射或反射。这些电子可视为具有波长 λ 的波，λ 与电子动量 p 有关系 $\lambda = h/p$，这是 h 是普朗克常数。

$$\lambda = hp^{-1} = \frac{2\pi\hbar}{p}.$$

这个与粒子动量 p 相联系的波长 λ 称为粒子的德布罗意波长，以纪念思想深邃的法国贵族和物理学家德布罗意（Prince Louis Victor de Broglie），他在 1923 年首次提出，所有物质粒子都具有上述公式给定的波长的波特性。而且，按相对论要求（§18.7），具有能量 E 的粒子还具有由普朗克公式确定的频率 ν**[21.8]

$$E = h\nu = 2\pi\hbar\nu.$$

在自身静止的参照系中，粒子的能量由爱因斯坦公式 $E = \mu c^2$ 给出，这里 μ 是静质量，故与之对

**[21.7] 证明：如果量子哈密顿量 $\mathcal{H}$ 有一个平移不变量，譬如说是位置变量 x^3，那么相应的动量 p_3 在算子 p_3 与时间演化算子 $\partial/\partial t$ 可对易的意义下是守恒的。根据后面给出的解释说明为什么这种对易包含着守恒性。

**[21.8] 看看你能否解释：为什么狭义相对论的要求能从德布罗意的 $p = h\lambda^{-1}$ 导出普朗克的 $E = h\nu$。提示：你可以假定，$\mathbb{M}$ 中的超平面（波沿此平面取常值）都洛伦兹正交于粒子的四维速度。

应的频率为 $\mu c^2/2\pi\hbar$，即 $\mu c^2/h$。

由此可知，普通粒子会表现出波动性，这种性质通过普朗克公式和德布罗意公式与粒子的静质量有着普适的联系。但在此之前二十年，其逆命题就已经出现了：早先认为纯属波性质的客体——就是那种构成光的基本的麦克斯韦振动电磁场（§19.2）——也可以看作是具有粒子性，并同样与普朗克公式和德布罗意公式相一致。关于这一点的最令人信服的证据就是光电效应，这一效应最早由海因里希·赫兹于 1887 年观察到，而它的最惊人的特性则是由菲利普·勒纳德（Philipp Lenard）于 1902 年揭示的，并由爱因斯坦于 1905 年借助光的粒子图像给予了清楚的解释。（正是这一成就，而不是相对论，使爱因斯坦赢得了 1921 年的诺贝尔奖！）当足够高频率 ν 的光照射在适当的金属材料上时，会引起电子发射，这就是光电效应。这个事实让人不解的是，发射出来的电子的能量与（频率 ν 一定的）光强完全无关。从波的图像上看，我们可预期，波的强度越大，则发射出的电子所携的能量应越大。但实际发生的却不是这么回事儿（尽管光强越大出射的电子越多）。爱因斯坦基于将光的粒子说对此予以了解释，他将光视为入射粒子——现在称之为光子——其每个光子的能量由普朗克公式 $E = h\nu$ 给定，这样每个出射电子可看作是单个原子受到一个光子碰撞的结果。爱因斯坦将普朗克公式用于这个效应，并提出了若干预言，这些预言随后都得到了证实，特别是得到了当初持怀疑态度的美国实验物理学家罗伯特·密立根（Robert Millikan）直到 1916 年的实验的支持。

事实上，光的量子力学的粒子性质在更早以前就表现出来了。这就是 1900 年由马克斯·普朗克掀起的量子革命。这一革命起自他对黑体辐射的杰出分析。这种辐射是指 "黑的"[5] 材料环境下处于平衡态（整个体系维持一个特定温度 T）的电磁辐射（见图 21.3（a））。普朗克得到了一个作为频率 ν 函数的辐射比强度 I 的（正确）公式（图 21.3（b））：

$$2h\nu^3/(\exp(h\nu/kT) - 1)$$

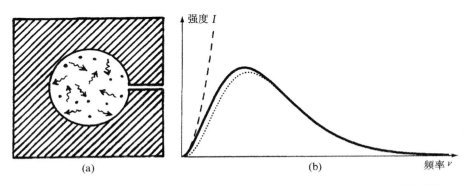

图 21.3 黑体辐射。（a） "黑" 空腔确保了其中的辐射与周边环境处于温度为 T 的热平衡态。（b）对给定的 T，每个频率 ν 下的强度 I 是 ν 的特定函数。观察得到的曲线是一条连续曲线，它可由普朗克著名公式 $I = 2h\nu^3/(\exp(h\nu/kT) - 1)$（这里 h 和 k 分别是普朗克常数和玻尔兹曼常数）。虚线是瑞利—金斯曲线 $I = 2kT\nu^2$，其中辐射被视为经典波，它在小 ν 近似于普朗克公式，但在大 ν 时发散。点线描述的是维恩定律 $I = 2h\nu^3\exp(-h\nu/kT)$，其中辐射被视为经典粒子。

503　　这里 k 是玻尔兹曼常数（§27.3）。

事实证明，普朗克公式与观察符合得相当好。在此之前，黑体谱的性质一直是个谜。电磁辐射图像从整体来看很不协调：瑞利－金斯公式 $I = 2kT\nu^2$ 在低频段较准确，但对于大的 ν 强度 I 将发散到无穷。维恩对此做了明显的改进：$I = 2h\nu^3 \exp(-h\nu/kT)$，这个公式在大 ν 情形下是准确的，它允许将这种辐射看成是一个经典粒子浴场。维恩将量 h 视为自然界的一个新的基本常数（今天人们称它为普朗克常数，它也出现在普朗克公式里），它的值非常小，只有 6.62×10^{-34} 焦耳秒。为了协调这两个公式，普朗克发现，他必须将电磁振荡看成是以一个特定能量 E 来吸收或辐射的，这个能量值 E 与振荡频率 ν 按下式直接关联：

$$E = h\nu,$$

这里他还采用了一种"疯狂的"统计处理，这就是极富预见性的玻色－爱因斯坦统计，我们将在 §23.7 研究它。

而当我们观察电子在晶体上的遭遇时，遇到的则是另一种物理谜团，因为在当时电磁效应一直被认为是一种纯粹的波效应，而现在它们似乎还具有粒子性！用狄拉克形式的普朗克常数，我们有 $E = 2\pi\hbar\nu$，因此振荡的时间周期 ν^{-1} 满足相应公式 $\nu^{-1} = 2\pi\hbar/E$。今天，（由于爱因斯坦、玻色和其他人的进一步贡献）我们懂得，普朗克关系指的不是"电磁场的振荡"，而是实际的"粒子"——一种我们称之为光子的麦克斯韦电磁场量子——尽管从爱因斯坦独有的洞察力到今天广为接受期间用了许多年。在那些进一步的验证中，光电效应之后的另一个判决性实验是康普顿（Arthur Compton, 1923）实验，它表明，按照 §18.7 的相对论性动力学，光子在遇到带电粒子时的确表现得像个无质量粒子（见 §25.4，图 25.9）。相应地，二者能量和动量反比于（对能量是时间，对动量是空间）周期，这种周期总以 $2\pi\hbar$ 定标。

504　　粒子具有波动性、波具有粒子性的最令人信服（也最著名）的理由之一是双缝实验。[6] 这里我们有一个粒子源和一个检测屏，在它们之间有一个刻有一对平行狭缝的挡板，见图 21.4（a）。假定粒子源对着检测屏一次发射一个粒子。如果开始时我们敞开一条狭缝盖住另一条缝，那么屏上出现的将是一次一点地打在屏上形成的随机图案。图案的亮度（点的最大密度）如所期望的那样以在接近开口狭缝的一侧形成的中心亮纹为最亮，逐渐向两边递减（图 21.4（b））。如果我们换一个狭缝，结果的性质一样（图 21.4（c）），这很好理解。但如果我们将两个狭缝都打开，奇迹就出现了（图 21.4（d））。粒子仍然是一次一个地打在屏上，但现在则形成一系列平行的波动性质的干涉条纹。我们甚至发现，此时屏的有些地方再也不会打上粒子，尽管这些地方在单狭缝情形下同样会受到粒子的光顾！虽然从局部来看打到屏上的仍是一次一点，而且从源来说每个发射出的粒子都是全同的，但在源与屏之间（包括与挡板上双狭缝的莫名遭遇），粒子的行为

505　　却表现得像波。更重要的是——这一点与我们的根本目的直接相关——我们从屏上的条纹宽度就可以读出波/粒子的波长应是多少，这个波长正是上述由粒子动量 p 给出的那个量 $\lambda = 2\pi\hbar/p$。

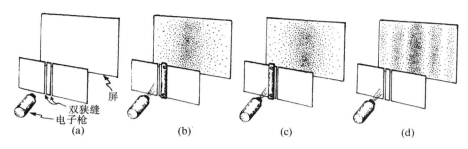

图 **21.4** （a）双缝实验安排。每次向双缝后面的屏发射一个电子。（b）当右边狭缝被遮盖时屏上的图案。（c）当左边狭缝被遮盖时屏上的图案。（d）当两狭缝都敞开时屏上将出现干涉现象。屏的某些区域现在无法再打上粒子，尽管在单狭缝情形下粒子能够到达这些地方。

21.5 理解波粒二象性

尽管如此，固执的怀疑论者可能会争辩说，那也不能说在能量动量和算符之间就存在这种古怪的等同关系！这的确不能，但我们也不应当对出现的奇迹视而不见！这个奇迹是什么呢？那就是这些实验所反映出来的看起来极为荒谬的事实——波是粒子，粒子就是波——可以用漂亮的数学形式体系来处理，在这种数学形式里，动量的确就等同于"关于位置的微分"，而能量则等同于"关于时间的微分"。

这种形式体系怎么帮助我们来理解神秘的波粒二象性呢？为了描述波/粒子，我们需要这样一种数学存在，它能清楚地定义粒子的四维动量 P_a，同时在空间和时间上还具有波的周期性。（这里我用大写字母 P，是因为在此特殊情形下，它是指粒子的四维动量的"经典"值。我们仍将"四维量子动量"看作是微分算符。）这个数学存在的一种自然的形式就是带有时空关联形式的波函数（见§5.3）

$$\psi(x^a) = e^{-iP_a x^a/\hbar}$$

（平面波）。如果我们将 $P_a x^a$ 增加一个 $2\pi\hbar$，这个量仍是原来的量（因为整个指数增加的是 $-2\pi i$，故表达式相当于乘上 $e^{-2\pi i} = 1$）。因此它有时间周期 $2\pi\hbar/P_0$ 和（x_1 方向上的）空间周期 $2\pi\hbar/P_1$，其他两个空间方向类似。这与我们前面所要求的完全相同。

那么，这个特殊量的特别之处何在呢？这就是所谓的量子动量算符的本征函数

$$p_a = i\hbar \frac{\partial}{\partial x^a}。$$

它意味着，如果我们将这个算符用到 $\psi(x^a)$ 上，我们将再次得到 $\psi(x^a)$ 的一个常数倍（§6.5）：

$$i\hbar \frac{\partial}{\partial x^a}\psi(x^b) = i\hbar \frac{\partial}{\partial x^a} e^{-iP_b x^b/\hbar} = P_a e^{-iP_b x^b/\hbar} = P_a\psi(x^b)。$$

我们注意到，这个常数因子实际上正是我们所要求的（经典）四维动量 P_a。因此，只要 $\psi(x^a)$ 取适当形式，例如像上面那样，那么神秘的量子动量 $p_a = i\hbar\partial/\partial x^a$ 作用于这个 ψ 之后，就会直接变换成经典动量 P_a：

$$p_\alpha\psi = P_\alpha\psi,$$

但对另一些态则不能这么做。我们说上述 ψ 有四维动量确定值，并称它为动量态。我们来考虑一个自由飞行的粒子，它恰好有这样一种特殊波函数 ψ 所描述的确定的经典等价动量 P_a，这个波函数是量子算符 p_α 的本征波函数，其对应的本征值就是 P_a。惟有那些具有确定的经典动量值的波函数才是量子动量算符的本征函数。

在 §13.5，我们引入了线性算符 T 的本征矢量概念，这个矢量 v 满足 $Tv = \lambda v$，这里 λ 是标量，称为本征值。现在我们用 $i\hbar\partial/\partial x^a$ 代表算符 T，P_a 代表 λ（按 a 的顺序取值），但在 §13.5 里，所指的都是有限维矢量空间及其线性变换。而现在，我们要处理的所有可能的 $\psi(x^a)$ 的矢量空间 $\mathbf{W}$ 则是无限维矢量空间。它之所以是一个矢量空间，是因为我们可以将所有 x^a 的函数加起来，也可以用数乘以 x^a 的函数，两种情形都使我们得到新的 x^a 的函数。而它是无限维的则是因为对于无限多种 P_a 的不同选取，所有我们得到的函数都是线性独立的。**[21.9]

在量子形式化体系里，本征函数（或称为本征态）具有重要作用。用量子力学的语言来说，不同的算符（像 $p_a = i\hbar\partial/\partial x^a$，以及后面要遇到的位置动量和角动量）都叫作动力学变量。我们的波函数 ψ，就是先前作为"无形函数"置于算符右端的那个量，现在也开始扮演起活跃的角色。我们将它看作是物理系统的态。有时也称它为态矢（这些都是相当一般的术语，它们毋需用我在前面对 ψ 用过的时空坐标来具体描述）。具体到前述的四维情形，某个动力学变量的本征态就是这样一些态：该动力学变量有与这些态相应的所谓"确定的值"，这些值就是所谓本征值。

还应指出，上面我一直是在满足狭义相对论要求的情形下来处理完全四维时空下的动量本征态的。这主要是出于节省思维的考虑，因为表达式**[21.10]

$$e^{-iP_a x^a/\hbar} = e^{-iEt/\hbar}e^{i\mathbf{P}\cdot\mathbf{x}/\hbar}$$

（这里 $P_a = (E, -\mathbf{P})$，$x^a = (t, \mathbf{x})$，如 §18.7）既包含了使之成为带有本征值 $\mathbf{P}$ 的普通三维空间动量

$$\mathbf{P} = (-p_1, -p_2, -p_3) = -i\hbar\left(\frac{\partial}{\partial x^1}, \frac{\partial}{\partial x^2}, \frac{\partial}{\partial x^3},\right)$$

的空间相关性，也包含了使之成为带有能量本征值 E 的薛定谔方程解的时间相关性。然而，总体上看，薛定谔形式系统并不是一个相对论性的体系，它对时间变量的处理不同于对空间变量的处理，因此，对本章以下部分的讨论，我们还是回到非相对论描述上来。

**[21.9] 为什么？这里线性相关可包括连续求和，即积分。

**[21.10] 为什么我可以将其分开？

21.6 什么是量子"实在"？

现在我们回到这些细节问题上来。我们要问，所有这些告诉我们的其背后的"实在"是什么？动力学变量是"实在的"吗？抑或态就是"实在"？是不是只有当我们追索到出现像动力学变量（或其他算符）的本征值这样一种表面的"经典"量时才算完成任务？事实上，量子物理学家们对此的态度并不十分明确。许多人对这样来认识"实在"明显不满意。他们声称将坚持所谓的"实证主义"立场，不再在这种经典意义上来考虑"实在"，并将这种要求斥之为"不科学"。我们对这种形式体系的要求只能是，他们声称道，它能给出我们对一个系统所提出的适当问题的答案，并且这些答案与观察事实相一致。

对一个量子系统，如果我们相信其中有些东西是一种"实际的"存在的话，那么我认为只能是描述量子实在的波函数（或叫态矢）。（在后面第 29 章，我将阐述某些其他可能性；也见§22.4 的节末。）我的观点是，"实在"问题的讨论必须置于量子力学的语境中进行才有意义——特别是对那些认为量子体系可以普适地用到整个物理学的人（好像许多物理学家都多多少少有此观点）就更是如此——因为如果不存在量子实在，那也就不存在任何层面（按这种观点，所有层面都是量子层面）上的实在了。在我看来，全盘否认这种实在毫无意义。我们需要物理实在的概念，即使是暂时的或粗略的也好，因为缺了它我们的客观世界以及整个科学就会在沉思默想的注目中烟消云散！ 508

那么态矢怎样呢？用它来表示实在困难在哪里？为什么物理学家们在采取这种哲学立场时会经常表现得那么勉强？要了解这些困难，我们必须更深入地研究波函数的实质以及它们的物理意义。

我们先来研究动量态 $\psi = e^{i\mathbf{P} \cdot \mathbf{x}/\hbar}$（为方便计，这里取时间 $t = 0$）。我们注意到，我们没办法像对普通粒子那样对其进行局域化，它甚至弥漫到整个宇宙。其"振幅大小"，即模 $|e^{i\mathbf{P} \cdot \mathbf{x}/\hbar}|$，在空间各处都有同样的值 1（见§5.1）。读者或许会认为，对在某个空间方向上有明确动量定义的单个粒子来说，这种图像未免太奇怪了吧。那么我们通常的粒子图像是怎样的呢？就能够局域于（至少大致上）某一点吗？应当说，动量态只是一种理想化，我们可以将它看作类似于一种"波包"，以便明白其意义（如果不需要非常精确的话）。这些波包由在某处具有峰值的波函数给出，一定意义上说，这些波函数"几乎"都是动量的本征函数。对于一维情形，这种波包可用动量态与高斯分布 $\exp(-x^2)$（或更恰当地，是与一般高斯分布

$$Ae^{-B^2(x-C)^2},$$

这里 A，B，C 皆实数）的乘积明白地表示出来。这就是著名的"钟形"统计曲线（图像可见§27.4 的图 27.5），它的"峰"以 $x = C$ 点为中心。这种通过取积而得到的波包允许 C 为复数， 509

这样计算上较方便。**[21.11] 完全三维空间的波包可由高斯量 $A\exp[-B^2(x^2+y^2+z^2)]$ 进行类似的构造，只是峰值位置在复方向上有一位移。不论哪一种情形，B^{-1} 都是一种对曲线展宽的测度。事实上，有这么一条基于"海森伯不确定原理"的定理：这种展宽能达到多小存在一个绝对极限，它与实际动量态对曲线的逼近程度有关。我们将在 §21.11 更详细地解释这一点。

现在，我们设法来得到更好的动量态和波包的图像。请记住，波函数是一个复值的波，其"波"特性不必像振动那样得通过振幅（或强度）表示出来。在动量态情形，表示这种"波"特性的是波函数的幅角 $-P_a x^a/\hbar$（§5.1），即在复平面的单位圆上取 $e^{-iP_a x^a/\hbar}$。在量子理论里，我们倾向于将波函数值的幅角看成是它的相。相不会像"一圈圈缠绕"那般"波动"。在图21.5（a）里，我展示了波函数在某个特定方向上的这种行为。注意，图中 x 方向对应于普通的空间方向，但 u 和 v 的方向则不是普通的空间方向，它们代表的是波函数 ψ 可能取值的垂直于 x 方向的复平面。对图中的动量态，其波函数 ψ 呈螺旋状（对沿图中 x 方向为正的动量，这个螺旋是右旋的）。在图21.5（b）里，我画出了相应的波包的图像。它像一个撑开的螺旋（因此只有一个适度定义的动量），两端收缩到零，波包在这段区域外变得非常小。

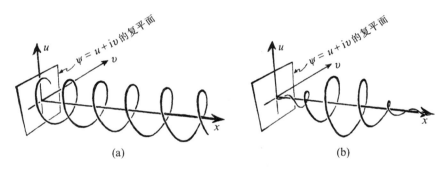

(a)　　　　　　　　　　　　　　(b)

图21.5 作为位置 x 的复函数的粒子波函数 ψ。（a）动量态 $e^{-iPx/\hbar}$，其描述就像个螺旋（动量 p 的本征函数）。（b）波包 $e^{-A^2x^2}e^{-iPx/\hbar}$。

很显然，要得到这些波的完整图像，我们就得想象出它的 3 个空间维的样子，这很难，因为我们还需要两个额外的维（共五维）才能满足复平面和空间维的要求！但天无绝人之路，对于动量态，如果我们只考虑常数相的平面，则这些平面在垂直于动量的方向上是彼此平行的，平面间的间距都是 $2\pi\hbar/p$，这里 p 是三维（空间）动量的大小，见图21.6。这种描述对建立如图21.2 中与晶体作用的光子波函数的图像是很有用的。我们也可以用它来描述双缝实验的情形，这时我们将狭缝看成是直到检测屏的长长的通道，粒子就像是局域于屏的某个区域，每个粒子的波函数都可看成是由两部分叠加所组成，每一部分相当于一种动量态（实则为单频平面波——因为狭缝到屏距离相当远），但这两个分量的方向稍有不同。两列波在屏上某处相互加强，

**[21.11] 在上述表达式中用复数 $C+iD$（这里 C，D 都是实数）替代实数 C，然后找出波包的频率和峰的位置。

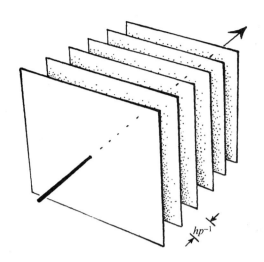

图 21.6 间距为 hp^{-1} 的动量本征态在给定相位情形下的平面,这里 p 是三维空间动量的大小。(试与图21.2 比较。)

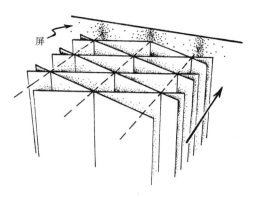

图 21.7 图 21.4 的双缝实验中奔向屏幕的电子波函数,可视为图 21.6 的两个彼此间有一定倾角的平面波的叠加。在同相位置上(沿虚线),两列波相干增强,从而在屏上出现的概率最大。在两最大值之间,相位相反,波相消,使得电子到达屏上的概率为零。

在另一些地方相互抵消,从而形成强弱分明的条纹(图21.4d)。我们可以通过图 21.7 来看看这种几何图像,这里各平面表示的是每个有固定相位的分波所在的区域。整个波函数是这两个分波的叠加。因此,如果我们假定每个分波单独来看都是等幅波,那么它们必然在异相相消,同相相长。由此给出双缝实验中观察到的亮条纹。

是的,是的,不耐烦的读者还可能辩解道,但是这只说明了波的行为是怎样的,我还是不能接受波/粒子就是波/粒子这一事实。尽管这里的波是复波,显得有点儿花哨,但我们对波相干的描述却与对普通波(如声波、经典电磁场的麦克斯韦波(即射电波,可见光,X 射线等))的相干的描述并无二致。但双缝实验的要点——这正是我感兴趣的地方——是它揭示了波图像与粒子图像之间的冲突。在这个实验里,最明显的莫过于粒子每次一点地打在屏上所表现出的性质!

21.7 波函数的"整体"性质

这里要强调的是,你可以将小点在屏上一次次地出现想象成波的局域密度达到某个临界值的结果,或更确切地说,小点在屏上的出现存在某种概率性,这个概率随波的强度加强而增加。但这种认识对理解双缝实验的结果毫无帮助。因为如果它只是一个个别位置上单独的概率问题,那么我们就可期望,只要强度允许,有时两个点会同时出现在屏上间隔距离很大的位置上,而在源端描述这个单粒子发射的波函数则只有一个。如果我们把粒子想象成是电子那样的带电粒子,则这一困难就愈加明显。因为如果源发射的单电子结果导致两个电子打到屏上,哪怕只是非常罕见的少数几次,我们也得承认电荷守恒律已经被破坏。这种推理可以用到粒子的其他守恒的

512

"量子数"上，例如重子数守恒（§25.6），如果我们考虑的是中子的话。**[21.12] 这种不守恒现象是无数实验证据中的主要矛盾所在。但电子和中子的确显示出我们刚刚描述的那种导致双狭缝实验行为的自干涉现象！

因此，在理解波粒二象性上我们已经无路可走——那些急性子读者一定变得愈加不耐烦了！但且打住，我们并不打算纠缠于波函数解释。我们必须将整个波视"同"一个粒子。虽然这在一定意义上决定着点出现在屏的不同位置的概率，但这个概率指的却是一个粒子。如果我们只是从局域上来看待波函数，认为它独立地提供了点在屏的不同位置上出现的概率，那这种解释仍然行不通。我们必须把波函数看成是一个整体。如果它使得某个位置上出现一个点，它就完成了工作，这种表观的生成行为不允许它再造成出现在其他位置上的点。在这一点上，波函数与经典物理里的波有着重要区别。我们不能将波的不同部分看成是局部扰动，每一部分都单独执行着可能地处遥远区域里的某个事情。波函数有着强烈的非局域性质，在这个意义上它们完全是一个整体。

513 这一点甚至可以通过某种不同的实验情形表现出来。它还有个额外的好处，就是让我们更清楚地看到，波/粒子的波包图像根本不适于用来解释粒子类的量子行为。我们想象有一个先前那种的粒子源，但只发射一个粒子，刻有双缝的挡板则替代为粒子路径上的分束器。为方便计，不妨假定这个粒子是光子，分束器是一种"半镀银镜面"，[7] 它将光子波包分成两个分离的部分。为了明晰概念，我们设想这个"实验"是在星际空间进行的（读者能理解，设置这种极端条件只是想说明某种非常基本的量子力学预言可以在没有任何干扰的条件下得到）。我们可以将刚从源出射的光子的波函数设想为一个纤小的波包形式，但经过分束器后，它一分为二，一个

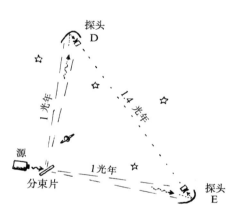

图 21.8 一个展示测量所揭示的波函数非局域性质的假想空间实验。光子波函数以小波包形式由源出发，在遇到分束器后分成两部分，一年后到达两个相隔距离以光年计的探测器 D 和 E，但只有二者之一能够记录下光子。

波包被反射，另一个透射过分束器，两束光呈正交方向传播（图 21.8）。总波函数是这两部分的和。只要你愿意，你可以等上一年再用照相底板或其他探测器来截取这两个光子波函数。现在这514 两部分已分离得足够远。假如我有两个同事（分属两个不同的空间实验室）正好处于两束光的路径上，彼此相距 1.4 光年以上，各执一个探测器，并都有一个大抛物状反射镜用来接受波包并将其聚焦到各自的探测器上。这时会出现什么量子力学结果呢？两人中一定会有一位探测到光

** [21.12] 证明：按照这一图像，不论波函数密度遵从什么样的概率分布律，这种双迹出现的概率一定相当大。提示：将接收屏分成两部分，点在每一部分上的出现都是等概率的。

子，但不可能两人都接收到光子。这不是那种经典波的结果。相对论者可能会认为，我的这两位同事之间的距离超过 1.4 光年，在不足 1.4 光年的时间里当然收不到任何信号啦（§17.8）。但事实是一个波包转变为光子后就会阻止另一个发生转变，1.4 光年前如此，之后也一样。仅仅一年后，我就得知了他们每个人的结果，其中只有一人接收到光子。每个人接收到的波函数似乎"知道"对方波函数的状况！每次做这种实验，我都发现是只有其中之一接收到光子，而不是二者都如此。在这两个波函数之间不可能有任何经典的波效应能够达成这种"瞬时交流"。量子波函数的确不同于经典波。

然而，多疑的读者仍不能确信：是否光子在离开分束器时就做出了这种选择，因此根本就无需这种交流？的确如此。上述实验要说明的是光子的粒子特征。假定光子可以局域化并保持粒子性，那么走那条路的决定就必然是在离开分束器时就做出了。（一个局域化的粒子不可能同时跨越以光年计的距离！）如果实验中所有光子都必须做出如此选择，那么波函数就没必要了。但我们可以对从分束器出来的光子再进行另一些实验。当可怜的光子出现时，它怎么知道我的同事不打算为它安排另一种命运？假如接下来我们不是要探测每一路光子，而是将它们按如下方案重新混合：两路光分别由反射镜反射到第四个位置，在这里遇到第二个分束器（图 21.9）。每个到达的波包又分成两个，使得其中的一个从这个分束器出来后径直到达探测器 A，另一

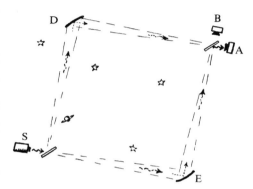

图 21.9　星际尺度上的马赫－曾德尔干涉仪。当从第一个分束器出来时，光子怎么会知道现在情形与图 21.8 不同，D 处和 E 处的镜面会将波函数分量反射到第二个分束器？在此之后，只有探测器 A 能够收到光子。

个则去往探测器 B。如果所有路径长度都精确固定（譬如说都等长），则我们将惊奇地发现，A、B 两个探测器中只有一个探测到光子，譬如说是 A，因为到 A 的两个波包干涉相长而去 B 的两个波包干涉相消。

光子的任何纯粹的粒子图像不可能做到这一点。要解释波粒二象性的这种波动特征就一定要用到波函数。如果光子在离开第一个分束器时就已经做出路径选择，那么第二条路径就变得无关紧要了。在此情形下，光子只可能从一个方向到达第二个分束器，然后选择任意一条路径到达 A 或 B。这时我们不需要通过干涉相消来阻止光子取道 B。由于 A 总是记录到光子，因此不可能出现这种光子在离开第一个分束器时就已经做出路径选择的情形。有必要指出，光子可取的这两条路径是它在从第一个分束器到第二个分束器的路径上才感知到的。[8]

上面这种描述当然有点儿夸张，任何这种量子实验显然是不可能实际进行的！另一方面，在地面上进行的类似实验（上述第二种实验装置就是所谓马赫－曾德尔干涉仪）则经常进行，只是光路臂长以米计而不是以光年计。在这些实验中量子力学的期望从未出现过矛盾。关键就在

515

于光子（或其他量子化粒子）好像事先"知道"要做那种类型的实验。当它离开（第一个）分束器时，它是怎么预见到该是以"粒子形态"出现还是以"波动形态"出现的呢？

量子理论的工作方式不是要给出这种有"远见的"粒子，而是要找出波函数的非局域的整体性质。在上述两个实验中，我们认为波函数在第一个分束器那里分成了两个部分，而波/粒子的粒子性只有到最终测量时才在探测器那里显示出来。测量使得波函数的整体性质得以显现，也就是说，粒子总是在某个具体位置上才表现为粒子，它在一处的出现同时也就排除了它出现在其他地方。

21.8 奇怪的"量子跳变"

516　　但现在另一个问题正变得越来越突出。我们怎么知道这就是构成"测量"所需的物理环境？在把粒子看成波并用波函数描述了它在两个截然不同的空间方向上的传播之后，为什么一旦检测了我们就又回到了局域粒子描述？这种神秘的量子化粒子图像似乎也适用于双缝实验里屏的探测。在我到目前的描述里，粒子的运动过程似乎一直都保持着波动特性，直到我们进行粒子检测的"测量"时，我们突然又回到粒子描述，这里有一种难堪的不连续的（也是非局域的）态变化——量子跳变——就是从波函数图像变到测量结果所展示的"实在"。为什么会是这样？从薛定谔方程给出的标准量子演化过程来看，在"测量"这一事件中，检测过程要求采用不同的（高度非局域的）数学处理，这意味着什么？

在第 23、29 和 30 章我将对这个令人迷惑的问题做较深入的讨论。但即使是至少在数学描述的形式上，我们必须采纳这种奇怪的"跳变"过程，这里仍有关于波函数的"实在"告诉了我们什么这样的问题。正是量子态的"跳变"——一种无法用薛定谔方程的连续演化性质解释的过程——使得很大一部分物理学家怀疑态矢的演化值得被当作物理实在的适当描述来认真对待。薛定谔本人就对这种"量子跳变"极为不满，他曾在与尼尔斯·玻尔的通信中表达过这一点：[9]

> 如果这种该死的量子跳变真的存在，我得说声抱歉我不会再从事量子理论了。

眼下，我们暂且接受这种奇怪的描述，至少作为量子世界的数学模型是如此。由此，量子态先以波函数形式演化，通常指通过空间的传播（但也可能被再次聚焦到一个更加局域的区域）；但当要进行测量时，态就坍缩成某种局域而明确的形式。不论波函数在测量前传播得多远，这种瞬时局域化都会发生。这之后，态再按照薛定谔方程规定的波的形式演化，从这个具体的局域的517　　构形开始，态再次以波的形式传播直到开始下一次测量。从上述实验（"思想实验"）情形可知，波/粒子的粒子特征就是测量所显示的那种东西，而两次测量之间显示的都是波特征。

这并没有远离量子力学的真理，但波/粒子的这两种特性的描述并非如此简单。尽管有些物理学家认为所有测量说到底都是位置测量，[10] 而我则认为这种观点过于狭隘了，我们并不要求通常的量子形式体系测量的仅是位置。例如,量子动量(或对某个轴的角动量)的测量同样是一种重要的测量。我将在 §21.11 里讨论位置测量和动量测量之间的关系,而量子形式体系如何看待测量这个一般性问题则留待下一章。人们会发现,在数学上描述量子系统的物理测量将很大程度上不同于(薛定谔的)量子演化描述。由此带来的争议下面会述及,但完备的讨论见第 29 章。

21.9 波函数的概率分布

这里我们来具体讨论一下被认为给出粒子位置的波函数 ψ。量子理论法则告诉我们, ψ 的模的平方 $|\psi|^2$ ($=\overline{\psi}\psi$,见 §10.1)可理解为在不同的空间位置上找到粒子的类似于位置测量的概率分布。因此,在波函数的绝对值达到最大的地方就是粒子最可能出现的地方。而在波函数为零的地方则不存在粒子。现在,空间各处找到粒子的总概率为 1,即 $|\psi|^2$ 的全空间积分[11]

$$\|\psi\| = \int_{E^3} |\psi(\mathbf{x})|^2 \mathrm{d}x^1 \wedge \mathrm{d}x^2 \wedge \mathrm{d}x^3,$$

为 1:

$$\|\psi\| = 1。$$

如果这个条件满足,我们说波函数是归一化的。

这种归一化要求包含着这样一层意思,它不遵从先前所述的"动量态"波函数 $\psi = e^{i\mathbf{P}\cdot\mathbf{x}/\hbar}$ 的意义,因为在整个无限空间上 $|\psi|^2 = 1$,故这个积分(等于空间总体积)是发散的。这样,我们不得不将动量态看成是不可能实现的理想化。另一方面,如果我们对波函数采取一种更宽松的态度,那么我们就可以弱化动量态带来的麻烦。我们仍称 ψ 为"波函数",即使它不满足归一化条件,但如果它满足,则称它为归一化波函数。

如果 $\|\psi\|$ 所定义的积分收敛,则称 ψ 是可归一化的。在此情形下,我们可用 ψ 来除以 $\|\psi\|$ 的平方根,得到归一化波函数 $\psi\|\psi\|^{-1/2}$。只有这个归一化波函数才是物理上可实现的。其他(像动量态)都是些物理上的理想化。波函数的复矢量空间(不必归一化)就是态空间 $\mathbf{W}$。我们也允许某种波函数取超函数形式(§9.7),其原因不久就会明白。

至于(可以采取这种松弛做法的)物理解释,我们注意到,如果 ψ 乘以一个非零常复数,那么它表示的仍是原来那种物理状态。无论何种情形,将 ψ 和 $e^{i\theta}\psi$ 视为物理上等同是量子理论的标准做法,这里 θ 是个实常数。换句话说,用常相位乘以波函数不会对物理态造成任何变化。(它显然不影响 $|\psi(x)|^2$ 的值。)带有一个小量并允许乘以一个非零常复数 κ 后波函数仍是等价的:

$$\psi \equiv \kappa\psi,$$

(薛定谔方程显然也不受这种替换的影响,)这么做并非没有意义。这种等价性所凸现的因子相当于从波函数的复矢量空间 $\mathcal{W}$ 过渡到其理想化的"物理态"射影空间 $\mathbb{P}\mathcal{W}$。(射影空间概念见

518

§15.6。[12] 自然，一般的常数定标关系 $\psi \mapsto \kappa\psi$ 并不保 $|\psi|^2$ 不变，因此我们需要重新解释粒子的位置概率密度，以便将它应用到 ψ 不是归一化的情形。这一点可以通过修改规则来做到：我们用 $|\psi|^2$ 除以 $|\psi|^2$ 在全空间的积分

$$\frac{|\psi(\boldsymbol{x})|^2}{\|\psi\|}$$

来得到概率密度。对于某些态，如动量态，$\|\psi\|$ 发散，这时我们无法照此得到有意义的概率分布（概率密度处处为零，这对于无限宇宙里的单个粒子是有意义的）。

与此概率解释相一致，波函数通常称为"概率波"。但我认为这是一个难以令人满意的描述。首先，$\psi(x)$ 本身是复的，它不可能是一种概率；此外，ψ 的相位（确定到一个常数乘积因子）是薛定谔演化方程的一个关键因子。即使将 $|\psi|^2$（或 $|\psi|^2/\|\psi\|$）看作是"概率波"我也觉得难以满意。我们回想一下，对一个动量态，ψ 的模 $|\psi|$ 在整个时空区域实际上是常数，它无法提供任何信息，甚至连波的运动方向都给不出！使 ψ 具有"波"特性的唯有相位这个量。

另外，概率从不为负值，更甭说是复的了。如果波函数是这种概率波，那么就不会存在相消干涉的取消。而这种取消正是量子力学的一个特征，唯其如此才有双缝实验（图 21.4(d)）的生动描述！

在这方面，将 §19.4 里对电磁场及其相关的规范联络▽所作的讨论扩大到这里是合适的。如果波函数描述的是一个带电粒子，那么我们现在可以作形式为 $\psi \mapsto e^{i\theta}\psi$ 的规范变换，这里 θ（$=\theta(\boldsymbol{x})$）位置的任意实数函数，只要必需的"规范对称性"能够确保电磁场按规范联络来作用。但我是不是就不能由此断定薛定谔时间演化本质上依赖于波函数的相位随位置变动而改变的信息呢？规范变换 $\psi \mapsto e^{i\theta}\psi$ 的应用允许我们将相位改变到我们想要的任何方式！这与我刚才指出的相位变化具有关键的物理重要性这一点相矛盾吗？

一点也不会：尽管允许有非常数的相位变化，但这仅当在伴有（动量中）$\partial/\partial x^\alpha$ 算符的补偿性变化的情形下才是允许的。这种变化（即 $\partial/\partial x^\alpha \mapsto \partial/\partial x^\alpha - ieA_\alpha$，这里，$A_\alpha = \nabla_\alpha \theta$，$e = 1$）正是那种保持丛联络▽不变的作用。"相位信息"仍有意义，只是现在结合进了▽的定义。对任意变化的 θ，我们不能简单地单独运用 $\psi \mapsto e^{i\theta}\psi$ 并希望保持物理状态不变。θ（关于▽）的空间变化细节对态的动力学演化至为关键，我将证明 ψ 显然远不止是一个概率波。在任何情形下，如果 ψ 描述一个不带电的波/粒子（$e = 0$），那么这种情形就是前述的那种情形。

21.10 位置态

似乎很清楚，波函数必须是那种远比"概率波"更为"实在"的东西。我们从薛定谔方程得到了这种实在（不论带电与否）的精确的时间演化，这是一种根本上依赖于相位如何随位置变化的演化。但如果我们打算通过对波函数实施位置测量来问"粒子在哪儿？"我们就必须做好

丢失相位分布信息的准备。事实上，测量之后，一切必须由新的波函数重新开始。如果测量结果断定"粒子在这儿"，那么按薛定谔演化，新的波函数就必须在"这儿"的位置上有强烈的峰值，然后又迅速弥散掉。如果位置测量是绝对精确的，则新的态就会在该位置有"无限大的峰值"；实际上它只能由狄拉克 δ 函数来表示，我们在 §6.6 里曾遇到过这个量，它也在 §9.7 里以超函数形式出现过。

我们来看看这种形式体系是如何进行作用的。为简单计，考虑粒子只有一个位置分量的测量，比如说坐标 x^1。测量结果应当是"x^1 有确定值"的一个态；这样，相应于所谓动量情形，我们要求 ψ 必须是算符 x^1 的本征态（即 x^1 的倍乘），本征值为粒子在位置坐标 x^1 的具体值 X^1。为了使 x^1 的作用，即

$$\psi \longmapsto x^1 \psi$$

有确定的 x^1 的坐标值 X^1（一个实数），我们要求存在本征值方程

$$x^1 \psi = X^1 \psi$$

（我们知道，这里 x^1 是一个线性算符，X^1 是一个数）。它满足

$$\psi = \delta(x^1 - X^1),$$

这里 $\delta(x^1)$ 是 §9.7 里（以超函数）定义的狄拉克"δ 函数"。因为它有性质**[21.13] $x\delta(x)=0$，故有 $(x^1 - X^1)\delta(x^1 - X^1) = 0$，此即如所需的 $x^1\delta(x^1 - X^1) = X^1\delta(x^1 - X^1)$。这个波函数不是通常意义下的函数，而是一个理想化函数（一种超函数或分布），如上所述，它在本征值 $x^1 = X^1$ 处有无限大峰值。

这种特殊测量对其余的空间坐标而言，结果别无二致。在这些坐标中，波函数仍可以任意变化，这使得 δ 函数的定标为一种剩余坐标 x^2 和 x^3 的任意函数，因此对算符 x^1 的一般本征态，我们有

$$\psi = \phi(x^2, x^3)\delta(x^1 - X^1).$$

我们可以进一步处理并要求一个态同时是所有三个空间坐标的本征态。这是一种合法的要求，因为 x^1，x^2，x^3 皆可对易。量子力学的可观察量的确存在这么一种性质，即如果我们有这些可观察量的一个集合，它们之间均可对易，那么所有这些量有共同的本征态，见 §22.13。[13] 对（三重）空间测量的结果值（本征值）$\mathbf{X} = (X^1, X^2, X^3)$，我们要求（确定到一个总的比例因子）

$$\psi = \delta(x^1 - X^1)\delta(x^2 - X^2)\delta(x^3 - X^3) = \delta(\mathbf{x} - \mathbf{X}),$$

最后一行由前述定义。[14] 这就是所谓的位置态。

这种"位置态"是一种与动量态意义相反的理想化波函数。当动量态无限发散时，位置态则无限集中。二者都不是可归一化的（$\psi = \delta(\mathbf{x} - \mathbf{X})$ 的麻烦在于 δ 函数不能平方，见 §9.7）。最后还应指出，在说明这个问题的位置和动量之间存在重要的对偶关系。

** 〔21.13〕由 §9.7 给出的超函数定义出发检验这一点。

21.11 动量空间描述

到目前为止,我都是将量子态完全作为位置函数即波函数来表示的。实际上,这意味着每个态——**W** 的元素——都是位置算符 **x** 即位置态($\delta(\mathbf{x} - \mathbf{X})$)的本征态的一个线性组合。将一个波函数 ψ 表示为一个位置函数,就意味着它可以被处理为这种 δ 函数的一个线性组合。我们是通过公式

$$\psi(\mathbf{x}) = \int \psi(\mathbf{X})\delta(\mathbf{x} - \mathbf{X})\,\mathrm{d}^3\mathbf{X}$$

来做到这一点的, 这里 $\psi(\mathbf{x})$ 是这些函数的一个连续组合, $\mathrm{d}^3\mathbf{X} = \mathrm{d}X^1 \wedge \mathrm{d}X^2 \wedge \mathrm{d}X^3$。在这个公式里, 线性组合的 "系数" 是复数 $\psi(\mathbf{X})$。

但还存在许多其他种表示量子态 ψ 的方式,例如,我们可以将它表示为动量态 $\mathrm{e}^{\mathrm{i}\mathbf{P}\cdot\mathbf{x}/\hbar}$ 的一个线性组合。这里 "系数" 是不同的复数,我们将它取为量 $\widetilde{\psi}(\mathbf{P})$ 的 $(2\pi)^{-3/2}$ 倍,这样,我们有公式:

$$\psi(\mathbf{x}) = (2\pi)^{-3/2}\int_{\mathbb{E}^3} \widetilde{\psi}(\mathbf{P})\,\mathrm{e}^{\mathrm{i}\mathbf{P}\cdot\mathbf{x}/\hbar}\,\mathrm{d}^3\mathbf{P}\,。$$

(取 $(2\pi)^{-3/2}$ 的理由容我稍后解释。) 这个公式将 $\psi(\mathbf{x})$ 表示为某个函数 $\widetilde{\psi}(\mathbf{p})$ 的傅里叶变换, 就如同我们在 §9.4 所做的那样,只不过这里是三维傅里叶变换——它可以看成是对 §9.4 的公式运用了三次。

这说明用 $\widetilde{\psi}$(它是 **P** 的函数,但现在我们可以将它写成是 **p** 的函数)来表示粒子的量子态可以做得和用原初函数 $\psi(\mathbf{x})$ 来表示一样好。在位置变量和动量变量之间的确存在着一种非常精确的对称。现在我们可以将动量变量 **p** 看成是基本量,并将位置变量 **x** 表示成 "关于 **p** 的微分",这样,我们可作相反的解释 (注意符号变化):

$$x^a = -\mathrm{i}\hbar\frac{\partial}{\partial p_a}$$

(至少对空间变量 x^1, x^2, x^3 是如此)。***[21.14] 这里,对易关系同前述一样可得到满足:

$$p_b x^a - x^a p_b = \mathrm{i}\hbar\delta^a_b。$$

最右边的这个"无形"函数现在是动量 p_a 的函数而不是位置 x^a 的函数。动量态现在由 δ 函数 $\delta(\mathbf{p} - \mathbf{P})$ 来表示,而位置态则由平面波 $\mathrm{e}^{-\mathrm{i}\mathbf{p}\cdot\mathbf{X}/\hbar}$ 来表示。根据位置本征态 $\mathrm{e}^{-\mathrm{i}\mathbf{p}\cdot\mathbf{X}/\hbar}$ 表示的动量"波函数"由几乎等同的(逆)傅里叶变换给出:

$$\widetilde{\psi}(\mathbf{p}) = (2\pi)^{-3/2}\int_{\mathbb{E}^3} \psi(\mathbf{X})\,\mathrm{e}^{\mathrm{i}\mathbf{p}\cdot\mathbf{X}/\hbar}\,\mathrm{d}^3\mathbf{X},$$

★★★〔21.14〕证明:分别用 $x^1\psi$ 或 $\mathrm{i}\hbar\partial\psi/\partial x^1$ 取代 ψ,相当于用 $-\mathrm{i}\hbar\partial\widetilde{\psi}/\partial p_1$ 或 $p_1\widetilde{\psi}$ 取代 $\widetilde{\psi}$。证明:用 $\psi(x^a + C^a)$ 取代 $\psi(x^a)$ 相当于用 $\exp(-\mathrm{i}C^a p_a/\hbar)\widetilde{\psi}$(这里 a 取 1,2,3)取代 $\widetilde{\psi}$。

只是指数上差一负号。（我们现在可以看出取 $(2\pi)^{-3/2}$ 的道理了，它起着平衡作用，使得傅里叶逆变换形式上与原变换几乎相同。）

我们也可以像在位置空间里那样在动量空间表示下对波包进行描述。**★[21.15] 我们可以在位置 523 描述或动量描述下引入波包的"扩展"（或非局域）概念，并分别用 Δx 和 Δp 来表示两种描述下的扩展测量值。由海森伯不确定关系知，这两个扩展的乘积不可能小于普朗克常数量级，即我们有[15]。

$$\Delta p \Delta x \geq \frac{1}{2}\hbar \text{。}$$

位置和动量表示下的位置态、动量态和波包见图 21.10。我们注意到，在纯动量态情形下，动量的扩展为零，故 $\Delta p = 0$（即取动量空间中的 δ 函数）。由海森伯关系，此时 Δx 为无限大（§21.6），即波函数均匀扩展到整个位置空间。而在纯位置态下情形则正好相反，此时 $\Delta x = 0$，位置可足够精确，但动量却变得无限大。

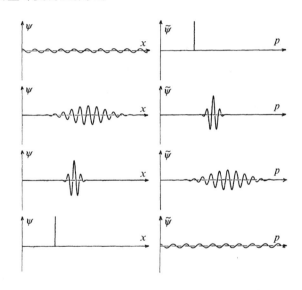

图 21.10 左图是波函数 ψ 的位置空间图像，右图是相应的 $\tilde{\psi}$ 的动量空间图像。最上面一对描述动量态，最下面一对描述位置态。中间的两对描述波包。海森伯不确定关系表现为位置上大的展宽同时动量上小的展宽，或位置上小的展宽而动量则为大的展宽。

这里我们不妨来看看量子力学里非对易测量的这种不相容性的一个绝好的例子（这是我们在 524 后面经常会遇到的一种普遍现象）。粒子的动量测量将使它进入动量态，相当于具有某个经典值 P，在这种态下，随后的动量测量都将得到同一个结果 P。但是，如果在动量测量后接着进行位置测

**★[21.15] 用练习[21.10]、[21.13]和[21.14]的结果证明：波包 $\psi = A\exp(-B^2(x-C)^2)\exp(i\omega x)$ 的傅里叶变换是 $\tilde{\psi} = (A\exp(i\omega C)/B\sqrt{2})\exp(-(p-\omega)^2/4B^2)\exp(-iCp)$（为方便计，取 $\hbar=1$）。

量,则结果将是完全不确定的,任何位置值都是可能的。这种测量使得态变成了位置的 δ 函数。在动量空间,这个态是一平面波,它均匀扩展到取任何动量可能值的地方。因此随后的动量测量将是完全不确定的。也就是说,正是插在中间的位置测量行为完全搅乱了最初纯净的动量态。

还应当指出,按照相对论（§18.7）,在能量与时间之间也存在类似的海森伯不确定关系:

$$\Delta E \Delta t \geqslant \frac{1}{2}\hbar 。$$

通常认为,这一关系所描述的物理态与动量/位置不确定关系所描述的稍有不同,因为在标准量子力学里,时间只是个外参量,而不是动力学变量。人们通常将能量/时间不确定关系解释为:如果量子系统的能量是在时间 Δt 内由某个测量确定,那么这种能量测量的不确定性 ΔE 必将满足上述关系。

这一点对譬如说不稳定核有重要关系。这种不稳定核（譬如铀）意味着其存在在时间上有上限,即粒子的寿命——仅在此时间范围内粒子的能量才是确定的。相应地,对一个不稳定粒子或核,海森伯关系给出了与其寿命相关的基本的能量不确定性。由于爱因斯坦质能关系 $E = mc^2$（§18.7）,这种能量/时间不确定关系还能够给出基本的质量不确定性。例如,铀238U 核的寿命约为 10^9 年,故其能量不确定性为 10^{-51} 焦耳;相应的质量不确定性就更小,约为 10^{-68} 千克。（对于某些确定的实[16]能量值 E 的不稳定粒子,其波函数与定态情形 $e^{-iEt/\hbar}$ 有一定偏差,而且指数上也差一衰减因子。由于不是能量本征态,因此其所测得的能量有一定的展宽,这个展宽给出其能量不确定性。）海森伯能量/时间不确定关系在 §30.11 中也扮演着重要角色,它与量子测量之谜的分辨率有着特殊的关联!

注 释

§21.1

21.1 这是一个所谓常微分方程(或称 ODE)的例子,因为这个方程仅涉及常微分算子 d/dx, d/dy 等,或其指数 d^3/dx^3 等。偏微分方程(或称 PDE)涉及偏微分算子 $\partial/\partial x$, $\partial^2/\partial x^2$, $\partial^2/\partial x \partial y$, 等等,如第 19 章里的麦克斯韦方程或爱因斯坦方程。

§21.2

21.2 然而从一致性上说(亦见 §21.3),我坚持用适于相对论的记法(§18.7),这样,动量的空间分量"p_a"将是通常动量分量的负值(为空间分量 p^a 的 c^{-2} 倍)。这种选择与我在 §20.2 的论述是一致的,因为现在我用的是 x(而不是一般拉格朗日/哈密顿形式下的 q)。

21.3 这个时间独立性确保了 $\mathcal{H}$ 仍可解释为保守的总能量。读者可能对下述事实感到迷惑不解:既然容许依赖于空间坐标,那么按基本的相对论性不变性要求,我们也应当容许时间依赖性（见注释 20.3）。但在基本水平上,时间和空间依赖性都是一种常规要求。

21.4 见 Wodhouse (1991)。

§21.4

21.5 这里"black"一词是指物体对辐射的（尽可能）完全吸收性质。在早期实验中,人们用接近完全黑体的球状空腔来容纳辐射,这个空腔从内到外开有一条极为狭小的孔。环境中的物体可以是炽热的,故由于温度的关系,这个黑体实际上可能看上去并非是黑的。

21.6 在对这个实验的描述中,我将情形理想化了。为了解释清楚基本要点,我这里忽略了所有实际困难。

§21. 7

21.7　在精确实验中，这种事不太可能涉及到实际的镀银面，而是采用薄透明材料的两个端面反射波的干涉效应。

21.8　在德布罗意 – 玻姆理论（Bohm and Hiley 1994）为代表的量子力学描述中，实际上波和粒子的特征是同时存在的。这里，粒子在分束器端起着选择的作用，而波执行的是同时探测两条路径的作用。在到达最后那个分束器时，波指示粒子去往 A 处的探测器，同时禁止它接近 B。我将在 §29. 2 来评估这一有趣而"不寻常"的观点。

§21. 8

21.9　如 Heisenberg（1971）的报告，73 页。

21.10　见 Goldstein（1987）；Bell（1987）。

§21. 9

526

21.11　许多作者会将 "norm" 定义为我这里的 $\|\psi\|$ 的平方根，即他们的 $\|\psi\|^2$ 等于我的 $\|\psi\|$。

21.12　不同的作者完全在投影框架内以完美的方式发展了量子力学形式体系。见 Brody and Hughton（2001）；Hughton（1995）；Ashtekar and Schilling（1998）。

§21. 10

21.13　可对易观察量的这种性质的讨论可见于任何一本量子力学教科书，例如，见 Shankar（1994）。

21.14　如果这些 δ 函数指的是不同的变量，则它们的乘积是合法的，见 Arfken and Weber（2000）中关于 δ 函数的性质。

§21. 11

21.15　见 Shankar（1994）；Hannbuss（1997）。

21.16　在粒子物理中，利用同一个 $e^{-iEt/\hbar}$ 的时间依赖性是一种通行做法，但对于复数 E，其实部是能量的平均值，虚部是半衰期倒数的 $-\frac{1}{2}\hbar \log 2$ 倍。（例子见 Das and Ferbel 2004）。✱✱✱[21.16]

✱✱✱ [21.16] 你能看出怎么证明因子 $-\frac{1}{2}\hbar \log 2$ 吗？（半衰期是指衰变概率降到一半的时间。）

第二十二章
量子代数、几何和自旋

22.1　量子步骤 U 和 R

　　量子力学的非直观性质——或者说，大自然本身在量子活动水平上表现出的非直观性——使许多人对找到量子现象可信的物理图像感到绝望。然而，在量子力学优美的代数结构之外，还存在各种漂亮的几何性质。遗憾的是，为了在量子作用的描述方面取得进展，我们所依靠的只有一种不可具象的形式体系。尽管如此，我们看到，甚至一个不具任何特征的"点粒子"在量子形式体系下都会以一种神秘的四处弥散的波的方式出现，这是一个可具象的"事情"，它有迷人的数学结构，复数的许多奇妙性质正是通过这种结构来展现的。

　　这种波的图像使我们逐渐学会了单个点粒子的量子描述，懂得了所谓单个量子化粒子是什么样子，我们似乎可以坐下来喘口气了，因为这种图像原则上为我们提供了对涉及多种不同粒子的复杂体系的理解。只是这一期望还远不能令人满意，我们还需要更为广泛的认识，如果我们要得到整个世界的综合的量子图景的话。在第 23 章我们将看到，当考虑由若干个粒子组成的体系时，其图像会有多乱。这时不是每个粒子单独有一套"态矢"，而是整个量子体系要求有一套完全自我纠缠的单态矢。

　　但即使是单个的"点粒子"，实际上也具有比我们之前所描述的多得多的结构。例如它们具有所谓自旋，它带来了额外的复杂性。幸好，我们后面将看到，这种自旋本身是一种能够用丰富优美的数学加以描述的现象，在这里几何和复数奇妙的其他性质都派得上用场。

　　我们先来综述一下前一章。在那里我们已经熟悉了用态矢（或波函数）来描述（非相对论）量子化粒子，在我们对体系实施测量之前，这些态矢或波函数的时间演化由薛定谔方程精确地描述。我们将在第 23 章更清楚地看到，这种处理将运用到描述复杂的整体量子系统的态矢上。测量本身的数学描述完全不同于薛定谔演化方程。我们在 §§21.4，7，8 已经看到过这一点。在 §§21.10，11，我们考虑了位置测量，经此过程，粒子态将跳变到（通常是不同的）局域于某个具体位置的状态——即跳变到位置算符 **x** 的本征矢所指的态（这个本征矢是一个关于位置坐标的 δ 函数）。我们还考虑了动量测量的结果（§§21.5，6，11），经此测量，粒子态将跳变到动量算符 **p** 的本征态，于是粒子的状态弥散成波的形式（原则上布满全空间）。更一般地，测量相当于一个算符 Q（通常是哈密顿算符，见§22.5），它对态作用的结果是使态跳变到 Q 的某个本征态。至于跳变到哪个本征态，从量子力学看，这纯粹是随机的，但计算其概率则有一套精确的规则（见§22.5）。

量子态到 Q 的本征态的跳变[1] 是一个涉及态矢收缩或波函数坍缩的过程。这是量子理论令人迷惑不解的重要特性之一，在本书中我们将不时回到这个问题上来。我相信大多数量子物理学家都不会把态矢收缩看成是物理世界的一种真正作用，而是认为它反映了这么一种事实：我们不应将态矢看成是对"实际的"量子物理现实的描述。在第 29 章我们将详细讨论这个充满争议的问题。但不管怎样，不论我们对这一现象背后的物理实在抱有什么样的认识，实际应用中，无论何时，只要进行测量，就都是按这种古怪的方式来对待态的跳变的。一经测量，薛定谔演化就即刻再次开始——直到对系统进行另一次测量为止，如此循环往复。

我把薛定谔演化记为 **U**，态收缩记为 **R**。这两种看上去完全不同的过程的交替大概是宇宙万物的行为中一种特别古怪的方式！见图 22.1。实际上，我们可以将它想象为是对另一种未知事情的近似：有无可能还存在一种更为一般的数学方程，或某种相关的数学门类，将 **U** 和 **R** 当作是两种极限情形？我个人的观点是，这种量子理论的变化很可能是正确的——它或许是 21 世纪新物理的一部分——在第 30

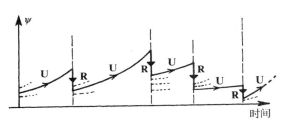

图 22.1　物理系统的态的时间演化。按量子力学所公认的原则，两个完全不同的过程——（薛定谔型的连续、确定的）幺正演化 **U** 和（非连续、概率性的）态收缩 **R**——之间可以交替转换。

529

章，我将针对这种可能性做出一些具体建议。但许多物理学家似乎不相信这是一条富于成果的途径。

他们不愿意改变量子力学基本框架的理由，是因为量子理论与实验事实之间有着令人印象极其深刻而又精确一致这一事实（另外还有 **U** 形式的数学完美性），至今还没有什么已知的实验现象与这种（混杂形式的）量子理论相抵触，恰恰相反，各种不同结果在很高精度上都支持这一理论。与此同时，大多数粒子物理学家则采取这样一种哲学立场（有关各种不同的哲学立场论述见§29.1）：他们试图学着逐渐适应 **U** 和 **R** 过程之间的这种明显矛盾，而不是对目前的这种量子体系作明显的改变。本章和下一章的目的之一就是检验这种量子体系，但并不偏离当今量子理论的传统。以后我将再回到 **U/R** 问题上来，特别是在§§29.1，2，7～9，和§§30.10～13 等节，我将更充分阐述我对这个问题的看法。

我认为，公允地说，对量子力学的"传统"认识的共同点很大程度上在于将 **U** 过程当作一个"基本真理"来接受，同时人们必须以这种或那种方式学会将 R 看成是某种近似、假象或方便，采取这种处理的文献有很多。[2] 甚至那些（也包括我自己）认为量子形式体系需要在某种程度上有所改变的人，也认为现今的构架至少是一种绝好的近似，因此有必要彻底地弄懂它，如果想超越它的话。因此，我们必须更深入地了解 U 是怎样运作的，此外，还必须清楚它是怎样做到与 R 之间的完美接合的，尽管二者之间并不一致！

我还应解释一下字母 U 的使用。它表示幺正演化。我们有必要了解在何种意义上薛定谔方程才是"幺正"的（§13.9），这一点将在§22.4 论述。表示这种"幺正演化"还有一些其他的（等价）方式；尤为特殊的是，存在所谓海森伯绘景，我们也将在§22.4 加以论述。无论如何，薛定谔方程提供的图像已被证明是最适于我们这里所进行的描述。

22.2　U 的线性性以及它给 R 带来的问题

在全面讨论幺正性问题之前，我们先考察一下更基本的 U 的线性性问题。我们看到，单是这方面就存在与 R 的严重不协调性。因此，我们再来检查薛定谔方程 $i\hbar\partial\psi/\partial t = \mathcal{H}\psi$。我们将哈密顿量 $\mathcal{H}$ 设想为已知（即由它所描述的粒子性质、粒子间的力以及对系统所施影响的外部守恒——即能量守恒——的力所规定）。于是从方程的一般形式立即得到某种确定的结论，而且它不依赖于哈密顿量的具体性质。

我们要说明的是，这是一个确定性方程（在任一时刻，一旦态已知，则时间演化完全确定）。这会使充分了解"量子不确定性"的那些人以及认为量子体系的行为总是不确定的那些人大吃一惊。其实这种确定性的缺乏主要是因为只考虑了 R 过程，在薛定谔方程描述的量子态的时间演化（U）中则没有发现。我们从薛定谔方程还可以看到，它还是一个复方程，因为方程左边显然有一个 i（在哈密顿表述下 i 出现的机会会更多）。

最后，我们看到，薛定谔方程的确是线性的，就是说，如果 ψ 和 ϕ 是（同一个 $\mathcal{H}$）方程

$$i\hbar\frac{\partial\psi}{\partial t} = \mathcal{H}\psi, \qquad i\hbar\frac{\partial\phi}{\partial t} = \mathcal{H}\phi,$$

的解，则任意线性组合 $w\psi + z\phi$ 也是它们的解，这里 w 和 z 是复常数。因为我们把第一个方程的 w 倍加上第二个方程的 z 倍，就得到（§6.5）：

$$i\hbar\frac{\partial}{\partial t}(w\psi + z\phi) = \mathcal{H}(w\psi + z\phi)$$

由此可见，薛定谔演化保态空间 W（通常是无限维空间）的复矢量空间结构。

哈密顿量 $\mathcal{H}$ 定义了 W 的无穷小线性变换，这种变换描述了无穷小时间间隔内态演化之后发生的态的改变。因此，这个哈密顿量的作用由 W 的矢量场描述（见图 22.2）。经过一段有限时间，态在有限的线性变换下已发生变化，由此我们得到经过所谓"指数化"无穷小哈密顿作用

的态。这种指数化非常类似于我们此前所说的"指数化"（§14.6），在那里它描述的是从李代数元素的指数化中得到李群元素的过程。而哈密顿量演化的指数化执行起来要困难得多。（困难还在于 **W** 的无穷维性质。）

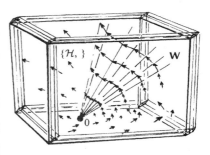

图 22.2 哈密顿流 $\{\mathcal{H}, \ \}$（矢量场）定义了态空间 **W** 的一个无穷小线性变换，并给出经过无穷小时间后态的变化。要得到经历有限时间后的（幺正）变换，我们必须将这种无穷小哈密顿作用"指数化"。

但撇开困难不论，这里的要点是，经过一段有限时间 T，量子态空间 **W** 的变换总是线性的。这等于说（这里我用符号 $\rightsquigarrow$ 来表示一个态经规定时间周期 T 之后如何演化到新的态）：

如果

$$\psi \rightsquigarrow \psi', \quad 且 \quad \phi \rightsquigarrow \phi',$$

则

$$w\psi + z\phi \rightsquigarrow w\psi' + z\phi'.$$

这里，ψ 和 ϕ 是两个任意选定的态（波函数），w 和 z 是任意复常数。*[22.1]

从上述事实可以得到非常奇妙的推断，如果我们采取如下这种观点的话：**U** 就是事情的全部，测量过程只是我们对掌握局面（包括量子态具有非常复杂的、系统内充满难以计数的"纠缠"粒子的状态，以及相关的测量手段）的某种"方便"的称呼。（在第 23 章我们将具体解释量子力学的"纠缠"概念。我们将看到，量子态是一种比 §21.7 所述的更严格意义上的"整体"性质，系统的不同部分不具有各自独立的量子态，而是一个纠缠着的"整体"的一部分。但这些都不影响到我们这里的讨论。）按照这种关于 **R** 的"方便"的观点，我们认为 **R** 只是作为对"真正的"基本 **U** 演化的某种近似而出现。但这种观点导致严重的悖论。

例如，在 §21.7 的思想实验中，我的两个同事各执一个探测器，我们可以想象，每个探测器的响应正是从它与所接收的波包相互作用开始的薛定谔演化的结果。探测前的量子态实际上是两个单个波包的和，其中一个波包到达一个探测器，另一个波包到另一个探测器。因此，由线性性可知，每个探测器对薛定谔演化响应的结果必与另一个探测器的响应存在叠加。薛定谔演化导致的是一个探测器的响应叠加上另一个的响应，而不是一个探测器的响应或另一个的响应（"或"是指实际上总是这么发生的）。在我看来，**U** 道出了事情的全部这一点是站不住脚的（尼尔斯·玻尔的"哥本哈根解释"下的"传统"量子力学也并不是这么认为，因为这一学说将探测器本身也看作是"经典项"）。

依我之见，要坚持 **U** 适用于（包括测量的）全过程的唯一办法，就是采取一种"多世界"的观点（§29.1），按这种观点，两个探测器的响应实际上是同时存在的，只不过是存在于"不同的世界"内。[3] 但即便如此，**U** 也不可能是"解决一切问题"，因为我们或许需要有一种理论来

———————

*[22.1] 为什么说薛定谔演化的作用是线性的，尽管实际上 $\mathcal{H}$ 可以是 p 和 x 的高阶非线性函数？

解释我们认知世界的特点，就是说，我们的认知能力只认可我们的意识所觉察到的单个探测器响应，而那种与无响应的叠加则永远无法被意识所感知！（在§§29.1，8 这些问题还会出现。）在此我要说明，我并不认为"多世界"就是一条正确的途径，我只是指出，如果你打算坚持"用 U 来对付一切"，这似乎不失为一种思路。

我将在第 29、30 章再回到这些问题上来，在那里，我们必须将 U 和 R 视为对未来更为综合的理论的一种近似。眼下，我们还是遵循传统形式体系的思路。如果理论需要更新，那么这种更新也必须与当前的理论保持高度一致。每一位有志于开创新理论的读者（我希望他就在本书的读者群中），都应当充分了解传统理论都说了些什么。

22.3 幺正结构、希尔伯特空间和狄拉克算符

我还没有充分说明薛定谔演化的"幺正"方面特点。这要用到前一章所述的波函数的"归一化"性质。对单（无自旋）粒子的波函数 ψ，它的"模"是指量 $\|\psi\|$，由 $|\psi(x)|^2$ 的全空间积分定义。ψ 的归一化条件为 $\|\psi\|=1$（如果设置了这个条件，则 $|\psi(x)|^2$ 就是位置测量中在点 x 处找到粒子的概率密度）。在一般量子力学情形下，可能存在许多相互作用着的自旋粒子（或许是更一般的类型，如弦等），我们总是要求知道与模 $\|\psi\|$ 相对应的某个概念，对于适当可接受的量子态 ψ，它是一个正实数。[4] 虽然这个模与量子系统的 U 部分有关，但它在 R 部分内也起着关键作用，实际上，它决定着粒子出现的概率。

数学上，我们可将模看成是一种平方长度的概念，它作为态空间 W 内"可接受的"矢量应当是有限的。我们从用于描述时间演化的形容词"幺正的"可知，这个模在演化中是守恒的。稍后（§22.4）我们将看到，为什么它被用于薛定谔方程。

首先，我们来建立一些概念并了解可归一化量子态的某些特性。为此，我们不妨将模看成是各态之间的哈密顿标量积（§13.9）的特殊情形。对于态 ϕ 和 ψ，这个标量积通常写成 $\langle\phi\,|\,\psi\rangle$，在量子力学文献中，$\psi$ 的模就是 $\phi=\psi$ 时的特殊情形：

$$\|\psi\|=\langle\psi\,|\,\psi\rangle。$$

在单（无自旋）粒子情形下，这个标量积为：

$$\langle\phi\,|\,\psi\rangle=\int_{\mathbb{E}^3}\overline{\phi}\psi\,\mathrm{d}x^1\wedge\mathrm{d}x^2\wedge\mathrm{d}x^3,$$

它将§21.9给出的 $\|\psi\|$ 的特定表达式一般化了。由此我们得到由任意两个一维的粒子归一化波函数 ϕ 和 ψ 定义的正定哈密顿标量积。***[22.2]

*** 〔22.2〕你能否解释为什么不论 $\langle\phi\,|\,\phi\rangle$ 和 $\langle\psi\,|\,\psi\rangle$ 是否收敛，$\langle\phi\,|\,\psi\rangle$ 都是积分收敛的？提示：考虑在 $\mathbb{E}^3$ 的任何有限区域内 $|\phi-\lambda\psi|^2$ 的积分非负意味着什么，导出连接 $\overline{\phi}\psi$ 积分的模平方与 $\overline{\phi}\phi$ 积分和 $\overline{\psi}\psi$ 积分之积之间关系的不等式。作为中间步骤，找出对所有 λ 满足 $a+\lambda b+\overline{\lambda}c+\overline{\lambda}\lambda d\geq0$ 的复数 a，b，c，d 的条件。

实际上，归一化波函数构成复矢空间 **H**（**W** 的子空间），这个矢量空间也称为希尔伯特空间。*[22.3] 希尔伯特空间是一种具有标积算符⟨ | ⟩的复矢空间，这种标积算符的值是一个复数，它满足如下代数性质：

$$\langle \phi | \psi + \chi \rangle = \langle \phi | \psi \rangle + \langle \phi | \chi \rangle,$$

$$\langle \phi | a\psi \rangle = a\langle \phi | \psi \rangle,$$

$$\langle \phi | \psi \rangle = \overline{\langle \psi | \phi \rangle}$$

$$\psi \neq 0 \qquad 意味着 \qquad \langle \psi | \psi \rangle > 0$$

（对上述一维粒子积分情形，所有这些关系立即可证）。*[22.4] 这些方程还意味着⟨φ + χ | ψ⟩ = ⟨φ | ψ⟩ + ⟨χ | ψ⟩和⟨aφ | ψ⟩ = ā⟨φ | ψ⟩。*[22.5] 此外，一旦模已知，标量积就可以由此而定，**[22.6] 因此，保模的线性变换也一定保标量积。再补充一点，希尔伯特空间应当满足某些基本的连续性。5

上述这些记号属于量子力学中广泛应用的符号系统的一部分，这一符号系统是由 20 世纪伟大的物理学家保罗·狄拉克引入的。业已证明，作为这个一般系统的组成部分，下面这些符号

$$|\psi\rangle, |\uparrow\rangle, |\rightarrow\rangle, |\leftrightarrow\rangle, |0\rangle, |7\rangle, |+\rangle, |X\rangle, |\text{DEAD}\rangle \text{ 或 } |\text{OFF}\rangle$$

可以表示希尔伯特空间 **H** 的各种态矢，这里，| ⋯ ⟩里的符号是表征这个态的适当（且易记住的）标签。这些记号通常称为"右（ket）"矢。对应于每个右矢，对偶空间 **H***（§12.3）里都有一个"左（bra）"矢，它表征这个态（§13.9 意义上）的埃尔米特共轭，分别记为

$$\langle\psi|, \langle\uparrow|, \langle\rightarrow|, \langle\leftrightarrow|, \langle0|, \langle7|, \langle+|, \langle X|, \langle\text{DEAD}|, \text{ 或 } \langle\text{OFF}|_\circ$$

由于左矢与右矢对偶，因此它们有 §12.3 的点积意义上的标量积。左矢⟨ψ|和右矢|φ⟩的这个标量积——或"bracket"——正好构成上述的埃尔米特标量积⟨ψ|φ⟩。它与复数⟨φ|ψ⟩是⟨φ|ψ⟩的复共轭相一致。如果⟨φ|ψ⟩ = 0，即⟨ψ|φ⟩ = 0，则我们称态|φ⟩和|ψ⟩是正交的。

线性算符 **L** 作用到|ψ⟩上记做 **L**|ψ⟩，⟨φ|与 **L**|ψ⟩的标量积写作

$$\langle\phi|\mathbf{L}|\psi\rangle_\circ$$

它也是左矢"⟨φ|**L**"与|ψ⟩的标量积。"⟨φ|**L**"的意义是什么呢？它是右矢 **L***|φ⟩的复共轭，这里 **L*** 是 **L** 的共轭6。用于线性算符 **L** 的这种共轭运算正是我们在 §13.9 里考虑过的有限维情形下的埃尔米特共轭运算 *。复数⟨φ|**L**|ψ⟩的复共轭是复数⟨ψ|**L***|φ⟩。

22.4 幺正演化：薛定谔绘景和海森伯绘景

现在我们来看看薛定谔演化的"幺正"性质。在 §22.3 里我们已经看到，这种演化是线性

---

*[22.3] 由练习 [22.2] 证明，归一化波函数的确构成矢量空间。

*[22.4] 证明这一点，并仔细说明用到了积分的什么性质。

*[22.5] 证明为什么。

**[22.6] 说明⟨φ|ψ⟩是如何由模平方定义的。提示：计算 φ + ψ 和 φ + iψ 的模平方。

的，因此，我们要做的就是建立起这样的概念：这种演化保 **H** 的两个元素 $|\phi\rangle$ 和 $|\psi\rangle$ 之间的标量积，就是说，$\langle\phi|\psi\rangle$ 在时间上是常数：$\mathrm{d}\langle\phi|\psi\rangle/\mathrm{d}t = 0$。（由上所述可知，作为必要条件，保模和保标量积是等价的。）根本上说，我们需要从量子哈密顿量 $\mathcal{H}$ 得到的是：（ⅰ）它能使我们保持在希尔伯特空间内；（ⅱ）它是埃尔米特的。这些都是最低要求，通过合理假定都能使哈密顿量得到满足。例如，哈密顿量的性质要求其本征值——系统能量的可能值——应为实数。通常我们还要求 $\mathcal{H}$ 是正定的，这意味着对所有非零 $|\psi\rangle$，有 $\langle\psi|\mathcal{H}|\psi\rangle > 0$，因此 $\mathcal{H}$ 的所有本征值（能量值）都是正的——尽管这对演化的幺正性质并非是必需的。我们立即得到（利用积的导数的莱布尼茨性质，见 §6.5 和上述性质）

536

$$\frac{\mathrm{d}}{\mathrm{d}t}\langle\phi|\psi\rangle = \left\langle\frac{\mathrm{d}}{\mathrm{d}t}\phi\,\Big|\,\psi\right\rangle + \left\langle\phi\,\Big|\,\frac{\mathrm{d}\psi}{\mathrm{d}t}\right\rangle$$

$$= \langle -i\hbar^{-1}\mathcal{H}\phi\,|\,\psi\rangle + \langle\phi\,|\,-i\hbar^{-1}\mathcal{H}\psi\rangle$$

$$= i\hbar^{-1}\langle\phi\,|\,\mathcal{H}\,|\,\psi\rangle - i\hbar^{-1}\langle\phi\,|\,\mathcal{H}\,|\,\psi\rangle = 0,$$

它们说明标量积确实是时间不变量，即薛定谔演化是幺正的。**[22.7] 对其他埃尔米特算符，如空间平移或旋转的生成元，我们可做同样的论证来证明它们也相当于 **H** 的幺正变换。

这些方程说明，标量积 $\langle\phi|\psi\rangle$ 的变化率为零。由此可知，$\langle\phi|\psi\rangle$ 在时间上是不变的，这里 $|\phi\rangle$ 和 $|\psi\rangle$ 各自经历着相同 $\mathcal{H}$ 的薛定谔演化。假定我们在时间 $t = 0$ 有量子态 $|\phi\rangle$ 和 $|\psi\rangle$，它们按薛定谔方程演化到时间 T 时，分别为 $|\phi_T\rangle$ 和 $|\psi_T\rangle$：

$$|\phi\rangle \rightsquigarrow |\phi_T\rangle \text{ 和 } |\psi\rangle \rightsquigarrow |\psi_T\rangle$$

（这里使用了 §22.2 的记号）。于是

$$\langle\phi|\psi\rangle = \langle\phi_T|\psi_T\rangle.$$

它告诉我们，从某时刻 $t = 0$ 开始到某个 $t = T$ 时刻止，薛定谔演化的线性作用在希尔伯特空间 **H** 上是幺正的，就是说，存在一个作用于该变换的算符 U_T，使得

$$|\phi_T\rangle = U_T|\phi\rangle, \quad |\psi_T\rangle = U_T|\psi\rangle, \text{ 等等,}$$

这里算符 U_T 在 §13.9 的意义上是幺正的，即它的逆等于其共轭：

$$U_T^{-1} = U_T^*, \text{ 即 } U_T U_T^* = U_T^* U_T = I.$$

其中 I 是 **H** 上的恒等算符。（见 §13.9 中关于 U_T 性质的说明。）

正如 §22.1 提到的，量子系统的演化还有其他表示方法，其中最为熟悉的就是所谓的海森伯绘景。在这种图像下，系统的"态"在时间上是不变的，于是时间演化由动力学变量替代。读者或许会问，量子态怎么能看成是"不变的"呢？即使实际上存在的只是量子水平上的物理

**[22.7] 更充分地说明这段论证。你能解释为什么我们必须要求莱布尼茨性质对希尔伯特空间的标量积成立吗？

变化！这的确问得在理，但从薛定谔绘景到海森伯绘景的变化实际上只是一个符号重定义的
问题。

537

首先，考虑通常的薛定谔绘景。在 $t = 0$ 时刻，我们有量子态 $|\psi\rangle$，由此开始给定量子哈密
顿量 $\mathcal{H}$ 的薛定谔演化，于是在随后的某个时刻 T，态变为 $|\psi_T\rangle$：

$$|\psi\rangle \leadsto |\psi_T\rangle = U_T |\psi\rangle。$$

由于 U_T 的作用在整个希尔伯特空间 $\mathbf{H}$ 上是线性的，因此，另外的任意一个态 $|\phi\rangle$ 在同一个 U_T
的作用下也将经历相应的演化 $|\phi\rangle \leadsto |\phi_T\rangle = U_T |\phi\rangle$。在海森伯绘景下，我们则将 T 时刻的
"态" 看作是

$$|\psi\rangle_{\mathrm{H}} = U_T^{-1} |\psi\rangle = U_T^* |\psi\rangle。$$

显然，"海森伯态" $|\psi\rangle_{\mathrm{H}}$ 不随时间变化（定义使然！）。另一方面，为使所有的代数演算一如以
往，以便得到与薛定谔绘景下相同的本征值（测定的物理参数），我们要求动力学变量亦有补偿
性演化。这样，（$\mathbf{H}$ 上）任一线性算符 Q 必为相应的海森伯型算符

$$Q_{\mathrm{H}} = U_t^{-1} Q U_t = U_t^* Q U_t。$$

所取代。由此可知，任一标量积的海森伯型本征值与薛定谔型的是相同的。※※〔22.8〕现在将海森伯
演化用到算符 Q 上（在薛定谔绘景下假定为常数）。我们有※※〔22.9〕

$$i\hbar \frac{\mathrm{d}}{\mathrm{d}t} Q_{\mathrm{H}} = \mathcal{H} Q_{\mathrm{H}} - Q_{\mathrm{H}} \mathcal{H}，$$

这就是海森伯运动方程。（注意，在 $Q_{\mathrm{H}} = \mathcal{H}$ 时，该方程的一个明显结果就是能量守恒。）

读者或许会问，这么折腾我们得到了什么？某些时候，海森伯绘景能够带来技术上的方便，
但海森伯绘景无助于解开量子力学之谜。"量子跳变"问题依然存在，但我们可以重新考虑态，
使 $|\psi\rangle_{\mathrm{H}}$ "跳变" 为 $\mathbf{R}$ 运行的某个结果，或使海森伯动力学变量发生"跳变"！在我看来，这些
"跳变"问题在海森伯绘景下显得更加晦涩，不解决任何问题。

538

在薛定谔绘景下，我们至少还有演化的态矢，使我们还能看出一点"量子实在"是什么样子！
而海森伯绘景则连这一点机会都给剥夺了，因为在这种图像下，甭管发生什么物理作用，其态矢都
是不变的。更有甚者，由于动力学变量完全不描述具体的物理系统，因此这些动力学变量的演化居
然不能表示任何具体物理系统的变化，就更甭说诸如"你处于什么位置"这样的问题了。

存在这两种不同图像的原因有着深刻的历史背景。1925 年 7 月，海森伯首先发表了他的理
论，半年后的 1926 年 1 月，薛定谔才提出他的学说，不久之后人们才认识到二者其实是等价的。
率先给出薛定谔波函数的模平方 $|\psi|^2$ 的概率解释的（§21.9）是马克斯·波恩（1926 年 6 月）。
薛定谔自己则试图给出一种 ψ 的"经典场"图像。而量子力学算符理论总体上则源自海森伯、

※※〔22.8〕详细解释这一点。

※※〔22.9〕试试你能否确认这一点。

波恩和约尔丹（Pascual Jordan，1902—1980）的工作，并由狄拉克给予彻底的系统化，详见狄拉克首版于1930年的重要著作《量子力学原理》。[7]

自然，量子理论最终还是起了变化，一种图像比另一种图像得到了更多的青睐，二者的等价性被打破了。特别是量子场论（见第26章）的出现，将量子理论和（狭义）相对论有机地结合起来。狄拉克曾对这种场合下偏爱[8]海森伯绘景做过论证。其实不论海森伯绘景还是薛定谔绘景，都不具有相对论性的不变性，但在量子场论的场合，有时混杂的"相互作用图像"可能更有益。[9]

22.5 量子"可观察量"

我们现在来考虑如何在形式体系下表示对量子系统的测量。正如§22.1所说，第21章给出的位置测量和动量测量的例子说明了在一般的量子测量下会出现什么样的情形。量子系统的某种"可测量"性质可用某个称之为可观察量的算符 Q 来表示，我们可将其用于量子态。动力学变量（譬如说位置或动量）是可观察量的例子。[10]理论要求可观察量 Q 能够表示为线性算符（如位置算符或动量算符），以便它对空间 **H** 的作用具有 **H** 的线性变换意义——尽管可能只有这一种意义（§13.3）。我们说态 ψ 对于可观察量 Q 有确定值，如果 ψ 是 Q 的本征态的话，相应的本征值 q 就是这个确定值。[11]这些概念正是我们在§§21.5，10，11的位置和动量情形下遇到过的概念。

在传统量子力学里，通常要求所有本征值都是实数。现在这一点可通过要求 Q 是埃尔米特的来保证，就是说，要求 Q 等于其共轭 Q^*：*[22.10]

$$Q^* = Q。$$

在我看来，对可观察量 Q 的这种埃尔米特性的要求是一种不合理的强要求，因为在经典物理里，如天球的黎曼球面表示（§18.5），谐振子的许多标准讨论（§20.3）等等，复数是经常用到的。[12]可观察量的基本要求是，它的对应于不相等的本征值的本征矢应彼此正交。通常人们说的"正规的"指的就是算符的这种性质。正规算符 Q 就是可与其共轭对易的算符：

$$Q^* Q = QQ^*，$$

对应于不相等的本征值的任何一对这样的本征矢必定彼此正交。***[22.11]由于测量的结果（本征值）都是复数，而测量引起的各种态之间的正交性要求可得到保证，因此我只需要求量子"可观察量"是正规线性算符，没必要像传统强条件那样要求它们是埃尔米特的。

---

* [22.10] 证明：埃尔米特算符 Q 的任何本征值都是实数。

*** [22.11] 试试你能否证明这一点。提示：考虑表达式 $\langle\psi|(Q^* - \bar{\lambda}I)(Q - \lambda I)|\psi\rangle$，先证明，如果 $Q|\psi\rangle = \lambda|\psi\rangle$，则 $Q^*|\psi\rangle = \bar{\lambda}|\psi\rangle$。

这里，我将对量子可观察量的进一步要求作些阐述，就是说，要求它们的本征矢张起整个希尔伯特空间 **H**（因此 **H** 的任一元素都能够用这些本征矢线性地表示出来）。在有限维情形，这个性质是 **Q** 的埃尔米特（或正规）性质的数学结果。但对无限维 **H** 情形，我们需要将它看作是对 **Q** 的一条独立的假定。具有这种性质的埃尔米特算符 **Q** 称作自伴的。

对量子可观察量的正交性要求对于量子测量极为重要。按量子力学法则，对应于某个算符 **Q** 的测量结果总是 **Q** 的本征态之一：这就是随 **R** 过程出现的量子态的"跳变"（§22.1）。不论测量前系统处于什么态，一经测量它就会跳变到对应于 **R** 的 **Q** 的某个本征态。测量之后，这个态要求可观察量 **Q** 有确定的值，即相应的本征值 q。因此，对可观察量 **Q** 的测量的每个不同的可能结果——即对于每个不同的本征值 q_1，q_2，q_3，…——我们得到一组各不相同的结果态中的一个，所有这些态都是正交的。

为什么这一点是重要的呢？这与我们一会儿将看到的计算每个态出现概率的量子法则有关。这些法则的一个推论就是，对于测量引起的一个态到另一个与之正交的态的跳变，概率总是零。相应地，如果我们重复可观察量 **Q** 的测量，则第二次测量给出的是与第一次测量得到的同一个本征值——即相同的测量结果。要给出不同的结果，就需要从一个态跳变到另一个与之正交的态，而这是概率法则所不允许的。但这个结论取决于 **Q** 的所有本征值对应的本征态均彼此正交，这就是为什么我们要求 **Q** 必须是正规算符的原因。

现在我们回到为可观察量 **Q** 的不同的本征态赋概率值这一问题上来。量子 **R** 过程的显著特点，就是量子力学概率仅依赖于测量之前和之后的量子态，而与可观察量 **Q** 的其他方面（例如测得的本征值等）无关。**Q** 的从态 $|\psi\rangle$ 跳变到本征态 $|\phi\rangle$ 的概率由下式给出：

$$|\langle\psi|\phi\rangle|^2,$$

这里假定 $|\psi\rangle$ 和 $|\phi\rangle$ 都是归一化的（$\|\psi\| = 1 = \|\phi\|$）。否则的话，我们需要将上式除以 $\|\psi\|$ 和 $\|\phi\|$ 才能得到概率值。对非归一化情形，我们习惯将这个概率写成对称的形式

$$\frac{\langle\phi|\psi\rangle\langle\psi|\phi\rangle}{\langle\psi|\psi\rangle\langle\phi|\phi\rangle}。$$

这个概率值总是 0 和 1 之间的实数，仅当各态之间成正比时取 1。*******[22.12] 由上述讨论可知，薛定谔演化保标量积 $\langle\phi|\psi\rangle$。这是 **U** 和 **R** 过程之间的一个重要的协调关系，它表示这样一个事实：尽管二者不一致，但 **U** 和 **R** 之间确实是"吻合的"。我们看到，一个态从没有在测量中直接跳变到一个与之正交的态，因为 $\langle\phi|\psi\rangle = 0$ 意味着这么做的可能性为零。

对于规范正交态 ψ 和 ϕ 的量子叠加情形，譬如说 $w\psi + z\phi$，这里 w 和 z 是两个复数权重因子，有时称其为幅度——或"概率幅度"，我们可通过鉴别态 $w\psi + z\phi$ 中的 ψ 和 ϕ 的实验来得到 ψ 的概率

540

541

***〔22.12〕从练习〔22.2〕所用的〈 | 〉的代数性质出发证明这一点。

$\overline{w}w = |w|^2$ 和 ϕ 的概率 $\overline{z}z = |z|^2$，即我们取幅度的模的平方来得到概率。这种方法对多于两个态叠加的情形也适用。

正规算符 $\boldsymbol{Q}$（假定其本征矢张起整个 $\boldsymbol{H}$）的一个有用性质是它总有一组构成希尔伯特空间规范正交基的本征矢。规范正交基（与§13.9比较）是 $\boldsymbol{H}$ 的一组元素 $\boldsymbol{e}_1$，$\boldsymbol{e}_2$，$\boldsymbol{e}_3$，…，它们满足

$$\langle \boldsymbol{e}_i \mid \boldsymbol{e}_j \rangle = \delta_{ij}$$

（δ_{ij} 是克罗内克 δ），$\boldsymbol{H}$ 的每个元素 ψ 都能够表示成

$$\psi = z_1 \boldsymbol{e}_1 + z_2 \boldsymbol{e}_2 + z_3 \boldsymbol{e}_3 + \cdots,$$

（z_1，z_2，z_3，…是 ψ 的复"笛卡儿坐标"）。这种表示类似于如下意义的一般波函数表示：对于单个的无结构粒子，这种波函数是（傅里叶变换下的）动量态或位置态（$\psi(\boldsymbol{x}) = \int \psi(\boldsymbol{X}) \delta(\boldsymbol{x} - \boldsymbol{X}) \mathrm{d}^3 \boldsymbol{X}$）的连续线性叠加（§21.11），这是因为动量态和位置态分别是动量算符 $\mathbf{p}$ 和位置算符 $\mathbf{x}$ 的本征矢。从位置表象过渡到动量表象相当于是希尔伯特空间 $\boldsymbol{H}$ 的基变换（见图22.3）。但是，从技术上说，动量态和位置态其实都不构成基，因为它们不是归一化的，故不属于 $\boldsymbol{H}$！（量子力学里充满了这类烦人的问题。就量子态而言，你既可

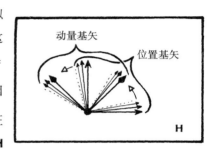

图 22.3 从位置表象过渡到动量表象只需要改变希尔伯特空间 $\boldsymbol{H}$ 的基（尽管技术上说，不论是动量态还是位置态（均非归一化）实际上都不属于 $\boldsymbol{H}$）。

以对这种精妙的数学抱以马虎的态度，甚至把位置态和动量态就当作实际的态；也可以花上所有时间来把这种数学彻底搞清楚，但这时又会有另一种堕入"僵化"境地的危险。我选择的则是中间道路，并尽可能做得最好，但在这个问题上，我也不能完全确信取得进展的答案究竟是什么！）

22.6　YES/NO 测量；投影算符

对于像位置或动量这样的算符，其本征态不是归一化的，因此在这样的态下找到粒子的概率为零。这个答案之所以"正确"，是因为位置或动量取任何具体值的概率的确为零（位置和动量都是连续参数）。于是我们得考虑用其他可观察量，例如我们可以这样来提出问题："这个位置是否处在某个取值范围内？"对动量（或任何其他连续的可观察量）也可以提出类似问题。这种所谓 YES/NO 问题可通过譬如说令 YES 对应于本征值 1、NO 对应于本征值 0 而被结合到量子形式体系里，用来描述它的可观察量称之为投影算符。

投影算符 $\boldsymbol{E}$ 具有自共轭和等于自身平方的性质**[22.13]

** 〔22.13〕证明：如果可观察量 $\boldsymbol{Q}$ 满足某个多项式方程，那么它的每一个本征值也满足该方程。

$$E^2 = E = E^*。$$

这一点提供了一种最基本的测量。对量子力学里由测量引起的一系列问题，我们都可以用它来解决。但在进行 YES/NO 测量时，有一个问题变得突出了，那就是（大于二维情形下）这些算符是简并的。我们说 Q 关于某个本征值 q 是简并的，是指 q 所对应的本征矢空间大于一维，即对同一个本征值 q，存在 Q 的非比例本征矢（§13.5）。由相同本征值 q 的所有本征矢组成的 H 的整个线性子空间，就是 q 所对应的 Q 的本征空间。在此情形下，测量得到的"结果"（即本征值的确定）本身并不能告诉我们将要"跳变"到哪个态。这个问题是通过所谓投影公设来解决的，这条投影公设认为，我们可将作为测量结果的态正交投影到 q 所对应的 Q 的本征空间上。[13] 实际上，这条"投影公设"经常被用作 §22.1 所说的标准的量子力学处理（正如冯·诺伊曼清楚表明的那样[14]），就是说，对可观察量 Q 进行测量的结果，就是使态跳变到本次测量得到的本征值所对应的 Q 的某个本征态。在本节和下一节，我将反复强调简并本征值情形下这条公设的投影性质的重要性。[15]

表示这种投影的最好方式就是运用适当的投影算符 E，这种算符对应于 YES 本征值 1 的本征空间等同于 q 所对应的 Q 的本征空间。（这一点总是能做到的，E 所提出的问题比 Q 所提出的更基本："q 是 Q 测量的结果吗？"）因此，投影公设所陈述的是：测量的结果（不论是由 Q 得到的 q，还是由 E 得到的 1）为

$$|\psi\rangle \qquad 跳变到 \qquad E\,|\psi\rangle。$$

这里不用担心归一化问题。如果我们要求结果态归一化，我们可以让 $|\psi\rangle$ 跳变到看上去更凌乱的

$$E\,|\psi\rangle\langle\psi\,|\,E\,|\psi\rangle^{-1/2}。$$

但在这里，我倒觉得不作归一化更方便，这样可以使公式看起来更简洁。

图 22.4 在希尔伯特空间 H 内展示了投影公设的几何性质。我们注意到，如果我们用 $I - E$（也是算符）取代 E，则 YES 和 NO 本征空间正好交换。（这里 I 是 H 上的恒等算符。）因此，如果 E 测量得到的结果是 0，则 $|\psi\rangle$ 跳变到 $(I - E)\,|\psi\rangle\,(=\,|\psi\rangle - E\,|\psi\rangle)$。注意，$|\psi\rangle$ 是两个态 $E\,|\psi\rangle$ 和 $(I - E)\,|\psi\rangle$ 的和，他们彼此正交，*[22.14] 而且测量 E 决定着二者之一，YES 对应于前者，NO 对应于后者：

$$|\psi\rangle = E\,|\psi\rangle + (I - E)\,|\psi\rangle。$$

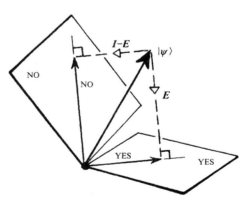

图 22.4 H 内投影公设的几何性质。图中显示了投影算符 E 的本征空间，水平面表示本征值 1（YES），垂直面表示本征值 0（NO）。图中还显示了 $|\psi\rangle$ 到两个正交分量的分解 $|\psi\rangle = E\,|\psi\rangle + (I - E)\,|\psi\rangle$，这里 $E\,|\psi\rangle$ 是 $|\psi\rangle$ 到 YES 空间（测量得到 YES 结果）的投影，$(I - E)\,|\psi\rangle$ 是 $|\psi\rangle$ 到 NO 空间（测量得到 NO 结果）的投影。每种情形的概率由投影造成 $|\psi\rangle$ 的（哈密顿）平方长度减小的比例因子给出（态矢没有归一化）。

＊〔22.14〕证明这一点。

544　有一种直接的几何方法可以表示这种二者择一的概率，即利用每个投影算符各自的"模"（平方长度）。*〔22.15〕这一简单的几何事实在坚持用归一化态的情形下是无法得到的！

22.7 类光测量；螺旋性

一些物理学家对投影公设持怀疑态度（认为它"没必要"或是"不可观察的"），其困难在于我们无法断定测量后系统处于什么态。这或许是因为测量过程本身已使得待观察量与测量仪器纠缠在一块儿，从而使待观察量的态无法作单独考虑。这一点有时的确是一个复杂的问题，但也存在一些明显可用投影公设来描述（如必要，还是并的）测量的场合。最明显的当属所谓类光（或无相互作用）测量情形。这种测量表现出的神奇性质完全在于其自身原因，它展示了量子力学行为中最为奇妙的一面。为此我们不妨看一两例。

545　我们来考虑§21.7讨论过的一种情形，单个光子瞄准分束器，它的态部分被反射，部分透过分束器。经过分束器之后，这个态成为两个正交的态——透射态 $|\tau\rangle$ 和反射态 $|\rho\rangle$（这里，为了得到漂亮的直和，我们在 $|\tau\rangle$ 和 $|\rho\rangle$ 的定义中包括了相对相位因子，也不再坚持归一化）——之和：

$$|\psi\rangle = |\tau\rangle + |\rho\rangle$$

（见图22.5）。假定在透射束方向上设有一探测器，并假定（仅出于论证考虑）探测器的探测效率100%。此外，我们还假定光子源的每个光子发射事件都100%被记录。（这些显然都是理想化的；实际实验中很难做到这种高效率。但这些合理的理想化毕竟能为我们说明量子力学是如何工作的。）如果我们发现有这样的情形：源发射了一个光子而探测器却没有接收到，那么我们就可以断定，在这些情形里，光子走的是"另一条路径"，它的态因此是反射态 $|\rho\rangle$。尤其突出的是，这种光子的零接受测量引起光子态发生量子跳变（从叠加态 $|\psi\rangle$ 跳变到反射态 $|\rho\rangle$），尽管实际上并没有和测量仪器发生相互作用！这就是类光测量的例子。

这种情形的一个典型事例是埃利策（Avshhalom Elitsur）

546　和韦德曼（Lev Vaidman）建议的。[16] 考虑分束器是马赫－曾德尔干涉仪一部分的情形（请回忆§21.7描述的星际思想实验，见图21.9），但现在我们并不知道是否在第一个分束器的透射方向上安置了探测器 C。我们假定，一旦探测器 C 接收到光子，它就引爆一枚炸弹。另外还存在两个

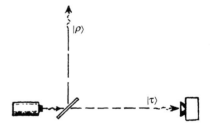

图22.5 需要用投影公设来描述的类光测量。单光子对准分束器，结果态 $|\psi\rangle$ 是透射部分 $|\tau\rangle$ 和反射部分 $|\rho\rangle$ 的和 $|\psi\rangle = |\tau\rangle + |\rho\rangle$（定义里包括了相对相位因子，且不要求归一化）。如果发现光源发射了一个光子但探测器没有接收到，于是我们知道，光子处于态 $|\rho\rangle$，即使它并没有和测量仪器发生相互作用。

---

*〔22.15〕为什么？

终点探测器 A 和 B，（由 §21.7）我们知道如果没有 C 则只有 A 能记录接收到的光子，见图 22.6。我们希望在某种场合下——炸弹的爆炸并不能毁掉 C——确定 C（和炸弹）的存在。这一点可以通过探测器 B 实际记录到光子来做到，因为只有当探测器 C 进行了测量而又未接收到光子时才会出现这种情形！这之后光子实际上可以取其他路径，A 和 B 各有 $\frac{1}{2}$ 可能性记录到光子（因为此时不存在两束间的干涉），而没有 C 时则只有 A 能够接收到光子。[17]

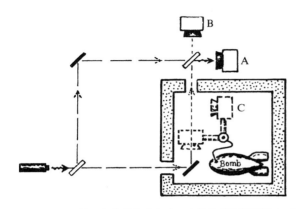

图 22.6 埃利策－韦德曼炸弹实验。连着炸弹的探测器 C 可以置于也可以不置于马赫－曾德尔干涉仪（图 21.9）的光路上。（图中白色薄矩形表示分束器，黑的表示反射镜。）干涉仪内的臂长是相等的，这样源发射的光子在没有 C 时必到达探测器 A。如果探测器 B 记录到光子（炸弹没爆炸），我们就知道 C 一定处于光路上，即使它 C 没遇到光子。

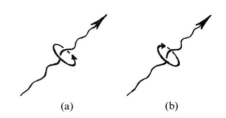

图 22.7 像光子这样的无静质量粒子只能绕其运动方向自旋。每一种无静质量粒子的自旋的大小 $|s|$ 是个常量，但如果旋量 s 不为零（如光子），则自旋可以是(a)右旋的($s>0$: 正螺旋)或(b)左旋的($s<0$: 负螺旋)。对于光子，我们有 $|s|=1$（$\hbar$ 单位下），于是有两种情形: $s=1$ 对应右旋圆偏光，$s=-1$ 对应左旋圆偏光。由量子叠加法则，我们可由此组成复线性复合，产生如图 21.12 和 21.13 所示的另一种可能的光子偏振态。

这个例子中不存在简并问题，因此不会出现前面所说的那种纯粹的测量结果无法确定系统将"跳变到"什么态的问题。由 §22.6 可知，我们需要适当运用投影公设来解决这些由简并本征值所引起的问题。现在，我们引入另一个自由度，它可以通过光子的极化现象来实现。这是一种我们早先提到过的所谓量子力学自旋的物理性质。关于自旋概念我将在 §§22.8～11 里给予详细讨论，这里我们仅需了解无静质量粒子的基本性质就够了。光子就是这么一种有自旋但无静质量的粒子，其自旋表现与我们将在 §§22.8～10 看到的有静质量的粒子（如电子或质子）的自旋表现稍有不同，我们必须将光子（或其他无静质量粒子）看成是关于其运动方向的自身旋转，如图 22.7。

547

对给定的无静质量粒子类型，其自旋的大小 $|s|$ 总是不变的，但自旋的方向可依照粒子的运动方向区分为右旋($s>0$)和左旋($s<0$)。另外，由量子力学的一般原理可知，自旋态可以是两个自旋的（量子）线性叠加。量 s 本身称为无静质量粒子的螺旋性（§22.12），它的值总是取整数或半整数（或带适当的单位，应当说，这种螺旋性是 $\frac{1}{2}\hbar$ 的整数倍）。如果一个无静质量粒子的 $|s|=j$（或带单位，$|s|=j\hbar$），我们就说它有自旋 j。光子的自旋为 1（故其螺旋性为 ±1）；引

力子的自旋为 2（其螺旋性为 ±2）。中微子的自旋为 $\frac{1}{2}$，如果存在无静质量中微子的话，[18] 其螺旋性为 $-\frac{1}{2}$，相应的反中微子的螺旋性为 $\frac{1}{2}$。

对于光子情形，其螺旋态（确定的螺旋性态）是圆偏振态，右旋对应于 $s=1$，左旋对应于 $s=-1$。光子还存在其他可能的态，如平面偏振态，但这些态都属右旋态和左旋态的简单线性叠加。在 §22.9 的节尾我们将简述其几何性质，但眼下这还没必要。现在我们要做的是确认这样一个事实：反射中的圆偏振是如何表现的？我们假定，圆偏振态下的光子垂直地撞向分束器（或我们使用的其他镜面），这样反射束将沿原方向的相反方向返回。于是我们得到，反射光子的偏振态正好与源发射的光子的偏振态相反，而透射束的偏振态则与源发射光子的相同。**[22.16] 只要我们愿意，当然也可以让入射束与垂直方向有一微小偏差，这样反射束就不至于完全返回到发射光源。这对讨论无实质性影响。

现在我们回到原初的图 22.5 所示的"类光测量"实验上来，只是现在光子像图 22.8 那样取正入射。假定我们可以将光源调制到只发射右旋圆偏光子或左旋圆偏光子。现在，它发射一个右旋光子（记住这个事实）。在光子经过分束器之后，光子的态变成为一种叠加态（同前一样，为带适当相因子的和）：

$$|\psi+\rangle = |\tau+\rangle + |\rho-\rangle,$$

这里，右矢里的 + 或 − 是指螺旋性的符号。我们像以前一样，在透射束路径上置一探测器（并假定它对偏振不敏感）。于是，如果源记录表明发射了一个右旋光子而探测器则没记录到，那显然探测

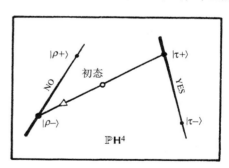

图 22.8 图 22.5 的"类光测量"实验，但现在光子取几乎正入射。光源发射一个右旋光子。经过分束器之后，光子的态变成为 $|\psi+\rangle = |\tau+\rangle + |\rho-\rangle$，这里，右矢里的"+"或"−"是螺旋性的符号。如果（对偏振不敏感的）探测器没接收到光子，则可断定态跳变到反射的左旋态 $|\rho-\rangle$。由于结果 NO（由 $|\rho+\rangle$ 和 $|\rho-\rangle$ 张成的二维空间）和 YES（由 $|\tau+\rangle$ 和 $|\tau-\rangle$ 张成的二维空间）都存在简并问题，因此断定结果态要用到全投影公设。本例中，初态必须是 $|\tau+\rangle + |\rho-\rangle$，以便确定测量使得态跳变到何种状态（即这里的"未检测到"结果）。

图 22.9 对图 22.8 的光子偏振态，我们用图 22.4 所示的投影公设的投影希尔伯特空间 $\mathbb{P}\mathbf{H}^4$（见图 15.15）来描述。初态 $|\tau+\rangle + |\rho-\rangle$ 位于由 $|\tau+\rangle$、$|\tau-\rangle$、$|\rho+\rangle$ 和 $|\rho-\rangle$ 张成的全空间 $\mathbb{P}\mathbf{H}^2$ 内。白三角箭头表示从初始点（$|\tau+\rangle + |\rho-\rangle$）沿横截于 YES 和 NO 直线的方向到 $|\rho-\rangle$ 的投影。按全投影公设，（未）检测结果表明，结果态处于 NO 直线上，但初态的选取破坏了这种简并性。

**〔22.16〕 你能否给出个简单理由。

器没接收到光子,故可断定态跳变到反射的左旋态 $|\rho-\rangle$。这里我要指出,完整的投影公设要求我们断定该结果态的性质,见图 22.9。测量是一种纯粹的 YES/NO 行为,因为结果不是"未检测到"(NO)就是"检测到"(YES)。这两种情形都存在简并问题,因为 NO 答案的本征空间是由 $|\rho+\rangle$ 和 $|\rho-\rangle$ 张成的二维空间,同样,YES 的本征空间是由 $|\tau+\rangle$ 和 $|\tau-\rangle$ 张成的二维空间。由于本例中初态为 $|\tau+\rangle+|\rho-\rangle$,对于"未检测到"这一结果,投影公设[19] 使我们在 NO 情形正确地得到了 $|\rho-\rangle$ 而不是 $|\rho+\rangle$ 或 $|\rho+\rangle+|\rho-\rangle$(或其他各种 $|\rho+\rangle$ 和 $|\rho-\rangle$ 的线性叠加)。[20],**[22.17]

549

22.8 自旋和旋量

这不能算是一个非常振奋的实验,但它向我们展示了问题的关键。在第 23 章我们将看到一些更惊人的结果。作为一种准备,我们有必要在此对自旋多说几句。在有静质量粒子的情形,自旋就是指绕质心旋转的角动量。[21] 在 §§21.1 – 5,我们分别谈到过量子规律当中作为时间平移对称的质量能量守恒和作为空间平移对称的动量守恒的意义。类似地,旋转对称性给出角动量守恒(亦见 §18.7 和 §20.6)。对有质量粒子,我们可以想象我们是处在粒子静止的参照系里,于是相关的转动构成关于粒子在参照系中位置的转动群 O(3)。

550

量子力学里,动量分量表示为 $i\hbar$ 乘以沿相应位置坐标生成无限小平移的算符(§§21.1,2)。同样,角动量分量则表现为 $i\hbar$ 乘以关于相应的(笛卡儿空间)坐标轴作无限小转动的生成元。因此,在量子力学里,角动量分量涉及的是无限小转动的代数(§§13.6,10),即转动群 O(3)或等价的 SO(3)群的李代数,因为李代数并不区分这二者。

由于 SO(3)是非阿贝尔的,故李代数元素并不全对易。事实上,这种代数关于三维笛卡儿空间轴的无限小转动的生成元 l_1,l_2 和 l_3 满足**[22.18]

$$l_1 l_2 - l_2 l_1 = l_3, \qquad l_2 l_3 - l_3 l_2 = l_1, \qquad l_3 l_1 - l_1 l_3 = l_2。$$

按照量子力学法则,这些关系反映了关于三个轴的角动量分量 L_1,L_2,L_3

$$L_1 = i\hbar l_1, \quad L_2 = i\hbar l_2, \quad L_3 = i\hbar l_3$$

之间的联系。于是角动量对易规则为[22]

$$L_1 L_2 - L_2 L_1 = i\hbar L_3, \quad L_2 L_3 - L_3 L_2 = i\hbar L_1, \quad L_3 L_1 - L_1 L_3 = i\hbar L_2。$$

和量子力学里其他算符一样,角动量分量 L_1,L_2,L_3 也必须是希尔伯特空间 **H** 上的线性算符。因此,具有角动量的量子系统提供了一种 SO(3)关于 **H** 的线性变换的李代数表示(见 §§13.6 ~ 8,10,§14.6)。

这一点展现了量子力学中最优美和最富启迪的一面,是值得详细研究的一个方面。但此处不

✶✶〔22.17〕详细解释为什么"投影"给出的是正确答案。

✶✶〔22.18〕用四元数证明这一点。

宜深谈,我仅就特别重要之处作些说明。首先,我们要指出,下述矩阵(不带 $\hbar/2$ 时称为泡利矩阵)

$$L_1 = \frac{\hbar}{2}\begin{pmatrix} 0 & 1 \\ 1 & 0 \end{pmatrix}, \qquad L_2 = \frac{\hbar}{2}\begin{pmatrix} 0 & -i \\ i & 0 \end{pmatrix}, \qquad L_3 = \frac{\hbar}{2}\begin{pmatrix} 1 & 0 \\ 0 & -1 \end{pmatrix},$$

551　满足所要求的对易关系。*[22.19] 它们为角动量提供了一种最简单的(非平凡)表示,我们想象一下这些 2×2 矩阵作用到具有二分量 $\{\psi_0(x), \psi_1(x)\}$(看成列矢量)的波函数的情形。当我们开始转动这个态时,这两个分量 $\psi_0(x)$ 和 $\psi_1(x)$ 就按泡利矩阵产生的矩阵乘法规则搅动。

我们可以用下指标 A 将这个二分量波函数标为 ψ_A(这里 A 取值 0 和 1,或将它看成是 §12.8 里的"抽象指标记法"下的抽象指标)。ψ_A 描述的量称为旋量,其指标 A 称为二维旋量指标。可以证明,ψ_A 就是 §11.3 所描述意义下的自旋体(连续 2π 转动将使其变到相反态)。如果我们对某个泡利矩阵连续"取幂"(§14.6)直到转过完整的 2π 转动为止,我们就会得到算符 $-I$,它将 ψ_A 变成 $-\psi_A$。**[22.20]

这种记法是下述那种强有力的形式系统的组成部分,我们可以通过由" ψ_A "构成的"类张量"将这种形式发展成张量计算形式体系的补充(甚至取代它[23])。尽管这里不需要,但当我们将它用到相对论下的这种形式体系时,就会看出它的真正力量。为此,我们在不带" ′ "的指标 A,B,C,$\cdots$ 之外,还需要带" ′ "的指标 A',B',C',$\cdots$。在一定意义上,这两种指标互为复共轭,见 §13.9。这种记法在量子场论(事实或许不像应当的那样,[24] 见 §25.2 和 §34.3)和广义相对论[25](它在扭量理论里扮演着基本角色,见 §33.6)里都有着巨大价值。眼下就讨论这些或许不适当(尽管我们在 §25.2 还要回到这上面来),但多少借重一下二维旋量形式体系将是有益的。这里和 §§22.9 – 11 里所需要的只是用简洁方式来表示一般自旋态。我们还用不到带" ′ "的指标(那要到 §§25.2,3 和 §§33.6,8 里才用得到),因为现在处理的都是非相对论情形。

在进入这一主题之前,我还想作些记法上的简化。从本节得余下部分到 §22.11 的节尾,出于方便起见,我将采用使 $\hbar = 1$ 的单位。实际上,这总是可以的——在 §27.10(和 §31.1)将看到,我们可以走得更远,用所谓"普朗克单位"来描述,这时光速和引力常数皆为 1。但这里还

552　不需要如此。任何时候,只要需要,我们很快就能依据物理量纲来恢复 $\hbar$。(例如,要在取 $\hbar = 1$ 的物理公式里恢复 $\hbar$,我们只需对由质量的 q 次幂定标的那些量,略去长度和时间,然后用 $\hbar^{-q}$ 乘以这个量来取代即可。特别是,质量、能量、动量和角动量只需简单除以 $\hbar$ 即可得 $\hbar = 1$ 单位下的相应的物理量。)

现在回到二维旋量形式体系。我们记得,单值的旋量 ψ_A 可用来描述自旋 $\frac{1}{2}$ 的粒子。对于更大值的自旋(它们对应于 $SO(3)$ 的李代数的其他表示)也可以采用这种记法。自旋的值总是 $\frac{1}{2}$

---

　　*〔22.19〕检验这一点。解释其乘法律是如何与这些四元数关联的。
　　**〔22.20〕用显式证明这一点。

的非负整数倍:

$$0, \ \frac{1}{2}, \ 1, \ \frac{3}{2}, \ 2, \ \frac{5}{2}, \ \cdots$$

(或带 $\hbar$, 这时我们说"自旋/$\hbar$"取这些值。)波函数可用 $\psi_{AB\ldots F}$("自旋张量")来描述,在自旋 $\frac{n}{2}$ 情形下,它是关于 n 个指标完全对称的

$$\psi_{AB\ldots F} = \psi_{(AB\ldots F)}$$

(这里圆括号表示关于所有 n 个指标对称,见 §12.7)。事实上,SO(3) 的所有表示——这里我们包括二值的自旋体——都可以写成这些单个波函数的直和,即不可约表示(§13.7)。总而言之,一般表示可以表示为(可能是无限多的)波函数的集合

$$\{\psi_{AB\ldots F}, \ \phi_{GH\ldots K}, \ \chi_{LM\ldots R}, \ \cdots\},$$

其中每一个都是关于各自的全部旋量指标对称的。

对单个粒子,只存在一个这种对称场,例如其波函数为 $\psi_{AB\ldots F}$。(或许有人会错误地认为,对两个粒子存在两个不相关的波函数,三个粒子存在三个不相关的波函数,等等。下一章我们就会看到如何来描述多于一个粒子的系统,它将远比单粒子情形复杂。)自旋为 0 的粒子称为标量子(如 π 介子),其波函数有 0 指标,这就是第 21 章所处理的情形。最熟悉的粒子,如电子、μ 子、中微子、质子、中子以及它们的组分夸克都有自旋 $\frac{1}{2}$(仅一个指标)。氘核(重氢的核)和 **W** 波色子(见 §25.4)有自旋 1(两个对称旋量指标)。许多更重的核,甚至整个原子,则可处理成带有更高自旋值的单粒子。对自旋 $n/2$,带 n 个指标的波函数 $\psi_{AB\ldots F}$ 有 $n+1$ 个独立[26]复分量。**[22.21] 虽然自旋张量 $\psi_{AB\ldots F}$ 经常是指带 n 个指标的旋量,但当 n 是奇数时它指的是一个自旋体(§11.3),那些自旋为半奇数的情形都是这种自旋体。还应指出,自旋值 $j = \frac{1}{2}n$($\geqslant 0$)本身决定了(又决定于)"总自旋"算符的本征值 $j(j+1)$[27]

$$\mathbf{J}^2 = L_1^2 + L_2^2 + L_3^2;$$

它是三维矢量算符 $\mathbf{J} = (L_1, L_2, L_3)$ 的"被省略的长度"。

总自旋 $\mathbf{J}^2$ 可与角动量的每一个分量 L_1, L_2, L_3 对易(尽管这些分量本身之间不对易)。**[22.22] ***[22.23] 这一性质刻画了 $\mathbf{J}^2$ 作为 SO(3) 的卡西米尔(Casimir)算符的特点,见 §22.12。为了完整地

---

* 〔22.21〕试试你能否从给定信息出发详细说明这一点。

** 〔22.22〕直接从角动量对易法则出发检验这一对易关系。

*** 〔22.23〕考虑算符 $L^+ = L_1 + \mathrm{i}L_2$ 和 $L^- = L_1 - \mathrm{i}L_2$,说明它们与 L_3 的对易式。根据 $L^{\pm}$ 和 L_3 说明 $\mathbf{J}^2$。证明:如果 $|\psi\rangle$ 是 L_3 的本征态,则 $L^{\pm}|\psi\rangle$ 中的每一个也都是,不论它是否为零,并根据 $|\psi\rangle$ 的本征态找出其本征值。证明:如果 $|\psi\rangle$ 是由这些本征态张成一个有限维不可约表示空间,那么它的维数为整数 $2j$,这里 $j(j+1)$ 是 $\mathbf{J}^2$ 关于空间所有态的本征值。

描绘量子态,我们通常组成一个对易算符完全集($\S 22.12$),并找出那些作为集内所有算符本征态的态。对角动量,我们通常取关于垂直("z")方向的角动量算符 L_3 来伴随 $\mathbf{J}^2$。两个"量子数"j 和 m 用来标识这个态,这里 $j(j+1)$ 是 $\mathbf{J}^2$ 的本征值,m 是 L_3 的本征值。我们取 $j \geq 0$ 并取 $-j \leq m \leq j$,这里 j 和 m 要么都是半奇数(自旋体情形),要么都是整数。$2j+1(n+1)$ 个不同的 m 值对应于 $\psi_{AB\ldots F}$ 的不同分量。

对旋量分量而言,垂直方向的选择是任意的,它相当于上/下基($\S 22.9$ 的 $|\uparrow\rangle$,$|\downarrow\rangle$)的选择。任何其他空间方向都同样可以用来作为"上"方向。偶尔我也会用"m 值"来指其他给定方向(如 $\S 22.10$ 的马约拉纳(Majorana)描述情形)。

22.9 二态系统的黎曼球面

我们来考虑自旋 $\frac{1}{2}$ 粒子(如电子、质子、中子、夸克)的单个自旋态的非常精确——甚至奇妙的——几何性质。这种性质也一般地理解为二态量子系统的性质。这种系统可用复二维希尔伯特空间 $\mathbf{H}^2$ 来描述,自旋 $\frac{1}{2}$ 表示其几何。

对于自旋 $\frac{1}{2}$ 粒子,我们只关心它在粒子静止参照系下的自旋自由度。说得更清楚点儿,我们可以把粒子想象成处于其零动量本征态意义上的"静止"状态,因此这个态在变量 $\mathbf{x}$ 空间内是常量。*[22.24] 于是,ψ_0 和 ψ_1 就是两个复数,譬如说 $\psi_0 = w$,$\psi_1 = z$,我们把态写成 $\{w,z\}$。我们可用"自旋上"$|\uparrow\rangle$ 指自旋态 $\{1,0\}$,"自旋下"$|\downarrow\rangle$ 指自旋态 $\{0,1\}$。这两个基态是正交的:

$$\langle \uparrow | \downarrow \rangle = 0 。$$

我们还可归一化:

$$\langle \uparrow | \uparrow \rangle = 1 = \langle \downarrow | \downarrow \rangle 。$$

一般的自旋 $-\frac{1}{2}$ 态 $\psi_A = \{w,z\}$($\mathbf{H}^2$ 的一般元素)是这两个基态的线性叠加:

$$\{w,z\} = w |\uparrow\rangle + z |\downarrow\rangle 。$$

另一个态 $\{a,b\}$(即 $a|\uparrow\rangle + b|\downarrow\rangle$)与 $\{w,z\}$ 的标积为*[22.25]

$$\langle \{a,b\} | \{w,z\} \rangle = \bar{a}w + \bar{b}z 。$$

可以证明,每个自旋 $-\frac{1}{2}$ 态必为纯粹的关于某个空间方向的右旋自旋态,因此我们有

---

* [22.24] 为什么?
* [22.25] 导出这一表达式。

$$w | \uparrow \rangle + z | \downarrow \rangle = | \nearrow \rangle,$$

这里 "$\nearrow$" 是某个实际空间方向! ✳[22.26] 这使我们能将投影空间 $\mathbb{P}\mathbf{H}^2$（§15.6）和空间方向几何很好地等同起来，这些方向被认为是自旋方向。物理上不同的自旋 $\frac{1}{2}$ 态都可由这个投影空间来提供（§21.9），$\mathbb{P}\mathbf{H}^2$ 上不同的点可用不同的比值

$$z : w$$

来标识。换句话说，$\mathbb{P}\mathbf{H}^2$ 正是我们首次在 §8.3 遇到的那种黎曼球面。球面上的每一点代表一个不同的自旋 $-\frac{1}{2}$ 态，它是在该点上自球心沿半径指向外的方向上测得的自旋 "$m = \frac{1}{2}$" 的本征态（图 22.10）。

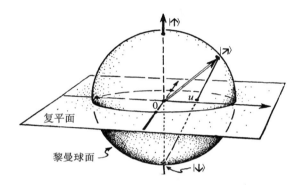

图 22.10 二态系统的投影空间 $\mathbb{P}\mathbf{H}^2$ 是一个黎曼球面（见图 8.9）。对自旋 $\frac{1}{2}$ 的有静质量的粒子，我们用北极来表示自旋态 $| \uparrow \rangle$（自旋 "上"），南极表示自旋态 $| \downarrow \rangle$（自旋 "下"）。一般的自旋态 $| \nearrow \rangle$ 由球面上的点（$| \uparrow \rangle$ 和 $| \downarrow \rangle$ 的适当的相）表示，$| \nearrow \rangle$ 的方向自球心沿半径指向外（即沿此方向的自旋测量 $E_{\nearrow}$ 测得确定的结果 "YES"），如图中双线箭头所示。我们可将态 $| \nearrow \rangle$ 看成是一种线性复合（$| \nearrow \rangle = w | \uparrow \rangle + z | \downarrow \rangle$（这里我们可以将复数 w, z 看成是二维旋量 ψ_A 的分量 $w = \psi_0, z = \psi_1$）。球面上的点对应于不同的比值 $z : w$。每个这种比值都可用复平面上的一个复数 $u = z/w$（容许取值 ∞）来表示，这个复平面取黎曼球的赤道面。从南极向球面上表示 $| \nearrow \rangle$ 的点作立体投影，射线与复平面的交点即 u 的位置。

如果我们利用球极平面投影，从南极点将球面投影到其赤道面（图 8.7（a）），我们就能更清楚地看出这种几何关系。我们可以将这个赤道面看成是比值 $u = z/w$ 的复平面（不是 §8.3 里的 z），这里 z 和 w 都是量子力学幅度。它将球面上（与空间方向 $\nearrow$ 所对应）的特定点直接与比值 z/w 联系起来。

我们用投影算符 $E_{\nearrow}$ 来表示对 "自旋在 $\nearrow$ 的方向上吗？" 这一问题所进行的测量，如果发现自旋态为（或被投影到）$| \nearrow \rangle$，则本征值为 1（YES）；如果自旋被投影到与前者正交的自旋态

✳[22.26] 试试你能否用两种不同方式导出这个事实：（i）在某个适当的笛卡儿坐标系下明确表示出方向，这里态 $|a, b\rangle$ 将 b/a 定义为图 8.7（a）的复平面上的一个点；（ii）不作直接计算，而是用如下事实：因为 $\mathbf{H}^2$ 是 SO(3) 的表示空间，故它包括了自旋的每一个方向，但 $\mathbb{P}\mathbf{H}^2$ 并非 "足够大" 到可以包含比这更多的态。

$|\nwarrow\rangle$（空间方向相反，对应于黎曼球面上的对径点），则本征值为 0（NO）。（注意：在本例中，希尔伯特空间的"正交"不对应于空间上的"直角"，而是"相反"。）如果我们由态 $|\uparrow\rangle$ 出发，则 $E_{\nearrow}$ 测得 YES 的概率为 $|w|^2/(|w|^2+|z|^2)$。如果自旋开始时处于 $|\nwarrow\rangle$ 态，然后对其进行测量，以便确认态是否处在 $|\nearrow\rangle$ 方向上，$\nwarrow$ 和 $\nearrow$ 之间的普通三维欧几里得空间夹角为 θ，于是得到 YES 结果得概率为[22.27]

$$\frac{1}{2}(1+\cos\theta)。$$

我们还可以根据球面几何直接得到这个概率，这里 $\nwarrow$ 和 $\nearrow$ 由球面上两点 A 和 B 分别给定，我们垂直地将 B 投影到过 A 的直径上的 C 点（图 22.11）。如果 A′ 是 A 的对径点，那么 YES 的概率就是长 A′B 除以球面直径 AA′。[22.28]

注意，这里的"黎曼球面"要比 §8.3 的黎曼球面和 §18.5 的天球有更多的结构，因此这里"对径点"的概念是这种球面结构的一部分（目的是为了能够看出哪一种态在希尔伯特空间上是"正交的"）。这个球面是"度规球面"而不是"共形球面"，因此，其对称性由通常意义下的转动给出，我们无法得到那种表示天球上光行差效应的共形运动。但不管怎样，这里黎曼球面的应用毕竟清楚地显示了量子力学的复数比与通常的空间方向之间的关系。我们看到，量子态形式体系下的复数不完全是一种抽象概念；它们内在地与几何和动力学行为相关联。（我们还可以回忆一下 §21.6 所描述的决定动量态动力学的复相位角色。）

应当指出，图 22.11 的几何（表示与 $\mathbb{PH}^2$ 关联的量子测量所产生的概率）并不仅限于自旋情形，而是二态系统的普遍特性。自旋 $\frac{1}{2}$ 情形的特殊性在于，它可以立即将普通的空间方向与黎曼球面 $\mathbb{PH}^2$ 上的点联系起来。在二态系统情形，只要存在经典物理量的"量子对应物"，黎曼球面总是存在的。然而，在许多物理场合，这种球面以及基本量子力学复数（概率幅）的几何角色并不是如此直接可看出的，物理学家们倾向于把它们看成是纯粹的"形式"量。

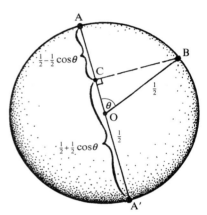

图 22.11　假定（如图 22.10 那样的）二态系统的初态由黎曼球面上 B 点表示，我们对球面上另一个点作 YES/NO 测量，其中 YES 表示系统处于点 A，NO 表示处于 A 的对径点 A′。如果黎曼球面的半径为 $\frac{1}{2}$，球面上 B 点在轴 AA′ 上的垂直投影为 C 点，我们发现，YES 的概率为长 $AC' = \frac{1}{2}(1+\cos\theta)$，NO 的概率为长 $CA = \frac{1}{2}(1-\cos\theta)$，其中 θ 是半径 OB 与 OA 的夹角。

[22.27] 证明这一点。

*[22.28]　确认这一点。

这种态度部分是源于这样一个事实：对一个完整的物理系统，态矢的总相位是不可观察的，这样 人们经常就不去了解其内在复系数可能具有的潜在的几何意义。一部分与另一部分之间的相对相位一定是可观察的。有一种方法可以表示这一点，那就是系统的整个投影性质的希尔伯特空间 $\mathbb{PH}$ 的复几何具有物理意义。虽然总相位完全取决于 $\mathbb{PH}$ 的定义，但所有的相对相位则刻画了系统的几何特征。事实上存在各种处理 $\mathbb{PH}$ 的复投影几何的量子力学方法。[28]

对于黎曼球面几何将量子力学复数与自旋的空间性质直接联系起来这一点，还存在其他情形。最重要的是，它可以用到具有更高自旋值的有质量粒子的一般自旋态（§22.11）。但作为本节的结束，我们还是回到§22.7所述的光子偏振上来。我们知道，光子的一般偏振态是正螺旋态 $|+\rangle$ 和负螺旋态 $|-\rangle$ 的复线性叠加：

$$|\phi\rangle = w\,|+\rangle + z\,|-\rangle。$$

这种态的物理解释的依据是所谓椭圆偏振，它是平面偏振和圆偏振这两种特殊情形的一般化。这里我不打算对此作详细描述，但如果我们按经典平面电磁波来考虑，就能得到足够好的图像。这里"平面"是指垂直于波的运动方向的波前。空间每一点上都存在电矢量 **E** 和磁矢量 **B**，对平面波而言，它们总是正交的，并处于波前。如果我们从某个固定空间点上看，当波通过时，它 的电矢量不断摆动，其矢量箭头在波前平面上画出一个椭圆，磁矢量紧跟其后，也画出同样的椭圆，只是方向转过了一个直角，见图22.12。在特定情形下，椭圆被压扁成一条线段：即平面偏振情形。当椭圆变成圆时，出现的则是圆偏振。如果我们迎着波的传播方向看，则矢量的摆动是

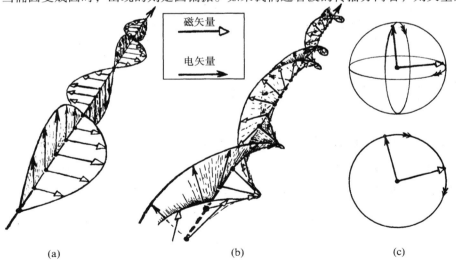

（a）   （b）   （c）

图 22.12 作为平面电磁波特征的光子偏振（见图21.7）。（a）由观察者看出去方向的平面偏振波。电矢量（黑箭头）和磁矢量（白箭头）在两个固定的相互垂直平面内往复振动。（b）在圆偏振平面波情形下，电矢量和磁矢量以不变的大小始终相互垂直地绕运动方向转动。（c）从后面看，电矢量和磁矢量是如何随波传播而转动的（正螺旋情形），下图显示的是圆偏振情形，上图显示的是一般椭圆偏振情形，双箭头画出主轴相互垂直的两个全等的椭圆。单光子的波函数大致就是这种性态。

按逆时针为正螺旋、顺时针为负螺旋方向进行的。

559   我们来看看黎曼球面是如何与此相联系的。为此，取北极方向代表正螺旋态$|+\rangle$，南极方向代表负螺旋态$|-\rangle$，并假定光子沿$|+\rangle$方向向上运动。现在，我们不是看黎曼球面上的z/w，而是看它的平方根$q=(z/w)^{1/2}$（不在乎看哪个）。所以相应的$q=0，\infty$，给定$|+\rangle$，$|-\rangle$。我们来考虑q点的球面半径（"斯托克斯矢量"），在球面上垂直于这个半径画一个大圆。该圆所在平面的法矢量方向按右手法则指向q。然后将这个圆垂直投影到球面的赤道面。我们就得到了所需的极化椭圆及其正确的取向，见图22.13。***[22.29]

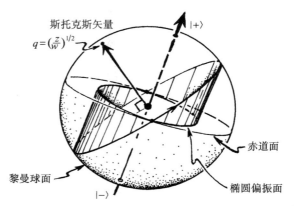

图22.13 黎曼球面上表示的光子偏振态。取北极方向表示正螺旋态$|+\rangle$，南极方向表示负螺旋态$|-\rangle$，并假定光子动量沿北极方向。一般偏振态$w|+\rangle+z|-\rangle$由黎曼球面上的点$q=(z/w)^{1/2}$代表。考虑q点的球面半径（称为"斯托克斯矢量"），在球面上垂直于这个半径画一个大圆。该圆所在平面的法矢量方向按右手法则指向q。然后将这个圆垂直投影到球面的赤道面。我们就得到了所需的椭圆偏振面及其正确的取向。

22.10 高自旋：马约拉纳绘景

560   作为展示量子力学里抽象复数与空间几何紧密关系的又一例证，我们来考虑自旋为$j=n/2$的有质量粒子——或原子——的自旋态。如前所述（§22.8），它可以用对称的n指标自旋张量$\psi_{AB...F}$来描述。这里有一个定理：每个这种自旋张量都有一个"典型分解"，将该自旋张量表示成若干个单指标旋量的对称积，至多相差尺度因子和序：***[22.30]

$$\psi_{AB...F}=\alpha_{(A}\beta_B\cdots\varphi_{F)},$$

这里由§12.7知，指标位置上的圆括号表示对称化。由图22.10的图像知，单指标旋量ψ_A几何上

*** 〔22.29〕验证所有这些。为什么我不担心q的符号？

*** 〔22.30〕你能否用注解4.2所述的"代数基本定理"证明这一点。提示：考虑多项式$\psi_{AB...F}\zeta^A\zeta^B\cdots\zeta^F$，这里$\zeta^A$的分量为$\{1,z\}$。

可由黎曼球面上的一个点（即一个空间方向）来表示（至多差一个总复数因子），因此我们可以断定，自旋张量 $\psi_{AB\ldots F}$ 也可以表示为黎曼球面上 n 个点的无序集（即 n 个无序的空间方向），至多差一个总尺度因子，见图 22.14。一般自旋 n 态的这种表象称为马约拉纳描述。它最早由杰出的意大利物理学家 E. 马约拉纳于 1932 年提出（对它的不同处理[29]我将在 §22.11 述及）。（32 岁时，或许是自杀，马约拉纳神秘地死在了那不勒斯海湾的一条船上。）

自旋 $j = n/2$ 态有标准基。按马约拉纳描述，这些基可通过这样一些态来实现：这些态在马约拉纳描述下的点要么指向北极，要么指向南极：

$$|\uparrow\uparrow\uparrow\cdots\uparrow\rangle,\ |\downarrow\uparrow\uparrow\cdots\uparrow\rangle,$$
$$|\downarrow\downarrow\uparrow\cdots\uparrow\rangle,\cdots,\ |\downarrow\downarrow\downarrow\cdots\downarrow\rangle。$$

这 $n+1$ 个态都是可观察量 L_3 的本征态（x^3 轴为"向上"方向），因此彼此正交。它们可通过 $n+1$ 个不同的自旋本征值来区分，这些本征值称为 m 值（§22.8），分别为 $j,\ j-1,\ j-2,\ \cdots,\ -j$。在 §22.11 里我们将更仔细地来讨论这一点。

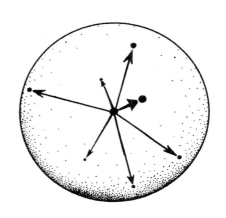

图 22.14　自旋 $\frac{1}{2}n$、有静质量的粒子的一般自旋态的马约拉纳描述。这些自旋态相当于给定黎曼球面上的 n 个无序点，按图 22.10 的描述，我们可将由球心指向这些点的矢径看成是自旋 $\frac{1}{2}$。这些自旋的对称积给出总自旋。（在二维旋量记法下，全部自旋态是对称的 n 价旋量张量，它可分解为 $\psi_{AB\ldots F} = \alpha_{(A}\beta_B\cdots\varphi_{F)}$，这里 $\alpha_A,\beta_A,\cdots,\varphi_A$ 是 n 个如图 22.10 描述的点。）

561

有一种标准的测量装置，叫施特恩－格拉赫实验仪，它经常被用来测量原子的"m 值"。这里，我们要求原子具有磁矩（因此它是一个小磁体），磁矩矢量为自旋矢量的若干倍。当这些原子通过一个极不均匀的磁场区时，会发现每个 m 值原子的径迹都有稍许不同，这是因为 m 决定了每个原子的磁矩矢量如何在非均匀磁场中取向，见图 22.15。

图 22.15　用来测量原子磁矩"m"值（耦合了自旋）的施特恩－格拉赫实验仪。当原子通过一个极不均匀的磁场区时，每个 m 值的原子的径迹都会发生稍许不同的偏转。

虽然每个不同 m 值的态彼此正交，但一般的马约拉纳描述下的正交条件是复杂的。[30]可以指出的是，以某个方向 $\nearrow$ 为特征的马约拉纳态，一定垂直于态 $|\swarrow\swarrow\cdots\swarrow\rangle$，这里 $\swarrow$ 是与 $\nearrow$ 处同一直径但反方向上。此外，如果 $\nearrow$ 是马约拉纳描述下的 r 重态，那么这种态正交于任何其他的这

样一些 $n/2$ 自旋态:它们的马约拉纳描述都包含反方向的 $\nearrow$,重数至少为 $n-r+1$。✳✳✳〔22.31〕
这些结果使我们能够从物理上解释马约拉纳方向。马约拉纳方向是指这样一些方向,对这些方向进行施特恩－格拉赫测量,得到自旋完全处在相反方向的概率为零。对重数为 r 的马约拉纳方向,在该方向上 m 值取值为 $-j$ 到 $-j+r-1$ 的概率为零。[31]

应当指出,大部分物理学家并不熟悉上面勾勒出的用于表示有质量粒子的一般自旋态的这种处理,他们往往采用的是涉及所谓谐波分析的另一种处理。这种技术在许多方面都有着重要应用,下一节我们就对此进行扼要的讨论。

562

22.11 球谐函数

在§20.3,我们讨论了(小振幅非耗散)振动的经典理论,主要关心的是有限数目自由度的系统。但也(简单)提到了鼓或气柱的振动,它们被认为是具有无限自由度的系统。这些振动由简正模组成,每个简正模都有自己的振动频率,即简正频率。如果振动体是紧致的(这个概念的意义见§12.6,图12~14),则它的模将构成一离散族,给出不同简正频率的离散谱。对于球面 S^2 这一特定情形,不同的振动模(我们可通过肥皂泡或球状气球的振动模来具体化)对应于所谓的球谐函数。这些与角动量的量子力学有什么关系呢?我们这就来看看。

要对这些球谐函数进行分类,我们需要找出定义在 S^2 上的拉普拉斯算符 ∇^2 的本征态。在§10.5,我们已经研究过通常由 $\nabla^2 = \partial^2/\partial x^2 + \partial^2/\partial y^2$ 定义在欧几里得平面上的二维拉普拉斯量。在单位球面 S^2 上,这一表达式必须考虑曲线度规来调整。在通常的球极坐标 (θ, ϕ) 下,这种度规的形式为

$$ds^2 = g_{ab}dx^a dx^b = d\theta^2 + \sin^2\theta \, d\phi^2$$

S^2 上点的球极坐标与其三维笛卡儿坐标之间的关系为 $x = \sin\theta\cos\phi, y = \sin\theta\sin\phi, z = \cos\theta$ (图22.16)。因此,ϕ 表示经度,$\frac{1}{2}\pi - \theta$ 表示纬度(均以弧度为单位)。(带协变导数 ∇_a 的)拉普拉斯算符为✳✳✳〔22.32〕

$$\nabla^2 = g^{ab}\nabla_a\nabla_b = \frac{\partial^2}{\partial\theta^2} + \frac{\cos\theta}{\sin\theta}\frac{\partial}{\partial\theta} + \frac{1}{\sin^2\theta}\frac{\partial^2}{\partial\phi^2}$$

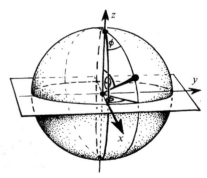

图22.16 球面的标准球极坐标 θ, ϕ 与笛卡儿坐标之间的关系为 $x = \sin\theta\cos\phi, y = \sin\theta\sin\phi, z = \cos\theta$。因此,$\phi$ 表示经度,$\frac{1}{2}\pi - \theta$ 表示纬度。

✳✳✳〔22.31〕看看你能否用§22.9的几何性质证明这一点,并用这个结果证明 L_3 的不同本征态之间的正交性。

✳✳✳〔22.32〕你能导出这个球极坐标下的表达式吗?

∇^2 的可能的本征值是数 $-j(j+1)$（$j=0,1,2,3,\cdots$），于是

$$\nabla^2 \Phi = -j(j+1)\Phi,$$

这里 Φ 是对应的本征函数。[32] 这些本征函数都是球谐函数，通常要求它们同时也是算符 $\partial/\partial\phi$（可 563
与 ∇^2 对易）的本征函数。$\partial/\partial\phi$ 的可能的本征值为 $\mathrm{i}m$，这里整数 m 的取值范围 $-j \leqslant m \leqslant j$：

$$\frac{\partial \Phi}{\partial \phi} = \mathrm{i}m\Phi。$$

这种本征函数的例子有 $\Phi = 1$（对应于 $j=m=0$），$\Phi = \cos\theta$（对应于 $j=1$，$m=0$），$\Phi = \mathrm{e}^{\pm\mathrm{i}\phi}\sin\theta$（对应于 $j=1$，$m=\pm1$），$\Phi = 3\cos^2\theta-1$（对应于 $j=2$，$m=0$），等等。[33]

极为相似的总角动量算符 $\mathbf{J}^2 = \boldsymbol{L}_1^2 + \boldsymbol{L}_2^2 + \boldsymbol{L}_3^2$ 的本征值 $j(j+1)$ 和分量 $\boldsymbol{L}_3$ 的本征值 m 都已经分别在 §22.8 和 §22.10 里指出，读者想必不会忘记。具有整数自旋 j 的粒子的波函数的角度相关性必然要求这种波函数取 j 次球谐函数。此外，$\boldsymbol{L}_3$ 的本征态对应于作为 $\partial/\partial\phi$ 的本征函数的球谐函数。事实上，对这些波函数的角变化，我们可将

$$\mathbf{J}^2 = -\nabla^2 \qquad \text{与} \qquad \boldsymbol{L}_3 = -\mathrm{i}\frac{\partial}{\partial\phi}$$

看成是"等同的"。[34]

对 j（及 m）取半奇数情形，我们得不到有关的"旋量"。对此我们可将所谓"带自旋权重的球谐函数"一般化。[35] 它们不仅是球面 S^2 上的函数，而且依赖于 S^2 上每一点的单位（旋量的）切矢量（图 22.17）。它们可看成是 S^2 上"旋量"单位切矢量丛的函数，这种丛就是 §15.4 所描述的克利福德丛。[36] 关于这一点我们就不在此详述了，读者可参考相关文献。

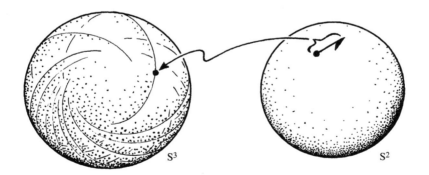

图 22.17 带自旋权重的球谐函数。球面 S^2 上的这种函数（右图）不仅是 S^2 上的函数，而且依赖于 S^2 上该点的单位（旋量的）切矢量（这里用"半箭头"表示这种旋量性质）。这种函数更适于用左边的 S^3 来描述，它是图 15.10 的克利福德自旋矢量丛。（"带自旋权重"的函数对角 χ 有依赖关系 $\mathrm{e}^{\mathrm{i}\chi}$，$\chi$ 是自旋矢量在与 S^2 相切的平面内转过的角度。随着 χ 增加，S^3 上相应的点画出一个克利福德圆。）

事实上，由 §22.8 引入并用于 §22.10 的马约拉纳绘景的自旋态的二维旋量描述，与球谐函数 564
和带自旋权重的球谐函数理论密切相关。任何 n 指标对称的自旋张量 $\psi_{AB\ldots F}$ 明确对应一个 $j=n/2$ 的（带自旋权重的）球谐函数的集合。为了找出这些函数，我们取二维旋量 ξ^A 和 η^A，其分

量为

$$\{\xi^0, \xi^1\} = e^{i\phi/2}\cos\frac{\theta}{2}, \qquad e^{-i\phi/2}\sin\frac{\theta}{2}$$

$$\{\eta^0, \eta^1\} = -e^{i\phi/2}\sin\frac{\theta}{2}, \qquad e^{-i\phi/2}\cos\frac{\theta}{2}$$

这样，ξ^A 和 η^A 就表示 S^2 的直径上相反的点。**[22.33] 为了写出每个（带自旋权重的）球谐函数，我们取 $\psi_{AB...F}$ 关于 ξ^A 和 η^A 的分量（二者相当于一个可变旋量参照系）：

$$\psi_{A...CD...F}\,\xi^A\cdots\xi^C\eta^D\cdots\eta^F。$$

如果在这种表示下 ξ 的数目等于 η 的数目（$=j$），我们得到普通的（而不是带自旋权重的）球谐函数。（一般来说，ξ 和 η 的数目分别是 $j+s$ 和 $j-s$，这里 s 是"自旋权重"。）反过来，如果我们将 $\psi_{AB...F}$ 取为 §22.10 的标准基态的每一个态，即 $|\downarrow...\downarrow\uparrow...\uparrow\rangle$，那么我们得到的是作为 $\partial/\partial\phi$ 的本征态的标准球谐函数（或其若干倍[37]）。（对这些态，$\psi_{AB...F}$ 的 $n+1$ 个独立分量中只有一个不为零。）我们应当记住，这些基态都是对称的。例如，$|\downarrow\uparrow\uparrow\rangle$ 是 $|\downarrow\rangle|\uparrow\rangle|\uparrow\rangle$ $+ |\uparrow\rangle|\downarrow\rangle|\uparrow\rangle + |\uparrow\rangle|\uparrow\rangle|\downarrow\rangle$ 的倍数。在这个特例中，ψ_{ABC} 的所有分量，除了一个独立分量 $\psi_{011} = \psi_{101} = \psi_{110}$ 之外，其他全为零。虽然出于简洁考虑，我对这些问题的描述相当不充分，[38] 但毕竟给出了一个框架，读者借此可以领略到，旋量提供了一种非常有效的（非传统的）得到球谐函数的方法。***[22.34] 从 §22.8 可知（参考 §13.7），自旋张量 $\psi_{AB...F}$ 为转动群 SO(3) 提供了一种 $n+1$ 维不可约表示空间，因此它同样可用到 $j=2n$ 的（带自旋权重的）球谐函数的空间上。

用这种方法我们可迅速得到马约拉纳描述，分解 $\psi_{AB...F} = \alpha_{(A}\beta_B\cdots\varphi_{F)}$ 中的旋量 α_A，β_A，$\cdots$，φ_A 对应的是（带自旋权重的）球谐函数的零，这种函数就是其中只出现 ξ、不出现 η 的上述描述所产生的那种函数。事实上，马约拉纳正是通过类似的考虑才得到以他名字命名的那种描述的。运用二维旋量形式体系可以使我们获得对球谐函数的某些有价值的认识。在许多方面旋量处理都显得更为简单，但人们对这一点并不十分清楚。

在诸如经典物理和许多并非专门涉及角动量的应用中，球谐函数都很重要。（在后者所指的情形下，通常用字母 l 替代 j，因为 l 与角动量有某种联系。）肥皂泡的小振动即为一例。另一例当属对天球上来自宇宙深处的（2.7K）微波辐射的温度分布分析，我们特别感兴趣的是它的高 l 值（200 以上）部分。我们将在 §§27.7,10,11 和 §28.4 看到，这种分析对宇宙学有重要意义。

对比球谐函数在量子和经典理论里的表现，我们发现二者间存在明显但并不直观的差异。在 θ 和 ϕ 坐标取标准的空间球极坐标的量子系统内，j（或 l）值总是解释成角动量，但在经典系统内则远不是这样。特别是，一个零量子力学角动量系统必然具有球对称性，因为 $j=0$ 的波函数只能是

**[22.33] 说明这些点为什么是对径点。

*** [22.34] 对 $j=1,2,3$ 用此方法计算普通球谐函数（到相差一个总的因子）。验证它们的确都是 ∇^2 和 $\partial/\partial\phi$ 的本征态。

球面上的球谐函数常量;但在经典物理里,零角动量(即"非自旋")并不一定意味着球对称!

反过来看,一个具有大角动量(大 j 值)的任意量子系统都有一个由马约拉纳描述定义的态,它由球面 S^2 上随即分布的 $2j$ 个点组成。在经典的大角动量系统内找不到与此对应的经典角动量态,尽管一般总认为大量子数[39]的量子系统应当更接近经典系统!对于类经典的量子态,我们要求马约拉纳描述主要指向自 S^2 中心发出的某个特定方向周围,即经典自旋的(正)轴方向周围。两种图像间为什么会存在这么大的差异呢?这是因为,几乎所有"大"量子态都与经典情形不相同。最著名的例子就是薛定谔猫,它处于生和死的量子叠加中(见§29.7)。为什么我们实际看不到经典意义上的这种事情呢?这要涉及到第29和30章里讨论的测量悖论问题。

比 S^2 上更一般的空间谐波分析是许多科学研究领域内的重要内容。尤其是考虑系统的小扰动或小振动时,这种分析特别有用。但应当指出,对于非紧空间情形,谐波分析远较上述的 S^2 情形下复杂。我们在第9章从(紧圆上的)傅里叶分析过渡到(非紧的开直线上的)傅里叶变换时就看到过这一点。经常存在这种情形:人们相信,我们仅作些符号上的改变就可以从紧致分析过渡到非紧分析——或者说从球面过渡到双曲面(按照§18.4的"符号差跳变"概念,就是双曲函数替代三角函数)。不幸的是真理要远比这种想当然复杂得多。由于谐波系统的极端不完备性,这种不完备的"谐波分析"只能在极其有限的双曲空间里得到应用。

22.12 相对论性量子角动量

现在我们来讨论相对论性量子角动量问题。从§18.7描述的经典表达式可知,与质量/能量和动量组成的四维矢量 p_a 相似,也存在描述物体角动量和质心运动的反对称六维张量 M^{ab}。我们怎么来处理量子力学上的这些相应概念呢?[40]

从§§21.1~3我们已经知道能量和动量的量子概念是如何神秘地表示——或(实质上)是——时空的时间平移和空间平移运动的生成元的。类似地,六维角动量 M^{ab} 的分量表示——是——闵可夫斯基空间 $\mathbb{M}$ 的(洛伦兹)转动生成元。加上平动 p_a,这些转动产生完整的(非反射性的)庞加莱群(§18.2)——欧几里得几何下刚体运动的闵可夫斯基类比物。

说得更清楚点儿,庞加莱平移运动的生成元是四维动量矢 p_a 的分量 p_0,p_1,p_2,p_3,此处能量 $E = p_0 = i\hbar\partial/\partial x^0$ 生成时间平移,余下三个分量(即动量)生成相似的空间平移:$p_1 = i\hbar\partial/\partial x^1$,$p_2 = i\hbar\partial/\partial x^2$,$p_3 = i\hbar\partial/\partial x^3$——请记住,$(-p_1, -p_2, -p_3)$ 是三维动量 $\mathbf{p}$ 的三个分量,见§18.7。三维空间的庞加莱转动由我们在§22.8所考虑的分量 $c^{-2}M^{23} = \mathbf{L}_1 = i\hbar l_1$,$c^{-2}M^{31} = \mathbf{L}_2 = i\hbar l_2$,$c^{-2}M^{12} = \mathbf{L}_3 = i\hbar l_3$ 生成,它们定义了通常角动量的量子概念。这些就是六维角动量 M^{ab} 的全部空间分量,余下的[41]三个独立分量 $c^{-2}M^{01}$,$c^{-2}M^{01}$,$c^{-2}M^{03}$ 生成洛伦兹速度变换,代表质心的匀速运动(§18.7,图18.16)。

由于庞加莱群是非阿贝尔群，其生成元不完全对易。它们的对易律也就是量子算符 p_a 和 M^{ab} 的对易律：

$$[p_a, p_b] = 0,$$

$$[p_a, M^{bc}] = i\hbar(g_a{}^b p^c - g_a{}^c p^b),$$

$$[M^{ab}, M^{cd}] = i\hbar(g^{bc}M^{ad} - g^{bd}M^{ac} + g^{ad}M^{bc} - g^{ac}M^{bd}).$$

这些对易律看上去有点复杂，但在相对论物理里却具有根本的重要性，因为它们定义了庞加莱群的李代数（§14.6）。在图 22.18 的图示记法下，它们看起来会简单点。**[22.35]

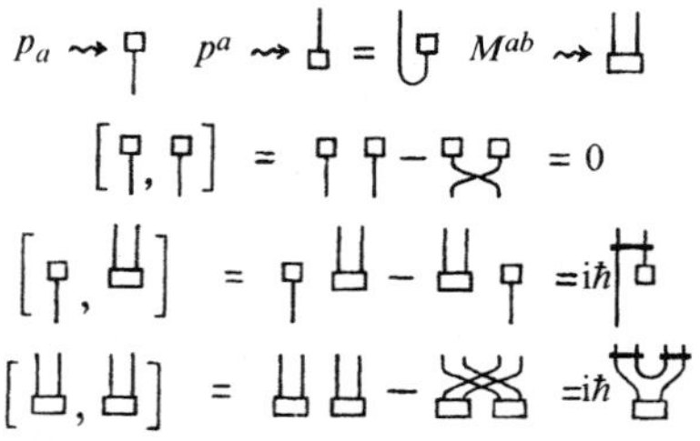

对非相对论性角动量，我们可根据两个对易的可观察量 $\mathbf{J}^2$ 和 $\mathbf{L}_3$ 的本征值 $j(j+1)$ 和 m 来描述态的基，见 §§22.8，11。这些算符给出完备的对易集（这是在下述意义上说的：任何由生成元 $\mathbf{L}_1$，$\mathbf{L}_2$，$\mathbf{L}_3$ 构成的其他算符，以及那些可与 $\mathbf{J}^2$ 和 $\mathbf{L}_3$ 对易的算符，不可能给出新东西，因为它本身必为这两个量的函数）。一般来说，对一给定系统，找出这种完备对易集是量子力学的重要内容。尤其是，对由 p_a 和 M^{ab} 的分量构成的算符，我们应能够做到这一点，并用它们的本征值来区分相对论性粒子或相对论系统。

图 22.18 相对论四维动量和六维角动量量子对易子的图示记法：$[p_a, p_b] = 0$，$[p_a, M^{bc}] = i\hbar(g_a{}^b p^c - g_a{}^c p^b)$，$[M^{ab}, M^{cd}] = i\hbar(g^{bc}M^{ad} - g^{bd}M^{ac} + g^{ad}M^{bc} - g^{ac}M^{bd})$。

为什么我们对对易的可观察量这么感兴趣呢？这是因为，如果 A 和 B 是这样的可观察量——故有 $AB = BA$——那么我们就可以找到态 $|\psi_{rs}\rangle$，它同时是这两个可观察量的本征态，并有一对相应的本征值 (a_r, b_s) 可用来标识这些态。[42] 如果我们有由对易的可观察量 A，B，C，D，…（其本征态张成所考虑的空间）组成的完备集，那么对应于本征值族 $(a_r, b_s, c_t, d_u, \cdots)$，我们有一族基态 $|\psi_{rstu...}\rangle$，它们可用于标识这些态。***[22.36]

为了得到完备对易集，我们通常从寻找卡西米尔算符开始，它们是可与系统所有算符对易的（标量）算符。在通常的三维角动量（§22.8）情形下，只存在一个（独立的[43]）卡西米尔算符，即 $\mathbf{J}^2 = \mathbf{L}_1^2 + \mathbf{L}_2^2 + \mathbf{L}_3^2$。这里有一个重要的问题：对由 p_a 和 M^{ab} 产生的满足上述对易律的系统，其卡西米尔算符是什么？

现在，关于质心的自旋定义为

$$S_a = \frac{1}{2}\varepsilon_{abcd}M^{bc}p^d,$$

**[22.35] 证明：§22.8 里三维角动量的对易关系也包含在这些式子中。

***[22.36] 详细说明这些判断的具体内容——这里出于方便，你可以假定，本征值组成一离散而非连续的系统。首先考虑不存在简并的本征值的情形，再考虑存在简并时如何来论证。提示：用 B 的本征态来表示 A 的每一个本征态，依此类推。

它称为泡利－卢班斯基（Pauli-Lubanski）自旋矢，这里列维－齐维塔反对称量 ε_{abcd} 定义如 §19.2，但现在我们有 $\varepsilon_{0123} = c^{-3}$（这里不假定 $c = 1$）。（在"数学家记法"下，我们可以写成 $S = {}^*(M \wedge p)$，这里用 p 表示四维动量而不是以前的三维动量，参见 §11.6，§12.7，§19.2。）我们看到，单个的经典无结构粒子有 $M^{ab} = x^a p^b - x^b p^a$，这里 x^a 是粒子世界线上一点的位置矢量（见 §18.7 节尾）。在量子情形我们取同样的表达式——由此，对这种粒子有 $S^a = 0$。但对由两个或多个粒子组成的总系统，S^a 不必为零。此外，对有自旋的粒子，角动量 M^{ab} 没有这种简单形式，而是附加了自旋项 $\mu^{-2} \varepsilon^{abcd} S_c p_d$，假定 $\mu \neq 0$（见注解 18.11）。我们发现，S^a 总是垂直于 p_a（$p_a S^a = 0$），但可与 p_a 对易（即 $\lfloor S^a, p_b \rfloor = 0$），因此，$S^a$ 和 p_a 一样都是原始独立的。**[22.37]

有两个独立的卡西米尔算符（庞加莱群的卡西米尔算符），即

$$p_a p^a = c^4 \mu^2 \qquad \text{和} \qquad S_a S^a = -\mu^2 \mathbf{J}^2,$$

其中 μ 是整个系统的静质量。*[22.38]我们发现，上述方程中第二项定义的"$\mathbf{J}^2$"的确是 $\mathbf{J}^2 = \boldsymbol{L}_1^2 + \boldsymbol{L}_2^2 + \boldsymbol{L}_3^2$，这里 $\boldsymbol{L}_1$，$\boldsymbol{L}_2$，$\boldsymbol{L}_3$ 是静止参照系里关于质心的角动量分量。为了完成对易算符集，我们可选取 p_1，p_2，p_3 和自旋矢的分量，譬如说 S_3，再加上 $p_a p^a$ 和 $S_a S^a$，构成全部 6 个独立算符。（虽然还存在许多其他选择，但总的独立算符数总是 6 个。）它与 §22.13 和 §31.10 的讨论密切相关。

这种情形与非相对论情形非常相似，在那里，为了将时间和空间平移包括进来，我们可以选能量 E 作为"卡西米尔算符"来补足量 $\mathbf{J}^2$，3 个动量分量加到 $\boldsymbol{L}_3$。应当指出，在相对论情形，我们不直接得到 $\mathbf{J}^2$，而是

$$\mathbf{J}^2 = -c^4 (p_a p^a)^{-1} S_a S^a,$$

这个式子给出基本等价的量，只要 $p_a p^a \neq 0$ 即可。的确，在上述讨论中，我们假定了静质量 μ 不为零。如果 $\mu = 0$，我们就不能像这样来表示自旋的大小。

那么我们如何处理 $\mu = 0$ 的无静质量情形呢？我们退回到螺旋度——一个在 §§22.7，9 的光子情形里已经熟悉的量。它由下述物理要求定义：泡利－卢班斯基矢量 S^a 正比于四维动量 p_a：*[22.39]

$$S_a = s p_a。$$

右边的螺旋度由 $s > 0$ 给定，左边的为 $s < 0$，故仅当 $s = 0$ 时才是允许的。现在，我们有了 4 个独立的对易可观察量，它们可定名为 s，p_1，p_2，p_3。事实上，我们可以证明，到目前为止，处理无静质量情形的最简洁方法就是借助于扭量理论。我们将在 §33.6 来讨论这一问题（那里我们将看到，"扭变量" Z^0，Z^1，Z^2，Z^3 也能够用作 4 个独立对易算符）。

** [22.37] 导出这四句话所断言的性质。

* [22.38] 用简单的理由说明为什么这两个算符必与 p_a 和 M^{ab} 对易。提示：利用 §22.13 的结果。

* [22.39] 如何能使 S_a 和 p_a 彼此正交且成比例？

22.13 一般的孤立量子客体

量子力学是如何描述一般的孤立对象如原子或分子的呢？假定这个对象上无外力作用，且处于某个局域范围内，内部允许存在作用力。对这种粒子进行描述的一个重要特征，是将描述划分成（i）粒子整体的外部特征和（ii）内部细节及其几何结构。

外部特征是指它的总体质量/能量、动量、质心位置及其运动以及它的角动量。这里我们是在相对论意义下取这些量，并用 §22.12 的 p_a 和 M^{ab} 来描述这些外参数。内部机制是指其成分粒子以及它们的性质、它们之间力的性质、以及它们的几何关系。这些关系可由完全相对的[45]性质（例如某个部分相对于质心的距离、各部分之间的夹角以及相对距离等）的广义坐标 q_r 来表示。因此，如果整个对象处于空间或时间上的平移运动，或转过一个有限角度，或沿某方向做匀速运动时，这些内部参量都不会变化。

由于其相对性质，所有内部坐标均不随庞加莱群的对称性变化。因此它们必然与 p_a 和 M^{ab} 对易。为什么呢？假定某个对称算符 S 按下述关系作用到量子系统上：

$$|\psi\rangle \mapsto S|\psi\rangle。$$

Q 是某个量子算符，于是，对称算符对 Q 的作用为 *[22.40]

$$Q \mapsto SQS^{-1}。$$

如果 Q 在 S 作用下不变化，那么 $SQS^{-1} = Q$，故

$$SQ = QS。$$

因此，依次取 S 为 p_a 和 M^{ab} 的每一个分量，我们看到，每个内部参数必与 p_a 和 M^{ab} 对易。

就这里的情形而言，它意味着我们可以将表示内部自由度的波函数与表示外部参量的 4 个动量和 6 个角动量波函数分离开来。在通常处理当中，我们假定系统处于外部可观察量的适当完备系统的本征态。特别是，我们认为能量和动量取确定的本征值，并且，我们通常是在三维动量为零（§21.5 的记法下，$\mathbf{P} = 0$）的参照系下进行这些处理的。于是角动量可按照 §§22.8 – 11 的非相对论情形来处理，这样，我们就可以将系统看成是总角动量 $\mathbf{J}^2$，也就是 L_3 的本征态。

内部参数显然依赖于所考虑系统的具体细节。在某些情形下，将内部自由度看成是由平衡下的小振动来描述不失为一种好的近似。这样，§20.3 的经典分析就派上了用场。由 §20.3 可知，如果将哈密顿量取为

$$\mathcal{H} = \frac{1}{2}Q_{ab}q^a q^b + \frac{1}{2}P^{ab}p_a p_b，$$

这里 Q_{ab} 和 p^{ab} 是时间上对称的正定常数，那么，在经典情形下，每个简正频率 $\omega/2\pi$ 都可以从矩

---

*[22.40] 解释为什么。提示：利用 §22.4 的结果。

阵 $\mathbf{W} = \mathbf{PQ}$ （即 $W^a{}_c = P^{ab}Q_{bc}$）的本征值 ω^2 得到。

但在量子力学情形下如何呢？从普朗克关系 $E = h\nu = 2\pi\hbar\nu$（其中 ν 是频率）可知，对特定简正模的振动，我们能够期望能量 $E = \hbar\omega$。由于经典的振幅可以非常大（只要"小振动"性质的近似成立），因此我们还可以期望得到更高的能量值和更大的振幅。假定可以有"高阶球谐函数"——从§9.1可知，这些函数具有基频 $\omega/2\pi$ 的整数倍频率——那么可以想象，量子能量本征值将为：

$$0, \quad \hbar\omega, \quad 2\hbar\omega, \quad 3\hbar\omega, \quad 4\hbar\omega, \quad \cdots$$

事实上，这已很接近正确的量子力学答案了，但能量上还差一个 $\frac{1}{2}\hbar\omega$，它称为零点能。[46]于是允许的能量本征值为

$$\frac{1}{2}\hbar\omega, \quad \frac{3}{2}\hbar\omega, \quad \frac{5}{2}\hbar\omega, \quad \frac{7}{2}\hbar\omega, \quad \frac{9}{2}\hbar\omega, \quad \cdots$$

这个解获自对一维谐振子的标准量子力学讨论，[47]其哈密顿量为 $\mathcal{H} = (m^2\omega^2q^2 + p^2)/2m$。每个离散的模都对应一份由矩阵 $\mathbf{W}$ 的本征值 ω 确定的能量贡献。

对于一般量子系统，这些值只是近似，这是因为高阶项的作用会变得重要起来。但各种系统都可按这种方法得到非常好的近似。此外，光子（或其他作为"玻色子"的粒子，见§23.7和§26.2）的量子场论可作为振子集合的完整的波色子系统来处理。当波色子处于无相互间作用的定态时（这时哈密顿量没有高阶项），这些振子全都是简正型的。[48]这种"谐振子"图像提供了一种应用极其广阔的框架。当然，要进行更彻底的处理，我们还需要有关的相互作用细节知识。

例如，氢原子由质子核和一个核外电子构成（一种好的近似通常是将核视为固定不动，因为质子的运动很小，其质量约是电子的1836倍）。但量子力学法则告诉我们，量子轨道不只包括核的单一的经典轨道，而基本上是众多这种轨道的量子叠加。这些叠加的"量子轨道"是薛定谔方程的定态解，其中的哈密顿量基本上等同于经典哈密顿量，但按§§21.2, 3的法则（必要时还用到§23.8的法则）进行了"规范量子化"。作为角动量的本征态，我们找到的波函数都是角相关的球谐函数（§22.11）。一般来讲，我们可以用能量本征值 E 和角动量本征值 j（适当时还加上 m）作为量子数来标识不同的态。在氢原子情形（如果我们忽略电子和质子的自旋，并取非相对论性哈密顿量的话），我们发现，能量本征值 E 正好由总角动量本征值 j 决定，而不是 j 取决于 E。在更精确的氢原子（以及更复杂的原子）理论里，我们发现，一般来说，都是 E 决定 j，因此所有各种态实际上都是由能量本征值唯一刻画的。

在最初的玻尔原子理论（1913年发表，十多年后发展为大为精确完备的海森伯-薛定谔-狄拉克量子力学）里，容许的氢原子角动量和能量是通过计算像经典的开普勒-牛顿椭圆轨道那样的轨道而得到的——即由质子和轨道电子间静电吸引力的平方反比律得到——但加上了"量子化条件"，即电子的轨道角动量必须取 $\hbar$ 的整数倍。这种"量子轨道"有时被当作轨函，见图22.19。这种处理特别有效，[49]但却得不到后来的量子力学理论的支持，而后者则可以导出更

一般的、精确的结果。利用上述的量子形式体系，我们可以处理所有那些更复杂的原子、简单分子、相对论效应以及带有电子和核自旋等的各种情形，尽管这种处理要用到近似技术和数值计算而不是精确的数学处理。

上述的静电处理也是近似的，我们必须容许氢原子通过辐射/吸收光子而从一个定态跳到另一个定态。这些处理需要用到量子化形式的麦克斯韦理论，严格地说，就是要用到量子场论的形式体系（第26章将予以综述）。第24章里的狄拉克相对论电子也需要精确处理。处于最低能量本征态（称为基态）的原子将保持在这个态上（假定它完全不受环境干扰），但如果它处于较高能态上——即激发态——那么就有可能[50]存在一定的概率使它跃迁回基态，同时辐射出一个或几个光子。正因此，我们期望能找到处于基态或接近基态的自由原子或分子。当原子或分子从一个态跳到另一个态时，辐射的单个光子频率 ν 是固定的，我们可以通过普朗克公式 $E = 2\pi\hbar\nu$（§21.4）和能量守恒，由两个态之间的能量差来得到这个频率。

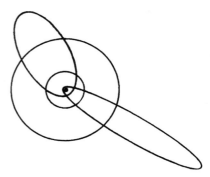

图 22.19 "玻尔原子"，这里，轨道电子仍被认为具有经典的、由静电引力的平方反比律决定的开普勒－牛顿椭圆轨道，但其能量和角动量则受到"量子化条件"的限制，即电子的轨道角动量必须取 $\hbar$ 的整数倍。这一概念极其成功地解释了氢原子的单电子圆轨道。

这种频率早就以谱线形式被观察到，但很长时间里对这种谱线的科学解释却一直是个谜。量子力学的解释充分揭示了这些观察到的谱线规律背后所包含的异常丰富的信息，这成为20世纪物理学的辉煌胜利之一！经典物理的期望（包括正负电荷间的库仑平方反比律和麦克斯韦方程，它能够解释加速电子是如何辐射电磁能的）曾明确预言，轨道电子将不可避免地旋入核中，从而在极短时间内形成单一的态。这个结果显然与观察事实相矛盾。量子力学不仅清除了这个矛盾，而且提供了谱线的细节解释，由此形成的光谱分析方法，已成为许多科学领域——从司法科学到核物理和宇宙学——的强有力的工具。

最后，值得指出的非常重要的一点是，之所以存在离散的量子数（如角动量的 j 和 m）和谐振子或氢原子的能量本征态，根本原因在于某种空间的紧致性。[51]在角动量情形，它起因于空间方向球面（S^2 的，需用到§22.11 的谐波分析）的紧致性。如果没有紧致性（或周期性），我们得到的是诸如 $\nabla^2\Phi = -k\Phi$ 方程的解，这时本征值 k 可以取任意值。实在是巧得很，如果没有这种紧致性，量子力学的一般形式体系就不可能有本章主题的离散性，而当初命名的"量子"则更是无从谈起！

注 释

§ 22.1

22.1 这些跳变似乎就是通常所说的"量子跳越"。在物理学家看来，选择这个词相当奇怪，因为在量子态还原时出现的这种量子跳变极为稀少，几乎探测不到，可能根本就是虚幻的事件！

22.2 关于不同量子力学观点的一般性讨论，见 Rae（1994）；Polkinghorne（2002）；Home（1997）；或 De-

Witt and Graham（1973）。

§ 22. 2

22.3　见第 29 章和 Everett（1957）；Wheeler（1957）；DeWitt and Graham（1973）；Geroch（1984）。

§ 22. 3

22.4　至于单粒子情形（§21.9），一些作者可能会用"$\|\psi\|^2$"来当作我这里的 $\|\psi\|$。

22.5　关于这种空间的引入，见 Chen（2002）；Reed and Simon（1972）。

22.6　在量子力学文献里，经常用记法 $\boldsymbol{Q}^+$ 而不是众多数学文献里的 $\boldsymbol{Q}^*$，见 §13.9。

§ 22. 4

22.7　见 Dirac（1982）最新版。见 Shankar（1994）的最新处理。

22.8　见 Dirac（1966）的讨论：在相对论性量子场论里不存在薛定谔绘景。

22.9　例如，相互作用图像经常被用于"不定扰动理论"的计算，其中哈密顿量是不定的。见 Shankar（1994），18 章；Dirac（1966）。

§ 22. 5

22.10　这里我不考虑这种情形：本征态不是可归一化的，这使得位置和动量无法成为某种形式下的真正的"可观察量"。

22.11　更一般地，它是否是本征值？如果 $q = \langle \psi | Q | \psi \rangle$，则我们说 q 是归一化态 $|\psi\rangle$ 的 $\boldsymbol{Q}$ 的期望值。

22.12　见 Dirac（1982）。许多场合下都会用到复参数，例如 Fortney（1997）。

§ 22. 6

22.13　投影测量的一种精巧的处理见 Kraus（1983）；Nielsen and Chuang（2000）。

22.14　见 von Neumann（1955）。

22.15　见 Lüders（1951），亦见 Penrose（1994）。

§ 22. 7

22.16　见 Elitzur and Vaidman（1993）。

22.17　无作用测量的最初概念似乎源于 Robert Dicke（1981）。它在某些方面有着重要应用，如引力波探测，见 Braginsky（1977）。这里所描述的（亦见 Penrose（1994））非凡的 Elitzur – Vaidman "炸弹检验"思想实验也有着其他应用。

22.18　目前有充分证据表明，至少大多数种类的中微子是有静质量的，也许所有中微子都有静质量。即使这样，对它们所作的"无静质量"假定仍是对其行为的一种好的近似。在 §25.3 我还会回到这个问题上来。

22.19　投影公设的精致化似乎出于 Lüders（1951），在这方面，$\mathbb{PH}^4$ 的点 $|\rho-\rangle$ 可称为"Lüders 点"。

22.20　一个更经济（也更有趣）的例子是，我们可以考虑一种稍许不同的情形，其中的折射介质用作分束器，为了产生偏振，光子以介质的布儒斯特角入射。这时反射束具有确定的线偏振，透射束为正交方向上的部分线偏振。分析基本同前（线偏振而不是圆偏振），但现在我们不必要求入射光子必须是偏振的，唯一的要求是它（以适当的入射角）来自介质外，而不是生自介质内部，这足以保证零测量产生所要求的结果偏振态。关于一般的电磁理论的好的参考文献见 Becker（1982）；Jackson（1998）。

§ 22. 8

22.21　"无结构粒子"没有关于质心的角动量，因为当 $\boldsymbol{x} = 0$ 时，§18.6 的表达式 $\boldsymbol{M} = 2\boldsymbol{x} \wedge \boldsymbol{p}$ 为零。但正如注释 18.11 指出的，当存在粒子自旋定义的"结构"时，我们就必须将描述"内自旋"的量加到角动量上去。这一点在 §22.11 里会看得更清楚。

22.22　细心的读者会疑惑，这里是否有我们在 §21.5 里遇到的、由度规符号差引起的符号问题。关于量子力学里由 SO(3) 的李代数引出的角动量理论的细节发展，请见 Jones（2002）；Elliot and Dawber（1984）给出的清楚说明。另一方面，更强调角动量代数的"物理"性质的文献见 Shankar（1994）；虽然在我看来这方面还有相当多的工作要做。

22.23　见 Penrose and Rindler（1984）。

22.24　见 Geroch（芝加哥大学讲座，未发表）。

22.25　Witten（1959）；Geroch（1968，1970）；Penrose and Rindler（1984，1986）。

22.26 "独立"一词在这里是指 $\psi_{AB\ldots F}$ 的所有分量可以从这个集（而不是较小的集）以代数方式得到。此处由于对称性，故总计 2^n 个分量减为 $n+1$ 个独立分量（即 ψ_{001}，ψ_{010}，ψ_{100} 不是独立分量，因为 $\psi_{001} = \psi_{010} = \psi_{100}$）。

22.27 通常是指规范参照系下的情形，Shankar（1994）。

§22.9

22.28 见注释 21.12；Nielsen and Chuang（2000）也从类似角度讨论了量子信息科学的某些方面。

§22.10

22.29 见 Majorana（1932）。

22.30 一般综述见 Biedenharn and Louck（1981）。一个有趣的现代应用见 Swain（2004）。

22.31 见 Penrose（1994，2000）；Zimba and Penrose（1993）。

§22.11

22.32 在球谐函数情形，经常要用到字母 l 而不是我这里用的 j。

22.33 更多细节见任何一本量子力学教材，例如 Shankar（1994）或 Arfken and Weber（2000）。

22.34 Shankar（1994）。

22.35 见 Newman and Penrose（1966）；Penrose and Rindler（1984）。

22.36 见 Goldberg, et al.（1967）。

22.37 球谐函数还具有正交性和（固定总尺度的）归一化性质，这些性质对球谐函数的应用和计算是非常重要的。但我们不想在这个问题上走得太远，有兴趣的读者可参阅 Groemer（1996）；Byerly（2003）。

22.38 打算深入研究旋量代数和几何的读者要注意，旋量指标可按 $\xi_1 = \xi^0$，$\xi_0 = -\xi^1$ 方式"升"或"降"。见 Penrose and rendler（1984）；Zee（2003），附录。

577

22.39 "量子数"这个术语通常指某个重要的量子可观察量（如角动量、电荷、重子数等等）的可能的离散本征值，它被用来区分粒子和简单的量子系统，见 §3.5。

§22.12

22.40 在 24~26 章我们将看到，（狭义）相对论性量子力学的一个性质要求比本节的基本考虑要多得多，但那不影响我们这里的讨论。

22.41 由注解 22.6 可知，这里的独立性考虑了 M^{ab} 的反对称性。

22.42 这一点与"分离变数"现象有关，当一般函数 $f(\theta, \phi)$（譬如说）可以写成和的形式，

$$f(\theta, \phi) = \Sigma \lambda_{ij} g_i(\theta) h_j(\phi)$$

这里 $g_i(\theta)$ 和 $h_j(\phi)$ 分别是适当（对易）算符 A 和 B 的本征函数。球谐函数就具有这种性质。见 Groemer（1996）；Byerley（2003）。

22.43 这里"独立"是指函数的独立性（比较注释 22.26）。因此，$2\mathbf{J}^2$，$(\mathbf{J}^2)^3$ 和 $\cos \mathbf{J}^2$ 都不像 $\mathbf{J}^2$ 那样是卡西米尔算符，它们不独立于 $\mathbf{J}^2$。

22.44 对"独立对易算符数"的不变性我们必须注意，严格说来，它是指用于偏微分方程局域解的空间的维数。在量子力学问题里，解空间往往设有紧致性要求（如 §22.11 的 S^2），这种要求严重限制了容许的本征值，并搞乱了自由度的计算。

§22.13

22.45 这里略去了广义相对论问题，因此"相对性"都是指狭义相对论意义上的相对性。

22.46 但如同 §20.3，对哈密顿量存在增加一个常数的自由，由于可重新定义能量的零值（参见 §24.3 的练习 [24.2]），因此增加的这个 $\frac{1}{2}\hbar\omega$ 有时被认为无直接的物理意义。

22.47 例如，见狄拉克在《量子力学原理》里的经典处理，Dirac（1982）。

22.48 在 §22.4 的海森伯绘景里，量 $\eta = (2m\hbar\omega)^{-1/2}(p + imq)$ 扮演着 §26.2 的产生算符的角色。

22.49 具体地说，它导出了之前无法理解的氢光谱频率的巴尔末公式：$v = R(N^{-2} - M^{-2})$，这里 R 是常数（Rydberg-Ritz 常数），$M > N > 0$ 是整数。

22.50 可能存在由守恒律给出的"选择定则"，它禁止其中的某些跃迁。

22.51 比较注释 22.44。

第二十三章
纠缠的量子世界

23.1 多粒子系统的量子力学

从前两章我们已经看到那些带或不带自旋的单个量子粒子的行为有多神秘，以及为了描述 578
这种行为，神奇的数学形式体系又是如何演变的。但仅仅因为这种形式体系能够描述单粒子或
其他孤立体的量子行为，我们就指望它也能用于描述那些包含以不同方式相互作用的多粒子体
系，这恐怕不尽合理。但一定意义上，这又是对的——尽管只在某种程度上——因为 §21.2 的
一般形式宽泛到足以适用于这一情形。但是，当系统中不止一个粒子时，一些明显是新的面貌出
现了。这种新面貌的基本特征就是量子纠缠现象，正是这种现象使得多粒子系统必须被当作一
个整体单元来处理，而且它所展现的不同面貌让我们看到了比以往更神秘的量子行为。此外，那
些彼此全同的粒子总是自动地纠缠在一起，虽然根据不同的粒子性质，这种纠缠会有两种迥异
的方式。

让我们回到前两章所建立的量子系统的数学上来。借以得到量子态矢演化的薛定谔方程的
量子哈密顿方法，仍可用于处理可能具有相互作用和自旋的多粒子系统，只是我们需要适当的
哈密顿量来具体体现所有这些特性。但现在我们要的不是每个粒子各自的波函数，而是一个描
述整个系统的态矢。在位置空间表象下，这个单一的态矢仍可视为波函数 Ψ，但它是所有粒子的
所有位置坐标的函数——因此它实际上是粒子系统构形空间上的函数（§12.1），它也可能依赖
于某些表征自旋态的离散的参数（例如，如果我们像 §22.8 那样用二维旋量 $\Psi_{AB...F}$ 来描述自旋 579
粒子，则这些"离散的参数"用来区分不同的分量）。薛定谔方程将告诉我们 Ψ 如何随时间演
化，因此 Ψ 还必须依赖于时间参数 t。

标准量子理论的一个明显特点是，多粒子系统除了只有一个时间坐标外，系统中的每个独
立粒子都有各自独立的一套位置坐标。这是非相对论量子力学奇特的地方，如果我们将其视为
"更完备的"相对论性理论的某种极限近似的话。因为在相对论框架下，空间处理方式本质上等

同于时间处理方式，因此每个粒子既然有各自的一套空间坐标，它就应当有各自的时间坐标。但普通的量子力学并不是这样，而是所有粒子共有一个时间。

当我们按普通的"非相对论"方式考虑这种物理时，这么做或许是明智的，因为在非相对论物理里，时间是绝对的外生变量，它只是在背景下"滴答"地走着，任何时刻都独立于这个世界里的具体活动。但我们知道，由于相对论的引入，这种图像只是一种近似。一个观察者的所谓"时间"对另一个观察者来说则是空间和时间的混合，反之也一样。普通量子理论要求每个粒子必须有各自的空间坐标，而完全的相对论量子理论还要求有各自的时间坐标。自20世纪20年代以来，不同的作者就一直都采取这种观点，[1] 但似乎没能发展出一套成熟的相对论性理论。容许每个粒子有各自的时间的基本困难在于，每个粒子如果都按各自的时间维各行其是，这样就需要更多的处理才能使我们回到现实世界。

在§26.6，我将引入"路径积分"来处理相对论量子理论，这是一种基于拉格朗日形式体系而非哈密顿形式体系的处理，由此可避开"一个时间/多个空间"问题。但我们也将看到，无论采用什么（已知）方法，都会出现严重的新问题。此外，普通的薛定谔方程本身并不能解决"回到现实"的困难。在我看来，薛定谔方法的这种时空非对称性隐藏着某种仍不为量子图像所表现的东西，但眼下我们还无法顾及这一点。我们将略去这些问题，仅按非相对论量子理论观点来叙述，并采用统一的外部时间概念。但相对论方面的考虑也不会完全忽略，在本章末的§23.10，我们将回到这个问题上来。

那么，我们如何按照标准的非相对论薛定谔图像来处理多粒子系统呢？如§21.2所述，我们有一个单独的哈密顿量，它包含系统内所有粒子的所有动量变量。而在（薛定谔）位置空间表象下，每个动量则代之为关于该粒子位置坐标的偏微分算符。为与其解释相一致，所有这些算符必须作用于同一个波函数，即上述整个系统的那个波函数 Ψ。这个波函数必须是所有粒子的不同位置坐标的函数。

23.2　巨大的多粒子系统态空间

上述这些听起来似乎没什么不对，果真如此吗？我们暂且先琢磨一下上面最后一项（看上去简单的）要求的丰富内涵。假设有这样一种情形，每个粒子都有各自的波函数，那么对 n 个标量（即无自旋）粒子，我们需要有 n 个不同的复位置函数。尽管对这 n 个小粒子需要在视觉上发挥一定的想象力，但我们还能够应付自如。（在这些考虑中我略去了时间，一切只取某一时刻下情形。）从直观性考虑，它的图像不像有 n 个不同分量的空间场，而是每个分量本身都可看成是一个分立的"场"。（每个这种分立的场表示一个单粒子的波函数。）我们似乎可以把它看成是 $2n$ 个分量，如果我们讨论实分量的话，因为波函数都是复的。电磁场有6个实分量，但请记住——那是3个变量的6个函数（类似于3个复1标量波函数）——而且电矢量和磁矢量的场也不难想象！

我们如何来计算诸如三维空间里一个标量粒子波函数的复标量场的"自由度"呢？这种场的各种可能的"数"是指什么？按§16.7的记号，表达式$\infty^{a\infty^b}$表示的是在b维实空间里具有a个实分量的自由选定的（光滑）场的自由度。因此，对一个复标量场，$a=2$（因为一个复数相当于两个实数），故自由度为$\infty^{2\infty^3}$。这只是取某一时刻（即t是常数）的场，由于我们考虑的是普通三维空间，故$b=3$（不是时空总维数$b=4$）。我们也可以考虑时空情形，这时自由度要受到场方程限制。在波函数情形，限制来自薛定谔方程，它将自由度减少到可由初始三维空间上的初值指定的数目，因此我们仍取$\infty^{2\infty^3}$作为场的自由度。

我们顺便来检查一下无源（无电荷）的自由麦克斯韦场情形。这时我们有普通三维空间里的6个实分量，因此，如果我们只取某一固定时刻t时的场，并且不考虑麦克斯韦方程，则得到自由度$\infty^{6\infty^3}$。但麦克斯韦方程意味着初始数据的三维空间必须满足两个限定条件：电场矢量和磁场矢量的散度为零。**[23.1]这使得初始数据的三维曲面上的有效自由分量数减少了2个，故实际自由度为$\infty^{4\infty^3}$。

现在我们来考虑n个标量粒子的量子力学描述。如果这种描述只涉及n个不同的波函数，则自由度是$\infty^{2n\infty^3}$，因为这是一个三维空间里对每个点取n个复数的自由度问题。但在描述n个标量粒子的实际量子波函数情形下，我们有的是一个具有$3n$实变量的复函数。这相当于一个$3n$维空间里的复标量场，故自由度为$\infty^{2\infty^{3n}}$，它是一个极其大的数。

要判断这种增长大到什么程度还真不太容易。我们先来考虑一种只有10个点的"玩具"宇宙。为此，将这10个点分别标以**0，1，2，3，4，5，6，7，8，9**。该宇宙中的标量粒子的波函数由这10个点中的每一个的复数组成，即10个复数z_0，z_1，z_2，$\cdots\cdots$，z_9。所有这些波函数构成的空间是一个10个复数维（20个实数维）的希尔伯特空间$\mathbf{H}^{10}$。如果我们归一化波函数，使得这些z的模平方的和为1，则$|z_6|^2$表示位置测量发现粒子处于**6**位置的概率，如此等等。

这其实并不荒谬。在实际物理情形下，我们可以有一溜儿10个盒子，其中的某个盒子装有电子，见图23.1。实验上可以建立起具有这种量子点性质的装置，它们与理论上提出的构建量子计算机的设想紧密相关，这种计算机能够利用上面所考虑的波函数空间的海量资源。

假定这个宇宙中只有两个粒子。当然最好不是同种粒子，理由我会在下面给出。我们暂且称它们为A粒子和B粒子。每个粒子可以有10个不同的可选择位置，这样，这一对粒子就有100种可能的不同的配置状态（容许二者置于同一个盒中）。我们需要100个不同的复数，譬如说z_{00}，z_{01}，$\cdots$，z_{09}，z_{10}，z_{11}，$\cdots$，z_{19}，z_{20}，$\cdots$，z_{99}，来定义波函数，一个复数指派给一种配置。如果我们对其归一化使得所有这些z的模平方的和为1，则$|z_{38}|^2$表示发现A粒子处于**3**同时B粒子处于**8**位置的概率。我们处理的是$\mathbf{H}^{100}$。假定现在是3个不同粒子——A粒子、B粒子和C

**[23.1] 你能解释这个零吗？回顾一下§19.3里所述的四维"散度"概念；这里我们用的是三维空间的散度。提示：见练习[19.2]。

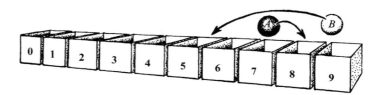

图 23.1 我们想象一种只有 10 个粒子可能位置的"玩具宇宙",这里用 10 个盒子来表示这 10 个位置。图中画出了两个可分辨的粒子,每一个都可以独立地占据任何一个盒子。

粒子——于是波函数由 1000 个复数 z_{000} ,z_{001} ,$\cdots$,z_{999} 组成,态空间为 $\mathbf{H}^{1000}$ 。如果规则针对的只是 3 个单个的波函数,那么态空间就只是 $\mathbf{H}^{30}$ 。对 4 个不同粒子,我们有 $\mathbf{H}^{10000}$,而对 4 个单个的波函数,则态空间只是 $\mathbf{H}^{40}$,等等。

回到前面的 " $\infty^{a\infty^{3n}}$ " 记号,我们注意到,上指标 " ∞^3 " 指的是欧几里得三维空间 $\mathbb{E}^3$ 里的"点数"。现在这个数字代之为 10,即上述玩具宇宙的点数,于是 $\infty^{a\infty^{3n}}$ 变成 ∞^{a10^n} (它表示($a \times 10^n$ 维实空间里的"点数"),$\mathbb{E}^3$ 里 n 维粒子标量波函数的自由度 $\infty^{2\infty^{3n}}$ 则落实为玩具宇宙里 n 维粒子波函数的自由度 $\infty^{2 \times 10^n}$ 。这个玩具宇宙里 n 维粒子波函数的复希尔伯特空间是 $\mathbf{H}^{10^n}$,而 n 个离散的一维粒子复波函数的希尔伯特空间则只是 $\mathbf{H}^{10n}$ 。因此,n 维粒子波函数是定义在 2×10^n 维空间(即 10^n 维复希尔伯特空间)上的,而不是 n 个离散波函数的 $20n$ 维空间。例如,对 8 个粒子,维数是 200 000 000 维而不只是 160 维。

23.3 量子纠缠:贝尔不等式

所有这些额外信息起什么作用呢?我们说,它表示粒子间的所谓"纠缠"关系。这个概念最早是由薛定谔明确提出来的(1935b)。所谓粒子间的"纠缠",是指一种令人非常迷惑但又实际观察得到的现象,即所谓爱因斯坦 – 波多尔斯基 – 罗森(Einstein-Podolski-Rosen,EPR)效应。[2] 要从实验上演示这种相当奇妙的量子效应是一件非常困难的事。值得注意的是,就多粒子系统而言,我们似乎得和这个问题背后几乎关于波函数全部"信息"的那个深奥的谜团打交道!稍后(§23.6)我再来讨论这个谜团。在我看来,这个谜团要告诉我们的,是当前量子形式体系应当迈向一个什么样的新方向。如果情况确实如此,那么它就必定能够向我们展示有关量子计算[3] 的潜在力量——这是一个当前极为活跃的、旨在开发利用这些纠缠关系背后无穷的"信息"资源的研究领域。

那么何谓量子纠缠?何谓 EPR 效应呢?如果我们只就有限维情形下的自旋态来考虑,问题将变得十分清楚。最简单的 EPR 情形是戴维·玻姆(David Bohm,1951)给出的。这里,我们设想有一对自旋 $\frac{1}{2}$ 的粒子,譬如说,粒子 P_L 和粒子 P_R ,起初它们一起组成总自旋为 0 的态,然后彼此分离，分别向左和向右行进相当远的距离到达探测器 L 和 R （见图 23.2）。假定每个探测器都能测量沿某个方向行进的粒子的自旋。我们来看看是否有可能利用某种经典性质的模型重新得到量子力学的期望值，在这种模型里，粒子被当作一种彼此不相关的、独立的类经典粒子，二者分离后就再也无法彼此联系。

但北爱尔兰物理学家约翰·贝尔（John S. Bell）的著名定理告诉我们，要按这种方式重建量子理论的期望是不可能的。贝尔导出了一个关于两个分开进行的物理测量的结果的联合概率的不等式[4]，它与量子力学的期望相悖，但却是任何描述两个独立粒子物理上分离后行为的模型所必须满足的条件。因此，如果贝尔不等式不成立，就说明存在某些基本的量子理论效应——即两个物理上分离的粒子间的量子纠缠效应——它们无法用经典的独立粒子模型来解释。

图 23.2 EPR–Bohm 思想实验。一对自旋$\frac{1}{2}$粒子 $\mathbf{P}_L$ 和 $\mathbf{P}_R$ 起初处于总自旋为 0 的态，然后分别向左和向右运动，到达相距很远的两个探测器 L 和 R，每个探测器设定为沿某个方向测量粒子的自旋，但这个方向只能由处于飞行中的粒子来定。贝尔定理告诉我们，不可能存在一种可用来重建量子力学期望值的模型，其中两个粒子可以表现得像经典粒子那样，一旦分离，就再也没有联系了。

背离贝尔不等式的各种惊人的例子已见诸文献。[5] 其中有些属"非概率型贝尔不等式"[6] 性质的特别值得注意，它们仅涉及 YES/NO 问题，无需用到概率——或者说，我们只需考虑完全确定的概率 0（"总不"）和 1（"总是"）情形。这里我只给出两种量子粒子结果和单个粒子结果之间明显矛盾的贝尔不等式。二者都用到一对自旋$\frac{1}{2}$的粒子，它们分别射向设置在左边的探测器 L 和右边的探测器 R。第一个例子来源于亨利·斯塔普（Henry Stapp，1971，1979），这是直接论证玻姆原初给出的 EPR 的例子，其中需要检验实际的概率值。第二个例子出自卢希恩·哈迪（Lucien Hardy 1992，1993），"几乎"不涉及概率，但稍稍多绕了一些弯。

在叙述这些例子之前，我要引入更多的（狄拉克）记号。假定我们的量子系统由两部分$|\psi\rangle$和$|\phi\rangle$组成，它们彼此独立。于是，如果我们考虑的量子态由这两部分共同组成，我们就记为

$$|\psi\rangle|\phi\rangle.$$

它仍是一个单态，我们可以写成方程$|\chi\rangle=|\psi\rangle|\psi\rangle$来表达这一事实。这里用的积是代数学家的所谓张量积，它满足法则：$(z|\psi\rangle)|\phi\rangle=z(|\psi\rangle|\phi\rangle)=|\psi\rangle(z|\phi\rangle)$，$(|\theta\rangle+|\psi\rangle)|\phi\rangle=|\theta\rangle|\phi\rangle+|\psi\rangle|\phi\rangle$，$|\psi\rangle(|\theta\rangle+|\phi\rangle)=|\psi\rangle|\theta\rangle+|\psi\rangle|\phi\rangle$。数学文献里，张量积运算通常用⊗来表示（亦见 §13.7），故积$|\psi\rangle|\phi\rangle$也可以写成$|\psi\rangle\otimes|\phi\rangle$。

用符号⊗来联系积所属的（希尔伯特）空间是方便的。就是说，如果$|\psi\rangle$属于 $\mathbf{H}^p$，$|\phi\rangle$属于

585 $\mathbf{H}^q$，则积 $|\psi\rangle|\phi\rangle$ 属于 $\mathbf{H}^p \otimes \mathbf{H}^q$。$\mathbf{H}^p \otimes \mathbf{H}^q$ 的维数是其两个因子维数的积，故也可写成 $\mathbf{H}^p \otimes \mathbf{H}^q = \mathbf{H}^{pq}$。这里 p 和 q 都可以是 ∞，此时积也是 ∞。$\mathbf{H}^p \otimes \mathbf{H}^q$ 中只有很少一部分组成型 $|\psi\rangle|\phi\rangle$ 的元素（假定 $p, q > 1$），这里 $|\psi\rangle$ 属于 $\mathbf{H}^p$，$|\psi\rangle$ 属于 $\mathbf{H}^q$。这些是非纠缠态。$\mathbf{H}^p \otimes \mathbf{H}^q$ 的一般元素是这些非纠缠态的线性组合（如果 p 和 q 都是无穷大，就可能涉及无限求和和积分）。[7] 但请记住，纠缠的概念正是取决于完整的希尔伯特空间 $\mathbf{H}^{pq}$ 分裂为某种 $\mathbf{H}^p \otimes \mathbf{H}^q$ 形式。（对一般的希尔伯特空间 $\mathbf{H}^{pq}$，所有分裂形式都是平权的，不存在一种更优越的分裂形式。代数上讲，可以有多种方式将 $\mathbf{H}^n$ 表示为张量积，只要 n 是一个合数。）在我们所感兴趣的纠缠概念情形下，物理上特别有意义的分裂是 EPR 所说的那种两个"单"粒子间分开很大距离时产生的情形。

在这种情形下，抽象指标形式（§12.8）经常是有用的。右矢 $|\psi\rangle$ 可写成带上抽象指标的 ψ^α，其相应的（复共轭）左矢 $\langle\psi|$ 则写成带下抽象指标的 $\bar{\psi}_\alpha$。整个尖括号 $\langle\psi|\phi\rangle$ 为 $\bar{\psi}_\alpha \phi^\alpha$，而 $\langle\psi|\mathbf{Q}|\phi\rangle$ 则写成 $\bar{\psi}_\alpha \mathbf{Q}^\alpha{}_\beta \phi^\beta$。$\psi^\alpha$ 和 ϕ^β 的张量积 $|\psi\rangle|\phi\rangle$ 可以写成 $\psi^\alpha \phi^\beta$。非纠缠态总是按这种方式分裂。但一般的（可能是纠缠的）态可以简单地取 $\phi^{\alpha\beta}$ 形式。在本章稍后部分我们会看到这种记号的特殊用途。

23.4 玻姆型 EPR 实验

现在我们回到玻姆型 EPR 问题上来。考虑测量前的初态。两个离散的自旋 $\frac{1}{2}$ 的粒子待在一起时，由于角动量守恒，必定构成自旋为 0 的态。因此，对每一个粒子的自旋，我们需要一种总自旋为 0 的基态的组合。这可由自旋为 0 的态 $|\Omega\rangle$ 按下式给出

$$|\Omega\rangle = |\uparrow\rangle|\downarrow\rangle - |\downarrow\rangle|\uparrow\rangle$$

（这里我并不急于对态进行归一化）。*[23.2]，**[23.3] 文献中，我们经常看到这样的写法：

586 $|\uparrow L\rangle|\downarrow R\rangle - |\downarrow L\rangle|\uparrow R\rangle$。这是要清楚写出哪个指的是左旋粒子、哪个是右旋粒子。但我认为无此必要，因为（i）记号只是标出波函数的自旋，不涉及粒子的位置或动量或其他什么，故讨论中自旋的方向是固定的；（ii）由于张量积不对易，我们可以毫不含糊地辨别出积的"左右边"。我约定的是：积的左边项指左旋粒子，右边项指右旋粒子。那些对此感到困惑的读者不妨在以后的讨论中重将 L 和 R 置于右矢中，如果他们愿意的话。

由于我们不可能将 $|\Omega\rangle$ 写成 $|\alpha\rangle$ 在左边 $|\beta\rangle$ 在右边的 $|\alpha\rangle|\beta\rangle$ 形式，***[23.4] 因此上述写法就是纠缠态的一个明显的例子。我们来看看这种纠缠态究竟意味着什么。现在，我设想自己处于左

---

* [23.2] 如果 $|\uparrow\rangle$ 和 $|\downarrow\rangle$ 是归一化的，则需要什么样的因子才能使 $|\Omega\rangle$ 归一化？（你可以假定 $\||\alpha\rangle|\beta\rangle\| = \|\alpha\| \cdot \|\beta\|$。）

** [23.3] 你能看出为什么它有自旋 0 吗？提示：方法是用指标记号证明，任何这种反对称组合本质上一定是一个标量，记住，自旋空间是二维的。

*** [23.4] 为什么不能？但如果 $|\alpha\rangle$ 和 $|\beta\rangle$ 都是非定域的，请找出一种可将 $|\Omega\rangle$ 写成 $|\alpha\rangle|\beta\rangle$ 形式的方法。

边（即处于 L），并在"上"方向↑（↑表 YES，↓表 NO）对左旋粒子 P_L 的自旋进行测量。如果我得到答案 YES，说明测量将整个态 $|\Omega\rangle$ 投影到 $|\uparrow\rangle|\downarrow\rangle$，如果答案是 NO，则说明测量将整个态 $|\Omega\rangle$ 投影到 $(-)|\downarrow\rangle|\uparrow\rangle$。这些结果都是非纠缠的——除非标准的 U 演化告诉我们，现在 P_L 已与测量仪器 L 本身纠缠到一起。问题很清楚，如果我们得到 YES，那么我的处在右边探测器 R 的同事将得到自旋态 $|\downarrow\rangle$；而如果我的测量结果是 NO，那么他得到的则是 $|\uparrow\rangle$。如果接下来在 P_R 进行"上"测量，我的同事仍将得到与我相反的结果。

这里的结果与探测器上/下取向的选择无关。不论我选那个方向来测量，譬如说↙，那么如果我的同事也选择↙方向，则结果必定是相反的。从自旋 0 的旋转不变性看，这是很清楚的，但它启发我们直接采用代数计算以确认下式（其中 ∝ 是指"等于或相差一个非零因子"，见 §12.7）：

$$|\Omega\rangle \propto |\swarrow\rangle|\nearrow\rangle - |\nearrow\rangle|\swarrow\rangle,$$

这里↗的方向与↙相反。（注意：如果 $|\swarrow\rangle = a|\uparrow\rangle + b|\downarrow\rangle$，则 $|\nearrow\rangle \propto \bar{b}|\uparrow\rangle - \bar{a}|\downarrow\rangle$。）*[23.5]

从这里我们还可以得出 YY、YN、NY 和 NN（Y 为 YES 的缩写，N 为 NO 的缩写）情形下的联合概率，如果我和我的同事选择不同方向来测量自旋的话。假定我取↖的方向而我的同事取↗方向，这里↖和↗的夹角为 θ。那么，由 §22.9 给出的概率值（见图 22.11），我们得到联合概率

$$相同：\frac{1}{2}(1 - \cos\theta)，相异：\frac{1}{2}(1 + \cos\theta)$$

587

（这里"相同"是指 YY 或 NN，"相异"是指 YN 或 NY）。

现在，我们来考虑斯塔普的例子。实验安排使得我自己的仪器既可以测量垂直方向↑的自旋，也可以测量水平方向→（垂直于↑）的自旋。而我同事的仪器则安排得既可以测量↗方向（位于→和↑构成的平面上，与二者成 45°）的自旋，也可以测量↖方向（位于→和↑的同一个平面上，但与↑成 45°，与→成 135°）的自旋（图 23.3）。在我的测量方向与同事的成 45°的方向上，有 3 种可能性，而在 135°方向上则只有一种可能性。在 45°的方向上得到"相同"的概率小于 15%，而在 135°方向上则大于 85%。

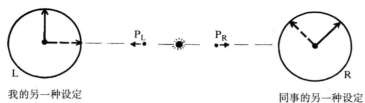

图 23.3　贝尔不等式的一个例子：斯塔普对 EPR-Bohm 粒子对的偏振方向安排。起初，我们取的自旋测量的方向如图中实箭头所示，但随后，其中的一个或两个测量方向都转到了虚箭头所示的方向。量子联合概率不可能通过类经典粒子对模型来得出，这种经典粒子对表现为一种无信息交流的独立实体，它们对将进行的自旋测量的方向毫无预见。

---

*[23.5]证明括号里的式子，对 $|\Omega\rangle$ 通过直接计算来验证这个表达式。提示：利用练习[22.26]的结果。

我们假定，仪器取什么方向进行测量可以等到粒子处于飞行中再定。现在，假定我的同事处于土卫六（土星的一颗卫星）位置，我们之间的某处有一粒子源，距两端的距离即使以光速行走也得三刻钟时间！见图23.4。粒子是不"知道"我和我的同事（各自独立地）取什么方向的。

图 23.4 处在地球上的作者是一个接一个过来的 EPR 粒子对中一个粒子的接收者，另一个粒子的接收者是我在土卫六的同事，在我们之间差不多等距的地方是粒子对的源。即使粒子以光速行走，也得大约 45 分钟后才能决定探测器的取向。

假定我和我的同事各自收到一束看似随机取向的粒子时，我取↑而我的同事取↗方向。粒子的到来一次一个，而且每一个都是由源发出的 EPR – 玻姆对中的一个，这一对粒子一个冲我而来另一个奔向我的同事。当我们比较记录时（这大概是若干年后我的同事回来后的事了），会发现，结果"相同"的小于15%，这与上述预期一致。

588　　　现在，假定粒子仍不知道我们如何设定检测仪的取向，而且表现得就像独立无关的（类经典）粒子，如果在测量前的最后时刻我突然改主意取→方向测量，那么，我们得到的实际测量结果没有什么不同。如果我这么做了，那么——因为方向间夹角仍是 45°——仍将只有不到 15% 的测量结果是"相同"的。另一方面，如果我没改主意，而是我的同事在最后时刻将测量方向由↗转到↖。由于他的改变并不影响我在初始↑方向上的测量，因此他在新方向↖上测得的结果仍将只有不到 15% 的与我在初始↑方向上的结果"相同"。

但假定我们双方都在最后一刻改变取向，即我的测量方向转到→，而他的转到↖。于是测量的方向间夹角为135°，此时量子力学的期望认为，结果"相同"的概率应当高于85%。那么每一对探测器可能的取向提供的粒子对的联合概率是否与此一致呢？我们来看看。粒子对必须面对的是 4 种可能的探测器取向组合中的一种，并对每一种取向组合都给出正确的量子力学概率。我们知道，我的仪器转到→测得的结果与我同事在初始↗方向上测得的结果"相同"的概率不到 15%。我取↑方向的、我同事取↖方向的也都不到 15%。如果在→，↖情形下粒子对得到"相同的"结果，那么在所有→，↗、↑，↗、↑，↖三种情形下的结果就不可能"相异"。因此，在这三种可能589　　　的取向组合中至少有一种必为"相同"的结果。但它在每一种取向组合下发生的概率小于 15%，而且只有这三种，因此在我们取→，↖的情形下，"相同"的概率不会超过 15% + 15% + 15% = 45%。（实际上，"相同"的百分比比这还要小，因为我这里考虑的是所有三种情形下都得到"相同"结果。）但45%怎么说也与85%相去甚远，因此，该结果与粒子对的类经典假定明显矛盾。

有些人可能担心，这种论证是建立在"好像会但实际上不可能"发生的测量假定上的（哲学家称之为"反事实条件陈述"）。但这并不重要。这里的关键在于，我们假定粒子在离开源以后其行为是彼此独立的，并且不论探测器以什么取向组合进行探测，都应得到正确的联合量子力学概率。要点是粒子必须给出量子力学的期望值。我们发现，这些期望值不可能分解为两个粒子单独的期望值。要得到与量子力学答案相一致的唯一办法就是以某种方式将二者"关联"起来，直到二者之一再次被测量。这种神秘的"关联"就是量子纠缠。

显然不可能存在如此遥远距离上的这种性质的实验。但实际进行的许多 EPR 实验本质上与此类似（实际使用的是光子的偏振态，而不是自旋 $\frac{1}{2}$ 粒子的自旋取向，但二者区别并不重要）。由此得到的实验结果与量子力学的（而不是普通意义上的）期望值总相一致！虽然在地球 – 土星距离上的这种直接的量子力学纠缠态还没有观察到，但最近的实验结果表明，在大于 15 千米的距离上，贝尔不等式仍不成立。[8]

23.5 哈迪的 EPR 事例：几乎与概率无关

现在我们来研究哈迪给出的漂亮的例子。[9] 我和我的同事仍做自旋测量，我像以前一样在 ↑ 和 →（垂直和水平）上作选择，但我的同事现在也在这二者之间作选择，只是完全独立于我。另一个重要的新颖之处是粒子对的源不是按总自旋为 0 的要求来发射，而是按自旋为 1 的特定态来发射。我将这种初态取为一种马约拉纳描述 $|\leftarrow\nearrow\rangle$（§22.10，图 22.14），这里 ↗ 的方向处于 ↑ 和 → 所张平面的 $\frac{1}{4}$ 平面内，倾角 θ 的斜率为 $\frac{4}{3}$（→ 和 ↗ 之间的倾角 θ 满足 $\cos\theta = 3/5$）；← 的方向与 → 相反，见图 22.5。我们可以将这个态表示为 *[23.6]

$$|\leftarrow\nearrow\rangle = |\leftarrow\rangle|\nearrow\rangle + |\nearrow\rangle|\leftarrow\rangle$$

这里忽略了总因子。这个态有一个重要特点，就是它不垂直于

$$|\downarrow\rangle|\downarrow\rangle$$

（这里 ↓ 与 ↑ 相反），但与下面的每一个正交 **[23.7]

$$|\downarrow\rangle|\leftarrow\rangle, \quad |\leftarrow\rangle|\downarrow\rangle, \quad |\rightarrow\rangle|\rightarrow\rangle。$$

这些正交关系分别表示下述 YES/NO 结果(0)，(1)，(2)和(3)：

(0)有时我在 ↑ 测量时得到 NO，而我的同事在 ↑ 测量时也得到 NO；

(1)如果我在 ↑ 测量时得到 NO，那么我的同事在 → 测量时必定得到 YES；

(2)如果我的同事在 ↑ 测量时也得到 NO，那么我在 → 测量时必定得到 YES；

(3)如果我的同事在 → 测量时也得到 YES，那么我在 → 测量时就不可能得到 YES。

＊〔23.6〕为什么？

＊＊〔23.7〕看看你能否证明这些式子。提示：用 §22.9 里的坐标和/或几何描述。

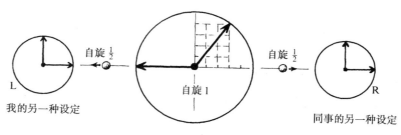

图 23.5 EPR 的哈迪版,"几乎"用不到概率。自旋为 1 的初态是 $|\leftarrow\nearrow\rangle = |\leftarrow\rangle|\nearrow\rangle + |\nearrow\rangle|\leftarrow\rangle$,这里 $\nearrow$ 的方向处于↑和→所张平面的 $\frac{1}{4}$ 平面内,倾角的斜率为 4/3。每个探测器取垂直方向或水平方向来测量粒子的自旋。

可以告诉读者,在结果(0)情形下,实验给出的实际量子力学概率正好是 $\frac{1}{12}$, **〔23.8〕即

$\frac{1}{12} = 8.33\%$,而哈迪经过适当调整后的优化值约为 9.017%。[10]

现在我可以清楚地说明,为什么在两个粒子为单个的不对易粒子、且不知道会以何种测量方式进行测量的条件下,不可能有结果(0),…,(3)。因为对于结果(0),这就要求两个粒子(非对易、无先兆)中每一个都必须准备好提供 NO 结果,而且每次测量都需如此(事实上一次只有 $\frac{1}{12}$ 的概率),直到最终我和我的同事同时进行↑测量。此外,粒子的准备还必须经过精心地事先安排,即在这些场合(我们同时做↑测量时同时得到 NO 结果)下,如果我们中的一个做的是→测量,那么实验必须能确定地给出 YES 结果,以使不与结果(1)和(2)冲突。要得到结果(3)就更不可能,因为这要求我和我的同事恰巧都做→测量,而得到的结果却是违禁的 YES,YES。

23.6 量子纠缠的两个谜团

我认为,量子纠缠十分清楚地凸现出两个谜团,每个的答案都有完全不同(尽管相互关联)的特点。第一个谜团是这一现象本身。我们怎么才能正确看待量子纠缠,并从我们能够把握的概念上来理解它呢?只有解决了这个问题我们才能将它纳入我们现实宇宙中的重要的一部分。第二个谜团是对前一个的某种补充。因为按照量子力学,纠缠是这样一种独特现象——我们知道,绝大多数量子态其实都是纠缠态——为什么我们的直接经验几乎觉察不到这种现象?为什么这些独特的纠缠效应不是每次都呈现在我们面前?我不认为这第二个谜团已受到应有的重视,人们往往都是把注意力集中在第一个谜团上。

让我们从第二个谜团开始,到时候自然会转向前一个问题。首先要说的是,纠缠无处不在。

** 〔23.8〕证明这一点。

似乎宇宙间的每一个粒子最终都与其他粒子纠缠在一起。也许它们一直就这么纠缠着？为什么我们不能像感受（几乎所有）经典粒子那样感受到纠缠的混乱？系统的薛定谔演化解决不了这个问题，而且，系统演化一经开始，随着时间流逝，会有越来越多的东西加入进来，问题只会越来越复杂。从希尔伯特空间 **H** 上看，一般认为薛定谔方程（**U** 过程）本身无助于解决这些困难。如果我们从 **H** 的相对来说无纠缠的部分开始，那么薛定谔演化（通常）将立即置我们于纠缠之中，并且没有任何途径（甚至提示）使我们逃离这一海藻般密布的纠缠态的海洋（图 23.6）。

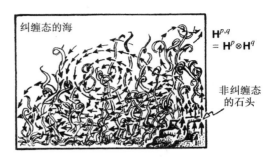

图 23.6 一旦离开了初始的非纠缠态（右下端的石头所示），薛定谔演化几乎总是使得态变得越来越纠缠（如充满海藻的洋面所示）。但为什么我们日常感觉不到这种纠缠呢？

但我们每天的生活还是这么井井有条，根本感觉不到这些纠缠的存在，为什么呢？如果我们从量子理论的 **U** 过程得不到答案，那就只好诉诸 **R** 过程了。事实上，在我们考虑 EPR 效应时已经看到了希望的苗头。我们设想对一对 EPR 粒子做一次测量，其中之一奔向我在土卫六的同事。如果我先测量，而且这一测量一经开始就剥夺了去往他那里的粒子的与我这个粒子发生纠缠的自由，此后一段时间（直到我的同事测到结果）里，粒子有它自己的态矢，且不受同伴粒子的影响。因此，似乎正是测量引起纠缠。事实的确如此么？解决这种量子纠缠现象的答案果真就是 **R** 过程么？

我认为确实如此，至少在我们根据量子力学方法考虑问题时是如此。这一点与我们如何建立量子实验有关。在前面的 EPR 验证实验中，我们要求粒子对必须处于特定的态：在斯塔普情形下是自旋为 0 的态，在哈迪情形下是自旋为 1 的态。仅用 **U** 过程我们如何能保证粒子不会与周边的其他东西发生纠缠呢？我认为，要保证态不受各种不希望出现的纠缠的干扰，那么测量的某种"性质"就始终是建立量子实验的基本要素。我并不是要暗示实验者通过精心安排测量就可以做到这一点。在我看来，大自然本身就一直在实施着 **R** 过程作用，根本无需实验者的刻意安排或"自觉的观察者"的任何干涉。

我正步入争论之中，我在这些问题上的立场且容后述（§§30.9～13）。但这个问题怎么在"传统的"量子力学框架下处理呢？"实践中"物理学家们总是假定这些与外部世界的纠缠可以忽略。否则无论是经典力学还是传统量子力学就皆不足信了。这种观点似乎认为，所有纠缠都可以某种方式"平均掉"，因此不必在实际应用中考虑。但我还没看到有哪种令人信服的证据可以说明这一点。恐怕不是平均掉，而是这么一种情形：正像我们所知的宇宙，那些不取决于宇宙中其他众多存在物的事情正变得越来越少，这些个体甚至无法确定其在宇宙中的大致的位置。如果我们将这个问题与在量子力学解释中具有中心地位的 **U**/**R** 悖论割裂开来处理，我是看不到有什么出路。

但是对这个宇宙中已无处不在的纠缠问题，我们必须将它与下述更广泛的问题结合起来考虑:一方面,为什么 **U** 处理对足够简单的系统会这么有效,而另一方面,我们却不得不放弃 **U** 转而一次次地求助于 **R** 过程? 不只是为什么,而且这一切是何时和怎么开始的? 按 2003 年度诺贝尔获奖者莱格特(Anthony Leggett,1938 ~)的话说,这是个测量问题或(更准确地说)是个测量悖论。我们在第 29 章再回到这个问题上来。

我还没完成纠缠所呈现的另一些谜团。其中的一些必须涉及相对论要求下的纠缠系统的测量,这是因为对纠缠系统某一部分的测量必然要影响到另一部分过程的同时性,正如我们在第 17 章看到的,如果我们要坚持相对性原理,我们就不应当支持这种同时性。在我展开这个问题之前,我先来说说纠缠的另一个特性。这个性质要比前述的那些更为独特,甚至测量都难以介入。此外,这还是个独立于我们迄今所述的量子力学性质的新的性质。我指的是量子力学处理全同粒子体系的方式。

23.7 玻色子和费米子

还记得"玩具宇宙"吧? 我们正好有 10 个不同的位置(分别标以 **0**, **1**, **2**, …, **9**)可用于放置粒子。当我们考虑这个宇宙有不止一个粒子时,我得小心地要求这些粒子不能是"同一种粒子",我称它们是"A 粒子"和"B 粒子",等等,而不说"两个电子"或类似的称谓。其原因在于,量子力学是按完全不同于我们以往所讨论的程序来处理大自然的实际粒子的。事实上,我们必须在此对两种截然不同的处理作一区分! 其中的一种程序用于所谓玻色子粒子,另一种用于费米子。玻色子是具有整数自旋(即以 $\hbar$ 为单位,自旋为 0, 1, 2, …)的粒子,费米子则是具有半整数自旋 $\frac{1}{2}$, $\frac{3}{2}$, $\frac{5}{2}$, $\frac{7}{2}$, …的粒子。(这种相伴关系出自著名的数学定理,在量子场论里,我们称它为自旋统计定理,见§26.2。)复合粒子,像原子核或整个原子,或单个的强子如质子或中子(视为由夸克组成),也可以在适当程度上当作单个的玻色子或费米子。因此,光子是玻色子,介子(π 介子、K 介子等)、负责传递弱作用的粒子(W 和 Z 粒子)和传递强作用的胶子也都是。明显属复合的 α 粒子(2 个质子 + 2 个中子)、氘粒子(1 个质子 + 1 个中子)等等行为上接近玻色子。另一方面,电子、质子、中子,它们的组分夸克、中微子、μ 子和许多其他粒子则属费米子。费米子的波函数是§11.3 所说的自旋体(比较§22.8),而玻色子则不是。

为了能够真正区别玻色子和费米子,我们再回到标有 **0**, **1**, **2**, …, **9** 恰好 10 个点的玩具宇宙上来。每个单粒子的波函数相当于复数 $z_0, z_1, z_2, …, z_9$ 的一个集合,每一对可区分粒子的波函数相当于复数 $z_{00}, z_{01}, …, z_{99}$ 的一个集合,三个这种粒子的波函数相当于复数 $z_{000}, z_{001}, …, z_{999}$ 的一个集合,等等。但对于一对玻色子,我们要求复数 z_{ij} 的集合关于指标对称:

$$z_{ij} = z_{ji},$$

故举例来说有 $z_{38} = z_{83}$。即是说，就"波函数"而言，哪个粒子处于 **3** 位置上，哪个粒子处于 **8** 位置上，这并无区别。重要的是存在这么一个占据了 **3** 和 **8** 两个位置的粒子对。注意，一对玻色子可以同处于一个位置上，例如 z_{33} 就是两个玻色子同处于位置 **3** 的复权重因子。我们看到，将（无序）粒子对置于这 10 个位置上仅有 $\frac{1}{2}(10 \times 11) = 55$ 种可分辨方式，我们只需要这么多个复数（即 $\mathbf{H}^{55}$ 而非 $\mathbf{H}^{100}$）。对三个全同玻色子，我们有关于所有三个变元的对称性：

$$z_{ij\kappa} = z_{ji\kappa} = z_{j\kappa i} = z_{\kappa ji} = z_{\kappa ij} = z_{i\kappa j},$$

因此，我们需要 $\frac{1}{6}(10 \times 11 \times 12) = 220$ 个复数来定义态：即 $\mathbf{H}^{220}$ 而非 $\mathbf{H}^{1000}$ 里的一个元素。对 n 个全同玻色子，这个数字是 $(9+n)!/9!n!$，即有这么多个独立复数 $z_{ij\ldots m}$，它们关于指标对称（记号见 §§12.4，7 和 §14.7）：

$$z_{ij\ldots m} = z_{(ij\ldots m)} \circ$$

现在我们来考虑费米子。它与玻色子的区别在于，费米子的波函数要求对变元反对称，

$$z_{ij} = -z_{ji},$$
$$z_{ij\kappa} = -z_{ji\kappa} = z_{j\kappa i} = -z_{\kappa ji} = z_{\kappa ij} = -z_{i\kappa j},$$
$$z_{ij\ldots m} = z_{[ij\ldots m]},$$

因此，对两个全同费米子，我们有 $\frac{1}{2}(10 \times 9) = 45$ 个复数；对 3 个全同费米子，我们有 $\frac{1}{6}(10 \times 9 \times 8) = 120$ 个复数；对 n 个全同费米子，这个数字是 $10!/n!(10-n)!$。**[23.9] 计数的差异源自我们不容许两个费米子处于同一个位置，因为反对称意味着复权重 $z\cdots$ 在下述情形中必须为零：$z_{33} = 0$，$z_{474} = 0$，等等。

注意，当玩具宇宙里有多于 5 个全同费米子时，这个数字又会减小。当我们有 10 个费米子时，则只有一种可能的态，我们的玩具宇宙中不可能有超过 10 个全同的费米子。在这个模型里，我们看到了量子物理里一条重要的原理，即泡利不相容原理。它告诉我们，两个全同费米子不可能共处一个态（这是费米波函数的反对称性一个特征）。固体材料不会塌缩根本原因就在于这条原理。通常的固体物质都是由电子、质子、中子这样的费米子组成的。由于泡利原理，它们必须"彼此不处于同一个态"。

玻色子则完全不同。似乎它"更喜欢"处于同一个态。（当我们将不同的玻色子态的计数与相应的不同的经典态进行比较时，就会看出这种纯粹的统计效应。）在温度非常低的情形下，这种效应会变得极为重要，此时将发生所谓玻色－爱因斯坦凝聚，就是大部分粒子集聚同一个态。超流体是这方面的一个例子，激光也与此有关。在超导体情形，电子有一种"配对"方式，这些电子对表现得就像单个的玻色子。某些非常重要但并不直观的量子力学应用就来自于这种"集体"现象。

596

** 〔23.9〕对玻色子和费米子情形解释这些数。

23.8 玻色子和费米子的量子态

虽然我是在"玩具宇宙"里讲述玻色子和费米子的对称和反对称要求,但普通空间里实际的波色子/费米子集群的对称和反对称要求本质上是一样的。波函数是空间一系列点 $\mathbf{u}$, $\mathbf{v}$, $\cdots$, $\mathbf{y}$ 以及包含每个点的(旋量或张量)指标群的不同的离散参数 u, v, $\cdots$, y 的函数。我们首先要问,对于一对全同玻色子,其波函数 ψ 像什么样子。答案是,我们要求这个函数 $\psi = \psi(\mathbf{u}, u; \mathbf{v}, v)$ 必须是粒子交换条件下对称的:

$$\psi(\mathbf{u}, u; \mathbf{v}, v) = \psi(\mathbf{v}, v; \mathbf{u}, u)。$$

对三个全同玻色子,波函数应当是关于这三个粒子排列对称的:

597
$$\psi(\mathbf{u}, u; \mathbf{v}, v; \mathbf{w}, w) = \psi(\mathbf{v}, v; \mathbf{u}, u; \mathbf{w}, w) = \psi(\mathbf{v}, v; \mathbf{w}, w; \mathbf{u}, u) = \cdots,$$
等等。

对费米子情形,这些关系代之为粒子交换下反对称:

$$\psi(\mathbf{u}, u; \mathbf{v}, v) = -\psi(\mathbf{v}, v; \mathbf{u}, u)。$$

$$\psi(\mathbf{u}, u; \mathbf{v}, v; \mathbf{w}, w) = -\psi(\mathbf{v}, v; \mathbf{u}, u; \mathbf{w}, w) = \psi(\mathbf{v}, v; \mathbf{w}, w; \mathbf{u}, u) = \cdots,$$

等等。注意,在每种情形下,粒子的自旋态(由离散变量 u, v, $\cdots$ 刻画)必须在粒子交换时保持不变。这意味着,在运用泡利不相容原理时,只有在自旋态相同而且位置态也相同时,我们才认为态是全同的。这在化学上很重要,例如,两个电子只有在它们的自旋相反时才能共处同一个轨道(图 24.2)。

这个地方用 §23.3 所述的态的(抽象)指标记号(也可以用 §12.8 描述的图示记号,见图 26.1)最合适。对此我们可以用记号 ψ^α 表示特定粒子(用上标 α 表示)的波函数,ϕ^β 表示第二个粒子(用上标 β 表示)的波函数,等等。如果粒子不全同,则这一对粒子的波函数为(张量)积态:

$$\psi^\alpha \phi^\beta,$$

如果二者为全同玻色子,则态(不必担心归一化因子)为

$$\psi^\alpha \psi^\beta + \phi^\alpha \psi^\beta。$$

(抽象指标形式的关键在于有可交换乘法(例如 $\phi^\alpha \psi^\beta = \psi^\beta \phi^\alpha$)作保证。张量积的非交换性涉及到指标序,因此 $|\phi\rangle |\psi\rangle \neq |\psi\rangle |\phi\rangle$ 可表示为 $\phi^\alpha \psi^\beta \neq \psi^\alpha \phi^\beta$。)我们可将这个对称态写成(略去了因子 2)

$$\psi^{(\alpha} \phi^{\beta)},$$

即用圆括号来表示对称化(§12.7,§22.8)。它的好处是我们能够立即写出 n 个全同玻色子的量子态。如果每个玻色子的态为 ψ^α, ϕ^β, $\cdots$, χ^κ,则对称化积为

$$\psi^{(\alpha} \phi^\beta \cdots \chi^{\kappa)}。$$

598
对费米子我们也可以这么做。设每个费米子的单个的态为 ψ^α, ϕ^β, $\cdots$, χ^κ,全部 n 个全同

费米子的集合有反对称态（§12.4）

$$\psi^{[\alpha}\phi^{\beta}\cdots\chi^{\kappa]}。$$

技术上说，多粒子态都是纠缠的（正如我们看到的，一对全同费米子的描述是 $\psi^{\alpha}\phi^{\beta} - \phi^{\alpha}\psi^{\beta}$）。这是一种温和的纠缠，但由于作为"物理上不可分辨的"态的叠加，它只能用于全同粒子。对玻色子和费米子，态 $\psi^{(\alpha}\phi^{\beta}\cdots\chi^{\kappa)}$ 和 $\psi^{[\alpha}\phi^{\beta}\cdots\chi^{\kappa]}$ 是我们能够得到的最接近"非纠缠的"态，在其他场合我们就称它们为"非纠缠"态。（在这种记号下，一般的 n 个玻色子的态可写成 $\Psi^{\alpha\beta\cdots\kappa} = \Psi^{(\alpha\beta\cdots\kappa)}$，类似地，$n$ 个费米子的态可写成 $\Phi^{\alpha\beta\cdots\kappa} = \Phi^{[\alpha\beta\cdots\kappa]}$。）如果用右矢符号表示，我们有"楔积"$|\psi\rangle \wedge |\phi\rangle \wedge \cdots \wedge |\chi\rangle$，它用来表示对称和反对称要求，[11]这里要记住，项的对易和反对易取决于单个因子的"阶"（见§11.6）。

虽然随全同玻色子或费米子出现的这种"纠缠"相对来说是"无害的"（实际上可看成是减少而不是增加了量子体系可选择的数目），但它们至少为我们有效地扩展到大物理尺度情形提供了一种重要的暗示。利用布朗和特威斯 and Twiss 提出的一种方法（Hanbury Brown，1954，1956），我们可以利用来自地球附近恒星发出的光子的玻色型"纠缠"性质来测量恒星的直径。当他们第一次提出这种方法时，曾遭到许多量子物理学家的激烈反对，这些物理学家认为，"光子只能发生自身干涉，不会与其他光子产生干涉"；但他们忽略了这样一个事实，"其他光子"也是玻色型纠缠总体的一部分。

23.9 量子隐形传态

为结束本章，我们回到 EPR 效应解释所内含的谜团上来。这个谜团最特别之处是它与狭义相对论之间的表观矛盾：EPR 对之间的"通信"似乎可以不遵从爱因斯坦的信息传递不可能超过光速的要求。为了演示这些问题，我将给出量子纠缠的一种更为神秘的推论，即所谓量子隐形传态（quantum teleportation）。在我看来，这一推论为我们指出了一个值得深入探索的方向，如果我们打算适当利用 EPR 效应的话。但我们也将看到，这个方向将把我们带入一个很多人不愿进入的领域！

什么是"隐形传态"呢？我们不禁联想到电影《星际旅行》里柯克船长和他的船队被发射到不知名的星球上的画面。在那里人们认为，要想成功发射一个人的"身份"，就必须把一个实际的量子态如实地发射到这个星球表面，而不仅仅发过去粒子位置等等的某种经典排列。从哲学上看，这种处理的好处在于隐形传态过程不能被用于个体的复制——这涉及二者中哪一个代表着个体"意识流"延续这一敏感问题。[12] 为什么不可能复制未知的量子态呢？已有文献对此做出了令人信服的回答，[13] 但这里我们可以从基本认识的角度来看看，如果存在这种可能性将导致与标准的 U/R 量子力学原理发生什么样的矛盾。除非我们打算毁掉原版，否则我们不可能产生一个完全精确的复制品，我们也不可能从一个未知量子态拷贝出两个完全一样的样本。

599

为什么不行呢？因为如果可行的话，那么重复这个过程，我们将得到 4 个、然后是 8 个、16 个等等的复制品。假定态就是简单的自旋 $\frac{1}{2}$ 的有质量粒子的自旋态 $|\nearrow\rangle$，于是，经多次复制之后，我们有 $|\nearrow\rangle|\nearrow\rangle\cdots|\nearrow\rangle = |\nearrow\nearrow\cdots\nearrow\rangle$，而它在足够大的角动量情形下是可按经典方式测量的，这样，我们可得到这个特定的空间方向 $\nearrow$。通过这种方法，我们可得到一种实际的态呈什么样子的测量方法（至多差一个比例因子）。但量子力学的标准 **U/R** 过程不容许我们这么做。在态 $|\nearrow\rangle$ 上，**R** 容许的唯一测量是由哈密顿算符（或正规算符）所进行的测量，这些测量会提出这样的问题："自旋会处于方向 $\searrow$ 吗？答案 YES 或 NO。"测量后，态将处于两个方向 $\searrow$（YES）和 $\nwarrow$（NO）中的一个方向上。如果我们处理的是一种与其他事情有纠缠的自旋态，则实际上我们还可以进行其他测量（不久我们就会看到这种情形的结果）。但如果所检测的态不与外部世界存在纠缠，那么我们能做到最好的就是直接测量了。我们能从中得到的只有一个答案：YES 或 NO，即只有 1 个比特的（二进制数字）信息。我们可以将测量仪器转到我们设定的任意角度，但系统不会告诉我们态的 $\nearrow$ 方向实际是指什么方向。事实上，这个方向只能由如下事实唯一地确认：对其而言 YES 答案以确定的方式（概率为 1）得到，但在此之前我们无法知道它指的是那个方向。（如果有人能建立一种量子态，告诉我们哪个方向是 $\nearrow$，那么我们就能够对其进行复制，但这里问题的关键是：我们所测的是一种事先未知的量子态，我们不可能估计到要复制是什么。）

量子隐形传态要做的就是将量子态由一个地方传态到另一个地方，譬如说由柯克船长的飞船"企业号"传到未知星球的地面。量子力学并没对这种传态设置障碍，我们的确能以通常的方式将量子客体整个儿地从一地传到另一地。但对于所设想的情形，我们一般认为，对可信的量子客体或任何一种量子信号的隐形传态来说，上述条件还是过于"嘈杂"了。这种噪声水平对普通的经典意义下的信息的传态来说是可以忍受的，但仅用经典的信号传态方式是不可能传递量子态的。理由很明白，经典意义下的信号由其本性决定了它是可复制的。如果我们用它来传递一个量子态，那么量子态也就可以复制了，但我们从上述内容已经知道，这是不可能的。我们需要做的是先"打基础"。由于前述的"未知星球"图像不太适合于这里的情形，因此我还得设法让我的那位在土卫六上的同事来帮忙，我打算把自旋 $\frac{1}{2}$ 的量子态传到他那儿。

要做的"基础准备"包括我们每人必须已经拥有一对 EPR 自旋 $\frac{1}{2}$ 粒子中的一个。我们可以假定，这两个粒子起初在一块儿时处于自旋为 0 的态，即玻姆原初的 EPR 情形。我们想象得到，就这样跨过地球和土卫六之间的遥远距离将量子态传递到土卫六显然是不可靠的。但我们说，五年前，也就是在我的这位同事前往土卫六之前，我俩分别携带着这个纠缠粒子对中的一个，此时每个粒子都还完全保持着独立于外界干扰的状态。如果到我的这位同事回来之时，我们的粒子仍未受干扰，那么将它们再行叠加，我们仍将得到自旋为 0 的态。

现在，我们假定，一位朋友带给我另一个同样隔绝于外界干扰的自旋 $\frac{1}{2}$ 粒子，要求我将它的自旋态完好无损地直接传到我在土卫六的同事那儿。请记住，现在的条件并未假定容许量子态能够可靠地跨越地球和土卫六之间的遥远距离，我能够做的只是传递经典意义地的射频信号。但在传递之前，我将朋友的这个粒子带到我的 EPR 粒子那儿，并使它们合一块儿。每个粒子有自旋 $\frac{1}{2}$，故它们的所有态构成一个四维系统（如果不考虑我和我同事的粒子间的纠缠，即为 $\mathbb{H}^4$）。现在我对它们（我和我朋友的这一对粒子）进行测量，它区分为 4 种正交态（称为贝尔态）

601

$$(0)\ |\uparrow\rangle|\downarrow\rangle - |\downarrow\rangle|\uparrow\rangle$$
$$(1)\ |\uparrow\rangle|\uparrow\rangle - |\downarrow\rangle|\downarrow\rangle$$
$$(2)\ |\uparrow\rangle|\uparrow\rangle + |\downarrow\rangle|\downarrow\rangle$$
$$(3)\ |\uparrow\rangle|\downarrow\rangle + |\downarrow\rangle|\uparrow\rangle$$

我把这个测量结果以普通的经典信号（譬如说就按上述四种态对应的数字 0，1，2，3 编码）传给在土卫六的同事。接到我的信息后，同事取出另一个 EPR 粒子——直到此时该粒子一直未受外界干扰——并使其作下述旋转：

(0)保持原态；

(1)绕 x 轴转过 $180°$；

(2)绕 y 轴转过 $180°$；

(3)绕 z 轴转过 $180°$。

可以直接检验，这种方法成功实现了将我朋友的量子态"隐形传态"到我在土卫六的同事那儿。**[23.10]

量子隐形传态的特别惊人之处在于，仅仅通过发给我的同事两比特的经典信息（0，1，2，3 中的任意一个数字可分别编码为 00，01，10，11），我就传递了整个黎曼球面上某一点的"信息"（见图 22.14）。按一般的经典概念，要做到这一点，我们需要有在连续统当中自由选取一点的信息量：严格来说就是 $\aleph_0$ 的信息量（见 §§16.3，4）！我们是怎么做到这一点的呢？这里我要指出，已经有真实的实验确认了量子力学隐形传态的期望值（当然距离不是地球–土星这种跨度量级上的），[14] 因此我们必须认真对待这些事儿。不仅如此，日益繁荣的量子加密技术也依赖于这种传递的普遍性质，许多量子计算概念也是如此。

我们来看一下图 23.7。这幅时空图画出了我自己的、我朋友的和我的同事的世界线、所有相关粒子的世界线，还包括了我发给在土卫六的同事的经典信号。尽管实际上只传递了两比特的信息，朋友的粒子的自旋方向（标为 $|\nearrow\rangle$）的"信息"就传到了土卫六。所有其他 $\aleph_0$ 比特的信息是

** 〔23.10〕用适当的传统意义上的坐标轴等等来确认这一点。

602　如何传到我同事那儿的呢？

有人或许以量子态"不是真实的可测量的东西"这种观点或其他某种观点来搪塞。我自己也发现要学着用这种特殊的概念来看待世界很难。可以这么说，如果（土卫六上）某个人选择了测量某特定方向上自旋，并且只在这个特定方向上进行测量，那么他一定能得到答案 YES。不仅如此，我的朋友，或我朋友的朋友，蛮可以准备好在某个预先设定方向上有自旋的原始粒子，并确切知道土卫六上在同一方向（或相反方向）上实施测量的结果。这听起来就像真的。（不必因我的例子显得古怪而泄气，原理才是最重要的！）

让我们再看一眼图 23.7。确实有某种实在的东西从我朋友那儿传到了我同事那儿，但（仅 2 比特的）经典通道显得太窄以致无法使 $\aleph_0$ 比特通过。因此一定存在一种联络通道。它由下述 3 段构成：从我朋友抻长到我这儿一小段、逆时地从我儿到我们的 EPR 对的原点一长段和从原点到我在土卫六

603　的同事那儿的另一长段。这确实是我们之间能够支持所需"信息"量的唯一联络途径。麻烦在于它包含了延伸到过去 5 年的一个跨度！

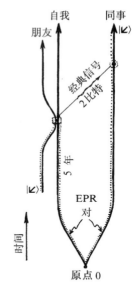

图 23.7　显示量子纠缠（quanglement）的非因果性传播的"量子隐形传输"。时空图中显示了如何仅通过传递 2 比特的经典信息就将我朋友给的自旋 $\frac{1}{2}$ 的未知量子态（$|\nearrow\rangle$）传递到我在土卫六的同事那儿，条件是这位同事和我事先拥有一对 EPR 粒子对。非因果性量子纠缠态的联系用点画线标出。

23.10　量子纠缠

我必须讲清楚，我无意支持那种普通信息在时间上可传播回到过去（EPR 效应也不可能用来以快于光速的方式传递经典信息，见后述）的思想。这种事情将导致各种我们绝对无法应付的悖论（在§30.6 我还将回到这个问题上来）。在通常意义上，信息不可能在时间上倒着传播。我们现在讨论的是某种相当不同的事情，有时人们称它为量子信息。用这个术语的困难在于"信息"一词上。我认为，前置的"量子"一词不足以强调与通常意义上信息的关联，因此我建议我们采用一个新词[15]：

QUANGLEMENT

至少在这本书里，我将把通常所说的"量子信息"称为 quanglement（量子纠缠）。这个词既暗合"量子力学"也意旨"纠缠"，因此非常贴切。量子纠缠概念远较信息一词复杂，而且不是信息。我们没办法单独利用量子纠缠来传递通常的信号。这一点从下述事实可以看得很清楚：量子纠缠的指

向过去的通道可以像指向未来的通道一样来使用。如果量子纠缠是可传递的信息，那么我们就能够将信息送回到过去，这显然是不可能的。但量子纠缠可以与通常的信息通道关联起来来确保实现普通信号传递单独无法实现的功能。这是非常奇妙的事情。一定意义上说，量子计算、量子加密以及量子隐形传态，根本上都依赖于量子纠缠的性质以及它与普通信息之间的相互作用。

按我的理解，量子纠缠链路如同普通的信息链路一样，始终受到光锥的制约，但量子纠缠链路具有新颖的特点，即它们在时间上能够曲折地向前或向后传播，[16]由此实现有效的"类空传播"。由于量子纠缠不是信息，因此它不容许实际信号以快于光速的速度传递。量子纠缠与通常的空间几何之间（像图 22.10、22.14 和 22.16 那样，通过黎曼球与自旋的关联）也存在着联系，这种联系在空间上以有趣的隐含形式表现为时间方向的反向。[17] 我们不再在细节上对此作进一步探讨了。

604

量子纠缠概念的一个最直接的应用出现在如下的实验里：一对纠缠光子由所谓参变下转换过程（见图 23.8）产生。一旦激光产生的一个光子进入特定的（"非线性"）晶体，晶体就会将该光子转换成一对光子。这些由晶体产生的光子以各种不同的方式纠缠在一起。它们的动量之和必须等于入射光子的动量，二者的偏振如同前述例子那样以 EPR 方式彼此关联。

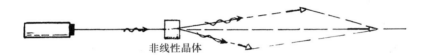

非线性晶体

图 23.8　参变下转换过程。由激光产生的一个光子打在适当的"非线形"晶体上生成一对纠缠光子。这种纠缠不仅具有二次光子的关联偏振态的 EPR 性质，而且它们的三维动量态之和必须等于入射光子动量。

在一项特别惊人的实验里，一个光子（光子 A）在飞向探测器 D_A 时穿过一个特定形状的洞。另一个光子（光子 B）则经过一个将其适当聚焦到探测器 D_B 的透镜。每发射一对光子，D_B 的位置都会挪动一点点，整个情形如图 23.9（a）所示。一旦 D_A 记录下接收到光子 A，同时 D_B 记录下接收到光子 B，我们就记下相应的 D_B 的位置。重复多次之后，探测器 D_B 就会渐渐形成一幅图像，其中在 D_A 记录的同时只有 B 的位置被统计。D_B 所建立的这幅图像就是 A 所穿过的洞的形状，尽管光子 B 从未直接穿过这个洞！这就好像 D_B 通过某种方式"看见了"洞的形状：先在时间上倒回到晶体上辐射点 C，再像 A 一样顺着时间方向向前传播。所以能够如此正因为这里"看"的过程是由量子纠缠来实现的。只有量子纠缠才可以有这种时间上的前行和回溯，甚至透镜的口径和位置都可以按量子纠缠的概念来理解。为了得到透镜的位置，我们来考虑在辐射点 C 处安有一面反射镜的情形。透镜（正透镜）被设置成使得由 C 处镜面反射来的洞的像能够被聚焦到探测器 D_B。C 处当然不存在实际的反射镜，但量子纠缠链路起着镜面反射作用，而且是像空间反射一样的时间反射。✳✳✳[23.11]

✳✳✳〔23.11〕试试您能否对此用量子纠缠或其他什么概念给出一种更完满的解释。

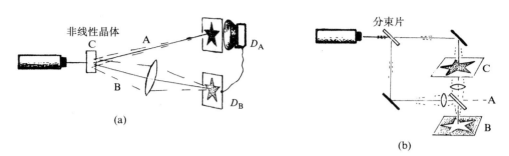

图 23.9 由量子效应形成的像的传递。(a) 在 C 点，由参变下转换过程产生纠缠光子 A 和 B。光子 A 穿过一个特定形状的洞到达探测器 D_A，同时光子 B 经过一个透镜被聚焦到探测器 D_B。D_B 的位置在关联中逐渐移动，且当两个探测器均记录到光子时，D_B 的位置被记下。经多次重复后，D_B 就将逐步形成洞的形状的像，其中当 D_A 有光子记录时只有 B 的位置被统计。(图中所示的是将 D_B 作为一固定的照相底板，在 D_A 记录光子时它被曝光。)量子纠缠由 C 处的透镜来演示，它就像一面按原方向逆向反射光子的镜子。(b) 作为改编的图 22.6 的艾立策－韦德曼弹炸检验的另一种方案（取水平反射面）。仅当光子似乎为 C 处的挡板"阻止"，但实际上是取较低的路径通过时，B 处的照相底板才接受到光子。

605 对于那些认为这个实验过于牵强的读者，我要强调指出，这是一种实际存在的效应。它已由马里兰州的巴尔的摩大学所进行的实验[18] 成功地确认。基于参变下转换过程（它最适于用量子纠缠来理解）的各种其他实验也正在进行中。[19]

另一方面，图 23.9(a) 所演示的一般情形还可看成是非"基本量子力学的"。因为人们可设想在 C 处有这么一台装置，其作用就是沿适当方向发射经典光子对，如果不考虑聚焦，我们得到的是类似的结果。这个结果还可以用调整了的艾立策－韦德曼 (Elitzur-Vaidman) 装置（图 22.6，水平反射）来修正，见图 23.9(b)。这里一次只有一个光子。它可以用照相底板 B 来记录，只要光

606 子能够有另一条道来避开穿越 C 点的洞，干涉效应就可以不考虑。

现在，我们再来考虑早先斯塔普和哈迪所考察的通常的 EPR 效应。在一般的量子 **R** 过程应用中，人们设想一个特殊参照系，其中的时间坐标 t 可分成一系列平行的时间切片，每一片对应时空里一个固定的时间值。正规的程序是采用如下的（非相对论）观点，即对一个 EPR 粒子的测量同时使得另一个粒子的态发生收缩，因此随后的测量看到的是一个收缩的（非纠缠）态，而不是纠缠态。这种解释可用到我前面说的 EPR 例子上。我们假定，从关于太阳静止的参照系来看，我在土卫六的同事的测量先发生，约早于我在地球上的测量 15 分钟。因此，正是他的测量使态发生收缩，我随后进行的是对一个非纠缠态粒子的测量。但我们可以想象，如果整个情形是从一个沿土卫六到地球的方向高速（譬如说 $\frac{2}{3}c$）行进的观察者 O 的视角来看，则应是我先对 EPR 对进行了测量，由此造成态收缩，然后才是我的同事探测到收缩了的非纠缠态（图 23.10）（见 §18.3，图 18.5(b)）。尽管在两种情形下联合概率是相同的，但 O 得到的却是与"实际的"孰先孰后的测量顺序完全不同的图像。如果我们认为 **R** 是真实的过程，那么似乎就会与狭义相对论原理发生冲突，因为这里对于谁引起态收缩而后又是谁观察到收缩态存在着两个不相容的观察结果。

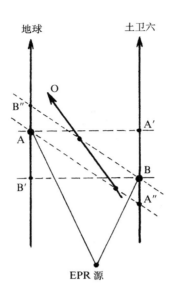

图 23.10　相对论与态收缩的客观性之间存在冲突？这是一张 EPR 情形的时空图，两位观测者分别处于地球和土卫六，粒子辐射源离土卫六较近。从相对于太阳静止的惯性系角度看，土卫六的观察者先记录到粒子（B 点），同时使得地球上的态（B′点）收缩。然后地球上进行的态观测（A 点）只针对后者且是非纠缠性的（同时使得土卫六上位于 A′的态收缩）。但对于沿土卫六站到地球的方向高速行进的观测者 O 来说，则应是地球上的测量先发生（位于 A 点，同时使得土卫六上位于 A″的态收缩，按 O 的"倾斜的"同时性直线来看的话），然后才是土卫六上接收到收缩了的非纠缠态（位于 B，同时使得地球上 B″的态收缩）。

从中我们可以推断，尽管 EPR 效应看起来不具因果性，但这种效应是不可能直接用来非因果地传递普通信息的，它会影响到与发射者具有类空间隔的接收者的行为。我们总可以通过选取参照系使得其中的"接收事件"先发生，而"发射事件"的态只能以收缩态形式被检验。对于信号的纠缠来说，这未免"太迟"了点，因为纠缠已被态收缩给毁了。

这些问题从量子纠缠的角度来看会怎样呢？[20] 见 §30.3。这种图像认为（我或我的同事的）测量中一个造成态收缩而另一个测量的是收缩态的观点是不对的。这两个测量有着同样的地位，我们认为量子纠缠提供了这两个测量事件间的一种联系。二者间无所谓孰先孰后之别，因为我们可将传向过去的和传向未来的量子纠缠看成是等同的。既然不能够直接携带信息，量子纠缠自然也就不受相对论性的因果关系的制约。它只是招致不同的探测结果的联合概率有所不同。

虽然量子纠缠在"解读"这种令人迷惑的量子实验时是一种有用的概念，但我也说不清这些思想能够应用到什么程度，也不知道量子纠缠效应可以描述得有多准确。实际上，量子纠缠并不能解决有关 **R** 取代 **U** 的条件等量子测量问题，不说完全没有，起码是少得可怜。这个问题我们将在第 29 和 30 章（特别是 §30.12）再作详细探讨，但量子纠缠在这个问题里究竟扮演何种角色我心里也不十分清楚。它与扭量理论中某些概念的联系可能更值得期待，我们将在 §33.2 中对此予以介绍。

注　释

§ 23. 1

23. 1　见 Eddington(1929b);Mott(1929);Dirac(1932)。

§ 23. 3

23. 2　见 Einstein *et al.* (1935);Schrödinger(1935b);亦见 Afriat(1999)。

23. 3　但它所告诉我们的关于量子计算的细节相当复杂,见 Jozsa(1998)。

23. 4　这个不等式的最简洁也是引用的最多的一种形式大概要属 Clauser *et al.* (1969)给出的那种。其形式为 $|E(A,B) - E(A,D)| + |E(C,B) + E(C,D)| \leq 2$,其中 $E(x, y)$ 是 EPR 对的一个分量的备选的测量结果 A, C 与另一个分量的备选的测量结果 B, D 之间符合的期望值(完全符合 $E = 1$,完全不符合 $E = -1$)。

23. 5　最令人惊奇的例子之一见 Tittel et al. (1998)。

23. 6　见 Stapp(1971, 1979);Hardy(1992, 1993)。

23. 7　见 Nielsen and Chuang(2000)关于量子纠缠中这个问题的一般性论述。

§ 23. 4

23. 8　见注释 23. 5。

§ 23. 5

23. 9　见 Hardy(1992, 1993)。

23. 10　见 Hardy(1993)。

§ 23. 8

23. 11　我在《心灵的影子》一书的 § 5. 15 中有效采用了一整套这种方法,但没有明确使用"楔积"。

§ 23. 9

23. 12　见 Penrose(1989a)。

23. 13　见 Wooters and Zurek(1982)。

23. 14　见 Jennewein et al. (1995)。

§ 23. 10

23. 15　见 Penrose(2002a)。

23. 16　见 Jozsa(1998)。

23. 17　见 Penrose(1998)。

23. 18　见 Shih et al. (1995)。

23. 19　例如,有关这个重要领域的尝试见 Gisin et al. (2003)。

23. 20　请与下列文献比较:Aharonov and Vaidman(2001);Cramer(1988);Costa de Beauregard(1995);以及 Werbos and Dolmatova(2000)。

第二十四章
狄拉克电子和反粒子

24.1 量子理论与相对论之间的张力

§23.10 所作的讨论使我们开始接触到某些深刻的量子力学原理和相对论原理之间的矛盾。在前三章对量子理论运算进行的具体讨论中，我的确一直采用一种非相对论性的处理，似乎忘记了爱因斯坦和闵可夫斯基所教导的（如第 17 章所描述的）那些关于时间和空间相互依存的重要知识。事实上，这种做法在量子理论中相当普遍。标准处理采用的是一种"实在的图像"，其中对时间的处理不同于对空间的处理，正如第 23 章所指出的那样，只有一种外在的时间坐标，但空间坐标却有许多，每个粒子都要求有各自的一套空间坐标。我们通常将这种不对称性看作是非相对论性量子理论的"暂时的"特征，它可能仅仅是某种更完善的相对论性理论的一种近似。在本章和后两章里，当我们试着认真地将量子力学原理与狭义相对论原理结合起来时，我们将开始看到由此出现的深刻矛盾。（更为雄心勃勃的与爱因斯坦的广义相对论的统一——其中引力和时空曲率都将介入——则要求更多的条件，迄今即使是最有前途的那些工作也还未取得广泛的认可。我将在第 28 章、第 30 ~ 33 章介绍有关的工作。）

量子理论与狭义相对论结合的一个显著特征，就是产生出来的不是那种只涉及量子粒子的理论，而是关于量子场的理论。其理由可概括为如下事实：相对论的引入意味着单个粒子不再守恒，而是可以在与相应的反粒子关联的过程中被产生和消灭。这句话需要作些解释。为什么在相对论量子理论中需要"反粒子"概念呢？反粒子的出现怎么就能使我们从关于粒子的量子理论转到关于场的量子理论了呢？本章的主要内容就是要回答这两个问题，尤其是前一个问题，使我们看到了狄拉克在电子的数学描述上的深邃的洞察力。

量子场论本身将放在第 26 章讨论，这里我们先看看普遍存在于狭义相对论和量子理论之间的紧张关系，它导致粒子物理的研究越来越数学精致化。我们将发现我们已被引领着进行一次长长的令人着迷的旅行。当这种紧张关系通过粒子物理里的标准模型（我们在第 25 章予以介绍）得到妥善解决后，我们会发现作为其结果的理论与观察事实之间符合得相当好。

但在许多方面，这种紧张关系依然存在，无法得到根本解决。严格地说，量子场论（至少在我们已知的这个理论的许多有关的非平凡情形下）在数学上不是充分协调一致的，许多重要的计算都需要运用不同的"技巧"。要清楚这些技巧仅仅是一种可以让我们在数学框架内勉强渡过难关（在深层次上看这种困难或许是一种根本性的缺陷）的权宜之计，还是反映了自然界本身的深刻真理，这需要有非常准确的判断力。最近许多力图推进基础物理学发展的努力的确将很多这类"技巧"视为基本手段。在本章和下一章里，我们将看到这种天才思想的一些例子，它们中有些似乎真正揭示了自然界的某些秘密，但另一些则受到大自然的无情嘲弄！

24.2　为什么反粒子意味着量子场？

在相对论量子理论里，反粒子的理论预言似乎揭示了大自然的一个真正秘密，现在这个预言得到了实验观察的充分支持。在本章的后面（特别是§24.8）我们将从理论上看到反粒子存在的一些理由。眼下我们主要把注意力集中在上述第二个问题上，即：为什么反粒子的存在会使我们从粒子的量子理论转向场的量子理论？我们暂且先接受这样一个论断，即每一种粒子都有其反粒子，并且学着逐步接受这一非同寻常的事实的结果。

反粒子的根本性质（至少对有质量粒子的反粒子是如此）是粒子和反粒子能够成对地产生和湮没，它们的合质量按爱因斯坦的 $E = mc^2$ 转换成能量。如果我们将足够大的能量引入到局域于非常小区域的系统的话，那么这些能量很可能被用作产生某种粒子及其反粒子。因此，正由于这种产生反粒子的潜在可能性，使得越来越多的粒子有可能不断涌现出来，每个粒子都伴随着反粒子。也因此，相对论性的量子理论肯定不会是一种单纯的粒子理论，也不会局限于处理固定数目的粒子。（在我们将从25和26章看到的量子理论里，如果说存在出现某种情形的可能性——例如大量粒子/反粒子对的产生——那么这种潜在可能性实际上主要反映在量子态上。）因此，在处理相对论性粒子的理论尝试中，人们不得不拿出一种具有产生无限多粒子可能性的理论。

这种理论使我们脱离了第21～24章的框架结构，但在第26章我们将看到，场的量子理论是如何使我们能够处理这种行为的。按通常的观点，这一理论中的主要概念就是量子场，粒子本身只是作为"场致激发态"而出现。但我们会发现，这并不是看待量子场论的唯一方法。通过运用第25和26章里将要阐述的费恩曼图处理技术，我们看到，构造量子场论的基本过程中存在很强的"类粒子"观点。

对基本粒子的产生——一种合理的相对论性量子理论的特征——进行详细说明不失为一种富于启发性的做法。这里我仍然假定存在反粒子。本质上说，期望粒子产生的理由可归结到爱因斯坦的著名公式 $E = mc^2$。能量本质上与质量是可相互交换的（c^2 仅仅是所用的能量单位和质量单位之间的"转换常数"）。如果可获得足够多的能量，则粒子质量就可以从能量中产生出来。

611

　　然而，有了产生粒子质量的办法还不足以魔术般地变出粒子。还要考虑各种守恒的（加和性）量子数，例如电荷（或其他的如重子数），我们并没有假定它会在物理过程中发生变化。因此，简单地从能量中变出带电粒子将违反电荷守恒（对其他的守恒的量子数，如重子数等，可作同样推理）。但是，通过假定每一种粒子都存在一种相应的反粒子，它们的每一项加和性量子数都取相反的符号，那么粒子就可以和其反粒子一道从纯粹的能量中产生出来（见图 24.1）。在此过程中，所有加和性量子数均守恒。

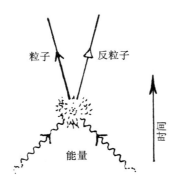

图 24.1　粒子和它的反粒子能够从能量中产生出来。反粒子的所有守恒的加和性量子数都与粒子的符号相反，以保证这些量子数在产生过程中守恒。

　　另一方面，反粒子的静质量（静质量属非加和性质）等同于原粒子的静质量。在能量转换为粒子的过程中，我们需要足够的能量——至少两倍于粒子本身的静质量／能量——来产生粒子及其反粒子。相反，如果一个给定的粒子遇上它的反粒子，则可能发生彼此湮没并放出能量。这里，放出的能量仍必须至少是两倍于单个粒子的静质量／能量。不论是产生过程还是湮没过程，能量都必须大于这个值，因为粒子和反粒子很可能正处于相对论运动状态，运动本身储有能量——动能——它应加到总能量里去。无论哪一种情形，我们都看到，反粒子的出现迫使我们必须走出 21～23 章所述的单粒子的量子理论。

24.3　量子力学里能量的正定性

　　现在我们回到那条最终促使我们在相对论量子理论中提出反粒子要求的道路上来。我们需要从比以往更深邃的视角来检验量子理论的框架。首先，我们回顾一下薛定谔方程的基本形式

$$i\hbar\,\frac{\partial\psi}{\partial t} = \mathcal{H}\psi。$$

假定我们要求量子系统有确定的能量值 E，使得 ψ 是本征值 E 的能量本征态；就是说（因为 $\mathcal{H}$ 是定义在系统总能量上的算符），我们要求

$$\mathcal{H}\psi = E\psi。$$

　　按照量子力学的 **R** 过程（§§22.1，5），这种态 ψ 是我们对系统进行测量的结果，这种测量要

· 439 ·

回答的是"你的能量是什么?"问题,得到的具体答案是"E"。于是薛定谔方程告诉我们

$$i\hbar \frac{\partial \psi}{\partial t} = E\psi.$$

这个方程的解的形式为*[24.1]

$$\psi = Ce^{-iEt/\hbar},$$

这里 C 是与时间 t 无关的量(例如,仅为空间变量的复函数)。

现在,能量 E 为正数很重要。在量子力学里负能态往往"不是好事"(它们会导致灾难性的不稳定性[1])。**[24.2]如果能量 E 确为正的,则($e^{-iEt/\hbar}$的)指数中 t 的系数 $-iE/\hbar$ 为 i 的负整数倍。从§9.5(以及注释9.3)可知,这种性质的函数 $\psi(t)$(或这类函数的线性组合)都具有正频率(这有点儿让人迷惑)。

从§9.3我们还可知,一个(实变量 x)函数 $f(x)$ 可按完全不同的方式(即根据黎曼球面几何)剖分为正的和负的频率分支。[2]这里我们可以将它作为一种优美的纯数学对象来处理。实线相当于绕黎曼球面一周的赤道线,函数 f 的正频率部分可理解为全纯地(见§7.1)扩展到整个南半球的部分,负频率部分对应于北半球部分。但现在我们对这个极为重要的概念有了相当好的物理上的理由。任何"自尊的"波函数,虽然其本身不必是能量的本征态,都应能表示为能量本征态的线形组合,每个能量本征值都应当是正的。这样,任何"体面的"波函数都应具有这种至关重要的正频率特性。在我看来,基本的物理要求与优美的数学性质这两方面的显著的联系,正是高深的数学概念与我们这个宇宙内部机制之间那种深奥的、微妙的、乃至神秘的关系的突出例证。

在非相对论量子力学里,只要哈密顿量是出自合理的物理问题(其中经典能量是正的),作为理论的自然本性,这种正频率要求大都能自动实现。例如,对(正)质量 μ 的单个的自由的非相对论(无自旋)粒子情形,其哈密顿量为 $\mathcal{H} = p^2/2\mu$(见§20.2,§21.2)。表达式 p^2 以及哈密顿量 $\mathcal{H}$ 本身是所谓"正定的"[3](§§13.8,9)。从经典的观点看,所以如此是因为 p^2 是一平方和,它不可能是负的:$p^2 = \mathbf{p} \cdot \mathbf{p} = (p_1)^2 + (p_2)^2 + (p_3)^2$。而在量子力学里,我们必须用 $-i\hbar\nabla$ 取代 $\mathbf{p}$,这里 $\nabla = (\partial/\partial x^1, \partial/\partial x^2, \partial/\partial x^3)$,现在"正定性"指的是算符 $-\nabla^2$ 的本征值(对归一化态,就是适当希尔伯特空间 $\mathbf{H}$ 的元素),这些也不可能是负的,其理由与经典情形本质上一样。***[24.3]

---

* [24.1]验证这的确是一个解。

** [24.2]解释:为什么在哈密顿量上加上一个常数 K 就能够起到使薛定谔方程的所有解都乘以同一个因子的效果。找出这个因子。假定我们考虑的是量子系统的引力效应,它会从根本上影响到量子动力学吗?为什么在此条件下我们不能简单地用这种方法"重整化"能量?

*** [24.3]这里,薛定谔方程为 $\partial\psi/\partial t = (i\hbar/2\mu)\nabla^2\psi$。先来确认:对能量 E 的能量本征态,我们有 $-\nabla^2\psi = A\psi$,这里 $A = 2\mu\hbar^{-2}E$,然后用格林定理($\int \bar{\psi}\nabla^2\psi \mathrm{d}^3x = -\int \nabla\bar{\psi}\cdot\nabla\psi\mathrm{d}^3x$)证明,对归一化态,$A$ 必为正值。(相反,下述事实也是正确的:对正的 A,$-\nabla^2\psi = A\psi$ 有多个解,在变量趋于无穷时这些解趋于零,以保证模 $\|\psi\|$ 有限,[4]只要我们愿意,可将其归一化到 $\|\psi\| = 1$。)并说明如何从外运算基本定理导出格林定理。

24.4 相对论能量公式的困难

现在，我们来考虑相对论粒子。在此情形下，从能量的相对论表达式得到的哈密顿量不是 $p^2/2\mu$，而是

$$[(c^2\mu)^2 + c^2 p^2]^{1/2}。$$

这个表达式直接得自 §18.7 的方程 $(c^2\mu)^2 = E^2 - c^2 p^2$，这里 μ 是粒子的静质量。担心这个表达式看上去不像 $p^2/2\mu$ 的读者应回头参考练习 [18.20]。它从 $[(c^2\mu)^2 + c^2 p^2]^{1/2}$ 的幂级数展开式告诉我们，这个相对论表达式将爱因斯坦公式 $E = mc^2$ 并作了第一项。这一项反映的是粒子静质量的贡献，还要加上粒子运动的动能。第二项给出的才是牛顿(动能)哈密顿量 $p^2/2\mu$。

读者对我们选择的相对论哈密顿量大可放心！但不管怎么说，这种实际的哈密顿量的指数展开式用起来的确非常别扭(而且相当不直观)，尤其是因为在 $p^2 > \mu^2$ 时这个经典序列甚至不收敛。而且我们发现，联系到维持正频率要求，精确表达式 $[(c^2\mu)^2 + c^2 p^2]^{1/2}$ 中的平方根(半指数幂)将带来难以解决的困难。我们来看看这个重要问题反映了什么。

为使表达式不显得复杂，我们取光速为 1 的单位

$$c = 1,$$

这样，相对论哈密顿量(包括静能量)为

$$\mathcal{H} = (\mu^2 + p^2)^{\frac{1}{2}}.$$

我们必须记住，在量子力学里，p^2 是二阶偏微分算符 $-\hbar^2 \nabla^2$，因此，如果我们打算让表达式 $(\mu^2 - \hbar^2 \nabla^2)^{1/2}$ 这个偏微分算符的平方根具有前后统一的意义，我们就必须接受这种相当复杂的数学形式！(例如，要体会这种困难，你不妨试试如何解释 $\sqrt{(1 - d^2/dx^2)}$ 的意义。✱✱✱[24.4])

这个平方根表达式包含着严重的困难，因为它含有隐秘的符号不确定性。在经典物理中，这种事难不倒我们，因为所考虑的量通常是实值函数，我们可以想象将正值与负值分开。但在量子力学里却不那么容易。部分是因为量子波函数是复数，一个复数表达式的两个平方根并不能以总体协调的方式正好分成"正的"和"负的"(§5.4)。它必须与下述事实联系起来考虑：量子力学处理的是作用在复函数上的算符，像平方根这样的事将导致根本的不确定性，这个问题不是说"取正根"就可以轻易地解决的。

这一困难还有另一种表现形式。在量子力学里，物理上各种"可能发生"的事都会对量子态有贡献，因此所有这些可能性都会对所发生的事有影响。就平方根而言，两个根的每一个都是一种"可能性"，甚至"非物理的负能量"也必须视作一种"物理上的可能性"。只要可能存在负能态，那么能量就有可能从正能量转变到负能量，这种转变将导致灾难性的不稳定性。对于非相对论自

✱✱✱ [24.4] 就如下情形提出建议：作傅里叶变换(§9.4)，或作幂级数展开，或作环路积分，等等。

由粒子,不存在出现负能量的可能,因为正定的量 $p^2/2\mu$ 不会有这种别扭的平方根。但对于相对论性的表达式 $(\mu^2 + p^2)^{1/2}$,则问题多多,因为我们通常没有清楚的程序来排除负平方根。

业已清楚,对于单个自由粒子(或类似的非相互作用粒子体系)情形,这不会造成实际的真正困难,因为我们可以只关心自由薛定谔方程的正能量平面波解的叠加,它们就是§21.5里考虑的那些形式,而且不存在到负能态的转换。然而,当粒子间存在相互作用时,情形就不是这样了。即使只是固定电磁场背景下的单个相对论带电粒子,其波函数一般来讲也无法保持正频率条件。在这种地方,我们开始感觉到量子力学原理与相对论原理之间的紧张关系。

正如在§24.8我们将看到的那样,伟大的物理学家狄拉克找到了解决这种紧张关系的途径。首先,他创造性地提出了一个极富远见的思想——以他名字命名的电子方程——以一种漂亮的意想不到的方式避开了讨厌的平方根。这一思想从根本上树立起一种排除负能量的高度原创性观点:负能量效应可用存在反粒子这一预言来取代。为了理解所有这些概念,让我们回到导致平方根的相对论理论的基本特性上来。

24.5 $\partial/\partial t$ 的非不变性

我们知道,在相对论情形里必须采用哈密顿量 $(\mu^2 + p^2)^{\frac{1}{2}}$ 的根本原因,是基于这样一个事实:薛定谔方程要用到算符 $\partial/\partial t$(即"关于时间的变化率"),而在相对论里,$\partial/\partial t$ 不是一个不变量,因为时间和空间不能分开来考虑,而是以合二为一的"时空"面貌出现。因此,$\partial/\partial t$ 不是一个基本的"相对论性的不变量"。正如我们在§21.3看到的,薛定谔方程里的 $\partial/\partial t$ 源自一般的"量子化技巧",由此,标准的4维时空动量 p_a(即能量 E 和负的3维动量 $-\mathbf{p}$)替换为微分算符 $i\hbar\partial/\partial x^\alpha$(即能量 E 替换为 $i\hbar\partial/\partial t$,$-\mathbf{p}$ 替换为 $i\hbar\nabla$)。因此 $\partial/\partial t$ 的"相对论性非不变性"与能量的非不变性紧密相关。正如§18.7所显示的那样,在相对论里,能量和动量如同时间和空间的关系一样也是合二为一的。

此外,爱因斯坦的 $E = mc^2$(按约定 $c = 1$)告诉我们,能量即质量,质量即能量,因此质量也是"非不变量"。但这是指加和性的"质量"概念 m(4维能量动量矢量的时间分量),它并非粒子本身的内在性质,而是在未必与粒子速度相同的某个参照系下测得的质量。粒子的速度越大,这种"感知的"质量也越大(这确实是 m 不是不变量的一个理由)。粒子的静质量 μ 倒是个不变量,但麻烦在于它不是加和性的,在粒子转换过程中静质量不守恒,因此我们很难选择一个可与哈密顿量等价的量。不仅如此,μ 还是能量动量表达式的平方根,就是说($c = 1$)

$$\mu^2 = p_a p^a = m^2 - p^2, \quad \text{即} \quad \mu = (m^2 - p^2)^{\frac{1}{2}},$$

这个式子不过是先前的质量/能量 $m = E (= \mathcal{H})$ 的平方根表达式 $m = (\mu^2 + p^2)^{\frac{1}{2}}$ 的另一种形式。

不管怎样,在薛定谔型方程中,我们可以摆弄的是具有不变性的静质量 μ 或其平方 μ^2 等概念，而不是非不变性的能量分量 m。应用于平方静能量（即 $\mu^2 = m^2 - p^2$）的量子化技巧（即用 m 替换为 $i\hbar\partial/\partial t$，$\mathbf{p}$ 替换为 $-i\hbar\nabla$）提供的是闵可夫斯基坐标（t, x, y, z）下 $(i\hbar)^2$ 倍的算符[5]

$$\Box = \left(\frac{\partial}{\partial t}\right)^2 - \nabla^2 = \left(\frac{\partial}{\partial t}\right)^2 - \left(\frac{\partial}{\partial x}\right)^2 - \left(\frac{\partial}{\partial y}\right)^2 - \left(\frac{\partial}{\partial z}\right)^2$$

它称为波算符或达朗贝尔算符，具有不变量意义。（我们知道 $(\partial/\partial x)^2$ 意味着二阶导数算符 $\partial^2/\partial x^2$，等等。）尽管传统的薛定谔方程不容许我们直接使用这种算符（理由如上，薛定谔方程要求一阶的"$\partial/\partial t$"，而不是二阶的 $(\partial/\partial t)^2$），但我们仍可期望对于相对论粒子，二阶方程 $(i\hbar)^2\Box\psi = \mu^2\psi$ 具有波方程的意义（这里 $(i\hbar)^2\Box$ 由 μ^2 通过量子化技巧得来，方程里的 μ 实际就是静质量）。这个方程可重写为

$$(\Box + M^2)\psi = 0,$$

这里 $M = \mu/\hbar$，它在相对论量子理论里具有重要意义。这个方程现在经常被称为"克莱因 – 戈登方程"，虽然薛定谔本人似乎应该是第一个给出这个相对论不变性方程的人，这一点甚至在他写下更著名的"薛定谔方程"之前就已经做出了（见§21.3 的描述）。[6]

从现代量子场论的发展来看，一定意义上说，克莱因 – 戈登方程可用于描述有质量的无自旋粒子，就是那些称之为介子的粒子（像 π 介子或 K 介子这样中等质量的粒子）。但这需要在完整的量子场论框架上来理解，而这在 1928 年狄拉克率先提出他对电子波动方程的全新解释时还只是个雏形。狄拉克偏好的是以一阶形式出现的时间导数"$\partial/\partial t$"（如同出现在薛定谔方程里的那样），而不是像现在出现在波算符 $\Box$ 里的二阶形式 $(\partial/\partial t)^2$。他的理由不仅与上面所说的那些概念有关，而且更与他所强调的要求有关：粒子的波函数应当能够给出在任何选定地点发现粒子的概率密度表达式，这个表达式定性上类似于标准的非相对论量子力学里的 $\overline{\Psi}\Psi$（§21.9），且应是正定的，以使概率不会变负。这一点与能量的正定性要求大不相同，但却是有着同等重要性的补充条件。[7]

618

24.6 波算符的克利福德 – 狄拉克平方根

通过对相对论要求和所偏好的一阶 $\partial/\partial t$ 要求之间看似无法解决的矛盾的独创性的成功处理，狄拉克设法找到了一个方程，它是一阶 $\partial/\partial t$ 的，做法是巧妙地以相对论不变性方式直接取波算符 $\Box$ 的平方根。狄拉克是通过引入一定的加和性非对易量来做到这一点的。这样的量在量子力学里是合法的，因为它们可以当作作用在波函数上的线形算符来处理，就像我们起初在§21.2 处理非对易位置算符和动量算符那样。我们不久将看到，令人吃惊的是，狄拉克被迫引入的这些非对易算符能够描述自然界中大部分基本费米子（§23.6，即狄拉克当时所知道的电子、质子，以及我们今天所知道的中子、μ 子、夸克和其他自旋 $\frac{1}{2}$ 粒子）的物理自旋自由度。

事实上，在发现非对易"自旋"量的过程中，狄拉克重新发现了我们在§11.5 介绍的克利福德

619

代数(的一个例子)。但狄拉克似乎并未注意到克利福德早先的工作，也不知道克利福德(1877)甚至在他之前的哈密顿已经注意到这些代数元可以用来对拉普拉斯量"取平方根"——波算符 $\square$ 就是一个特殊的广义拉普拉斯量，这里维数是 4，符号差为 + − − −。实际上，克利福德本人知道，在 1840 年前后，哈密顿已经证明，普通 3 维拉氏量的平方根可通过四元数(§11.1)

$$\left(\mathbf{i}\,\frac{\partial}{\partial x}+\mathbf{j}\,\frac{\partial}{\partial x}+\mathbf{k}\,\frac{\partial}{\partial x}\right)^2=-\left(\frac{\partial}{\partial x}\right)^2-\left(\frac{\partial}{\partial x}\right)^2-\left(\frac{\partial}{\partial x}\right)^2=-\boldsymbol{\nabla}^2$$

来得到。[8] 克利福德的处理将此推广到了高维。[9] 狄拉克没注意到半个世纪前的克利福德的发现，这一点也不足为怪，因为这项工作在 20 世纪 20 年代并不广为人知，甚至许多代数方面的专家亦不知晓。即使狄拉克当时知道克利福德代数，也不掩其认识到这些概念对自旋电子量子力学重要性的光芒——这一认识构成了物理学知识上重要的意想不到的进步。

在狄拉克情形里，波算符需要取平方根来得到闵可夫斯基几何下 4 维(洛伦兹型)拉氏量：

$$\square=\left(\frac{\partial}{\partial x}\right)^2-\boldsymbol{\nabla}^2 。$$

因此我们用"洛伦兹型"克利福德代数元 $\boldsymbol{\gamma}_0,\cdots,\boldsymbol{\gamma}_3$，它们满足

$$\boldsymbol{\gamma}_0^2=1,\boldsymbol{\gamma}_1^2=-1,\boldsymbol{\gamma}_2^2=-1,\boldsymbol{\gamma}_3^2=-1 。$$

在标准的(符号差 + +⋯ +)克利福德代数里，上述每一个平方项均为 − 1。这里，我按照标准的物理学家的习惯来处理符号，因此作为空间量的 $\boldsymbol{\gamma}$ 仍保留克利福德原初的负平方形式。[10] 而时间量的 $\boldsymbol{\gamma}_0$ 则取正平方。正是在这种意义上，狄拉克的克利福德代数是"洛伦兹型"的。对不同的 $\boldsymbol{\gamma}$，克利福德代数的反对易性质仍成立(§11.5)：

$$\boldsymbol{\gamma}_i\boldsymbol{\gamma}_j=-\boldsymbol{\gamma}_j\boldsymbol{\gamma}_i(i\neq j) 。$$

620　　狄拉克采取的关键步骤，是通过这些克利福德元将波算符定义为一阶算符的平方*[24.5]

$$\square=(\boldsymbol{\gamma}_0\,\partial/\partial t-\boldsymbol{\gamma}_1\,\partial/\partial x-\boldsymbol{\gamma}_2\,\partial/\partial y-\boldsymbol{\gamma}_3\,\partial/\partial z)^2.$$

我们可利用矢量形式 $\boldsymbol{\gamma}=(\boldsymbol{\gamma}_1,\boldsymbol{\gamma}_2,\boldsymbol{\gamma}_3)$ 将上式更简洁地写成

$$\square=(\boldsymbol{\gamma}_0\,\partial/\partial t-\boldsymbol{\gamma}\cdot\boldsymbol{\nabla})^2,$$

或

$$\square=\delta^2,$$

这里量

$$\delta=\boldsymbol{\gamma}_0\,\partial/\partial t-\boldsymbol{\gamma}\cdot\boldsymbol{\nabla}=\boldsymbol{\gamma}^a\,\partial/\partial x_a$$

($\boldsymbol{\gamma}^a=g^{ab}\boldsymbol{\gamma}_b$) 称为狄拉克算符。这个简约的"斜杠"记号是理查德·费恩曼引入的。推而广之，矢量 A^a 可用克利福德－狄拉克代数元

$$\slashed{A}=\boldsymbol{\gamma}_a A^a$$

---

*〔24.5〕验证这一点。

来表示。

24.7　狄拉克方程

现在让我们回到"波方程"$(\square + M^2)\psi = 0$。利用狄拉克算符$\eth$，我们可以将出现在这个方程里的量$\square + M^2$分解成：

$$\square + M^2 = \eth^2 + M^2 = (\eth - \mathrm{i}M)(\eth + \mathrm{i}M),$$

这里$M = \mu/\hbar$。于是电子的狄拉克方程为$(\eth + \mathrm{i}M)\psi = 0$，即

$$\eth\psi = -\mathrm{i}M\psi,$$

或根据静质量μ恢复公式里的$\hbar$：

$$\hbar\eth\psi = -\mathrm{i}\mu\psi。$$

显然，由分解式可以看出，只要这个方程成立，那么波方程$(\square + M^2)\psi = 0$就一定成立。（这一点还可以用到"反狄拉克方程"$(\eth - \mathrm{i}M)\psi = 0$上，但按照标准习惯，它指的是具有负质量$-\hbar M$的粒子。）因此，满足上述狄拉克方程的波函数也必然满足支配具有静质量$\hbar M$的相对论粒子的"波方程"。 621

狄拉克方程优于波方程就在于它是关于一阶$\partial/\partial t$的方程。的确，狄拉克方程可以重写成薛定谔方程的形式*[24.6]

$$\mathrm{i}\hbar\frac{\partial\psi}{\partial t} = (\mathrm{i}\hbar\boldsymbol{\gamma}_0\boldsymbol{\gamma}\cdot\boldsymbol{\nabla} + \boldsymbol{\gamma}_0\mu)\psi,$$

这里$\mathrm{i}\hbar\boldsymbol{\gamma}_0\boldsymbol{\gamma}\cdot\boldsymbol{\nabla} + \boldsymbol{\gamma}_0\mu$起着哈密顿算符的作用。从算符$\partial/\partial t$分离出的单个的量自然不具有相对论不变性，但整个狄拉克方程$\eth\psi = -\mathrm{i}M\psi$是相对论不变的。（为了看清这一点，我们需要对克利福德代数元与洛伦兹变换之间的相互作用做仔细的检查。***[24.7]令当时的物理学家大为吃惊的是，从中可知，相对论性不变量居然可以出现在矢量/张量运算的标准框架之外（12章和14章）。）狄拉克有效地开创了一种全新的强有力的形式体系，我们现在称之为旋量运算，[11]这是一种超乎当时传统意义上矢量/张量运算的计算方式。

排除讨厌的平方根同时保留相对论不变性的"代价"，是产生了这些奇怪的非对易的克利福德代数元γ_a。它们有什么意义呢？我们说，我们得把它们看作是作用在波函数上的算符。由于这些特殊的算符是新事物，不是像我们以前处理的那样直接产生于粒子的（非对易的）位置和动量量子变量，因此它们应当表示的是（和作用于）粒子的某些新的自由度。我们必须搞清楚这些新自由度能够担当的物理目的是什么。用当今的术语来表达，这个答案就是"旋量"——描述电子自旋的新自由度。[12]由§11.5我们知道："旋量可看成是克利福德代数元算符的作用对象"。在狄

---

*[24.6] 证明这一点。
***[24.7] 解释这一点。提示：将练习[22.18]一般化。

拉克方程里，克利福德元作用在波函数 ψ 上。因此，ψ 本身必须是一个旋量。一个普通的标量波函数除了位置和时间的依赖关系之外还有额外的自由度，这些自由度的确描述了电子的自旋！

622   现在我们开始看到，为能够利用克利福德元分解波算符所付出的代价已经为我们带来了令人难以置信的巨大利益！我们不仅有了精确描述电子自旋的理论，而且当我们将这一标准项加到表示与背景电磁场（这是按 §19.54 和 §21.9 的 "规范要求"[13] 引入电动力学的一项）相互作用的哈密顿量上时，我们发现，狄拉克电子能够像普通电子那样对电磁场做出正确的响应，包括由电子相对论运动产生的某些次级效应。

    但是，这里不只是电子的带电粒子行为得到了正确描述，而且狄拉克电子可按其具有的非常明确的磁矩大小

$$\hbar^2 e/4\mu c,$$

来作出响应，这里 $-e$ 是电子电荷，μ 是电子质量。也就是说，狄拉克电子不仅是带电的，而且表现得像一个小磁体，其场强就是上面给出的值。狄拉克给出的电子磁矩的这个明确值与实际观测值非常接近，误差仅为千分之几。电子磁矩的最新确定值与狄拉克上述值之间的误差可表为下述乘积性因子

$$1.0011596521188\cdots$$

甚至这一小偏差现在也可以从量子电动力学的修正效应中得到解释，它是狄拉克方程中基本成分之一。狄拉克的精巧方程 $\partial \psi = -iM\psi$ 所反映出的与大自然的那种协调一致性的确异乎寻常！

24.8   正电子的狄拉克途径

    但这个故事不能就这么结束了，我才刚刚开了个头呢。让我们继续考察关于电子自旋的狄拉克方程在数学上的那种表观反常性。这种表观上的反常就是我们如何看待所发现的狄拉克旋量 ψ 的独立分量的个数。业已知道狄拉克的 ψ 有 4 个独立分量，但表面上看，我们可以预期的只有两个，因为自旋 $-\frac{1}{2}$ 粒子只有两个独立自旋态（见 §22.8）。让我们试着更深入地了解这个问题。

623   1925 年，在狄拉克发表他的方程（1928 年）之前不到 3 年，乌伦贝克（George Uhlenbeck, 1900 ~ 1974）和古德斯米特（Samuel Goudsmit, 1901 ~ 1978）已得出结论，电子一定拥有由两个基本自旋态构成的量子力学自旋。1927 年，沃尔夫冈·泡利说明了如何用我们今天称之为 "泡利矩阵" 的数学工具来表示这些自旋态的转动变换（见 §22.8，以及图 22.6 描述的自旋 $\frac{1}{2}$ 态的黎曼球面图像）。泡利矩阵（本质上是带因子 i 的四元数）也是克利福德代数元，只不过属 3 维转动群下情形罢了。✻✻[24.8]

  ✻✻ 〔24.8〕与 §11.5 解释的四元数与克利福德元之间的关系联系起来，解释这一段叙述。

事实上，物理上对电子的两个自旋态有着强烈的需求。众所周知，化学的真正主题正取决于这一点。在原子里，原子核周围的电子被限定在所谓"轨道"的特定状态下绕核运动（§22.13）。由泡里不相容原理，每个电子轨道只能容纳一个电子，但我们发现，每个轨道总是容许存在第二个电子。一对电子能够共存并仍能满足不相容原理，就因为它们的态不全同，而是有相反的自旋。但每个轨道上不容许超过两个电子，因为电子只有两个独立的自旋态。化学上的"共价键"概念依据的也是这一点，两个公用的电子可在同一个态下共存，因为它们的自旋相反，见图24.2。

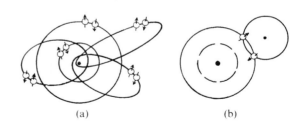

图24.2 电子的自旋$\frac{1}{2}$的证据。（a）在原子里，不多于两个电子可占据同一个轨道。原因是它们的自旋态相反，不违反泡利不相容原理。（b）化学里的"共价键"是指两个不同原子的共有轨道上有一对自旋相反的电子。

泡利对电子的描述是一个二分量的项$\psi_A = (\psi_0, \psi_1)$，相应地，泡利矩阵为$2 \times 2$。但我们发现，狄拉克的克利福德元（$\gamma_0$，$\gamma_1$，$\gamma_2$，$\gamma_3$）要求$4 \times 4$矩阵以表示克利福德乘法律。[24.9] 因此，狄拉克电子是一个四分量的实体，而非只有"泡利旋量"的两个分量（它们用来描述§22.8里所述的自旋$\frac{1}{2}$的非相对论粒子的两个独立的自旋态）。

事实上，狄拉克方程描述的粒子只有两个分量，尽管其波函数有四个分量。数学上看，所以如此是因为狄拉克方程$\delta\psi = iM\psi$是一个一阶的方程，其解空间只有二阶波方程（$\square + M^2)\psi = 0$的一半。（这个波方程也满足"反狄拉克"方程$\delta\psi = +iM\psi$，后者是具有负的静质量$-M$的狄拉克方程。）但从物理上看，狄拉克方程解的"计算"[14]必须考虑到，电子的反粒子即正电子的自由度也藏在狄拉克方程的解里。但如果认为狄拉克方程的两个分量指的是电子，另两个分量是指正电子，这也可能属误导。我们将看到，事情远比这精巧复杂。

还记得吧，引领我们考虑狄拉克方程的主要任务之一，就是搞清楚怎么处理不想要的薛定谔方程的负频率（即负能）解。但业已证明，狄拉克方程的解不限于正频率，尽管我们的（确切地说，是狄拉克的）全部聪明才智和艰苦努力都用在了如何排除哈密顿量的平方根上。正如前面尝试的，更早的时候所描述的，诸如背景电磁场这样的相互作用的存在，将导致初始的正频率波拾取负频率部分。

但正是在这个地方狄拉克表现出非凡的创造力。在他最终确信负频率解不可能从数学上加以排除之后，他作了如下根本性的论证解释。在负频率解中难办的到底是什么呢？问题或许是这样，如果负能态存在，那么电子就会通过辐射掉能量落入这个态中；如果有无限多个这种态，则

624

***〔24.9〕 说明为什么2×2矩阵不满足所有这些条件；找出一个满足这些条件的4×4矩阵。

将出现灾难性的不稳定性，在此情形下，所有电子堕入负能态，使得负能量越来越大，同时伴随着越来越多的能量辐射，没有止境。但是，狄拉克解释道，电子满足泡利原理，因此如果一个态已经被占据了，这条原理就不会容许同样的粒子再占据这个态。于是他提出了一项惊人的建议，所有负能态应当都已被占满！这个被占领的负能态海洋就是通常所说的"狄拉克海"。因此，按照狄拉克的"狂想"，我们确实得想象着负能态已占满；按泡利原理，电子已没有落入这种态的余地。

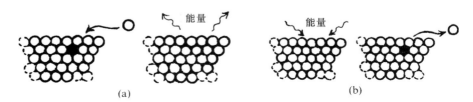

图 24.3 作为狄拉克负能态"海"里的"洞"的正电子。狄拉克认为，几乎电子所有负能态均占满，泡利原理不容许电子落入这种态。偶尔出现的未占据的态——负能海的"洞"——就像一个反电子（正电子），从而有正能量。（a）电子填入这种洞可解释为电子与正电子的湮没，同时释放出能量——电子与正电子的正贡献之和。（b）反过来，足够大的能量将使狄拉克海生成电子–正电子对。（这里的图像只是示意性的，这种晶格结构描述与狄拉克海实际上不相关。）

625　但是，狄拉克又解释道，偶尔可能会出现一些负能态未被占据的情形。这时将发生什么呢？这种狄拉克负能态海里的"洞"似乎就像一个正能粒子（即正质量粒子），其电荷与电子电荷相反。这种空的负能态可被普通电子所占据；因此电子将"落入"伴随能量辐射的态（通常以电磁辐射形式出现，即释放出光子）。这将导致"洞"和电子彼此湮没，这种方式我们今天理解为粒子和它的反粒子发生相互湮没（图 24.3（a））。反过来说，如果当初不存在洞，但一股足够大的能量（譬如说以光子形式）涌入系统，那么电子就会被从负能态轰出并留下一个洞（图 24.3（b））。狄拉克的"洞"的确就是电子的反粒子，现在称之为正电子。

起初，狄拉克表现得小心谨慎，他声称他的理论实际上预言了存在电子的反粒子，刚开始他认为（1929 年）这个"洞"可能是质子，这是当时知道的唯一的有质量、带正电荷的粒子。但不久事情变得很清楚，[15] 每个洞的质量必须等于电子质量，而不是质子质量，二者要相差不止1836 倍。1931 年，狄拉克得出结论，洞必须是"反电子"——一种此前不知道的、今天我们称之为正电子的粒子。在狄拉克理论预言的第二年，卡尔·安德森发现了一种确如狄拉克所预言的粒子：第一个反粒子被找到了！

626　　**注　释**

§24.3

24.1　技术上说，如果能量是所谓"下有界的"，灾难是可以避免的，这意味着能量要大于某个固定值 E_0（E_0 也许是负的）。在此情形下，我们能够通过将 $-E_0$ 加到哈密顿量上来"重正化"能量，其结果能量值总是正的。

24.2　对点 ∞ 的处理需要有一定的技巧，因为在这里 f 很可能是奇异的。§9.7 的超函数处理是适当的，见Bailey（1982）。

24.3　严格来说，应当叫半正定的，因为（连续的）本征值谱不必衰减到零，并包括零。

24.4　关于量子力学的应用见 Shankar（1994），一般性讨论见 Arfken and Weber（2000）。

§24.5

24.5　有些人将算符定义为相反的符号，通常是因为他们的符号差取 + + + −，而不是我这里用的 + − − −。

24.6　见 Pais（1986）；Miller（2003）；Dirac（1983）。薛定谔的动机可能始终是既唯美又好色的!!

24.7　这两个要求共同构成 CPT 定理证明的基本要素，我们在 §25.4 将介绍它。

§24.6

24.8　见 Trautman（1997）关于这些"平方根"概念的参考文献。

24.9　见 Clifford（1882），778~815 页；亦见 Lounesto（2001）的一般性讨论。

24.10　这种习惯似乎不同于通常数学家的习惯（见 Harvey1990；Budinich and Trautman 1988；Lounesto 2001；Lawson and Michelson 1990），也不同于我自己的习惯（见 Penrose and Rindler 1986，附录）。如果时空采用这里的符号差，则一般克利福德代数的定义方程是 $\boldsymbol{\gamma}_i\boldsymbol{\gamma}_j - \boldsymbol{\gamma}_j\boldsymbol{\gamma}_i = -2g_{ij}$。

§24.7

24.11　见 Clifford（1878）；Cartan（1966）；van der Waerden（1929）；Infeld and van der Waerden（1933）。在 §22.8 的二维旋量记号下，将导致如 §25.2 给出的狄拉克方程的 "zig‐zag" 形式。

24.12　"旋量"这个术语显然是 Paul Ehrenfest 在给 Bartel van der Waerden 的一封信里提出的。

24.13　增加的项为 $ie\boldsymbol{A}$，这里 $\boldsymbol{A} = g^{ab}A_a\boldsymbol{\gamma}_b$，$A_a$ 是电磁势，这相当于用 $\partial - ie\boldsymbol{A}$ 取代 ∂ 算符。✳[24.10]

§24.7

24.14　对相对论性方程，解的统计用二维旋量计算里的"正合集"方法来进行最方便（见 Penrose and Rindler 1984）。

24.15　这个工作是由 Igor Tamm，Hermann Weyl 和 J. Robert Oppenheimer 完成的，见 Oppenheimer（1930）为事后解释所举的例子。在通向正电子的道路上还有许多其他技术性细节，讲述起来就太冗长了，对所有这些所做的完全、严格、乐见的处理见 Zee（2003）。

✳〔24.10〕解释为什么这是标准的"规范方法。"

第二十五章
粒子物理学的标准模型

25.1　现代粒子物理学的起源

627　　　电子的狄拉克方程在许多方面是物理学的转折点。1928 年，当狄拉克发表他的方程时，科学上已知的粒子只有电子、质子和光子。如同爱因斯坦在 1905 年所成功预言的那样，自由麦克斯韦方程描述光子。这种早期的工作逐渐由爱因斯坦、玻色和其他人发展，直到 1927 年，约旦和泡利根据量子化自由场的麦克斯韦理论提出了描述自由光子的总体数学框架。此外，像电子一样，似乎质子也可以用狄拉克方程来很好地描述。而描述电子和质子如何受光子影响的电磁相互作用则由狄拉克开出的处方，即规范概念（这基本上是由外尔于 1918 年引入的，见 § 19.4），来绝好地支配，1927 年，狄拉克本人已经将光子作用于电子（或质子）的完整理论（即量子电动力学）进行系统化。[1]因此，就描述大自然中所有已知粒子及其非常明显的相互作用而言，基本工具差不多已具备。

　　　但当时的大多数物理学家不会傻到认为不久就可以得到一种"包罗万象的理论"。因为他们知道，在没有进一步的重大进展之前，不论是使原子核聚集一块儿的力——我们今天称之为强作用力——还是用于放射性衰变的作用机制——现在称之为弱作用力——都还没有准备好。如果原子以及原子核的唯一成分只是以电磁相互作用相联系的狄拉克型质子和电子，那么所有普通的原子核（除了由单个质子构成的氢核）都将因为正电荷间的静电排斥而瞬间解体。因此一定有一种尚不为人知的其他作用，在核内起着非常强的吸引性作用！1932 年，查德威克发现了

628　中子，于是人们彻底认识到，早先流行的原子核的质子/电子模型必须被这样一种模型取代：原子核中不仅有质子而且有中子，强的质子–中子相互作用使核聚合在一起。但就当时的理解来说，即使是这种强作用力也不能解决所有问题。自 1896 年亨利·贝克勒耳的发现之后，铀的放射性已为人知，它显然是另一种既不同于强作用也不同于电磁作用的相互作用——弱作用力——的结果。如果单独来看，甚至中子本身都存在周期约为 10 分钟的放射性蜕变。放射性的神

秘产物之一是难以捕捉的中微子，泡利在 1929 年就推断过它的存在，但直到 1956 年人们才直接观察到它。正是放射性研究最终使物理学家们在第二次世界大战末期和战后的一段时间里变得恶名昭著，影响极坏……

今天，我们对粒子物理的认识已较早期（20 世纪前三分之一）有了相当大的进展。随着进入 21 世纪，我们已掌握了更为完备的图像，这就是粒子物理的标准模型。这个模型几乎可用于描述所有观察到的、现今已知的各种粒子的行为。光子、电子、质子、正电子、中子和中微子，已经可拆分为各种不同的其他中微子、μ 子、π 介子（汤川 1934 年成功预言）、K 介子、Λ 和 σ 粒子，以及著名的通过预言得到的 Ω⁻ 粒子。1955 年，通过直接观察得到了反质子，1956 年观察到反中子。已知的新粒子还有夸克、胶子、W 和 Z 玻色子；还有一大堆寿命极为短暂以致我们无法直接观察到的粒子，我们通常把它们仅当作"共振态"。现代理论的形式化体系还要求存在瞬态的所谓"虚拟"粒子，以及无法进一步从直接可观察性方面去除的所谓"鬼"。拟用的粒子则更多——都还未观察到——它们为某种理论模型所预言，但却无法从公认的粒子物理的一般框架推断出来，例如"X 玻色子"、"轴子"、"光微子"、"标量夸克"、"胶微子"、"磁单极子"、"伸缩子"等等。还有虚幻的希格斯粒子——到我现在写作时还没观察到——其不论以这样或那样（或许不是单个粒子）形式存在，都对当今的粒子物理学有着根本的重要性，因为相关的希格斯场决定着每种粒子的质量。

25.2 电子的 zigzag 图像

在这一章里，我将对当今的粒子物理的标准模型作一简明的介绍——虽然我的处理在许多方面可能被看作是不起眼的"非标准"做法。我们的确是以一种稍许非标准的方式，即利用 §22.8 引入的"二维旋量记号"来重新检查狄拉克方程开始。如 §24.8 评述的，自旋 $\frac{1}{2}$ 粒子的"泡利旋量"描述是一个 2 分量的量 ψ_A（分量为 ψ_0 和 ψ_1）。按照 §22.8，当我们考虑相对论情形时，我们还需要带撇的指标 A'，B'，C'，…，这里带撇的指标是不带撇指标的复共轭。可以证明，[2]前述的带有 4 个复分量的狄拉克旋量 ψ 可表示为一对二维旋量[3] α_A 和 $\beta_{A'}$：

$$\psi = (\alpha_A, \ \beta_{A'})。$$

于是狄拉克方程可写成耦合了这两个二维旋量的方程，每一个都作为另一个的"源"而起作用，"耦合常数" $2^{-1/2}M$ 描述二者间的相互作用强度：

$$\nabla^A_{B'}\alpha_A = 2^{-1/2}M\beta_{B'}, \quad \nabla^{B'}_A\beta_{B'} = 2^{-1/2}M\alpha_{A'}。$$

算符 $\nabla^A_{B'}$ 和 $\nabla^{B'}_A$ 是普通梯度算符 ∇ 的二维旋量形式。我们不必在意下标、$2^{-1/2}$ 和这些方程的精确形式。我在这里写出它们只是要说明狄拉克方程是如何被变换到二维旋量计算的一般框架里的，一旦做到了这一点，我们就可看出狄拉克方程的新的性质。[4]

从这些方程的形式我们看到，狄拉克电子可看成是由这两种成分 α_A 和 $\beta_{B'}$ 组成的。对这些成分可以有一种物理解释。我们构造一幅有两个"粒子"的图像，一个粒子由 α_A 描述，另一个由 $\beta_{A'}$ 描述，每个粒子都是无质量的，*[25.1]且每个粒子连续变换自身而成为另一个粒子。我们把这些粒子称为"zig"粒子和"zag"粒子，其中 α_A 描述"zig"粒子，$\beta_{A'}$ 描述"zag"粒子。作为无质量粒子，它们每一个都以光速运动，但更确切地说，我们可以将它们看成是在前后"摇晃"，前进的 zig 运动紧接着变为后退的 zag 运动，反之亦然。实际上，这就是那种所谓的"颤动"现象，按照这种理解，我们测得的电子的瞬时速度总是光速，因为电子做的正是这种摇摆运动，尽管电子的总体平均速度要小于光速。[5] 每个成分都有关于自身运动方向的自旋，大小为 $\frac{1}{2}\hbar$，这里 zig 的自旋是左旋的，zag 的自旋是右旋的。（这一点必须与下述事实相一致：zig 的 α_A 有不加撇的指标，它具有负螺旋性；而 zag 的 $\beta_{B'}$ 有加撇的指标，相当于带正螺旋性。所有这些都与 §§33.6 – 8 的讨论有关，但这里不适于作具体展开。）我们指出，虽然速度方向一直在变，但在电子静止的参照系中，自旋的方向则保持不变（图 25.1）。在这种解释中，zig 粒子是 zag 粒子的源，反过来 zag 粒子也是 zig 粒子的源，二者的耦合强度由 M 确定。

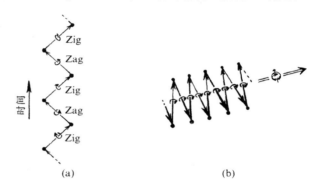

图 25.1 电子的 zigzag 图像。（a）电子$\left(\text{和其他自旋}\frac{1}{2}\text{的有质量粒子}\right)$可看作是时空内左旋的无质量 zig 粒子$\left(\text{螺旋性}-\frac{1}{2}\text{，由不加撇的二维旋量}\alpha_A\text{或按物理学家们更常用的记号由}\frac{1}{2}(1-\gamma_5)\text{的投影部分表示}\right)$和右旋的无质量 zag 粒子$\left(\text{螺旋性}+\frac{1}{2}\text{，由加撇的二维旋量}\beta_{B'}\text{或由}\frac{1}{2}(1+\gamma_5)\text{的投影部分表示}\right)$之间的振荡。（b）从三维空间里电子的"静止参考系"来看，电子的速度（始终是光速）存在持续的倒向，但自旋的方向不变。（由于手征性的原因，这个图并不完全反映电子在静止参考系中的图像，而是向右缓慢漂移。）

在图 25.2 中，我给出一张图表来演示这个过程是如何带来完整的"费恩曼传播子"（见 §26.7）的，这是一种我们在下一章要详细介绍的费恩曼图[6]的样式。每个 zigzag 过程都有有限

---

*[25.1] 参考 §25.3 给出的外尔的中微子方程，解释：为什么说取如下观点是合理的：α_A 和 $\beta_{A'}$ 中每一个都描述无质量粒子，二者通过相互作用反转为对方而耦合。

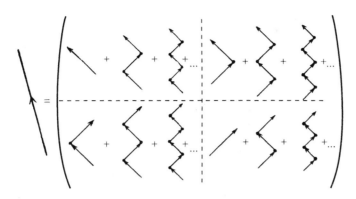

图 25.2　作为无限量子叠加的一部分，每个 zigzag 过程分别对费恩曼图中总的"传播子"作出贡献。传统的单线型费恩曼传播子画在了左边，它表示的是右边反画的有限个 zigzag 粒子的无限叠加构成的整个矩阵。

的长度，但对长度不断增长的 zigzag 来说，按照图 25.2 的 2×2 矩阵描述，其总效果相当于电子的整体移动。典型的情形是一个 zig 粒子变成一个 zag 粒子，接着 zag 粒子再变成 zig 粒子，然后这个 zig 粒子又变成 zag 粒子，如此反复，构成一段有限长度。从总的过程我们发现，这种转变的平均速率与质量耦合参数 M 有关，事实上，这个速率本质上就是电子的*德布罗意频率*（§21.4）。

　　关于如何解读费恩曼图的结构我有句忠告。我们可以将上述过程合法地看成是一种时空描 631 述，但在量子水平上，我们必须采取这样一种观点：即使是对单粒子，也一样同时存在大量的这种过程。每个单独的过程都可看成是参与到为数众多的不同过程的巨大的量子叠加。系统的实际量子态就是由所有这些叠加组成的。一个费恩曼图仅表示其中的一种。

　　与此相应，我对电子运动的上述描述（运动呈前后摇摆状，zig 粒子不断地变成 zag 粒子然后又变回来）必然会恰当地贯彻这一精神。电子的实际运动由大量的（实际上是无限多个）这种单个过程的叠加构成，我们可以将检测到的电子运动看成是这些过程的某种"平均"（虽然严格说来属量子叠加）。甚至这种描述也只对自由电子成立。实际电子始终处于与其他粒子（如光子、电磁场的夸克）相互作用中。所有这些相互作用过程都应在总的叠加态里加以考虑。

　　记住这一点之后，我们来提出这么个问题：这些 zig 和 zag 粒子是否"真的"存在？抑或是电子的狄拉克方程描述所采用的特有的数学形式的产物？我们还可以将问题提得更一般些：使我们围于数学描述的形式美并试图将它当作对"实在"的描述的物理根据是什么？在目前情形下，我们将从质疑只是作为数学技术的二维旋量形式体系本身的重要性（和美感）开始。我要 632 忠告读者，实际上，这不是那些关心狄拉克方程及其应用（例如在量子场论最成功的量子电动力学 QED 中的应用）的物理学家最常用的形式。[7]

　　大多数物理学家用的是所谓"狄拉克旋量"（或四维旋量）形式，其中免去了旋量指标。他们不用二维旋量"α_A"，而是用四维旋量 $(1 - \gamma_5)\psi$（它叫做"狄拉克电子的左手螺旋性部分"

或类似的称呼，而不是我用的"zig 粒子"）。[8] 这里，量 γ_5 是积

$$\gamma_5 = -i\gamma_0\gamma_1\gamma_2\gamma_3,$$

其性质为：它与克利福德代数的每个元反对易，且有 $(\gamma_5)^2 = 1$。**[25.2] 类似地，他们用 $(1 + \gamma_5)\psi$ 而不用 $\beta_{A'}$（右手螺旋性部分）。人们或许认为，这只是个记号问题，在二维旋量和四维旋量形式之间完全可以变换来变换去。我这里给出的"zigzag"图像确实是按其中的一种形式给出的有效（但不常见的）描述，只是它更倾向于使用二维旋量而非四维旋量。

那么这些 zig 和 zag 真实存在吗？要我说，我认为是这样。它们和"狄拉克电子"本身一样是真实的——就作为对宇宙最基本的统一体之一的非常合适的理想化数学描述而言。但它是真正的"实在"吗？在 §§1.3，4，我谈到过这种一般意义上的数学和物理实在性以及它们之间的关系。在本书的最后，即 §34.6，我还将再次提到这个问题。

25.3 电弱相互作用；反射不对称性

每个 zig 和 zag 粒子都有相同的电荷——因为电荷守恒，故必须如此。每个粒子又都持续地转变为对方。在费恩曼图中，荷电粒子与电磁场的相互作用由拖着一条代表光子的波纹线表示。通常的处理如图 25.3（a），其中电子的轨迹由单个的狄拉克四维旋量线按通常方式表示，图 25.3（b）显示的是用于"zigzag"描述的情形（尽管不是很常见）。

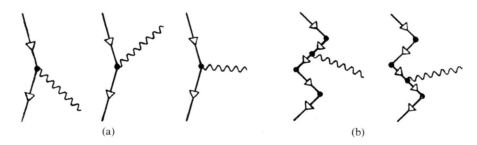

(a)   (b)

图 25.3 （a）与电磁场量子（即光子）相互作用的电子的费恩曼图（传统形式，无 zigzag 部分）。左边的图显示的是光子的吸收过程，中间的图是光子的发射过程，右边的图为静电的影响，所有这些过程被认为是相同的，都是与"虚"（离壳的）光子相互作用。（b）用 zigzag 表示的上述 3 种过程。（虚）光子平等地作用于 zig 和 zag。在所有图中，电荷的传播由白色三角形箭头表示。图中所有图均指向过去，因为我们考虑的是电子，带负电荷。

注意，左旋粒子(zig)和右旋粒子(zag)平等地参与电磁作用。但业已证明，在另一种相互作用——弱作用——下，二者则完全不同，就是说，只有电子的 zig 参与弱作用，而 zag 则根本不

** 〔25.2〕证明这二者。

参与（见图 25.4）。弱作用由类似光子的 W 和 Z 玻色子为媒介。如前所述，这些相互作用可以解释放射性衰变，例如，平均而言，铀 U^{238} 核可以在长达 5×10^9 年的时间内通过这些相互作用自发地衰变成钍和氦核（α 粒子），自由的中子也通过这些相互作用在平均约 15 分钟的时间内衰变成质子、电子和反中微子，见图 25.5。这些衰变过程通称为"β 衰变"，（由于历史原因）电子被当作了"β 粒子"。

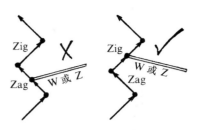

图 25.4 另一方面，在弱相互作用情形下，只有弱作用粒子的 zig 部分与 W 或 Z 玻色子发生相互作用。（但对于"反粒子"，参与弱作用的则是其 zag 部分。）

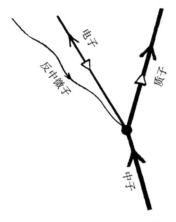

图 25.5 中子到质子、电子和反中微子的 β 衰变，自由中子的这种衰变（平均）约需 15 分钟。反中微子的逆箭头表示它在轻子分类表上属"反粒子"。如同图 25.4 一样，电子和质子线上的白箭头表示电荷极性。

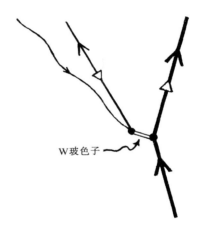

图 25.6 弱相互作用不像图 25.5 暗示的那样是"点状的"（原始的费米理论），而是有"矢量玻色子"（$W^{\pm}$ 或 Z^0）居间作用——图中是 W 粒子。

多年以来，弱作用一直被当作单一的点过程来对待——如图 25.5 所示的单一的衰变点——其背景可追溯到 1933 年杰出的意大利物理学家恩里科·费米提出的设想。但后来这一设想开始遇到理论上的困难，最终这些困难通过温伯格、萨拉姆、沃德和格拉肖的电弱理论（我们在 §25.5 将略加叙述）得到了解决。作为这些更为新颖的思想的一部分，人们认识到，取代费米点状作用的将是居间的"规范玻色子"——前面提到的 W 和 Z 粒子——来传递弱作用，按照这种理论，图 25.5 的 β 衰变可用图 25.6 来解释。但 zig/zag 不对称的意义何在呢？1956 年，李政道和杨振宁提出了一个惊人的理论，[9] 在物理学界引发了的一次大震荡。这一理论认为，β 衰变——从而一般的弱相互作用——不应当是反射不变的。不久之后，1957 年 1 月，吴健雄和她领导的小组通过实验确认了这一理论。按照这一理论，弱作用过程的镜像反射一般来说不是一种容许的弱作用过程，因此弱作用具有手征性。特别是，吴健雄的实验检验了放射性钴 60 的电子

634

发射模式，发现在辐射电子的分布和钴核的自旋取向之间具有明显的镜像不对称关系（见图25.7）。这一结果令人震惊，因为此前人们从未观察到基本物理过程具有反射不对称现象！

根据我们的 zig 和 zag 粒子，手征不对称源于如下事实：在镜像情形下，zig 看上去像 zag，zag 看上去则像 zig。我们知道，zig 具有左手螺旋性，而 zag 具有右手螺旋性。它们中每一个都能在镜像反射下变成另一个。（用更常用的术语，就是 γ_5 在反射变换下变号，故电子波函数的左旋部分 $(1-\gamma_5)\psi$ 和右旋部分 $(1+\gamma_5)\psi$ 发生交换。）因此，反射对称下弱作用的非不变性可看成是这样的事实：只有电子的 zig 部分参与弱作用。同样，对经历自发 β 衰变的中子和作为结果的质子，都可作同样的理解。某种程度上说，中子和质子也可以用狄拉克方程来描述，这时 zigzag 描述对二者也都是合适的。同样，只有中子和质子的 zig 部分参与弱衰变过程，见图25.8（a）。按照现代理论的图像，更恰当的是将中子和质子都看成是成分粒子，每个都由3个夸克组成。夸克本身则由狄拉克方程单独描述，于是 zigzag 图像对每一种都是合适的，图25.8（b）就是按这些概念来表示中子的 β 衰变的。

635

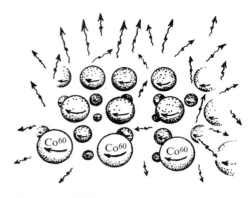

图 25.7 吴健雄的实验检验了放射性钴60的电子发射模式，发现在辐射电子的分布和钴核的自旋取向之间具有明显的不对称关系。这一结果令人震惊，因为此前人们从未观察到基本的物理过程具有反射不对称现象！图中显示的是向上出射的电子多于向下的情形。

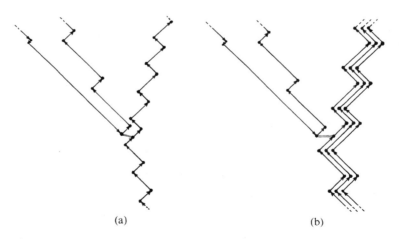

(a)　　　　　　　　　　(b)

图 25.8 用 zigzag 表示的图25.5 的 β 衰变过程。（a）在适当近似下，中子和质子可描述为狄拉克粒子，因此 zigzag 描述是不适当的。如同在图25.4 中，只有中子和质子的 zig 部分参与了弱衰变过程，尽管伴随的反中微子是 zag（右旋）型的，出现在左上的微小的 zig 粒子容许有些许质量。（b）但是，中子和质子被认为是复合粒子，每个都由3个夸克组成，这些夸克本身则可看成是单个的狄拉克粒子，因此 zigzag 图像适用于它们。（图中还显示了夸克的电性箭头和联结的胶子）。

636　　　这里中微子也特别引人注目。至少在非常好的近似上，我们可将它当作无质量粒子来处理。

（在任何情况下，其质量较之电子质量都极其微小，肯定不超过电子质量的 6×10^{-6}。） 如果在二维旋量表示的狄拉克方程中令 $M = 0$，则方程解耦，变成

$$\nabla^A_{B'} \alpha_A = 0, \quad \nabla^{B'}_A \overline{\beta}_{B'} = 0。$$

两个方程都可以在没有对方的情形下存在（二者中的每一个方程本身都是表示中微子的"外尔方程"[10]）。但只有 zig 型的（由不加撇的 α_A 给出，服从 $\nabla^A_{B'} \alpha_A = 0$）参与弱作用，或者说可在弱作用过程中产生。因此，中微子是带有左手螺旋性的粒子。

实际的中微子是否有质量呢？现在看来似乎有很好的实验证据表明，至少 3 种中微子中有两种一定是有质量的。这 3 种中微子是"电子中微子" ν_e（参与通常的 β 衰变，其反粒子 $\overline{\nu}_e$ 由中子衰变放出，见图 25.5）、"μ 中微子" ν_μ 和"τ 中微子" ν_τ。日本的探测器 Superkamiokande 的观察清楚地显示了这 3 种中微子类型在质量上的差别，尽管很小（合计约为电子质量的 10^{-7}）但不为零，因为它们之间存在相互跃变（"中微子振荡"）的趋势，这在无质量粒子是不可能发生的。我推断 ν_e（或可感知的三者的某种量子"线形组合"）仍可能为零质量，但关于这些的确定性证据仍告阙如。一个无质量中微子可能是完全 zig 粒子，但若有些许质量，则图像更像图 25.9（a）所描述的那样，zig 难

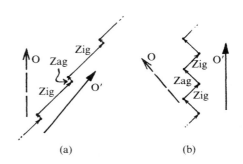

图 25.9 （a）无质量中微子完全可以是 zig；但对于带小质量的中微子我们必须将其想象成偶尔瞬间"跃变"成 zag 并又迅速变回来。图中显示的是从实验室静止参照系 O 看到的情形。（b）从随中微子运动的另一个静止参照系 O′来看，zig 和 zag 似乎对总体运动的贡献是相同的。

得有机会瞬息跃变为 zag 并再变回来。然而，从随中微子运动的静止参照系来看，zig 和 zag 两方面似乎对整个运动的贡献是相等的（图 25.9（b））。

这里还有必要澄清几句。在我说参与弱作用的是 zig（即左旋的）粒子而不是 zag 粒子时，我的意思是我们知道如何将"粒子"与"反粒子"区别开来。对于反粒子，事情就不会是这个样子了。在电子的反粒子即正电子情形，我们可以用"zigzag"描述，其中 zig 是左手的，zag 是右手的，但正电子的 zig 是电子的 zag 的反粒子，反之一样。因此，在正电子情形，是右手的 zag（电子的 zig 的反粒子）参与弱作用，而不是 zig。类似判断可应用到反质子和反中子上，也可以用到反夸克上。它还可以用到反中微子上，如果该中微子无质量，则它是一个完全 zag 粒子。

这里可能会造成某些糊涂，因为我还没给出任何判据来确定一个 $\left(\text{自旋} \frac{1}{2}\right)$ 类粒子的项可否被看成是"粒子"抑或"反粒子"，以便我们能够知道是它的 zig 粒子还是 zag 粒子参与弱作用。虽然在前一章，我只是依据狄拉克的原始概念"负能态海"中的"洞"给出了反粒子的概念，但反粒子其实不应被认为是总体上从粒子分离出来的一种东西。在现代量子场论里，不必按狄拉克原初的（表观反对称的）形式来表示各种粒子。反粒子和"粒子"一样都是粒子。此外，

反粒子概念可以指玻色子（整数自旋的粒子），如同它用于费米子一样，只是费米子必须服从泡利原理（§§23.7，8），因此关于反粒子的"狄拉克海"的观点不能用于玻色子。例如，带正电的 π 子（π^+ 介子）是玻色子，它有带负电的反粒子 π^- 介子。事实上，好些玻色子就是其自身的反粒子。光子是为一例，中性 π 子（π^0 介子）也是这样。就目前所知（当然是根据标准模型），本质上每一种粒子都有反粒子。

25.4 正反共轭、宇称和时间反演

用反粒子取代粒子的运算称为 C 运算（表示正反共轭）。在反粒子取代粒子（或其相反）时物理相互作用保持不变的性质称为 C 不变性。空间反射（镜面反射）运算称为 P 运算（表示宇称）。按 §25.3 的讨论，通常，不论在 P 下还是在 C 下，弱作用都不是不变的，但可证明它们在组合运算 CP（= PC）下是不变的。我们可将 CP 看成是使一个粒子被反射为其反粒子的特殊镜面上的运算。我们看到，CP 使粒子的 zig 变成了其反粒子的 zag，反之一样。通常还讨论与此相关的另一种运算，称为时间反演 T 运算。如果我们从与日常相反的时间方向上看一种相互作用，发现它与正常时间方向上的情形没有什么不同，我们就说这种相互作用在 T 下是不变的。量子场论里有一条著名的 CPT 定理：每一种物理相互作用在同时应用于所有 3 种 C、P、T 运算时是不变的。自然，一条定理"只是一些数学"，其物理真实性有赖于其假说的物理有效性。这个问题以后（§30.2）会显得非常重要，在那里我将提出一个至关重要的问题，它可能导致我们对 CPT 定理的结论（同样是假说）产生质疑。但对通常的弱相互作用来说，没有理由担心会有任何困难。相应地，通常弱相互作用的 CP 不变性意味着它们在 T（时间反演对称）下也是不变的。

应当指出，在本书写作期间，又得知有一种 CP 不变的物理过程（一种"非同寻常的"弱作用过程，由菲奇（V. L. Fitch）和克罗宁（J. W. Cronin）于 1964 年首次观察到）。它也是 T 下非不变的（但按照 CPT 定理，我们可以说它在 CPT 下是不变的）。这是一种 K^0 介子的衰变模式（可衰变成 2 个或 3 个 π 子，这个过程非常复杂，涉及 K^0 翻转为反粒子 $\overline{K^0}$，而且在二者间还伴有振荡）。

CPT 定理为我们提供了另一种不同于狄拉克"海"的看待反粒子的观点，它更令人满意，因为它同样能够用于玻色子。有了 CPT，我们就可以将 C——粒子与反粒子交换——等同于 PT，这样，我们就能够将某种粒子的反粒子当成粒子的"时空反演"（PT）。如果不考虑其中的空间反射方面，则我们可将反粒子理解为做时间反向运动的粒子。这正是费恩曼爱用的理解反粒子的方式。它为处理费恩曼图中的反粒子提供了一种相当方便而又和谐的方法。（这一思想是惠勒（John A. Wheeler）向费恩曼建议的，更早些时候（1942）施蒂克尔博格（von B. Stückelberg）曾独立提出过这一思想。）尽管方式各异，它同样是一种犹如狄拉克海那样的"疯狂"思想！

在费恩曼图里，没有反粒子的粒子必须有某种形式取向的线，例如每条线带有适当的箭头。我们可以将这种箭头看成是指向未来的——当线描述的是粒子的时候——反之，在箭头指向过

639

去时，我们认为此时线表示的是该粒子的反粒子。这种关于反粒子的观点有很大的好处，许多看起来非常不同的粒子处理，可由此变成基本上相同的处理过程，当然这是就不同的时空"角度"而言的。例如，在图 25.10 中（图中未画出 zigzag 粒子），我描述了电子–正电子湮没生成一对光子的过程，显示了这一过程"基本等同于"（即时空重组）光子作用于电子的康普顿散射过程。（稍后我们将看到，我们仍有必要容许粒子的线能够指向类空方向，以描述所谓的"虚粒子"，但眼下这足以让人糊涂！）

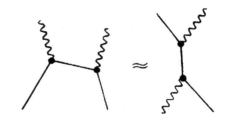

图 25.10　交叉对称性。在不同空间位置上时序不同、但图的拓扑结构不受影响的两个过程，在数学上（通过解析延拓）基本上是等价的。整个图说明，左边所示的粒子 – 反粒子对湮没生成两个光子的过程，等价于右边所示的康普顿散射过程（图中未画出 zigzag 粒子）。

640

现在让我们回到如何确定自旋 $\frac{1}{2}$ 粒子的 zig 或 zag 参与弱相互作用的问题上来。我们需要有明确的法则来判定它是"粒子"还是"反粒子"。所用的这一法则应能够判定，那些称作为"轻子"（电子及其较重的姐妹粒子、μ 子、τ 子以及相应的中微子 ν_e、ν_μ 和 ν_τ）的微粒、组成质子和中子（以及其他强子）的夸克，都应算作"粒子"。它们有参与弱作用的 zig 粒子。而这些粒子的"反粒子"则算作反粒子，此时是 zag 粒子参与弱作用。由于弱作用还涉及自旋为 1 的（有质量）粒子，即 W 和 Z 玻色子，[11] 因此情况更加复杂。这些玻色子是弱作用中的媒介子，起着类似于电磁相互作用中光子的传递作用（光子是电磁场的量子）。这样的粒子有时称为"规范量子"，理由容我后述。存在两种不同的 W 玻色子，分别标以 W$^+$ 和 W$^-$（二者互为反粒子），它们分别有电荷 1 和 −1（这里以正电子电荷为单位），而 Z 玻色子则只有一种不带电的 Z^0（它的反粒子就是它自身）。这些玻色子中的每一种都参与弱作用，并在费恩曼图上有一条线，线的一端连着轻子或夸克的 zig 部分，或连着反轻子或反夸克的 zag 部分（见图 25.11）。在整个弱作用过程中，电荷是守恒的，轻子数也是守恒的。事实上，有 3 种不同的轻子数（电子数、μ 子数和 τ 子数），在弱相互作用的标准模型里，每一种都分别守恒，W 和 Z^0 的轻子数记为零。为了在费恩曼图中检查这 4 种守恒律，我们所需要做的就是确保线上 4 种箭头的每一种都能以连续、协调一致的取向和路径出现在图上。

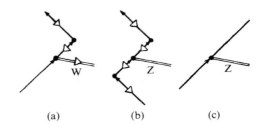

图 25.11　zig 粒子与弱作用规范玻色子之间相互作用的图示。(a) 带电的 W$^+$ 和 W$^-$（二者互为反粒子）引起 zig 的电荷发生变化（以保证电荷守恒）。(b) 不带电的 Z^0 则不会（它的反粒子就是它自身）。(c) 中微子的 zig 可以和不带电的 Z^0 发生相互作用。

25.5 电弱对称群

作为一项基本理论，这个题目无疑听起来就有点儿复杂。是的，是复杂，尽管也有一套我还没来得及解释的基本模式。但我在这里还只是以非常定性的方式开始来描述我们目前所理解的粒子物理，按所谓"标准模型"，这些还不到整个内容的一半。此外，到目前为止，我针对参与弱（和电磁）相互作用的各种粒子所做的评述更多地带有"植物分类"特点。事实上，在标准模型里，弱作用和电磁作用被统一到所谓电弱理论的框架内，根据群 $SU(2) \times U(1)$，或更确切地说，[12] 是群 $U(2)$（见 §13.9，如果你需要回忆一下这些群的话），在这种电弱理论中，存在一种与 W^+、W^-、Z^0 和光子 γ 有关的特殊对称性，应用于基本模式的正是这种（隐藏着的）对称性。

在本章后面，我会较详细地解释这种对称性的作用。这种对称性也与各种轻子和夸克的 zig 部分相关联。从更基本的观点看，由此导致的结果是，所有 W^+、W^-、Z^0 和 γ 从一定意义上说都可以连续地"彼此轮换"，因此，这些粒子的各种（量子）线性组合与单个粒子本身具有同等地位！

正如我上面所说，这种"对称性"看起来非常奇怪，难以捉摸，因为纯粹的电磁作用是反射不变的，源的 zig 和 zag 部分具有同等地位，而弱作用在反射变换下则不是不变的，而且只有粒子的 zig 部分参与作用。此外，这个理论在考虑所有玻色子时，光子显然因为是无质量粒子而不计其内。实验观察表明，光子的质量即使不为零，也肯定不到电子质量的 10^{-20}，更不足 W 和 Z 玻色子的观测质量的 5×10^{-26}。还有，W 玻色子带电荷而光子不带，但反过来，光子带弱作用荷。

在图 25.12 中，我罗列了所有可能的只包括规范玻色子（即 W^+、W^-、Z^0 或 γ）的 3 分支费恩曼顶角。它们只有两种形式。但实际上二者根本就是自由规范场下的某种非线性性表示，它起因于规范群的非阿贝尔性质

图 25.12　由于规范群的非阿贝尔性质，理论上能够出现 3 个规范玻色子之间的电弱相互作用顶角。（光子由波纹线表示：Z^0 由无箭头的双线表示；$W^{\pm}$ 由带箭头的双线表示。）

——这一点用到 $U(2)$ 上结果也一样。（纯粹的电磁作用来源于阿贝尔规范群 $U(1)$，因此不存在只包含光子的 3 分支费恩曼图。这些可能导致无源麦克斯韦场的非线形性。这些论述可以类比到 $n > 2$ 的 n 分支顶角情形。）见 §15.8，§19.2。从图 25.12 中图的形状所反映出的有限性质可以看出，所有规范玻色子之间不可能完全对称。

我们怎么才能使这些看上去明显偏离对称性的状况与统一的对称性理论所要求的目标协调起来呢？首先是认识到，费恩曼图实际上藏有比一眼看上去更丰富的对称性，如果以适当方式来看，它们实际表现为 $U(2)$ 对称性。我们先来看图 25.12 中的两个图。为了更好地理解这里的基

本对称性概念，考虑一个 2 × 2 埃尔米特矩阵（§13.9）。我们可以想象，它的两个实对角元相当于 Z^0 和 γ，另两个非对角元——二者互为复共轭——相当于 W^+ 和 W^-。对角元的实数性质相当于说 Z^0 和 γ 就等于它们各自的反粒子（图25.12 里不带箭头的线），而非对角元的复共轭性质相当于说 W^+ 和 W^- 互为反粒子（在由此及彼的过程中箭头倒向）。这种埃尔米特矩阵的一般 U(2) 变换（我们必须记住，这既包括 U(2) 的自左乘，也包括其逆矩阵的自右乘）以一种非常特殊的方式"搅拌"了埃尔米特矩阵元，但埃尔米特矩阵性质则始终保持不变。实际上，这种类比与 U(1) 在电弱理论中的作用方式非常相似（唯一复杂的就是在这种同化过程中，我们必须考虑迹中对角元的线性叠加，这里的迹与后面 §25.7 要讲的"温伯格角"有关）。我们之所以感到在真实世界里似乎能看见的这些粒子的反对称性仅出现在电弱理论里，就因为大自然为它们选择了特定的组合方式——即这些元的特殊的量子叠加——使它们以真实的自由粒子面貌出现。

但费恩曼图里其他的明显不对称，即 Z^0 和 $W^\pm$ 只能附带粒子的 zig 线，而 γ 则可以不加分辨地附带 zig 或 zag，又作何解释呢？这同样是一个大自然允许我们作何种叠加来发现自由粒子的问题。例如，Z^0 和 γ 或许存在某种特定的叠加方式——我们姑且称之为 Y——它只看得见粒子的 zag 部分。（粗略地说，从 γ"减去"Z^0 以除去 zig 相互作用，只留下 zag。）我们可以从 Z^0 和 Y 中找回 γ，但如果大自然以另一种方式来进行选择的话，那么就有可能存在多种这样的叠加方式，它们起着光子所起的同样的作用。

因此，问题的关键在于：在允许我们找到作为自由粒子而非其他的特定的叠加方式方面，大自然采用的是什么样的标准？基本答案是这样，对自由粒子，我们要求它是一种质量的本征态，为此我们需要知道是什么一般地决定了粒子的质量。这里，我们不能指望在 U(2) 下有完全对称性，换句话说，质量涉及某种对称性破缺。在标准模型里是怎么处理它的呢？这个概念，至少就通常的表现形式来说，也就是目前我们在粒子相互作用中实际观察到的非对称性，源于宇宙早期出现的自发对称性破缺。在那之前，条件与今天的大不相同，标准电弱理论认为，在宇宙早期的极端高温条件下，U(2) 对称性严格成立，因此 W^+、W^-、Z^0 和 γ 与这些粒子的各种量子叠加态完全是等同的，这时光子 γ 与按这种方式形成的所有其他组合具有同等的地位。但是，随着宇宙温度的降低（大爆炸后约 10^{-12} 秒温度降到 10^{16}K 以下，见 §§28.1～3），我们今天观察到的 W^+、W^-、Z^0 和 γ 就是被这种自发对称破缺过程给"冻结出来"的。因此在这个过程中，4 种实际的粒子之间的矛盾就在早期宇宙的完全对称流形下得到了解释。其中只有 3 种要求有质量，这就是 W^+、W^- 和 Z^0；余下的那个仍保持无质量的就叫做光子。在最初"纯粹"的无破缺理论中，U(2) 对称性是完整的，此时 W^+、W^-、Z^0 和 γ 全都是无质量的。作为这种对称性破缺理论的基本面，另一种称为希格斯（粒子）的粒子/场根据需要出现了。希格斯（场）被认为负责将质量派分给所有这些粒子（包括希格斯粒子本身），当然也包括组成宇宙间其他粒子的夸克。

它是怎么做到这一点的呢？很遗憾，这一整套惊人而极富创意的思想的全部细节已超出本书的范围，但我在后面的 §26.11 和 §28.1 将给出某些片断。眼下，我认为我们通过参考前面图

25.2 所示的狄拉克电子的"zigzag"描述就能够很好（虽然是相当不完善）地描述希格斯场的作用。我们知道，电子可看成是左旋的 zig(α_A) 和右旋的 zag($\beta_{B'}$) 之间的振荡，后二者就自身而言是无质量的。支配狄拉克旋量这两部分 α_A 和 $\beta_{B'}$ 之间"翻转"频率的是"耦合常数" $2^{-\frac{1}{2}}M$。实际上，"希格斯"观点就是把 $2^{-\frac{1}{2}}M$ 当作场——本质上就是希格斯场——即前面所说的具有耦合常数 $2^{-\frac{1}{2}}M$ 的相互作用（见图 25.13）。极早期宇宙的自发对称破缺作用的效果之一，就是希格斯场开始变得处处取某个常数值。这个值为确定所有粒子的质量规定了一个总体范围，每种粒子的不同质量值由取决于各个粒子具体情况的某个比例因子确定。

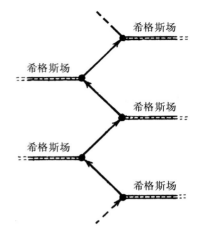

图 25.13 在狄拉克粒子的 zigzag 图像中，顶角可看成是与（常态的）希格斯场相互作用。

我打算把对这一整套异乎寻常的概念的评述放到 §§28.1~3 中进行，在那里这么做更合宜。但不论我们对这些概念作何考虑，作为成果的弱作用力和电磁力的统一理论——电弱理论[13]——已经获得惊人的成功。其所做的预言就是一定存在 Z^0（和 $W^{\pm}$，但 $W^{\pm}$ 的存在已从更早些的理论中推断出来了）以及 $W^{\pm}$ 和 Z^0 质量的非常具体的值（分别为约 80 和 90GeV）。[14]1983 年，在（瑞士日内瓦）欧洲核子中心 CERN，通过实验观察到了 $W^{\pm}$ 和 Z^0，预言的质量值经检验吻合得非常好，现代的观测值分别是约 81.4GeV 和 91.2GeV。许多其他预言也得到确认，到本书写作时，电弱理论已在观察基础上强健地挺立起来。

25.6 强相互作用粒子

什么是强相互作用呢？描述强相互作用的现代理论构成了标准模型的"另一半"，这就是量子色动力学或简称为 QCD。这个名字有点儿古怪，因为它的词源希腊语 *khroma* 的意思是"颜色"，我们也许会问在支配核力的强相互作用理论的什么地方"着色"。答案是这里"色"的概念完全是想入非非的，与通常的那种可见光频率确定的"色"的概念毫无关系。[15]为了解释什么是（核）粒子物理里"色"的概念，我们有必要回顾一下并考虑强子的令人迷惑的粒子阵列，其中的中子和质子是两个特例。

"强子（hadron）"这个名字来源于希腊语 *hadros*，意思是"强壮的"。强子是自然界中质量较大的基本粒子，它们参与强相互作用（这些相互作用的强度为质量提供了大量的能量）。强子族包括称为"重子"的费米子和称为"介子"的玻色子。在传统理论中，所有强子都由夸克组成，这一点一会儿还要详细论述。具体来看，称为重子的那些强子都是普通的"核子"（中子或质子），它们要比称为"超子"（由宇宙线观测和粒子加速器发现）的堂兄弟们重。介子最初是日本物理学家汤川秀树（Hideki Yukawa）于 1934 年基于核力分析而提出的一种理论预言，1947 年，C·F·鲍威尔终于从宇宙线径迹里发现了 π 子（π 介子）。现在已找到多种 π 子的介子兄弟。

"重子（baryon）"这个词来源于希腊语 barys，意思是"重的"；而"轻子（lepton）"则源于希腊语 leptos，意为"小的"。轻子有电子及其姐妹粒子 μ 子和 τ 子，以及相应的中微子；这些粒子的反粒子称为反轻子。轻子和重子都是自旋 $\frac{1}{2}$ 的费米子，而轻子区别于重子则在于它们不直接参与强相互作用——这也许是轻子质量上远小于重子的主要"原因"（虽然 τ 子是一个例外，它差不多两倍于质子或中子的质量）。

自 20 世纪 40 年代后期以来，人们从宇宙线和加速器里已发现了大量的强子：Λ^0，$\Sigma^\pm$，Σ^0，Ξ^-，Ξ^0，Δ^{++}，$\Delta^\pm$，Δ^0，Ω^-，ρ^0，$\rho^\pm$，ω^0，η^0，$K^\pm$，K^0，这些粒子中许多更重的类型往往具有较高的自旋（这里以附加的星花作为标记，例如 Ξ^{*-}），它们称为"雷杰复现（Regge recurrences）"（见图 31.6）。要不是观察表明这些粒子可归入确定的称之为多重态的类中，恐怕至今都令人莫名其妙。对这些多重态性质的完好理解是由盖尔曼（Murray Gell-Mann）和尼曼（Yuval Ne'eman）于 1961 年给出的。他们认为这些多重态提供了对群 SU(3) 的表示，或更确切地说，是对 SU(3)/$\mathbb{Z}_3$ 的表示（"表示"的概念见 §13.6，"除号"／使用所涉及的"商群"概念的解释见 §13.2；这里 $\mathbb{Z}_3$ 是指有 3 个元的循环群，它是作为 SU(3) 的正规子群而自然出现的；**[25.1] 亦见 §5.5）。

理解这些表示中所涉概念的最好方法是做这样的假设（如同茨威格和盖尔曼分别在 1963 年清楚地做出的那样）：每个强子都由确定的自旋 $\frac{1}{2}$ 的基本成分组成，盖尔曼将其命名为"夸克"（3 种）和"反夸克"（3 种）。每个重子被认为是由 3 种这样的夸克组成，每个介子则是有 1 个夸克和 1 个反夸克组成，这里，夸克的 3 种类型——称之为 3 种味——分别叫做（极其缺乏想象力地）"上夸克"、"下夸克"和"奇异夸克"。夸克的神秘之处在于它们拥有分数电荷（以质子电荷为单位），上夸克、下夸克和奇异夸克的电荷值分别为 $\frac{2}{3}$、$-\frac{1}{3}$ 和 $-\frac{1}{3}$。

大概主要是因为这些看起来不合情理的夸克电荷值——相关的事实是夸克本身从未被直接观察到（观察到的粒子总是具有整数电荷值，见 §5.5）——夸克起初并不被认为是真实的粒子，而只是作为对 SU(3)/$\mathbb{Z}_3$ 的不同表示的一种方便的"簿记"。但如果将夸克当作满足自旋 $\frac{1}{2}$ 粒子的"错误统计"的项的话，这个簿记反而是有效的。就是说，对于证明是正确的多重态，人们不

646

**[25.3] 找出这一正规子群。提示：考虑 3×3 矩阵的行列式。

得不假托夸克是"玻色子",而不是需要满足自旋统计定理(见§23.7和§26.2)的费米子。

为了理解最后这一点,我们来考虑两个例子。看得最清楚的是一组10个自旋$\frac{3}{2}$的粒子。1962年,盖尔曼和尼曼通过这组粒子预言了Ω^-粒子的存在(此时多重态里所有其他粒子已找到),1964年,这一预言被确认:[16]

$$\Delta^{++} \ \ \Delta^+ \ \ \Delta^0 \ \ \Delta^-$$

$$\Sigma^{*+} \ \ \Sigma^{*0} \ \Sigma^{*-}$$

$$\Xi^{*0} \ \Xi^{*-}$$

$$\Omega^-$$

647　这个阵列很好理解,如果我们将其中的每个粒子都看成是由3个不同味的夸克组成的话,其中d表示下夸克,u表示上夸克,s表示奇异夸克:*[25.4]

$$uuu \ uud \ udd \ ddd$$

$$uus \ uds \ dds$$

$$uss \ dss$$

$$sss$$

应当说,这一预言之所以成功,就在于3个夸克处于对称态。例如,uud与udu是不可分辨的。此外,其中含2个相同夸克构成的态,如uuu和uud,不等同于零,而是可能处于泡利原理起作用的反对称态。自旋$\frac{3}{2}$意味着所有3个夸克的自旋$\left(每个都是\frac{1}{2}\right)$成一直线,因此,就态的自旋而言,它们是完全对称的。如果夸克表现得像个费米子,那么我们将在夸克交换下得到反对称,而不是对称性,这显然与这里的图像不一致。**[25.5]

对更复杂的情形可作类似的(也更复杂)说明,如通常质子(N^+)和中子(N^0)所属的一组8个自旋$\frac{1}{2}$粒子就属于这种情形:[17]

$$N^+ \ \ \ N^0$$

$$\Sigma^+ \ \ \ \begin{matrix}\Sigma^0 \\ \Lambda^0\end{matrix} \ \ \Sigma^-$$

$$\Xi^0 \ \ \ \Xi^-$$

这里,我们必须将Σ^0和Λ^0视为本质上占据着六角阵列中心的"同一位置"。这种排列的出现是因为我们考虑到现在的自旋是$\frac{1}{2}$,因此可认为每个粒子中有2个夸克的自旋是平行的,另一个反

---

　*〔25.4〕对第一行验证上标标称的电荷值是正确的。

　**〔25.5〕用§22.8所述的夸克自旋的2维旋量描述和新的3维"SU(3)指标"(取u,d,s　3个值)方法,更全面地解释这一点。

平行。现已清楚，出现在中心位置的夸克组分 uds 的排列只能有这两种线形独立的方式（对应于强子对 Σ^0 和 Λ^0）；对 uuu，ddd 和 sss 则根本不存在这种排列，这就解释了对其余粒子的排列为什么呈六角形而不是矩形，以及为什么它们每个都只有一种位置。✳✳✳[25.6]

25.7 "色夸克"

我们怎么才能像处理真实粒子那样来处理夸克呢，如果它们有错的"自旋统计"关系的话（见 §23.7 和 §26.2）？在标准模型里处理这个问题的方法，[18] 是要求每味夸克有 3 种（所谓的）"色"，任何由夸克组成的实际粒子在色自由度上必须完全是反对称的。这种反对称性不考虑夸克态本身，因此，在 3 夸克粒子中，单个（费米子型的）夸克之间的反对称性可以有效地转变为对称性。✳✳[25.7] 在自由粒子中，色从不表现出来，因此本质上说，色是"不可观察的"。任何自由粒子都是"色中性的"。例如，我们不会有 3 种不同的 Δ^+ 粒子，不论"uud"中的 d 夸克取什么样的色。实际自由粒子的色自由度的反对称性保证了这一点。✳✳[25.8]

这个"色"有时指的是"红"、"白"和"蓝"，这既使我感到困惑（因为我不认为白是一种颜色），也反映出某种误置的爱国情怀。有时"色"是指"红"、"绿"和"蓝"，这稍好点儿；但因为从任何科学意义上看，"夸克色"和眼睛的色感受器之间都不存在关联，因此我用"红"（R）、"黄"（Y）和"蓝"（B）来代替。这样选择术语的好处是我可以更容易地"混合"颜色，我们注意到，"橙黄"、"绿"和"紫"（它们可视为 3 种基本色 R，Y 和 B 的量子叠加）也可以起到和原色集一样的效果。这里确有一种远非仅仅是颜色置换这么简单的对称性，即存在一种完全的色对称的 8 实维 SU(3) 群，其中 R，Y 和 B 只是给出 SU(3) 矩阵作用其上的矢量空间的一组基元（见 §13.9）。

就目前情况看，这些明显不可观察的"色"自由度的引入显得相当不自然，因为我们要有 9 种基本夸克（包括它们的不同的反粒子和量子叠加）：

$$d_R, d_Y, d_B; u_R, u_Y, u_B; s_R, s_Y, s_B;$$

其中没有一种是可以直接观察到的。实际上，在标准模型里，情形要比现在的"加倍"糟糕，因为还必须引入夸克的另外 3 种味，称为（同样缺乏想象力）"粲"（c）、"底"（b）和"顶"（t），于是我们还有：

✳✳✳[25.6] 看看你能否适当地从细节上解释所有这些。如果要用到二维旋量指标，处理时细心点儿。一对粒子如果出现反对称，则这种粒子对就应去掉（因为按 §23.4 的自旋 $\frac{1}{2}$ 粒子的性质，这样的一对粒子表示的是自旋为 0 的态）。但还有（隐蔽的）对称性，因为每个夸克只有两个独立的自旋态。

✳✳[25.7] 用指标解释这段说明，这里除了练习 [25.5] 的 3 维味指标外，还有 2 维 SU(3) 色指标。

✳✳[25.8] 给予解释。

648

$$c_R, \quad c_Y, \quad c_B; \quad b_R, \quad b_Y, \quad b_B; \quad t_R, \quad t_Y, \quad t_B;$$

649

这样总共就有 18 种独立夸克,而且每一种都不可直接观察到。

如果说,令人满意的自旋统计关系是这种假设性的、庞大的不可观察粒子群的唯一收获的话,那么这种理论的人为痕迹就太浓重了。但实际上,"自由"夸克色的完全不可观察性质带来了充分的回报!因为这种不可观察性,以及(与此紧密相关的)色 SU(3) 系统的整体不破缺性质,使我们有可能直接将这种对称性当作 §§15.1,8 所述的神奇的规范联络概念的基础。回顾一下我们如何描述电磁相互作用就会知道,在那情形下,规范群是 U(1)(见 §19.4,§213.9 和 §24.7)。电磁作用的 U(1) 规范对称的确被认为是精确而完整的。[19] 再回顾一下,第 15 章描述的纤维丛概念的真正基础正是作用于纤维的精确对称群。强子的 SU(3) 强相互作用"色群"正好提供了这样一种精确对称性,这与电磁规范群 U(1) 非常相似。将基于阿贝尔群 U(1) 规范联络的电磁理论推广到基于非阿贝尔群 SU(2) 或 SU(3) 规范联络而得到的相应理论,称为杨 – 米尔斯理论。[20]

它确实是量子色动力学(QCD)的基础。正如在电磁学里我们能够用诸如电磁势 A_a 这样的量来调整导数 $\partial/\partial x^a$ 一样,作用到夸克场的适当的"协变导数算符"概念(犹如电磁学里的 $\partial/\partial x^a - ieA_a$)带来了丛联络(§15.8 和 §19.4)。由于色空间是 3 维的,因此我们这里得到的要比 1 维电磁学情形下的更复杂,恰当的做法是引入指标来对付这些额外的自由度。电动力学情形与强相互作用情形之间的关键区别,就在于 U(1) 是阿贝尔型的(即对易性的,见 §13.1),而色群 SU(3) 则是非阿贝尔型的,相应的理论称为非阿贝尔规范理论。这一理论带来了特殊的复杂性和有趣的特点。要详尽了解其中的细节,我建议读者去看文献,[21] 但关于强相互作用如何表现等方面的基本概念大致就是我刚才描述的那些。

QCD 的"规范玻色子"(SU(3) 里类似光子的东西)是叫做胶子的量。在费恩曼图描述中,胶子线附于夸克线上,就像光子线附于带电粒子线上一样(图 25.14(a))。SU(3) 的非阿贝尔性质表现为:胶子线本身具有"色荷",故会出现三分支胶

650

子的费恩曼图(图 25.14(b)),这是在阿贝尔型的电磁情形下不可能发生的现象。

(a)　　　　　　　　(b)

图 25.14 胶子是 QCD 的"规范玻色子"。(a) 夸克之间的胶子交换(图中没画出 zigzag)造成核力并引起夸克禁闭。(b) 规范理论是非阿贝尔的,胶子线本身带"色荷",因此会出现三分支胶子费恩曼图(如图 25.12 所示)。

由此,在标准模型里,群 SU(3) 的主要作用已经从 20 世纪 60～70 年代的"味对称性"转为当今标准模型的"色对称性"。事实上,在这种标准模型里,3 种味 d,u 和 s 现在都已不是基本组群。起而代之的是 2 元一组的 3 代(d,u)、(s,c) 和 (b,t)。构成 3 代的概念也适用于轻子,这些代是电子一代、μ 子一代、τ 子一代(均包含各自的中微子)。

整体上看,在标准模型里,强相互作用和电弱相互作用之间存在复杂的相互关联。特别是,在认定为属强作用的基本项和属弱作用的基本项之间出现了一定的"转动"。K^0 介子就是一个

例子，它可以在高能的质子-质子碰撞中产生，因此我们说 K^0 是一种强相互作用的本征态。但当 K^0 本身衰变时，它是按弱作用方式衰变的，因此必须将它看成是两个弱作用本征态 K_L（K-长）和 K_S（K-短）的量子线形组合。（K_L 通常在约 5×10^{-8} 秒时间内衰变成 3 个 π 子，而 K_S 一般则在短得多的时间尺度 10^{-10} 秒内衰变成 2 个 π 子。）K_L 和 K_S 都是 K^0 和它的反粒子 $\overline{K}^0$ 的线形叠加，K^0 能够通过弱作用而不是强作用"转变为" $\overline{K}^0$。强作用基态 $(K^0, \overline{K}^0)$ 与弱作用基态 (K_L, K_S) 之间的"转动"可用（抽象的）所谓卡比博角（Cabbibo angle，约为 0.26 弧度）来量度。这个角一般性地刻画了强作用和弱作用之间的相互关系。

类似地，还有所谓温伯格角（Weinberg angle）或叫弱混合角（weak mixing angle）（§25.5），用以刻画弱作用和电磁作用之间的相互关系，并构成电弱理论的一个组成部分。的确，电弱理论里某些令人印象最为深刻的证据均来自不同类型的（似乎是独立的）对这个角的观察认定，这些观察得出的结果彼此间非常一致。但就理论而言，卡比博角和温伯格角的地位是不同的，因为一般认为电磁相互作用和弱相互作用是统一了的，因此在大爆炸（§28.1）后的约 10^{-12} 秒时刻，当电弱理论的 U(2) 对称性被"破坏"时，可以认为温伯格角被"冻结"。但卡比博角在标准模型里就没有这种地位，因为这个模型的电弱相互作用和强相互作用如何统一还没有定论。整个标准模型的基本对称群[22]取为 $SU(3) \times SU(2) \times U(1)/Z_6$。

651

25.8　超越标准模型？

另一方面，我们对卡比博角可以采用对温伯格角所采用的那种观点，但这需要某些超出当今粒子物理标准模型的东西。我们需要这样一种模型，其中的强作用和弱作用在更大的、囊括了 SU(3) 和 U(2) 的对称群下得到统一。这种理论称为大统一理论，或简称为 GUT。目前还没有广泛接受的 GUT，而是存在多种尝试（主要是基于 SU(5)，或 SO(10)，或例外群 E_8 的模型，见 §13.2）。在 §31.14 我们将看到，弦论也与此有关。那些可靠的 GUT 模型的某些值得注意的推断将在 §28.2 里介绍。

不管怎样，关于粒子物理的标准模型显然不是"最终答案"，因为它包含了许多无法解释的方面和"粗糙的边界"，尽管它无疑是成功的。这个模型包含了差不多 17 种无法解释的、仅出于观察需要而设的参数（像卡比博角和温伯格角、夸克质量和轻子质量、以及各种其他参数）。而且在 SU(3) 和 U(2) 的角色之间还存在相当奇怪的反对称性——就是说 SU(3) 被认为是精确的，而 U(2) 则受到严重破坏。在我看来，将 U(2) 取为"规范群"的特殊做法的确显得奇怪，这种群似乎要求有严格完整的对称性（见第 15 章，特别是 §15.8 结尾的段落）。

在这里，另一项不同于 GUT 概念的发展也值得一提，它从一个新的角度来讨论这个问题。我个人对此特别感兴趣，这有几方面的原因，我们到 §33.13 就会明白。这是由一对华裔英籍夫妻小组陈匡武（Chan Hong-Mo）和周尚真（Tsou Sheung Tsun）提出的理论（2002）。在他们的理论中，每个（非阿贝尔）粒子对称群有一个相应的对偶群，它与原来的群一样是抽象群，但扮演的则是相反的角色。还记得§19.2引入的麦克斯韦张量 F 的对偶张量 $*F$ 吧，我们可想象有这么一个"对偶的" $U(1)$ 规范联络，它有丛曲率 $*F$（§15.8）而不是 F。这一概念可起到类似于标准模型 $SU(2)$ 和 $SU(3)$ 的剩余对称群的作用。但由于这些群是非阿贝尔群，因此我们不能简单地再将相应的对偶曲率直接当作丛曲率[25.9]，而是需要作更复杂的处理（这里需要考虑"路径相关"项）。

这一理论吸引人的一个方面，是群及其对偶群定性来看起着不同的作用，其中一个是严格的，就像 QCD 的 $SU(3)$（或电磁理论的 $U(1)$），而另一个则像电弱理论里的 $SU(2)$ 是破缺的，这里严格群要求有"约束"（此即所谓在 $SU(3)$ 情形下阻止"变色的"夸克逃到外部世界）。（这个性质与特霍夫特和温伯格的早期工作有关。[23]）在陈-周理论中，有一个新的严格 $SU(2)$（对偶于电弱理论中普遍存在的破缺项），它可能就是一种迄今尚未发现的对称性，就好比那种作为被约束的"双色"轻子组分的夸克。（这些亚粒子会很重，这或许就是为什么它们至今未被探测到，以及为什么在当今能量水平上轻子看起来还像是点粒子的原因。）相应地，必然还存在破缺的 $SU(3)$（对偶于色 $SU(3)$），它正好当作夸克3代和轻子3代的"$SU(3)$"，这在传统意义上的标准模型里是难于理解的。陈-周理论还对标准模型中的17种（甚至更多）自由参数给予了明确预言，其中14个参数通过3个可调参数计算得到。我认为这是向前迈进的决定性一步，一旦这些预言被证实的话。照目前情况看，前景应该说相当光明。

在对待标准模型的普遍看法上，有一点我不甚清楚，群 $SU(2)$ 在受到严重破坏时怎么才能作为实际的规范群。一些人也许将这种 $SU(2)$ 当作某种"隐对称"的反映，这种隐对称是真正严格的对称，它只是作为规范群"潜在地"起作用，电弱理论的 $SU(2)$ 就是这个群的某种外在表现。（这或许离陈-周的概念不远，但不像后者那么明白。）关于电弱理论的 $SU(2)$ 的传统观点大致是这样：它实际上是（或不如说，但愿是）严格的，只是在早期宇宙的极端条件下发生了破缺。我们将在第 28 章一睹由此引出的一些让人失望的结论。与此同时，作为下一章讨论的一部分，我们将考察标准模型里对称性破缺背后的那些奇特而基本的数学概念。

注 释

§25.1

25.1 见 Pais（1986），334 页和 356 页，参考文献 25，26。（中译本《基本粒子物理学史》，派斯著，关洪、杨建邺、王自华、付冬梅译，武汉出版社 2002 年第 1 版，421 页和 447 页。——译者）

§25.2

25.2 我一直没有从细节上给出如何将§24.7所述的狄拉克方程变换为这里的二维旋量形式。感兴趣的读

***[25.9] 你能看出这里的困难是什么吗？提示：写出规范曲率、比安基恒等式等的表达式。

者可参考 Zee（2003）的附录。外尔引入了二维旋量（Weyl，1929），见 van der Waerden（1929）；Infeld and van der Waerden（1933）；Penrose and Rindler（1984），221 ~ 223 页；以及 Zee（2003）的附录。

25.3　这些是 §11.5 指出的约化旋量（或半旋量）。

25.4　见 Penrose and Rindler(1984，1986)；van der Waerden(1933)；Laporte and Uhlenbeck(1931)。

25.5　见 Schrödinger（1930）；Huang（1949）或 Hestenes（1990）的有趣的现代观点。

25.6　那些已经熟悉费恩曼图的读者会发现我画的垂直方向的时序令人糊涂。在 QFT 圈子里，更为常见的是取向右为时间增长方向。我之所以偏爱将时间增长方向取为向上，是因为要与相对论圈子里惯常使用的记号保持一致，这样就与大多数时空图（特别是见第 17 章）协调一致了。

25.7　实际上，在 QED 中使用二维旋量公式系统可以使这些物理学家省出不少时间！见 Geroch（芝加哥大学讲课笔记，未出版），亦见 §34.3。

25.8　我自己的习惯是写成这里的（$1 \pm i\gamma_5$）ψ，而不是其他作者的（$1 \pm \gamma_5$）ψ（见 Penrose and Rindler1984，1986，附录）。这里，我是让自己来适应这种似乎要成为物理学界的标准的形式。

§ 25.3

25.9　这大概是受到了马丁·布洛克（Martin Block）建议（由理查德·费恩曼转述）的部分影响；见 Martin Gardner 在 *The New Ambidextrous Universe*（W. H. Freeman　1990）一书第 22 章里所作的精彩描述。

25.10　这个问题是外尔于 1929 年提出的。在狄拉克得到他的"电子的狄拉克方程"之前，他也考虑过这个问题；见 Dirac（1928）；Dirac（1982）。泡利曾因它在空间反射变换下不具不变性从而强烈反对外尔方程。遗憾的是，在为其理论辩护的弱相互作用下空间反射的非不变性提出来之前，外尔就去世了。Zee（2003）讨论了这两个方程。

§ 25.4

25.11　自旋为 1 的有质量粒子可以用 3 种成分来描述，譬如说，左旋的 zig（螺旋度为 1），右旋的 zag（螺旋度 -1）和无旋的"zog"（螺旋度为 0）。（zig 的二维旋量和 zag 的二维旋量分别有两个不带撇的指标和两个带撇的指标，而 zog 的二维旋量则各带一个。）我们可以认为，正是 zog 粒子传递着弱作用。

§ 25.5

25.12　这个群可表示为 SU(2) × U(1)/Z_2，这里"/Z_2"意味着"由 Z_2 子群析出因子"。然而，由于存在不止一个这样的子群，因此这个记号并不十分显然。记号"U(2)"自动地取正确形式。（这一观察还要感谢周尚真。）电弱对称群无法表示为"U(2)"的原因似乎是它很难扩展为整个标准模型的对称性，标准模型并入了强相互作用对称群 SU(3)，整个群为 SU(3) × SU(2) × U(1)/Z_6，见 §25.7。

25.13　电弱理论由斯蒂芬·温伯格、谢尔登·格拉肖和阿布杜勒·萨拉姆于 20 世纪 60 年代后期提出——这一工作使三人共同荣获了诺贝尔物理奖。见 Weinberg（1967）；Salam and Ward（1959）；Glashow（1959）。关于电弱理论的一般性参考文献见 Zee(2003) 或 Halzen and Martin(1984)；Kaku(11993)。

25.14　GeV 是吉（giga）电子伏。Giga 是希腊语前缀，意为 10^9 倍；电子伏是能量单位，特指一个自由电子在电势差为 1 伏的情形下获得的能量，其值约为 1.6×10^{-19} J。

§ 25.6

25.15　波长在 $\lambda = 400$ ~ 700 纳米之间的电磁波是可见光，人们可按照关系 $\nu = c/\lambda$ 在波长和频率间进行换算。

25.16　理论方面见 Gell-Mann and Ne'eman(2000)；V. E. Barnes 关于 Ω^- 子的实验观察的论文初版于 1964 年，也是这方面的工作，见 88 ~ 92 页。

25.17　按现代粒子物理学的术语，"N$^+$"和"N^0"似乎已经代替了质子"p"和中子"n"。这么做与其他粒子的记号是一致的，因为(N^+，N^0)构成 SU(3) 分类表中如同(Ξ^0，Ξ^-)等一样的双重态，因此我们可以把核子一般地称作为"N"子。

§ 25.7

25.18　见 Han and Nambu（1965）。

25.19　见 Weinberg(1992)。

25.20　1954 年，杨振宁和米尔斯发现了这一理论(*Phys. Rev.* **96**，191 ~ 195)，虽然此前沃尔夫冈·泡利在二战后的那几年就发现了它的基本概念,1955 年,罗纳德·肖也得到了这些概念。见阿布杜勒·萨拉姆(1980)在诺贝尔奖获奖演说中关于这些史实的详尽叙述。现在用来绕开"无质量"问题的杀手锏就是我们在§25.5 里提到的对称破缺的"希格斯机制",我将在§26.11 对此作进一步讨论。

25.21 技术细节的讨论,见 Aitchison and Hey(2004),第 2 卷,或 Zee(2003);规范理论概念的综述见 Chan and Tsou(1993)。

25.22 见注释 25.12。标准模型的综述可在任何一本好的量子场论教科书中找到,如 Zee(2003)。

§ 25.8

25.23 陈 – 周的思想见 Chan and Tsou(2002);它基于 t'Hooft(1978)发展起来的一种性质。

第二十六章
量子场论

26.1　量子场论在现代物理中的基础地位

在上一章里，我们已经简单了解了 20 世纪粒子物理的标准模型。它是一个在很多方面与观 [655] 察事实符合得非常好的数学模型，这个模型包括了好些独创的、与大自然有着深刻和谐统一的数学要素。然而正如我所展示的，这个模型的数学结构似乎有些复杂和随意。当然，大部分结构出自粒子物理的严峻事实，而且物理学家们也已经逐步接受了这些大自然呈现的事实。对任何一项严肃的科学理论，原本就该这样。但是，标准模型之所以选择这样一种结构还有着非常充足的理论上的理由。理论的预言能力从根本上说就依赖于作为这一理论基础的数学相容性。

理论上的驱动力来自从第 24 章开始的故事续篇：我们怎么才能找到一种与爱因斯坦的狭义相对论要求相容的粒子物理的量子理论？在那一章里我们看到，狄拉克将反粒子引入相对论量子理论中具有重要意义，它迫使我们进入场量子理论的架构。实际上，标准模型只是相互作用场的量子理论的一个特例，它主要是受到强有力的相容性要求的推动，而这一点是这种理论很难满足的。为了评估这些相容性要求背后的力的作用（它一直推动着当今更现代的抽象理论，如弦论），我们有必要看看量子场论结构的某些方面。这也有助于我们把握好前面引入的费恩曼图的意义。此外，我们还将获得关于反粒子的另一种观点，某种意义上，它比我们在 23、24 章所采用的观点更广泛。

量子场论构成了标准模型的实质性基础，它也是所有其他试图探询物理实在基础的物理理 [656] 论的基础。因此我们有必要通览一下这座宏伟壮观的理论大厦，这一理论很大程度上源自保罗·狄拉克的远见卓识，我们在第 24 章就提到过这一点。应当指出，狄拉克本人就是量子场论的主要创始人，虽然做出重要原创性贡献的还有约旦、海森伯和泡利。当然，这一理论在当时对许多饶有兴趣的问题都无法给出有限的答案——相反，结果会不断出现"∞"，直到后来贝蒂（Brthe）、朝永振一郎（Tomonaga）、戴森（Dyson）、施温格（Schwinger）和（特别是）费恩曼通过"可重正化"技术才使得量子场论理论变得可用。再后来，沃德（Ward）、温伯格、萨拉姆、威尔逊（Wilson）、韦尔特曼（Veltman）、特霍夫特（t'Hooft）等人提出了一系列适当分类的可重正化理论，为今天所谓的粒子物理的标准模型做出了关键性贡献（第25章），我们方可从中得到一致的答案。[1]（理论要求似乎总是那么严苛，好像这些答案与实验结果之间的高度一致性纯属偶然！）基本问题一直都围绕着解决某种形式的无穷大来进行，这一点以及由实验观察带来的重要结果始终是理论沿正确而富于成果的方向发展的驱动力。

事实上，量子场论似乎是几乎所有试图以认真的方式在最深入层面上图解宇宙机制的那些物理理论的基础。许多（差不多绝大多数）物理学家都持这样的观点：量子场论的架构已"为大家所公认"，任何关于不协调（通常是指来自发散积分或发散求和或二者兼而有之的无穷大）的非难都是针对量子场论所应用的具体领域，而非量子场论框架本身。这一理论一般由服从一定的对称性原理的拉格朗日量具体化。在§§26.6，10，我们将看到拉格朗日量的概念如何应用于量子场论的一般方法。

试图去掉量子场论中无穷大的现代做法大都看好引力，以图从极小尺度上来根本改变时空行为，并由此提供某种"截断"来解决目前仍存在的发散问题（例如，见§31.1）。但在引入爱因斯坦广义相对论的（引力）原理之后，这里也还存在量子场论本身是否需要调整的问题（见第30章）。从当前该领域众多研究者的工作来看，目前形式的量子场论基本上没什么问题，关键是我们应当尽快熟悉掌握这些复杂概念。显然，我不可能对这一宏伟的、影响深远的、困难的、有时现象上是精确的、但更多时候则是作弄人般自相矛盾的复杂理论作过细的描述。在最后转回到为标准模型提供理论推动力的那些专题之前，我将尽可能让大家品味量子场论的芬芳，虽然难以顾及全面。

26.2 产生算符和湮没算符

量子场论最早的概念之一是所谓"二次量子化"过程，这个名字很容易引起误解。在此过程中，我们将某个粒子的波函数 ψ 本身看成是作用到记号为 $|0\rangle$ 的影子态矢的"算符"，这种影子态矢往往躲在算符的最右边（比较§21.3的薛定谔绘景和§22.4的海森伯绘景）。我将用大写黑体希腊字母 $\boldsymbol{\psi}$ 来标记这种"波函数算符"，与此相应的希腊字母 ψ 则标记单粒子波函数。如同在普通量子力学中一样，$\boldsymbol{\psi}$ 可看成是粒子的三维空间位置 $\mathbf{x}$ 的函数，即 $\boldsymbol{\psi} = \boldsymbol{\psi}(\mathbf{x})$，或三维动量 $\mathbf{p}$ 的函数 $\boldsymbol{\widehat{\psi}} = \boldsymbol{\widehat{\psi}}(\mathbf{p})$，如果在动量表象下的话。

我们怎么来理解这个奇怪的"波函数算符"$\boldsymbol{\psi}$（或 $\boldsymbol{\widehat{\psi}}$）呢？它不表示实际的量子态，而是对"产生"新粒子运算的描述，这种新粒子具有给定的波函数[2] ψ，并将它引入到先前的态——这个"先前的"态就是紧跟在算符 $\boldsymbol{\psi}$（或 $\boldsymbol{\widehat{\psi}}$）右边的那个表达式。这种算符称为产生算符。

处于算符最右边的影子态矢 $|0\rangle$ 通常看成是"真空态"，表示完全不存在任何粒子。然后

一连串这样的产生算符产生一连串粒子，一个个地加入到真空中，因此

$$\boldsymbol{\Psi\Phi\cdots\Theta}\,|0\rangle$$

是持续引入粒子所形成的结果态，这些粒子分别具有波函数

$$\theta,\ \cdots,\ \phi,\ \psi。$$

由于任何一种粒子不是费米子就是玻色子，因此这个因素也需要考虑。尤其是泡利原理必须加进来，使我们不至于将两个费米子引入到同一个态上。在这种体系里，对任意一个费米子波函数 ψ，泡利原理表现为性质 $\boldsymbol{\Psi}^2=0$（即 $\boldsymbol{\Psi\Psi}=0$），它说明，如果我们试图两次引入这个特殊的费米子波函数到这个态，我们得到的便是零，零不是一个可容许的态矢。这条"泡利原理"法则只是反对易性质的一个特例

$$\boldsymbol{\Psi\Phi} = -\boldsymbol{\Phi\Psi},$$

这里 $\boldsymbol{\Psi}$ 和 $\boldsymbol{\Phi}$ 是描述同类型费米子的产生算符。对于描述同类型玻色子的产生算符 $\boldsymbol{\Theta}$ 和 $\boldsymbol{\Xi}$，我们有对易性质**[26.1]

$$\boldsymbol{\Theta\Xi} = \boldsymbol{\Xi\Theta}。$$

因此，我们看到，产生算符满足我们在§11.6中描述的（分次的）格拉斯曼代数规则，这里，费米子的产生算符被认为是奇次的，玻色子的产生算符则是偶次的。

按照§24.3的讨论，对粒子的产生来说，引入到态的波函数必须有正频率。负频率的量也在体系中扮演着角色，即湮没算符。正频率波函数 ψ 的复共轭 $\bar{\psi}$ 是一个具有负频率的量。与它相伴的是湮没算符 $\boldsymbol{\Psi}^*$——产生算符 $\boldsymbol{\Psi}$ 的埃尔米特共轭[3]（§13.9）。$\boldsymbol{\Psi}^*$ 的意义是表示从总的态去掉一个粒子的运算（总的态是指这样一种态，它像前面一样，由处于 $\boldsymbol{\Psi}^*$ 右边的所有项来表示）。由于影子真空态 $|0\rangle$ 不含任何粒子，因此任何湮没算符直接作用到它上必为零：

$$\boldsymbol{\Psi}^*\,|0\rangle = 0。$$

当然，这并不意味着湮没算符给出的总是零，因为在这之前我们可以有某些粒子。例如 $\boldsymbol{\Psi}^*\boldsymbol{\Phi\Theta}\,|0\rangle$ 的表达式就不必为零。即使是态 $\boldsymbol{\Phi}$ 和 $\boldsymbol{\Theta}$ 中没有一个与要去掉的 $\boldsymbol{\Psi}$ 相同的情形，这一点仍然成立。因此我们不应认为算符 $\boldsymbol{\Psi}^*$ 只起着从态中除去粒子的具体波函数 ψ 的作用。[4] 一般来说，具体波函数 ψ 通常并不是态的某个部分的精确刻画，相反，实际上 $\boldsymbol{\Psi}^*$ 的作用是与态中要去掉的那种粒子类型所对应的部分构成标量积。（在图26.1中——主要是专家游戏——我展示了我所说的这些在费米子和玻色子两种情形下的图示记号形式，其中还给出了产生算符和湮没算符的图示记号。）***[26.2] 与此相应，产生算符和湮没算符（对同一种粒子）必须满足（反）对易法则

***

** 〔26.1〕解释：对玻色子和费米子，为什么它像§23.8所述那样，都给出带正确对称性的态？

*** 〔26.2〕用§23.8的指标记号或图12.17的图示记号，或同时用这两者，并利用 $\bar{\psi}_\alpha\psi^{[\alpha}\phi^\beta\cdots\chi^{\kappa]}$ 这样的表达式来解释所有这些（并对某种给定粒子证明其产生和湮没的对易律）。对费米子和玻色子两种情形，找出所有保持态归一化的阶乘因子。

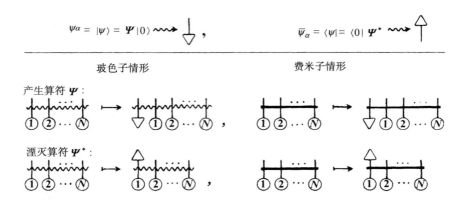

图 26.1　下列作用量的图示形式：玻色子情形 $\phi_1^{(\beta}\phi_2^{\gamma}\cdots\phi_N^{\nu)} \longmapsto \psi^{(\alpha}\phi_1^{\beta}\phi_2^{\gamma}\cdots\phi_N^{\nu)}$ 和费米子情形 $\phi_1^{[\beta}\phi_2^{\gamma}\cdots\phi_N^{\nu]}$
$\longmapsto \psi^{[\alpha}\phi_1^{\beta}\phi_2^{\gamma}\cdots\phi_N^{\nu]}$ 下产生算符 $\boldsymbol{\Psi}$ 的用用量；玻色子情形 $\phi_1^{(\alpha}\phi_2^{\beta}\cdots\phi_N^{\mu)} \longmapsto \overline{\psi}_a\phi_1^{\alpha}\phi_2^{\beta}\cdots\phi_N^{\mu)}$ 和费米子情形
$\phi_1^{[\alpha}\varphi_2^{\beta}\cdots\phi_N^{\mu]} \longmapsto \overline{\psi}_a\phi_1^{[\alpha}\phi_2^{\beta}\cdots\phi_N^{\mu]}$ 下湮没算符 $\boldsymbol{\Psi}^*$ 的作用量。

$$\boldsymbol{\Psi}^*\boldsymbol{\Phi} \pm \boldsymbol{\Phi}\boldsymbol{\Psi}^* = \mathrm{i}^k\langle\psi\,|\,\varphi\rangle\boldsymbol{I},$$

这里，"＋"号用于费米子，"－"号用于玻色子，$\boldsymbol{I}$ 是单位算符，$\langle\,|\,\rangle$ 为单个粒子的普通希尔伯特空间的标量积（我们已在 §22.3 考虑过无自旋的情形，这里适当推广到有自旋的粒子[5]），i^k 按自旋的不同取 1，i，-1，$-\mathrm{i}$ 中的一个（我不担心你会搞错）。对两个产生算符（仍取上面这两个）和两个湮没算符，我们还有如下（反）对易法则（"＋"号用于费米子，"－"号用于玻色子）：

$$\boldsymbol{\Psi}\boldsymbol{\Phi} \pm \boldsymbol{\Phi}\boldsymbol{\Psi} = 0, \quad \boldsymbol{\Psi}^*\boldsymbol{\Phi}^* \pm \boldsymbol{\Phi}^*\boldsymbol{\Psi}^* = 0。$$

660　　需要指出的是，按 §23.7 给出的自旋统计定理，我们得有针对半奇数自旋 $\left(\dfrac{1}{2}, \dfrac{3}{2}, \dfrac{5}{2}, \cdots\right)$ 粒子的反对易法则（因是费米子，故皆取正号），和针对整数自旋（0，1，2，3，$\cdots$）粒子的对易法则（玻色子，取负号）。这么做的道理已超出本书的范围，就不在这儿叙述了。[6] 但实质问题是要解决能量正定性（对费米子情形）和粒子数正定性（玻色子情形），以及相关旋量指标的组合性质。[7]

26.3　无穷维代数

对费米子情形，这些反对易法则正好与 §11.5 描述的克利福德代数法则一致。**[26.3]** 唯一的基本区别就在于普通的克利福德代数是有限维的，而对于费米子场，产生算符和湮没算符的空间则是无限维的——单粒子波函数是无限维的。不过读者应当明白，尽管无限维空间在很多方

[26.3] 解释这种克利福德代数结构，更明确地指出标积的作用。（将克利福德代数的定义关系取为形式 $\boldsymbol{\gamma}_p\boldsymbol{\gamma}_q + \boldsymbol{\gamma}_q\boldsymbol{\gamma}_p = -2g_{pq}\boldsymbol{I}$。）提示：$g_{pq}$ 不必是对角阵。

面与有限维空间情形相似，但仍有着非常不同的性质，而且常常更难于处理。

有意思的是，量子场论体系还用到我们前面考虑过的某种有限维代数结构的无限维版本。例如标积 $\langle\ |\ \rangle$ 就是§13.9考虑过的希尔伯特标量积的无限维形式（参见§22.3）。事实上，在量子场论中，我们发现不止是"埃尔米特形式"（么正性），而且对称形式（"伪正交性"）、反对称（辛）形式和复结构也都有类似性质。[8] 普通有限维的伪正交形式和辛形式见§§13.8，10；普通有限维复结构见§12.9。

量子场论中如何产生（无限维）复结构，这一点特别有意义。我们已看到，复数、全纯函数和复矢空间在量子力学（从而在我们的宇宙结构）中具有重要的作用。但在量子场论研究中，具有相同地位的无限维复结构似乎与早先的这些复数魔方有着不一样（尽管有关）的作用。这里仅仅宣称量子力学的希尔伯特空间是复的（即量子叠加具有复系数）是远远不够的。我们来看看这里还有什么。

让我们回顾一下，在§12.9中，我们是如何引入一个复结构概念的。n 维复矢空间可看成是 $2n$ 维的实矢空间，其中运算 J 满足 $J^2 = -1$，它对 $2n$ 维实空间的作用相当于 n 维复空间上的"乘i运算"。对于量子场论的无限维情形，我们必须找到一条由经典场过渡到量子场的途径。截至目前，我都是用粒子/波函数语言来描述事情，但我们仍需知道如何直接从经典场迈矢量子场，因为不存在一种可资利用的经典粒子图像，使我们能够按照21～23章的程序对经典场进行"量子化"。

将电磁场作为模型铭记在心是有用的。这里，麦克斯韦方程（§19.2）的线性性质使问题变得简单了。自由麦克斯韦方程（设立适当的在无穷远处衰减到零的条件使得相关积分收敛）的解空间 $\mathcal{F}$ 是一个无限维实矢空间。*[26.4] 用与§9.5中那些描述有关的程序，我们可以将麦克斯韦方程的每个解[9] 表示为正频率解 F^+ 和负频率解 F^- 之和：

$$F = F^+ + F^-。$$

将解分成正负频率对于构造恰当的 QFT 具有重要意义（读者不妨回顾一下§24.3和§26.2里对这个问题的评述）。运算 J 将这个无限维实矢空间 $\mathcal{F}$ 变换为（无限维）复矢空间，同时也给出了正/负频率剖分的方法。它是按下述方式作用到每个自由麦克斯韦场 F 做到这一点的：

$$J(F) = iF^+ - iF^-。$$

J 的本征值为 i 的本征态是正频率（复）场，本征值为 $-i$ 的本征态则是负频率场。*[26.5] 正频率场提供由产生算符引入的单光子波函数。如有必要，同样存在明确的可用于归一化态的标积表达式（这涉及下述这种表达式的三维类空曲面上的积分，这个表达式包括麦克斯韦场分量与麦克斯韦势分量的乘积，[10] 比较§21.9和§22.3的标量情形）。另一些经典场可做类似处理，

---

*〔26.4〕解释：在此空间中加上一个或乘以一个标量常数意味着什么？

*〔26.5〕证明这一点。（要不要考虑像"衰减条件"这样的问题？）

但当"自由场方程"不是线性的时候（例如像广义相对论），深刻的差别就出现了。我们可以将非线性场称为"自相互作用"场，并将由此出现的困难归结为对含相互作用的情形进行量子化所带来的问题，很快我们就会遇到这种问题。

26.4　量子场论中的反粒子

我们暂且先回到反粒子问题上来。在第 24 章和 §26.1 里，我强调了反粒子对量子场论的重要性。那么在目前的量子场论理论中反粒子的表现如何呢？正如 §25.3 所述，某些粒子是它自己的反粒子，而大部分粒子则不是。数学上说，这个问题就是，复共轭运算是否能像直接用于经典场量（或用于单粒子波函数）那样，产生一个与以前一样的量。在标量场情形，它通常（但并非充分）表示成这样一个问题：经典场是否是一个实场？复场被认为是带电的场，其中的复相角（$e^{i\theta}$ 因子）被当成 §15.8 和 §19.4 里描述的电磁相互作用的"规范场"处方。这种场的复共轭有相反的电荷，因此不是"同种的量"（例如，我们可以将一个场加到它的复共轭上，但这样做毫无意义）。在此情形下，粒子和反粒子是明确不同的两种东西。然而，经典场的复数性——或"荷电"性——还远不是事情的全部。例如，不带电的 K^0 介子不同于其反粒子，而不带电的 π^0 介子则等同于其反粒子。在这两种情形下，经典场都是实场。

旋量场（或费米子场）怎样呢？对于狄拉克电子，其电荷由于有与原场不同的性质，故足以刻画它的复共轭。但在中微子情形，如果它们有质量，就有不止一种可能性。例如，在所谓马约拉那旋量场情形，（有质量的）中微子是其自身的反粒子。（在第 25 章的描述中，中微子的 zig 是反中微子的 zag，反之一样。）按照目前的理解，[11] 所有中微子都不同于它们的反粒子。

这样，量子场论理论如何来处理反粒子呢？考虑经典场——或单粒子波函数 ψ——上复共轭运算的情形，这种运算产生一个不同字符的量，故量子粒子不同于其反粒子。（我们已在前面 §26.2 处理过粒子和反粒子相同的情形。）现在，一个正常波函数 ψ 应当有正频率，但我们也可以考虑与 ψ 同类、却具有负频率的某个量 ϕ。ϕ 的复共轭 $\overline{\phi}$ 可能是某种不同于 ψ 的波函数，尽管 $\overline{\phi}$ 和 ψ 现在都是正频率。量 $\overline{\phi}$ 给出的可能是单反粒子态的波函数。在这种态下，该反粒子的产生算符将是 $\overline{\boldsymbol{\Phi}}$，其湮没算符是 $\overline{\boldsymbol{\Phi}}^*$。

让我们再来考虑狄拉克原初的"海"（见 §24.8），不过在狄拉克情形下，我们不是将所有算符最右边的"影子"态看成是通常那种完全没有粒子或反粒子的真空态 $|0\rangle$，而是认为这种新"真空"态就是狄拉克"海"本身，记为 $|\Sigma\rangle$，它充满了负能电子态，别无他物。现在让我们按狄拉克原初的图像来考虑单个正电子情形，早先它被认为是负能电子态中的一个"洞"。除了这个丢失的负能态外，所有负能态都被占满，这种情形可用某个负频率 ϕ 来表示。有了 $|\Sigma\rangle$ 真空概念，量子场

论就可以将这种单个正电子情形看成是湮没算符 $\overline{\boldsymbol{\Phi}}^*$ 作用到 $|\Sigma\rangle$ 上的结果，因为这个算符的作用就是从真空中移去负能态，得到总的结果态 $\overline{\boldsymbol{\Phi}}^* |\Sigma\rangle$。✱✱✱[26.6]

如果我们打算用通常的真空态 $|0\rangle$ 来描述，我们就得这么来考虑，这时不是移去负能电子态 ϕ，而是置入具有波函数 $\overline{\phi}$ 的正电子态。这可以由产生算符 $\overline{\boldsymbol{\Phi}}$ 作用到 $|0\rangle$ 上来实现，得到的总结果态为 $\overline{\boldsymbol{\Phi}} |0\rangle$。它看上去与我们从"狄拉克海"的描述中得到的 $\overline{\boldsymbol{\Phi}}^* |\Sigma\rangle$ 并不一样，但 $\overline{\boldsymbol{\Phi}} |0\rangle$ 与 $\overline{\boldsymbol{\Phi}}^* |\Sigma\rangle$ 实质上是等同的。算符 $\overline{\boldsymbol{\Phi}}$ 和 $\overline{\boldsymbol{\Phi}}^*$ 引入到总态的是同一个代数量，即单粒子波函数的希尔伯特空间内定义为 $\overline{\phi}$ 的这个特定矢量。二者间的区别仅在于这个希尔伯特空间矢量作用到总态上的代数✱✱✱[26.7] 形式不同。由于我们总能够用反对易法则将 $\overline{\boldsymbol{\Phi}}$ 或 $\overline{\boldsymbol{\Phi}}^*$ 移至最右边，因此认为 $\overline{\phi}$ 是作用到总态上的这种认识可归结为对处于最右端的指定真空态 $|0\rangle$ 或 $|\Sigma\rangle$ 的作用。这个信息可视为该真空态实际意味着什么的规定部分。

664

26.5　备择真空

我们得对这里所说的备择"真空态"作些重要说明。我们会发现，这个"备择真空"问题在现代量子场论中相当重要。我们来考虑代数 $\mathcal{A}$，它由产生算符和湮没算符中能够有代数表达式或收敛幂级数表达式的所有算符 A 组成。两种"真空态"，譬如说 $|0\rangle$ 和 $|\Sigma\rangle$，都有这样一种性质：$\mathcal{A}$ 中没有一个元素可以作用到 $|0\rangle$ 或 $|\Sigma\rangle$ 上来得到另一个。在此情形下，必须将态 $|0\rangle$ 和 $|\Sigma\rangle$ 看成是属于不同的希尔伯特空间，这样，我们会发现存在形如

$$\langle \Sigma | A | 0 \rangle \quad 或 \quad \langle 0 | A | \Sigma \rangle,$$

的表达式，这里 A 属于 $\mathcal{A}$，它可以有无数种答案，也可能没一个答案有意义。这一点阻碍了我们构造一个态 $|0\rangle$ 和 $|\Sigma\rangle$ 都出现在其中的协调的量子理论。（从 §22.5 的讨论中可知，像 $\langle \Sigma | A | 0 \rangle$ 这样的量是我们为了计算概率所采用的一种一般表达式，它的记号见 §22.3。）

这里带来的问题对量子场论影响重大，它在现代粒子物理的处理方法中扮演着关键角色。"真空态的选择"是一个可以同（由产生算符和湮没算符生出的）代数 $\mathcal{A}$ 的选择相媲美的重要问题，某种意义上说，也就是可与量子场论动力学相媲美的重要问题。在自由电子情形，这两个真空态，也就是我们前面所考虑的 $|0\rangle$（不含任何粒子和反粒子）和 $|\Sigma\rangle$（所有负能粒子态均占满），在一定意义上可以认为实际上是等价的，尽管 $|0\rangle$ 和 $|\Sigma\rangle$ 给出的是不同的希尔伯特空间。我们可以将 $|\Sigma\rangle$ 真空和 $|0\rangle$ 真空之间的这种差别看成是如何定义"电荷零"的划界问题。

✱✱✱[26.6] 解释为什么我们能够按这种方式去掉一个特定的态，尽管我前面已定性讨论过湮没算符的实际作用是什么。（提示：参考练习[26.2]。）

✱✱✱[26.7] 参考练习[26.2]和图12.18，说明这种代数的抽象指标表示或图示记号表示的区别。

我们的确认为，在物理上，狄拉克海与真正的真空是有区别的，因为负能电子海能够提供大量的——可以说是无穷的——电荷。要使态 $|\Sigma\rangle$ 具有物理意义，我们必须"重正化"电荷使得"海"的无穷大的（实际上是负无穷大，因为电子电荷是负的）电荷值归零。当我们考虑狄拉克海的质量时，情形亦类似，只是这里我们应顾及其（主动的）引力影响。狄拉克海的无穷大的总负能（由 $E = mc^2$ 表示）提供了无穷多的负质量，这一点如同无穷多电荷情形一样没有物理意义。我们再一次看到，如果要认真对待狄拉克海，我们还必须通过在海的质量密度上"加上一个无穷大质量密度"来重正化真空质量，以使总的质量密度为零值，如同我们对实际观察到的真空的质量密度所要求的那样。

读者或许会形成这样一个印象，这个"备择真空"的问题，以及显然需要对诸如电荷和质量等加以"重正化"（其实就是为了得到有物理意义的答案而添加一个无穷大常数）的问题，只是对狄拉克当初发现需要引入的奇怪的"海"的概念的一种人为加工。然而我们将看到，这两个概念绝不可能具体化为狄拉克超常的"海"。它们似乎广泛存在于所有现实的粒子物理理论的认真处理过程中——至少在当今那些站得住脚的理论中是如此。标准模型对重正化和备择真空进行了彻底的使用。当我们试图前行，至少是面对我们所了解的万物复杂的整体性之时，将狄拉克海作为一种模型了然于胸，这不能看作是对历史的反常。合于观察和数学上的协调性这两个准则，尽管还不十分完备，已经把我们领上了至今仍有赖于重正化和非唯一真空概念的道路。

26.6 相互作用：拉格朗日量和路径积分

所有这些困难都源自我们试图在量子场论框架下处理相互作用时所引发的问题。的确，截至目前，我的讨论基本上考虑的都只是自由场情形，虽然我没给出整个细节，但我希望读者相信，如果不考虑相互作用，事情将会以毫无实质性困难的方式进行下去。我们可以构造出各种态，其中各种粒子和反粒子甚至是无穷多的这种粒子以叠加方式存在。这些态可以用 $\mathcal{A}$ 的任意元素，即产生算符和湮没算符的某个表达式（多项式或级数形式，对于后者要注意是否收敛），作用到 $|0\rangle$ 上得到。我们把这种态空间叫做福克空间（以纪念俄罗斯物理学家 V. A. Fock，他是这类研究的首创者之一），也可以将它看成是所谓伴有粒子数递增的希尔伯特空间的直和[12]（见 §13.7）。态中的粒子数可以是无穷的，例如相干态，在明确定义的意义上，[13] 就是一种最"类经典的"量子场态。这些态有形式

$$e^{\Xi}|0\rangle,$$

这里 Ξ 是与粒子场构形 F 相伴的场算符（我们可以将它当作自由实麦克斯韦场，它在无穷远点具有适当衰减特性以确保存在有限的模平方）。我们把 Ξ 定义成分别对应于 F 的正、负频率部分的产生算符和湮没算符的和。

从 §26.2 我们知道，产生算符和湮没算符满足确定的对易关系。因此，场算符的不同部分一般来说并不彼此对易。例如，在电磁场情形，定义磁场 **B** 的算符分量和定义电磁势 **A**（§§19.2，4）的算符分量之间满足正则对易法则（像粒子的位置和动量之间所满足的关系，见 §21.2）。[14] 此外，这些量之间还必须满足海森伯不确定关系（见 §21.11），它为这些量的同时测量设定了精度上的极限。

那么我们怎么来处理相互作用呢？现代量子场论的一般框架的关键是拉格朗日量（见 §20.1），它在许多方面都比哈密顿量更适于处理相对论性理论。正如我们在 §21.2、见 §23.2 和第 24 章看到的，标准的薛定谔/哈密顿量子化步骤讨厌地依赖于相对论的时空对称性。但与需作时间坐标选择的哈密顿量不同，拉格朗日量可以是一个完全的相对论性不变量（见 §20.4）。我们如何从拉格朗日量出发来构造量子场论呢？如同量子理论体系中其他许多基本思想一样，这一基本思想同样可追溯到狄拉克，[15] 虽然将这一思想奠定为相对论量子理论基础的是才华横溢的美国物理学家理查德·费恩曼。[16] 相应地，人们通常用费恩曼路径积分或费恩曼历史求和来指这个形式化体系。它也是我们在第 25 章谈到的费恩曼图的基础。

这一基本思想对我们早先遇到并在 §22.5 明确阐述的复线性叠加的基本量子力学原理提出了一种不同的观点。这里我们认为，基本量子力学原理针对的不止是具体的量子态，而是整个时空历史。我们倾向于把这些历史看成是（构形空间下）"可供选择的任何可能的经典轨道"。这一基本思想认为，在量子世界里，存在着不止由一条轨道（一个历史）表示的一个经典"实在"，而是所有这些"可供选择的实在"的大量的复数叠加（叠加了的各种可能的历史）。相应地，每个历史被赋予一个复权重因子，我们称它为幅度（§22.5）如果总体被归一化到模数为 1 的话。

因此，幅度的模的平方给出概率。我们通常感兴趣的是构形空间内从点 a 到点 b 的幅度大小。

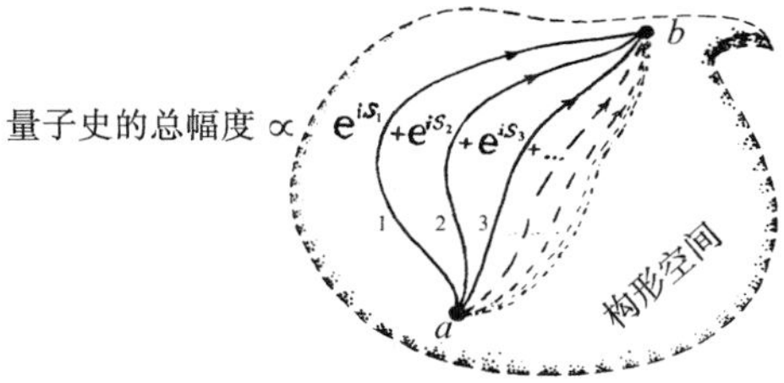

拉格朗日量的神奇作用在于，它告诉我们给每一个历史赋以什么样的幅度，见图 26.2。如果知道了拉格朗日量 $\mathcal{L}$，我们就能得到这个历史的作用量 S（按照 §20.5 的定义，作用量就是 $\mathcal{L}$ 关于一个经典历史的积分，见图 20.3）。于是，赋予一个特定历史的复幅度由下列看似简单的公式给出

$$幅度 \quad \propto e^{iS/h}。$$

图 26.2　在量子理论和量子场论的路径积分方法中，我们考虑各种经典历史的量子叠加态，一个历史就是构形空间内的一条路径，即这里两固定点 a 和 b 之间的路径。路径的幅度是 $e^{iS/h}$（乘以一固定常数），其中作用量 S 是拉格朗日量沿该路径的积分（见 §20.1 的图 20.3）。总幅度是这些由 a 到 b 的路径积分的和。

这个公式里的"幅度"并非一个（复）数，而是某种密度。如果我们处理的只是各种离散的经典历史，譬如说标以 1，2，3，4，…，那么可以想象，第 n 个历史可被赋予一个真正的复数 α_n 作为其幅度，其平方模 $|\alpha_n|^2$ 可解释为这个

历史按量子测量规则(§22.5)出现的概率,通过归一化,有 $\Sigma|\alpha_n|^2=1$,求和遍及所有可能的经典路径,最后得到总概率1。但现在我们处理的是一个连续的无穷多的经典可能性,因此上述"幅度"只能看成是"幅密度",我们需要类似于 $\int|\alpha(X)|^2 dX = 1$ 这样的表达式,这里我们必须在经典态空间上积分,以得到所需的总概率为1。这并不特别麻烦——我们在§21.9针对点粒子的常规量子力学波函数情形就做过这样的计算(当时 $|\psi(x)|^2$ 给出的是在点 x 处找到粒子的概率密度)。但现在问题是"经典路径空间"几乎肯定是无穷维的。而在无穷维空间内要使所有所需的量有明确定义,我们就需要解决各种量的不同阶大小的问题,这样才能确保最后得到的是有限的答案。

最容易得到的路径积分的实例是单个点粒子在某个力场下运动的情形(这时构形空间就是空间本身)。这里,我们来考虑自某个时空点 a 开始到另一个时空点 b 结束的所有不同的历史,见图26.3(a)。这些历史可看成是从 a 到 b 的连续的时空路径。按狭义相对论法则,我们不要求路径是"合法的"(即像经典相对论所要求的那样,路径必须限制在光锥之内,见§17.8),甚至不要求路径必须伸向未来。如果愿意,"历史"可以在时间上上下摆动(图26.3(b))!*[26.8] 我们假定有某个拉格朗日量 $\mathcal{L}$ 用来(按§20.1)描述粒子的动能与力场的势能之差。对于每一个历史,都有一个作用量 S,这里 S 是拉格朗日量沿路径的积分(见图20.3)。在经典力学里,

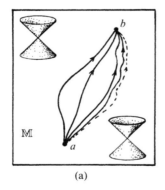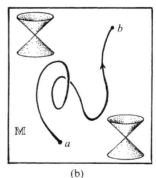

(a)   (b)

图26.3   (a)对于单个的无结构粒子,经典历史就是时空(这里指闵可夫斯基空间 $\mathbb{M}$)中两固定点 a 和 b 之间的一条曲线。(b)曲线不必是总具有切向未来类时的经典允许的光滑世界线,它在时间上甚至可以折回和前伸。

我们的朋友拉格朗日曾告诉我们去找一个特定的历史以使作用量积分是平稳的(哈密顿原理,见§20.1),这个历史就是实际粒子的运动,它与给定力下的经典运动是一致的。但在量子力学的路径积分处理中,我们要采取一种不同的观点,即所有历史都"共存于"量子叠加态中,每一个历史被赋予一个幅度 $e^{iS/\hbar}$。那么我们怎么来理解拉格朗日的这项要求,即(或许仅仅从某

---

  *[26.8] 用粒子产生和湮没的概念给出图26.3b的"物理解释"。

种意义上）一定可以挑出一个在其上作用量的确是平稳的特定的历史呢？

这一思想可这么来理解：叠加态中那些不具有"平稳作用量"历史的历史基本上都对抵消掉相邻历史的作用有贡献（图 26.4（a））。这是因为，历史变化带来的 S 的变化将产生时刻变化着的相角 $e^{iS/\hbar}$，因此平均来看，这种变化被抵消。（这一观点特别适用于图 26.3（b）中那些根本没有因果关系的历史所带来的"非物理的"贡献。）只有那些非常接近于作用量既大且又平稳（因此其幅角可以累加）的轨道的历史，其相邻历史间的贡献才彼此加强，而不是彼此相消（图 26.4（b））因为在这种情形下，沿同一方向会有很大的相角。***[26.9]

这的确是一种非常完美的思想。按照"路径积分"的观点，我们不仅像总幅度——因而对总概率——的主要贡献者那样得到了经典历史，而且得到了较小的、对这种经典行为的量子修正，这种修正源于那些非经典的、且其效果无法抵消的历史，我们经常可从实验上观察到这些现象。虽然我上面的这些描述是针对力场中运动的点粒子而言的，但这些思想的应用极为广泛，既可用于场动力学，也可用于描述粒子的运动。作为场方程经典结果的"场历史"一样会以主要贡献者面目出现，也存在源于近经典历史的量子修正。

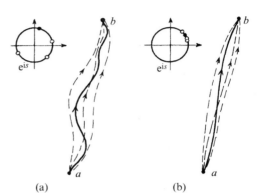

670

图 26.4 量子"哈密顿原理"。（a）S 呈非平稳（大到可与 $\hbar$ 相比）的历史。这些历史的 $e^{iS/\hbar}$ 值差别很大，分布接近于单位圆上各个位置，因此求和时很多都会彼此抵消。（b）S 呈平稳（也很大）的历史。在这些历史附近，$e^{iS/\hbar}$ 值的差别很小，因此求和时抵消的成分很少。

26.7 发散的路径积分：费恩曼响应

至少，我们认为这是一种可能发生的情形。那么它的作用机制是什么呢？我上面给出的粗浅的数学描述合理吗？即使不合理，也不考虑数学完美性，我们能够得到与实验结果一致的好的物理答案吗？

对这些问题我只能给出非常含混的答案。数学合理性的问题尤难定论，最公正的答案大概是："不，事情肯定不是现在这个样子。"即使是上述的单粒子情形也必定问题多多。路径空间必定是无限维的，*[26.10]我们需要适当的"度量"（无限维中体积）来把握这一点。现在看来，

***〔26.9〕用（§14.5 中）符号"O"所代表的路径的一阶变化更准确地表述这些内容，并将它与§20.1 中的讨论联系起来，注意考虑"平稳作用量"的意义。（假定在 $\hbar$ 单位制下 S 是个大量。）

*〔26.10〕为什么？

这种度量特别倚重历史，即使它们不是平稳的，因此，我们有理由担心在这种场合下拉格朗日量还是否有意义。如定义的那样，一切都是发散的。

从数学上看，这些发散性无疑是严重的，我们不妨用§4.3"欧拉"的观点来看待这一问题，就是说，我们可以寄希望于"无意义"求和

$$2^0 + 2^2 + 2^4 + 2^6 + 2^8 + \cdots = -\frac{1}{3},$$

这个式子可由将 $x = 2$ 代入到 $1 + x^2 + x^4 + x^6 + x^8 + \cdots = (1 - x^2)^{-1}$ 来得到。的确，路径积分方法几乎完全依赖于这样一种信念：我们所面临的严重的发散问题（像上述的发散级数）实际上有着更深的、我们尚未充分注意到的"柏拉图"意义。我们似乎不得不承认某些性质就是如此，因为从物理上说，当我们以高度的敏锐和精确性如推土机般碾过数学领域的时候（如果允许我做一个未必十分恰当的比喻的话），我们经常能得到物理上极为精确的答案！例如，在§24.7里，通过这些计算程序，我们得到了对狄拉克电子磁矩原初值的校正因子 1.001 159 652 188，理论与观察值之间的吻合精度高达 10^{-11} 以上。[17]

在许多方面，我们都是利用对数学/物理的灵敏嗅觉而得到极好的答案，这显得多么不可思议！在单个自由量子粒子情形，使这种路径积分变得可行的有价值的第一步，[18]是用所谓费恩曼传播子来取代各种历史的任意集合。[19]数学上它被理解为费恩曼图上的一条线（就像我们在第25章遇到的情形）。

为了更具体地说明这一点，让我们考虑时空中始于 p 点终于 q 点的某个自由粒子的历史集合。原则上，我们得对自 p 至 q 的所有路径做 $e^{iS/\hbar}$ 求和（积分），但这么做的结果无疑是发散的。另一方面，我们可假定这个级数和 $K(p, q)$ 具有某种数学上的（"欧拉/柏拉图意义上的"）存在性，我们要问，如果存在的话，这个级数和应当具有什么样的代数形式和微分性质？这些性质（包括适当的"正频率"条件，见§24.3）唯一地确定了 $K(p, q)$ 的形式（如果有幸的话），并且给出了我们所要的费恩曼传播子。实际上，我们更经常的（尽管并非必须如此[20]）是在动量空间而非位置空间来描述事情，动量空间描述往往看起来更简单。

在狄拉克粒子（例如电子）情形，动量空间传播子往往取 $i(P - M + i\varepsilon)^{-1}$ 的形式，这里 $P = \gamma^a P_a$（见§§24.6, 7），量 P_a 是粒子此时（选定的路径下）具有的四维动量。量"ε"是一个非常小的正实数，它用来确保费恩曼传播子所需的正/负频率。在 $\varepsilon \to 0$ 的极限情形下，可以证明，当粒子在所选路径上的"静质量" $(P_a P^a)^{1/2}$ 取为粒子实际静质量 M 值时，传播子有一个奇点——无穷大值。***[26.11]对经典粒子，我们要求这个"静质量"就取这个值，即 $P_a P^a = M^2$，但对于求量子力学历史和的情形，我们必须允许粒子试探出使静质量出"错"的各种动量值。

***〔26.11〕解释这个奇点是如何生出的，方法是将 $(P - M + i\varepsilon)^{-1}$ 重写成商的形式，其中分母为 $P_a P^a - M^2 - \varepsilon^2$。

但由于存在奇点，我们发现，当 $P_a P^a$ 越来越接近 M^2 时，振幅就会变得很大很大，由此质量的经典值成为主要贡献。这是一种非狄拉克粒子所专有的特性，它的应用极为广泛。

26.8 构建费恩曼图；S 矩阵

上节所描述的只是得到费恩曼图的第一步。这里有必要对此作进一步解释。我们所发现的只是图上的单独的一条线（片断）。费恩曼图上一条具体的线通常只是某个复杂表达形式（例如包括其他粒子线和由这些线构成的各种顶角）的一个部分。顶角对总幅度的贡献通常[21]只是些简单因子，它包括支配相互作用强度的标量耦合常数（如电荷），或许还包括用来"匹配指标"的 γ_a 项，和每个顶点上四维动量守恒所需的、用以确保对总幅度有唯一非零贡献的"δ 函数"项。[22]还存在源自费恩曼图中不同线的各种项（取决于线所代表的粒子的自旋和静质量）。当动量 P_a 取得经典路径期望的特定值（基本上就是 $P_a P^a = M^2$）时，表达式就会出现无穷大（那些 δ 函数项除外，它们通常只起到确保四维动量守恒的作用）。这是合理的，因为我们希望经典行为支配着路径积分。因此，奇点（δ 函数除外的无穷大）的出现与下述要求有着紧密的内在联系：某种意义上，经典行为是量子力学幅度的主要成因。但是正如我们很快将看到的，这些奇点隐藏着危险。

强调了这些必要的奇点表达式之后，我要指出，由于存在着如图 26.5 那样的基本过程，其中两个电子"交换一个光子"（光子像 §§25.3~5 中那样由波浪线表示），我们不可能将条件 $P_a P^a = M^2$ 看成是一种约束（像顶角中的动量守恒那样）。这是两个带负电的粒子之间（库仑）静电斥力的一种基本的量子力学现象（穆勒散射 Møller scattering）。两条入射线（位于图的底部）代表初态的两个电子，两条出射线（位于图的顶部[23]）代表终态的两个电子。这些可看成是"给定事实"——提供了外部动量——而不是在计算最终幅度时被"积"出来的。

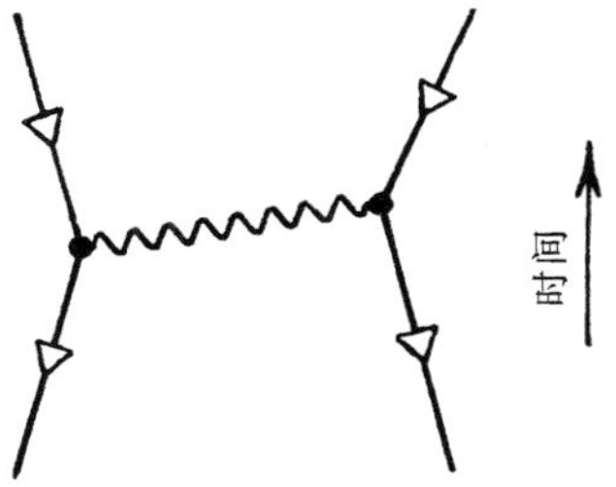

图 26.5 电子的穆勒散射：两个带电粒子之间（库仑）静电力的最基本的量子力学现象。这里，静电力来源于两个电子间的单光子（波浪线）"交换"。按照每个顶角上四维动量守恒，这个光子是"离壳"的因而是虚的。

对这些（也仅对这些）外部的态，我们取满足经典关系 $P_a P^a = M^2$ 的动量。当这一关系满足时，我们说粒子质量处于壳上，这是一种"质量壳"，它是动量空间里的碗状双曲面，见图 26.6。实粒子（即实际观察到的自由粒子）总是处于壳上。然而，对于费恩曼图的内线，我们不能指望这种壳面分布要求会满足。特别是对图 26.5 的费恩曼图中用于交换的光子，不论存在什么样的非平凡相互作用，都不可能位于壳面上（即它的四

维动量不满足 $P_aP^a = 0$)。*[26.12] 这种离壳粒子通常称为虚粒子，它们只能出现在费恩曼图的内部。图 26.5 的交换用光子就是一种虚粒子，它不可能"逃出来"被我们从远距离上观察到。

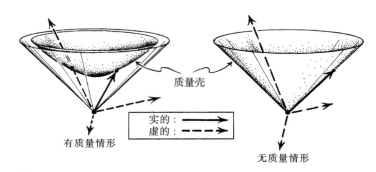

图 26.6 动量空间里的质量壳。（比较图 18.7，18.17。）对真实的静质量 M 的（自由）粒子，其四维动量 p^a 处于质量壳上（因此 p^a 是未来类时的或未来类光的，$P_aP^a = M^2$），但费恩曼图内部的虚光子则可以是"离壳"的。

674　　图 26.5 的过程非常特殊，其内线（虚光子）所代表的态完全由外线确定。在此情形下，通常所要求的"内态的积分"完全是平凡的，仅由一个单项组成。但在如图 26.7(a)，(b) 所描述的更复杂的过程里，两个光子发生交换，内线的四维动量具有某种自由度。**[26.13] 在此（以及如图 26.7（c）显示的不计其数的那些更复杂的）情形下，我们的确应当对内线就所有可能的经确认了的动量进行积分，并加上所有与带给定动量的外线相一致的各种可能的"费恩曼图拓扑"的贡献。（这里"拓扑"是指图中各线有确定的四维动量值的费恩曼图各种不同连通方式中的一种。）

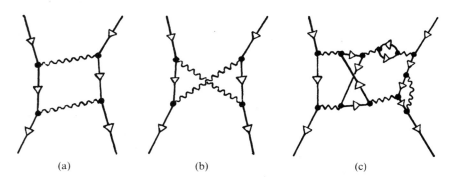

(a)　　　　　　　(b)　　　　　　　(c)

图 26.7 高阶处理给出穆勒散射的修正。（a）和（b）描述了两个电子之间的 2 光子交换，而（c）则是包括了内部产生和湮没的更高阶处理。每个费恩曼图代表一种积分，所有这些积分的贡献必须加起来。

对"给定"的"内"动量和"外"动量的具体组合，我们可以从上述程序中得到其总幅度。对各种可能的内态和外态，幅度的集合构成一个矩阵（尽管是无限维的），其"行"和

---

*[26.12] 为什么不行? 解释: 每个顶角上的四维动量守恒是如何确定虚光子的四维动量的? 提示: 所有电子都有同样的静质量。

**[26.13] 这个自由度是什么?

"列"分别对应于内态和外态的基。它就是散射矩阵，更多时候我们称它为 S 矩阵。S 矩阵的计算被认为是量子场论的主要目标。[24]

　　就计算而言，上述程序是对原始的"历史求和"的巨大进步，因为实际上我们已经可以有效地求解这种与图中每一条线相对应的无穷维（表观上怎么说也是发散的）路径积分。费恩曼图拓扑的每一种选择表示一种通常的有限维积分（如同§12.6 中考虑的那样），这是对发散的无穷维积分的相当大的进步。此外，这些有限维积分还可以当作（§7.2 中讨论的）复周线积分的有力方法。出现在传播子中的费恩曼参数 ε（见§26.7 的最后一段）正是将积分周线导引到表达式中奇点适当边缘的解决之道。

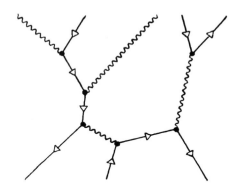

图 26.8　不包含圈的树图。内动量由外动量确定，故不涉及积分。树图使经典理论重生。

　　但我们还远远没有"走出森林"，因为对每个费恩曼图拓扑，只要图中存在闭圈，有限维积分本身就仍是发散的。这真是"太让人沮丧"了，因为正是用了闭圈我们才开始学着如何做积分。在所有其他情形（即所谓不带闭圈的"树状图"，见图 26.8），内动量均可由外部值简单确定。树状图简直复生了经典理论！

26.9　重正化

　　这样看来，似乎我们（应当说是费恩曼）尽了力，但对于真正的量子过程总幅度的发散性问题还是穷于应付。对此感到疲惫不堪的读者有理由怀疑，这方面我们到底做了多少有益的事情。的确，从严格的数学观点来看，大体上可说是"毫无进展"，因为我们的表达式仍"毫无数学意义"（如欧拉的 $1 + 2^2 + 2^4 + 2^6 + \cdots = -\frac{1}{3}$）。但优秀的物理学家不会这么轻易就放弃。他们做出了正确的选择。他们的努力得到了回报，[25] 他们发现，在 QED（量子电动力学：关于电子、正电子和光子之间相互作用的理论）情形，单个费恩曼图的所有发散部分可以"打包"成不同形式，使得无穷大被当作可以忽略的"重标定"因子，这种处理叫做重正化（我们在§26.5 就暗示过这一点）。

　　所以会出现这种特殊的无穷大，是因为仅当动量值变得极其大——或相应地，当距离变化无限小——时，费恩曼图才产生发散的积分。（读者不妨回顾一下§21.11 的海森伯动量－位置不确定关系 $\Delta p \Delta x \geqslant \hbar/2$。）这种无穷大被看成是紫外发散。它们虽然不是量子场论中唯一的发散，但却是最严重的发散。还有所谓红外发散，它们源于无限远距离（即源于无限小动量）。这些通常认为是可以用不同方法来"医治的"，经常采取的办法是将所涉的物理上有意义的问题类型限定为在一个系统内来解答。

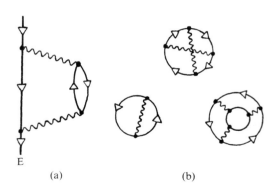

(a)   (b)

图 26.9　（a）电荷重正化所包含的费恩曼图。它表示正电子—电子对在背景电子场（见图 26.10）中的产生和湮没过程。（b）完全不连通的费恩曼图。一般认为我们无法直接观察到它们。

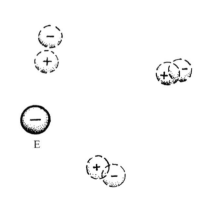

E

图 26.10　真空极化：电荷重正化的物理基础。电子 E 诱导真空中瞬间产生的虚拟的电子—正电子对出现微小的电荷分离。这种分离使 E 的有效电荷值比裸值降低了一些——直接计算表明，这正是无穷大因子引起的后果。

　　为了了解紫外发散都包含了哪些内容，我们来考察最明显的重正化事例的物理意义。这就是电子的电荷值问题。我们将电子想象成居于空间某个位置 E 的点电荷，这时将出现所谓真空极化现象。可以想象，在 E 附近的某一点将产生一对（虚）粒子：电子和正电子，它们在极短的时间内彼此湮没。（我们将这段时间看成足够短，使得产生粒子对的能量满足 §21.11 的海森伯能量–时间关系 $\Delta E \Delta t \gtrsim \hbar/2$）。这个过程的费恩曼图见图 26.9（a）。过程的起始（和结束）阶段出现（虚）光子线表示在 E 点的电子瞬态电场中出现的粒子产生（和湮没）过程。（我们也可以假想存在完全不连通的费恩曼"圈"，见图 26.9（b），这时产生和湮没过程发生在 E 点不存在电子瞬态电场的情形下，但这种"完全不连通"过程被认为在物理上没有可观察效应。）瞬态电场的效应是产生出来的电子要受到 E 点电子的轻微排斥，而产生出来的正电子则受到 E 点电子的轻微吸引，于是在粒子对存在的瞬间，两个粒子间存在物理上的电荷分离。整个 E 点电子附近这种情形随时都在发生，其净效应，也就是"真空极化"，是减小了[26] 通过其他电荷测知的 E 点电荷的表观值，见图 26.10。✳✳〔26.14〕真空"屏蔽"了电子电荷，使它的值看上去要小一点——它称为电荷的表观值——而不是电子实际的"裸"电荷值。物理实验中直接测量的正是这种表观值。

　　一切似乎都很合理。但问题在于由裸值计算得到的数值因子必须按表观值重新标定，结果还是无穷大！可以清楚地看出，这个无穷大是量子电动力学计算中诸多无穷大中的一个（其基本图类似于图 26.9（a））。我们可以采取这样一种观点，按照某种未来的理论，发散积分之所以应当由某个有限数来取代，或许是因为在很小距离上（即对于很大的动量，见 §21.11）存在某种"截断"，正确的重正化因子应当是某个相当大的有限数，但不是 ∞。（实际上，按我们后面（§31.1）将引入的"自然单位"，测得的电子的表观电荷约为 0.0854，这使人不禁联想到其裸

✳✳〔26.14〕你能看出为什么如此吗？

值应当譬如说是 1。它对应的尺度因子为 11. 7062 或 $\sqrt{137}$，而不是 ∞。）另一种观点认为，裸电荷并不比概念上方便的值更大，"裸电荷"概念实际上是"无意义的"，因为它"不可观察"。

在这个问题上，无论取哪一种哲学观点，重正化都是现代量子场论的一种基本特征。正如事情本身所表明的那样，不存在任何公认的方法可以不经过"无限重定标"过程而得到有限的答案，这不仅对电荷或对质量是如此，对其他量也一样。包含这种有效程序的理论叫可重正化的理论。在可重正化的量子场论中，可以将费恩曼图的所有发散项整合成有限个"包"，[27]这些包可在重正化时被"定标掉"，剩下的那些发散项一定可以根据某种一般性原理（如标准模型中非常重要的对称性原理）而互相抵消掉。QED 是一种可重正化理论，总体上说，标准模型也是。而另一方面，绝大多数量子场论则不是。粒子物理学家们普遍地将可重正化性当作提出理论的选择定则。由此，任何不可重正化的理论都被视为与大自然不相容而自动被淘汰。的确，这一定则曾为我们在第 25 章提到的 20 世纪粒子物理的标准模型的确立提供过强有力的指导。因此从这一点来说，量子场论中无穷大的盛行绝非"坏"事，而是能给我们带来巨大好处的一个方面。[28]很少有理论能过可重正化这一关，只有通过者才有可能被物理学所接受。

然而，并非所有物理学家都严格遵守这一立场。甚至连为展示标准模型的可重正化性做出过关键贡献的诺贝尔奖获得者杰拉德·特霍夫特（Gerard t'Hooft，1946 ~ ）也声称要对严格遵守可重正化性这一点持某种保留意见。（1971 年，当时还是乌德勒支大学研究生的特霍夫特，通过证明带有"自发破缺"对称性的理论具有可重正化性质而震动了物理学界，现在这种自发破缺对称性已成为电弱理论的基本特征。）一次他对我说，可重正化性对于理论是否重要全在于所考虑的相互作用的耦合常数的大小。他特别列举了引力情形，比起粒子物理里的力，引力显得极其微弱，但按照对广义相对论中爱因斯坦方程的标准量子化处理，引力的量子理论被证明是不可重正化的，见 §19.6 和 §31.1。（氢原子里电子和质子间的引力只有静电力的 10^{-40}，这说明引力要比放射性衰变的"弱作用"弱得不知多少倍。）他的话表达了对量子场论的一种务实的观点。甚至是可重正化的理论也摆脱不了我们刚才讨论的无穷大问题。他怀疑理论中潜在的无穷大在物理上是否真的与那种实验上遥不可及的能量有关。在"量子化引力"情形，这种能量大得超乎想象，而且物理理论中各种其他形式的不确定性可能在引力的不可重正化性表现出来之前就已反映在了图像里。

在尺度的另一端，他认为，我们有强相互作用，其耦合常数是如此之大，以致令人怀疑单独依据费恩曼图描述还是否有效，因为递增序列很快就会发散。单独的重正化并不足以保证量子色动力学有有限的答案。此时人们还要利用强相互作用力的所谓渐近自由。对非常大的动量——在量子理论里，就是在非常窄小的距离上——强作用力有一种奇异性质，即此时这种作用力实际上为零。这与我们熟悉的粒子间的电或引力作用力完全不同，在后者情形下，由平方反比律可知，距离越小力越大。强作用力有点像弹簧，力的大小随伸张的距离线性地增加，当形变距

679

离为零时力也为零。[29]这种力的定律被用来解释这样一个事实——这里指的是约束（见§§25.7，8）——就是说夸克不可能单独从强子中被拉出。但不像普通的弹簧，强作用力不能够"弹回"，尽管你使的拉力足够大，但只能从真空中拉出诸如反夸克或夸克对这样的其他成分——这些也正是出现在粒子加速器的那些"喷射状"东西。渐近自由的这种奇异性质使得强相互作用理论免于无谓的计算，尽管它具有可重正化性。就现有数据来说，强耦合常数大约为10，这完全不同于电磁耦合常数——所谓精细结构常数——它的值约为$\frac{1}{137}$，而弱作用力，虽然无法进行直接的数值比较，就更弱了（亦见§31.1）。

26.10 拉格朗日量的费恩曼图

680　　在我描述费恩曼图、重正化等概念时，我跳跃得比较大，没来得及解释某个具体场论里的这些图是如何得到的。我也没来得及将费恩曼图描述与本章开始的量子场论的一般体系联系起来。现在让我们稍许弥补一下这种省略，将费恩曼图在量子场论的一般框架下的地位阐述得更清楚些。

我们将出发点选在了拉格朗日量，这样较符合理论要求。对此，费恩曼图表示的是一种带拉格朗日量的量子理论的微扰展开。微扰展开本质上只是一种按某个小参数（或小参数族）的幂级数展开。这种类型的展开与我们在§4.3讨论的那种情形相同，都是把$f(x)$展开成x的幂级数。费恩曼图里相当于x的通常是某个耦合常数。例如在QED情形，这个参数是电荷e，因此级数项就是顶角数目越来越多的那些图，有n个顶角的图总起来给出e^n的系数。对具有不止一个耦合常数的理论，我们可以有更复杂的不止一个变量的幂级数。由相应于图25.2和图25.3（b）的zigzag粒子取代电子线的标准处理而构成的QED就是这样一个例子。其中两个"耦合参数"分别为电子的电荷和质量M。

我在前面说了，可重正化理论不必是有限的。即使是原型的可重正化理论QED，甚至在重正化后实际上仍不是有限的理论。这又怎么解释？重正化是指去除有限个费恩曼图集合中的无穷大，但它并不能告诉我们，作为结果的所有这些有限量的和是否收敛。QED提供的只是一个类似于$f_0 + f_1 e + f_2 e^2 + f_3 e^3 + \cdots$的幂级数，这里每个系数$f_0$，$f_1$，$f_2$，$f_3$，$\cdots$都是有限量，它们获自按顺序阶0，1，2，3，$\cdots$对费恩曼图积分的公认的"重正化"处理。（实际上，具体情形下只可能存在偶数阶或奇数阶系数。[26.15]）可重正化性质并不告诉我们整个级数的和是否有限。事实上，它不是有限的，而是具有"对数发散性"（就像$-\log(1-x)$在$x=1$时的级数$1 + \frac{1}{2} +$

681　$\frac{1}{3} + \frac{1}{4} + \cdots$），就QED而言，这种发散性要到大约137阶项时才显露出来，这远远超出了通常

＊〔26.15〕你能看出为什么吗？

考虑的范围。

对一般的量子场论，要精确计算出每一阶上出现的图，我们就得求助于原始的路径积分表达式，即使这个表达式表示的是某种非常糟糕的发散，如果我们打算直接求和的话。这种处理过程将路径积分当作一个完整的形式量来处理，其中要用到直接的形式函数求导处理（§20.5）。求出了阶数越来越高的函数导数，我们也就得到了具有持续多个顶角的费恩曼图。这里我不打算深入到细节了，只想表明，按照这种形式程序，费恩曼图可以十分清楚地得到。[30]拉格朗日量在这里自然指的是§20.5里讨论过的一般性的场的拉格朗日量。对这种拉氏量，所涉的"路径"不是通常那种无限维构形空间内的一维曲线。对一个完全是相对论不变量的图像而言，其"历史"必然是特定时空区域内的一个完整的四维场构形。在全部区域中，拉格朗日量密度的积分就是作用量 S，然后 $e^{iS/\hbar}$ 给出每个特定构形的幅度（密度）。

26.11　费恩曼图和真空选择

对某种群下具有对称性（像电弱理论的 U(2) 对称性或量子色动力学的 SU(3) 对称性，或兼具二者）的理论而言，这个对称性通常是指拉格朗日量的表观对称性。存在这种对称性对量子场论的重正化是重要的。粗略地说，这种对称性被用来确保那些注定发散的项彼此抵消，出现（或认为会出现）抵消是因为如果存在残留的发散表达式，那么这个表达式就不可能具有理论所假定的对称性。

至少，上述那种理解可看成是一般性思想。然而，在电弱理论中还存在另一种微妙关系，因为作为结果的理论毕竟不具有原初假定的 U(2) 对称性。[31]缺少 U(2) 对称性被认为是对称性破缺（§25.5）的结果，但要弄懂它是如何形成的，则需要回到一般的量子场论形式体系上来。基本思想是，对称性破缺是由真空态的 U(2) 非对称选择引起的。相应地，那个想象中处于所有产生算符和湮没算符最右端的影子态 $|0\rangle$，则必然会从其阴影中开始显露出来，尽管到目前为止我们大都在费恩曼图中忽略了它。

首先，我们需要知道，尽管是粗略地，如何将量子场论代数 $\mathcal{A}$ 的元素与费恩曼图联系起来。这里的关键是，费恩曼传播子（表现为费恩曼图上的线）基本上有§26.2所说的对易子或反对易子的值（即这些表达式中的 $\langle\psi|\phi\rangle$）。实用上，这些式子通常是在动量空间表示的——虽然在定义精确的费恩曼传播子方面还存在不确定因素，但那都是些由正/负频率引起的问题（或许我们从§9.7的超函数观点能够很好地理解它们）。这里我们就不再对这些细节问题做过多的追究了。

现在，假定我们关心的是这样一种情形，它由一群入射粒子开始，最后出现某些出射粒子。我们由真空态 $|0\rangle$ 开始，然后运用不同的产生算符来产生入射粒子所需的态。这个过程生成初态 $|\psi_{in}\rangle$。类似地，我们可以采用同样的程序将产生算符用于出射粒子，然后再作用到 $|0\rangle$，由此产

682

生终态 $|\psi_{out}\rangle$。幅度 $\langle\psi_{out}|\psi_{in}\rangle$ 是我们要计算的,由它我们可以通过简单应用 §22.5 给出的公式来得到从"入"到"出"的概率,即 $|\langle\psi_{out}|\psi_{in}\rangle|^2$,如果态是归一化了的话。

这里,表达式 $\langle\psi_{out}|\psi_{in}\rangle$ 包含了处于左边的湮没算符(因为在从 $|\psi_{out}\rangle$ 传递到 $\langle\psi_{out}|$ 的过程中,哈密顿共轭将产生算符变成了湮没算符)。在 $|\psi_{in}\rangle$ 里,这些算符都处于产生算符的左侧,因此我们可以设想,将所有这些湮没算符"推"过处于右边的产生算符,直到它们在很右边的地方遇到 $|0\rangle$。一旦发生此事,$|0\rangle$ 将"被消灭"(见 §26.2),因此表达式为零。但湮没算符每推过一次产生算符,我们都要考虑前述的对易子(和正/负频率要求),同时在费恩曼图上产生一条线。每做一次这种操作,费恩曼图上就会多出一条这样的线。最终,我们得到的是 $\langle 0|0\rangle$ 乘以作为费恩曼图上线的费恩曼传播子的集合——由于对规范化真空态 $\langle 0|0\rangle = 1$,因此我们得到的刚好是费恩曼图本身。

到目前为止,费恩曼图都是完全平凡的,没任何顶角——这是因为我还没有在算符 $\mathcal{A}$ 的代数上加入任何相互作用。要考虑相互作用影响,我们就得检验与具体问题有关的具体的拉格朗日量,并用它来生成正确的 $\mathcal{A}$。基本来看,这些过程只是 §26.10 里生成带适当顶角的费恩曼图的那些过程的镜像。

说到现在,我们所得有限,但将费恩曼图运用于量子场论的一般框架的好处在于现在我们能够用另一种真空态 $|\Theta\rangle$ 来取代真空态 $|0\rangle$,这二者是不等价的(前者就像我们在 §26.4 里考虑的狄拉克海态 $|\Sigma\rangle$)。对电弱理论和其他严重依赖于基本的破缺对称性的理论来说,这么做的好处是,由于拉格朗日量——以及理论上相应的费恩曼图——服从严格对称性(在电弱理论情形,即群U(2)),故系统的实际态只服从更低的对称性(在电弱理论情形,为电磁场的规范群U(1)),因为真空态 $|\Theta\rangle$ 只具有这种更低的对称性。通过这种方法,完全无破缺对称性的理论的重正化不受任何影响,尽管整体上这种理论出现过较小的"破缺"对称群。

对构造物理理论来说,费恩曼图显然是个不错的工具,它能够带来精确对称性的好处,但同时观察上却是对称性远不能满足的另一番情形。这是一种能为试图构造更好更深入理论的物理学家们带来巨大诱惑的力量。可以说,所有试图超越标准模型的当代思想都打算从这种"对称性破缺"中获益。然而,所有这些企图,无论多么走俏——像我在 §§28.1~5 将点到的那些做法——都必然是非常投机的。我们有必要对这种性质的理论保持警惕和置疑,以免被过于轻易地带入歧途。

作为阐述这些理论的一个先导,我们还需要熟悉下一章的大爆炸概念。然后在第 28 章,我们介绍一些值得关注的、与宇宙早期的自发对称性破缺概念结伴出现的问题。最后,我们还需振作精神,将这一普适的思想用到第 31 章,在那里我们将考察弦论里的原始概念——超对称性,以及由它衍生出来的某些异乎寻常的概念。

注　释

§ 26.1

26.1　见 Aitchison and Hey（2004）；或 Zee（2003）。

§ 26.2

26.2　我这里的描述有些"非标准"，就是容许"波函数"ψ 取一般的正频率场，而不必是归一化了的。这种不加以归一化的做法也用在产生算符 $\boldsymbol{\Psi}$（和湮没算符 $\boldsymbol{\Psi}^*$）上。在许多传统描述中，ψ 都取某个动量态。

26.3　在许多标准文献里，符号 a 用于湮没算符，而 a^n（a 的厄米共轭）用于相应的产生算符，而且通常采用动量空间，见 Shankar（1994）和 Zee（2003）。 684

26.4　某些熟悉标准模型的读者可能会对此感到迷惑，因为经常出现这样的情形：所用的产生算符和湮没算符被限定为针对各种不同的动量态，它们组成正交基。这时湮没算符移动特定的态。

26.5　见 Zee（2003），Perkin and Schröder（1995）。

26.6　这一要求的一种非常切题的说明见 Zee（2003）。

26.7　还存在某些饶有兴趣的拓扑问题，它们与带 2π 旋转的粒子的交换有关，但这些问题对量子场论的全部意义还不清楚。见 Finkelstein and Rubinstein（1968）；Feynman（1986）；Berry（1984）；贝里相的讨论见 Shankar（1994）。

§ 26.3

26.8　有相当挑战性的技术参考见 Landsman（1998）；亦见 Ashtekar and Magnon（1980）。

26.9　可能写成势的形式。

26.10　态归一化的一般性处理见 Ryder（1996）。用更为传统的处理方式给出的电磁场的量子化见 Shankar（1994）。

§ 26.4

26.11　有关中微子的最新信息见 Shrock（2003）——这是当前物理学的一个非常"热"的领域！

§ 26.6

26.12　对于粒子就是它自己的反粒子的玻色子场的简单情形，福克空间可写成 $\mathbb{C} \oplus \mathcal{H} \oplus \{\mathcal{H} \odot \mathcal{H}\} \oplus \{\mathcal{H} \odot \mathcal{H} \odot \mathcal{H}\} \oplus \{\mathcal{H} \odot \mathcal{H} \odot \mathcal{H} \odot \mathcal{H}\} \oplus \cdots$，这里 $\oplus$ 表示直和运算，$\odot$ 表示对称张量积。具有自旋和电荷等等的更复杂情形可做相应的处理。一般概念见 Shankar（1994）；Davydov（1976）也很有用。

26.13　见 Hannabuss（1977）；相干态（出现在多变量如费米子、自旋等等的情形下）的讨论见 Shankar（1994）。

26.14　见 Wald（1994）；Birrell and Davies（1984）。

26.15　见 Dirac（1933）；Schwinger（1958）。

26.16　见 Feynman（1948，1949）。这个概念的一个绝好的综述见 Feynman and Hibbs（1965）。

§ 26.7

26.17　正如费恩曼指出的，这个精确程度相当于说洛斯阿拉莫斯到纽约之间的距离误差不超过一根头发的粗细！

26.18　某些其他重要概念，如所谓"欧几里得化"，将在 § 28.9 讨论。

26.19　这是一个所谓格林函数（以纪念杰出的、出生于磨坊主之家自学成才的英国数学家乔治·格林， 685
1793～1841）的例子。费恩曼传播子是一种特殊的格林函数 $K(p,q)$，它由量子理论的正频率要求定义，详见 § 24.3。

26.20　这个似乎有点儿"过时了"，经典例子见 Bjorken and Drell（1965）。

§ 26.8

26.21　有一些称作"跑动耦合常数"的量，它们是处于费恩曼顶角的整个入射粒子体系的静能的函数。这些在许多现代的粒子物理理论里有着重要意义。

26.22　因此，如果 $P_a^{(1)}$，$P_a^{(2)}$，…是顶角的入射动量，$Q_a^{(1)}$，$Q_a^{(2)}$，…是出射动量，则将包含项 $\delta\left(P_a^{(1)} + P_a^{(2)} + \cdots - Q_a^{(1)} - Q_a^{(2)} - \cdots\right)$。

26.23　见注释 25.5。

26.24 （由极富原创力的美国物理学家惠勒提出的）"S 矩阵"的重要概念与费恩曼图概念没有联系，它属另一种评价方法。

§ 26.9

26.25 见 Zee（2003）；相关细节亦见 Ryder（1996）。

26.26 由于电子电荷是负的，这里"减少"意味着"使模更小"。

26.27 存在某种优美的数学程序可以使这一方法变得更为系统化，其中利用了"余积"的概念，这个概念与将在 § 32.1 简述的非对易几何概念有关；见 Connes and Kreimer（1998）。

26.28 "重正化群"的概念提供了一整套重要的技术。Zee（2003）、Ryder（1996）和 Perkin and Schröder（1995）都有对这些概念的处理；基于统计力学的内容详见 Zinn-Justin（1996）的百科全书式的著作。

26.29 引力仍是需要注意的（甚至对大于银河系尺度的情形亦如此），尽管按照平方反比律，这种力随距离增大迅速下降。读者或许会嘀咕，为什么强力在大于原子核尺度之外几乎完全不被注意，虽然它也随距离而增大。理由是，与引力的累加作用（因为总是吸引性的）相比，强力是吸引力和排斥力的叠加，这种叠加完全抵消了不同核之间的强力作用（单个的核就是一种"色单态"）。

§ 26.10

26.30 Zee（2003）和 Zinn-Justin（1996）提供有这类程序；相当有趣而又直观的，见 Mattuck（1976）。

§ 26.11

26.31 见注释 25.12。

第二十七章
大爆炸及其热力学传奇

27.1　动力学演化的时间对称性

什么样的定律描述宇宙万物呢？从伽利略时代开始，所有成功的物理学理论给出的答案都 686
采取了动力学形式——就是说，具体化为在给定时刻处于一定条件下的物理系统的状态如何随
时间演化的问题。这些理论不能告诉我们世界像什么样子，而只会说："如果世界在某时刻是这
个样子，那么这之后它将是那个样子。"这样的理论不会告诉我们当前的世界是如何形成的，除
非我们告诉它过去是什么样子的。

这种理论形式也有重要的例外，如 1609 年开普勒的惊人结果：行星的绕日轨道有确定的几
何形状——以太阳为一焦点的椭圆——它可以用满足一定规则的速度来描述。这是一个关于宇
宙是怎样的理论，而不是它的状态根据某种动力学规律如何随时间变化的理论。但我们目前关
于开普勒几何运动的观点，则认为它们只是 17 世纪牛顿于 1687 年出版的伟大的《原理》一书中
首次提出的引力动力学的结果，因此人们不认为开普勒定律是大自然的直接基础。我们的确可
以说，开普勒——乃至整个科学——真的非常幸运，支配牛顿引力的力定律，平方反比律
（§17.3），具有这样的属性，即所有在中心力场里运动的小物体的轨道都具有非常简单和优美
的数学形状（这些形状已为古希腊人和 18 世纪早期的学者深入研究过）。这是一种非常独特的
性质，几乎没有其他的简单中心力定律能够拥有这一性质。一般来说，现代观点强调，动力学定
律应当具有完美的数学形式，如果我们有幸为这些定律找到了简单的数学形式，那真可算得上
是天公作美。

通常考虑这些动力学定律如何起作用的方法，是选取一定的初始条件，它们决定了动力学 687
系统按什么样的特定方式演化。一般来说，我们都是根据系统过去的数据来判断它的未来，具体
的演化朝什么方向发展取决于微分方程。（这些方程也许是偏微分方程——场方程——如果存在
动力学演化场或波函数的话；见§10.2，§§19.2，6，§21.3，练习［19.2］和注释 21.1。）另

一方面，我们基本不考虑通过这些方程演化到过去，尽管事实上经典和量子力学的动力学方程在时间反演方向上是对称的！就数学而言，我们同样能将遥远未来的某个时刻规定为最终条件，然后让系统沿时间反方向演化到过去。数学上看，最终条件和决定系统演化的初始条件地位上完全一样。

关于时间对称的动力学系统的决定论，还有些话要交代。首先，读者尽管放心，不论是狭义相对论还是广义相对论，都不会从根本上无效。确定系统态的数据是按某个初始"时间"给定的，是某个初始三维类空曲面，它们依照动力学方程演化来决定系统的这个三维曲面在未来或过去的物理状态。但是，广义相对论提出了一些新问题，因为演化发生其中的时空结构本身就是待定的物理状态的一部分。（这一点对于黑洞有重要意义，我们将在后面的§28.8、§§30.4，9予以探讨。）

在量子力学情形，决定论指的是理论的 **U** 部分，即由薛定谔方程（或等价的方程）支配的量子态。在时间反演（§25.4 里的 T）下，薛定谔方程的时间导数算符 $i\hbar\partial/\partial t$（§21.3）必须为 $-i\hbar\partial/\partial t$ 所取代（因为 $t\longmapsto-t$）。如果哈密顿量是一个常量，它在 T 的作用下仍是其本身，我们就说薛定谔演化的结果还是其本身，只要在作时间反演 $t\longmapsto-t$ 的同时伴以虚单位符号的替换：$i\longmapsto-i$。这就是我们在量子力学里考虑的 T 作用。（还必须指出，在联合变换 $t\longmapsto-t$ 和 $i\longmapsto-i$ 下，正频率函数 $f(t)$ 仍转换成一个正频率函数，这样一切才正常。**〔27.1〕）T 作用下量子态收缩 **R** 的行为也是个问题，这个问题将是我们在第 30 章要认真讨论的重要问题（§30.3）。

27.2 亚微观成分

然而，还有另一些问题困扰着内行的读者，甚至在经典动力学情形亦如此。在经典力学里，时间反演对称对于单个粒子及其相伴场的亚微观动力学无疑是正确的。但实际上，我们对系统内单个成分的行为了解很少。了解每一个粒子的具体位置和动量通常既不可能也无必要，通过对单粒子的物理参数的适当平均，我们就能很好地描述系统的总体行为。这些参数可以是质量、动量和能量的分布，也可以是质心的位置和速度，不同地点的温度和压强，弹性性质，转动惯量，整体形状及其空间取向，等等。因此，实践上重要的是我们能否得到这些平均意义上的"总体"参数的好的初值，它们足以确定系统的动力学行为到所需的要求程度。

情形当然并非总是如此。例如像混沌系统就具有终态行为强烈依赖于初态的性质。熟悉的例子可举一种"办公玩具"，这是一个悬于事先安排好的一组磁体上方的磁摆，见图 27.1。摆的动力学行为是一种严格可控的确定性行为，由牛顿定律、静磁力作用律、空气的摩擦阻力等共同决定。但摆的最终静止位置则强烈依赖于显然不可预知的初态，尽管初态的具体细节以及演化

〔27.1〕 为什么？然后解释为什么空间动量在这个替换中保持协调。

过程中所有成分粒子和场都是唯一确定了的。[1] 这类"混沌系统"的事例可以举出很多。天气预报的不确定性通常也归咎于大气动力学系统的混沌性质。甚至太阳系中天体的高度有序的（很大程度上可预测的）牛顿引力运动从技术上都可以说是一种混沌系统，虽然这种"混沌"的相关时间尺度要远大于天文观测所及的能力。

689

图 27.1 混沌运动。一个由一组固定磁体和悬于上方的磁摆组成的"办公玩具"。磁摆的实际路径对其初态的位置和速度高度敏感。

演化到过去而不是未来的情形又会怎样呢？公平地说，通常这种"混沌不可预知性"在"倒叙"指向过去的演化方面要比正常的"预言"未来的演化表现得更糟糕。这涉及热力学第二定律，它的最简单的表述形式是：[2]

热由较热物体流向较冷物体。

按照这一定律，如果我们将一个热物体和一个冷物体用某种导热物质连起来，那么热的物体就会冷却，冷的物体就会变热，直到二者达到相同的温度。这就是预言的期望值，这种演化具有确定性特征。另一方面，如果从时间反方向来看待这个过程，则会发现两个同温度的物体自发演化到为不同温度的物体，要确定哪个物体变得更热哪个更冷，有多热，何时始，这些实际上都是不可能做到的。系统的这种动力学倒叙过程在实践中显然是空想。

事实上，几乎任何具有大量成分粒子、其行为由热力学第二定律描述的宏观系统都存在这种时间上倒叙的困难。正出于这一理由，物理学通常只关心预言，而不是倒叙。[3] 另一方面，第二定律被认为是物理学预言能力的基础，因为它去除了诸如倒叙这样的问题。

尽管如此，大多物理学家却认为，这一定律不像能量守恒律、量子力学的线性叠加原理以及粒子物理的标准模型那样是"基本的"。他们认为，第二定律是任何说得通的物理理论的非常"明显的"必要成分。许多人认为它缺乏清晰和精确性，因此无法和我们在控制基本理论的动力学定律里看到的那种超凡的精确性相比。我的看法则完全不同，我认为，隐藏在表面下模糊的统计规律（通常指的就是"第二定律"）背后的是极为"令人着迷的"精确性。

27.3 熵

让我们用稍微严格点的方式来考察第二定律的实际内涵。作为预备，我得先交代一下热力学第一定律。第一定律可简述为任何孤立系统的总能量守恒。读者也许会抱怨这没多少新意（§18.6，§20.4，§21.3）。但要知道，在这个定律刚提出时（最初由萨迪·卡诺于 19 世纪 20 年代早期提出，虽然他不是正式发表[4]），此前对于热只是一种能量形式这一点并不清楚——能量本身属通常的宏观概念这一点也不十分清楚。第一定律挑明了，譬如说当一个物体由于空气阻力而慢下来从而其动能（§18.6）减小时，它的总能量并没有减少，动能减少的那部分转化

690

为空气和物体发热的形式。这个热能可理解为空气分子的运动动能和组成物体的粒子的振动动能。此外，温度只是对每个自由度上能量的量度，因此，热和温度的热力学概念与以前理解的动力学概念基本上是一致的，只不过前者是用于物质的单个成分水平上，而且用的是统计的处理方式。第一定律具有我们熟悉的那种清晰性：不论发生多么复杂过程，总能量的值总是个常数。过程后的总能量等于过程前的总能量。

与作为一个恒等式的第一定律不同，第二定律是一个不等式。它给出一种称之为熵的物理量，这个量的值在过程之后会变得比之前更大（至少不减小）。粗略地说，熵是一种对系统"混乱程度"的量度。在空气中运动的物体开始时能量是一种有序的形式（运动动能），但当它因空气摩擦阻力慢下来时，这种能量就转化为空气分子和物体内粒子的无轨运动。"无序程度增加了"，更明确地说，就是熵增加了。

熵的概念是 1865 年克劳修斯引入的，但其明确的定义却是杰出的奥地利物理学家路德维希·玻尔兹曼于 1877 年给出的。为了理解玻尔兹曼的思想（对经典系统而言），我们需要相空间的概念（§12.1，§§14.1，8，§§20.1，2，4）。我们知道，对于 n 个（无特征）粒子组成的经典系统，相空间是 $6n$ 维空间 $\mathcal{P}$，它的每个点表示所有 n 个粒子的一组位置和动量。为了严格定义熵的概念，我们需要所谓"粗粒"的概念。[5] 这里的粗粒就是把相空间 $\mathcal{P}$ 的一个单元分割成我下面所说的"盒子"这样的更小区域。见图 27.2。其思想是，$\mathcal{P}$ 中表示宏观上彼此不可分辨的系统态的那些点的集合，都处于同一个盒子里，而 $\mathcal{P}$ 中属于不同盒子的那些点宏观上一定是可分辨的。对 $\mathcal{P}$ 中某点 x 所代表的系统态，玻尔兹曼熵 S 为

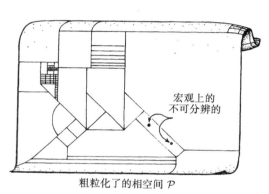

图 27.2 玻尔兹曼熵。它涉及将相空间 $\mathcal{P}$ 的单元分割成子区域（"盒子"）——称为 $\mathcal{P}$ 的"粗粒"——这里一个给定盒子里的那些点代表宏观不可分辨的物理态。体积 V 的盒子 $\mathcal{V}$ 中态 x 的熵为 $S = k\log V$，其中 k 是玻尔兹曼常数。

$$S = k\log V,$$

这里 V 是包含 x 的盒子 $\mathcal{V}$ 的体积（$\log V$ 叫自然对数，见 §5.3），k 是玻尔兹曼常数，[6] 其值为

$$k = 1.38 \times 10^{-23} \mathrm{JK}^{-1}$$

（单位 J 读作焦耳，K^{-1} "每开尔文度"）。

我刚才说过，玻尔兹曼的定义使熵的概念变得"明确"。但对上述关于 S 的公式，我们还有必要对"盒子"所代表的粗粒作一说明。具体 $\mathcal{P}$ 的哪一部分成为盒子这种选择完全是"随机的"。这个定义似乎取决于我们对一个系统的考察选取得多稠密。对实验者来说，两个"宏观不可分辨"的态可以是彼此可分辨的。而且，两个盒子之间可以划界的地方也是非常任意的，因为处于 $\mathcal{P}$ 的边界两边的相邻两点可以有相当大不同的熵，尽管二者几乎是全同的。S 的定义中

还有些相当主观的成分，虽然它比早先那种应用相当有限的概念有着明显的进步，而且仅就作为系统"无序度"的量度概念这一点就无疑是一种进步。

我自己对熵的物理地位的立场是，我不认为它是当今物理理论里的一个"绝对"概念，虽然它无疑是个非常有用的概念。然而，它在未来有可能获得更为基础的地位。对此我们需要考虑量子理论——毕竟是量子力学提供了对 $\mathcal{P}$ 内具体相空间区域 $\mathcal{V}$ 的绝对量度，这里我们取 $h=1$ 的单位（即普朗克单位，见 §27.10）。*[27.2] 事实就是如此，粗粒的任意性对热力学计算几乎没什么影响，这非常令人惊奇。其理由似乎是，在绝大多数情形下，我们关心的只是有关的相空间盒子体积大小的比值，这使得边界划在何处变得无关紧要，只要粗粒化能够"合理地"反映所涉系统是宏观可分辨的这一直观概念就成。由于熵定义成盒子体积的对数，因此确有必要重划边界以获得 S 的任何明显变化。*[27.3] 在我看来，熵在当代理论中具有的是一种"方便"的地位，而非"基础性"地位——虽然有迹象表明，在量子引力变得重要的更深入场合（特别是与黑洞熵联系起来看），这个概念将获得更基本的地位。我们将在本章后面（§27.10）和 §§30.4～8、§31.15 和 §32.6 再回到这个问题上来。

692

27.4 熵概念的鲁棒性

我们举一个简单例子以使玻尔兹曼熵公式的作用看得更清楚些。考虑一个封闭的容器，其中区域 $\mathcal{R}$ 被单独做成球状，其体积为整个容器体积的十分之一，$\mathcal{R}$ 与容器其他部分通过一个小阀门连接，见图 27.3。假定容器内的气体分子数为 m。我们来求所有气体分子都处于 R 的情形下的熵 S，并与气体分子均布于整个容器情形下的熵进行对比。

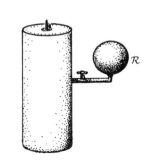

图 27.3　密闭容器。球状区域 $\mathcal{R}$ 的体积为整个容器体积的十分之一。当最初集中于 $\mathcal{R}$ 的气体充满整个容器时，系统的熵增加了多少？

693

由玻尔兹曼公式，我们有 $S=k\log V_{\mathcal{R}}$ 这里 $V_{\mathcal{R}}$ 是所有分子处于 $\mathcal{R}$ 时相空间 $\mathcal{V}_{\mathcal{R}}$ 的体积。为简明起见，我们假定粒子遵从所谓玻尔兹曼统计，与之相对的是 §23.7 描述的玻色子的"玻色–爱因斯坦统计"和费米子的"费米–狄拉克统计"。也就是说，我们假定所有气体分子（至少原则上）都是彼此可分辨的。**[27.4] 将气体取为大气压下的普通空气，即 1 升容积内约有 $m=10^{22}$ 个分子。对于容器内的气体，相空间区域 $\mathcal{V}_{\mathcal{R}}$ 的体积与整个相空间 $\mathcal{P}$ 的体积比是 $10^{-m}\left(=\dfrac{1}{10^m}\right)$，**[26.5] 即

＊〔27.2〕说明：如果取 $h=1$，如何安排相空间体积的绝对测量。
＊〔27.3〕玻尔兹曼公式里的对数是如何与盒子体积的"巨大"差异相联系的？
＊＊〔27.4〕解释三种情形下计算会有怎样的差别。
＊＊〔26.5〕为什么？

$$10^{-1000000000000000000000},$$

因此我们看到,这是一个"很难想象"的体积比。上面这个数据表示出现——即使是纯粹碰巧——所有气体分子都处于 $\mathcal{R}$ 的概率简直是微乎其微。这种极端不可能情形的熵要比气体分子随机分布情形下的熵远小得多,由玻尔兹曼公式,二者的差大约为*******[26.6]

$$-k\log\left(10^{-1000000000000000000000}\right) = 2.3 \times 10^{22} k,$$

$$= 0.32 \ \mathrm{JK}^{-1}$$

这里我用了 10 的自然对数约为 2.3 这一事实。因此,如果我们假定起初气体处于 $\mathcal{R}$,由阀将它与容器的其他部分隔离开来,然后打开阀,让气体充满整个容器,于是我们发现,熵增加了 $2.3 \times 10^{22} k$,按通常单位,它大约是 $\frac{1}{3}$ JK^{-1}。

694　　　读者或许会担心,实践上,容器在初态时非 $\mathcal{R}$ 部分绝对没有气体分子是做不到的。因此,我们放宽区域 $\mathcal{V}_{\mathcal{R}}$ 的规定,使得 R 含有全部气体分子的 99.9%。于是 $\mathcal{V}_{\mathcal{R}}$ 要求处于 $\mathcal{R}$ 之外的分子不超过全部分子的 1‰。以当今的技术要使容器的非 $\mathcal{R}$ 区域达到这种真空条件并非难事。可以证明,结果几乎不受影响,打开阀后的熵增仍是 $2.3 \times 10^{22} k$ 的量级。*******[26.7] 这是一个出人意表的事实:虽然粗粒盒子的划分(譬如说 $\mathcal{V}_{\mathcal{R}}$)带有主观性,但只要盒子划分得"合理",它就不会引起严重的问题。

　　　玻尔兹曼公式里的对数,除了使大数看起来好处理之外,还有一个重要的目的,就是展示了独立系统的熵的加和性。因此,如果两个独立系统的熵分别是 S_1 和 S_2,那么由这两部分总合起来的系统的总熵将为 $S_1 + S_2$。这里假定总系统的相空间是 $\mathcal{P} = \mathcal{P}_1 \times \mathcal{P}_2$,这里 $\mathcal{P}_1$ 和 $\mathcal{P}_2$ 分别是两独立系统的相空间,总系统的粗粒盒子是 $\mathcal{P}_1$ 和 $\mathcal{P}_2$ 的粗粒盒子的乘积,对独立系统 S_1 和 S_2,这是十分自然的假定。*[26.8](应用到空间的 × 的定义见 §15.2,练习〔15.1〕和图 15.3a。)由于盒子体积是乘积关系,故相应的熵是加和关系(对数的标准性质,见 §5.2)。

　　　在通常的物理系统的例子里——也就是已经过深入研究的常规容器里的寻常气体情形——存在一种特殊的粗粒盒子 E,它的体积 E 要远大于其他盒子。这个 E 代表的是热平衡态。E 通常就等于整个相空间的体积 P,因此 E 很容易超过所有其他盒子的体积之和,见图 27.4。对于寻常气体,我们常将其看作是热平衡下全同的球对称的若干个小球组成,其速度分布取所谓麦克斯韦分布(由我们以前在论述电磁学时遇到的那个詹姆士·麦克斯韦发现)。其概率密度形式为

$$A e^{-\beta v^2},$$

　　***〔26.6〕说明:如果我们考虑的是费米子/玻色子,或如果我们考虑到气体分子禁锢在 $\mathcal{R}$ 中时可能的动量减小,这些为什么不会对结果有实质性影响。

　　***〔26.7〕试试看你能否看出为什么取不同的数学近似估计时,熵增只会下降一个很小的量,大约从 $2.30 \times 10^{22} k$ 降到 $2.29 \times 10^{22} k$。(如果愿意,你可用斯特林公式 $n! \approx (n/e)^n (2\pi n)^{-1/2}$。)

　　*〔26.8〕为什么这种粗粒假设是自然的?

（它叫做高斯分布,有时也叫"钟形曲线"。）这里 v 是气体粒子的三维速度大小,β 是一个与温度有关的常数,A 是使所有可能的速度空间上概率积分等于 1 的常数,见图 27.5。根据第二定律,使系统取最大可能的熵的热平衡态,一种我们期望系统能够停留足够长时间的态。

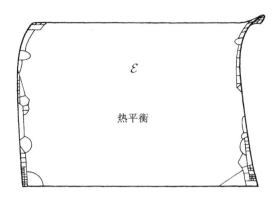

695

如上所述,麦克斯韦分布是指由没有内部自由度的全同经典粒子组成的气体状态。如果考虑到不同大小的多种成分和各种内部自由度（如自旋或不同组分间的来回振荡）,事情就会变得更加复杂。对热平衡系统,有一条称之

图 27.4　代表热平衡的特殊盒子 ε,它的体积 E 通常就等于整个相空间 $\mathcal{P}$ 的体积 P,因此远远超过所有其他盒子的体积之和。

为能量均分的一般原理。根据这一原理,系统的能量在系统的各个自由度上是等分布的。

使麦克斯韦分布得到推广的另一种途径是先偏离严格的热力学平衡态,然后问,（依照第二

696

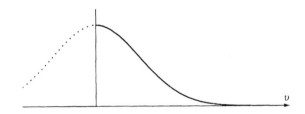

图 27.5　气体平衡态的麦克斯韦速度分布有形式 $Ae^{-\beta v^2}$,这里 A 和 β 都是常数,β 是一个与气体温度有关的常数,v 是粒子速度。曲线的虚线部分表示 v 的负值,用来显示统计学中熟悉的高斯分布的"钟形曲线"形式。

定律）我们怎样才能期望气体达到平衡。在这种场合,我们有玻尔兹曼方程用来描述演化。读者大概已意识到,当存在数量巨大的成分粒子且其动力学都须单独跟踪时,理论上如何理解这些经典宏观粒子的行为,将是一个巨大的课题。这个课题就是统计力学。

27.5　第二定律的导出

现在让我们来看看第二定律背后隐藏着什么。想象一下我们有这么一个物理系统,它由适当粗粒化相空间 $\mathcal{P}$ 中的一个点 x 代表。假定（图 27.6（a））此刻 x 由某个体积为 V 的小粗粒盒子 $\mathcal{V}$ 开始,以某种动力学方程规定的方式在 $\mathcal{P}$ 中运动。记住,不同粗粒盒子之间存在巨大的体积上差异,我们没法预料 x 点关于盒子位置的动力学运动,我们能知道的,就是总体上说,x 是朝着体积越来越大的盒子运动。换句话说,随着时间推移,系统的熵将越来越大。一旦 x 有了进入具有确定熵的盒子的途径,那么在可感知的时间尺度上,它是无论如何再也不愿意回到先前熵值较小

697

的盒子里去了。要达到熵值明显较小的状态，就意味着要找到一个比它体积更小的盒子，而这极有可能是不成功的。我们还是来考虑刚刚所举的例子，由于玻尔兹曼公式的对数关系以及玻尔兹曼常数很小，一定程度上熵的减少总伴随着相空间体积的非常明显的减少。一旦气体找到了逃逸出 R 的途径，你就绝无可能再让它回到 $\mathcal{R}$ 中去（至少在不是"无穷长"的时间尺度上是这样）。*** [27.9]

这个论证包含了热力学第二定律成立的基本要点。我们注意到，论证中除了无偏地要求点 x 刻意找到更小的盒子这一点外，并不依赖动力学的具体形式。这就是第二定律存在的全部意义吗？这似乎也太简单了——

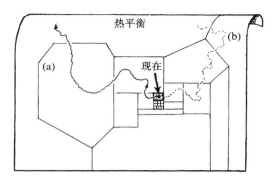

图 27.6　第二定律的作用。物理系统的演化由相空间中的某条曲线表示。（a）如果我们知道当前时刻系统是由体积 V 很小的盒子 $\mathcal{V}$ 中的一点 x 来表示的，我们想看看它未来的可能行为，则可断定，由于盒子体积间的巨大差异，在没有明显定向运动的情形下，根据第二定律，这条曲线肯定是进入越来越大的盒子。（b）但假定我们将这种论证用到过去方向上，要问曲线直接找到进入 $\mathcal{V}$ 的路径的最大可能性是多少，则这种论证将导致十分可笑的结论：最大可能是，随着我们逐步走向过去，x 将从越来越大的盒子进入 $\mathcal{V}$，这明显违背第二定律。

可能正是这种论证的明显的普适性质使得许多物理学家认为第二定律不存在根本性的令人费解之处，而且认为任何物理理论都必须与第二定律相容。杰出的天体物理学家爱丁顿爵士的一段话很适合引述于此：

　　　如果有人对你说，你所珍爱的宇宙论与麦克斯韦方程不符——你可以反驳说麦克斯韦方程实在糟糕。如果发现你的理论与观察结果相矛盾——你可以指责说这些实验有时做得很不细致。但如果你的理论被发现违反了热力学第二定律，我敢保证你是彻底没希望了，除了蒙羞放弃它实在是别无他法。[7]

但是一瞬间的反应告诉我们，这个论证的结论一定还有某种例外的情形，或有某些非常重要的因素在基本考虑中被忽视了。我们所推出的是一种时间不对称的定律，而基本物理学通常总被认为是时间上对称的。这是怎么发生的呢？我们可以设想将同样的论证用到指向过去时间方向上（图 27.6（b）），结论似乎是，如果我们此刻把相空间点 x 置于我们前面选定的那种小盒子里，然后考查它从此刻向更早以前的方向演化，那么具有压倒性的可能是，随着我们越来越远地走向过去，x 是从越来越大的盒子进入到现在这个盒子里！这一点告诉我们，第二定律的反面在过去方向上是成立的，熵在过去方向上增大，尽管从这一论证的基础上看，我们期望的是第二

***〔27.9〕就所有气体全都回到 $\mathcal{R}$ 和 99.9% 的气体回到 $\mathcal{R}$ 这两种情形，试估计这个过程要多长时间。你需要知道气体分子的运动速度吗？

定律的确应当用于未来方向。大体上说，这个结论与我们对宇宙在过去方向上的实际观察不相符，见图 27.7。

　　哪儿出错了呢？为了弄清楚这一点，我们把这些论证用到容器内的气体行为上。我们从全部气体都处于 $\mathcal{R}$ 开始（时间上取为 t_0），这时 x 处于 $\mathcal{V_R}$。我们似乎能够得到正确的气体的未来行为，就是说，阀门一旦被打开，气体会从 $\mathcal{R}$ 跑出来充满整个空间，

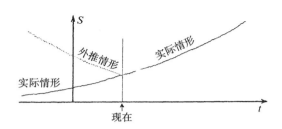

图 27.7　用熵 S 关于时间 t 的曲线来表示图 27.6 的结论。这一论证正确地引导我们用第二定律来预测现在之后的未来行为，但如果认为第二定律在过去方向上也成立，那它就将导致极为荒谬的与实际经验严重不符的结论。

熵值明显增大，同时 x 很快就进入代表热力学平衡态的区域 ε。但它在过去的行为是怎样的呢？我们得这么来提出问题：在 t_0 时刻之前发生了什么？气体达到全都处于 $\mathcal{R}$ 这一状态的最可能的途径是什么？如果我们想象一下，阀门恰好在 t_0 时刻之前的某个瞬间被打开，那么"最可能的演化"是，气体开始弥散到整个容器，并在早于 t_0 的某个时刻达到热平衡，然后它自发地逐渐集中到区域 $\mathcal{R}$，并在 t_0 时刻完全处于 $\mathcal{R}$ 中。

　　尽管荒谬，但它却是上述问题的正确答案，而且与外部条件无关。实际上，我们从未发现气体完全处于 $\mathcal{R}$ 中。这个论证只是要告诉我们，如果我们想看到气体全都自发地处于 $\mathcal{R}$ 中的情形，则随机运动气体的行为将会是怎样的。这里并无悖论。但它回避了一个问题，而这个问题正是我想让读者考虑的，那就是，实际过程中怎样才会出现这种所有气体聚于 $\mathcal{R}$ 中的情形？毫无疑问，在实际宇宙中发生这种事是可能的（这里，我们放宽了对区域 $\mathcal{V_R}$ 的定义，允许有千分之一的气体逸出 $\mathcal{R}$ 外）。我们可设想有某个实验者开始时向容器内泵入了 10 倍于所需的气体，然后关上阀，最后再在容器主体上接入真空泵将主体内的气体（全部气体的 90%）抽走。在整个过程中，按照第二定律，熵始终是增的。如果要用相空间的概念来谈这个问题，显然我们就需要更大的相空间，它应将实验者也包括其中——大概还应包括宇宙间的许多东西，甚至扩展到太阳或太阳系之外。实验者体内的熵由于通过进食和呼吸因而保持得非常低。为简单计，我们假定真空泵是手工作的——否则我们还得考虑燃油动力的低熵来源（这个不是我们现在要考虑的关键所在）。实验者的部分低熵通过气体转移到容器内，而且被用来使气体回到 $\mathcal{R}$。实验者食物中和空气中的低熵最终还是来自太阳。后面我会转到太阳的特殊作用上来。

　　因此，我们能得到所需的使容器内几乎所有气体回到区域 $\mathcal{R}$ 的状态，而且不违反第二定律，它的适当的物理形式为："熵随时间增加。"那么对于回到过去的行为，我们在推导时间反向的第二定律时遇到的困难是什么呢？它解决了吗？没有，肯定还没有！实验者的身体应当（也的确是）按实际的第二定律来起作用，就像太阳和扩大了的相空间中描述的一切一样。如果我们要用相空间来讨论——现在是扩大了的相空间——那么我们仍免不了会得到物理上的荒谬性，就是熵面向过去方向依然是增的，这里的过去可以是我们此刻考察整个系统之前的任何

时间。

27.6 整个宇宙可看作一个"孤立系统"吗？

一些理论学家试图对"孤立系统"和"开放系统"做出区分，他们认为，当孤立系统内熵增加时（直到达到平衡态），我们总可以从外部世界引入某种东西使熵一次次地减小——譬如人为干预或从太阳汲取低熵，等等。在我看来，任何按这些方式得到的关于第二定律的时间不对称性的解释都只是暂时性的，因为这些外部因素都应包括进系统内。这意味着所考虑的"系统"必须是宇宙这个整体。人们时常反对这种看法，但我认为这种反对意见没什么道理。的确，宇宙在广延上是无限的，但这与将其视为一个整体来考虑并不冲突（见第 16 章）。毕竟，宇宙在空间上很可能还是有限的（稍后我们将谈到这种可能性），奇怪的是这种有限性的论证要依赖于第二定律的讨论，而后者的有效性则建立在宇宙实际上是空间无限的这一事实之上。正如我们将要看到的，有限/无限的界定与第二定律起源的相关性非常弱。熵的讨论的确可用到整个宇宙 $\mathcal{U}$，其相空间 $\mathcal{P}_\mathcal{U}$（它的体积可以是无限的）描述了包含各种可能的宇宙，以及它们按（适当的）经典动力学方程所进行的演化。

但是，有一个难题必须解决。要想将宇宙作为一个整体对待，我们需要先了解宇宙学领域，但如果不具备广义相对论知识，我们就不能充分地做到这一点。为了能完全在广义相对论的广义协变原理（§19.6）基础上进行讨论，有必要采用这样一种描述，其中标示宇宙"演化"的时间坐标不具任何特殊性。时间演化图像一直是我们考虑物理系统的一种方式，我们将它当作相空间 $\mathcal{P}$ 中运动的一个点 x。每个 x 的位置代表系统在一个时间点上的一种空间描述（包括动量）。但有一种观点认为，要采用更为相对论性的处理，就必须使这种描述复杂化。但我不这么看。从我要达到的目的来说，采用严格的相对论性观点是有益的。实际上，我们将看到，标准宇宙学模型有着自然的时间坐标定义，它是对用来描述整个宇宙演化的"时间参数" t 的一个很好的近似。$\mathcal{P}_\mathcal{U}$ 中的每个点被认为不仅是对宇宙在 t 时刻的物质内容的描述，而且是对连续场分布（和动量）的描述。引力场就是这样一种场。因此，$\mathcal{P}_\mathcal{U}$ 中 x 的位置也包含了宇宙的空间几何（及其变化率——它由引力场适当的初值给定）[8] 信息。

事实上，$\mathcal{P}_\mathcal{U}$ 是无限维的，但这种性质与宇宙 $\mathcal{U}$ 在广延上是否无限无关，其他各种场，像电磁场，也具有这种特征。这在熵的定义上会引起一些技术上的困难，因为这会使每个所需的相空间区域 $\mathcal{V}$ 都具有无限大体积。通常我们借助于量子（场）论的概念来处理这个问题，它能够保证我们对能量和空间维数适当约束下的系统得到有限的相空间体积。这方面细节对我们来说并不重要。尽管从来不曾有过一种完全让人满意的处理引力情形下这些问题的方法——原因是缺乏令人满意的量子引力理论——但我还是打算将这些看成是技术性问题，它们不影响我们对第二定律产生的问题进行一般性讨论。

在这里，我必须指出一个在宇宙学背景下第二定律认识上经常引起混乱的错误概念。一般认为，第二定律的熵增恰是宇宙膨胀的必然结果。（我们将在§27.11讨论这个膨胀问题。）这种观点看来是基于这样一种误解：在宇宙还"很小"的时候，它可支配的自由度也相对较少，只能为可能的熵值提供较低的"上限"；随着宇宙逐渐长大，可支配的自由度也越来越多，它给出的"上限"也就相对较高，因而容许较大的熵值；随着宇宙膨胀，这个可容许的最大熵值将增大，因此实际的宇宙熵也可以变得很大。

可以有多种办法看出这种观点是错的。例如，它意味着，在存在坍缩阶段的那些宇宙模型中，坍缩阶段的熵必然开始减小，第二定律被破坏。有些人并不认为这有什么不对，[9] 但这种观点遇到了基本困难，特别是在黑洞问题面前。[10]

我们过一会儿再来探讨黑洞问题（§27.8），但要看穿上述观点——要求熵值"上限"以来与宇宙的大小——的荒谬性，我们其实用不着知道这些。这种观点不可能正确解释熵增，也不可能正确解释由总相空间 $\mathcal{P}_u$ 描述的宇宙可支配的自由度。广义相对论动力学（它包括了定义宇宙大小的自由度）像所有其他的物理过程一样可以通过相空间 $\mathcal{P}_u$ 里点 x 的运动来描述。这个相空间就在"那儿"，任何意义上都谈不上"随时间增长"，时间不是 $\mathcal{P}_u$ 的一部分。根本就没有什么"上限"，因为宇宙（或宇宙家族）动力学上可达到的所有态必然都处于 $\mathcal{P}_u$ 内。x 从某个较小的粗粒化盒子出发到达一个大的盒子可能要花上一段时间，但"熵限"的概念显然是不妥的。（亦见§27.13。）

让我们回到第二定律的论证上来。我们用相空间 $\mathcal{P}_u$ 来代表整个宇宙，这样，宇宙的整体演化就可以用 $\mathcal{P}_u$ 中点 x 沿曲线 ξ 的运动来表示。曲线 ξ 经过了时间坐标 t 的参数化，由第二定律我们可以预料，ξ 将随 t 的增长进入越来越大的粗粒化盒子。假定 $\mathcal{P}_u$ 可进行某种"合理的"粗粒化，如果我们想得到 x 所在位置熵的有限值，我们就必须要求这些盒子的体积是有限的。在物理上实现适当的粗粒化这一点似乎不难做到，因为宇宙必须看成是有限的，它要受到可资利用能量的约束。事实上我们将看到，三种标准宇宙模型中的其中一种就具有这种性质，因此我们可以认为这一论证适于这种情形。但如果任何情形下我们都不在意实际熵值是否取得无限大，那么就不必对此做出明确规定。（对某些盒子要比另一些盒子"大到无穷多倍"这样的概念，我们仍能作数学上的理解，尽管它们的实际体积从而它们的熵是无限的。）

702

27.7　大爆炸的角色

我们怎么才能设想相空间 $\mathcal{P}_u$ 中一条表示可能的宇宙历史的参数化曲线 ξ 呢？如果 ξ 只是 $\mathcal{P}_u$ 中的一条任意曲线，那么我们可预料它有极大可能是完全（或几乎完全）处于最大的热力学平衡态盒子 $\mathcal{E}$ 中，其长度不存在明显可区分的"熵增"量度，见图27.8a。这种情形与我们实际知道的宇宙完全不符，在实际宇宙中，第二定律具有支配力量。图 27.8（b），（c）所示的情形亦如此，在表示现在的某个特定时刻 t_0（>0），ξ 上的点 x 处于某个一定大小（但不是特别大）的区域 $\mathcal{V}$（表示我们现在观察到的熵值的宇宙）内，但这里 ξ 是另一条任意选定的曲线，它对应于这样一种宇宙，其熵不仅从现在向未来是增长的，而且从现在向过去也是增长的——违反第二定律！对第二定律严格成立的宇宙，我们实际找到的是类似图 27.8（b），（d）所示的情形，这里 ξ 有一端——过去端（譬如说 $t=0$）——在 $\mathcal{P}_\mathcal{U}$ 的一个极其狭小的区域 $\mathcal{B}$（对应于极低熵）内。从那儿开始，随着时间增长，曲线就不断如愿地（按照动力学规律）向体积越来越大的盒子延伸。在表示现在的时间点 t_0，我们正好发现 x 处于我们观察到的宇宙所对应的那个仍然相当小的体积 $\mathcal{V}$ 中。这就是所谓的第二定律，我们要（d），（b），反对（c），（b）。

我再重申一遍：假定从某个我们称为"现在"的时间点 t_0（>0）开始，并假设 t_0 时刻 x 处于某个特定大小的区域 $\mathcal{V}$ 内，来考察对于更大的 t 值曲线 ξ 会趋向何方，我们就会发现，随着 t 增长，它将进入体积越来越大的盒子。这既符合第二定律，也和 x 与盒子位置"无关"的假设相一致。但正如我们在时间反方向上所看到的，由 $\mathcal{V}$ 中时刻 t_0"出发"的 x 给人印象就像是受到刻意引导似的，逆时趋于极其狭窄的区域 $\mathcal{B}$。

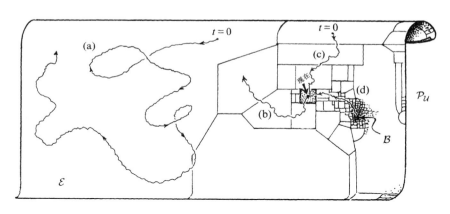

图 27.8 由可能的宇宙态（总质量或其他守恒量固定）的相空间 $\mathcal{P}_\mathcal{U}$ 中的参数化曲线 ξ 描述的各种不同可能的宇宙演化。（a）如果曲线 ξ 是随机地出现在 $\mathcal{P}_\mathcal{U}$ 中的，那么它将在 $\mathcal{E}$ 中度过几乎其全部时间，尽管存在小的涨落，宇宙差不多始终处于"热平衡"（如果曲线闭合，则可比作图 27.20（d）的情形）。（b）如果我们只是要求曲线从很小的盒子 $\mathcal{V}$ 中的当前开始，取 $\mathcal{V}$ 中的点表示宇宙当前的位置，但曲线 ξ 仍可以随机游走，那么我们将发现一个与我们一直看到的相一致的未来的演化，它也与第二定律的熵增规律相一致。（c）如果我们将同样考虑应用到整个曲线 ξ 只是在某个特定时刻（当前）$t_N > 0$ 穿过 $\mathcal{V}$ 的情形，则我们发现宇宙有一个合理的未来，但如同图 27.6（b），第二定律在过去方向上是总体不成立的。（d）补救的办法是我们为 ξ 的开端（$t=0$）找一个更小的区域 $\mathcal{B}$，宇宙从这里以非同寻常的大爆炸开始，这在我们这个真实宇宙中曾出现过。

x 在时间反方向上的行为似乎是一种令人难以置信的"有偏"行为。随着时间追溯到越来越遥远的过去，x 找到的盒子也越来越小到一个极端的程度。我们是否应将这一点理解为一种不正当的"蓄意"谋求越来越小的盒子的恶毒行径呢？不是的，这只不过是因为 $\mathcal{B}$ 刚好被越来越小的盒子所包围（见图 27.8）——因此，如果 t 回到 0 时 ξ 完全到达 $\mathcal{B}$，那么整个过程就只能是这个样子。这个谜团仅仅基于这样一个事实：ξ 的一端必须处于 $\mathcal{B}$ 内！如果我们要领会寻求第二定律的根源，就得学会这么来理解。区域 $\mathcal{B}$ 表示宇宙的大爆炸起源，不久我们就会看到，这个区域实际看上去该有多小！

我们必须学会了解这里所提出的问题：$\mathcal{B}$ 的特殊性表现在哪里？对这种特殊性我们有办法给出数值量度吗？确信大爆炸的观察基础是什么？

相信宇宙起源于大爆炸的理由最初来自弗里德曼（Alexandr Friedmann，1888～1925）1922年对宇宙学中爱因斯坦方程的理论研究（见 §27.11 后面部分）。随后在 1929 年，哈勃（Edwin Hubble，1889～1925）做出了惊人的发现：遥远的河外星系确实正在退行，[11] 其方式就像是宇宙中物质行为均来自一次巨大的爆炸。按现代推测，这次爆炸——现在我们称之为大爆炸——大约发生在 1.4×10^{10} 年前。哈勃的结论是基于这样一个事实：迅速退行天体发出的光存在多普勒效应引起的红移（谱线移向"谱的红端侧"即长波长侧）。**[27.10] 他发现，星系越远，这种系统性的红移就越大，这说明星系的退行速度正比于它与我们之间的距离，这与"爆炸"的图像是一致的。

但大爆炸的最直接的观察证据来自弥漫于空间的温度约为 2.7 K 的宇宙背景辐射。[12] 虽然对大爆炸这样的剧烈事件来说这点温度低得简直是微不足道，但这种辐射据信却是大爆炸本身衰减（红移）和冷却的"遗迹"。在现代宇宙学中，2.7 K 辐射具有极其重要的作用。通常认为它是一种"（宇宙）微波背景"，有时也称为"背景黑体辐射"或"宇宙遗迹"辐射。它极为均匀（相当于每 10^5 单位有一个），这说明在刚大爆炸后的宇宙早期，宇宙就如此均匀，也与我们在 §27.11 考虑的宇宙模型所描述的结果非常一致。

现在，让我们从大爆炸巨大的低熵性质抽取出一些物理观点。[13] 我们将看到，大爆炸最大的特殊之处实际上就是它的这种均匀性。我们必须弄清楚，为什么这种均匀性对应于低熵，它是如何以我们熟悉的方式给出第二定律的。

首先，还是考虑作为低熵之源的太阳。有一种误解认为，太阳所提供的能量是我们赖以生存的基础。这是一种误解，因为我们所用的能量必须以低熵形式提供。假定整个天空都处于温度均匀的状态——甭管这种温度条件是源于太阳还是其他什么东西——那么我们就根本无法利用这种能量（没有一种生物可以演化到适应此条件）。热平衡方式提供的能量是没用的。好在太阳只是冷背景下的一个热点。白天，能量自太阳到达地球，但在日夜交替期间它又返回到空间。能量的净平衡（平均而言）简单来讲就是将我们接收到的能量如数送回去。[14]

但是，我们从太阳得到的是单个的高能光子（由于太阳的高温，基本上属黄色的高频光子）形式，而返回空间的则基本上是低能（红外的，低频）的光子形式。（光子间的能量关系依照黑

**[27.10] 分别用（a）光波图像，（b）四维矢量标积和 $E = h\nu$，导出退行速度为 v 的光源的狭义相对论性多普勒频移。

体辐射的普朗克公式 $E = h\nu$，见§21.4）。由于来自太阳的光子能量高（高温），从能量守恒可知，返回空间的光子要比来自太阳的光子多得多。来自太阳的光子数量少意味着自由度也较少，从而也意味着相空间区域较小，熵较低。植物正是以光合作用方式来利用这种低熵能量，并借以减少自身的熵。然后我们再通过食取植物、食取那些吃植物的其他东西，并通过呼吸植物放出的氧气来减低我们自身的熵，见图27.9。

图27.9 地球向太空释放出与它接收自太阳的同样多的能量，但它接收自太阳的是相当低的熵的形式，因为太阳的黄光频率上要远高于地球返回太空的红外光频率。相应地，由普朗克公式 $E = h\nu$ 知，每个太阳光子携带的能量要多于每个从地球返回太空的光子携带的能量，因此来自太阳的光子数要少于从地球返回太空的光子数。这些较少的光子数意味着较少的自由度，而这相当于较小的相空间区域，从而比返回太空的光子具有更低的熵。植物的光合作用正是利用这种低熵能量来降低自身的熵，我们人类则通过食用植物和呼吸植物放出的氧气来减少我们自身的熵。这些最终都来自于我们生活其中的空间的温度平衡，而这种平衡则起源于产生太阳的引力聚集作用。

但为什么说太阳是冷空中的一个热点呢？虽然细节复杂，但最终可归结为这么一个事实：太阳——以及所有恒星——都是从此前的均匀气体（主要是氢）在引力作用下凝聚而成的。不论是否存在其他影响（主要是核力），没有引力太阳甚至不可能存在！太阳的"低"熵（远离热平衡）来自于气体均匀性所含的巨大的低熵库，太阳正是从中经引力收缩而来。

706　　　相对熵而言，引力因其普适的吸引性质而令人迷惑。我们一直是按普通气体来考虑熵的，并认为集中于小区域内的气体具有低熵（像图27.3的容器所示的情形），而在热平衡的高熵态，气体呈均匀分布。但有了引力，情形就大不一样了。引力物体呈均匀分布的系统表示熵相对较低（除非天体的速度非常快，或体积非常小，或弥散的范围非常大，使得引力的贡献变得不重要），而当这些引力物体聚集一块儿时则是高熵态（图27.10）。

最大熵的状态是怎样的呢？气体在热力学平衡下的最大熵状态就是气体均匀分布于整个容器空间，与此不同，大的引力物体的最大熵状态则是所有质量集中于一处——即以所谓的黑洞

707　　形式出现。为了进行深入讨论，我们有必要了解这些古怪而又神奇的对象，并由此得到对宇宙整

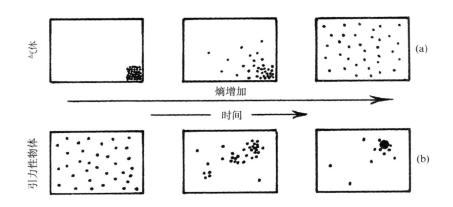

图 27.10 从左至右依次为随时间增大着的熵。（a）盒中的气体最初都处于某个角落，随着气体开始弥散到整个盒子，最终达到均匀的热力学平衡态，熵变大了。（b）由于引力作用，事情呈现出另一种景象。原初均匀弥散的引力物体系统表示的是一种较低的熵，随着熵增，聚集开始出现。最终当黑洞形成后，熵增长到一个极高的水平，侵吞着所有物质。

体的熵的一个好的估计。我们可据此来估计 $\mathcal{B}$ 和 $\mathcal{P}_{\mathcal{U}}$ 的体积。

27.8 黑洞

什么是黑洞？粗略地讲，就是一个物质引力坍缩所形成的时空区域，其中的引力是如此之强以至连光都无法逃脱。为了直观地说明为什么这种情形是可能的，我们来考虑牛顿的逃逸速度概念。如果我们从地面上以一定速度 v 向上扔出一块石头，那么在它达到一定高度后就会落回地面，这个高度由石头的动能完全被用于克服自地面起算的引力势能而定（§17.3，§18.6）。在不计空气阻力条件下，这个高度完全由抛射速度而定。**[27.11] 然而，当速度超过逃逸速度（$2GM/R$）$^{1/2}$ 时，石头就会完全逃出地球的引力场（这里 M 和 R 分别是地球的质量和半径，G 是牛顿引力常数）。现在假定我们考虑的不是地球，而是质量更大更集中的天体，那么逃逸速度就会更大（因为如果 M 增大而 R 减小，则 M/R 变大），我们可以想象，质量和集中程度是如此之高，从而使得表面的逃逸速度超过光速。

在牛顿理论情形下，我们能够确信，当这事发生时，从远距离上看，该物体将是完全黑的，因为没有光逃得出来——这就是著名的英国天文学家和牧师约翰·米歇尔（John Michell，1724～1793）在 1784 年得到的结论。后来在 1799 年，伟大的法国数学物理学家拉普拉斯（Pierre Simon Laplace，1749～1827）得到了同样的结论。[15] 但在我看来事情似乎未必这么明了，因为光速在牛顿理论里不具有绝对地位，人们完全可以找到这样的例子，在物体表面，光速可以大到远远超过

** 〔27.11〕 证明：这个高度为 $v^2 R (2gR - v^2)^{-1}$，这里 R 是地球半径，g 是地球表面的重力加速度。

它在真空自由空间中的速度，这样，不论物体的质量和集中度有多高，光依然可以逃逸到无穷远。[16]**[27.12]因此，米歇尔的"黑星"尽管是黑洞概念的先觉先知，但在我看来却并非提供了一种牛顿理论下"不可见"引力对象的有说服力的例证。

这个问题在相对论的背景下讨论更为恰当，因为在那里光速具有基础性地位，是一切信号的极限速度（§17.8）。但由于我们讨论的是引力现象，因此需要用广义相对论时空而不是闵可夫斯基空间。在广义相对论里，出现逃逸速度超过光速是可能的，并由此导致所谓的黑洞。

当大质量天体进入到这样一个阶段，即其内部压强不足以维持星体抵御自身引力引起的向内塌缩时，黑洞就出现了。当总质量为太阳质量的若干倍——譬如为 $10M_\odot$（$1M_\odot$ 为一个太阳质量单位）——的大的恒星耗尽了其内部可资利用的能源，以致无法继续保持足够的压强来避免坍缩时，这种引力坍缩就成了不争的事实。这种坍缩一经开始，就不可能停止，因为引力效应是无情的。

709　　具体的图像会非常复杂，特别是压强条件可能千差万别，有关物质行为的复杂问题变得重要起来，特别是电子或中子的简并压，这要用到泡利不相容原理。从 §23.7 我们知道，这条原理不允许两个或两个以上的相同费米子占据同一个量子态。白矮星，一种质量如同太阳但体积却只有地球般大小的星体，就是靠电子简并压来维持的；同样质量的中子星，其体积线度大约只有 10 千米，则是靠中子简并压来维持的。（一个乒乓球大小的中子星物质的重量大约等于火星的卫星火卫二那么重！）但按照相对论的要求，如果星体质量超过 $2M_\odot$，那么单靠简并压是无法维持的。1931 年，钱德拉塞卡（Subrahmanyan Chandrasekhar，1910~1995）得到了至关重要的结果，当时他为白矮星给出的极限是 $1.4M_\odot$。后来对中子星给出的结果要比这大一点点。[17]所有这些最终可归结为，质量大于差不多 $2M_\odot$（也可能不大于 $1.6M_\odot$）的冷星体不会有静态的构造。这样一种星体将持续向内塌缩，直到塌缩到米歇尔的考虑变得重要起来，然后将发生什么呢？

让我们再回到大的（譬如说 $10M_\odot$）恒星上来。假定初始时温度足够高，使得热压强就能够维持星体抵御自身引力。但随着星体冷却到某个阶段，其压缩的核超过了钱德拉塞卡极限，此后就将坍缩。外部塌陷还可能引发强烈的爆炸，即所谓超新星。我们经常可以观察到这种爆发型的星体，它们大都属于其他星系，在爆发期的几天里，超新星要比它所在的整个星系还要亮。但如果爆发没能使足够多的物质被扔掉——对初始质量为 $10M_\odot$ 的星体，似乎没办法扔掉那么多——于是星体将继续坍缩直到它进入米歇尔考虑的那种尺度。我们来看看图 27.11，它描述的是坍缩到黑洞的时空图。（这里我们压缩了一个空间维。）我们看到，物质持续向内坍缩，所经过的表面——称为（绝对）事件视界——上的逃逸速度达到光速。因此，外部观察者不会再得到来自星体的信息，黑洞就此形成。

**[27.12] 你能看出为什么吗？提示：根据光的粒子理论和外部的光落到物体表面情形来考虑。如果光落到物体表面的水平镜面上会怎样？

图 27.11 的图像是基于爱因斯坦方程的著名的史瓦西解，它是由史瓦西（Karl Schwarzschild，1873 ~ 1916）于 1916 年发现的，[18]–时间上距爱因斯坦理论发表不久。几个月后，史瓦西死于一种在第一次世界大战东部前线染上的罕见疾病。这个解描述了球对称天体周边的静态引力场，与该天体是否收缩无关。视界出现在径向距离 $r = 2MG/c^2$（严格的米歇尔临界值）位置上。∗∗∗[27.13]

事件视界不是由任何物质材料构成的。它只是一种特殊的时空（超）曲面，用来区别可传递到外部无穷远的信号源所在位置与信号不可避免地要被黑洞俘获的源所在位置。从外部穿过事件视界落入其内部的倒霉的观察者不会注意到视界所包容的事情局部上有什么异样。甚至黑洞本身也不是什么值得费心去想的物体。我们不过是将它看成是任何信号无法逃出去的时空引力区域。这可怜的星体本身的命运如何？这个问题我们在 §27.9 来讨论。

首先，我们从观察方面来考察。黑洞存在有什么证据吗？确实有。20 世纪 70 年代，人们知道有许多奇妙的"双星"体系，而一对双星中只有一个发出的光在可见光范围。另一个的存在，其质量及其运动都是从那个可见的搭档的运动细节中推断出来的。而且从邻近的 X 射线信号的辐射来推断，这个不可见的伴侣是一个致密天体，其质量远大于当时公认的物理原理所允许的两种致密星类型——白矮星和中子星——中的任何一种。X 射线的辐射与这个不可见天体是黑洞的预言是一致的：黑洞周围是由气体和尘埃组成的所谓"吸积盘"，它以巨大的旋转速度盘旋着逐步趋向洞内，而且越接近洞的中心就越热。最终，物质在真正进入黑洞之前将辐射出 X 射线（图 27.12（a））。最著名的（也是观察时间最为持久的）黑洞是称为天鹅座 X–1 的 X 射线源，

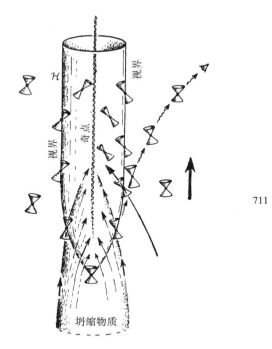

图 27.11 坍缩到黑洞的时空图（有一维已被压缩掉）。物质穿过变成（绝对）事件视界的三维表面向内坍缩。黑洞一旦形成，就没有物质或信号能够逃出其魔爪。光锥与视界相切，允许物质或信号进入但不允许出来。外部观察者无法看到黑洞内部，能看到的只是物质进入黑洞前的极其昏暗的红移。

711

∗∗∗〔27.13〕史瓦西原初的度规形式为 $ds^2 = (1 - 2M/r)dt^2 - (1 - 2M/r)^{-1}dr^2 - r^2(d\theta^2 + \sin^2\theta d\phi^2)$，这里取 $G = c = 1$ 的单位，θ 和 ϕ 分别是标准球极坐标（§22.11）。解释：如何根据常数 r 和 t 球面面积的要求来确定径向坐标 r？这个度规形式不能光滑地过渡到 $r \leq 2M$ 区域；因此有必要利用爱丁顿–芬克勒施坦因度规形式 $ds^2 = (1 - 2M/r)dv^2 - 2dvdr - r^2(d\theta^2 + \sin^2\theta d\phi^2)$。找出二者之间的明确的坐标变换。解释：为什么每个 (v, r) 平面上的零曲线必为径向零测地线？用这个结果找出它们的方程并画出曲线。（垂直画等 r 线，向右倾斜 45°画等 v 线。）找出事件视界和奇点（§27.9）

这个致密暗星的质量差不多有 $7M_{\odot}$，按照公认的理论，这使它不可能成为白矮星或中子星。

(a)   (b)

图 27.12 双星系统，其中之一是一个（微型）黑洞。（a）黑洞从较大星体拉出的物质组成黑洞周围的吸积盘，这些物质在真正落入黑洞之前逐渐盘旋着并发热直至辐射出 X 射线。（b）某些情形下不存在吸积盘，物质"直接"落入黑洞。如果吸引性的致密天体有一个可测的表面，落入的物质就会加热这个表面，但外部看不到它发出的光，从而无法断定黑洞的存在。

这一类证据总是相当间接的，总体上很难令人满意，因为它们依赖于那种认为质量如此巨大的致密星体不可能作为延展天体存在的理论。但现在已经有了关于黑洞的相当直接的明确证据。吸积盘不是物质落入黑洞的唯一方式。在某些情形下，物质是"直接"掉下去的，现在可以说已经观察到这种行为（图 27.12（b））。如果说吸引性的致密天体存在任何形式的物质表面的话，那么不断落入的物质也将热得使这种表面融化掉，它发出的光应在一段时间内被观察到。但我们从未观察到这种光，因此现在直接的证据就是这种致密天体完全没有表面，我们可以相当有把握地说，这种天体确实就是黑洞。[19]

712　　所有这些都是指"星体状"黑洞，其质量只是太阳质量的若干倍。还存在比这要大得多的黑洞的明显证据。可能绝大多数——也许是所有的——星系在其中心都有非常巨大的黑洞。特别是在我们银河系的中心可能就存在质量约为 $3 \times 10^{6} M_{\odot}$ 的黑洞，人们一直在详细研究各种星体绕这个中心的实际轨道运动，所得的结果与黑洞图像高度一致。

27.9　事件视界与时空奇点

在图 27.11 里，我画了一些零（光）锥，从而使时空的因果性可以看得很清楚。这个图的最基本特征就是存在着黑洞的事件视界，它是时空里的三维曲面 $\mathcal{H}$。正如 §27.8 所述，事件视界具有这样的性质，它使得 $\mathcal{H}$ 内发出的信号无法逃出该区域之外。这一点可以从零锥向内倾斜的效应看出来，即这些小零锥都与 $\mathcal{H}$ 相切。任何从内到外穿越 $\mathcal{H}$ 的世界线都将破坏零锥的因果性（§17.7）。我已经描述过完全球对称的引力坍缩情形，这是奥本海默（J. Robert Oppenheimer，1904～1967）和斯奈德（Hartland Snyder）于 1939 年最初研究的情形，其中用了史瓦西几何来描述外部塌陷物质的区域。

虽然视界 $\mathcal{H}$ 的性质古怪，但其局部几何却与其他地方没有根本的不同。如上所述，飞船上的观察者在由外向内穿过视界时，不会感到有何异样。然而一旦穿过视界，就再也无法返回了。

零锥的顶端具有这样的性质：没有东西可以从这里逃出去，观察者在此处会感到急速增强的潮汐效应（时空曲率，见§17.5和§19.6），使一切在中心处（$r=0$）的时空奇点上发散到无穷。这些特征并不仅仅是球对称情形下才会有，而是非常普遍的。许多综合性理论都会告诉我们，任何跨越"不可返回点"的引力坍缩都不可避免地存在奇点。[20]有关问题我们会在§28.8作详细讨论。

对于几个太阳质量的黑洞，潮汐力很容易达到在人还远没有接近视界时就已毙命的强度，就更别说穿越视界了。但对于质量为$10^6 M_\odot$或更大的大黑洞，据信它们多处于星系的中心，在穿越视界（这个视界可能跨越几百万千米范围）时则不存在这种特殊的潮汐效应问题。实际上，就我们银河系而言，中心区黑洞的视界曲率大约是地球表面的时空曲率（我们甚至从没注意过）的20倍！但将观察者无情地拖向中心奇点的拉力将使得潮汐效应迅速增大到无穷，不用一分钟就将观察者整个儿地吞噬了！迅速增大的潮汐效应的这种毁灭性作用将吞噬一切奔向黑洞中心的物质材料。回顾一下，我们曾关心过$10 M_\odot$坍缩星体的命运，现在很清楚，甚至连其组成成分的单个粒子，在遇到强大的潮汐力时，都将很快被撕成碎片——谁也不知道撕成什么！

至少，我们所知道的是，只要爱因斯坦的经典时空图像能够成立，并且按爱因斯坦方程（无负的能量密度，加上其他一些温和的"合理的"假定）进行作用，那么黑洞中就一定会出现时空奇点。[21]我们可以预期，爱因斯坦方程将告诉我们，这种奇异性不可能通过黑洞中的任何物质来避免，"潮汐力"（即外尔曲率，见§19.7）必将发散到无穷——一般情形下很可能是以准震荡的模式进行的。[22]事实上，这些讨论不可避免地要涉及量子引力（或与此相关概念）的内容，因此，这些在经典理论下的预言都将作相应的调整。我们目前还不知道正确的"量子引力"理论该是什么样子，但这些对黑洞的考虑将提供重要的线索，这些线索能够为我们在探索正确的"量子引力"理论的道路上提供适当的方向。这些问题在以后的章节里依然很重要，特别是在第30、31和32章里。

一般认为，引力坍缩的时空奇点总是处于事件视界之内，因此在奇点附近无论发生什么超常的物理效应，外界观察者都不可能探测到。这不是由数学建立起来的广义相对论的性质。这个奇点总藏在背后的假设就是所谓的宇宙监督概念[23]，我们将在§28.8来讨论这个问题。

另一方面说，为了寻找引力坍缩引起的超常效应，我们不必非得只盯着奇点。宇宙中有许多可观察的强烈过程。例如，特别亮的类星体就被认为是由处于星系中心的旋转黑洞提供的能量，黑洞的旋转就像个发电站，虽然抛出的物质（显然是沿旋转轴方向）均来自洞外（§30.7）。类星体辐射出的能量，尽管来自狭窄区域（约太阳系大小），可以比整个星系的亮度高上10^2或10^3甚至更多倍！虽相距遥远，我们依然能够看见它们，这是宇宙学的一种重要的观察工具。还有另一些强γ（极高能量光子）射线源，据信它们也与黑洞有关，特别是相互碰撞的一对黑洞。[24]

27. 10 黑洞熵

让我们回到"较为安全"的孤立静态（"死"）黑洞的外部区域。我们将看到这种天体的熵会是多么巨大！首先，我们注意到这样一个事实：许多数学理论[25]给出的令人信服的证据表明，一般性的黑洞，尽管初始时可能具有非对称坍缩——如紊乱的旋绕和不可逆的崩塌——引起的复杂结构，都将迅速平复（就其外部时空几何而言）到一个相当简单完美的几何形式。它由克尔度规[26]所刻画，用于描述的物理/几何参数（实数）只有两个：m 和 a。[27]这里 m 是黑洞的总质量，$a \times m$ 是总角动量（在 $G = c = 1$ 单位制下）。正如诺贝尔奖获得者钱德拉塞卡（如 §27.8 所述，他在 1931 年的著名的工作结果确立了天体物理学通往黑洞的道路）写到的：

宇宙中存在的自然黑洞是最完美的宏观物体：其结构的唯一要件就是时空概念。由于广义相对论只能为描述提供单一的解族，因此它们也是最简单的物体。[28]

黑洞的那种横扫一切物质的秉性——也许有巨大的结构——使它变成了一种仅需 10 个参数（它们是 a，m，自旋轴的方向，质心位置和三维速度）就可描述的单一构形。这种无情性质是对第二定律强有力的证明。这 10 个参数也是对终态进行充分的宏观描述所必需的。[29]虽然黑洞看上去不像是通常的热平衡物质态，但它具有后者的关键性质，即数量巨大的微观上不同的态导致出现可用非常有限的几个参数来描述的情形。正由于这一点，所以相应的相空间粗粒化盒子巨大，从而黑洞具有巨大的熵。

事实上，黑洞熵可以有一种绝妙的几何解释：它正比于黑洞的视界面积！按照著名的贝肯斯坦－霍金公式，明确定义的熵可以源自黑洞，即

$$S_{BH} = \frac{kc^3 A}{4Gh}$$

这里 A 是黑洞视界的表面积——你可以用 BH 来表示贝肯斯坦－霍金或黑洞！注意，普朗克常数和引力常数的出现表明这个熵是一种"量子引力"效应。这也是我们第一次在一个公式里同时遇到量子力学基础常数（普朗克常数，取狄拉克形式 $\hbar$）和广义相对论常数（牛顿引力常数 G）。

对于包括量子力学和广义相对论的基础物理学而言，采用这两个常数均取 1 的单位通常是方便的。在 §17.8 和 §§19.2，6，7（还有第 24 章）我们已经看到，取光速 c 为 1 的单位能够带来极大的方便。在不失协调性的前提下，我们将它扩展到 $\hbar$ 和 G 都取 1 的单位。这意味着在所谓的普朗克单位（或称为自然单位或绝对单位）下，时间、空间、质量和电荷的等单位都完全固定。此外，我们还可以将玻尔兹曼常数 h 也取为 1（§27.3）

$$G = c = \hbar = k = 1,$$

这样，温度的单位也被纳入绝对单位制下。

这是些远离我们日常所用的单位，在普朗克单位下，普通单位为：

$$1 \ 克 = 4.7 \times 10^4 ,$$

$$1 \ 米 = 6.3 \times 10^{34} ,$$

$$1 \ 秒 = 1.9 \times 10^{43} ,$$

$$1 \ K = 4 \times 10^{-33} 。$$

在这些单位下，质子的电荷（或负的电子电荷）可以写成 $e = \dfrac{1}{\sqrt{137}}$，或精确地写为[30]

$$e = 0.0854245 \cdots$$

反过来，这些关系为

$$1 \ 普朗克质量 = 2.1 \times 10^{-5} 克，$$

$$1 \ 普朗克长度 = 1.6 \times 10^{-35} 米，$$

$$1 \ 普朗克时间 = 5.3 \times 10^{-44} 秒，$$

$$1 \ 普朗克温度 = 2.5 \times 10^{32} 开，$$

$$1 \ 普朗克电荷 = 11.7 质子电荷。$$

在§31.1 我们将看到更多的普朗克单位。

回到黑洞熵的贝肯斯坦 – 霍金公式上来。我们现在发现，在普朗克单位下，表面积 A 的黑洞熵 S_{BH} 为

$$S_{BH} = \frac{1}{4} A 。$$

在克尔解情形下，它们可以写成（普通单位制下）

$$A = \frac{8\pi G^2}{c^4} m \ (m + \sqrt{m^2 - a^2}) 。$$

$$S_{BH} = \frac{2\pi Gk}{c\hbar} m \ (m + \sqrt{m^2 - a^2}) 。$$

在§30.4 我们将给出贝肯斯坦 – 霍金公式之所以成立的理由。

为了对黑洞中超常熵值的大小有一个概念，我们来考虑 20 世纪 60 年代出现的一种观点：对 717 宇宙熵贡献最大的一块是 2.7 K 微波辐射的熵——大爆炸的残迹。这个熵在自然单位下大约是平均每个重子 10^8 到 10^9。（大致上说，这就是每个重子在大爆炸时留下的光子数。）让我们比较一下这个巨大的数字与源自宇宙黑洞的熵。天文学家对到底有多少个黑洞、这些黑洞有多大并无确切的认识，但有确切证据表明，我们银河系中心的黑洞质量大约有 $3 \times 10^6 M_{\odot}$，这可以看成是一个典型值。某些星系有更大的黑洞，它们可用来补缺那些大量的其他星系里较小的黑洞，因为大的黑洞很容易支配总体熵值。*[27.14] 我们以银河系为例粗略地（也是保守地）估计一下，每个重子的熵约为 10^{21}，这使微波背景辐射的 10^8 或 10^9 相形见绌。此外，不论这个数字现在是多

＊〔27.14〕你能看出为什么吗？

少，它在将来都将无情地剧烈增长。

27.11　宇宙学

在试着给出这个公认的巨大熵的数字（它意味着我们可能接近的宇宙大小——由此我们能够得到对我们的宇宙现在到底有多"特殊"，以及我们的宇宙在大爆炸的那段时间里想必会有多"特殊"的一种认识）的估计之前，我们需要了解有关宇宙学的一些概念。我们将用宇宙学证据来估计表示大爆炸的相空间盒子的 $\mathcal{B}$ 的大小，并将它与整个相空间 $\mathcal{P}_{\mathcal{U}}$ 进行比较，同时也将它与表示宇宙现在的粗粒化盒子 $\mathcal{N}$ 的相空间体积相比较。

让我们从叙述什么是宇宙学的标准模型开始。一般来说，存在 3 种标准模型。从 §27.7 的讨论我们知道，1922 年，俄罗斯人阿列克谢·弗里德曼最先发现了带物质源的爱因斯坦方程的适当的宇宙学解，这个物质源可用一个大尺度上完全均匀的星系分布（有时称它为"无压强流体"或"尘埃"）来近似。弗里德曼研究的一般的宇宙学模型（有时带不同类型的物质源）现在通常称为弗里德曼－勒迈特－罗伯逊－沃克（Friedmann-Lemaître-Robertson-Walker，FLRW）模型，因为后面这几位对这一模型的说明和推广都做出过贡献。

基本上说，FLRW 模型的特征是空间均匀且各向同性。粗略来讲，"各向同性"就是宇宙从各个方向看上去都一样，因此它有 O(3) 旋转对称群。同样，"空间均匀"是指宇宙的每个空间点在任何时间看上去都是一样的，因此在每一个类空三维曲面上存在可迁的对称群（§18.2），这些曲面是常数"时间"t 时刻的"空间"三维曲面 $\mathcal{T}_t$（总共给出六维对称群*[27.15]）。这两个假设与甚大尺度上对物质分布的观察结果有很好的一致性，也和微波背景的性质相一致。（从对遥远星系的观察以及主要从 2.7 K 背景辐射）我们直接就可以发现，空间各向同性是一种很好的近似。此外，如果宇宙不是均匀的，那么其各向同性性质就只可能发生在一个非常有限的区域，***[27.16]这样，我们就被置于一种非常优越的位置上，因为我们看到的宇宙是如此各向同性，除非它还是均匀的。当然，观察得到的各向同性不是严格的，因为我们只能从一个方向上来看单个的星系、星系团和超星系团。物质在甚大尺度上的分布不均匀性并非总是可观察到的，例如像所谓的"大吸引子"就不仅拉动着我们银河系所在的星系团，而且也拉动着附近的几个星系团。但情形似乎是我们看得越远，这种对空间均匀性的偏离就越小。我们能够得到的关于宇宙最遥远范围上的信息来自 2.7 K 黑体背景辐射。COBE、BOOMERanG 和 WMAP 的数据[1]表明，尽管

---

　　*[27.15] 为什么是 6 维的？

　　***[27.16] 给出一般论证：为什么一个连通的（三维）空间如果不均匀就不可能关于两不同点具有同样的各向同性性质。

　　[1]　COBE，宇宙背景探测器，美国宇航局于 1989 年 11 月发射的绕地球轨道运行的宇宙飞船，任务是测量宇宙微波背景辐射谱分布；BOOMERanG，"河外毫米波辐射和地磁气球观测"的缩写。WMAP 是"威尔金森微波各向异性探测器"的缩写，这是美国宇航局 2001 年发射的新一代宇宙微波探测卫量。——译注。

在这么大的尺度上存在很小的偏离（10^5 分之几），各向同性性质还是满足的。[31]

　　均匀且各向同性的宇宙学——FLRW 模型——是对实际宇宙结构的一种极好的近似，至少在超出我们可观察宇宙的限定范围上仍是如此，这个范围包括了 10^{11} 个星系，含有的重子数高达 10^{80} 个。（不久我们就会看到，这个"可观察宇宙"概念指的是什么。）空间各向同性且均匀意味着[32]"常数时间"的三维空间区域 $\mathcal{T}_t$（互不相交地）充满整个时空 $\mathcal{M}$，每个三维几何 $\mathcal{T}_t$ 都具有 $\mathcal{M}$ 的均匀/各向同性的对称群，见图 27.13。这种三维几何的 3 种（本性）不同的可能性取决于（常）空间曲率是正（$K>0$）、零（$K=0$）还是负（$K<0$）。在宇宙学文献中，对 $K\neq0$ 情形，通常对曲率半径进行归一化，即 $K>0$ 和 $K<0$ 分别代之为 $K=1$ 和 $K=-1$。但我在这里不这么做，为以后讨论方便，我情愿还是分别用 $K>0$ 和 $K<0$ 来描述。

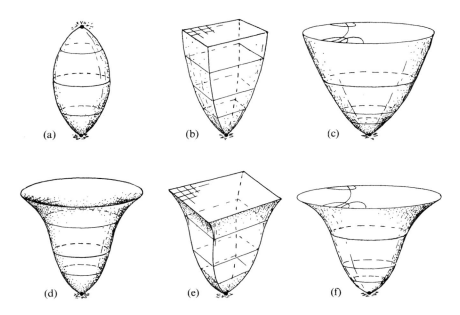

图 27.13　弗里德曼－勒迈特－罗伯逊－沃克（FLRW）的空间均匀且各向同性的宇宙学模型。时间方向取向上为正方向。每个模型均始于大爆炸，并以单参数族不相交的均匀的三维类空曲面 $\mathcal{T}_t$ 来表示 t 时刻的"空间"。在弗里德曼模型里，实物物质被当作无压强流体（"尘埃"）。前 3 种情形：（a）$K>0$，$\mathcal{T}_t$ 为三维球面 S^3（图中显示为约束圆 S^1），这个模型最终将坍缩到大收缩；（b）$\mathcal{T}_t$ 为三维欧几里得空间 $\mathbb{E}$，如顶部的二维平面所示；（c）$\mathcal{T}_t$ 为三维双曲空间（顶部为其共形表示）。在（d），（e）和（f）中，正的宇宙学常数 Λ 以及最终的指数膨胀的影响被分别加入（a），（b），（c）中，在情形（d）中，假定 Λ 足够大使得不出现坍缩阶段。

　　在图 27.13（a），（b），（c）中，我按照弗里德曼对爱因斯坦方程的原初分析，就不同的空间曲率选择画出了宇宙的时间演化。对每一种情形，宇宙都始于奇点——所谓的大爆炸——此时空曲率变得无穷大，然后宇宙开始急速向外膨胀，最终的性态关键取决于 K 值。如果 $K>0$（图 27.13（a）），膨胀最终会停止并逆转为收缩，最后回到奇点（即所谓的大收缩），这个过程相当于在严格的弗里德曼模型里取初始大爆炸的时间反向。如果 $K=0$（图 27.13（b）），那么膨胀将会一直持续下去，不存在坍缩阶段。如果 $K < 0$（图 27.13(c)），也不存在坍缩阶段，膨胀将最终达到一个常速率。（这里可用§27.8 讨论的从地面竖直上抛的一块石头作类比。如果石块的初速度小于逃逸速度，则它最终将回到地面上，这好比是 $K > 0$ 的弗里德曼宇宙；如果石块的初速度等于逃逸速度，则它刚好不能返回，相当于 $K = 0$ 情形；如果石块的初速度大于逃逸速度，则它将持续趋近一个永不变慢的极限速度，这相当于 $K < 0$ 情形。）

原初的弗里德曼工作并不包括宇宙学常数 Λ，但实际上在这之后的所有关于宇宙学的系统讨论中，[33] 爱因斯坦 1917 年建议的宇宙学项 Λg_{ab} 都被考虑进来——尽管爱因斯坦本人倾向于取 $\Lambda = 0$（1929 年后，见§19.7）。事实证明考虑 Λ 是对的，最近各种不同的观察证据均明显有利于在我们的宇宙中存在正的宇宙学常数（$\Lambda > 0$）的观点。我将在§28.10 讨论这个问题，眼下我们先研究图 27.13（d），（e），（f），它们分别是含（足够大）正 Λ 的弗里德曼方程对图 27.13（a），（b），（c）的类比。从目前的观测结果与宇宙学家的观点对比来看，这些模型中总有一个是对我们这个真实宇宙的至少是从退耦[1]那一刻之后的历史的正确描述，宇宙到退耦时的寿命大约是 3×10^5 年，这个时间只有宇宙目前寿命 1.5×10^{10} 年的 1/50000，这个退耦时间也就是我们从微波背景观察等效地"倒推回去"的时间。

在退耦之前，宇宙基本上属"辐射为主"的时期，退耦之后，则是"实物为主"的时期。我们不指望弗里德曼的"尘埃"模型能够恰当地描述辐射为主的阶段，这个阶段的描述更恰当的是用含辐射项的图尔曼（Tolman，1934）模型。它在我们的图像里并不造成很大的差别，与我在图 27.14 给出的"弗里德曼模型"的寿命预期**[27.17]相比，只不过是将宇宙从大爆炸到退耦这段寿命缩短到原先的 3/4。暴胀宇宙学的支持者们认为在演化上存在过一个非常大的变化，即一种指数膨胀，其间宇宙尺度差不多增长了 10^{60} 倍。但这个过程在宇宙起始的 10^{-32} 秒时就已经结束了，因此从图 27.13 或图 27.14 看不出什么差异！但在其他方面的差异可能是严重的，如果暴胀图像正确的话。我将在§§28.4，5 来考虑暴胀宇宙学。不管怎样，"标准宇宙学模型"不包

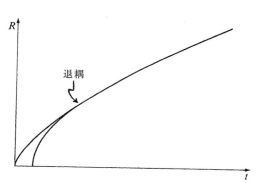

图 27.14 在宇宙年纪约 300000 年（仅为目前年龄的 1/50000）时发生的"退耦"（这也是我们能够用微波背景辐射"倒推回去"的最早时间）之前，宇宙以"辐射为主"，弗里德曼的"尘埃"近似失效。取而代之的是更迅速的图尔曼膨胀，如图中内曲线所示。

721

---

〔1〕 这里"退耦"是指光子与实物（由原子结团形成的宏观物体）之间的退耦，即光子不再参与实物间的相互作用。——译者

**〔27.17〕看看你能否导出这个 3/4 因子，假定对小的时间 t 值，弗里德曼的"尘埃"模型取 $t = AR^{3/2}$ 形式，图尔曼模型的"辐射"项取 $t = BR^2$ 形式，这里 $R = R(t)$ 是宇宙"半径"，A 和 B 是常数，提示：曲线的切线必须匹配吗？

括暴胀阶段是合理的，我这里就取这种方式。[34]

但图 27.13（d），（e），（f）中究竟哪一个更适合于实际宇宙呢？这个问题我放到 §28.10 去讨论。目前我们暂且认为它们基本上都正确。我们进一步检验一下这些不同的空间几何。

$K > 0$ 情形通常表示三维球面。但应指出，从 S^3 的全同对径点还可得到投影空间 $\mathbb{RP}^3$（见 §2.7，§§15.4~6）；很难想象这两个空间在观察上是可分辨的。S^3 的分离点之间还存在另一种全同性，即所谓透镜空间，但它们不是全域上各向同性的。[35]（各向同性）情形 $K = 0$ 是普通的三维欧几里得空间，$K < 0$ 则为我们在 §§2.4~7 和 §18.4 研究的三维双曲空间，其中图 2.21（a），（b）和（c）分别表示埃舍尔对 $K > 0$，$K = 0$ 和 $K < 0$ 这 3 种空间几何（其二维版本）的优美、天才的表示。$K > 0$ 情形通常称为闭宇宙，就是说它是空间闭合的（即包含紧类空超曲面[36]）。宇宙学家经常将 $K < 0$ 情形称为"开"宇宙，而技术上说 $K = 0$ 情形的空间也是开的。因此我这里不用这种让人糊涂的术语。如果我们不考虑总体各向同性，则如同上述 $K > 0$ 的透镜空间一样，也存在（非各向同性的）$K = 0$ 和 $K < 0$ 的闭宇宙模型。[37]

正如我们看到的，四维全空间 $\mathcal{M}$ 是用三维空间几何的时间演化来描述的，这里有一个整体尺度随时间变化的问题。在标准图像里，宇宙最初从大爆炸急速膨胀而生，但认为这种爆炸是从某个"中心点"开始并且万物由此后退的观点则是错误的。就两空间维的情形而言，膨胀宇宙的一种较合适的图像是一个被吹胀的气球表面。球面上的每一点都在随时间逐渐拉开彼此间的距离，故宇宙模型不存在"中心点"。在这个类比中，气球表面代表的是整个宇宙。因此，气球的中心不属于膨胀宇宙的一部分，不在气球表面上的那些点也不属于膨胀宇宙的部分。

我们用记号 $d\Sigma^2$ 来代表这三种几何之一的度规形式，对 $K \neq 0$ 情形，我们将度规归一化到单位三维球面或单位双曲空间（即分别取 $K = 1$ 和 $K = -1$）。***[27.18] 于是整个时空的四维度规可表示成形式

$$ds^2 = dt^2 - R^2 d\Sigma^2,$$

这里 t 是"宇宙时间"参数，其常数值决定了每个的 $\mathcal{T}_t$，而

$$R = R(t)$$

是时间参数 t 的某个函数，它给出"t 时刻"宇宙空间的"大小"。因此，每个 $\mathcal{T}_t$ 的度规由 $R^2 d\Sigma^2$ 给定。在图 27.15（a），（b），（c），我按原初 $\Lambda = 0$ 的弗里德曼"尘埃"（无压强流体）模型***[27.19] 分别画出了 $K = 1$，0，-1 各情形下 $R = R(t)$ 的图，而在图 27.15（d），我画出了

722

723

***〔27.18〕看看你能否用 §18.1 的程序证明，$d\Sigma^2 = dr^2 + \sin^2\varphi(d\varphi^2 + \sin^2\theta d\theta^2)$ 描述了单位三维球面度规，$d\Sigma^2 = dr^2 + \sinh^2\chi(d\chi^2 + \sin^2\theta\, d\theta^2)$ 描述了单位双曲空间。提示：先写下任意半径的三维球面度规形式。

***〔27.19〕$K > 0$，$\Lambda = 0$ 的弗里得曼"尘埃"解可表示为 $R = C(1 - \cos\xi)$，$t = C(\xi - \sin\xi)$，这里 C 是常数，ξ 是方便的参数。证明：这是一个摆线方程——摆线是沿水平直线滚动的圆的圆周上一点在空间的轨迹曲线。你能看出如何利用类似 §18.1 中所用的"技巧"和练习〔27.16〕，从 $K > 0$ 情形导出 $K < 0$ 的情形吗？如何又能通过取适当极限导出 $K = 0$ 的情形（涉及坐标变换）？

正 Λ 下的情形，所有 3 种 K 值下的曲线都非常相似（在 $K>0$ 情形，假定 Λ 足够大到能克服相应的坍缩——正如观察所表明的）。最终的膨胀率呈指数型。

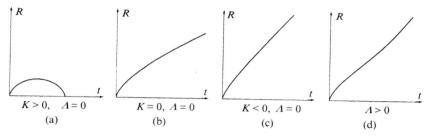

图 27.15 弗里德曼模型的 $R=R(t)$ 图：（a）$K>0$，$\Lambda=0$；（b）$K=0$，$\Lambda=0$；（c）$K<0$，$\Lambda=0$；（d）$\Lambda>0$。（（d）画的是 $K>0$ 情形，其他情形均非常相似，只要与空间曲率相关的 Λ 足够大。）

27.12 共形图

为了正确理解"可观察宇宙"指的是什么，采用所谓共形图[38]是方便的，这种图下的整个时空（通常是二维的）表现为零（null，亦作"类光"——译者）方向与垂直方向呈 45°，无穷远则表现为图的边界（部分）。我们通常用花体字母 $\mathscr{I}$——读作"scri"——来表示这个"无穷远"，这里 $\mathscr{I}^+$ 表示向外光线最终"达到"的未来（或未来零）无穷远，$\mathscr{I}^-$ 表示向内光线最终"达到"的过去无穷远。在 $\Lambda=0$ 的标准爱因斯坦理论中，它们通常构成三维零曲面，而在 $\Lambda>0$ 情形下则为三维类空曲面。[39]

共形图描述时空的因果结构，我们感兴趣的正是这族零锥而不是整个时空度规。它是我们在 §2.4、§8.2 和 §§18.4，5 遇到的共形几何的洛伦兹版本（通过度规等价类的定义，g 等价于 $\Omega^2 g$，这里 Ω 是时空上的正标量函数，因此 Ω 调整的是一地到另一地的距离标长）。在 §12.2，我们看到整个双曲平面是如何在有限的欧几里得平面区域里共形表示的（图 2.11，2.12，2.13）。共形时空图的概念基本同此，但现在共形表示的是时空的洛伦兹（非正定）度规。这里关键的新特征是，在洛伦兹几何下，零锥本身定义共形几何。

在二维情形，零锥由一对零方向组成，它将二维度规确定到一个局部共形因子。这种二维表示特别有用的一个地方是整个四维空间上具有球对称的那种场合。由此我们可将这种四维时空看成是一个"转动的"二维时空，这个二维空间上的每一点表示四维空间内一个完整的 S^2。这种时空的共形图可以做得非常精确，我称这样的共形图为**严格共形图**。不严格的共形图则称为**示意性共形图**。严格共形图上的点表示整个（度规）球面 S^2。（在弦论等考虑的 n 维洛伦兹"时空"情形——见 §§31.4，7——这些点表示 $(n-2)$ 维球面 S^{n-2}。）对于例外的情形，即共形图上那些表示单个时空点的点，它们将以图中表示对称轴的那部分边界的形式出现，在图 27.16a

724

中，我们用虚线来表示它，因此你必须将图设想成绕这根虚线有一个转动。***[27.20] 表示无穷远的边界部分用图 27.16（a）中实线来表示，而表示奇点的那部分则用锯齿线来表示。共形图中不同边界线的相交处还存在折角。如果这些折角是用小空心圆 ○ 表示的，则它表示的是完整的二维球面（就像三维双曲空间的边界，见 §2.4 和 §18.4）；如果是用实心点 • 表示，则表示的是点（零半径球面）。图 27.16（b）是闵可夫斯基空间的严格共形图，图 27.16（c）表示的是史

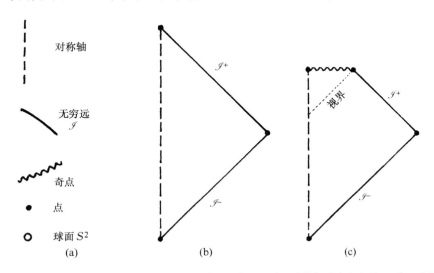

图 27.16 作为时空的平面表示的共形图。它通常这么来画：时空零线与垂直方向呈 45°角，"无穷远"表示为图中有限的边界——在边界上，物理度规对图的度规的共形比值为零。（a）在严格共形图（相对于示意性共形图）上，图内的每一点表示一个严格的二维球面；但在对称轴（虚线所示）上这个二维球面收缩为一个点，如同图中折角处那样，我们用实心点 • 表示；但如果折角处标的是○，则这个边界点仍共形于一个二维球面。无穷远用实线边界来表示（常记为 $\mathscr{I}$——读作"scri"）；奇点用锯齿线边界来表示。（b）闵可夫斯基空间 $\mathbb{M}$ 的严格共形图。（c）图 27.11 所描述的球对称坍缩到黑洞的严格共形图。

瓦西黑洞的引力坍缩（图 27.11 里描述的球对称坍缩）。在图 27.17，我描述了与图 27.13 相应的宇宙学模型。***[27.21]

共形图之所以有用就在于它能够将时空的因果性显示得十分明白。例如，在图 27.16（b）描述的球对称坍缩到黑洞的过程中，黑洞的视界处于 45°位置上。任何实物粒子的世界线与垂直方向的倾角不可能大于 45°，因此一旦它穿越视界进入到视界内部，就不可能再从视界内逃逸出

*** 〔27.20〕看看你能否按下述做法明确给出图 27.16a 的四维闵可夫斯基空间：取整个二维闵可夫斯基空间（度规 $ds^2 = dt^2 - dr^2$，$r \geqslant 0$）的一半，然后按文中所说的垂直轴旋转。用 t，r 和球极坐标角度 θ，ϕ 组成的适当函数（见练习〔27.18〕）写出这个四维空间度规。（为直观起见，可先给出三维闵可夫斯基空间，这时转动要熟悉得多。）

*** 〔27.21〕看看你能否看出图 27.11 和 27.16b 的共形图是如何相匹配的。对图 27.16 和 27.17 的每一个例子找出与度规相乘的适当的共形因子。

来。进一步说，一旦进入了该区域，它就不得不走向奇点（图 27.18（a））。奇点似乎是到时空内部区域的类空未来边界，这是一个与图 27.11 更为传统的观点很不相同的反直觉的事实。大爆

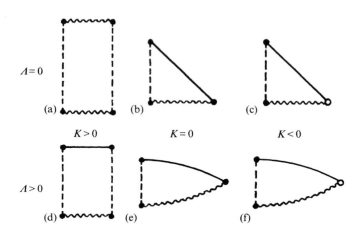

图 27.17 图 27.13 中各种弗里德曼模型的严格共形图：（a）$K > 0$，$\Lambda = 0$；（b）$K = 0$，$\Lambda = 0$；（c）$K < 0$，$\Lambda = 0$；（d）$K > 0$，$\Lambda > 0$（Λ 足够大）；（e）$K = 0$，$\Lambda > 0$；（f）$K < 0$，$\Lambda > 0$。

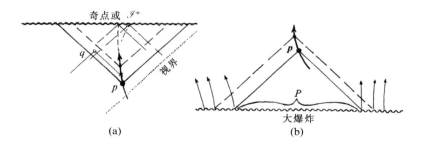

图 27.18 视界。（a）事件视界出现在示意性共形图的类空边界——可以是奇点也可以是无穷远——上。当一个观察者 p 走向边界时，总有某些时空部分（其边界定义为事件视界）是 p 看不到的，虽然严格来说这些部分能否可见还依赖于 p 如何运动。（例如，如果 p 取左手边路径，则 q 终被看到，但若取右手边路径则否）。在黑洞情形，绝对自然（图中虚线）的更为熟悉的"事件视界"是所有外部观察者共同的视界。（b）所有标准宇宙学里都会出现的粒子视界。它起源于过去的类空奇点。p 点的观察者只能看到大爆炸（及其产生的粒子）的有限部分 P，尽管这一部分的大小随时间增长。

725 炸所展示的情形则像充当了一种反时间的角色，起着时空的类空过去边界的作用（图 27.18（b））。这同样也是与直觉相悖的，因为我们总倾向于认为大爆炸是一个（奇）点。[40]

这种初始边界的类空性质导致一种粒子视界的概念，它是大爆炸的一个重要特点。考虑图 27.18（b），观察者处于接近大爆炸边界的 p 点。宇宙中可传递信息到观察者的那部分区域是 p 点的过去光锥面上及其内部区域，我们注意到，这部分区域仅与大爆炸初始超曲面的 P 部分相交。[41] 在大爆炸的 P 之外区域产生的粒子是永远不为 p 点的观察者所能看到的。这些区域处于 p

点的粒子视界之外。我们说它们处于 p 点的可观察宇宙之外——宇宙的可观察部分即为 p 点的过去光锥面上或内部区域。*[27.22]

27.13 异乎寻常的特殊大爆炸

现在我们回到大爆炸的异乎寻常的"特殊性"上来。从大爆炸时刻仅仅存在热力学第二定律这一点上看，很明显大爆炸一定具有极低的熵。但低熵可以有多种不同的形式。我们打算弄清楚我们的宇宙在初始阶段到底特殊在什么地方。 726

大爆炸的一个特别惊人的——尽管看上去很矛盾——性质来自甚早期宇宙热状态的非常令人信服的观察证据。证据之一是 2.7 K 微波背景辐射谱与普朗克"黑体"辐射理论曲线（见 §21.4，图 21.3(b)）的高度契合（图 27.19），这种背景辐射代表着大爆炸经宇宙膨胀（"红移"）冷却后遗留至今的实际"闪光"。另一个证据则来自对早期宇宙核过程观察与理论预期的明显一致性。这些理论计算严重依赖于早期宇宙中物质的热平衡假定——也包括对宇宙快速膨胀的假定。 727

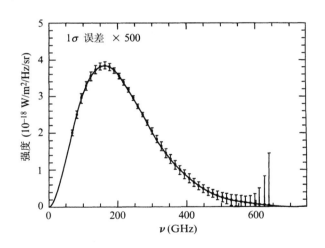

图 27.19 微波背景强度谱。它与普朗克的黑体辐射谱（图 21.3(b)）极为一致。（注意，这里显示的"误差棒"被放大了 500 倍。）

我认为早期宇宙的这种明显的热平衡很大程度上误导了一些宇宙学家，使他们认为大爆炸是某种高熵"随机"（即热平衡）态，尽管按照第二定律，它实际上必然是一种非常有序的（即低熵）态。流行的观点似乎认为，解决这个悖论的出路只能是，在大爆炸发生刚不久，宇宙

---

*[27.22] 利用这里给出的共形图证明：对于 $K=0$ 或 $K<0$，同时 $\Lambda=0$ 的情形，最初处于 p 点的粒子的可观察宇宙将在粒子的未来时间极限内增大到包括整个宇宙，而这种情形对于 $K>0$ 或 $\Lambda>0$ 下的任意 K（如图 27.17 所描述）的情形则是不成立的（这时出现的叫"宇宙学事件视界"）。

728　"很小"，因此能够取得的自由度相对较少，从而给出一个很低的熵的可能"上限"。正如§27.6所指出，这种观点是错误的。这个貌似的悖论的正确解释在于这样一个事实：在大爆炸后的瞬间，引力自由度没有随这些物质和所谓电磁场自由度"热能化"，这里的电磁场自由度定义了涉及宇宙"热状态"的参数。事实上，这些引力自由度——提供巨大熵的来源——经常根本没被考虑进来！

回想一下，在没有引力的情形下，最大熵确实是由通常"热状态"来表示的，当引力效应开始起主导作用的时候，即在黑洞情形下，最大熵的内涵非常不同。由于引力作用，物质的聚集，尤其是在这种聚集导向黑洞的情形下，可以有远大于普通热运动的熵。如果我们考虑的是闭合宇宙，那么这一点会变得特别明显。下面我们就来设想一种接近 FLRW 模型的宇宙，这里取 $K > 0$ 和 $\Lambda = 0$。初始物质的某种扰动[42]会导致引力凝聚，我们假定这些初始物质足以产生以黑洞为归宿的星系（譬如说质量在 $10^6 M_\odot$ 量级），它提供的单位重子的熵约为 10^{21}。如果我们取这种闭合宇宙所含的重子数约为 10^{80}（可观察宇宙的重子数量），则它给出的总熵为 10^{101}，远大于大爆炸后 300000 年时辐射与实物退耦那段时间里的 10^{88}。星系的黑洞是逐渐形成的，但其主要增长期出现在宇宙的最后坍缩阶段，这时星系重新聚集到一块儿凝结成黑洞。最终的大收缩并非如图 27.13(a) 所描述的对称的 FLRW 大爆炸模型的时间反演那样简洁，而是更像图 27.20（a）描述的逐渐凝聚的黑洞奇点那样参差不齐。我们可以用贝肯斯坦－霍金的熵公式来估计一下终
729　态前的一段时间里这种大收缩的熵，这里我们仍将这种杂乱状态看成是由实际黑洞组成的，这种终态黑洞凝聚有 10^{80} 个重子，这些重子的 S_{BH} 值约为 10^{123}，这与按大收缩计算的熵值应当相差不是很大。

当然，这里读者有理由反驳说，即使 $K > 0$ 情形的确如此，但目前的观察证据似乎强烈否定 $\Lambda = 0$ 的假设，观察到的正 Λ 值（在空间曲率上已考虑了观察极限因素）似乎很容易大到阻止出现我们所说的坍缩阶段，何况还有最终指数膨胀因素。但恰当地说，前面的讨论仍是成立的，我们发现不论是否有 $\Lambda > 0$，同样的熵值（$\sim 10^{123}$）量度对 10^{80} 个重子的闭宇宙也是有效的。图 27.13（d）描述的宇宙的时间反演结果与图 27.13(d) 本身的动力学方程的解是一致的（因为我们这里考虑的动力学规律是可时间反演的）。如果我们考虑这种宇宙的扰动，我们就能找出那种描述成形黑洞聚集在一起产生类似前述的凝聚黑洞"杂乱"状态的模型（见图 27.20(b)）。再重申一遍，通过与前面相同的论证，我们得到结论：熵值的量级是 10^{123}。（当我们在§28.5 考虑暴胀宇宙学时，这种论证方法还将再次用到。）

因此，我们得到一个对 $\mathcal{P}_U$ 总体积的合理估计（它基本上等同于图 27.4 的最大熵盒子 $\mathcal{E}$ 的体积 E），即非常接近这个熵值的指数：✺✺〔27.23〕

✺✺〔27.23〕为什么这些数字——在现有精度下表示为数字"123"——几乎相同？为什么 B 的实际值没出现在后面的结论中？

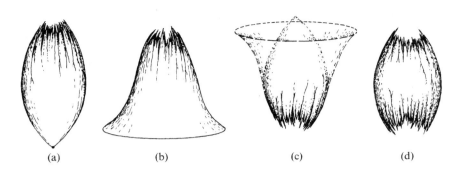

  (a)   (b)   (c)   (d)

图 27.20　（a）在图 27.13（a）的 $K>0$, $\Lambda=0$ 情形下，如果允许存在我们在实际宇宙中看到的那种不规则性，那么我们得到的将不是严格的弗里德曼模型给出的那种"干净的"大收缩，而是一丛非常凌乱的具有极高熵（$S\approx10^{123}$）的凝聚着的黑洞奇点。（b）这种情形与 $\Lambda=0$ 无关，当我们考虑图 27.13（d）（$K>0$, $\Lambda>0$）的时间反演的相应扰动时，我们再次得到相似的凝聚着的黑洞的巨大熵值（$S\approx10^{123}$）。（c）一般大爆炸看起来如同一般大坍缩的时间反演（图中显示的是 $K>0$ 和 $\Lambda=0$ 或 $\Lambda>0$ 之一）。（d）最"可能"的情形（像图 27.8（a）的曲线）——为清楚起见，图中显示的是 $K>0$ 和 $\Lambda=0$——与早期阶级的实际宇宙没有一点相似性。

$$E=e^{10^{123}}\approx10^{10^{123}}。$$

（这个式子源自自然单位制下的玻尔兹曼公式 $S=\log V$。）现在的问题是：我们如何将这个量与今天的熵的盒子 $\mathcal{N}$ 的体积 N 进行比较，以及如何与大爆炸时的熵的盒子 $\mathcal{B}$ 的体积 B 进行比较（假定现在我们就生活在 10^{80} 个重子的宇宙中）？取上述黑洞来估计，对今天的熵，即 2.7 K 背景辐射下单位重子的熵 10^8 这个值，我们有

$$B:N:E=10^{10^{88}}:10^{10^{101}}:10^{10^{123}}。$$

因此，B 和 N 中的每一个都只有总体积 E 的

$$10^{10^{123}}\text{分之一}。$$

进一步说，体积 B 只有当今宇宙相空间体积 N 的

$$10^{10^{101}}\text{分之一}。$$

  作为对如此细小的 $\mathcal{B}$ 的相空间体积所带来的问题的一种欣赏，我们来想象造物主是如何用针来定位空间 $\mathcal{P}_{\mathcal{U}}$ 中的这一极其微小的位置，从而产生我们今天见到的这个宇宙的。在图 27.21 中，我描绘了想象中的这一刹那事件！如果造物主哪怕仅仅是错过这个位置一丁点，或者胡乱地将针戳到了最大熵区域 $\mathcal{E}$ 上，那么产生的将是如图 27.20（d）（$\Lambda=0$, $K>0$ 情形）那样的无人居住的宇宙，或者是像图 27.20（c）那样的永远膨胀着的宇宙，其中不存在第二定律用来定义（像图 27.8a）统计学的时间方向。（如果我们想象造物主只是想构造一个其中有像我们这样的智慧生物的宇宙，那么事情就不是那么好解释。这里产生出"人存原理"的问题，我将在 §§28.6，7 和 §34.7 讨论这些问题。）

  另一方面，宇宙在空间上很可能像 $K=0$ 或 $K<0$ 的 FLRW 模型那样是无限的。但这不会使

上面的讨论变得无效。我们可通过想象仅将它应用到（目前的）可观察宇宙而不是整个宇宙。在取包含约 10^{80} 个重子的目前这个可观察宇宙的情形下，我们很难看出上述考虑会受到严重影响。另一方面，如果我们将上述讨论用到整个宇宙（仍将 FLRW 看作是好的近似），我们需要的将是造物主能够无限精确，而不仅仅是具有极高的精度。我看不出有什么办法能够解决根植于大爆炸的超常精确的"音准"所体现的这个难题——第二定律的基本关联。

我们从这些讨论中得到了什么信息呢？我们不仅了解到宇宙的大爆炸起源具有异乎寻常的特殊性，而且认识到这种特殊本性所蕴含的重要信息。就实物物质（包括电磁场）而言，"热平衡"描述对于膨胀宇宙来说似乎是非常恰当的。"热大爆炸"图像已成为宇宙学标准模型里重要的组成部分。大约 10^{-11} 秒之后，宇宙似乎还具有 10^{15} K 的温度，但到了 10^2 秒之后，温度则降至 10^9 K。温度的这种下降与图尔曼－弗里德曼膨胀率是一致的，许多观察细节（例如氢/氘/氦的比值）与在此温度下发生的核过程是相吻合的。

但说到引力，事情就完全不是那回事了，就是说，引力自由度根本就不能"热能化"。初始时空的几何的真正一致性（即 FLRW 本性）正在于大爆炸的特殊性。宇宙初始的奇点状态"不需如此"的情形见图 27.20（b）——或图 27.20（a）的物理上适当大收缩的时间反演。引力似乎有着不同于其他场的很特殊的地位。它特立独行，不参与早期宇宙所有其他场都投身其中的热能化，其自由度只作壁上观，因此当这些自由度不被考虑时第二定律才开始发挥作用。这一点不仅给出第二定律，而且给定了我们观察自然的特定形式。引力的确是够特殊的！

但它为什么如此特殊呢？要回答这个问题我们不得不进入更具猜测性的领域。在第 28 章，我们会看到物理学家试图解决这个谜团的一些途径，这个问题与宇宙的起源问题紧密相连。照我看，这些尝试没有一个是接近我在上一段所陈述的问题的。为了使我自己的信念保持前后一致，我们需要回到对量子力学的真正基础的检验上来，我坚信这些问题需要更深入地去探讨。我

732

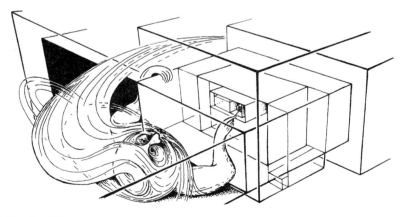

图 27.21 宇宙的创生：虚构的描述！造物主已经用针点出了一个微小的盒子，其体积只有全部相空间体积的 $10^{10^{123}}$ 分之一，目的就是为了从我们实际发现的大爆炸里产生出一个宇宙来。

们把它放在第 29 章中进行。在随后的第 30 章，我将试着给出我对这些基本问题的一个好的解决方案。

注　释

§ 27.2

27.1　这里将动力学看成是完全经典的。技术上说，一个"混沌系统"是这样一种经典系统，在这种系统中，初态任何微小的变化都会导致系统行为发生随时间指数增长那样的非线性的根本变化。但从决定论上说，这种"不可预料性"经常被认为只是程度上的而非原理性的。

27.2　这里假定通常情况下比热是正的。但对于黑洞情形，这个假定通常不正确，见 § 31.15。

27.3　但这里有一种奇妙的"悖论"，在日常生活中，事情往往别开生面！人们经常仅凭记忆过去所发生的事情来做准确的"倒叙"，而我们却不能依此来接近未来。进一步说，考古学调查可将这种"记忆"延伸到远到人类出现之前。但这种倒叙在任何明显的意义上都不包括动力学方程的演化，它与第二定律之间的具体联系在我看来仍显得扑朔迷离。（见 Penrose（1979a））。

§ 27.3

27.4　见 Pais（1986）。

27.5　见 Gibbs（1960）；Ehrenfest and Ehrenfest（1959）；Pais（1982）。

27.6　实际上，玻尔兹曼本人从未用过这个常数，因为他并不关心实际应用中所用的单位，见 Cercignani（1999）。首次明确写出包含了这一常数的公式 $S = k\log V$ 的似乎是普朗克，见 Pais（1982）。

§ 27.5

27.7　见 Eddington（1929a）。

§ 27.6

27.8　见 Hawking and Ellis（1973）；Misner *et al.*（1973）；Wald（1984）；Hartle（2002）。

27.9　见 Gold（1962）；至于这些概念得出的相当肤浅的结论，见 Tipler（1997）。

27.10　见 Penrose（1979a）。

§ 27.7

27.11　在哈勃之前的 1917 年，美国天文学家 Vesto Slipher 已经发现了宇宙膨胀的某些迹象。见 Slipher（1917）。虽然当时没人相信他的这些观察结果，但他还是以发现冥王星而蜚声学界！

27.12　1946 年，George Gamow 基于大爆炸图像第一次从理论上预言了这种辐射，1948 年 Alpher、Bethe 和 Gamow 对此做了更清楚的表述；随后，Robert Dicke 于 1964 年又重新独立地提出了这一预言。1965 年，Arno Penzias 和 Robert Wilson 通过观察发现了这种辐射，Dicke 及其同事立即对此予以说明，见 Alpher *et al.*（1948）；Dicke *et al.*（1965）和 Penzias and Wilson（1965）——他们的文章大概是有史以来最诚实简约的科学论文了！（Penzias 和 Wilson 的论文很短，仅一千字左右，它只指出，在 4080 兆赫发现有一个 3.5K 的过剩天线温度；在测量的限度内，它是各向同性、非极化的和与季节变化无关的。……Penzias 和 Wilson 因此而获得了 1978 年度的诺贝尔物理奖。——译者摘自俞允强：《热大爆炸宇宙学》，北京大学出版社，2001 年第 1 版，74 页。）

27.13　进一步讨论见 Penrose（1979a，1989）。

27.14　实际上，总的来说，地球返回到太空的能量要比它接收到的多一点点。略去人类燃烧化石燃料放出的能量不计（这些属地球在几百万年前接收到并存贮的来自太阳的能量，于今终于返回太空。另一方面，还可以略去"温室效应"带来的全球变暖因素，这些是地球俘获了较以前更多的太阳能量引起的），地球内部还存在由放射性衰变产生的能量，这种能量会通过大气非常缓慢地释放到太空。见 § 34.10。

§ 27.8

27.15　见 Michell（1784）；Tipler *et al.*（1980）。

27.16　见 Penrose（1978）。

27.17　有关这个问题见 van Kerkwijk（2000）。

733

27.18 见 Schwarzschild（1916），其现代表述见 Wald（1984）。

27.19 最近的证据见 Narayan（2003）。

§27.9

27.20 这种"不可返回点"的一个有用的特征是出现所谓"俘获面"。俘获面是一种紧致二维曲面 S，它有这样的性质：垂直于 S 的两族零曲面收敛到未来。（更"通俗"点说，就是如果 S 发出一个闪光，那么这个闪光向外和向内传播的两部分的面积都将逐渐减小。）我们有望在黑洞的视界 $\mathcal{H}$ 之内找到这种俘获面。俘获面判据的好处在于它不依赖于对称性假设，在几何的小扰动下是"稳定"的。俘获面一旦形成，就将不可避免地出现奇点（假定满足爱因斯坦理论中很弱但合理的因果性和能量正定条件）。类似结果还可以用于宇宙学的大爆炸奇点。见 Penrose（1965b），Hawking and Penrose（1970）。

27.21 见 Penrose（1965b），Hawking and Penrose（1970）。Wald（1984）在教学中综述了这些定理。

27.22 见 Penrose（1969a，1998b），Belinskii *et al.*（1970）。

27.23 见 Penrose（1969a，1998b）。

27.24 关于这些问题的最新观点见 Reeves *et al.*（2002），和 Cheng and Wang（1999）；碰撞理论见 Hansen and Murali（1998）。

§27.10

27.25 见 Israel（1967）；Carter（1970）；Hawking（1972）；Robinson（1975）。

27.26 见 Kerr（1963）；带电情形见 Newman *et al.*（1965）。Wald（1984）则给出了其教学形式。

27.27 像本章开头所述的开普勒椭圆，克尔度规提供了另一种例外的情形，其相对简单的几何构形实际上源自动力学定律。

27.28 见 Chandrasekher（1983），1 页。

27.29 实际上（正如我们在 §31.15 所见），还有一个描述总电荷（也是一个守恒量，见 §19.3）的参数。但对实际的天文学黑洞来说，比起 m 和 a，它可以从黑洞几何中忽略掉，因为黑洞具有使自身电中性化的强烈趋势。

27.30 应注意不要将这个"e"与自然对数的底 $e = 2.7182818285\cdots$ 混淆了，见 §5.3。

§27.11

27.31 COBE 的证据见 Smoot *et al.*（1991），WMAP 的证据见 Spergel *et al.*（2003）。

§27.11

27.32 Liddle（1999）是一本优秀的宇宙学导论性著作。Wald（1984）包含了更复杂的问题。

27.33 见 Bondi（1961）；Rindler（2001）；Dodelson（2003）。

27.34 已出现所谓"和谐模型（concordance model）"概念用来描述 $K = 0$ 和 $\Lambda > 0$ 的情形，其中包含了暴胀期，见 Blanchard *et al.*（2003），Bahcall *et al.*（1999）。我对目前这种情形的评述见 §28.10。

27.35 很可能存在这样一种古怪情形，古希腊人是对的（图 1.1），宇宙就是个正十二面体（或是一个这样的拼贴物）。见 Luminet（2003）。

27.36 超曲面是指某个 n 维流形（即这里的 $\mathcal{T}_t$）上（$n-1$）维亚流形。

27.37 见 Killing（1983）；Wolf（1974）。

§27.12

27.38 这些图有时称为"彭罗斯图"或"卡特－彭罗斯图"，因为我在华沙讲座（1962）中用过这些图。严格共形图的系统定义是由 Carter（1966）引入的。

27.39 见 Penrose（1964，1965a）；Carter（1966）；Penrose and Rindler（1986），第 9 章。

27.40 一些理论家喜欢这样的假说性模型，其中大爆炸共形于一个（因果关系）点（称为"Ω 点"），见 Tipler（1997）。为与第 27 章的论述保持一致，我不对此加以讨论，但这种模型在物理上有一定道理。

27.41 "超曲面"概念见注释 27.36。在这里，我们将共形表示下的大爆炸看成是三维的。（我们可将它与其他表示进行对比，见 Rindler 2001）。

§27.13

27.42 人们经常认为这种扰动现象本质上是大爆炸初始物质密度的一种"量子涨落"。（讨论见 §30.14。）

第二十八章
早期宇宙的推测性理论

28.1 早期宇宙的自发对称破缺

本书此前所述的都是已充分确立了的物理理论，大量的观测数据为那些经常看起来古怪的 735 理论概念提供了强有力的支持。我的一些讨论所采取的方式往往不同于文献中常见的那样，但所述内容上并不存在争议。在本章，我将开始讲述些带有更多推测性的概念，它们与大爆炸的特殊性质所引发的问题有关。

具体地说，我将考虑的是暴胀宇宙学以及与宇宙早期的自发对称性破缺（§25.5）有关的一些概念。熟悉宇宙学基本概念的读者可能会有所迷惑，我怎么会这么肯定地把暴胀宇宙学归于"推测性"学科。的确，流行的观点大都认为，宇宙的甚早期阶段曾经历了一段指数膨胀的时期，其膨胀指数约为 10^{30}，也可能是 10^{60} 甚至更高，这已是公认的事实。另一些有识之士甚至可能对我将宇宙早期的自发对称性破缺这种一般现象看作是推测性的概念感到莫名其妙。但不管怎么说，我在这一章里要阐述的概念应当说都还没有得到观察上重要而明确的支持，我们有理由质疑这些概念是不是与大自然之间存在真正的联系。

让我们从自发对称性破缺这个一般性概念开始。我们知道，这个概念是构建重正化 QFT 的强有力手段，在（"隐性"）对称性研究方面，可重正化性质要比直接观察到的行为更具有优势。观察上没能得到完全对称性是因为系统的"真空态"选择所致，这种选择没有动力学理论的那种完全对称性。这一点特别构成了粒子物理标准模型里电弱部分的一个关键要素。此外，这种牵 736 涉到各种可能的"真空"的概念也是宇宙暴胀的基本要素。这些自发对称性破缺概念和"伪真空"的概念经常被理论家们用来研究更大的统一理论。然而，我得说清楚，自发对称性破缺这个概念本身并不是一个思辨性的概念，它与各种真正的物理现象之间存在着确凿无疑的联系（超导就是一个绝好的例子）。这个概念经常以优美而令人信服的方式应用于各种已知现象。我对这个概念本身没有疑问。我担心的是，正是它的这种可人之处招致物理学家经常滥用，有时甚至是被用在非常不合适的场合。

文献里经常用来形象地介绍自发对称性破缺概念的一个事例是铁磁现象。想象有这么一个球状的固态铁球。我们将它的原子看成是一个个的小磁体，由于力的关系，它们有一种彼此平行排列的趋势，有着共同的南/北取向。当温度升到足够高，即超过临界值 770℃（1043 K）时，原子剧烈的热运动就会打破这种顺磁取向的趋势，从大尺度上看，材料变得不显示任何磁性，各小原子磁体的取向呈完全随机排列。但只要温度低于 770℃（所谓"居里点"），则各原子又恢复平行排列的趋势，在理想情形下，铁块将被磁化。[1]

现在，我们假定铁球最初被加热到超过 770℃（但还没高到融化的程度），即起初它是一个非磁化的球体。然后环境逐步冷却到临界温度 770℃ 以下。此时会发生什么呢？自然是球体处于一种极小能量态，原子的内部振动能被外界更冷的环境消耗掉。由于相邻原子间的相互作用，当所有原子按同方向排列时，就会出现极小能量状态，这时球变得磁化了，有确定的南/北极化取向。但这两个方向之间不存在谁比谁更占优势。极小能量态存在所谓简并性（比较 §22.6）。起初加热了的未磁化态没有优势方向，最终的磁化方向也完全是随机确定的。这是一个自发对称破缺的例子：最初的球对称态降格为一种较小的对称态，即关于南北轴的旋转对称态。SO(3) 对称态（即原初的热的未磁化球）演化为 SO(2) 对称态（冷下来的磁化球，这些符号的意义见 §§13.1，2，3，8，10）。

737　　用来描述这种情形的图像叫做"墨西哥帽"势，如图 28.1。这个"帽"代表了系统所有容许的态（环境温度降到零），帽的"高度"表示系统能量。我们发现，存在着由帽顶所代表的平衡态（即有水平切平面），它具有原始群的完全对称性——在图中，这个群表现为关于垂直轴的旋转。（这个 SO(2) 旋转对称性实际上就是铁球的 SO(3) 完全对称态，只是为了使图形具有可视性，我们少画了一个空间维。帽顶表示整个球的完全非磁化状态。）但这种平衡——非磁化态表现——是不稳定的，它不是可得的极小能量态。极小能量态是由帽的水平部分——整个圆周——帽檐内的那部分所代表的态（帽檐不同位置的点代表磁化铁球的不同极化方向）。

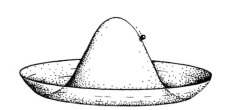

图 28.1　自发对称性破缺，它可用"墨西哥帽"势来表示，势的分布代表系统所有容许的态，帽的高度表示系统的能量大小。系统的态可用一个在帽的表面运动的玻璃小球来代表。当环境温度足够高（达到居里点）的时候，系统的平衡态由小球处于帽顶来表示，它具有完全的转动对称性（在这个简化了的图像里是 SO(2)）。当温度冷却时，小球滚落，最终到达帽檐上的任一平衡位置，这一过程破坏了完全的转动对称性。

我们可以这么来设想，最初态处于顶部，相当于"玻璃小球"最初置于顶端，表示先前的高温态。不稳定性意味着小球必将从顶点滚落下来（假定存在某种随机干扰影响）最终处于帽檐的某个静态位置。帽檐上的每个点表示铁球最终可能获得的不同的磁化方向。小球的位置表示最终的物理态。但由于转动的简并，因此对小球来说，不存在某个优势的降落位置，帽檐上所有的平衡位置都是等权的。小球选择落在那个位置是随机的，这种选择一经做出，某个随机确定的方向上的对称性就破坏了。

这种环境温度下降导致材料的稳定平衡性质突然发生剧变的现象，叫做相变。对于我们所举的铁球的例子，相变发生在球从非磁化态（温度高于 770 ℃）到均匀磁化态（温度低于 770 ℃）的转变时刻。更熟悉的例子有结冰现象（温度降低时物质由液态转变为固态）以及相反的过程沸腾（温度升高时物质由液态转变为气态）。当温度下降时，相变经常伴随着对称性减少，但这不是本质的。

在 QFT 处理中，相变经常用真空态的新选择（像 §26.11 里的 $|\Theta\rangle$）来描述，它可以想象成态经"隧道"[2] 从一种真空转变为另一种真空。这种描述只能视为一种近似，但严格来说，由于不存在任何（幺正的）量子力学过程使态从一个区演变到另一个区（这里的"区"指可通过某种具体真空态 $|0\rangle$ 的选择来确立的态，不同区里的态分属不同的希尔伯特空间；见 §§26.5, 11）。将一个实际情形下有限的系统近似为无限系统显然是个不错的主意。例如，人所共知的超导现象（温度足够低时电阻降到零）就可以这么来处理，超导性就是一种伴随着对称性减少（电磁的正常 U(1) 对称性遭破坏）的相变现象。

对于图 28.1 所示的具体例子，对称性从轴向转动群 SO(2) 破缺降为平凡群（"SO(1)"），后者只包含一个元素（故所有对称性都不复存在，在这个例子中，小球的静态位置完全不具有对称性）。[3] 但这种"帽"的高维情形则显示出从 SO(p) 到 SO($p-1$) 的对称性破缺，这里 $p>2$。**[28.1]（铁球情形相当于 $p=3$。）我们还可以用"墨西哥帽"图像来显示粒子物理标准模型中出现的U(2)到U(1)的破缺现象，***[28.2] 这里电弱对称性 U(2)（§25.5）在温度 10^{16} K 时破缺为电磁的U(1)对称性，这种情形会出现在大爆炸后的 10^{-12} 秒的瞬间。在更一般的 GUT 理论里（§25.8），还包括诸如 SU(5)这样的其他群，我们可以想象，在不同的温度下会出现不同水平的对称性破缺。因此，在温度高于 10^{16} K 时（即比大爆炸后 10^{-12} 秒更早的时刻），可能首先是 SU(5)破缺成某种适当的[4] 既包含描述强相互作用的 SU(3) 又包含电弱理论所需的 SU(2)×U(1)/ Z_2（即U(2)）的状态。

28.2　宇宙的拓扑缺陷

但是，我们得记住，这种对称性破缺不像是"突然"发生的，而是出现像磁畴这样的对称

**[28.1] 证明：形为 $E=(x_1^2+\cdots+x_p^2-1)^2$ 的"帽子"展示了这种对称性破缺。

***[28.2] 在复坐标系 (w, z) 下，用作用到 $\mathbb{C}^2$ 的 U(2) 证明这一点，这里"帽子"取 $E = (|w|^2+|z|^2-1)^2$ 形式。你能在 §15.4、图 15.8 和 33.15 描述的 S^3 的克利福德平行线构形下看出这种对称性破缺的几何吗？

性破缺成各个不同"方向"的情形。我们再来考察理想化铁球情形。可以预见，在球的不同地方，最初磁化方向的选取是随机的。如果冷却过程足够慢，那么这些非均匀性就可能"彼此抵消"，形成的是一种均匀的磁体。[5] 但如果冷却过程足够快，这时我们将看到，形成的是一种如图 28.2 所示的方向"补丁"。各个单元的大小及其表现方式均依各处的冷却速率不同而千差万别。这里有一个各部分之间如何迅速"交换信息"的问题，也就是铁球某处的磁化方向如何在邻近区域的影响下迅速"转向"的问题。

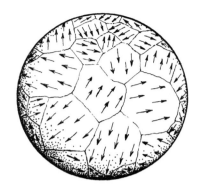

图 28.2 按理想化过程，当铁磁体由居里点逐渐冷却下来时，其原子的磁化方向将取同一个（随机）方向。但在实际过程（或过快地冷却）中，我们得到的则是这样的磁化方向"补丁"。

更严重也更有趣的是那种所谓的拓扑缺陷，这是一种存在于球体内部的、无法通过磁化方向的连续调整而完全去除的缺陷。这种缺陷就是"狄拉克磁单极"（孤立的磁北极或磁南极）。但是这种磁单极不可能通过磁体的集合或电流产生于普通空间内。✳✳[28.3] 如果我们容许磁荷沿着如图 28.3 所示的"狄拉克导线"进行"输运"，就有可能实现这种磁单极。如果磁荷容许出现在麦克斯韦理论（§19.2）中，则"导线"就只能以势 A（§19.4）的形式存在，

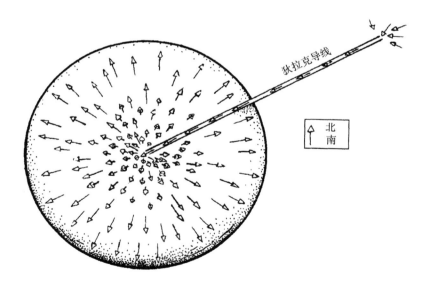

图 28.3 如果我们以某种方式将额外的"南极"沿"磁导线""输运"到球体中心，就有可能实现磁单极。如果麦克斯韦理论里容许出现磁荷，这种单极就可以植入球心，（狄拉克）"导线"只是作为势 A 的杂散信号出现。这种杂散信号可通过适当的"丛"的观点来消除（类似的单极也会出现在适当的非阿贝尔规范理论中）。

✳✳〔28.3〕利用第 19 章的积分表达式证明这一点。

并采用适当的"丛"的观点（§15.4）将它完全排除掉。适当的非阿贝尔规范理论中也会出现类似的单极。

自发对称性破缺图像中表现出的这些复杂性还与基本物理理论（如电弱理论或大统一理论）中更为深奥的那些机制有关，这些机制的存在根本依赖于自发破缺对称的概念。假如早期宇宙发生过自发对称性破缺，那么就有可能出现大尺度（宇宙学意义上）的拓扑缺陷。一般而言（就三维空间来说），存在 3 种基本的拓扑缺陷，其差别在于所属区域的维数不同，分别称作（宇宙）单极子（空间上 0 维的）、宇宙弦（空间上 1 维的）和畴壁（空间上 2 维的）。维数取决于相关群的拓扑性质。拓扑缺陷之所以严重就在于它们不可能通过对称破缺"方向"的连续调整来去除（这里我们认为，对缺陷本身，不存在明确定义的对称破缺方向，尽管这种方向的连续变化随处发生）。我们必须清楚，这里的"方向"概念不是指普通空间的方向，而是出现在所考虑的物理模型里的那种更为抽象的"方向"概念（例如，对于电弱理论，它是指电子/中微子混合的程度）。几何上看，我们可根据时空上的矢量丛（第 15 章）来思考。拓扑方法仍是可行的。如果说对称性破缺是基本物理理论的一部分的话，那么拓扑缺陷展示的则是一种我们无法"一笑了之"的严重问题。

的确，在宇观（比银河系更大的）尺度上，宇宙弦一直被认真当作那种导致星系形成的背景气体不均匀性的来源。[6] 我们可将这种宇宙弦的引力场看成是由闵可夫斯基时空中的"剪刀加糨糊"过程形成的。就空间结构而言（见图 28.4），我们画出从三维空间切去的那个"部分"，它由夹角为 α 的一对半平面限定，角的顶端是弦本身。为了构造宇宙弦几何，这两个平面的表面重又"粘合"到一块儿。（在眼下这个模型里，α 约为 10^{-6}。）

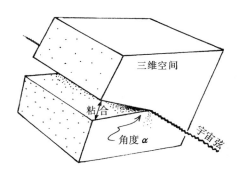

图 28.4　宇宙弦的引力场可看成是四维闵可夫斯基空间中的"剪刀加糨糊"过程形成的。在三维空间内，由夹角为 α 的一对半平面限定的"部分"被切去，然后将这两个半平面"粘合"起来。

公允地说，读者也许会感到这些做法都是对诸如普通星系这样的"普通"对象的产物所施的极端做法。但只要星系形成问题仍存在理论上的困难，这些古怪的思想就不能轻易除去，尽管它们表面上让人觉得不能容忍。大概最合理的星系形成理论——它已获得某种重要的观测上的支持——是那种由超大质量黑洞"栽培"的理论，黑洞概念似乎已成为核心概念。[7] 但在今天看来，黑洞已是一种常规概念而非古怪新颖的物理概念！

这些暗示性的拓扑缺陷大多来源于那些尚未获得重要而明确的观测支持的理论（像各种版本的大统一理论），因此我们必须留意这些理论对早期宇宙的过程究竟意味着什么。源于电弱理论中对称性破缺的宇宙单极子就是这样一些可能的拓扑缺陷，但它们不是必需的。它们可能源于 U(2) 到 U(1) 的自发对称性破缺，其前提是在理论的未破缺的 U(2) 对称相中已经存在所谓的"规范单极子",而后者又只存在于 10^{-12} 秒之前。这类单极子源于更大的大统一理论对称性的早期破缺,它们显然不是电弱理论中不可或缺的部分。[8]

这类规范单极子其实是电磁理论(阿贝尔规范理论)中狄拉克提出的"磁单极子"概念在杨-米尔斯(非阿贝尔规范)理论中的类比产物。经过独具创意的论证,狄拉克证明了,如果自然界存在单个的磁单极子(一种分离的磁北极或磁南极),那么所有电荷的取值就必须是某个特定值的整数倍,这个特定值的大小与磁单极子的磁场强度有关。事实上,目前的观察强烈表明,电荷的确是以某个特定值 $\left(\text{譬如说反 d 夸克荷,其大小为质子的} \dfrac{1}{3}\text{,见}\S 3.5 \text{和}\S 25.6\right)$ 的整数倍形式存在的。一些人就拿这一点当作磁单极子真实存在的旁证。但不管怎样,只要这种单极子不与观察构成严重冲突,它们就可以是某种特别罕见的存在。[9](此外,它们还有"短路"宇宙磁场的作用,而这种磁场大尺度宇宙范围已被观测到。)类似地,如果目前这个宇宙中明显存在杨-米尔斯单极子的话,它们必定与观察结果发生严重冲突。不久我们就将看到,这个问题已经从根本上牵连到宇宙学的发展!

28.3 早期宇宙的对称性破缺问题

在阐述这一问题之前,我们不妨再考察一下电弱理论中的对称性破缺问题,前面说过,它发生在大爆炸后约 10^{-12} 秒时刻。我们必须将它当作真实的现象来接受吗?抑或它仅仅是理论的特定产物?就我所知,大多数电弱理论学家都肯定地认为这一过程是一种真实的存在。因此从这里读者可以看出,我在此质疑这一现象的真实性是站在了异端的立场上。不管怎样,还是让我们奋力前行,去思考根植于对称性破缺概念的那些困难吧。

我们假定(这与我自己对这一问题的观点不同),宇宙早期历史上的确存在过这么一段时间——在大爆炸后约 10^{-12} 秒之前——此时 U(2) 对称性严格成立,轻子和夸克均无质量,"zig"电子和中微子彼此地位相同,W 和 Z 玻色子与光子能够根据 U(2) 对称性适当地"转动"构成彼此的复合态(§25.5)。于是,在 10^{-12} 秒时刻,整个宇宙的温度恰好降到了临界值。此刻,大自然从规范玻色子的各种可能组合构成的整个 U(2) 对称流形 $\mathcal{G}$ 中随机地选择了(W^-, W^+, Z^0, γ)。我们不期望这种选择会在整个空间上完全均匀地同步发生。我们期望的是,这种选择,正如图 28.2 所展示的铁球内的磁畴那样,在某处是一种选择,在另一处则是另一种选择。

现在,我们要问,文中"相同"和"不同"的含义是什么?在对称性减少发生前的每个时空点上,可能的规范玻色子的空间 $\mathcal{G}$ 是完全 U(2) 对称的。正如丛概念所内禀的那样,在一点上的 $\mathcal{G}$ 与另一点上的 $\mathcal{G}$ 之间的叠合方式上,不存在任何占优势的特定方式。因此不可能存在某种优先的规则来告诉我们,某点的 $\mathcal{G}$ 的哪个元素可称得上与另一点的 $\mathcal{G}$ 的某个元素是"相同的"。这倒给了我们选择某种立场的自由,我们可以简单地将"相同"的概念定义为由自发对称性破缺造成的特定选择所带来的那种情形。按照这样一种观点，在某一点"冻结"出的特定的（W⁻，W⁺，Z⁰，γ）与另一点上相应的（W⁻，W⁺，Z⁰，γ）是等同的，因此，我们没有证据说，像图28.2所示的铁球磁畴的不同位置上出现的对称性破缺缺乏"不协调性"。

　　然而，这种观点在规范理论的概念面前消失得无影无踪，按照规范理论，不仅 $\mathcal{G}$ 空间是纤维丛 $\mathcal{B}_{\mathcal{G}}$（其底空间为时空 $\mathcal{M}$）的纤维，而且这种特殊的规范理论——在此就是完整的电弱理论——也是按丛的联络来定义的（§§15.7，8）。这个联络将各 $\mathcal{G}$ 空间之间局部有效叠合（平行化）规定为我们沿 $\mathcal{M}$ 的任一给定曲线的运动。[10] 一般来说，这种叠合总体上与我们沿闭曲线的运动并不一致（这是由于联络存在曲率，它表示存在非平凡的规范场，见§15.8）。但不管怎样，不同位置上对称性破缺的随机性隐含着这样的意义：$\mathcal{G}$ 空间之间的局部平行化一般不会与自发对称性破缺的选择相一致，因此，图28.2的图像并不是一种合适的类比。我们可以想象一下，正像铁球冷却得足够慢，从而在足够长的时间里这种不一致将被"熨平"一样，这里可以假定不存在拓扑缺陷（就像图28.3和图28.4所显示的那样）。我要提出的问题是，对于电弱理论的自发对称破缺情形，是否也存在这样的"足够长"时间？

　　这个困难与§27.12里图27.18（b）的粒子视界有关。我们来看一下图28.5示意性的共形图。处于 p 点的观察者在两个相反的方向上看到类星体（参见§27.9）分别处于 q 点和 r 点。按照标准的FLRW模型，如果类星体的红移[11]（§27.7）足够大，那么 p 和 q 的过去光锥将不会彼此相交，它们之间也不会发生任何信息交流。既然彼此间没有交流，当然也就没有时间来"熨平"与此相一致的二者间的对称性破缺。一会儿我们还将考察这个"暴胀模型"，它在共形图上后推到大爆炸线，由此使 q 和 r 之间存在"交流"。但这无助于问题的解决，因为发生电弱对称

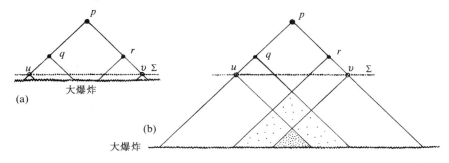

图28.5　示意性的共形图展示了早期宇宙的因果相关性（独立性）。（a）p 点的观察者在反方向上看见类星体分别处于 q 点和 r 点。如果虚线代表的是时间 10^{-11} 秒时的三维曲面 Σ，且在此之前 U(2) 电弱对称性（光子 γ 与 W 和 Z 玻色子有关联）被认为是破缺的，则 γ 在 q 点的"冻结"选择几乎肯定不同于在 r 点的选择，q 的过去与 Σ 的截面和 r 点的过去与 Σ 的截面不相交；这样，在 p 点之前，γ 在两处分别做出的选择是无法交流的。同样，如果现在 Σ 代表的是 10^{-13} 秒时的退耦，u 点和 v 点的温度也不可能通过热能化使之相等，因为它们的过去完全不相交。（b）后者的"视界问题"的暴胀"解决方案"是将大爆炸时间向前推，使得 q 点和 r 点的过去在后退至大爆炸三维曲面之前相交。但前一个问题仍不能解决，因为二者过去的相交在时间上要早于 10^{-11} 秒的"冻结"时间。

745　性破缺的三维曲面 Σ 在当前的因果考虑中有效地扮演了大爆炸的角色，而自发的对称性破缺被认为是随机地发生在三维曲面 Σ 上，没有通常意义上的那种因果影响。

现在，线 qp 和 rp 都是零线，故只有光子而非 W 或 Z 玻色子能够从 q 跑到 p 或从 r 到 p——光子是规范玻色子家族中唯一的无质量成员。因此，沿这两条零线，我们一定能够得到有关光子是什么的统一概念。q 点的"光子"概念（在上述意义上）很可能与 r 点的"光子"概念不统一，因为两点中的每一点都是随机选取的，二者间不存在通常意义上的因果关系，也没有时间用于信息交流。[12]"不同"种类的光子能够及时"熨平"以使 p 点的观察者在接收到 $W-Z-\gamma$ 时不致糊涂吗？在 q 到 p 之间和 r 到 p 之间缺少有意义的直接零（即"类光的"）联络的情形下，我看不出如何能做到这一点。这会导致与下述经验事实的严重冲突：我们能够通过光学望远镜清楚地看到遥远的星体。在我看来，这里存在着与观察极其不协调的危险，虽然我还没有从文献中看到对此的讨论。

但毫无疑问，一些读者会抱怨（也许是低声嘀咕）说我显然忽略了所有支持电弱理论的那些令人印象深刻的观察事实。请放心，我不会仅仅因为对宇宙学距离上出现的现象感到迷惑就对所有这些事实弃之不顾！绝对不会。我决不会提议我们应当丢弃电弱理论的那种本质优美的洞察力，我只是爱用一种稍与众不同的观点来看待 U(2) 对称性的破缺。正如我看到的，大自然真实的粒子物理图景还没有充分暴露。这样一种图景应当是数学上协调的，没有当今 QFT 所具有的那种坏习惯，对诸多合理的物理问题动不动就抛出"∞"作为答案。为什么这个（仍未可知的）"正确"理论给出的是有限的答案，这一点至今仍不清楚。因此我们不得不求助于各种"技巧"来得到与观察事实相吻合的有限的答案，这些"技巧"经常会以历史机遇和人类超凡智慧相结合的方式光顾我们。按我们目前的理解，我们当然希望有一种能够重正化的电弱相互作用理论，它不仅具有破缺的非阿贝尔规范对称性提供的通往重正化理论的道路的见解，而且具有这么做的强制力，这种力量一直在引导我们去接近那些深刻的真理，就是说，这些相互作用将

746　整合成更为广阔图景的一部分。但我看不出为什么在粒子物理里，自发破缺对称性有必要成为大自然的真实过程。的确还存在其他方式来看待为可重正化要求提供所需的电弱理论参数的关系。[13]

这就提出了一个重要问题（在 §34.8 我还将回到这上来）：在探索大自然秘密的各种见解中盛行的对称性概念，真的像它自诩的那样起着基础性作用吗？我看不出为什么这种需要总是那么强烈。不必对我强调说，就基本物理理论而言，将粒子物理建立在某个大对称群（这是大统一理论哲学的一部分）上是一种真正"简单的"图景。在我看来，大的几何对称群是复杂而不是简单的事情。自然定律里固有的基本对称性同样如此，我们看到的对称性经常只是由于我们没能坚持在最基本层面上进行研究而导致的近似特征。以后（§34.8）我还将回到这个问题上来。

28.4　暴胀宇宙学

让我们回到宇宙单极子问题上来，其多产性是某些大统一理论的一个特征。这些单极子的麻烦在于其实际存在缺少显示度。更糟糕的是，对这种宇宙间丰富的单极子，观察上存在非常苛刻的限定条件，它比大统一理论预言的水平要低得多。但 1981 年，阿兰·古斯（Alan Guth，1947 ~　　）提出了一项"非凡的"理论（实质上看，此前斯塔罗宾斯基（Alexei Starobinski）和佐藤克彦（Katsuoko Sato）分别独立提出过）：如果宇宙在单极子产生后的某个时期经历了指数为 10^{30} 甚至 10^{60} 或更高的膨胀期（虽然此前电弱对称性已在 10^{-12} 秒时刻破缺），那么就观察要求来说，这些不招人待见的单极子现在就稀疏得很难捕捉到了。

此后不久，人们认识到，这种极端指数化膨胀的"暴胀期"还可以用作其他方面的考虑，并且与宇宙的均匀性有关。正如第 27 章强调的，宇宙的确是极其均匀的，在很大的空间尺度上呈平直形态，这曾使宇宙学家们大感不解。例如，观察到的早期宇宙的温度在各不同方向上几乎完全相同（至少在 10^{-5} 的精度上如此）。这可以看成是甚早期宇宙"热能化"的结果，但这只有在宇宙各处间存在彼此"交流"才有可能。（回想一下，作为趋向热力学平衡过程的要素，热力学第二定律是怎么使不同地方的气体温度均等的，见 §27.2。）但检验图 28.5(a)即可知道，从我们在时空中的位置 p 观察到的相距遥远的两点 u 和 v 上的温度相等，不可能是传统宇宙学模型下热能化的结果，因为点 u 和 v 之间的距离太过遥远以致在标准模型下不存在因果联系（这里我们将观察事件取在"退相关"时间，此时宇宙黑洞辐射已经形成）。

在标准模型下不存在热能化所要求的因果联系，这一点涉及到视界问题。从视界的角度看，暴胀期的效应可由图 28.5（b）的共形图来描述。表示大爆炸的类空三维曲面现在被移到"早"得多的位置上，这样，u 和 v 的过去在后退至表示大爆炸的三维曲面之前是相交的，因此热能化就有机会实现，由此我们可以认为，u 和 v 的温度相等就是通过这种方式实现的。

暴胀期学说带来的另一个眼见的好处，是它能够为物质分布和时空几何的明显的均匀性提供解释，这一点涉及平滑问题。联系到暴胀，这个概念是说，宇宙的初态局部上可能是非常不规则的，但暴胀期宇宙的急速膨胀能够"熨平"这些褶皱，因此我们可望得到的是一个接近 FLRW 的宇宙。暴胀的观点认为，甚至"一般的"初态在小尺度上看起来也像是光滑的流形。我们看到，在暴胀期，这个纤细平滑的部分膨胀成宇宙学尺度——空间的平直性似乎就是这么来的，见图 28.6（并与图 12.6 比较）。稍后我再介绍我对这个超凡见解的看法。眼下值得指出的是，在这个图像中，宇宙不仅是均匀的，而且具有零空间曲率（$K=0$）。正如我们将看到的，这一点对宇宙学的历史发展起着重要作用。但可观察的宇宙平均来看是否真的是空间平直的？它确实非常近似于所描述的那个样子？这些一直都是许多宇宙学家心中的谜团——所涉的问题叫做平直性问题。

747

像图 28.5 描述的膨胀的暴胀期必须通过共形图上大爆炸的类空三维曲面向更早推移来表现这样的事情不是一眼就能看穿的。它对于检验基于"暴胀期"的宇宙学模型富于启发性。这个模型就是"稳态"型的德西特（de Sitter）空间。数学上描述德西特空间最简便的方法就是称它为五维闵可夫斯基空间（符号差 + − − − −）内的四维洛伦兹球面（符号差 + − − −）。这种描述是按照§18.4 的几何"符号差跳变"概念进行的，但如果我们用图 28.7 的双曲面来描述德西特空间，几何上可能更清楚。这里有必要提及另一个模型，叫反德西特空间，它是符号差为 + + − − − 的五维伪闵可夫斯基空间内的四维洛伦兹球面（图 28.8）。**[28.4]注意，反德西特空

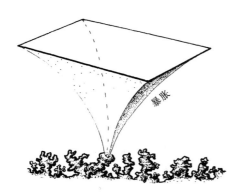

图 28.6 暴胀理论要解决的基本问题之一是，10^{50} 的指数膨胀（就是说在 10^{-35} 到 10^{-32} 秒之间）可用于"熨平"一般的初态，从而给出一个基本均匀、空间平坦的后暴胀宇宙。

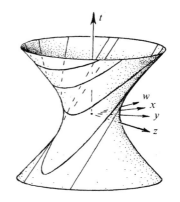

图 28.7 德西特时空（图中画成了双曲面，压缩掉了两个空间维）是五维闵可夫斯基空间 $\mathbb{M}^5$（其度规 $ds^2 = dt^2 - dw^2 - dx^2 - dy^2 - dz^2$）内的"四维洛伦兹球面"（虚半径，内度规符号差 + − − −）。为了得到稳态模型，我们将双曲面沿 $t = w$ "切去"了一半，常数时间由正常数 $t − w$ 给定。

间不是一个物理上可感知的时空，因为它有（违反因果律的）闭类时曲线（例如 t 轴和 w 轴张成的平面上的圆），见§17.9 和图 17.18。有时，"反德西特空间"指的是"伸展开的"空间，其中常数 (x, y, z) 平面上的每个圆都被展成线，整个空间变成是单连通的（§12.1）。图 28.9（a）是我画的一个严格共形的德西特空间图，其中表示稳态模型的部分见图 28.9（b）（虚线段表示被切去）。违反因果律的反德西特空间见图 28.9（c）（其中图的上、下部分必须叠合）和 28.9（d），伸展开的（因果性的）反德西特空间见图 28.9（b）。

为了得到明确的稳态宇宙，我们沿 $t = w$ 四维平面将德西特空间"切成"两半，只保留"上"半部分。[14]奇妙的是，虽然因为切口（图 28.10（b）中的点画线）模型中存在"不完备性"，但这种不完备性通常不作缺陷考虑，因为实际粒子不会从"切去"的下半部分进入时空。上半部分的度规可重写如下：

**[28.4] 用图 28.8 和图 28.9 显示的坐标 t, w, x, y, z，明确写出五维背景空间内的四维德西特空间和反德西特空间的方程。找出德西特空间"一半"的坐标，以便其内部度规取下节给出的"稳态"形式。

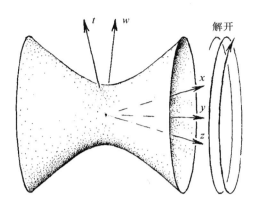

图 28.8 反德西特时空（图中画出的是压缩掉了两个空间维的双曲面）是五维伪闵可夫斯基空间（度规 $ds^2 = dt^2 + dw^2 - dx^2 - dy^2 - dz^2$）内的"四维洛伦兹球面"（正半径，内度规符号差 $+---$）。由定义知，我们有闭类时曲线，但这些曲线可通过 (t, w) 平面内无限"解缠绕"来去除。

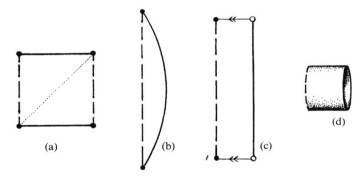

图 28.9 下述空间的严格共形图（按图 27.16(a) 的约定）：（a）德西特空间，内虚线上部区域给出稳态模型；（b）反德西特空间（完全解缠型，不破坏因果律）；（c）初态因果破坏了的"双曲"型反德西特空间，顶和底边未粘合。（d）同（c）但顶和底边被粘合，因此图形看起来像个圆柱。

$$ds^2 = d\tau^2 - e^{A\tau}(dx^2 + dy^2 + dz^2),$$

（其中 A 是常数），它是 §27.11 给出的 FLRW 度规的一个特例，具有 $K=0$ 的平直空间区域和指数型膨胀（因子 $e^{A\tau}$）。✸✸✸[28.5]（这个度规在 20 世纪 50～60 年代特别受宠，当时赫尔曼·邦迪、托马斯·戈尔德和弗雷德·霍伊尔强烈支持它作为真实宇宙的模型——那种具有相当美学意味的"稳态"模型。60 年代后，它开始失宠，因为事实已很清楚，这个模型与观察结果相矛盾，特别是与微波背景的测量结果和对遥远星系的计算结果相抵触。）

✸✸✸ [28.5] 找出 FLRW 型 $ds^2 = dt^2 - (R(t))^2 d\Sigma^2$ 的德西特和反德西特空间的度规形式，这里 $d\Sigma^2$ 是按练习 [27.18] 的第二个表达式给出的三维抛物线双曲度规。它包含了全部（反）德西特空间的哪一部分？

（反）德西特空间的里奇张量 R_{ab} 正比于度规 g_{ab}。**[28.6]（这个张量的定义，以及爱因斯坦场方程等等见 §19.6。）爱因斯坦场方程的初始形式为 $R_{ab} - \frac{1}{2}Rg_{ab} = -8\pi GT_{ab}$，它断言，物质的能量动量张量为 $-(8\pi G)^{-1}$ 乘以反迹的里奇张量。因此，对德西特和反德西特模型，"物质张量" T_{ab} 本身必正比于度规张量。事实上，没有任何通常物质能够具有这种属性（例如，因为其能量动量在静系下无定义）。一般是将（反）德西特空间当作表示无物质的真空，其中爱因斯坦方程必须取包含宇宙学常数 Λ 的形式，这样，场方程现在写成

$$R_{ab} = \Lambda g_{ab},$$

这里 $\Lambda = A^2$，A 是度量上述稳态度规中指数增长因子的常数。在暴胀宇宙学情形，暴胀的"材料"取为"伪真空"，这一点一会儿我还会仔细论述。

为了构造暴胀宇宙模型，我们在常数 τ 的两个三维曲面之间取稳态宇宙部分，并把它贴到标准的 $K = 0$ 的 FLRW 模型的两个部分上。这个过程见图 28.10。在图 28.10（a），整个德西特空间被剪开以得到稳态模型；在图 28.10（b），稳态模型中很大的暴胀部分被选出；在图 28.10（c），从 $K = 0$ 的 FLRW 模型上剪下一块，这样，空出的地方可贴上暴胀部分以完成整个模型，见图 28.10（d）。贴上去的暴胀部分有效地（从原共形位置）"后移"了大爆炸，因此粒子视界大大地扩展了，见图 28.5（b）。

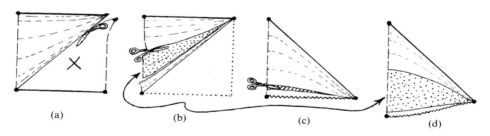

图 28.10　构建暴胀宇宙模型的流程。（a）从德西特空间剪出稳态模型；（b）从剪出的稳态模型部分中再剪出两个常数时间线之间大块的暴胀部分；（c）从 $K = 0$ 的 FLRW 模型中剪去小的常数时间部分；（d）将（b）中剪出的暴胀部分贴到（c）中留出的空白处，这样就得到了暴胀宇宙模型。如同图 28.5（b）所示，它将大爆炸的时间推向更早。

为了实现这个暴胀期，有必要引入一个新的标量场 φ 到已知的（且是推测性的）物理粒子/场的大家族里来。就我所知，这个场 φ 并不与其他任何已知的物理场有直接联系，其引入仅仅是为了得到早期宇宙的暴胀阶段。它有时称为"希格斯"场，但似乎不是那种与电弱理论（§25.5）有关的"普通"场。一些模型要求不止一个分立的暴胀期，在此情形下，必须为每个暴胀期配一个不同的标量场。暴胀过程可根据类似图 28.1 的"墨西哥帽"的图像来描述，但它

**[28.6]　不作确认和计算，你能看出为什么一定是这样吗？

没有初始对称性。经常用的示意图如图 28.11。其中垂直
轴表示"等效能量"。由图可见，在暴胀期之前，态——
即图 28.1 中的"玻璃小球"——由处于驼峰顶部的小球
来表示，然后它逐渐滚下。暴胀就发生在"小球"滚下
来的过程中，当"小球"到达底部，暴胀停止。在暴胀
期间，我们有一个"伪真空"区域，它表示一种到不同
于我们今天所熟悉的那种真空的量子力学相变。

752

图 28.11　按照暴胀模型，甚早期宇宙的等
效能量密度可能由标量"暴胀"量子场 ϕ
的等效势 $V(\phi)$ 决定。图中显示了 $V(\phi)$ 的
一种通常所假定的形式，其中暴胀被认为以
（图 28.1 里的玻璃小球）"滚"下左面山坡
的形态出现。小球到达底部暴胀停止。

正如 §27.11 所说，现在有很好的证据表明我们目前
所处的阶段有正的 Λ，但按通常理解，这个量极其小，
差不多只相当于水的密度的 10^{-30}。相比之下，暴胀
阶段伪真空的有效 Λ 则相当于超过水密度的 10^{80} 倍。
这个量完全主宰了普通物质的能量动量张量，也正是
因为这个原因，德西特模型才能够被用于这个阶段。

在图 28.12，我展示了人们经常谈论的甚早期宇
宙史的图景，它现在差不多已成了"标准图景"。注
意，这里时间和距离单位取的都是以 10 为底的"对
数"单位（就像图 5.6 的计算尺），时间（垂直轴）
的量纲为秒，距离（水平轴）的量纲为厘米。"半径"
代表 §27.11 的"$R(t)$"的历史（千万别和 §19.6
的标量曲率"R"混淆了）。按我的观点，这个图景中

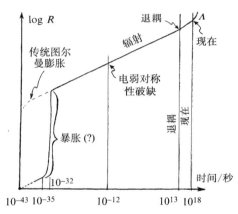

图 28.12　目前公认的"宇宙史"的双对数图
$\log R(t)$ 对 $\log t$，其中包括了暴胀阶段。

直到十分之一秒的情形都必须看成是带有非常强的推测成分，虽然它经常被当作几乎已确立的
事实对待！

28.5　暴胀的动机有效吗？

让我们相信这样一种宇宙的暴胀图像很可能接近事实真相的理由是什么呢？尽管它非常流
行，但我仍愿意谈谈我对这一整套概念感到非常怀疑的理由！我还得再次向读者提出忠告。暴胀
宇宙学已经变成现代宇宙学思想的主要部分。你会发现，甚至在那些并不看好暴胀的必要性的
学者那里，也很少有人像我这样持否定态度。如果你感到需要用某种更偏爱暴胀概念的材料来
"平衡"我的观点，请见阿兰·古斯的《暴胀的宇宙》一书。[15]从我这方面说，我必须按我看到
的来陈述，既然我相信自己有充分的理由怀疑爆胀宇宙学的基础，我就不能克制自己不将这些
道理传递给读者。

但在进行批评性评估之前，我要申明，我的评论不是要告诉你暴胀宇宙学错了。我只是给出

753

强有力的理由来说明对暴胀概念背后的那些初始动机的怀疑。我们可以回忆一下，过去许多重要的科学思想都是基于（或部分基于）一些实质上站不住脚的动机之上的。其中最重要的当属爱因斯坦对马赫原理的明显的依赖关系，这条原理指导他最终发现了广义相对论。马赫原理认为，物理学应当完全定义在一物对它物的关系上，背景空间的概念应当抛弃。[16] 后来，爱因斯坦的理论分析证明，马赫原理并不适用于广义相对论，[17] 但这与马赫思想的动机的重要性无关。[18] 另一个例子是狄拉克对电子波函数的发现，这一发现基本上是基于他认为一阶方程是必要的这一事实（见 §§24.5，6）。后来按量子场论的理解，这一要求不是必要的（§26.6）。

类似地，如果暴胀宇宙学的观察预言被有力地证实，那么初始动机的不足之处似乎就不重要了，理论不需要原初古斯和其他人赖以提出这一理论的"梯子"就可以靠自身站立起来。事实上，暴胀宇宙学家做出过一些明确的预言，最近几年，这些预言已被验证与许多新的观察事实明显相左。

我相信，对比其他科学，在宇宙学问题上我们需要格外小心，尤其是关系到宇宙起源的方面。人们常常对宇宙起源问题抱有强烈的感情色彩——这些问题有时还间接或直接与宗教信仰纠缠在一起。这是很自然的事情，因为这些问题也是我们赖以生存的整个世界的起源问题。正如 §27.13 强调的，根据第二定律，宇宙是以超常的精确度按大爆炸的方式开始的，而这一点毫无疑问将是一个影响深远的谜团。我们要问：我们可以从未来的科学理论中找到解开这个大爆炸精确性谜团的答案吗，即使这种理论可能是我们今天无法理解的？（这基本上就是我的乐观态度，见 §§30.10~13。）抑或我们必须放弃努力，将它归属于某种"上帝之举"？暴胀宇宙学家的观点不同，他们认为这个问题实质上可由暴胀理论来"解决"，这种信念成为暴胀学说背后强有力的推动力。但是我从未看到暴胀宇宙学家认真提出过什么有影响的基于第二定律的问题！

暴胀物理学家倒是提出了宇宙学标准模型里的 3 个特殊问题，这些问题都与早期宇宙的初始时刻的精度有关。它们已在 §28.4 专门论述过，即视界问题、平滑问题和平直性问题。在标准模型里，这些问题需随初始大爆炸状态的"微调"而定，这在暴胀物理学家看来是个"耻辱"。他们声称，在暴胀图像中，这种初态的微调是不必要的，它应该是一种美学上赏心悦目的物理图像。从美学观点看，暴胀带来的整个空间的平直性结论同样是一个积极的方面。[19]

我认为，这样一种基于美学的讨论需要十分小心。实际上，一些对暴胀图像来说是至关重要的因素在美学上是很成问题的，像标量场（可能还是几种独立的标量场，如果暴胀过程不止一次的话）的引入就属这种情况，这种标量场与其他已知的物理场没有任何联系，其引入的唯一目的就是为了使暴胀成为可能。另外，美学上对 $K=0$ 的偏爱也显得十分做作。我知道许多数学家（也包括我自己）就更偏好双曲情形（$K<0$）！而另一些人则更喜欢空间有限（$K>0$）的宇宙。我们将在本书的后面部分（§34.9）对美在基本理论物理方面的引导作用进行一般性讨论，具体来说，有关暴胀的进一步讨论见 §34.4，有关科学风尚的议题见 §34.3。在当代宇宙学家看来，暴胀无疑是风头最劲的了，审视这种强势地位在多大程度上需要调整是重要的。

如上所述，我对宇宙暴胀论的异议主要是在其背后的基本动机方面。我们先来考虑视界问题，看看这个问题是如何关联到暴胀宇宙学的。例如，各方向上几乎完全相等的背景温度让人感到它是热能化的结果。暴胀的出现就是要去除粒子视界，否则粒子视界将排斥这种热能化。

然而，在试图解释起因于热能化过程的早期宇宙均匀性方面（§28.4），就是说，在背景温度、物质密度或时空几何是否真的是均匀的这一点上，还存在某些根本性的误解，试图解释清楚为什么宇宙在涉及热能化过程的任何方面总显得特殊，这的确是一种根本性的误解。因为如果热能化真的能解决任何问题（像使各处温度变得比之前更均匀），那么它说明熵毫无疑问将增大（§27.2）。因此，宇宙在热能化之前应比之后更特殊。这只会使我们在理解宇宙初期的那种超凡的特异性质方面（§27.13）变得更加困难。早期宇宙的这种怪异的约束态一定与某些未知之谜有着深刻联系。但正如我们在第27章强调的，这些约束是热力学第二定律存在的基础。我们不能指望仅通过张扬第二定律（热能化就是一例）就能够解释这些约束！

为了更详细地说明这一点，现在我们来考虑我们在宇宙中这个特定位置上观察到的各方向上的温度相等问题。假定在早期宇宙的某个时刻 t_1，相距遥远的两个地方的温度的确是相等的，并且我们发现了这个"特殊"的谜团。让我们考虑两种可能性。我们可以设想，（a）在更早的某个时刻 t_0，温度实际上并不相等，只是在 t_0 和 t_1 之间的热能化过程发生之后才变得相等；（b）在更早的某个时刻 t_0，温度实际上彼此相等，不存在热能化过程。在情形（a），t_0 和 t_1 之间的时间段内必存在熵增，因此我们将发现，t_0 时刻的热力学状态比 t_1 时刻的状态更加特殊，这样，宇宙在 t_0 时刻的特定性质将比 t_1 时刻的性质更令我们困惑。问题不是趋于解决，而是变得恶化了。而在情形（b），宇宙在 t_0 时刻的特定性质至少不比 t_1 时刻的性质更令我们困惑。无论哪一种情形，我们都不能解释为什么宇宙在某方面会显得如此特殊，而且我们看到，对解决这一特殊问题来说，求助于热能化的论证只会更糟！

那么宇宙的均匀性（和平直性）又如何呢？在这个问题上，主流的暴胀观点是不同的。这种观点认为，暴胀阶段的指数化扩张给宇宙带来了这种均匀性（和空间平直性）。这也是一种根本性的无解。这种观点似乎觉得，如果我们从一种"一般性的"初态开始，那么暴胀阶段的指数化扩张的"伸张效应"将使得初态的不均匀性被"熨平"。当然，为了获知是否存在这种情形，我们还必须对"一般性的"初态的概念有所了解。一个重要的预设是，这种初态从某种小尺度上看应当是平滑的。但我们从分形的性质知道，不论你把一个分形抻得多大多长，这种分形性质是无法抻平的。回想一下图 1.2 所示的部分曼德布罗特集的情形，尽管其中的某一部分可以放得很大，但无助于提高其平滑性。

但是，我听到有读者在嘀咕：这是在鸡蛋里挑骨头——找碴呢，或许是存在某种无法抻平的病态情形，但在一般的实际考虑中我们不应当期望就存在这种情形。可不幸的是，事情绝非如此明了，像分形——甚至比分形更糟糕——这样的事情是我们在一般的初始状态考虑中迟早要遇到的。从允许出现暴胀过程的物理上说，不论这种一般性的奇异结构是什么，它肯定都不是简单

755

756

熨平所能解决的。为什么这么说呢？理由很简单，无关乎任何具体技术，就在于"我们实际的宇宙可能起始于某种一般状态"这一假定本身内在的谬误[20]——从第二定律来说，这是不可能的，见§27.7。如果我们要得到这种所谓的"一般"状态的某些概念，我们不妨来考虑如图27.20(a)、(b)所示的一个正在坍缩着的闭宇宙的终态，然后将时间倒向，如图27.20(c)(或图27.20(d))。从时间反向的意义上看，凝聚着的黑洞奇点正是我们所预期的一般性大爆炸。

当然，我并不要求读者对这种一般性大爆炸的复杂的分形状的几何有很快的理解！我自己对这些概念知之甚少，我想其他人了解的也不会很多。[21] 但我们不必知道其中细节。出于理解基本问题的考虑，我们考虑一种坍缩着的宇宙模型，我们可以从某种高度混乱的初始膨胀状态开始来构造（比较图27.20(b)）。正如我们可以从精确的数学定理导出的那样，这种坍缩将造成某种形式的一般时空奇点。[22] 如果我们将模型的时间反向——假定时间对称的动力学规律成立——我们就得到了一种由一般奇点开始的演化，并逐步变成我们精心选择的那种宇宙的不均匀状态。在这个演化过程中暴胀似乎不存在，尽管时间反向的物理定律允许出现这种暴胀。这里的关键是实际上是否存在暴胀，不论试图对一般奇点的演化会产生均匀（或空间平直的）宇宙这一点做出什么样的保证，物理上看，暴胀期都是无用的。

让我们看看真正的问题是什么。其实这个问题就是我们在第27章里讨论的内容。宇宙在大爆炸时是非常特殊的。从热力学第二定律来看，它也就该那样，这种认识可一直追溯到宇宙开端。所有热能化过程都取决于第二定律，因此这些过程既不能解释为什么我们有第二定律，也不能说明为什么我们有一个非常特殊的宇宙开端。此外，所有自发对称破缺过程和所有相变过程（这些都是暴胀所需的）都蒙承第二定律才得以发生。这些过程不能解释第二定律，因为它们在用着这个定律。更进一步说，暴胀宇宙学的全部认真的计算都是建立在FLRW模型（见§27.11）的时空几何假定基础上的，或接近于这个假定，而这个假定并不能给出在一般情形下会发生什么的预言。如果我们要了解宇宙初态在超常的均匀性方面为什么会表现得如此特殊，我们就必须求助于一种完全不同于爆胀宇宙学所倚赖的观点。

28.6 人存原理

在我们开始这些讨论之前，我还要介绍一下暴胀宇宙学经常用到的另一个概念，这就是人存原理的概念。这一原理也经常被其他论证用来解释为什么宇宙会是我们看见的这个样子。大致上说，人存原理的出发点是，我们所感知的宇宙必须具有这样的性质，那就是它能够产生能够感知它的生物并适于其生存。我们可以用这一原理来解释为什么我们居住的这个行星会有如此宜人的温度、大气、充足的水等等。如果这颗行星的条件不是如此，我们也就不会在这儿，而是在别处![23]

人存原理的最著名的应用之一分别是罗伯特·迪克（Dicke，1957）和布兰顿·卡特（Carter，1973）做出的[24]，目的是用来解决狄拉克（Dirac，1937）提出的谜团——以普朗克单位（§27.10）测得的宇宙年龄与电磁力和引力的比值之间存在明显的一致关系。[25]如果这种一致性是自然界各种常数间基本关系的反映，那么整个宇宙的历史必将是一常数。但由于宇宙的年龄随时间增长，因此相应地引力较之于电磁力就应下降。狄拉克实际上也是这么建议的，但现有证据表明，这种引力常数的变化与事实不相符。[26]迪克和卡特所证明的只是说明狄拉克的这种巧合存在另一种解释。通过检验自然界各种常数在确定普通恒星（我们易知其寿命的恒星）的寿命时所起的真正作用，我们就能够证明这些常数的时间尺度是否在狄拉克巧合的量级上，对生活在绕这颗恒星转动的行星上的生物来说，满足狄拉克巧合是必需的。因此，狄拉克巧合有一种人类学的解释：它之所以发生，是因为引起智慧生命产生的这些参数（在这个意义上，这些参数决定了一颗恒星的年龄）与这种智慧生命在外部世界实际看到的那些参数存在关联！

758

读者应当明白，从人存原理出发的论证充满着不确定性，虽然这些论证不无道理。例如，我们对哪些条件是产生智慧生命所必需的所知甚少。但不论怎样，情况毕竟不算太坏，在此我们将物理定律和宇宙的整个时空结构看成是给定的，我们只问这样的问题：宇宙的什么地方或什么时候才是适宜智慧生命存在的条件。卡特将这种形式的人存原理称为弱人存原理（图 28.13 (a)）。

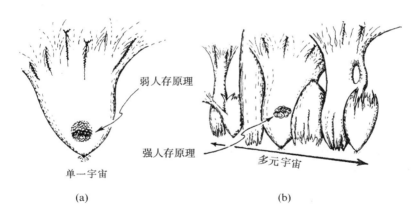

（a）　　　　　　　　　　（b）

图 28.13　人存原理。（a）弱形式：智慧生命必须在宇宙中找到自己的时空位置，这种宇宙具有适合智慧生命生存的条件。（b）强形式：考虑的不只是一种可能的宇宙——其中自然界基本常数可以变化。智慧生命必须为自己找到自然界常数（和时空位置）相宜的宇宙。

问题更多的是所谓强人存原理。按照这一原理，我们将从人出发的论证扩展到决定实际的自然界常数（例如电子和质子的质量比，或精细结构常数的值等等，见§26.9，§31.1）。一些人或许会将强人存原理看成是将我们引向"神学目的论"，万物的造物主借此来确保基本物理常数的先验注定性质，这些常数只有取这些值才能保证出现智慧生命的可能性。另一方面，我们可将强人存原理看成是弱人存原理的扩展，由此我们将"何处"和"何时"的问题由单个时空上的应用推广到所有可能的时空集合上（图 28.13（b））。[27] 集合中不同的成员可能拥有不同的基本物理常数值。何处/何时的问题还包括对集合中宇宙的选择，同样，我们必须从中找到一种适合我们生存的宇宙。

759　　就我所知，这种论证的第一个例子是由弗雷德·霍伊尔提出的，当时他推断，一定存在一种迄今无法观察到的碳的核能能级，以使恒星能够在恒星的核合成过程中产生比碳更重的元素。重元素正是由此过程产生出来（在恒星中产生——并最终促成超新星爆发从而为行星的形成提供了物质准备，见 §27.8），我们这个星球也是这么来的。没有这个过程，我们作为（一种已知的）生命形式就不可能存在！在霍伊尔的推动下，1953 年，威廉·福勒和他的同事[28] 随后发现了霍伊尔的能级——演绎了一段霍伊尔成功预言的佳话。说来难以置信，自然界的常数竟能调整得如此恰到好处，使得能级正好处于生命能够出现的位置上。宇宙如此好运的另一个例子，是中子质量刚好略微比质子质量大一点点（二者分别是电子质量的 1838 倍和 1836 倍）。整个化学赖以存在的基础——存在稳定核的适当的族——正是基于这一看起来偶然的事实。

　　我的看法是，这种人存原理用起来得十分小心，特别是强人存原理。在我印象中，强人存原理经常在理论研究看似走到尽头时被当作一种"借口"。我经常听到理论家们这样说："在本理论中，未知常数参量的值最终取决于人存原理。"当然，最终有可能是这种"真正的理论"根本就找不到确定这些参数值的数学方法，这些参数的选取根本就是假借宇宙非如此就无法孕育智慧生命为托词。我得承认我很不喜欢这类概念！

760　　在我看来，就空间无限和基本均匀的宇宙（例如标准模型里 $K \leqslant 0$ 的情形）而言，强人存原理对协调物理参数来说几乎是无用的，更不消说用于物理定律的解释了（物理规律所以如此就是因为惟有如此智慧生命才是可能的。这本身可以说毫无用处，因为我们得不到智慧生命存在的先决条件）。如果智慧生命是完全可能的，那么我们可以预期，在空间无限的宇宙中，它就必定会出现。即使生命出现的各种条件很难正好同时发生在宇宙的一个有限区域内，但这是迟早的事，而且的确是偶然的，尽管可能性非常之小。

　　现在，如果我们发现，基本物理常数恰巧也是这么一种情形——或许由某些数学判据确定——那么我们可以问一个更好的问题：对于给定的这些物理常数，智慧生命出现的最可能的环境是什么？在我们所知的宇宙中，而且基本常数的参数值也恰好如此，则答案至少似乎是："这种可能的生命形式将出现在非常类似于地球的某个行星上，这个行星距恒星的距离恰如地球之与太阳，而且大约也存在了 $10^9 \sim 10^{10}$ 年——时间长到足以发生适当的达尔文进化。"但对于具有不同常数参数值的宇宙，答案可能会大相径庭。

　　在结束本节之前，我还应提及另一种有关基本物理常数的观点，它是由惠勒于 1973 年最先提出的，而且也与人存原理有关。按照这种观点，宇宙是循环的，新的"大爆炸"将不断出现，每一次都诞生于前一次的坍缩态。

　　我们回顾一下 $K > 0$，$\Lambda = 0$ 的弗里德曼模型。宇宙从初始的大爆炸奇点开始膨胀，然后收缩到另一个奇点——最终的大坍缩。然而，在早年的宇宙学里，这是指一种"振荡"模型，因为 $R(t)$ 关于 t 的曲线是一条旋轮线，它在膨胀和收缩之间转过无数圈（图 27.15（a），练习 [27.19]）。但是，今天做得比早年更妥帖的地方在于不必对每次"大坍缩"之后及下一次"大爆炸"之前的奇点进行传统的经典广义相对论意义下的"平滑处理"了。[29] 如果忽略这一点，或者预先假定某种形式的"量子引力"容许这种"弹跳"发生，那么我们就可以认为，这种弗里德曼旋轮线是对实际所发生的一种合理近似。惠勒的思想是，用于描述奇点转向的极端量子物理也许应当包括自然界基本常数变化的内容。因此在惠勒的建议里，被认为由强人存原理联结起来的宇宙"总体"获得了物理上的实现。

李·斯莫林在他 1997 年出版的《宇宙的生命》[30] 一书中建议对这一思想进行调整。他并不追求那种整体坍缩后翻转为下一个宇宙相的大爆炸的闭宇宙，而是将黑洞内的奇点看成是新宇宙相的源，每个黑洞奇点独立生成一个不同的宇宙相，[31] 每一种情形下都存在对基本物理常数进行微调的可能。斯莫林提出了一种独创的思想：宇宙存在某种形式的"自然选择"，在此过程中，基本常数逐渐演化以获得"更强壮的"宇宙相。他将黑洞的增生看成是宇宙"强壮"的一种比任何人存考虑都更好的标志（因为它可以产出许多"孩子"）。他认为，某种迹象表明，我们在宇宙中实际发现的基本物理常数确实有利于黑洞的增生。但是在我看来，人存论证在这个问题上也具有重要意义，因为我们不可能在一个"不具智慧"的宇宙相里找到我们自己，不论这种宇宙有多少！

读者还可能担心单个黑洞的质量能量如何能够转变为整个宇宙的质量能量，后者可是一个超过 10^{22} 倍的庞大数字。但既然我们需要某种未知的物理学用以绕开奇点，变更基本常数，那么传统物理学的标准守恒律也就"都成了未知数"。不管怎么说，在不具渐近平直假定的广义相对论下，谈论质量能量守恒是有问题的，见 §19.8。

我对惠勒和斯莫林的建议都有许多困惑。问题主要是核心概念的那种极端的纯理论性质，即认为某种当前未知的物理学不仅能够将坍缩的时空奇点转化为"弹跳"，而且在这过程中还能对基本物理常数进行微调。我知道我们没有理由从已知物理学来提出这样一种外推。但我认为，要将坍缩引起的高度不规则的奇点神奇地转变（或粘合）成每个新宇宙所需的极其平滑和均匀的大爆炸（如果要获得我们所熟悉的那种第二定律的话，见 §27.13），这即使是在几何上也是很难想象的。

28.7　大爆炸的特殊性质：人存是关键？

人存原理能够被用来解释大爆炸的特殊性质吗？这一原理是否能够结合成为暴胀图像的一部分，从而使宇宙最初的混沌（最大熵）状态能够逐渐趋向适于我们生存的、在其中热力学第二定律处于支配地位的状态？一般性论证大都认为，第二定律如我们所知是生命的基础，并且总体密度、温度、物质分布及其组成等等都必须有助于生命的存在；此外，宇宙还必须存在足够长的时间以使生命演化成为可能，等等。有时这种论证还与暴胀的论证相结合。因此，尽管那种极为一般的初态提供不了如我们观察所见的平滑的宇宙，那么我们不妨这么来考虑：大爆炸形成的初始时空"流形"的某个小区域是否在暴胀前就已足够平滑，而我们今天的整个宇宙则都是这块纤小的平滑区域暴胀的结果（图 28.14(a)）。这个论证大致可能会是这样："就智慧生命的存在而言，我们需要一个时间尺度长到足以在适宜条件下发生生命演化的大宇宙，这就要求存在某种暴胀机制。这种机制的作用一经开始，那么原初非常细小的平滑区域就会暴胀成我们现在看到的硕大无比的可观察宇宙。"

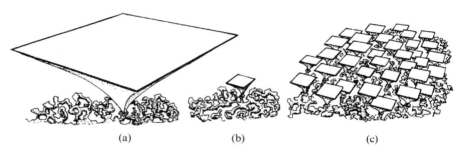

(a)　　　　　　(b)　　　　　　(c)

图 28.14　（a）宇宙的完全一般的初态不发生暴胀，而是只要求存在一个小的初始区域，它足够平滑使得暴胀能够给出我们观察到的宇宙（代价：$10^{10^{123}}$）。（b）但为使智慧生命能够存在，我们这个广袤的宇宙实际需要付出的是多少呢？就智慧生命的产生而言，造物主以极其"便宜"的方式构建了一个十分之一线性维的宇宙（代价：仅 $10^{10^{117}}$）。（c）为了产生和（a）中情形一样多的智慧生命，造物主可以用远更"便宜"简单的方式来构建多达 10^3 个像（b）中"小"宇宙的独立宇宙（代价：$(10^{10^{117}})^{1000}=10^{10^{120}}$）。因此人存原理并不能解释暴胀明显的夸张。

　　虽然这一图像具有免遭科学攻击的绝好的浪漫性质，但我是不相信这一套。让我们回到大爆炸理论所需的超常精度（或"微调"）的问题上来。正如 §27.13 所讨论的，用相空间体积的概念来考虑，这个精度至少相当于 $10^{10^{123}}$ 分之一。"$10^{10^{123}}$"是指质量等于可观察宇宙质量的黑洞的熵。

763　　　但为了能够出现智慧生命，我们真的需要整个可观察的宇宙吗？我看未必。很难想象在我们银河系之外还有这种需要。当然，智慧生命是非常稀罕的，空间大点儿当然更好。让我们慷慨一点，要求距离可观察宇宙边缘十分之一范围的区域必须类似于我们所知的宇宙，但我们并不关心在这个范围外会发生什么。相空间体积计算如前，该区域的质量是以前的 10^{-3} 倍，由此给出的黑洞熵则是以前的 10^{-6} 倍。*[28.7]因此，从"造物主"的立场上看（图 27.21），构造这么一个较小区域所需的精度大约只有

$$10^{10^{117}} 分之一。$$

＊〔28.7〕为什么？

请看图 28.14（b）。造物主现在只需要比原先小得多的初始"流形"的"纤小的平滑区域"就足以引出生命现象，而且遇到这种小的平滑区域的机会要比遇到以前那种较大区域的可能性大得多。假定暴胀是以同样方式作用在这种小区域上，而且生成的也是一个同比例的较小的暴胀宇宙，我们可由此估计一下造物主邂逅小区域的概率比遇到大的要大多少。这个数字约为

$$10^{-10^{117}} \div 10^{-10^{123}} = 10^{10^{123}}$$

（在最高指数表示的精度之内）。*〔28.8〕你可以看到，造物主为了制造出宇宙额外的这部分（对我们的生存而言实际上是不必要的，因此也不必用到人存原理），（概率上）显得多么铺张！

　　一些读者可能会担心，正由于造物主的这种"经济性"，才使得产生出的智慧生命形态的数量显得如此之少。不论这是否是一个问题，都不构成对为什么会发生"铺张浪费"的答案。从概率（即相空间体积的倒数，约为 $10^{10^{123}}$ 分之一，见图 27.2）上看，10^3 个较小的暴胀宇宙区域（它提供的智慧生命数量和一个大的能够提供的一样多）才相当于 1 个较大的宇宙区域（图 28.14（c）），这是非常非常"便宜"的了。*〔28.9〕

　　为了看清人存原理在这里是多么无足轻重，我们来考虑如下事实。地球上的生命并不直接需要微波背景辐射。实际上，我们甚至不需要达尔文进化论！从"概率"上说，由气体和辐射通过随机组合来产生智慧生命将要"便宜"得多。我们可以估算一下，整个太阳系，包括其有生命的居民，能够从粒子和辐射的随机碰撞中产生出来的概率是 $10^{10^{60}}$ 分之一（可能还远远小于这个数）。$10^{10^{60}}$ 比起可观察宇宙的大爆炸所需的 $10^{10^{123}}$ 来可谓是"可忽略不计"。[32] 我们不需要一个大爆炸来作为观察到的均匀构造。在生命出现之前我们不需要第二定律。对造物主来说，无此烦恼要"省"得多。暴胀在此毫无用处。造物主为了制造生命所采用的"吝啬鬼"经济曲线很像图 27.8（b）所示的曲线，而不是观察到的（c），有无暴胀都一样！

　　所有这些只是要强调这样一种观点：寻求上述本性的理由是一种误导，适宜的宇宙条件应当是由随机的初始选择而定的。宇宙如何开始的确是一件非常特殊的事情。我认为要回答这个问题可有两种方式。二者间的区别全在于科学态度。我们可以取初始选择是"上帝所为"的立场（很像图 27.21 所示的那样），也可以寻求某种科学/数学理论来解释大爆炸的这种异乎寻常的性质。我自己的取向当然是要看看我们能在第二条道路上走多远。我们已经习惯于用数学规律——一些无比精确的规律——来说明世界的物理行为。现在我们似乎又需要某种非同一般的精确性，一条用来说明大爆炸本性的定律。但大爆炸是一种时空奇点，我们目前的理论还不能准确描述它。我们期望的是存在某种适当形式的量子引力，[33] 使得现有的广义相对论的和量子力学的定律，可能还要加上某些其他的未知物理学的定律，能够被适当地综合起来。

---

*〔28.8〕解释这些数字。
*〔28.9〕仔细解释这些数字。

28.8 外尔曲率假说

我将把我对当今量子引力领域的进展的考虑放到第 30~33 章。眼下我们只把注意力集中在如何理解大爆炸所呈现的几何约束上。在这之后，我们检验由詹姆斯·哈特尔（James Hartle）和斯蒂芬·霍金（Stephen Hawking）提出的一个建议，这个建议试图根据严密的量子引力理论来解释这种几何。

由§19.7 可知，引力的自由度可用外尔共形张量 C_{abcd} 来描述。因此我们发现，在虚空空间（在此，无论局域物理考虑的范围有多小，可能的宇宙学常数 Λ 均被忽略不计），时空曲率完全是外尔曲率（里奇曲率为零）。外尔曲率是这样一种曲率，它对物质的作用呈弯折变形或潮汐性质，而不是物质源的体积收缩。外尔曲率效应见图 17.8（a）所示（实际上这个图最初是指一种牛顿时空的图像，但这无损于其有效性）。这一图像与图 17.8（b）所示的（里奇张量的）物质的体积收缩效应不同。但如果我们考虑的是外尔曲率张量和里奇曲率张量作用在类时测地线（大质量粒子的自由运动轨迹）的效应时，问题要复杂一些，因为这时里奇张量除了体积收缩效应外，有时也可以有弯折变形效应。

如果我们考虑的是这两种曲率张量对零测地线（光线）的作用，这些复杂问题都不存在。不仅如此，我们还可以恢复宇宙学常数 Λ，因为形式 Λg_{ab} 项不聚焦光线。**〔28.10〕我们可将图 17.9 的测地线看成是属于某个光锥的光线（见图 17.16）。

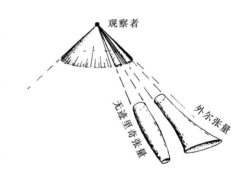

图 28.15　（无迹）里奇张量的（由物质分布决定的）聚焦效应相当于一个正透镜，而外尔张量的（由自由引力场）效应则相当于纯粹的像散透镜——它在平面上有和正聚焦一样的焦距，只是在竖直平面上呈负聚焦。

实际上，如果我们将其视为某个观察者的过去光锥的光线，则弯曲效应可形象地理解成是由光源和观察者之间的透镜造成的。源自物质分布的里奇张量效应[34]是一种正聚焦透镜，而源自自由引力场的外尔张量效应则是一种纯粹的像散透镜——它在平面上有和正聚焦一样的焦距，只是在竖直平面上呈负聚焦（图 28.15）。如果我们想象自己是在看一个大的具有真空折射系数的透明固态有质量的球体，我们就会对这两种不同曲率的（最低阶）效应有正确的认识。（也许我们应当将这里的"看"理解为用中微子——一种无质量粒子——来"看"太阳，它直接穿过太阳，只注意其引力场！）作为合理近似，我们可将穿过太阳的射线看成是主要受里奇曲率的影响，这样，我们得到的是太阳背后星场

**〔28.10〕 为什么不？

的一个明显被放大了的像（正透镜）。另一方面，在太阳边缘之外，我们得到的是外尔曲率的纯粹像散变形效应的结果，因此，背景空间中一个小的圆形物在观察者看来将是椭圆的，见图28.16。**[28.11]这基本上就是太阳引力场造成的背景星场形状变形的大致情形，这种情形由爱丁顿于1919年首次观察到（§19.8）。

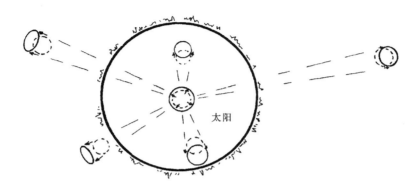

图28.16　通过"观察"穿过透明无折射太阳的星场，我们可以对这两种不同时空曲率的（最低阶）效应建立起正确的印象。作为一种合理近似，穿过太阳的射线恰好被里奇曲率聚焦，产生（正透镜那样的）放大作用，而在太阳的外沿，我们得到的基本上是像散的外尔变形，星场中的小圆看上去就像是椭圆。

现在我们来考虑宇宙由最初物质的均匀分布（允许有某种密度涨落）逐渐在引力作用下凝聚并最终坍缩为黑洞的演化。最初的均匀性主要对里奇曲率（物质）分布做出响应，但随着物质在引力作用下凝聚程度越来越高，外尔曲率的影响逐渐突出，而且主要表现在凝聚物质周围时空区域的变形上。当最终出现黑洞奇点时，外尔曲率也最终发散到无穷远。如果我们将物质看成是最初以几乎完全均匀的方式从大爆炸产生出来的，那么实际上开始时外尔曲率为零。FLRW模型的一个特征就是外尔曲率完全为零（相应地，这些模型都是共形平直的，见§19.7）。对由近FLRW模型开始的宇宙，我们预期开始时外尔曲率与里奇曲率相比非常小，后者在大爆炸时实际上是发散的。

这一图像强烈暗示着具有极低熵的初始大爆炸奇点与熵值非常大的一般黑洞奇点之间的几何差别。在初始奇点，外尔曲率为零（或至少是非常非常小——例如仅为有限值——当然这是与其通常具有的值相比而言），而在终态奇点处则毫无限制地发散到无穷远。正是这个几何特征使得图27.20(a)与图27.20(d)区别开来，即使在共形图里我们很难认出这一区别。

这一性质应连同时空奇点的其他假设特征如宇宙监督一起进行观察。可以断言（目前尚未证明），大致上说，在永不停息的引力坍缩过程中，黑洞是其结果，而不是某种更恶劣的所谓裸奇点。裸奇点是一种引力坍缩造成的外界观察者看得见的时空奇点，因此它没穿事件视界的

767

**〔28.11〕证明：对向外的与距离成反比的无限小位移，圆的面积恒不变。

768

"外衣"。按照稍许不同的技术方法，我们可有各种"裸奇点"，这里我不打算对此作详尽分类。[35] 就本书目的而言，我们只消知道裸奇点是"类时的"就足够了，当然这是在信号可以进出奇点这个意义上说的，如图 28.17（a）所示。宇宙监督是不容许发生这种事的（除非是在人为构建的或非常"特殊"的情形，这些情形不可能出现在实际引力坍缩的背景下）。

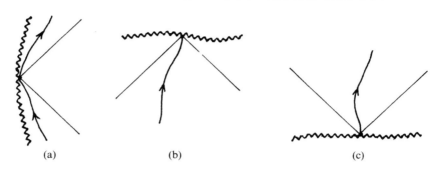

图 28.17　（a）因果信号既可进入也可离开"裸奇点"。如果这些裸奇点被宇宙监督排除，剩下的基本上就只有（b）"未来奇点"（源自引力坍缩，它只许因果信号进不许出）和（c）"过去奇点"（在大爆炸内，或更多的局部产生事件，它只许因果信号出不许进）。外尔曲率假说认为，在实际物理宇宙的初始奇点（c）处，处尔曲率在被（适当）限定为零（或很小）。

　　宇宙监督基本上是一个数学猜想——既没有证明也没有被证伪——它与爱因斯坦方程的一般结果有关。如果我们假定这个猜想成立，那么物理时空奇点就必然是"类空的"（也许是"类光"的），但绝不可能是"类时的"。根据类时曲线能否从奇点逃到未来或从过去进入奇点的不同，存在两种类空（或类光）奇点，即"初始的"和"终态的"，见图 27.17（b），（c）。有一种我称之为外尔曲率假说的猜想认为，在实际宇宙中，（在某种意义上）外尔曲率在初始奇点被限定为零（或很小）。满足外尔曲率假说的宇宙创生论对造物主的选择绝对是一个巨大的限制，如图 27.21 所示。其结果是热力学第二定律有了用武之地，它实际采取的就是我们观察到的形式。现

769

在已有很好的数学证据表明，某种形式的"外尔曲率假说"的确将大爆炸充分限定为一种非常类似于 FLRW 早期阶段模型的宇宙模型。[36]

28.9　哈特尔 - 霍金的"无界"假说

　　外尔曲率假说与其说是一种物理理论，不如说它更像是一种"上帝创生说"。这里我们需要对这种假说的性质做出某种理论判断。我们应采纳的是什么样的理论来做出这种判断呢？就时空奇点来说，一般认为它应是一种关于量子引力的学说。

　　这里困难在于，尽管人们在努力将广义相对论和量子力学结合起来的道路上已经奋斗了50年，但至今甚至连什么是解决这一问题的正确方法都未能达成认识上的一致。我将在第 31 和 32 章介绍这方面当前流行的观点，但即使在这些地方也还需要对大爆炸的特殊本性给予认真对待。

只是有一个例外，这就是詹姆斯·哈特尔和斯蒂芬·霍金于 1983 年提出的学说，这里我介绍一下这个学说的主要观点。

哈特尔 – 霍金学说的要点之一是所谓的"欧几里得化"。其基本概念与用于闵可夫斯基空间的威克转动有密切关系。这里时间坐标 t 变为 $\tau = it$。（空间的）时空度规 dl^2 变为 $dl^2 = d\tau^2 + dx^2 + dy^2 + dz^2$（见 §18.1）。威克（Gian Carlo Wick，1909～1992）原初的概念[37]是，用欧几里得四维空间 $\mathbb{E}^4$ 来取代闵可夫斯基时空，这样我们能够构建一个（空间）相对论性的量子场论，这一理论应具有 $\mathbb{E}^4$ 欧几里得对称群下的不变性。假定在这种欧几里得版本的理论下得到的量具有解析坐标，那么我们就可以应用威克转动，使 τ 连续转动变回 t，这样我们就能得到具有闵可夫斯基四维空间庞加莱群下不变性的相应理论。这种处理有两个明显好处。首先，闵可夫斯基空间下极易发散的量在这种欧几里得版本的理论下将是收敛的。（其理由可归结为欧几里得转动群 $O(4)$ 是紧群，故体积有限，而相对论性的洛伦兹群 $O(3)$ 是非紧群且具有无限大体积。特别是，在欧几里得版本下，路径积分（见 §26.6）较闵可夫斯基版本下有意义更丰富的数学定义。）另一个好处是通过正确仔细地运用威克转动，正频率要求（见 §§9.3，5，§24.3）能够得到保证。

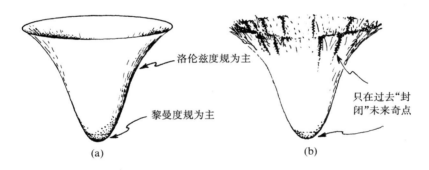

图 28.18　哈特尔和霍金的"无界"理论认为，（a）大爆炸可以按量子引力过程来处理，其中黎曼几何（而非洛伦兹几何）主导着经典奇点附近的路径积分，并将提供时空以非奇异方式"封闭"起来的方法。（b）对坍缩奇点，似乎只在时空的"远端"才要求这种"封闭"，那种地方容许存在高熵的一般奇点，这种奇点往往出现在引力坍缩到黑洞（即大收缩）的过程中。

在哈特尔 – 霍金理论里，需要用到霍金对威克概念的精巧的修正，其中"转动"不是用于 770
路径积分中作为路径背景的空间，而是用在个体时空上，这种时空本身即构成路径积分的每一条路径。[38]与此相应，这些"时空"容许有正定的黎曼度规，而不是应用于普通时空的洛伦兹度规。（这些黎曼度规经常被莫名其妙地称为"欧几里得型的"，虽然这个称呼的标准使用是针对平直欧几里得空间 $\mathbb{E}^n$ 的！）但我们应该清楚，"欧几里得化"了的霍金版要远比威克最初的概念来得广泛，二者之间存在"想象上的跳跃"。但这一修正是否能提供一条将广义相对论和量子力学结合起来的富于成果的道路还须拭目以待。[39]

哈特尔和霍金提出的惊人理论是，霍金的这种路径积分处理可以描述与大爆炸本身相关的量子理论，存在一种"时空"的量子叠加（即路径积分）用于取代实际的奇异时空，这种"时空"的量子叠加具有黎曼度规而不是洛伦兹度规。他们把这一理论称为"无界"理论，因为它不像表示大爆炸的经典时空那样有奇异边界，而是一族叠加了的非奇异空间，它受黎曼度规支配，这种度规以图 28.18 所示的方式将底端"封闭"起来，因此奇异边界完全消失了。大爆炸
771 "后"的瞬间，必然存在由黎曼几何取代洛伦兹几何的转换。（我们可以把这想象成用适当的复度规来实现。）即使在洛伦兹区域，仍然存在"时空"的叠加（其中某些属黎曼型），但在远离大爆炸的地方，经典洛伦兹时空仍是主要的，而在大爆炸本身的区域，"无界的"黎曼度规将是主要的。这个理论不只在本质上是优美的，能将看似难解的问题化作可处理的问题，而且能够直接支持与外尔曲率假说相容的"平滑的早期宇宙"学说。

至此，一切似乎都十分完美。但我认为这个理论还有一些相当严重的困难。首先，"欧几里得化"这个概念，就其在此所用的意义上，在很多方面是成问题的。甚至对平直空间通常也不可能对路径积分做精确计算，而是需要借助于一系列近似。常用的做法是挑出那些影响积分的主要的项，舍去其余的项。由此期望给出"欧几里得"路径积分的合理近似，但我们知道，要得到合理的物理结果，就需要用到解析延拓过程。而这个过程非常不可靠，因为在一个区域里对全纯函数所做的近似未必在另一个区域内依然有效。为了看清这一困难的实质，我们假定有这么一个实解析函数 $f(x)$，它在 x 取实值时为已知函数，但只是近似，我们希望导出 x 取纯虚数时函数的值。如果我们让 $f(x)$ 加上一个形式为 $\varepsilon\cos(Ax)$ 的函数，这里 ε 和 A 都是实数，ε 很小，A 很大，于是 $f(x)$ 沿 x 的实轴不会有太大的变化，但沿虚轴则完全变了，由此我们可看出这种解析延拓过程是极端不稳定的。[28.12] 就我所知，"欧几里得化技术"在生成严格的 QFT 模型方面还是非常有用的，但当与逼近方法联用时我认为会有很严重的问题。（但我并不清楚哈特尔－霍金假说对这种解析延拓步骤的倚赖程度有多强。）

对欧几里得化的推广问题我认为也存在技术上的困难。我能看得清的，就是它在产生协调的 QFT 模型（和保证正频率条件）方面很棒，但要说任何感兴趣的具体 QFT 模型都能由此生成那也过于乐观了。实际上，对由欧几里得化得到的理论，我们始终难看清其结构，而且这些理论
772 基本上源于其相伴的带有"错误符号差"的对称群，见 §§9.3，5，§13.8 和 §18.2。我看不出为什么一个"正确的"理论需要有这种特殊性。

28.10 宇宙学参数：观察的地位？

哈特尔－霍金假说，至少就其原始形式而言，还存在如何与观察相一致的问题。这一理论似乎指出了一个封闭（$K>0$）的宇宙。多年来，霍金始终看好这样的宇宙模型。但面对日益增多

---

*[28.12] 用 §5.3 的结果解释这一点。（提示：$e^{Aix}+e^{-Aix}=?$）

的宇宙学证据，而且这些证据又都有利于双曲（$K < 0$）模型，于是霍金与合作者图罗克（Turok N.）一起彻底调整了他的学说，以使"无界"理论能够适用于双曲模型。[40]有趣的是，人们对暴胀宇宙学的预期也开始做出调整，多年来这一理论的一项明确的推论——观察到的宇宙必定是空间平直（$K = 0$）的——一直有争议。许多暴胀学家面对不断增多的明显的宇宙学数据，也开始彻底更新他们的学说以适于 $K < 0$ 的可能性。[41]

那么目前的观察结果处于一个什么样的情形呢？应当说，事情已经又有了重大转变，有惊人的证据（不止来源于一种观察事实）表明，似乎存在显著的正的宇宙学常数 Λ。这意味着我们可以有 $K = 0$。而如果观察证据支持 $K = 0$，那么就不可能完全排除小的正空间曲率（霍金偏爱的 $K > 0$）或小的负空间曲率（我所偏爱的 $K < 0$）——于是一切又都成了未知数！

$\Lambda > 0$ 这一发现对 K 值意味着什么呢？首先应当指出的，就是早先人们之所以笃信有利于负 K 值的宇宙学证据的理由。核心问题是宇宙的质量能量的总含量。如果这个值太小，则无法形成正曲率宇宙，或（在黎曼模型下）经过最初的膨胀后无法再次收缩并产生坍缩相（图 27.15（a），（b），（c））。人们早就知道，星系中普通可见的"重子型"（见 §25.6）物质不足以做到这一点，这种物质的密度仅为代表正负 K 值间区分的临界值的 1/30，临界密度给出 $K = 0$。通常我们引入量 Ω_b 来表征一般重子型物质的密度对临界质量能量密度的比值。因此，如果 $\Omega_b = 1$，则重子型物质能够提供这种临界密度，并且（正的）质量能量密度的任何进一步提高都将导致 $K > 0$ 宇宙。然而如前所述，现有的观察证据似乎表明 $\Omega_b = 0.03$，这强烈表明 $K < 0$。

但这里没有考虑如下强有力的证据，那就是宇宙中还存在大量的比重子构成的材料多得多的物质，这些物质存在的证据可以从对各种恒星的观察直接得到。多年来，人们早就意识到，按照标准理论[42]，除非星系周围存在远比直接观察到的多得多的物质，否则星系内的恒星动力学毫无意义。这一观点同样可用来看待星团内的单个星系的动力学。总的来看，不可见物质数量约为可感知的重子型物质的 10 倍以上。这些神秘的暗物质的真实本性至今仍不为天文学所掌握，它们甚至是那种完全不同于现今粒子物理学能够确切知道的物质——虽然现在我们对它已经有了好些推测。[43]由于暗物质对整个质量能量的贡献大约是普通重子型物质的 10 倍以上，因此暗物质的密度与临界密度的比值 Ω_d 约为 $\Omega_d = 0.3$（这种不确定性里包含了重子型密度因素，如果我们愿意，可将 $\Omega_b = 0.03$ 加到这个数字上）。但这个值仍远小于临界值。此外，各种观察（包括引力透镜效应——从 §19.8 我们知道，这种效应提供了对物质存在的直接测量）以非常令人信服的方式表明，宇宙中不存在其他显著的物质聚集方式。因此现在看来 $K < 0$ 的结论是比较确实的，也正因此，暴胀学家们和哈特尔－霍金理论的支持者们才开始寻找新的途径以便能够将 $K < 0$ 的情形囊括到他们各自的理论中去。

现在我们该进入宇宙学常数这个敏感话题了。从 §19.7 我们知道，爱因斯坦曾将引入 Λ 看成是他一生中所犯的"最大错误"（大概主要是因为这使得他没能预见到宇宙的膨胀）。虽然自此之后总有宇宙学家在探讨存在 Λ 的可能性，但很少有人期望能在实际宇宙中找到 Λ 不为零的

773

证据。另外一个问题是量子场论学家对"真空能"的计算（基本上属§26.9中那样的重正化效应），得出的结果显得十分荒谬，它给出的等效宇宙学常数要比观察得到的大上10^{120}倍（如果采用不同的假定，至少也有10^{60}倍）！这个问题已成为著名的"宇宙学常数问题"。据信某种未知的抵消或一般原理可以给出零值的真空能，但在当前我们还无法预期能找到这种与宇宙学相关的抵消后残留的极小的余量。（应当指出，利用局部洛伦兹不变量，这个"真空能"应当正比于度规g_{ab}，因此我们能够预期的是形式Λg_{ab}，这里常数Λ就是1917年爱因斯坦在爱因斯坦方程中给出的那个量。唯一麻烦的是Λ的值完全是错的！）

774

尽管如此，1998年，两个观察遥远超新星（§27.8）的小组——一个在加利福尼亚，由佩尔穆特（Saul Perlmutter）率领；另一个分两拨，施密特（Brian Schmidt）领导的在澳大利亚，基施纳（Robert Kirschner）领导的在美国东部——得出结论，宇宙的膨胀已开始加速，这与图27.15(d)的曲线上拐图像一致，这是存在正宇宙学常数的标志！但观察到的这个Λ到底有多大呢？这仍是个未知数（一些理论学家还在争论正Λ的情形尚未最后定案[44]），但明显的结论是，作为与临界密度的比，Λ给出的等效质量能量密度Ω_Λ大约只有0.7，因此对总的等效密度，这个比值为

$$\Omega \approx \Omega_d + \Omega_\Lambda \approx 0.3 + 0.7 = 1。$$

换句话说，观察似乎与$K=0$相一致。

暴胀学家（至少那些信心坚定的暴胀学家）自然是欢欣鼓舞，这应当算作这一理论的一项成功的预言，它反驳了对竞争者看似有力的证据，$K=0$的预言似乎已经赢得胜利。然而这个结论中的不确定性实在大得让人难以置信。同时我们还应注意到，最近关于这个问题的其他观察结果也具有强有力的影响，这包括§28.5提到的自1989年COBE卫星发射升空开始的多个对微波背景辐射的细致温度变化的测量，以及最近（笔者写作的当下）WMAP空间探测器取得的结果。

人们按§22.11介绍的程序将太空中的模式分解成球谐函数来分析这些温度变化。我们知道，不同的球谐函数可用正整数l和整数m（m的范围从$-l$到l）来标示。（在量子力学里，l通常换作字母j，j和m可以是半奇数。）m的重要性较弱，因为它取决于天空方向的任意选择，因此一般将每个l的取值看成是最感兴趣的量。在图28.19，我给出了这一分析的结果。我们注意到，曲线在差不多$l=200$处达到最大值之后开始振荡。这些局部极大值称为"声频峰值"，因为它们反映的是这样一个清晰的理论预言：在宇宙的早期阶段，物质的局部聚集始于向内下落，然后是反弹、再下落（暗物质可能也如此），由此导致一种声振荡。这种振荡的典型标长由退耦时的视界大小确定（见图28.5(a)，想象一下点u和v在退耦面上运动直到它们的过去正好相切，这就是视界的大小[45]）。主要峰值正是出现在这种标长上。

775

但在复合时刻还存在什么样的空间角间距对应于什么样的宇宙局部距离间距的问题，此时宇宙的空间曲率起着重要作用。根据K值的不同（较小的正K或较大的负K），声振荡峰值l将出现或此或彼的移动。但这个问题不是直接就能明了的，这时宇宙的膨胀速率也起着作用，因此

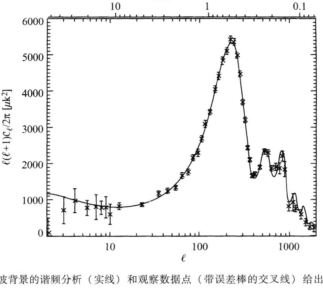

图 28.19 宇宙微波背景的谐频分析（实线）和观察数据点（带误差棒的交叉线）给出的预计的"声频峰值"。注意，在四极矩（$l=2$）情形，二者之间有（几乎要被垂直轴掩盖）非常明显的偏差。

需要从细节上进行计算。总而言之，宇宙微波背景的这种分析基本上与 $K=0$ 是一致的，但观察上仍存在正或负的 K 值的余地。

大的 l 值的结果似乎与暴胀的预期相一致（在观察到的温度涨落中还存在一种标度不变性，它也是某种暴胀模型的一个预言）。但在小 l 值的情形如何呢？$l=0$ 情形的价值不大，它只是描述了总强度。$l=1$（"偶极矩"）呢？它提供不出遥远宇宙的信息，因为地球在微波背景下的运动带来不对称的多普勒频移（见练习［27.10］），这使得 $l=1$ 的温度分布在地球运动方向上显得较高，而在反方向显得较低。第一个有宇宙学意义的 l 值是 $l=2$（"四极矩"）。实际上，从这里我们看出暴胀理论的标度不变性预言是有误差的，这在后面几阶球谐函数上看得更清楚。误差尽管很小，但道理很明白。隐含的标度不变性破缺可以解释成在最大标长上宇宙的几何性质不同于平直的 $K=0$ 几何，因此 $K>0$ 或 $K<0$ 都有可能，因为"曲率半径"提供了这种标长。

这些考虑对我们是个鼓舞，但也有点让人捉摸不定。有一点应当指出，图 28.19 的曲线实际上仅用了 WMAP 温度表的很少一点信息。对每个 l 值，有 $2l+1$ 个不同的 m 值，它们中每一个都有一个实参数。其中的绝大部分信息在这里的分析中都被略去了，我们相信一定还存在巨量的隐藏着的数据，它们能给出关于早期宇宙的重要信息。

这里，我仅提及一下主要由格扎丹（Vahe Gurzadyan，1992，1994，1997，2002，2003，2004）提出的分析这些数据的另一种方法，它可能具有惊人的内涵。这种处理不用谐波分析，而是研究遥远的特定温度区域由于空间曲率所带来的形状畸变。假如这样一个区域不变形时是圆形，那么曲率效应将使它成为椭圆（回顾图 28.15）。当然我们实际上知道我们正观察的区域

776

形状，但存在着的统计效应会使特定的温区变得比原先的更细长。这是一种非常精巧的统计分析，格扎丹及其同事得出的结论是，微波图谱（最初是 COBE，后来是 BOOMERANG 和 WMAP）上确实存在明显的椭圆性。这意味着什么呢？理论分析告诉我们，只有 $K < 0$ 情形才会出现这种程度的椭圆性——这是"测地混合"的结果。这些结果是最新的，我们有必要等待看看是否存在重要的反驳性意见。

777　　这一分析还提供了超新星数据给出的有关正宇宙学常数大小的独立证据。因此负曲率肯定很小，因为 $\Omega_d + \Omega_\Lambda$ 不可能偏离 1 很远，差不多 0.9 吧。它突出了长期困扰许多宇宙学家的一个谜团：量 Ω_b、Ω_d 和 Ω_Λ 在时间上不是常数。在宇宙的早期阶段，Ω_b 和 Ω_d 要大得多而 Ω_Λ 要小得多。在宇宙的极晚期，Ω_b 和 Ω_d 将变得可忽略不计，只有 Ω_Λ 支配着等效质量能量密度。Ω_Λ 和 Ω_d 在大小上属同一量级的这种表观上的符合似乎就像一个迷人的巧合。

　　奇怪的是，几乎在观察上发现了 Λ 的同时，"宇宙学常数"这个术语似乎就过时了，尽管它是爱因斯坦 1917 年就引入了的标准术语。Λ 现在指"暗能量"或"真空能"，有时还指"第五要素（quintessence）"，这可能是因为被冷落的术语"宇宙学常数"无法承载足够的神秘感，或更理性点说，因为"常数"一词总意味着 Λ 不能随时间而变！许多宇宙学家似乎更喜欢一个变动的 Λ，他们也许将目前的"Λ"看成是"新暴胀阶段"的开始，他们指出，推定的宇宙甚早期的暴胀阶段与此非常相似。从 §28.4 我们知道，这个阶段被认为是以"伪真空"为特征的，这时等效的宇宙学常数非常大，完全主导着所有的（已是极高密度）普通物质。如果宇宙在那时容许有一个等效的"Λ"，那么它将非常不同于我们今天看到的值——故这个论据说得通——因此我们应当接受一个"变动的 Λ"，同时承认"宇宙学常数"一词确实是不恰当的。

　　但这种想法尽管对一些人很有吸引力，却像当年出于好意引入"宇宙学常数"一样，有着数学上的困难。Λ 的恒常性是 §§19.5~7 的能量守恒方程 $\nabla^a T_{ab} = 0$ 的直接结果，当时对 T_{ab} 增设 g_{ab} 的乘积项后仍能保持守恒方程不变，正是因为这个乘积项是一个常数。*[28.13] 因此，任何非常值的"Λ"都必将付出物质的质量能量不守恒的代价。理论上说，我们更愿意看到一个常值的"Λ"——与观察事实相一致。

　　出路在何处？这显然是个令人感兴趣的话题。我没看出爆胀宇宙学已受到这些观察结果的"确认"，即使是那样，在我看来，它也不能解决其他一些宇宙学问题，例如超常"特殊"的大爆炸——至少在 $10^{10^{123}}$ 分之一的程度上——这一第二定律背后的根源。一些宇宙学家则将与此有关的"微调"（见图 27.20）看成是不可接受的，他们力图用暴胀或人存原理（§§28.5，7）来"解释"，虽然如已看到的，这种做法有点风马牛不相及。

778　　我认为那些试图在明显是时间对称的物理框架下处理时空奇点问题的理论（例如暴胀学说或哈特尔－霍金学说）都存在根本的问题。按我的理解，暴胀物理学中不存在时间不对称性，

---

*〔28.13〕为什么？

哈特尔－霍金理论也一样,因此这个理论能够像应用于大爆炸那样应用于终态的坍缩奇点(黑洞情形或大收缩情形)。霍金(1982)曾论述到,尽管显得古怪,作为终态奇点邻域出现的空间可以一种整个宇宙退回大爆炸的方式"无界地封闭起来","欧几里得化"也只能用于此(图28.18)!他的这段论述是说,无界理论只是断言,存在某种使奇点无界地封闭起来的方式,并且我们将"开端"(决定宇宙的时间)定义为出现这种封闭的那一刻。我要说我很难理解这种论述——以及任何相关的物理规律中不具有明确时间不对称性的论述。(例如,在霍金的"古怪"论述中,似乎只在时空的"另一边"才有平滑的无界封闭。在我看来,这只考虑了边界去除问题的一半。)

那么接下来我们是不是该谈谈我对我所宣称的这种时间不对称基本物理问题的看法?在第30章,我将直接面对这个问题!我们将发现,它与我们关于量子力学章节里提出的某些基本难题相关。因此在下一章,我们需要回到这个重要的量子力学难题上来。然后在第30章我再陈述我认为是正确解决这个问题的途径的观点,这也是最终解决这种奇点时间不对称问题的一条途径。但我得再一次提醒读者注意:许多物理学家肯定会对我所采取的这种观点感到不快。

注 释

§28.1

28.1 例如,见 Weinberg(1992),195页,他也用了铁磁体的例子——似乎专家对这个问题的通俗讲解带有共同性。但我们必须记住,这是相当理想化的情形,对实际的铁块,力的一些具体效应可以非常复杂。而对其中的足够小的区域,铁的这种磁化趋势可以有相当好的近似,实际过程中,这种磁化区域有可能变得随机取向使得整个铁块不具有任何磁性。另一方面,对明显磁化了的铁,越过居里点的冷却将变得极为缓慢,理想情形很难达到。对目前的理论讨论来说,我们可以适当地忽略掉这些复杂性,就按理想化来叙述。

779

28.2 量子力学的隧穿效应出现在量子系统自发地经历从一种低温态到另一种低温态的相变过程中(伴随有多于能量的辐射),在此过程中,存在经典意义下阻碍此过程发生的能量势垒。

28.3 在这个例子中,由于 SO(2)里的"S",反射对称性被排除。

28.4 这个"适当的群"似乎是 $SU(3) \times SU(2) \times U(1)/Z_6$。

§28.2

28.5 见注释28.1。

28.6 见 Vilenkin(2000);Gangui(2003);Sakellariadou(2002)。

28.7 这一理论与英国天文学家马丁·里斯(Martin Rees)爵士渊源最深。见 Haehnelt(2003)的综述及其相关文献。

28.8 见 Chan and Tsou(1993)。

28.9 MACRO 合作组对这些粒子的频率设定了严格的限制。见 MACRO(2002)。

§28.3

28.10 这个联络最初是当作 $\mathcal{M}$ 上较小的丛 $\mathcal{B}_{\mathcal{L}}$ 的规范联络 ∇ 的,其纤维是每一点上轻子的U(2)对称空间 $\mathcal{L}$。但如同 §14.3 中情形,在普通张量计算中,∇ 如何作用于矢量的知识完全决定了它如何作用于一般张量,这里 ∇ 作用于 $\mathcal{B}_{\mathcal{L}}$ 的知识完全决定了它对出自 $\mathcal{L}$ 定义的"张量"。我们可将 $\mathcal{G}$ 看成是 $\mathcal{L}^* \otimes \mathcal{L}$(一个"指标"降,另一个升)。

28.11 定义"红移"z 使得 $1 + z$ 测量波长增长因子。Liddle(1999)是这方面最易得到的教材,Dodelson(2003)则提供了更高级的处理技术。

28.12 你可以为 q 和 r 之间的量子纠缠（§23.10）设想一种可能。这很值得考虑，但它超出了当前的"自发对称破缺"的概念。我对这些问题的看法一直受到与 George Sparling 和 Bikash Sinha 交谈的影响。

28.13 见 Llewellyn Smith（1973）。

§28.4

28.14 见 Schrödinger（1956）。

§28.5

28.15 见 Guth（1997）。Dodelson（2003）或 Liddle and Lyth（2000）提供了专业性的资料。至于仔细的关键性的综述值得推荐的有 Börner（2003）。

28.16 见 Barbour（2001a, 2001b）；Sciama（1959）；Smolin（2002）。完全采用"马赫"物理学方式处理的一个例子是自旋网络结构，其描述见 §32.6。

28.17 见 Ozsvath and Schücking（1962, 1969）。

28.18 对这些问题目前已有更新的观点，它们可看成是支持将爱因斯坦理论视为"马赫型"的。见 Barbour（2004），Barbour *et al.*（2002），Raine（1975）。

28.19 Mario Livio 的普及性报道中特别强调了这些美学上的需求。见 Livio（2000）。

28.20 这种观点的先驱可追溯到 1960 年代分别由 Charles W. Misner 和 Yakov B. Zeldovich 独立提出的"混沌宇宙学"，其中设想了一个随机的初态——尽管这种学说与第二定律热过程的表面的基本冲突需要借助抹平宇宙来解决。见 Misner（1969）的原始文献。

28.21 关于这种一般奇点的可能的混沌结构的最好建议出自 1970 年 Belinkii *et al.*（1970）等人的工作。

28.22 见注释 27.21，其中提供了相关文献。

§28.6

28.23 我确信我是在 20 世纪 50 年代从弗雷德·霍伊尔的一次 BBC 广播节目访谈中第一次听到这种"弱"人存概念的。而首次接触到人存原理的强形式（关于"人存原理"在基本物理常数中的作用问题）则是在霍伊尔在剑桥的讲座"Religion as a Science"中，这个讲座谈的是恒星内重元素的合成需要碳核处于特定的能级，其中简单描述了人存原理的强形式。

28.24 见 Dicke（1961）和 Carter（1974）。

28.25 粗略地说，普朗克单位下的宇宙的年龄的立方根接近于一个质子和一个电子之间的电力和引力之比的平方根。

28.26 见 Dirac（1938），Buckley and Peat（1996）；Guenther *et al.*（1998）。关于"变动常数"概念的最近的认识见 Magueijo（2003）非常风趣的评述。

28.27 这里我从 Carter（1974）来用"强人存原理"这一术语。Barrow 和 Tipler（1988）将这一原理剖分成几个不同的词汇。

28.28 见 Hoyle *et al.*（1956）；Burbridge *et al.*（1957）。

28.29 见 Hawking and Penrose（1970）。

28.30 见 Smolin（1997）。

28.31 在我的 1966 年 Adams 奖的致词（见 Penrose 1966, 1968）里，我用不是很严谨的方式提出过这样的概念（但不涉及物理常数的调整）！可能还有人做得比这更早。

§28.7

28.32 见 Penrose（1989）。

28.33 我认为 Abhay Ashtekar 强调的另一个观点是，可能还存在某种异于"量子引力"的东西用来确定大爆炸非比寻常的特殊性质。这也许是对的，但我总忍不住琢磨这样一个事实：大爆炸中真正特殊的是引力，显然也只有引力。

§28.8

28.34 事实上，这里只与里奇张量的无迹部分 $R_{ab} - \frac{1}{4}Rg_{ab}$ 有关，与宇宙学常数无关。

28.35 宇宙监督概念的一般性综述见 Penrose（1998）。

28.36 见 Newman（1993）；Claudel and Newman（1998）；Tod and Anguige（1999a, 1999b）；Anguige（1999）。外尔曲率假说的一个特别吸引人的版本是 K. P. Tod 给出的，它直接断言：在任何初始奇点上，存

在通常的有界共形几何。

§ 28.9

28.37　这种技术的第一次使用见 Wick（1956），ZinnJustin（1996）则将此技术运用得淋漓尽致。

28.38　见 Hartle and Hawking（1983）。

28.39　Renate Loll 最近的工作表明，霍金理论中路径积分里的黎曼度规与更直接恰当的洛伦兹度规之间可能存在着深刻差别。见 Ambjorn *et al.*（1999）。

§ 28.10

28.40　见 Hawking and Turok（1998）。

28.41　见 Bucher *et al.*（1995）和 Linde（1995）。

28.42　Mordehai Milgrom（1994）提出过一项诱人的建议：不存在什么暗物质，而是牛顿引力动力学需要按不同于爱因斯坦的方式进行改造，对于很低的加速度，引力作用将以某种特定方式增加。虽然这个想法很切合事实，但还不构成一种整体上饱含理论意义的相容的理论。在我看来，这种非传统的见解不该简单地弃之不理，它可能值得我们去看看能否将这种认识吸收到更为广泛协调的观点中去。（我自己还不知道对此该怎么做！）

28.43　暗物质的可近性讨论（以及"暗能量"——即可能的变动的 Λ）见 Krauss（2001）。

28.44　见 Blanchard *et al.*（2003）。更多的"主流"解释见 Perlmutter *et al.*（1998）；Bahcall *et al.*（1999）。

28.45　Dodelson（2003）解释了怎么做这些以及相关的 CMB 数据分析。

781

第二十九章
测量疑难

29.1　量子理论的传统本体论

782　　毫无疑问，量子力学是 20 世纪最卓绝的成就之一。它解释了许许多多 19 世纪深感疑惑的现象，像存在着的谱线、原子的稳定性、化学键的性质、材料的强度和色泽、铁磁性、固/液/气态间的相变以及与周围环境处于热平衡下的热物体的颜色（黑体辐射）等等。甚至生物学里的一些令人困惑的问题，像遗传的超常可靠性，现在看来也可以从量子力学原理中找到答案。这些现象——以及 20 世纪里才出名的其他现象，诸如液晶、超导性和超流性、激光行为、玻色－爱因斯坦凝聚、EPR 效应的奇妙的非定域性以及量子传态等等——现在都能够在量子力学的数学形式体系下得到很好的理解。这一形式体系的确为我们提供了一场对物理现实世界认识上的革命，其影响远大于爱因斯坦广义相对论的弯曲时空带来的影响。

　　果真如此么？当今许多物理学家有一种共识，认为量子力学并未提供我们"实在"的图像！在这种观点看来，量子力学的形式体系只能当作一种数学形式体系。正如许多量子物理学家争辩的那样，这种形式体系根本没告诉我们世界的真实的量子实在是什么，而仅仅只是允许我们计算出可供选择的实在有可能出现的概率。这种量子物理学家的本体论——某种程度上说，他们关心的完全是"本体论"问题——大致是这样一种观点（a）：根本就不存在能够用量子形式体系来表达的实在。在另一极端，许多量子物理学家则持完全相反的观点（b）：幺正演化的量子态完全描述了真实的实在，其发人深省的蕴意是，所有可能的量子态必然总是连续共存（叠加）

783　的。正如 §21.8 所述，量子物理学家面临的基本困难，同时也是促使他们持有这种观点的动机，是两种量子过程 U 和 R 之间的矛盾，这里（§22.1）U 是幺正演化的确定性过程（可由薛定谔方程描述），R 是进行"测量"时发生的量子态收缩。U 过程，只要被发现，就总是以物理学家们熟悉的方式存在的：一个确定性数学量的明确的时间演化，即态矢 $|\psi\rangle$，它完全由（偏）微分方程控制——薛定谔方程的时间演化与经典麦克斯韦方程的时间演化（见 §21.3 和练习 [19.2]）没

什么不同。另一方面，**R** 过程对物理学家来说则是全新的：这是一种 $|\psi\rangle$ 的不连续的随机跳变，这里能确定的只是不同结果出现的概率。如果我们所观察的世界的物理仅由量 $|\psi\rangle$ 描述，发生的仅是 **U** 过程本身，那么物理学家可以毫不困难地将 **U** 看成是"物理上真实的" $|\psi\rangle$ 的"物理上真实的"的演化。但我们观察到的世界的表现却不是这样，而是 **U** 与每次发生都绝然不同的 **R** 过程的奇妙组合！（回顾图 22.1。）这就使得物理学家很难相信 $|\psi\rangle$ 能够真正用来描述物理实在。在态被认为是按照 **U** 演化过程进行演化时，**R** 如何能够发生这一令人迷惑的问题是量子力学的测量问题（§23.6 有简短的讨论，§21.8 和 §22.1 亦有所提及）——我更愿意称它为测量疑难。

观点（a）基本上属于尼尔斯·玻尔所表述的哥本哈根解释的本体论，他不是将 $|\psi\rangle$ 看作是量子层面上实在的表示，而只是对实验者所获得的量子系统"知识"的描述。就 **R** 过程而言，"跳变"可理解为实验者进一步获得系统知识的过程，因此跳变是对该系统变化的一次了解，而非该系统的物理本身。按照观点（a），我们不应要求将"实在"与量子层面上的现象联系起来，唯一公认的实在就是那种实验室装置探测到的经典世界里的对象。作为观点（a）的变种，我们还可取这样的观点：这种"经典世界"并非建立在那些构成观察者测量装置的"宏观工具"的层面上，而是建立在观察者自身意识的层面上。一会儿我们来详细讨论这些观点。

另一派观点（b）的支持者则将 $|\psi\rangle$ 直接看作是实在，同时他们完全否认发生过 **R**。他们争辩说，在测量进行的时候，所有可能的结果实际上是作为实在同时存在的，其方式是所有可能结果的巨大的量子线性叠加。这种叠加可用整个宇宙的波函数来描述。有时我们称它为"多宇宙论（multiverse）"，[1] 但我认为更恰当的词是 *omnium*（"一体性"）。[2] 因为虽然这种观点通常被理解为各种不同世界平行共存的一种信念，但其实这是一种误解。因为按照这种观点，不同的世界之间并非真正是独立"共存"的关系，而是一种由 $|\psi\rangle$ 表示的巨大的特殊叠加。

为什么说按照观点（b）的理解，这个一体性不是实验者感知到的真实的"实在"呢？这是因为实验者的心理状态也参与了这种量子叠加，这些不同个体的心态与所做测量的不同的可能结果纠缠在一起。因此这种观点认为，对每个不同可能的测量结果都存在一个"不同的世界"，对这些不同世界里的每一个又都存在一个单独的实验者"拷贝"，所有这些世界都以量子叠加的方式共存。每个实验者拷贝得到的都是各不相同的实验结果，但因为这些拷贝居于不同的世界，它们之间不存在信息交流，每一个都认为出现的只是一种结果。观点（b）的支持者经常强调的一个必要条件是，实验者应"有意识"地强化这样一个印象，就是只存在 **R** 引起的"一个世界"。这种观点是由胡夫·埃弗雷特（Hugh Everett III，1930~1980）于 1957 年首次明确提出的。[3] （尽管不是很确信，但我估计其他一些人私下里也早有这种想法——我自己在 20 世纪 50 年代中期就是其中之一——只是未敢公开罢了！）

不论观点（a）和（b）在怎样看待 $|\psi\rangle$ 与我们观察的"实在"的关系上显得如何对立，二者仍有明显的共同点，这里的"实在"是指我们都经历的宏观尺度上的现实世界。在观察到的世界里，实

验只会出现一种结果,我们可以恰当地将它看成是物理学解释或模拟"现实"的工作。我们既不能按观点(a)也不能按观点(b)来看待态矢 $|\psi\rangle$ 对实在的描述。按这两种观点,我们都不可避免地会将实验者个人经验带入如何处理形式体系与被观察的现实世界之间关系的认识中去。在情形(a),态矢 $|\psi\rangle$ 本身就是实验者个体感觉的替代品,而在情形(b),"通常的现实"则在某种程度上被描绘成实验者的感觉,态矢 $|\psi\rangle$ 则成了某种不能直接感知的更深层次上超越一切的实在(一体性)。在两种情形下,**R** 的"跳变"都被看成是非物理实在,而是某种意义上的"心理作用"!

我将在适当时候解释我自己在认识观点(a)和(b)方面的困难,在此之前,我想进一步谈一下传统量子力学的可能解释。就我理解,最流行的量子力学观点是环境退相关的观点(c),虽然比起本体论它可能更倾向于实用主义。观点(c)的思想是,在任何测量过程中,所考虑的量子系统都不可能看成是与环境隔绝的,因此,进行一次测量,所得到的每一个不同的输出结果并不构成原来的那种量子态,而必须看成是一种纠缠态(§23.3),其中每一种可能的输出都与不同的环境态纠缠在一起。而环境是由大量的做随机运动的粒子组成的,它们的位置和运动的全部细节必须看成是总体上不可实际观察的。[4] 数学上存在一套明确定义的程序可用来处理这种信息非常缺乏的情形,这是一种对未知环境状态"求和"以得到所谓密度矩阵的数学对象的方法,我们就用这个密度矩阵来描述待求的物理系统。密度矩阵对于量子力学中测量问题的一般性讨论非常重要(其重要性也表现在其他许多方面),但其本体论意义一直没弄得很清楚。不久(§29.3)我就会简单介绍什么是密度矩阵。但随后我们将看到,对观点(c)来说,为什么密度矩阵的本体论不能完全说清楚这一点很重要!持观点(c)的人倾向于认为自己是不与任何形式本体论这种"无聊"问题打交道的"实证主义者",他们声称不关心什么是"实在的",什么不是"实在的"。正如斯蒂芬·霍金所说:[5]

> 我不要求理论与实在保持一致,因为我不知道什么是实在。它不是那种你能够用石蕊试纸检测出的性质。我所关心的是理论应当能够预言观察的结果。

而我的立场是,本体论问题对量子力学至为关键,虽然它引起的一些问题远不是我们今天能够解决的。

29.2 量子理论的非传统本体论

在进入所有这些细节问题之前,我们先来考虑有关量子力学的3种更为一般的立场。这不是说我所列的已很全面,也不是说这些新的观点就完全独立于我前面给出的那些观点。我这里给出的这个列表(a)、(b)、(c)、(d)、(e)、(f)代表了人们在当今文献里经常能够遇到的一系列观点,但我既不认为这个列表是完整的和独立的,也不认为它有什么特殊性。新增的3种本体论观点代表了通常量子形式体系的实际变化;但对其中的两种,(d)和(e),我们不能指望存在什么实验能够对这种建议性的体系和标准量子力学做出区分。观点（d）是格里菲斯（P. Griffiths）、翁内斯（Omnès）和盖尔曼/哈特尔（M. Gell-Mann/J. B. Hartle）提出的"相容历史"*（consistent histories）"的处理方法，观点（e）则是德布罗意和玻姆/希利（D. Bohm/B. Hiley）提出的"领波（pilot-wave）"本体论。[6]最后这个（f）则认为，当今量子力学只是对某种更高级理论的近似，在这种高级理论中，**U**和**R**像真实过程那样客观地发生；而且（f）还有一个观点，就是认为未来实验应能够将这一理论与传统量子力学区分开来。

一旦我们有了必要的工具，我将逐一给出我对这一系列观点（a），…，（f）的评价。但为了使读者能够对这些评价保持恰当客观的态度，我最好在此"收拾干净"我自己的立场。实际上，为使量子力学能够充分协调一致，我坚信发展像（f）这样的观点是十分必要的。在下一章，我将提出一种在我看来是十分自然的（f）的特殊版本。说完了这个预先告示，下面让我们循序渐进，帮助读者看清楚我所罗列的这些观点。

（a）"哥本哈根"观点；

（b）多世界观点；

（c）环境退相关观点；

（d）相容历史的观点；

（e）领波观点；

（f）带有客观性**R**的新理论观点。

对（d）和（e）我还要再说几句，因为我一直没有真正解释过它们。"相容历史"观点（d）是标准量子理论框架的一般化。它所吸收的一些要素有点儿像多世界理论（b）所持的观点，虽然从某种角度上看这甚至有点过分——在我看来，这样一种过分的本体论完全没必要。对于（b）和（d），我们可以采取这样一种立场，我们有基本要素希尔伯特空间**H**（始态$|\psi_0\rangle$属于**H**）和哈密顿算子$\mathcal{H}$。[7]在多世界理论（b）里，其本体论观点是将（一体的）实在当作可用连续单参数态族（**H**的元素加上时间参数t）来描述的对象，它由$t=0$时的$|\psi_0\rangle$出发，在$t>0$时由$\mathcal{H}$确定的薛定谔演化方程完全支配。这里没有**R**只有**U**。而相容历史的观点（d）扩充了这一点，使得"**R**型过程"也被结合到"演化"中来——即使人们并不认为有必要将这些过程与实际测量联系起来。

为了理解这些过程的数学本性，我们必须先回顾一下§§22.5,6里量子力学的测量在数学上是如何利用哈密顿（或归一化）算子Q来描述的（即使如此，在观点（d）看来，我们也不认为这些过程就是测量）。如果在测量前，系统的态是$|\psi\rangle$，那么测量将使它立即"跳变"到Q的与测量产生的Q的本征值所对应的本征态。但仅就测量对$|\psi\rangle$的作用而言，我们也可以用"正交投影算子"$E_1,E_2,E_3,\cdots,E_r$来替代Q（假定Q正好有r个各不相同的本征值，为方便起见，我们将希尔伯特空间**H**取为有限维）。

787

＊　这里 consistent 一词借用数学用语，译作"相容的"，是指这些历史之间彼此一致，无矛盾。——译者

于是，如果测量产生本征值 q_j，我们发现 $|\psi\rangle$ 跳变到正比于 $E_j|\psi\rangle$ 的态（投影公设）。

让我们将这一点看得更仔细点。从 §22.6 我们知道，投影算子是那种其平方等于自身的哈密顿算子 E，即

$$E^2 = E = E^*。$$

所谓算子 E_1，E_2，E_3，$\cdots$，E_r 间彼此正交是指

$$E_i E_j = 0 \qquad (i \neq j)$$

其完全性是指它们的和为 $\mathbf{H}$ 上的单位 I：

$$E_1 + E_2 + E_3 + \cdots + E_r = I。$$

我们称满足所有这些条件的 E 的集合为投影算子集。Q 与其相应的投影算子集之间的联系是，对 Q 的每个本征值 q_j，相应的本征矢空间组成形式为 $E_j|\psi\rangle$ 的矢量。投影算子 E_j 的作用就是将本征值 q_j 投影到这个本征矢空间上。**[29.1]

在 Q 表示的测量中，运算 $\mathbf{R}$ 的投影公设（见 §22.6）告诉我们，如果测量结果是 q_j，那么 $|\psi\rangle$ 跳变到 $E_j|\psi\rangle$（或正比于它的某个量）。如果我们假定 $|\psi\rangle$ 是规范的，即 $\langle\psi|\psi\rangle = 1$，则它发生的概率为

$$\langle\psi|E_j|\psi\rangle。$$

因此，为了描述与 Q 相应的测量对量子态的作用，我们仅需考虑由 Q 定义的投影算子集就够了。

现在让我们回到相容历史观点(d)的本体论上来。这个理论是用所谓粗粒化历史[8]的概念借助哈密顿量 $\mathcal{H}$ 来展开的，其中每一个都非常近似于多世界方法（b）的"一体性（omnium）"的薛定谔演化。但对于（d），我们也允许在演化过程中将投影算子集插入到不同的 t 值中。

我并不完全清楚这种投影算子集插入的本体论意义，但不妨采取这样一种态度：这种投影算子集的作用是提供某种"细化"的历史，而不是要表示世界所发生的根本变化。投影算子的确不具有那种客观测量给出的本体论意义。更恰当的类比或许是，投影算子集提供的是粗粒"盒子"的"细化"，就像在经典相空间（见 §27.3）那样——它可以说明这里的"粗粒化历史"概念。在这样的粗粒化历史中，在投影算子集遇到的点上（类似于量子测量里采用的标准过程），当前态 $|\psi\rangle$ 被 $E_j|\psi\rangle$（或正比于它的某个量）取代，这里 E_j 是投影算子集的某个元素。这或许被看成是信息的损失，但如果我们跟踪整个 $E_j|\psi\rangle$ 族就不存在损失，因为对集里的所有 E_j，$|\psi\rangle$ 其实就是所有这些的和。

为了找出与我们通常感知的经典世界类似的那种东西，我们挑出某些特殊的粗粒化历史族，

**[29.1] 解释：为什么 $E_j|\psi\rangle$ 由 $Q = q_1E_1 + q_2E_2 + q_3E_3 + \cdots + q_rE_r$ 作用到 $|\psi\rangle$ 上的测量给出的结果（忽略归一化）？这里本征值是 q_j，量 $q_1, q_2, q_3, \ldots, q_r$ 是各不相同的实数。你能证明一般的有限维哈密顿算子也具有这种形式吗？（你可以假定，任何有限维哈密顿矩阵 Q 都可以通过么正变换变换为对角阵。）这里的 E 称为 Q 的主幂等元。对规范算子 Q 还需要做些什么调整？

并称它们为相容的（有时也称"退相关的"），如果某种条件得以满足的话——这个条件可表达为：按标准量子模型计算的概率满足通常概率的经典规则。[9]如果一组相容的粗粒化历史不去掉相容性就无法插入另一个投影算子集（即不等价于任何已被合并了的集），则这样的粗粒化历史被称作是最大精细化了的。我认为，按照观点(d)，最大精细化集里的历史是所谓本体论"实在"的最强有力的一种形式。

然而，我没有看到有谁明确提出过这种观点，最大精细化集里类似于历史总体的那种东西似乎更接近于相容历史观的本体论。[10]这一点可能更接近我们在多世界观点(b)所看到的情形，但存在投影算子集的多种可能的协调一致的集合这一点似乎为我们提供了更大的备选"世界"的总体。然而我们知道，多世界图像(b)会产生某种本体论的混乱。本体论意义上"真实的"一体性（由 $|\psi\rangle$ 描述）是众多不同世界的叠加，我们并不认为所有这些个体世界（而不只是它们的某个特定的叠加 $|\psi\rangle$）的总和就是"真实的"。对付这种混乱采用相容历史观点(d)的集合思想是有益的，这一理论提供了正确的量子概率，情形(b)似乎做不到这一点。

"玻姆"的（领波）观点(e)的本体论立场令人耳目一新，也更加实际，尽管在此还让人很难捉摸——因为一定意义上说，它有两种层面上的实在，其中的一个比另一个要坚实得多。首先我们来看看最简单的由单个无自旋粒子构成的系统。此时这个更为坚实层面上的实在是粒子的实际位置。在双缝实验（§21.4，图 21.4）中，由于粒子的位置在本体论上是真实的，它实际穿过某个狭缝，但它的运动其实是受 ψ "引导"的，因此这就提供了第二个层面上的实在，不管怎样，从本体论上说，ψ 都具有"真实的"地位。在这个理论中有一点是共同的，就是对 ψ 的模和辐角（§5.1）给予不同的对待，前者构成所谓"量子势"的量，后者用来定义所谓的"领波"。但这种剖分无甚必要，其意义在更复杂的系统里反而更不清楚。

一般来说，我们可以将 ψ 看成是定义在构形空间 $\mathcal{C}$ 上的复函数，它起着"引领"$\mathcal{C}$ 上点 P 的行为的功能。系统实在中较坚实的部分被认为是由 P 定义的经典构形，但（较弱的）那部分实在凭借它在引导 P 点行为的作用也被赋予复函数 ψ。所有测量最终都能够归结为"位置"测量，即对系统构形的测量。在 $\mathcal{C}$ 的某点 Q 上，模平方 $|\psi|^2$ 定义了找到 Q 所定义构形下的系统的概率密度，而 $\mathcal{C}$ 上点 P 的位置则决定了什么是系统的真实构形。

现在，所有这些看起来似乎都"挺容易"，但有难缠的。最突出的当属非局域性，ψ 是那种高度"整体性"的概念（因为它必须如此才能切合 §21.7 所强调的波函数的整体性质）。这一点在量子力学里似乎是不可避免的。更严重的是，我们必须为初态 $|\psi_0\rangle$ 的概率分布设定重要的条件，这样 $|\psi|^2$ 的量子概率分布律才是对的，并且在一连串测量后结果仍保持正确。进一步人们要问，所有测量总能够最终归结为位置测量这一假定的正确性何在（尤其是严格的位置测量在量子力学里根本就不合法，见 §21.10）？在考虑到像自旋这样的非经典参数的情形下，构形空间图像是否足够明白无误？毕竟(e)的清楚的本体论地位对它的采信十分重要（尽管我们在

789

790

§29.9 将看到，它还面临着更多的问题）。[11]

最后，还有关于（f）的许多不同建议。我认为它们不适合在此作细节展开，但可以做些一般性的评述。这里的好些建议都将演化着的态矢 $|\psi\rangle$ 当作本体论上真实的东西来接受（至少暂时是如此）。在这样的理论中，$|\psi\rangle$ 的时间演化非常接近于 **U** 随 **R** 的变化，就是标准量子力学教导我们实际采用的那种方式，见图 22.1。不论持观点（f）的理论看上去与"主流的"量子力学思想多么"格格不入"，我们仍有充分的理由认为，实际上（f）是这样一种立场：正如当今实际应用中所显示的那样，量子力学形式体系的实在性得到了绝大多数人的认可，因为不论是量子力学演化过程 **U** 还是 **R** 都被认真地看作是从本体论上对实在演化的描述！但问题在于 **U** 和 **R** 在数学上彼此冲突，这就是为什么（f）要求必然存在一种与通常幺正演化相异的变化——正是这一点使得（f）与主流思想分道扬镳！

为什么 **R** 在数学上与 **U** 不协调？最明显的理由或许是 **R** 表示的是态矢的不连续变化（除非是在测量前态就是测量算子的本征态这种例外的场合），而 **U** 则总是连续的。但即使我们不把 **R** 诱导的"跳变"看成是绝对瞬时的，也还有由于 **R** 缺乏确定性所带来的幺正方面的问题。同样的输入产生不同的输出，这在 **U** 过程里是不可能发生的事情。进一步说，针对（非平凡的）量子跳变——相应于 **R**——的实际发生，将 **R** 看成是真实过程的理论从来就不可能是幺正的。尽管如此，在 **U** 和 **R** 两种过程之间还是存在某种明显的一致性，因为打断 **U** 给出概率性的 **R** 的"平方模法则"正是通过 **U** 的"幺正性"给出了 **R** 的概率守恒律（基本事实是，用来计算量子概率的标量积 $\langle\phi|\psi\rangle$ 在幺正时间演化下守恒，见 §§22.4，5）。它体现了量子力学奇迹般的整体性，这也是为什么人们不愿轻易放弃现有理论原理的重要原因——它也部分地说明了为什么观点（f）在当今粒子物理学家中不特别流行的原因。

不管怎样，我相信我们有理由期待变革。这种变革寓示着一场大革命，它不可能仅仅通过对现有量子力学的"修修补补"就能够实现。当然，这种必要变革本身必须是针对当今物理学的核心原理而深入展开的。量子体系中最难攻克的堡垒，正如上一段指出的，是对这两个要求的合理解释。作为比较，我们回顾一下牛顿理论的结点所在。相对论和量子力学都不是通过修修补补就获得了的，而是通过观念上革命性的变革取得的，我们不得不怀着崇敬的心情向牛顿理论中高度有序的拉格朗日量/哈密顿量/辛几何结构挥手告别。各色人等迄今所提出的量子理论的种种变化[12]是否也正充当着这种令人尊敬的革命性角色呢——抑或这些变化只是修修补补？应当说，现有的这些思想在很大程度上只能看作是修修补补，但其中的一些思想很可能为改进量子理论提供了正确线索。

29.3　密度矩阵

那么为什么需要"改进"量子理论呢？大多数粒子物理学家似乎觉得并不需要一种能始终

与各种表观矛盾和形形色色晦涩的所谓标准（或非标准）本体论图像和平共处的理论。在我们力图说明任何一种"标准"图像(a)，(b)和(c)中的困难之前，我们有必要先了解一下密度矩阵的概念，它不仅是观点(c)的核心概念，也在其他各种量子力学理论中起着非常重要的作用。更重要的是，它提出了关于在量子力学里如何表示实在这样一个令人感兴趣且意义深远的问题。

假定我们有某个量子系统，它的态并不完全为我们所知。如果这里的态可用 $|\psi\rangle$ 或 $|\phi\rangle$ 或其他…譬如说 $|\chi\rangle$ 来表示，这个表列可能是无限的，但从我们的目的来说，仅考虑有限种可能性已足够。这里我们对每一种可能性都赋予一定的概率，譬如说分别为 p，q，$\cdots$，s。这些可能性是可穷尽的，即它们的概率——0 和 1（包括 1）之间的实数——之和为 1：

$$p + q + \cdots + s = 1.$$

假定 $|\psi\rangle$，$|\phi\rangle$，$\cdots$，$|\chi\rangle$ 中的每一个都是归一化了的：

$$\|\psi\| = 1, \|\phi\| = 1, \cdots, \|\chi\| = 1.$$

（由 §22.3 知，$\|\psi\| = \langle\psi|\psi\rangle$，等等。）于是，我们定义密度矩阵为下述量

$$\boldsymbol{D} = p\,|\psi\rangle\langle\psi| + q\,|\phi\rangle\langle\phi| + \cdots + s\,|\chi\rangle\langle\chi|.$$

由 §22.3 知，左矢 $\langle\psi|$ 是右矢 $|\psi\rangle$ 的哈密顿共轭。量 $|\psi\rangle\langle\psi|$ 是 $|\psi\rangle$ 和 $\langle\psi|$ 之间的张量积（外积），如此等等。在 §23.8 的指标记法下，我们可将 $\langle\psi|$ 记为 $\overline{\psi}_\alpha$，这里 ψ^α 表示 $|\psi\rangle$。于是 $|\psi\rangle\langle\psi|$ 可以写成 $\psi^\alpha\overline{\psi}_\beta$，等等。相应地，$\boldsymbol{D}$ 本身可表示为指标结构 $D^\alpha{}_\beta$。密度矩阵具有哈密顿量的非负定（§§13.8,9）的代数性质，其迹为 1：

$$\boldsymbol{D}^* = \boldsymbol{D}，对所有 |\xi\rangle，有 \langle\xi|\boldsymbol{D}|\xi\rangle \geq 0，\quad \langle\boldsymbol{D}\rangle = 1,$$

这里 $\langle\boldsymbol{D}\rangle = $ 迹 $\boldsymbol{D} = D^\alpha{}_\alpha$（见 §13.4）。*[29.2]

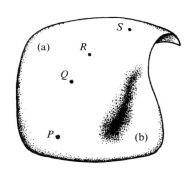

这里密度矩阵的角色有点像经典统计力学里经常用到的类似概念，在那里我们并不特别关心系统的精确的（经典）态，而主要是考虑各种经典态的概率分布。系统不是由 $\mathcal{P}$ 中的一点 P 来表示，而是根据 $\mathcal{P}$ 中的分布来表示。如果我们的系统正好有有限个备选的态，[13] 其概率分别为 $p,q,\cdots,s$，我们就用 $\mathcal{P}$ 的一个有限个点 $P,Q,\cdots,S$ 的点集来表示这些概率对应的分布，见图 29.1。在量子物理里，我们在量子系统的希尔伯特空间 $\mathbf{H}$ 上可做同样的事情，这时 $\mathbf{H}$ 就扮演着相空间 $\mathcal{P}$ 的角色。联系到前面所说的密度矩阵 $\boldsymbol{D}$，这时概率分布将由 $\mathbf{H}$ 的有限个点 $P,Q,\cdots,S$ 组成，每一个被赋予相应的概率值 $p,q,\cdots,s$。

图 29.1　由相空间 $\mathcal{P}$ 表示的经典概率颁布。(a) 对 $\mathcal{P}$ 的一个有限个点 P，Q，$\cdots$，S 的点集，其概率值 p，q，$\cdots$，s（0 和 1 之间的实数）分别赋给每一点，这里 $p + q + \cdots + s = 1$。(b) 具有概率测度（非负实数密度）的连续分布，共积分为 1，分布在 $\mathcal{P}$ 的某个区域。

＊〔29.2〕导出这些性质。

但这种做法并非通常的量子力学做法,量子力学通常用的是密度矩阵。[14] 为什么呢? 这是因为在量子力学里,测量(作为量子力学中提出问题的一种方式,这里我们把注意力集中在 YES/NO 问题上)总是表示为某个投影算子 E 对(归一化)态矢 $|\xi\rangle$ 的作用。于是回答 YES 的概率为[**][29.3]

$$\text{YES 的概率} = \langle \xi | E | \xi \rangle,$$

由此,对上面用密度矩阵 D 描述的各种可能的态 $|\psi\rangle$,$|\phi\rangle$,$\cdots$,$|\chi\rangle$ 的混合概率,我们写成

$$\text{YES 的概率} = \langle ED \rangle.$$

它的意义是,为了计算量子力学里标准的 YES/NO 问题的概率 (或者说,对于任何其他量子力学可观察量的期望值),我们不必知道这些备选态 $|\psi\rangle$,$|\phi\rangle$,$\cdots$,$|\chi\rangle$ 的分布的全部信息。[***][29.4] 所有所需的信息都保存在密度矩阵里——正如我们将看到的,一个给定的密度矩阵可由许多不同的态的概率分布组成。这个数学概念体现了相当好的经济性和完美性 (它是由杰出的匈牙利/美国数学家约翰·冯·诺伊曼 (John von Neumann,1903~1957) 于 1932 年提出的)。它将原本似乎是两个不相关的概率概念结合到一个表达式里。一方面,对于态 $|\psi\rangle$,$|\phi\rangle$,$\cdots$,$|\chi\rangle$,我们有通常经典概率值 p,q,$\cdots$,s,另一方面,我们从 §21.9 的平方模法则得到量子概率。密度矩阵则将二者合而为一,并不直接区分彼此。

29.4 自旋 $\frac{1}{2}$ 的密度矩阵: 布洛赫球

让我们用一个简单的例子来说明这一点。假定我们有自旋 $\frac{1}{2}$ 的粒子,其自旋态我们知道不是 $|\uparrow\rangle$ 就是 $|\downarrow\rangle$,每个的概率各占 $\frac{1}{2}$。如果我们选择在上/下方向上测量这种自旋,则如果态是 $|\uparrow\rangle$,我们就得到"上";如果态是 $|\downarrow\rangle$,我们就得到"下"。每种情形的概率都是 $\frac{1}{2}$。这些正好都是经典概率值,无甚量子神秘性可言。但假定我们是在左/右方向上测量自旋,那么如果态是 $|\uparrow\rangle$,则量子 $\mathbf{R}$ 法则告诉我们,有 $\frac{1}{2}$ 概率自旋是"左"的,$\frac{1}{2}$ 概率自旋是"右"的。同样的结果对态是 $|\downarrow\rangle$ 也成立。因此对 $|\uparrow\rangle$ 和 $|\downarrow\rangle$ 的等概率混合,我们得到的仍是对每个"左"和"右"的 $\frac{1}{2}$ 概率。只是现在这些概率完全是从量子力学的"平方模"法则得到的。我们可以取其他任意方向对自旋进行测量,结果在相对的两个方向上仍得到各 $\frac{1}{2}$ 的概率,但一般来说这个概率是经

794

[**] 〔29.3〕解释为什么,并导出后文的式子 $\langle ED \rangle$。

[***] 〔29.4〕你能说出为什么如此吗?

典概率与量子概率的混合。**[29.5]

我们还可以想象转动混合态而不是转动测量仪器。这样，$|\leftarrow\rangle$和$|\rightarrow\rangle$的等概率混合将给出与上面$|\uparrow\rangle$和$|\downarrow\rangle$的等概率混合相同的结果，这对$|\nwarrow\rangle$和$|\searrow\rangle$的等概率混合也是一样的（这里对每一种情形我们都取态是正交且归一化的：$\langle\uparrow|\downarrow\rangle = \langle\leftarrow|\rightarrow\rangle = \langle\nwarrow|\searrow\rangle = 0$且$\langle\uparrow|\uparrow\rangle = \langle\downarrow|\downarrow\rangle = \cdots = \langle\searrow|\searrow\rangle = 1$）。对每一种情形下的密度矩阵 $\boldsymbol{D}$ 有：

$$D = \frac{1}{2}|\uparrow\rangle\langle\uparrow| + \frac{1}{2}|\downarrow\rangle\langle\downarrow|,$$

$$D = \frac{1}{2}|\leftarrow\rangle\langle\leftarrow| + \frac{1}{2}|\rightarrow\rangle\langle\rightarrow|,$$

$$D = \frac{1}{2}|\nwarrow\rangle\langle\nwarrow| + \frac{1}{2}|\searrow\rangle\langle\searrow|,$$

密度矩阵的一个显著特点是所有这些 $\boldsymbol{D}$ 均相等。**[29.6]自旋测量的所有概率指的都是从上述$\langle\boldsymbol{ED}\rangle$公式得到的值，因此，既然 $\boldsymbol{D}$ 都相等，那么相应的概率必然也都相等。

但是我们怎么来考虑这些态的概率混合的本体论意义呢？如果我们认为量子态具有某种物理实在，那么这 3 种情形在本体论上必然各不相同。我们说态处于（物理实在上）可能的$|\uparrow\rangle$和$|\downarrow\rangle$之一上是等概率的与说态处于$|\nwarrow\rangle$或$|\searrow\rangle$上是等概率的是完全不同的两回事。然而，这一本体论问题在许多量子力学文献中却是相当混乱的。量子物理学家似乎经常对前述的问题采取非常不同的本体论立场，他们将密度矩阵本身看成是提供了一种比单个的态更好的对实在的描述。他们或许持这样的观点，上述 3 种明显各异的本体论性的 $\boldsymbol{D}$（即备选量子态的 3 种不同概率权重的组合）在物理上是不可分辨的。由此，这些物理学家——常持环境退相关观点（c）的那些人——会采取实证主义或实用主义立场，认为对这些差异做出区分毫无意义。这些人的观点是：正是密度矩阵提供了对量子实在的最好的描述。

的确，在许多场合，"态"这个词经常是指密度矩阵而非更原始的被我一直称之为"量子态"——即用$|\psi\rangle$来描述的量。当"态"被用来指密度矩阵时，则$|\psi\rangle\langle\psi|$这种特定形式的密度矩阵称为"纯态"，而不能表达为这种形式的更一般的密度矩阵则称为"混合态"。在这个意义上，"纯态"指的就是我通常所称的"态"。我个人认为，称一个密度矩阵（纯的或混合的）为"态"很容易让人糊涂，因此我在这儿将不用这种术语。在我看来，"量子态"就是指量子态矢$|\psi\rangle$，而不是密度矩阵。但有些人喜欢对"量子态"和"量子态矢"这两个名词做出区分，后者指右矢$|\psi\rangle$，而前者表示$|\psi\rangle$的而非零复倍乘的等价类，即与 $\boldsymbol{H}$ 的元素$|\psi\rangle$相应的希尔伯特投影空间 $\mathbb{P}\boldsymbol{H}$ 的元素（见§15.6）。如果我们对$|\psi\rangle$归一化$\langle\psi|\psi\rangle = 1$，那么$|\psi\rangle$的唯一自由度（对 $\mathbb{P}\boldsymbol{H}$ 的给定点来说）就是

795

**[29.5] 对取一般倾角 θ 的测量方向，得用§22.9的概率表达式$\frac{1}{2}(1 + \cos\theta)$ 证明这一点。

**[29.6] 用§§22.8，9 和练习［22.25］通过明确计算来证明这一点。

相角自由度 $|\psi\rangle \rightarrow e^{i\theta}|\psi\rangle$（此处 θ 是实数），见图 29.2。"纯态"密度矩阵的概念实际上就等价于

这种量子态的"投影"概念，因为 $|\psi\rangle\langle\psi|$ 对这种相角自由度是不变量。因此我们可以合理地认为

纯态密度矩阵恰当描述了物理的量子态。

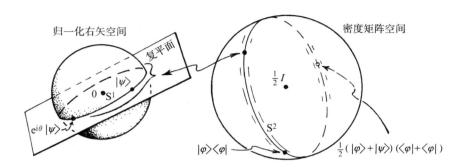

图 29.2 我们如何来表示纯态呢？（a）由 $\langle\psi|\psi\rangle = 1$ 归一化了的右矢 $|\psi\rangle$ 的空间。（b）密度矩阵 $|\psi\rangle\langle\psi|$

"等价"于 $|\psi\rangle$ 到相角自由度 $|\psi\rangle \rightarrow e^{i\theta}|\psi\rangle$，且等价于正比于 $|\psi\rangle$ 的非零右矢族（仅差复比例因子）。但是在

密度矩阵描述中，基本的量子线性性并不清楚。

不论怎样，这种将"纯态密度矩阵"当作"物理态"的恰当的数学描述很难令人满意。如

果态表示的是一个完整的目标的话，那么相因子 $e^{i\theta}$ 只能是"不可观察的"。而当我们考虑到某个

态只是更大系统的一部分时，跟踪这些相位则是很重要的。此外，如果我们总是作量 $|\psi\rangle\langle\psi|$

的运算而不是数学上更简单的 $|\psi\rangle$（或 $\langle\psi|$）的运算，那么右矢的希尔伯特空间基本结构的复线

性性将使得数学运算变得毫无必要地复杂。**[29.7] 部分是出于这些考虑，我的看法是不把密度矩

阵看成是"实在"，而只是一种有用的工具。由此在下面以及§29.5 我们将会看到，这将给密度

矩阵的令人困惑的本体论问题带来一些使人感兴趣的方面。

在进入讨论之前，我们先熟悉一下布洛赫球不无裨益，它表示的是二态系统的密度矩阵空

间。这是一个位于欧几里得三维空间内的闭合的实心球体（或用数学术语来说，叫三维球体或

三维圆盘）B^3。它表示自旋 $\frac{1}{2}$（或其他任意二态系统）的密度矩阵，见§22.9。我们可将迹为 1

的一般的 2×2 哈密顿矩阵记为

$$\frac{1}{2}\begin{pmatrix} 1+a & b+ic \\ b-ic & 1-a \end{pmatrix},$$

这里 a，b，c 均为实数。作为密度矩阵，这种矩阵必然是非负定的，即满足条件**[29.8]

$$a^2 + b^2 + c^2 \leqslant 1.$$

*** 〔29.7〕对任意一对固定的态 $|\psi\rangle$ 和 $|\varphi\rangle$，你能刻画与线形组合 $w|\psi\rangle + z|\varphi\rangle$ 相应的"纯态"密度矩
阵族吗？

** 〔29.8〕证明这一点。提示：对 a，b，c，本征值的积是什么？这个积非负意味着什么？

它显示了布洛赫球 B^3 的一般特点，其边界 S^2 是二维球面 $a^2 + b^2 + c^2 = 1$。这里 S^2 表示二态 $\left(例如自旋\frac{1}{2}\right)$ 系统的纯态，这个空间可等同于 §22.9 描述的黎曼球面 S^2。[15]

我们刚刚考虑的特定密度矩阵 $D = \left(\frac{1}{2}I\right)$ 可用布洛赫球体的原点来表示，它的一种模棱两可本体论解释显然是得自图（图 29.3）的对称性。但 B^3 内部的任意一点（非纯态密度矩阵）L 表示的是具有同样模棱两可的本体论解释的密度矩阵。为了看清这一点，我们过 L 画一条任意直线（弦）与边界 S^2 相交于 P_1 和 P_2 两点。这两点表示两个纯态，于是密度矩阵 L 可解释为这两个纯态的概率混合。**[29.9] 布洛赫球体原点 D 的唯一特殊的地方在于，所有这些可用来表示 D 的纯态对都是正交对。但这样一种要求相互正交态之间概率混合的密度矩阵却没有定义。在 §29.5 我们将看到非正交混合是如何出现的。

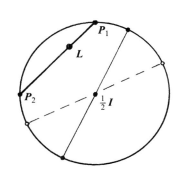

797

图 29.3 二态系统密度矩阵的布洛赫球 B^3，中心位于 $\frac{1}{2}I$。任何（非纯态）密度矩阵 L 都有一个模棱两可的本体论解释。过 L 的任意弦交边界 S^2 于 P_1 和 P_2；于是 L 可解释为纯态 P_1 和 P_2 的概率混合。

29.5 EPR 状态的密度矩阵

我们来检验一种特别明确的情形，其中可能态矢的加权概率的总和是以十分自然的方式出现的。这就是 EPR-Bohm 效应（§23.4）中出现的情形。假定在地球和土星的卫星土卫六之间的某个地方——譬如靠近土卫六的三分点的位置上——以总自旋为 0 的组合态发射出一对自旋 $\frac{1}{2}$ 的 EPR 粒子。假定我在土卫六的同事（§§23.4，5 中的老相识）在上/下方向上测量接收到的粒子自旋，并在我在地球这端接收到粒子的大约半小时前得到某个结果，而且在我接收到粒子时我没时间收到来自我这位同事的上一次测量的任何信号。（土卫六距地球约 3 小时光程。）我所关心的是我接收到的粒子的自旋是 $|\uparrow\rangle$ 还是 $|\downarrow\rangle$。如果我的同事得到态 $|\downarrow\rangle$，那我的就只能是 $|\uparrow\rangle$；如果我同事的是 $|\uparrow\rangle$，那我的就是 $|\downarrow\rangle$。因为我知道我同事得到 $|\uparrow\rangle$ 或 $|\downarrow\rangle$ 的机会是相等的，故我认为我（在我同事测量的半小时后）得到的粒子必然也是 $\frac{1}{2}$ 概率是 $|\uparrow\rangle$，$\frac{1}{2}$ 概率是 $|\downarrow\rangle$。这样，密度矩阵为

$$D = \frac{1}{2}|\uparrow\rangle\langle\uparrow| + \frac{1}{2}|\downarrow\rangle\langle\downarrow|$$

798

** [29.9] 解释为什么如此，证明：所混合的两个概率有与 L 截弦长所得两段长度之比相同的比值。

（|↑⟩和|↓⟩取正交归一：⟨↑|↓⟩=0 且⟨↑|↑⟩=1=⟨↓|↓⟩）。

但是，可能会有这样的情形，我的这位同事在最后时刻突然决定改在左/右方向上进行测量。如果他得到的结果是|←⟩，那么我在地球这端得到的粒子必然是|→⟩；如果他得到的是|→⟩，那么我得到的必然是|←⟩。同事在每一种情形下的概率仍是$\frac{1}{2}$，虽然我不知道他会得到什么结果，但我能断定我得到|→⟩和|←⟩的概率各为$\frac{1}{2}$。因此粒子的密度矩阵是

$$\boldsymbol{D} = \frac{1}{2}|\rightarrow\rangle\langle\rightarrow| + \frac{1}{2}|\leftarrow\rangle\langle\leftarrow|$$

（这里⟨←|→⟩=0 且⟨→|→⟩=1=⟨←|←⟩）。显然，这个 $\boldsymbol{D}$ 同前一样。它也应该是这样，因为同事在土卫六上决定在什么方向上进行测量不影响地球上粒子的概率（否则的话，在土卫六和地球之间必存在超光速的信号传递✳✳✳〔29.10〕）。因此情形似乎是，对于我们考虑的这种情形，密度矩阵提供了一种优异的对物理状态的数学描述。尽管我不知道土卫六上发生的过程是什么——既不知道我同事自旋测量的方向，也不知道他的结果——但我在地球上接收到的粒子的自旋态仍能用上述密度矩阵 $\boldsymbol{D}$ 很好地描述出来。

当然，这一结果只有当我没接到任何来自土卫六的信息时才是对的。如果我知道了同事的测量方式，就会影响到我对我所接收到的粒子自旋态的本体的认识，但不会影响到我在地球这端测得粒子自旋的概率期望值。[16]我可以取这样的观点，如果我知道同事的测量是左/右的，那么我的粒子自旋态一定非左即右，但我不知道具体是左还是右——这种观点在我不知道同事的测量方向时是不可能持有的。但这样一种本体论认识不影响我对我在地球上进行粒子自旋测量得到的结果的概率估计。因此我可以取另一种认为"本体论"并不重要或至少是无多大科学意义的立场，在此密度矩阵就是具有科学意义上的一切。另一方面，如果我实际接收到来自土卫六的信息，告诉我同事的测量结果，那么我的概率估计将大受影响。还不止这些，实际上存在着与此相应的限定联合测量结果的其他要求（例如，如果同事得到的是⟨←|，则我就不可能得到⟨←|）。现在很清楚，密度矩阵描述是相当不充分的，我们必须将它恢复成根据实际量子态（矢）进行的描述，这些态矢描述整个纠缠对：|Ω⟩=|↑⟩|↓⟩−|↓⟩|↑⟩(=|←⟩|→⟩−|→⟩|←⟩)，等等）。

上面例子中提出的这个密度矩阵（已在§29.4 考虑过）非常特殊。在正交基下，它有形式

$$\boldsymbol{D} = \begin{pmatrix} \frac{1}{2} & 0 \\ 0 & \frac{1}{2} \end{pmatrix}.$$

其特殊之处在于它的所有本征值都相等（主对角线上的两个$\frac{1}{2}$）。这意味着不论取何种正交基，它都有相同的形式——因为它恰好是单位矩阵的倍乘。因此不存在可用来将上/下基与左/右基

✳✳✳〔29.10〕解释为什么？

等等区分开来的东西。

指出下面这一点是重要的：这只是我们通过例子所考虑的极其简单情形下的结果。在§29.4 我们已看到，（等本征值）密度矩阵 D 不存在什么特殊之处。对上述例子稍加修改，我们便得到想要的任何 2×2 密度矩阵。对总自旋不为 0 的自旋 $\frac{1}{2}$ EPR 粒子对，譬如我们取其初态总自旋为 1。为了看清它在特定情形下是如何工作的，我们来考虑§23.5 中研究过的卢希恩·哈迪给出的例子。这里，初态是 $|\leftarrow\nearrow\rangle = |\leftarrow\rangle|\nearrow\rangle + |\nearrow\rangle|\leftarrow\rangle$（在§22.10 的马约拉纳描述下，$\rightarrow$ 和 $\nearrow$ 之间夹角的正切为 $\frac{4}{3}$），假定我的同事对到达土卫六的粒子取左/右测量。由§23.5 的结果我们知道，如果同事得到 $|\rightarrow\rangle$，那么我在地球这端得到的态为 $|\leftarrow\rangle$；如果同事得到 $|\leftarrow\rangle$，那么我得到的态为 $|\uparrow\rangle$。**[29.11] 因此，如果我知道同事进行的是左右测量（而且我也知道初态是 $|\leftarrow\nearrow\rangle$），那么我可以得出结论：我在地球上得到的粒子自旋态为 $|\leftarrow\rangle$ 和 $|\uparrow\rangle$ 的概率混合。注意 $|\leftarrow\rangle$ 和 $|\uparrow\rangle$ 不相互垂直。正交性不是组成密度矩阵的概率混合的必要条件，在这个例子中我们清楚地看到了这一点。

那么用于我这边的粒子的密度矩阵是什么样的呢？如果我们知道我的同事能够获得的两种可能结果 $|\rightarrow\rangle$ 和 $|\leftarrow\rangle$ 的概率值，那么问题很容易得到清楚的解决。事实上这些代表性的概率值为 $\frac{1}{3}$ 和 $\frac{2}{3}$，因此我有 $\frac{1}{3}$ 的概率接收到 $|\leftarrow\rangle$，$\frac{2}{3}$ 的概率接收到 $|\uparrow\rangle$。这样我的密度矩阵为

$$L = \frac{1}{3}|\leftarrow\rangle\langle\leftarrow| + \frac{2}{3}|\uparrow\rangle\langle\uparrow|.$$

在上/下基的框架下，这个矩阵类似于

$$L = \begin{pmatrix} \dfrac{5}{6} & -\dfrac{1}{6} \\ -\dfrac{1}{6} & \dfrac{1}{6} \end{pmatrix}$$

（取 $|\leftarrow\rangle = (|\uparrow\rangle - |\downarrow\rangle)/\sqrt{2}$）。它显然不是等本征值的，两个本征值为 $\frac{1}{2} + \frac{1}{6}\sqrt{5}$ 和 $\frac{1}{2} - \frac{1}{6}\sqrt{5}$。***[29.12] 不论怎样，这个密度矩阵的"$\frac{1}{3}$ 的概率接收到 $|\leftarrow\rangle$，$\frac{2}{3}$ 的概率接收到 $|\uparrow\rangle$"这样的特定本体论远远谈不上是唯一的。例如，从初态 $|\leftarrow\nearrow\rangle$ 的 $\leftarrow$ 和 $\nearrow$ 之间的对称性可以明显看出，如果我的同事选择在 $\nearrow$ 方向而不是左/右（$\leftarrow$ 的方向）测量，那么我自己对密度矩阵 D 的本体的认识就得发生很大变化，它涉及 $|\nearrow\rangle$ 和另一个与之正交的态。对我在土卫六上的同事的每一种

800

** [29.11] 为什么？

*** [29.12] 推导 L 的这个矩阵形式，验证这些是它的本征值，并找出其本征矢量。如果在图 29.3 的布洛赫球上将点 L 选择与此一致，那么它位于中心外的多远处？

可能的测量选择，确实存在着不同的本体论描述。**✻✻✻〔29.13〕**

对于给定的密度矩阵，如果我们将概率混合所涉及的态扩大到 3 个甚至更多，那么就会出现更复杂的本体论情形。这样一种情形也会出现在初态自旋为 $\frac{1}{2}n(n>2)$ 的情形下，这种初态衰变为一个飞向地球的自旋 $\frac{1}{2}$ 的粒子和一个飞向土卫六的自旋为 $\frac{1}{2}n-\frac{1}{2}$ 的粒子，因为我同事的自旋测量容许 n 取不同的值，且每个 n 都有各自的概率（§22.10），见图 29.4。这显然还导致了

801　我用于描述飞向地球的粒子态的希尔伯特空间远大于 2 维。所有这些强调了这样一个事实：无论用什么样的密度矩阵，都不存在唯一的"概率加权多选态"的本体论。[17]我们不久将看到，这一事实使得环境退相关哲学的观点(c)变得难堪。

图 29.4　密度矩阵可以表示为比空间维数更多的态的概率混合。图示的例子：在地球和土卫六之间但靠近土卫六的某一点，一个自旋 $\frac{n}{2}(n>2)$ 的已知初态劈裂为一个飞向地球的自旋 $\frac{1}{2}$ 的粒子和一个飞向土卫六的自旋为 $\frac{1}{2}(n-1)$ 的粒子。我在土卫六的同事测得后者的自旋值为 m，n 种可能测量结果中每一种的概率都是（地球上）可计算的一个具体值，因此如果知道了初态，那么我们在地球上就能获得一个具体的由 n 个态的概率混合组成的 2×2 密度矩阵。（它也可以推广到高于 2 维的希尔伯特空间）

关于密度矩阵的实际计算——这里纠缠态（例如"土卫六上"）的信息部分是不知道的——有一点需要在此说明。我们可以有多种不同的方法来表示"未知态的和"。指标方法是其中最简易的一种。我们将初态(归一化右矢 $|\psi\rangle$)写成 $\psi^{\alpha\rho}$，它被视为纠缠态，其中 α 指"这里（譬如说，地球上）"，ρ 指"那里（譬如说，土卫六上）"，见 §§23.4，5。这个态的复共轭（左矢 $\langle\psi|$）记为 $\overline{\psi}_{\alpha\rho}$。态的归一化条件为

$$\overline{\psi}_{\alpha\rho}\psi^{\alpha\rho}=1。$$

于是我在地球上用的密度矩阵在没有土卫六的信息情形下是

$$D^{\beta}_{\alpha}=\overline{\psi}_{\alpha\rho}\psi^{\beta\rho}$$

（指标 ρ 被缩并）。相应地，我同事的密度矩阵是 $\overline{\psi}_{\alpha\rho}\psi^{\alpha\sigma}$。**✻✻✻〔29.14〕**其图示记法见图 29.5。

✻✻✻〔29.13〕证明：对初态为自旋 1 的 EPR 粒子对，任何预先给定的 2×2 密度矩阵均可通过上述过程来获得。相对于初态的马约拉纳描述的方向，这个密度矩阵的本征矢自旋取什么方向？

✻✻✻〔29.14〕证明为什么如此。（提示：对这里和那里分别取正交归一化基，并对两地各种不同的测量结果计算其联合概率。）对情形 $|\psi\rangle=|\leftarrow\nearrow\rangle$，验证其上述概率分别为 $\frac{1}{3}$ 和 $\frac{2}{3}$。

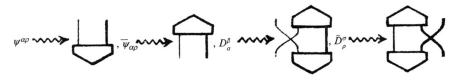

图29.5 "未知态之和"构成的密度矩阵的图示记号。归一化右矢 $|\psi\rangle$ 表示为 $\psi^{\alpha\rho}$，其中 "α" 指 "这里（地球上）"，"ρ" 指 "那里（土卫六上）"。埃尔米特特共轭（左矢 $\langle\psi|$）为 $\overline{\psi}_{\alpha\rho}$，态的归一化条件为 $\overline{\psi}_{\alpha\rho}\psi^{\alpha\rho}=1$。用于 "这里" 的密度矩阵为 $D_{\alpha}^{\beta}=\psi_{\alpha\rho}\psi^{\beta\rho}$，而 "那里" 的密度矩阵是 $\tilde{D}_{\rho}^{\sigma}=\overline{\psi}_{\alpha\rho}\psi^{\alpha\sigma}$。

29.6　环境退相关的 FAPP 哲学

上述考虑可看成是我们研究环境退相关观点（c）的"序言"，这种观点仍认为，出现态收缩 **R** 是可以理解的，因为所考虑的量子系统不可避免地与环境纠缠在一起。为了运用这些观点，我们将系统本身看成是 "这里" 部分，环境视为 "那里" 部分，并将环境看成是极为复杂且本质上是 "随机的"，这样，实际上不存在可行的抽取总量子态中环境 "那" 部分信息的方法。我们能做的是对环境中 "未知态求和" 来得到对态的 "这" 部分的密度矩阵描述。这方面的大部分工作都是有关如何通过 "合理的" 方法来模拟环境的，于是在很短的时间周期里（甚至对中度 "噪声" 的环境而言），密度矩阵在很高的近似程度上变成对角的：

$$D = \begin{pmatrix} p_1 & 0 & \cdots & 0 \\ 0 & p_2 & \cdots & 0 \\ \vdots & \vdots & \ddots & \vdots \\ 0 & 0 & \cdots & p_n \end{pmatrix}$$

这里是根据某种特别有意思的基 $|1\rangle, |2\rangle, \cdots, |n\rangle$ 给出的表达式。**[29.15] 它可以理解成相应于对角元的那些特定基态的概率混合

$$D = p_1 |1\rangle\langle 1| + p_2 |2\rangle\langle 2| + \cdots + p_n |n\rangle\langle n|.$$

这个概率混合可看成是态收缩过程 **R** 中出现的各种可能的反映，每个结果出现的概率相应于数 $p_1, p_2, \cdots, p_n$。

但正如我们前面看到的，密度矩阵可以有各种各样的本体论解释。仅从这种论证，我们不可能搞懂这些解释所提供的事情 "真正的" 状态，我们甚至无法依据各自的概率 $p_1, p_2, \cdots, p_n$ 导出态是 $|1\rangle, |2\rangle, \cdots, |n\rangle$ 之一的结果。

在通常情形下，我们必须将密度矩阵看成是全部量子真理的某种近似。因为在从环境提取

** 〔29.15〕 实际上，在一定的基下，密度矩阵总可以表示为对角的！你能看出为什么吗？试就所有本征值均不相等这种情形予以说明。

具体信息方面不存在任何一般性原则设定的绝对障碍。或许未来的技术能够提供从细节上监测量子相位间关系的方法，但在当今的技术条件下我们只能"放弃"这一关系。也许密度矩阵描述只是一剂技术依赖型的药方！在更好的技术条件下，态矢描述可以更长久地维持下去，对密度矩阵的依赖得以延缓直到事情又变得一团糟！将密度矩阵的描述当成是"真正的"物理实在是一种奇怪的观点。这种描述常常被称为FAPP，这个首字母复合词是约翰·贝尔（因贝尔不等式闻名，见§23.3）引入用来指称"for all practical purposes（就所有实际问题来说）"的。密度矩阵描述就充当了这样一种实用主义工具：某些东西提出仅仅是出于FAPP，并非要提供一种"真实的"物理实在的基本图像。

但在某种程度上，由于某种深刻的极为基础的原理，对具体的相位关系确实无从谈起。这方面的很多想法都将引力作为可能引导我们接近这一原理的目标。有时"引力场量子涨落"的思想让人似乎看到希望，按照这一思想，时空的结构会变成"泡沫状"，而不是类似于 10^{-35} 米的"普朗克尺度"上的光滑流形（图29.6）。[18]（我会在§31.1和§33.1里阐述这些思想。）我们可以想象，在这么小的尺度上，相位关系的确会不可避免地"消失在泡沫里"。由斯蒂芬·霍金提出的另一种建议则认为，在面临黑洞的情形下，量子态的信息会被黑洞"吞噬"，并且原则上说将无可挽回地损失掉。在这种情形下，我们可以想见，一个量子系统——指那种与落入洞内的部分纠缠在一块儿的外部物理——实际上就应当由密度矩阵而不是"纯态"来描述。[19]我们将在§30.8再回到这些思想上来。

图29.6　在 10^{-33} 厘米或 10^{-43} 秒的普朗克尺度下，时空的本性是什么？目前争论的焦点是引力场的量子涨落可能导致具有多种拓扑变化的"泡沫状"沸腾状态，在这个层面上，可能的量子相位间的细节关系实际上不复存在。

29.7　"哥本哈根"本体论的薛定谔猫

让我们回到下述量子力学测量问题上来：假定量子态"真的"按照确定性的 **U** 过程演化，那么 **R** 究竟是如何发生的（§21.8，§§22.1，2，§23.10）？这个问题经常非常形象地以薛定谔猫的佯谬形式出现。我这里给出的只是其非基本形式，而不是薛定谔的原始版本。假定有一个向分束器（"半镀银"镜面）方向发射单光子的光子源 S，在镜面上，光子态分成两部分。其中一条光束路径通向一个与杀死小猫的装置关联的探测器，而光子若沿另一条路径逃逸掉，小猫就能活下来，见图29.7。（显然这只是个"思想实验"。在实际实验中——像我们在§30.13将要讨论的情形——不必用到活的生物。猫在这里只是起着戏剧性效果！）由于光子的这两个态必然以量子线性叠加的方式共存，并且由于薛定谔方程（即 **U**）的线性性要求两个前后相续的时间演化必须保持复常数加权的叠加（§22.2），因此量子态最终必然包括死猫和活猫的复数叠加：就是说同一时间里猫既是死的又是活的！

图 29.7 薛定谔猫佯谬（非原始版本）。光子源 S 向分束器发射单光子，在分束器镜面上，光子态分成两部分的叠加。沿其中一条光束路径，光子飞向通向一个与杀死小猫的装置关联的探测器；而沿另一条路径，光子逃逸掉，小猫就能活下来。U 演化导致一种死猫和活猫的叠加。

在我们经历的实际物理世界里，像猫一般大小的对象的行为出现这样一种情形那是笑话。不同的量子力学"标准"解释是如何看待这一佯谬的呢？先考虑哥本哈根的观点（a）。按我理解，哥本哈根学派对此的解释是将光子探测器视同"经典测量仪器"，这里不用量子叠加法则。在仪器发射和接收（或非接收）之间，光子态由波函数（态矢）来描述，但不赋以"物理实在"。波函数只是作为计算概率的数学表达式来应用的。如果分束器使光子的振幅分成相等的两部分，则计算告诉我们探测器记录接收到光子和未接收到光子的概率各占 50%，也就是说猫被杀和存活下来的机会各占 50%。

这是物理上正确的答案，这里"物理"是指我们实际感受到的世界的行为。但这一描述提供的是一幅令人非常不满意的图像，如果我们要从细节上追求物理事实的话。在探测器里到底发生了什么？它与其他物理材料一样，都是由同样的量子成分（光子、电子、中微子、虚光子等等）组成的，为什么我们容许将它处理成"经典仪器"？我非常理解在量子力学早年尼尔斯·玻尔在这个问题上采取这一立场的必要性，只有这样理论才能得到实际应用，量子物理才能取得如今这样的成果。然而，在我看来，这样一种观点只能是暂时的，它无法解决为什么以及在何种程度上像"探测器"这样的大而复杂的结构将出现"经典行为"的问题。由于观点（a）在解释量子力学时要求用这种"经典结构"，因此它只能是一种"权宜之计"，关于究竟是什么构成了测量这样的更深入的问题完全没涉及。

实际上，观点（a）的一个变种要求的"经典测量仪器"最终是观察者的意识。因此（如果我们不考虑猫的意识的话），只有当有意识的实验者检验了猫，这个经典过程才算完成。我认为，一旦我们走到了这一步，我们就不得不采取与（b）或（f）一致的立场。如果我们采用量子线性叠加的 U 法则的有效性可持续到有意识的人的水平的观点，那么我们即置身于多世界观点（b）；但如果我们采用 U 对有意识的人无效的观点，则我们采取的是一种（f）观点，按照这种观点，某些新的出乎传统量子力学的预言能力之外的行为将与有意识的人发生作用。这一思路的建议实际上是由杰出的量子物理学家欧根·威格纳（Eugene Wigner, 1902～1995）于 1961 年提出的。[20]

但在我看来，任何要实现 R 就需要有意识的观察者介入的理论必然导致一种片面的宇宙图像。想象某个遥远的无智慧生命的类似地球的行星，从任何方面说它都毫无意识地存在了许许多多光年。那么这个星球上的天气状况会是像什么样子呢？如果从任何特定模式的发展都严格依赖于此前所发生的一丁点变化这一点上看（见§27.2），我们说其气象模式仍具有"混沌系统"的属性。的确存在这样的可能，在一个月内，轻微的量子效应将被放大到该星球上整个天气模式都与此有关的程度。如果按照(f)(或(a))的观点，不存在意识就意味着 **R** 永远不可能在这个星球上出现，那么天气实际上只能是某种量子叠加起来的一种与我们所知道的实际天气毫无二致的混乱状态。而如果一艘载人飞船或某个装备有向智慧生命传输信号的设备的探测器能够在这个星球上着陆，那么它的天气立刻——也仅在此刻——瞬间转变成通常的天气，就好像它一直都是正常天气一般！这与经验并无实际矛盾，但这种"威格纳实在"作为一种实际的物理宇宙图像可信吗？我认为不可信，但我能够理解那些笃信这种观点的人。

29.8 其他传统本体论能够解决"猫"佯谬吗？

那么多世界观点(b)怎样？这一观点将死猫和活猫的量子叠加"实在"视为当然（对上一节的量子叠加的天气模式也作同样看待），但它无法告诉我们观察者实际"感知"到的是什么。观察者的感知状态被认为与猫的状态是纠缠在一块的。"我看到的是只活猫"这一感知状态伴随着"活猫"的状态，而"我看到的是只死猫"这一状态则伴随着"死猫"的状态，见图 29.8。假定智慧生命发现他的感知状态总是这二者之一，那么在意识世界里，猫不是活的就是死的。这两种可能性共存于纠缠叠加的"实在"中：

$$|\psi\rangle = w|\text{看到的是活猫}\rangle|\text{活猫}\rangle + z|\text{看到的是死猫}\rangle|\text{死猫}\rangle。$$

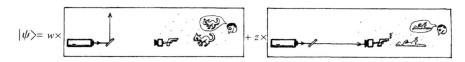

图 29.8 图 29.7 的结论不受是否存在与猫态纠缠的不同环境的影响，也不受观察者不同反应的影响。因此态取如下形式：

$$|\psi\rangle = w \times |\text{活猫}\rangle|\text{活猫环境}\rangle|\text{看到的是活猫}\rangle + z \times |\text{死猫}\rangle|\text{死猫环境}\rangle|\text{看到的是死猫}\rangle。$$

如果 **U** 演化表示的是实在（多世界观点(b)），那么我们就必须采取观察者意识只能经历二者之一的情形，并在这个层面上"分离"为不相关的世界体验。

说得更清楚点儿，这远非猫佯谬的解决方案。因为在量子力学形式体系内，如果不要求意识活动同时参与对死猫和活猫的认知，就不会有任何结果。在图 29.9 中，我用图示说明了这个问题，其中对经过分束器的反射束和透射束分别取相等的两个振幅 z 和 w 这样一种简单情形。对于由初态总自旋 0 的两个自旋 $\frac{1}{2}$ 粒子组成的简单 EPR-Bohm 实验，我们可以有多种重写结果纠缠态的方法。在图 29.9 里，态 $|\text{活猫}\rangle + |\text{死猫}\rangle$ 伴随着 $|\text{看到的是活猫}\rangle + |\text{看到的是死猫}\rangle$；而态 $|\text{活猫}\rangle - |\text{死猫}\rangle$ 则伴随着 $|\text{看到的是活猫}\rangle - |\text{看到的是死猫}\rangle$。这实际上是对 §23.4 里将态 $|\Omega\rangle = |\uparrow\rangle|\downarrow\rangle - |\downarrow\rangle|\uparrow\rangle$ 重写为 $|\rightarrow\rangle|\leftarrow\rangle - |\leftarrow\rangle|\rightarrow\rangle$ 的严格类比。为什么我们不允许这些叠加了的感知状态？这是因为只有到我们确切知道了一个量子态被允许看成是一种"感觉"从

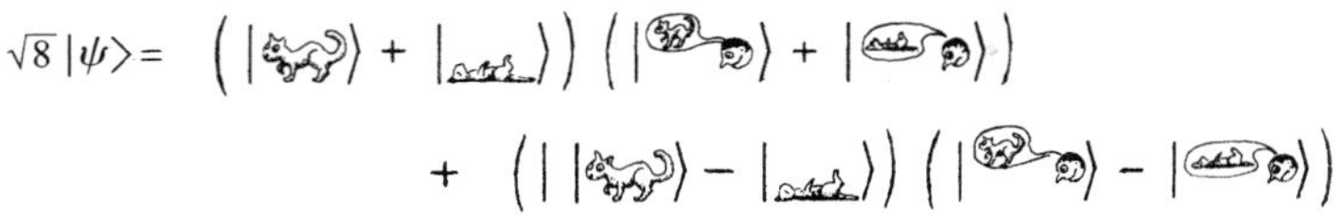

$$\sqrt{8}\,|\psi\rangle = \left(\,|\text{🐱}\rangle + |\text{🐈}\rangle\,\right)\left(\,|\text{🐭}\rangle + |\text{🐁}\rangle\,\right)$$
$$+ \left(\,|\text{🐱}\rangle - |\text{🐈}\rangle\,\right)\left(\,|\text{🐭}\rangle - |\text{🐁}\rangle\,\right)$$

图 29.9 图 29.8 重新表述如下$\left(\text{情形 } z = w = \dfrac{1}{\sqrt{2}}, \text{ 并将环境态与猫态合并}\right)$:

$$\sqrt{8}\,|\psi\rangle = \{\,|\text{看到的是活猫}\rangle + |\text{看到的是死猫}\rangle\}\,\{\,|\text{活猫}\rangle + |\text{死猫}\rangle\,\}$$
$$+ \{\,|\text{看到的是活猫}\rangle - |\text{看到的是死猫}\rangle\}\,\{\,|\text{活猫}\rangle - |\text{死猫}\rangle\,\}$$

而看出这样的叠加是"不允许的"这一切意味着什么的时候，我们才意识到，在解释为什么我们所感知的真实世界不可能含有活猫和死猫的叠加这个问题上，实际上什么都没得到。

有时人们反对这个例子是基于下面的考虑：两个备选态的振幅相等是一种非常特殊的情形，而且一般来说不存在按此方式重新表述纠缠态的自由。但当我们更深入地看待这个问题时，就会发现这个特例中的"振幅相等"方面其实并不重要。记住§29.5 里自旋 $\frac{1}{2}$ EPR 粒子对的例子是很有用的。"等振幅"（实际上是振幅的模相等 $|z| = |w|$）不过是给出等本征值的密度矩阵。从§§29.4, 5 我们清楚地看出，具有不相等本征值的 2×2 密度矩阵可以有多种态对概率混合的表示方法，但这些态对一般都是非正交的。实际上，正交性仅出现在两个态是密度矩阵的本征矢的情形中。***〔29.16〕在"等振幅"（严格来说应是 $|z| = |w|$）情形下，我们可将 $|$活猫$\rangle$ 和 $|$死猫$\rangle$ 这两个态取为正交的，这样伴随的 $|$看到的是活猫$\rangle$ 和 $|$看到的是死猫$\rangle$ 这两个态也是正交的（"本征矢"）。但在 $|z| \neq |w|$ 情形下，与叠加了的正交猫态对相伴的这对感知态通常不是正交的，反过来，与正交的感知态对相伴的猫态对通常也不是正交的。不管是用这两种总态 $|\psi\rangle$ 表示的哪一种都不错，虽然人们可能觉得如果正是这些态使得实在以多世界面貌出现，那么感知态就应当是正交的。但因为按照观点 (b)，**R** 实际上根本就没有发生，因此也就不存在正交选择的特殊情形（因为没有东西"收缩"到这些正交态对）。

事实上我们可以证明，在一般情形下，伴随一对正交猫态存在唯一的一对正交感知态。这就是所谓纠缠态的施密特分解。[21] 但是它对解决测量疑难没什么用（尽管施密特分解在量子信息理论方面非常吃香[22]），因为一般来说这种"数学偏爱"的猫态对（猫的密度矩阵的本征矢）并非所需的 $|$活猫$\rangle$ 和 $|$死猫$\rangle$，而是不需要的这些态的线性叠加！回头再看看§29.5 里哈迪的例子我们就知道，出现在施密特分解里的这些密度矩阵本征态与"本体论实在"的期望无关。我们发现（见练习〔29.12〕），（我在地球这端接收到的粒子的）密度矩阵的本征矢非常不同于我的同事在土卫六上测得的"微观可分辨的态"的 $|\leftarrow\rangle$ 和 $|\uparrow\rangle$！

809

*** 〔29.16〕证明这一点。

由于数学本身并不能以任何"偏爱"的方式区别 |活猫⟩ 和 |死猫⟩，因此在我们能够弄懂(b)之前，我们还需要一种感知理论，而这种理论目前还不存在。[23] 进一步说，这种理论的责任不仅在于解释为什么死猫和活猫（或任何其他微观对象）的叠加不可能出现在意识世界里，而且还应解释为什么极为精确的平方模法则能够给出正确的量子力学的概率！能够做到这一点的感知理论本身就必须是一种精确的量子理论。(b)的支持者现在还没地方能找到这样一种理论框架。[24]

现在我们回到猫佯谬解决方案的环境退相关(c)解释上来。我们将光子的初始发射看成是本体论上的实在。（源可以安排得能够记录这一微观事件。）于是，在经过分束器之后，我们得到的是两束光子的本体论实在的叠加。光子态的传递部分加上环境因素演化到死猫，反射部分加上不同的环境因素演化到活猫。在此，本体论上看仍然是两个态的叠加。环境变量留给我们的是一个 2×2 的密度矩阵，其"不可观察性"下一节再说。现在，本体论的位置已经不知不觉地发生了变换，"实在"变成了由密度矩阵本身来描述。环境退相关观点的结论是，这个矩阵极其接近于对角阵(|活猫⟩, |死猫⟩)，因此本体论上还存在另一种不为人知的变换，态变成了 |活猫⟩ 和 |死猫⟩ 的概率混合。这就是我们一直以来如何"容许"从叠加态

$$w \,|活猫⟩\,|活猫的环境⟩ + z\,|死猫⟩\,|死猫的环境⟩$$

中去除这种本体论变换的做法！我们知道，对于态的概率混合的密度矩阵，存在不止一种的本体论解释(不论本征值是否相等)。传递到 |活猫⟩ 和 |死猫⟩ 的混合态代表着一种从原初叠加态到(二元)本体论的变换。(c)的立场的确是FAPP，它给出的是与物理实在不一致的本体论。

29.9 哪一种非传统本体论有助于解决问题？

我简单评论一下(d)和(e)。如果采用相容历史观点(d)里那种"过分的"本体论，将实在表示为最大程度上精细化了的相容历史集合（consistent-history sets），那么人们就会提出类似于对多世界观点(b)那样的批评。正像(b)那样，我们似乎需要一种具体而精确的感知理论使(d)能够魔术般变出与已知物理世界相一致的图像。这方面已经有许多尝试（由 IGUS——"information gathering and using system 信息收集利用系统"——概念提供），但这些似乎还远远不够充分。[25] 另一方面，人们更喜欢像§29.2里暗示的那种更经济的本体论，在这种本体论中，单独一个最大程度上精细化了的连贯历史集就足以作为"真实世界"本体论的理想备选方案来考虑。而这（"过分"本体论也如此）得依赖于"相容历史"的判据能够真正得以实现，即能够挑出与我们实际生活着的世界极为相似的历史。但正如多克（Dowker）和肯特（Kent）1996年指出的，这个"相容性"条件本身还远远不够充分，显然还需要附加其他判据。

在我看来，(d)的主要缺陷在于，尽管（通过设置投影算子集）引入了类 **R** 的过程，但并不

810

能让我们在理解上比更为传统的(a)和(b)更接近物理测量的实际本质。在（d）中，类 **R** 过程被明确指出不与实际物理测量直接相关。我认为这方面困难在于，如果去除类 **R** 过程与物理测量之间的关联，我们将得不到物理测量实际构成的任何信息。为什么按照(d)我们不能实际见证类似薛定谔猫那样的处于生死之间捉摸不定的事情呢？在解释何以（像物理仪器或猫那样的）系统行为呈经典模式而中子或光子则否等方面，这个理论似乎并不比标准的哥本哈根立场(a)前进多少。从提供观察物理实在模型[26]的需要上看，（最大程度上精细化了的）粗粒化历史的"相容性"要求显然还有很长的路要走。

虽然(d)值得肯定的一面是它在基础水平上认真尝试了合并类 **R** 过程，但到目前为止提出的判据仍不足以使模型的性态具体化为明白无误的类似于我们知道会出现的世界的图像。这种情 811形不论对微观"类经典"情形（如早先在讨论多克－肯特对"相容性历史"判据的关系时评述的）还是对"量子水平"上的情形（这时我们希望看到无扰动的幺正演化）都是一样的。由于测量疑难涉及到这两个不同层面上物理行为之间的表观矛盾，因此我们很难看出相容历史的观点(d)为解决这一疑难提供了什么样的出路。

那么观点(e)又如何呢？正如§29.2里指出的，德布罗意－玻姆的"领波"观点(e)似乎是所有这些实际上不改变量子理论的预言的观点中对本体论表述得最清楚的。但在我看来，它在真正触及测量疑难方面并不比其他理论表现得更令人满意。(e)在概念上从其两个层面的实在中确有收获——一个是实在的系统构形方面坚实的"粒子"层面，另一个是由波函数 ψ 定义的实在的次"波"层面，其作用是引导坚实粒子的行为。但我并不清楚在实际实验中我们如何确信过程是在哪一种层面上进行的。这里困难在于没有任何参数能够定义什么样的系统算是"大的"，使得这种系统更符合经典"类粒子"或"类构形"图像，什么样的系统算是"小的"，使得"类波"行为变得十分重要（这种批评也适用于(d)）。从§23.4等节我们知道，量子行为至少能延伸至几十千米远的距离，因此仅通过物理距离来区别系统何时已不再被看成是量子力学系统，而应看成是经典行为是不可行的。但毕竟我们有了这样一种意识，就是说，大的物体（像猫）不遵从小尺度幺正量子法则。（在§30.11我将解释我自己的观点，这时我们还需要回到"尺度测量"上来。）但人们是否会相信这种具体测量是适当的呢？从规定何时经典行为开始取代小尺度量子行为这一点上看，尺度上的某些测量无疑是必需的。和那些与标准量子力学别无二致的其他量子本体论一样，观点(e)并不具有这样一种尺度测量，因此我看不出它能恰当地解决薛定谔猫的佯谬。

我们不妨一般性地评述一下与此相关的试图从 **U** 动力学"导出"**R** 出现的问题。我们看到，通常的（确定性）动力学并不能独立做到这一点——因为很清楚，这只有在像薛定谔方程这样的动力学方程不存在概率的条件下才是可能的（我建议读者去看看§27.1的讨论）。某些概率原 812则同样是需要的。毕竟 **R** 服从概率法则。因此，正像§29.2指出的，(e)的基本核心是适当的测量的逐次概率能够被正确地编入初态的选择过程中。

剩下的就是（f）了。大多数不同建议的主要困难在于它们的表现方式很不自然，或者基本上是非相对论的，而且需要引入并非出于已知物理学的任意参数，同时违反能量守恒律，有时还直接与观察结果相冲突。在这里讨论所有这些建议显然不合适，挑出一些来剖析也有失公允。实际上，我将在第 30 章介绍一种我自认为非常有希望是正确的建议！要说不公平那也是针对所有建议的，好在其他人对这些建议已有介绍（这里我只有对我的好些朋友说声抱歉了），其中亦不乏真知灼见，我将在相关的地方提及这些内容。

注 释

§ 29.1

29.1 见 Deutsch（2000）。

29.2 这个用词应归功于我的崇尚经典的同事 Peter Derow。见 Penrose（1987a）。

29.3 见 Everett（1957）；De Witt and Graham（1973）。

29.4 一些物理学家争辩说，不同微观态的量子叠加——例如像我们将在 §§29.7～9 中所述的薛定谔的死猫和活猫的叠加——"没问题"，只是因为这"太昂贵"（不具有实际可能性）使得我们设计不出一个实验来检测这两个态之间的相干性。这还是一种"实用主义"态度，它不真正触及我们这里关心的本体论问题。一般我将这类物理学家归入观点（c）。

29.5 见 Hawking and Penrose（1996），121 页。

§ 29.2

29.6 这个列表只是一些代表性观点，围绕这些观点还有许多不同的延伸。例如（Sorkin 1994）有这样一种观点，"量子实在"最好理解为我们在 §§26.6～11 中谈到的路径积分和/或费曼图。按我的理解，这种特定的本体论可归结到一般分类中的（b）类（虽然它与（d）类也有某些重要的共同点），按照这一观点，定义为"量子态"（或"量子化历史"）的特定的叠加态可以具有"实在"的地位。我还应当提及 Aharonov and Vaidman（2001）；Cramer（1988）；Costa de Beauregard（1995）；以及 Werbos and Dolmatova（2000）的"相互作用"本体论，按照这一理论，由上一次测量引起的薛定谔传播到未来的波函数，和由下一次测量引起的薛定谔传播到过去的波函数，都属于是对实在的描述（见 §30.3）。但我没看到，在没有进一步信息的情形下，这些观点如何能够比（a）、（b）、（c）、（d）或（e）更好地解决测量疑难问题。

29.7 形式（d）也允许"起始态"是密度矩阵（见 §29.3）。

29.8 有时就简称为"历史"，但这样容易与 §26.6 里费曼的"历史求和"概念发生混淆。

29.9 这个条件有下列形式：假定我们有一连串给定的投影集（假定在 $\mathcal{H}=0$ 时刻），于是我们构造一个表达式 $X=\langle\psi_0|E'F'\cdots K'L'D_\infty LK\cdots FE|\psi_0\rangle$，这里 $|\psi_0\rangle$ 是初态，"终态"可以看成是密度矩阵 D_∞。（见注释 29.7）。前后相续的投影算子对 (E,E')，(F,F')，$\cdots$，(K,K')，(L,L') 分别属于这一连串给定的投影算子集。一致性条件要求不论这些 (E,E')，(F,F')，$\cdots$，(K,K')，(L,L') 是否相等，X 的实部均为零。严格说来，这种情形只有在演化的薛定谔部分被忽略（即取 $\mathcal{H}=0$），且非平凡的薛定谔演化能够通过在投影算子的应用之间适当引入这种演化而恢复的条件下才是可能的。关于粗粒化历史的这种"一致性条件"可以理解为相互比较的历史之间的"无干扰"条件。

29.10 实际上，我在与历史一致的观点的文献中没找到过任何有关"（d）类本体论"清楚表述。我在这里给出的表述，仅仅是我个人在与杰姆·哈特尔的充分讨论以及与范·多克的通信中形成的对这个问题的一种认识。尽管我尽了力，但很可能仍未充分揭示出"（d）"学派的本体论的精髓。

29.11 见 Bohm and Hiley（1995）；Valentini（2002）。Antony Valentini 也写了一部关于德布罗意 - 玻姆理论的书，我们希望能早日看到它面市。

29.12 见 Károlyházy（1974）；Frenkel（2000）；Ghirardi *et al.*（1986）；Ghirardi *et al.*（1990）；Komar（1964）；

Pearel（1985）；Pearel and Squires（1995）；Kibble（1981）；Weinberg（1989）；Diósi（1984，1989）；Percival（1994，1995）；Gisin（1989，1990）；Penrose（1986a，1989，1996a，2000a）；Leggett（2002）——排序无定规。

§ 29.3

29.13　对于连续性概率分布，我们需要 $\mathcal{P}$ 上 "积分到 1" 的非负实值函数 f。空间 $\mathcal{P}$ 有自然体积形式——§20.4 里的 $2N$ 形式 Σ，它服从刘维尔定理——因此 $f\Sigma$ 可在 $\mathcal{P}$ 上合法地积分，我们要求的条件实际上是 $\int f\Sigma = 1$。

29.14　见 Brody and Hughston（1998b）。Nielsen and Chuang（2000）提供了应用中的密度矩阵的一个好的概念性阐述。

§ 29.4

29.15　对于 $n > 2$ 的 n 态系统图像更为复杂。只有密度矩阵的 $(n^2 - 1)$ 维空间的边缘部分属纯态空间，这一部分是复投影 $(n-1)$ 维空间 $\mathbb{CP}^{n-1}$（见 §21.9 和 §22.9）。

§ 29.5

29.16　读者可能奇怪 §23.10 引入的量子纠缠概念如何影响到这些本体论问题。这是一个引人入胜的问题，可以这么说，从量子的角度看，整个 "本体论" 问题最终都必须以新的眼光来看待。但目前我们还只能采用更 "常识性的" 态度来对待实在问题。这里由相对论引出的问题暂不考虑。

29.17　Nielsen and Chuang（2000）讨论了这一点，亦见 Hughston *et al.*（1993）。

§ 29.6

29.18　这个概念（像许多其他概念一样）最早是 Wheeler 提出的，现代观点见 Ng（2004）。

29.19　见 Hawking（1976b）；Preskill（1992）；亦见 §30.14。

§ 29.7

29.20　我不知道这种观点是否就是威格纳在量子测量方面的实际立场，毕竟他的观点在他一生的前后也不尽相同。还应指出，我的立场基本上不同于这些观点，正像这里指出的，我认为正是意识使态发生了收缩。（在这一点上，我的观点经常被其他评论者误解。）见 §§30.9~12。

§ 29.8

29.21　一般纠缠态 $|\psi\rangle$ 的施密特（或极向）分解属 $\mathbf{H}^2 \times \mathbf{H}^2$，它表示为（基本上不唯一）$|\psi\rangle = \lambda\,|\alpha\rangle\,|\beta\rangle + \mu\,|\rho\rangle\,|\sigma\rangle$，这里 $|\alpha\rangle$ 和 $|\rho\rangle$ 属于前一个 $\mathbf{H}^2$ 且正交（其密度矩阵的归一化本征态），$|\beta\rangle$ 和 $|\sigma\rangle$ 属于后一个 $\mathbf{H}^2$，$\bar\lambda\lambda$ 和 $\bar\mu\mu$ 是密度矩阵的本征值。类似的表达式 $\mathbf{H}^n \times \mathbf{H}^n$ 也成立，这里 $|\psi\rangle$ 和有 n 项。见 Nielsen and Chuang（2000）。

29.22　见 Nielsen and Chuang（2000），它毕竟是量子信息理论！

29.23　这些问题的讨论见 Page（1995）。

29.24　见 Gell-Mann（1994）；Hartle（2004）提供了这种思想的一个 10 年的掠影。

§ 29.9

29.25　见 Dowker and Kent（1996）。

29.26　Adrian Kent 提供的例子清楚地显示出这种 "一致性" 条件离给出物理上可信的 "实在" 图像还差多远。在这个例子中，粒子 p 处在 A，B，C 3 个盒子中的一个内，它们分别表示归一化的正交态 $|A\rangle$，$|B\rangle$ 和 $|C\rangle$。取哈密顿量为零，给出常数型幺正演化。初态为 $|A\rangle + |B\rangle + |C\rangle$ 并假定测量到的末态为 $|A\rangle + |B\rangle - |C\rangle$。（这是可能的，因为 $|A\rangle + |B\rangle + |C\rangle$ 和 $|A\rangle + |B\rangle - |C\rangle$ 不正交。）可以证明，在两次转换之间插入投影算子集 $|A\rangle\langle A|$，$I - |A\rangle\langle A|$ 是 "协调的"，由此得到结论：p 在中间过程必须处于盒子 A 中（主要是因为 $|B\rangle + |C\rangle$ 与 $|B\rangle - |C\rangle$ 正交）。用 B 取代 A 作同样论证，可知 p 在中间过程必须处于盒子 B 中！这个例子似乎是从 Yakir Aharonov 的 "国王问题" 演化而来的，见 Albert *et al.*（1985），5 页。

第三十章
量子态收缩中的引力角色

30.1 当今的量子理论在此适用吗？

816 　　在这一章，我将向读者展示，除了上章提出的负面理由，我们还有一系列强有力的正面理由来使读者确信，目前量子力学的各种定律确需一个根本的（虽然这可能很难预料）改变。这些理由都来自于公认的物理原理和对宇宙的观察事实。但我发现，奇怪的是当今的量子物理学家中很少有人准备认真对待其研究领域内基本原理方面实际变化着的思想。尽管量子力学出乎意料地得到了所有实验的支持，并具有非常确实的预言能力，它毕竟还是一门相当年轻的学科，来到世上才仅仅四分之三个世纪（这是按 1925 年狄拉克和其他人建立起基于海森伯和薛定谔表象的数学理论起计算的）。这里说的"相当年轻"是和牛顿理论比较而言，后者在被认为需要按狭义和广义相对论以及量子力学进行认真调整之前已经历了 3 倍于前者的时间考验。即使按这之前由于引入麦克斯韦场导致的第一次调整来考虑，牛顿理论也享有一又四分之三个世纪的无一例外所向披靡的全盛期！

　　不仅如此，牛顿理论中还不存在测量疑难。而量子理论 **U** 过程的线性性尽管十分优美，但正是这种线性性（或幺正性）直接导致了测量疑难（§22.2）。难道坚信这种线性性只是某种更精确（但尚难捉摸）的非线性理论的一种近似就是这么不可理喻吗？

　　我们有一位明确的先驱，这就是牛顿的引力理论。这一理论有着数学特有的美，即引力总是按完全线性的方式叠加的。不幸的是，在爱因斯坦更为精确的理论中，这一点被替代为一种明显难解的非线性性质，就是说，引力效应实则为不同物体综合的结果。爱因斯坦理论并不缺乏完美性——只是不同于牛顿理论的罢了。我们从爱因斯坦理论还可以看出，牛顿理论所需的调整绝
817 不是我在 §29.2 提到的那种"修修补补"。牛顿理论确实经历过多次这样的修补，像牛顿平方反比律 GmM/r^2（§17.3）里的指数"2"就曾按霍尔（Aspeth Hall，1829～1907）1894 年提出的建议替代为 2.00000016，用以修正 1843 年发现的牛顿理论关于水星近日点进动的预言与实际观测

之间存在的微小偏差（西蒙·纽康伯（Simon Newcombe，1835～1909）曾证明，霍尔的建议对其他行星也符合得很好）。[1] 随后，爱因斯坦理论以无可争辩的方式解释了这些偏差，但这个新理论并不是仅仅通过对旧有理论修修补补而获得的，它经历了观念上彻底的革命性变革。我认为我们在量子力学问题上期待的正是这种结构上的根本性变革，如果我们打算得到一种所需的非线性理论来取代现有的传统量子理论的话。

我个人认为，爱因斯坦的广义相对论的确为改造现有理论提供了某些必要的线索。20世纪为我们提供了两场物理学思想的根本性变革——在我看来，广义相对论具有的革命性意义和量子力学（或量子场论）同样深刻。但这两大理论所基于的原理却彼此难以协调。一般认为，二者要结合，广义相对论的基础原理就必须放下架子从属于量子力学原理。流行的观点认为，量子场论的规则是非对易的，因此爱因斯坦理论必须适当调整以符合标准的量子模型。很少有人认为，为了二者的完美结合，量子法则本身有调整的必要。从"量子引力"这个既成的拉郎配般的名字上我们已经可以听出所寻求的标准量子（场）理论的内在含义。但是我要说，有观察证据表明，大自然对这一结合的看法与此大相径庭！我认为她设计的这一结合在我们眼里一定是那种明显的非标准形式，就是说，客观的态收缩一定是一个重要方面。

30.2　来自宇宙学时间不对称的线索

这一证据是什么呢？让我们先转到大自然对量子引力统一体所选择的那些最能表现其特点的方面上来。我指的是大爆炸和黑洞（也包括大收缩，如果发生过的话）的时空奇点。在第27章，我们通过与坍缩奇点的"一般"性质的强烈对比讲述了大爆炸的那种异乎寻常的特殊性。尽管提出了一些符合哈特尔－霍金学说（见§28.9）的建议，但我认为还是没能解决好大自然的量子引力统一体的总体时间不对称这一基本特性问题。

这种时间不对称性似乎完全不同于标准量子场论给出的结论。例如，我们来考虑§25.4指出的 CPT 定理。（这里"T"指时间反演，"P"和"C"分别指空间反演和粒子替换为反粒子。）如果我们确信 CPT 定理能够用于我们寻求的量子引力统一体，这不啻于自找麻烦。如果我们将 CPT 用到引力坍缩所允许的"一般性"终态奇点，我们将得到一个初态型奇点作为可能的大爆炸（或大爆炸的一个部分）。回忆一下§27.13（以及图27.21的图示）所描述的巨大的可能的相空间就能明白这一点。一旦允许出现这种"一般的"初态奇点，就不会有任何东西来指导造物主的探针指向小得出奇（从"人存原理"的观点看，见图28.13，实无必要）的区域 B，它可是我们这个宇宙的实际起点。很清楚，大爆炸的那种极其特殊本性的神秘性不可能在量子场论的标准框架下得到解决。

这至少说明，任何称得上"标准的"即具有 CPT 定理（§25.4）有效性的理论都属这一情形。严格来讲，这一定理不会立刻适用于那种以完全符合爱因斯坦广义相对论的弯曲时空为基

818

础的理论。CPT 定理成立的前提之一，是它的基本时空采用的是平直的闵可夫斯基空间。尽管如此，我猜测大多数物理学家都把这一点看成是不很重要的"技术细节"，就是说，如果需要，我们随时可按照引入闵可夫斯基空间得到的"庞加莱不变量场论"来重新表述爱因斯坦理论。就我个人而言，我对这种看法持强烈的保留意见，[2] 但我倾向于同意，时间完全对称的经典的爱因斯坦广义相对论，一旦服从量子场论的标准的时间不对称的程序，就应当是时间不对称的。

另一方面，从 §25.5、§§26.5，11 我们知道，存在这样的情形，经典理论一旦到了量子理论这里，其对称性便发生破缺。莫非这种事情也发生在被带到标准量子场论规则范围内的爱因斯坦理论上？假定这是可能的，我们还是很难想象这种对称性破缺会如同发生在譬如电弱理论上的破缺情形那样，在后者的情形下，"真空态" $|\Theta\rangle$ 被认为不享有量子动力学的对称性。如果这种想法行得通，那么 $|\Theta\rangle$ 就必须是"时间不对称的"。我不知道人们怎么来理解这一思想。在 §26.11 描述的方式下，右矢 $|\Theta\rangle$ 的确是被置于所有场算子的右边，并被理解为表示宇宙的初态，按现在的理解就是非常特殊的大爆炸态。但在标准的量子场论下，$|\Theta\rangle$ 的复共轭，即左矢 $\langle\Theta|$，也是形式化体系的一个方面，它通过像 $\langle\Theta|A|\Theta\rangle$ 这样的表达式来满足概率形式体系的需要，并且扮演着与 $|\Theta\rangle$ 完全对称的角色，只是时间上是反向的。因此，$\langle\Theta|$ 代表的是宇宙的终态，就是说，我们有结构上类似于初态的终态，这与第 27 章给出的全部信息形成巨大矛盾。

"量子化"过程还造成其他一些特点。由此可见，量子理论不具有经典理论所具有的那些对称性，即是所谓反常的。这些情形出现在反映经典对称性（泊松括号给出的那种——见 §14.8）的经典对易法则不能在量子对易式下充分实现的场合，在量子理论里往往只留下全部经典对称群的某个子群。一般认为这些反常是可以避免的（当我们在下一章考虑弦理论时我们将看到，理论家们经常为了去除这些反常而表现得扭曲）。但是我们不妨设想采取不同的观点，在那些不需要较大的对称性的场合，将反常看成是"好"事情。但我们目前遇到的是离散对称的情形，即 CPT，除了 T，CT 和 PT——任何含"T"的对象——需要破坏之外，我们很难再看到与通常反常有关的事情，这些一般（但未必总是）仅指能够用泊松括号实现的连续对称性。

然而人们看到这些，很难不得出这样的结论：在这些量子效应和引力效应必须同时出现的极端场合——大爆炸和引力坍缩的时空奇点——只有引力表现得与其他场不同。关于这一点，第 27 章倒数第二自然段中曾有过总结。总之不论什么理由，在这些极端情形下，大自然已经把明显的时间不对称性强加在了引力行为上。

30.3 量子态收缩的时间不对称性

涉及引力与量子力学之间相互关系的其他方面是否也与此有关呢？我相信是这样。我们从未感觉到量子理论（§27.1）的 U 过程存在时间不对称性，与此相反，R 过程则基本上是时间不对称的。通过假想的量子实验我们很容易看清这一点。假定一个光子源一次次地发射单个光子，而且一旦发生就被记录在案。[3] 假定光子能量很高，甚至可能是 X 射线光子。光子束与分束片 B（"半镀银镜面"）的法线呈 45°，这样，如果光子穿过分束片，它就激活另一侧的探测器 D，如果它被反射，则被天花板 C 吸收（图 30.1）。如果光沿这两条途径有相等的幅度，那么探测器记录到的光子数将是源发射的光子数的一半。

这是直接运用 **R** 过程。沿路径 SBD 和 SBC 的幅度均为 $\frac{1}{\sqrt{2}}$（忽略可能的相因子）。

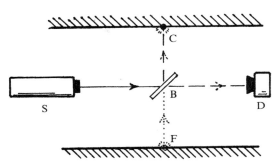

图 30.1 源 S 对准与束方向呈 45°的分束片 B 随机发射高能单光子，如果光子透过 B，它就触发探测器 D（路径 SBD）；如果光子被反射，则被天花板 C 吸收（路径 SBC）。量子平方模法则正确预言二者的概率是 $\frac{1}{2}$，$\frac{1}{2}$。另一方面，对于给定的 D 的记录，光子可以来自 S（路径 SBD），也可以来自地板 F（路径 FBD）。在逆时方向上运用平方模法则将错误地倒推出概率 $\frac{1}{2}$，$\frac{1}{2}$，但实际应是 1，0。

运用 **R** 的平方模法则，我们得到的（正确）答案是，无论何时，只要 S 发射一次，就有 50% 的可能被 D 探测到，50% 的可能光子飞向 C。这显然是正确答案。

但现在我们设想逆着时间来解读这个实验。我并未假定要建立一个"逆时的"源或探测器。物理过程显然是不能改变的。我们只是以逆时方式追问整个过程。现在我们不是要问终态的概率，而是要问如果 D 记录到一次事件，那么初态的概率是多少？有关幅度现在用两条不同路径 SBD 和 FBD 来代表，这里 F 代表地板上的一个点，它具有这样的性质：如果从该点辐射出一个光子，则该光子将在 B 点被反射并于 D 点被接收。两条路径的每一条的幅度（忽略相位）仍是 $\frac{1}{\sqrt{2}}$。这是必然的，因为两条路径的幅度的（模的）比值取决于分束片的性质。这里不存在时间不对称性。现在，如果我们应用"平方模法则"来得到两条路径的概率，我们会发现，S 辐射的概率是 50%，来自地板 F 的光子（参考束）的概率也是 50%，不论何时 D 处总能探测到粒子。

这显然是荒谬的。X 射线光子能够从地板上反射并射向分束片的可能性几乎为零。无论何时，D 的接收事件更可能是 100% 的概率来自 S 的辐射，0% 的概率来自地板 F。就是说，在过去方向上应用平方模法则将得到完全错误的答案![4]

当然，这个法则不是针对过去方向上的，但看看这么用结果会有多荒谬还是有启发的。很多人反对这种推导，认为我不可能将所有与逆时描述有关的特定环境因素都考虑进去，譬如像热力学第二定律只在一个时间方向上有效，再譬如地板温度远低于光源温度，等等。但量子力学平方模法则的优越性正在于我们不必考虑具体的环境因素！由测量过程产生的对未来进行预言的量子概率之所以神奇，也正在于它几乎完全不依赖于特定温度或几何等因素。[5] 如果我们知道了

821

幅度，我们就能给出未来的概率，而且我们仅需知道幅度即可。如果逆时方向上的概率完全不同，那么我们就需要知道环境因素的所有细节。这样，要计算过去的概率，仅有幅度是远远不够的。

但是也存在这样的场合，其中的量子概率可以按时间上完全对称的方式来计算，观察这样的情形一定极富启发性。这些场合往往出现在这样的情形下：测得的量子态是那种中间量子测量之前和之后的某种已知态。为了说得更清楚些，想象一组连续的 3 次测量，其中第 1 次测量将态投影到 $|\psi\rangle$，第 3 次测量将态投影到 $|\phi\rangle$，在这二者之间的是由投影算符 E（§22.6）描述的 YES/NO 测量。中间测量得到 YES 的概率由下式给出✳✳〔30.1〕

$$|\langle\phi|E|\psi\rangle|^2,$$

822 （这里我们假定归一化 $\langle\psi|\psi\rangle = 1 = \langle\phi|\phi\rangle$），它显然是时间对称的。（为建立这样一种场合，我们必须将这个 3 次一组的测量重复很多次，然后从中挑出第 1 次测量得到 $|\psi\rangle$、第 3 次测量得到 $|\phi\rangle$ 的那些组用来检验。因此上述概率是指这些挑出的情形的百分比，即中间测量得到 YES 的次数占总测量次数的比值。)[6] 这使得一些人断定，根本上说，量子测量不存在时间不对称性。[7]

但大多数量子测量并非这种情形。对正常的平方模法则的顺时使用，我们不具体指定 $|\phi\rangle$；对于上述的逆时使用，我们不具体指定 $|\psi\rangle$。我们看到，在不具体指定 $|\phi\rangle$ 的情形下可以很好地计算出量子概率，但不具体指定 $|\psi\rangle$ 则无法做到这一点。人们可以认为，量子法则对未来概率十分有效的原因在于 $|\phi\rangle$ 在某种"随机"的意义上服从热力学第二定律。这里或许有玄机，但我认为对 $|\phi\rangle$ 来说这种必备条件并不十分清楚。这里"随机"的意义是什么呢？不管怎么说，测量问题当然与第二定律存在一定联系。我们还应注意到这么个事实，即实际的测量仪器总能够在运行中利用这一定律带来的好处。第二定律与 R 过程之间存在某种联系这一点正是我自己的物质观的一部分。既然我们已经看到第二定律与未知的量子/引力统一体之间存在紧密联系，我们也必然会预期在 R 与这种未知的统一体之间存在紧密联系。

在进一步澄清这个问题之前，有必要指出 R 的另一方面，即量子态的"跳变"——它不遵从平方模法则的概率计算——从逆时观点看如同顺时情形一样（明显）能够说得通。图 30.2(a),(b) 以示意图的方式说明了这一点，图 30.2(a) 描述的是…，U，R，U，R，U，…轮替（见图 22.1）的"正常"观点，这里的态是指测量后得到的本征态；而图 30.2(b) 描述的是"逆时"观点，这时态是指测量前的本征态。幅度计算表明，不论采用哪一种观点，结果都是一样的，✳✳〔30.2〕但逆时测量带有令人困惑的"目的论"特征。还有一种观点，俗称"交易性"解释，按照这种观点（当然不同的量子理论家对此看法不一[8]），两个图像同时受到重视，任意一次都

✳✳〔30.1〕为什么？你能导出这个公式吗？

✳✳〔30.2〕解释为什么这基本上是 U 的"幺正"性质的表达式，见§22.4。

同时存在两个描述量子体系的幺正演化态矢，一个看上去像图 30.2 (a)，另一个看上去像图 823
30.2 (b)。这一观点对解释第 23 章的 EPR 现象是有利的。但在我看来，这种描述有点过了，我们
最好还是采用量子纠缠的观点，即态"传播"的时间方向并不重要，量子纠缠提供了不同时间
态之间的联系（§23.10）。

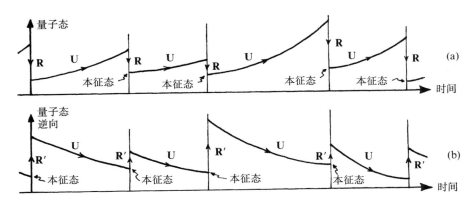

图 30.2　实际应用于量子力学的两种过程 **U** 和 **R** 的交替…，**U**，**R**，**U**，**R**，**U**，…的演示（比较图
22.1）。按照（a）演化的标准时序方向，算符本征态出现在每一次 **U** 演化延伸线的过去端；（b）演化
的逆向观点，算符本征态出现在每一次 **U** 演化延伸线的未来端。按量子力学的"交易性"解释，存在
两个态矢，一个按（a）演化，另一个按（b）演化。

30.4　霍金的黑洞温度

有什么方法能够将 **R** 与所寻求的（时间不对称的）量子引力统一体联系起来呢（这比仅仅
寻求 **R** 的时间不对称性更直接）？我认为有，而且我会举出两个这样的联系。第一个得从前节的
讨论开始，并且要用到著名的"黑洞蒸发"现象。这里的论证只是部分建议性的，远远谈不上
完成；何况在核心问题上还有争论。这个讨论的要点是本节和以下直到§30.9 的主题。（不包括
§§30.5，6，它们应算作偏离主题了。）第二个联系要清楚得多，它源自广义相对论基本原理和 824
量子力学基本原理之间的基础性张力，并且导致某种清楚的定量预言。它的一系列讨论将在
§§30.10～13 给出。但是，第一个讨论——涉及到黑洞熵的某种应用——提出了其他一些重要
的理论问题，在当今的理论探讨中经常会引用到这些内容，因此对它们有一定了解是有益的。

从§27.10 我们知道，贝肯斯坦 – 霍金公式为 $S_{BH} = \frac{1}{4}A$（这里采用自然单位制，对黑洞熵
S_{BH} 取 $k = c = G = \hbar = 1$，A 为黑洞的事件视界的表面积）。霍金（1973）在自己的讨论中证明了黑
洞必然有温度，这个温度正比于所谓黑洞的"表面引力"。对于定态旋转黑洞（克尔几何，见
§27.10），我们发现

$$T_{BH} = \frac{1}{4\pi m \left[1 + \left(1 - a^2/m^2 \right)^{-\frac{1}{2}} \right]},$$

这里，如同 §27.10，m 是黑洞质量，am 是其角动量。这个温度可从如下的热力学标准公式得到：

$$TdS = dE,$$

其中对于不同的能量 E，我们认为保守的角动量是常量。***[30.3] 相应地，这个黑洞会像热力学平衡态下的物理客体那样发射光子，其辐射能量谱遵从温度 T_{BH} 下的 （普朗克）"黑体"辐射特征谱。有必要指出，虽然黑洞的贝肯斯坦 – 霍金熵非常大（由 §27.13 里讨论的非同寻常的数字给出），但合理大小的黑洞的霍金温度却极低。例如，一个太阳质量的黑洞其霍金温度仅为 10^{-7} K，它比地球上人类可达到的最低温度（约 10^{-9} K）高不了多少。

雅各布·贝肯斯坦（1972）曾在此之前利用物理论证（基于将热力学第二定律应用到量子粒子逐渐慢化进入黑洞的场合）导出过黑洞熵的表达式，但他既没得到这个公式现在形式中 "$\frac{1}{4}$" 这个明确值，也没有给出黑洞温度。斯蒂芬·霍金则在弯曲时空背景下应用量子场论技术首次得到了这一温度和公式中的 "$\frac{1}{4}$"。这里，弯曲时空背景描述遥远的过去所发生的物质（譬如说一颗恒星）坍缩而形成的黑洞。这种情形可由图 27.16（c）的共形图来描述（如果坍缩是球对称的，则结果是严格正确的）。

825

照我看，霍金对黑洞熵和温度的计算（其中考虑了相关的"翁鲁效应（Unruh effect）"[9]）是迄今为止获自量子引力理论的唯一合理可信的结论。即使霍金的结论并非严格得自量子引力理论，确切地说，那也是得自弯曲时空背景下的量子场论考虑。一般而言，当我们试图在弯曲背景下阐述量子理论时，总会遇到一些严重的问题，令人惊奇的是霍金竟给出了一些确实的结论。

问题的关键之一是在弯曲背景下找到一种恰当的"正频率"概念。正如我们在 §24.3 和 §26.2 看到的，这一概念是量子粒子和量子场论标准观点的核心要素。要在一般的弯曲时空下阐述这个问题的困难在于缺少能够阐明"正频率"概念的自然定义的"时间参数"。

警觉的读者会指出，在闵可夫斯基空间下也不存在自然定义的时间参数！但这时我们可求助于这样一个明显的事实：对于相对论波动方程（像第 19、24 ~ 26 章里的那些方程）的解，闵可夫斯基时间 t 的一个选择下的正频率等价于这一参数的任何其他形式下的正频率——只要时间方向不反向。对无质量场，我们甚至可以走得更远，即利用由时间取向不变的共形变换从标准的闵可夫斯基时间参数得出的"时间参数"来得到相同的正频率条件。[10]

在一般时空中，不存在这种参数的自然类比，正频率概念通常依时间参数的不同选择而不同。除了霍金温度情形之外，绝大部分的合理结果都出自定态时空的考虑，这种时空具有保持时空几何不变的连续的时间位移族（见图 30.3）。这种时空运动产生于类时基灵矢量 κ（见 §14.7

***[30.3] 对 T_{BH} 导出该公式，这里假定克尔黑洞的视界面积表达式由 §27.10 给出。

和 §30.6）。沿矢量 κ 指向的曲线（κ 的积分曲线）也就是沿此可以规定合理的自然"时间参数"t 的那些曲线，因此

$$\kappa = \frac{\partial}{\partial t}$$

这里其余的 3 个坐标 x，y，z 沿曲线皆取常数。于是"正频率"概念即可根据这个参数来定义。

在不止一个类时基灵矢量的条件下会出现一种奇妙的情形，这时会有不止一个的"正频率"概念。类时基灵矢量的这种多重性随闵可夫斯基空间 $\mathbb{M}$ 而出现，正如上面所说，当我们从一个闵可夫斯基惯性系过渡到另一个惯性系时，正频率概念是一致的。但当我们从惯性系过渡到加速参照系时，情形就完全不同了。由此我们得到一个清楚的"正频率"概念，其结果是量子场论处于所谓热真空中，这时一个加速的观察者会感受到一个非零的温度——尽管对于合理的加速度情形这个温度值极其微小。

图 **30.3**　时空的定态可表示成存在类时基灵矢量 κ。它生成一族连续的、保度规的时间位移。如果 $\kappa = \partial/\partial t$，这里 t 是坐标系（t，x，y，z）的"时间参数"，这样 x，y 和 z 和 κ 的积分曲线必为常数（见 §14.7）。

应当认识到，虽然这是一个令人惊奇的效应，但这种"加速度温度"只不过是那种用普通（虽然是理想化的情形）温度计可测量的温度。在此情形下，温度计或许经受着匀加速度，而这个过程可以看成是相对于环境真空中而言的，后者被认为是一种由非加速温度计测得的零温度真空。（"热真空"这一概念与 §§26.5，11 里的量子场论"备择真空"概念和 §§28.1，4 里的"伪真空"概念均有关联。）这个效应也称为"翁鲁效应"，它与霍金的黑洞热状态是一致的。按照等效原理（§17.4），一个处于很大的黑洞附近保持定态的观察者将经历一个有效的加速作用，这一加速度造成的翁鲁温度就等于他在自身过程中得到的霍金温度。

一般来说，我们可以通过某些途径来避开缺乏"正频率"自然定义这一困难，例如采取放弃"粒子"概念只考虑量子力学算符代数的办法。[11] 乍一看，这似乎代价太高，而且我们需要有一定的创新性才能用这种处理方式来阐述许多有趣的问题。直到本书成文之时，我自己还无法评估这一诱人且看起来很有希望的理论的全部优势所在。我甚至怀疑它是否真的比具体的类时矢量场的处理方法更优越。不管怎么说，我没看出为什么我们非要从固定背景下的量子场论中找出全部的物理意义。它只是对更严格理论的一种近似，在这种严格理论中，引力场的自由度——即时空几何本身——也必须参与到量子物理中来。

在霍金的黑洞温度和熵的计算中，他设法通过仅要求在无穷远处正负频率分开，这一处理避开了大部分这类问题。在 $\mathscr{I}^-$（过去零无穷远）有一个这种概念，而在 $\mathscr{I}^+$ 的概念则不相同（见 §27.12）。这种差异导致产生霍金的黑洞"热状态"，并由此产生所谓霍金辐射。值得指出的是，之所以存在这种效应是因为有这样一个事实：定义在 $\mathscr{I}^-$ 上的一些信息在奇点处丢失了，从而无法在 $\mathscr{I}^+$ 处读出所有这些信息（见图 30.4）。我们将在 §30.8 看出这一事实的意义。

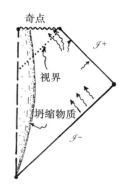

图30.4 霍金对黑洞温度的计算（其中包含了在遥远的过去某些物质向黑洞的坍缩）只需要用到在 $\mathscr{I}^+$ 和 $\mathscr{I}^-$ 上的（标准）正/负频率概念。黑洞的真空变成一种热态（密度矩阵），因为 $\mathscr{I}^+$ 上的初始信息被分成了 $\mathscr{I}^+$ 处的信息和终态奇点处的信息，后者被丢失。

30.5 源自复周期性的黑洞温度

此刻，我们不妨先来考虑一种后来才出现的对霍金温度的绝妙推导，它是由吉本斯（G. W. Gibbons）和佩里（M. J. Perry）于1976年提出的，虽然这么做有点偏离了本章的主线。（我们到§30.8再返回主线。）吉本斯-佩里论证提出了一些关乎优美的数学概念在真正的物理现象中的作用的有趣问题。他们注意到，如果表示黑洞终态的爱因斯坦方程的解（即史瓦西解或克尔解——见§27.10）是"复化的"（即坐标值从实值扩展到复值——见§18.1），那么关于定义在这个复化空间上量的基本正则化条件意味着这些量必须具有复化时间上的周期性（见§9.1的图9.1(a)），其纯虚数周期为 $2\pi i T_{BH}$。统计热力学告诉我们，这种复周期确实对应于§30.4给出的确定温度 T_{BH}。这是一条直接通往霍金黑洞温度的道路。

但我们如何把这一数学过程变成物理推导呢？它确实是一个非常优美的论证，可以直接用来得到许多不同场合下的霍金黑洞温度，这是霍金原初的讨论中无法做到的。但另一方面，将这一论证视同真正给出霍金温度在物理上正确的实际证明还是有困难的。这是数学美的一个好例证，它碰巧给出了正确答案（这里"正确性"判断是就它符合物理上更易接受的判别标准的答案而言的，在这里，后者即指上述霍金的原始论证），尽管新论证的数学里包含某些"物理"假设这一点的有效性值得怀疑。

让我们更详细地看看这一"复化"的数学要点。为此我们先来考虑普通的 2 维欧几里得平面 $\mathbb{E}^2$，它的复化是 $\mathbb{CE}^2(=\mathbb{C}^2)$。实空间 $\mathbb{E}^2$ 有时也称为 $\mathbb{CE}^2$ 的实截面（图30.5(a),(b)；亦见图18.2b）。这是欧几里得型的实截面，因为它具有普通的欧几里得度规。但 $\mathbb{CE}^2$ 还有洛伦兹型的实截面（见§18.2的图18.2），我们可以通过取 $\mathbb{E}^2$ 的标准笛卡儿坐标对 (x, y)（二者都是实参数）中的 y 为纯虚数，然后取 $t = iy$ 作为时间坐标来构造这样一个洛伦兹型实截面 $\mathbb{M}^2$。（这是我们在§18.1里已见过的2维情形。）现在我们来考虑$\mathbb{E}^2$的极坐标(r,θ)而不是笛卡儿坐标(x,y)，见§5.1和图30.5（a）。非负实数r量度距原点的距离，实数角θ给出径向矢量与x轴的夹角，以逆时针为正方向。如何将这个坐标系扩展到洛伦兹型实截面$\mathbb{M}^2$上去呢？假如我们将注意力集中在右半象限$\mathbb{M}^R$，如图30.5（b）所示，则r仍是非负实数，但θ现在是纯虚数，因此

$$\tau = i\theta$$

是实的。现在坐标r量度的是距原点的洛伦兹型空间距离，τ量度"自水平面转过的双曲角"。**[30.4]

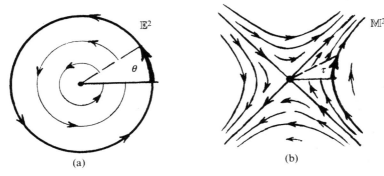

图30.5　由闵可夫斯基2维空间$\mathbb{M}^2$（复化到$\mathbb{CM}^2 = \mathbb{CE}^2$）所展示的虚时间的周期性。（a）欧几里得平面$\mathbb{E}^2$是复化空间$\mathbb{CM}^2$的一个实截面。基灵矢量$\partial/\partial\theta$生成$\mathbb{E}^2$上的转动，这里我们取极坐标$(r,\theta)$。$\mathbb{E}^2$上的单值函数必为$\theta$周期性的，周期为$2\pi$。（b）在$\mathbb{CM}^2$的洛伦兹实截面$\mathbb{M}^2$内，"林德勒"（匀加速）时间坐标$\tau = i\theta$（史瓦西时间的类比，对黑洞这是很自然的），在原点$O$解析的函数必有$\tau$的虚周期，周期为$2\pi i$。（基灵矢量$\boldsymbol{\kappa} = \partial/\partial\tau = -i\partial/\partial\theta$。）

　　我们将坐标τ（乘以常数r_0）作如下理解：对一个（处于这种2维平直时空几何内的）"匀加速"背离中心的观察者（其世界线由$r = r_0$给出）来说，τr_0就是普通时空意义上的"时间"量度（"林德勒（Rindler）坐标"[12]）。时空本身被看成是整个$\mathbb{M}^2$，尽管事实上观察者的"时间"只用于象限$\mathbb{M}^R$。我们假定观察者感兴趣的是$\mathbb{M}^2$上的解析量。这种量具有到时空复化的全纯扩展（见§7.4和§12.9），但这只对某种"实截面"的紧邻域才是有保证的，在目前情形下，指的就是洛伦兹截面。然而如果这个量在该截面的原点O实际上是解析的，那么它必定在欧几里得截面的原点上也是解析的（因为二者是同一原点O）。但在欧几里得原点为正则的量，其θ一定具有周期为2π的周期性，因为如果我们使θ增加2π（按某个小径向值$r = \varepsilon$），结果只是围绕原点转一圈最后仍回到出发点。因此，原初的洛伦兹时空坐标τ具有$2\pi i$的（复化了的）虚周期。

　　这是吉本斯-佩里论证的基础，现在我们将它用到完全4维黑洞几何上去而不是简化了的2维时空$\mathbb{M}^2$上。相关的几何现在是史瓦西几何（对无自旋球对称情形，我们也可以用克尔几何来

[30.4] 根据洛伦兹型笛卡儿坐标(x, t)写出这些坐标(r, τ)；说明为什么θ的实部在$\mathbb{M}^2$上为零。

830 描述旋转黑洞）。为使论证有效，我们需要一个类似于 $\mathbb{M}^2$ 的原点 O 的参考点。图 30.6(a) 中显示的就是这样的一点，这里我们给出了所谓"最大扩展了的"史瓦西时空 $\mathcal{K}$ 的严格共形图。[13] 时空 $\mathcal{K}$ 有时又称作"永恒黑洞"，因为它不是由引力坍缩形成的，而是"永远就在那儿"。按照严格共形图的约定，图的中心点 O 代表一个 2 维球面。$\mathcal{K}$ 类比于 $\mathbb{M}^2$，但我们还需要一个欧几里得空间 $\mathbb{E}^2$ 的类比物。存在这样一种空间，有时我们称它为"欧几里得化的"史瓦西空间 $\mathcal{G}$（甚至经常就叫"欧几里得空间"，真让我感到莫名其妙！）这里，$\mathcal{K}$ 的史瓦西"时间"[14] τ 在 $\mathcal{G}$ 中取纯虚数 $\tau = \mathrm{i}\beta\theta$，量 θ 是 $\mathcal{G}$ 中的角坐标，它沿正方向绕 O 转一圈角度增加 2π（图 30.6b），β 是称为"表面引力"的常实数（在常数 r 处）。任何一个在 $\mathcal{K}$ 的 O 处正则的量（即解析的，见 §7.4）也必定在 $\mathcal{G}$ 的 O 处正则（因为在复化史瓦西空间内，两个实截面 $\mathcal{K}$ 和 $\mathcal{G}$ 的"O"实则是同一个点）。在 $\mathcal{G}$ 的 O 处正则的量必然是周期性的，即 τ 有周期 $2\pi\mathrm{i}\beta$，因为 θ 是普通角坐标，增加 2π（$=360°$）后空间上又回到出发位置。按照统计热力学原理，这个虚周期是"温度 β 的热状态"的特征。

这里我的目的不是要讨论这些热力学原理。那样我们就偏离得太远了。我们关心的只是能
831 否确信对这种复周期的论证。我们能证明它是正确的吗？这一点完全不清楚。对一个实际的物理黑洞而言，这种完全"永恒"的图像肯定是不恰当的。物理黑洞必定是由引力坍缩产生的（譬如说，星系中心的那些超大的恒星或物质团），除非它是大爆炸本身"原生的"。甚至原生的洞——黑洞而不是其时间反向的对立面，即白洞——一定意义上也还是代表着"坍缩"，况且不论是黑洞还是白洞，都不能用图 30.6(a) 的完整模型来充分描述。但是这个模型的某些外在部分，即图 30.6a 中处于上部和示意参与坍缩的实际物质边界线的右边部分，可恰当地描述向黑洞的坍

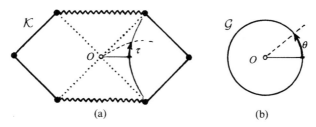

图 30.6 源自虚时间周期的霍金温度（吉本斯—佩里论证）。(a)"永恒黑洞"的严格共形图，它是"最大扩展了的"史瓦西时空 $\mathcal{K}$，具有史瓦西时间 τ 和基灵矢量 $\kappa = \partial/\partial\tau$。中心点 O 代表一个 2 维球面。(b) O 附近的"欧几里得化的"史瓦西空间 $\mathcal{G}$ 有一个实的角坐标 θ，因此"时间"τ 取纯虚数 $\tau = \mathrm{i}\beta\theta$，常实数 β 是洞的"表面引力"。这里，当我们绕 O 转一圈，θ 增长 2π，因此 $\mathcal{K}$ 上在 O 处解析（从而扩展到 $\mathcal{G}$）的函数有 θ 的周期 2π，即（在 O 附近）τ 有周期 $2\pi\mathrm{i}\beta$，这里 β 被解释成霍金的黑洞温度。

缩。而对于下部以及这个边界的左边部分，时空度规将是物质型的，它不同于永恒黑洞的度规。完全的坍缩如图 30.7 所示，它相当于稍许重画的图 27.16(c)。现在我们要指出，O 总是处于（扩展了的）史瓦西度规有效区域之外。因此，对于定义在该时空上的物理量在 O 点具有正则性

这一假定，我们很难从物理上认定它是正确的，这也就是为什么我们难以认定这种论证能为霍金温度的正当性提供证据的理由，尽管它在数学上非常优美。（任何一种物理上现实的黑洞模型都会或多或少地偏离严格的史瓦西——或克尔——度规，我们可合理地预期，当我们的扩展越接近"O"点，这类偏离就会越大，直至最后发散到无穷大。）✱✱✱[30.5]

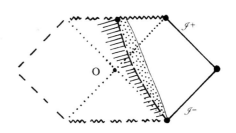

图 30.7 依据图 30.6（a）的史瓦西时空 $\mathcal{K}$ 来表示的球形引力坍缩的历史——稍许重画的图 27.16（c）。斜线阴影区是删去部分，在点状阴影区内，由于存在物质，故其度规不同于 $\mathcal{K}$ 的度规。注意：O 总是处于 $\mathcal{K}$ 度规的应用范围之处。

832

但是也应看到，严格的定态黑洞模型表示的是实际坍缩的最终极限，这时所有的非正则性都可以认为是随着时间流逝而被熨平。正是这种极限时空才具有正则性，因而具有所需的复周期性，并导致所需的温度。虽然我看不出我们怎么才能将这一论证视同对霍金温度的实际物理推导（尽管通常都是这么看待的），但它确实给出了"黑洞温度"这一概念背后具有内在协调性的"强烈迹象"。

在这里，我不禁想起这种情形可与另一个例子相比较。卡特（Brandon Carter）曾就其他问题做过与此非常相似的论述，虽然那种情形也绝对谈不上是什么"推导"。我们知道，定态不带电黑洞可以用两个克尔参数 m 和 a 来描述，这里 m 是黑洞质量，am 是其角动量（为方便起见，这里取 $c=G=1$ 的单位，譬如 §27.10 的普朗克单位）。纽曼（EzraT. Newman）发现，[15]推广了的克尔度规（通常称为克尔－纽曼度规）可用于表示带电的旋转定态黑洞。这时我们有 3 个参数：m、a 和 e。质量和角动量同前，但多了总电荷 e，由此又有了磁矩 $M=ae$，其方向同角动量方向。卡特注意到，黑洞的旋磁比（两倍质量乘以磁矩与电荷乘以角动量的比值 $2m \times ae/(e \times am)=2$）完全是固定的，实际取值正好是狄拉克当初预言的电子的旋磁比 2（狄拉克电子的角动量是 $\frac{1}{2}\hbar$，磁矩为 $\frac{1}{2}he/mc$，因此旋磁比正好也是 2，这里取 $c=1$），见 §24.7。纽曼（2001）依据空间复方向的位移对这种"巧合"给予了解释。

我们能将这种讨论算作是给出了一种独立于狄拉克当初论证的对电子旋磁比的推导吗？显然不能，在"推导"一词的任何通常意义上这都说不过去。除非将电子看成是某种意义上的"黑洞"或许可行。事实上，在电子情形下，参数 a、m 和 e 的实际值严重违反不等式

$$m^2 \geqslant a^2 + e^2,$$

而这个条件却是克尔－纽曼度规能够表示一个黑洞所必需的。因此，这种讨论距狄拉克对电子旋磁比的推导相差何止十万八千里！而这个例子正好与吉本斯－佩里对黑洞温度的论证存在几

✱✱✱〔30.5〕看看你能否给出一个论证来证明这个判断的正确性。提示：考虑小的线性微扰。你能预期它在时间上的一种或不止一种的指数行为吗？

分相似，后者是想通过扩展到复域来证明这个温度值的"自然性"。[16]吉本斯－佩里的论证的确为这一问题提供了另一种视角，使我们意识到这个问题并非仅限于史瓦西/克尔类时空度规的考虑，但不管怎么说，我认为它都难以作为一种实际的物理推导被普遍接受。

30.6 基灵矢量，能量流——时间旅行！

"永恒黑洞"经常因为其他原因受到人们的关注，尽管事实上它的一些难于理解的总体特性使它很难被认真当作物理上可接受的宇宙模型。虽然其中的一些理由与其说是出自现实考虑，不如说与科幻小说联系得更紧密些，但永恒黑洞的一些几何特性仍是值得研究的，它们展示了我们将在§§30.7，10遇到的重要而有趣的数学特性。我们看到，永恒黑洞有两个不同的过去零无穷大（$\mathscr{I}^+$和$\mathscr{I}^{-'}$）和两个不同的未来零无穷大（$\mathscr{I}^-$和$\mathscr{I}^{-'}$）。这种时空经常被认为表示的是由"虫洞"连接着的两个不同宇宙的时间演化，最后虫洞"收缩"成奇点，见图30.8。

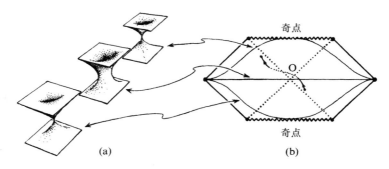

图30.8 从总体上看，时空 $\mathcal{K}$ 像一个"时间演化着"的3维空间，它代表连接两个渐近平直区域的"虫洞"。虫洞在未来和过去两个方向均以奇点方式结束。任何试图从一个区域穿越虫洞到另一个区域的太空旅行者都不可能在虫洞（如共形图显示的那样）"夹断"之前就穿过它，因为那样的话意味着要求旅行者的世界线具有类空（超光速）部分——即图中点状线表示的部分。

对于这两个"外部"区域，似乎每个宇宙都包含一个黑洞，但这种黑洞很奇怪，它同时又是"白洞"。信号可以从过去的内部区域 $\mathcal{B}^-$ 逃逸到每个外宇宙 $\mathcal{E}$ 和 $\mathcal{E}'$（"白洞"行为），也可以从每个外宇宙 $\mathcal{E}$ 和 $\mathcal{E}'$ 传到未来内部区域 $\mathcal{B}^+$（"黑洞"行为）。定态时空这个事实表明存在基灵矢量 κ（见§14.7，§19.5和§30.4）。我在图30.9里画出了这个基灵矢量。我们注意到，基灵矢量在两个外部区域 $\mathcal{E}$ 和 $\mathcal{E}'$ 是类时的，但它在内部区域 $\mathcal{B}^-$ 和 $\mathcal{B}^+$ 却是类空的。κ 在外部区域的类时性质意味着 κ 将表现出黑洞/白洞的定态性质。在 $\mathcal{E}$ 中其世界线与基灵矢量场 κ 相切的那些观察者感知的是一个不变的宇宙。这对 $\mathcal{E}'$ 也一样，只是 $\mathcal{E}'$ 中具有这种性质的观察者必须将这种考虑看成是针对 $-\kappa$ 而不是 κ，因为对经历整个时空的局部观察者来说，未来/过去的界线应当是前后一致的。某种意义上说，当我们从 $\mathcal{E}$ 进入 $\mathcal{E}'$ 时"时间方向"已经发生逆转。通过将能量动量张量与基灵矢量 κ 缩并成 $T_{ab}\kappa^b$ 而得到的守恒的能量密度（§19.5）提供了 $\mathcal{E}$ 中

（正常物质的）正的能量密度，但在 $\mathcal{E}'$ 中正常物质的能量密度是负的（因为 $\boldsymbol{\kappa}$ 在 $\mathcal{E}'$ 中指向过去，表示定态的普通基灵矢量现在是 $-\boldsymbol{\kappa}$）。这里没有矛盾，只是所考虑的时空性质看上去古怪。

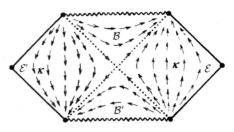

图30.9　基灵矢量 $\boldsymbol{\kappa}$ 在两个外部区域 $\mathcal{E}$ 和 $\mathcal{E}'$ 是类时的，但在内部区域 $\mathcal{B}^-$ 和 $\mathcal{B}^+$ 却是类空的。比较 $\mathcal{E}$ 和 $\mathcal{E}'$ 上的 $\boldsymbol{\kappa}$ 我们发现，它颠倒了时间取向，因此守恒的能量密度 $T_{ab}\kappa^a$ 变号。

实际上，现实中的观察者不可能从 $\mathcal{E}$ "进入" $\mathcal{E}'$，因为相关的"世界线"并非处处类时（图30.8）。但尽管如此，理论家们仍经常想方设法对时空进行"微调"以图做到这一点。他们的理由是出于这样一种考虑（我看这是误导），那就是要证明那种科幻小说里的宇宙间的"白洞"旅行——或（如图30.10中微调过的图像）从一个时空区域到遥远的另一个区域——能够在未来实现。如果这种设想真能成功，那么它将使超越正常相对论限制的空间旅行成为潜在的可能。《星际旅行》设计了一种"时空弯曲引擎（warp-drive）"[1]，它允许飞船穿越虫洞到另一个可能比穿越前"更早"的遥远区域去旅行。

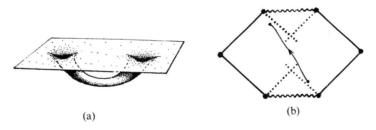

图30.10　基于修正了的虫洞时空的超光速太空旅行的科学幻想。（a）通过"叠合"图30.8中两个相距遥远的外空间区域，我们得到一个连接同一空间中遥远区域的虫洞，但从一个区域穿越虫洞到另一个区域仍不能由类时曲线实现。（b）要使之成为可能，就需要调整这里描述的 $\mathcal{K}$ 的"延伸"版本的性质（但这种模型要求负能量密度）。

尽管奇特，但甚至一流的广义相对论专家都在考虑这种"时间旅行"的可能性。[17] 所以，与其说（至少有时是这么看）是因为在当前的物理学背景下有可能实现时间旅行，不如说我们可以在物理上从其不现实的事实**[30.6]中受到教益。在图30.8给出的"空间描述"中，虫洞在空

835

----

〔1〕　美国科幻电视连续剧《星际旅行》中企业号的驱动方式。影片中的 warp-drive 标准有多级，warp1 相当于光速，以后每提高一级，速度以指数形式提高。美国太空总署（NASA）正在从理论上探讨这种可能性，例如 Alcubierre 设计的 warp-drive 能够对飞船前方的时空进行压缩，并对飞船后方的时空进行扩张，从而产生这之间区域的空间弯曲，使得飞船被加速。详见 NASA 网站 http：//www.nasa.gov/centers/glenn/research/warp/ideachev.html　。——译者

**[30.6] 依据狭义相对论原理解释为什么这不现实，如果可以在两类空分离事件 p 和 q 之间旅行，就意味着可以沿过 p 的类时世界线从 p 回到 p 之前的事件。

间旅行者能够通过之前就"收缩到零"。这个想法要表达的是这样一种可能性：在理论限定的条件下，如果容许存在负能量密度，就有可能"维持虫洞张开"足够长时间使得旅行者能够从一端跑到另一端。在经典理论中，通常认为这种负能量密度是不存在的，而在适当的量子场论这种特殊情形下则是容许的。

是不是真有一些相对论物理学家相信，这种疯狂的念头会给我们带来"时空弯曲引擎"概念，使我们能够借助这种基于量子场论的虫洞来实现宇宙间的远距离旅行？我认为就是有也是极个别的。[18]更值得认真考虑的是这类问题或许能够提供一种对量子引力概念的"检验"。如果这些量子场论概念的确容许虫洞"保持张开"，那么这可以看成是这些关乎量子引力的特殊概念的坏的迹象——于是我们必须反复斟酌。这个思路可以为眼下所考虑的具体量子引力理论的合理性提供一些有用的导向。（至少我是这么来看待这个问题的。也许我在这方面所持的观点太过"宽泛"，实际上认为应当认真对待这种"时空弯曲引擎"的理论家比我想象的要多得多！）

836

30.7 来自负能量途径的能量流

我已经偏离本章主题太远了，这个主题是考虑黑洞霍金温度的意义。我们能在量子力学框架下看出为什么黑洞应当具有非零温度辐射的更多的理由吗？实际上，霍金为这种霍金辐射还提供了一种"直观的"推导，如图 30.11。在黑洞视界附近，虚粒子－反粒子对持续从真空中产生出来，本当在极短的时间里彼此湮没。（我们在§26.9考虑过这种过程，见图 26.9 和 26.10。）但是，由于存在黑洞，这个过程被调整，因为经常会发生粒子对的一个粒子被拖入黑洞、另一个逃逸的现象。但这种情形只有在逃逸粒子变为实粒子（即"壳上的"，与之相对的是"离壳的"虚粒子，见§26.8 和图 26.6）时才会发生，因此逃逸粒子必然具有正能量，而落入黑洞的粒子（由于能量守恒）必然成为具有负能量的实粒子（这些能量可认为来自无穷远）。事实上，负能量只会存在于黑洞中的实粒子上，所以如此是因为基灵矢量 κ^a 在

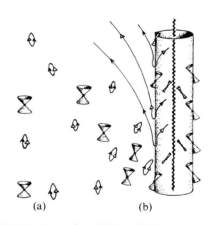

图 30.11 （a）霍金对霍金辐射的"直观"推导。（a）在远离洞的地方，虚粒子—反粒子对从真空中持续产生出来，但很快就湮灭掉（见图 26.9（a））。（b）在非常接近洞的地方，我们可以设想这对粒子中的一个落入洞中，另一个则逃到外部无穷远。由此，虚粒子不仅变成实的，而且能量守恒要求落入黑洞的粒子具有负能量。这是可能的，因为基灵矢量 κ 在视界内变成类空的。（如果 κ^a 是类空的，则守恒的能量 $p_a \kappa^a$ 可以是负的，这里 p_a 是粒子的 4 维动量。）

837

内部区域 $\mathcal{B}^+$ 中变成类空的，指向未来的类时 4 维动量 p_a 会有一个负的标积 $p_a \kappa^a$，它就是粒子的（守恒的）能量，见图 30.11（b）。*[30.7] 霍金过程之所以可能就是因为一个实粒子（相对于虚粒子而言）在黑洞视界内具有负能量。而它的实伙伴必然具有正能量，因此正能量能够被带离洞外。

有必要指出，如果黑洞是旋转的，那么经典黑洞理论中也会出现非常类似的情形。对于正常大小的黑洞，其霍金辐射极其微小——往往只具有纯理论上的意义——与此不同的是，经典旋转黑洞的类似辐射则可能大到足以具有天文观察上的意义。事实上宇宙间已知的大多数强能量源（类星体和射电星系）似乎由巨大黑洞的转动能量作为能源的。

这个过程与产生霍金辐射的过程非常相似，能量产生都是因为负能粒子或场被黑洞吞没，导致正能量逃离黑洞到无穷远。但二者间有一个重要的差别：对旋转黑洞，基灵矢量 κ 在其中变成类空的那部分时空会一直延伸到黑洞视界外的区域。这个区域即所谓的能层（图 30.12（a））。因此，在能层内，粒子能够具有负能量（这是在无穷远处测得的）同时仍可以与遥远的宇宙另一端进行联系。例如，粒子可以从外面进入能层，然后分裂成两部分，其中一部分具有负能量，使得另一部分携带着比初始粒子进来时更多的能量再次逃逸出去![19] 由此净能量被带离黑洞，使得转动运动中存储的能量有所减少（图 30.12（b））。如果将粒子换成（电磁）场，所得结论类似。[20]

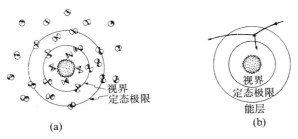

图 30.12 沿旋转（克尔）黑洞的时间轴向"下"看。（a）克尔黑洞有一个区域——称为"能层"——其中定态的基灵矢量 κ 在黑洞视界外变成类空的。在能层内，粒子可以有负的保守能量（如同在无穷远测得的一样），另一些粒子则可携带多余的能量逃到无穷远。（b）按照所谓"彭罗斯过程"，这一事实可用来产生能量，即抽取黑洞的转动能。最简单的过程，莫过于将粒子射入能层，使之分裂成两个粒子，一个携负能落入黑洞，另一个携较粒子初始时更多的能量逃到无穷远。

要强调的一点是，从局部看，落入黑洞的"负能粒子"其实就是普通粒子（即 §18.7 描述的那种具有普通 4 维类时动量的粒子）。当粒子正好处于能层时，我们从无穷远处测得的该粒子能量 $p_a \kappa^a$ 恰好变成负的。这是黑洞的一个显著且非常有力的事实，而且不存在任何数学上的不相容性和物理上的不合理性。正是因为有这一机制，黑洞才能够经常发生向外部世界抛射大量

838

---

*[30.7] 解释：如何从类空的 κ^a 得到负的"能量"值 $p_a \kappa^a$。

转动能的现象。

事实上，对类星体发出巨大能量（见§27.9）的最合理的解释，就是把这种能量看成是源自巨大黑洞的转动能。黑洞巨大的转动能正是通过上述过程逐渐衰减（释放到空间），见图30.12（c）。一般认为，黑洞吞噬的负能量主要是电磁场（例如，见文献 Blanford and Znajek，1977；Begelman *et al.*，1984）而不是实际粒子（例如 Williams，1995，2002，2004）。但基本原理是一样的。

30.8 霍金爆炸

现在让我们回到量子力学的霍金过程上来。如上所述，质量为一个太阳质量（$1M_\odot$）的黑洞的温度是极其低的，见§30.4（约为 10^{-7}K）。对更大的黑洞，其温度会更低（对于给定的 $a:m$ 比值，温度反比于黑洞质量，见§27.10）。天文学上还没有证据表明存在质量小于 $1M_\odot$ 的黑洞，因此黑洞温度目前还不是天文学关心的兴趣所在。

但不管怎样，正如霍金 1974 年就指出的，理论研究会对这个温度相当感兴趣。[21] 例如，如果宇宙是持续膨胀型的（见§27.11 和§28.10），那么总会达到这么一点，此时环境温度将低于给定黑洞的值。（对于 $K=0=\Lambda$ 的 $1M_\odot$ 黑洞，这个时间点要等上 10^{16} 年，这大约是宇宙目前年龄的 10^6 倍。）这之后，黑洞将开始通过辐射释放出比其从周边环境吸收的多得多的能量。随着能量损失，其质量也相应减少，半径变小，同时变得更热。我们不妨从 $1M_\odot$ 黑洞开始来想象

图 30.13　类星体输出的巨大能量似乎就像来源于星系中心巨大黑洞的转动能。它好像就是图30.12 描述的那种一般性质的过程，但这里黑洞吞进的是负能电磁场而非粒子。

一下这个过程。这个黑洞会以很低的速率持续这个辐射过程，在大约 10^{64} 年当中一直损失着质量，开始时温度缓慢升高，然后持续以加速度上升，直到达到 10^9 K 或 10^{10} K（这种不确定性源自我们还缺乏极高能量态下的粒子物理知识）。此时会出现逃逸不稳定性，黑洞中剩余的质量能量会在瞬间转化为辐射爆发出来！见图 30.14。

正像霍金当初提出的那样，这至少是一种看上去最简单最自然的假设。（霍金最初的建议是，如果大爆炸恰好给了我们数量足够多的"微型黑洞"（譬如说一座山的质量但大小仅有质子那么大）的话，那么这种性质的辐射爆我们现在就该探测到。但是按目前的观点看，这种可能性不大，没有证据表明会出现这种情形。）另一些物理学家[22] 则认为，尽管这种最终的辐射爆有可能出现，但黑洞不会就此完全消失，而是会留下某些"残迹"或"碎片"。他们不认为被黑洞吞噬的"信息"会全部灭迹于系统中，而是"保存"在了这种残留的碎片中。[23] 问题是我们很难

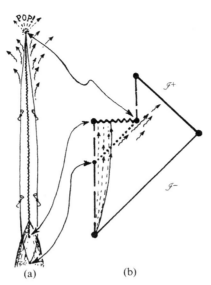

图 30.14 霍金黑洞蒸发。（a）由经典坍缩形成的黑洞。在其后相当长的一段时间内，黑洞以很低的速率通过霍金辐射来释放质量能量，并在质量损失的同时加热自身。最终在爆炸中消亡（这种爆炸按天文学标准看是非常小的，且与黑洞的初始质量无关）。（b）这种过程（球对称情形）的严格共形图。它清楚地表明，这一图像与损失派的观点是一致的：坍缩物质带着其所有"信息"直接落入视界，并在奇点处彻底消亡。

看出所有这些涉及物质坍缩到黑洞细节的信息如何才能够存贮于这种碎片中，要知道在热（因此几乎是"无信息的"）辐射夺走几乎所有黑洞物质之前，这些原初的黑洞曾一直是恒星般大小甚至是星系量级的黑洞。有鉴于此，一些研究者认为在最后的辐射爆中，所有信息在"最后时刻"又被返回到视界外。

这 3 种观点罗列如下：

损失派：当黑洞蒸发完毕，信息也就全都损失掉了；

存贮派：信息保留在最后的碎片中；

返回派：信息在最终的辐射爆中全部返回到视界外。

读者或许奇怪，最明了的选择显然是损失派的观点，为什么我们非得需要存贮派或返回派的观点呢？原因在于损失派的观点似乎意味着幺正性的破坏，即不遵从 U 运算。如果你的量子力学哲学要求幺正性是不变的，那么你持损失派的观点就会有困难。这就是为什么在（绝大多数）粒子物理学家那里盛行存贮派或返回派观点的原因，尽管这两种观点表面看来显得做作。

我自己的观点是，信息损失无疑是正确的。图 30.14 的解释清楚地传递了这一图像，坍缩的物质带着其所有"信息"直接落入视界，最终在奇点处彻底消亡。就局部物理意义而言，在视界处并未发生什么特殊的事情。物质甚至不"知道"已越过了视界。我们应当记住，我们能够考虑的是原初非常大的黑洞，例如像居于星系中心的黑洞，它可以有百万倍甚至更多的太阳质量。当你穿越视界时，不会发生任何特别的事情。时空曲率和物质密度并不大：也就是我们在太

840

841

·601·

阳系看到的那种大小。甚至连视界的位置都不是由局部考虑确定的，因为这个位置依赖于后来落入黑洞的物质有多少。如果越往后物质落入得越多，则视界实际上早已越过了！见图30.15。我发现这一点真是不可思议："在正要穿越视界之前的瞬间"，会有某种信号被发送到外部世界，向外传递出正待坍缩物质所包含的所有信息的全部细节。事实上，信号本身不足以构成任何意义，因为物质本身就在一定意义上构成了我们所关心的"信息"。一旦它落入视界，物质被俘获，它就不可避免地消失在奇点那儿了。

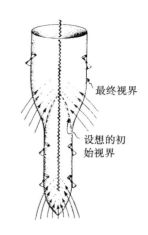

图30.15 黑洞视界的精确位置取决于"目的论"，因为它依赖于最终有多少物质落入洞中。

这至少是一个清楚的结论，如果我们接受宇宙监督（§28.8）的话。我看不出这里还有什么讨论余地。基本图像见图30.14。按照这一图像，处于坍缩中的物质只在进入奇点后才被消灭掉（其"信息"也一并被消灭），而不是在越过视界的瞬间。如果我们持返回派观点[24]——坍缩中的物质的信息在临终爆炸（图30.14中的"POP"）那一刻以某种方式全部传递出来——那么我们就必须解释这些信息是如何横越奇点"溜号"的（按照合理的宇宙监督形式，信息的取道应当是类空的，见§28.8）。我没看出从哪方面来说这能说得通。

貯存派观点境遇并不好多少，如果不说是极其糟糕的话。即使有碎片留存，它也没任何实际用处，因为信息被永久地"锁在其中"了，在我看来这和损失掉别无二致。如果碎片的唯一作用就在于"保留了幺正性"，那么我们就得有相容的关于碎片的量子场论，这个困难可是极为艰巨。[25]照我看，还是霍金的论证更有说服力：按照损失派观点，当广义相对论结合进量子力学过程的图像时，在某种场合下幺正性必然要被破坏。

斯蒂芬·霍金自己是如何看待这些问题的呢？从一开始，他就坚定地站在损失派一边，而且我至今未见他的这种观点比起当初有丝毫改变。当然，黑洞蒸发完全是一个理论概念，也许大自然本身对黑洞遥远的未来有着自己一套别样的概念。但如果量子场论或微观的广义相对论结构不作根本性的变革（也许二者都必须变革），我们很难看出会有什么更好的选择。霍金的立场——至少到2003年是如此——是幺正性应当被破坏，但这只能从相当温和的意义上来理解。霍金的建议是，在黑洞面前，系统的量子态实际上演化到一种（非纯态）密度矩阵。事实上，我们在§29.6就简要地间接提到过这个概念，当时我谈到这样一个事实，如果纠缠量子态的某个部分真的可以失去——在此即指落入黑洞——这与仅仅出于FAPP（"就所有实际问题来说"）而失去的考虑截然相反，那么我们就可以合理地采取这样一种本体论立场：量子实在的确可以用密度矩阵而非（纯）态来描述。霍金曾构想过某种"纯幺正的"演化来直接用于密度矩阵，并

容许"纯态"演化到"混合态"。[26],***[30.8]

30.9　更激进的观点

我自己的立场是：尽管我赞同霍金的看法，即某种形式的损失派观点很可能是对的，但我相信我们还需要某种更激进的观点。例如，上段所概括的霍金建议就没有结合进任何时间不对称的特征。[27]但既然存在时间对称性，那么图 30.16（a）的"白洞"图像，它作为图 30.4 的时间反演，就是容许的——正如图 30.16（b），它是图 30.14 给出的蒸发黑洞的时间反演。"一般的时间对称情形"，其中既充斥着大量的信息破坏也伴随着大量"新信息"的产生，见图 30.17。所有这些都不遵从外尔曲率假设（§28.8）。图 30.16（c）的"对称"情形包含了在原始黑洞最终蒸发的瞬间会有白洞产生，这个白洞将持续增大直到它达到原来黑洞所具有的大小为止，见图 30.17。我还不曾见过有谁认真提出过这么一种看上去荒谬的模型！如果我们容许出现像图 30.17 中的那些情形，那么我们就不能解释为什么它们就不能大量出现在大爆炸的情形下，这导致与 27 章所提供的材料形成极大的矛盾。

843

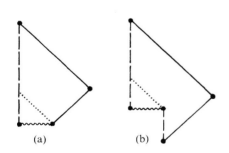

图 30.16　白洞：时间反演的黑洞。它们不遵从外尔曲率假说。（a）图 27.11、27.16 中黑洞形成的时间反演的共形图。（b）图 30.14 的黑洞形成及其通过霍金辐射消亡的时间反演的共形图。

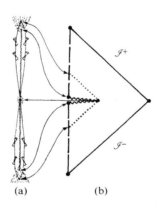

图 30.17　（a）时间对称情形，其中，在黑洞蒸发的最终时刻白洞通过引力坍缩而产生。新的白洞会一直增长到达到因大量物质喷发而消亡的黑洞原先的大小为止。（b）该过程的共形图。

这里我不想重复我所有的论点，[28]但大致上说，这些论点都基于这样一个事实，即大自然似乎在告诉我们，就那些宇宙中容许存在的时空奇点的物理结构而言，与外尔假设极为类似的某种假说是对的。[29]如果我们接受这一点，那么就得承认，在黑洞奇点处确实存在着不可恢复的净的"信息损失"。这是因为，按照这一假说，最终的坍缩奇点包含了——因此也吸收了——巨大数量的自由度（它们都居于外尔曲率里），而这些自由度是任何初态奇点所禁止的。

***〔30.8〕用指标记法（例如 $|\psi\rangle$ 记做 ψ^α）表示能够实现这一点的变换。（提示：参考图 29.5。）

　　　　让我们试着用系统相空间概念来进行包括黑洞形成和蒸发的论证。严格来讲，相空间论证需要在具有确定的有限能量的闭系统下进行。为了丰富想象力，我们不妨设想有这么个巨大盒子，其大小比星系尺度还要大，四壁由理想化的镜面组成，使得没有任何信息和实物粒子可以出入其间，见图 30.18。这当然显得很荒谬——我只是急于让读者确信，我们的体系仅仅是由"思想实验"构成的，并非真实场景！它只是设想[30]出来以便使相空间论证能够用于包括霍金辐射过程中自由度（表观）损失的系统。这里相空间 $\mathcal{P}$ 描述假想盒子中给定总能量下所有可能的物理态。动力学演化（图 30.19）由 $\mathcal{P}$ 上的一族箭头描述，方式同图 20.5。

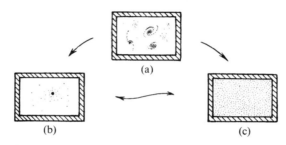

图 30.18　霍金的"盒子"思想实验。（a）想象有一个巨大的（星系大小的）物质"盒子"，四壁由理想化的镜面组成，使得没有任何信息和实物粒子可以出入其间。（b）一种局部最大熵情形即提供大多数物质的黑洞，但它在热平衡态下背景辐射量很小。（c）另一种局部最大熵情形是没有黑洞情形下的纯粹热辐射（可能带有少量粒子）。

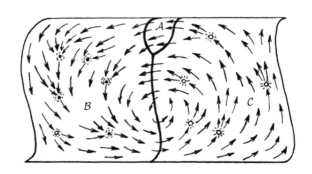

图 30.19　霍金"盒子"的相空间描述，其中箭头表示（与图 30.18 所示有关的过程的）（哈密顿）演化。区域 $\mathcal{A}$，$\mathcal{B}$，$\mathcal{C}$ 分别对应于图 30.18 的（a），（b），（c）。相应地，黑洞出现在区域 $\mathcal{B}$，而非区域 $\mathcal{C}$。按照损失派观点，由于信息在黑洞的（未来）奇点处被破坏，因此黑洞的出现将导致与 **R** 过程（假定它是客观真实的）的时间不对称性流线的会聚（相空间体积缩小），见图 30.1。这个理论认为，在这两个违反刘维尔定理的过程之间存在总体平衡，因此流的最终的相空间体积仍是守恒的。

　　　　在此（"思想实验"）情形下，随着时间流逝，自由度由于被黑洞奇点吞噬而消失，而且按照外尔曲率假说，这些自由度不容许再现于初始（白洞型）奇点，但我的观点是，它们将通过 **R** 过程再现。这里的想法是：在时间不对称的落入黑洞的"信息损失"行为和 §30.3 展示的量

子力学 **R** 过程中概率的时间不对称行为之间，存在着总体平衡。**R** 过程的非确定性性质告诉我们，同样的输入可以有多种可能的输出，这一点平衡了黑洞可以有多种不同的输入给出同一种输出这一事实，其中区别不同输入的"信息"被奇点吞噬掉了。由 §30.3（图 30.1）的假想实验可知，对给定的单个输入（由 S 发射的光子），我们有两个不同的输出（到达 D 的和到达 C 的光子），而对给定的输出（到达 D 的光子）则基本上只有一种输入（由 S 发射的光子）。因此，按照 **R** 过程我们有相当大的相空间体积，而时空奇点结构的不对称性使得相空间体积明显变窄，仍见图 30.19。这里争论的焦点是：平均来看，这两种效应应当彼此抵消。

应当明确，这种平衡仅是就物理过程的总体特征而言的。它显然不是要声称黑洞一定要同时伴有每一种量子态收缩。我们的想法不过是，在整个相空间内，这两种效应之间存在着平衡。因此，正是存在着形成具有吞噬信息的黑洞的潜在可能，才使得 **R** 过程的未来随机性得到平衡。

我们还应指出，这两种效应都不遵从动力学演化中相空间体积守恒的定理（刘维尔定理，见 §20.4，图 20.7）。但在每种情形里我们都有超乎通常经典动力学的某些性质。确实，当我们将量子效应和经典效应合起来考虑时，经典相空间概念就完全不合适了。对纯粹的量子系统，我们应当完全在希尔伯特空间下进行思考。在认为 **U** 量子过程演化就是全部真相的人看来，希尔伯特空间描述是正确的描述。但黑洞蒸发带来的信息（和幺正性）的破坏对这种描述提出了严重的质疑。我的观点是，这两种图像都不完全恰当，二者都只是对某种我们尚不知道如何描述的理论的近似。[31]

多年来，我一直想通过对上段概述（以及图 30.19）的这两种过程间平衡的细致研究来直接得到量子态收缩速率的定量估计，但至今也没能完成。因此，一种完全不同的思路能够用来得到这种恰当估计真是善莫大焉。这些正是本章余下章节的主题。

30.10　薛定谔团块

让我们回到 §29.7 所考虑的所谓"薛定谔猫"那种情形下。在图 29.7 里，我展示了怎样利用分束片将光子态变成叠加态来建立活猫和死猫的量子叠加态，这里光子态的透射部分触发一个杀死猫的装置，而反射部分则使猫能够活着。我们当然不会拿真猫做这种实验，这样既不仁慈也不妥当，只会招来不必要的复杂的物理体系。因此，我们不妨换一种对象，考虑投射束光子态触发的是这样一个仪器，它将某个团块沿水平面推移一段距离，而反射束则对团块无影响，见图 30.20。叠加的团块状态扮演的即是薛定谔猫的角色——尽管没有那种戏剧性！

我要提出的问题是：两个团块位置的量子叠加态是定态吗？按传统量子力学，这是确凿无疑的，如果我们认为每个团块位置分别代表一个定态并且两种情形下能量都相同（这样位移后团块的静态能既不比初态的高也不比后者的低）的话。这是我们从第 21 章（和 §24.3）学到的规则的基本运用。团块的初始位置由态 $|\chi\rangle$ 表示，位移后的位置由 $|\varphi\rangle$ 表示，对这两个位置我们有

图30.20 图29.7的薛定谔"猫",但现在作为结果的量子叠加态是由物质团块的两个不同位置扮演的。

847 两个薛定谔方程来描述其定态,

$$i\hbar \frac{\partial |\chi\rangle}{\partial t} = E|\chi\rangle, \quad i\hbar \frac{\partial |\varphi\rangle}{\partial t} = E|\varphi\rangle,$$

每个方程给出一个能量本征态,其本征值为 E。如果叠加态可以表示为

$$|\psi\rangle = w|\chi\rangle + z|\varphi\rangle,$$

那么不论(常)振幅 w 和 z 取什么样的值,我们都直接有[30.9]

$$i\hbar \frac{\partial |\psi\rangle}{\partial t} = E|\psi\rangle,$$

因此,每个量子叠加态 $|\psi\rangle$ 也是定态的。如果态 $|\chi\rangle$ 和 $|\varphi\rangle$ 均自始至终独自地保持不变,那么它们的每个量子叠加态 $|\psi\rangle$ 亦如此。这恰是标准量子力学所期望的。

现在我们需要温习一下爱因斯坦的广义相对论知识。首先,我们认为引入用背景时空几何来表达引力场十分重要。我们可以想象地在地球上用水平面上放置的两个团块进行这种实验。地球的时空曲率并不完全是平直的,我们必须考虑这种时空曲率会带来什么样的效应。我们确实得关注出现在薛定谔方程里的算符"$\partial/\partial t$"的真正意义。在广义相对论里,通常没有什么自然的坐标系可以用来定义"$\partial/\partial t$"概念。从§10.3和§12.3(见图10.5)可知,考虑偏微分算符(如$\partial/\partial t$)

848 "不变量"的方式是将它看成是(时空)流形上的矢量场——如图30.21。因此,我们需要一个时空上的矢量场来表示所需的"$\partial/\partial t$"概念。

在目前情形下,问题还不是很严重,因为我们考虑的是"定态"问题,故至少有一个本身是定态的背景时空。正如我们在前面(§§30.4,6,图30.3)看到的,定态时空的特征是存在类时基灵矢量 $\boldsymbol{\kappa}$。这个特殊的矢量场在此起着什么作用呢?这里时空的定态是在"t 是独立的"这个意义上说的,这意味着

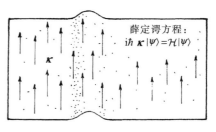

图30.21 薛定谔方程中的微分算符"$\partial/\partial t$"被看成是(不变的)流形上的矢量场 $\boldsymbol{\kappa}$(见图30.3),这里时空定态被表示成 $\boldsymbol{\kappa}$($= \partial/\partial t$)是一(类时的)基灵矢量场($\mathop{\pounds}\limits_{\boldsymbol{\kappa}}\mathbf{g}=0$,见§14.7)。

---

*[30.9] 为什么?解释:当我们在后面的稳态背景时空情形下重复这一结论时,用到了矢量场 $\boldsymbol{\kappa}$ 的什么性质?

我们能够对以前的公式直接作变换（图30.21）

$$\frac{\partial}{\partial t} \mapsto \boldsymbol{\kappa}.$$

这里可能还有总体上差一个常数尺度因子的问题，但这个问题在此并不重要。通常我们采取要求 $\boldsymbol{\kappa}$ 在大的空间距离（这时引力场看成是衰减到零）上取"常规"时间位移来解决这个总体因子问题。但在局部，$\boldsymbol{\kappa}$ 的幅度可以逐点而异，就像要考虑地球引力场带来的"钟慢"效应（§19.8）。***〔30.10〕由于 $\boldsymbol{\kappa}$ 取代了 $\partial/\partial t$ 的地位，因此确定每个离散态 $|\chi\rangle$ 和 $|\varphi\rangle$ 的定态特性的单个薛定谔方程为

$$i\hbar\boldsymbol{\kappa}\,|\chi\rangle = E\,|\chi\rangle \qquad 和 \qquad i\hbar\boldsymbol{\kappa}\,|\varphi\rangle = E\,|\varphi\rangle,$$

并且像以前一样，对叠加态 $|\psi\rangle$ 我们仍有

$$i\hbar\boldsymbol{\kappa}\,|\psi\rangle = E\,|\psi\rangle。$$

因此，定态引力场作为背景，其存在并不改变两定态 $|\chi\rangle$ 和 $|\varphi\rangle$ 的量子叠加仍是定态这一事实。

现在让我们来看看当考虑了团块自身的引力场时将发生什么变化。如果单独考虑每个态 $|\chi\rangle$ 和 $|\varphi\rangle$，似乎不构成真正的问题。但在缺少公认的量子引力理论，而 $|\chi\rangle$ 和 $|\varphi\rangle$ 中每一个又都是一个量子态的情形下，可以说我们还不知道该如何来处理它们的引力场。但这个问题并不大。传统观点断定，正确的量子引力理论能够处理好如经典物质团块这样的事情，其引力场将依据爱因斯坦经典广义相对论原理来精确描述，即使这种做法未必十分到位。（我认为，这种"传统观点"的有效性大可置疑，但如果我们相信这一对标准假说——对宏观物体，不仅量子形式体系无需改变，经典的广义相对论也保持不变——那么我们就必须接受这一观点。毕竟目前争论的性质是探索这两个假说的可行性极限问题。）相应地，对分别处于地球水平面上两个分离位置上的物质团块，应当存在精确描述这二者的量子态 $|\chi\rangle$ 和量子态 $|\varphi\rangle$，这里出现的每个团块总是伴有其近似经典的爱因斯坦引力场。[32]由于这两个团块的位置态在各自的伴随时空里都是定态，每一个都有相应的相伴基灵矢量[33] $\boldsymbol{\kappa}_\chi$ 和 $\boldsymbol{\kappa}_\varphi$，且满足适当的本征值为 E 的薛定谔方程：

$$i\hbar\boldsymbol{\kappa}_\chi\,|\chi\rangle = E\,|\chi\rangle \qquad 和 \qquad i\hbar\boldsymbol{\kappa}_\varphi\,|\varphi\rangle = E\,|\varphi\rangle。$$

在此前的情形里，即当我们忽略了团块的引力场时，我们能够写下叠加态 $w\,|\chi\rangle + z\,|\varphi\rangle$ 的薛定谔方程，并断定所有这些态都是定态。但现在这一点做不到了，因为这两个基灵矢量 $\boldsymbol{\kappa}_\chi$ 和 $\boldsymbol{\kappa}_\varphi$ 不同。我们该怎么做呢？我们需要一种可以用于叠加时空的不变的"$\partial/\partial t$"概念，但不论是 $\boldsymbol{\kappa}_\chi$ 还是 $\boldsymbol{\kappa}_\varphi$ 似乎都满足不了这一要求。在下一节我们将看到，这个问题不是个小问题，它引起一种基本困难，并直接导致量子力学和广义相对论两大理论的基本原理之间的冲突。

***〔30.10〕对这个问题，看看你能否利用§30.6里基灵矢量 $\boldsymbol{\kappa}$ 提供的守恒律，以及模 $\kappa_a\kappa^a$ 在引力体附近不等于1（即使它在远离引力体时可归一化到1）这一事实，来给出一种解释。这种效应是如何影响到时间测量的？

30.11 与爱因斯坦原理的基本冲突

对这两个基灵矢量的差异作深入细致的说明很重要。我所说的基灵矢量 κ_χ 和 κ_φ 不同，是在很深刻的意义上说的。它们实际上是不同时空上的矢量场！人们或许认为，这两个时空之间的差异只是因为它们的度规结构略有差别，因此我们可以试着认为它们实际上是同一个空间，只是带有略微不同的度规张量场，譬如说 g_χ 和 g_φ。但采取这种立场就意味着要放弃爱因斯坦理论的基本原理之一即广义协变原理（见§19.6）。从某种意义上说，将两个点集视为"同一个"点集，实际上就是在这两个空间之间建立点对点的对应关系，就像将一个空间的点叠合到另一个空间里具有相同坐标的点那样。可以断定，在两个不同时空之间不存在什么占优势的点对点对应关系。

为什么两个团块位置之间缺乏这种同一关系就会招致困难呢？因为我们需要能够写下薛定谔方程，但如果没有同一的"κ"，我们又该怎么做呢？最直接的办法是将 κ_χ 和 κ_φ 等同起来，但这势必违反爱因斯坦理论的基本原理，因为这意味着我们认为这两个基灵矢量处于同一个空间内，这不是开玩笑吗！依我看，对于这种情形，我们确实需要找出量子力学和广义相对论基本原理之间冲突的证据。

尽管如此，我们也不应就此干脆"放弃"。虽然严格说来我们确实需要适当的新理论来指导下一步该做什么，但我认为我们能够取得某些实质性进展，如果我们准备接受眼下的这种冲突，并且只寻求某种与此相关的误差检测的话。下面我们采取这样一种立场：一定意义上，大自然可以接受的是容许两个时空在局部上同一，只要"自由降落"的概念在两个时空中是同一的。这是§17.4的等效原理的某种反映。我们尝试建立的同一是令一个空间内的测地线恰好与另一空间内的测地线重合。通常这是不可能的，除非是在某个点的紧邻域内；因此我们代之以计算将这两个时空叠合起来所引起的误差。这事完全在广义相对论下很难做到，但我们可以在将光速 c 看成是无穷大的极限情形下运用其中的大部分概念，同时保留爱因斯坦理论的基本思想。由此我们得到§17.5的嘉当关于牛顿引力的公式。[34]

由第17章的牛顿/嘉当引力理论可知，时空其实是具有不同的可容许"时间"t 的1维欧几里得空间 $\mathbb{E}^1$ 上的纤维丛。纤维是不同的3维欧几里得空间 $\mathbb{E}^3$，其中的每一个指某给定时刻的"空间"。因此，我们实际上有一个由时间坐标 t 描述的"绝对时间"。读者或许会认为，既然我们现在对两个团块位置的时空有了同一的时间概念，那么问题不是就解决了吗？但糟糕的是知道了 t 并不能保证就知道 $\partial/\partial t$。因为算符 $\partial/\partial t$ 还要求知道其余的坐标变量（譬如说 x，y，z）是否也保持不变。这就是我们在§10.3（见图10.7）里说的"微积分第二基本困惑"问题。利用所涉的几何我们可以看清楚这里的问题。知道了 t 我们也就知道了 $\mathbb{E}^3$ 截面的位置，但只有知道 $\partial/\partial t$ 我们才能够得到一个定义穿过这组3维曲面的曲线族的基灵矢量场，见图30.22。事实上，这个无法具体化薛定谔方程的$\partial/\partial t$的问题，即使是在更为"传统的"量子引力处理中也被认为是一个非常深奥的问题。它与量子宇宙学里所谓的"时间问题"有关。[35]

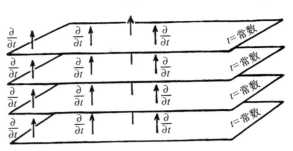

图30.22 知道t并不能告诉我们∂/∂（"微积分第二基本困惑"问题，见§10.3里图10.7）；t告诉我们$\mathbb{E}^3$截面的位置，但∂/∂定义了穿过这组3维曲面的曲线族。

在这里，我无意于雄心勃勃地来解决所有这些问题。我们所需的只是对有关误差进行估计，如果我们试图对不同的矢量κ_χ和κ_φ做"非法"叠合的话。我们这么来做：先叠合$\mathbb{E}^3$，然后取两空间引力加速度之差（自由落体之间即测地线之间的差）的总误差。假定引力加速度分别由3维矢量$\boldsymbol{\Gamma}_\chi$和$\boldsymbol{\Gamma}_\varphi$给定，则我们可通过在整个$\mathbb{E}^3$上对二者差的平方$(\boldsymbol{\Gamma}_\chi - \boldsymbol{\Gamma}_\varphi)^2$进行积分来估计这个误差。这个积分误差可理解为，在规定$\mathbb{E}^3$的具体选择的t时刻，对薛定谔方程所需的"$\partial/\partial t$"算符定义的绝对不确定性的测度。这种不确定性通过薛定谔方程直接导致了叠加态能量的绝对不确定性E_G。下一步是将这个E_G表达式转换成另一种（等效）数学形式，后者我们可以理解成[30.11]：

$E_G = $态$|\chi\rangle$和$|\varphi\rangle$的质量分布之差的引力自能。

质量分布的引力自能是获自完全弥散到无穷远的点状物质质量分布的集合能。上述的差可以看成是取正的$|\chi\rangle$的质量分布与取负的$|\varphi\rangle$的质量分布之和（见图30.23）。（这里不为零的理由是能量与每个质量分布的引力场对另一个质量分布引力场的作用有关。）

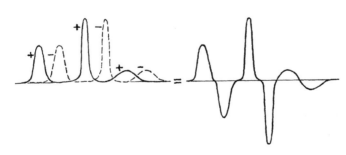

图30.23 叠加的两个定态$|\chi\rangle$和$|\varphi\rangle$的每一个定义了其质量密度分布的"期望值"。二者间的差（即一个为正另一个为负）构成引力自能为E_G的正、负质量密度分布。

如按通常的理解，这里有些困难需要重视，尤其是涉及负的质量分布方面。幸运的是，对于通常所考虑的大部分情形，即在态$|\varphi\rangle$仅仅是态$|\chi\rangle$的刚性位移的情形下，量E_G可直接按另一种方式来理解：我们将这一能量看成是团块从原初位置$|\chi\rangle$移动一段距离到位置$|\varphi\rangle$时付出的代

***〔30.11〕看看你能否确认这一点。证明与§24.3的练习〔24.3〕有雷同之处。我们利用泊松方程$\nabla^2\Phi = -4\pi\rho$，这里Φ是牛顿（标量）引力势。我们的"误差"就是$|\nabla\phi_1 - \nabla\phi_2|^2$的空间积分。

价,这里位置 $|\varphi\rangle$ 远离固定位置 $|\chi\rangle$ 的引力场。可以证明这个能量与前述刚性位移情形下的 E_G 是同一个能量,***[30.12]但在其他场合下并非总是如此。

实际上,我们可以考虑用这第二种能量测度(即引力相互作用能)来作为 E_G 的另一种定义。尽管第一种定义,即引力自能的定义,在我看来似乎更便于建立起来,但我们也不应排除目前理解上存在的其他可能性。迪奥斯(Diósi, 1989)曾考虑过上述两种建议,给出了一项类似于我下面要给出的提议,但他还提出过一项(随机)动力学,这我就不在此赘述了。这些不同的建议应当在实验上是可区分的,下面我就会谈到。然而需要强调的是,甚至这些建议中最好的也难说是目的完全明确的,不是完全没有冲突。[36]

那么,我们怎么来处理这种基本的"能量不确定性"E_G 呢?这得借助海森伯的不确定原理(时间/能量不确定关系,见§21.11)。我们都熟悉这样一个事实:不稳定粒子或不稳定核(如铀^{238}U)的平均寿命 T 有一个固有的时间不确定值,它与能量的不确定值呈倒数关系,其大小由 $\hbar/2T$ 给定。例如,我们在§21.11 提到过,^{238}U 核的寿命约为 10^9 年,故每个核的基本能量不确定值约为 10^{-51} 焦耳,由爱因斯坦质能关系式 $E = mc^2$ 知,其质量不确定性约为总质量的 10^{-44}。现在我们将叠加态 $|\psi\rangle = w|\chi\rangle + z|\psi\rangle$ 与此作类比。叠加态本身是不稳定的,其寿命 T_G 通过海森伯公式与上述的基本能量不确定性 E_G 相联系。按照这一图像,[37]像 $|\psi\rangle$ 这样的叠加态将在

$$T_G \approx \hbar/E_G$$

的平均时间范围内衰变到其组分的态 $|\chi\rangle$ 或 $|\varphi\rangle$。

30.12 优先的薛定谔-牛顿态?

上述讨论的要点是,两个态的量子叠加态将在 $\hbar/E_G$ 的时间量级范围内衰变到这两个态之一。但敏锐的读者想必会抱怨:可以说任何量子态 $|\psi\rangle$ 都可以表示成一对不同态的线性叠加(例如 $|\psi\rangle = |\alpha\rangle + (|\psi\rangle - |\alpha\rangle)$),这里 $|\alpha\rangle$ 是任意态)。因此将所有这些态看成衰变到其"组分"并没有任何意义,特别是如果对给定的 $|\psi\rangle$,我们取 $|\alpha\rangle$ 使得这两种组分态的质量分布相差足够大,我们甚至可以使衰变在瞬间完成!

即使是对仅涉及单个电子的叠加态 $|\psi\rangle = w|\chi\rangle + z|\varphi\rangle$ 情形,我们也不难判断上述讨论的结论中这种性质的荒谬性。因为我们可以取 $|\chi\rangle = |\alpha\rangle$ 来表示处于(几乎)精确位置上的电子,其质量分布几乎就是 δ 函数(§21.10),这样 E_G 的值实际上就是无穷大,它意味着态 $|\psi\rangle$ 几乎瞬间就收缩到 $|\chi\rangle$ 或 $|\varphi\rangle$ 之一。由点状粒子(例如夸克)组成的系统都可以依此类推。如果实际

***[30.12]你能看出为什么在此情形下给出的 E_G 与前述答案完全相同吗?如果位移团块的最终位置较之初态位置有所抬高,将会发生什么变化?如果团块被压缩了又将如何呢?

行为果真如此，那显然没有任何意义，量子力学也就不存在了。

我们应当对 $|\chi\rangle$ 和 $|\varphi\rangle$ 容许取什么样的态给予密切注意。从前面的讨论可知，我们是将 $|\chi\rangle$ 和 $|\varphi\rangle$ 取为定态的。而电子在其位置（几乎）精确确定的情形下肯定不处于定态。由海森伯的位置/动量不确定原理（§21.11）可知，这时电子具有极大的动量，将瞬间弥散开去。另一方面，如果我们要求 $|\chi\rangle$ 和 $|\varphi\rangle$ 都严格处于定态，那么要将上述论证完全运用到单个粒子上也有一定困难。因为对单个的作用势延伸到无穷远的（正质量）自由粒子，不存在普通薛定谔方程的定态解。✲✲✲〔30.13〕这个难题的答案取决于这样一个事实：在这个薛定谔方程里我们需要考虑粒子的引力场。在这种描述中我不要求引力场本身是量子化的，而只是要求其作用包含在牛顿引力势函数 Φ 中，这个势函数的源就是以波函数形式出现的质量分布的所谓"期望值"。本书显然不适于给出这个问题的全部细节描述。[38]但这种描述似乎能给出合理的答案。这方面的详细研究正方兴未艾。有结论表明，对作用势延伸到无穷远的单个粒子，这种修正的薛定谔方程——我宁愿称其为薛定谔－牛顿方程（因为它结合了牛顿引力场）——确实有表现完好的定态解。（但对单电子，波函数的延伸将不限于可观察宇宙的范围，延伸距离反比于粒子质量的 3 次方。）

现在，我们有了至少可用于两个（前述薛定谔－牛顿意义上的）定态叠加的量子态情形下的客观态收缩的合理建议。按照这个方案，叠加态将在 $\hbar/E_G$ 的平均时间范围内自发收缩到两个组分定态之一，这里 E_G 是两质量分布之差的引力自能。我把这个方案称作为引力 **OR**（**OR** 表示量子态的"客观收缩（objective reduction）"）。对任意一对这样的定态，引力自能 E_G 有明确定义，那就是这两个质量分布之差，两个分布具有相同的定义在薛定谔－牛顿方程上的"期望值"表达式。

所有其他关于 **OR** 的理论都遇到了能量守恒方面的困难。譬如像吉拉迪（Giancarlo Ghirardi）、里米尼（Alberto Rimini）和韦伯（Tullio Weber）在 1986 年提出他们的新颖且极富开创性的理论时就遇到过这种麻烦。[39]一般的做法是"保留"这一问题，只要这种能量不守恒性能够减低到可接受的极低水平。我的观点是我们必须更认真地对待这一问题。上面提出的引力 **OR** 理论的优势，正在于 E_G 的这种能量不确定性有可能冲抵了这种潜在的不守恒性。使得能量守恒并未真正被破坏。但这个问题还需要进一步研究。可能在 **OR** 过程表观的能量困难和§19.8 所说的引力能的非局域性质之间存在某种"抵消"。

我对粒子态收缩的看法是，它确实是一种客观过程，而且始终是一种引力现象。这种现象甚至会出现在导致所谓 FAPP 态收缩的实质性的环境退耦情形中，譬如说在引力 **OR** 效应小得无法直接应用的系统（如 DNA 分子）中。在这种情形下，导致引力 **OR** 效应的可能是环境中全部质量的总位移。在我们目前考虑的由两定态叠加构成的态的情形下，我相信这种收缩过程确实可

✲✲✲〔30.13〕为什么？（提示：再看一下练习〔24.3〕。）

用引力 **OR** 效应来近似。

完整的理论仍付阙如，我现在也给不出任何实际的依照 **OR** 过程的态收缩动力学，即使是在上述考虑特定叠加态的情形下。这方面我的做法是采取"简约主义"态度，不要像卡洛伊哈兹（Károlyházy）；卡洛伊哈兹和弗伦克尔（Frenkel）；帕尔（Pearle）；基布尔（Kibble）；吉亚尔迪（Ghirardi）、里米尼和韦伯；吉亚尔迪、格拉西（Grassi）和里米尼；迪奥西（Diósi）；温伯格（Weinberg）；帕西瓦尔（Percival）；吉森（Gisin）以及其他一些人[40]那样雄心勃勃地追求完整的动力学。不管怎样，我的这种简约主义考虑似乎有清楚的实验结果，下面我就来给出有关实际实验的基本思想以结束本章，这些思想对确立这种引力 **OR** 框架是否真能受到大自然的眷顾具有决定性的潜在价值。

30.13 FELIX 及其相关理论

这里的基本要点是构造一个由微型镜面 M 组成的"薛定谔猫"，它充当两个稍许不同位置（二者分离约一个原子核直径的距离）的量子叠加态。[41]这个微型镜面的大小差不多可比作尘粒，大约只有人类毛发的十分之一大，所含的原子核数在 10^{14} 到 10^{16} 量级之间（故其质量约为 5×10^{-12} 千克，半径在 10^{-3} 厘米量级上）。我们设想这面镜子 M 受到单 X 射线光子的冲击而处于一种叠加态，这个单光子被视为是两束射线的叠加，其中一束射线对准 M。

一种可能的实验安排如图 30.24 所示。由 X 射线激光器 L 产生的光子射向分束片 B。光子的透射部分形成指向 M 的态，其作用是在它被镜面反射时将动量传递给镜面。镜面具有很高的性能，像一个"刚体"对光子的冲击做出整体响应，其内部振动和原子态均不发生变化。镜面 M 设置得使它可以在十分之一秒的时间内回复到原初位置。同时，光子波函数的两部分在这期间必须保持相干直到这个过程周期结束，这之后整个过程按反方向进行，这样我们就能够断定相位相干是否已丧失，如果量子叠加的微型镜面确实自发回复到两个位置之一的话，就应当是这种情形。

当然，使 X 射线光子的相干维持十分之一秒不是一件容易的事。（为了使微型镜面保持充分运动，镜子应得到足够的动量，因此需要 X 射线段的能量。）一种实现在此期间保持相干的建议

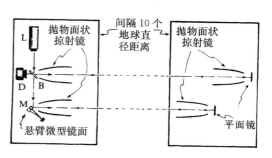

图 30.24 FELIX（自由路径 X 射线激光干涉实验）的基本布置。X 射线激光器 L 产生的光子射向分束片 B。其透射部分射向约 10 立方微米大小的微型镜面 M，当光子被镜面反射时，这个冲击传递给镜面一定的动量，使镜面处于一种量子叠加态（薛定谔猫态），其维持时间譬如说约 1 秒。在此期间，光子波函数的两部分必须保持相干状态（在图中是以两太空站之间的反射来实现的）直到该过程结束，然后整个过程反演。（等路径的）理想装置和传统量子力学都要求在此期间探测器响应为 0%。引力 **OR** 则导致 50% 的期望值。

是将整个实验放在太空进行，这样光子相干可通过两面大反射镜的反射来维持，这两面镜子分别安置在相距约为地球直径距离的两太空空间站上。光子跨越这个距离行走一个来回约需时间十分之一秒。于是，被 M 反射的光子波函数部分回到 M，而被分束片 B 反射的部分则回到 B。我们可将时间调整得使得整个物理过程恰好能沿反方向进行。这样，引起 M 运动的光子波函数部分正好在 M 回复到原初位置时再次回到 M 上，光子从 M 处得到它原先传递给 M 的动量，M 则回复到静止状态；不仅如此，光子波函数的两部分还适时地在分束片 B 处重新结合。只要在整个过程中不丧失相位相干性且路径选择得当，光子波函数就一定会重组为一束返回激光器 L 的光。这样，当光子到达分束片 B 时，设置在 D 处的探测器将接收不到任何信号。这就是所谓的FELIX 提案（自由路径 X 射线激光干涉实验）。

应当指出，在十分之一秒内，M 的状态处于位移和非位移的叠加态，这种情形实质上与图30.20 描述的物质团块的情形是一样的。按照引力的 **OR** 图像，M 的态将在十分之一秒量级的时间范围内自发回复到位移了的或非位移了的位置上。光子态与 M 的态是纠缠在一起的，因此只要 M 发生态收缩，光子也将同时发生态收缩。于是光子路径必取道这一束或那一束，这样当它最终回到分束片 B 时，它是取触发探测器 D 还是回到激光器 L，二者是等概率的。随后这个过程将重复很多次。**OR** 的效应表现为探测器响应应占 50%，而按照标准量子力学（就理想化实验来说），如果相位相干未丧失，探测器的响应将为零。 858

当然，在实际情形下，会有许多其他因素致使相位间丧失相干性。因此要使得这项实验成功，就必须使这些影响因素保持在足够低的水平上，这样引力 **OR** 的特有印记才能够凸现出来。实验应在采用不同大小和材料的微型镜面以及不同时间尺度（例如采用太空站间的多次反射）的条件下重复多次。在具体考虑 **OR** 框架时，微型镜面的核的质量分布的"散布"范围也是应考虑的重要因素。对于给定的总质量，质量越致密，镜面的回复时间就越短，见图 30.25。

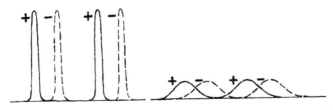

图 30.25 镜面材料中核的质量分布的"展宽"程度将是一个重要因素。对给定总质量，局部质量分布得越窄，则镜面的回复时间就越短。

上述 FELIX 提案从技术上看是极其困难的，原因有多种。主要问题是相距 10 000 千米的两太空站之间 X 射线束的准直精度。不管怎么说，太空实验固有的困难都是显而易见的，而且花费巨大，如果能有地面基站式的可行方式将带来诸多便利。有幸的是，还真有这种替代的可能性。这就是由马歇尔（William Marshall）提出的天才设想，随后鲍米斯特（Dik Bouwmeester）和西蒙（Christoph Simon）又对其实施提出了许多聪明的主意。一种切实可行的地基方案似乎已有可能实现，一系列积极的调研正在进行中。这个设想[42]不是采用单个 X 光子冲击来产生所需的微型镜面运动，而是使用能量很低的光子（如可见光或红外光），使之多次（譬如说 10^6 次）来回反射从而形成同一光子对镜面产生 10^6 次冲击来替代 X 光子的单次冲击，见图 30.26。截至本书写作之时，这种在近年内就将实现的预备性实验似乎还未遇到过什么实质性障碍。如果能成功实施，这个预备性实验的光强仍要比引力 **OR** 的判决性实验所需的要低 5～6 个量级。

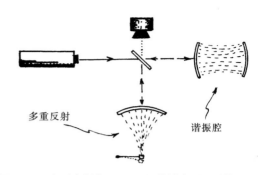

图 30.26 在更实际的 "*FELIX*" 设计中下，不是用 *X* 射线作光源，而是用可见光光子对镜面的 10^6 次冲击来替代 *X* 光子的单次冲击。

但尽管如此，如果作为微型镜面两个位置叠加的量子相干性能够维持，它将标志着当前 "薛定谔猫记录"（C_{70} 福勒烯分子[43]）的最新进展（将之前的记录提高到 10^{12} 量级）。如果这个阶段能够成功跨越，即是说如 §§30.9～12 的 "简约的" 引力 **OR** 方案所预言的那样与标准量子力学取得一致，那么在不久的将来对引力 **OR** 的新颖预言的检验也将取得令人瞩目的进展。

很明显，出现在这类实验中的极其微弱的引力能不确定性 E_G——约 10^{-33} 焦耳——足以给出这样一种 "合理的" 十分之一秒甚至更短的坍缩寿命。通常，引力效应的这种微弱性使得许多物理学家对此根本不屑一顾。但我们看到，这种将引力因素带入量子图像的效应将引出极为重要的观察结果。应当指出，时间尺度 $\hbar/E_G$ 包含了两个小量 $\hbar$ 和 G 的商，因此从普通人的角度看这未必是个小量。这一点与量子引力的一些特征量有重大差别，这些量包括普朗克长度（10^{-33} 厘米）和普朗克时间（10^{-43} 秒），它们小得出奇，且都以 $\hbar$ 和 G 的乘积形式出现。

让我们想象一下成功实施检验引力 **OR** 实验的情形。如果在上述引力 **OR** 预言的时间尺度上相位相干能够保持，那么那种专门理论将不得不放弃——或至少要做重大调整。但如果实验结果证明是支持引力 **OR** 预言的又当如何呢？我们能得出结论说量子态收缩确实是一种客观的引力效应吗？我想恐怕很多人对这个问题仍会宁愿持一种更为 "传统的" 观点。例如，他们或许仍会争辩说严格的幺正性（**U**）是不变的，而态变得不可接近——或者说以 "度规场的量子涨落" 方式丢失了（见 §29.6 和 §30.14）。

就我个人来说，我无意于抵制对目前公认的物理学理论进行根本性变革，因为我坚信，量子理论的基本变革是在所难免的——正像我早先曾详述过的那样。这里我们将许多深受尊敬的物理学家的观点挑出来进行比较大概不能算是故弄玄虚吧，像洛伦兹就更愿意将狭义相对论效应视为仅仅是对 19 世纪的绝对静止的世界观的一种 "修正"。毫无疑问，如果真的能证明引力 **OR** 的预言确实得到了 FELIX 型实验的成功支持的话，同样会有许多令人尊敬的物理学家会在放弃他们坚信的 20 世纪的量子力学世界观的问题上表现得难以割舍犹豫不定。照我看来，这种立场无异于倒退，而且会使我们放弃去争取在新的量子图像基础上做出强有力的新进展的努力！

　　当然，我们中的那些期望用引力 **OR** 来支持其非传统观点的人，必须对实验中可能出现的与我们期望相对立的另一种结果有所准备。我个人对此的态度可说是相当困惑，尽管事实上许多与我探讨这个问题的量子物理学家都明确表示期望传统量子力学能够毫发无损地再次度过这一危机。我自己的困惑主要基于这样一种信念，即目前的量子力学不具有坚实可信的本体论基础，因此为了这个大千世界的物理可以被理解就必须做出重大调整。这种调整本身并不意味着只有引力 **OR** 才能够使我们得到挽救，也不意味着这里勾勒出的具体的引力方案就一定是正确的。[44]但不论怎样，我认为现代量子理论的稳固地位及其适应能力使它很难被动摇。在我看来，任何这样的动摇都需要付出同样艰难可怕的努力，在现有物理里，除了爱因斯坦的广义相对论及其富于激励的原理之外，恐怕还找不出任何其他学说堪当此任。正是这些想法促使我提出了上述引力 **OR** 理论。不管这一思考的最终结果如何，可以预见，在 21 世纪的进程中，一定会出现许许多多重要而发人深省的量子力学新问题及其答案！

30. 14　早期宇宙涨落的起源

　　在结束本章之前，我只想在诸多深受量子力学规则变化影响的重要问题中挑出一个来谈一下。在 §27.13，我们把注意力集中在宇宙开始时的那种超常的特殊状态上。其所以特殊，不仅在于它具有极低的熵，主要还在于它的严格的空间各向同性和均匀性，正因此宇宙的时空几何与标准宇宙学 FLRW 模型（§27.11）中的一种保持着相当好的一致性。当然，正如人们经常争论的，宇宙不可能总是这样一种绝对精确的对称模型。如果这种高度对称性一旦出现，它就必须永远保持下去；因为爱因斯坦广义相对论的动力学——以及除此之外的经典物理动力学——要求严格保持这种对称性。

　　那么量子物理又如何呢？难道根植于量子演化过程中的"随机性"可以不顾及对这种严格对称性的偏离吗？这里人们经常用"量子涨落"的概念来解释对严格对称性的偏离。整个解释大致是：起先这种"涨落"非常微弱，但它们是质量分布中不规则的种子，会随着引力聚集而逐渐增大，最终造成恒星、星系以及星系团的演化发展——正如我们观察所见的那样。

　　但什么是量子涨落呢？它是海森伯不确定关系（§21.11）应用到场量（见§26.9）上的一种表现，就是说，如果我们打算以很高的定位精度来测量某个微小区域上量子场的值，那么就会导致与该场量有关的其他（典范）量的一个很大的不确定性，使得这个量在被测量时其期望值会有非常迅速的变化。因此，读出某场量精确值的行为将导致其他量的大幅度涨落。这个量可能是时空度规的某个分量，于是我们看到，精确测量度规的任何企图都会产生该度规的巨大变化。正是考虑到这些因素才使得约翰·惠勒在 20 世纪 50 年代提出 10^{-13} 厘米的普朗克尺度上的时空可能是一种巨幅涨落的"泡沫"的论断（见§29.6 的节末及图 29.6）。

为了澄清这一点，我们必须仔细回顾海森伯的不确定关系究竟是如何表述的。这些关系并不是说自然界在微尺度上表现为某种内在的"模糊"或"非相干性"。而是说，海森伯的不确定关系限定了两种非对易测量能够取得的精度。我们看到，对单粒子，其位置和某方向上的动量是非对易的，因而不能同时准确确定，二者测量误差的积不小于 $\frac{1}{2}\hbar$（§21.11）。但存在一种十分明确的量子态，如果进行实际测量，粒子态将精确按照薛定谔方程演化（假定标准的 **U** 量子力学成立）。

类似地，在标准量子力学里，定义时空状态的所有参变量不可能都完全确定。但不管怎么说，时空的量子描述应当是完全清楚的。海森伯原理只是告诉我们，这种描述不可能类似于经典（伪）黎曼流形，因为不同的时空几何量不能彼此对易。而按照惠勒的图像，态是由众多不同的几何叠加而成的，其中大部分都严重偏离平直空间特性，因此他认为这种态具有"泡沫状"特性。

我们来看看如何将这一图像用于早期宇宙态。如果甚早期初态具有严格 FLRW 宇宙对称性，那么这种对严格对称的偏离就一定起因于"量子涨落"吗？态的 U 演化必须始终保持严格的 FLRW 对称，不论是出现"量子涨落"还是其他形式的海森伯不确定性。***[30.14] 但这该如何与惠勒设想的高度不规则的"泡沫状"几何相协调呢？其实这里没有任何矛盾，因为整个态是这种不规则几何的叠加，而不是单独一个几何。叠加本身可以拥有单个几何不具有的对称性。如果一个不规则的几何起作用，那么所有通过每个 FLRW 对称应用而得到的其他几何也会起作用。[45]

那么这种 FLRW 对称的、不规则几何的量子叠加又是如何给出类似于特定的"几乎 FLRW 对称"宇宙的概念的呢（这种宇宙只存在很低的与观察基本一致的扰动）？读者应当清楚，在完全处于标准量子力学 **U** 演化的条件下，这种情形是不可能发生的，因为它必须严格保持对称性，因此必定发生过某种具有 **R** 过程性质的事情，它将这种众多几何的叠加改造为单一的几何，或类似于单一几何的少量几何的叠加。这里的关键是，如果没有某种类似 **R** 的作用，"量子涨落"引起的不规则性就不可能发生，正是借助于这种类似 **R** 的作用，单个的初始量子态才以某种方式转换成不同态的概率混合。这就使我们又回到了第 29 章所述的问题上来，在那里我们讨论了 **R** 的"实在性"的各种观点。

我们应当记住，我们现在关注的是甚早期宇宙，那时的温度差不多有 10^{23} K。没有任何实验可以在那种时间尺度下进行"测量"，因此我们很难看出标准的"哥本哈根"观点（§29.1 的(a)）如何能够应用。多世界观点（§29.1 的(b)）又如何呢？在这种图像下，不存在实际的 **R**，宇宙的 FLRW 对称态将一直保持到现在，这种态可以表示为一种多成分时空几何的大叠加。按

　　***〔30.14〕保持这种对称性只需要遵循 U 演化的决定性的唯一性，以及很弱的关于 U 演化的广义假定，你能看出为什么吗？

照这种观点，只有到有意识的观察者试图搞懂这个世界的时候，深入到另一种时空几何的解决方案才可能是适当的——这时会有各种自觉的观察者，每一个感知一种单独的"世界"。[46] 按"FAPP"观点（§29.1 的（c）），存在（充分的）环境退耦可视为一种信号，它让我们意识到不同几何的量子叠加可以看成是一种不同几何的概率混合。

我们不妨与普通量子力学的例子作一比较。[47] 设想在某点 O 处，气泡室[48]内封着一个静止的处于球对称态（即自旋为零的态，见§22.11）的放射性核（图30.27）。假定通过核裂变，它劈裂成 A 和 B 两部分，并自 O 点沿相反方向射出。我们可以假设 A 和 B 都是带电的，因此会在泡室中留下径迹。在这个例子中，我们从以 O 为心的球对称态开始，但经过衰变后，球对称沿 A 和 B 构成的轴线被破坏。我们如何根据初态的 U 演化来理解这一点呢？显然，如上所述，球对称性必须保持，但这种状态是通过所有可能的不同轴向情形的线性叠加来实现的。波函数具有以 O 为心的球面波的形式——虽然我们得记住这个态是一种由 A 和 B 构成的纠缠态，就是说 A 的每个位置都与相对方向上 B 的位置相关联。随着 A 和 B 上的电荷开始使泡室中的介质发生电

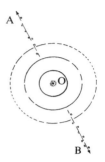

图 30.27　OR 造成的对称性破缺。一个（球对称）自旋为 0 的核劈裂成两部分，这一现象可通过具体的相反路径径迹观察到。初态的 U 演化保球对称性，但这种球对称是由一系列成对的相反路径的（纠缠的）量子叠加组成的（Mott）。R 只是导致这些过程之一被看到。这个例子被用来说明在早期宇宙的初始高度对称的量子态中产生出密度涨落的机理。

864

离，气泡形成了，态在介质中变得纠缠起来，于是我们发现，整个态是由泡室中各对径迹的叠加组成的，每一对径迹的方向相反，一条对应于 A 的路径，另一条对应于 B 的路径。

这种情形与早期宇宙的情形并没有本质的不同。我们需要某种形式的 R 以使不对称量子态的概率叠加来取代对称的量子叠加。实际上，理论家们似乎更愿意采用某种 FAPP 形式的解释（§29.1 的（c）），这时宇宙视界的大小可以任意（不合逻辑地）选取来支持某种到量子纠缠的"截断"。量子叠加则被看成是一种概率混合——虽然它的实际地位几乎根本就没弄清楚。例如，在杰出的暴胀宇宙学家科尔布和特纳（Kolb and Turner，1994）的研究生教材《早期宇宙》中他们写到（286 页）：

> 当每一种模穿出视界时，它便不再与微观物理相关联了，而是作为经典涨落"冻结"在那儿。

这里"模"指的是量子叠加的组分，由此我们看到，作者正试图用视界来作为某种容许的从量子幅过渡到实际的经典概率幅的途径。这里贯彻的显然是 FAPP（§29.6）的路线，正如我们在§§29.6，8 中所指出的，严格说来，它是不合逻辑的。[49]

在我看来，很明显，通过量子涨落来解释对严格 FLRW 对称性的偏离必须要有某种客观态收缩的理论。但§§30.9～12 提出的引力 OR 的"简约主义"理论还不足以做到这一点。我们需

要某种更为周全的 **OR** 理论，它应能对数目众多的时空几何的叠加进行很好的处理，在其中单个几何不必像§30. 10中那样是定态的。如果有了这样一种理论，我们可立即拿来与日益增多的观察数据进行比对，在数据面前它要么成立要么被淘汰。BOOMERanG，WMAP，和其他观察手段已经积累了大量有关早期宇宙密度/温度涨落的数据，而且还有大量的其他实验安排正在建设中。

这里对这一情形做一总结性评述是合适的。我们以核裂变为例说明了对称态是如何成为高度纠缠态的。很大程度上说，用这种思路来处理早期宇宙态收缩的情形也是合适的，态收缩使我们避开了难以用"量子涨落"来解释宇宙初态呈 FLRW 对称态的难题。因此，按照我们在§§23. 3～6给出的对 EPR 态的讨论，我们有"贝尔不等式破缺"，它提供了相距遥远的事物间的关联，而这在经典理论看来似乎是违反因果律的。这种表观的因果律破坏原本不必作为暴胀机制的表征（暴胀兴许可以解释这种远离事件之间的因果联系），而是可以视为适当的客观态收缩机制（**OR**）的结果。但是我们从刚才的讨论[50]看到，甚至在标准 FLRW 宇宙中，只要初始涨落能够取道某种客观态收缩机制而得以实现，这种表观的"因果性破坏"就可以在没有任何暴胀的情形下出现。

很明显，我们距离那种能够可靠地处理所有这些问题的理论还相当遥远。但我至少是希望我能够说服读者相信，一种具有切实可行的实在论的量子力学对我们来说无疑是极为重要的。本书第29和30两章所阐述的问题不只是哲学上感兴趣的问题。在我看来，提出一种实在论上相容的（改进了的）量子力学的重要性怎么强调都不过分。我在本节提出了一个可能对认识这一理论有深远影响的基本问题。实际上在早期宇宙研究领域，甚至在生物学领域（见§§34. 7，10），还有更多的无法运用"哥本哈根"观点解释的事例——其中根本就不存在量子系统与经典测量仪器之间的明确界线。

注 释

§30. 1

30. 1　见 Roseveare（1982）。

§30. 2

30. 2　见 Penrose（1980）。

§30. 3

30. 3　这里不存在什么理论上或技术上的障碍，至少在我们不要求100%的精确情形下是如此。例如，我们可以安排使得最终的光子总是一对光子中的一个（譬如说由参数下转换来产生——见§23. 10），而另一个用于触发记录仪。

30. 4　我发觉，在这种争论中，人们经常明显表现得非常困难。如果我们设想这种实验大量出现在整个时空的不同位置上，那么问题或许较容易得到澄清。我们考虑有4条不同的光子路径 SBD，SBC，FBD 和 FBC。为了看出各种概率是什么样，我们在给定 S（沿时间方向）的情形下求 SBD 所占的比例，或在给定 D（逆时）情形下求 SBD 所占的比例。平方模法则能够正确给出前一种情形的实际答案（50%），但不能给出第二种情形的实际答案（几乎100%）。

30. 5　但它们依赖于由假定设置的初态，这种初态不是那种与探测器有关联的某种纠缠态（§23. 3）的一部分。我们可以提出这样的问题：这种纠缠的时间反向能够解释时间反向的平方模法则给出的错误答案吗？但我看不出按这种思路怎么能给出合理的解释。也许哪位富于进取心的读者能够做到这一点。

30.6 见 Aharonov and Vaidman（1990）。

30.7 这个问题的讨论见 Aharonov *et al.*（1964）。

30.8 见 Aharonov and Vaidman（2001）；Cramer（1988）；Costa de Beauregard（1995）；以及 Werbos and Dolmatova（2000）。

§30.4

30.9 见 Unruh（1976）；亦见 Wald（1994）。

30.10 见 Penrose（1968b，1987b）以及 Bailey *et al.*（1982）。

30.11 见 Kay（2000）；Kay and Wald（1991）；Haag（1992）。

§30.5

30.12 见 Wald（1984）。

30.13 见 Wald（1984）；Synge（1950）；Kruskal（1960）；Szekeres（1960）。

30.14 关于"τ"的解释可能存在一些让人迷惑的不一致的地方。这里我们将 τ 理解为施瓦西情形下的实际时间，而在图30.5（a），（b）的平直（伦德勒）情形下，$r_0\tau$ 测量的是做加速运动的观察者的时间。

30.15 见 Newman *et al.*（1965）。

30.16 这个旋磁比是对"纯狄拉克粒子"而言的，这时电子是一个绝好的近似，而实际的电子则需遵从量子场论的辐射修正，见§24.7节末。质子和中子则离狄拉克粒子更远，这个概念用在其组分夸克上或许更合适。

§30.6

30.17 见 Novikov（2001）；Thorne（1995*a*）；Davies（2003）。

30.18 Davies（2003）对这种可能性给出了一个有趣而又好懂的讨论。

§30.7

30.19 见 Penrose（1969*a*）；Floyd and Penrose（1971）。

30.20 见 Blanford and Znajek（1977）；Begelman *et al.*（1984）。亦见 Williams（1995，2002，2004）。

§30.8

30.21 见 Hawking（1974，1975，1976a，1976b）；Kapusta（2001）。

30.22 见 Preskill（1992）。

30.23 见 Preskill（1992），或见 Kay（1998a，1998b，2000）。

30.24 见 Preskill（1992）；Susskind *et al.*（1993）。

30.25 Horowitz 的评论见 Gottesman and Preskill（2003）；Maldacena（2003）。亦见 Susskind（2003）。

30.26 霍金引入一种广义的幺正演化运算，其中正常 QFT（§26.8）的 S 矩阵描述被推广为他称之为"超散射"算符的运算（与超对称无关，见31.2），这种算符用"＄"符号来标记。这种运算是密度矩阵间的运算，而不是由 S 矩阵处理的纯态间的运算。见 Hawking（1976b）。

§30.9

30.27 20年来，霍金和我之间的主要分歧主要集中在这个时间不对称问题上。在围绕这个问题的所有争论中，他始终坚持时间对称性物理和要么 **U** 量子力学不对易要么前述（注释30.26）幺正运算可适当推广的立场。正像我将要解释的，我自己在这个问题上的立场是相当不同的。

30.28 见 Penrose（1979）。

30.29 外尔曲率假设是针对经典几何而言的，它恰好在"量子几何"具体化为经典时空这一点上说明了所发生的变化。

30.30 见 Hawking（1976a，1976b）以及 Gibbons and Perry（1978）。

30.31 这里需要用到某种推广了的希尔伯特空间概念，它也具有（弯曲）相空间的某些特征，例如，见 Mielnik（1974）；Kibble（1979）；Chernoff and Marsden（1974）；Page（1987）；以及 Brody and Hughston（2001）。

§30.10

30.32 这些可以是§26.6提到的相干态。

30.33 记住: $\boldsymbol{\kappa}_\chi$ 和 $\boldsymbol{\kappa}_\varphi$ 的指标只是区别代号,不是 §12.8 的意义下的"张量指标"。

§ 30.11

30.34 见 Christian (1995)。

30.35 见 Isham (1992); Kuchar (1992); Rovelli (1991); Smolin (1991); Barbour (1992)。

30.36 有关 objective state 收缩的众多理论,见注释 29.12。Diósi, Percival, Kibble, Pearel, Squires 和我自己的工作都与引力密切相关。

30.37 最近又提出了一个更严格确认引力 OR 建议的方案。从练习[21.6]可知,要使得量子理论能够调和等效原理,就需要在相因子上包含时间 t 的 3 次方,这样才能从惯性参照系过渡到引力场中的固定参照系。与此相应,这两个参照系严格描述不同的真空(见 §26.5),这是 §30.4 中所说的翁鲁效应的遗迹,即伽利略极限下的残存部分。因此,如果等效原理能够完全遵守,那么两引力场的叠加将包括不同真空的叠加,而这将是不稳定的,即使是在伽利略极限下。这方面细节将在以后发表。

§ 30.12

30.38 见 §22.5 和 Moroz et al. (1998)。

30.39 这方面的有关许多研讨会的参考文献见注释 29.12。

30.40 我从研究这些建议中收获良多。其中的一些或许能成为通往更完备的引力 OR 理论的路标。确切的 NO-GO 定理见注释 29.12,亦见 Gisin (1989, 1990)。

§ 30.13

30.41 这项建议的细节源自一些同事富于创意的思想。最初设想的一个重要组成部分(涉及分光光子对"穆斯堡尔型"晶体的冲击)来源于 Johannes Dapprich———些更具体的想法,包括微型镜面的大小、光子能量以及其他一些参数的设定则产生于与 Anton Zeilinger 以及他(那时)在 Innsbruck 的实验组里其他人的讨论。太空基实验(FELIX)的思想源自与 Anders Hansson 的讨论。更实际的地基实验的精巧设想来源于 William Marshall, Dik Bouwmeester 和 Christoph Simon。见 Penrose (2000a), Marshall et al. (2003)。

30.42 见 Marshall et al. (2003)。

30.43 见 Arndt et al. (1999)。

30.44 例如,不论是 Károlyházy (1974) 提出的原始引力 OR,还是最近 Percival (1994) 的有关建议,都提出过与这里所述的很不相同的预言。

§ 30.14

30.45 但这里有细微的区别,因为人们会以为抽象对称性对时空几何的作用将直接再生出同样的几何(由于广义协变原理,见 §19.6)。在这个问题上存在着不同的观点,但不管怎样,这些都不影响文中提出的一般性论点。

30.46 有关惠勒自己对此的另一种说法,所谓"参与的宇宙",见 Wheeler (1983),这也许是自觉观察者的最终显现,他(按目的论)决定早期宇宙中出现的时空几何的具体选取。

30.47 这个例子与 Neville Mott (1929) 对 α 粒子辐射在云室中径迹的讨论有几分相似。

30.48 一种标准的测量仪器,带电粒子的路径显现为一连串细微的气泡,见注释 30.47,亦见 Fernow (1989)。

30.49 在当时,在哈勃半径(此处天体退行速度达到光速)处"截断"的真正理由并不直接缘于实际的"视界大小"(在暴胀模型里,这个视界大小远大于哈勃半径,见图 28.5),也与量子物理过渡到经典物理的途径无关。它纯粹是一种宇宙膨胀作用于服从相对论约束的场上的经典效应。

30.50 各色人等出于各种原因似乎都提出过在早期宇宙涨落中可以找到"非因果性"EPR 型关联的证据的建议。例如,Bikash Sinha 若干年前就向我提出过这样的建议。

第三十一章
超对称、超维和弦

31.1 令人费解的参数

谈到 21 世纪物理学，大多数物理学家可能会有非常不同于上一章所介绍的想法。很少有人 869
会预言量子力学框架将发生根本性变化。他们争论的往往是诸如需要额外的时空维、点粒子被
所谓"弦"这种延伸了的概念或被称之为"膜"或"p膜"或简称为"branes"——其中奇妙的
外加对象即所谓"D膜"似乎还起着重要作用——的高维结构所取代等等这些听起来古怪的概
念。一些概念有了令人瞠目的扩展，如对称性扩展到所谓"超对称性"，群扩展到"量子群"等
等。像"非对易的"这样的用于几何描述的概念得到了推广，离散而非连续的宇宙图景已深入
到最微小的层次，在这个层面上，空间本身的纤维是由纽结和链组成的。还有建议认为时空这一
概念应当抛弃，或代之以其他概念。

这些不同的思想说的都是些什么呢？我们用它们做什么呢？更重要的是，是什么因素促使这
么多物理学家来描述这种与我们日常人类直接感受到的尺度几乎完全不同的"实在"呢？毫无
疑问，进行这种思考的部分原因在于量子力学比广义相对论在更大范围内获得的成功。这些 20
世纪的理论说明，我们的直觉很可能会出错，"实在"可能根本不同于以往几个世纪的物理学提
供的那些图像。但是，仅仅给出一幅古怪或稀罕的世界图景并不能使我们坚信它是正确的。正像
当代理论学家们力图探知宇宙运行的更深层次的机制一样，我们也需要了解他们这种研究的基
本动机。

我们还得按我们在第 24 章首次遇到并在随后的第 25、26 章继续深入的线索进行。在这些章 870
节里，狭义相对论和量子理论的共同要求将我们带入了场量子理论的沼泽，我们面前是一片无
穷大的雷区，我们需要有足够的智慧才能绕出这片危险丛生之地，并最终走向粒子物理学的标
准模型，业已证明，这个模型与大自然已知的构造符合得很好。但标准模型本身并未能免去无穷
大之扰，而只是"可重正化"到一个有限的理论。可重正化性只允许进行特定的计算，它可以

给出理论感兴趣的大部分问题的有限的答案，但并不提供获取某些最重要参数的途径，例如我们从中得不到理论所描述的粒子的质量和电荷的具体值。如果不经重正化过程，这些参数值很可能是"无穷大"（或为"零"）。重正化通过重新定义这些参数避开了相应的无穷定标关系，使得要得到的其他量可以是有限值。基本上说，人们"放弃"了质量和电荷，它们的值只是被当作不加解释的参数放入理论中。而这样的参数在理论中多达 17 个，甚至更多，除了质量之外，还包括各种不同的基本的夸克和轻子、希格斯子等等之间的耦合常数，他们都需要具体规定。

大自然的这些实际粒子的质量和电荷的取值具有相当神秘的色彩。例如，有一个未经解释的决定着电磁相互作用强度的"精细结构常数"α，它由下式定义：

$$\alpha = \frac{e^2}{\hbar c},$$

这里 $-e$ 是电子电荷。精细结构常数的倒数非常接近于值 $\alpha^{-1} = 137$，更精确的为

$$\alpha^{-1} = 137.0359\cdots。$$

多年来，一些物理学家认为 α^{-1} 的取值实际可能就是精确值 137。特别是亚瑟·爱丁顿爵士（1946）更是将其后半生用在了构建"基本理论"方面，这个理论的推论之一就是"$\alpha^{-1} = 137$"。今天的许多物理学家在寻找 α 的直接数学"公式"或其他"自然界常数"方面远不像前辈们那么乐观。现在，物理学家们倾向于将这些量看成是相互作用中粒子能量的函数，而不仅仅是一个数，他们称这些数为"跑动的耦合常数"（见注释 26.21）。我们称之为"自然界常数"的那些已观察到的标量值可能是这些"跑动"值的"低能极限"。虽然人们仍希望为这些具体的极限值找出纯粹的数学上的理由，但这些值似乎并不比那些不依赖于能量的量更"基本"。

我们经常会看到，电荷和质量按 §27.10 引入的绝对（普朗克）单位制来表示，在这种单位制下，牛顿引力常数 G，光速 c，狄拉克形式的普朗克常数 $\hbar$ 和玻尔兹曼常数 k 均取单位 1：

$$G = c = \hbar = k = 1。$$

在这种单位制下，质子的电荷（或电子电荷的负值）大致为 $e = 1/\sqrt{137}$，或更精确地表示为[1]

$$e = 0.0854246，$$

基本夸克电荷（负的下夸克电荷——见 §25.6）为此值的 1/3。绝对单位通常也称为普朗克单位（有时又叫普朗克 – 惠勒单位），因为马克斯·普朗克（闻名于量子力学——见 §21.4）最先在 1906 年发表的论文里提出了这种性质的思想。有趣的是，在这篇论文里，他仍用电子电荷作为基本单位，而不是用他的"普朗克常数"来整理有关的量，在这种单位下，我们有 $e = -1$。（电荷的神秘性并未消失，因为在他的这种框架下，$\hbar = 137.036$。）后来是惠勒（例如，1975）在他的许多文章里强调了这些思想的重要性（用 $\hbar$ 而不是用普朗克选择的电子电荷）。

如果这就是一切，那么普朗克单位更恰当的称呼应是斯托尼单位，因为爱尔兰物理学家斯托尼（George Johnstone Stoney, 1826 – 1911，他第一次测量了电子的电荷）早在 1881 年就先于普朗克提出了同样的思想。然而，在普朗克 1899 年发表的另一篇论文里（该文显然早于他 1900 年

发表的那篇启迪量子理论的著名论文），"普朗克常数"已经用来定义绝对单位制。因此，我将坚持用传统术语，称绝对单位为"普朗克单位"！

粒子的质量又如何呢？质量问题比电子电荷问题更棘手。自然界里几乎所有粒子的电荷值都是某种基本电荷的整数倍。如果我们仅考虑那些能够自由存在的粒子，我们可取质子作为基本电荷；如果我们打算将强子也包括进来，则可以取负的下夸克电荷为基本电荷。虽然对这个事实我们还未充分理解，对 137.036 的认识也不尽妥当，但这个问题远较质量值的问题易于把握。质量问题的神秘处之一在于当我们用绝对单位来测量通常粒子的质量值时，得到的结果出奇的小。例如，电子的质量 m_e 在绝对单位下约为

$$m_e = 0.000\ 000\ 000\ 000\ 000\ 000\ 000\ 043$$

质子的质量仅为这个值的约 1836 倍，而电子中微子的质量则要小于该值的 10^{-5} 倍。我们对这些微小的质量值的困惑还表现在为什么自然的"普朗克质量"（10^{-5}g，一只小蚊虫的质量）会比我们在自然界遇到的所有基本粒子的质量都大得多。换一种说法，这一困惑可表达为：为什么 1.16163×10^{-35} 米的普朗克距离要比粒子物理里通常所见的最小尺度还要小近 20 个量级？这个距离被认为与量子引力理论有深刻关联，是连续性时空这样一种通常概念失去意义的特征距离尺度。[2]

对这些神秘性，一种观点是将电子电荷或质量的微小量值看成是某种重正化过程的结果，这里裸值（§26.9）可以是某个数学上体面的数，像 1 或 4π。因此小的观测值可能源自某个仅仅是很大但非无穷大的重正化因子。这种情形发生在发散求和以及量子场论积分可被某种收敛形式所取代的场合。发散性（或者说"紫外"发散，见 §26.9）通常总会出现，因为它们涉及越来越大的无止境的动量求和，这些过程又可看作是距离无止境地变得越来越小。如果这种发散积分（或求和）在譬如说（引力的）普朗克尺度（10^{-35} 米）[3] 上截断，那么无穷大就可以除去。这一思想最初是由奥斯卡·克莱因于 1935 年提出的。所有这些意味着，当引力被适当引入量子场论计算时，我们可以得到一个有限的而非仅仅是重正化的理论。在这种有限理论中，我们可以找到对这些未解释数字的某种理解。

与这种半个世纪前就存在的希望相比，今天在将引力直接置于世界图景的问题上情况不是变好而是更糟了。当标准的量子化技术被用到爱因斯坦理论上时，导致的是一种非可重正化的理论而不是有限的理论。这使得许多研究者力图通过非标准方法来为引力的量子理论寻找出路。本书前面章节（特别是 27 ~ 30 章）已指出，我们确实应当为量子（场）论和广义相对论的结合寻求一种非标准的理论。但我认为我关于这种结合的量子一方应当有所改变的观点并未得到认真对待。如果爱因斯坦理论直接按量子场论的标准程序进行改造，我们得到的就只能是不能令人满意的非可重正化的[4]量子引力，许多人一直忙于如何改造爱因斯坦理论，他们从未尝试过要改造量子场论。

31.2 超对称

已提议的是哪些改造呢？这其中之一是采用超对称概念，并与爱因斯坦理论整合为一体（也包括扭量，见§14.4和注释19.10），以便构成所谓超引力架构。什么是超对称呢？为什么这一概念被许多物理学家看成是"好事"呢——某种意义上说，超对称概念为当代基本理论的一系列发展奠定了基础？的确，超对称原则已具有突出的地位，[5] 尽管这一理论似乎少有预言，与我们业已在自然界观察到的那些事实并无联系。

在这里我必须再次重申我的观点，并向读者提出必要的警告。我发现我对超对称理论在物理上的重要联系根本没有信心，至少对当今用于粒子物理和基本理论的那种形式是如此。迄今，观察并未对宣称的超对称提供多少支持——甚至可能一点都没有。这些概念的吸引力主要来自非常令人赞许的数学美和超对称在避开其保护伞下量子场论模型里大量无穷大方面所显示的不容置疑的价值。假定你是一位对构造中不出现不可控无穷大的量子场论感兴趣的物理学家，如果你将理论取为超对称形式，那么你要解决的问题无疑会容易得多！

超对称背后的基本思想，在于它提供了一种可使费米子和玻色子按一种对称性关系"配对"的方法。如同我们在§§25.5~8看到的，粒子物理学的正常对称群只在玻色子集和费米子集各自的范围内"转动"。这些群不会将玻色子"转动"为费米子，反之亦然。而超对称性就能做到这一点。从§26.2我们知道，玻色子满足对易关系，而费米子满足反对易关系。能够使前者变为后者的算符本身必须具有反对易特性。但来自普通连续群的算符都是群的无穷小的生成元，它们构成李代数，见§13.6。通常李代数元满足对易关系而非反对易关系。这意味着所需的算符不会是通常连续群的无穷小生成元，而是更广泛的所谓超群概念下的无穷小生成元，这一概念扩充了李代数的运算关系使之产生的某些生成元能够像满足对易关系那样满足反对易关系。

在§§26.2，3我们已经遇到过这样的事情，这就是下述方程

$$ab \pm ba = c,$$

它满足量子场论的生成、湮灭和场算符的运算（如§26.2里 $\psi^* \Phi \pm \Phi \psi^* = i^k \langle \psi \mid \phi \rangle I$ 这样的方程）。与此相应，我们同样可以从通常的李代数构造出超李代数，只是在定义关系中可能需要重新定义加法"＋"。§13.6已指出，李代数的定义关系有形式 $[E_\alpha, E_\beta] = \gamma_{\alpha\beta}^\chi E_\chi$，这里 $\gamma_{\alpha\beta}^\chi$ 是结构常数，$[E_\alpha, E_\beta] = E_\alpha E_\beta - E_\beta E_\alpha$。这些关系具有上面方程的形式，如果在 ab 和 ba 之间取负号的话。但对于超李代数，当 a 和 b 均为费米型量（两个量既不是都是玻色型的，也不是费米、玻色各具其一型的）时我们也容许取正号。记号 $[a, b]_+$ 用于表示这种反对称算符，即 $[a, b]_+ = ab + ba$，作为补充，通常的李括号记号 $[a, b] = ab - ba$。这样，我们就超越了通常的李括号记号。

一般来讲，超群的生成元由特殊方式构成。我们将这些生成元取为§11.6里的格拉斯曼代数元，而不是普通的实数，这样的元既包括了反对易性质也包括了对易性质。在§31.3我们将

详细讨论其作用原理。

这样，超群构成了一片可观的纯数学领域。不仅如此，超对称的概念还可以直接用于数学证明以获得其他方法不易获得的结果。[6]但这并未告诉我们，按这种方式超对称是否就与物理存在直接关联。另一方面，许多不同的事例表明，超对称在激发或建立与物理直接相关联的数学结果方面是非常有用的。[7]但在我看来，这一点并不能说明超群与粒子物理学或量子场论存在直接的基本联系。

哪些证据表明超对称在粒子物理里扮演着真正角色呢？回顾第 25 章的标准模型，我们看到，可重正化性质很大程度上应归功于它对参数的精确"微调"。这些关系基本上可理解为 $SU(3) \times SU(2) \times U(1)Z_6$ 对称性的要求（§25.7）。但在某些人看来，[8]标准模型还需要除上述这些关系以外的另一些极为精确的微调。额外的对称性可以用来满足这一点，超对称性一直被认为是一种能够实现这种微调的手段。因此这些概念经常被用于构造大统一理论（§25.8）。然而我们有什么理由相信这种大统一理论呢？毕竟对此尚无任何观察上的证据。

875

超对称诱人的一面似乎在于它提供了一种将玻色子和费米子关联起来的方法，这使得超对称的量子场论在给出有限答案方面比不具超对称的量子场论容易得多。借助超对称的玻色子和费米子配对法则，我们可以通过一个集的无穷大来抵消另一个集的无穷大。这样建立量子场论的工作就要比建立不具超对称的量子场论容易得多。但它并未告诉我们自然本身是否就是按此方式运作的，她可是藏有许多令人意想不到的机关！

就当今所用的超对称性而言，主要困难在于它要求自然界的每一种基本粒子都拥有与原粒子自旋相差 $\frac{1}{2}\hbar$ 的所谓"超级伴侣"。对于电子，所需的伴侣是 0 自旋的"标量电子"，每种不同的夸克则伴有 0 自旋的"标量夸克"，光子伴有 $\frac{1}{2}$ 自旋的"光微子"，W 和 Z 玻色子则分别伴有 $\frac{1}{2}$ 自旋的"W 微子（wino）"和 $\frac{1}{2}$ 自旋的"Z 微子（zino）"，等等。麻烦在于所有这些"超对称伴侣"没一个被发现。正式的解释是，由于某种"超对称破缺"机制，这些粒子的性质还不能得到充分描述，这些推定的超对称伴侣中的每一个都具有远大于其原粒子的质量，按现在估算，其质量约为甚至超过质子质量的 1000 倍。我不得不承认我很难相信这种看上去就不自然的理论。

似乎存在这样的假定，两个"伴侣"中，较小自旋$\left(差\frac{1}{2}\hbar\right)$的一方一定具有超过对方的质量（除非二者均属无质量粒子）。而且还假定，只有被认为是"基本的"粒子（如光子、引力子、W 和 Z 玻色子、胶子、轻子和夸克）才具有这种超对称伴侣。否则的话，我们就会遇到像 π 子这样的 0 自旋粒子的麻烦。如果存在 0 自旋的基本粒子，像仍未发现的希格斯玻色子，那么它们将具有比其超对称伴侣更大的质量（因为已排除了负自旋）。如果这是对的，那为什么希格斯玻色子的超对称伴侣至今未能找到？同样，超对称和暴胀宇宙学的信仰者必须解释后者现象中的标量 φ 粒子（§28.4）如何才能结合进这种"超级伴侣"图像中。

876 　　现在经常提到的支持超对称的一个"正面"证据是，在宇宙处于大爆炸后最初的 10^{-39} 秒（仅 10 000 倍普朗克特征时间）时刻，宇宙的温度高达 10^{28} K，这时我们必须有某些概念用来将粒子物理中的 3 种基本力（强力、弱力和电磁力）统一到一个高度对称的统一理论中去。[9] 这种思想认为，在如此高的温度下，这样一种统一要求所有的相互作用力均相等。应当指出，在通常条件下强弱相互作用力之间相差约 10^{13} 个数量级（尽管二者不能真正地直接相比）。这个论证是要指出，如果考虑到重正化效应（从 §26.9 我们知道，粒子的视在电荷与其裸电荷之间可以有相当大的差异），那么这些力就有可能统合起来，"裸"值在这么高的温度下将显示其本性。（请回顾 §31.1 末尾指出的"跑动的耦合常数"概念。）这种论证声称，如果没有超对称性，这些值就无法统合到一块儿，只会"失去"（见图 31.1）；反之，一旦超对称性被带入图像，曲线就会变得机缘凑巧地相交于一处，粒子物理的大统一就会实现！

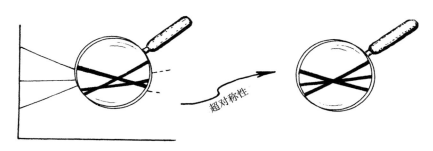

图 31.1 按照某种"大统一"理论的观点，强、弱和电磁相互作用的耦合常数（通常看成是"跑动的耦合常数"，见注释 26.21 和 §31.1）在足够高的温度（约 10^{28} K，大致出现在大爆炸后约 10 000 个普朗克特征时间（$\sim 10^{-39}$ 秒）的情形）下应严格相等。为了使所有 3 个值精确重合，就必需引入超对称性。

　　读者可能觉察到我缺乏信心。（在 §28.3，我已经表示过我对那种只要宇宙温度足够高，就必然出现"对称性恢复"的理论感到的困难。）这种特定的号称超对称性得到了观察支持的概念堆积有着太多的外推成分。其中之一就是这样一种预设：在 10^{28} K 和目前加速器能够达到的

877 10^{14} K 之间的能量（温度）鸿沟问题上不存在真正新的证据。这个问题本身似乎就是一个不合理的外推，除了那些已经做过的，我没看出这些论证是如何能够被当作为超对称性提供了明显的观察支持的。

31.3　超对称代数和几何

　　让我们转向超引力理论，并用它作为本节的开始。与上节类似，这里应当存在一种引力子的 $\frac{3}{2}$ 自旋的超级伴侣，这就是**引力微子**。这种推定的粒子像引力子本身一样不具质量，除非发生

严重的超对称破缺。这种引力微子与几何的关系如何呢？爱因斯坦曾教导我们，引力可通过时空曲率来描述（§17.9 和 §19.6）。这是否意味着引力微子也应当扮演某种相应的（超）几何角色？与这种要求相一致，许多超引力理论家认为，普通的流形概念（见第 10 和 12 章的描述）需要推广，并由此提出了超流形概念。我们可以把它看成是一种非常形式化的定义，其坐标概念被推广为包含了反对易基元。对于通常的流形，其坐标一般为实数（或复数，如果我们考虑的是复流形的话，见 §12.9）；对于超流形，我们将其坐标取为格拉斯曼代数元（§11.6）。

大多数超对称理论家对其超对称场量子所居的"流形"的性质并不采取这么一种严格要求（即使对超引力情形标准的广义相对论的"几何"性质要求这一点）。下述内容不必遵循严格的"超流形"观点，一般认为"超代数"概念足以用来表示这些定义在普通时空流形上的量。

如果我们将单个的反对易元 ε 加到实数系 $\mathbb{R}$ 上，我们即得到最简单的这样一种代数。量 ε 必须是自身反对易的：$\varepsilon\varepsilon = -\varepsilon\varepsilon$，即 $\varepsilon^2 = 0$。因此，这种代数的每一个元素有形式

$$a + \varepsilon b,$$

这里 a 和 b 均为实数，均与 ε 对易。我们注意到，这样的两个数的和与积为

$$(a + \varepsilon b) + (c + \varepsilon d) = (a + c) + \varepsilon(b + d),$$
$$(a + \varepsilon b)(c + \varepsilon d) = ac + \varepsilon(ad + bc).$$

我们还注意到，如果忽略掉 ε 的乘积项，我们即回到通常的代数运算。

如果我们有若干个不同的超对称生成元，譬如说，ε_1，ε_2，$\cdots$，ε_N，上述运算依然成立，此时反对易性：

$$\varepsilon_i\varepsilon_j = -\varepsilon_j\varepsilon_i，\text{这里 } \varepsilon_i^2 = 0,$$

超代数的一般元有形式**[31.1]

$$a + b_1\varepsilon_1 + b_2\varepsilon_2 + \cdots + b_N\varepsilon_N + c_{12}\varepsilon_1\varepsilon_2 + c_{13}\varepsilon_1\varepsilon_3 + \cdots + f_{12\cdots N}\varepsilon_1\varepsilon_2\cdots\varepsilon_N。$$

这种代数的性态大致是这样：如果我们只取元素的"通常"部分 a（即不包括 ε 的乘积项），则我们回到熟悉的正常（实或复）代数。这种代数的"超级"部分是剩余的那部分。当这种代数的元以足够高的幂次出现时，它实际上完全为零，*[31.2] 从这个意义上说，它是"幂零的"。我们经常形象地将"通常"和"超级"部分分别称作"体"和"心"。

作为一个喜欢对事物建立起"图像"的人，我总是要找出这种超代数和超流形所满足的纯粹的形式描述。有幸的是还真就存在一种较为传统的看待这些对象的几何方法。眼下我们先来考虑一种最简单的只有一个超对称生成元 ε 的情形。因为它是反对易项，我们不妨将它看成是 1-形式 ε。但它不能仅是普通空间——n 流形 $\mathcal{M}$——里的普通 1 形式。$\mathcal{M}$ 内所有常微分形式在此都成立（见 §12.4）。我们要做的就是将 $\mathcal{M}$ 看成是嵌于 $(n+1)$ 流形 $\mathcal{M}'$ 内的超曲面（"超

** [31.1] 对 $N = 3$ 写下这两个量的和与积。如果 $a \neq 0$，这种元的乘积性逆是什么？

* [31.2] 证明这一点，幂是多少？

曲面"是一个维数上小于外围空间维数的子流形——见注释 27.11），这里 ε 是较大流形 $\mathcal{M}'$ 的但限定在 $\mathcal{M}$ 点上的 1 形式。一般来说我们对 $\mathcal{M}'$ 并不感兴趣，除非是那些 $\mathcal{M}$ 的点，在这些点上，$\mathcal{M}'$ 提供一个不在 $\mathcal{M}$ 上的额外维。见图 31.2a。（我们只关心所谓 $\mathcal{M}'$ 内 $\mathcal{M}$ 的一阶邻域。这意味着"一阶导数"不在 $\mathcal{M}$ 上，故我们关心的是"指向"非 $\mathcal{M}$ 的 $\mathcal{M}'$ 的那些切矢和余切矢（或切空间和余切空间）的概念，而不是像非 $\mathcal{M}$ 方向上曲率那样的高阶导数。）我们现在做的仍是 n 维的，就是说，所有的量都能表示为流形 $\mathcal{M}$ 上 n 个独立坐标的函数。"心"量指的是指向不包含 $\mathcal{M}$ 的 $\mathcal{M}'$ 的方向，而"体"量则仅指 $\mathcal{M}$ 内的那些方向。

如果我们要求有 N 个超对称生成元 ε_1，ε_2，$\cdots$，ε_N，情况不会有根本性不同。现在，我们将 n 流形 $\mathcal{M}$ 看成是嵌于 $(n+N)$ 流形 $\mathcal{M}'$ 内的，这里我们仍只对 $\mathcal{M}'$ 中 $\mathcal{M}$ 的一阶邻域感兴趣。这里我们要求有 N 个不同的 1 形式 ε_1，ε_2，$\cdots$，ε_N 来测定 N 个额外的指向 $\mathcal{M}$ 之外但 $\mathcal{M}'$ 之内的方向。[10] 在我看来，这一图像（不少人的贡献，包括阿什台卡（Abhay Ashtekar），其事迹见第 32 章）[11] 将超对称和超流形的基本思想表述得远较以前通常采用的那种（看起来神秘兮兮的）处理清楚得多。我们注意到，"体"仅指完全属于 $\mathcal{M}$ 内部的那些量，而"心"才是指具有"指向"不包含 $\mathcal{M}$ 的 $\mathcal{M}'$ 的方向的量，见图 31.2b。

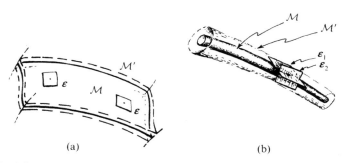

(a)　　　　　　　　　　　(b)

图 31.2　超对称生成元的几何描述。（a）对单个的生成元 ε，我们将 n 流形 $\mathcal{M}$ 看成是 $(n+1)$ 流形 $\mathcal{M}'$ 内的超曲面，这里 ε 是 $\mathcal{M}'$ 的定义在 $\mathcal{M}$ 上的 1 形式（ε 定义了一个与 $\mathcal{M}$ 相切的 n 平面，参见 §12.3 的图 12.7）。我们感兴趣的只是 $\mathcal{M}'$ 的 $\mathcal{M}$ 上"一阶"的那些点，但 $\mathcal{M}'$ 提供一个指向 $\mathcal{M}$ 外的额外维。（b）对于 N 个超对称生成元 ε_1，ε_2，$\cdots$，ε_N 情形，现在可将 n 流形 $\mathcal{M}$ 看成是 $(n+N)$ 流形 $\mathcal{M}'$ 的子流形，这时我们对 $\mathcal{M}'$ 的兴趣仍只在 $\mathcal{M}$ 向外的"一阶"点上。N 个独立 1 形式 ε_1，ε_2，$\cdots$，ε_N "探知" N 个指向 $\mathcal{M}$ 外但 $\mathcal{M}'$ 内的额外方向。

即使有了这种清楚的几何解释，"超代数"的使用仍存在诸多荆棘，如果要维持与几何图像协调一致的话。对于奇数 p，通常 $\mathcal{M}$ 内的 p 形式 α 与超对称生成元 ε 是反对易的，如果我们将 ε 和 α 的积取作楔积（wedge product）的话。但是，这并非超代数标准处理中的通常惯例，通常 ε 是取为与 α 对易的。这基本上是一个记法问题，如果我们要考虑超对称生成元与形式的积，正式的做法是将其视为对称积而不是楔积。这样做虽然数学上有意义，但几何图像上反倒变得不够"清楚"。

事实上，在将超对称性应用到"普通的"粒子物理理论上时，通常采用的是 $N = 1$ 这种最简单的情形。理由似乎是，大 N 下产生的超级伴侣太多，每个基本粒子会有 2^N 个"伴侣"。没有这一点观察问题会更严重！在每一种情形，相关的超群可看成是"内部对称性"（指时空上丛 $\mathcal{B}$ 的纤维的对称性，§15.1）的变换和"转动"（指在更大的 N 维空间 $\mathcal{B}'$ 内 $\mathcal{B}$ 到 $\mathcal{B}$ 的一阶邻域的扩展）。

31.4 高维时空

现在我们对什么是超对称和"超几何"有了一些较明确的概念，让我们回到超引力问题上来。在 1970 年代后期，关于这一概念的最初激励来自这样一种希望：与标准的爱因斯坦广义相对论不同，超引力可被重正化。在爱因斯坦真空理论里，不可重正化的发散性表现为"2 – 圈级"——这里"圈"是指费恩曼图的扩展，"圈的数目"指为了将费恩曼图简化为树状图所需的切口数（见 §26.8，特别是最后的自然段和图 26.8，亦见 §§26.9，10）。但就这里提出的问题来看，这种发散似乎只是处于 1 – 圈级水平，这可是真正的祸患。在超引力情形，由于理论所容许的问题性质，这些 1 – 圈级发散被神奇地抵消掉了，从而许多人满怀希望地认为这种抵消可推行到所有阶圈上。不幸的是，情形并非如此，在超引力的 2 – 圈级水平上，人们发现存在不可重正化的发散性。[12]因此值得注意的是，如果时空的维数由标准的四维增加到 7 维，那么问题解决看起来很有希望。但尽管如此，一个充分可重正化的超引力仍付阙如，而且目前的研究表明，[13]也不可能就这么得到。

物理学家会怎样来认真对待时空的维数可能不是我们直接感知的四维（1 个时间维加上 3 个空间维）这种可能性呢？作为数学练习，这种高维的事情很好处理，但现在是物理理论，"时空"真正意味着实际空间和时间的联合。正如我们将在 §31.7 看到的，弦论（按其当前的理解）要求时空必须有大于 4 的维数。在早期理论里，维数取的是 26，但后来的改进（包括吸收了超对称概念——§31.2）使得时空维数削减到 10。

在我们抛开这种纯属幻想的思想之前，我们有必要回顾一下 §15.1 里由（当时）不知名的波兰数学家卡鲁扎于 1919 年提出的一种富于创意的理论，这一理论随后又得到我们在本章前面已遇到过的瑞典数学物理学家克莱因的继承。如果额外维（超过 4 的那些维）从适当的意义上说是小维，那么我们不必专门理会。这里"小"是指什么意思呢？回想一下图 15.1 的"水龙带"比喻。从远处看，水龙带是 1 维的，但从近处考察，我们发现它是 2 维曲面。就是说，只要生活在水龙带宇宙里的生物的物理维尺度远大于水龙带端口的周长，那么它就不会"知道"水龙带实际上还"存在"蜷缩着的额外维。类似的观点可以应用到 $4 + d$ 维的"水龙带宇宙"上，这里额外的 d 维是"小的"，而且不可能被生活在这个宇宙里的远大于这些尺度的生物直接测知，它们只能测知 4 个"大"尺度维，见图 31.3。

881

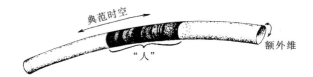

图 31.3 卡鲁扎－克莱因型高维时空（见图 15.1）的水龙带模型，这里沿水龙带长方向的维表示通常的四维时空，绕着水龙带的维表示"小的"（普朗克尺度）额外维。我们设想一个居住在这种世界里的"人"，由于他跨坐于这些"小的"额外维之上，因此实际上不会注意到它们的存在。

在卡鲁扎－克莱因模型里，或在这种思想的现代多维版本里，这种小尺度到底"小"到什么程度呢？克莱因本人的结论是，这种微小的额外维的"尺度"（"水龙带端口周长"）应当在 10^{-35} 米的普朗克长度量级上。这个特征尺度（或稍大一点）也是许多现代理论如高维超引力理论和弦论采用的最流行的尺度。很显然，对我们人这种尺度的生物来说，这种尺度的确够"小"，可以预料我们不可能直接感知这么微小的额外的时空维。

事实上，（弦论）最近的发展表明，额外维不必取的这么小，而是可以"大"到直径毫米的量级（甚至可能不是完全闭合的）。一种观点认为，这种理论的观察结果可能表明，在这个距离尺度上引力的平方反比律需要作出调整。实际上，为了确认这样一种异于牛顿理论的偏差是否能够从实验上测得，最近已进行了一些非常精巧的实验。[14] 但截至目前，小到半个毫米的尺度上仍未发现任何偏差。

不论这些新概念的地位如何，时空具有高维的建议在我们目前这个探索阶段远比"漂亮的思想"更令人感兴趣——原创的卡鲁扎－克莱因模型就是这样一项建议。不论这一概念在数学上多么吸引人，我们都必须设问：相信这一理论是否有足够好的物理理由？在原创的卡鲁扎－克莱因模型情形，采用高维观点的理由是为了"几何化"电磁理论。从§25.1 我们知道，在 20 世纪早期，人类已知的（已理解的）自然界的力只有引力和电磁力，爱因斯坦也才刚证明了如何将引力场与四维时空曲率结合起来。因此为电磁力也构建这么一个几何框架不仅极具吸引力，也是十分自然的。不仅如此，更不可思议的是，同样的"真空的爱因斯坦方程"——即里奇张量为零（$R_{ab}=0$，见§19.6）——可以像在标准的四维广义相对论里一样用于卡鲁扎－克莱因的五维模型里。在四维理论中，这个方程处理的是真空态——即除了引力不存在所有其他物理场的状态；而在五维理论中，它基本上是指仅有引力和电磁力的状态，而这两种力囊括了当时所有已知的物理领域。

修饰语"基本上"在这里强调的是这种模型有点过头。对经典卡鲁扎－克莱因模型来说，最重要也是最基本的是"小"维存在对称性，这样就不会出现太多的自由度。让我们来看看为什么这些额外的自由度会以其他方式出现。从§16.7 的讨论可知，我们关心的是给定空间上场的无穷维空间的"大小"。对于由 q 维初始数据曲面上 k 个任意选定的独立分量规定的场，自由度数为 $\infty^{k\infty^q}$。对爱因斯坦广义相对论，我们有（理由较复杂）[15] $k=4$ 和 $q=3$，因此自由度数

为 $\infty^{4\infty^3}$，对麦克斯韦理论，自由度数与此相同。对综合的爱因斯坦－麦克斯韦理论，初始数据 曲面上每个点的有效分量数是每个场单独情形下值的和，因此对初始 3 维曲面上的每个点，我们有 $4+4=8$ 个有效的独立分量，全部自由度数为

$$\infty^{8\infty^3}。$$

现在，在仅服从里奇平直性条件（即 $R_{ab}=0$，见 §19.6）的五维理论中，初始曲面是四维的（故 $q=4$），还可以证明 $k=10$。这给了我们远大于所需的（见上述）场的自由度 $\infty^{10\infty^4}$，不是因为 10 大于 8（k 值），而是因为 4 大于 3（q 值）。4 变量函数数目要比 3 变量函数的多得多了！

在卡鲁扎－克莱因模型里，我们通过在小维上设定连续（实际上是 U(1)，参见 §13.10）对称性把 4 降到 3。表示这种对称性的是基灵矢量（§14.7），事实上，卡鲁扎－克莱因五维空间是普通四维时空 $\mathcal{M}$ 上的一个 S^1 丛 $\mathcal{B}$。它看上去似乎与 §19.4（和 §15.8）给出的电磁理论的常规丛描述相去不远。基本差异是这里的 $\mathcal{B}$ 本身具有里奇平直洛伦兹型（伪）度规，而不是只有时空 $\mathcal{M}$ 才具有的那种度规。[16]卡鲁扎－克莱因模型的突出特点在于，$\mathcal{B}$ 上里奇平直性的要求（加上 U(1) 对称性）相当于提供了 $\mathcal{M}$ 上爱因斯坦－麦克斯韦理论的所有方程。[17]另外还需要的是基灵矢量具有非零常数（负）范数。这一点排除了一个不需要的标量场，从而得到四维的爱因斯坦－麦克斯韦理论！

尽管如此优美，但卡鲁扎－克莱因对于爱因斯坦－麦克斯韦理论的看法却没有为我们提供一种关于实在的令人信服的图景。从物理学方面看，肯定没有强烈的愿望要采用它。例如，超对称性显然有着更强的物理学背景，因为它在缓解量子场论的无穷大问题上具有毋庸置疑的价值。那么为什么高维的卡鲁扎－克莱因类的理论在当代追求关于大自然的更深层次理论方面会变得如此走俏呢？主要是因为出现了弦论，基本上看，当今各种版本的弦论积极寻求的就是利用超对称性和高维。[18]

31.5 原初的强子弦论

那么什么是弦论呢？为什么它在当今众多的理论中会如此强势呢？原因还是在于它能提供解决量子场论中无穷大问题好的方法。从这个意义上说，它代表着第 24～26 章所追求思想的延续。但还有其他重要的历史方面的动因，特别是出于强子物理方面的某些观察上的需要。让我们先来看看这方面的情形。

最初，这个问题与粒子物理里强子散射所发现的一些关系有关。在第 25 章我们曾提到，强子当中存在许多短命（寿命仅为 10^{-23} 秒）的"粒子"，它们其实很难称得上是粒子，人们经常称其为共振态。我们知道，按量子场论规则（§25.2，§§26.6，8）的要求，在任何物理过程中，所有可能发生的不同过程都必须加到总的过程中去以便得到完全的量子幅。因此所有可能

的粒子和共振态也必须如此处理。例如，两个粒子 A 和 B 的强子散射过程：A 和 B 碰撞，一瞬间之后变为粒子对 C 和 D。我们可将这个过程可理解为 A 和 B 先复合成一个单一的粒子（共振态）X，然后几乎瞬间它就衰变成粒子 C 和 D。这样的中间态粒子 X, X′, X″, …可以有很多，每一个的效果都必须加到总和中去。每一个这种过程的费恩曼图如图 31.4a 所示。现在，我们用另一种观点来看待所发生的变换：粒子 Y 分别与 A 和 B 发生"交换"，使 A 变成 C，B 变成 D。这种可能的交换粒子 Y, Y′, Y″, …也可以有很多，它们的费恩曼图如图 31.4b 所示。还存在第三种可能的变换过程，所不同的是产生粒子 C 和 D 取不同的方式，其费恩曼图如图 31.4c 所示。此外我们还可以想象存在更复杂的包括闭圈的变换过程（图 31.4d），但从目前来讲，这些"高阶"过程不是很重要。

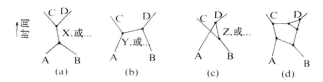

图 31.4　强子散射的费恩曼图，两个粒子 A，B 转变成粒子对 C，D。（a）在一组这样的散射过程中，A 和 B 先复合成一个粒子（共振态），然后瞬间衰变成粒子 C 和 D，其间可能有很多中间态 X, X′, X″, …每一个都对总和有贡献。（b）在另一种过程中，粒子 Y（或 Y′或 Y″…）被"交换"，使 A 变成 C，B 变成 D，每个中间态都有贡献。（c）类似的"交换"，粒子为 Z（或 Z′或 Z″…），使 A 变成 D，B 变成 C，每个中间态都有贡献。可以证明，在最低阶，（a），（b），（c）是等价的，不必加到一块。（d）实现转换的其他方式涉及闭圈。

为了得到粒子对（A，B）到粒子对（C，D）变换过程的总幅度，我们必须将所有这些不同的贡献加起来；但其结果却令人吃惊：三种可能的方式中每一种给出的都是相同的答案，而且这个答案似乎基本上可以肯定为就是正确答案。如果我们将所有 3 个答案加起来，结果显然就太大了。另外，当我们逐个总结图 31.4（a），（b），（c）所示的每一种费恩曼图时，发现它们在物理上表示的是同一个结果！从标准的费恩曼图观点看，这种"对偶性"[19]似乎不好理解，但 1970 年，日裔美籍物理学家南部阳一郎（Yoichiro Nambu，1921～　　）[20]基于他对年轻的意大利人韦内齐亚诺（Gabriele Veneziano，1942～　　）于 1968 年发现的著名公式[21]的研究得出结论认为，所有这些可以用另一种观点来理解，这里单个的强子被认为是一根弦而不是粒子。弦的历史是一 2 维曲面，这样图 31.4（a），（b），（c），（d）的每一种费恩曼图所示的过程可分别用图 31.5（a），（b），（c），（d）所示的不同"管件"构造来表示。"弦观点"的突出之处在于，在标准费恩曼图观点看来（a），（b），（c）3 种不同过程实际上是拓扑等价的，可以认为是同一过程的 3 种不同的视角。因此"弦"的图像为理

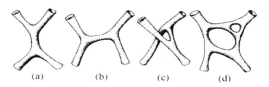

图 31.5　图 31.4 的各个过程的弦历史图像为（a），（b），（c）的等价性提供了解释，由于它们具有相同的拓扑结构，因此能够彼此互相转换。（d）的高阶过程对应于更复杂的拓扑，其拓扑的亏格对应于圈数（比较图 8.9）。

解强子物理中令人迷惑的事实提供了一种新的方法。

这里的评述只是定性的，实际上弦的图像同样能够给出导致韦内齐亚诺公式的物理模型。不仅如此，弦模型——其中弦的表现就像微型松紧带，弦的张力随弦的拉伸程度成正比地增加——还为强子物理里另一种观察到的现象即雷杰轨迹的直线性提供了解释。雷杰轨迹是一些这样的线，对特定的强子族，当我们绘出其自旋值对质量平方的图时，它们表现为直线。图31.6描述了一个例子。就我所知，对这一显著的观察事实目前还没有完全不同的其他解释。[22]

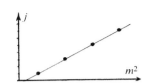

886

图31.6　自旋值逐渐增加的粒子共振的直线型"雷杰轨迹"，横坐标为质量平方。对此弹性弦图像给了一个解释

不仅如此，弦模型还使得得到一种有限的强子物理理论的希望大增。大致说来，弦可以用来"平滑"掉传统费恩曼处理（§26.8）中的（紫外）发散。我们可以将这些发散看成是粒子间彼此越来越接近（直至无限）时的小尺度效应引起的。弦不是点粒子，故它能缓解这一问题。事实上，造成发散困难的正是标准费恩曼图图像里的闭圈问题。在弦图像中，闭圈可直接看成是具有高维拓扑的曲面，如图31.5（d）所示，它是图31.4（d）的弦版本。这种理解带来的是对费恩曼图的有限而非发散的积分。进一步说，一个单独的弦历史图像能够涵盖许多不同的费恩曼图，从而使我们有更好的机会从物理上给出问题的总答案——它应是有限的——而不是仅仅针对个别发散的非物理部分，这些发散可看作是相互抵消的。此外，不同种类的粒子可以看成是弦的不同振动模从而可以合并。最后，二维时空弦历史还具有另一个突出特性，那就是它们能够被当作黎曼曲面，从第8章我们知道，这种曲面具有非常丰富的几何和解析性质（这些构成了韦内齐亚诺公式的基础）。这里是复精灵出没的领域，它可是量子水平的实在的大自然杰作。

887

毫无疑问，这是目前能够做到的比通常的粒子物理描述更深层次的一种相当完美的数学图像。当我第一次听说这一图像时（大约是1970年，从萨斯坎德（Leonard Susskind）那里听到的，他是该领域最早的研究者之一），我被这一整套思想的美和潜在力量震惊了。在我看来，这就是那种数学上令人振奋且与粒子物理的重要领域直接相关的新领域。我那时的主要兴趣在扭量理论方面（我们将在第33章谈到），但我意识到我肯定会在我正从事的领域和这些非常有前途的新概念之间建立起某种联系。扭量理论的关键在于使用了复（全纯）结构，而透过弦的基本理论我们似乎看到了这种结构借助于黎曼曲面对物理行为的控制，黎曼曲面显然是复曲线。[23]

显然，威腾（2003）最近的工作可以说从某种程度上实现了这些早期的雄心壮志。在§31.18我还将回到这些不用高维时空的非常令人鼓舞的新进展上来。但这些不代表一种综合性的新的弦论，我穿插在各章节里的这些评论指的是所谓"主流"弦论。

31.6 极品弦论

自那之后，30 多年过去了，这些吸引人的原初思想是如何经受时间考验的呢？这么多年里这个领域的发展还依然围绕着抑或已超越了当初的主题？这是些仁者见仁智者见智的问题。弦论有时甚至成为带有高度感情色彩的议题。对坚定的支持者来说，弦论（以及它在当今的演变）就是 21 世纪的物理，它代表着至少可以与广义相对论和量子力学相提并论的物理学思想的革命，如果不说是超越的话。但在最极端的否定论者的眼里，它在物理上至今没取得任何实质性成果，在未来的物理学发展中扮演重要角色的可能性微乎其微。

我不可能在对这些进展的介绍中不带有任何感情色彩，但我至少知道我该怎样合理准确地给出我对此形成的印象。一如既往，我得向读者提出我的忠告，许多积极的能力超强的理论物理学家并不同意我的观点。但我只能描述我所看到的事。

由于我对当前弦论进展的好些方面的看法不是很积极，因此我至少应该为读者留出校正这种可能的不平衡的余地。首先我给出两位在弦论发展过程中最重要人物的观点。剑桥大学的米切尔·格林认为：[24]

> 一旦你遇到弦论并且意识到近百年来物理学差不多全部的主要进展——它们是如此完美——均源于一个这么简单的起点，你就会懂得这个具有难以置信的吸引力的理论是独一无二的。

另一位是普林斯顿高等研究所的爱德华·威腾，他的著名论断是：[25]

> "据（Danielle Amati）说弦论是机缘凑巧发轫于 20 世纪的 21 世纪物理学。"

至于流行的、雄辩而又热情洋溢的、不带任何批评性的论断——但数学思想上未必深入——见 Greene（1999）。[26]

为了从我自己特有的优势角度来陈述关于弦论的一种协调一致的（如果不说是一定公平的话）观点，我这里专门给出一段有关我是如何介入这一领域的简短的心路历程。我想以这种方式说明理论中某些事实的成功的发展，也想顺便表明我对已取得的这些进展的态度。使对弦论进行平心静气的评价变得如此困难的原因，在于它得到的支持和选择的发展方向几乎完全来自数学上的唯美判断。我相信记录下这一理论经历的每一处转折，指出几乎每一次这样的转折都使我们更加远离观察所建立的事实，无疑是重要的。虽然弦论起源于强子物理的实验观察事实，但它之后的发展大大背离了那些源头，结果现在已经很难再有来自物理世界观察数据的指导。

想象一个旅行者在巨大且完全陌生的城市里试图找到一所具体建筑物的情形。没有街道名称（或者即使有对他也无甚意义），没有地图，天空阴霾浓重不辨东西南北，路上还不时出现路岔。这位旅行者是该朝右拐还是朝左拐呢？或许该试试某一边背后的小道？拐角常常不是直角，道路也难见是直的，偶尔还是条死胡同，于是还得退回来拐向另一边。经常是一条以前不曾注意的道路出现在眼前。一路上无人可问，即使有也听不懂当地方言。但至少这位旅行者知道他要找的这幢建筑特别雄伟壮观，带有一个超豪华的花园。这也是他为什么要找到它的主要原因之一。旅行者择取的几条街道显然比其他街道更具美学品位，马路两边是更为典雅的建筑群落，漂亮的花园里缀满了奇花异草——但有时走近观察才发现那是塑料的。在随后安排的途径上包括了多种选择，对这每一种选择，旅行者唯一的择取标准就是看该区域的美学吸引力，外加整体协调性的感觉——包括风格、与城市整体的和谐性。

作为形象的比喻，假定你就是这位旅行者，但你是旅行团的一员，这个团有一位聪明过人、极富才学而又敏感的导游——唯一的麻烦是这位导游对这个城市一点不了解，也不懂当地方言。你尽管放心，导游的美学鉴赏力比你强得多，遇事判断也比你来得快。偶尔，导游的注意力会落在一所特别富丽堂皇的建筑上。但导游的审美情趣显然与你的有根本的不同。如果你跟着团队走，你起码会有其他一些伙伴，你可以跟他们聊聊周围的建筑，分享搜寻到心中目标所带来的快乐。即使你不指望找到什么目标，你也能享受寻找的乐趣。但另一方面，当你怀疑导游在搜寻你的目标方面是否能做的比你自己做更好的时候，你也许更喜欢按自己的意愿行事。每一次转折的成功选择都是一次赌博，你也许不时会发现你判断的行走路线比导游选择的线路更值得一看……

实际上，我们在前面几章已经见证了一些事例，大物理学家显示出他们那种特有的深邃的洞察力，这些洞察力常常反映为明确的数学形式。其中令人印象最为深刻的当属 §24.7 所述的狄拉克对电子方程的发现。诚然，从建立在试验发现基础上的量子力学完备的数学形式角度看，美学上的这一飞跃仅仅是迈向未知领域的雄健的一步。狄拉克对电子的反粒子的预言则涉及另一个飞跃。但它是在极其谨慎的情况下做出的，而且随后得到了观察的确认。爱因斯坦的广义相对论也属于部分出于数学审美要求考虑的情形，广义相对论的力量很大程度上来自其完美的数学结构。当爱因斯坦第一次构建这个理论时，来自观察方面的要求并不清楚。但这并不等于说爱因斯坦提出这一理论仅仅是出于数学审美方面的考虑。他的根本导向仍是来自物理学，在他的信念里，等效原理（§17.4）必定是理解引力的核心。

相比之下，弦论的发展则几乎完全由数学上的考虑来推动的。首先我得说清楚，这本身并不是一件坏事。所有成功的物理理论都具有坚实的数学基础。数学上的相容性也确实是物理理论的一个重要方面，如果理论要具有普适性的话。一旦一个特定的数学框架被建立起来，那么在该框架内数学所具有的那种严格的发展就会对物理世界产生强有力的促进作用。（第20章里描述的经典物理学中拉格朗日函数和哈密顿函数的发展为此提供了鲜明的例证。）然而，困难往往出现在这样一种情形下：为了克服不相容性，以前信赖的理论必须调整，特别是有些理论在改造过程中需要依靠特定的数学知识和理论家本人的审美趣味。这种改造经常只是针对某种思想——甚至是那种"辉煌的思想"——但结果很可能仍不具有数学上的相容性，虽然这一弱点可能不同于理论原先的那些弱点。于是理论还需要进一步改造，如此等等。如果这样的调整非常频繁，那么每次都猜对的可能性显然就极其微小了。

31.7 额外时空维的弦动机

弦论早期图像的不相容性表现为严重的反常。由§30.2我们知道，当表示经典对称性或不变性性质的经典对易规则不能完全由量子对易式实现时，即出现反常，因此量子理论不具有经典理论视为基本的那种特征。在弦论情形，反常是指弦的描述中的一种基本参量化不变性（essential parametrization invariance）。这种反常的存在导致所谓灾难性结果。但人们发现，[27]如果把时空维数从4维增加到26维，这种反常即消失。[28]相应地，弦论似乎也只有在26维时空中才是量子力学相容的。

我自己对这事的反应大致为："应该还有别的出路"——因此我从没有把这个问题看成是足以评价"26维"结论背后的论证的力量。我相信其他人也会有类似的看法，因为在这一点上理论丧失了许多以前的通用性。但我之所以不看好26维宇宙模型还有另外的来自扭量理论的原因。正如我们将在§§33.2，4，10看到的，我的独特的"扭量"观点的一个基本含义就是，时空确实具有一维时间和三维空间（即"1+3维"）的那种直接观察到的价值。

除了对付额外维的问题——这个问题我们预设可用卡鲁扎-克莱因方案来处理——这个看似相当简单的强子弦模型还遇到另外一些困难，譬如像存在超光速传播行为。如第25章描述的，标准模型的日益成功使得物理学家不再像以前那样对弦模型这样的"出格"的建议感兴趣。人们发现，前述的那种由维内齐亚诺、南部和其他弦论倡导者提供解决方案的强子物理中令人迷惑的问题，可以根据胶子-夸克图像获得另一种所谓量子色动力学的解释。

强子组成的最奇特的"点状"性质正通过实验变得明白起来，它与标准模型的夸克图像相一致，但却与弦的图像不一致。弦构成的圈的典型大小与弦的耦合强度有关，对于初始的强子弦（弦的张力与强相互作用耦合常数一致）情形，它给出的圈的平均尺度为10^{-15}米。这几乎就是"点状"质子的尺度，即与质子本身的"大小"可比拟。

在弦论沉寂了差不多10年之后，弦论有了新的发展，这就是人们经常称之为的"第一次超弦革命"。1984年，米切尔·格林和约翰·施瓦兹提出了一个方案（包含了更早的施瓦兹和舍克（Joël Scherk）提出的设想），在这个方案中，超对称被结合到弦论里（于是我们有了"超弦"而不只是弦），而且时空维数[29]因此从26维缩减到10维。这个理论去掉了上面提到的"超光速"问题。不仅如此，弦的张力性质和尺度亦为之一变，使得弦论成为一种主要的量子引力理论，而不再是强相互作用理论。人们已认识到，弦振动模产生的应是一种自旋为2的无质量粒子/场。这曾使原初的"强子"版本的弦论感到难堪，因为根本就不存在这种性质的强子。但新的弦以及它们所具有的远大于以往的弦的张力确实适合用来确认具有引力的无质量场。现在，典型的弦圈大小差不多在微小的（引力的）普朗克长度量级上——幅度比以前大约要小 20 个数量级，在强子尺度上确实是点状的。

应当指出，新"引力尺度"的弦所引入的弦张力的性质有着不同的特点（在科普性文章中通常不强调这一点）。原初的强子弦很像橡皮筋，其张力随弦被抻长而增长，且正比于抻长的量。[30]但新的引力尺度的超弦则具有不变的张力 $\hbar c/\alpha'$，它与弦的形变量无关，这里 α' 是个非常小的数（面积测度），称为弦常数。就这一点而言，原始的强子弦更像普通物理中熟悉的概念，具有经典的物理意义。（具有恒定张力的新超弦的经典版将瞬时收缩成大小为零的奇点！）

31.8 作为量子引力理论的弦论？

这些发展完全改变了人们对弦论的一般看法，超弦理论迅速走俏。经常可以听到这样的声音：弦论提供了一种"完全协调的量子引力理论"，在这种理论中，标准广义相对论的非可重正化性（见§31.1）被完全不引起无穷大的量子引力的弦论所替代。[31]虽然一些弦论支持者承认，要认真追究的话，并非所有声称的有限性都能得到证明，但这属于枝节问题。正如杰出的理论物理学家和弦理论学家指出的：[32]

893

> 弦论的有限性是如此明显，以至于如果有人发表了对它的证明，我怀疑你是否有兴趣去读它。

此外，量子引力的弦论在弦理论学家看来好比"城中唯一的游戏"，正如约瑟夫·泡尔钦斯基（Joseph Polchinski）在评论非弦论的量子引力处理方法时所说的（1999）：

> ……不会再有别的选择……所有好的思想都是弦论中的一部分。

我怀疑可能正是早期有限性断言的这种信誓旦旦提供了理论所需的那种推动力。如果这种所谓的寻找"量子引力"的发现——20 世纪物理学两大革命之间遗失的那种结合——真的被证明成功的话，那么它所建立起来的弦论将不仅是 20 世纪人类重要的思想成就之一，而且也是基础物理学未来进展的一个革命性的基本框架。

我相信今天很多弦理论家都会认为所谓量子引力问题早在 1980 年代就被弦论完全"解决"了这种论断言过其实了。他们可能庆幸自己现在采取了这种比过去更为明智的立场，因为弦论至今仍在发展，它已经明显不同于 1984 年时的那种样子。但他们可能会说，1984 年的弦论至少是向着今天的量子引力目标迈出了最重要的一步。

我自己对这些断言又是怎么看的呢？我要说，就像我身边大多数亲密同事的反应一样，非常消极。这种消极反应的大部分原因毫无疑问可归咎于彼此之间的文化背景上的差异，例如我和我的同事大体上属对爱因斯坦广义相对论怀有浓厚兴趣的那种，而弦论倡导者显然对量子场论兴趣更大。这种观点上差异的主要结果就是彼此间在如何解决量子引力结合体这个核心问题上观点迥异。站在量子场论一边的人倾向于采取重正化——或更确切地说，是有限性——作为解决这个问题的主要目标。而持相对论立场的我们则认为，量子力学原理与广义相对论原理之间深刻的概念冲突才是亟待解决的首要问题，它的解决有可能把我们引向未来的新物理学。我们对现时弦论家做出的言之凿凿的论断之所以持否定态度，不仅是因为具体或一般的不信任问题（尽管这些也很重要），而且在于这样一种挫折，那就是我们认为属整个量子/引力问题核心的那些问题在弦论家们看来似乎根本就不存在！

894 　　我们将在§31.11接触到其中的一些问题（其余的放在§33.2）。但需要指出的是，这些章节里涉及的问题很少能提到广义协变原理与量子场论深刻矛盾关系的层面（§19.6）。[33] 所谓"量子时空几何"的基本问题实际上与此类似。弦论是在光滑的"经典"背景时空下运作的，这种背景时空甚至不直接受到弦的存在的影响——因为基本的非激发态的弦本身不携任何能量，因此亦不直接造成背景时空的"弯曲"。相对论共同体里的大多数人认为，真正的"量子几何"应当具有某种离散的性质，或至少应该深刻不同于那种经典的光滑流形图像。

　　我们将在随后的两章中更全面地讨论这些深刻的问题及其解决方案。特别是，在下章（§32.4）将遇到的"圈"，虽然表面上与弦极为相似，但实际上二者在许多方面存在严重差异。还有，时空几何深受这些圈存在的影响——尤其是在产生时，空间度规完全集中在圈上，他处为零。而在弦论中，光滑时空被认为作为弦的背景已经在那儿，其度规几何的限定对弦仅起着间接的影响，我们一会儿就要谈到这种影响（§31.9）。但现在，我们把所谓弦论要解决的是否真正是重要的量子引力这个问题放到一边，先来考虑弦理论家的断言，即他们的这个理论是一种不导致无穷大的引力的量子理论。果真如此吗？本节余下部分以及随后的5节我将都用来讨论这个问题。

　　重要性之一大概可以用如下的说法来概括。弦理论家标榜道：他们拥有的是"引力的量子理论"，而不是广义相对论或爱因斯坦理论的量子理论。如果不依赖于爱因斯坦的卓绝的广义相对论，试问他们的"引力"意义何在？首先，我们知道，弦理论家的时空是10维的（或大致是10维的，一会儿（§31.14）我们就会谈到这个问题——但不是现在，读者不必性急）。什么是10维下的"引力"呢？好在10维下的张量计算与4维下的一样有效（§§14.4，8），因此我们仍能像以前那样构造里奇张量 R_{ab}。我们在§19.6看到，普通的爱因斯坦引力下的真空条件是里奇平直性，因此我们可以设想弦理论家的引力的"真空方程"形式上也一样，即

$$R_{ab} = 0,$$

差别仅在于现在是10维的。通过类比五维卡鲁扎－克莱因理论，即那种包括引力和电磁力的"五维真空"，我们还可以预期，这个十维真空方程也将所有非引力场算作引力。

　　好了，这就是弦理论家的基本处理——至少大致如此。更精确点儿的，他们将里奇平直性看成是弦常数 α' 的无穷幂级数展开一阶项的结果，高阶项给出奇平直性的"量子修正"。($(\alpha')^r$ 的系数可以包括曲率张量的高阶导数以及该张量的多项式表达式。）此外，除了10维时空度规，讨

论中还包括其他场。其中之一是反对称的张量场，还有所谓伸缩子[34]的标量场（具有全尺度作用　　895
范围），它非常类似于原初卡鲁扎－克莱因理论里的那种（不需要的）标量场。（我们知道，这种标量可通过归一化基灵矢量来除，见§31.4 倒数第 2 段。）伸缩子与后面的讨论有一定联系，见§31.15。我们知道，弦常数很小。现在我们将其取为普朗克长度的平方（α' 是一个小面元）：

$$\alpha' \approx 10^{-68}\,\text{m}^2 \, .$$

因此，在 10 维时空度规下，里奇平直性被认为是一种极好的近似。

31.9　弦动力学

你或许奇怪关于时空曲率的这些论述实际来自何处，因为弦论实际上只是一种关于这些小弦在背景时空下运动的理论（尽管有 9 个都是空间维）。事实上，我还没有具体讨论控制弦动力学的方程。下面我们就来讨论这一点。

像普通场论里一样，首先给出拉格朗日量（§§20.5，6 和§26.6）。弦的拉格朗日量定义为弦在时空中的行迹所张的 2 维曲面历史——世界叶——的曲面面积乘以 $1/2\alpha'$。世界叶上的度规与时空度规相一致；按经典考虑，这种动力学可以简单地将世界叶概括为一种"肥皂泡"，或给定背景时空（适当度规符差）下的"最小曲面"，这里背景是指那种不加限定的经典时空。弦就按照这种动力学不停地摆动。但在量子力学里，反常问题凸现出来，我们发现，甚至背景时空具有 10 维超对称性的条件（对于 10 维空间曲率这个条件也是必需的）现在仍不足以给出量子弦背景度规的相容性条件。

除了这个类爱因斯坦方程相容性要求之外，由§31.7 我们知道，闭弦的"最低激发态模"可以用自旋为 2 的无质量粒子来描述。出现"自旋 2"性质是因为这个模有四极（或 $l=2$）振荡结构（见§22.11 和§32.2），而无质量主要是因为它是非常"硬"的弦的最低阶模。虽然这种　　896
模用于原始的强子弦会产生严重问题，但用于新的引力场合则很合适，因为从通常（4 维）物理学角度看，引力子（引力场量子）很可能是一种自旋 2 的无质量粒子。按传统分析，它可以从度规场的微扰检测出来（用对称张量"h_{ab}"来描述，使度规 g_{ab} 产生无穷小位移 $g_{ab}+\varepsilon h_{ab}$，这里 ε 是无穷小量，亦见§32.2）。在新的弦论里，这种观点——即上述类爱因斯坦方程相容性要求的观点（尽管是 10 维而非 4 维）——似乎行得通，这种"类引力子"的弦激发态模——即所谓"弦论包括引力"的含义。用爱德华·威腾的话来说（1996）：

弦论具有预言引力的惊人性质，

他还进一步评述道：[35]

引力是弦论的结果这一事实是迄今最重要的理论洞察力的表现之一。

但应当强调的是，除了维数问题之外，弦论处理（迄今，从各方面看）还仅限于微扰理论，表现方式不外乎幂级数（虽说有上述的"ε"，但大多数弦论计算都是围绕弦常数 α' 的幂级数进行的）。这种局限性在大多数相对论同行看来是一个严重的缺陷，他们认为这样一种理论不足以成为一种可以和爱因斯坦广义相对论相媲美的具有同样深刻基本原理的理论。

我曾听到过这样一种"弦哲学"，说是我们应当试着把物理学看成"实际上"就是二维量子场论，其 10 维的时空几何概念相当于更基本的二维弦世界叶这个"实在"本身的第二级。每一件事情都可以用"弦激发态"来描述，这些不同的弦激发态可看成世界叶上二坐标函数的量。不仅 10 个时空维可化解为这些激发态，而且每一件事情都只是"二维世界叶"上的某种"场"。

我对于这种描述引力的理论观点感到理解起来非常困难，其中还有时空几何上的动力学自由度问题。从 §16.7（以及 §31.4 的讨论，另见下述 §§31.10–12，15–17）我们知道，高维空间显然比低维空间有多得多的函数或场，不论在每个点上函数（场）的独立分量数有多少，只要其数量是有限的。而对通常的"弦激发态"概念，每个点上的分量数也确实是有限的（因为世界叶上的每个点只能用背景空间的有限个独立方向来表示）。这种特殊的"弦哲学"看起来是一种极易误导的看待事物的观点。虽然我怀疑这是否真的就是许多弦理论家顽固坚持的立场，但是他们中的一些人一直很欣赏这种观点这一事实或许折射出许多弦理论家在对待时空维问题上的那种傲慢的态度。在他们看来是一种"低能效应"的我们这个可观察的 4 维时空，经常被认为是相对来说不是很重要的事情！

不论怎么说——即使在 10 维情形下——弦论的"爱因斯坦真空方程"是被当作仅仅是弦论二维世界叶的相容性的一个结论来看待的。而且认为里奇平直性必须持续成立，即使在弦世界叶位置本身尚不确定的时空位置上也如此！如果这种量子理论真能描述由

九维背景空间包含运动弦

的耦合经典系统的量子化动力学，那么背景曲率的相容性就只需在弦所在的位置成立。因此我们不得不持这样一种观点，就是说被量子化的并不是经典系统。事实上，尽管弦论自诩为引力理论，其实它不能适当地处理如何描述时空度规下动力学自由度的问题。时空只是提供一个固定的背景，并以受到某种限定，以便弦本身能有充分的自由。

31.10 为什么我们看不见额外的空间维？

如果我们现在认真采纳这种 10 维时空的全部动力学，我们就必须面对相反的问题：如何把 10 维空间里大量额外的函数自由度削减到适合普通的四维时空的物理理论的程度？10 维情形下的里奇平直性容许的函数自由度为 $\infty^{70\infty^9}$（§16.7），它远远大于通常四维空间场论里的 $\infty^{N\infty^3}$，这里 N 是每个点的独立分量数（§16.7 和 §31.4）。（10 维"里奇平直性"理论可以有 70 个独立函数作为 9 维初始曲面上的自由数据。[36]）所以如此巨大是因为 9 大于 3。相比之下，指数 70

和 N 的相对大小对这种函数自由度数激增的贡献可以忽略不计。[37] 由于多出这么多函数自由度，10 维时空下普通的经典场论（没有如原初卡鲁扎－克莱因理论里基灵矢量所要求的那种对称性限制——见 §31.4）肯定与我们观察到的宇宙存在巨大冲突。我们将在 §§31.12，16 再回到这个问题上来。

为什么弦理论家对这种过多的函数自由度不感到特别担心呢？原因之一似乎是他们寄希望于量子化弦论里另外一些时空限制条件，这些条件源自量子化弦论的相容性要求，它们能够有效削减弦的函数自由度。我们将在 §31.16 一瞥这种希望。通常听到的主要争论则来自这样一种预期：如果有 6 个"额外"维极其微小（譬如说在普朗克 10^{-35} 米尺度上），那么——按今天物理世界可获得的能量来考虑——量子力学的考虑将得以挽救，并且可以有效"除去"额外空间维带来的自由度。

如何来做到这一点呢？如上所述，几乎所有弦理论方面的考虑都是在微扰框架下进行的，而且只有来自特定基模的小扰动才会被检测。这里我们来考虑一种由通常 4 维闵可夫斯基空间 $\mathbb{M}$ 与某个给定的六维紧致类空黎曼空间 $\mathcal{Y}$ 的乘积 $\mathbb{M} \times \mathcal{Y}$ 给出的基本"时空"，其中整个 $\mathcal{Y}$ 的"大小"都极其小，譬如说在普朗克 10^{-35} 米尺度上。我们来看一下源自 $\mathbb{M} \times \mathcal{Y}$ 的小扰动。

首先，我们对何谓"积流形" $\mathcal{A} \times \mathcal{B}$ 需要有一个较清晰的图像，这里 m 维空间 $\mathcal{A}$ 和 n 维空间 $\mathcal{B}$ 均取自（伪）黎曼流形。从 §15.2（和图 15.3a）可知，$\mathcal{A} \times \mathcal{B}$ 的点由点对 (a, b) 描述，这里 a 属于 $\mathcal{A}$，b 属于 $\mathcal{B}$，因此 $\mathcal{A} \times \mathcal{B}$ 的维为 $m + n$（见练习 [15.1]）。我们怎么来定义 $\mathcal{A} \times \mathcal{B}$ 上的（伪）黎曼度规呢？这可以用 $\mathcal{A}$ 上和 $\mathcal{B}$ 上度规"直和"的办法来实现。设 $\mathcal{A} \times \mathcal{B}$ 的局部坐标为 $(x^1, \cdots, x^m, y^1, \cdots, y^n)$，其中 $(x^1, \cdots, x^m)$ 和 $(y^1, \cdots, y^n)$ 分别为 $\mathcal{A}$ 和 $\mathcal{B}$ 的局部坐标。于是 $\mathcal{A} \times \mathcal{B}$ 的度规分量 g_{ij} 有"分块对角形式"（类似于 §13.7 所示的完全可约表示矩阵），它用来描述 $\mathcal{A}$ 和 $\mathcal{B}$ 的度规分量的直和：$\mathcal{A} \times \mathcal{B}$ 的度规距离平方是 $\mathcal{A}$ 和 $\mathcal{B}$ 单独度规距离平方的和（图 31.7）。

这一关系（见 §31.14）成立的关键是，如果 $\mathcal{A}$ 的度规和 $\mathcal{B}$ 的度规都是里奇平直的（里奇张量为零——见 §19.6），那么 $\mathcal{A} \times \mathcal{B}$ 的直和度规也是里奇平直的。[31.3] 在积 $\mathbb{M} \times \mathcal{Y}$ 中，空间 $\mathcal{Y}$ 是取为里奇平直的，$\mathbb{M}$ 本身就是平直的，自然也就是里奇平直的。因此积 $\mathbb{M} \times \mathcal{Y}$ 也是里奇平直的。

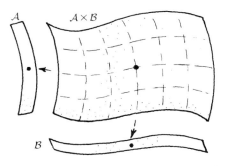

图 31.7　两个（伪）黎曼空间 $\mathcal{A}$ 和 $\mathcal{B}$ 的积流形 $\mathcal{A} \times \mathcal{B}$（见 §15.6 中的图 15.3a）本身仍是（伪）黎曼的。如果 $\mathcal{A}$ 和 $\mathcal{B}$ 均为里奇平直的，则 $\mathcal{A} \times \mathcal{B}$ 也是里奇平直的。

我们再来把紧致空间 $\mathcal{Y}$ 的整个空间大小取为普朗克尺度的大小——也许稍大一点。（紧致的

***[31.3] 为什么？提示：参看练习 [14.26]、[14.27] 和 §14.7。

意义见 §12.6 和图 12.14 的描述。）怎么来描述离开 $\mathbb{M} \times \mathcal{Y}$ 的扰动呢？这可以由 $\mathbb{M} \times \mathcal{Y}$ 上的（张量）场给出，像 §31.9 的 h_{ab}，它给出 $\mathbb{M} \times \mathcal{Y}$ 度规的无穷小变动。

为了研究 $\mathbb{M} \times \mathcal{Y}$ 上的场，我们有必要考虑初值问题；为此将 $\mathbb{M}$ 表示为 $\mathbb{M} = \mathbb{E}^1 \times \mathbb{E}^3$，这里 1 维欧几里得空间 $\mathbb{E}^1$ 代表时间坐标 t，3 维欧几里得空间 $\mathbb{E}^3$ 代表空间。下面我们根据 $\mathbb{E}^3 \times \mathcal{Y}$ 的简正模来分析这些场。见图 31.8。（"简正模"概

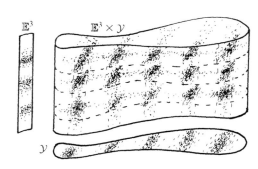

图 31.8 $\mathbb{E}^3 \times \mathcal{Y}$ 上的微扰模是 $\mathbb{E}^3$ 上的模与 $\mathcal{Y}$ 上的模之积。

念，经典的见 §20.3，量子的见 §§22.11，13。）这些简正模像什么样子呢？由于 $\mathbb{E}^3 \times \mathcal{Y}$ 的"积"结构，我们可将每个这种简正模表示为 $\mathbb{E}^3$ 模与 $\mathcal{Y}$ 模的普通积。$\mathbb{E}^3$ 模就是动量态（§21.11），它们构成连续族。至于 $\mathcal{Y}$ 的简正模，紧致性保证了它们都是离散族，每一个都由一组特征值来刻画。（回顾 §22.13 节末的讨论。）我们怎么"激发"这些模，使得简单的 $\mathbb{E}^3 \times \mathcal{Y}$ 几何变换成他种形式呢？

通常弦理论家会争辩说，我们可以不理会 $\mathcal{Y}$ 的扰动，至少在目前的宇宙学阶段是如此。其论据依赖于这样一种预期：$\mathcal{Y}$ 模激发所需的能量非常之大——除非是一组特定的零能量模（它在 §31.14 中很重要），但眼下我们可以忽略掉。为什么这个预期的能量会如此巨大呢？原因在于 $\mathcal{Y}$ 本身非常之小。$\mathcal{Y}$ 的"驻波"可能只有很短的波长，可以和 10^{-35} 米的普朗克距离相比拟，因此其频率也近似为 10^{-43} 秒的普朗克频率。激发这种模的能量通常为普朗克能量量级，即约为 10^{12} 焦耳，它要比普通粒子相互作用所具有的最大能量大 20 个量级！由此可知，影响到 $\mathcal{Y}$ 几何的模在所有今天可实现的有关的粒子物理过程中将一直保持非激发态势。这个图像还表明，在宇宙的甚早期阶段，构形中有 6 个维是由这种普朗克尺度 $\mathcal{Y}$ 来描述的，而其余的 3 个空间维则急剧扩张，给出与当今宇宙学一致的几近空间平直的三维宇宙图像。自宇宙存在的第一个普朗克尺度时间之后不久，$\mathcal{Y}$ 空间就一直保持着基本非扰动状态。

我们来更全面地审视一下这个论证。为简单计，考虑这样一种情形，类似 §31.4 中原初卡鲁扎 – 克莱因理论情形以及图 15.1 的水龙带比喻，$\mathcal{Y}$ 取为圆 S^1，它有非常小的半径 ρ。在 S^1 上取实坐标 θ（θ 等同于 $\theta + 2\pi$），$\rho\theta$ 量度圆上的实际弧长。$\mathcal{Y}$ 的模现在就是量 $e^{in\theta}$，这里 n 是一整数，即我们在 §9.2 中遇到的傅里叶模数。在 $\mathbb{E}^3$ 上，我们取普通的笛卡儿坐标 (x, y, z)。由 §22.11 知，求"模"方法之一是寻找拉普拉斯算符的本征态。在目前这种情形，他可看成是一种近似（"模型"）。更准确地说，我们关心的是几何演化中哈密顿量 $\mathcal{H}$ 的本征态。对于里奇平直的五维空间（我们要求的 $\mathbb{M} \times S^1$ 微扰），我们需要五维广义相对论下的适当哈密顿形式，这相当复杂。但其主项基本上是拉普拉斯量，它已足以用于我们当前的讨论。

我们在 §10.5 第一次遇到过二维拉普拉斯量 $\nabla^2 = \partial^2/\partial x^2 + \partial^2/\partial y^2$。这里我们需要将它推

广到 4 维情形，但空间 $\mathbb{E}^3 \times S^1$ 的度规仍是平直的，因此我们不要求取像 §22.11 那样的精确表达式。这里所需的只是将变量数增加到 4 个，于是拉氏量写为[*][31.4]

$$\nabla^2 = \frac{\partial^2}{\partial x^2} + \frac{\partial^2}{\partial y^2} + \frac{\partial^2}{\partial z^2} + \frac{1}{\rho^2}\frac{\partial^2}{\partial \theta^2},$$

这里第 4 个坐标是 S^1 所需的 $\rho\theta$。为了找出"模"，我们来求这个 ∇^2 的本征态。更具体地说，该过程的关键就在于 $\mathbb{E}^3 \times S^1$ 中 S^1 部分的模分析并将 $\mathbb{E}^3$ 部分看成是普通的场。由此，我们将场分成不同的贡献部分，每一部分有一个不同的整数 "n"，它与具体形式 $e^{in\theta}$ 的 θ 有关。因此，对第 n 阶 S^1 模，我们可以在初始四维曲面 $\mathbb{E}^3 \times S^1$ 上写出

$$\Psi = e^{in\theta}\psi,$$

这里 ψ 是普通空间坐标 x，y，z 的函数。对于这样一种第 n 阶的模 Ψ，上述拉氏量里的 $\rho^{-2}\partial^2/\partial\theta^2$ 可直接用 $-n^2/\rho^2$ 来取代：[*][31.5]

$$\frac{1}{\rho^2}\frac{\partial^2}{\partial\theta^2} \longmapsto -\frac{n^2}{\rho^2}。$$

对于其余变量 x，y，z，拉氏量变为普通三维空间里的量，但其中增加了常数项 $-n^2/\rho^2$。

我们知道，质量为 μ 的普通（无自旋）粒子在通常的闵可夫斯基时空 $\mathbb{M}$ 下的场方程为"克莱因 – 戈登"波动方程（见 §24.5）：

$$\left(\Box + \frac{\mu^2}{\hbar^2}\right)\psi = 0,$$

其中 $\Box = \partial^2/\partial t^2 - \partial^2/\partial x^2 - \partial^2/\partial y^2 - \partial^2/\partial z^2$。我们可以将它视为"自由入射粒子"（在量子场论的 S 矩阵处理中这是恰当的——见 §26.8）。但在五维空间 $\mathbb{M} \times S^1$ 情形，在波算符 $\Box$ 中我们有附加项 $-\rho^{-2}\partial^2/\partial\theta^2$。如果我们将这个五维空间粒子取为 S^1 的 n 模本征态，则这一项取代为 n^2/ρ^2。相应地，从普通四维闵可夫斯基空间的观点看，这个五维空间 n 模克莱因 – 戈登粒子满足四维方程：

$$\left(\Box + \frac{\mu^2}{\hbar^2} + \frac{n^2}{\rho^2}\right)\psi = 0$$

它仍然是克莱因 – 戈登方程，只是 $\mu^2/\hbar^2 + n^2/\rho^2$ 取代了 $\mu^2/\hbar^2$。因此，对新粒子，我们有四维克莱因 – 戈登方程，但其质量从 μ 增加到 $\sqrt{(\mu^2 + \hbar^2 n^2/\rho^2)}$。

现在，任何自然界中可观察到的粒子都具有质量 μ，它要远远小于（见 §31.1）普朗克值 $\hbar/\rho$（对选定的 ρ 值）。假定 $n \neq 0$，那么这个新粒子至少有普朗克量级的质量（$\hbar n/\rho$ 远大于 μ），这样它将远远超出目前粒子加速器能达到的范围。这也就是弦理论家认为在目前宇宙学阶段 $n \neq 0$ 的模不可能出现在任何粒子物理过程中的原因！

同样的论证大致可用到完全普朗克大小的六维紧致空间 $\mathcal{Y}$ 上。在相对较低能量情形下，我

902

---

[*][31.4] 为什么？

[*][31.5] 为什么我们能这么做？

们发现 $\mathcal{Y}$ 的 $n \neq 0$ 的激发模是目前无法通过实验实现的——弦理论家还是对的。因此额外空间维假设与当今观察到的物理之间不存在冲突。

31.11　我们应当接受量子稳定性论证吗？

　　但这个理由确实恰当吗？我相信我们有理由提出质疑。[38] 即使抛开那种无法回答的例如像为什么空间维数中有 3 维会表现得与其余 6 维如此不同之类的问题，我们在对待这类"粒子物理"原因时还是得十分小心，这些原因是建立在宇宙后期演化中 $\mathcal{Y}$ 几何不变化的基础上的。

　　但在讨论 $\mathcal{Y}$ 的普朗克能量（或较大的）扰动问题之前，我还得回到我在 §31.10 遗留的零能量 $\mathcal{Y}$ 参模的问题上来。在 §31.14 我们将看到，这些参模是弦理论乐于见到的，因为它们带来了与标准的粒子物理对称群（§§25.5，7）达成一致的希望。但是从数学上讲，这些参模造成了所谓参模问题的严重困难。参模是指黎曼曲面（§8.4）上的一些参数，它们用来表示那些规定 $\mathcal{Y}$ 空间具体形状的模数。（在 §31.14 我们将看到，那些优先的 $\mathcal{Y}$ 一定是称之为"卡拉比－丘（成桐）"空间的三维复流形，其参模通常构成一族复数。）零能量模是指这些参模的变化。我们可通过选择使这种变化依赖于空间 $\mathbb{E}^3$，但这只能给出可接受的 $\infty^{N\infty^3}$，这里 N 指独立（实）参模的实际数字。然而业已证明，存在这样一些模，其中的参模迅速收缩到零导致奇异的 $\mathcal{Y}$ 空间。这种表观的灾难性不稳定性就是弦理论家的"参模问题"（亦见 §31.14）。[39] 这个问题似乎无法回答，而且通常是忽略掉的。

　　假定我们也选择忽略掉它（！）。那么，6 个额外维的正能量（普朗克量级）模就不会被激发吗？虽然与通常的粒子物理能量比起来普朗克能量要大得多，但比起成吨的 TNT 爆炸所释放的能量还是要小，何况宇宙间还有比这大得多的能量，例如地球接受自太阳的能量一秒钟就比它大 10^8 倍！单就能量而言，整个宇宙的能量远远超出激发 $\mathcal{Y}$ 空间所需的不知多少倍！

　　按弦理论家的解释，这个能量是局部粒子相互作用所释放的，那么我们再来想象一下普通空间某个微小区域里发生的事情。实际上，被认为无法得到的 $\mathcal{Y}$ 的激发模是以 $\mathbb{E}^3 \times \mathcal{Y}$ 的扰动方式均匀漫布在整个 $\mathbb{M}^3$ 上的。我们知道，$\mathbb{E}^3 \times \mathcal{Y}$ 的激发模是 $\mathbb{E}^3$ 上的模和 $\mathcal{Y}$ 上的模的乘积。而这里所考虑的那些 $\mathbb{E}^3$ 上的模只是常数。不消说这些模需要（也应当）置于普通物理空间的一个局部区域。

　　但这一点本身不构成反驳局部粒子相互作用成为激发模的适当方式的证据。它们在整个 $\mathbb{E}^3$ 上的漫布也不构成反驳粒子物理观点的证据。从 §26.2 我们对产生和湮灭算符的讨论以及 §§26.7，8 的费恩曼图讨论可知，在量子场论里，粒子及其相互作用通常是根据动量态来描述的。这种态确实像 §21.11 强调的那样是"漫布"于整个 $\mathbb{E}^3$ 上的。"量子粒子"根本不必是空间定域的。考虑这一问题的一个较好的方式是从"量子"而不是粒子着手。于是问题变成：期望不论采取何种方式使单个普朗克能量量子能够被注入 $\mathcal{Y}$ 模这一设想是否合理？但这不是说在我看来我们需要把这种"办法"看成是必需的局部粒子相互作用方式，也不意味着其他诸如整个时空几何的非线性扰动之类的事情。

有什么理由要相信应当还有其他办法呢？在我看来，的确还有理由为此担心。让我们回到水龙带的比喻上来（图31.3）。现在我们将水龙带看成是在"大"维（类比 $\mathbb{E}^3$）上基本是直的，且具有 S^1 截口（类比 $\mathcal{Y}$），它是半径为 ρ 的圆。水龙带的激发模可由沿长方向（"$\mathbb{E}^3$ 模"）传播的各种波和圆形截口形状的（"$\mathcal{Y}$ 模"）各种扰动组成。正如我们已经看到的，每一个 $\mathcal{Y}$ 模是在整个水龙带上同时发生的。按量子力学观点，这种振荡频率为 ν 的单个量子激发模——激子——的能量为 $2\pi\hbar\nu$（§21.4），它与水龙带长度无关！

对于无限长水龙带，这种理解给出零能量密度。对每个单独的激子，这一点还好理解，如果我们想象这条水龙带是弯成一个半径为 R 的大圆（$R\gg\rho$）的话。现在我们来考虑一种具体的 $\mathcal{Y}$ 振荡模，其频率为 v，激子的总能量 $2\pi\hbar\nu$ 的确与 R 无关。但令人迷惑的是，这意味着 R 取得越大，局部振荡的能量就越小（正比于 $1/R$）。这一点谈不上不相容，但它告诉我们，对固定的 $\mathcal{Y}$ 振荡模，水龙带长度越长，激子的振荡幅度就越小。如果取 $R\to\infty$，则局部位置上具有的能量趋于零。由此可知，就水龙带的任何一种局部振荡方式而言，在水龙带变得无限长的极限情形下，这种振荡都必将包含越来越多的量子数量，每个单个量子的作用变得越来越小，这使得我们不得不认为此时以经典方式而不是量子方式来看待水龙带的行为或许更合适。[40]

这就提出了一个大量子数量子系统的经典极限的问题，与之相关的是如何在这种经典构形下看待态收缩 $\mathbf{R}$。通过第29章的讨论我们已经看到，$\mathbf{R}$ 问题不可能在目前的量子理论框架下得到完全解决。[41] 毕竟，好的物理学应当知道何种情形下量子描述是恰当的，何时采用经典描述更具物理意义。从§22.10的普通角动量讨论可知，具有非常大角动量的物体最好是当作经典系统来看待，这样我们有非常明确的转动轴。而按带有大 j 值的量子系统来处理，我们得到的是具有众多自旋方向的马约拉纳描述，这些自旋方向通常指向所有位置！实用上，大角动量系统的经典描述能够提供对物理实在好的图像。更一般地，当系统的量子数变得极其巨大时，经典描述在物理上就显得更适当。在角动量情形，相关的量子数，即 j，是以 $\hbar$ 为单位来测量的，因此我们可以想象有这么一个合理的判据，它告诉我们何时算是远离量子领域：以 $\hbar$ 为单位的 j 值非常之大。对水龙带情形，我们看到，尺寸 ρ 很小这个事实不会告诉我们"量子"描述是否比经典描述更恰当。对固定 ρ，随着 R 的取值越来越大，水龙带局部振荡变得越来越"经典"，因为激子的数量越来越大，而且激子的振荡量子数取值也越来越高（$\mathcal{Y}$ 模）。[42]

在缺乏这样一种理论——它告诉我们多"大"的系统适合用经典描述，多"小"的系统行为属于量子描述范围（在我看来，我们需要对量子力学结构动大手术，见§§30.9～12）——的情形下，关于所声称的不可能激发 $\mathcal{Y}$ 模这一断言我们似乎无法得出确定性结论。（第30章的考虑似乎也不能给出明确答案，因此肯定也不是一种无可争议的结论。）但不论怎样，就 $\mathcal{Y}$ 模的实际扰动属众多量子的量子图像、且单个量子的行为几乎不影响 $\mathcal{Y}$ 几何这些事实而言，如果我们从经典而非量子力学角度来研究，似乎更容易看清楚 $\mathbb{M} \times \mathcal{Y}$ 世界的扰动是如何随"小"$\mathcal{Y}$ 发生的。下面就让我们来考虑这一点。

31.12 额外维的经典不稳定性

如果我们将 10 维模型看成是完全经典的模型，我们该作何处理呢？至少有一点是肯定的，那就是它提供了全量子模型实际如何运作的导向。在 §30.10 的开头我们看到，经典 $(1+9)$ 空间（即 1 个时间维加 9 个空间维）具有多得无法想象的自由度（$\infty^{M\infty^9} \gg \infty^{N\infty^3}$）。问题够严重，但依我看实际上还有更严重的。我们发现，一个经典的 $\mathbb{M} \times \mathcal{Y}$ 世界——服从里奇平直性——对小扰动是高度不稳定的。如果 $\mathcal{Y}$ 是紧的且只有普朗克尺度大小，那么在远不到一秒的瞬间就会出现时空奇点（§27.9）！

我们先来考虑只干扰 $\mathcal{Y}$ 几何尚未"泄漏"到空间 $\mathbb{E}^3$ 的 $\mathbb{M} \times \mathcal{Y}$ 的扰动。就是说，我们来检查"一般的"里奇平直的 $(1+6)$ 时空 $\mathbb{Z}$（$\mathcal{Y}$ 的扰动演化），整个 $(1+9)$ 时空是 $\mathbb{Z} \times \mathbb{E}^3$。我们认为 $\mathbb{Z}$ 是某个（在某一特定时刻）"接近"$\mathcal{Y}$ 的 6 维空间的时间演化，因此 $\mathbb{Z}$ 由接近（未变化的）$\mathcal{Y}$ 的 $\mathbb{E}^1 \times \mathcal{Y}$ 的"时间演化"开始，虽然后来 $\mathbb{Z}$ 严重偏离了 $\mathbb{E}^1 \times \mathcal{Y}$（图 31.9）。这里我像 §31.10 做的那样将 $\mathbb{M}$ 表示成 $\mathbb{M} = \mathbb{E}^1 \times \mathbb{E}^3$（$\mathbb{E}^1$ 描述时间维，$\mathbb{E}^3$ 描述空间维），这样我们认为 $\mathbb{M} \times \mathcal{Y}$ 就是 $(\mathbb{E}^1 \times \mathcal{Y}) \times \mathbb{E}^3$（将 $\mathcal{Y}$ 的时间演化作为积的前项），见图 31.9(a)。

906

1960 年代后期，斯蒂芬·霍金和我曾证明了一个奇点定理，它是说我们必须将 $\mathbb{Z}$ 看成是奇异的。[43]说得明白点，就是这个定理恰好可以像我们最初用于 $(1+3)$ 时空那样用于 $(1+6)$ 时空（以及 $(1+9)$ 时空）。该定

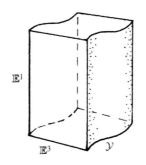

图 31.9 奇点定理用于分析 $\mathbb{M} \times \mathcal{Y}$ 的扰动，这里 $\mathcal{Y}$ 是"小的"卡拉比－丘空间。(a) 非奇异典范情形 $\mathbb{M} \times \mathcal{Y}$，这里我们将 $\mathbb{M}$ 表示为 $\mathbb{M} = \mathbb{E}^1 \times \mathbb{E}^3$，其中 $\mathbb{E}^1$ 指时间维。(b) $\mathcal{Y}$ 的一般扰动 $\mathcal{Y}'$ 演化到奇异空间 $\mathbb{Z}$，因此 $\mathbb{E}^3 \times \mathcal{Y}$ 的一般扰动（不影响 $\mathbb{E}^3$）演化到奇异空间 $\mathbb{E}^3 \times \mathbb{Z}$。

理的结论之一，是任何具有紧致类空超曲面的里奇平直时空（如 $\mathbb{E}^1 \times \mathcal{Y}$ 或 $\mathbb{Z}$），以及特定意义上"一般的"[44]（且没有闭合类时曲线——见 §17.9 和图 17.18）时空，必然是奇异的！原始的 $\mathbb{E}^1 \times \mathcal{Y}$ 之所以非奇异，是因为这种情形下一般条件不满足。但通常扰动的 $\mathbb{Z}$ 是奇异的。

应当指出，我们不能直接从这个"奇点定理"得出结论说曲率发散到无穷大，而只能说在无穷长时空（或零测地线情形下的无穷仿射长度——见 §14.5）中类时或零测地线的可扩展性具有某种障碍。通常认为，这个障碍是因为存在发散曲率，但该定理没有直接证明这一点。但该定理告诉我们，在某种条件下 $\mathbb{Z}$ 将变成奇异的。如果离开 $\mathcal{Y}$ 的扰动与 $\mathcal{Y}$ 本身同尺度（即均为普朗克尺度），那么我们必可预期 $\mathbb{Z}$ 的奇点出现在相当小的时间尺度上（$\sim 10^{-43}$ 秒），但如果

扰动尺度比 $\mathcal{Y}$ 本身要小，则这个时间尺度会稍长点儿。

我们的结论是：如果我们打算以得到整个 $(1+9)$ 时空 $\mathbb{M} \times \mathcal{Y}$ 上非奇异扰动的方式来扰动 $\mathcal{Y}$，那么我们就必须认为这些扰动也一定会明显泄漏到时空的 $\mathbb{M}$ 部分。而且从某种角度看，这些扰动甚至比那些只影响 $\mathcal{Y}$ 的"普通"时空图像更危险，因为出现在 $\mathcal{Y}$ 的大普朗克尺度曲率[45] 907 会泄漏到普通空间，这与观察事实存在严重冲突，并会在极短时间内导致时空奇点。[46]

当然，我们不必认为经典理论中的这些无法接受的奇点一定会出现在适当的量子理论中。正如我们在 §22.13 已经看到的，量子力学救治了普通经典原子中电子会旋转掉入原子核并伴有电磁辐射的那样一种灾难性的不稳定性。但仅仅引入"量子化处理"并不足以保证能够去除经典奇点。许多例子（像大多数量子引力玩具模型之类[47]）说明量子化后奇点依然存在。

我们还应注意到这样一个事实——见 §31.8——就是 $(1+9)$ 维里奇平直性并非弦论需要的要求。我们知道，里奇平直性只能看成是这一要求在弦常数 α' 展开的最低阶以上各项被忽略时的极好的近似。也许包含弦常数 α' 展开中所有项的"精确的"要求可以逃过上述奇点定理。但如果这一要求能给出这样一种里奇张量条件，即里奇张量满足通常的局部正能量要求（见注释 27.9 和 §28.5），那么奇点定理就仍可用。另一方面，在量子场论里则肯定会出现违反这种局部能量条件的情形（§24.3），因此这些问题远没有结论。

我认为更严重的问题是，包括弦常数 α' 的所有项的全部要求实际上是一个有无穷可微阶的无穷微分方程系统。这样，所需的初始 9 维曲面上的数据将包括场量的所有阶导数（而不仅仅是普通场论所需的一阶或二阶导数）。9 维曲面上每个点所需的参数数目无穷多，故对任意正整数 $\mathbb{M}$，我们得到的函数自由度数大于 $\infty^{\mathbb{M}\infty^9}$。这使得过多函数自由度问题比以前更严重！我无意对这里的全部要求作严谨的数学讨论，也不关心哪一种初始数据较为合适。

31.13　弦量子场论是有限的吗？

我上面给出的论据说明了为什么我认为弦论模型企图以任何说得通的"经典极限"方式重塑爱因斯坦 $(1+3)$ 维广义相对论存在严重困难。弦论所声称的其他方面即作为一个相容的有限 908 量子场论（不论它在物理上实际意味着什么）又如何呢？我认为，就固定的弦世界叶拓扑来说，具有有限幅度这一点可能是支持弦论一方的论据里最有力的部分，这个结论似乎真正体现了弦概念原初的优势。但是，即使在这一点上仍然有基本问题有待解决。

从一开始我对弦论就一直存在这样一种担心。它给出的是这样一种类弦结构的物理理论：这种结构的世界叶是类时的，其诱导"度规"是 $(1+1)$ 维的洛伦兹度规。但用于（正定）度规的弦世界叶的数学则是黎曼曲面理论的优美概念（第 8 章），见图 31.10。作为物理理论，我们知道扰动模不论向左还是向右都是以光速沿类时世界叶传播的。（它们沿洛伦兹世界叶上的零曲线传播。）而按这一理论的黎曼版本，这些"左"或"右"模变成黎曼曲面上"全纯"和"反全纯"函数。一般来说，计算是按正定黎曼曲面图像来进行的，然后采用"威克转动"（§28.9）来得到最终所需的洛伦兹弦论。这个过程可能是令人满意的，但不能简单地认为可以不经具体证明就确认其正确性。例如它关键依赖于计算幅度时未作近似。否则程序里将会出现严重问题，我们在前面讨论霍金处理量子引力的关系和其他涉及解析延拓的量子场论处理（§28.9）时就遇到过这类问题。我的理解是，黎曼曲面计算确实是精确的，因此我们有理由相信威克转动是可信的。不管怎样，威克转动的明确论证依赖于背景时空的平直性，如果我们严格按（非扰动的）广义

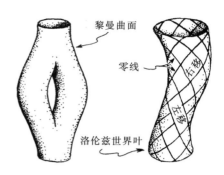

图 31.10 弦论的数学用于黎曼曲面的"弦历史"——它有黎曼（正定）度规。但在物理上，弦历史是洛伦兹型的。从一支过渡到另一支要用到"威克转动"。

相对论处理，情况肯定就不是这样了，因此我们沿这条实际引力的量子理论道路能走多远现在还不清楚。

即使我们确信这种平直空间的考虑是有效的，我们是否就必须沿这条弦理论家极力声称的道路走下去呢？正如前述，弦理论家认为，对每个固定的黎曼曲面拓扑（即固定亏格 g，见§8.4，这里 g 相当于普通费恩曼图中的"圈"数——见§16.8 和图 31.5d，§31.5），总幅度是有限的。实际上这一点一直没得到确认。尽管有过多次重复的保证，但数学上却始终未见证明。有限性断言只是针对量子场论学家深受困扰的紫外（大动量，小距离）发散，但即使是这些目前也只是建立在 2 - 圈水平之上。此外，似乎还没有证据说明红外（小动量，大距离）发散（§26.9）被除去。虽然通常认为这种发散不像紫外发散那么严重，但它们肯定不能忽略不计，而是需要用某种方式加以处理，如果"有限"断言被证明是对的话。鉴于这种有限性是整个弦概念的关键，[48] 从整个程序上看，这地方留有不确定性。

或许这些令人头疼的技术问题只有等到将来数学有了发展之后才能得以解决。但即使我们承认每个固定拓扑都有有限的幅度，问题也还远未解决。各个表达式要加起来，但它的和通常显然是发散的。[49] 预期的有限理论实际上仍不是有限的！弦理论家似乎对这种特定的发散性并不在意，因为他们认为这个级数不是一种恰当的总幅度表示。这个幅度应是一个解析的量，其幂级数只是按"不适当点展开"得到的一种表达式，这里不适当点是指该点上幅度是奇异的（有点像 $\log z$ 展开成关于在 $z=0$ 而不是 $z-1$ 的幂级数，见§7.4——虽然在特定情形下这种级数有无穷多的系数）。这种解释兴许有道理，尽管这里遇到的发散已被证明是相当难驾驭的那种（"非博雷尔可和级数"）。为使所需的"欧几里得"型理由讲得通（就像§4.3 和§26.9 里那样的 $1+2^2+2^4+2^6+2^8+\cdots=-\dfrac{1}{3}$），这里要用到更复杂的程序。[50] 不仅如此，如果弦论的（微扰）计算

实际上就是一种"关于不适当点"的展开的话，那么我们就不清楚该在何种角度上相信所有这些微扰计算了！因此，我们仍然不知道量子场论是否真的是有限的，所谓弦论给我们提供了引力的量子理论就更无从谈起。

31.14 神奇的卡拉比－丘空间；M 理论

但是，我在 §§31.8～13 所做的关于弦论的陈述并不只是弦理论家感到担心的唯一问题，他们还为另一些我尚未触及的问题——理论的唯一性问题——所困扰。最初，人们认为弦论的巨大希望/成就之一就是它能够给出关于宇宙的独一无二的框架，这种唯一性曾给人们带来无限遐想。很明显，我们必须处理好普朗克尺度的 6 维紧流形 $\mathcal{Y}$，10 维宇宙很大程度上被认为是蜷缩着的。这些 6 维流形是什么呢？为什么宇宙要蜷缩成这样而不是那样呢？刚开始时，超对称的严格要求、适当的维数、里奇平直性以及某些基本物理条件似乎都能给出唯一的答案，但后来这些众多的选择好像可行性都差不多。

一些早期建议认为，$\mathcal{Y}$ 空间是零曲率的超环面 $S^1 \times S^1 \times S^1 \times S^1 \times S^1 \times S^1$（见注释 31.45；$S^1 \times S^1$ 的"环面"概念见图 8.9，图 8.11 和图 15.3）。但后来知道，基于超环面的弦论难与标准模型的手征要求取得一致（回顾 §25.3），[51] 并且需要更复杂的考虑。"严格要求"导致这些 6 维流形是所谓卡拉比－丘空间。[52] 这些是相当深的纯数学才感兴趣的空间，卡拉比和丘成桐以前曾对此有过专门研究。这些空间是所谓凯勒流形（Kähler manifolds）的例子，它们既有实黎曼度规，又有复结构（因此可理解为三维复流形），且两个复结构是相容的（这是在度规联络保复结构意义上说的，由这个复结构知，它们也是辛流形，[**][31.6] 相关概念见 §12.9 和 §§14.7，8）。卡拉比－丘空间还有另外一些对弦论有重要意义的性质：它们具有里奇平直的度规，且具有对度规联络为常量的旋量场。如果没有这些性质，超对称将不可能。对给定的卡拉比－丘空间，不同的这种旋量场（形式上）可通过对称群作用"彼此转变成对方"。因此这个群扮演着粒子物理学中对称群的角色。

应当清楚，这种对称并非直接用于卡拉比－丘空间本身，这与第 15 章讨论中所描述的应用于纤维丛的纤维 $\mathcal{F}$ 的那种对称性有所不同。实际上，卡拉比－丘空间不具（连续）对称性，我们不能将 10 维空间看成是普通 4 维时空上的（非平凡的）6 维卡拉比－丘空间的纤维丛。而（内部）粒子对称性则是指常数旋量场在自身范围内的"转动"。实际的卡拉比－丘空间并不受这种对称性作用的影响。[53]

因此，弦论给出了一种非常奇特的大统一理论（见 §25.8 和 §§28.1～3）。粒子物理的所有内容都可以置于适当弦论的框架下。由此出现的对称群要比标准模型下的群（§§25.5～7）大

911

**[**][31.6] 你能看出为什么它们必然是辛流形吗？提示：由度规 g_{ab} 和复结构 J^a_b 构造 S_{ab}，然后证明 $dS = 0$（假定 S_{ab} 非奇异）。

很多，但类似于其他大统一理论（§25.8），人们认为某种形式的对称性破缺将使得群减少到与标准模型直接相关的那些形式——虽然这一步骤尚未成功实现。

那么唯一性表现得如何呢？很不幸，卡拉比－丘空间有成千上万种合格的不同选择，因此这个框架远不是唯一的。实际上，一个特定的卡拉比－丘空间类中有数不尽的各种不同的卡拉比－丘空间，它们靠称之为参模（§31.11）的参数值彼此区别，参模描述空间的形状（图31.11），这一点如同黎曼曲面情形（§8.4，图8.11）。参模的存在是件好事，因为不同的参模给出 $\mathcal{Y}$ 空间的零能量振荡模（参见§31.11），这

图 31.11　用一系列参模来描述卡拉比－丘空间 $\mathcal{Y}$ 的"形状"（参见图 8.10 和图 8.11）。这些参模的变化给出了 $\mathcal{Y}$ 振荡的零能量模。

些振荡模被认为在物理上是可实现的，从而能够为粒子物理学和弦论的观察结果提供所需的途径。但正如§31.11 所指出，它们会导致不稳定性。

但是，还存在其他类型的不唯一性，它们给人的初步印象显然比卡拉比－丘不唯一性问题更严重。业已证明，有 5 种明显各异的总体框架，彼此间区别反映在弦振动的"玻色"模和"费米"模之间的不同的超对称关系上。因此存在 5 种不同的弦论，分别称为 Ⅰ 型、Ⅱ A 型、Ⅱ B 型、杂化 O（32）型和杂化 $E_8 \times E_8$ 型。群 O（32）和 $E_8 \times E_8$ 正是本节前面自然段勾勒出的那些。（读者可以从§13.2 认出这些群的记号，E_8 是最大的例外李群。）Ⅰ 型理论处理开弦也处理闭弦，所有其他类型的则仅处理闭弦。在所有这些模型里，扰动可以按右手也可以按左手规则传播。[54] Ⅱ A 型和 Ⅱ B 型在扰动传播上左、右互反。杂化弦特别奇怪，其左、右传播的扰动分属两个不同维（分别是 26 和 10）的时空。这很难获得好的几何解释——在我看来则是肯定不行（！）——但形式上还是有一定意义的。似乎有这么一种观点：10 维图像是几何上合适的图像，但左旋扰动行为则与§31.5 里较陈旧的 26 维背景时空下（非超对称）的"玻色弦"行为一样。我们前已看到，弦理论家似乎并不为时空维的明显不协调性所困挠，他们通常将这种维数归结为"能量独立"的效应（§13.10），因此不具有根本性意义。我们在§§31.15，16 中会看到更多的这种情况。

曾几何时，多产的各种弦模型使得众多理论家对这条路能否走下去感到绝望。但某些突出的进展开始出现，并显示出这些明显各异的模型之间可能存在着深刻的相互联系。1995 年，爱德华·威腾发表了著名论文，[55] 由此触发了人尽皆知的"第二次超弦革命"。在这篇论文里，威腾总结了弦论的发展进程，认为某种神秘的"对称运算"（指"强－弱对偶"或"镜像对称"，[56] 有时也称为 S 对偶，或 S－，T－，和 U－对偶）为弦论带来了根本性的新面貌，这些不同的弦理论被揭示出彼此间存在深刻的关系，它们实际上可看成是等价的弦理论。一些理论中的小尺度极限似乎与另一些理论中的大尺度极限（在某种恰当意义下）等价，这种源自杨－米尔斯理论（§25.7）对偶性（类似于普通电磁场理论中的电与磁的对偶关系）的一般等价性还存在其他一

些对称关系。（也可以与§25.8简述的陈－周理论中的对偶相比较。）不仅如此，不同的卡拉比－丘空间之间也存在各种方式的对偶关系。就我所知，不是所有这些关系都是证明了的数学结果。[57]但也应看到，这些来自握有若干间接证据的弦理论的原创性猜想激发了某些非常专门的纯数学研究，使得我们对各种卡拉比－丘流形及其相互关系有了更深刻的理解。[58]

这种"间接证据"的一个特别突出的例子很值得玩味。它与某些纯数学家（代数几何学家）多年来一直很感兴趣的纯数学问题有关。这个问题显然无关乎物理，说的是某种3维复流形上的有理曲线的计数问题。[59]有理曲线是一种亏格零的复曲线（即黎曼曲面——见第8章），就是说，它有拓扑球面S^2。可以证明，这些三维复流形就是弦论所要求的卡拉比－丘空间。按照"第二次超弦革命"的方案，弦论应当通过镜像对称与其他卡拉比－丘空间相关联。某种意义上说，镜像对称将复结构交换为辛结构；相应地，有理（全纯）曲线的计数问题（这在技术上是一个相当难的问题）被变换成非常简单但看上去很不相同的"镜像"卡拉比－丘空间的计数问题。两位挪威数学家，埃林斯特拉德（Geir Ellingstrud）和施特罗姆（Stein Arilde Strømme），曾发展了直接计算其空间内（逐阶的[60]1，2，3，…）有理曲线数目的方法，对前3种情形数目依次为

$$2875，609\ 250，2\ 682\ 549\ 425，$$

但利用镜像对称关系假设，计算程序则要简单得多。坎德拉斯（Philip Candelas）及其合作者给出的数字为

$$2875，609\ 250，317\ 206\ 375。$$

由于镜像对称在当时只是种未经证明的"物理学家的猜想"，人们认为前两个数相同只是一种巧合，没理由接受坎德拉斯及其合作者给出的数字317 206 375。可是后来发现，由于计算机程序错误，挪威数学家的数字是错的，正确值的确是镜像对称方法给出的结果！随后更多的数用镜像对称法计算了出来，更高阶（4，5，6，…，10）的有理曲线数目依次为：

$$242\ 467\ 530\ 000$$
$$229\ 305\ 888\ 887\ 625$$
$$248\ 249\ 742\ 118\ 022\ 000$$
$$295\ 091\ 050\ 570\ 845\ 659\ 250$$
$$375\ 632\ 160\ 937\ 476\ 603\ 550\ 000$$
$$503\ 840\ 510\ 416\ 985\ 243\ 645\ 106\ 250$$
$$704\ 288\ 164\ 978\ 454\ 686\ 113\ 488\ 249\ 750$$

这是个非常典型的例子，它雄辩地说明了"现象背后确实存在一些东西"。正如事情表明的那样，这一点确实令人费解。数学上总存在一些是否可解很不明确的问题，最近的数学发展似乎在解决这个问题上取得了一些成就。[61]但更重要的问题是要弄清楚这些结果的物理意义。我们能够从这个无可置疑的事实中推断说弦论为数学提供了的某种深刻而出乎意料的见解因而它也必然具有深刻的物理正确性吗？这个谜团的答案还远不明确。威腾辩解说，按那时的理解，弦论恰似冰山之巅——或更确切地说，它代表了某种神秘的、尚不为人所知理论的5个顶点，这一理论

914

就是他珍爱的"M 理论",见图 31.12。这个新理论,在它诞生之初,就取代了所有在此之前提出的各种弦理论。

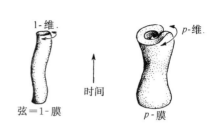

图 31.12　神秘莫测的"M 理论"包括 5 种不同类型的弦理论,它们通过 S-、T-、和 U-对偶以及 11 维超引力发生关联,所有这些构成一个整体的 6 个不同分支,并都有着相同的尚未发现的结构。

图 31.13　膜(也称为 p 膜,或简称为膜),具有 p 个空间维和 1 个时间维,世界叶就是一种 $(1+p)$ 维膜。这些结构加上普通弦(1-膜)构成未限定的 M 理论的一部分。

915　　这一神秘的 M 理论不仅要囊括所有这些弦理论,而且要收编其他各种与弦或超弦有关的思想。弦现在已被当作更为一般的概念下的一种特例,这个一般性概念包括了各种高维(甚至低维)结构。这些结构是指具有 p 个空间维和 1 个时间维的各种膜(也称 p 膜,或就简称为膜),世界叶就是一种 $(1+p)$ 维膜,见图 31.13。一些相关的称为 D 膜的类时结构也包括其中,关于这些我在 §31.17 再说。

　　在另一项发展中,M 理论被认为还包含了我们在本章早先时候(§31.4)所说的 11 维超引力理论。实际上,M 理论本身似乎就可以看成是一种 11 维理论,因此维数的神秘性与其说表现为与 11 维超引力的关系中,毋宁说表现在与各种十维弦理论的关系中。11 维理论现在被"认可"为一种相容的弦理论这一事实似乎是威腾的一个结论,某种意义上说,当初争论的用来去除 §31.7 中弦的反常所需的"1+9"维理论的确是一种近似(部分原因在于它包含了这些高维"膜"),更正确的应当是 11 维(=1+10,即 1 个时间维加 10 个空间维)。[62]但现在甚至 11 维也不能满足弦理论家了。有些建议认为,我们因当研究更高维,例如更神秘的(也是更难发掘的)"F 理论"就有 12 维(=2+10,有 2 个时间维)![63]

　　一个有 11 维(或 12 维)"时空"的理论如何能够在一定的低能或高能极限下成为具有 10 维时空的某种理论呢?再说,这种时空维上的差异似乎只能看作一种"能量效应"(§31.10),不具有特别的基础意义。我们可以想象,如果测得的能量越来越高,是不是就意味着存在越来越916　多的时空维呢?弦理论家似乎就是以这种傲慢态度来看待时空维的!我已经在 §§31.11,12 里表示了我对这种论证所感到的不快。在我看来,不同维数带来的函数自由度上巨大差异[64]这种困难还远远谈不上可以让人信服地得到解决。这一点在许多弦理论家当前感兴趣的其他问题上也表现得很突出,下面我就来简单概述一下这些问题。

31.15 弦与黑洞熵

从 §27.10 和 §30.4 我们知道,贝肯斯坦 – 霍金公式赋予黑洞一定的熵,其大小正比于黑洞的表面积。虽然已有好些不同的论证支持这个结论,但没一种能够明确地[65]说,黑洞熵像玻尔兹曼公式要求的那样就等于相空间体积的对数（§27.3）。这相当于要求直接统计"遗失在洞里"的自由度数,而且得是根据适当的量子引力理论来进行。1996 年,施特劳明格（Andrew Stravinger）和瓦法（Cumrun Vafa）用弦和膜给出了一项计算,[66]其结果支持将贝肯斯坦 – 霍金熵公式解释为这种理解下的"自由度计算"。弦理论家称此为"解决了困惑了四分之一世纪的难题"。[67]

按照弦理论家的宣告,这个结论具有压倒的重要性。例如,最初的施特劳明格 – 瓦法计算只是针对五维时空的黑洞。后来又得到了普通四维时空下的结果,但引出这一宣告的最初的那种兴奋似乎只是源于原初的五维计算。不仅如此,所有这些弦论结果都只是针对霍金温度（§30.4）为零这一极其特殊的"极端黑洞"情形（或针对无扰动情形）,这种黑洞涉及另外的超对称型杨 – 米尔斯场,这种场的性质物理上至今尚不清楚。此外,这种计算是在不存在实际的事件视界的平直空间下进行的,因此,要说它们能够用于明显弯曲的黑洞度规情形,那只是一种外推。

让我们试着澄清一些事实。我们已经看到（§27.10）,在通常的广义相对论的真空条件下（这里时空是 4 维的）,稳态孤立黑洞由克尔度规来描述,并只需用两个（非负）实参数 m 和 a 来刻画,这里 m 是质量,$a \times m$ 是角动量（自然单位制下）。由于克尔几何描述的是黑洞而非裸奇点（§28.8）,故我们要求 $m \geqslant a$。（注意,这个不等式对譬如说 §27.10 里的公式 $A = 8\pi m[m + (m^2 - a^2)^{\frac{1}{2}}] G^2/c^4$ 是必需的,这里 A 是克尔黑洞视界的面积。）普通黑洞的极端情形出现在 $m = a$ 情形下,它是刚刚够格的"黑洞"。这种（天体物理里不可能出现的）普通黑洞的极限情形具有零霍金温度。

我们可以将这种黑洞与弦理论家考虑的那种明显的"黑洞"作一比较,后者在零霍金温度的意义上也是一种"极端"情形。但几乎所有弦计算都指向完全不同的方面！它们不是考虑转动——如克尔参数 a 所代表的——而是引入了附加场。弦理论家的"洞"有点像爱因斯坦方程的莱斯纳（Reissner）– 诺德施特洛姆（Nordstrøm）解而不是克尔解,前者是球对称的。它不用克尔的 a,而是用参数 e 来测量洞的总电荷,莱斯纳 – 诺德施特洛姆度规是爱因斯坦 – 麦克斯韦方程（即能量动量张量属无源麦克斯韦场性质的爱因斯坦方程[68]）的一个解（§31.4）。视界面积由下述非常类似的公式给定:

$$A = 8\pi[m + (m^2 - e^2)^{\frac{1}{2}}]^2 G^2/c^4 \text{。}$$

表示黑洞而非裸奇点的度规条件为 $m \geqslant |e|$,极端（零霍金温度）黑洞条件是 $m = |e|$。（绝对

值符号——见§6.1——只是因为 e 为负值。）

　　弦理论家主要关心的这种"黑洞"本质上等同于莱斯纳-诺德施特洛姆情形，但这里超对称族的杨-米尔斯场（§25.7）取代了麦克斯韦场。整个解实际上是所谓 BPS 态的一个特例（"BPS"是"Bogomoln'yi-Prasad-Sommerfeld"的首字母缩写），这个解由超对称、稳态和极小能量等条件确定。这里我就不作细节展开了。虽然这些工作反映了弦理论家和其他关心超对称的研究者的兴趣所在，但尚没有证据表明它们与实际物理世界有何关联（见§31.2）。

　　平直空间里的弦自由度计算情形又如何呢？这里存在事件视界吗？作为具有爱因斯坦广义相对论背景的人，我发现这里是弦理论家号称的最令人迷惑不解的所在之一。我们很难看出在不全面考虑黑洞非常弯曲的时空几何、而且黑洞起源的"信息"又是藏在事件视界背后的情形下，这些关于黑洞的言之凿凿的结论是如何得出的。

918　　让我们看看弦理论是怎样论证这一过程的。[69] 首先，我们通过计算某个固定半径的球体积内普朗克尺度格点上长度 l 的各种可能的弦圈数目来估计一下物理自由度数，这些弦都对确定的总质量能量 M 有贡献。假定牛顿引力常数 G 的实际值可依情形而定。对足够小的 G，不存在黑洞；在 G 趋于零的极限情形下，时空实际上变成平直的。但如果我们逐渐增大 G（"发动牛顿常数这部引擎"），那么按照广义相对论，我们最终会达到形成黑洞的境地（回忆一下米切尔的"牛顿黑洞"半径表达式 $2MG/c^2$——见§27.8）。在弦论中，G 取决于称之为弦耦合常数的参数 g_s，可以证明 G 随 g_s 增大而增大（$G \sim g_s^2$）。在小 G（小 g_s）极限情形下，弦自由度数的对数（§27.3）给出与贝肯斯坦-霍金黑洞熵数值相等的熵，即使不存在黑洞。为了证明这一关系在 G 增长的情形下依然成立，我们还需要进行标度论证，这样当黑洞阶段出现时我们就能得到实际的贝肯斯坦-霍金公式。

　　这只是给出了弦自由度数和贝肯斯坦-霍金公式 $S_{BH} = \frac{1}{4} A \times kc^3/G\hbar$ 之间的一种定性联系，确认了弦熵和黑洞表面积 A 之间的大致正比例关系。为了得到公式中 $\frac{1}{4} A$ 的精确值，施特劳明格和瓦法寄希望于考虑 BPS 态。在此情形下，超对称要求使得质量按不同"电荷"值来确定（就超对称杨-米尔斯场而言），并且不再清点弦的构形，而是"统计"所有对总量有贡献的各种 BPS 态[70]（给定电荷组下的所有 BPS 态）。这样可以做得足够明白，该数的对数精确地给出（极端情形下的）$\frac{1}{4} A$ 的值。不仅如此，而且（最近工作表明）对于非极限情形（即霍金温度略高于零）下的扰动，只要对霍金辐射的纯"黑体"性质作适当修正，我们仍然可以得到正确的熵值。此外，存在转动和四维时空下也有同样的结果。

　　细心的读者可能会感到迷惑：当一切都应当由弦常数 α'（§§31.8, 9）这个出现在拉格朗日量里的唯一参数确定时，为什么还会存在"另一个常数"g_s？答案是实际上事情并没有真正固定不变，因为伸缩子场（§31.8）尚需确定一个值。g_s 的值就是由这个伸缩子场的预期值[71]给定

919

的，通常假定它是常数，但出于方便起见也经常对它作（上述讨论中）那样的处理。它的值取决于许多条件，像普朗克尺度空间 $\mathcal{Y}$ 的具体选择和弦理论类型（即 I 型、IIA 型、IIB 型、杂化 O（32）型或杂化 $E_8 \times E_8$ 型；见§31.4）的选择。实际上，这种依赖性强调了§31.4 的强/弱对偶，一个理论的 g_s 与其"对偶"理论的 g_s 互反。

读者或许感到是不是我认为上面的讨论与弦理论对 S_{BH} 的推导相去甚远，尽管不乏一致。我知道另一边的广义相对论者也会感到相当不快——特别是因为在确定黑洞巨大的熵的方面基本的视界性质似乎根本不起任何作用。（这与我们将在§32.6 进行的黑洞熵的圈变量观点的讨论形成鲜明对比。）在弦论图像里，熵在黑洞形成之时几乎不发生增长，这与通常的观点（见§27.10 的描述）完全不一致。

另外，我还应指出弦论据中一个具体的技术困难。[72] 它与普通小角动量黑洞的热力学性质有关：这种黑洞有负的比热（见注释 27.2）。物体的比热由单位温度变化所需热能的多少来量度。对普通物体，这个值是正的，我们通常的经验是当对一个物体施热时它的温度会上升。而对黑洞则相反，对黑洞施热只会使它的温度降低。热能为黑洞提供的是质量（$E = mc^2$），因此它得到的质量越多，对史瓦西黑洞（§30.4），由霍金公式 $T_{BH} = 8\pi/m$ 知，它的温度就会越低，故比热是负的。黑洞奇妙的负比热性质似乎是上述弦论的黑洞熵论证中的一个困难，如果将它用于非极限情形下的话，因为论证中需要的似乎是正的比热，而只有当接近极限情形时黑洞比热才可能是正的。我们确实发现，在克尔情形，仅当 $(2\sqrt{3}-3)^{1/2}m < a < m$ 时这个比热才是正的，而在莱斯纳－诺德施特洛姆情形，则仅当 $m\sqrt{3}/2 < e < m$ 时这个比热才是正的，所有其他的带电的杨－米尔斯场同样如此。

由弦论计算我们可以得到某些令人惊奇的关系。但在我看来，它们还远不能提供一种独立的对贝肯斯坦－霍金熵公式的解释。在这个问题上，圈变量观点（§32.6）似乎提供了一种更引人注目的基于量子引力的解决方案。

920

31.16　"全息原理"

上面谈到的弦论证方法，例如几乎所有的弦计算，都是基于微扰性质的方法。但最近提出了一些概念力图能给出精确结果。这些方法不同程度地依赖于所谓"全息猜想"，它是对全息原理的某种提升。这一原理的思想似乎是，在适当环境下，定义在某个时空 $\mathcal{M}$ 上的（量子）场论的态可以直接一一对应到另一个量子场论的态，这里第二个量子场论定义在另一个低维时空 $\mathcal{E}$ 上！$\mathcal{E}$ 经常被认做像 $\mathcal{M}$ 的（类时）边界，或至少是 $\mathcal{M}$ 的某个共形光滑类子流形（图 31.14）。但是，这不是我们一会儿要说的那种通常情形。某种意义上，人们将全息原理类比为一张全息图，使我们能从二维曲面角度感知到三维图像。[73]

这种"全息原理"的最熟悉的形式源于马尔达希纳（Juan Maldacena）1998 年的工作，有时人们称它为马尔达希纳猜想，或 ADS/CFT 猜想。这里 $\mathcal{M}$ 是（$1+9$）维积空间 $AdS_5 \times S^5$，其中 AdS_5 是（"非缠绕的"）（$1+4$）维反德西特空间（见 §28.4 的图 28.9 和图 28.10c, d——但这里有 4 个空间维），S^5 是 5 维类空球面，其半径称宇宙学维，大小等于 $(-\Lambda')^{1/2}$，这里 Λ' 是 AdS_5 的（负）宇宙学常数（§19.7）。较小的空间 $\mathcal{E}$ 是 AdS_5 的 4 维"scri"（即共形无穷大——见 §27.12），见图 31.15。我们注意到，在此情形下，4 维的 $\mathcal{E}$ 肯定不是 $\mathcal{M}$ 的边界，因为 $\mathcal{M} = AdS_5 \times S^5$ 是 10 维的。但 $\mathcal{M}$ 的"边界"——即"scri"——可以认为是（但非共形）$\mathcal{E} \times S^5$。马尔达希纳猜想认为，建立在 $AdS_5 \times S^5$ 上的弦论等价于建立在 $\mathcal{E}$ 上的超对称的杨-米尔斯理论。

图 31.14 "全息原理"？时空 $\mathcal{E}$ 是另一时空 $\mathcal{M}$ 的一条（类时）边界。有猜想认为，$\mathcal{E}$ 上适当的 QFT 可以等价于 $\mathcal{M}$ 上的弦量子场论。

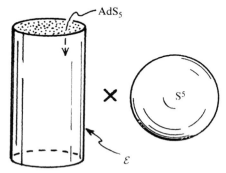

图 31.15 ADS/CFT（马尔达希纳）猜想。这里 $\mathcal{E}$ 是 5 维反德西特空间 AdS_5（见图 28.9b）（而非 10 维 $\mathcal{M} = AdS_5 \times S^5$）的 4 维"scri"（共形无穷大，见 §27.12），但有猜想认为，$\mathcal{M}$ 上的弦论等价于 $\mathcal{E}$ 上超对称的杨-米尔斯理论

这里没机会利用 §31.10 提出的"量子能量"类型的证据来解释清楚 $\mathcal{M}$ 上普通场的函数自由度（即 $\infty^{M\infty^9}$）和 $\mathcal{E}$ 的普通场的函数自由度 $\infty^{E\infty^3}$ 之间存在的巨大差异。因为 $\mathcal{M}$ 的额外维不可能是"小的"——从宇宙学尺度上讲——源自 $\mathcal{M}$ 中依赖于 S^5 的那些场的众多的额外自由度有可能破坏了两种场论之间的一致性。这种解释同样可用于普通的 $\mathcal{M}$ 和 $\mathcal{E}$ 上的量子场论之间的关系，因为单粒子态本身就是由"普通场"来描述的（§26.2）。全息原理能够正确解释这两种空间之间关系的唯一可能就是所考虑的这两种量子场论根本就不是"普通的"。

对于 $\mathcal{M}$ 上的弦理论情形，可以认为存在很强的相容性条件使得函数自由度数 $\infty^{M\infty^9}$ 急剧下降。但表面看上去却很不相同。从第 21 章、§22.8 和 §16.7 我们知道，（$1+n$）维时空里单粒子的量子态的函数自由度数为 $\infty^{P\infty^n}$，这里 P 是描述粒子内部或转动自由度数（即自旋）的某个正整数。单个弦的量子态的自由度数似乎要多得多，因为经典弦有无穷多个自由度。如果数 $\infty^{P\infty^n}$ 有某种程度减少，那么一定是存在某种巨大的限制条件，它可能是 §31.7 所说的那种导致时空维数和曲率限制的那种类型，但我对提出的这些限制并不关心——尽管它们会强烈地影响到如 §31.15 中的弦态的计算。

另一种可能性是找出一种大幅度提高 $\mathcal{E}$ 上超对称的杨-米尔斯场函数自由度的方法。我认为能够实现这个目的的唯一途径是必须有无穷多个这样的场，这可以通过取 $N \to \infty$（N 为超对称生成元的数量）来实现。但在这个猜想的通常形式里，人们取 $N = 4$ 以便得到作用在超对称伙伴

921

922

上的 SO(6)"内部群"同时又能保留杨 – 米尔斯势不变。[74] 这个内部对称性取得与 $AdS_5 \times S^5$ 中 S^5 的 SO(6) 相匹配。依我看，试图将"超对称性"匹配到这种内部群的想法根本就是一种误解——除非像原始的卡鲁扎 – 克莱因理论（§33.4）那样，时空对称性通过存在的基灵场得到精确规定，并与时空上所有物理场有关。$\infty^{M^{\infty 9}}$ 中多余的自由度主要由下述原因产生：$\mathcal{M}$ 的 S^5 部分上不存在这种特定对称性，这与 $\mathcal{M}$ 上的场有关。

我认为，函数自由度上这种差异的重要性一直未受到足够重视。不论经典场的函数自由度存在怎样的不同，福克空间（§26.6）的"大小"都是完全不同的。应当指出，由量子场论中单粒子态的要求可知，正频率条件并不改变经典场的"$\infty^{M^{\infty N}}$"自由度。与此相应，当我们过渡到量子场论描述时，这些经典场需要被复化，见 §26.3。

为什么 ADS/CFT 猜想会受到如此认真的对待呢？对它的支持主要是因为马尔达希纳注意到两边（$\mathcal{M}$ 和 $\mathcal{E}$ 的两种量子场论下——译注）的 BPS 态之间存在一致性以及一系列其他的一致性。这其中有许多一致性都可以纯粹理解为两边场论的对称群（即 SO(2, 4) × SO(6)）之间的一致性，但也存在某些需要解释的额外的"巧合"。希望 ADS/CFT 猜想为真的一个理由似乎是它提供了一种无需借重通常的微扰方法就能够以同样严苛的限定条件搞定弦论的方法。

由于空间 $\mathcal{E}$ 的共形平直性（有时简称为"平直的"，尽管这种平直性并不具有实际度规，只有符号差 + − − − 的共形度规），$\mathcal{E}$ 这边的计算相对来说较容易。我们将在 §33.3 谈到"紧化的闵可夫斯基"的这种通用覆盖空间（注释 15.9）[75] 有拓扑 $S^3 \times \mathbb{E}^1$。度规空间 $S^3 \times \mathbb{E}^1$ 有时也称为"爱因斯坦圆柱"或"爱因斯坦宇宙"，它是爱因斯坦在 1917 – 1929 年间所钟爱的宇宙学模型，当时他将宇宙学常数引入了他的场方程（§19.7）。[76]

ADS/CFT 猜想提出了另一种看待弦论"推导"贝肯斯坦 – 霍金黑洞熵公式（§31.15）的方法。这里"黑洞"由 $\mathcal{E}$ 的"热状态"表示。它只是与宇宙学大小的黑洞有关联，最多也只是提供了一种基于不同方法的"熵计算"之间存在某种明显一致性的"猜想"，而不是对贝肯斯坦 – 霍金公式的真正推导。

923

31.17　D 膜观点

在上面各处特别是 §§31.11，12，15，16 的讨论中，我表达了我对弦论中高维时空使用的失望。我认为它的一个最大的困难是高维理论下函数自由度的巨大增加（对于（1 + M）维时空其数目为 $\infty^{P^{\infty M}}$），这里我们得想象这种额外的自由度被以某种方式冻结起来。回忆图 15.1 和图 31.3a 所示的"水龙带"比喻。我们感知到的"时空点"是一种完全的动力学项——即水龙带上的圆，只是应将它理解为高维的，就是说它包含着无数众多的额外自由度。我们知道，卡鲁扎和克莱因是通过硬性规定，即通过宣称存在基灵矢量从而将时空减到 4 维来去掉这些自由度的。这在数学上是一种绝对说得过去的办法，但在弦论中似乎从没有认真提出过。相反，如 §31.10

所述，弦理论家通常总认为，要激发这些额外维上的振荡，我们必须得有巨大的能量。正如我们在§§31.11，12 中看到的，这类论证大有疑问。

但是，弦论的性质使得它很难被 §§31.11，12，16 所述的那些具体论据驳倒。因为这个对象很容易变形为另一种形式，使得批驳无疾而终。[77] 按照最近关于高维的观点，整个认识在我看来可以说是翻了个个儿，但这种明显变化却从未公开宣称过。本章下面谈到的"D 膜"的引入就具有这种性质，虽然它未必是"主流"弦论的观点。

首先我们要问，什么是 D 膜？为什么弦论需要它？后一个问题的基本答案是，它们有助于理解§31.14 描述的 I 型理论里的开弦：开弦两端的每一端必须处于某个 D 膜上（图31.16）。对于前一个问题，我们说 D 膜（或 D - q 膜）是一种 $1+q$ 个时空维（即 1 个时间维加 q 个空间维）的类时结构，它是 11 维超引力的稳态解。（作为 M 理论对偶之一，我们也可以将 D 膜看成是另一版本弦/M 理论的方程的解。）基本上说，这种具有若干维（0，1，2，…，9）的"膜"（如§31.14 所述）是一种 BPS 态（见§§31.15，16），因此它具有某种超引力的杨 – 米尔斯"电荷"组，并具有相应的最低能量。我们在许多当代与弦有关的讨论（例如黑洞熵——见§31.15）中都可以见到 D 膜，它们经常被看成像是 $1+9$（或 $1+10$）维完全时空中的经典项。D 是"Dirichlet（狄利克雷）"的首字母，表示某种边界值问题，这类问题也称为狄利克雷问题，即那种具有确定值的类时边界问题（以纪念杰出的法国数学家 Peter G. Lejeune Dirichlet，1805 ~ 1859，见§7.4"狄利克雷级数"）。

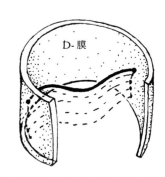

图 31.16 开弦的两端被认为处于所谓 D 膜或 D - q 膜时空的 $(q+1)$ 维类时子空间上。D 膜是一个基础性的经典概念（尽管具有超对称性质），表示 11 维超引力理论的一个解（一种"BPS 态"）。

这里我不打算详细讨论 D 膜，只想提出这样一个事实，那就是许多弦理论家通过引入这种"D 膜"来给出一种大大不同于以往的"弦哲学"。因为这种理论不是极端地声称我们要靠这种或那种 D 膜"过活"，而是说我们感知到的时空实际上处于 D 膜之内。它甚至与 D 膜共存，因此某些"额外维"不被感知的理由可以通过"我们的"D 膜本身并不扩展到这些额外维这样一个理由来解释。

后一种可能性也许是最经济的，"我们的"D 膜（$D-3$ 膜）或许是 $1+3$ 维的。它不去除额外维的自由度，但大大减少了这些自由度。为什么呢？这里的解释是我们"觉察"不到这些深藏于 D 膜之间的高维空间内的事情，而大量的函数自由度正处其间。只有到我们直接抵近 D 膜时我们才能感知到这些额外维。让我们继续用水龙带作比喻。现在我们观察到的时空不是当初卡鲁扎 – 克莱因招来的那种"商空间"[78]（图 31.3），而是高维空间的一种四维子空间。为了看清这一点，想象沿水龙带长方向画出一条带来代表 D 膜子空间，现在它就是"我们观察到的 4 维宇宙"（图 31.17）。

924

我们现在可预料的函数自由度有多少呢？这种局面有点像§31.3所采用的几何图像，当时我们是为了要得到关于"超引力"的更传统的观点，见图31.2。由于现在只考虑D膜（几何上假定它是（1＋3）维时空）上的行为，因此我们可设想函数自由度变成可接受的$\infty^{M\infty^3}$，虽然这里M很大。然而，甚至完全10维（或11维）空间的动力学约束这种假设都能提供上述传统形式的四维D膜内的动力学方程，因此3维空间上的初始数据足以确定整个4维空间的行为。一般来说这不大可能，因此可预料自由度$\infty^{M\infty^4}$仍过于庞大。这个问题仍未解决！

图31.17　有别于图31.3的、经常按照D膜概念来表示的另一种观点认为，高维空间里的"人"不必骑跨在所有额外维上，而是可以看成是"生活在"处于D膜边缘的子空间内。

对D膜的这种态度导致试图解决§31.1指出的"级列问题"。具体而言，这就是为什么引力相互作用与自然界其他重要的力比起来是如此微弱的问题，或者等价地说，是引力性质的基本普朗克质量为什么远远大于（相差约10^{20}倍）自然界基本粒子质量的问题。D膜对这个问题的处理似乎要求存在不止一个D膜，其中有"大"的也有"小"的。至于几何上如何从一个D膜延伸到另一个D膜，则有一个指数因子管着，并且引力与其他力之间的差别大致可认为是10^{40}倍。[79]还应指出，这种从一个D膜边界延伸到另一个D膜的高维时空图像正是如M理论这样的11维理论所建议的几何形态之一，这里的第11维具有开线段形式，每个边界几何都具有我们早先考虑的10维空间的拓扑形式（例如$\mathcal{M}\times\mathcal{Y}$）。在其他模型里，第11维是拓扑$S^1$。

31.18　弦论的物理学地位？

926

我们如何通过所有这些事实来理解弦论作为未来物理理论的地位呢？目前的这种局面使我感到弦论非常神秘而又那么令人不可思议，听起来简直就有悖于情理。在这方面采取教条式的做法显然不合适。但是许多弦理论家的断言却显得信心满满非常肯定。毫无疑问，在严肃的思考出现之前，这些断言显然只是一种添油加醋自卖自夸的行径。我认为这么说是公允的：那些最肯定的断言（像什么弦论提供了完全自洽的量子引力理论之类）无疑要大打折扣。但我们也应当承认，弦论或M理论的某些方面确实反映了"现象背后"事情的真实面貌。正如伦敦帝国学院的数学家理查德·托马斯在给我的一封电子邮件里所说的那样：

> 我怎么强调这些对偶的重要性都不为过；它们给出的新的预言让我们不断地感到惊奇。它们显示出从未料到的结构。数学家曾不止一次地满怀信心地预言说这些事情是不可能的，但人们（像坎德拉斯、德拉奥撒等人）经常发现数学家们错了。它所做的每一次预言，数学上给予了适当解释，已证明是正确的。现在不是出于数学概念上的理由——我们不知道

它们为什么是正确的，我们只是从两方面独立地计算，发现两边的确是同样的结构、对称性和答案。对数学家来说，这些事情不可能是巧合，它们一定有更深的原因。这个原因就是假定这种大数学理论描述自然……

然而，这种"事情"仍只有纯数学家感兴趣，我们没有任何实际理由相信它能使我们更接近自然的秘密。我认为，这是一种完全站得住脚的立场，虽然从我的实际信念上说我乐于看到大自然的确对此有兴趣。弦论的力量似乎在于用一系列明确的数学关系式表现了表面上不同的"物理情形"之间的关系（这里"物理"是指从实际自然界的物理中去掉的那些东西）。这些关系是"同时发生"的吗，抑或其背后还有更深层次的原因？我认为其中的许多关系确实有这样一个原因，只是尚未被认识到，但这些并不能令我们相信弦论是在做物理。如果它是在做物理，那么请问它在探索物理的哪方面？

我不认为在没有解决好爱德华·威腾的特殊地位的情形下我们能够恰当评估这些材料。通常人们认为他是上世纪 80 年代以来引领弦论（和 M 理论）的最权威的人物。我已经说过他在 1995 年发动"第二次超弦革命"（§31.14）中的作用，而且自那之后，他通过开启弦论以及与弦论有关（不总是十分明显）的其他领域的几次重大进展从而确立了领袖地位。弦论在其 30 年的历史中曾出现过好几位"导游"，而不论从哪方面看，威腾始终是最杰出的一位。他走到哪里，哪里就会起一片欢腾。作为例子，我们不妨谈一下马尔达希纳的原始论文。我们知道，这篇论文开辟了 §31.16 中讨论的许多领域，但实际上，在 1998 年威腾注意到它之前，它一直躺在文件柜里根本就不为弦论界所重视，而这之后它一跃成为弦论中引用率最高的文献。[80]

有趣的是，在新近的某些看上去非常重要的工作中，[81] 威腾已回到标准的四维时空来考虑问题（尽管仍包含超对称性）。通过将扭量理论和弦论的概念结合起来，威腾导出了一些关于若干胶子（§25.7）的杨 – 米尔斯场相互作用的非常有趣的结果。从我自己的扭量观点（见第 33 章）看，这个工作特别有意义，它很可能导致某些重要的新发展。

威腾的知识成就具有非凡的品质，这一点毋庸置疑。对此我可以说有过很深的切身感受。曾有很多次，在我参加的牛津数学研究所的研讨会（几何和分析方面）中，就某个问题会有人提出新的原创性处理意见，而这些意见的背景实际上完全或至少是部分来自于威腾。这些新思想经常开创出一个新领域，为解决困难的数学问题带来了前所未有的光明前景——要知道以前人们对这些问题几乎不知道如何下手。在我看来，威腾毫无疑问具有杰出的数学思想，对数学有着很高的理解力。（他于 1990 年荣获菲尔兹奖，在数学家眼里，这个奖等同于科学界的诺贝尔奖。后者是对物理学家的超凡成就的肯定。）但是我相信，威腾自己或许不认为他在数学领域具有如此突出的能力。就我所了解，他认为他的成功主要源于对自然的深刻审视，源于对具有路径积分和无限维函数空间的量子场论结构的理解，源于超对称思想以及对弦论及其一般化的把握。如果他是对的，那么我们有充分理由接受他的观点：超对称和弦论确实与大自然存在深刻联系。反之，他实际上比他认可的更称得上是一位杰出的数学家！

威腾及其同事所揭示的极为显著的数学关系与大自然到底有多紧密呢？对此我很难置评，也肯定不足以让人信服。我们不妨回顾一下数学家安德鲁·怀尔斯在证明"费马大定理"（§1.3）这一个半世纪以来一直未能解决的数学问题上的巨大成就。实际上怀尔斯确立的是这样一种重要范例，即两个看似非常不同的计算其实总能得出相同的答案。这一明确判断的一般形式就是所谓的谷山丰（Taniyama）–志村（Shimura）猜想。（事实上，怀尔斯的证明只确立了整个 T–S 猜想的一部分——即足以确立费马断言的那部分——但他的方法为证明整个猜想奠定了实质性基础，随后整个证明由 Breuil、Conrad、Diamond 和 Richard Taylor 完成。）

这个猜想和前述的卡拉比–丘空间的"镜像对称"关系（§31.14）之间似乎存在某种模糊的相似性。在每一种情形下，我们都有两列一样神秘的无穷数字表列。这种事在数学里远不是仅此一桩，而且在这种表列相等性的基本原因明了之前，它已经以某种特定方式存在了很多年。按我理解，许多可用"镜像对称"获得的关系现在都可以用纯粹的数学证明来确立。[82] 人们提出这些神秘的关系通常并非出于支持科学（相对于数学而言）理论的目的。在§34.9 我们还会提到这个问题。

在§31.15 提出的黑洞熵的弦论论证（以及更早的§30.5 里的"非弦"论证）问题上，我们看到了同样的"巧合"。难道这些仅仅是数学上的巧合？还是我们应当将这些论证看成是实际的推导？让我举出 20 世纪初物理学里另一个数学上巧合的例子来结束本章。1912 年，沃伊特（Woldemar Voigt）基于不正确的振子模型构建了一套光谱线理论。15 年之后，海森伯和约旦发现了我们今天认为是正确地对该问题的解决方案。这里值得引述海森伯在他对沃伊特工作的回忆录里的一段话：[83]

> 他能够在外场条件下安排相邻振子间的耦合，使得在弱磁场情形下，帕邢–巴克效应也能得到正确反映。对于中等程度场强的中间区域，他得到了关于频率和强度的长而复杂的平方根；这些公式大体上说都难于理解，但它们明显促成了进一步的高精度实验。15 年后，约旦和我利用量子力学的微扰方法解决了这个问题。令我们十分惊讶的是，在中等场强的复杂区域，就频率和强度而言，我们得到的竟是与过去的沃伊特公式一样的结果。后来我们逐渐认识到个中原因：这纯粹是一种形式上和数学上的巧合。

我将在第 34 章再回到这个复杂的数学关系问题上来，正是这些关系构成了弦论和其他基础物理理论发展建议背后的驱动力。

929

注 释

§31.1

31.1 小心不要把这个 e 与自然对数的底 $e = 2.718281828459\cdots$（见 §5.3）混淆了。

31.2 各种相互作用——强、电磁、弱以及引力，它们的耦合常数分别为 1，1/137，10^{-6}，10^{-39}——之间的巨大差异有时被称为"级列问题"。乔治亚州立大学做了一页文件详细说明了这些耦合之间的关系，见 http://hyperphysics. phy astr. gsu. edu/hbase/forces/couple.html

31.3 由于电动力发散的对数性质，有可能出现电荷相对"平和"的重正化因子。细心的读者会注意到，微小的粒子质量值的疑难没有去掉，只是用极其微小的距离尺度重新做了表述。

31.4 回顾特霍夫特的评论，参见 §26.9。

§31.2

31.5 有一本非常有用的文集，收集了超对称的历史、个性以及引入超对称所需的基本概念，一般水平的见 Kane（2001），较为专门的见 Kane（1999）。

31.6 见 Witten（1982）；关于超对称杨 – 米尔斯理论导致 4 维流形的 Donaldson 理论（见 Donaldson and Kronheimer（1990））大为简化的内容见 Seiberg and Witten（1994）。John Baez 认为，Seiberg-Witten 理论将 Donaldson 理论的证明缩减到仅为原长度的 1/1000。

31.7 见 Witten（1982）；用超对称进行正能量证明的见 Deser and Teitelboim（1977）；有趣的黑洞不等式见 Gibbons（1997）。

31.8 见 Greene（1999），399 页的注释 5。

31.9 见 Lawrie（1998），更为详尽的见 Mohapatra（2002）。

§31.3

31.10 现在倾向于取 N 为 2 的幂，它是某个旋量的分量数（见 §11.5，§33.4）。千万不要与超对称代数里的元素数 2^N 相混淆。有关造物主生成超对称的讨论见 Wess and Bagger（1992）！

31.11 超流形的更多内容见 DeWitt（1984）；Rogers（1980）。

§31.4

31.12 有关这一点的详尽讨论见 Bern（2002）的综述性文章，亦见 Deser（1999，2000）。

31.13 关于超引力可重正化的"最后希望"见 Deser（1999，2000）；亦见 Deser and Zumino（1976）。

31.14 例如，见 Hoyle *et al.*（2001），1418 页。

31.15 见 Penrose and Rindler（1984）。

31.16 按传统的丛描述，如果需要的话，底空间 $\mathcal{M}$ 的度规可以"提升"回到其上的丛 $\mathcal{B}$。通常这只是提供一种 $\mathcal{B}$ 上典范"退化"度规，但也可以是非退化的度规，如果所用的是纤维上的度规结构的话。但这不是丛结构的基本面。

31.17 这些是带麦克斯韦能量动量张量源的爱因斯坦方程，包括弯曲背景时空上的自由麦克斯韦方程。

31.18 但是最近已出现将弦论与通常 4 维时空上的扭量理论结合起来的思想的某些应用，见 §§31.6，18，§33.14 和注释 31.76。

§31.5

31.19 与注释 14.3 比较。

31.20 弦论的一般性历史介绍见 Schwartz（2001），专门的见 Veneziano（1968）；Nambu（1970）；Nielsen（1970）；以及 Goddard *et al.*（1973）。

31.21 这是按 β 函数来描述事情，它是由伟大的欧拉于 1777 年发现的。对偶的第一个重要说明见 Goddard *et al.*（1973）。

31.22 Veneziano（1968）率先构造出模型来解释雷杰极点。雷杰理论的一般性论述见 Collins（1977），亦见 Penrose *et al.*（1978）。

31.23 最近在将扭量概念与弦论结合方面取得了某些有限的成功，但这些结果主要是基于数学性质，并不能给出一种统一的物理学观点，见 Shaw and Hughston（1990）以及注释 31.76。

§31.6

31.24 引自 Greene（1999），139 页，内容为 1997 年 12 月 10 日 Brian Greene 对 Michael Green 的访谈。

31.25 见 Witten（1996）。

31.26 见 Greene（1999）。更详细也更专门的权威性著作有 Green *et al.*（1987）；Polchinski（1998）和 Green（2000）。

§31.7

31.27 导致 26 维的论证见 Green et al.（1987）；Polchinski（1998）或 Green（2000）。

31.28 在量子对易子（且必须设为零）中出现反常的相关数是 $24-\sigma$，这里 σ 是减去了时间维的空间维数。

31.29 有了超对称，这种反常随着将 $8-\sigma$ 设定为零而被去掉了，这里 σ 的意义同前注。

31.30 强子弦与普通的胶皮带略有不同，后者在张力为零时有有限的自然长度，而强子弦的这种"自然长度"本身就是零。

931

§31.8

31.31 我们可以在 Greene（1999）里找到很多这样的断言。

31.32 摘自 Abhay Ashtekar 在圣巴巴拉加州大学的 NSF-ITP 量子引力研讨会上的报告。

31.33 虽然不是整个相对论派群体都持与我一样的观点，即所寻求的量子/引力统一必须包括 QFT 法则的变更，但我一直从这个群体中寻求对这一观点的支持。QFT 派的反应明显缺乏同情心！

31.34 "dilaton 伸缩子"不要误拼成"dilation 膨胀"，它是指后者的量子版本，是由规的尺度变化带来的自由度引出的。由第 26 章知，按照量子场论法则，量子化自由度可以粒子形式出现。

§31.9

31.35 引自 Greene（1999），210 页，内容为 19978 年 5 月 11 日 Brian Greene 对 Edward Witten 的访谈。

§31.10

31.36 数字 70 出自公式 $n(n-3)$，指 n 维里奇平直空间的初始（$n-1$）维曲面上的每个点具有的独立分量数，见 Wald（1984）；Lichnerowicz（1994）；Choquet-Bruhat and DeWitt-Morette（2000）。

31.37 见 Penrose（2003）；Bryant *et al.*（1991）；Gibbons and Hartnoll（2002）。

§31.11

31.38 见 Penrose（2003）。

31.39 参模上的反射见 Dine（2000）。

31.40 人们喜欢待在量子场论框架内，用相干态（§26.6）而不是经典描述。但这避不开这里提出的问题。

31.41 虽然我怀疑许多弦理论家是否热衷于将 R 结合进动力学过程，但确有一些明显的例外，见 Ellis *et al.*（1997a，1997b）。

31.42 在水龙带抖动的量子场论描述中，激子表现得像个玻色子（§22.13，§23.8，§26.2），因此在任意一个特定的 $\mathcal{Y}$ 模上都有许多量子。一个能够用量子来恰当描述的实际物理系统大概要数长而窄的光波导（例如光纤）。

§31.12

31.43 见 Hawking and Penrose（1970）。

31.44 条件是每根类时或零测地线以如下方式交于"一般"曲率：沿每根这样的测地线有 $k_{[a}R_{b]cd[e}k_{f]}k^ck^d$ $\neq0$，这里零矢量 k^c 与测地线相切。对自由度直接评估显示，这个条件在"一般"时空下一定是满足的。应当指出的是，这一定理可用于比里奇平直性更一般的环境。我们只需要求里奇张量满足适当的"非负能量条件"（见§27.9，特别是注释 27.20 和§28.5）。

31.45 具有"超环面"拓扑 $S^1 \times S^1 \times S^1 \times S^1 \times S^1 \times S^1$ 的零曲率 $\mathcal{Y}$ 有一些例外情形。但它们不是当今弦理论家喜欢的 $\mathcal{Y}$ 模型（§31.14）。此外，超环面的大多数扰动都不是平坦的。

31.46 这个条件是前述奇点定理的另一种应用，即直接用于整个时空 $\mathcal{M}$ 的结果。在这一应用中，存在紧致类空超曲面这一条件取代为存在某个点 p，其未来光锥 $\mathcal{C}$ 在所有方向上都"蜷向自身"。轨迹 $\mathcal{C}$ 被具有过去端点 p 并无限延伸到未来的光线（即零测地线——见§28.8）族 l 扫除掉。技术上讲，如果每个这样的 l 都包含这样的一点 q，使得在 p 到 q 之间总存在一条伸向未来的严格类时曲线，那么所需条件是满足的。在所述的 $\mathcal{M} \times \mathcal{Y}$ 模型里，这个条件不成立（这是肯定的，因为 $\mathcal{M} \times \mathcal{Y}$ 可以是非奇异的），但也只是刚好不成立。本质上说，情形是这样，在八维光线族 l 中，不能转悠进时空的"$\mathcal{Y}$ 部分"并转出来的只有微小的 2 维子族，因此它蜷缩在 $\mathcal{C}$ 的内部。用一般的对 $\mathcal{C}$ 的微扰

932

可以证明，这种保留的性质将被破坏，因此上述奇点定理得以应用。这一论证的细节可在其他地方找到。

31.47　例如，见 Minassian（2002），它有这方面的进一步研究。

§31.13

31.48　见 Smolin（2003）和 Nicolai（2003）。

31.49　见 Smolin（2003）；Gross and Periwal（1988）；Nicolai（2003）。

31.50　级数 $1 + 2^2 + 2^4 + 2^6 + 2^8 + \cdots$ 也不是博雷尔可和级数，即使它的和毫无疑问是"欧拉"值 $-\frac{1}{3}$，这一点可由解析延拓（§7.4）看出。我并不关心这个程序是否用于总的弦幅度。

§31.14

31.51　这个评述对异性弦不适用，不久我们会看到，基本的弦的框架具有手征性。

31.52　最近的文献似乎可看 Gross *et al.*（2003）。Smolin（2003）提供了关于弦论中这些流形的进一步的文献，Polchinski（1998）也讨论过这些内容。

31.53　我认为这里确实有困难，因为实际上我们可以从几何上来理解旋量场。如果这种对称性不用到外围空间本身，这些旋量场不可能被"转动"（因此严格说来是规范的——见 §§15.2，7），见 Penrose and Rindler（1984）。

31.54　将"威克转动"用于得到黎曼曲面，区别仅在于是全纯的还是反全纯的，参见 §31.13。

31.55　Greene（1999）；Smolin（2003）罗列了几乎所有已知的对偶关系，给出了它们的状态和编号。

31.56　这个"镜像对称"概念完全不同于空间反射对称（宇称），后者记为 P，参见 §25.4。

31.57　见 Cox and Katz（1999），该文献提供了有关这些概念的涵盖广泛的内容。

31.58　例如，见 Kontsevich（1994）；Strominger *et al.*（1996）；一些最新进展见 Yui and Lewis（2003）。

31.59　这些特殊流形是称为"五次曲线"的三维复曲面，这意味着它们是"5 阶"的。$\mathbb{C}P^m$ 上 n 维复曲面的阶数是与 $\mathbb{C}P^m$ 上一般的 $(m-n)$ 维复曲面相交的点数。

31.60　复曲线的"阶数"见前注（31.59）。这里 $n=1$。

31.61　见 Cox and Katz（1999）；Candelas *et al.*（1991）；Kontsevich（1995）。

31.62　见 Smolin（2003），特别是其中的参考文献 171；Witten（1995）；科普性的见 Greene（1999），203 页。

31.63　见 Vafa（1996）；或 Bars（2000）。

31.64　见 Bryant *et al.*（1991）；注释 31.37。

§31.15

31.65　但一种富于联想的论证见 Thorne（1986）。

31.66　见 Strominger and Vafa（1996）。

31.67　见 Greene（1999），340 页。

31.68　读者或许会担心无源麦克斯韦场怎么会导致非零电荷。其实这里没有什么不协调的，因为黑洞可以从带电体的坍缩中产生，这时所有电荷源都消失在洞中。

31.69　这些问题的一个可读性较好的综述见 Horowitz（1998）。

31.70　这里包括我们在 §31.17 里考虑的所谓"D 膜"结构。

31.71　见注释 22.11。

31.72　这是 Abhay Ashtekar 向我指出的。

§31.16

31.73　关于"实"全息图的文献见 Kasper and Feller（2001）。

31.74　这是一组相当难理解的概念。真正的挑战见 Maldacena（1997）和 Witten（1998）。

31.75　Gary Gibbons 曾提出某种与这一图像相关的非常有趣的几何，它甚至表现出与扭量理论有关联。与此相关的各种材料可在 Penrose（1968）里找到。

31.76　见 Nair（1988）；Witten（2003）；Cachazo *et al.*（2004）。

§31.17

31.77　这种现象的一个例子见 Ashtekar and Das（2000）。

31.78 "商空间"就像丛的底空间，见 §§ 15.1，2。

31.79 见 Randall and Sundrum（1999a）；关于这些问题的更一般的思想亦见 Randall and Sundrum（1999b）。Johnson（2003）是关于 D 膜技术的标准参考书。这一技术的更了不起的应用之一是 Steinhart 和 Turok（2002）提出的关于宇宙起源的"ekpyrotic"模型。这个模型认为，大爆炸起源于前一个宇宙的两个 D 膜之间的碰撞。尽管该模型的作者使用了如此古怪的概念，但他们并不试图解释大爆炸的主要谜团，即 § 27.13 里描述的超常特性。

§ 31.18

31.80 见注释 31.74。

31.81 见注释 31.18，31.76。

31.82 见注释 31.57，31.58。

31.83 这段引文出自海森伯 1975 年写给德国物理学会的致词《什么是基本粒子?》（感谢 Abhay Ashtekar 给出这一例证）。见 Heisenberg（1989）。

第三十二章
更为狭窄的爱因斯坦途径；圈变量

32.1　正则量子引力

934　　　尽管弦论很流行，但像某些人认为的那样[1] 将它看成是"唯一的出路"（见§31.8）显然很荒谬。还有好些其他令人感兴趣的设想值得去追索，它们各有长处，也各具困难。要让我在此对所有这些关于将量子理论和时空结构统一起来的概念进行讨论显然是不切实际的。因此我打算在本章和下一章集中讨论那些与我的信念更为接近也更活跃领域里的问题，它们在探索广义相对论和量子力学的真正统一方面可能更富于成效。正如我在前几章所述，我的观点是，我们必须采取更为严密可控的立场，而不应增加时空维度或贸然构筑超级体系（虽然我对后者的异议比对前者要温和得多，我们在§§31.11, 12 中已看到，前者遇到了严重的稳定性方面的困难）。因此，在这两章里，我们将专注于与 4 维洛伦兹时空有着特定联系的某些概念，力图真正在量子背景下讨论爱因斯坦的实际场方程[2] 而不是超对称性。我们将看到，即便是在这些地方，我们遇到的"物理实在的图景"也还是与过去所熟悉的内容相去甚远，在某些方面它们与前一章内容毫不相关，但在另一些方面则紧密相连。在本章，我们先领略一下阿什台卡变量、圈变量和自旋网络等背后的某些思想。下一章着重熟悉扭量理论。在这两章里我们还将遇到当前流行的其他一些概念，例如像离散时空、q 形变结构（量子群）以及非对易几何等。

935　　　对爱因斯坦理论进行量子化处理的最直接方式之一，是给出它的哈密顿形式，然后对其进行 §21.2, 3 中描述的正则量子化处理。这方面会有许多困难，我不打算深入细节，其中许多困难都是因为爱因斯坦理论的"广义协变性"（§19.6）而产生的，它使得用任何具体坐标都无甚意义。从§21.2 的讨论中可知，用算符 $i\hbar\partial/\partial x^a$（$x^a$ 是（经典）共轭位置变量）取代 p_a 这种标准的"量子化处方"并不总是有效的，如果我们采用曲线坐标，则甚至都不能用于平直时空。因此，在进行这种量子化处理时要特别注意到这一点。

　　　另一个困难是广义相对论的标准哈密顿量中具有复杂的非多项式结构。我们还应注意到这样一个事实，除了受哈密顿量支配的演化方程（将我们带离初始的三维类空曲面 S）之外，还有另一些在 S 内起作用的称之为约束的方程。[3] 这些方程给出 S 上数据的相容性方程，满足约束方程是（至少是局部地）离开 S 的数据能够恰当演化的（充分）必要条件，这种演化保持满足约束。

对广义相对论进行量子化的正则处理有着悠久而辉煌的历史，其源头可以追溯到 1932 年狄拉克为处理爱因斯坦理论中出现的复杂约束而发展出的全新量子化理论。[4] 多年来，这种处理方法为各路不同的研究者所发展，而且日益精致复杂，[5] 但哈密顿量错综复杂的非多项式性质使得进展困难重重。到了在 1986 年，美籍印裔物理学家阿什台卡（Abhay Ashitekar）做出了一项重要推进。他通过精心选择理论（这一理论与森（Amitabha Sen）更早些时候提出的一些概念有关）中使用的变量，[6] 将约束条件约化为多项式形式，由此可以大大简化方程的结构，哈密顿量里的那些讨厌的分母被去掉了，整个方程成为相当简单的多项式结构。

32.2　阿什台卡变量的手征输入

原初的阿什台卡"新变量"的突出特征之一，正如人们（现在仍）称呼的那样，是这些变量在处理引力子（引力的量子）的右手部分和左手部分时是不对称的。[7] 从 §§22.7，9 我们知道，一个（非标量）无质量粒子有两个自旋态，按运动方向分成右旋和左旋。它们分别对应于粒子的正的和负的螺旋态。引力子是自旋 2 的粒子，因此它的两个螺旋态分别为 $s = 2$ 和 $s = -2$（取 $\hbar = 1$），这里 s 表示螺旋性（亦见 §22.12）。原初的阿什台卡理论是将这两种态作不同的处理。因此这种理论是左右不对称的！

这里有必要交代一下为什么要将引力子看成是自旋 2 的粒子，而光子的自旋则为 1（见 §22.7，§32.3）。这意味着什么呢？量子粒子的自旋值与描述它的场量的对称性（和场方程）有关（亦可见 §34.8，用二维旋量形式写出的方程看得最清楚）。但我们不妨从几何上直接观察一下引力的自旋 2 性质与电磁场的自旋 1 性质之间的异同。让我们从每个场取来适当的波，即一面是构成光的电磁波，另一面是引力波。

对电磁波情形，我们已从 §22.9 的图 22.12 认识了这种波的几何属性。其中关键在于电矢量和磁矢量都是矢量，因此波相对于运动方向转过 π（即 180°）后场量即变为负的，我们需要转过 2π 才能回复到原状态。而在引力情形下，引力波如同图17.8（a）和图17.9（a）所显示的那样是一种时空弯曲。如果我们将波转过 π，这种弯曲即回复原样；要使它转到反方向，仅需转动 $\frac{1}{2}\pi$。我们注意到，这个结果缘于外尔曲率是一种四极项，就像图17.8（a）和图17.9（a）中的弯成的椭圆那样，我们在 §31.9 中曾指出，它对应于自旋 2 的项。对于自旋值 σ，波以传播方向为轴转过 π/σ 就将使场量变到负方向，而转过 $2\pi/\sigma$ 则使场量回复到原样。（注意，这对于 σ 是半奇

936

数情形也成立，在此情形下，场量必须具有旋量性质，见§11.3。）

对于这里要讨论的无质量场，我们可以走得更远，并且将平面波看成是由左、右圆偏波组成的，电磁波的圆偏振如图22.12b所示。对于量子场，相关粒子相应地具有正或负的螺旋性（图22.13）。对自旋σ，这些螺旋量取值$\pm\sigma$（相应的描述见图22.13，但$q^{2\sigma}=z/w$取代了$q^{1/2}=z/w$）。因此，对引力情形我们确实得到两个可能的螺旋量值$+2$和-2。

为了展示螺旋态是如何来描述的，我们需要更清楚地运用数学知识。实际上，我在上面提到的这种左右不对称性是我们在下一章要考察的扭量理论的一个重要特征，阿什台卡的处理方法似乎正是从这种扭量概念里得到最初的启发。眼下，我们需要从扭量理论概念中汲取的，是如何用普通的时空概念从数学上将这种左右不对称性表达出来。我们来回顾一下表示自然界两个已知的无质量场——电磁场和引力场——的张量表示式。这两个张量一个是麦克斯韦场张量$F=F_{ab}$（§19.2），另一个是外尔共形张量$C=C_{abcd}$（§19.7）。二者都有所谓的对偶张量，其指标记法定义如下：

$$^*F_{ab}=\frac{1}{2}\varepsilon_{abpq}F^{pq}\qquad 和 \qquad ^*C_{abcd}=\frac{1}{2}\varepsilon_{abpq}C^{pq}_{\ \ ad},$$

（其中ε_{abcd}是反对称的列维-齐维塔张量，这里按标准的右手正交基取$\varepsilon_{0123}=1$，见§12.7和§19.2）。在§19.2我们已经认识了对偶的麦克斯韦张量$^*F$。对偶的外尔张量$^*C$由类比而来。我们还可以设想将外尔张量指标中的后一对指标cd"对偶化"，可以证明这与将ab对偶化效果是一样的。✱✱✱[32.1]

我们知道，四维时空里的点上的二维平面元素可用简单的2形式f（或双矢量）来描述（§12.7）。对麦克斯韦张量（2形式）F，我们可构造其对偶$^*f$，它的意义是：对复的f，它是自对偶的，即$^*f=if$，或反自对偶的，即$^*f=-if$。对应于f的（复）二维平面元素相应地称为"自对偶"或"反自对偶"的。这个概念在扭量理论里非常重要（§33.6）。✱✱✱[32.2]

在量子理论中，场量都容许取复数值，至少在将其理解为波函数的情形下是如此。尽管它们实际上各不相同，但在数学上是彼此等价的（见第26章）。当我们将复麦克斯韦张量或复外尔张量分别看成是光子或引力子的波函数的某种表示时，这种等价性特别有用。作为以经典场量特征的实际条件的一种替代，复波函数必须是正频率的（以符合§24.3和§26.2中说明的要求）。我们不必过于担心这对于外尔曲率实际上意味着什么。（我们可以暂时认为我们正在观察的是一种与平直空间仅有无穷小差别的弯曲空间，在此情形下，C可视为闵可夫斯基空间下的场，这样正频率条件就不成问题了。但实际上我们可以比这做得更好，见§§33.10-12。[8]）

✱✱✱〔32.1〕解释为什么。（你会发觉§12.8里的图形记法及其等价记号是很有用的。）

✱✱✱〔32.2〕证明：如果f_{ab}的两个指标（描述自对偶f）可与反自对偶的外尔（或麦克斯韦）张量的一对指标缩并，则结果为零。

现在，右手的光子和引力子都用（正频率的）自对偶量 $^+\boldsymbol{F}$ 和 $^+\boldsymbol{C}$ 来描述，这里 $^+\boldsymbol{F} =$ 938
$\frac{1}{2}(\boldsymbol{F} - \mathrm{i}{}^*\boldsymbol{F})$，$^+\boldsymbol{C} = \frac{1}{2}(\boldsymbol{C} - \mathrm{i}{}^*\boldsymbol{C})$，于是我们有

$$^*(^+\boldsymbol{F}) = \mathrm{i}^+\boldsymbol{F} \qquad \text{和} \qquad {}^*(^+\boldsymbol{C}) = \mathrm{i}^+\boldsymbol{C}\,;$$

左手的光子和引力子则都用（正频率的）反自对偶量 $^-\boldsymbol{F} = \frac{1}{2}(\boldsymbol{F} + \mathrm{i}{}^*\boldsymbol{F})$ 和 $^-\boldsymbol{C} = \frac{1}{2}(\boldsymbol{C} + \mathrm{i}{}^*\boldsymbol{C})$ 来描述，并有

$$^*(^-\boldsymbol{F}) = -\mathrm{i}^-\boldsymbol{F} \qquad \text{和} \qquad {}^*(^-\boldsymbol{C}) = -\mathrm{i}^-\boldsymbol{C}\,。$$

在原初的阿什台卡理论中，外尔曲率的自对偶和反自对偶部分起着不同的作用。

从物理的角度看，这显得很奇怪，因为没有证据表明引力场存在左右不对称性，标准的爱因斯坦广义相对论中也肯定没有这种不对称性。我能想象的是，我们可以采取两种不同的态度来看待这个问题。一方面，我们可以将这种非对称性看成是恰好可用来简化哈密顿量的那种特定数学的不重要的特征；另一方面，我们可以采取这样一种立场：自然界存在某种深层次的左右不对称性，这种不对称的理论正是以某种方式试图测知这一点。事实上，我们知道，自然界就是左右不对称的，这在弱相互作用中表现得很明显（见§25.3）。某种意义上说，电磁作用包含有这种不对称性的残余，但它只能通过电弱理论以与弱作用统一的方式被间接地感知到。在缺乏与引力相关的类似的统一理论情形下，我们没有理由认为引力本身就应当直接或间接地具有这种不对称性。但按照弦理论家的观点，我们可以认为量子引力理论针对的对象要比单纯的引力概念广得多；它是整个物理学的基础框架，当前的经典时空理论只是这种基本框架的一种方便的近似。如果这种"基本理论"具有内在的手征性（正如弦论的杂化面目表现的那样——见§31.14——阿什台卡理论以及扭量理论也都如此），那么弱作用中存在明显的手征不对称性这一事实理解起来就快得多。

32.3 阿什台卡变量的形式

那么这些阿什台卡手征变量都是些什么呢？这种手征性源自用于四维洛伦兹空间的一种或两种二维旋量的不对称选择。我们可以回顾一下§25.2中介绍的这些对象，我们看到，电子波函数 ψ 可以看成是由一对二维复分量 α_A 和 $\beta_{A'}$ 组成的，其中的一个其下脚标带撇号，另一个不带。我们注意到，不带撇指标指的是 zig 或电子的左手手性（负螺旋性）部分，而带撇的指标指向 zag 或电子的右手手性（正螺旋性）部分。我们还看到（§25.3），弱作用关心的是 zig 部分 939
α_A，而非 zag 部分 $\beta_{A'}$。因此，选择不带撇或带撇旋量的时空理论，作为比其他理论"更基本"的一种理论体系，结合了基本手征性，它确立了一种可以在基本层面上区别这两种螺旋性的理论框架。

实际上，这正是原初阿什台卡理论（或扭量理论）的作用。在阿什台卡理论中，根据三维类空曲面 $\mathcal{S}$ 所选取的正则变量是 $\mathcal{S}$ 内蕴三维（反）度规 γ 的基本成分，（不带撇）自旋联络 Γ 的分量取自 $\mathcal{S}$ 上。说得更准确点，这些变量是局部旋量基下的反度规分量，可用 2 形式来表示。除此之外，自旋联络 Γ 指的是定义在四维全空间上的旋量 α^A 的平行移动，而不只是"$\mathcal{S}$ 的内蕴旋量"。[9] 因此，Γ 告诉我们如何依据四维空间的度规联络（§§14.2, 8）将一个不带撇的四维空间旋量 α^A（二维旋量）沿着某条恰好处于三维空间 $\mathcal{S}$ 内的曲线平行于自身地移动。[10] 三维度规（密度）γ 的场起着确定动量变量和联络 Γ 的场的作用，其相应的共轭量则起着确定位置变量的作用，见图 32.1。在量子理论中，动量 p_a 的作用由 x^a 表示下的 $i\hbar\partial/\partial x^a$ 替代（§21.2），在 Γ 表示中，我们可以用 $i\hbar\delta/\delta\Gamma$ 来取代 γ 的场（这里"$\delta/\delta\Gamma$"是指 §20.5 所定义的函数导数概念）。相应地，在 γ 表示中，Γ 由 $-i\hbar\delta/\delta\gamma$ 取代。

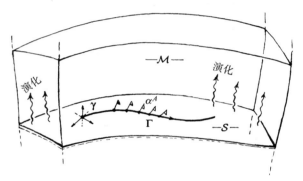

图 32.1 定义在时空 M 内类空三维曲面 $\mathcal{S}$ 上的原初的阿什台卡正则变量将"位置"参量 Γ 取作限定在 $\mathcal{S}$ 上的四维空间联络分量（旋量 α^A 由图中半箭头表示）。"动量"参数基本上是 $\mathcal{S}$ 的（反）内度规 γ 的分量（用 2 - 形式表示，用作 $\mathcal{S}$ 的每一点上的正交基）。

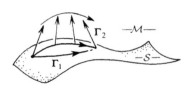

图 32.2 整个 Γ 可以表示成 $\Gamma = \Gamma_1 + i\Gamma_2$，其中 Γ_1 表示 $\mathcal{S}$ 的内曲率，Γ_2 表示 $\mathcal{S}$ 的外曲率（Γ_2 度量 $\mathcal{S}$ 在 M 内是如何"弯折"的。）

940

联络 Γ 有一个仅表示 $\mathcal{S}$ 的内曲率的部分 Γ_1 和一个表示外曲率（即表示 $\mathcal{S}$ 在时空 M 内是如何"弯折"的曲率）的部分 Γ_2，见图 32.2。整个 Γ 可以表示成

$$\Gamma = \Gamma_1 + i\Gamma_2$$

（这里如果理论体系取相反的手征，则我们有 $\Gamma_1 - i\Gamma_2$）。量 Γ 定义了一个（§15.8 意义上的）丛联络，其底空间为 $\mathcal{S}$，纤维由（不带撇的）自旋空间 $\mathbb{S}$（二维复矢空间）构成。纤维的相关群为 SL(2, $\mathbb{C}$)（见 §13.3）。[11]

这里，我要说一下原初阿什台卡理论的技术困难。这一困难是，纤维群 SL(2, $\mathbb{C}$) 是非紧的，并具有讨厌的无穷维不可约表示，其中多数是非幺正的（见 §13.7）。所有这些给构造严密的量子引力理论造成了严重困难。对此，为了推进这一理论，我们对联络作如下调整

$$\Gamma_\eta = \Gamma_1 + \eta\Gamma_2,$$

这里 η 是非零实数，也称为巴伯罗 - 伊莫兹参数（Barbero-Immirzi parameter）。这一调整带来了纯粹技术上的好处：群现在是 SU(2)，它是紧的，其（不可约）表示全都是有限维且幺正的。

由每个 Γ_η 定义的经典理论与 Γ 定义的理论的不同之处仅在于所谓"正则变换"，这说明经典理论是等价的（具有同样的辛结构，见 §14.8 和 §20.4），尽管用的是相空间上不同的"广义坐标"描述（§20.2）。但作为结果的量子理论不必是等价的。§21.2 里提出过这样的问题：在广义坐标下量子化过程通常不是不变的。用 Γ_η 来取代 Γ 会带来多大"危险"这似乎仍是个未解决的问题。但不管怎样，先研究"较容易的" Γ_η 情形一定会使我们大有收获。虽然有人会担心得到的这种量子引力理论只是一种"玩具模型"，而不是实际需要的对量子引力的处理（这里 η 不取 $\pm i$ 或 0 似乎没有什么几何上的道理），但这种对预想的爱因斯坦理论的量子版本的偏离人们认为不会很大。

在 Γ_η 情形下，事情处理起来相对简单，因为所需的 $\mathbf{SU}(2)$ 的各种不可约表示在数学上等同于普通（非相对论性）量子力学里不同的（无质量粒子）自旋态。由 §22.8 可知，这些不同的自旋可用自然数 $n = 0$，1，2，3，4，5，…来标示，这里自旋值为 $\frac{1}{2}n\hbar$。（在 §22.8，我们还看到，对每个 n，表示空间由带 n 个指标的对称自旋张量 $\psi_{AB\cdots D}$ 组成。）一会儿我们就会看到怎么使用这些不同的"自旋值"。

32.4　圈变量

我们怎么才能用能够使广义协变性（§19.6）变得更清楚的方式来表述事情呢（至少在初始三维曲面 $\mathcal{S}$ 上应如此）？这是通过如下的精巧方法来实现的：用一组特别简单的量子引力基态来描述一般量子态，而基态本身可通过本质上离散的方式来描述，在这样一组基态下，$\mathcal{S}$ 内的广义协变性将变得非常简单。（一会儿我们再来谈这些基态。）这样，一般态可以表示成这些基态的线性叠加。为了弄懂所需的这些概念，我们来考虑 $\mathcal{S}$ 内的闭圈，并设想借助联络 Γ 的作用使不带撇的 α^A 能够始终"平行于自身"地沿这个圈移动。当我们回到出发点时，会发现自旋空间 $\mathbb{S}$ 的线性变换已经起作用了。它由一个复 2×2 矩阵 $T^A{}_B$（见 §13.3）的分量形式来定义，矩阵元素取决于 $\mathcal{S}$ 内基底的选择。但是，这个矩阵的迹 $T^A{}_A$ 是一个与基底无关的复数，$*$[32.3] 而这正是自旋联络 Γ 的一种与圈的选择有关的性质。这个例子只是更一般的所谓威尔逊圈概念下的一个例子。（肯尼斯·威尔逊（Kenneth Wilson）最先将这种圈概念应用于规范理论，[12] 故这一概念以他的名字命名。）1988 年，罗威利（Carlo Rovelli）、斯莫林（Lee Smolin）和雅各布森（Ted Jacobson）在广义相对论基础上发展了这一概念，他们将这些与圈有关的迹称作广义相对论的圈变量。取这些圈变量作为量子算符，则本段开头所说的"基态"本质上正是这些算符的本征态。

这些量子引力基态的几何特征是什么呢？业已表明，从我们熟悉的通常的度规几何的观点

$*$〔32.3〕你能解释为什么吗？

看，这些几何特征是非常古怪的，远不是经典广义相对论的那种"光滑几何"。的确，我们会发觉，从几何上看，这些基态是非常"独特的"，有点像 §9.7 和 §21.10 里的（狄拉克）δ 函数。首先，我们将 S 看成是无特征流形。[13] 然后考虑 S 内一组闭圈，并认为每个圈的状态是指其几何性质以某种方式集中在圈上。这种沿圈集中的几何性质实际上不是指曲率——而是某种类似于平底圆锥的东西，如图 32.3 所示，沿锥底边缘的曲率以及锥顶均取 δ 函数（§9.7），***[32.4] 这是一种出现在量子引力的不同处理下的情形，称为雷杰微积分，见 §33.1——但在这里，整个度规则以 δ 函数形式集中在圈上，在圈外完全为零。这种集中"程度"是用赋给圈的"自旋"值来衡量的，不同的自旋值 $j = \frac{1}{2}n$ 对应于 SU(2) 的不同的不可约表示（这里联络用 Γ_η 表示，而不是用表观上更"正确的" Γ）。

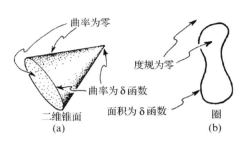

图 32.3 （a）二维锥面的非光滑例子，除了顶点和底边，处处都是零曲率；而在顶点和底边处则为 δ 函数曲率。（四维空间类比下的量子引力的雷杰微积分处理，二维曲面上有 δ 函数，见图 33.3。）（b）但对圈量子引力情形则不会发生这种情况。此处沿圈有面积 δ 函数，度规本身也处处为零。

这些陈述需要作进一步解释。这里出现的"度规"概念实则为给遇到圈的二维检测面元赋一面积。实质上，完全集中于沿每个圈进行的这种面积量度是一个 δ 函数。这是什么意思呢？想象在三维曲面 S 内的一个（不必是闭合的）二维检测面元 T。它可能在不同地方与各个不同的圈相交。T 每遇到一个圈，就记录下一个面积量度；除此之外面积量度皆为零。因此，这里度规的"δ 函数"特征表明这样一个事实：仅在 T 与圈相交之处每个圈才得到一个面积量度。每个交点有值

$$8\pi G\eta\hbar \sqrt{j(j+1)},$$

这里 $j = \frac{1}{2}n$ 是具体每个圈的"自旋"值，见图 32.4。我们把这组圈里所有圈的面积贡献加起来。

将弦论与圈变量理论加以对比会很有趣。与弦论总是对量子引力进行微扰处理不同，圈变量理论基本上是一种非微扰处理。在弦论中，计算总是一成不变地在平直时空背景下进行，即得到闵可夫斯基空间 $\mathbb{M}$ 与譬如说某个六维卡拉比－丘空间（见 §31.14）的积，人们只关心背景下的弱场，也就是说，考虑的是在弱场极限下"扰动消失"的情形（即考虑某个小参数下的幂级数），见 §26.10 和 §31.9。而在圈变量情形下，基本圈态（或自旋网络状态，见 §32.6）远不是平直的（或经典的），沿圈（或沿网络线）进行的面积测量得到的是 δ 函数。要得到近似经典时空下的圈变量描述，我们必须如图 32.5 所示的类似于几乎均匀伸展的"波"。

*** [32.4] 你能对此给予解释吗？提示：用 §14.5 的概念。

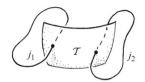

图 32.4　三维曲面 $\mathcal{S}$ 内的二维检测曲面 $\mathcal{T}$。$\mathcal{T}$ 与圈的每一次相交给出一个面积值 $8\pi G\eta\hbar\sqrt{j(j+1)}$，$j$ 是圈的"自旋"值。

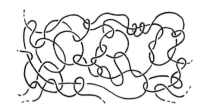

图 32.5　原型圈变量理论对准经典时空的描述可以用几乎均匀弥散的"波"的叠加来表示。

注意，这是真正的拓扑描述。说一个圈离另一个圈有多"近"毫无意义（因为离开了圈本身"度规"概念毫无意义）。唯一有意义的是拓扑上这些圈之间的"链接（linking）"和"打结（knotting）"关系，以及它们被赋予的离散的"自旋"值。因此，（在 $\mathcal{S}$ 内）广义协变性完全能得到满足，只要我们只保留这种离散的拓扑图景。

32.5　结与链的数学

量子引力的圈变量图景引领我们进入到关于结和链的拓扑的数学领域。较之弦成分的平凡性质——基本上都是非纠缠的片断，圈拓扑可是一种相当复杂的研究！我们需要用数学判据来判断一个闭合的"由弦构成的圈"是否是个结（这里"结"意味着不可能通过普通三维欧几里得空间的光滑运动将圈变成普通的圆，这里不容许将圈任意抻长并相互穿越，见图 32.6）。同样，我们可以

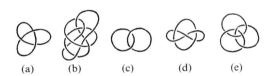

图 32.6　结和链。（a）三叶结——打了结的圈的例子。（b）（眼睛不易观察清楚的）不含结的圈的例子。（c）两圈之间的简单链。（d）怀特黑德链，其中的两个圈不能因为它们有零"链接数"（每个圈穿过曲面跨入另一个圈的净次数）而拆开。（e）博罗门（Borromean）环，它不能被拆开，尽管其中没有一对环是链接的。

要求根据判据来确定两个或多个不同的圈是否完全处于彼此分离状态——即它们是非链接的。自 20 世纪初以来，对这个问题已有各种精妙的数学表达式给出了较为完整的答案（如"亚历山大多项式"等），但在近年，主要是受物理学的启发，又有大量神奇而精巧的处理手段被发现，例如像"琼斯多项式"、"HOMFLY 多项式"、"考夫曼多项式"，等等。[14]

考虑这些新数学结构的一种思路是将它们看成是来自于一种"图形代数"，它是 §12.8 引入的张量的图形描述（见图 12.17 和 12.18）的推广，这种描述曾大量用于第 13 章（见图 13.6 – 13.9 等）。在这一推广中，是否有"指标线"从上或从下穿过另一条指标线有重要区别，它们在图中表现为相互交叉，见图 32.7。存在各种公有一个代数式的"代数同一体"，如图 32.8 所示的即为考夫曼代数的具体化。这些概念将组合理论作了精美的推广，它奠定了我们即将谈到的

944

945

图 32.7　图 12.17、12.18 和图 13.6—13.9 等的图示张量代数可以通过推广生成结和链的代数。新添加的特征是，当一对"指标线"交叉时，这种代数可以对一根线是从上还是从下穿过另一根线作出区分。

图 32.8　图中显示的是考夫曼代数的基本代数等价性，这里 $q = A^2 = e^{i\pi/r}$，它给出"binor"代数的 q-形变版本，"binor"代数是自旋网络理论的基本运算（对应于 $A = -1$，其中不存在图 32.7 中的交叉问题）。

自旋网络理论的基础。

　　图 32.8 中的量 A 是一个复数，有时又将它写作量 $q = A^2 = e^{i\pi/r}$。（$A = -1$ 的情形给出自旋网络理论的基本操作"binor 计算"，Penrose 1969，1971。）此外还有相当于图 12.17 的对称和反对称的概念。关于这些概念已经发展出一套相当重要的理论，有时我们称它为 q 形变结构。但更经常的是人们用"量子"来取代"q 形变"，这很容易误导，这样的情形还有所谓"量子群"概念。但"量子群"和量子理论之间并没有十分清楚的联系，尽管量子群概念完全有可能在物理学的基础层面上获得重要应用，但它目前还只是个假说。

　　虽无关宏旨，但值得一提的是，在这些新发现的数学结构（琼斯多项式等等）与物理学之间，还存在另一种由爱德华·威腾发展出的可能联系，[15] 这就是拓扑量子场论的概念。在这一理论中，场方程完全消失了，但仍存在总体结构信息和被视为发自（局部为零的）场"源"的"低频扰动（glitches）"信息。一个很好的例子就是 1+2 维的广义相对论。在 1+2（=3）维下，外尔张量等同为零，因此所有曲率都处于里奇张量中。这样，在（里奇平直的）"虚空空间"，整个曲率为零。但"点源"的引力场是非奇异的，因为这种源提供了一种出现在总体几何里的"低频扰动"，见图 32.9 所示。这种几何非常类似于图 28.4 所示的宇宙弦几何，只是这里的图像表示的是（1+2）维时空，而不是 3 维空间。图中一部分沿源的（类时）世界线轴被切去，剩下的平面边界被粘合起来。在经典图景里，这种源的世界线是直的，但在基于这种经典模型的量子场论——拓扑量子场论下，由于场（这里是曲率场）为零，这种源的世界线可以是弯曲的，并且可以打结或与源线链接。正是这一点是我们认识到[16]可以将结与链的数学用到拓扑量子场论概念上。应指出，由于除了圈本身的"低频扰动"的地方外，面积量度的贡献为零，因此圈变量方案也提供一种类似于一般"拓扑量子场论"框架的系统。但毕竟二者是有差别的，因为在圈变量理论中场方程没有消失。

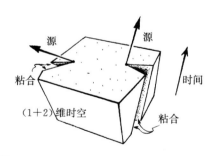

图 32.9　2+1 维的"广义相对论"要求平直时空且处处无源（因为这时里奇张量为零，外尔张量在三维内总是为零）。但源的世界线提供了一种对平直时空的"低频扰动"（锥形奇点），它让人想起"世界弦"，其三维空间几何如 §28.2 中的图 28.4 所示。经典情形下，源世界线总是直的，但在这一理论的量子版本中这一点有所放松——这是拓扑量子场论的一个例子。

946

各种拓扑量子场论理论因其数学结构而令人感兴趣，但由于场方程完全消失，因此在严肃的物理理论模型中很难看出它们所起的直接作用。大多数已知的物理学依赖于这种方程的非平凡性质，以便场能以可控的方式传播到未来。但还存在另一种明显的可能性，即拓扑量子场论可以与扭量理论合起来用。我们将在第 33 章（§ 33.11 的节尾）看到，在扭量空间描述中，场方程只是局部消失。尽管拓扑量子场论概念应用于扭量理论的程度目前还不十分深入，[17] 但看看它在这个领域能取得什么样的成就还是很有趣的。

32.6　自旋网络

尽管圈的各种态十分显著，但作为有限的 3 维几何（"δ 函数"）构形，它们还不能用作这种几何的适当的（正交）基，因此有必要将其一般化，使在其中圈可以相交。这使我们想到一种"相交圈线"的网络，但我们要问：对这些交点怎么办？业已证明，答案就在某种结构中，其形式非常接近于我 50 年前研究的自旋网络，当时是出于与此不同但有关联的目的。

什么是自旋网络呢？为什么过去 50 年来我一直对它们感兴趣呢？我自己的具体目标一直是试图用离散量的组合来描述物理，因为那时我就坚信物理学和时空结构从根本上说应当是离散而非连续的（见 § 3.3）。附带的动机还有马赫原理（§ 28.5）的形式，[18] 由这一原理可知，空间本身的概念是一个导出的概念，而不是原本就存在于理论中。每一件事情都是通过客体之间的相互关系而非客体与某种背景空间之间的关系来表示的。

我的结论是：满足这些要求的最光明的前景是考虑系统总自旋这一量子力学量。这个"总自旋"由标量 $j\left(=\frac{1}{2}n\right)$ 定义，它量度的是整体上自旋的大小，而非某个方向上自旋的具体分量，后者由量 m 量度。（字母"j"和"m"通常用于量子力学的角动量的讨论中，其单位是 $\hbar$，其中 m 取从 $-j$ 到 j 的半整数值，见 §§ 22.8.10，11。）总自旋的实际大小（3 个正交方向上 m 值平方和的平方根）为 $\hbar\sqrt{j(j+1)}$，它与上述面积表达式中出现的量相同。$n=2j$ 的容许值都是简单的自然数（对玻色子取偶数，费米子取奇数，见 § 23.7）。除此之外，尽管 n 与空间取向无关，但它毕竟与空间取向有着内在联系。我一直认为，由自然数 n 度量的总自旋是一个引人注目的理想的量，如果我们从一开始就对构建导出实际物理空间概念的离散组合结构感兴趣的话。进一步说，如果我们做得合适，我们就可以将量子力学概率显示为纯概率，它在细节上与物理仪器的空间取向无关。

这一设想的成效如何呢？下面我们称总自旋量 $\frac{1}{2}n\hbar$ 为 n 单元。为清楚起见，我们可以将这个"单元"看成是一个粒子，但它不必是基本粒子，例如看成是一个完整的氢原子就蛮好。对这种总自旋我们只需要知道它的明确的值（在氢原子情形，这个值是 $n=0$ 或 2，分别对应于正交或平行氢原子[19]）。我们怎么来得到纯概率呢？我们可以譬如取一对 EPR-玻姆 1 单元对（A，B）和（C，D），每一对均从 0-单元状态开始。（这只是一种安排，其中每一个都像 §23.4 中的图 23.3；见图 32.10。）现在我们把 B 和 C 放一块儿让它们组成单独一个单元，它们会导致两种可能的结果：0-单元或 2-单元，相应的概率[***32.5] 分别为 $\frac{1}{4}$ 和 $\frac{3}{4}$。另一方面，如果我们将 A 和 D 撮合一块儿，那么可能的结果和概率是一样的。但是这两种可能性远不是彼此独立的，因为如果我们在一种组合下得到 0-单元，就不可能在另一种组合下得到 2-单元，反之一样。

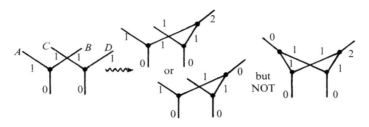

图 32.10　自旋网络。由自然数 n 命名的每一根线段代表一个粒子或一个称作 n 单元的总自旋为 $\frac{n}{2}$ ×ℏ 的子系统。在这个非常简单的例子中，我们有两个 EPR-玻姆 1-单元对，（A，B）和（CD），每一对均从 0-单元状态（如图 23.2）开始。如果把 B 和 C 组成单独一个单元，则会有两种可能性：0-单元或 2-单元，相应的概率为 $\frac{1}{4}$ 和 $\frac{3}{4}$。如果我们将 A 和 D 组合起来，结果概率是一样的。但是这两种可能性不是彼此独立的，因为我们不可能在一种组合下得到 0-单元同时在另一种组合下得到 2-单元。

这就是我说的得到纯概率的那种概念，我早就形成这样一种认识：这种概率必定以有理数形式出现（因为它是大自然在有限个离散的可能性之间作出的随机选择）。上述这个例子只是一种非常简单的情形，但它开始显示出一种普适的思想。我们可以将特定网络中的所有单元设想成按上述办法由初始 0-单元得到的初始结果（虽然这一点通常没在图中表示出来），因此这里不存在对某个特定空间方向的偏爱。由此可知，不同对单元可以撮合一块儿组成一个单元，后者的自旋值亦可确定。

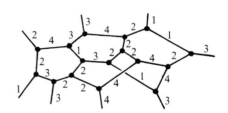

图 32.11　最初设想的自旋网络的例子。这里没有预设任何实际的背景时空流形。所有空间概念都出自自旋网络和概率值（当两个单元合并生成第三个单元时）。每个顶点上是严格的三线聚合，它唯一地规定了这种联络。

单个的单元也可以剖分成若干对单元，如图 32.11 所示。我们可以有选择地将其视为发生在某个时空中的情形。但最初的自旋网络理论并未预设任何实际的背景时空。当时的想法是从自旋网络和概率建立起所有所需的空间概念，这些概率由两个单元合并给出第三个的操作产生（其大小可用量子力学法则来计算）。自旋网络有这样一个特征：每个顶点上都正好有 3 条线相遇。这

***〔32.5〕你能看出为什么吗？

一点使得概率计算具有唯一性。自旋网络的拓扑结构（图）以及线上所有自旋值的确定均依此而定。

我发展了一套计算所需概率（实际上它们全都是有理数）的完整的组合（"计数"）程序。这套规则最初取自标准量子力学的自旋计算法则，但我们可以"忘掉"它们来自何处，直接将自旋网络看成是提供了一种"组合世界"。然后在适当意义下认为自旋网络是"大"的，我们就可以从中抽取出几何概念（在此情形下通常是三维欧几里得几何）。我们认为一个大的自旋单元可以看成是定义了"空间的方向"（例如像台球的自旋轴）。我们还可以想象通过譬如说从一个大单元中拆分出一个 1-单元并将它合并到另一个大单元的办法来计算两个这种大单元的"转轴间的夹角"。经过这种操作，一个自旋上行另一个下行的联合概率就给出了自旋轴之间夹角的量度。**[32.6]

照此看来它应该基本可行，但事实不尽如此，还需要进一步完善。必须要增设的是如何从两个大单元之间联系不充分而出现的"无知概率"中鉴别出"量子概率"——源自两个大单元之间自旋轴的夹角——的方法。（在 §§29.3，4 的讨论中，我们已知以密度矩阵形式出现的两个这样的概率概念之间是如何精巧地相互影响的。）事实表明，这种"无知因素"可以通过重复进行将一个大单元中的 1-单元转移到另一个大单元、然后挑出唯一的两次概率相同的情形的操作来去除。对于这种情形下的各组大单元，我们可以证明这么一条几何定理，其大意是说：由量子概率按此方式定义的"角几何"正是普通欧几里得三维空间下方向间夹角的几何。[20]这样，从自旋网络的量子组合就可以引出普通欧几里得几何的概念。

可以看出，我最初从事自旋网络研究背后的基本动机与圈变量理论对时空量子化所基于的动机是相当不同的。在最初提出自旋网络的概念时，实际上没有给引力留出空间。因此，在我发现自旋网络在研究量子引力理论中起着相当重要的作用时，着实让我吃惊不小。当然，有些概念是这两种理论所共有的，因为在这两种情形下，人们都试图破除空间的连续性观念，使之成为离散而量子化的某种概念。但这一点在二者间还是有重要差别的，在圈变量理论里，量 n 其实是面积量度，而非原初自旋网络里的自旋量度。这些是维度上的差异，正如在圈变量表达式中引力常数 G 的面貌所反映出的那样。稍后我再来谈这个问题及其意义。

现在我们关心的是，自旋网络的特点在圈变量量子引力中如何体现？正如我早先暗示的，实际上，自旋网络的结点产生于一对圈的交叉。在这个地方圈上的 j 值也容许变化。与此同时，现在结点处可以是 4 根（或更多根）线相聚，而不是我当初的 3 根线。这导致歧义，因为解释的唯一性仅是针对原初"三连线"结点的。此外对每个结点现在都需要作附加规定（"缠结性算符"）。这种规定的一种表现形式如图 32.12 所示，这里我们可以将 4 线相聚的"X"型顶点表示成若干对"H"型 3 边顶点的线性叠加，并通过规定系数来消除歧义。

950

951

**[32.6] 从概率上说，这个角测的是什么？

在这些圈变量自旋网络与我原初的自旋网络之间还有另一个更重要的差别：原初的自旋网络完全是组合结构，而圈变量自旋网络还有来自流形 S 中内嵌的附加拓扑结构。例如这种网线可以多种方式打结或相互链接（见图 32.13）。这种信息不仅仍具有离散组合性质，而且具有完全的拓扑特征，但它更难以用单个节点上的某种简单规定来表示。

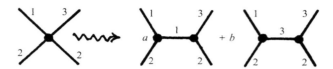

图 32.12 在圈变量理论中，自旋网络的所有结点都是 4 价（或更高价）的，因此需要额外的"缠结"信息。这种图像可以编码成"X"型顶点用"H"型三边顶点对的线性叠加来表示。具体系数消除了其中的歧义性。

图 32.13 标准圈变量理论的自旋网络不再完全脱离组合量，而必定嵌入一种无结构的（但也许是解析的）三维曲面（如 S）中，其拓扑链和结的特性非常重要。

至此，圈描述给出的只是不涉及动力学的静态描述。实际上，我们现在所考虑的圈和自旋网络着重于如何解决广义相对论的约束方程问题——即如何满足曲面 S 内所需的条件——同时照顾到对爱因斯坦广义协变原理的影响。这是一项不平凡的成就，但这个理论体系似乎还没能解决离开 S 的动力学演化（有时也称为"哈密顿约束"）这样的更困难的问题，而这是对爱因斯坦方程作全面调整所需的（见 §32.1）。托马斯·蒂曼（Thomas Thiemann）的一些重要工作已经为解决这种哈密顿演化问题提供了一种可能的答案，但还有些许疑问，我们不知道它是否真的就是发展爱因斯坦理论的一种恰当途径。[21]

在这些困难的动力学问题得到完全公认的答案之前，我们仍然有可能利用圈变量理论在其他方面取得某些重要成果。特别是这些自旋网络概念已被证明在处理 §31.15 的黑洞熵问题上可以比弦论做得更直接，并且看起来也更实际。这里的黑洞几何直接来源于爱因斯坦四维理论的施瓦氏或克尔真空解。在适当近似下，我们用自旋网络可以明确计算出各种引力量子态。当黑洞开始合理地增大时，计算所得的熵与贝肯斯坦–霍金公式 $S_{BH} = \frac{1}{4}A$ 的答案基本吻合（这里 $k = c = G = h = 1$），但要得到霍金的准确因子 $\frac{1}{4}$，则巴伯罗–伊莫兹参数需要取值

$$\eta = \frac{\log 2}{\pi \sqrt{3}}。$$

虽然这个值确实显得古怪，但这一选择却能正确地给出所有情形下的贝肯斯坦–霍金熵，包括带电的、旋转的和宇宙学常数等情形，人们已用其他方法给出了这些情形下的明确答案。[22]

关于这一点，我们可以找出多种理论赖以成立的明显的数值"巧合"。用两种差异极大的方法计算出的两个互不相关的无穷序列可以逐项相符，这一点似乎反映了量子几何的某些概念存在着深刻的内在一致性。

952

毕竟，黑洞的结果似乎已经使看待巴伯罗－伊莫兹参数的观点发生了某些变化。以前，η 的引入似乎只是取得进步的一种手段，这里"几何上正确"的理论似乎要求 $\eta = \pm i$。η 取实值只是出于数学上的方便，为的是生成紧群 $SU(2)$ 而不是非紧群 $SL(2, C)$。但现在，在非常广泛的范围上得到正确熵值这一突出成就——它有赖于巴伯罗－伊莫兹参数 $\eta = \log 2/(\pi \sqrt{3})$ 的单一选择——已经使圈变量理论的一大批支持者认定这个值实际上就是量子引力理论的"准确"值。

当然，这是一种可能性，虽然我个人认为它有些难以置信，因为对这种选择我们从几何上看不出任何明显的道理。我要说，随着 η 取实值，像这里做的那样，我在 §32.3 引入手征时强调的理论的手征性消失了。由于 η 取实值的关系，与 Γ_η 有关的旋量输运成了一种特殊而又不偏不倚的左右手性的混合，其意义我觉得特别模糊。也许未来的工作会使这一问题变得光明。

32.7　圈量子引力的地位

这里我想对阿什台卡－罗威利－斯莫林的圈变量理论在处理量子引力方面取得的成就及其对未来成熟理论的发展所具有的潜在价值作一评述。我还是要再三告诫读者，这种评价不是没有侧重的。这里我得声明在先，不仅是对我那些对这一理论做出贡献的要好朋友，也包括我定期走访的两所美国大学（锡拉丘兹大学和宾夕法尼亚州立大学，这个领域的主要发展都是在这里取得的），在评述中我必须加入我自己在自旋网络理论的工作；看见这些旧有的概念在这种理论中找到了新的重要价值这自然是一件令人愉快的事情。尽管如此，毕竟我在阿什台卡变量/圈变量量子引力方面的工作与该领域的主要工作一直不太相干，因此我希望我能够置身事外，尽量客观公正。

首先我得说，不管是阿什台卡变量还是后来圈变量对它的描述都让我感到它们是探索量子引力理论方面强有力的、高度创造性的发展。它们直接在量子场论的背景下论述爱因斯坦广义相对论，为当前有关问题的解决提供了深刻的富于创见的思想。实际上，我可以毫不犹豫地说，这些发展是量子引力的正则处理这一问题自狄拉克和其他人提出后差不多半个世纪来最重要的成就。圈态概念至少是对广义协变性所产生的深刻问题做了一定处理。除此之外，这些发展似乎已经推动起对一个迷人的、未可限量的发展方向进行探索，在这方面时空结构的离散性要素开始出现。不仅如此，在最近的工作中，原创的纯引力理论已经在结合其他物理相互作用方面有所推进，因此这一理论现在已称得上是一种一般意义上的基本物理理论。[23]

与此形成对照的是还存在一些令人烦恼的事实：这个理论似乎必须转而采用 Γ_η 联络（且带有不确定的 η 值）而不是看起来"几何上正确"的 Γ。依我看，在这方面，一种完全可信的量子引力理论尚未出现，这要到有办法克服采用原始的 Γ 所带来的困难时才有可能。另外，还有个基本困难是，圈变量理论还不能完全将爱因斯坦理论中的哈密顿量毫无歧义地包括进来，即使约束方程已可以用自旋网络来加以处理。

同样令我惊奇的是，这些困难是与阿什台卡/圈变量理论的另一个（我认为如此）不太让人满意的方面联系在一起的。与所有其他的传统的量子引力的正则处理方法一样，这套体系直接依赖于三维空间（即根据 S 描述），而不是建立在总体时空描述的基础之上。正如我们看到的，三维空间下的"广义协变性"问题可以用圈态/自旋网络状态给予简洁处理，但扩展到四维全空间后，广义协变性带来的是一个"潘多拉盒子"问题。我只能说，在这个问题上，圈变量理论的处理并不比其他正则方法好多少。[24]

这个困难必须通过处理好在广义协变的四维空间体系下（根据爱因斯坦方程）如何适当地表示时间演化这个问题来解决。它与量子引力中的所谓"时间问题"（有时也称为"时间冻结"问题）有关。在广义相对论里，我们无法仅通过坐标变换（即仅作时间坐标代换）来鉴别时间演化。具有广义协变性的体系应当不受坐标变换的影响，因此时间演化的概念将成为深刻的问题。我在这个问题上的观点，正如 §30.11 所述，可以概括为：在态矢收缩 R 的问题没有得到满意的解决之前，这个问题不太可能得到解决，因此这反过来要求我们对广义原理有一个根本的变革。

与这些问题有关的，还有另一个我不太满意的问题，虽然它与其说是具体的圈变量处理问题，不如说是广义协变性方案本身的问题。一定意义上说，这种处理正是它自身成功的牺牲品！因为虽然自旋网络基态本身具有可人的与坐标无关的几何描述，但它在如何解释这种基态的量子叠加方面基本上不清楚。由于广义协变性，在一个自旋网络的"位置"和与之叠加的另一个自旋网络的"位置"之间不存在对应关系。（在 §30.11 里我指出过这个更为严重的问题，当时我是用来说明引力 **OR**。）我们怎么才能指望弄清楚由这一切产生出一个几乎经典的世界呢？

想必读者现在尤其是从第 30 章的讨论中已经了解，我认为正确的量子引力统一体的一个必备的特征是，它必须在一些基本方面与标准量子力学分道扬镳，使得 **R** 成为一种实际的物理过程（**OR**）。圈变量理论中容许这么做吗？也许是。在圈变量理论里，自旋网络边缘部分的数 $n = 2j$ 是指以普朗克长度平方为单位的面积；而在我原初的自旋网络应用中则并不牵涉这种度规问题，实际上根本与引力方面无关，自旋数 n 指的是角动量。但是，我当初的概念要求每个这种数必须是总自旋值单独测得的结果（**R** 在每边上的作用），这里有两个单元组合成第三个单元的概率问题。如果 **R** 是一种客观的引力现象，那么与引力过程有关的问题就必须考虑进来，我们在第 30 章已经说过这一点。在此情形下，将引力问题与自旋网络理论的概率问题分开来是不可能的。圈变量理论与自旋网络的完美结合会要求把态收缩结合进体系中来。如果这被证明是正确的，那么它将提供一条通往适当引力 **OR** 理论的道路，就像第 30 章指出的那样。但在不具备这种理论体系的情形下，这些概念就只能是推测。

最后，我要对与圈变量理论有关的其他工作做一评述。圈变量理论现在已不是纯粹的引力理论，电磁场已经被引入到[25]这一体系中来。[26]此外还有各种较上段所述的更为平缓的方式将圈量子引力的自旋网络构造成"四维"形式，其中之一是称之为自旋泡沫的精巧的高维自旋网络。在这些自旋泡沫中，有携带"自旋值" $n=2j$ 的二维曲面，我们可将这种自旋泡沫想象成自旋网络的时间演化。由克兰（Louis Crane）、巴雷特（John Barrett）和其他人[27]提出的这些概念已经为其他一些人[28]所进一步发展，但与量子引力概念的正确联系还没有全部完成。还存在与扭量理论的可能联系，观察这些理论是否能得到充分发展是很有意思的事情。在下一章，我们将考察扭量理论所涉及的某些基本概念。

在本书其他地方特别是第 30 章我已强调过，量子态收缩问题与时空奇点的结构及其在时间反演中的不对称性存在内在关联。有趣的是，检验圈变量理论所说的时空奇点的量子理论效应的工作已经开始。[29]我不能对这一工作细节加以置评了，只能说我还没看出它有出现必需的时间不对称性的迹象。

注　释

§32. 1

32. 1　见 Greene（1999）。

32. 2　具有讽刺意味的是，爱因斯坦本人，由于晚年投身于统一场论的缘故，并未始终坚持他原先开拓的这条逼仄的道路。

32. 3　约束和哈密顿形式体系的概念见 Dirac（1964）；Ashtekar（1991）；Wald（1984）。

32. 4　例如，见 Dirac（1950，1964）；Pirani and Schild（1950）；Bergmann（1956）；Arnowitt *et al.*（1962）。关于惠勒 – 德维特（Wheeler-deWitt）方程（它是三维紧致几何空间上基本的量子引力薛定谔方程）见 deWitt（1967）。

32. 5　见 Isham（1975）；Kuchar（1981）。

32. 6　见 Sen（1982）和 Ashtekar（1986，1987）。

§32. 2

32. 7　正如我们不久将看到的，技术上的困难已经使原初的阿什台卡方法偏离了这种明确的手征描述。但我对阿什台卡程序背后动机的理解是，这种"偏离"可看成是那些接近但不等同于预期的量子引力理论的模型所做的暂时性探察。

32. 8　关于线性化引力的最初讨论见 Fierz and Pauli（1939）；线性化引力的进一步信息见 Sachs and Bergmann（1958）。关于非线性引力见 Penrose（1976a 和 1976b）。

§32. 3

32. 9　见 Ashtekar（1986，1987）。综述亦见 Ashtekar and Lewandowski（2004），教材有 Rovelli（2003）。

32. 10　那些试图弄明白"指标"如何运用的读者应当首先注意到三维反度规是一个带三维提升指标的量 γ^{rs}。经过在 S 内组成 s 的对偶（§12.7），我们得到（密度）γ^r_{tu}，它是关于 t, u 反对称的。在四维空间里，我们可将这些下指标认作 2 形式指标，取其反自对偶部分（它提供了一对对称旋量的下指标），由此给出量 γ^r_{PQ}，它对 P, Q 是无迹的。至于 Γ，其指标表示为量 Γ^p_{rQ}，由于它是自旋空间里的 1 形式矩阵，因此必须是无迹的（因为它是一个 SL(2, $\mathbb{C}$) 联络）。我们还注意到，对正则变量来说，Γ 的指标结构是与 γ 的相反。进一步细节见 Ashtekar（1986，1987）；Ashtekar and Lewandowski（2004）；Rovelli（2003）。

32. 11　森于 1981 年引入的正是这个联络，它将广义相对论的约束削减为多项式形式。有趣的是威腾（也是在 1981 年）在进行广义相对论下总能量的正定性证明过程中也独立地使用了同样的联络，见§19.8 和 Witten（1981）。就我所知，这种联络的第一次使用是在 S 的超曲面扭量空间的构造中（Penrose and MacCallum 1972；Penrose 1975），它是与阿什台卡变量关系最为密切的扭量理论的一部分。

956

§ **32.4**

32.12 见 Wilson（1976）；量子场论里的这种技术，见 Zee（2003）。亦见 Rovelli and Smolin（1990）。

32.13 即使可以具体化，其流形结构在一些人看来也比我们能够指称的复杂得多，因为这种结构不仅有拓扑属性，而且有可微的或"光滑的"结构——见 §10.2 和 §12.3。也可参看 §33.1。实际上，出于技术方便的考虑，在 Ashtekar-Lewandowski 方法中，$\mathcal{S}$ 被赋予一种解析结构（Ashtekar and Lewandowski 1994），这意味着它是 C^ω 的（§6.4）。

957　### § **32.5**

32.14 纽结理论的一种非常优雅的引入方式见 Adams（2000）。更为技术性的工作，见 Rolfsen（2004）和 Kauffman（2001）。

32.15 综述性文章见 Labastida and Lozano（1997）；原创的"TQFT"见 Witten（1988）。

32.16 然而，由于强烈的发散性，拓扑 QFT 并不直接给出严格的数学定理。

32.17 见 Penrose（1988）。

§ **32.6**

32.18 我对马赫原理的兴趣主要源于与我的同事也是我的朋友兼导师 Dannis Sciama 的讨论。

32.19 见 Levitt（2001）。

32.20 见 Penrose（1971a，1971b）。

32.21 见 Thiemann（1996，1998a，1998b，1998c，2001）。

32.22 见 Ashtekar *et al.*（1998）；Ashtekar *et al.*（2000）。

§ **32.7**

32.23 见 Thiemann（1998c）。

32.24 见 Hawking and Hartle（1983），以及注释 32.3～5。还可参考 Smolin（2003）和 Ashtekar and Lewandowski（2004）的卓越的综述性文章，其中列出了这方面的大量的参考文献。我要对 Abhay Ashtekar 在本章参考文献方面提供的帮助深表谢意。

32.25 Varadarajan（2000）。

32.26 见 Varadarajan（2001）。

32.27 见 Baze（1998，2000）；Reisenberger（1997，1999）；Reisenberger and Rovelli（2001，2002）；Barrett and Crane（1998）；Reisenberger（1999）；Perez（2003）。

32.28 见注释 32.27 的参考文献和 Perez（2003）。

32.29 Bojowald（2001）；Ashtekar *et al.*（2003）。

第三十三章
更彻底的观点；扭量理论

33.1　几何上具有离散元素的理论

在试图揭开大自然真实奥秘方面，你是否认为前几章描述的理论已经足够基本的了呢？这 958
些理论试图将描述小尺度的量子物理整合成描述大尺度弯曲空间几何的理论。也许我们应当寻
求这样一种理论，其特性根本不同于爱因斯坦理论和标准量子力学二者所赖以建立的连续时空
的实流形背景。这个问题在§3.3就提出了，我们必须弄清楚，物理理论中几乎普遍预设的实数
时空的连续性是否真的是一种描述大自然最终结构的合适的数学。

我们已经看到，量子引力的圈变量理论是如何开始将我们带离标准的连续和光滑变化时空
的图景，走向具有更为离散拓扑特征的彼岸的。然而，一些物理学家强烈认为，如果我们要获得
对"量子时空"性质的更深入的认识，我们就需要对空间和时间概念作更为彻底的根本变革。
§32.6所述的原初的（尽管有局限性）自旋网络理论的确具有完全离散的特征，但标准的圈变
量图景仍依赖于三维曲面的连续性质，而"自旋网络"正是内嵌于这种曲面中的。在圈变量理
论里，我们不可能真正得到那种完全离散的、明显是"组合的"理论框架。在一些人看来，我
们要深入到大自然的最细致尺度上来理解其运作机制，这一框架是必不可少的。

目前已提出各种明显不同于原初自旋网络或自旋泡沫理论的思想，其目的是要给出一种完
全离散/组合的世界图景。这些思想中较突出的一种是由阿玛瓦拉（Ahmavaara 1965）提出的思
想（我们在§16.1已提到过）。[1] 他认为，作为传统物理学的数学基础的实数系应当用某种有限
场 $\mathbb{F}_p$ 来取代，这里 p 是某个极其大的素数。（从§16.1）我们知道，$\mathbb{F}_p$ 可由取模 p 的整数系给 959
出。另一种建议则将时空看成是有离散周期的格点结构，就像按一定规律[2] 堆积起来的一组立方
体的顶点（图33.1）。物理上看上去更为合理的是像拉斐尔·索金（Raphael Sorkin）提出的因果
集几何[3]（或与此密切相关的早期概念）[4] 这样的假说，按照这一假说，时空被看成是由一组离散
的并可能是有限的点集组成，其中各点之间的因果联系是基本概念。在通常的经典意义下，这种

"因果联系"是指从一个点向另一个点发送信号的可能性，因此这些点中一定有某个点处于其他点的光锥[*]之上或之内，见图33.2。索金理论中因果联系的大随机特性使得像狭义相对论里的洛伦兹不变性这样的性质能够存在，而在格点结构中洛伦兹不变性会遇到严重困难（虽然如图33.1所示的格点比人们起先认为的具有更大的对称性）。其他一些带来奇形怪状时空结构的思想还有芬克勒施坦因（David Finklestein，1929~　）的量子集合论或四元数几何，[5] 马诺格（Corinne Manogue）和德雷（Tevian Dray）的八元数（§11.2，§16.1）[6]，等等。

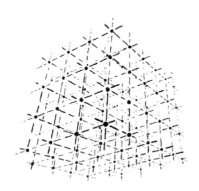

图33.1 斯奈德－席尔德时空是一种周期性格点时空，就像一组彼此规则堆放的立方体的顶点。（它具有比我们预计的更多的洛伦兹不变性！）

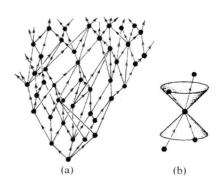

图33.2 （a）由因果集几何描述的离散型宇宙模型。（b）各点之间的关系仿效洛伦兹因果性，这里箭头指向光锥之内或之上。

960

雷杰（Tullio Regge，1931~　）在1959年还提出过一种有趣的量子引力理论。按照这一理论，时空被视为不规则"四面体"构成的四维多面体（或"多胞体"），其沿二维"边"的曲率聚集为δ函数（§9.7）——雷杰称之为"骨"，[7]见图33.3（亦见§32.4里的图32.3(a)）。量子态被当作是这种空间的复数加权的和，以便与§26.6描述的"费恩曼历史和"相一致。空间本身的描述完全是组合的，但"角"必须指定到每一根"骨"上，用以表示曲率的强度。事实上，§28.2（图28.4）描述的"宇宙弦"正是这种几何的一个例子。

图33.3 在"雷杰微积分"中，时空近似为四维多面体（或"多胞体"），通常它们由四维"四面体"（五维单纯形）构成。曲率（以δ函数形式）处于二维"边"（通常为三角形）上，被称为"骨"。

还有其他一些引人入胜的新颖建议，譬如像乔萨（Richard Jozsa）的建议[8]和艾沙姆（Christopher Isham）的建议[9]都采用了拓扑斯理论。这是一种产自"直觉主义逻辑"体系（见注释2.6）的集合论[10]，按照这种理论，"反证法"（§2.6，§3.1）是无效的！我这里不想对这些理论加以评述，有兴趣的读者可参看相关文献。

还有一种理论或许有一天我们会发现它在物理上非常重要，这就是范畴论及其推广n范畴

　＊ null cone。在本章中，"null"均作"光、类光"译，不再译作"零"，以便与"zero"区别开。——译者

论。由艾伦博格（Samuel Eilenberg，1913～1998）和麦克莱恩（Saunders Mac Lane，1909～2005）于1945年引入的[11]范畴论是一种建立在非常原始（而又令人迷惑）的抽象概念上的极为一般的代数体系（或框架），最初它是受到代数拓扑概念的启发而产生的。（其推理过程经常被斥之以"抽象的胡言乱语"。）它的巨大作用具有欺骗性，说到其基本要素的基本性质，那不过是关联到"对象"的"箭头"。范畴论具有"组合"面貌，就像本节里其他一些概念一样。范畴论到 n 范畴论的扩展反映出"同伦"细化到"同调"概念的方法，我们在 §7.2 讨论过这点。范畴论已经提供了一种进入扭量理论的入口（这与 §33.9 有关），而 n 范畴论则与圈、链、自旋泡沫（§32.7）和 q 形变结构（§32.5）有关。[12]我对这些概念将在 21 世纪的物理学传统时空概念更替中扮演重要角色这一点有充分估计。

与当代主流思想更为一致的是非对易几何概念，它主要由菲尔兹奖获得者数学家阿兰·孔涅（Alain Connes，1947～　）所发展。什么是"非对易几何"呢？为了说清楚这个概念，我们不妨先来考虑普通的光滑实流形 $\mathcal{M}$。然后考虑 $\mathcal{M}$ 上的光滑实值（标量）函数族（这里我们取 C^∞ 光滑，见 §6.3）。这些函数可以相加或相乘，也可以乘以普通（常）实数。实际上，它们构成一个代数系 $\mathcal{A}$，称为实域 $\mathbb{R}$ 上的交换代数。（与 §12.2 和注释 12.5 相比较。）现在，我们可以证明，[13]如果仅知道 $\mathcal{A}$ 是一个代数，而不知道该代数从何而来，那么我们仍可以直接从代数 $\mathcal{A}$ 重构流形 $\mathcal{M}$。因此我们说 $\mathcal{M}$ 和 $\mathcal{A}$ 的每一个均可以由对方来构成，一定意义上说，这两个数学结构是彼此等价的。

但在另一方面，在量子力学里，我们经常会遇到非对易（交换）代数。明显的例子如 §21.2 中满足标准正则对易法则 $p_b x^a - x^a p_b = \mathrm{i}\hbar\delta_b^a$ 的 x^a 和 p_a 构成的代数。如果我们试图依据上述由 $\mathcal{A}$ 得到 $\mathcal{M}$ 的同样方法从这种代数出发来重构"流形"，则我们得到的是所谓非对易几何。再举个例子，我们从 §22.8 的量子力学角动量分量 L_1，L_2，L_3 开始（回忆一下，它们产生的代数是按非对易法则 $L_1 L_2 - L_2 L_1 = \mathrm{i}\hbar L_3$，$L_2 L_3 - L_3 L_2 = \mathrm{i}\hbar L_1$，$L_3 L_1 - L_1 L_3 = \mathrm{i}\hbar L_2$ 定义的）。我们可将这些算符看成是生成普通球面 S^2 的旋转。可以证明，我们可以从 L_1，L_2，L_3 生成的代数得到非对易几何，我们把这种几何看成是"非对易球面"。由这个概念形成许多数学分支、漂亮结构和意想不到的应用，这里我不能一一列举了。我们将转向与扭量量子化有关的非对易几何上来（§33.7）。

孔涅及其同事已经从生成包括粒子物理标准模型的物理理论的角度发展了非对易几何。[14]他们的模型用代数 $\mathcal{A}$，它是积 $\mathcal{A}_1 \times \mathcal{A}_2$，这里 $\mathcal{A}_1$ 是（取正定度规）时空上函数的（交换）代数，$\mathcal{A}_2$ 是量子物理标准模型的内禀对称群产生的非交换代数，它提供时空的"两个拷贝"。就目前来看，这个模型与狭义相对论的洛伦兹概念合不到一起，与广义相对论更是如此。此外，在我看来，非对易几何潜在的丰富性目前还远未得到充分发掘。这个模型只是个开始，它有着在预言希格斯玻色子质量方面表现出的令人着迷的特色。[15]

在构建具有离散性或某种"量子"特征的"时空"概念方面集中了所有这些思想。我将在本章余下部分描述一些相当不同的思想，即扭量理论的思想。（我自己迄今已为此付出了40年！）在这一理论里，不存在专门设置在时空上的离散性，时空点在物理理论中的基础地位被废除了。时空被认为是源于更基本的扭量概念的（次级）结构。扭量理论与自旋网络和阿什台卡变量有着一定联系，与非对易几何也可能存在联系，但它不直接导致"离散时空"概念。而且，它是在相反方向上背离了实数连续性，因为它要求将复数的奇幻性作为物理的基本的指导原理。按照扭量理论，复数在定义时空结构上具有基本的基础性作用，它们在量子力学里同样起着明确的基础作用。这样，我们就找到了贯穿于大尺度物理和小尺度物理之间的重要主线。

33.2 作为光线的扭量

我们从第21和22章看到，复数结构对量子力学的确至关重要。以量子力学基本叠加原理中系数出现的"幅度"是复数，它将我们领入理论的复希尔伯特空间。鉴于这些幅度通常被视为抽象的量，以及它们在测量中作为概率所起的基础作用，我们看到（§22.9），这些复数与空间几何之间存在着强烈的相互联系。这在自旋 $\frac{1}{2}$ 粒子的量子力学上表现得最明显，这里可能的自旋态借助黎曼球面概念对应于不同空间方向。不仅如此，我们从§22.10还看到，较高自旋的自旋态也可利用马约拉纳表示从而用黎曼球面的空间几何来描述。但不只是在量子力学里我们才看出黎曼球面的基础性几何作用。我们知道（从§18.5），这个球面在相对论里也扮演着重要的时空角色，因为观察者的视场也可以有效地看成是一个黎曼球面。一会儿我们就会看到，这个事实在扭量理论中具有潜在的意义。

963   扭量理论背后的另一个指导性原理是量子非局域性。从§§23.3~6对奇怪的EPR效应，特别是从"量子纠缠"的作用以及§23.10的量子隐形传态现象的讨论中我们知道，物理行为不可能依据通常"因果"关系的完全局域的影响而得到充分理解。这说明我们需要某种在基本层面上具有非局域性质的理论。

从自旋网络理论中我们可以得到实现这一目的的某种导引。由§32.6可知，我们把所有自旋网络都看成最初是建立在EPR对上的。随之出现的自旋网络的线可合理地看成是量子纠缠链。表示量子纠缠的"量子信息"可以沿着量子纠缠链或自旋网络线取道这种或那种路径"传播"。在自旋网络中并不明确规定时间（原初的自旋网络同样使用的是各种不同的时间意义——前向、后向、侧向，等等，见图33.4）。因此，所谓量子纠缠奇妙的"后向时间"只不过是这种时间流向无差别性的一种反映，这种时间流向的无差别性是自旋网络的一个特征。

有可能将扭量理论看成是自旋网络方案的延拓来得到一种相对论性的理论，在这一理论中，理想化光线（或其带自旋的推广）一定意义上可视为量子纠缠的携带者。通常的时空概念并不是扭量理论的基本成分，而是由其基本成分构造出来的。这些特点与原始型自旋网络背后的基本哲学是高度一致的，在原始型自旋网络中，空间概念就是由自旋网络构造的，而非自旋网络是存在于预先设定的空间几何之中的。

时空的扭量描述确实是非局域的，不仅如此，物理场的扭量描述还有一种"整体性"特征，它是复数奇幻性（即全纯层上同调）的表现。在本书中我们还没有真正碰到过这种全纯层上同调概念——虽然在§33.9会遇到（但在§9.7的超函数理论中已经有所暗示）——它与复数奇幻性的另一方面，即量子场论中基本正频率条件的全纯特性（§24.3，§33.10）是紧密关联的。由此我们看到，扭量理论的非局域特征是与其最重要

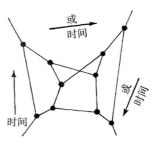

图33.4　在原初的自旋网络中，线可看成是量子纠缠链（见§23.9和图23.7）。时间方向可以取定——前向、侧向或后向——由此我们可得到对自旋网络的同样有效的解释。

964

的基本出发点内在关联的，这个基本出发点就是要充分发掘复数的奇幻性价值，我们坚信大自然本身在深层次上就是按这套模式运行的。在本节和后几节我们将看到，复数奇幻性的所有这些特点是如何出现在扭量理论框架下的。我们还将开始看出扭量理论是如何找到与广义相对论之间的那种显著而又出乎意料的深刻联系的，这种联系提供了一种引人入胜的看待量子场论、粒子物理和量子力学可能的非线性推广的观点。

这些思想是如何被综合到扭量理论中的呢？作为理解扭量概念的第一步，我们不妨把扭量看成是普通（闵可夫斯基）时空 M 中光线的表示。可以认为这种光线为两个事件（即时空点）之间提供了最初的"因果链"。但事件本身是二级构造物，是由光线相交而得到其角色的。实际上，我们可以由经过时空点 R 的光线族来刻画事件 R，见图33.5。这样，与普通时空图景中光线 Z 是一条轨迹而事件 R 是一个点不同的是，在扭量空间中正相反，光线由点 Z 来描述，而事件则由轨迹 R 来描述。

965

这里所指的扭量空间用 ℙN 来表示[16]，其中的单个点表示 M 中的光线。（这种记法是为了与

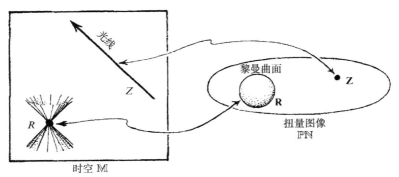

图33.5　闵可夫斯基时空 M 中光线 Z 由扭量空间 ℙN（射影性类光扭量空间）中单个点 Z 来表示；M 中单点 R 由 ℙN 中黎曼球面 R（这个球面代表 R 处光线的"天球"）表示。（至于完全对应则需要用到图33.9描述的紧化闵可夫斯基空间 M#。）

§33.5 中的术语取得一致。）因此，$\mathbb{PN}$ 中的点 Z 对应于 $\mathbb{M}$ 中的轨迹 Z（光线），$\mathbb{M}$ 中的点 R 对应于 $\mathbb{PN}$ 中的轨迹 R（黎曼球面，见 §18.5）。现在，扭量理论的基本哲学要求将用普通时空概念来描述的那些普通的物理概念转换成扭量理论下相应的等价（但非局域关联的）描述。我们看到，$\mathbb{M}$ 和 $\mathbb{PN}$ 之间的关系的确是非局域对应的，而不是点对点的变换。但是，空间 $\mathbb{PN}$ 仅仅提供了这种转换的开始。整个扭量理论的丰富性——这一点非常突出——只能随着时空概念与扭量空间几何之间对应关系的深入发展而逐步揭示出来。

$\mathbb{PN}$ 中轨迹 R 描述的是 R 处观察者的"天球"（总视场），R 的这个天球被看成是过 R 的光线族。如上所述，这个球面自然是黎曼球面，它是复一维空间（一条复曲线，见第 8 章）。因此，我们把时空点看成是扭量空间 $\mathbb{PN}$ 中的全纯对象，这与扭量理论复数哲学的基本观点是一致的。在 §§33.5,6 我们会清楚地看到，这种"全纯哲学"是如何扩展到更完全的扭量空间 $\mathbb{T}$ 几何上的，而 §§33.8 – 12 则使我们能够以一种特有的方式对线性或非线性无质量场的信息进行编码。

然而，光线的空间 $\mathbb{PN}$ 本身并非即刻适应这种"全纯哲学"，因为它不是复空间。由于 $\mathbb{PN}$ 有 5 个实数维*[33.1] 而 5 又是奇数，因此 $\mathbb{PN}$ 不可能是复流形，复 n 维流形必须有偶数 $2n$ 实数维（见 §12.9）。我们将看到（§33.6），如果我们把"光线"看得更像是一种物理上的无质量场，它有自旋（即螺旋性——见 §22.7）和能量，那么我们就能得到一种六维空间 $\mathbb{PT}$，而这个六维空间则可理解为具有 3 个复数维的复空间。空间 $\mathbb{PN}$ 居于 $\mathbb{PT}$ 内，将后者分成两个复流形部分 $\mathbb{PT}^+$ 和 $\mathbb{PT}^-$，$\mathbb{PT}^+$ 可视为表示具有正螺旋性的无质量粒子，$\mathbb{PT}^-$ 则表示具有负螺旋性的无质量粒子，见图 33.6。但将扭量看成是无质量粒子则是不正确的。扭量只是提供无质量粒子据以表示的变量。（这好比是用普通的三维位置矢量 $\mathbf{x}$ 来标示一个空间点。虽然粒子可以占据这个贴有 $\mathbf{x}$ 标签的点，但矢量 $\mathbf{x}$ 并不等同于该粒子。）

966

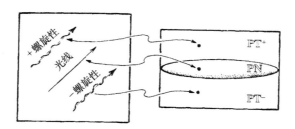

图 33.6 实五维流形 $\mathbb{PN}$ 将射影扭量空间 $\mathbb{PT}$ 划分为两个复三维流形部分 $\mathbb{PT}^+$ 和 $\mathbb{PT}^-$，它们分别表示正螺旋性和负螺旋性的无质量粒子。

扭量观点提供了一种非常不同的"量子化时空"图景。按通常的"传统"观点，量子（场）论程序被用到度规张量 g_{ab} 上，这个场被看成是时空（流形）上的张量场。这个观点还可

---

*[33.1] 为什么光线有 5 个自由度？

以表达为：量子化度规将显示出海森伯不确定原理带来的"模糊性"特点。我们得到的是这样一幅四维空间图像，它具有"模糊度规"，从而使光锥——以及由此产生的因果概念——变得服从"量子不确定性"（见图33.7a）。与此相应，不存在经典的那种定义明确的所谓时空矢量是否是类空的、类时的或类光的等概念。这个问题一直是过于传统的"量子引力理论"的基本困难，因为 QFT 的基本特性就是：因果关系要求由两空间分离事件定义的场算符必须是对易的（§26.11）。如果"类空"概念真的服从量子不确定性（或其本身已变成量子概念），那么 QFT 的标准程序——它包括场算符对易关系的具体规定（§§26.2，3）——就无法直接应用。扭量理论则提出了一种非常不同的图像。其中要求适当的"量子化"程序，不论它取何种形式，必须是应用于扭量空间内，而不是时空内（这里时空可以采用"传统"观点来理解）。两相对比我们发现，在传统处理中，"事件"<u>丝毫未变</u>，但"光锥"变得模糊；而在扭量处理中，则是"光线"未变但"事件"变得模糊（见图33.7(b)）。

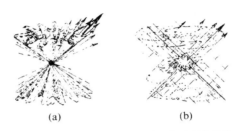

（a）   （b）

图33.7 （a）对于"量子化时空"的可能性质，普通观点认为，它应当是某种带"模糊"度规的时空，从而导致形成某种"模糊"光锥，其中任意一点上的方向概念（可以是类光的、类时的或类空的）服从量子不确定性。（b）"扭量"观点则将扭量空间（在此情形下即 $\mathbb{PN}$）看成是某种存在（因此仍可以有光线概念），但光线间相交的条件变得服从量子不确定性。相应地，"时空点"的概念反而变"模糊"了。

如我们所见，扭量理论最初采用的是复数奇幻的表现形式，它不同于量子理论中的那些形式，前者具有时空几何的经典特征：天球可视为黎曼球面，即一维复流形。这种表现形式暗示我们，大自然中事情的真实面目就是这个样子的，它将最终使时空结构与量子力学程序得到统一。值得指出的是，时空几何的这种特点仅限于我们感知到的物理时空所具有的特定维和符号差。的确，在相对论下，黎曼球面作为天球具有重要作用（§18.5）这一事实要求时空是四维并且是洛伦兹型的，这与弦论和其他卡鲁扎－克莱因型理论的基本概念形成了鲜明的对照。扭量理论本身完全的复数奇幻性质恰恰是针对普通（狭义）相对论的四维时空几何，而与高维的"时空几何"就没有这种紧密联系（见§33.4）。

为了进一步深入，让我们回到原初纯自旋网络图像上来。注意，这一图像所缺少的主要之点就是与空间位移无关。在这个理论里，欧几里得角是作为一种纯自旋网络理论的"几何极限"出现的，而理论中不会出现距离。在圈变量理论中，事物的"距离"特征是由线上数字（$n = 2j$）给出的，它指的是面积而不是自旋。但这与原版自旋网络理论的解释是不同的，原版自旋网

967

络没有距离量度，因为自旋是角动量，只涉及旋转和角度。为了能够结合进平移和实际距离，我们需要在理论中加入相应的线性动量角色。相应地，我们还需要从转动群扩展到欧几里得运动的完全群，对于适当的相对论场合，甚至要扩展到庞加莱群（§18.2）。[17]

在 20 世纪 50 年代后期和 60 年代早期，当我积极思考这些问题时，圈变量理论还未得到发展，我也确实考虑过将自旋网络推广到直接起主要作用的庞加莱群。但我担心的是庞加莱群的棘手的方面——它不是半单群（§13.7）——这意味着它在表示上很难处理。那时我曾想，庞加莱群到所谓共形群（它是半单群）的扩展有可能作为自旋网络理论上升到数学上更令人满意的结构的一种类比。共形群通过仅要求保留光锥不变而不是闵可夫斯基空间度规不变扩展了庞加莱群。事实说明，共形群确实在扭量理论中占有重要位置，因为它还是（理想化）光线空间 $\mathbb{PN}$ 的对称群。（共形群的非反射部分也是每个 $\mathbb{PT}^+$ 和 $\mathbb{PT}^-$ 空间的对称群，正如上述指出，这二者描述具有螺旋性和能量的无质量粒子。）在下两节我们将更清楚地看到这个群所起的作用。

33.3 共形群、紧化闵可夫斯基空间

上面我们谈到时空的共形群。现在让我们更充分地探求这个群的作用。它在无质量场（如麦克斯韦场）物理方面有着特殊的重要性，这是因为在这个大群而不只是庞加莱群下，无质量场的场方程具有不变性。[18]我们不妨持这样一种立场：在基本层面上，无质量粒子/场是基本要素，质量是后来阶段出现的东西。正如第 25 章所描述的，标准模型似乎就隐含着这一立场。按照标准模型，质量是由希格斯玻色子引入的，而且只有经过对称破缺机制（§25.5）才能够出现。如果这是真的，那么扭量理论的基本动机之一就是坚信无质量场和共形群具有基本重要性。我们将发现（§33.8），在扭量理论里，无质量粒子和场有十分简洁的描述，这个事实是这一理论的基石之一。

那么准确说什么是共形群呢？严格说来，这个群不是作用在闵可夫斯基空间 $\mathbb{M}$ 上的，而是作用在 $\mathbb{M}$ 的扩展所谓紧化闵可夫斯基空间 $\mathbb{M}^\#$ 上的。空间 $\mathbb{M}^\#$ 是一种优美的对称闭流形，它在许多方面比闵可夫斯基空间几何本身更完美。我们不应把它设想成"实际时空"，而应看作是一种数学上的方便。它在理解扭量几何以及这种几何与物理时空几何的关系方面是一种有用的媒介。

我们清楚地记得有一种好的图像，这就是黎曼球面及其与复平面的关系。从 §8.3 可知，黎曼球面是从复平面通过邻接该复平面与"无穷远元素"即标有 ∞ 的点而得到的，完成了这一操作，我们即得到一种较初始平面有更大对称性的几何结构。"紧化闵可夫斯基空间"$\mathbb{M}^\#$ 正是通过类似的操作由普通闵可夫斯基空间 $\mathbb{M}$ 得来的，只是现在邻接的"无穷远元素"被证明是一个处于无穷远的完整的光锥。这个结果空间有着较闵可夫斯基空间本身更大的对称性（即共形群）。

我们来看看它是怎么产生的。空间 $\mathbb{M}^\#$ 是一个带有洛伦兹共形度规的四维实紧流形。从 §27.12 可知，洛伦兹共形度规实则是空间上规定的光锥族。我们更经常将这种结构称之为度规

的等价类，这里度规 g 被认为等价于度规 g'，如果对处处为正的某个光滑标量场 Ω 有 $g' = \Omega^2 g$ 的话。这种重定标确实是保光锥的（图 33.8）。现在，为使从 $\mathbb{M}$（看作是共形流形）过渡到紧共形流形 $\mathbb{M}^{\#}$，我们邻接三维曲面 $\mathscr{I}$，它就是上面所说的"处于无穷远的光锥"。由 §27.12 可知，三维曲面 $\mathscr{I}^-$ 和 $\mathscr{I}^+$ 分别表示闵可夫斯基空间的过去和未来类光无穷远（见图 27.16b）。我们可以像图 33.9 所示那样通过粘合 $\mathscr{I}^-$ 和 $\mathscr{I}^+$ 来构造 $\mathbb{M}^{\#}$。$\mathscr{I}^-$ 的点被认为与相应的 $\mathscr{I}^+$ 的空间对径点（二维球面上大圆直径的两个端点）是同一个点。$\mathscr{I}^-$ 上点 a^- 的光锥与 $\mathscr{I}^+$ 上点 a^+ 的光锥共顶点，即 a^- 与 a^+ 粘合。此外，表示时间和空间无穷远的 3 点 i^-、i^0 和 i^+ 也都粘合成一点 i。***[33.2] 共形流形 $\mathbb{M}^{\#}$ 确实有比闵可夫斯基空间更大的对称性，它有一个 15 维的对称群——共形群——而不是仅仅只有 10 维的庞加莱群。

970

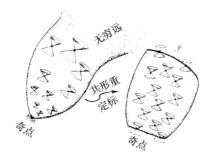

图 33.8 洛伦兹流形 $\mathcal{M}$ 的光锥结构等价于其共形结构。$\mathcal{M}$ 的共形重定标影响其度规，但不影响其因果性。（度规 g 共形重定标到 g'，如果 $g' = \Omega^2 g$ 的话，这里标量场 Ω 处处为正）理想情形下，这种重定标可以使奇点和无穷远区域"清楚地呈现出来"。

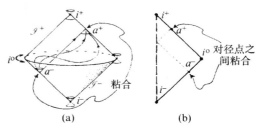

图 33.9 紧化闵可夫斯基空间 $\mathbb{M}^{\#}$ 可通过在普通闵可夫斯基空间 $\mathbb{M}$ 上邻接上未来和过去类光无穷远 $\mathscr{I}^-$ 和 $\mathscr{I}^+$，然后将它们适当粘合成 $\mathscr{I}$ 来得到。（a）$\mathscr{I}^-$ 上任意一点 a^- 的未来光锥与 $\mathscr{I}^+$ 上的 a^+ 的光锥共顶点（这里"光锥"即通常意义下以光速运动的平面波前的历史），a^- 与 a^+ 粘合。类空无穷远 i^0、过去和未来类时无穷远 i^- 和 i^+ 全都粘合成一点 i。（b）根据图 27.16b 的共形图显示的粘合 $\mathscr{I}$，其中 a^- 与 a^+ 是整个图的"转动 S^2"上的对径点。

有一种优美的方法用来描述空间 $\mathbb{M}^{\#}$ 及其变换群。考虑六维伪欧几里得空间 $\mathbb{E}^{2,4}$ 的原点 O 上的"光锥"$\mathcal{K}$，该空间的符号差为 $+\,+\,-\,-\,-\,-$。对 $\mathbb{E}^{2,4}$ 取标准坐标 w，t，x，y，z，v，因此 $\mathcal{K}$ 由下述方程给出

$$w^2 + t^2 - x^2 - y^2 - z^2 - v^2 = 0,$$

$\mathbb{E}^{2,4}$ 的度规 $\mathrm{d}s^2$ 为

$$\mathrm{d}s^2 = \mathrm{d}w^2 + \mathrm{d}t^2 - \mathrm{d}x^2 - \mathrm{d}y^2 - \mathrm{d}z^2 - \mathrm{d}v^2。$$

这是一个 5 维的"锥"，锥顶在 O。我已在图 33.10 中尽可能全面地描述了它，但图中容易引起误解之处是看上去明显两"片"的 $\mathcal{K}$ 区域（"过去"和"未来"）的地方实际上是连成"一片"

***[33.2] 看看你能否更仔细地描述 $\mathbb{M}^{\#}$ 的几何。$\mathscr{I}^-$ 上点的光锥在普通时空下是如何描述的？你能看出 $\mathbb{M}^{\#}$ 的拓扑是 $S^1 \times S^3$ 吗？你能看出如果时空维取奇数会出现什么重大的不同吗？

的。**[33.3] 现在，考虑 $\mathcal{K}$ 的由 5 维类光平面 $w-v=1$ 所截的截面。其交是一个 4 维流形（抛物面），该流形的内度规由 $\mathbb{E}^{2,4}$ 度规导出：*[33.4]

971

$$ds^2 = dt^2 - dx^2 - dy^2 - dz^2.$$

我们把这个度规认作是普通平直闵可夫斯基四维空间的度规形式（§18.1），这样，我们可以将这个流形等同于 $\mathbb{M}$，即使它是以"弯曲的"方式内嵌于 $\mathbb{E}^{2,4}$ 的（其形状即图 33.10 中的抛物线）。我们怎么在这个图中找出 $\mathbb{M}^{\#}$ 呢？它是 $\mathcal{K}$ 的完全生成元的抽象空间（$\mathcal{K}$ 上过 O 的直线，这里两方向上过 O 的完全线即为一个单生成元）。因此，我们可以将 $\mathbb{M}^{\#}$ 的每个点直接看成是 $\mathcal{K}$ 的生成元（图 33.10）——这样，对处于 $\mathbb{E}^{2,4}$ 原点的"观察者"来说，$\mathbb{M}^{\#}$ 即是"天球"！

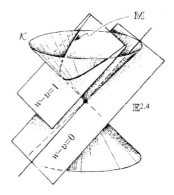

图 33.10 紧化闵可夫斯基空间 $\mathbb{M}^{\#}$ 相当于伪欧几里得 $\mathbb{E}^{2,4}$ 下由 $w^2 + t^2 - x^2 - y^2 - z^2 - v^2 = 0$ 给出的"光锥" $\mathcal{K}$ 的生成元空间。由类光五维平面 $w-v=1$ 所截的 $\mathcal{K}$ 的"抛物面型"四维流形截面 $\mathbb{M}$ 具有闵可夫斯基内度规 $ds^2 = dt^2 - dx^2 - dy^2 - dz^2$。$\mathcal{K}$ 在 $w-v=0$ 内的生成元族（由于图中只可作一维"时间"描述，故不可见）平行于 $w-v=1$，且不与 $\mathbb{M}$ 相交，这些生成元给出 $\mathscr{I}$ 的点。

为什么这么做可行呢？这是因为不处于五维平面 $w-v=0$ 的每个生成元都与 $\mathbb{M}$ 交于唯一一点，因此这族生成元是与 $\mathbb{M}$ 的关系是一一连续对应的关系。但是，另外还有处于这个五维平面内的生成元。它们提供 $\mathbb{M}$ 的另一些构成 $\mathscr{I}$ 的点。由此定义的空间 $\mathbb{M}^{\#}$ 具有由 $\mathcal{K}$ 的局部截面度规提供的共形洛伦兹度规。***[33.5]

作用在 $\mathbb{E}^{2,4}$ 上的伪正交群 $O(2,4)$（见 §13.8，§§18.1，2）由保度规 ds^2 的"转动"组成。它将 $\mathcal{K}$ 的生成元映射到 $\mathcal{K}$ 的另一些生成元，因此它将 $\mathbb{M}^{\#}$ 映射到自身。此外，它保 $\mathbb{M}^{\#}$ 的共形结构。*[33.6] $O(2,4)$ 中必存在两个在 $\mathbb{M}^{\#}$ 上起着单位元作用的元素，即 $O(2,4)$ 的单位元素本身和 $O(2,4)$ 的负单位元素，后者简单地说就是使每个生成元反向。除了源于这种生成元方向反转的

972 二对一的对应性质，$O(2,4)$ 还是共形群。它包括保 5 维平面 $w-v=0$ 的 10 维子群，该子群给出 $\mathbb{M}$ 的庞加莱群。**[33.7] 实际上，这个说明只是我们在 §18.5 里所做说明的高维版本，那里我们证明了普通球面（它是紧欧几里得平面）的共形变换给出洛伦兹群 $O(1,3)$ 的实现，见图 18.8。

**[33.3] 你能看出为什么吗？

*[33.4] 为什么？

***[33.5] 由某个局部截面提供的共形度规为什么与任何其他局部截面提供的是一样的？如此定义的 $\mathscr{I}$ 的点为什么与上面的定义是一致的？提示：见 §18.4 和图 18.8。

*[33.6] 为什么？

**[33.7] 为 6×6 矩阵（它表示 $O(2,4)$ 的无穷小元素）设定的条件是什么？这些矩阵里哪一个给出无穷小庞加莱变换？

33.4　作为高维旋量的扭量

扭量是如何与这一切协调的呢？描述（闵可夫斯基空间下）扭量的最简洁的——但很难说是最清楚的——方法，就是称它为 $O(2,4)$ 的约化旋量（或半旋量）。（不必为这种描述的数学简洁性感到担心，一会儿我会给出更具物理意义的图像！）约化旋量概念的说明见 §11.5。对伪正交群 $O(n-r,n+r)$ 作用其上的 $2n$ 维空间，约化旋量空间是 2^{n-1} 维的。在目前情形下，$n=3$（且 $r=1$），因此我们有四维约化旋量空间，我们称它为扭量空间。[19]

但是，用这样的定义并不能使我们得到扭量像什么样的清晰的几何或物理图像。不仅如此，我们看到，不论 §33.2 的末尾是怎么说的，扭量理论都应当存在于任意 $2(n-1)$ 偶数维时空中。我们采取与上述类似的方法来推广到 $\mathcal{K}$ 的结构（现在将它取为 $2n-1$ 维的）和 $2(n-1)$ 维闵可夫斯基时空的紧化情形。这里我们只需像以前那样引入两个新的坐标 v 和 w，一个的度规带负号，另一个带正号。这样"扭量空间"变成 2^{n-1} 维。对奇数 $2n-1$ 时空维情形，这也可行，只是此时我们得不到约化旋量的概念。它是一个完全 2^n 维的自旋空间，我也可以将它算作"扭量"。但在奇数维情形下，扭量失去了一个重要特征，即它的手征性（我们在 §§33.7，12，14 再来详谈这个问题）。只有经过约化自旋空间我们才能实现基本的手征形式（如此左手和右手项方可成为不同的扭量描述，见 §33.7），也才有希望使弱相互作用的手征特征（§25.3）最终被结合进来。以后我们还将看到为什么在使扭量理论变得如此有效的许多重要的物理（和全纯）性质会和扭量的这种一般性 n 维定义不搭界。

由于扭量属于一种活动的时空变换群（共形群），这种群将一些时空点映射成另一些时空点，因此我们看到，扭量是与时空总体关联的量，而不是与时空中单个点关联的量。像矢量、张量或通常的旋量这些局域量都是与作用在点上的对称群相联系，见 §14.1——例如洛伦兹群的转动（§14.8）。虽然这使得扭量较普通矢量、张量或旋量更难掌握，但这种总体性有一个好处，那就是我们可以找到一种体系来替代整个时空而不是仅仅作为给定时空流形的一种参照。正如 §33.2 所说，扭量理论的主要目标之一就是要找到这么一种体系。这种理论的主要不足就在于很难看出它是如何应用于一般弯曲时空 $\mathcal{M}$ 上的，此时共形群不是作为 $\mathcal{M}$ 的对称群出现的。在 §§33.11，12 我们会看到扭量理论是如何以鲜明的方式克服这一困难的。

在涉及扭量理论的概念及其动机方面，扭量的这种作为 $O(2,4)$ 的约化旋量的定义只能为我们提供非常有限的视角。正如刚才所说，它不能明确揭示为什么人们会有兴趣期待扭量理论成为一种推动探索大自然的更深层次理论的指南。为了更充分地评估扭量理论在这方面的作用，让我们回顾一下第29和30两章。公认的观点认为，恰当的量子引力统一体必将成为追求物理新的基本观点的主要目标。与此不同，这两章强调的是，我们应当谋求这样一种发展，那就是，量子（场）论的法则并非千古不易的，而是应当进行调整，就像我们传统的时空几何图像受到更

973

新一样。当然，量子力学原理中包含着完美而又极为明确的真理，这些真理不该轻易抛弃。在扭量理论中，我们不是硬性加入 QFT 法则，而是研究这些法则并从中抽取出那些能够与爱因斯坦理论紧密配合的方面，我们要找出隐藏在相对论和量子力学背后的那种二者的协调性。正如先前所述，这个指南的关键之一就在于复数的奇幻性，我们在本书的好几个地方都指出了这一点。另一点是它与洛伦兹四维空间下的爱因斯坦理论特别协调一致，而不是与这种理论在高维下的推广或是其他符号差类型的理论保持一致。

在这方面为什么洛伦兹四维空间会如此特殊呢？这是因为，正像我们在§18.5 和§33.2 所强调的，观察者的天球具有自然的共形结构并能够用黎曼球面来解释。应当记住，具有这种普遍性的事情实际上会出现在任何（非零）空间和时间维下，其中的天球总是具有共形流形的结构。**[33.8]但洛伦兹四维空间的特殊性在于，这个共形流形可以很自然地解释为复流形（黎曼球面），这是一种在其他任何空间和时间维数下都不会出现的性质。这一事实的重要性何在？我们说，在扭量理论里，复数的奇幻性得到了充分利用。不仅扭量空间被证明是一种复流形，而且这种复流形具有直接的物理意义。实际上，一般结果告诉我们，在空间维数与时间维数之差除以 4 余 2 的各种情形下，只有"扭量空间"是复空间。[20]值得指出的是，原初的卡鲁扎－克莱因理论、10 或 11 维超引力理论、原始的 26 维弦论、10 维超弦理论、11 维超引力或 M 理论、甚至 12 维 F 理论（其中有两个时间维）都不是这种情形！

33.5 基本扭量几何及其坐标

在普通的闵可夫斯基四维空间下，一般扭量的物理意义和几何解释是什么呢？如果我们用标准的闵可夫斯基坐标 t，x，y，z 来描述 $\mathbb{M}$ 的点 R，这就很容易做到，这里我们取光速为单位：$c=1$。$\mathbb{M}$ 的整个扭量空间 $\mathbb{T}$ 是一个四维复矢量空间，我们用标准复数坐标 Z^0，Z^1，Z^2，Z^3 来描述它。在这种坐标下，扭量 $\mathbf{Z}$ 关联到时空点 R——或者说 R 关联到 $\mathbf{Z}$——如果密钥矩阵关系（矩阵记号见§13.3）

$$\begin{pmatrix} Z^0 \\ Z^1 \end{pmatrix} = \frac{i}{\sqrt{2}} \begin{pmatrix} t+z & x+iy \\ x-iy & t-z \end{pmatrix} \begin{pmatrix} Z^2 \\ Z^3 \end{pmatrix}$$

成立的话——由此可得平直空间扭量几何的基！*[33.9]

与§12.8 的记法一样，我们时常也用（抽象）指标记法 Z^α 来表示扭量 $\mathbf{Z}$（在标准坐标系下 $\mathbf{Z}$ 的各分量是 Z^0，Z^1，Z^2，Z^3）。每个扭量 $\mathbf{Z}$ 或 Z^α（$\mathbb{T}$ 的元素）有复共轭 $\bar{\mathbf{Z}}$，它是对偶扭量（对偶扭量空间 $\mathbb{T}^*$ 的元素）。在指标记法下，$\bar{\mathbf{Z}}$ 写成 $\bar{Z}_\alpha$，带下脚标，其分量（在标准坐标系

** [33.8] 解释为什么。

* [33.9] 用普通代数记法写下这个方程。

下）为

$$(\bar{Z}_0, \bar{Z}_1, \bar{Z}_2, \bar{Z}_3) = (\overline{Z^2}, \overline{Z^3}, \overline{Z^0}, \overline{Z^1})。$$

这种记法有点让人糊涂。左边的 4 个量（复数）是对偶扭量 $\bar{Z}$ 的 4 个分量，而右边的 4 个量分别是复数 Z^0，Z^1，Z^2，Z^3 的复共轭。因此，$\bar{Z}$ 的分量 $\bar{Z}_0$ 是 Z 的分量 Z^2 的复共轭，等等。注意，在组成复共轭时，前两个与后两个交换。由于 $\bar{Z}$ 是对偶扭量，因此我们可以用它和原扭量 Z 一起组成（埃尔米特）标量积（见 §13.9 和 §22.3），由此得到（平方）扭量模

$$\bar{Z} \cdot Z = \bar{Z}_\alpha Z^\alpha = \bar{Z}_0 Z^0 + \bar{Z}_1 Z^1 + \bar{Z}_2 Z^2 + \bar{Z}_3 Z^3$$

$$= \overline{Z^2} Z^0 + \overline{Z^3} Z^1 + \overline{Z^0} Z^2 + \overline{Z^1} Z^3$$

$$= \frac{1}{2}(\,|\,Z^0 + Z^2\,|^2 + |\,Z^1 + Z^3\,|^2 - |\,Z^0 - Z^2\,|^2 - |\,Z^1 - Z^3\,|^2\,),$$

其中最后一步显示了埃尔米特表达式 $\bar{Z}_\alpha Z^\alpha$ 有符号差（＋＋－－），这与 §13.9 是一致的。**[33.10]（扭量空间的对称性显示了 §13.10 提到的群 SU(2,2) 到 §33.3 的 O(2,4) 的局部等价性。）从上述给出的关键的关联关系中我们发现，当且仅当模为零 $\bar{Z}_\alpha Z^\alpha = 0$ 时，扭量 Z^α 能够与实闵可夫斯基空间 $\mathbb{M}$ 中的事件相关联。***[33.11] 当 $\bar{Z}_\alpha Z^\alpha = 0$ 时，我们说扭量 Z 是类光的。

为了联系到 §33.2 的讨论，我们先熟悉一下射影扭量空间 $\mathbb{PT}$，它是由复矢空间 $\mathbb{T}$ 构造出来的复三维射影空间（$\mathbb{CP}^3$）。（射影空间的一般性讨论见 §15.6。）扭量几何的许多内容都可以很容易地用 $\mathbb{PT}$ 而不是 $\mathbb{T}$ 来表达。在此数 Z^0，Z^1，Z^2，Z^3 给出 $\mathbb{PT}$ 的齐次坐标，因此 3 个独立比值

$$Z^0 : Z^1 : Z^2 : Z^3$$

用来标称 $\mathbb{PT}$ 的点。类光射影扭量构成空间 $\mathbb{PN}$，它是扭量模为零

$$\bar{Z}_\alpha Z^\alpha = 0$$

的实六维空间 $\mathbb{PT}$ 的实五维子空间。

上述方程也定义了矢量空间 $\mathbb{T}$ 中类光非射影扭量的实七维子空间 $\mathbb{N}$。当 $\bar{Z}_\alpha Z^\alpha > 0$，我们得到正扭量空间 $\mathbb{T}^+$；当 $\bar{Z}_\alpha Z^\alpha < 0$，我们得到负扭量空间 $\mathbb{T}^-$。由此可以分别定义相应的射影空间 $\mathbb{PT}^+$ 和 $\mathbb{PT}^-$，见图 33.11（与图 33.6 比较）。

我们来研究一下图 33.5 所描述的 $\mathbb{PN}$ 和 $\mathbb{M}$ 之间的几何关系，它是本节开头给出的关键的关联关系的结果。从这种关系直接可见，$\mathbb{M}$ 中与同一个非零扭量 Z（必须是一个类光扭量）关联的两点（事件）P 和 R 必须是彼此类光分离的（即 P 和 R 彼此处于不同的光锥上）。因此 Z 定义了光线——$\mathbb{M}$ 中的类光直线——因为 $\mathbb{M}$ 的所有与因此 Z 关联的点必须是相互间类光分离的，见

976

** 〔33.10〕验证最后一步，解释为什么它给出的是符号差。

*** 〔33.11〕证明这一点，用反证法证明：如果 $\bar{Z}_\alpha Z^\alpha = 0$，但 Z^2 和 Z^3 不同时为零，那么这样的事件总是存在的。

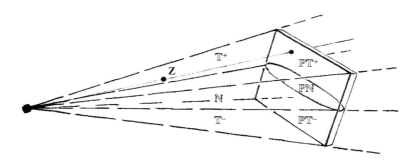

图 33.11 扭量空间 $\mathbb{T}$ 是一个带伪埃尔米特度规的复矢量空间。射影扭量空间 $\mathbb{PT}$（$\mathbb{CP}^3$）则是 $\mathbb{T}$ 中的射线空间（一维子空间）。因此，如果扭量 $\mathbf{Z}$ 有坐标（Z^0，Z^1，Z^2，Z^3），则比值 $Z^0 : Z^1 : Z^2 : Z^3$ 决定了 $\mathbb{PT}$ 中相应的点。（类光扭量 $\bar{Z}_\alpha Z^\alpha = 0$ 的）实七维子空间 $\mathbb{N}$ 将扭量空间 $\mathbb{T}$ 划分成两个复三维空间：（正扭量 $\bar{Z}_\alpha Z^\alpha > 0$ 的）$\mathbb{T}^+$ 和（负扭量 $\bar{Z}_\alpha Z^\alpha < 0$）空间 $\mathbb{T}^-$。相应于这些空间的射影空间分别是实五维的 $\mathbb{PN}$（表示 $\mathbb{M}^\#$ 中的光线）和两个复三维流形 $\mathbb{PT}^+$（表示正螺旋性无质量场）和 $\mathbb{PT}^-$（表示负螺旋性无质量场）。

图 33.12。不仅如此，如果我们用 λZ^α 取代 Z^α（这里 λ 是一个非零复数），则扭量 $\mathbf{Z}$ 表示的是同一根光线。与（非零）类光射影扭量关联的事件的轨迹是一条光线，但在 $Z^2 = Z^3 = 0$ 的特殊情形下，我们必须予以适当解释，此时在 $\mathbb{M}$ 中我们得不到实际与 Z^α 关联的点，但仍可以将这种类光扭量看成是描述了无穷远处的光线（处于 $\mathbb{M}^\#$ 而非 $\mathbb{M}$ 内的 $\mathscr{I}$ 的生成元）。**[33.12]

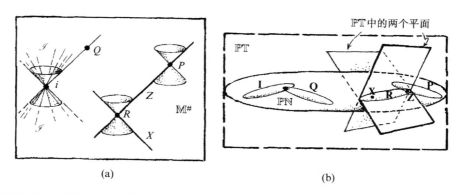

(a)　　　　　　　　　　　　　　　　(b)

图 33.12 由扭量对应的关联关系给出的 $\mathbb{M}^\#$ 和 $\mathbb{PN}$ 中的基本轨迹几何。（a）固定 $\mathbb{PN}$ 中一点 Z（射影性类光扭量）。$\mathbb{M}^\#$ 中那些关联到 $\mathbf{Z}$ 的点（例如 P，R）组成一根光线，因为所有这样的点彼此间都是类光分离的。（b）固定 $\mathbb{M}^\#$ 内一点 R。$\mathbb{PN}$ 中那些关联到 R（处于 $\mathbb{PT}$ 的两复平面的交线上）的点（例如 $\mathbf{Z}$，$\mathbf{X}$）组成一根复射影线，它是一个黎曼球面。$\mathbb{M}^\#$ 内沿光线 Z 类分离的点 P 和 R 有相应的黎曼球面 $\mathbf{P}$ 和 $\mathbf{R}$，它们交于单点 $\mathbf{Z}$。（我把这些黎曼球面画成拉长了的样子，以折中它们在 $\mathbb{PT}$ 的射影几何下也是射影直线这一事实！）这些黎曼球面中的一个特殊情形是 $\mathbf{I}$，它表示 $\mathbb{M}^\#$ 内点 i。点 i 代表类空/类时无穷远；它是无穷远处光锥 $\mathscr{I}$ 的顶点。$\mathscr{I}$ 的其他点 Q 表示为 $\mathbb{PN}$ 中与 $\mathbf{I}$ 相交的射影线 $\mathbf{Q}$。

[33.12] 明确论证这段文字的断言。

现在让我们来考察相反的情形。固定由实坐标 t，x，y，z 表示的事件 R，我们发现，与 R 关 　　977

联的扭量 $\mathbf{Z}$ 的空间由分量 Z^0，Z^1，Z^2，Z^3 的两个线性齐次关系定义。每一个这种线性关系定义

了 $\mathbb{PT}$ 中的一个平面，它们的交（$\mathbb{PT}$ 中满足这两个线性关系的点集）给出 $\mathbb{PT}$（$\mathbb{CP}^1$）中的射

影线 $\mathbf{R}$——实际上处于 $\mathbb{PN}$ 中——因此它是所要求的黎曼球面（§§15.4，6）。这样，在扭量空

间中，$\mathbb{M}$ 的点（事件）由 $\mathbb{PN}$ 中的射影线表示。当 $Z^2 = Z^3 = 0$ 时，我们得到 $\mathbb{PN}$ 中的特殊射影

线，我们用 $\mathbf{I}$ 来表示它。这个特殊射影线表示无穷远处光锥 $\mathscr{I}$ 的顶点 i。$\mathscr{I}$ 在 $\mathbb{PN}$ 中的任何其他

点 Q 由与 $\mathscr{I}$ 相交的射影线 $\mathbf{Q}$ 表示。*[33.13] 这种情形见图 33.12 所示。

　　用这些复结构来表示（标准空间维数和时间维数下的）闵可夫斯基空间的方式是非常令人

惊奇的。我们可以将闵可夫斯基空间重新解释为 $\mathbb{PN}$（或 $\mathbb{PN} - \mathscr{I}$，如果我们只考虑有限个时空 　　978

点的话）中的复直线，这里 $\mathbb{PN}$ 是主结构，$\mathbb{M}$ 是次级结构。这相当于认为光线比时空点本身更

基本。光线 Z 和 X 的交由 $\mathbb{PN}$ 内的射影线表示，它包含了相应的 $\mathbb{PN}$ 点 Z 和 X，如我们所见，两

时空点 P 和 R 类光分离的条件是由 $\mathbb{PN}$ 内相应的射影线 $\mathbf{P}$ 和 $\mathbf{R}$ 的交的条件来表示的（图 33.12）。

因此我们看到，扭量空间提供了一种物理几何上完全不同于通常时空图景的观点。普通的时空

点由 $\mathbb{PN}$ 内的黎曼球面来表示。$\mathbb{PN}$ 的点则由时空中的光线来表示。对应的两种方法都是非局域

的。但我们能够通过精确的几何法则从一种图景变换到另一种图景。

33.6　作为无质量自旋粒子的扭量的几何

　　我们知道，扭量理论背后的根本动机是：复数的奇幻性可以得到充分利用。尽管 $\mathbb{PN}$ 是包含

了复射影线的大（4 维实参数）系统，但它本身并不是复流形（如 §33.2 所述，这是不太可能

的，因为它是奇实数维的）。但当增加了一个实数维后，它就成为复流形了，即 $\mathbb{PT}$（它是 $\mathbb{CP}^3$

的）。我们能以物理上自然且意义明确的方式来解释的 $\mathbb{PT}$ 的这些额外的点吗？很显然（正如

§33.2 所暗示的），我们能做到这一点。我们知道，实际的自由光子要比 $\mathbb{M}$ 中的光线有更复杂

的结构。光线描述了沿固定方向以光速运动的点粒子，但实际光子具有能量和自旋。眼下我们可

以从经典角度考虑它。光子自旋的两种基本方式是按运动方向判断的左旋和右旋（右旋和左旋

圆偏振分别对应于正螺旋性和负螺旋性，见 §22.7）。在每种情形下，螺旋量的幅度均为 $\hbar$。可

以证明，正螺旋经典光子可以用 $\mathbb{PT}^+$ 的点来表示，负螺旋经典光子则可用 $\mathbb{PT}^-$ 的点来表示，这

里额外维源自光子能量。这种描述对其他具有非零自旋 $\frac{1}{2}n\hbar$ 的无质量粒子也是成立的。

　　它是怎么起效的呢？这里不是详谈的地方，但基本要点可以勾勒如下。首先我们认识到，扭

量 $\mathbf{Z}$ 的前两个分量 Z^0 和 Z^1 实际上是二维旋量 $\boldsymbol{\omega}$ 的两个分量，其指数形式为 ω^A，即 $\omega^0 = Z^0$ 和

---

*[33.13] 为什么？

$\omega^1 = Z^1$（见 §22.8 和 §25.2）。$\mathbf{Z}$ 的其余两个分量 Z^2 和 Z^3 则是素（对偶）旋量 $\boldsymbol{\pi}$ 的分量，其指数形式为 $\pi_{A'}$，即 $\pi_{0'} = Z^2$ 和 $\pi_{1'} = Z^3$。我们有时写

$$\mathbf{Z} = (\boldsymbol{\omega}, \ \boldsymbol{\pi})$$

同时将 $\boldsymbol{\omega}$ 和 $\boldsymbol{\pi}$ 看成是扭量 $\mathbf{Z}$ 的旋量部分。复共轭扭量 $\overline{\mathbf{Z}}$ 的旋量部分取反序，即

$$\overline{\mathbf{Z}} = (\overline{\boldsymbol{\pi}}, \ \overline{\boldsymbol{\omega}}),$$

故扭量的模可以表示为

$$\overline{Z}_\alpha Z^\alpha = \overline{\mathbf{Z}} \cdot \mathbf{Z} = \overline{\boldsymbol{\pi}} \cdot \boldsymbol{\omega} + \overline{\boldsymbol{\omega}} \cdot \boldsymbol{\pi} = \overline{\pi}_A \omega^A + \overline{\omega}^{A'} \pi_{A'}。$$

在闵可夫斯基坐标 t，x，y，z 下，扭量 $\mathbf{Z}$ 与时空点 R 的关联关系可以写成

$$\boldsymbol{\omega} = \mathrm{i}\mathbf{r}\boldsymbol{\pi},$$

它表示 $\omega^A = \mathrm{i}r^{AA'}\pi_{A'}$，这里 $\mathbf{r}$（或 $r^{AA'}$）有分量矩阵

$$\begin{pmatrix} r^{00'} & r^{01'} \\ r^{10'} & r^{11'} \end{pmatrix} = \frac{1}{\sqrt{2}} \begin{pmatrix} t+z & x+\mathrm{i}y \\ x-\mathrm{i}y & t-z \end{pmatrix}。$$

旋量 $\boldsymbol{\pi}$ 与无质量粒子的动量相联系，它的意思是外积 $\overline{\boldsymbol{\pi}}\boldsymbol{\pi}$（不缩并——见 §14.3）描述其四维动量。旋量 $\boldsymbol{\omega}$ 与粒子的角动量相联系，它的意思是 $\boldsymbol{\omega}$ 与 $\overline{\boldsymbol{\pi}}$ 的对称积描述粒子六维角动量的反自对偶部分（§18.7，§19.2，§22.12，§32.2），而 $\overline{\boldsymbol{\omega}}$ 与 $\boldsymbol{\pi}$ 的对称积描述粒子的自对偶部分。[21] 与动量情形不同，角动量取决于时空原点 O 的选择，因此我们有时也称其为关于 O 的角动量。这种对原点的独立/依赖性分别通过扭量 $\mathbf{Z}$ 的两种旋量 $\boldsymbol{\pi}$ 和 $\boldsymbol{\omega}$ 的变换行为反映出来。如果将原点 O 平移到新的时空点 Q，Q 相对于 O 为正矢量 $\boldsymbol{q}$（$\boldsymbol{q}$ 取矩阵形式），则旋量部分有如下变换 **[33.14]

$$\boldsymbol{\pi} \longmapsto \boldsymbol{\pi} \qquad \text{和} \qquad \boldsymbol{\omega} \longmapsto \boldsymbol{\omega} - \mathrm{i}\boldsymbol{q}\boldsymbol{\pi}。$$

还有一个与原点无关的标量，它可以用动量和角动量构造出来，这就是螺旋量 s。可以证明，该螺旋量是扭量模的一半：

$$s = \frac{1}{2}\overline{Z}_\alpha Z^\alpha = \frac{1}{2}\overline{\mathbf{Z}} \cdot \mathbf{Z}$$

（由前面可知，它只是 $\overline{\boldsymbol{\omega}} \cdot \boldsymbol{\pi}$ 的实部）。实际上，就处理无质量粒子而言，扭量方法比 §22.12 所述的传统四维矢量/张量方法要精确得多。现在，对于非类光扭量（确定到相位重定标 $\mathbf{Z} \longmapsto \mathrm{e}^{\mathrm{i}\theta}\mathbf{Z}$，这里 θ 是实数），我们有了一个清晰的物理图像，即它相当于经典自旋的无质量粒子，**[33.15] 比较图 33.6。

我们还没有给出非类光扭量的非常清晰的几何图像。这要在考虑复化闵可夫斯基空间 $\mathbb{CM}$（或其紧化的 $\mathbb{CM}^{\#}$）的情形下才能得到，这里时空坐标 t，x，y，z 现在都取复数。$\mathbb{CM}^{\#}$ 的与

** 〔33.14〕 证明：扭量与时空点之间的关联关系在这种变换下是不变的；并证明扭量模不变。

** 〔33.15〕 解释为什么存在这种相位自由度。对给定螺旋量 $s > 0$ 的粒子，为什么粒子能量被认为局限于 $\mathbb{PT}^+$ 内点的位置上？

（非零）扭量 Z^α 关联的点总存在非平凡的复二维轨迹，即所谓 α 平面，它是自对偶的，就是说，与它相切的 2 形式是自对偶的（§32.2）。这个 α 平面表示 Z^α（以及所有与之成正比的量），见图 33.13。类似地，对偶扭量 W_α 定义了一个 β 平面，它是 $\mathbb{CM}^\#$ 中的反自对偶二维复平面。✳✳[33.16]

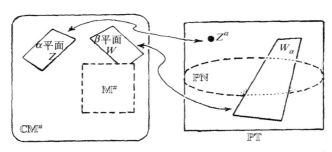

图 33.13 （一般非类光）扭量及其对偶扭量的复时空描述。对于非零扭量 Z^α，$\mathbb{CM}^\#$ 中总存在一个关联到 Z^α 的点组成的复二维轨迹，它称为 α 平面，且是处处自对偶的。对于非零对偶扭量 W_α，$\mathbb{CM}^\#$ 中关联到 W_α 的点总是组成反自对偶的复二维平面，它称为 β 平面。只有对类光扭量或类光对偶扭量这些轨迹上才存在实点，这些实点组成相应于图 33.12 的一根光线。

至此，我们仅得到扭量在复时空几何下的图像。我们能否得到实际可想象的"实"图像呢？$\mathbb{CM}^\#$ 的实在结构包含在其复共轭的概念中（§18.1）；复共轭将 α 平面交换为 β 平面，与此相一致，它使扭量的上指标与下指标交换（即扭量与其对偶扭量交换），"自对偶"与"反自对偶"相交换。根据 $\mathbb{PT}$ 的射影几何，复共轭将点交换为面，因为在 $\mathbb{PT}$ 中一个对偶扭量决定了一个平面。✳[33.17] 这一事实保证了我们能够得到一种依据实空间几何的非类光射影扭量 Z^α。我们首先要做的是用 Z^α 的复共轭 $\bar{Z}_\alpha$ 来表示 Z^α，$\bar{Z}_\alpha$ 作为对偶扭量是与 $\mathbb{PT}$ 的复平面相关联的。这个平面可由 $\mathbb{PT}$ 与 $\mathbb{PN}$ 的交来确立，它是一条实三维轨迹。我们可以将这条轨迹

981

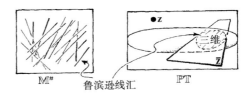

鲁滨逊线汇

图 33.14 我们可以通过先将 Z^α 传递到其复共轭 $\bar{Z}_\alpha$ 来得到非类光扭量 Z^α 的一幅"实"图像，由此定义了 $\mathbb{PT}$ 中的复射影平面。该平面由它与 $\mathbb{PN}$ 的交而定，它是一条实三维轨迹。这条轨迹定义了 $\mathbb{M}^\#$ 中称为鲁滨逊线汇的三参数光线族。

解释为 $\mathbb{M}^\#$ 中的三参数光线族。因此，这族光线在几何上表示扭量 Z^α（以及所有与之成正比的量），见图 33.14。

光线以一种十分复杂的方式相互缠绕，但要得到明确的构形图像还是有可能的。考虑时间上的一个瞬间 $\mathbb{E}^3$（即一个普通欧几里得三维截面——"现在"——它取自闵可夫斯基时空 $\mathbb{M}$）。$\mathbb{M}$ 中的光线——以光速沿特定方向运动的点粒子——可用 $\mathbb{E}^3$ 的带"箭头"的点来表示，这里箭

✳✳〔33.16〕证明这一点。

✳〔33.17〕为什么？

头指向代表运动方向。我们认为这样的一族三参数光线族——称为鲁滨逊线汇——代表了单个扭量 **Z**。在图 33.15 中我们看到，定向圆（和一条直线）系统充满了整个三维普通空间 $\mathbb{E}^3$。在 $\mathbb{E}^3$ 的每一个点上都有一个粒子，它（以光速）沿过该点与圆相切的定向切线方向运动。随着时间增长，整个构形以光速沿图中直线的（负）方向整体地传播，这种传播代表着一种由扭量描述的无质量自旋粒子的运动。实际上，这个由各种圆形成的构形是 S^3 上克利福德平行线构形（§15.4）到普通欧几里得三维空间的球极投影（§8.3 中图 8.7）。

我们不把这些"光线"看成是物理实体；它们只是提供了（投影性）扭量的一种几何实现方式。这个构形实际上反映的是（经典）无质量自旋粒子的角动量的结构。[22] 它是一种非局域的图像。图 33.15 中存在最小圆，其半径为粒子自旋除以粒子能量。圆的中心粗略地说代表了自旋粒子的"位置"（但不能将这个圆心的历史精确地看成是表示无质量粒子历史的光线，因为它不能恰当地满足洛伦兹变换）。✳✳✳[33.18] 正是这种构形使得它在当初被命名为"扭量"。[23]

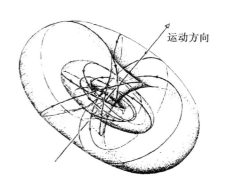

图 **33.15**　"抓拍的"鲁滨逊线汇的空间图像。（S^3 上球极平面投影的克利福德平行线，见图 8.7a，图 15.8，它是充满整个 $\mathbb{E}^3$ 的一族三参数圆与一根直线。）我们想象在 $\mathbb{E}^3$ 的每个点上有一个粒子，它们以光速沿各自的（定向）圆的方向作直线运动（光线）。整个构形以光速沿图中直线的（负）方向传播。它表示的是由 Z^α 描述的无质量自旋粒子的运动和角动量。

运动方向

33.7　扭量量子论

这里概要介绍平直空间下扭量理论的基本几何。但是一些读者可能会对这种图像如何能帮助我们推进物理这一点失去耐心，尽管它在几何上很优美。在时空结构与量子力学原理的统一方面，扭量理论到底有何作为呢？目前我们只是看到它在描述无质量粒子方面的一些"漂亮"的几何和代数方法，而不论是在量子力学还是在广义相对论，我们都没见着它起着什么作用。所以我最好还是先照顾一下这方面！

让我们回到扭量理论的最基本概念上来。这个概念要求我们将所有时空概念看成是扭量空间 $\mathbb{T}$ 的附属品。作为完全的复空间，$\mathbb{T}$ 具有充分利用复数奇幻性的潜力，这一点在标准时空框架下并非一眼就能看出来。同样，我们不是在实时空坐标下进行描述，而是用复扭量变量 Z^α 来进行。现在，扭量变量是位置变量和动量变量的复合体，我们要问的是：用什么来取代标准量子法则（§21.2）

✳✳✳〔33.18〕（在§33.5 的坐标系下）找出圆心，并说明在洛伦兹速度变换式下它如何变换。

$$p_a \longmapsto \mathrm{i}\hbar \frac{\partial}{\partial x^a}$$

（或 $x^a \longmapsto -\mathrm{i}\hbar\partial/\partial p_a$）? 答案是，通过与§21.2中算符对易法则 $p_b x^a - x^a p_b = \mathrm{i}\hbar\delta_b^a$ 中的正则共轭变量 x^a 和 p_a 进行类比，我们可以将扭量变量 Z^α 和 $\overline{Z}_\alpha$ 看成一对正则共轭算符：

$$Z^\alpha \overline{Z}_\beta - \overline{Z}_\beta Z^\alpha = \hbar\delta_\beta^\alpha,$$

这里，像位置变量和动量变量分别满足对易关系一样，Z^α 和 $\overline{Z}_\alpha$ 各自满足对易关系：$Z^\alpha Z^\beta - Z^\beta Z^\alpha = 0$ 和 $\overline{Z}_\alpha \overline{Z}_\beta - \overline{Z}_\alpha \overline{Z}_\beta = 0$。**〔33.19〕

顺便提一下，有必要指出，$\overline{Z}_\alpha$ 和 Z^α 的这种量子非对易关系会在"几何"上引起某些绕有兴趣的问题，如果我们认真对待如下事实的话：量子扭量空间的基本"坐标"可能就是这种非对易的量。按经典的理解，在我们考虑扭量空间 $\mathbb{T}$ 的八维实流形结构时，我们是能够将 Z^α 和 $\overline{Z}_\alpha$ 看成独立对易变量来用的（见§10.1）。但在量子图景下，Z^α 和 $\overline{Z}_\alpha$ 不对易。设法将这个"量子"对 Z^α 和 $\overline{Z}_\alpha$ 当作独立坐标使用的尝试将引导我们进入非对易几何领域，我们在§33.1就简单讨论过这个问题。顺着这条路追索下去是很有意思的，但我不认为读者必须这么做。

我们知道，在粒子通常的位置空间波函数 $\psi(\mathbf{x})$ 中是不会出现动量变量 $\mathbf{p}$ 的，动量是通过算符 $\partial/\partial x^a$ 来表达的。那么类比到扭量又该是什么量呢？我们大概得要求我们的"扭量波函数"$f(Z^\alpha)$ 应当"独立于 $\overline{Z}_\alpha$"，且 $\overline{Z}_\alpha$ 应当由算符 $\partial/\partial Z^\alpha$ 来表示。这的确是正确的，但 f "独立于 $\overline{Z}_\alpha$"实际是指什么意思呢？形式上说，这里"独立"是指 $\partial f/\partial Z^\alpha = 0$，即是指（我们从§10.5可知）柯西－黎曼方程所判定的 $f(Z^\alpha)$ 是 Z^α 的全纯函数。

这是一个非常惊人而显著的事实。扭量波函数确实是全纯函数，因此它们可以与奇幻的复数世界建立适当联系。复共轭变量 $\overline{Z}_\alpha$ 的量子角色是指它们可以微分形式出现：

$$\overline{Z}_\alpha \longmapsto -\hbar \frac{\partial}{\partial Z^\alpha},$$

它是个全纯算符，因此，在量子描述水平上，全纯性是不变的。这就再次确保了用无质量粒子的动量和角动量来解释扭量是与扭量的对易性法则一致的，角动量和动量对易子（§22.12）将正确出现并包容于上述给定的扭量对易子中。[24]

让人特别感兴趣的一个量是螺旋量 s，现在它作为算符，其本征值将取无质量粒子所容许的各种可能的半整数值$\left(\cdots, -2\hbar, -\frac{3}{2}\hbar, -\hbar, -\frac{1}{2}\hbar, 0, \frac{1}{2}\hbar, \hbar, \frac{3}{2}\hbar, 2\hbar, \cdots\right)$。特别值得指出的是，考虑到螺旋量的非对易性质，该算符变成[25],**〔33.20〕

$$s = \frac{1}{4}(Z^\alpha \overline{Z}_\alpha + \overline{Z}_\alpha Z^\alpha) \longmapsto -\frac{1}{2}\hbar\left(2 + Z^\alpha \frac{\partial}{\partial Z^\alpha}\right).$$

984

**〔33.19〕你能从希尔伯特空间算符的一般性质出发看出为什么扭量对易子中一定没有"i"吗？

**〔33.20〕验证 s 的这两个表达式的等价性。

算符

$$\boldsymbol{\Psi} = Z^{\alpha} \frac{\partial}{\partial Z^{\alpha}}$$

称为欧拉齐次算符。（我们已经在 5、6、7 和 9 章中多次邂逅欧拉这位老朋友了。）按欧拉的证明，$\boldsymbol{\Psi}$ 具有的一个突出特性就是它的本征函数是齐次的，齐次性的阶数即为本征值。也就是说，方程（其中 u 是某个常数）

$$\boldsymbol{\Psi}f = uf$$

是齐次性

$$f(\lambda Z^{\alpha}) = \lambda^{u} f(Z^{\alpha})$$

成立的条件。***[33.21] 由此我们有，具有确定螺旋量值 S（故 $sf = \hbar Sf$，这里 s 是算符，S 是本征值）的无质量粒子的扭量波函数一定是 $-2S-2$ 阶齐次的，同时它也是全纯的。*[33.22]

985
　　因此，具体到光子情形，光子的扭量波函数（$S = \pm 1$）是两项之和，一项是零阶均匀的，描述左旋分量（$S = -1$）；另一项是 -4 阶齐次的，描述右旋分量（$S = 1$）。另一种无质量粒子中微子的波函数的齐性阶为 $-1\left($ 因为其螺旋量为 $-\frac{1}{2}\right)$，而（无质量的）反中微子波函数的齐性阶为 -3。无质量标量粒子波函数的齐性阶为 -2。而对于我们认为是最重要的引力子情形，我们（暂时）将它视为在闵可夫斯基背景（$S = \pm 2$）下的自旋为 2 的无质量粒子。它的左旋部分（$S = -2$）有齐性阶次为 2 的扭量波函数，其右旋部分（$S = 2$）有齐性阶次为 -6 的扭量波函数。

　　这种不均衡性非常显著，它展示了扭量理论的基本手征性质。不久我们就会看到，当我们在扭量理论的环境下考虑广义相对论本身时，这种不均衡性显得尤为突出。眼下，让我们试着弄明白如何解释扭量（线性）波函数。对这些波函数，不均衡性不会引出任何问题，一切都顺顺当当。但关于波函数 $f(Z^{\alpha})$——通常称其为扭量函数——的解释问题，却有着重要的微妙差别。下面就让我们进入这一领域。

33.8　无质量场的扭量描述

　　对于一般自旋的自由无质量粒子的波函数的时空表示，薛定谔方程换成所谓无质量自由场方程。[26] 我们已从自旋 $\frac{1}{2}$ 情形下的无质量（狄拉克－外尔）中微子方程（§25.3）看到了这种方程的一个例子。这里不适于追求细节，但一旦有了如 §22.8 和 §25.2 里用的二维旋量公式，我们就很容易写下这个方程。对于负的螺旋量 $S = -\frac{1}{2}n$，我们有量 $\psi_{AB\cdots D}$；对于正的螺旋量 $S = $

***〔33.21〕看看你能否证明这一点。

　*〔33.22〕为什么取这个值？

$\frac{1}{2}n$，我们有带撇指标的量 $\psi_{A'B'\cdots D'}$。它们每一个都是关于 n 指标完全对称的，且都有正频率，并满足相应的方程

$$\nabla^{AA'}\psi_{AB\cdots D}=0, \quad \nabla^{AA'}\psi_{A'B'\cdots D'}=0,$$

这里 $\nabla^{AA'}$ 正好是普通梯度算符 ∇^a 的二维旋量对应量（写成升指标形式，见 §14.3）。⁂[33.23] 对 ⟨986⟩
于自旋 0，我们直接有波方程 $\square\psi=0$，这里 $\square$ 是 §24.5 中引入的普通达朗贝尔算符。实际上，对于这些方程来说，方便的二维旋量记号可以忽略某些细节。当 $n=2$（自旋 1）时，这两个方程分别直接变成反自对偶和自对偶情形下的麦克斯韦自由场方程。⁂[33.24] 当 $n=4$，它们变成弱场爱因斯坦方程，分成反自对偶和自对偶两部分，这里曲率是指平直空间 $\mathbb{M}$ 的无穷小微扰。[27]

这些方程怎么处置扭量函数呢？我们可以明确地证明，[28] 存在显式周线积分表达式（§7.2），它直接从扭量函数 $f(Z^a)$ 自动给出上述无质量场方程的一般正频率解。实际上，这个表达式对于没有正频率要求的情形也是完全成立的，虽然这个要求在扭量形式下很容易得到保证，我们在 §33.10 就会看清这一点。这里不给出全部细节了，只想强调一个基本概念，那就是，在正螺旋量情形下，$f(Z^a)$ 是先乘以 π（§33.6）再取 n 倍（给出 n 个带撇指标）；或在负螺旋量情形下，先对 $f(Z^a)$ 取 n 次 $\partial/\partial\omega$ 运算（给出 n 个不带撇的旋量指标），然后再乘以 2 形式 $\tau=\mathrm{d}\pi_0\wedge\mathrm{d}\pi_1$。并作适当的二维周线积分。这里先将关联关系 $\omega=\mathrm{i}r\pi$ 结合进来，以便在保留 π 和 r 的同时消去 ω。这里积分消去 π，这样，我们最后得到的是在选定时空点 R 上的带指标的量 $\psi_{\cdots}$（因此 $\psi_{\cdots}$ 仅是 r 的函数）。周线处于轨迹 $\omega=\mathrm{i}r\pi$（对每个固定的 r）之内，即处于 $\mathbb{N}$ 的线 R（非射影版本[29]）之内，后者表示的是事件 R，见图 33.16。

正频率条件是通过下述要求来保证的：当线 R 被容许完全进入扭量区域 $\mathbb{PT}^+$ 时，周线积分仍成立。$\mathbb{PT}$ 内的线对应于"复时空点"，我们在 §33.6 已看清这一点。那些完全处于子区域 $\mathbb{PT}^+$ 内的线则对应于 $\mathbb{CM}$ 的称为向前管道的子区域 $\mathbb{M}^+$ 的点。[30] 我们到 §33.10 再回到这个问题上来。混合螺旋量的无质量场——例如像由左旋和右旋两部分组成的平面偏振光子场——也可以用这一套概念来描述，其中两种不同螺旋量的扭量函数直接相加。

这种表达式的真实存在让我觉得简直太神奇了。在扭量体系中，无质量场方程似乎无影无 ⟨987⟩
踪了，实际上是被转换成了"纯粹的全纯关系"。当我们更深入地考察这种表达式时，我们会发现，如何来说明一个扭量函数是有非常重要的讲究的，它以一种出奇的方式与无质量场的正/负频率剖分相联系（§33.10）。搞清楚扭量函数的这种奇妙性质也是理解扭量函数如何以主动方式

⁂ 〔33.23〕对于螺旋量 $-\frac{1}{2}n$ 情形，用记号 $\psi_r=\psi_{00\cdots011\cdots1}$（这里有 $n-r$ 个 0 和 r 个 1）写下这些方程的显形式，并按上述从普通闵可夫斯基坐标 t，x，y，z 移植得到量 $r^{AA'}$ 那样，从 ∇^a 得到 $\nabla^{AA'}$。

⁂ 〔33.24〕看看你能否证明这一点，这里 $\psi_{00}=C_1-\mathrm{i}C_2$，$\psi_{01}=-\mathrm{i}C_3$，$\psi_{11}=-C_1-\mathrm{i}C_2$，且 $\mathbf{C}=2\mathbf{E}-2\mathbf{iB}$（见 §19.2），对 $\psi_{A'B'}$ 也有相应的表达式。

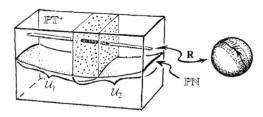

图33.16 基本扭量周线积分。齐次度 $-n-2$ 的扭量函数 f（螺旋量为 $\frac{1}{2}-n$）乘以 π 的 n 倍（n 为正数）或取 $-n$ 次 $\partial/\partial\omega$ 运算（n 为负数），这些运算给出旋量指标，然后再乘以 2 形式 $\tau=\mathrm{d}\pi_{0'}\wedge\mathrm{d}\pi_{1'}$。对带位置矢量 r 的时空点 R 的具体选择，我们在关联关系 $\omega=ir\pi$ 定义的扭量空间区域 $\mathbb{R}$ 上作周线积分。这个积分消去对 π 的依赖关系，于是我们得到无质量场方程的解。在如图所示情形下，$\mathbb{R}$ 取自扭量空间 $\mathbb{PT}^+$（或 $\mathbb{T}^+$）的上半叶，f 在 u_1 与 u_2 的交上是全纯的，这里开集 u_1 与 u_2 共同覆盖整个 $\mathbb{PT}^+$（或 $\mathbb{T}^+$）

展现自身，并给出弯曲扭量空间的关键。这种奇妙性质是什么呢？那就是，扭量函数其实不能看成是普通意义上的"函数"，而是所谓全纯层上同调的元素。[31]

33.9 扭量层上同调

什么是层上同调呢？这些概念数学上相当复杂，但实际上很自然。我们这里只谈所谓一阶层上同调。形象地给出这一概念的最简单的办法是考虑由一系列坐标拼块构成的流形，这个概念我们在 §10.2 和 §12.2 讨论过，并有图示如图 12.5(a)。定义在两个拼块重叠处的是转移函数（起着拼块间的粘合作用）。由 §12.2 的图 12.5(a) 可知，这些转移函数在拼块的三重重叠处必须满足一定的相容性条件。

现在我们来考虑按此方式构成的流形，其中的转移函数与等同关系仅差一无穷小量，见图 33.17。这个从一个拼块 $\mathcal{U}_i$ 到另一个拼块 $\mathcal{U}_j$ 的无穷小位移可用 $\mathcal{U}_i$ 与 $\mathcal{U}_j$ 的重叠区域上的矢量场 F_{ij} 来描述，这个矢量场描述拼块 $\mathcal{U}_i$ 是如何相对于 $\mathcal{U}_j$ 作无穷小"位移"的。与此相当，我们来考虑拼块 $\mathcal{U}_j$ 如何沿相反方向相对于 $\mathcal{U}_i$ 作无穷小位移，描述它的矢量场 F_{ji} 处于与 $\mathcal{U}_i$ 重叠的 $\mathcal{U}_j$ 的区域。正是在这个重叠区域我们有

$$F_{ji}=-F_{ij}$$

（见图 33.18(a)）。在 $\mathcal{U}_i$、$\mathcal{U}_j$ 和 $\mathcal{U}_k$ 的三重重叠区域，我们要求（图 33.18(b)）相容性条件

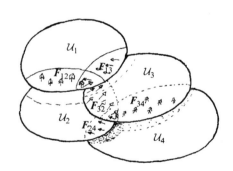

图33.17 回顾（图 12.5(a)）可知一个流形是如何由几片坐标拼块构成的。（定义在一对拼块的重叠区域上的是"转移函数"，起着拼块间"粘合"的作用。）这里，我们认为这些转移函数与等同之间仅差一无穷小量，因此它们由每一对拼块 $\mathcal{U}_i$、$\mathcal{U}_j$ 的重叠区域上的矢量场 F_{ij} 给定，并告诉我们每个拼块是如何相对于重叠区上另一个拼块作"位移"的。（这里"拼块"都是平直坐标空间上的开集 $\mathcal{U}_1$，$\mathcal{U}_2$，$\mathcal{U}_3$，）

988

$$F_{ij} + F_{jk} = F_{ik}$$

必须成立。✱✱✱〔33.25〕

　　每个拼块坐标系的（无穷小）改变还会引起一些"平凡的"无穷小变形。我们可以把这些变形看成是由每个特定拼块 u_i 上的矢量场 H_i 给定的，它描述整个拼块相对于自身是如何"位移"的。由此我们在拼块间的重叠区域得到一族"平凡的" F_{ij}

$$F_{ij} = H_i - H_j$$

它不改变流形（图 33.18（c））。

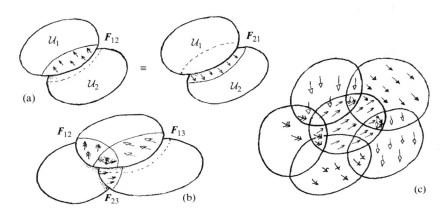

图 **33.18**　矢量场 F_{ij} 必须满足一定要求。（a）在 $\mathcal{U}_i$ 与 $\mathcal{U}_j$ 的重叠区域，我们有 $F_{ji} = -F_{ij}$。它可用 $\mathcal{U}_1$ 在 $\mathcal{U}_2$ 上移动来图解，描述它的矢量场 F_{12} 处于 $\mathcal{U}_1$ 上。而这种相对移动同样可以通过 $\mathcal{U}_2$ 上负的这种矢量场来实现。（b）三重重叠条件 $F_{ij} + F_{jk} = F_{ik}$。在 $\mathcal{U}_1$，$\mathcal{U}_2$ 和 $\mathcal{U}_3$ 的三重重叠区，$\mathcal{U}_1$ 相对于 $\mathcal{U}_2$ 的移动 F_{12} 等同于 $\mathcal{U}_1$ 相对于 $\mathcal{U}_3$ 的移动 F_{13} 与 $\mathcal{U}_3$ 相对于 $\mathcal{U}_2$ 上的移动 F_{32} 之和。（c）如果所有拼块都独自地作整体位移，这不会带来任何效果（改变的仅仅是每个拼块的坐标）。这种情形可以用总位移 $F_{ij} = H_i - H_j$ 加和为零来体现。

　　这些概念基本上告诉了我们一阶层上同调的法则。[32] 但我们不必关注矢量场。普通函数 f_{ij} 起着与这里考虑的 F_{ij} 同样的作用。我们只是要求每个 f_{ij} 定义在 $\mathcal{U}_j$ 和 $\mathcal{U}_i$ 的交上，并有 $f_{ij} = -f_{ji}$。对三重叠区域有 $f_{ij} + f_{jk} + f_{ki} = 0$，并且认为整个集合 $\{f_{ij}\}$ 等价于另一集合 $\{g_{ij}\}$，如果对应差 $\{f_{ij} - g_{ij}\}$ 集合内的每个元素都有"平凡"形式 $\{h_i - h_j\}$ 的话。我们说 $\{f_{ij}\}$ 是约化模形式 $\{h_i - h_j\}$ 这个量的，这里模的意义与§16.1 中用的"模"一词的意义基本相同（亦见前言里的等价类概念）。实际上，在上同调理论里，人们关心的函数类（f_{ij} 或 h_i）可以极其一般化。在扭量理论里，我们通常只涉及全纯函数。因此结合二者我们有"全纯层上同调"概念。

　　特别是，这种上同调概念可以用到扭量理论上。一般来说，我们不是把"扭量函数"简单地看成是单个的全纯函数 f，而是认为它是一个全纯函数 $\{f_{ij}\}$ 的集合，其中每个单个的 f_{ij} 都定

989

✱✱✱〔33.25〕　证明：F_{ij} 的反对称性满足三重重叠的相容性要求。

义在一对开集 u_i 和 u_j 的交上，并有 $f_{ji} = -f_{ij}$；对三重叠区域有 $f_{ij} + f_{jk} + f_{ki} = 0$，并且这些开集 $\{\mathcal{U}_i\}$ 的总集合覆盖扭量空间的全部区域 $\mathcal{Q}$。$\mathcal{Q}$ 上（关于覆盖 $\{\mathcal{U}_i\}$ 的）一阶上同调元素由这个集合 $\{f_{ij}\}$ 表示，该集合的约化模为形式 $\{h_i - h_j\}$ 这个量，这里 h_i 定义在 $\mathcal{U}_i$ 上。不要把函数 f_{ij} 的集合看成是上同调元素，它只是提供了一种表示这种神秘"元素"的方式。我们称它为一阶上同调元素的 f_{ij} 表示。

然而，对于上同调的严格定义，我们也可以考虑用对区域 $\mathcal{Q}$ 的覆盖取越来越细致极限的办法。幸好有这样一条定理告诉我们，对于全纯层上同调，当 $\mathcal{U}_i$ 是足够简单类型的集即施坦集（Stein sets）时，我们可以停止细化。[33]（在施坦集里一阶全纯层上同调总是为零。）因此，如果我们把注意力集中在那些每个 $\mathcal{U}_i$ 都是施坦集的覆盖上，那么当我们谈及定义在 $\mathcal{Q}$ 上的上同调元素时，我们就不必加上"关于覆盖 $\{\mathcal{U}_i\}$ 的"这样的定语。上同调概念不取决于施坦覆盖的具体选择。一个上同调元素就是定义在 $\mathcal{Q}$ 上的一件"事"，不论采用什么样的覆盖，其结果是一样的。[34]这个突出的事实正是（全纯）层上同调神奇性的一个方面！

所有这些怎么应用到§33.8所考虑的扭量函数和周线积分上呢？如果是只有两个拼块 $\mathcal{U}_1$ 和 $\mathcal{U}_2$ 共同覆盖扭量空间区域的情形，那么问题最简单了。这时只要一个函数，就是§33.8里的"扭量函数" $f(Z^a) = f_{12} - f_{21}$。按照上述的层上同调法则，我们说 $f(Z^a)$ 等价于 $g(Z^a)$，如果它们的差在前述意义上是"平凡"的，即如果有

$$f - g = h_1 - h_2$$

的话。这里全纯函数 h_1 整个地定义在 $\mathcal{U}_1$ 上，h_2 整个地定义在 $\mathcal{U}_2$ 上。很容易证明，只要这两个函数在上述意义上是等价的，那么对 f 进行适当的周线积分与对 g 进行同样周线积分的效果是相同的。但有时我们需要考虑更复杂的拼块。本质上看，上述关于扭量函数间等价性的"上同调法则"可通过调整来保留周线积分表达式给出的答案，但现在周线积分的概念必须推广到"分支周线积分"，每个重叠区域一个分支，如图33.19所示。[35]

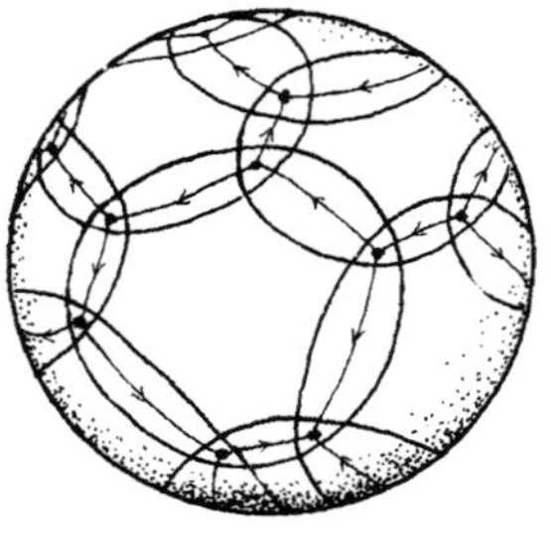

上同调的一个重要特点是它本质上是非局域的。我们可以有一个定义在某个区域 $\mathcal{Q}$ 上的上同调元素。然后通过将该元素限定在 $\mathcal{Q}$ 中更小的某个区域 $\mathcal{Q}'$ 来发掘其意义。上同调的非局域特征在如下事实中揭示得很明白：对 $\mathcal{Q}$ 中足够小的（开）子区域 $\mathcal{Q}'$，当对元素的限定缩小到 $\mathcal{Q}'$ 时该元素必需为零，也就是说，给定 $\mathcal{Q}'$ 上的 f_{ij}，那么在 $\mathcal{Q}'$ 内总能找到一系列 h，使 $f_{ij} = h_i - h_j$。

对于扭量函数，这种非局域性告诉我们，在具体某一点上给 f_{ij} 赋值毫无意义。我们能够在围绕这一点的一个足够小的开区域上发现上同调元素完全消失了，见图33.20。扭量函数（作为一阶上同调元素）所展示的这种非局域性使我们很快想到 EPR 效应和量子纠缠（§23.10）的非局

图 33.19　（黎曼球面上的）"分支周线"，它可用于扭量函数的时空求值，其中覆盖由两个以上集合组成。

域特征。在我看来，这种图景的背后一定隐藏着某种重要的东西，未来总有一天我们会看清 EPR 现象中的这种神秘的非局域性质，但现在还不是时候。

我们将这种"上同调元素"看成是定义在空间 Q 上的"东西"，它有点像定义在 Q 上的函数，但本质是是非局域的。这种"东西"的一个实例是§§15.2，5 的 Q 上的完全（复）矢流形。由流形的定义可知，从仅作为拓扑积（参看§15.2，图15.3）的意义上说，流形处于足够小底空间区域（即这里的 Q）上方的那部分是"平凡的"。这个例子说明，如果我们将一阶上同调元素限定到一个足够小区域，它也将是"平凡的"，即它为零。因此，上同调元素传递出的"信息"具有根本的非局域性质。

我们不妨从一个入门性质的例子来看看什么是上同调概念，尽管例子中的这个图形很简单，见图33.21。这是一个"不可能客观存在的"图形，有时被称为"三柱体"。[36] 很显然，这个"三维客体"不可能在普通的欧几里得空间中存在。但从局部看这个图形不是不可能的。其不可能性在于一种非局域性，如果我们从足够小区域上来考虑，这种不可能性就消失了。实际上，图中展示的这种"不可能性"概念可以用一个具体的上同调元素来表示。[37],** [33.26] 这是一个相当简单的上同调类型，其中函数 $\{f_{ij}\}$ 皆取常数。

992

全纯一阶上同调元素≠0

全纯上同调元素＝0的限定区域

图 33.20　上同调元素总可以下限到一个更小的区域。但如果这个区域足够小，则上同调总为零。这个图展示了上同调的非局域性质。

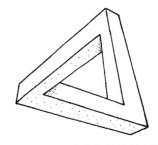

图 33.21　一个"不可能客观存在"的图形（"三柱体"）。从局部来看，这个图形所表示的各个部分都是可能的。其"不可能性"需通过上同调元素来量度，而这种量度对图中任一足够小区域都为零。

这里我只能介绍些层上同调的基本概念。这些概念在数学里有着许多应用，而且不限于全纯性一种。扭量理论所关心的"层（sheaf）"是那些由全纯函数表示的层，在这个特定范围内，上同调理论有一种特别的神奇性质。（简单说，所谓"层"是指我们所关心的函数类型，但层的概念实际上要比普通函数有着更广的应用。[38]）上同调还有许多其他种应用，例如包括弦论的卡拉比－丘空间研究中的某些重要应用（§31.14）。同样，定义层上同调元素也有好几种非常不同的方法，数学上我们可以证明所有这些定义都是等价的，尽管它们的表现形式各不相同。[39]我认

** 〔33.26〕看看你能否做到这一点：把图破成一系列重叠的小图（$\mathcal{U}_i$），每个小图独自表示一个相容的三维空间结构，然后用观察者视角得到的该三维结构的距离对数来计算 $\{f_{ij}\}$。

为（层）上同调是柏拉图理念（§1.3）的一个绝好的例子，像复数系 $\mathbb{C}$ 本身一样，它似乎有"自己的寿命周期"，其长度远远超出我们用来预期的任何具体方式所给出的结果。

33.10 扭量与正/负频率剖分

我们如何将正频率条件这一量子物论的基础结合进扭量理论里呢？从§9.5 我们知道，将黎曼球面 S^2 分成南、北两半球面 S^- 和 S^+ 的方法可以用来将定义在赤道面 S^1 上的函数分成正、负两个频率部分。正频率部分扩展到 S^-，负频率部分扩展到 S^+（图 33.22(a)）。射影扭量空间也可以这么做，只是以总体的方式直接应用到整个无质量场上。这是通过直接将黎曼球面和射影扭量空间 $\mathbb{PT}$ 进行类比来实现的，其中 $\mathbb{PT}$ 上的一阶上同调元素相当于黎曼曲面上的函数，空间 $\mathbb{PN}$ 则相当于赤道面 S^1。我们说 $\mathbb{PN}$ 将 $\mathbb{PT}$（它是 $\mathbb{CP}$ 的）分成两个半空间 $\mathbb{PT}^-$ 和 $\mathbb{PT}^+$，就像 S^1 将 S^2（它是 $\mathbb{CP}^1$ 的）分成两个半球面 S^- 和 S^+ 一样（图 33.22(b)）。[40]

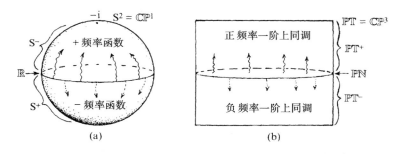

图 33.22 黎曼球面 S^2（$=\mathbb{CP}^1$）与射影扭量空间 $\mathbb{PT}$（$=\mathbb{CP}$）之间的类比。(a) 定义在 S^2 的实轴 R 上的复函数（即"0"阶上同调元素）分成正、负频率两部分，正频率部分全纯扩展到图中北半球 S^-，负频率部分扩展到南半球 S^+。（这里画出黎曼球面是为了看清 R 即其赤道，但 $-i$ 点在北极而 i 在南极，试与图 8.7 和§9.5 的图 9.10 进行比较）。(b) 定义在 $\mathbb{PN}$ 上的一阶上同调元素（表示无质量场）分成正、负频率两部分，正频率部分全纯扩展到射影扭量空间的上半部分 $\mathbb{PT}^+$，负频率部分扩展到下半部分 $\mathbb{PT}^-$。

说得更明确点，与分别定义在 S^1、S^- 和 S^+ 上的普通（复）函数对应的分别是 $\mathbb{PN}$、$\mathbb{PT}^+$ 和 $\mathbb{PT}^-$ 上的一阶上同调元素。$\mathbb{M}$（严格来说应是 $\mathbb{M}^\#$）上的无质量场由 $\mathbb{PN}$ 上的一阶上同调元素表示。每个场可以（基本上唯一地）表示成扩展到 $\mathbb{PT}^+$ 的元素与扩展到 $\mathbb{PT}^-$ 的元素之和。前者描述正频率无质量场，后者描述负频率无质量场。[41] 用时空语言来说，场的这种正频率部分延伸到定义在向前管道上，从§33.8 可知，这个向前管道是 $\mathbb{CM}^\#$ 的 $\mathbb{M}^+$，它由扭量空间里 $\mathbb{PT}^+$ 的射影线所表示的点组成。在 $\mathbb{CM}^+$ 内，这些（复数）点的位置矢量有类时且指向过去的虚部。**[33.27]

$\mathbb{PT}$ 与黎曼球面之间的这种类比导致这样一种可能，即扭量理论里可以找到与弦论中对等的

[33.27] 由关联方程出发证明：$\mathbb{CM}$ 的点 R 上的复位置矢量 r^a 可由 $\mathbb{PT}^+$ 内投影线表示，当且仅当 r^a 的虚部是过去指向且类时的。

一些概念。由 §§31.5，13 可知，在弦论中，黎曼曲面被用来表示"弦的历史"。黎曼球面（$\mathbb{CP}^1$）就是最简单的这样一种曲面，而具有不同"环柄"数的曲面（高亏格黎曼曲面——见 §8.4）则被用来表示更一般的弦的历史。这些黎曼曲面除了环柄之外还可以有"洞"（具有 S^1 边界，见图 31.5）。通过类比，[42] 我们可以来考虑将空间 $\mathbb{PT}$ 推广到同样有"环柄"和"洞"的形式（其边界仍是 $\mathbb{PN}$）。这些推广了的空间即所谓"麻花状扭量空间"，我们可以基于这些空间概念发展出一套量子场论理论（图 33.23）。但目前这些概念的地位还没有得到广泛认可。

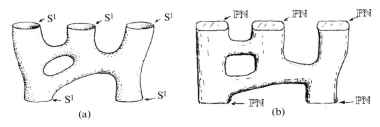

图 33.23　（a）基于黎曼球面到高亏格黎曼曲面的推广的共形场论（一种弦论模型），所谓高亏格黎曼曲面是指可以有有限大小的"洞"和环柄（见图 31.5，洞表示外部信息馈入之处。）（b）利用 $\mathbb{PT}$ 的推广的扭量版本，它可以通过与黎曼曲面情形下相对应的方式得到"环柄"和"洞"，这里"洞"的边界是 $\mathbb{PN}$（"麻花状扭量空间"）的各个拷贝。

历史地看，1963 年，即发现无质量场具有如全纯一阶层上同调的扭量描述之前 12 年，正频率要求——及其用 $\mathbb{PN}$ 将 $\mathbb{PT}$ 分成两个半空间的性质——是扭量理论最初的形式体系的关键动机。[43] 值得注意的是，这里我们同样有源于带洛伦兹符号差的四维时空的性质。同样独特的是，正是一阶层上同调元素，而非普通函数——即"零阶"上同调元素——或二阶乃至高阶上同调元素，在扭量理论中扮演着重要角色。高阶的上同调概念也是存在的（而且也在扭量理论中起着一定作用），但惟有一阶上同调在扭量理论中起着基础性作用。由于只有这些量在扭量空间的变形方面起着直接作用，故下面让我们把注意力集中到这个问题上来。

33.11　非线性引力子

我们目前一直在讨论的这种上同调元素（扭量函数）应当被认为是完全"被动的"，就是说它们是被直接"油漆"到（扭量）空间上的。这相当于它们描述的只是处于时空上的时空场，不会影响到其他场。为了看清它们是如何施加这种积极影响的，让我们来考虑涂在扭量空间上的"油漆"已经"固化"，从而空间已变形的情形（图 33.24）。要明白这事怎么才可能发生，我们将此前"被动的"扭量函数 f_{ij} 看成是以适当方式附属于矢量场 $\boldsymbol{F}_{ij}$ 的。通过拼块之间沿矢量场方向"彼此平移"一个无穷小量，我们来"使油漆固化"并形成一个无穷小"弯曲的"扭量空间。可以想象，这种变形是"指数化的"（§14.6），直到得到一个扭量空间的确定形变（油

995

漆完全干透）为止。

首先被成功实施这一处理的情形是反自对偶引力子。[44] 在无穷小（弱场）情形下，我们有螺旋量 $S = -2$ 的无质量场，因此用前述的齐次阶公式 $-2S - 2$，我们有齐次阶 2 的扭量函数 $f(f_{ij})$。出于简单计，这里我们假定只考虑两个拼块 $\mathcal{U}_1$ 和 $\mathcal{U}_2$ 的情形，每个都看作是 §33.5 的标准坐标下平直扭量空间 $\mathbb{T}$ 的一部分。由 f 组成的所需的矢量场 $\boldsymbol{F}$ 为

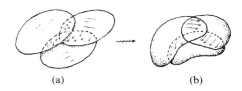

图 33.24 一阶上同调矢量场元素是"被动的"（即"油漆"到空间上的）。为了看清它所具有的积极影响，我们将"油漆固化"看成是每个重叠部分上矢量场的指数化的结果。这导致一个拼块相对于另一个拼块出现有限的"滑移"，从而产生有限的变形，或"弯曲空间"。

$$\boldsymbol{F} = \frac{\partial f}{\partial \omega^0}\frac{\partial}{\partial \omega^1} - \frac{\partial f}{\partial \omega^1}\frac{\partial}{\partial \omega^0}.$$

注意，f 的齐次度 2 由两个微分算符来严格补偿，由此给出一个齐次度为 0 的算符，它作用在射影扭量空间上。**[33.28]

现在，想象将这一个拼块相对于另一个拼块的无穷小位移指数化（见图 33.25）。由此我们得到弯曲的扭量空间（部分）$\mathcal{T}$。无穷小拼块间关系缺少 $\boldsymbol{\pi}$ 导数意味着一个拼块上的扭量必须与与之配合的另一个拼块上的扭量具有相同的 $\boldsymbol{\pi}$ 部分。于是有，从整个拼合空间"向外投影"到 $\boldsymbol{\pi}$ 旋量的运算必须在整个 $\mathcal{T}$ 上是相容的。也就是说，存在一种 $\mathcal{T}$ 到 $\boldsymbol{\pi}$ 旋量空间的总体投影。我们不

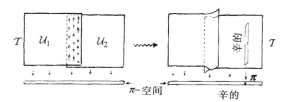

图 33.25 将图 33.24 的概念应用到（两拼块的）反自对偶引力的扭量描述的情形。这里矢量场是 $(\partial f/\partial \omega^0)/\partial \omega^1 - (\partial f/\partial \omega^1)\partial/\omega^0$，其中 f 的齐次度为 2。我们得到弯曲的扭量空间 $\mathbb{T}$。存在 $\mathbb{T}$ 到 $\boldsymbol{\pi}$ 空间的总体投影。像 $\boldsymbol{\pi}$ 空间本身一样，该投影的每个纤维都是一个具有辛结构的复二维空间。

妨在此忽略（更可取的是移去）$\mathcal{T}$ 和 $\boldsymbol{\pi}$ 空间中的"零元素"，由此我们发现，$\mathcal{T}$ 是 $\boldsymbol{\pi}$ 空间上的纤维丛（见 §15.2）。[45] 可以证明，每根纤维（特定 $\boldsymbol{\pi}$ 的倒像，即处于 $\boldsymbol{\pi}$ "之上"的 $\mathcal{T}$ 的部分）都是一个具有辛结构的复二维流形，$\boldsymbol{\pi}$ 空间本身也是如此（见 §14.8——这里它只是意味着在二维流形上定义了一种面积量度），这个事实由上述拼合过程的具体形式来保证。

我们怎么才能从这个弯曲的扭量空间回到某种"时空"概念上来呢？答案是每个"时空点"唯一地对应于丛 $\mathcal{T}$ 的一个全纯截面。（全纯截面的概念见 §15.5，这里它指一种从 $\boldsymbol{\pi}$ 空间返回到 $\mathcal{T}$ 的映射。）为什么这是一种合理的认定呢？这是因为，在平直情形 $\mathcal{T}$ 中，它可以解释为通过 $\boldsymbol{\pi}$ 到 $\boldsymbol{Z} = (\mathbf{i}r\boldsymbol{\pi}, \boldsymbol{\pi})$ 的映射而表示的（可能是复的）时空点 R。从射影扭量空间 $\mathbb{PT}$ 方面来说，这个截面其实就是我们在 §33.5 中用来表示 R 的 PT 中的直线（黎曼球面，$\mathbb{CP}^1$）。**[33.29] 更惊人的是

**[33.28] 为什么齐次度为 0 意味着它给出 $\mathbb{PT}$ 内某个区域上的矢量场？提示：$\boldsymbol{F}$ 与 $\boldsymbol{\Psi}$ 的对易子是什么？

**[33.29] 解释：什么叫这条线是 $\mathbb{PT}-\mathbf{I}$ 的一个"截面"？

"时空点"的这种认定在弯曲扭量空间 $\mathcal{T}$ 中依然有效。我们发现[46]，就像在平直情形中一样，存在四维复参数的全纯截面族。（在射影空间 $\mathbb{PT}$ 中，这是一族四维复参数的线 $\mathbb{CP}^1$。）因此我们有四维复流形 $\mathcal{M}$ 来表示这族截面。四维性质是一个突出的事实——高复数维的复数奇幻性的一个例子——这一点可以从日本数学家小平邦彦（Kunihiko Kodaira）的定理中得到理解。[47]（只有实流形经验的人可能会期望存在这样的无穷大参数族。但我们在§15.5 已经指出，全纯截面可以是非常有限的。）

　　图 33.26 用图像示意了（射影描述下的）这一过程。它由复闵可夫斯基空间 $\mathbb{CM}$ 的某个适当区域 $\mathcal{R}$ 开始，为简单计，我们取 $\mathcal{R}$ 为 $\mathbb{CM}$ 内一点 R 的某个适当的（开）邻域。射影空间 $\mathbb{PT}$ 的相应区域 $\mathcal{Q}$ 为线族扫过的区域，每根线代表 $\mathcal{R}$ 的一个点。这个区域将是 $\mathbb{PT}$ 内表示 $\mathcal{R}$ 的线 $\mathbf{R}$ 的一个邻域（叫做管状邻域，见图 33.26a）。我们可认为 $\mathcal{Q}$ 的拓扑是 $S^2 \times \mathbb{R}^2$ 的，这里 S^2 取自线 $\mathbf{R}$ 的——或等价地，射影 π 空间的——拓扑，$\mathbb{R}^4$ 描述 $\mathbf{R}$ 的每个点的紧邻域的横截部分。现在我们将 S^2（射影 π 空间）看成是分成了两个半球面，且稍许有点儿扩张从而存在重叠的"区域"，然后我们将 $\mathcal{Q}$ 看成是由两个分别位于扩张了的半球面上的重合部分（开集）$\mathcal{U}_1$ 和 $\mathcal{U}_2$ 组成的（图 33.26b）。现在我们让 $\mathcal{U}_1$ 按上述矢量场相对于 $\mathcal{U}_2$"分流"，以得到变形了的射影扭量空间 $\mathbb{PT}$（图 33.26c）。

　　还有一种到 π 空间的总体投影（图 33.26(d)），它给出丛结构。不过由于 $\mathcal{U}_1$ 和 $\mathcal{U}_2$ 内原初的"直线"被断开，因此无法给出截面。但小平邦彦定理告诉我们，$\mathbb{PT}$ 内存在新的四参数全纯曲线族，它们是丛结构的实际全纯截面族。由此可得所需的空间 $\mathcal{M}$，并且它的每个点对应于每个这种截面（图 33.26(e)）。可以证明，我们可以按自然的方式为 $\mathcal{M}$ 赋一个度规 g，并且其外尔曲率是反自对偶的，这种度规是里奇平直的。我们很容易通过下述事实找出 g（共形结构）的光锥：$\mathcal{M}$ 的两点 P 和 R 是类光分离的，当且仅当 $\mathbb{PT}$ 中相应直线 $\mathbf{P}$ 和 $\mathbf{Q}$ 相交（图 33.26）。

　　读者可能会对这种"时空"$\mathcal{M}$ 的实际物理意义感到担心，因为它被证明是复的（因此当我们将其看成是实流形时它是 8 维而不是 4 维的）。在平直情形下，我们可以通过取 $\mathbb{N}$ 中 $\mathbb{T}$ 的截面来挑选出一个实的时空点（$\mathbb{M}$ 中的事件），然后将 $\mathcal{M}$ 的直接看成是闵可夫斯基空间 $\mathbb{M}$ 的复化 $\mathbb{CM}$。但在弯曲情形下，我们没这么幸运。这时我们按此构造得到的"时空"其本身必然就是复流形，而不是由洛伦兹实时空复化产生的。

　　为什么这么说呢？这是因为，具有反自对偶外尔曲率的洛伦兹四维流形必然是外尔平直的（因为零自对偶的复共轭是反自对偶部分，因此这部分还是零）。如果它是里奇平直的，那么它原本就是平直的。但另一方面，在复数情形下，[48]存在非常多的非平凡反自对偶里奇平直四维流形。它们全都能通过扭量处理来（至少是局域地）得到！

　　我们如何处理这种复空间 $\mathcal{M}$ 呢？物理上说，对于复反自对偶里奇平直的四维复空间（如果在某种适当意义上它可以认作是"正频率"的话），我们可以将其解释为一个左旋的引力子。事实上，就其作为"波函数"而言，这是个非线性引力子，但现在它是实际的爱因斯坦非线性

998

999

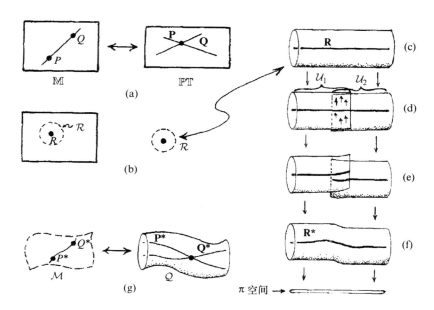

图 33.26 左旋非线性引力子的构造。(a) 对应于标准平直空间扭量，如果 $\mathbb{PT}$ 中的直线 **P** 和 **Q** 相交，则 $\mathbb{CM}$ 中相应的点 P 和 Q 就是类光分离的。(b) 我们将 $\mathbb{PT}$ 适当变形成弯曲的扭量空间，而数学定理告诉我们这种变形不可能是总体性的。因此我们仅取 $\mathbb{CM}$ 中点 R 的适当（开）邻域 $\mathcal{R}$ 作为起始"时空"。(c) 这相当于 $\mathbb{PT}$ 中线 **R** 的管状邻域 $\mathcal{Q}$。(d) 现在我们可以应用图 33.25 的程序来变形 $\mathcal{Q}$（视为两个开集 $\mathcal{U}_1$ 和 $\mathcal{U}_2$ 的联合体）。(e) 但是我们发现，原始线 **R** 现在被断开了，不能用作"时空点"的合理定义。(f) 小平邦彦定理使我们摆脱了困境：存在一个四参数的"线" **R** * 族（紧致全纯曲线，与原始的直线属同一拓扑类），可以用来达到这一目的。(g) 我们寻求的"非线性引力子"空间 $\mathcal{M}$（复四维空间）的点由小平邦彦曲线 **R** * 给出。$\mathcal{M}$ 的（复共形）度规（如情形 (a) 一样）由如下条件定义：P * 和 Q * 是类分离的，只要相应的直线 **P** * 和 **Q** * 相交。可以证明，$\mathcal{M}$ 的外尔曲率自动就是反自对偶的，而且由于构造细节它还是里奇平直的。

真空方程（里奇平直性）的解，而不是其线性近似解。后者的可能情形是我们恰好将扭量函数 f 取为上同调元素，而不是容许"固化"变形的扭量空间本身。我们看到，在协调量子理论概念与时空结构方面，扭量理论为我们指出了一个奇妙的、以前未曾预料到的方向。我们的扭量波函数现在是非线性的项，由此将开始出现偏离标准的线性量子力学法则（§§22.2 – 4）的趋向。

这种结构有一种特别值得称道的特性。如果我们取弯曲扭量空间 $\mathcal{T}$ 的任意一点 **Z**，我们发现，**Z** 的足够小邻域有一种结构，它等同于平直扭量空间 $\mathbb{T}$ 的任意取定点 Z' 的某个邻域的结构（这里 $\mathcal{T}$ 不处于"无穷远"区域 **I**——见§33.5）。相应地，扭量空间拥有的局域结构是"松弛的"，这个词的意义见§14.8。因此，关于空间 $\mathcal{M}$ 的曲率等等的所有信息都整个地而非局部地存贮在 $\mathcal{T}$ 中。这是对上述事实——当限定在足够小区域上时，由扭量函数定义的上同调元素完全消失——的一种反映。扭量空间中不存在"场方程"。通常存储于时空场方程（在此情形下为反自对偶的爱因斯坦方程）解中的信息似乎只能是非局域地存储于扭量空间结构中。[49]

33.12　扭量与广义相对论

自 20 世纪 70 年代中期以来，这个"非线性引力子构造"一直是扭量理论发展的中心目标。起初，这方面研究是沿两个不同的方向推进的。其中最明显的进展当属*右旋*非线性引力子的构造，以及它与左旋引力子复合形成的混合偏振态（如平面偏振的非线性引力子）。这似乎可看作是扭量理论的一个关键。如上所述，对于像第 30 章里强烈提倡的理论来说，"非线性引力子"的概念的研究非常重要，在那里，普通 U 量子理论的标准线性法则需要修改以便能与爱因斯坦广义相对论正确结合。然而，上述构造产生的"引力子"只是"半个引力子"，因此只有两种可能的螺旋态之一能够被结合。

一些机敏的读者或许会建议，如果我们用对偶扭量 W_α 而不是扭量 Z^α 来描述，那么利用对偶扭量重复前述的构造，就有可能得到*右旋*引力子的非线性波函数。**[33.30] 由此我们有右旋引力子对应于齐次阶 2（对 W_α），左旋引力子对应于齐次阶 −6。但这并不能使我们解困，因为这样我们将失去左旋螺旋态——这使得用 W_α 变量描述右旋螺旋态、用 Z^α 描述左旋螺旋态的方法变得毫无意义，更直接的原因是我们还需要描述混合螺旋态。[50]

如何"指数化" −6 齐次阶扭量函数 $f(Z^\alpha)$ 来得到右旋非线性引力子的问题一直属于（引力方面的）*变线球*问题。（单词"googly 变线球"是板球中的一个术语，指沿前进方向右旋的球，虽然它在投出去时看起来像是左旋的。）为了找出合理的答案差不多已经搭上了 25 年的时间，好在最近的进展似乎让人看到了适当的解决方案。[51] 但在本书成书之时，这种处理在某些重要方面仍是假设性的。这里我不对此作过多描述了，只是指出一点，其真正的新意在于弯曲扭量空间 $\mathcal{T}$ 到射影空间 $\mathbb{P}\mathcal{T}$ 的投影的纤维通过由齐次阶 −6 的扭量函数所定义的方式被"扭曲"。（这种"扭曲"是通过在一对重叠拼块上对不牢靠的单形式 $Cf_{-6}Z^\alpha \partial/\partial Z^\alpha$ 的矢量场进行指数化来实现的，这里 C 是适当常数，f_{-6} 是齐次阶 −6 的扭量函数。）它使得引力子的左旋和右旋部分可以结合到一块儿。

至少在适当渐近平直时空 $\mathcal{M}$ 的情形下，我们可以通过 $\mathcal{M}$ 得到非常明确的 $\mathcal{T}$ 结构。不仅如此，还有一种尝试性建议认为从给定 $\mathcal{T}$ 可以得到 $\mathcal{M}$，即对于从 $\mathcal{T}$ 的纯扭量结构得到的那些时空点，该假设能确保所需的里奇平直性（爱因斯坦真空方程）被正确地结合进来。这项建议密切关系到纽曼（Ezra T. Newman）及其同事长期从事的一项研究项目，其目标是根据所谓"光锥切口"概念来解释时空点，这些切口是 $\mathcal{M}$ 内光锥与未来类光无穷远 $\mathscr{I}^+$ 的截面。[52] 然而，尽管看起来很有前途，但这种扭量结构的一些重要方面的问题目前仍未得到解决。[53]

1001

＊＊〔33.30〕 为什么？提示：为什么空间反射将扭量变换成对偶扭量？

声称在原初（1975/6 年间的）左旋非线性引力子构造方面取得进展的另一个方面是引力理论向其他规范场的推广。早在 1976 到 1977 年间，沃德（Richard Ward）就证明了如何用类似于引力结构的扭量结构来得到一般的反自对偶规范场。事实上，沃德的这一构造已经引起了数学界相当大的兴趣，并为沃德和其他人所发展，特别是在可积系统（一定意义上在一般情形下可解的非线性方程）领域。这里扭量理论从总体上为此提供了一种有力的观点。[54] 上述这些在完全解决引力混合螺旋量问题方面的进展似乎表明，一般性的（混合螺旋量）规范场问题也可以在扭量理论的框架下来处理。

33.13　面向粒子物理的扭量理论

这里向我们提出了一个问题：如何将扭量理论发展成一种成熟的物理理论——尽管当前还不行。要做到这一点，扭量理论中另外两方面就必须得到进一步发展。首先是要给出对量子场论的综合处理。实际上，这方面的研究相当多，主要为牛津大学的霍奇（Andrew Hodges）及其学生所推动（最初由我和其他人于 1970 年代早期所发起），它采用微扰方法来处理量子场论，其中的费恩曼图被扭量图所替代。这些处理中包含了高维周线积分，并且在避免传统的费恩曼处理中经常遇到的各种无穷大方面取得了明显进展。[55] 但这种处理的复杂程度仍超乎我们所愿，并且缺乏独立的如 §§26.6~8 那样的基本指导原则，这种原则可以指导我们如何准确掌握周线积分，并且不必求助于传统的费恩曼表达式作为过渡。

另一方面是扭量粒子理论，它主要由佩尔热（Zoltan Perjés）、斯帕林（George Sparling）、休斯顿（Lane Hughston）、托德（Paul Tod）和周尚真（Tsou Sheung Tsun）等人于 20 世纪 70 年代中期到 80 年代早期对我所引入的概念进行发展而来，但自那段时期之后这方面基本上处于停滞状态。这方面的基本概念是，与无质量粒子仅需用单扭量变量的扭量波函数（譬如说 $f(Z^\alpha)$）来描述不同，有质量粒子要求有更多的变量，例如 $X^\alpha, \cdots, Z^\alpha$。有质量粒子不仅存在包括所有这些扭量的单独贡献的求和的动量和角动量表达式，而且存在由这些扭量变量与其复共轭之间变换产生的内部对称群，它对总动量和总角动量无影响。值得指出的还有，我们得到一些有所推广的群，它们包括了电弱相互作用的 U(2) 和强相互作用的 SU(3)。与标准模型的粒子标准分类有关的一系列关系也值得一提，但由于某些技术原因，其架构迟迟未能建立。有望做到这一点的是最近在"变线球"问题上的进展——特别是如果它能应用到规范场的话——它有可能再次打开该领域紧闭之门。

我认为，还存在一种重要的可能性，这就是 §25.8 里描述的粒子物理模型的陈（匡武）–周（尚真）建议可能与这些进展存在重要联系。这个建议要求除了原始的规范群之外，每个（非阿贝尔）粒子的对称群都存在对偶群。扭量理论的建议是，按照上述沃德的结构——加上猜测性的"变线球"版本——每个群应有反自对偶和自对偶两种，这似乎表明，除了要求原始规范群的作用之外，还要求规范群的对偶形式也应起着重要作用。因此，通过陈－周理论概念的作用，扭量粒子方案也许能够在未来粒子物理中占有一席之地。不仅如此，我们还可以预期，这个领域的成功进展同样会对扭量理论的量子场论方案起着重要影响。

33.14 扭量理论的未来

1003

在对上述扭量理论的描述中，我没有告诉读者，我自己的这些观点并不反映大多数物理学家的看法。事实上，由于我（断断续续地）花了大半生在扭量理论上，因此我的观点不可能与大多数未涉此领域的物理学家的观点紧密一致。我还要申明一点，深入了解这个领域的物理学家群体非常之小，如果与了解弦论或超弦理论的群体比起来，那更是微不足道。在今天，扭量理论不可能成为理论物理学的"主流"。

然而像弦论一样，扭量理论也曾对纯数学产生过重要影响，而且这一点一直被认为是它最有力的地方。扭量理论曾对（前述的）可积系统理论、表示理论[56]和微分几何等领域产生过重要影响。（在最后这方面，我只消举出默科洛夫（Sergei A. Merkulov）和施瓦霍夫（L. J. Schwachhöfer）的工作，他们能够用从事原始非线性引力结构研究的科学家所发展的方法来找出所谓"完整问题（holonomy problem）"的解。[57]在相关工作中，扭量理论在所谓"超凯勒流形"、"佐尔空间（Zoll space）"等结构方面发挥着重要作用。[58]）扭量理论一直受到数学完美性和数学兴趣方面的导引，它从数学结构的严格性和富于成果的性质上获益良多。

那些在第 31 章臧否分明的读者可能会倾向于认为，弦论的薄弱之处正在于它主要是受到数学上的推动，而很少是出于探索物理世界性质的动机。从某些方面看，这种批评对扭量理论也是合适的。的确不存在来自现代观察数据方面的过硬的理由将我们凝聚在这样一种信仰之下：扭量理论提供了一条现代物理学必须遵从的道路。许多人甚至感到，这种理论强烈的手征性质使得它在空间不对称性方面走得太远了。毕竟没有物理上的证据说明左右不对称性在引力物理里起着重要作用。在第 27、28 和 30 章，我已经强调了在适当的量子－引力统一体中时间不对称性的必要性，但空间不对称性仍缺乏物理上的明显需要（那种间接的通过量子场论的 CPT 定理给出的除外，见 §25.4 和 §30.2）。

当然，也存在这样的情形：理论上的空间不对称性不一定就简单反映为物理效应上的不对称性。这种解释的一个例子就是存在这样的事实：对 $(Z^\alpha, -\hbar\partial/\partial Z^\alpha)$ 和对 $(\hbar\partial/\partial \overline{Z}_\alpha, \overline{Z}_\alpha)$ 产生的代数形式上是等价的。这意味着，不论用扭量描述（Z^α 是变量）得到什么样的结果，它们都与对偶扭量描述（变量是 $W_\alpha = \overline{Z}^\alpha$）得到的结果相等。这种相似性是如此完备以至在结果性理论中不会出现引力的左右不对称性。另一方面，如果理论具有镜像性质，那么当理论用来描述弱作用（§25.3）时，我们就要求它具有左右不对称性。照扭量理论看，在目前这种相对初始的阶段，这种差别的原因还不清楚。

1004

目前够得上扭量理论的主要批评是认为它实际上不是一种物理理论。它给不出任何物理上清楚的预言。我自己的（过于）乐观的看法是将扭量理论看成是一种类似于经典物理中哈密顿体系的理论。哈密顿理论不引入物理变化，只提供关于经典物理的不同视角，按照 21 – 23 章里的薛定谔描述，新量子力学是需要这样一种理论的。同样，扭量理论只是一种无需引入物理变化的理论重构。乐观的期望是这种框架也能够提供未来物理学发展的某种重要的桥梁作用。

当然，对怀疑论者来说，他没有义务要相信这种发展会发生，况且最初扭量理论也确实如同弦论（或 M 理论）那样是受到美学或数学的激励。但正像它们所表明的那样，这两种理论在数学上是不相容的，因为它们运行于不同的时空维数下。人们或许会说（或许过于严厉了）只有扭量理论认为弦论的未来是没出路的——或者反过来，也只有弦论认为扭量理论的那些东西是错的！这种不相容性没有延伸到弦论（或 M 理论）的变量或再解释上，就是说，额外维并没有被当作时空维，而只是某种"内部"维。虽然这种新的解释似乎能给出相容的观点，但正如通常所共识的那样，它与弦论背后的驱动力是相抵触的。

与此相关的，我要提醒读者某些最近的工作，即§31.18 中提及的主要是威腾的工作。[59] 这项工作对用新观点来看待杨 – 米尔斯散射幅度提出了一种极具魅力的可能性。它将弦论思想与出自弦论的其他思想组合起来——而且现在是在四维环境下！

不管怎么说，扭量理论确实需要有新的思想结合进来。在其他成功的物理理论中，最重要的内容一直是拉格朗日量和费恩曼路径积分，它们提供了处理场方程的适当的量子场论方法（见§26.6）。但扭量理论则使场方程烟消云散（§§33.8，11），因此我们需要一些新的概念来推动完全扭量量子场论的发展。[60]

1005

扭量理论能够做出明确的"预言"吗？我认为最接近预言的是：这个理论的基本动机似乎意味着宇宙应当具有负空间曲率，即 $K < 0$。为了看清个中原因，我们先回顾一下第 27 和 28 章（特别是§27.13），其中大爆炸似乎具有超常的均匀性质，并且非常接近于某种 FLRW 模型。这些模型都是共形平直的（外尔曲率为零），并且能够直接用平直扭量时空（$\mathbb{CP}^3$）来描述。[61] 在 $K > 0$，$K = 1$，$K < 0$ 的每一种情形下，都存在严格对称群，但只有在 $K < 0$ 情形下这种群是全纯的。实际上，在此情形下，这个群使我们开始有了扭量理论的"复数奇幻性"，也就是洛伦兹群 $O(1, 3)$，它（忽略反射）是黎曼曲面上的全纯变换。这个黎曼曲面在哪儿呢？它在双曲型三维空间的"无穷远处"——就像图 2.11 重画的埃舍尔画中的边界圆——类似于§18.5 的天球，其边界就是§18.4 的双曲型三维空间，见图 18.10。

我们看到，$K < 0$ 情形谈不上是扭量理论的预言，而是其基本的全纯哲学观。我们能走得更远来预言宇宙学常数 Λ 吗？目前的扭量构造（§33.12）似乎只能够自然地处理 $\Lambda = 0$ 情形下的爱因斯坦真空方程，而且很难看出这种处理如何能调整用于 $\Lambda \neq 0$ 的情形。难道这就是要告诉我们 $\Lambda = 0$ 就是扭量理论的预言吗？大概不会（尽管我个人以前偏爱 $\Lambda = 0$ 情形）！最近的观察数据（§28.10）强烈表明 $\Lambda > 0$。这为扭量理论带来了新的挑战。显然，如果扭量理论要想成为值得重视的物理理论，它就必须做得比现在更好！

对量子理论法则又如何呢？扭量理论能够按照第 30 章的远景为量子理论指出一种具体的变化方向吗？§33.11 的"非线性引力"确实开始显示出扭量处理最终能够将量子力学法则的（非线性）调整包括进来。但在扭量框架下，这方面的工作还远远不足以说明这些调整能够给出基本的时间不对称性，我们在 §§30.2，3，9 就讨论过这种必要性。然而，§33.12 讨论的"变线球"概念的发展似乎表明，它们是依赖于时间非对称描述的。这种可能性要变得重要还有待于这些概念的进一步发展，同时我们还不应忘记上一自然段的评述。同样，扭量理论目前对粒子态收缩还无所作为，尽管这种现象一直是扭量理论发展的重要驱动力之一。 1006

最后，我们来谈一下作为扭量理论背后重要驱动力之一的基本全纯哲学观的地位问题。我认为，可以公正地说，这种哲学观确实在扭量理论中一直存在，并提供着强有力的驱动力——在某些方面甚至超出预期（如线性（§§33.8 – 10）和非线性（§§33.11，12）无质量场的扭量表示）。但某些问题上，这一理论必须诉诸物理和非全纯行为的实数方面，譬如像出现概率值（对应于非全纯平方模法则 $z \longmapsto |z|^2$）的场合和实时空点处，在这些点上，我们希望能够顾及非解析性行为（更甭说非全纯行为了）。关于最后这一点，我们需要从第 9 章末尾（§9.7）引入的超函数理论方面汲取营养，按照这一理论，非解析行为可以在全纯运算中完美地表示出来。这方面内容是未来的扭量理论需要认真解决的一个问题。

注 释

§33.1

33.1　见 Ahmavaara（1965）。

33.2　见 Shild（1949）；'t Hooft（1984）；以及 Snyder（1987）。

33.3　见 Sorkin（1991）；Rideout and Sorkin（1999）；Markopoulou and Smolin（1997）；该领域最重要的发展之一当属 Markopoulou（1998）。

33.4　见 Kronheimer and Penrose（1967）；Geroch *et al*.（1972）；Hawking *et al*.（1976）；Myrheim（1978）；'t Hooft（1978）。

33.5　见 Finkerlstein（1969）。

33.6　见 Smolin（2001）；Gürsey and Tze（1996）；Dixon（1994）；Manogue and Schray（1993）；Manogue and Dray（1999）。

33.7　原始文献见 Regge（1962）。Immirzi（1997）写过一个非正式（但内容丰富）的述评。

33.8　Jozsa 在他的博士论文里发展了这些思想。见 Jozsa（1981）。

33.9　见 Isham and Butterfield（2000）。

33.10　见 Goldblatt（1979）。

33.11　见 Eilenberg and Mac Lane（1945）；Mac Lane（1988）；Lawvere and Schanuel（1997）。

33.12　见 Baez and Dolan（1998）；Baez（2000）；Baez（2001）；Chari and Pressley（1994）。

33.13　见 Connes and1 Berberian（1995）。

33.14　不论是在纯数学上还是在物理上，非对易几何都还有许多其他方面的应用，见 Connes（1990，1998）。物理上的一个例子是重正化理论，见 §26.9 和 Kerimer（2000）。 1007

33.15　见 Connes and Berberian（1995）。

33.16 严格说来，我们需要将黎曼球面在无穷远处的光线包括进来才能完整定义 ℙN，见 §33.3。

33.17 这里庞加莱群也许需要适当的非方向性的（标）量（即卡希米尔算符，见 §22.12）。这些量是总自旋和静质量（平方）。但我们并不知道应取多少整数倍的静质量，因此这种理论的组合性质并不十分清楚。尽管如此，1983 年，John Moussouris 在他的牛津大学博士论文里还是发展了这种处理（见 Moussouris 1983）。它要求在网络的线上标出质量、自旋和其他附加量。

33.18 见 Mclannan（1965）；Penrose（1963，1964，1965a，1986b）。

33.19 见 Penrose and Rindler（1984）。

33.20 见 Harvey（1990）；Penrose and Rindler（1986）；Budinich and Trautman（1988）。

33.21 见 Huggett and Tod（2001）。

33.22 在时空的事件 x 位置，规定有两个类光方向：过 x 的这族"光线"的方向和扭量表示下自旋粒子的四维动量方向。这两个类光方向都是"主类光方向"，即 x 位置上粒子角动量（自对偶或反自对偶部分）的马约拉纳表示（§22.10）所规定的方向。见 Wald（1984）；Huggett and Tod（1985）。

33.23 见 Penrose（1975）；Penrose（1987b）。

33.24 见 Penrose（1968b）；Huggett and Tod（2001）。

33.25 见 Huggett and Tod（2001）；Penrose and Rindler（1986）；Hughston（1979）。

33.26 见 Dirac（1936）；Fierz（1938，1940）；Penrose（1976b）。

33.27 见 Fierz and Pauli（1939）；Penrose and Rindler（1986）；Penrose（1965）；Penrose and MacCallum（1972）。

33.28 见 Penrose（1968b，1969b，1987）；Huggett and Tod（2001）；Hughston（1979）；Whittaker（1903）；Bateman（1904，1944）。

33.29 这是 $\mathbb{C}^2$，它表示 ℙN 中的线 $\mathcal{R}$（图33.11）。大多数扭量理论家更熟悉的是完全射影性的周线积分，其中 1 形式 $\iota = \pi_{0'}\mathrm{d}\pi_{1'} - \pi_{1'}\mathrm{d}\pi_{0'}$ 取代了 2 形式 $\tau = \mathrm{d}\pi_{0'}\wedge\mathrm{d}\pi_{1'}$。这时周线积分是一维的，它与文中的二维表示之间的关系是，这些（由圆 S^1 给定的）周线维的某一维降为文中给出的非射影版本。这种表示的好处在于它可以用来描述混合螺旋态。

33.30 见 Huggett and Tod（2001）；Hughston（1979）；Penrose and Rindler（1986）。

33.31 扭量理论对 Michael Atiyah 爵士在早期引入的这一重要概念表示诚挚的敬意。

33.32 这是所谓的切赫（Čech）上同调。还有许多其他方法可用来得到上同调概念，见 Penrose and Rindler（1986）；Huggett and Tod（2001）。

33.33 见 Penrose and Rindler（1986）。Gunning and Rossi（1965）给出了更细致的讨论。

33.34 见 Gunning and Rossi（1965）；Penrose and Rindler（1986）。

33.35 见 Penrose and Rindler（1986）。

33.36 见 Penrose（1991）。

33.37 见 Penrose（1991）。

33.38 见 Penrose and Rindler（1986）；Gunning and Rossi（1965）；Griffiths and Harris（1978）；Chern（1979）；Wells（1991）。

33.39 见注释33.38 的参考文献，亦见 Eastwood et al.（1981）。

33.40 这里 + 和 − 的调换没什么意义，只是偶尔出现的别扭的记号，见 §9.2。

33.41 这里涉及一些技术细节。如果原初的场不是解析的（非 C^ω），那么（𝕄 上的）这些场就是 §9.7 所述意义上的超泛函，见 Bailey et al.（1982）。

1008

33.42　见 Hodges *et al.*（1989）。

33.43　见 Penrose（1987b）。

§33.11

33.44　见 Penrose（1976a, 1976b）；Ward（1977）；Penrose and Ward（1980）；Penrose and Rindler（1986）。

33.45　这里存在技术上的差别：它不是全纯纤维丛（§15.5），尽管这种结构下的所有运算都是全纯的，因为局部来看，在 π 空间内，它不是严格的全纯积空间。T 通常被看成是全纯纤维，见 Penrose（1976a, 1976b）。

33.46　通常情形下，见 Penrose（1976b）；Penrose and Ward（1980）；Penrose and Rindler（1986）。

33.47　见 Koaira（1962）。

33.48　或在实正定情形（＋＋＋＋）下，或在劈裂符号差（＋＋－－）情形下。见 Penrose（1976b）；Hansen *et al.*（1978）；Atiyah *et al.*（1978）；Dunajski（2002）。

33.49　因此它似乎与 §32.5 中的拓扑量子场论的概念存在重要关联。

§33.12

33.50　如果采用所谓双扭量概念，我们可以通过反射对称性方法来处理这些问题，在这方面已经明显取得了部分成功，见 Penrose（1975）；LeBrun（1985, 1990）；Isenberg *et al.*（1978）；Witten *et al.*（1978）。亦见 Penrose and Rindler（1986）。平直空间双扭量基本上是一对（W_α, Z^α），这里 $W_\alpha Z^\alpha = 0$。它描述复光线。但这个概念与我们上面采用的"扭量函数是波函数"哲学不相容，因为双扭量描述更像是一种经典描述，其中的变量及其共轭变量——即此处的 W_α 和 Z^α——都出现，而不是只有其中之一作为适当的波函数。在非线性场的描述中，双扭量方法还遇到某些数学上的障碍。

1009

33.51　见 Penrose（2001）。

33.52　例如，见 Frittelli *et al.*（1997）；Bramson *et al.*（1975）。

33.53　见 Penrose（1992）。

33.54　见 Mason and Woodhouse（1996）。

§33.13

33.55　见 Penrose and MacCallum（1972）；一些更早的文献见 Penrose and Rindler（1986），149 页；近期工作见 Hodges（1982, 1985, 1990, 1998）。

§33.14

33.56　见 Bailey and Baston（1990）；Baston and Eastwood（1989）；扭量在数学上的运用见 Mason and Woodhouse（1996）。

33.57　见 Merkulov and Schwachhöfer（1998）。

33.58　见 Gindikin（1986, 1990）；Lebrun and Mason（2002）。

33.59　见注释 31.76。

33.60　虽然拉格朗日量在扭量理论的物理相互作用理解方面不具中心地位，但我们在扭量理论里一直没有为其找到一种合适的一般形式体系。具有讽刺意义的是，正是扭量理论在以隐含解决场方程（在自由无质量场情形，是用齐次扭量函数来实现的）的方式给出物理场方面的巨大成功，导致拉格朗日形式体系方面的困难。在传统量子体系中，场方程通常出自"历史求和"（§26.6），但这样做显然有可能破坏体系中的场方程，为了使这种做法能够行得通，于是从检验路径积分方面引出了向经典理论靠拢的量子修正。如果体系不允许场方程被破坏，那全都白搭！我认为，我们需要重新评估扭量理论里的拉格朗日量的真正"基础地位"，在一般物理理论里也应这么做。这一点也许与我在 §26.6 末尾表示的担心有关，而且关系到路径积分产生的几乎普遍存在的发散性问题（§26.6）。

33.61　Penrose and Rindler（1986），§9.5。

第三十四章

实在之路通向何方

34.1　20 世纪物理学的伟大理论及其超越？

1010　　让我们试着盘点一下我们从物理学理论那里学到的东西——在我们行将开始第 3 个千年的探索之际——关注的焦点依然是我们用以认识自己的这个神奇世界的基本性质。毫无疑问，我们已经在认识上取得了非比寻常的进步。这些进步得之于物理上的仔细观察和卓越实验，得之于极其深刻的物理思想及其推理，得之于数学上那些从过程繁复的到极富启发性思维跳跃的范围广泛的各种论证。这些方法引导我们从古希腊人对空间几何的认识中走出来，历经牛顿力学、经典力学的高堂大厦，接着是麦克斯韦的电磁理论和热力学，直到现代，20 世纪带给我们的狭义相对论，由此导致爱因斯坦提出非凡而又精确认证的广义相对论。20 世纪还为我们带来了高度神秘而又极为精确、应用广泛的量子力学及其发展出的量子场论（QFT）；特别是，我们在粒子物理的标准模型和宇宙学方面已经取得了极大成功。

　　在自信的理论家那里经常可以听到这样的观点：我们可以说已"接近终点"，一种"包罗万象的理论"可能就处于 20 世纪末物理学发展的不远之处。在过去这种评论经常是基于当时流行的"弦论"观点，但随着弦论让位于那些其性质目前基本上还不清楚的其他理论（M 理论或 F 理论），这种论调现在已很难维持。

　　依我看，我们距"终极理论"依然是那么遥远。我根本就不信第 31 章所勾勒的那些发展全都接近于正确的道路。弦论（及其有关的）思想确实带来了数学上各种显著的发展。但是，我对那种认为它们远不只是数学上的突出成就的观点始终深表怀疑，虽然它们不乏深刻的物理学思想背景。对于那些时空维数超出我们直接可观察（即 1 + 3）的理论，我看不出有何理由值得相信，它们使我们背离了物理学认识的方向。至于像第 32、33 章里阐述的那些理论，虽然我认为要好得多，但它们同样缺乏某种重要的洞察力。信心满满地预言说这些理论正接近于在人类正确认识物理实在真理的道路上取得重大步骤是不明智的。

但是在 20 世纪，人类在追求理解大自然的道路上毫无疑问是取得了不同凡响的进步的，我在本书中也一直力图描述这一成就。在我看来，爱因斯坦的广义相对论应属这个世纪最伟大的一项成就。而在许多物理学家看来，量子理论（以及 QFT）的成就则更伟大，对此我深不以为然。虽然量子理论在范围广泛的诸多领域毫无疑问具有广义相对论不可比拟的解释优势，但我不认为这个理论已经获得了作为理论所必需的协调性。问题显然就出在第 29 章详加论述的测量疑难上。我认为，量子理论是不完备的。当它完善之后——我认为这将在 21 世纪完成——它毫无疑问将成为比爱因斯坦广义相对论更伟大的成就。正如第 30 章强烈暗示的，这种完备的量子力学应当将爱因斯坦理论作为大质量大尺度的极限情形包括进来。（我希望读者从我在 §31.8 的评述中明白，我确实不认为弦论已经取得了这样的统一，尽管许多人的看法正相反。）

我认为，广义相对论在这里也许只起着描述大尺度极限下时空的作用（这里宇宙学常数 Λ 容许作为爱因斯坦理论的一部分），虽然我们认为严肃的调整必须深入到 10^{-35} 米的普朗克尺度以下，或贯彻到时空奇点附近，在那里普朗克单位下的密度值将是水的密度值的 5×10^{93} 倍。在这种地方广义相对论的角色应当视同其传统的角色。这一理论在观察方面的作用，至少在中子星距离尺度非常大的远端和引力透镜效应方面，甚至在黑洞情形下，表现得十分突出。我这里谈的标准爱因斯坦理论不包括宇宙学常数。

那么宇宙学常数的命运又如何呢？过去一些年的观察似乎表明它应有正的值。如果 Λ 确实1012存在，局部来说它也一定非常之小。如果我们将 Λ 看成是曲率，则它反比于距离平方，这里距离尺度是指可观察宇宙半径的范围大小，因此除了宇宙学尺度上的考虑之外，Λ 一般是可忽略的。如果我们将 Λ 解释成有效密度 Ω_Λ，那么这个密度不应超过我们目前宇宙平均物质密度的 2 到 3 倍，即约为 10^{-27} 千克米$^{-3}$——这比地球上人为产生的真空密度还要低得多。一句话，Λ 的效应只在宇宙尺度的范围上才显现出来。但在量子场论学家看来，Λ 其实是对由 "量子力学真空涨落"（QFT 中海森伯不确定性的表现，见 §21.11，亦见 §29.6 和 §30.14）产生的真空的有效密度的量度，因此（比之于普朗克值）它 "应当" 有一个比观察得到的上限值大 10^{120} 倍（或可能仅大 10^{60} 倍）的值！这是 QFT 中无法由传统的量子引力方法或弦论能够解决的一个基本谜团。[1] 我对此感到的困扰要比许多理论家感触的小得多。我认为（见 §30.14）整个 "真空涨落" 问题需要在有了更好的量子引力理论和更完善的 QFT 之后才能作彻底的修正。

我们当然应充分意识到现存量子力学和 QFT 是得到众多现象支持的。其实这与我在第 30 章所述的观点并不矛盾，当时我就预言过量子理论的基础需要变更。目前还谈不上有什么像样的在 "量子引力" 水平上进行探索的实验，在这种实验中，态矢收缩将客观地出现（引力 OR）。已观察到的相距 15 千米的量子纠缠事例[2] 与预想的变化完全一致，因为这些纠缠态只包括若干对能量在 10^{-19} 焦耳的光子，按引力 OR 预期的自发态收缩直到光子被实际测得后才出现（此时点 OR 发生在测量仪器内）。目前有关涉及大质量客体运动的量子力学有效性方面的实验做得最好的当属维也纳的蔡林格（Anton Zeilinger）小组。[3] 他们用 C_{60}（包括 C_{70}）"巴克球"进行了所谓基础性的双缝实验。这些巴克球都是富勒烯，它的每个分子含有 60 个碳原子，这些碳原子呈类似现代足球外表面那样美观的对称排列（70 个碳原子的情形对称性要低一些）。富勒烯分子的直径在纳米量级，当两个富勒烯分子以间距约 10^{-7} 米的叠加方式存在时，它们会相互作用逐个链接构成 100 倍于巴克球直径的分子长链。按照 §30.11 中的理论，按照引力 OR，在自发收缩前这种叠加可能要历时几十万年，因此它显然与蔡林格实验不矛盾。

当然这种情形可能与未来的实验不尽相同。像 §30.13 中的 FELIX 空基实验设想，或是像圣巴巴拉的迪克·鲍米斯特（Dik Bouwmeester）的工作引出的相关实验那样的研究，可以直接检验引力 OR 理论，而且在 21 世纪前期可能还会出现其他相关的实验。我对这一点十分看好，我相信这类实验完全有可能彻底改变我们对量子力学的目前的这种认识。至少它们可以严格限定我们关于量子力学如何根据未来理论进行调整的思路。

这种认识与目前（或合理预期的）基于其他设想（如 31~33 章介绍的那些）提出的关于量子力学与引力相结合的实验情形明显不同。目前的相关实验大多数是考虑如何提高粒子能量，如何制造出能产生远远高于现有粒子能量的粒子的加速器。（我注意到，这里唯一称得上例外的是那些设计用来检验是否存在"大"额外维（§31.4）的实验，这种额外维可能会在短距离上影响到引力的平方反比律，这些实验的另一些相关目的是要检验在高能下洛伦兹不变性是否会由于理论预期的量子－引力效应而遭到破坏。[4]）检验"传统的"量子－引力方案确实遇到了严重的困难，这种方案认为，要取得量子－引力之间的这种结合，我们只需要（在极小的普朗克距离或数倍于此的距离上）调整时空结构就可以了，量子力学的标准处理方式可以保持不变。但从实验上说，如果量子力学法则能够按照第 30 章所建议的广义相对论效应来进行调整，那是再好不过，因为这些预期的结果都可以在目前技术条件范围内来取得。如果这种实验能够取得成功，这将说明量子力学法则确有改变之必要，而且至少说明在推动当前量子－引力统一的研究方面，除了急需数学上的强有力的工具之外，好的物理引导一样不可或缺。

传统量子－引力理论缺少实验数据的支持已经在基础物理理论研究领域造成一种奇怪的状况。一种普遍的共识是，为了在超越粒子物理学（和宇宙学）标准模型方面取得实质性进展，并由此加深我们对宇宙基本组成的理解，我们需要一种囊括强作用力、弱作用力、电磁力和引力的量子理论。其部分原因在于这样一种（物理上毫无疑问是合理的）认识：一种有限（与仅仅重正化的正相反）的 QFT 要求发散能够在普朗克距离上被"截断"，为此引力必须是整个图景（见 §31.1）的一部分。但由于这方面缺乏实验的支持，因此理论家们的努力主要都集中在数学领域。

34.2 数学推动下的基础物理学

数学思想和物理行为之间的互动始终是本书不变的主题。综观整个物理学史，进步都是在数学理论的严格性、诱惑性和启示性与物理实践（通常是经过精心设计的实验）的精确观察之间找出正确平衡而取得的。每当实验导向缺失，就像目前大多数基础研究情形中那样，这种平衡就会被打破。数学上的协调性[5]远不足以成为指导我们"往何处去"的判据（在很多情形下，甚至这种貌似必需的要求也被抛到九霄云外）。我们发现，数学的审美价值现在比以往任何时候都更显出其作用。研究者经常指出，狄拉克、薛定谔、爱因斯坦、费恩曼和其他好些人之所以成功，就在于他们是受到了他们提出的特定理论概念的审美意识的引导。我认为这种审美方面的价值不容忽视，它们在选取基础物理学新理论方面有着不可替代的重要作用。

有时，这种审美判断只是表达了一种对数学协调性的明确需要，因为数学美与协调性之间有着紧密联系。在我看来，这种协调性对于物理模型也是必不可少的。况且，与各种审美判据不同，数学协调性的优势就在于它具有相当的客观性，而审美判据一般来说则是相当主观的。

然而，我们没必要对数学上的这种协调性匆忙做出评估。那些长期在某个数学领域辛勤耕耘的人更适合对特定领域中可能出现的细微变化和意想不到的融合做出准确评判。而那些初涉该领域的门外汉看问题则可能显得更偏激，他们很难理解为什么这种或那种性质会特别重要，为什么理论中的有些事情会让人觉得比另一些事情更令人激动——可能也因此显得更漂亮。话又说回来，也还有许多场合恰是局外人能更客观地做出评价，因为长期囿于特定处理方式带来的数学问题会导致判断失误！

但就运用于物理理论的数学而言，抛开其无可争辩的实用价值不说，其数学协调性和美感还远未被充分注意到。通常物理上的考虑要比数学上的形式美重要得多。但在缺乏实验支持的情形下，人们则更看重数学上的特性。我不想争辩这些问题是否有简单的答案，我相信每个研究者在工作中都有其自身的审美动机，因此如果你发现有同事对这种审美动机带来的所谓重要结果表现得无动于衷，你也大可不必感到奇怪。我认为这种审美动机是理论科学中一切重要的新思想发展的基本要素。但如果没有实验和观察的约束，那么这种动机经常就会把理论带离物理学基本判断所规定的方向。

综观历史我们可以看到很多这样的例子：开始时，完美的数学架构似乎为揭示大自然奥秘提供了一种革命性的新方法，然而这些初衷没有实现——至少是没有按原初预想的方式实现。典型事例要算是具有漂亮的可除代数性质的四元数系。我们在§11.2看到，哈密顿于1843年发现这种数后，便穷其后半生22年的时间力图完全以此为框架来诠释自然法则。然而，这种"纯四元数"工作（我这里指的是他原创的具有可除代数性质的四元数）并没有在推动基础物理科学发展方面起到多少直接的作用。哈密顿在其他方面对物理理论的影响可谓巨大并且相当直接。正是他早年在我们今天称之为"哈密顿量"、"哈密顿原理"、"哈密顿–雅可比方程"等方面的研究——这些研究构成了对牛顿粒子与波之间进行类比探索的一部分——为20世纪量子力学和QFT的发展（见§20.2和§§21.1，2）提供了助推器。而四元数对物理的影响则相当有限，在对其推广过程中人们不得不舍弃掉它的可除代数性质。

1015

在 19 世纪中叶，应当说人们很容易用它作除数（§11.1）来检验四元数这种漂亮的数学上的可除性质。四元数和其他少数代数具有的这种神奇性质曾对纯数学产生过极大影响，但对主流物理学则没有直接关系。只是到了克利福德将四元数推广到高维，加上后来泡利特别是狄拉克等人的思想（采用与时空关联的洛伦兹符号差），物理理论的大踏步前进才成为可能（§11.5 和§§24.6，7）。在随后的这些物理学至关重要的发展中，哈密顿漂亮的可除性质必须被弃掉！

我们到§34.9 再回到这个有点神秘的物理学成功中数学美因素的问题上来。这些问题触及到数学"副产品"的重要的补充作用。早在古希腊时代，那些开始针对大自然行为进行研究的理论就已经孕育出范围广大的优美的数学领域，最初的研究完全是出于自身的考虑，但人们经常发现其中一些结果的用途与起初物理上的考虑可谓大相径庭。这些用途有时甚至过了几个世纪才被人们认识清楚（像公元前 200 年阿波罗尼奥斯（Appollonios）对圆锥截面的研究，其重要作用要到 16～17 世纪开普勒和牛顿阐明平面运动时才为人们所理解，还有像费马于 1640 年提出的"小定理"[1]，直到 20 世纪后半叶人们才在密码学方面发现其重要的应用价值）。数学——特别是好的数学——已习惯于在非常遥远的领域找到其应用，这也正是其力量和坚韧性所在。大自然的运行经常为数学思想提供丰富的资源。如果我们承认大自然是按照数学法则精确运行的，那么大自然激励下产生的这些思想具有精密、可靠的特点也就不足为奇了。更值得注意的是数学与自然法则之间相联系的微妙之处，以及它总能在远离初衷的地方找到应用的习性（具体的例子我们可以举出第 14 章里的牛顿和莱布尼兹微积分的应用）。

但我们反过来说，一个催生出众多数学研究领域的物理理论由此就能得到物理上的可信性吗？这个问题直接关系到第 31、32 和 33 章里所述的物理理论。我相信这个问题不会有简单的答案，但很值得注意。

特别是弦论，它催生出漂亮的数学研究，而且从中获得了相当可观的力量。（这种评价对扭量理论和阿什台卡 - 霍金的理论同样适用。）但我们不清楚这种理论能够与物理实在契合到什么程度。我倒是经常听到纯数学家高兴地表示说，他们发现的结果之所以在物理上获得应用只是因为它与弦论有着数学上的关联！我很能理解许多纯数学家的期望：让自己漂亮的结果能够在物理世界的运行中找到重要的应用价值。但应当清楚的是，目前还没有观察上的根据让人相信弦论是物理学，尽管这个理论不乏物理上的动机。弦论同样是许多物理学家研究的对象，但因此它就成为物理学了？这就引出了一个基础物理学研究中热议的话题，下面我就来谈谈这个问题。

---

[1] 今天人们通常将费马小定理表述为：如果 p 是素数，a 与 p 互素，则 $a^p - a$ 可以被 p 整除。这是费马于 1640 年 10 月 18 日致信德·贝西（B. F. de Bessy）中的内容。详见李文林主编：《数学珍宝——历史文献精选》，科学出版社，1998 年第一版，366 页。——译者

34.3　物理理论中时尚的作用

让我引述一段罗威利的评述作为开始，这段评述是他在 1997 年印度普纳（Pune）召开的国际广义相对论暨引力大会的报告中给出的。[6] 我们在 §32.4 中提到过，罗威利是量子引力的圈变量理论的首创者之一，他声称在进行总结时没掺入任何职业倾向。但他提供的结果确实反映了我自己的预想。他对洛杉矶档案馆能查到的此前公开发表的量子引力方面的文章进行了统计。对这一主题的不同理论按月平均的论文数统计如下：

弦论：	69
圈量子引力	25
弯曲空间的 QFT	8
格点处理	7
欧几里得量子引力	3
非对易几何	3
量子宇宙学	1
扭量	1
其他	6

读者不难看出，我一直与本书中描述的各种时尚理论保持着相当远的距离。（我在 §30.4 简短讨论了弯曲空间中的 QFT。格点处理用离散时空模型取代了连续模型——见 §33.1。霍金理论中的欧几里得量子引力特色见 §28.9 的讨论。量子宇宙学用的是忽略了大多数引力自由度的简化了的时空。其他处理方法见 31～33 章的讨论。）可以看出，弦论方面的文章要比其他各方面文章的总和还要多。不难想象，如果这个统计放到今天来做，弦论文章的压倒性优势还会更大。如果我们把科学研究设想成是按民主管理原则来推动的，我们就会看到，由于弦理论家占据绝对优势，于是该怎么做科研的一切决定都将取决于这个优势集团！[7]

有幸的是，科学的评判标准不是按民主管理那一套来进行的。少数人的活动不应当仅仅因为他们是少数就受到压制。数学协调性和与观察相一致要更重要得多。但我们能够完全忽略时尚的冲动吗？显然不能。且不谈那些风行一时的很难令人信服的思想（像有 7 个额外维构成"压扁了的七维球面"的 11 维超引力概念之类），[8] 我还可以举出许多过去流行过的时髦观点，它们曾经——甚至现在仍然——让我觉得其中饱含着非常重要的真理（例如像雷杰轨迹——见 §31.5——和丘（Geoffrey Chew 的）解析 S 矩阵[9]），但这些概念几十年来早已过时了。某种程度上说，一种理论的流行程度实则为其科学合理性的一种量度——但也只是在某种程度上。

如果从具体事务性角度来看，显然也是多数派要比少数派更具优势。我们不难看出为什么这种情形在科学领域同样能够大行其道，特别是当今世界已经是喷气机环球旅行和互联网时代，

1018

新的科学思想会通过科学会议上的宣讲，或是通过电子邮件和网上文章立刻迅速传遍全球。便捷的通讯带来的这种经常性的狂热竞争具有"大篷车"效应，使得研究人员担心如果不跟上就有可能被淘汰。而时尚涉及的相关理论是不需要持续受到实验严格检验的约束的。但对于像量子引力这样的还远远谈不上通过实验支持或否决的理论来说，我们必须格外小心，不应将流行的方法当作真理来接受。

时尚对于记号或数学形式体系等其他方面也有作用。这种作用的重要性可能不像上面讨论的那么突出，但对研究的发展仍有重大影响。我们不妨来看一个特例，这就是广泛使用的狄拉克四分量旋量形式体系，它比此后的范德瓦尔登二分量形式体系（见 §22.8，§24.7 和 §25.2）用得更多。我们将看到，这种情形带有一定的讽刺意味。事实上，在量子电动力学里，四维旋量体系几乎是通用形式，而另一方面，正如罗伯特·格罗赫所说，[10]用二维旋量（如 §22.8 简述）表述要简单得多。狄拉克在 1928 年发现以他名字命名的方程时，用的是四维旋量。狄拉克方程大大激发了人们对认识旋量重要性的兴趣，一年后，杰出的丹麦数学家范德瓦尔登（Bartel L. van der Waerden，1903～1996）给出了强有力的二维旋量计算方法。[11]但那时，狄拉克电子方程发现所激起的兴奋使得绝大多数物理学家积极仿效狄拉克的原始方法，很少有人理会范德瓦尔登的更灵活精练的形式体系。最后，似乎还是狄拉克本人最终意识到范德瓦尔登工作的重要性。实际上，我在 1950 年代早期参加过狄拉克的一个讲席课，他在课上给出了一个漂亮的对二维旋量计算的介绍。如果说在这之前我始终被这个问题困扰的话，那么这个介绍一下子让我对整个问题变得一目了然。

1936 年，狄拉克实际上是用二维旋量的方法将他的电子方程推广到更高自旋的粒子上去的。[12]但大多数研究者因为不熟悉二维旋量体系，似乎对狄拉克高自旋方程下的各种具体情形又做了二次发现，譬如像现在称为 "Duffin-Kemmer" 方程（1936，1938，自旋 0 和 1），"Proca" 方程（1930）和 "Rarita-Schwinger" 方程 $\left(1941，自旋 \frac{3}{2}\right)$ 等方程。人们现在引用的往往是这些人的工作而不是狄拉克早先的工作。

狄拉克不是一个跟风者，而且似乎甚至并不总是沿着他自己设立的范式前行！反观其他一些研究者则经常是不自觉地就落入了随波逐流的俗套。1970 年代中期，在我访问欧洲核子中心（CERN）与朱米诺（Bruno Zumino，超对称基本概念的首创者之一，他与韦斯（Julius Wess）在 1974 年的工作[13]跟扭量理论存在一定关联，我曾打算对此进行研究）交谈时，我对此又得到新的一例。他告诉我，他很欣赏二维旋量体系的作用，曾写过一篇用二维旋量来表述他的思想的论文。但几个月后他告诉我，受人尊敬的物理学家萨拉姆（Abdus Salam）用四维旋量提出了同样的思想。此后每个人都引用萨拉姆的论文，没有人参考他的这篇文章。朱米诺总结道，他不会再用（技术优越的）二维旋量体系来犯错了！

对研究人员尤其是年轻的研究人员来说，还有一个相关因素使得要打破这种研究上的跟风

状态变得愈加困难。这就是纯粹由现代数学物理本身带来的数学概念上的陌生和困难。在当今 1020
的理论研究中，要从某个具体方面挑出一小部分并掌握它就足够难的了，更何况要能够对几个
不同方面的总体优劣做出权威性比较，这实在不是年轻研究者的能力之所及。如果他们要做出
选择，他们必然会惟那些已经声名卓著研究者的偏好是从，这样只能使那些已经风行的研究方
面进一步得到传播，而原本就很少有人知晓的研究方面就变得更不为人所知了。

我上述的评论虽然针对的是那些缺少实验支持的理论研究，但时尚因素对于有实验背景的
研究一样重要，这有一个稍许不同的原因。这就是当今基础物理研究前沿的实验建设都有一个
巨大资源投入的问题。大部分这类实验的资金投入相当高昂，通常必须得到政府的财政支持，或
是大财团的支持，通常都是由庞大的委员会来决定哪些实验应得到优先支持。很自然，这些委员
会的科学顾问们大多是那些其参与发展的思想成功导致流行时尚的知名科学家。因此，他们只
可能偏重于支持那些直接针对他们认为有前途的理论的实验。由此带来的明显趋势是理论发展
被"锁定"在特定方向上，而且很难做重大改变。

34.4　错误理论能被实验驳倒吗？

人们或许认为这么做并无太大风险，因为理论如果是错的，实验就能够证伪它，这样新的理
论就会进入我们的视线。应当说，这是一种传统的科学发展图像。的确，著名的科学哲学家波普
尔（Karl Popper，1902～1994）为新理论的科学可接受性设定了一个看似有理的准则[14]，即所谓
可观察证伪原则。但我认为这项判据过于严厉了，在当代"大科学"事实面前无疑是一种过于
理想化的科学观。

让我们以现代粒子物理学里的超对称性为例。这是一个具有独特数学美的理论概念，很容
易使得理论家们花上毕生精力去构造重正化的 QFT（§31.2）。最重要的还在于它是弦论的核心。 1021
它在现今理论家们心中的地位是如此重要以致被认做是当今"标准"粒子物理模型的一部分。
然而，事实上它还没得到任何（真正意义上的）实验支持（§31.2）。理论预言认为自然界所有
基本粒子都存在"超级伙伴"，但至今没有一个这种性质的粒子被观察到。按照超对称理论的解
释，这是因为（性质未知的）对称破缺机制使得这种超级伙伴的质量如此之大，以致产生这种
粒子所需的能量远非目前加速器所及。随着加速器的能量提高，这种超级伙伴是有可能发现的，
并由此实现物理学理论的新的里程碑。但假定我们还是没找到这种超级伙伴，是不是这就证伪
了超对称理论了呢？显然不是。我们可以争辩说（事实也可能正是如此），那是因为我们过去对
对称破缺程度的大小的估计过于乐观了，我们需要更高能量才能观察到这种超级伙伴。

我们看到，通过传统的严格实验检验的科学方法并不能轻易反驳一项流行的理论概念，即
使这种概念或许并不正确。高能实验的巨大代价只会使得检验一项理论要比它得出其他结果困
难得多。粒子物理学里还有许多其他理论设想，它们预言的粒子的质量能量要比实际可证伪的

水平高得多。大统一理论和弦论的许多版本构造了许许多多这样的"预言"，它们都不可能用上述方法来证伪。

那么这类模型的"非波普尔"特征是不是就使它们成为非科学理论了呢？我认为这种严苛的波普尔判据太过严厉了。作为充满争议的例子，我们可回顾一下狄拉克对磁单极子存在性的看法（§28.2）。狄拉克认为，宇宙中存在磁单极子可以用来解释宇宙中每个粒子都有某个固定值整数倍的电荷这一（观察到的）事实。这样一种认定存在磁单极子的理论无疑是非波普尔型的。这种理论可以通过找到这种粒子而确立，但却无法用波普尔判据来证伪。因为如果理论是错的，那么无论多长时间的实验都是徒劳的，找不到磁单极子并不能证伪该理论！[15]但这一理论肯定是科学理论，值得人们去认真思索。

类似的讨论还可以用到宇宙学上。我们的粒子视界之外的宇宙区域（§27.12）是无法直接观察到的。但从大范围来看，认为该区域性质类似于直接观察可感知的区域的性质则是合理的科学假说。这一假说——它实则为宇宙学标准模型的一部分（§27.8），虽然大多数暴胀宇宙学（§28.4）不涉及它——也不是观察就能证伪的。

1022

不仅如此，即使我们将注意力集中到宇宙直接可观察部分，我们还可以提出空间几何（假定大尺度上是均匀且各向同性的）是正、负还是零曲率的问题（分别对应于 $K > 0$、$K < 0$ 和 $K = 0$ 的情形，见§27.8）。如果我们的理论假定为 $K = 0$，那么其观察性质是可证伪的，因为对任何有限偏离平直空间的情形，我们总可以通过足够精确的观察（原则上如此——未必实行）来确认这种偏离度，不论空间曲率有多小。但如果理论认定 $K \neq 0$，则我们就无法证伪它，因为观察上总存在某种不确定性使得很小的负或正空间曲率都是容许的。我们注意到，如果实际情形是 $K < 0$，那么原则上 $K > 0$ 的情形是可证伪的，反之一样。另一方面，我们无法（直接）证实 $K = 0$，[16]而 $K \neq 0$ 的情形则是可以经由观察来证实（如果宇宙确实如此的话）。因此，$K > 0$ 和 $K < 0$ 这两种情形是属于严格意义上的波普尔型的，它们在一定条件下可证伪——尽管它们不可能被推翻，如果事实上宇宙是 $K = 0$ 的话——也可以单独得到确认。而 $K = 0$ 情形则完全属于波普尔型的，但它却不可能被证实！

就这些不同可能性来说，我不知道波普尔观点还能留给我们什么。在我看来，事实很清楚，不论是 $K > 0$、$K < 0$，还是 $K = 0$，作为一种判断，它们都是"科学"的，不论这些细微差别对波普尔判据意味着什么。但不管怎么说，大多数宇宙学家未必会采用我这里采用的说教方式，即认为"$K = 0$"意味着它精确成立。毕竟一个正确的理论应更经得起检验，如果它恰巧预言的是 $K > 0$ 或 $K < 0$ 之一的话，因为那样的话它就有机会被观察所确认（科学理论寻求的就是被认可，尽管波普尔的观点在科学可接受性问题上更多的是负面意义）。一个认为 $K = 0$ 的宇宙学理论有必要取得其他方面的可接受性评判。

这种辩护的形式之一可能是，$K = 0$ 意味着这种宇宙学理论是一种需要找出其他观察确认方式的特殊理论。§28.4 中讨论的极为流行的暴胀宇宙学就属这一情形。我们知道，如同超对称性可视为粒子物理标准模型的"准"部分一样，暴胀宇宙学经常被看作是当今宇宙学"标准"模型的"准"部分！让我们用波普尔的可证伪性来检验一下暴胀宇宙学的地位。

1023

人们或许认为，这个问题很清楚，暴胀宇宙学确实是一种符合波普尔可证伪性的理论。在过去 10 年里，$K = 0$ 作为暴胀概念的推论一直受到各方的一致认定，[17]我参加过多次由暴胀说支持者发起的讨论会，会上做出过多种这类预言。[18]因此，如果观察能令人信服地告诉我们 $K \neq 0$，那么暴胀说就不攻自破了！这似乎很明白，我们可以要求遵守波普尔原则。不仅如此，还有某些关于来自暴胀宇宙学（以及其他假设）的微波背景方面的具体预言，它们似乎得到了明显的观察上的支持，特别是在有关连续观察到的涨落的尺度不变性方面，总的来讲与大多数爆胀宇宙学的预期是一致的。然而，到了 20 世纪 90 年代中期，来自各种独立观察的不利证据开始增多，这些证据表明，宇宙（重子加暗物质）的平均质量密度 Ω_d 明显低于总体空间平直性所要求的水平，最好的估计也只有预期值的 1/3。（我们将密度值 Ω_d 和 Ω_Λ 看成是临界密度的一部分，所谓临界密度是指不带宇宙学常数项的爱因斯坦理论中给出 $K = 0$ 的密度，见 §28.10。）具体来说，Ω_d 约为 0.3。为与观察相一致，此后暴胀理论开始逐步推出容许 $K \neq 0$，其实是 $K < 0$ 的暴胀模型。[19]我们可以这么说，除了明确给出 $K > 0$ 预言（它与哈特尔－霍金的"无边界"学说有关，见 §28.9）的霍金学派之外，人们已开始意识到 $K < 0$ 的情形是可以存在的。[20]

这种状况一直持续到 1998 年。这一年里，人们对遥远的超新星爆发的观察（§28.10）似乎表明，爱因斯坦方程中有必要加入正曲率宇宙学常数 $\Lambda > 0$。它提供了一种有效的额外密度 Ω_Λ，Ω_Λ 与物质密度 Ω_d 一起应能够给出预想中的临界总量 $\Omega_d + \Omega_\Lambda = 1$（对于原初的哈特尔－霍金学说则要求 $\Omega_d + \Omega_\Lambda > 1$）。这样，整体上空间平直性（$K = 0$）可与观察保持一致（对整体呈正的空间曲率也如此），故有 $\Omega_\Lambda \approx 0.7$。面对这一事实，大多数暴胀宇宙学家似乎重又回复到将 $K = 0$ 认作是暴胀宇宙学的预言的立场上来。我真不知道波普尔面对所有这一切该说什么好！

事实上，现在有一种新奇的暴胀学说，它引入了新的成分（一种新的场），叫做"第五要素"，这种要素能够通过负压强的动力学"暗能量"提供有效的宇宙学常数，见施泰因哈特等人的文章（Steinhardt *et al.* 1999）。有人认为这预示着暴胀宇宙学正进入一个新阶段（§28.10）！他们希望也能有如此听起来顶呱呱的建议在确立可信的观察实践方面开辟出新路，尽管事实上物质很难按这种方式来分类。

1024

在我看来，我们对这类观点得格外小心——即使它表面上得到了高质量实验结果的支持。这些观点常常由某种时髦理论派生出来。例如，超级 BOOMERanG[21]对微波背景的观察结果最初是按暴胀宇宙学的观点来解释的，作者强烈判定观察结果说明了 $K = 0$（$\Lambda > 0$）。不仅如此，在（BOOMERanG 的）某些取得高质量数据和各不相同的分析范围的实验情形下，这些原始数据一般在取得后的几年时间里是不会对外公布的，因为圈内的人要"首先"完成对其分析。一段时间过后，能够从不同角度进行分析的可用数据已经很少。事实上，在 BOOMERanG 情形，格扎丹及其小组的其他成员能够得到数据用于他的椭圆分析（§28.10），他们发现了 $K < 0$ 的强烈征兆

（这个结果随后为他对 WMAP 数据的相应分析所支持）。正如"反常的" $l = 2$ 的 WMAP 测量结果（为图 28.19 的纵轴所掩盖），这个结果在暴胀宇宙学家看来不会很舒服。看来在尘埃落定明确的结论水落石出之前我们还得等上一段时间！

我们看到科学时尚是如何强烈地影响到理论研究的方向的，尽管科学家选题的客观性受到传统的保护。但需要明确的一点是，缺乏客观性并非大自然本身的过错。客观的物理世界是外在的，是物理学家自己将发现其性质、理解其行为当作了自己的工作。我们在时尚影响力中看到的那种强烈的主观意愿正是我们摸索着理解外部世界的真实写照，社会压力、经费压力、人性中那种（情有可原的）弱点和局限性都会在我们的研究活动中以某种紊乱的方式起着重要作用，并常常导致我们面对的各种图像相互之间不协调。

34.5 下一次物理学革命会来自何处？

在本章的描述中，我认为我在对当前物理学基本理解方面表达了一种较通常更为悲观的观点。但我认为这是一种更为实际的看法。另一方面，我确实无意暗示我们已走到如某些人着力鼓吹的那种无法取得实质性进步的境地。[22] 目前来看，且不论是否再有新的实验安排，已有的庞大的观察数据就需要做进一步发掘。

当代实验的数据都是自动存储的，直接能接触到这些信息的理论和实验研究者仅仅只对其中的一小部分感兴趣。因此整个数据差不多只按能够接近这些数据的研究者所提问题的特定要求被分析过。可以肯定地说，这些数据背后一定还存在很多解开自然之谜的线索，只是我们还未正确地读懂它。回想一下，当年爱因斯坦的广义相对论就严格基于他的见解（等效原理——见§17.4），而这种见解自伽利略以来（以前当然更是如此）就没能得到观察数据的明确支持，因此也没能得到充分的正确评价。何况有些线索还是当今观察实验根本无法检测的。也许我们眼前就存在一些"明显的"线索，只是它似一团乱麻，需要我们换一个角度来观察，由此我们也许就能有一个全新的看待物理实在性质的视角。

我坚信我们肯定需要这样一个全新的视角，而且这种观点的变化必然会涉及量子力学测量疑难所引出的和根植于 EPR 效应和"量子纠缠"的与非局域性有关的一系列深刻问题（第 23 和 29 章）。在第 30 章里，我一直认为，测量疑难注定与广义相对论原理（特别是与前面提到的伽利略－爱因斯坦等效原理）深刻联系在一起。也许新的实验（像 FELIX 实验或更实际的地基实验，§30.13）会导出所需的对量子力学全新理解的方法。也许还有其他类型的实验能够为揭示量子引力的性质带来光明（诸如设计用来检验高维时空可能性的实验之类）。另一方面，也许正是理论上的考虑能够为我们开辟道路。

那么在本书前面章节的描述中是不是已经蕴含了这样的理论发展的生长点了呢？显然，对这个问题存在许多不同的答案，其中个人观点占有浓重的分量。我一直（40 年来，现在仍然如此）特别希望扭量理论能够为物理学观念更新提供这样一种框架。但尽管扭量理论取得了一定进步（见第 33 章），目前在解决测量疑难方面却仍然谈不上有多少明显的推动作用。

无论抱有什么样的态度，在对上述理论相对优劣的评价上，我们肯定需要全新的视角和观点。怎么才能产生这些新观点呢？难道我们得指望再次出现孤军奋斗的"新的爱因斯坦"式的工作，以及这种由个人内心缜密思考带来的革命性的观点？抑或我们还得被众多的实验发现牵着鼻子走？就爱因斯坦的情况来说，他所具有的内在的洞察力最终导致了广义相对论，这个理论在很大程度上是一种"个人理论"（尽管爱因斯坦从洛伦兹、庞加莱、马赫、闵可夫斯基、格罗斯曼和其他人那里吸取了基本要素）。另一方面，量子理论则是"众人理论"，它是由众多精心设计的实验的出乎意料的结果来推动的。在目前的基础研究领域，靠个人才智来取得实质性进步要比爱因斯坦当年困难得多。团队努力、大型计算机计算和紧跟潮流——已成为当前研究的常见模式。我们能指望从这种研究活动中看到出现全新观点的可能吗？至少目前可能性不大，而且未来有多大可能性都是个问号。如果新的研究方向真能像 20 世纪前三分之一世纪中量子力学情形那样主要由实验结果来推动，那么这种"众人"战略或许能起作用。但我体会到的是，在量子引力领域这种情况确有发生，只是这类实验反映的是广义相对论原理对量子力学结构的影响（我在第 30 章谈到过这一点）。若非如此，我认为我们或许更需要像爱因斯坦那样的"个人"奋斗模式。而且在这方面，我认为除了物理洞察力之外，毫无疑问我们还需要有数学审美这一重要的驱动力。

我之所以坚持这一信念，是因为我们对物理行为的基本原理了解得越清楚，就越是感到这种行为精确受控于数学。不仅如此，我们还发现，数学不只是一种简单的计算属性，它还有着深刻复杂的性质，就是说它具有一种特有的奥妙和美感，而这是那种与非基础层面物理相联系的数学所无法显示的。与此相应，如果我们对物理理解的进一步深入无法通过实验来获得，那么就只能越来越倚重于对数学应用于物理的各种可能性和深度的认识，以及通过对数学的精妙和美感的充分鉴赏来"嗅出"恰当物理思想的能力。

就问题本身的性质而言，要为此设定某种可信的判据是极为困难的。通过本书后几章所描述的各种方法的对比我们已经看到，由数学自身审美判断引导的数学发展与由物理判据引导的数学发展是多么的不同，这种差异可使数学沿着相互矛盾的方向发展。已经有人指出，也许我们应当寻求一种使得所有这些方法都能够以某种合成的方式相融合的途径，然后从中提炼出恰当的理论。另一方面，人们有理由认为，不同方法之间的矛盾太大，因此只能有一种值得保留，其他的都得抛弃。我认为真理可能在这两个极端之间，隐身于各种理论中的那些要点迟早会被发现，即使这些理论的主旨最终会被扬弃。

我前面描述的某些理论，虽然彼此间难以融合，却值得作为公共基础来玩味。特别是第 32 章的圈变量理论与（第 33 章的）扭量理论有着相当多的共同之处，我相信这些思想的适当融合（它可能包含自旋网络、自旋泡沫、n-范畴论、甚至还有非对易几何）一定能开辟一条前进道路。但依赖于额外空间维的弦理论，就其目前形式看，我认为作为可预见的统一理论要比扭量理论或圈量子理论差得更远。弦本身不构成不相容的原因（§31.5）。甚至超对称性还一直是出现在扭量理论中。[23]但弦理论在高维方面的不协调性（特别是在那些违背扭量理论全纯性的特定维和符号差方面——见§33.4的最后一段）反映了它与扭量和圈变量理论之间的根本冲突。直到最近，弦理论家仍无意于提供一种相容的（1＋3）维理论。然而，正如§31.18和§33.14所指出，近年来一直有一种值得重视的将弦理论概念应用到普通（1＋3）维时空的趋势。

34.6 什么是实在？

正像读者从所有这些可得出的结论那样，我不认为我们已经找到了真正的"通往实在之路"，尽管在过去的3500年里我们取得了巨大的进步，特别是在近几个世纪里。我们仍然需要全新的视角。当然，会有些读者坚持认为这条道路本身就是虚幻的。事实是——他们争辩道——我们很幸运，正巧遇上了与大自然运行十分一致的数学架构，但要说大自然作为一个整体在数学上是统一的无异于"痴人说梦"。而另一些人则抱定这样的观点：认为存在独立于我们选择的具有真正客观性质的"物理实在"概念的这种想法本身就是一个白日梦。

确实，我们可以问：到底什么是物理实在？这是一个追问了几千年的问题，古往今来的哲学家们给出过各种答案。今天我们回头去看看，从现代科学的角度说，当今的认识要更为清醒得多。大多数当代科学家不是试图正面回答"是什么"的问题，而是避开这种问题，他们辩解道，这个问题提法上就是错的：我们不该问实在是什么，而只能问它是如何作为的。"如何"的确是一个值得我们考虑的基本问题，也是本书主要关心的问题之一：我们如何来描述那些支配宇宙及其运行规律的法则？

但毫无疑问，许多读者会认为这是个有点令人失望的答案——是一种"逃避"。了解宇宙运行的规律并不能告诉我们多少关于承载这种运动的载体本身的性质。这种"是什么"的问题与另一个深刻而古老的问题，即"为什么"的问题，是内在地联系在一起的。我们的宇宙为什么会采取我们所看到的这种独特的运行方式？这个问题在不清楚"是什么在运行"之前是没办法说清楚的。

当代科学家在回答"为什么"问题面前表现得和在"是什么"问题面前一样谨慎。但人们经常能够得到"是什么"和"为什么"的答案，只是相当大程度上可接受的这类答案多是针对非最基本层面上的实在的。譬如像下面的这种问题就可以有明确答案："胆固醇分子是由什么组成的？""为什么火柴在粗糙表面上摩擦会起火？""什么是极光？""太阳为什么发光？""使氢原子或氢分子聚合在一起的力是什么？"以及"为什么铀核不稳定？"而另一些问题要回答起来则困难得多："电子是什么？"或"为什么空间只有三维？"但这些问题在了解更深层面的物理实在的图像方面则非常重要。

我们看到，特别是从第 31 ~ 33 章的讨论中可知，当代物理学总是用数学模型来描述事情。这种做法没有顾及模型待描述对象的特殊性，就好像要在柏拉图的数学理念世界里找出"物理实在"来。这种观点似乎是任何一种所谓"万有理论"的必然结果，因为在这类理论看来，物理实在不过是纯粹数学法则的一种表现。正如我在本章所论述的，我们对实在的认识与这类理论相去甚远，并且我认为类似于"万有理论"的观点以后也还将会出现。事实上，我们对自然的了解越是深入，我们就越是能深切感受到柏拉图数学理念世界在我们认识物理世界中的重要性。为什么会这样呢？眼下我们只能视其为未解之谜。这是 §1.4 中图 1.3 所示的三重奥秘里的第一重，这里我们把它再现于图 34.1。

那么那些确实居于其自身"世界"中的事情就属于数学理念了吗？果真如此的话，恐怕我们早已在其抽象世界里发现这种最终的实在了。有些人很难接受将柏拉图数学世界视为某种意义上"实在"的观点，同时也反感将物理实在本身看成是仅仅由抽象理念构建的观点。我自己在这个问题上的立场是，我们确实应当将柏拉图的世界看成是一种由数学理念提供的"实在"（我在 §1.3 中曾竭力论证过这一点），但我不想就是否能在柏拉图世界的抽象实在中确认物理实在这一点作实际尝试。我认为我已经在图 34.1 中全面表达了我在这个问题上态度，图中每一个世界——柏拉图数学的、物理的和心智的——都有自己的实在，而且每一个又都（深刻而又神秘地）建立在前一个的基础之上（这些世界都被想象成一个圆）。我倾向于认为，一定意义上说，柏拉图世界是 3 个世界中最基本的，因为数学具有一种必然性，我们几乎仅凭逻辑就能够设想其存在。实际上，在这些世界的圆形外观之下还有更深奥的谜团或疑难，那就是它们中的每一个似乎都能够相续地整体包容另一个，而它本身则仅依赖于前一个世界的部分内容。

34.7　心智在物理理论中的作用

我们必须记住，每个"世界"都有各自与众不同的存在方式。但我不认为我们终将能够在撇开其他两种的情形下考虑其中的任何一种。由于心智世界是其中之一，这就引出了思维在物理理论里的作用问题，以及心智如何通过相关的物理结构（譬如像生物体，起码神志清醒、健康的人类大脑属于此）来产生的问题。在本书中我一直刻意避免详谈与意识心智相关的问题，尽管这一问题在探索深入理解物理实在的研究中最后肯定会凸现其重要性。（我在其他场合曾详尽讨论过这类问题，因此在这里我无意于再度卷入这类问题中。[24]）但要完全避谈心智问题也不妥当，且不说心智世界与其他两个世界之间存在着如图 34.1 所示的关联，就是在本书的其他好些地方我们亦见证了意识问题在物理理论中所具有的那种隐含的或显见的重要作用。

这种关联的例证之一就是 §27.13 的人存原理，我们在 §§28.6，7 对它有过较详尽的讨论。作为一种逻辑必然性，任何"可观察"的宇宙必然能够成为存在意识活动的佐证，因为在"观察"中起决定性作用的正是意识。这种基本要求也为意识心智活动能够得以存在的宇宙的物理

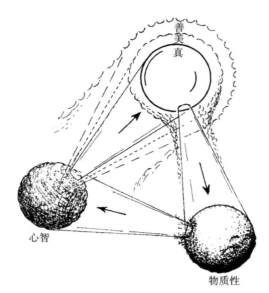

图34.1　图1.3 所描述的"三个世界和三重奥秘"的复现，但现在在原有数学的绝对真理的基础上增加了另两个"柏拉图绝对理念"美和善。美和真是相互交叉的，物理理论的美在修正它与物质世界的关系方面起着指导性作用，而全部有关善的问题则最终取决于心智世界。

法则或物理参数设定了限制。因此，人存原理认为，我们作为有意识的观察者实际所观察到的宇宙必然是按照与这些限定性相容的法则和参数值来运行的。这些限定性可通过 §31.1 讨论的自然界基本（无量纲）常数的具体值明白地显示出来。确实，人们已普遍将我们发现的这些值看成是人存原理某种应用的结果。

　　不幸的是，即使这些常数值的确是由人存原理确定——而非出于譬如说数学考虑——这条原理也还是几无用处，因为我们对意识存在和实际出现所需的必要条件是所知少之又少。在空间无限性和基本均匀（$K \leqslant 0$）宇宙方面，这条原理几乎就完全不起作用，因为在这种宇宙中，任何有可能出现的物质构形会出现于某处，因此那些根本不适于意识生命存在的条件同样都是原理所容许的，见 §28.6。在我看来，我们可以相当乐观地认为，这些基本常数实际上是由数学确定的数字。在空间无限的宇宙中，完全没必要提出人存原理带来的严重问题。

1031

　　意识在第 29 章（特别是 §§29.7，8）讨论的量子力学 **R** 过程的各种解释中同样起着重要作用。事实上，几乎所有量子力学的"传统"解释最终都取决于"智慧生物"的存在，因此我们似乎有必要了解智慧生物指的是什么！我们知道，哥本哈根学派的解释（§29.2 中的观点(a)）是认为波函数不是一种客观的物理实体，而是存在于"观察者内心"的某种东西。不仅如此，作为这类辩白之一，这种解释要求测量是一种"观察"，它预设了有意识的观察者最终一定能观察到某种结果——虽然在更为实际的可操作水平上，这类测量是由"经典"测量仪器来进行的。然而，这种对经典仪器的依赖性只是一种暂时的过渡，因为任何仪器实际起作用的部分仍是由量子组分构成的，其行为实则并非属经典行为——甚至连近似经典的水平都谈不上——如果联系到标准量子 **U** 演化来看的话。（这属于薛定谔猫问题——见 §§29.7 – 9 和 §§30.10 – 13。）环境退相关问题（§29.1 的观点(c)）也属于这么一种权宜的立场，因为从客观上说，我们无法获得"丢失在环境中"的信息并不意味着这些信息真的丢失了。而正是因为这种丢失具有主观性，我们才不得不再次回到"主观感受——由谁进行？"这样的问题上来，即是说回到自觉观察者问题上来。

不管怎么说，即使对于退相关的观点，如果我们严格坚持 **U** 演化是"真正的"宇宙量子描述的话，那么我们面临的将是实在的多世界描述（§29.2 的观点(b)）。多世界观点显然依赖于对"自觉观察者"概念构成的正确理解，因为每个感知到的"实在"都与一种"观察态"相联系，这样，在知道哪一种观察态是容许的之前，我们无从知晓哪一种实在状态（即"世界"）是容许的。换句话说，那种貌似客观实则为被感知到的世界的行为取决于我们如何看待万千变化的量子叠加方式。如果没有智慧观察者的适当理论的介入，多世界观点的解释肯定不可能从根本上得到完善（见 §29.8）。[25]

相容历史观点（§29.2 的观点(d)）也明显依赖于对某种"观察者"属性的认识（这种认识涉及到盖尔曼 – 哈特尔理论[26]里的 IGUS）。魏格纳提出的意识（或推而广之，生命系统）可以违反 **U** 演化的观点（§29.2 的观点(f) 的一种形式）也是一种明显要求在量子力学解释中认可意识（或构成"观察者"的任何要素）作用的观点。按我的理解，能够不依赖某种"自觉观察者"概念的解释只有德布罗意 – 玻姆的观点（§29.2 的观点(e)）[27]和那些（§29.2 的观点（f）的大多数）要求量子力学法则作根本变革的观点，后者认为 **U** 和 **R** 都是对某种客观真实的物理演化的近似。

正如我在本书许多地方（特别是第 30 章）业已阐述的那样，我支持最后这种观点，它将由 **U** 转变而来的客观的 **R**（即 **OR**）与引力现象联系起来。这种引力 **OR** 会自发产生，不需要自觉观察者参与其中。在通常情形下，**OR** 经常会不断地出现，从而在大尺度范围产生一种近似程度极高的经典现象。这时，当我们进行测量时，就没必要借助任何有意识的观察者来实现量子态（**R**）的收缩。

另一方面，我认为意识现象——我视其为真实的物理过程——本质上属于实际的 **OR** 过程。因此，我的观点正好与上述那些或多或少地认为意识支配 **R** 过程的观点相反，我认为正是真实的 **R** 过程支配着意识活动。[28]

这种认识实验上可检测吗？我相信可以。首先，目前已经有若干关于大脑结构的具体建议——最为具体的当属哈默罗夫（Stuart Hameroff, 1947 ~ ）提出的 A – 格点神经微管研究[29]（当然也还有其他结构，像染色体笼形体，[30]其结构类似于 C_{60} 分子）——以及对这些具体概念的很大程度上的肯定/否定。这个理论认为，在大脑相当广泛的区域上，存在着某种大尺度的量子相干作用（其特征类似于高温超导体中的情形[31]，见 §28.1），并且 A – 格点神经微管在其中起着重

1032

要作用。在这里，一次意识活动可能与这个量子体系的一次部分态收缩（**OR** 的协奏）相关联。按照 §§30.11，12 的描述，要使得能在蛋白质分子水平上实现像引力 **OR** 那样足够强度的相干活动，通常要涉及大脑许多不同部分的协同工作。

1033　　达金斯（Andrew Duggins）提出过一个绝妙的建议，可用来检验上述那种概念——虽然不是具体针对微管假说。该建议建立在这样一种事实基础上：既然大脑的不同区域负责知觉的不同侧面（如视觉对运动、颜色或形状的响应），那么在意识出现的图像中，所有这些不同的侧面总合起来应能形成一幅单独的图像。这个建议有时也称为结合问题。达金斯的想法是，通过观察在形成意识图像过程中是否存在明显违反贝尔不等式的迹象，来说明出现非局域 EPR（§§23.3 – 5）的可能性，由此可强烈表明大尺度量子效应是知觉活动的一部分。预研究的结果远非结论性的，但它带来了一丝鼓励。[32]

　　无论这些设想如何，我认为声称在最基本物理现象层面上已然完备的"基本"物理理论也应当能够有能力处理意识活动等心智问题。有些人总想避开（或弱化）这类问题，认为意识的"出现"只是某种"附带现象"，因此其出现在精确的物理看来不具有重要性。这一立场的典型可由计算功能学派的观点来代表，按照这一观点，只有计算活动才引起有意识的心智活动。我一直强烈反对这种观点（部分理由基于哥德尔定理和图灵可计算性概念——见 §16.6），我认为意识实际上取决于尚待发现的（引力）**OR** 理论。[33]这个理论必须是一种非计算的理论（即其运作不处于图灵机可模拟的范围之内，§16.6）。产生这样一种 **OR** 模型的理论思想在目前还是极其初步的，但其中可能蕴涵着某种线索。

34.8　通向实在的漫长的数学之路

　　经过上一节的讨论，我希望读者已经清楚，要实现了解真实世界性质的目标，我们还有很长的路要走。这个目标也许永远达不到，也许最终会出现某种终极理论，根据这一理论，原则上我们能够理解这种所谓的"实在"。如果真是如此，那么这种理论的性质肯定与我们目前看到的物理理论的性质有着天壤之别。我们从本书描绘的历程中看到，2500 多年来，人类最重要的一个收获就是洞察到数学领域和物理世界运作的深刻统一，[34]这是图 1.3（图 34.1）描述的"第一重奥秘"。如果"通向实在之路"最终能够实现其目标，那么在其终点一定存在着极其深刻而又基1034　本的简单性。在现有的各种理论中我还没看到过这一点。

　　正是数学突出了物理实在的运行机制，古希腊人的这一洞察力一直屡试不爽。我希望我能表达清楚这么一点：尽管我们离既定目标还很远，我们毕竟已经在业已了解的最基本层面上对宇宙的运行有了极其充分的理解。在过去的成功中，数学概念的作用尤显突出。这其中包括实数系和几何概念。起初，古希腊人率先系统研究了欧几里得几何，但到后来，兰伯特、高斯、罗巴切夫斯基、波尔约、黎曼、贝尔特拉米和其他人发展的几何概念与欧几里得几何分道扬镳，再后来，闵可夫斯基将时间与空间综合到一块，而爱因斯坦则更是将广义相对论建立在了弯曲的时空几何之上。阿基米德、费马、牛顿、莱布尼兹、欧拉、柯西、嘉当和其他人创造的积分和差分运算，以及微分方程、积分方程和变分导数等相关概念已被证明是描述自然界运行的成功理论中绝对关键的要素，这些概念又都以极为重要的方式与几何联系在一起。与此同样重要的是，统计思想使得我们能够把握由众多独立成分组成的大而复杂的物理体系，在这方面，麦克斯韦、玻尔兹曼、吉布斯、爱因斯坦和其他一些人的贡献尤为突出。数学也深刻影响着量子理论，这可以从海森伯的矩阵思想、狄拉克、冯诺依曼等人提出的复希尔伯特空间、克利福德代数、表示理论、无穷维泛函分析等理论上得到充分说明。

我想从这些数学中挑出两个方面来强调它们对理解物理世界的重要性。让我们逐个加以讨论。首先是复数系的作用。相比于实数系，我们发现复数系对于量子力学的演算尤为基本，它已成为前述所有成功理论的基础。第二个则是对称性的作用，它在几乎所有 20 世纪的物理理论中，特别是与物理相互作用的规范理论形式有关的理论中，占据着中心地位。

我们先来考虑复数。它可是本书中再三复现的主题，不止是因为这些数在数学上具有神奇性，更是因为自然本身在编织其宇宙结构时利用了这种性质。但是我们还是要问一句：这难道真的就是我们这个世界的真实面貌？抑或只是这种数的数学性质导致了它们在物理理论中的大量应用？我相信许多物理学家倾向于第二种观点。但对他们来说仍有待解之谜，那就是为什么在量子力学框架内这些数会被运用得如此普遍，我们在基本的量子叠加原理中，在薛定谔方程、正频率条件、量子场论的无穷维"复结构"（§26.3）中都遇到了复数。在物理学家看来，实数似乎是"自然的"，而复数则显得"神秘"。但从纯数学的立场上说，复数像实数一样的"自然"。的确，从复数的某些数学奇幻性角度看，我们甚至可以取相反的立场，认为复数比实数更"自然"。

在我看来，复数——或更具体地说，即全纯性（或复解析性）——作为物理学基础的重要性的确是件"自然"的事情，要说神秘那也是另有所指。[35] 如果让实结构成为物理学的重要组成部分会怎样呢？我们应当清楚，即使是以复数为基础的量子力学的标准形式体系，也不完全是一种全纯理论。从通常的量子可观察量由埃尔米特算子（甚至其归一化形式，见§22.5）来描述的要求中，以及从量子演化的幺正（而非简单的复线性）性质（它们取决于复共轭 $z \longmapsto \bar{z}$ 概念）中，我们都能够看出这一点。与此相关，各态之间的正交性质也是非全纯概念。埃尔米特性质通常（但非完全必要）要求测量结果必须是实数，而幺正性则要求"概率得以保留"，即平方模法则（也与测量相关）保持不变，由此复振幅 z 可按下述非全纯运算而变换为概率：

$$z \longmapsto z\bar{z}。$$

我们看到，大致说来，在"量子信息"（即量子纠缠——见§23.10）到"经典信息"（测量概率）的转换中，量子全纯性被破坏。替换的正交性也是测量的关键环节。因此，非全纯性似乎只有在测量被引入到量子理论中的那个点上才出现。

当然，实数的作用也表现在量子理论形式体系所应用的背景时空中。如果引力 **OR** 确实被证

1035

1036

明是量子态收缩的真正基础，那么我们将看到与运算 $z \longmapsto \bar{z}z$ 关联的实际时空的实数（非全纯）结构。这对那些在理论上特别看重全纯运算的扭量理论家们是否有某种教益呢？或从另一方面说，我们是否应在复数奇幻性之外寻求某种离散组合原理的作用，使得"时空"具有离散的基本结构而非（如§§3.3，5，§32.6和§33.1讨论的）实数基下的结构呢？不论怎样，我相信物理实在的数学基础问题无论从哪方面说都具有深刻的重要性。

现在让我们回到现代物理理论中对称性这一基本作用上来。这个概念实用性已毫无疑义。不论是在相对论中（与洛伦兹群相关联）还是在量子理论中，它都得到广泛应用。但因此我们就应将对称性视为理解自然的基本途径吗？抑或只是一种巧合或近似？

粒子物理学的许多现代理论中好像都有这么一个信条，就是将对称性视为基本性质，将目前看到的对对称性的偏离看成是早期宇宙的对称性破缺。确实，正如我们在§13.1和§§15.2，4中指出的，严格对称是丛联络概念的必备特征。此外我们从§§25.5，8可知，电弱理论的标准看法认为 U(2) 对称性是基本严格的，因此它可以起着电弱相互作用力的规范对称性的作用（§§15.1，8），但人们通常认为这种对称性是自发破缺的（大爆炸后约 10^{-12} 秒时间内）。由§28.3我们知道，要从早期宇宙中找寻所需的对称性破缺是件十分困难的事情，对于电弱理论的 U(2) 对称性是如此，对于大统一理论的更大的对称性同样如此。

大统一理论的大的对称性群真能简化粒子物理学的图像吗？还是因为这些表观对称性中的大部分可能从一开始就已基本破缺才使得问题变得简单？就第二个问题而言（它甚至在电弱理论都是一个相容的问题，见§28.3），我们在基本理论里获知的那些对称性从基本层面上看都还只是近似，要确知这些表观对称性到底源自何处，我们还必须做更深入的研究。

我们可以在普通量子理论中找到这两种对称性破缺的例子。有些自发对称破缺的情形，像超导（U(1) 破缺）以及其他现象，我们已研究得很清楚。但另一方面，还存在许多这样的事例，人们用对称性概念对现象做了绝妙解释，但同时也清楚这种对称性只是一种对更严格但其对称性却较低的更基本理论（譬如像原子光谱的分类）的近似。[36] 这两种情形到底哪一种对未来更深刻的粒子物理学更重要今天还不好判断，有待未来才看得清楚。[37]

与此相关的是，存在许多这样的情形，其中的严格对称群甚至能够在最初并无任何对称性的地方出现结构。我们从黎曼球面就可以看到这种情形。我们可以将这个黎曼球面设想成是由复平面上的一系列拼块按不具任何对称性的某种特定方式拼合而成的。但只要结果流形的拓扑确实是 S^2，我们发现它就等价于作为复流形的黎曼球面（由黎曼定理可知），因此其对称群一定是 SL(2，$\mathbb{C}$)，即非反射洛伦兹群（§18.5），不论这种拼贴是多么不规则。[38]

与之相关的还有神秘的自然界纯数字常数问题（§31.1）。这些数字真的像对称性破缺那样是在极早期宇宙（例如§28.6里的惠勒/斯莫林宇宙）就确定了吗？有些常数，如卡比博角和温伯格角（§25.7），通常认为就是按此方式提出的。抑或这些数字是由更深刻的基本理论的数学来确定？我个人倾向于后者，但我们似乎还没能接近这样一种可信的理论。[39]

1037

与此关联的一个有趣问题是弱作用的手征不对称性（§25.3）。在通常的标准模型处理中，这种手征不对称性是由理论框架造成的。但现在，观察表明中微子（至少大部分中微子是如此）是有质量的（即具有非零静质量），这一事实偏离了原初的标准电弱模型。对于弱作用的全部手征不对称性，人们无法只"责怪"左旋中微子了，因为有质量的中微子不全是左旋的"zag"部分（见§25.2）。我们可以想象，在某种形式的标准模型下（现有模型适当扩展以使之可容纳有质量中微子），有可能从以前的左/右对称模型里出现自发对称破缺。但在此情形下，"传统"观点认为不对称性从一开始就存在，而不是在宇宙早期由自发对称破缺产生的。

我们还可以考虑是否有必要按这种观点重新检验（第27和28章里要求的）时间不对称性问题。但这种不对称性肯定不是出自传统的"早期宇宙自发不对称性破缺"机制。传统图像利用了热力学第二定律，但显然不适合用来推导这种时间不对称性。

1038

34.9　美和奇迹

让我们回到数学中那些在基础层面上支撑起物理理论的更一般也更神秘的方面。理论研究的方向一直受到两种强有力的内驱力的影响，但这一点在严肃的科学论文中常常得不到反映——原因无疑是害怕这些影响会偏离正常科学活动的严格法则过远。首先是审美驱动力，我在本书其他许多地方都提到过这一点。其次是所谓"奇迹"带来的不可抗拒的诱惑，迄今我只是（在§19.8、§21.5和§31.14）暗示过这一点；但我可以用我个人经验担保，它确实对个人的研究方向有着重大影响。

在对奇迹问题展开讨论之前，让我们先回到审美问题上来，因为这两个问题不是不相关的。如上所述，物理学重大进展背后的许多概念都可以看到美的要素。欧几里得几何无疑是美的，这种几何构成了精确物理理论的基础，即古希腊人的空间理论。1500年后出现了异常优美的牛顿动力学理论，其深刻、完美的辛几何基本结构后来由拉格朗日和哈密顿形式体系（§20.4）充分展现出来。麦克斯韦电磁理论的数学形式同样让人赏心悦目，至于爱因斯坦广义相对论的极品的数学美则更是无与伦比。量子力学结构及其各个具体方面同样如此，我只消举出量子力学自旋、狄拉克相对论性波动方程以及由费恩曼发展出的量子场论的路径积分形式体系就足以说明问题。

然而，我们可以这样来设问：如果这些理论中的数学美不是与我们的宇宙运行机制高度一致，它们还能够像纯数学那般各自独立地熠熠生辉吗？如果仅从数学结构考虑，它们称得起与纯数学中那些珍品或灯塔般成就相媲美吗？我相信它们完全担当得起，尽管谈不上超越。纯数学中有相当一部分内容我们还看不出它们与物理世界之间存在明显的联系，但它们的美不亚于甚至超过我们现有物理理论所表现出的水平（亦见§16.2）。

1039

让我们看看数学中那些对物理影响甚少（至少眼下是这样）的方面的深刻、完美的发展。

康托尔关于无穷的理论是一个明显的例子。照我看，这个理论当属整个数学史上最完美的数学贡献之一。但它似乎与物理世界的运行一点关系都没有（见§§16.3，4，7）。另一个具有同样性质的例子是对数学发展具有里程碑意义的哥德尔著名的不完备定理（§16.6），它与康托尔关于无穷的理论有着紧密联系。范畴理论（§33.1）的那些宽泛深奥的概念同样跟物理学关系不大。

上述后两种理论有可能通过21世纪的发展被发现与物理学之间存在重要联系（§34.7，§33.1），但眼下这还纯粹是一种猜测。可要说物理学会与大多数业已成熟的其他数学理论发生密切关系这就更不可信了。我们不妨来考虑作为20世纪数学发展突出成就的怀尔斯对存在了350年之久的"费马大定理"的证明这一事例。按我们现今的理解，这一证明离物理学法则甚为遥远，尽管这些法则里包含了诸多重要的数学概念。20世纪中蓬勃发展的其他许多数学理论同样如此，例如（连续或离散）单群的分类。我们当然知道群在物理学里有着重要应用，但这远谈不上单群理论提供了某种"物理学理论"，我们至多只能说数学分类有助于物理学认清其某种可能性。我们还可以看看另一个例子。19世纪人们已经知道了黎曼关于 ζ 函数及其与素数分布关系的理论。这一理论似乎同样离物理学异常遥远，尽管至今仍未经证实的黎曼假说（§7.4）充满了数学美和重要性。事实上，有迹象表明黎曼假说与物理学之间存在着令人感兴趣的联系，[40]但很难说黎曼理论能提供类似于物理模型这样的东西。

我们能指望未来的物理学能与更多的深刻而又优美的数学建立起紧密联系吗？抑或我们一直被迄今所见到的物理理论的成功所误导，才相信数学与物理学之间的关系要比实际看到的更紧密？这个问题可简明地用图1.3来表示——表示"第一重奥秘"的箭头的基础在柏拉图数学世界里到底占有多大分量？

1040

我们也可以这么问：数学中是否存在某种方法可用于控制物理世界的行为？这是一个发人深省的问题。很可能在未来的某一天数学与物理学之间的这种神秘关系就会得到破解。

我希望上述的这些考虑能够使读者看得更清楚：数学美就其本身而言，至多只是一种模糊的向导。但正如我在本书许多地方指出的，不论是数学的还是物理的，审美判断在理论物理研究中所起的富于成效的突出作用是毋庸置疑的。大多数这种作用具有微妙的特征，使人信以为对取舍做出判断完全是一种个人行为。但在物理世界的数学理论研究中偶尔也会出现这样的事情，它们对研究方向进行甄选的影响要远远超过纯粹的数学审美判断，这种事情就是我所说的"奇迹"。

我可以从"量子引力"概念的现代发展史中举出很多这样的例子。其中之一是超引力理论（§31.2）里的例子。我们知道，标准爱因斯坦广义相对论下量子场论的微扰处理将导致二级项出现不可重正化的发散，可当我们引入超对称性之后，这些发散项神奇地消失了。[41]被消去的项有很多，许多超引力研究者一度曾认为，出现这种"奇迹"预示着理论已处于正确轨道的边缘，可重正化性因此被认为在所有阶上均成立——真正的量子引力理论看来不久就要出现了！不幸的是，当人们能够完成三阶运算时，不可重正化的发散重又出现了。于是人们不得不考虑更高维情形，研究一时间又出现停滞。后来，到了 20 世纪 90 年代后期，超引力在 M 理论中重新复活，我们在 §§31.4，14 描述过这一点。

　　我认为弦理论和 M 理论一直都是按这样的奇迹导向发展的。其中最为重要的是镜像对称的发现，正是这一发现，使得 §31.14 中描述的表观上各不相同的各种理论强烈意识到它们可以统一在一个更大的所谓"M 理论"框架下。这些镜像对称性堪称奇迹，它使得此前那些彼此无关的理论发现它们竟是相同的，§31.14 里描述的坎德拉斯及其合作者所做的演算就属这种情形。它堪称我这里所指的奇迹。我确信，当坎德拉斯利用镜像对称性计算出的数字 31　7206　375 最终被代数几何学家确认的时候，在人们眼中它就是奇迹，并且使人们确信：新的弦/M 理论必定是正确之路！无论今后情形如何，这一"奇迹"的确为镜像对称概念的数学提供了绝妙的支持。对这个问题感兴趣的许多纯数学由此受到激发，从而使我们对相关的纯数学方面的理解获得了长足进步。[42]

　　这种表观的奇迹真的能成为修正物理理论方法的好的指导吗？这是个深刻而难以回答的问题。可以说它们有时确是如此，但这时我们必须十分小心。狄拉克关于相对论波函数自动结合到电子自旋的发现似乎就属于这样一种奇迹，玻尔将角动量子化用来得到正确的氢原子谱，爱因斯坦利用广义相对论弯曲空间来处理引力并正确解释了水星的进动这一困扰天体物理学家达 70 年之久的难题，也都属于这样的奇迹。但这些都是已有理论的恰当的物理结果，这些奇迹使得相关的理论得到了明确的认定。纯数学的奇迹，像超引力和镜像对称，是否具有这样的力量就不这么清楚了。当我们最终领悟了这种数学奇迹时，某种程度上说这只表明我们"看穿了"这种奇迹。但即便如此，也无法完全抹杀奇迹本身的心理影响力，这种影响力必须在适当的历史背景下才能看清楚。

　　但有一点是肯定的，这就是这种数学奇迹不可能总是可靠的向导。在我对扭量理论的研究过程中，我曾遇到过形形色色的可冠以"奇迹"的事情。单个扭量的全纯函数生成无质量场方程的一般解的发现就属这种情形，§33.11 中的非线性引力子构造亦是另一个例子。这些事例在多大程度上能算是表明扭量理论已处于"正确道路"上呢？我们同样得谨慎从事。我无意于将扭量理论的奇迹与弦论的奇迹进行比较。但它们不可能都成为毫不含糊的路标，因为这二者，正如我们在 §33.14 中指出的，不可能彼此相容！

　　当然，这些评述只是针对我对"当前"这些理论状态的认识。过去几个月里这方面的惊人发展完全有可能颠覆我在上段末尾所做的结论。这些进展是指最初由威腾发起的将弦论概念高度创新地运用到扭量理论中去（我在 §31.18 和 §33.14 中简述过这些内容）[43]。在这些发展中，弦论被应用于标准的四维时空物理上，并且与某种杨－米尔斯作用（可能直接与实际粒子相互作用相关联）有关，因此新的理论代表了对我上段所说的那种弦论形式的突破。这种突破是如何实现的呢？大体上说是这样：将弦论的黎曼曲面映射其中的"目标空间"不看成是卡拉比－丘复三维流形（§31.14，这种流形在"标准"弦论中是给出"额外空间维"所必需的），而看

1041

1042

成是投影扭量空间 $\mathbb{PT}$ （ $\mathbb{CP}^3$ ，见 §33.5）这样的复三维流形。正如我们所见，扭量几何是指普通的四维时空，这里不存在"额外空间维"！正像这些新概念所描述的，新理论中仍然存在某种超对称性，这种 $\mathbb{PT}$ 版本的超对称性实际上可当作某种"卡拉比－丘空间"。（由此除去某种"反常"——但在我看来，我们高估了这种除去反常的必要性，很可能超对称性就未必是真正需要的。）这些新概念表明，黎曼曲面具有亏格数 1 （见 §8.4），即它们是黎曼球面。[44] 这使得借鉴大量早期扭量理论的概念成为可能，早期扭量理论是包含"弦"概念的。[45]

如果弦论真能如此变下去，相关物理理论何愁不出现"奇迹"？我猜想这些奇迹可能真的很重要（尽管未必直接体现出来），它们有可能使我们对那些（如 §31.18 中托马斯的评述所暗示的）"处于幕后"事情有更深入的理解。我们能够从弦论中抽取出某种要素使之脱离对额外时空维的依赖吗？想必这是可能的。实质上，真实情形也许是，在量子场论概念里深藏着某种基于黎曼球面[46]映射（或是高亏格黎曼曲面的映射）的东西，这种东西在（投影）扭量空间复流形这个新环境中同样具有重要性。但它具体是个什么东西还是个谜。

1043 34.10 艰深的问题回答了，更深的问题又形成了

上几节中描述的问题远非当今物理学能够回答的，我们寄希望于 21 世纪物理学未来的发展。但如果回头看看截至 20 世纪末我们已经取得的成就，我们有理由感到自豪。许多长期困扰古人的难题有了答案，而且往往是以非常积极的姿态来解决问题。许多令人恐惧的疾病现在不再让人害怕，这不只是因为有了新药，更是由于有了基于当代技术（X 光、超声波、断层扫描）的早期诊断和物理疗法（放射性辐照、激光切除等等）。这些技术往往依赖于现代物理学的深刻理解。这种理解也使我们在其他方面取得了巨大成就，像水力发电、电灯、屏蔽材料、电视和移动电话这样的远程通讯、计算机技术、因特网、各种形式的当代运输技术以及现代生活中数不清的其他方方面面，不一而足。

这些成就大都直接依赖于物理学的各个方面。此外，当今化学的基本原理（原则上）也是以物理原理为基础的——主要源自量子力学法则。生物学中的许多内容更不可约化到物理法则，但我们有理由相信，从根本上说，生物学行为多少总要依赖于物理作用。与此相应，生物学似乎也受到数学的最终支配。

例如，就拿一颗种子成长为一株植物这一奇迹般过程来说，由同一种子发育而成的每株植物的结构大体上是彼此类似的。这里就有深奥的物理学在里面，因为控制植物生长的 DNA 就是一种分子，其结构的抗变能力和可靠性主要取决于量子力学法则（1967 年薛定谔在他的著名小书《什么是生命？》[47]就已指出过这一点）。此外，植物生长最终受制于那些支配其组成粒子的同样的力。这些力主要包括初时的电磁作用和强有力的核力作用，核力在决定要涉及哪种核从而组成中该有哪种原子参与方面起着决定性作用。

弱作用力在我们看到的大尺度现象方面也有表现，尽管它很弱（只有强作用力强度的 10^{-7} 或电磁作用的 10^{-5} 倍），但它却能造成人类体验过的大多数令人瞩目的事件。正是由于地球内部的放射性衰变才使得地球岩浆如此高热，火山喷发才显得如此壮观。地球演化史上有过为期几年的周期性，自公元 535 年始有记载的世界范围的饥荒和无可名状的寒冷天气，无不皆因于火山喷发出的火山灰造成的持续遮蔽。这里说的火山是指印度尼西亚爪哇岛附近的喀拉喀托火山，它在 535 年的喷发造成巨大灾难，近代 1883 年的喷发同样如此（只是强度要低一些）。

对人类文明造成更严重威胁的当属公元前 1628 年希腊泰拉岛（亦称圣托里尼岛）的那次火山喷发。那次喷发几乎使泰拉岛夷为平地，其惨状即使是在其南面 100 英里以外的克里特岛上都可以看得一清二楚。这次火山喷发不仅摧毁了泰拉岛本身的文明，还造成了克里特岛上克诺索斯（Knossos）祥和文明社会的最终衰落，著名的代达罗斯迷宫据称就坐落在岛上的大殿（Great Palace）内。[48] 一直有传闻认为泰拉岛的毁灭可能正是亚特兰蒂斯传奇的起源。[49] 也许我们能从下述事实得到些许安慰：过去的一些灾难最终孕育了另一种新文明的诞生。（这些事例中最富戏剧性的当属恐龙的整体灭绝，它使得哺乳动物得以发展并最终导致人类的出现——虽然恐龙灭绝可能起因于小行星碰撞而非火山喷发。）由此可以设想，古希腊文明延续千年的惊人发展是否正由于泰拉文明因火山喷发而灭绝呢？

更令人叫绝的恐怕是宇宙间最剧烈的爆发皆源于所有力中最弱的力的作用——如果我们公平地都称其为力的话——这就是引力的作用（在氢原子内仅为静电力的 10^{-40}，弱作用力的 10^{-38}），黑洞正是通过这种方式为类星体提供了不可思议的巨大能源。但从我们地球上看，它们离我们的距离是如此遥远，以致最亮的类星体 3C273 的亮度看上去也只有天狼星的 10^{-6}，尽管前者有着惊人的能量。的确，当我们在清澈静谧的夜晚巡视夜空时，虽然我们对宇宙的广袤充满敬畏，可实际上我们感知到的仅是这个巨大尺度的极小一部分。我们距肉眼可见的最远天体（仙女座）的距离只有到 3C273 距离的 10^{-3} 零头，或是到可观察宇宙边缘距离的 10^{-4}！

处于黑洞核心的时空奇点也是宇宙间充满未知数最多的客体之一。正如我们在 §§34.5，7，8 中看到的，我们还面临着很多其他无法着手的深奥谜团。21 世纪应当会有远较 20 世纪深刻的洞察力。如果不是这样，我们也会创造出全新的概念，它们将引领我们沿着完全不同于当今的方向前进。也许我们现在缺少的正是这种洞察力上的微妙变化——我们错过了某些东西……

注　释

§34.1

34.1　例如，见 Muohyama and Randall（2003）.

34.2　见 Tittel *et al.*（1998）。

34.3　见 Arndt *et al.*（1999）。

34.4　见 Amelino‑Camelia *et al.*（1998）；Gambini and Pullin（1999）；Amelino‑Camelia and Piran（2001）；Sarkar（2002）；对于可能更"前卫"的，见 Magueijo and Smolin（2002）。

§34.2

34.5 这里我用"协调性 coherence"一词是要传递出某种比相容性（consistency）更强的信息。这个词暗示着在充分协调的数学结构内存在某种经济性和相容性，这个形式体系的不同方面以理想化的协调方式共同工作。

§34.3

34.6 见 Rovelli（1998）所著《引力与相对论：新千年的转折》（N. Dadhich and J. Narlikar 编辑）。

34.7 我的一些同事告诉我他们相信实际情形就是这样！

34.8 从 §15.4 可知，S^7 被 S^3 通过类比 S^3 上克利福德平行线所纤维化。事实上，S^7 就是所谓的"可平行化"，这意味着切向量的 7 维标架的所有点均可被连续赋值。对 S^7 的"挤压"可沿这个"平行"方向系统地实现。见 Jensen（1973）。

34.9 雷杰轨迹见 Collins（1977），S 矩阵见 Chew（1962）。

34.10 见 Geroch（芝加哥大学讲义，未出版）。

34.11 见 van der Waerden（1929）；Infeld and van der Waerden（1933）；Penrose and Rindler（1984，1986）；O Donnell（2003）。

34.12 见 Dirac（1936）；其他版本的高自旋方程见 Corson（1953）。

34.13 见 Wess and Zumino（1974）。

§34.4

34.14 见 Popper（1934）。

34.15 这种思想的更多的例子见 Aldiss and Penrose（2000）。

34.16 尽管最近有声称 BOOMERanG 实际上提供了这样一种确认。例如见 Bouchet et al.（2002），号称给出了（有限）判据。

34.17 邦迪、戈尔德和霍伊尔在 1950 年代早期提出的定态宇宙（见 Hoyle 1948；Bondi and Gold 1948）尤其受到波普尔主义者的欣赏。对其进行反驳的途径就是确立 $K \neq 0$。但这没成功，因为与其他观察结果冲突，其中最突出的是 2.7 K 背景辐射，它几乎就是大爆炸的直接证据，见 §§27.9，10，12 和 §28.4。

34.18 例如，见 Linde（1993）。

34.19 见 Bucher et al.（1995）和 Linde（1995）。

34.20 见 Hawking and Turok（1998）。

34.21 见 Langs et al.（2001）。

§34.5

34.22 见 John Horgan 的著作 *The End of Science*（1996）。

34.23 见 Ferber（1978）；Ward and Wells（1989）；Delduc et al.（1993）；Ilyenko（1999）。

§34.7

34.24 见 Penrose（1989，1994，1997）。

34.25 见 Deutsch（2000）；Lockwood（1989）。

34.26 见 Gell-Mann（1994）和 Hartle（2004）。

34.27 然而，凡听过戴维·玻姆关于这个问题的观点的人都会认为他不认为意识问题与量子力学无关。

34.28 见 Penrose（1989，1994，1997）。

34.29 见 Hameroff and Watt（1982）；Hameroff（1987，1998）；Hameroff and Penrose（1996）。

34.30 见 Koruga et al.（1993）。

34.31 例如，见 Anderson（1997）。

34.32 个人通信。就我所知，达金斯的调查并未完成，也未出版。

34.33 见 Penrose（1987，1994）；Hameroff and Penrose（1996）。

§34.8

34.34 这种统一是否明确还是略带神秘是专家们研究的事情。在一次著名讲演中，德高望重的数学物理学家威格纳（Eugene Wigner 1960）详述了"物理科学中数学的不合理作用"。但杰出数学家格利森（Andrew Gleason，在本书的其他地方我们曾提到过他的两个非常有用的定理）提出了反驳（Gleason

1990），他把数学和物理学之间的协调一致看成是"数学是序的科学"这一事实的反映。我个人的观点更接近威格纳的观点。我们在运用于物理学基础的数学法则中看到，不仅是数学的超常精确性，而且其微妙复杂的特性都远远不是仅仅将它看成是对世界运行的基本"秩序"的表达所能涵盖的。

34.35　这种哲学似乎接近于 Geoffrey Chew 的哲学，他特别强调 S 矩阵的全纯性质。见 Chew（1962）。

34.36　见 Freeman Dyson（1966）的导言性评述。

34.37　见 Penrose（1988）。

34.38　这一事实对广义相对论的渐近平直时空的渐近对称性研究有重要意义，见 Sachs（1962）；Penrose and Rindler（1986）。

34.39　比较 Eddington（1946）。

§34.9

34.40　见 du Sautoy（2004）对黎曼假说与物理学关系的讨论；亦见 Berry and Keating（1999）。LANL arXiv 的快速搜索表明（欧拉）ζ 函数正则化的重要性——最近的点击率就达到 142 次！！！

34.41　见 Wess and Bagger（1992）以及注释 31.13。

34.42　见注释 31.57 和注释 31.58。

34.43　见注释 31.76。

34.44　这本身并未限定这些黎曼曲面一定是扭量空间里表示时空点的直线，见 §33.5，它们可以是"高阶"曲线。基本上说，"亏格 0 条件"表示我们关心的是树状杨 – 米尔斯过程，这里不存在"闭圈"（§26.8）。

34.45　Shaw and Hughston（1990）；Hodges（1985，1990a，1990b）。

34.46　这些是指"σ 模型"；见 Ketov（2000）。

§34.10

34.47　见 Schrödinger（1967）。

34.48　对于这个传奇，较好的老版本见 Hamilton（1999）（重印）。

34.49　这一概念的最新解释见 Friedrich（2000）。

尾　声

1048　　安蒂，一位来自意大利南部小镇的物理学女博士后，不仅具有出色的艺术天赋而且是一位数学天才。此时，她正透过德国波茨坦附近戈尔姆的爱因斯坦研究所的那扇面向东开的大窗户凝视着清澈的夜空。这所令人景仰的研究所设立于20世纪末，紧挨着爱因斯坦当年的度假居所。所里的大部分研究集中于"量子引力"这样的顶尖课题，这项研究的目标是要将爱因斯坦广义相对论的基本原理和量子力学的基本原理统一起来——至今它仍是一个世界基本法则层面上的谜团。

　　这项研究是安蒂自己选定的研究方向，但在这里她还是个新人，她还心存某些非正统的念头，还没有完全形成如何在这工作的一整套思想，为此她和同伴之间还存有基本的不协调。这天晚上，她一直在研究所楼上的图书馆里工作到凌晨时分，其间其他人都早已睡去。她一直在琢磨一项古老的研究，它涉及星系中心发生的巨大能量辐射。她认为自己真的很幸运，地球和太阳系没处在这种星系附近，否则它们都将瞬时化为灰烟。已有的对这种能量剧烈喷发的解释是其能量均由巨大的黑洞所提供。

　　安蒂知道，黑洞是一种其内部存在所谓"时空奇点"结构的时空区域——这种奇点的科学描述仍显得那么难以琢磨，它取决于目前仍未成熟的量子引力理论。但安蒂的真正兴趣并不在带有更剧烈喷发的星系黑洞上：这种喷发也许会终止所有喷发——也可能是总爆发的开始——它就是"大爆炸"。她若有所思：一切好事的开端也正是一切坏事的肇始。但是大爆炸里的时空奇点要比黑洞中的时空奇点显得更神秘。安蒂知道，所有这些谜团的根源正在于如何将爱因斯坦大尺度时空理论与量子力学原理下的引力理论统一起来。

1049　　这是一个静谧之夜，星光是那么清澈。安蒂站在那里陷入了沉思，交叉的双臂支在楼梯的扶手上，两眼透过大大的窗户凝视着星辰——她甚至没意识到这样过了多长时间。每当她沉思默想时，她总是对头顶上巨大的半球状苍穹充满敬畏，这些点点星光走过的距离是如此遥远，可比起整个宇宙的巨大尺度这个距离却显得微不足道。然而，她思忖道，如果她此刻正好看见了某种宇宙爆炸，那么无论这种爆炸是多么遥远，其辐射的光子几乎瞬时就传到了她这儿。爆炸带来的微弱引力也可能同样如此，这样研究所设在 250 千米外汉诺威附近的引力波探测器就将接收到某些信号。她感到自己被这种想法打动了：她可能实际上正处于与爆炸事件的直接联系当中……

正当她站在那里凝视东方之时，她突然被瞬间闪过的出乎意料的绿色光带吓了一跳，此时正值破晓，太阳的深红色轮廓正喷薄欲出。"绿色闪光"现象及其物理解释她知道的一清二楚，但此前她从未实际见证过这种现象，眼前的景象使她产生一种奇怪的情绪体验。这种体验夹杂着某种让她彻夜难眠的数学思考。

于是一种奇思异想逐渐占据了她的心头……

名 词 索 引

名词后的页码为原书页码（即本书边码）。

致　谢

这么一部鸿篇巨制前后差不多写了 8 年才告完成。在此我要感谢这期间提供帮助的许多人，正是他们的贡献弥补了我那种先天缺乏条理和健忘带来的不足。首先，我要向那些给了我无私帮助但却未留下姓名的人表示诚挚的谢意，并请求他们谅解。要不是下述诸位在具体细节方面提供的信息和支持，我很难表述得这么清楚，为此我要感谢 Michael Atiyah，John Baez，Michael Berry，Dorje Brody，Robert Bryant，Hong - Mo Chan，Joy Christian，Andrew Duggins，Maciej Dunajski，Freeman Dyson，Artur Ekert，David Fowler，Margaret Gleason，Jeremy Gray，Stuart Hameroff，Keith Hanabuss，Lucien Hardy，Jim Hartle，Tom Hawkins，Nigel Hitchin，Andrew Hodges，Dipankar Home，Jim Howie，Chris Isham，Ted Jacobson，Bernard Kay，William Marshall，Lionel Mason，Charles Misner，Tristan Needham，Stelios Negre - ponits，Sarah Jones Nelson，Ezra（Ted）Newman，Charles Oakley，Daniel Oi，Robert Osserman，Don Page，Oliver Penrose，Alan Rendall，Wolfgang Rindler，Engelbert Schücking，Bernard Schutz，Joseph Silk，Christoph Simon，George Sparling，John Stachel，Henry Stapp，Richard Thomas，Gerard t'Hooft，Paul Tod，James Vickers，Robert Wald，Rainer Weiss，Ronny Wells，Gerald Westheimer，John Wheeler，Nick Woodhouse 和 Anton Zeilinger。特别要感谢 Lee Smolin，Kelly Stelle 和 Lane Hughston 提供的多方面帮助。特别感谢 Florence Tsou（Sheung Tsun 周尚真）在粒子物理方面提供的巨大帮助；感谢 Fay Dowker 女士在许多方面特别是某些量子力学问题的表述方面给予的帮助和判断；感谢 Subir Sarkar 和在宇宙学数据及其解释方面提供的有价值信息；感谢 Vahe Gurzadyan 在有关宇宙整体几何的宇宙学发现方面提供的最新资料；特别要感谢 Abhay Ahtekar 在有关圈变量理论方面提供的广泛知识以及他在弦理论各种具体问题上给予的帮助。

我要感谢国家科学基金委员会对项目 PHY 93 - 96246 和项目 00 - 90091 的支持；感谢 Leverhulme 基金会为此提供的为期两年（2000 - 2002）的 Levehulme Emeritus Fellowship 奖励基金的支持。本书的写作还得到了伦敦 Gresham 学院（1998 - 2001）和美国宾夕法尼亚州立大学引力物理和几何研究中心的非常重要的支持；牛津大学数学研究所则在人员配备（尤其是 Ruth Preston 的协助）和办公场所方面提供了支持。

对像我这样一个工作习惯异于常人而时间表又总是排得满满的人来说，编辑的帮助尤为重要。Eddie Mizzi 在将我的潦草写作变成一本书的最初阶段给予了关键性的编辑支持，Richard Lawrence 则以他特有的工作效率、耐心和坚持不懈的努力使本书得以最终完成。为配合这项复杂的科学普及工作，John Holmes 在编制详尽的索引方面付出了艰辛的努力。我还要特别感谢 William Shaw 在后期阶段计算机作图（图 1.2 的曼德布罗特集和图 2.19 的双曲面，以及实现图 2.16、图 2.19 的变换等）方面的出色工作。还有一位令我感激不尽的是 Jacob Foster，他为本书编制了参考文献，并在极为有限的时间内完成了本书的校对，订正了所有错漏。事实证明，他在每章末尾提供的注释是非常有用的。当然尽管如此，书中一定还存在不少舛误和疏忽，这些都应由我自己承担。

我要特别感谢荷兰 M. C. Escher 公司允许我在图 2.11、图 2.12、图 2.16 和图 2.22 中复制使用埃舍尔作品，特别是允许我对图 2.11 进行调整并用于图 2.12 和 图 2.16，它们明显是一种数学变换。本书中使用的所有埃舍尔作品均出自 M. C. Escher 公司 2004 年版出版物。我还要对海德堡大学理论物理所和 Charles H. Lineweaver 先生表示谢意，感谢他们分别允许我复制使用图 27.19 和图 28.19 中的数据。

最后，我必须向我亲爱的妻子 Vanessa 表达我无尽的谢意。她不仅为我制作了亟需的计算机图（图 4.1，4.2，5.7，6.2 – 6.8，8.15，9.1，9.2，9.8，9.12，21.3b，21.10，27.5，27.14，27.15，以及图 1.1 中的多面体），而且始终如一给予我深深的关爱和理解。还有我的爱子 Max，他打一出生就知道我是个心不在焉的人，我衷心地感谢他——不只是因为他的降生延缓了本书的写作（从而使得本书得以新增至少两个重要内容，这些都是别处不曾有过的），还因为他流露出的高兴劲儿使我始终保持良好的精神状态。正像生命的延续所表现出的那样，未来进步所需的真正的新思想、新的洞察力必将会到来。

文献目录

我还没来得及谈及的，但肯定算得上 20 世纪物理学研究方法重要突破之一的一件事，就是在线资源网站 arXiv. org 的引入。通过这个网站，物理学家、数学家、生物学家和计算机科学家们可以在投稿专业杂志之前（甚至不投稿）就发表他们工作的预印件（或"电子版"）。arXiv. org 使得科学家们以最快速度交流新思想成为可能，并因此极大地提高了研究工作的节奏。事实上，发展出 axXiv. org 的 Paul Ginsparg 最近因该项创新荣获了麦克阿瑟"天才"会员奖。

我一直尽可能利用这项新技术来提供文献目录。在 arXiv. org 上找到一篇论文极其容易。首先，用你的网络搜索引擎登录 www. arxiv. org，然后搜索文章，或进入"www. arxiv. org/"后按照文献目录中提供的认证编号搜索。例如，要查找斯莫林 2003 年的论文"How far are we from the quantum theory of gravity"，你可以键入下列网址：

www. arxiv. org/hep－th/0303185.

试试看！

这个工具对那些能够上万维网但远离大学图书馆的读者尤为方便。

我希望这个新工具能够帮助你在 arXiv 上阅读大量的细致的文献——它们不仅提供该领域工作的参考，你还会收获更多！

Abian, A. (1965). *The theory of sets and transfinite arithmetic*. Saunders, Philadelphia.

Abbott, B. *et al.* (2004). Detector Description and Performance for the First Coincidence Observations between LIGO and GEO. *Nucl. Instrum. Meth.* **A517**, 154–79. [gr-qc/0308043]

Adams, C. C. (2000). *The Knot Book*. Owl Books, New York.

Adams, J. F. and Atiyah, M. F. A. (1966). On K-theory and Hopf invariant. *Quarterly J. Math.* **17**, 31–8.

Adler, S. L. (1995). *Quaternionic Quantum Mechanics and Quantum Fields*. Oxford University Press, New York.

Afriat, A. (1999). The Einstein, Podolsky, and Rosen Paradox. In *Atomic, Nuclear, and Particle Physics*. Plenum Publishing Corp.

Aharonov, Y. and Albert, D. Z. (1981). Can we make sense out of the measurement process in relativistic quantum mechanics? *Phys. Rev.* **D24**, 359–70.

Aharonov, Y. and Anandan, J. (1987). Phase change during a cyclic quantum evolution. *Phys. Rev. Lett.* **58**, 1593–6.

Aharonov, Y. and Bohm, D. J. (1959). Significance of electromagnetic potentials in the quantum theory. *Phys. Rev.* **115**, 485–91.

Aharonov, Y. and Vaidman, L. (1990). Properties of a quantum system during the time interval between two measurements. *Phys. Rev.* **A41**, 11.

Aharonov, Y. and Vaidman, L. (2001). The Two-State Vector Formalism of Quantum Mechanics. In *Time in Quantum Mechanics* (ed. J. G. Muga *et al.*). Springer-Verlag.

Aharonov, Y., Bergmann, P., and Lebowitz, J. L. (1964). Time symmetry in the quantum process of measurement. In *Quantum Theory and Measurement* (ed. J. A. Wheeler and W. H. Zurek). Princeton University Press, Princeton, New Jersey, 1983; originally in *Phys. Rev.* **134B**, 1410–6.

Ahmavaara, Y. (1965). The structure of space and the formalism of relativistic quantum theory, I. *J. Math. Phys.* **6**, 87–93.

Aitchison, I. and Hey, A. (2004). *Gauge Theories in Particle Physics: A Practical Introduction*, Vols 1 and 2. Institute of Physics Publishing, Bristol.

Albert, D., Aharanov, Y., and D'Amato, S. (1985). Curious New Statistical Prediction of Quantum Mechanics. *Phys. Rev. Lett.* **54**, 5.

Aldiss, B. W. and Penrose, R. (2000). *White Mars*. St Martin's Press, London.

Alpher, Bethe, and Gamow (1948). The Origin of Chemical Elements. *Phys. Rev.* **73**, 803.

Ambjorn, J., Nielsen, J. L., Rolf, J., and Loll, R. (1999). Euclidean and Lorentzian Quantum Gravity: Lessons from Two Dimensions. *Chaos Solitons Fractals* **10** [hep-th/9805108]

Amelino-Camelia, G. and Piran, T. (2001). Planck-scale deformations of Lorentz symmetry as a solution to the UHECR and the TeV-γ-gamma para-doxes. *Phys. Rev.* **D64**, 036005. [astro-ph/0008107]

Amelino-Camelia, G., *et al.* (1998). Potential Sensitivity of Gamma-Ray Burster Observations to Wave Dispersion in Vacuo. *Nature* **393**, 763–5. [astro-ph/9712103].

Anderson, P. W. (1997). *The Theory of Superconductivity in the High-T_c Cuprate Superconductors*. Princeton University Press, Princeton, New Jersey.

Anguige, K. (1999). Isotropic cosmological singularities 3: The Cauchy problem for the inhomogeneous conformal Einstein-Vlasov equations. *Annals Phys.* **282**, 395–419.

Antoci, S. (2001). The origin of the electromagnetic interaction in Einstein's unified field theory with sources. [gr-qc/018052]

Anton, H. and Busby, R. C. (2003). *Contemporary Linear Algebra*. John Wiley & Sons, Hoboken, NJ.

Apostol, T. M. (1976). *Introduction to Analytic Number Theory*. Springer-Verlag, New York.

Arfken, G. and Weber, H. (2000). *Mathematical Methods for Physicists*. Harcourt/Academic Press.

Arndt, M. *et. al.* (1999). Wave-particle duality of C_{60} molecules. *Nature* **401**, 680.

Arnol'd, V. I. (1978). *Mathematical Methods of Classical Mechanics*. Springer-Verlag, New York.

Arnowitt, R., Deser, S., and Misner, C. W. (1962). In *Gravitation: An Introduction to Current Research* (ed. L. Witten). John Wiley & Sons, Inc. New York.

Ashtekar, A. (1986). New variables for classical and quantum gravity. *Phys. Rev. Lett.* **57**, 2244–7.

Ashtekar, A. (1987). New Hamiltonian formulation of general relativity. *Phys. Rev.* **D36**, 1587–1602.

Ashtekar, A. (1991). *Lectures on Non-Perturbative Canonical Gravity* (Appendix). World Scientific, Singapore.

Ashtekar, A. and Das, S. (2000). Asymptotically anti-de Sitter space-times: Conserved quantities. *Classical and Quantum Gravity* **17**, L17–L30.

Ashtekar, A. and Lewandowski, J. (2001). Relation between polymer and Fock excitations. *Class. Quant. Grav.* **18**, L117–L127.

Ashtekar, A. and Lewandowski, J. (2004). Background Independent Quantum Gravity: A Status Report. [gr-qc/0404018].

Ashtekar, A. and Magnon, A. (1980). A geometric approach to external potential problems in quantum field theory. *General Relativity and Gravity*, vol 12, 205–223.

Ashtekar, A. and Schilling, T. A. (1998). In *On Einstein's Path* (ed. A. Harvey). Springer-Verlag, Berlin.

Ashtekar, A., and Lewandowski, J. (1994). Representation theory of analytic holonomy algebras. In *Knots and Quantum Gravity* (ed J. C. Baez Oxford University Press, Oxford.)

Ashtekar, A., Baez, J. C., and Krasnov, K. (2000). Quantum geometry of isolated horizons and black hole entropy. *Adv. Theo. Math. Phys.* **4**, 1–95.

Ashtekar, A., Baez, J. C., Corichi, A., and Krasnov, K. (1998). Quantum geometry and black hole entropy. (1998). *Phys. Rev. Lett.* **80**, 904–07.

Ashtekar, A., Bojowald, M., Lewandowski, J. (2003). Mathematical structure of loop quantum cosmology. *Adv. Theor. Math. Phys.* **7**, 233–68.

Atiyah, M. F. (1990). *The Geometry and Physics of Knots.* Cambridge University Press, Cambridge.

Atiyah, M. F. and Singer, I. M. (1963). The Index of Elliptic Operators on Compact Manifolds. *Bull. Amer. Math. Soc.* **69**, 322–433.

Atiyah, M. F., Hitchin, N. J., and Singer, I. M. (1978). Self-duality in four-dimensional Riemannian geometry. *Proč. Roy. Soc. Lond.* **A362**, 425–61.

Baez, J. C. (1998). Spin foam models. *Class. Quant. Grav.* **15**, 1827–58.

Baez, J. C. (2000). An introduction to spin foam models of quantum gravity and BF theory. *Lect. Notes Phys.* **543**, 25–94

Baez, J. C. (2001). Higher-dimensional algebra and Planck-scale physics. In *Physics Meets Philosophy at the Planck Scale* (ed. C. Callender and N. Huggett). Cambridge University Press, Cambridge. [gr-qc/9902017].

Baez, J. C. and Dolan, D. (1998). Categorification. In *Higher Category Theory* (ed. E. Getzler and M. Kapranov). Contemporary Mathematics vol. 230. AMS, Providence. RI. [Also see http://xxx.lanl.gov/abs/math.QA/9802029]

Bahcall, N., Ostriker, J. P., Perlmutter, S., and Steinhardt., P. J. (1999). The Cosmic Triangle: Revealing the State of the Universe. *Science* **284** [astro-ph/9906463].

Bailey, T. N. and Baston, R. J. (ed.) (1990). *Twistors in Mathematics and Physics.* LMS Lecture Note Series 156. Cambridge University Press, Cambridge.

Bailey, T. N., Ehrenpreis, L. and Wells, R. O., Jr. (1982). Weak solutions of the massless field equations. *Proc. Roy. Soc. Lond.* **A384**, 403–25.

Banchoff, T. (1990, 1996). *Beyond the Third Dimension*: Scientific American Library. See also http://www.faculty.fairfield.edu/jmac/cl/tb4d.htm

Bar, I. (2000). Survey of Two-Time Physics. [hep-th/0008164]

Barbour, J. B. (1989). *Absolute or Relative Motion*, Vol. I: *The Discovery of Dynamics*. Cambridge University Press, Cambridge.

Barbour, J. B. (1992). *Time and the interpretation of quantum gravity*. Syracuse University Preprint.

Barbour, J. B. (2001a). *The Discovery of Dynamics: A Study from a Machian Point of View of the Discovery and the Structure of Dynamical Theories*. Oxford University Press, Oxford.

Barbour, J. B. (2001b). *The End of Time*. Oxford University Press, Oxford.

Barbour, J. B. (2004). *Absolute or Relative Motion: The Deep Structure of General Relativity*. Oxford University Press, Oxford.

Barbour, J. B., Foster, B., and O Murchadha, N. (2002). Relativity without relativity. *Class. Quant. Grav.* **19**, 3217–48. [gr-qc/0012089]

Barrett, J. W. and Crane, L. (1998). Relativistic spin networks and quantum gravity. *J. Math. Phys.* **39**, 3296–302.

Barrett, J. W. and Crane, L. (2000). A Lorentzian signature model for quantum general relativity. *Class. Quant. Grav.* **17,** 3101–18.

Barrow, J. D. and Tipler, F. J. (1988). *The Anthropic Cosmological Principle*. Oxford University Press, Oxford.

Baston, R. J. and Eastwood, M. G. (1989). *The Penrose transform: its interaction with representation theory*. Oxford University Press, Oxford.

Bateman, H. (1904). The solution of partial differential equations by means of definite integrals. *Proc. Lond. Math. Soc.* (2) **1**, 451–8.

Bateman, H. (1944). *Partial Differential Equations of Mathematical Physics*. Dover, New York.

Becker, R. (1982). *Electromagnetic Fields and Interactions*. Dover, New York.

Begelman, M. C., Blandford, R. D., and Rees, M. J. (1984). Theory of extragalactic radio sources. *Rev. Mod. Phys.* **56**, 255.

Bekenstein, J. (1972). Black holes and the second law. *Lett. Nuovo. Cim.*, **4**, 737–40.

Belinskii, V. A., Khalatnikov, I. M., and Lifshitz, E. M. (1970). Oscilliatory approach to a singular point in the relativistic cosmology. *Usp. Fiz. Nauk* **102**, 463–500. (Engl. transl. in *Adv. in Phys.* **19**, 525–73.)

Bell, J. S. (1987). *Speakable and Unspeakable in Quantum Mechanics*. Cambridge University Press, Cambridge.

Beltrami, E. (1868). Essay on the interpretation of non-Euclidean geometry. Translated in Stillwell, J. C. (1996). Sources of Hyperbolic Geometry. *Hist. Math.*, **10**, AMS Publications.

Bennett, C. L. *et al.* (2003). First Year Wilkinson Microwave Anisotropy Probe (WMAP) Observations: Preliminary Maps and Basic Results. *Astrophys. J. Suppl.* 148, 1. [astro-ph/0302207]

Bergmann, P. G. (1956). *Helv. Phys. Acta Suppl.* **4**, 79.

Bergmann, P. G. (1957). Two-component spinors in general relativity. *Phys. Rev.* **107**, 624–9.

Bern, Z. (2002). Perturbative Quantum Gravity and its relation to Gauge Theory. *Living Rev. Relativity,* **5**. [www.livingreviews.org/Articles/Volume5/2002–5 bern/index.html]

Berry, M. V. (1984). Quantal phase factors accompanying adiabatic changes. *Proc. Roy. Soc. Lond.* **A392**, 45–57.

Berry, M. V. (1985). Classical adiabatic angles and quantal adiabatic phase. *J. Phys. A. Math. Gen.* **18**, 15–27.

Berry, M. V. and Keating, J. P. (1999). The Riemann Zeros and Eigenvalue Asymptotics. *SIAM Review* **41**, No. 2, 236–266.

Berry, M.V. and Robbins, J.M. (1997). Indistinguishability for quantum particles: spin, statistics and the geometric phase. *Proc. R. Soc. Lond.* A **453**, 1771–1790.

Biedenharn, L. C. and Louck, J. D. (1981). *Angular Momentum in Quantum Physics*. Addison-Wesley, London.

Bilaniuk, O.-M. and Sudarshan, G. (1969). Particle beyond the light barrier. *Phys. Today* **22**, 43–51.

Birrell, N. D. and Davies, P. C. W. (1984). *Quantum Fields in Curves Space*. Cambridge University Press, Cambridge.

Bjorken, J. D. and Drell, S. D. (1965). *Relativistic Quantum Mechanics*. McGraw Hill, New York & London.

Blanchard, A., Douspis, M., Rowan-Robinson, M., and Sarkar, S. (2003). An alternative to the cosmological 'concordance model'. *Astron. Astrophys.* **412**, 35–44.

Blanford, R. D. and Znajek, R. L. (1977). Electromagnetic Extraction of Energy from Kerr Black Holes. *Monthly Notices of the Royal Astronomical Society* **179**, 433.

Bohm, D. (1951). *Quantum Theory* (Prentice–Hall, Englewood-Cliffs.) Ch. 22, sect. 15–19. *Reprinted* as: The Paradox of Einstein, Rosen and Podolsky, in *Quantum Theory and Measurement* (ed. J.A. Wheeler and W.H. Zurek) Princeton Univ. Press, Princeton, New Jersey, 1983.

Bohm, D. and Hiley, B. (1994). *The Undivided Universe*. Routledge, London.

Bojowald, M. (2001). Absence of singularity in loop quantum cosmology. *Phys. Rev. Lett.* **86**, 5227–230.

Bondi, H. (1957). Negative mass in general relativity. *Rev. Mod. Phys.* **29**, 423–8; also in *Math. Rev.* **19**, 814.

Bondi, H. (1960). Gravitational waves in general relativity. *Nature* (London) **186**, 535.

Bondi, H. (1961). *Cosmology*. Cambridge University Press, Cambridge.

Bondi, H. (1964). *Relativity and Common Sense*. Heinemann, London.

Bondi, H. (1967). *Assumption and Myth in Physical Theory*. Cambridge University Press, Cambridge.

Bondi, H. and Gold, T. (1948). The Steady-State Theory of the Expanding Universe. *Mon. Not. Roy. Astron. Soc.* **108**, 252–70.

Bondi, H., van der Burg, M. G. J., and Metzner, A. W. K. (1962). Gravitational waves in general relativity, VII. Waves from axisymmetric isolated systems. *Proc. Roy. Soc. Lond.* **A269**, 21–52.

Bonnor, W. B. and Rotenberg, M. A. (1966). Gravitational waves from isolated sources. *Proc. Roy. Soc. Lond.* **A289**, 247–74.

Börner, G. (2003). *The Early Universe*. Springer-Verlag.

Bouchet, F. R., Peter, P., Riazuelo, A. and Sakellariadou, M. (2000). Evidence against or for topological defects in the BOOMERanG data? *Phys. Rev.* **D65** (2002), 021301. [astro-ph/0005022]

Boyer, C. B. (1968). *A History of Mathematics, 2nd. ed.* John Wiley & Sons, New York.

Braginsky, V. (1977). The Detection of Gravitational Waves and Quantum Non-Distributive Measurements. In *Topics in Theoretical and Experimental Gravitation Physics* (ed. V. De Sabbata and J. Weber), pp. 105–22. Plenum Press, New York.

Bramson, B.D. (1975). The alignment of frames of reference at null infinity for asymptotically flat Einstein-Maxwell manifolds. *Proc. R. Soc. London, Ser A* **341**, 451–461.

Brandhuber, A., Spence, B., and Travaglini, G. (2004). One-Loop Gauge Theory Amplitudes in N = 4 Super Yang Mills from MHV Vertices. [hep-th/0407214].

Brauer, R. and Weyl, H. (1935). Spinors in n dimensions. *Am. J. Math.* **57**, 425–49.

Brekke, L. and Freund, P. G. O. (1993). *p-adic numbers in physics*. North-Holland, Amsterdam.

Bremermann, H. (1965). *Distributions, Complex Variables and Fourier Transforms*. Addison Wesley, Reading, Massachusetts.

Brody, D. C. and Hughston, L. P. (1998a). Geometric models for quantum statistical inference. In *The Geometric Universe; Science, Geometry, and the Work of Roger Penrose* (ed. S. A. Huggett, L. J. Mason, K. P. Tod, S. T. Tsou, and N. M. J. Woodhouse). Oxford University Press, Oxford.

Brody, D. C. and Hughston, L. P. (1998b). The quantum canonical ensemble. *J. Math. Phys.* **39(12)**, 6502–8.

Brody, D. C., and Hughston, L. P. (2001). Geometric Quantum Mechanics, *J. Geom. and Phys.* **38(1)**, 19–53.

Brown, J. W. and Churchill, R. V. (2004). *Complex Variables and Applications*. McGraw-Hill, New York & London.

Bryant, R. L., Chern, S. -S., Gardner, R. B., Goldschmidt, H. L., and Griffiths, P. A. (1991). *Exterior Differential Systems*. MSRI Publications, 18. Springer-Verlag, New York.

Bucher, M., Goldhaber, A., and Turok, N. (1995). An open Universe from Inflation. *Phys. Rev.* **D**52. [hep-ph/9411206]

Buckley, P. and Peat, F. D. (1996). *Glimpsing Reality*. University of Toronto Press, Toronto.

Budinich, P. and Trautman, A. (1988). *The Spinorial Chessboard*. Trieste Notes in Physics. Springer-Verlag, Berlin.

Burbidge, G. R., Burbidge, E. M., Fowler, W. A., and Hoyle, F. (1957). Synthesis of the Elements in Stars. *Revs. Mod. Phys.* **29**, 547–650.

Burkert, W. (1972). *Lore and Science in Ancient Pythagoreanism*. Harvard University Press, Harvard.

Burkill, J. C. (1962). *A First Course in Mathematical Analysis*. Cambridge University Press, Cambridge.

Byerly, W. E. (2003). *An Elementary Treatise on Fourier's Series and Spherical, Cylindrical, and Ellipsoidal Harmonics, with Applications to Problems in Mathematical Physics*. Dover, New York.

Cachazo, F., Svrcek, P., and Witten, E. (2004a). MHV Vertices and Tree Amplitudes in Gauge Theory. [hep-th/0403047]

Cachazo, F., Svrcek, P., and Witten, E. (2004b). Twistor Space Structure of One-Loop Amplitudes In Gauge Theory. [hep-th/0406177].

Cachazo, F., Svrcek, P., and Witten, E. (2004c). Gauge Theory Amplitudes In Twistor Space and Holomorphic Anomaly. [hep-th/0409245].

Candelas, P., de la Ossa, X. C., Green, P. S., and Parkes, L. (1991). A pair of Calabi-Yau manifolds as an exactly soluble superconformal theory. *Nucl. Phys.* **B359**, 21.

Cartan, É. (1923). Sur les variétés à connexion affine et la théorie de la relativité generalisée I. *Ann. École Norn. Sup.* **40**, 325–412.

Cartan, É. (1924). Sur les variétés à connexion affine et la théorie de la relativité generalisée (suite). *Ann. École Norn. Sup.* **41**, 1–45.

Cartan, É. (1925). Sur les variétés à connexion affine et la théorie de la relativité generalisée II. *Ann. École Norn. Sup.* **42**, 17–88.

Cartan, É. (1945). *Les Systèmes Différentiels Extérieurs et leurs Applications Géométriques*. Hermann, Paris.

Cartan, É. (1966). *The Theory of Spinors*. Hermann, Paris.

Carter, B. (1966). Complete Analytic Extension of the Symmetry Axis of Kerr's Solution of Einstein's Equations. *Phys. Rev.* **141**, 4.

Carter, B. (1971). Axisymmetric Black Hole Has Only Two Degrees of Freedom. *Phys. Rev. Lett.*, **26**, 331–2.

Carter, B. (1974). Large Number Çoincidences and the Anthropic Principle. In *Confrontation of Cosmological Theory with Astronomical Data* (ed. M. S. Longair), pp. 291–8. Reidel, Dordrecht. (Reprinted in Leslie 1990.)

Cercignani, C. (1999). *Ludwig Boltzmann: The Man Who Trusted Atoms*. Oxford University Press, Oxford.

Chan, H-M. and Tsou, S. T. (1993). *Some Elementary Gauge Theory Concepts*. World Scientific Lecture Notes in Physics, Vol. 47. London.

Chan, H-M. and Tsou, S. T. (2002). Fermion Generations and Mixing from Dualized Standard Model. *Acta Physica Polonica B* **12**.

Chandrasekhar, S. (1981). The maximum mass of ideal white dwarfs. *Astrophys. J.*, **74**, 81–2.

Chandrasekhar, S. (1983). *The Mathematical Theory of Black Holes*. Clarendon Press, Oxford.

Chari, V. and Pressley, A. (1994). *A Guide to Quantum Groups*. Cambridge University Press, Cambridge.

Chen, W. W. L. (2002). *Linear Functional Analysis*. [Available online: http://www.maths.mq.edu.au/~wchen/lnlfafolder/lnlfa.html]

Cheng, K. S. and Wang, J. (1999). The formation and merger of compact objects in central engine of active galactic nuclei and quasars: gamma-ray burst and gravitational radiation. *Astrophys., J.* **521**, 502.

Chern, S. S. (1979). *Complex Manifolds Without Potential Theory*. Springer-Verlag, New York.

Chernoff, P. R. and Marsden, J. E. (1974). *Properties of infinite hamiltonian systems*. Lecture Notes in Mathematics, vol. 425. Springer-Verlag, Berlin.

Chevalley, C. (1946). *Theory of Lie Groups*. Princeton University Press, Princeton.

Chevalley, C. (1954). *The Algebraic Theory of Spinors*. Columbia University Press, New York.

Chew, G. F. (1962). *S-Matrix Theory of Strong Interactions*. Pearson Benjamin Cummings.

Choquet-Bruhat, Y. and DeWitt-Morette, C. (2000). *Analysis, Manifolds, and Physics*. Parts I and II. North-Holland, Amsterdam.

Christenson, J. H., Cronin, J.W., Fitch, V.L. and Turlay, R. (1964). Evidence for the 2p decay of the K0 meson, *Phys. Rev. Lett.* **13**, 138–140.

Christian, J. (1995). Definite events in Newton–Cartan quantum gravity. Oxford preprint, submitted to *Phys. Rev. D*.

Church, A. (1936). *The calculi of lambda-conversion*. Annals of Mathematics Studies, No. 6. Princeton University Press, Princeton, NJ.

Claudel, C. M. and Newman, K. P. (1998). Isotropic Cosmological Singularities I. Polytropic Perfect Fluid Spacetimes. *Proc. R. Soc. Lond.* 454, 1073–1107.

Clauser, J. F., Horne, M. A., Shimony, A., and Holt, R. A. (1969). Proposed experiment to test local hidden-variable theories. *Phys. Rev. Lett.* **23**, 880.

Clifford, W. K. (1873). Preliminary Sketch of Biquaternions. *Proc. London Math. Soc.* **4**, 381–95.

Clifford, W. K. (1878). Applications of Grassmann's extensive algebra. *Am. J. Math.* **1**, 350–8.

Clifford, W. K. (1882). Mathematical papers by William Kingdon Clifford. (ed. R. Tucker.) London.

Cohen, P. J. (1966). *Set Theory and the Continuum Hypothesis*. W. A. Benjamin, New York.

Collins, P. D. B. (1977). *An Introduction to Regge Theory and High Energy Physics*. Cambridge University Press, Cambridge.

Colombeau, J. F. (1983). A multiplication of distributions. *J. Math. Anal. Appl.* **94**, 96–115.

Colombeau, J. F. (1985). *Elementary Introduction to New Generalized Functions*. North Holland, Amsterdam.

Connes, A. (1990). Essay on physics and non-commutative geometry. In *The Interface of Mathematics and Particle Physics* (ed. D. G. Quillen, G. B. Segal, and Tsou S. T.). Clarendon Press, Oxford.

Connes, A (1998). Noncommutative differential geometry and the structure of space-time. In *The Geometric Universe; Science, Geometry, and the Work of Roger Penrose* (ed. S. A. Huggett, L. J. Mason, K. P. Tod, S. T. Tsou, and N. M. J. Woodhouse). Oxford University Press, Oxford.

Connes, A. and Berberian, S. K. (1995). *Noncommutative Geometry*. Academic Press.

Connes, A. and Kreimer, D. (1998). Hopf Algebras, Renormalization and Non-commutative Geometry. [hep-th/9808042]

Conway, J. H. (1976). *On Numbers and Games*. Academic Press, London.

Conway, J. H. and Kochen, S. (2002). The geometry of the quantum paradoxes. In *Quantum [Un]speakables: From Bell to Quantum Information* (Eds. R. A. Bertlmann and A. Zeilinger) Springer-Verlag, Berlin.

Conway, J. H., and Norton, S. P. (1979). Monstrous Moonshine. *Bull. Lond. Math. Soc.* **11**, 308–39.

Conway, J. H. and Smith, D. A. (2003). *On Quaternions and Octonions*. A. K. Peters.

Corson, E.M. (1953). *Introduction to Tensors, Spinors, and Relativistic Wave-equations*. Blackie and Son Ltd., London.

Costa de Beauregard, O. (1995). Macroscopic retrocausation. *Found. Phy. Lett.* **8(3)**, 287–91.

Cotes, R. (1714). Logometria. *Phil. Trans. Roy. Soc. Lond.* (March).

Cox, D. A. and Katz, S. (1999). *Mirror symmetry and algebraic geometry*. Mathematical Surveys and Monographs 68. American Mathematical Society, Providence, RI.

Cramer. J. G. (1988). An overview of the transactional interpretation of quantum mechanics. *Int. J. Theor. Phys.* **27(2)**, 227–36.

Crowe, M. J. (1967). *A History of Vector Analysis: The Evolution of the Idea of a Vectorial System*. University of Notre Dame Press, Toronto. (Reprinted with additions and corrections by Dover, New York, 1985.)

Cvitanovič, P. and Kennedy, A. D. (1982). Spinors in negative dimensions. *Phys. Scripta* **26**, 5–14.

Das, A. and Ferbel. T. (2004). *Introduction to Nuclear and Particle Physics*. World Scientific Publishing Company, Singapore.

Davenport, H. (1952). *The Higher Arithmetic: An Introduction to the Theory of Numbers*. Hutchinson's University Library, London.

Davies, M. (1997). *Europe: A History* (Oxford University Press, Oxford), pp. 89–94.

Davies, P. (2003). *How to Build a Time Machine*. Penguin, USA.

Davis, M. (1978). What is a Computation? In *Mathematics Today: Twelve Informal Essays* (ed. L. A. Steen). Springer-Verlag, New York.

Davis, M. (1988). Mathematical logic and the origin of modern computers. In *The Universal Turing Machine: A Half-Century Survey* (ed. R. Herken). Kammerer and Unverzagt, Hamburg.

Davydov, A. S. (1976). *Quantum Mechanics*. Pergamon Press, Oxford.

de Bernardis, P. *et al.* (2000). A Flat Universe from High-Resolution Maps of the Cosmic Microwave Background Radiation. *Nature* **404**, 955–9.

Delduc, F., Galperin, A., Howe, P., and Sokatchev, E. (1993). A twistor formulation of the heterotic $D = 10$ superstring with manifest (8,0) worldsheet supersymmetry. *Phys. Rev.* **D47**, 578–93. [hep-th/9207050]

Derbyshire, J. (2003). *Prime Obsession: Bernhard Riemann and the Greatest Unsolved Problem in Mathematics*. Joseph Henry Press, Washington, DC.

Deser, S. (1999). Nonrenormalizability of $D = 11$ supergravity. [hep-th/9905017]

Deser, S. (2000). Infinities in quantum gravities. *Annalen Phys.* **9**, 299–307. [gr-qc/9911073]

Deser, S. and Teitelboim, C. (1977). Supergravity Has Positive Energy. *Phys. Rev. Lett.* **39**, 248–52.

Deser, S. and Zumino, B. (1976). Consistent supergravity. *Phys. Lett.* **62B**, 335–7.

de Sitter, W. (1913). *Phys. Zeitz.*, **14**, 429. (in German).

Deutsch, D. (2000). *The Fabric of Reality*. Penguin, London.

Devlin, K. (1988). *Mathematics: The New Golden Age*. Penguin Books, London.

Devlin, K. (2002). *The Millennium Problems: The Seven Greatest Unsolved Mathematical Puzzles of Our Time*. Basic Books, London/Perseus Books, New York.

DeWitt, B. S. (1967). Quantum Theory of Gravity. I. The Canonical Theory. *Phys. Rev.* **160**, 1113.

DeWitt, B. S. (1984). *Supermanifolds*. Cambridge University Press, Cambridge.

DeWitt, B. S. and Graham, R. D. (ed) (1973). *The Many-Worlds Interpretation of Quantum Mechanics*. Princeton University Press, Princeton.

Diósi, L. (1984). Gravitation and quantum mechanical localization of macro-objects. *Phys. Lett.* **105A**, 199–202.

Diósi, L. (1989). Models for universal reduction of macroscopic quantum fluctuations. *Phys. Rev.* **A40**, 1165–74.

Dicke, R. H. (1961). Dirac's Cosmology and Mach's Principle. *Nature* **192**, 440–1.

Dicke, R. H. (1981). Interaction-free quantum measurements: A paradox? *Am. J. Phys.* **49**, 925.

Dicke, R. H., Peebles, P. J. E., Roll, P. G., and Wilkinson, D. T. (1965). Cosmic Black-Body Radiation. *Astrophys. J.* **142**, 414–19.

Dine, M. (2000). Some reflections on Moduli, their Stabilization and Cosmology. [hep-th/0001157]

Dirac, P. A. M. (1928). The quantum theory of the electron. *Proc. Roy. Soc. Lond.* **A117**, 610–24; ibid, part II, **A118**, 351–61.

Dirac, P. A. M. (1932). *Proc. Roy. Soc.* **A136**, 453.

Dirac, P. A. M. (1933). The Lagrangian in Quantum Mechanics. *Physicalische Zeitschrift der Sowjetunion*, Band 3, Heft 1.

Dirac, P.A.M. (1936). Relativistic Wave Equations. *Proc. Roy. Soc. London* **A155**, 447–59.

Dirac, P. A. M. (1937). The Cosmological Constants. *Nature* **139**, 323.

Dirac, P. A. M. (1938). A new basis for cosmology. *Proc. R. Soc. Lond.* **A165**, 199.

Dirac, P. A. M. (1950). Generalized Hamiltonian dynamics. *Can. J. Math.* **2**, 129.

Dirac, P. A. M. (1964). *Lectures on Quantum Mechanics.* Yeshiva University, New York.

Dirac, P. A. M. (1966). *Lectures in Quantum Field Theory.* Academic Press, New York.

Dirac, P. A. M. (1982a). *The Principles of Quantum Mechanics 4th edn.* Clarendon Press, Oxford.

Dirac, P. A. M. (1982b). Pretty mathematics. *Int. J. Theor. Phys.* **21**, 603–5.

Dirac, P. A. M. (1983). The Origin of Quantum Field Theory. In *The Birth of Particle Physics* (ed. Brown and Hoddeson). Cambridge University Press, New York.

Dixon, G. (1994). *Division Algebras, Quaternions, Complex Numbers and the Algebraic Design of Physics.* Kluwer Academic Publishers, Boston.

Dodelson, S. (2003). *Modern Cosmology.* Academic Press, London.

Dolan, L. (1996). Superstring twisted conformal field theory: Moonshine, the Monster, and related topics. (South Hadley, MA, 1994). *Contemp. Math.* **193**, 9–24.

Domagala, M. and Lewandowski, J. (2004). Black hole entropy from Quantum Geometry. [gr-qc/0407041].

Donaldson, S. K. and Kronheimer, P. B. (1990). *The Geometry of Four-Manifolds.* Oxford University Press, Oxford.

Douady, A. and Hubbard, J. (1985). On the dynamics of polynomial-like mappings. *Ann. Sci. Ecole Norm. Sup.* **18**, 287–343.

Dowker, F. and Kent, A. (1996). On the consistent histories approach to quantum mechanics. *J. Stat. Phys.* **82**. [gr-qc/9412067]

Drake, S. (1957). *Discoveries and Opinions of Galileo.* Doubleday, New York.

Drake, S. (trans.) (1953). *Galileo Galilei: Dialogue Concerning the Two Chief World Systems—Ptolemaic and Copernican.* University of California, Berkeley.

Dray, T. and Manogue, C. A. (1999). The Exceptional Jordan Eigenvalue Problem. *Int. J. Theor. Phys.* **38**, 2901–16, [math-ph/99110004].

Dreyer, O., Markopoulou, F., and Smolin, L. (2004). Symmetry and entropy of black hole horizons. [hep-th/0409056].

Duffin, R. J. (1938). On the characteristic matrices of covariant systems. *Phys. Rev.* **54**, 1114.

Dunajski, M. (2002). Anti-self-dual four-manifolds with a parallel real spinor. *R. Soc. Lond. Proc. Ser. A Math. Phys. Eng. Sci.* **458(2021)**, 1205–22.

du Sautoy, M. (2004). *The Music of the Primes.* Perennial, New York.

Dunham, W. (1999). *Euler: The Master of Us All.* Math. Assoc. Amer., Washington, DC.

Dyson, F. J. (1966). *Symmetry groups in nuclear and particle physics: a lecture-note and reprint volume.* W. A. Benjamin, New York.

Eastwood, M.G., Penrose, R., and Wells, R.O., Jr. (1981). Cohomology and massless fields. *Comm. Math. Phys.* **78**, 305–51.

Eddington, A. S. (1929a). *The Nature of the Physical World.* Cambridge University Press, Cambridge.

Eddington, A. S. (1929b). A Symmetrical Treatment of the Wave Equation. *Proc. R. Soc. Lond.* **A121**, 524–42.

Eddington, A. S. (1946). *Fundamental Theory.* Cambridge University Press, Cambridge.

Eden, R. J., Landshoff, P. V., Olive, D. I., and Polkinghorne, J. C. (2002). *The Analytic S-Matrix.* Cambridge University Press.

Edwards, C.H. and Penney, D.E. (2002). *Calculus with Analytic Geometry*. Prentice Hall; 6th edition.

Ehrenberg, W. and Siday, R. E. (1949). The refractive index in electron optics and the principles of dynamics. *Proc. Phys. Soc.* **LXIIB**, 8–21.

Ehrenfest, P. and Ehrenfest, T. (1959). *The Conceptual Foundations of the Statistical Approach in Mechanics*. Cornell University Press, Ithaca, NY.

Eilenberg, S. and Mac Lane, S. (1945). General theory of natural equivalences. *Trans. Am. Math. Soc.* **58**, 231–94.

Einstein, A. (1914), in Lorentz *et al.*, (1952).

Einstein, A. (1917). Kosmologische Betrachtungen zur allgemeinen Relativitätstheorie, *Sitzungsberichte der Preussischen Akademie der Wissenschaften*, 142–152.

Einstein, A. (1925). *S. B. Preuss. Akad. Wiss.* **22**, 414.

Einstein, A. (1945). A generalization of the relativistic theory of gravitation. *Ann. Math.* **46**, 578.

Einstein, A. (1948). A generalized theory of graritation. *Rev. Mod. Phys.* **20**, 35.

Einstein, A. (1955). Relativistic theory of the non-symmetric field. In Appendix II: *The Meaning of Relativity*, 5th ed., pp. 133–66. Princeton University Press, Princeton, NJ.

Einstein, A. and Kaufman, B. (1955). A new form of the general relativistic field equations. *Ann. Math.* **62**, 128.

Einstein, A. and Straus, E. G. (1946). A generalization of the relativistic theory of gravitation II. *Ann. Math.* **47**, 731.

Einstein, A., Podolsky, P., and Rosen, N. (1935). Can quantum-mechanical description of physical reality be considered complete? In *Quantum Theory and Measurement* (ed. J. A. Wheeler and W. H. Zurek). Princeton University Press, Princeton, New Jersey, 1983; originally in *Phys. Rev.* **47**, 777–80.

Elitzur, A. C. and Vaidman, L. (1993). Quantum mechanical interaction-free measurements. *Found. Phys.* **23**, 987–97.

Elliott, J. P., and Dawber, P. G. (1984). *Symmetry in Physics*, Vol. 1. Macmillan, London.

Ellis, J., Mavromatos, N. E., and Nanopoulos, D. V. (1997a). Vacuum fluctuations and decoherence in mesoscopic and microscopic systems. In *Symposium on Flavour-Changing Neutral Currents: Present and Future Studies*. UCLA.

Ellis, J., Mavromatos, N. E., and Nanopoulos, D. V. (1997b). Quantum decoherence in a D-foam background. *Mod. Phys. Lett.* **A12**, 2029–36.

Engelking, E. (1968). *Outline of General Topology*. North-Holland & PWN, Amsterdam.

Euler, L. (1748). *Introductio in Analysis Infinitorum*.

Everett, H. (1957). 'Relative State' formulation of quantum mechanics. In *Quantum Theory and Measurement* (ed. J. A. Wheeler and W. H. Zurek). Princeton University Press, Princeton, New Jersey, 1983; originally in Rev. Mod. Phys. **29**, 454–62.

Fauvel, J. and Gray, J. (1987). *The History of Mathematics: A Reader*. Macmillan, London.

Ferber, A. (1978). Supertwistors and conformal supersymmetry. *Nucl. Phys.* **B132** 55–64.

Fernow, R. C. (1989). *Introduction to Experimental Particle Physics* Cambridge University Press, Cambridge.

Feynman, R. P. (1948). Space-time approach to nonrelativistic quantum mechanics. *Rev. Modern Phys.* **20**, 367–87.

Feynman, R. P. (1949). The theory of positrons. *Phys. Rev.* **76**, 749.

Feynman, R. P. (1987). *Elementary Particles and the Laws of Physics: The 1986 Dirac Memorial Lectures.* Cambridge University Press, Cambridge.

Feynman, R. P. and A. Hibbs. (1965). *Quantum Mechanics and Path Integrals.* McGraw-Hill, New York.

Fierz, M. (1938). Uber die Relativitische Theorie kräftefreier Teichlen mit beliebigem Spin. *Helv. Phys. Acta* **12**, 3–37.

Fierz, M. (1940). Uber den Drehimpuls von Teichlen mit Ruhemasse null und beliebigem Spin. *Helv. Phys. Acta* **13**, 45–60.

Fierz, M. and Pauli, W. (1939). On relativistic wave equations for particles of arbitrary spin in an electromagnetic field. *Proc. Roy. Soc. Lond.* **A173**, 211–32.

Finkelstein, D. (1969). Space-time code. *Phys. Rev.* **184**, 1261–79.

Finkelstein, D. and J. Rubinstein. (1968). Connection between spin, statistics, and kinks. *J. Math. Phys.* **9**, 1972.

Flanders, H. (1963). *Differential Forms.* Academic Press. (Reissued by Dorf 1989.)

Floyd, R. M. and Penrose, R. (1971). Extraction of Rotational Energy from a Black Hole. *Nature Phys. Sci.* **229**, 177.

Fortney, L. R. (1997). *Principles of Electronics, Analog and Digital.* Harcourt Brace Jovanovich.

Frankel, T. (2001). *The Geometry of Physics.* Cambridge University Press, Cambridge.

Frenkel, A. (2000). A Tentative Expresion of the Károlyházy Uncertainty of the Space-time Structure through Vacuum Spreads in Quantum Gravity. [quant-ph/0002087]

Friedlander, F. G. (1982). *Introduction to the theory of distributions.* Cambridge University Press, Cambridge.

Friedrich, W. L. (2000). *Fire in the Sea: The Santorini Volcano: Natural History and the Legend of Atlantis.* (Trans. A.R. McBirney.) Cambridge University Press, Cambridge.

Frittelli, S., Kozameh, C. and Newman, E. T. (1997). Dynamics of light cone cuts at null infinity. *Phys. Rev.* **D56**, 8.

Fröhlich, J. and Pedrini, B. (2000). New applications of the chiral anomaly. In *Mathematical Physics 2000* (ed. A. Fokas, A. Grigoryan, T. Kibble, and B. Zegarlinski), pp. 9–47. Imperial College Press, London.

Gürsey, F. and Tze, C. -H. (1996). *On the Role of Division, Jordan, and Related Algebras in Particle Physics.* World Scientific, Singapore.

Gambini, R. and Pullin, J. (1999). Nonstandard optics from quantum spacetime. *Phys. Rev.* **D59** 124021.

Gandy, R. (1988). The confluence of ideas in 1936. In *The Universal Turing Machine: A Half-Century Survey* (ed. R. Herken). Kammerer and Unverzagt, Hamburg.

Gangui, A. (2003). Cosmology from Topological Defects. *AIP Conf. Proc.* **668**. [astro-ph/0303504]

Gardner, M. (1990). *The New Ambidextrous Universe.* W. H. Freeman, New York.

Gauss, C. F. (1900). *Werke.* Vol. VIII, pp. 357–62. Leipzig.

Gel'fand, I. and Shilov, G. (1964). *Generalized Functions*, Vol. 1. Academic Press, New York.

Gell-Mann, M. (1994). *The Quark and the Jaguar: Adventures in the Simple and the Complex.* W. H. Freeman, New York.

Gell-Mann, M. and Hartle, J. B. (1995). Strong Decoherence. In *Proceedings of the 4th Drexel Conference on Quantum Non-Integrability: The Quantum-Classical*

Correspondence (ed. D.-H. Feng and B.-L. Hu). International Press of Boston, Hong Kong (1998). [gr-qc/9509054]

Gell-Mann, M. and Ne'eman, Y. (2000). *Eightfold Way*. Perseus Publishing.

Geroch, R and Hartle, J. (1986). Computability and physical theories. *Found. Phys.* **16**, 533.

Geroch, R. (1968). Spinor structure of space-times in general relativity I. *J. Math. Phys.* **9**, 1739–44.

Geroch, R. (1970). Spinor structure of space-times in general relativity II. *J. Math. Phys.* **11**, 343–8.

Geroch, R. (1984). The Everett Interpretation. *Nous*, **18**, 617–633.

Geroch, R. (unpublished). *Geometrical Quantum Mechanics*. Lecture notes given at University of Chicago.

Geroch, R., Kronheimer, E. H., and Penrose, R. (1972). Ideal points for space-times. *Proc. Roy. Soc. Lond.* **A347**, 545–67.

Ghirardi, G. C., Grassi, R., and Rimini, A. (1990). Continuous–spontaneous–reduction model involving gravity. *Phys. Rev.* **A42**, 1057–64.

Ghirardi, G. C., Rimini, A., and Weber, T. (1986). Unified dynamics for microscopic and macroscopic systems. *Phys. Rev.* **D34**, 470.

Gibbons, G. W. (1984). The isoperimetric and Bogomolny inequalities for black holes. In *Global Riemannian Geometry* (ed. T. Willmore and N. J. Hitchin). Ellis Horwood, Chichester.

Gibbons, G. W. (1997). Collapsing Shells and the Isoperimetric Inequality for Black Holes. *Class. Quant. Grav.* **14**, 2905–15. [hep-th/9701049]

Gibbons, G. W. and Hartnoll, S. A. (2002). Gravitational instability in higher dimensions. [hep-th/0206202]

Gibbons, G. W. and Perry, M. J. (1978). Black Holes and Thermal Green's Function. *Proc. Roy. Soc. Lond.* **A358**, 467–94.

Gibbs, J. (1960). *Elementary Principles in Statistical Mechanics*. Dover, New York.

Gindikin, S. G. (1986). On one construction of hyperkähler metrics. *Funct. Anal. Appl.* **20**, 82–3. (Russian).

Gindikin, S. G. (1990). Between integral geometry and twistors. In *Twistors in Mathematics and Physics* (ed. T. N. Bailey and R. J. Baston). LMS Lecture Note Series 156. Cambridge University Press, Cambridge.

Gisin, N. (1989). Stochastic quantum dynamics and relativity. *Helv. Phys. Acta.* **62**, 363.

Gisin, N. (1990). *Phys. Lett.* **143A**, 1.

Gisin, N., de Riedmatten, H., Scarani, V., Marcikic, I., Acin, A., Tittel, W., and Zbinden, H. (2004). Two independent photon pairs versus four-photon entangled states in parametric down conversion. *J. Mod. Opt.* **51**, 1637. [quant-ph/0310167]

Glashow, S. (1959). The renormalizability of vector meson interactions. *Nucl. Phys.* **10**, 107.

Gleason, A. M. (1957). Measures on the Closed Subspaces of a Hilbert Space. *J. Math. and Mech.* **6**, 885–893.

Gleason, A. M. (1990). In *More Mathematical People* (ed. D. J. Albers, G. L. Alexanderson, and C. Reid). Harcourt Brace Jovanovich, Boston, p. 94.

Goddard, P. *et al.* (1973). Quantum dynamics of a massless, relativistic string. *Nucl. Phys.* **B56**, 109.

Gold, T. (1962). The Arrow of Time. *Am. J. Phys.* **30**, 403.

Goldberg, J. N., Macfarlane, A. J., Newman, E. T., Rohrlich, F., and Sudarshan, E. C. G. (1967). Spin-s spherical harmonics and eth. *J. Math. Phys.* **8**, 2155–61.

Goldblatt, R. (1979). *Topoi: The Categorial Analysis of Logic*. North-Holland Publishing Company, Oxford & New York.

Goldstein, S. (1987). Stochastic mechanics and quantum theory. *J. Stat. Phys.* **47**.

Gottesman, D. and Preskill, J. (2003). Comment on 'The black hole final state'. [hep-th/0311269]

Gouvea, F. Q. (1993). *P-Adic Numbers: An Introduction*. Springer-Verlag; 2nd edition (2000), Berlin & New York.

Grassmann, H. G. (1844). *Die lineare Ausdehnungslehre*, 4th edition, Springer-Verlag.

Grassmann, H. G. (1862). *Die lineare Ausdehnungslehre Vollständig und in strenger Form bearbeitit.*

Gray, J. (1979). *Ideas of Space: Euclidean, Non-Euclidean, and Relativistic*. Oxford University Press, Oxford.

Green, M. B. (2000). Superstrings and the unification of physical forces. In *Mathematical Physics 2000* (ed. A. Fokas, T. W. B. Kibble, A. Grigouriou, and B. Zegarlinski), pp. 59–86. Imperial College Press, London.

Green, M. B., Schwarz, J. H., and Witten, E. (1978). *Superstring Theory*, Vol. I & II. Cambridge University Press, Cambridge.

Greene, B. (1999). *The Elegant Universe; Superstrings, Hidden Dimensions, and the Quest for the Ultimate Theory*. Random House, London.

Griffiths, P. and Harris, J. (1978). *Principles of Algebraic Geometry*. John Wiley & Sons, New York.

Grishchuk, L. P., *et al.* (2001). Gravitational Wave Astronomy: in Anticipation of First Sources to be Detected. Phys. Usp. **44**, 1–51. [astro-ph/0008481].

Groemer, H. (1996). *Geometric Applications of Fourier Series and Spherical Harmonics*. Cambridge University Press, Cambridge.

Gross, D. J. and Periwal, V. (1988). String Perturbation Theory Diverges. *Phys. Rev. Lett.* **60**, 2105.

Gross, M. W., Huybrechts, D., Joyce, D., and Winkler, G. D. (2003). *Calabi-Yau Manifolds and Related Geometries*. Springer-Verlag.

Grosser, M., Kunzinger, M., Oberguggenberger, M. and Steinbauer, R. (2001). *Geometric Theory of Generalized Functions with Applications to General Relativity*. Kluwer Academic Publishers, Boston and Dordrecht, The Netherlands.

Guenther, D. B., Krauss, L. M., and Demarque, P. (1998). Testing the Constancy of the Gravitational Constant Using Helioseismology. *Astrophys. J.* **498**, 871–6.

Gunning, R. C. and Rossi, H. (1965). *Analytic Functions of Several Complex Variables*. Prentice-Hall, Englewood Cliffs, New Jersey.

Gürsey, F. (1983). Quaternionic and octonionic structures in physics: episodes in the relation between physics and mathematics. *Symm. Phys. (1600–1980)*, pp. 557–92. San Feliu de Guíxols. Univ. Autònoma Barcelona, Barcelona, 1987.

Gürsey, F. and Tze, C.-H. (1996). *On the Role of Division, Jordan, and Related Algebras in Particle Physics*. World Scientific, Singapore.

Gurzadyan, V. G. *et al.* (2002). Ellipticity analysis of the BOOMERANG CMB maps. *Int. J. Mod. Phys.* **D12**, 1859–74. [astro-ph/0210021]

Gurzadyan, V. G. *et al.* (2003). Is there a common origin for the WMAP low multipole and for the ellipticity in BOOMERANG CMB maps? [astro-ph/0312305]

Gurzadyan, V. G. *et al.* (2004). WMAP confirming the ellipticity in BOOMER-ANG and COBE CMB maps. [astro-ph/0402399]

Gurzadyan, V. G. and Kocharyan, A. A. (1992). On the problem of isotropization of cosmic background radiation. Astron. Astrophys. **260**, 14.

Gurzadyan, V. G. and Kocharyan, A. A. (1994). *Paradigms of the Large-Scale Universe*. Gordon and Breach, Lausanne, Switzerland.

Gurzadyan, V. G and Torres, S. (1997). Testing the effect of geodesic mixing with COBE data to reveal the curvature of the universe. *Astron. and Astrophys.* **321**, 19–23. [astro-ph/9610152]

Guth, A. (1997). *The Inflationary Universe*. Jonathan Cape, London.

Haag, R. (1992). *Local Quantum Physics: Fields, Particles, Algebras*. Springer-verlag, Berlin.

Haehnelt, M. G. (2003). Joint Formation of Supermassive Black Holes and Galaxies. In *Carnegie Observatories Astrophysics Series, Vol 1: Coevolution of Black Holes and Galaxies* (ed. L. C. Ho). Cambridge University Press, Cambridge. [astro-ph/0307378]

Halverson, N. W. (2001). DASI First Results: A Measurement of the Cosmic Microwave Background Angular Power Spectrum. [astro-ph/0104489]

Halzen, F. and Martin, A. D. (1984). *Quarks and Leptons: an introductory course in modern particle physics*. John Wiley & Sons, New York.

Hannabuss, K. (1997). *An Introduction to Quantum Theory*. Oxford University Press, Oxford.

Hameroff, S. R. (1998). Funda-mental geometry: the Penrose–Hameroff 'Orch OR' model of consciousness. In *The Geometric Universe; Science, Geometry, and the Work of Roger Penrose* (ed. S. A. Huggett, L. J. Mason, K. P. Tod, S. T. Tsou, and N. M. J. Woodhouse). Oxford University Press, Oxford.

Hameroff, S. R. (1987). *Ultimate Computing. Biomolecular Consciousness and Nano-Technology*. North-Holland, Amsterdam.

Hameroff, S. R. and Penrose, R. (1996). Conscious events as orchestrated space-time selections. *J. Consc. Stud.* **3**, 36–63.

Hameroff, S. R. and Watt, R. C. (1982). Information processing in microtubules. *J. Theor. Biol.* **98**, 549–61.

Hamilton, E. (1999). *Mythology: Timeless Tales of Gods and Heroes*. Warner Books, New York.

Han, M. Y. and Nambu, Y. (1965). Three-Triplet Model with Double $SU(3)$ Symmetry. *Phys. Rev.* **139**, B1006–10.

Hanany, S. *et al.* (2000). MAXIMA-1: A Measurement of the Cosmic Microwave Background Anisotropy on angular scales of 10 arcminutes to 5 degrees. *Astrophys. J.* **545**, L5.

Hanbury Brown, R. and Twiss, R. Q. (1954). A new type of interferometer for use in radio astronomy. *Phil. Mag.* **45**, 663–682.

Hanbury Brown, R. and Twiss, R. Q. (1956). Correlation between photons in 2 coherent beams of light. *Nature* **177**.

Hansen, B. M. S. and Murali, C. (1998). Gamma Ray Bursts from Stellar Collisions. [astro-ph/9806256]

Hansen, R.O., Newman, E.T., Penrose, R., and Tod, K.P. (1978). The metric and curvature properties of H-space. *Proc. Roy. Soc. Lond.* **A363**, 445–68.

Hardy, G. H. (1914). *A Course of Pure Mathematics,* 2nd edn. Cambridge University Press, Cambridge.

Hardy, G. H. (1940). *A Mathematician's Apology*. Cambridge University Press, Cambridge.

Hardy, G. H. (1949). *Divergent Series*. Oxford University Press, New York.

Hardy, G. H. and Wright, E. M. (1945). *An Introduction to the Theory of Numbers* (2nd edn). Clarendon Press, Oxford.

Hardy, L. (1992). Quantum mechanics, local realistic theories, and Lorentz-invariant realistic theories. Phys. Rev. Lett. **68**, 2981. [/astract/PRL/v68/i20/p2981_1]

Hardy, L. (1993). Nonlocality for two particles without inequalities for almost all entangled states. *Phys. Rev. Lett.* **71(11)**, 1665.

Hartle, J. B. (2003). *Gravity: An Introduction to Einstein's General Relativity*. Addison-Wesley, San Francisco, CA & London.

Hartle, J. B. (2004). The Physics of 'Now'. [gr-qc/0403001]

Hartle, J. B. and Hawking, S. W. (1983). The wave function of the Universe. *Phys. Rev.* **D28**, 2960.

Harvey, F. R. (1966). Hyperfunctions and linear differential equations. *Proc. Nat. Acad. Sci.* **5**, 1042–6.

Harvey, F. R. (1990). *Spinors and Calibrations*. Academic Press, San Diego, CA.

Haslehurst, L. and Penrose, R. (2001). The most general (2,2) self-dual vacuum: a googly approach. In *Further Advances in Twistor Theory, Vol.III: Curved Twistor Spaces* (ed. L. J. Mason, L. P. Hughston, P. Z. Kobak, and K. Pulvere), pp 345–9.

Hawking, S.W. (1972). Black holes in general relativity, *Commun. Math. Phys.* 25, 152–66.

Hawking, S. W. (1974). Black hole explosions. *Nature* **248**, 30.

Hawking, S. W. (1975). Particle creation by black holes. *Commun. Math. Phys.* **43**.

Hawking, S. W. (1976a). Black holes and thermodynamics. *Phys. Rev.* **D13(2)**, 191.

Hawking, S. W. (1976b). Breakdown of predictability in gravitational collapse. *Phys. Rev.* **D14**, 2460.

Hawking, S. W., King, A. R. and McCarthy, P. J. (1976). A new topology for curved space-time which incorporates the causal, differential, and conformal structures. *J. Math. Phys.* **17**, 174–81.

Hawking, S. W. and Ellis, G. F. R. (1973). *The Large-Scale Structure of Space-Time*. Cambridge University Press, Cambridge.

Hawking, S. W. and Israel, W. (ed.) (1987). *300 Years of Gravitation*. Cambridge University Press, Cambridge.

Hawking, S. W. and Penrose, R. (1970). The singularities of gravitational collapse and cosmology. *Proc. Roy. Soc. Lond.* **A314**, 529–48.

Hawking, S. W. and Penrose, R. (1996). *The Nature of Space and Time*. Princeton University Press, Princeton, New Jersey.

Hawking, S. W. and Turok, N. (1998). Open Inflation Without False Vacua. *Phys. Lett.* **B425**. [hep-th/9802030]

Hawkins, T. (1977). Weiestrass and the theory of matrices. *Arch. Hist. Exact Sci.* **17**, 119–63.

Hawkins, T. (2000). *Emergence of the theory of Lie groups*. Springer-Verlag, New York.

Heisenberg, W. (1971). *Physics and Beyond*. Addison Wesley, London.

Heisenberg, W. (1989). What is an elementary particle? In *Encounters with Einstein*. Princeton University Press, Princeton.

Helgason, S. (2001). *Differential Geometry and Symmetric Spaces*. AMS Chelsea Publishing, Providence, RI.

Hestenes, D. (1990). The *Zitterwebegung* Interpretation of Quantum Mechanics. *Found. Physics.* **20(10)**, 1213–32.

Hestenes, D. and Sobczyk, G. (1999). *Clifford Algebra to Geometric Calculus: A Unified Language for Mathematics and Physics*. Reidel, Dordrecht, Holland.

Heyting, A. (1956). *Intuitionism, Studies in Logic and the Foundations of Mathematics*. North-Holland, Amsterdam.

Heywood, P. and Redhead, M.L.G. (1983). Non-locality and the Kochen-Specker paradox, *Found. Phys.* 13 (5) 481–499.

Hicks, N. J. (1965). *Notes on Differential Geometry*. Van Nostrand, Princeton.

Hirschfeld, J. W. P. (1998). *Projective Geometries over Finite Fields* (Second Edition). Clarendon Press, Oxford.

Hodges, A. P. (1982). Twistor diagrams. *Physica*, **114A**, 157–75.

Hodges, A. P. (1985). A twistor approach to the regularization of divergences. *Proc. Roy. Soc. Lond.* **A397**, 341–74. Mass eigenstatates in twistor theory, *ibid*, 375–96.

Hodges, A. P. (1990a). String Amplitudes and Twistor Diagrams: An Analogy. In *The Interface of Mathematics and Particle Physics* (ed. D. G. Quillen, G. B. Segal, and Tsou S. T.). Oxford University Press, Oxford.

Hodges, A. P. (1990b). Twistor diagrams and Feynman diagrams. In *Twistors in Mathematics and Physics*, LMS Lect. Note Ser. 156 (ed. T. N. Bailey and R. J. Baston). Cambridge University Press, Cambridge.

Hodges, A. P. (1998). The twistor diagram programme. In *The Geometric Universe; Science, Geometry, and the Work of Roger Penrose* (ed. S. A. Huggett, L. J. Mason, K. P. Tod, S. T. Tsou, and N. M. J. Woodhouse). Oxford University Press, Oxford.

Hodges, A. P., Penrose, R., and Singer, M. A. (1989). A twistor conformal field theory for four space-time dimensions. *Phys. Lett.* **B216**, 48–52.

Hollands, S. and Wald, R. M. (2001). Local Wick Polynomails and Time Ordered Products of Quantum Fields in Curved Spacetime. *Commun. Math. Phys.* 223, 289–326. [gr-qc/0103074].

Home, D. (1997). *Conceptual Foundations of Quantum Physics: An Overview from Modern Perspectives*. Plenum Press, New York & London.

Hopf, H. (1931). Über die Abbildungen der dreidimensionalen Sphäre auf die Kugelfläche. *Math. Ann.* **104**, 637.

Horgan, J. (1996). *The End of Science*. Perseus Publishing, New York.

Horowitz, G. T. (1998). Quantum states of black holes. In *Black Holes and Relativistic Stars* (ed. R. M.Wald), pp. 241–66. University of Chicago Press, Chicago.

Horowitz, G. T. and Maldacena, J. (2003). The black hole final state. [hep-th/0310281]

Horowitz, G. T. and Perry, M. J. (1982). Gravitational energy cannot become negative. *Phys. Rev. Lett.* **48**, 371–4.

Howie, J. (1989). On the SQ-universality of T(6)-groups. *Forum Math.* **1**, 251–72.

Hoyle, C. D. *et al.* (2001). Submillimeter Test of the Gravitational Inverse-Square Law: A Search for 'Large' Extra Dimensions. *Phys. Rev. Lett.* **86(8)**, 1418–21.

Hoyle, F. (1948). A New Model for the Expanding Universe. *Mon. Not. Roy. Astron. Soc.* **108**, 372.

Hoyle, F., Fowler, W. A., Burbidge, G. R., and Burbidge, E. M. (1956). Origin of the elements in stars. *Science* **124**, 611–14.

Huang (1949). On the *zitterbewegung* of the electron. *Am. J. Phys.* **47**, 797.

Huggett, S. A. and Jordon, D. (2001). *A Topological Aperitif*. Springer-Verlag, London.

Huggett, S.A. and Tod, K.P. (2001). *An Introduction to Twistor Theory*. Cambridge University Press, Cambridge.

Hughston, L. P. (1979). *Twistors and Particles*. Lecture Notes in Physics No. 97. Springer-Verlag, Berlin.

Hughston, L. P. (1995). Geometric Aspects of Quantum Mechanics. In *Twistor Theory* (ed. S. A. Huggett), pp. 59–79. Marcel Dekker, New York.

Hughston, L. P., Jozsa, R., and Wooters, W. K. (1993). A complete classification of quantum ensembles having a given density matrix. *Phys. Letts.* **A183**, 14–18.

Ilyenko, K. (1999). Twistor Description of Null Strings. Oxford D. Phil. thesis, unpublished.

Immirzi, G. (1997). Quantum Gravity and Regge Calculus. [gr-qc/9701052]

Infeld, L. and van der Waerden, B. L. (1933). Die Wellengleichung des Elektrons in der allgemeinen Relativitätstheorie. *Sitz. Ber. Preuss. Akad. Wiss. Phisik. Math. Kl.* **9**, 380–401.

Isenberg, J., Yasskin, P. B. and Green, P. S. (1978). Non-self-dual gauge fields. *Phys. Lett.* **78B**, 462–4.

Isham, C. J. (1975). *Quantum Gravity: An Oxford Symposium*. Oxford University Press, Oxford.

Isham, C. J. (1992). Canonical Quantum Gravity and the Problem of Time. [gr-qc/9210011]

Isham, C. J. and Butterfield, J. (2000). Some Possible Roles for Topos Theory in Quantum Theory and Quantum Gravity. [gr-qc/9910005]

Israel, W. (1967). Event horizons in static vacuum space-times. *Phys. Rev.* **164**, 1776–9.

Jackson, J. D. (1998). *Classical Electrodynamics*. John Wiley & Sons, New York & Chichester.

Jennewein, T., Weihs, G., Pan, J., and Zeilinger, A. (2002). Experimental Non-locality Proof of Quantum Teleportation and Entanglement Swapping, *Phys. Rev. Lett.* **88**, 017903.

Jensen, G. (1973). Einstein Metrics on Principal Fibre Bundles. *J. Diff. Geom.* **8**, 599–614.

Johnson, C. (2003). *D-Branes*. Cambridge University Press, Cambridge.

Jones, H. F. (2002). *Groups, Representations, and Physics*. Institute of Physics Publishing, Bristol.

Jozsa, R. (1981). Models in Categories and Twistor Theory. Oxford D. Phil. thesis, unpublished.

Jozsa, R. and Linden, N. (2002). On the role of entanglement in quantum computational speed-up. [quant-ph/0201143].

Jozsa, R. O. (1998). Entanglement and quantum computation. In *The Geometric Universe* (ed. S. A, Huggett, L. J. Mason, K. P. Tod, S. T. Tsou, and N. M. J. Woodhouse), pp. 369–79. Oxford University Press, Oxford.

Károlyházy, F. (1966). Gravitation and quantum mechanics of macroscopic bodies. *Nuovo Cim.* **A42**, 390.

Károlyházy, F. (1974). Gravitation and Quantum Mechanics of Macroscopic Bodies. *Magyar Fizikai Folyóirat*. **22**, 23–24. [Thesis, in Hungarian]

Károlyházy, F., Frenkel, A., and Lukács, B. (1986). On the possible role of gravity on the reduction of the wave function. In *Quantum Concepts in Space and*

Time (ed. R. Penrose and C. J. Isham), pp. 109–28. Oxford University Press, Oxford.

Kahn, D. W. (1995). *Topology: An Introduction to the Point-Set and Algebraic Areas.* Dover Publications, New York.

Kaku, M. (1993). *Quantum field theory: a modern introduction.* Oxford University Press, Oxford.

Kamberov, G., *et al.* (2002). *Quaternions, Spinors, and Surfaces (Contemporary Mathematics (American Mathematical Society), v. 299.).* American Mathematical Society.

Kane, G. (ed.) (1999). *Perspectives on Supersymmetry (Advanced Series on Directions in High Energy Physics).* World Scientific Pub. Co, Singapore.

Kane, G. (2001). *Supersymmetry: Unveiling the Ultimate Laws of Nature.* Perseus Publishing, New York.

Kamberov, G., *et al.* (2002). *Quaternions, Spinors, and Surfaces (Contemporary Mathematics (American Mathematical Society), v. 299.).* American Mathematical Society, Providence, RIO.

Kapusta, J. I. (2001). Primordial Black Holes and Hot Matter. [astro-ph/0101515]

Kasper, J. E. and Feller, S. A. (2001). *The Complete Book of Holograms: How They Work and How to Make Them.* Dover Publications.

Kauffman, L. H. (2001). *Knots and Physics.* World Scientific Publishing, Singapore.

Kay, B. S. (1998a). Entropy defined, entropy increase and decoherence understood, and some black hole puzzles solved. [hep-th/9802172]

Kay, B. S. (1998b). Decoherence of Macroscopic Closed Systems within Newtonian Quantum Gravity. *Class. Quant. Grav.* **15**, L89–98. [hep-th/9810077]

Kay, B. S. (2000). Application of linear hyperbolic PDE to linear quantum in curved space-times: especially black holes, time machines, and a new semilocal vacuum concept. In *Journées Équations aux Dérivées Partielles, Nantes 5–9 Juin 2000.* Groupement de Recherche 1151 du CNRS. [gr-qc/0103056]

Kay, B. S. and Wald, R. M. (1991). Theorems on the uniqueness and thermal properties of stationary, nonsingular, quasifree states on space-times with a bifurcate Killing horizon. *Phys. Rept.* **207**, 49–136.

Kay, B. S., Radzikowski, M. J., and Wald, R. M. (1996). Quantum Field Theory on Spacetimes with a Compactly Generated Cauchy Horizon. Commun. Math. Phys. 183 (1997), 533–556. [gr-qc/9603012].

Kelley, J. L. (1965). *General Topology.* van Nostrand, Princeton, New Jersey.

Kemmer, N. (1938). Quantum theory of Einsteim-Bose particles and nuclear interaction. *Proc. R. Soc.* **A166**, 127.

Kemmer, N. (1939). The particle aspect of meson theory *Proc. R. Soc.* **A173**, 91.

Kerr, R. P. (1963). Gravitational field of a spinning mass as an example of algebraically special metrics. *Phys. Rev. Lett.* **11**, 237–8.

Ketov, S. V. (2000). *Quantum Non-Linear Sigma-Models: From Quantum Field Theory to Supersymmetry, Conformal Field Theories, Black Holes, and Strings.* Springer-Verlag, Berlin, London.

Kibble, T. W. B. (1961). Lorentz invariance and the gravitational field. J. *Math. Phys.* **2**, 212–221.

Kibble, T. W. B. (1979). Geometrization of quantum mechanics. *Commun. Math. Phys.* **65**, 189.

Kibble, T. W. B. (1981). Is a semi-classical theory of gravity viable? In *Quantum Gravity 2: A Second Oxford Symposium* (ed. C. J. Isham, R. Penrose, and D. W. Sciama), pp. 63–80. Oxford University Press, Oxford.

Killing, W (1893). *Einfuehrung in die Grundlagen der Geometrie*. Paderborn.

Klein, F. (1898). Über den Stand der Herausgabe von Gauss' Werken. *Math. Ann.* **51**, 128–33.

Knott, C, G. (1900). Professor Klein's view of quaternions: A criticism. *Proc. Roy. Soc. Edinb.* **23**, 24–34.

Kobayashi, S. and Nomizu, K. (1963). *Foundations of Differential Geometry*. Interscience Publishers, New York & London.

Kochen, S. and Specker, E. P. (1967). The Problem of Hidden Variables in Quantum Mechanics. *Journal of Mathematics and Mechanics* **17**, 59–88.

Kodaira, K. (1962). A theorem of completeness of characteristic systems for analytic submanifolds of a complex manifold. *Ann. Math.* **75**, 146–62.

Kodaira, K. and Spencer, D. C. (1958). On deformations of complex analytic structures I, II. *Ann. Math.* **67**, 328–401, 403–66.

Kolb, E. W. and Turner, M. S. (1994). *The Early Universe*. Perseus Publishing, New York.

Komar, A. B. (1964). Undecidability of macroscopically distinguishable states in quantum field theory. *Phys. Rev.* **133B**, 542–4.

Kontsevich, M. (1994). Homological algebra of mirror symmetry. *Proceedings of the International Congress of Mathematicians, Vol. 1,2.* (Zürich, 1994). Birkhaüser, Basel.

Kontsevich, M. (1995). Enumeration of rational curves via toric actions. In *The Moduli Space of Curves* (ed. R. Dijkgraaf, C. Faber, and G. van der Geer). *Progress in Math.* **129**, 335–68 [hep-th/9405035].

Koruga, D., Hameroff, S., Withers, J., Loutfy, R., and Sundareshan, M. (1993). *Fullerene C$_{60}$: History, physics, nanobiology, nanotechnology*. North-Holland, Amsterdam.

Kraus, K. (1983). *States, effects and operations: fundamental notions of quantum theory*. Lecture Notes in Physics, Vol 190. Springler-Verlag, Berlin.

Krauss, L. M. (2001). *Quintessence: The Mystery of the Missing Mass*. Basic Books, New York.

Kreimer, D. (2000). *Knots and Feynman Diagrams*. Cambridge University Press, Cambridge.

Kronheimer, E.H. and Penrose, R. (1967). On the structure of causal spaces. *Proc. Camb. Phil Soc.* **63**, 481–501.

Kruskal, M. D. (1960). Maximal Extension of Schwarzschild Metric. *Phys. Rev.* **119**, 1743–45.

Kuchar, K. (1981). Canonical methods of quantization. In *Quantum Gravity 2* (ed. D. W. Sciama, R. Penrose, and C. J. Isham). Oxford University Press, Oxford.

Kuchar, K. V. (1992). Time and interpretations of quantum gravity. In *Proceedings of the 4th Canadian Conference on General Relativity and Relativistic Astrophysics* (ed. G. Kunstatter, D. Vincent and J. Williams). World Scientific, Singapore.

Labastida, J. M. F. and Lozano, C. (1998). Lectures in Topological Quantum Field Theory. [hep-th/9709192]

Landsman, N. P. (1998). *Mathematical Topics Between Classical and Quantum Mechanics*. Springer-Verlag, Berlin.

Lang, S. (1972). *Differentiable Manifolds*. Addison-Wesley, Reading, MA.

Lange, A. E. *et al.* (2001). A measurement by BOOMERanG of multiple peaks in the angular power spectrum of the cosmic microwave background. *Astrophys. J.* **571**, 604–614. [astro-ph/0005004]

Laplace, P. S. (1799). *Allgemeine geographische Ephemeriden herausgegeben von F. von Zach.* iv Bd. 1st, 1 Abhandl., Weimar.

Laporte, O. and Uhlenbeck, G. E. (1931). Application of spinor analysis to the Maxwell and Dirac equations. *Phys. Rev.* **37**, 1380–552.

Lasenby, J., Lasenby, A. N., and Doran, C. J. L. (2000). A unified mathematical language for physics and engineering in the 21st century. *Phil. Trans. Roy. Soc. Lond.* **A358**, 21–39.

Lawrie, I. (1998). *A Unified Grand Tour of Theoretical Physics.* Institute of Physics Publishing, Bristol.

Lawson, H. B., and Michelson, M. L. (1990). *Spin Geometry.* Princeton University Press, Princeton.

Lawvere, W. and Schanuel, S. (1997). *Conceptual Mathematics: A First Introduction to Categories.* Cambridge University Press, Cambridge.

LeBrun, C. R. (1985). Ambi-twistors and Einstein's equations. *Class. and Quantum Grav.* **2**, 555–63.

LeBrun, C. R. (1990). Twistors, ambitwistors, and conformal gravity. In *Twistors in Mathematical Physics* (ed. T. N. Bailey and R. J. Baston). LMS Lecture Note Series 156. Cambridge Univ. Press, Cambridge.

Lebrun, C. and Mason, L.J. (2002). Zoll manifolds and complex surfaces. *J. Diff. Geom.* **61(3)**, 453–535.

Lefshetz, J. (1949). *Introduction to Topology.* Princeton University Press, Princeton, New Jersey.

Leggett, A. J. (2002). Testing the limits of quantum mechanics: motivation, state of play, prospects. *J. Phys.* **CM 14,** R415–451.

Lasenby, J., Lasenby, A. N., and Doran, C. J. L. (2000). A unified mathematical language for physics and engineering in the 21st century. *Phil. Trans. Roy. Soc. Lond.,* **A358**, 21–39.

Levitt, M. H. (2001). *Spin Dynamics: Basics of Nuclear Magnetic Resonance.* John Wiley & Sons, New York.

Lichnerowicz, A. (ed.) (1994). *Physics on Manifolds: Proceedings of the International Colloquium in Honour of Yvonne Choquet-Bruhat, Paris, June 3–5, 1992.* Kluwer Academic Publishers, Boston and Dordrecht, The Netherlands.

Liddle, A. R. (1999). *An Introduction to Modern Cosmology.* John Wiley & Sons, New York.

Liddle, A. R. and Lyth, D. H. (2000). *Cosmological Inflation and Large-Scale Structure.* Cambridge University Press, Cambridge.

Lifshitz, E. M. and Khalatnikov, I. M. (1963). Investigations in relativistic cosmology. *Adv. Phys.* **12**, 185–249.

Linda, A. (1993). Comments on Inflationary Cosmology. [astro-ph/9309043]

Linde, A. (1995). Inflation with Variable Omega. *Phys. Lett.* **B351**. [hep-th/9503097]

Littlewood, J. E. (1949). *Littlewood's miscellany.* Reprinted in 1986, Cambridge University Press, Cambridge.

Livio, M. (2000). *The Accelerating Universe.* John Wiley & Sons, New York.

Llewellyn Smith, C. H. (1973). High energy behaviour and gauge symmetry. *Phys. Lett.* **B46(2)**, 233–6. [available online]

Lockwood, M. (1989). *Mind, Brain and the Quantum; the Compound 'I'.* Basil Blackwell, Oxford.

Lorentz, H. A., Einstein, A., Minkowski, H., and Weyl, H. (1952). *The Principle of Relativity: A Collection of Original Memoirs on the Special and General Theory of Relativity*. Dover, New York.

Lounesto, P. (2001). *Clifford Algebras and Spinors*. Cambridge University Press, Cambridge.

Lüders, G. (1951). Über die Zustandsänderung durch den Messprozess. *Ann. Physik* **8**, 322–8.

Ludvigsen, M. (1999). *General Relativity: A Geometric Approach*. Cambridge University Press, Cambridge.

Ludvigsen, M. and Vickers, J. A. G. (1982). A simple proof of the positivity of the Bondi mass. *J. Phys.* **A15**, L67–70.

Luminet, J.-P. *et al.* (2003). Dodecahedral space topology as an explanation for weak wide-angle temperature correlations in the cosmic microwave background. *Nature* **425**, 593–95.

Lyttleton, R. A. and Bondi, H. (1959). *Proc. Roy. Soc.* (London) **A252**, 313.

MacDuffee, C. C. (1933). *The theory of matrices*. Springer-Verlag, Berlin. (Reprinted by Chelsea).

MacLane, S. (1988). *Categories for the Working Mathematician*. Springer-Verlag, Berlin.

McLennan, J. A., Jr. (1956). Conformal invariance and conservation laws for relativistic wave equations for zero rest mass. *Nuovo. Cim.*, **3**, 1360–79.

MACRO Collaboration (2002). Search for massive rare particles with MACRO. *Nucl. Phys. Proc. Suppl.* **110**, 186–8. [hep-ex/0009002]

Magueijo, J. (2003). *Faster Than the Speed of Light: The Story of a Scientific Speculation*. Perseus Publishing, New York.

Magueijo, J. and Smolin, L. (2002). Lorentz invariance with an invariant energy scale. [gr-qc/0112090]

Mahler (1981). *P-Adic Numbers and Functions*. Cambridge University Press, Cambridge.

Majorana, E. (1932). Teoria relativistica di particelle con momento intrinsico arbitrario. *Nuovo Cimento*, **9**, 335–44.

Majorana, E. (1937). Teoria asimmetrica dell' elettrone del positrone. Nuovo cimento **14**, 171–84.

Maldacena, J. (1997). The Large N Limit of Superconformal Field Theories and Supergravity. [hep-th/9711200]

Manogue, C. A. and Dray, T. (1999). Dimensional Reduction. *Mod. Phys. Lett.* **A14**, 93–7. [hep-th/9807044]

Manogue, C. A. and Schray, J. (1993). Finite Lorentz transformations, automorphisms, and division algebras. *J. Math.Phys.* **34**, 3746–67.

Markopoulou, F. (1997). Dual formulation of spin network evolution. [gr-qc/970401]

Markopoulou, F. (1998). The internal description of a causal set: What the universe looks like from the inside. *Commun. Math. Phys.* **211**, 559–83. [gr-qc/9811053]

Markopoulou, F. and Smolin, L. (1997). Causal evolution of spin networks. *Nucl. Phys.* **B508**, 409–30. [gr-qc/9702025]

Marsden, J. E. and Tromba, A. J. (1996). *Vector Calculus*. W. H. Freeman & Co., New York. [new edn 2004]

Marshall, W., Simon, C., Penrose, R., and Bouwmeester, D. (2003). Towards Quantum Superpositions of a Mirror. *Phys. Rev. Lett.* **91**, 13.

Mason, L. J. and Woodhouse, N. M. J. (1996). *Integrability, Self-Duality, and Twistor Theory*. Oxford University Press, Oxford.

Mattuck, R. D. (1976). *A Guide to Feynman Diagrams in the Many-Body Problem*. Dover, New York.

McLennan, J. A., Jr. (1956). Conformal invariance and conservation laws for relativistic wave equations for zero rest mass. *Nuovo. Cim.* **3**, 1360–79.

Merkulov, S. A. and Schwachhöfer, L. J. (1998). Twistor solution of the holonomy problem. In *The Geometric Universe: Science, Geometry, and the Work of Roger Penrose* (ed. S. A. Huggett, L. J. Mason, K. P. Tod, S. T. Tsou, and N. M. J. Woodhouse). Oxford University Press, Oxford.

Michell, J. (1784). On the means of discovering the distance, magnitude, etc., of the fixed stars, in consequence of the diminution of their light, in case such a diminution should be found to take place in any of them, and such other data should be procured from observations, as would be further necessary for that purpose. *Phil. Trans. Roy. Soc. Lond.* **74**, 35–57.

Mielnik, B. (1974). Generalized Quantum Mechanics. *Commun. Math. Phys.* **37**, 221.

Milgrom, M. (1994). Dynamics with a non-standard inertia-acceleration relation: an alternative to dark matter. *Annals Phys.* **229**. [astro-ph/9303012]

Miller, A. (2003). Erotica, Aesthetics, and Schröedinger's Wave Equation. In *It Must Be Beautiful* (ed. G. Farmelo). Granta, London.

Minassian, E. (2002). Spacetime singularities in (2+1)-dimensional quantum gravity. *Class. Quant. Grav.* **19**, 5877–900.

Minkowski, H. (1952), in Lorentz *et al.*, (1952).

Misner, C. W. (1969). Mixmaster Universe. *Phys. Rev. Lett.* **22**, 1071–4.

Misner, C. W., Thorne, K. S., and Wheeler, J. A. (1973). *Gravitation*. Freeman, San Francisco.

Mohapatra, R. N. (2002). *Unification and Supersymmetry*. Springer-Verlag, Berlin & London.

Montgomery, D. and Zippin, L. (1955). *Topological Transformation Groups*. Interscience, New York & London.

Moore, A. W. (1990). *The Infinite*. Routledge, London & New York.

Moroz, I. M., Penrose, R., and Tod, K. P. (1998). Spherically-symmetric solutions of the Schrödinger–Newton equations. *Class. Quant. Grav.* **15**, 2733–42.

Mott, N. F. (1929). The wave mechanics of α-ray tracks. *Proc. Roy. Soc. Lond.* **A126**, 79–84. *Reprinted* in *Quantum Theory and Measurement* (ed. J. A. Wheeler and W. H. Zurek). Princeton Univ. Press, Princeton, New Jersey, 1983.

Moussouris, J. P. (1983). Quantum models of space-time based on recoupling theory. Oxford D. Phil. thesis, unpublished.

Mukohyama, S. and Randall, L. (2003). A Dynamical Approach to the Cosmological Constant. *Phys. Rev. Lett.* **92** (2004) 211302. [hep-th/0306108]

Munkres, J. R. (1954). *Elementary Differential Topology*. Annals of Mathematics Studies, 54. Princeton University Press, Princeton, New Jersey.

Myrheim, J. (1978). Statistical geometry. CERN preprint, TH-2538, unpublished.

Nahin, P. J. (1998). *An Imaginary Tale: The Story of* $\sqrt{-1}$. Princeton Univ. Press, Princeton.

Nair, V. (1988). A Current Algebra For Some Gauge Theory Amplitudes. *Phys. Lett.* **B214**, 215.

Nambu, Y. (1970). *Proceedings of the International Conference on Symmetries and Quark Models*. Wayne State Uniersity, p. 269. Gordon and Breach Publishers.

Narayan, R. *et al.* (2003). Evidence for the Black Hole Event Horizon. *Astronomy & Geophysics*, **44(6)**, 6.22–6.26.

Needham, T. (1997). *Visual Complex Analysis*. Clarendon Press, Oxford University Press, Oxford.

Negrepontis, S. (2000). The Anthyphairetic Nature of Plato's Dialectics. In *Interdisciplinary Approach to Mathematics and their Teaching, Volume 5*, pp. 15–77. University-Gutenberg, Athens. (In Greek).

Nester, J. M. (1981). A new gravitational energy expression, with a simple positivity proof. *Phys. Lett.* **83A**, 241–2.

Newlander, A., and Nirenberg, L. (1957). Complex Analytic Coordinates in Almost Complex Manifolds. *Ann. of Math.* **65**, 391–404.

Newman, R. P. A. C. (1993). On the Structure of Conformal Singularities in Classical General Relativity. *Proc. R. Soc. Lond.* **A443**, 473.

Newman, E. T. (2002). On a Classical, Geometric Origin of Magnetic Moments, Spin-Angular Momentum and the Dirac Gyromagnetic Ratio. *Phys. Rev.* **D65** 104005. [gr-qc/0201055].

Newman, E. T. and Penrose, R. (1962). An approach to gravitational radiation by a method of spin coefficients. *J. Math. Phys.* **3**, 896–902; errata (1963), **4**, 998.

Newman, E. T. and Penrose, R. (1966). Note on the Bondi–Metzner–Sachs group. *J. Math. Phys.* **7**, 863–70.

Newman, E. T. and Unti, T. W. J. (1962). Behavior of asymptotically flat empty space. *J. Math. Phys.* **3**, 891–901.

Newman, E. T., Couch, E., Chinnapared, K., Exton, A., Prakash, A., and Torrence, R. (1965). Metric of a rotating charged mass. *J. Math. Phys.* **6**, 918–9.

Newton, I. (1687). *The Principia: Mathematical Principles of Natural Philosophy*. Reprinted by University of California Press, 1999.

Newton, I. (1730). *Opticks*. Dover, 1952.

Ng, Y. J. (2004). Quantum Foam. [gr-qc/0401015]

Nicolai, H. (2003). Remarks at AEI Symposium "Strings meet Loops", 29–31 October 2003. www.aei-potsdam.mpg.de/events/stringloop.html

Nielsen, H. B. (1970). Submitted to *Proc. of the XV Int. Conf. on High Energy Physics, Kiev* (unpublished).

Nielsen, M. A. and Chuang, I. L. (2000). *Quantum Computation and Quantum Information*. Cambridge University Press, Cambridge.

Nomizu, K. (1956). *Lie Groups and Differential Geometry*. The Mathematical Society of Japan, Tokyo.

Novikov, I. D. (2001). *The River of Time*. Cambridge University Press, Cambridge.

O'Donnell, P. (2003). *Introduction to 2-Spinors in General Relativity*. World Scientific, Singapore.

O'Neill, B. (1983). *Semi-Riemannian Geometry: With Applications to Relativity*. Academic Press, New York.

Oppenheimer, J. R. (1930). On the theory of electrons and protons. *Phys. Rev.* **35**, 562–3.

Ozsvath, I. and Schucking, E. (1962). *Nature* **193**, 1168.

Ozsvath, I. and Schucking, E. (1969). *Ann. Phys.* **55**.

Page, D. (1995). Sensible Quantum Mechanics: Are Only Perceptions Probabilistic? [quant-ph/9506010]

Page, D. A. (1987). Geometrical description of Berry's phase. *Phys. Rev.* **A36**, 3479–81.

Page, D. N. (1976). Dirac equation around a charged, rotating black hole. *Phys. Rev. D.* **14**, 1509–10.

Pais, A. (1982). *'Subtle is the Lord'... 'The Science and the Life of Albert Einstein'*. Clarendon Press, Oxford.

Pais, A. (1986). *Inward Bound: Of Matter and Forces in the Physical World.* Clarendon Press, Oxford.

Parker, T. and Taubes, C. H. (1982). On Witten's proof of the positive energy theorem. *Comm. Math. Phys.* **84**, 223–38.

Pars, L. A. (1968). *A Treatise on Analytical Dynamics.* Reprinted in 1981, Ox Bow Press.

Pearle, P. (1985). Models for reduction. In *Quantum Concepts in Space and Time* (ed. C. J. Isham and R. Penrose), pp. 84–108. Oxford University Press, Oxford.

Pearle, P. and Squires, E. J. (1995). Gravity, energy conservation and parameter values in collapse models. *Durham University preprint.* DTP/95/13.

Peitgen, H.-O. and Richter, P. H. (1986). *The Beauty of Fractals: Images of Complex Dynamical Systems.* Springer-Verlag, Berlin & Heidelberg.

Peitgen, H.-O. and Saupe, D. (1988). *The Science of Fractal Images.* Springer-Verlag, Berlin.

Penrose, L.S. and Penrose, R. (1958). Impossible Objects: A Special Type of Visual Illusion *Brit. J. Psych.* **49**, 31–3.

Penrose, R. (1959). The apparent shape of relativistically moving sphere. *Proc. Camb. Phil. Soc.* **55**, 137–9.

Penrose, R. (1960). A spinor approach to general relativity, *Ann. Phys.* (New York) **10**, 171–201.

Penrose, R. (1962). The Light Cone at Infinity. In *Proceedings of the 1962 Conference on Relativistic Theories of Gravitation Warsaw.* Polish Academy of Sciences, Warsaw. (Published 1965.)

Penrose, R. (1963). Asymptotic properties of fields and space-times. *Phys. Rev. Lett.* **10**, 66–8.

Penrose, R. (1964). Conformal approach to infinity. In *Relativity, Groups and Topology: The 1963 Les Houches Lectures* (ed. B. S. DeWitt and C. M. DeWitt). Gordon and Breach, New York.

Penrose, R. (1965a). Zero rest-mass fields including gravitation: asymptotic behaviour. *Proc. R. Soc. Lond.* **A284**, 159–203.

Penrose, R. (1965b). Gravitational collapse and space-time singularities. *Phys. Rev. Lett.* **14**, 57–59.

Penrose, R. (1966). *An analysis of the structure of space-time.* Adams Prize Essay, Cambridge University, Cambridge (unpublished; but much of it is in Penrose 1968a).

Penrose, R. (1967). Twistor algebra. J. *Math. Phys.* **8**, 345–66.

Penrose, R. (1968a). Structure of space-time. In *Battelle Rencontres, 1967* (ed. C. M. DeWitt and J. A. Wheeler). Lectures in Mathematics and Physics. Benjamin, New York.

Penrose, R. (1968b). Twistor quantization and curved space-time. *Int. J. Theor. Phys.* **1**, 61–99.

Penrose, R. (1969a). Gravitational collapse: the role of general relativity. *Rivista del Nuovo Cimento*; Serie I, Vol. 1; *Numero speciale*, 252–76.

Penrose, R. (1969b). Solutions of the zero rest-mass equations, *J. Math. Phys.* **10**, 38–9.

Penrose, R. (1971a). Angular momentum: an approach to combinatorial space-time. In *Quantum Theory and Beyond* (ed. T. Bastin). Cambridge University Press, Cambridge.

Penrose, R. (1971b). Applications of negative dimensional tensors. In *Combinatorial Mathematics and its Applications* (ed. D. J. A. Welsh). Academic Press, London.

Penrose, R. (1975). Twistor theory: its aims and achievements. In *Quantum Gravity, an Oxford Symposium* (ed. C. J. Isham, R. Penrose, and D. W. Sciama). Oxford University Press, Oxford.

Penrose, R. (1976a). The non-linear graviton. *Gen. Rel. Grav.* **7**, 171–6.

Penrose, R. (1976b). Non-linear gravitons and curved twistor theory. *Gen. Rel. Grav.* **7**, 31–52.

Penrose, R. (1978). Gravitational collapse: a Review. In *Physics and Astrophysics of Neutron Stars and Black Holes, LXV Corso*. Soc. Italiana di Fisica, Bologna, Italy, pp. 566–82.

Penrose, R. (1979a). Singularities and time-asymmetry. In *General Relativiy: An Einstein Centenary* (ed. S. W. Hawking and W. Israel). Cambridge University Press, Cambridge.

Penrose, R. (1979b). On the twistor description of massless fields. In *Complex Manifold Techniques in Theoretical Physics* (eds. D. E. Lerner and P. D. Sommers). Pitman, San Francisco. See also various articles in L. P. Hughston and R. S. Ward (Editors) (1979) *Advances in Twistor Theory*. Pitman Advanced Publishing Program, San Francisco.

Penrose, R. (1980). On Schwarzschild causality—a problem for 'Lorentz-covariant' general relativity. In *Essays in General Relativity* (A. Taub Festschrift) (ed. F. J. Tipler), pp. 1–12. Academic Press, New York.

Penrose, R. (1982). Quasi-local mass and angular momentum in general relativity. *Proc. Roy. Soc. Lond.* **A381**, 53–63.

Penrose, R. (1986). Gravity and state-vector reduction. In *Quantum Concepts in Space and time* (ed. R. Penrose and C. J. Isham), pp. 129–46. Oxford University Press, Oxford.

Penrose, R. (1987a). Quantum physics and conscious thought. In *Quantum Implications: Essays in Honour of David Bohm* (ed. B. J. Hiley and F. D. Peat). Routledge and Kegan Paul, London & New York.

Penrose, R. (1987b). On the origins of twistor theory. In *Gravitation and Geometry: a volume in honour of I. Robinson.* (ed. W. Rindler and A. Trautman). Bibliopolis, Naples.

Penrose, R. (1987c). Newton, quantum theory, and reality. In *300 years of Gravity* (ed. S. W. Hawking and W. Israel), pp. 17–49. Cambridge University Press, Cambridge.

Penrose, R. (1988). Holomorphic linking. *Twistor Newsletter* **27**, 1–4.

Penrose, R. (1988a). Topological QFT and Twistors: Holomorphic Linking; Holomorphic Linking: Postscript. *Twistor Newsletter* **27**, 1–4.

Penrose, R. (1988b). Fundamental asymmetry in physical laws. *Proceedings of Symposia in Pure Mathematics* **48**. American Mathematical Society, pp. 317–328.

Penrose, R. (1989). *The Emperor's New Mind: Concerning Computers, Minds, and the Laws of Physics*. Oxford University Press, Oxford.

Penrose, R. (1991). On the cohomology of impossible figures [La cohomologie des figures impossibles] *Structural Topology [Topologie structurale]* **17**, 11–16.

Penrose, R. (1992). $\mathcal{H}$-space and Twistors. In *Recent Advances in General Relativity*. Einstein Studies, Vol. 4 (ed. A. I. Janis and J. R. Porter), pp. 6–25. Birkhäuser, Boston.

Penrose, R. (1994). *Shadows of the Mind: An Approach to the Missing Science of Consciousness*. Oxford University Press, Oxford.

Penrose, R. (1996). On gravity's role in quantum state reduction. *Gen. Rel. Grav.* **28**, 581–600.

Penrose, R. (1997a). *The Large, the Small and the Human Mind*. Cambridge University Press, Cambridge. Canto edition (2000).

Penrose, R. (1997b). On understanding understanding. *Internat. Stud. Philos. Sci.* **11**, 7–20.

Penrose, R. (1998a). Quantum computation, entanglement and state-reduction. *Phil. Trans. Roy. Soc. Lond.* **A356**, 1927–39.

Penrose, R. (1998b). The question of cosmic censorship. In *Black Holes and Relativistic Stars* (ed. R. M. Wald). University of Chicago Press, Chicago, Illinois. Reprinted in *J. Astrophys. Astr.* **20**, 233–48 (1999).

Penrose, R. (2000a). Wavefunction collapse as a real gravitational effect. In *Mathematical Physics 2000* (ed. A. Fokas, T. W. B. Kibble, A. Grigouriou, and B. Zegarlinski), pp. 266–82. Imperial College Press, London.

Penrose, R. (2000b). On Bell non-locality without probabilities: some curious geometry. In *Quantum Reflections*. (Eds. J. Ellis and D. Amati). Cambridge Univ. Press, Cambridge, 1–27.

Penrose, R. (2001). Towards a twistor description of general space-times; introductory comments. In *Further Advances in Twistor Theory, Vol.III: Curved Twistor Spaces* (ed. L.J. Mason, L.P. Hughston, P.Z. Kobak, and K. Pulverer). Chapman & Hall/CRC Research Notes in Mathematics 424, London. 239–55.

Penrose, R. (2002). John Bell, State Reduction, and Quanglement. In *Quantum [Un]speakables: From Bell to Quantum Information* (ed. R. A. Bertlmann and A. Zeilinger). Springer-Verlag, Berlin.

Penrose, R. (2003). On the instability of extra space dimensions. *The Future of Theoretical Physics and Cosmology, Celebrating Stephen Hawking's 60th Birthday* (ed. G. W. Gibbons, E. P. S. Shellard, S. J. Rankin), Cambridge University Press, Cambridge.

Penrose, R. and MacCallum, M.A.H. (1972). Twistor theory: an approach to the quantization of fields and space-time. *Phys. Repts.* **6C**, 241–315.

Penrose, R. and Rindler, W. (1984). *Spinors and Space-Time*, Vol. I: *Two-Spinor Calculus and Relativistic Fields*. Cambridge University Press, Cambridge.

Penrose, R. and Rindler, W. (1986). *Spinors and Space-Time*, Vol. II: *Spinor and Twistor Methods in Space-Time Geometry*. Cambridge University Press, Cambridge.

Penrose, R., Robinson, I., and Tafel, J. (1997). Andrzej Mariusz Trautman. *Class. Quan. Grav.* **14**, A1–A8.

Penrose, R., Sparling, G. A. J., and Tsou, S. T. (1978). Extended Regge Trajectories. *J. Phys. A. Math. Gen.* **11**, L231–L235.

Penzias, A. A. and Wilson, R. W. (1965). A Measurement of Excess Antenna Temperature at 4080 Mc/s. *Astrophys. J.* **142**, 419.

Percival, I. C. (1994). Primary state diffusion. *Proc. R. Soc. Lond.* **A447**, 189–209.

Percival, I. C. (1995). Quantum space-time fluctuations and primary state diffusion. [quant-ph/9508021]

Peres, A. (1991). Two Simple Proofs of the Kochen-Specker Theorem. *Journal of Physics A: Mathematical and General* **24**, L175–L178.

Peres, A. (1995). Generalized Kochen-Specker Theorem. [quant-ph/9510018].

Peres, A. (2000). Delayed choice for entanglement swapping, *J.Mod.Opt.* **47**, 531. [quant-ph/9904042]

Perez, A. (2001). Finiteness of a spinfoam model for Euclidean quantum general relativity. *Nucl. Phys.* **B599**, 427–34.

Perez, A. (2003). Spin foam models for quantum gravity. *Class. Quant. Grav.* **20**, R43–R104.

Perlmutter, S. *et. al.* (1998). Cosmology from Type Ia Supernovae. *Bull. Am. Astron. Soc.* **29**. [astro-ph/9812473]

Peskin, M. E. and Schröder, P. V. (1995). *Introduction to Quantum Field Theory*. Westview Press, Reading, MA & Wokingham.

Petiau, G. (1936) Contribution à la théorie des equations d'ondes pusculaires. *Adad. Roy. Belgique.* (Cl. Sci. Mem. Collect. **16** No 2)

Pirani, F. A. E. and Schild, A. (1950). On the Quantization of Einstein's Gravitational Field Equations. *Phys. Rev.* **79**, 986–91.

Pitkaenen, M. (1994). p-Adic description of Higgs mechanism I: p-Adic square root and p-adic light cone. [hep-th/9410058]

Polchinski, J. (1998). *String Theory*. Cambridge University Press, Cambridge.

Polkinghorne, J. (2002). *Quantum Theory, A Very Short Introduction*. Oxford University Press, Oxford.

Popper, K. (1934). *The Logic of Scientific Discovery*. Routledge; New Ed edition (March 2002).

Pound, R.V. and Rebka, G. A. (1960). *Phys. Rev. Lett.* **4**, 337.

Preskill, J. (1992). Do black holes destroy information? [hep-th/9209058]

Priestley, H. A. (2003). *Introduction to Complex Analysis*. Oxford University Press, Oxford.

Rae, A. I. M. (1994). *Quantum Mechanics*. Institute of Physics Publishing, 4th edn. 2002.

Raine, D. J. (1975). Mach's principle in General Relativity. *Monthly Notices RAS* **171**, 507–528.

Randall, L. and Sundrum, R. (1999a). A Large Mass Hierarchy from a Small Extra Dimension. *Phys. Rev. Lett.* **83**, 3370–3. [hep-ph/9905221]

Randall, L. and Sundrum, R. (1999b). An Alternative to Compactification. *Phys. Rev. Lett.* **83**, 4690–3. [hep-th/9906064]

Rarita, W. and Schwinger, J. (1941). On the theory of particles with half-integer spin. *Phys. Rev.* **60**, 61.

Redhead, M. L. G. (1987). *Incompleteness, Nonlocality, and Realism*. Clarendon Press, Oxford.

Reed, M. and Simon, B. (1972). *Methods of Mathematical Physics Vol. 1: Functional Analysis*. Academic Press, New York & London.

Reeves, J. N. *et al.* (2002). The signature of supernova ejecta in the X-ray afterglow of the gamma-ray burst 011211. *Nature* **416,** 512–15.

Regge, T. (1961). General Relativity without Coordinates. *Nuovo Cimento A* **19**, 558–571.

Reisenberger, M. P. (1997). A lattice worldsheet sum for 4-d Euclidean general relativity. [gr-qc/9711052]

Reisenberger, M. P. (1999). On relativistic spin network vertices. *J. Math. Phys.*, **40**, 2046–054.

Reisenberger, M. P. and Rovelli, C. (2001). Spacetime as a Feynman diagram: the connection formulation. *Class. Quant. Grav.* **18**, 121–40.

Reisenberger, M. P. and Rovelli, C. (2002). Spacetime states and covariant quantum theory. *Phys. Rev.* **D65**, 125016.

Reula, O. and Tod, K. P. (1984). Positivity of the Bondi energy. *J. Math. Phys.* **25**, 1004–8.

Riemann, G. B. F. (1854). Über die Hypothesen, welche der Geometrie zu Grunde liegen (Habilitationsschrift, Göttingen); see *Collected Works of Bernhardt Riemann*, Ed. Heinrich Weber, 2nd edn. (Dover, New York, 1953), pp. 272–287.

Rindler, W. (1977). *Essential Relativity*. Springer-Verlag, New York.

Rindler, W. (1982). *Introduction to Special Relativity*. Clarendon Press, Oxford.

Rindler, W. (2001). *Relativity: Special, General, and Cosmological*. Oxford University Press, Oxford.

Rizzi, A. (1998). Angular momentum in general relativity: A new definition. *Phys. Rev. Lett.* **81(6)**, 1150.

Robinson, D. C. (1975). Uniqueness of the Kerr Black Hole. *Phys. Rev. Lett.*, **34**, 905–6.

Rogers, A. (1980). A global theory of supermanifolds. *J. Math. Phys.* **21**, 1352–65.

Rolfsen, D. (2004). *Knots and Links*. American Mathematical Society, Providence, RI.

Roseveare, N. T. (1982). *Mercury's Perihelion from Le Verrier to Einstein*. Clarendon Press, Oxford.

Rovelli, C. (1991). Quantum mechanics without time: A model. *Phys. Rev.* **D42**, 2638.

Rovelli, C. (1998). Strings, loops and others: a critical survey of the present approaches to quantum gravity. In *Gravity and Relativity: At the turn of the Millennium* (15th International Conference on General Relativity and Gravitation, eds. N. Dadhich and J. Narlikar, Inter-University Centre for Astronomy and Astrophysics, Pune, India), 281–331.

Rovelli, C. (2003). *Quantum Gravity*. http://www.cpt.univ-mrs.fr/~rovelli/book.pdf

Rovelli, C. and Smolin, L. (1990). Loop representation for quantum general relativity. *Nucl. Phys.* **B331**, 80–152.

Runde, V. (2002). The Banach-Tarski paradox–or–What mathematics and religion have in common. *Pi in the Sky* **2** (2000), 13–15. [math.GM/0202309]

Russell, B. (1903). *Principles of Mathematics*. Most recent republication by W. W. Norton & Company, 1996.

Russell, B. (1927). *The Analysis of Matter*. Allen and Unwin; reprinted 1954, Dover, New York.

Ryder, L. H. (1996). *Quantum Field Theory*. Cambridge University Press, Cambridge.

Sabbagh, K. (2003). The Riemann Hypothesis: The Greatest Unsolved Problem in Mathematics. Farrar, Straus and Giroux.

Saccheri, G. (1733). *Euclides ab Omni Naevo Vindicatus*. Translation in Halsted, G. B. (1920). *Euclid Freed from Every Flaw*. Open Court, La Salle, Illinois.

Sachs, R. (1962). Asymptotic symmetries in gravitational theory. *Phys. Rev.* **128**, 2851–64.

Sachs, R. and Bergmann, P. G. (1958). Structure of Particles in Linearized Gravitational Theory. *Phys. Rev.* **112**, 674–680.

Sachs, R. K. (1961). Gravitational waves in general relativity, VI: the outgoing radiation condition. *Proc. Roy. Soc. Lond.* **A264**, 309–38.

Sachs, R. K. (1962a). Gravitational waves in general relativity, VIII: waves in asymptoticaly flat space-time. *Proc. Roy. Soc. Lond.* **A270**, 103–26.

Sachs, R. K. (1962b). Asymptotic symmetries in gravitational theory. *Phys. Rev.* **128**, 2851–64.

Sakellariadou, M. (2002). The role of topological defects in cosmology. Invited lectures in NATO ASI / COSLAB (ESF) School 'Patterns of Symmetry Breaking', September 2002 (Cracow). [hep-ph/0212365]

Salam, A. (1980). Gauge Unification of Fundamental Forces. *Rev. Mod. Phys.* **52(3)**, 515–23.

Salam, A. and Ward, J. C. (1959). Weak and electromagnetic interaction. *Nuovo Cimento* **11**, 568.

Sarkar, S. (2002). Possible astrophysical probes of quantum gravity. *Mod. Phys. Lett.* **A17**, 1025–1036. [gr-qc/0204092]

Sato, M. (1958). On the generalization of the concept of a function. *Proc. Japan Acad.* **34**, 126–30.

Sato, M. (1959). Theory of hyperfunctions I. *J. Fac. Sci. Univ. Tokyo*, Sect. I, **8**, 139–93.

Sato, M. (1960). Theory of hyperfunctions II. *J. Fac. Sci. Univ. Tokyo*, Sect. I, **8**, 387–437.

Schild, A. (1949). Discrete space-time and integral Lorentz transformations. *Can. J. Math.* **1**, 29–47.

Schoen, R. and Yau, S. –T. (1979). On the proof of the positive mass conjecture in the general relativity. *Comm. Math. Phys.* **65**, 45–76.

Schoen, R. and Yau, S. –T. (1982). Proof that Bondi mass is positive. *Phys. Rev. Lett.* **48**, 369–71.

Schouten, J. A. (1954). *Ricci-Calculus*. Springer, Berlin.

Schrödinger, E. (1930). *Sitzungber. Preuss. Akad. Wiss. Phys.-Math. Kl.* **24**, 418.

Schrödinger, E. (1935). Probability relations between separated systems. *Proc. Camb. Phil. Soc.* **31**, 555–63.

Schrödinger, E. (1950). *Space-Time Structure*. Cambridge University Press, Cambridge.

Schrödinger, E. (1956). *Expanding Universes*. Cambridge University Press, Cambridge.

Schrödinger, E. (1967). *'What is Life?' and 'Mind and Matter'*. Cambridge Univ. Press, Cambridge.

Schutz, B. (2003) *Gravity from the ground up: an introductory guide to gravity and general relativity*. Cambridge University Press, Cambridge.

Schutz, J. W. (1997). *Independent Axioms for Minkowski Space-Time*. Addison Wesley Longman Ltd., Harlow, Essex.

Schwartz, L. (1966). *Thèorie des distributions*. Hermann, Paris.

Schwarz, J. H. (2001). String Theory. *Curr. Sci.* **81(12)**, 1547–53.

Schwarzschild, K. (1916). Über das Gravitationsfeld eines Massenpunktes nach der Einsteinschen Theorie. *Sitzber. Deut. Akad. Wiss. Berlin Math.-Phys. Tech. Kl.* 189–96.

Schwinger, J. (1951). *Proc. Nat. Acad. Sci.* **37**, 452.

Schwinger, J. (ed.) (1958). *Quantum Electrodynamics*. Dover.

Sciama, D. W. (1959). *The Unity of the Universe*. Doubleday & Company, Inc., New York.

Sciama, D. W. (1962). On the analogy between charge and spin in general relativity, in *Recent Developments in General Relativity*. Pergamon & PWN, Oxford.

Sciama, D. W. (1972). *The Physical Foundations of General Relativity*. Heinemann, London.

Sciama, D. W. (1998). Decaying neutrinos and the geometry of the universe. In *The Geometric Universe: Science, Geometry, and the Work of Roger Penrose* (ed. S. A. Huggett, L. J. Mason, K. P. Tod, S. T. Tsou, and N. M. J. Woodhouse). Oxford University Press, Oxford.

Seiberg, N. and Witten, E. (1994). Electric-magnetic duality, monopole condensation, and confinement in N = 2 supersymmetric Yang-Mills theory. *Nucl. Phys.* **B426**. [hep-th/9407087]

Sen, A. (1982). Gravity as a spin system. *Phys. Lett.* **B119**, 89–91.

Shankar, R. (1994). *Principles of Quantum Mechanics*, 2nd edn. Plenum Press, New York & London.

Shapiro, I. I. *et al.* (1971). *Phys. Rev. Lett.* **13**, 789.

Shaw, W. T. and Hughston, L. P. (1990). Twistors and strings. In *Twistors in Mathematics and Physics* (ed. T. N. Bailey and R. J. Baston). *London Mathematical Society Lecture Notes Series*, 156. Cambridge University Press, Cambridge.

Shawhan, P. (2001). The Search for Gravitational Waves with LIGO: Status and Plans. *Intl. J. Mod. Phys. A* **16**, supp. 01C, 1028–30.

Shih, Y. H. *et al.* (1995). Optical Imaging by Means of Two-Photon Entanglement. *Phys. Rev. A, Rapid Comm.* **52**, R3429.

Shimony, A. (1998). Implications of transience for spacetime structures. In *The Geometric Universe: Science, Geometry, and the Work of Roger Penrose* (ed. S. A. Huggett, L. J. Mason, K. P. Tod, S. T. Tsou, and N. M. J. Woodhouse). Oxford University Press, Oxford.

Shrock, R. (2003). *Neutrinos and Implications for Physics Beyond the Standard Model*. World Scientific Pub. Co., Singapore.

Silk, J. and Rees, M. (1998). Quasars and galaxy formation. *Astronomy and Astrophysics*, v. 331, p. L1–L4.

Simon, B. (1983). Holonomy, the quantum adiabatic theorem, and Berry's phase. *Phys. Rev. Lett.* **51**, 2160–70.

Singh, S. (1997). *Fermat's Last Theorem*. Fourth Estate, London.

Slipher, V. A. (1917). Nebulae. *Proc. Am. Phil. Soc.* **56**, 403.

Smolin, L. (1991). Space and time in the quantum universe. In *Conceptual Problems in Quantum Gravity* (ed. A. Ashtekar and J. Stachel). Birkhauser, Boston.

Smolin, L. (1997). *The Life of the Cosmos*. Oxford University Press, Oxford.

Smolin, L. (1998). The physics of spin networks. In *The Geometric Universe: Science, Geometry, and the Work of Roger Penrose* (ed. S. A. Huggett, L. J. Mason, K. P. Tod, S. T. Tsou, and N. M. J. Woodhouse). Oxford University Press, Oxford.

Smolin, L. (2001). The exceptional Jordan algebra and the matrix string. (hep-th/0104050)

Smolin, L. (2002). *Three Roads To Quantum Gravity*. Basic Books, New York.

Smolin, L. (2003). How far are we from the quantum theory of gravity? [hep-th/0303185]

Smoot, G. F. *et al.* (1991). Preliminary results from the COBE differential microwave radiometers: large-angular-scale isotropy of the Cosmic Microwave Background. *Astrophys. J.* **371**, L1.

Snyder, H. S. (1947). Quantized space-time. *Physical Review*, **71**, 38–41.

Sorabji, R. J. (1984). *Time, Creation, and the Continuum*. Cornell University Press.

Sorabji, R. J. (1988). *Matter Space and Motion*. Duckworth Publishing.

Sorkin, R. D. (1991). Spacetime and Causal Sets. In *Relativity and Gravitation: Classical and Quantum* (ed. J. C. D'Olivo *et al*). World Scientific, Singapore.

Sorkin, R. D. (1994). Quantum Measure Theory and its Interpretation. In *Proceedings of 4th Drexel Symposium on Quantum Nonintegrability*, 8–11 Sep., Philadelphia, PA. [gr-qc/9507057]

Spergel, D. N. (2003). First Year Wilkinson Microwave Anisotropy Probe Observations: Determination of Cosmological Parameters. *Astrophys. J. Suppl.* **148**, 175.

Stachel, J. (1995). History of relativity. In *History of 20th Century Physics* (ed. L. Brown, A. Pais, and B. Pippard), Chapter 4. American Institute of Physics (AIP) and British Institute of Physics (BIP).

Stairs, A. (1983) Quantum logic, realism and value-definiteness. Phil. Sci. 50(4), 578–602.

Stapp, H. P. (1971). S-matrix Interpretation of Quantum Mechanics. *Phys. Rev.* **D3**, 1303–20

Stapp, H. P. (1979). Whiteheadian Approach to Quantum Theory and the Generalized Bell's Theorem. *Found. Phys.* **9**, 1–25.

Steenrod, N. E. (1951). *The Tapology of Fibre Bundles*. Princeton University Press, Princeton.

Steinhardt, P. J. and Turok, N. (2002). A Cyclic Model of the Universe. *Science* **296(5572)** 1436–39. [hep-th/0111030]

Stoney, G. J. (1881). On the Physical Units of Nature. *Philosophical Magazine*, vol. 11, 381.

Strauss, W. (1992). *Partial Differential Equations: An Introduction*. John Wiley and Sons.

Strominger, A. and Vafa, C. (1996). Microscopic Origin of the Bekenstein-Hawking Entropy. *Phys. Lett.* **B379**, 99–104.

Strominger, A., Yau, S-T., and Zaslow, E. (1996). Mirror symmetry is T-duality. *Nucl. Phys.* **B479**, 1–2, 243–59.

Struik, D.J. (1954). *A Concise History of Mathematics.* Dover, New York.

Sudarshan, G. and Dhar, J. (1968). Quantum Field Theory of Interacting Tachyons. *Phys. Rev.* **174**, 1808.

Sudbery, A. (1987). Division algebras, (pseudo) orthogonal groups and spinors. *J. Phys.* **A17**, 939–55.

Susskind, L. (1970). Structure of Hadrons Implied by Duality. *Nuovo Cimento* **A69**, 457.

Susskind, L. (2003). 'Twenty Years of debate with Stephen.' In *The Future of Theoretical Physics and Cosmology* (ed. G. W. Gibbons, P. Shellard, and S. Rankin). Cambridge University Press, Cambridge.

Susskind, L., Thorlacius, L., and Uglum, J. (1993). The stretched horizon and black hole complementarity. *Phys. Rev.* **48**, 3743. [hep-th/9306069]

Sutherland, W. A. (1975). *Introduction to Topology*. Oxford University Press, Oxford.

Swain, J. (2004). The Majorana representations of spins and the relation between $SU(\infty)$ and $S\ Diff\ (S^2)$. hep-th/0405004.

Synge, J. L. (1950). The gravitational field of a particle. *Proc. Irish Acad.* **A53**, 83–114.

Synge, J. L. (1956). *Relativity: The Special Theory*. North-Holland, Amsterdam.

Synge, J. L. (1960). *Relativity: The General Theory*, North-Holland Publ. Co., Amsterdam.

Szekeres, G. (1960). On the Singularities of a Riemannian Manifold. *Publ. Mat. Debrecen*, **7**, 285–301.

't Hooft, G. (1978a). On the phase transition towards permanent quark confinement. *Nucl. Phys.* **B138**, 1.

't Hooft, G. (1978b). Quantum gravity: a fundamental problem and some radical ideas. In *Recent Developments in Gravitation* (ed. M. Levy and S. Deser). Plenum, New York.

Tait, P. G. (1900). On the claim recently made for Gauss to the invention (not the discovery) of quaternions. *Proc. Roy. Soc. Edinb.* **23**, 17–23.

Taylor, E. F. and Wheeler, J. A. (1963). *Spacetime Physics*. W.H. Freeman, San Francisco.

Terrell, J. (1959). Invisibility of the Lorentz contraction. *Phys. Rev.* **116**, 1041–5.

Thiele, R. (1982). *Leonhard Euler*. Leipzig (in German).

Thiemann, T. (1996). Anomaly-free formulation of non-perturbative, four-dimensional Lorentzian quantum gravity. *Phys. Lett.* **B380**, 257–64.

Thiemann, T. (1998a). Quantum spin dynamics (QSD). *Class. Quant. Grav.* **15**, 839–73.

Thiemann, T. (1998b). QSD III: Quantum constraint algebra and physical scalar product in quantum general relativity. *Class. Quant. Grav.* **15**, 1207–47.

Thiemann, T. (1998c). QSD V: Quantum gravity as the natural regulator of matter quantum field theories. *Class Quant. Grav.* **15**, 1281–314.

Thiemann, T. (2001). QSD VII: Symplectic Structures and Continuum Lattice Formulations of Gauge Field Theories. *Class. Quant. Grav.* **18**, 3293–338.

Thirring, W. E. (1983). *A Course in Mathematical Physics: Quantum Mechanics of Large Systems*. Springer-Verlag, Berlin & London.

Thomas, I. (1939). *Selections Illustrating the History of Greek Mathematics*, Vol. I: *From Thales to Euclid*. The Loeb Classical Library, Heinemann, London.

Thorne, K. (1986). *Black Holes: The Membrane Paradigm*. Yale University Press, New Haven.

Thorne, K. (1995a). *Black Holes and Time Warps*. W. W. Norton & Company.

Thorne, K. (1995b). Gravitational Waves. [gr-qc/9506086].

Tipler, F. J. (1997). *The Physics of Immortality*. Anchor.

Tipler, F. J., Clarke, C. J. S., and Ellis, G. F. R. (1980). Singularities and horizons—a review article. In *General Relativity and Gravitation*, Vol. II (ed. A. Held), pp. 97–206. Plenum Press, New York.

Tittel, W., Brendel, J., Zbinden, H., and Gisin, N. (1998). Violation of Bell Inequalities by Photons More Than 10 km Apart. *Phys. Rev. Lett.* **81**, 3563.

Tod, K. P. and Anguige, K. (1999a). Isotropic cosmological singularities 1: Polytropic perfect fluid spacetimes. *Annals Phys.* **276**, 257–93. [gr-qc/9903008]

Tod, K. P. and Anguige, K. (1999b). Isotropic cosmological singularities 2: The Einstein-Vlasov system. *Annals Phys.* **276**, 294–320. [gr-qc/9903009]

Tolman, R. C. (1934). *Relativity, Thermodynamics, and Cosmoogy*. Clarendon Press, Oxford.

Tonomura, A., Matsuda, T., Suzuki, R., Fukuhara, A., Osakabe, N., Umezaki, H., Endo, J., Shinagawa, K., Sugita, Y., and Fujiwara, F. (1982). Observation of Aharonov–Bohm effect with magnetic field completely shielded from the electronic wave. *Phys. Rev. Lett.* **48**, 1443.

Tonomura, A., Osakabe, N., Matsuda, T., Kawasaki, T., Endo, J., Yano, S., and Yamada (1986). Evidence for Aharonov–Bohm effect with magnetic field completely shielded from electron wave. *Phys. Rev. Lett.* **56**, 792–5.

Trautman, A. (1958). Radiation and boundary conditions in the theory of gravitation. *Bull. Acad. Polon. Sci. Sér. Sci. -Math., Astr. Phys.* **6**, 407–12.

Trautman, A. (1962) Conservation laws in general relativity, in *Gravitation: An Introduction to Current Research* (ed. L. Witten) Wiley, New York.

Trautman, A. (1965) in Trautman, A., Pirani, F. A. E., and Bondi, H. (1965) Lectures on General Relativity. *Brandeis 1964 Summer Institute on Theoretical Physics*, vol. I. Prentice-Hall, Englewood Cliffs, N.J.

Trautman, A. (1970). Fibre bundles associated with space-time. *Rep. Math. Phys. (Torún)* **1**, 29–34.

Trautman, A. (1972, 1973). On the Einstein-Cartan equations I-IV. *Bull. Acad. Pol. Sci.*, Ser. Sci. Math. Astron. Phys. **20**, 185–90; 503–6; 895–6; **21**, 345–6.

Trautman, A. (1997). Clifford and the 'Square Root' Ideas. In *Contemporary Mathematics* **203**.

Turing, A. M. (1937). On computable numbers, with an application to the Entscheidungsproblem. *Proc. Lond. Math. Soc.* **42(2)**, 230–65; a correction (1937), **43**, 544–6.

Unruh, W. G. (1976). Notes on black hole evaporation. *Phys. Rev.* **D14**, 870.

Vafa, C. (1996). Evidence for F-theory. *Nucl. Phys.* **B469**, 403.

Valentini, A. (2002). Signal-Locality and Subquantum Information in Deterministic Hidden-Variables Theories. In *Non-Locality and Modality* (ed. T. Placek and J. Butterfield). Kluwer. [quant-ph/0112151]

van der Waerden, B. L. (1929). Spinoranalyse. *Nachr. Akad. Wiss. Götting. Math.-Physik*, **Kl.** 100–9.

van der Waerden, B. L. (1985). *A History of Algebra: From al-Khwrizmi to Emmy Noether*, pp. 166–74. Springer-Verlag, Berlin.

van Heijenoort, J. (ed.) (1967). *From Frege to Gödel: A Source Book in Mathematical Logic, 1879–1931*. Harvard University Press, Cambridge, MA.

van Kerkwijk, M. H. (2000). Neutron Star Mass Determinations. [astro-ph/0001077]

Varadarajan, M. (2000). Fock representations from U(1) holonomy algebras. *Phys. Rev.* **D61**, 104001.

Varadarajan, M. (2001). M. Photons from quantized electric flux representations. *Phys. Rev.* **D64**, 104003.

Veneziano, G. (1968). *Nuovo Cimento.* **57A**, 190.

Vilenkin, A. (2000). *Cosmic Strings and Other Topological Defects*. Cambridge University Press, Cambridge.

Vladimirov, V. S. and Volovich, I.V. (1994). *P-Adic Analysis and Mathematical Physics*. World Scientific Publishing Company, Inc.

von Neumann, J. (1955). *Mathematical Foundations of Quantum Mechanics*. Princeton University Press, Princeton, New Jersey.

Wald, R. M. (1984). *General Relativity*. University of Chicago Press, Chicago.

Wald, R. M. (1994). *Quantum Field Theory in Curved Spacetime and Black Hole Thermodynamics*. University of Chicago Press, Chicago.

Ward, R. S. (1977). On self-dual gauge fields, *Phys. Lett.* **61A**, 81-2.

Ward, R.S. and Wells, R.O., Jr. (1989). *Twistor Geometry and Field Theory*. Cambridge University Press, Cambridge.

Weinberg, S. (1967). A model of leptons. *Phys. Rev. Lett.* **19**, 1264–66.

Weinberg, S. (1972). Gravitation and Cosmology: Principles and Applications of the General Theory of Relativity (Wiley, New York).

Weinberg, S. (1989). Precision Tests of Quantum Mechanics. *Phys. Rev. Lett.* **62**, 485–8

Weinberg, S. (1992). *Dreams of a Final Theory: The Scientists Search for the Ultimate Laws of Nature*. Pantheon Books, New York.

Wells, R. O. (1991). *Differential analysis on complex manifolds*. Prentice Hall, Englewood Cliffs.

Werbos, P. (1989). Bell's theorem: the forgotten loophole and how to exploit. In *Bell's Theorem, Quantum Theory, and Conceptions of the Universe* (ed. M. Kafatos). Kluwer, Dordrecht, The Netherlands.

Werbos, P. J. and Dolmatova, L. (2000). The Backwards-Time Interpretation of Quantum Mechanics: Revisited With Experiment. [http://arxiv.org/ftp/quant-ph/papers/0008/0008036.pdf]

Wess, J. and Bagger, J. (1992). *Supersymmetry and Supergravity*. Princeton University Press, Princeton.

Wess, J. and Zumino, B. (1974). Supergauge transformations in four dimansions, *Nucl. Phys.* **70**, 39–50.

Weyl, H. (1918), in Lorentz *et al.*, (1952).

Weyl, H. (1928). *Gruppentheorie und Quantenmechanik*. Hirzel, Leipzig; English translation of 2nd edn, *The Theory of Groups and Quantum Mechanics*. Dover, New York.

Weyl, H. (1929a). *Z.Phys.* **56**, 330.

Weyl, H. (1929b). Elektron und Gravitation I. *Z. Phys.* **56**, 330–52.

Wheeler, J. A. (1957). Assessment of Everett's 'Relative State' Formulation of Quantum Theory. *Rev. Mod. Phys.* **29**, 463–65.

Wheeler, J. A. (1960). *Neutrinos, Gravitation and Geometry: contribution to Rendiconti della Scuola Internazionale di Fisica' Enrico Fermi-XI, Corso, July 1959*. Zanichelli, Bologna. (Reprinted in 1982.)

Wheeler, J. A. (1965). Geometrodynamics and the issue of the final state. In *Relativity, Groups and Topology* (ed. B. S. and C. M. DeWitt). Gordon and Breach, New York.

Wheeler, J. A. (1973). From Relativity to Mutability. In *The Physicist's Conception of Nature* (ed. J. Mehra). D. Reidel, Boston, pp. 202–247.

Wheeler, J.A. (1983). Law without law, in *Quantum Theory and Measurement* (eds. J. A. Wheeler and W. H. Zurek). Princeton Univ. Press, Princeton, 182–213.

Whittaker, E. T. (1903). On the partial differential equations of mathematical physics. *Math. Ann.* **57**, 333–55.

Wick, G. C. (1956). Spectrum of the Bethe-Salpeter equation. *Phys Rev.* **101**, 1830.

Wigner, E. P. (1960). The Unreasonable Effectiveness of Mathematics in the Physical Sciences. *Commun. Pure Appl. Math.* **13**, 1–14.

Wilder, R. L. (1965). *Introduction to the foundations of mathematics*. John Wiley & Sons, New York.

Wiles, A. (1995). Modular elliptic curves and Fermat's Last Theorem. *Ann. Maths* **142**, 443–551.

Williams, R.K. (1995). Extracting X-rays, γ-rays, and Relativistic e^-e^+ Pairs from Supermassive Kerr Black Holes Using the Penrose Mechanism. *Phys. Rev.* **D51**, 5387.

Williams, R.K. (2002). Production of the High Energy–Momentum Spectra of Quasars 3C279 and 3C273 Using the Penrose Mechanism. [astro-ph/0306135]. Accepted for publication in Astrophysical Journal, 2004.

Williams, R.K. (2004). Collimated Escaping Vortical Polar e^-e^+ Jets Intrinsically Produced by Rotating Black Holes and Penrose Processes. [astro-ph/0404135].

Willmore, T. J. (1959). *An Introduction to Differential Geometry*. Clarendon Press, Oxford.

Wilson, K. (1975). *Phys. Reps.* **23**, 331.

Wilson, K. (1976). Quarks on a lattice, or the colored string, model. *Phys. Rep.* **23(3)**, 331–47.

Winicour, J. (1980). Angular momentum in general relativity. In *General Relativity and Gravitation* Vol. 2 (ed. A. Held), pp. 71–96. Plenum Press, New York.

Witten, E. (1978). An interpretation of classical Yang–Mills theory. *Phys. Lett.* **77B**, 394–8.

Witten, E. (1981). A new proof of the positive energy theorem. *Comm. Math. Phys.* **80**, 381–402.

Witten, E. (1982). Supersymmetry and Morse theory. *J. Diff. Geom.* **17**, 661–92.

Witten, E. (1988). Topological quantum field theory. *Commun. Math. Phys.* **118**, 411.

Witten, E. (1995). String theory in various dimensions. *Nucl. Phys.* **B443**, 85.

Witten, E. (1996). Reflections on the Fate of Spacetime. *Phys. Today*, April 1996.

Witten, E. (1998). Anti de Sitter Space and Holography. [hep-th/9802150]

Witten, E. (2003). Perturbative Gauge Theory as a String Theory in Twistor Space. [hep-th/0312171]

Witten, L. (1959). Invariants of general relativity and the classification of spaces. *Phys. Rev.* **113**, 357–62.

Wolf, J. (1974). *Spaces of Constant Curvature*. Publish or Perish Press, Boston, MA.

Woodhouse, N. M. J. (1991). *Geometric Quantization* , 2nd edn. Clarendon Press, Oxford.

Woodin, W. H. (2001). *The Continuum Hypothesis*. Parts I & II. Notices of the AMS. Available online at: http://www.ams.org/notices/200106/fea-woodin.pdf

Wooters, W. K. and Zurek, W. H. (1982). A single quantum cannot be cloned. *Nature* **299**, 802–3.

Wykes, A. (1969). *Doctor Cardano: Physician Extraordinary*. Frederick Muller, London.

Yang, C. N. and Mills, R. L. (1954). Conservation of Isotopic Spin and Isotopic Gauge Invariance. *Phys. Rev.* **96**, 191–5.

Yui, N. and Lewis, J. D. (2003). *Calabi-Yau Varieties and Mirror Symmetry*. Fields Institute Communications, V. 38. American Mathematical Society, Providence, RI.

Zee, A. (2003). *Quantum Field Theory in a Nutshell*. Princeton University Press, Princeton.

Zeilinger, A., Gaehler, R., Shull, C. G., and Mampe, W. (1988). Single and double slit diffraction of neutrons. *Rev. Mod. Phys.* **60**, 1067.

Zel'dovich Ya, B. (1966). Number of quanta as an invariant of the classical electromagnetic field. *Soviet Phys.-Doklady* **10**, 771–2.

Zimba, J. and Penrose, R. (1993). On Bell non-locality without probabilities: more curious geometry. *Stud. Hist. Phil. Sci.* **24**, 697–720.

Zinn-Justin, J. (1996). *Quantum Field Theory and Critical Phenomena*. Oxford University Press, Oxford.

译 后 记

　　说起荷兰著名版画大师 **M·C·**埃舍尔的极富空间变幻想象力的镶嵌画和建筑构图，大家一定不陌生，他的许多画作曾多次被读者推荐登载在国内阅读量最大的杂志《读者》上，其中石版画《观景楼》（Belvedere，1958 年作）和《瀑布》（Waterfall，1961 年作）更是被各类书刊用作封面或插图。但要说到这两幅画与彭罗斯《三杆》（tribar）（见本书图 33.21）的渊源关系恐怕知道的人就不多了。实际上，这两幅画正是在彭罗斯父子 1958 年 2 月发表在《心理学杂志》上的关于不可能三杆的论文启发下创作出来的。科学和艺术从来都是相互借鉴的，本书中彭罗斯亦借用埃舍尔的作品来形象地说明非欧几何（见图 2.11、图 2.16 和图 2.22）。

　　国内一般读者认识彭罗斯大都是从他的《皇帝新脑》开始的，学界对他的了解也多限于他对当代宇宙学的贡献：和著名数学物理学家霍金合作，一起创立了现代宇宙论的数学结构理论，论证了爱因斯坦广义相对论的一个重要推论——黑洞中心必然存在一个通常物理学定律不起作用的密度无穷大的时空奇点，等等，而对他丰富多彩的其他成就则知之不多。为此，我们借本书出版之机，对他的生平和贡献作一简介。

　　罗杰·彭罗斯爵士 1931 年 8 月 8 日出生于英国埃塞克斯郡科尔切斯特的一个知识分子家庭。父亲莱昂内尔·彭罗斯（Lionel Sharples Penrose，1898～1972）是一位著名的心理学家和医学遗传学家，也是一位业余数学家和国际象棋理论家，他以在智力发育迟缓遗传学方面的先驱性工作而声名卓著，是第二次世界大战后到 60 年代英国医学遗传学界的领袖人物，提出的"彭罗斯定律"和"彭罗斯方法"已成为人口统计学和席位投票统计领域的常用名词。母亲玛格丽特·莉丝（Margaret Leathes）是一位医生。罗杰在兄妹四人中排行老二，大哥奥利弗是大学（Heriot-Watt University）数学教授，亦是著名的统计物理学家；弟弟乔纳森是著名的国际象棋国际大师，曾六夺全英国象棋冠军，同时也是一位心理学家和大学讲师；小妹雪莉即遗传学家霍奇森（S. V. Hodgson）教授，是肿瘤遗传学领域的资深专家。在这个充满知识快乐的家庭里，罗杰很早就显露出对数学的偏好，尤其是对几何构形的独特的领悟力更是常人难以企及，这种悟性在他日后的研究中得到了充分展现——他总能够将复杂抽象的数学关系用形象的几何符号系统表现出来（见本书第 12 章图 12.17 及其后章节）。

1955 年，还是伦敦大学数学学院大学生的罗杰就发表了关于一般矩阵的广义求逆方法**＊**（这一方法最早是由摩尔于 1920 年发现的**＊＊**，但罗杰独立地予以再发现，因此现今称为摩尔-彭罗斯广义逆运算方法）。1958 年，罗杰获得了剑桥大学圣约翰学院授予的博士学位，论文题目是《代数几何的张量方法》（其中系统介绍了本书中的符号图示记法），导师是赫赫有名的代数几何学家约翰·托德（John A. Todd，1908～1994）。这以后，彭罗斯先后执教于英美多所大学，并于 1966 年成为伦敦伯克贝克学院的应用数学教授，1973 年，他被选聘为牛津大学数学研究所劳斯鲍尔（Rouse Ball）讲席教授，1998 年退休后成为该教职的终生荣誉教授。至于彭罗斯是怎么从数学转向宇宙学的，基普·索恩在《黑洞与时间弯曲》（李泳译，湖南科学技术出版社，2001 年版）一书的第 13 章中有过较详细的精彩描述，这一章还对我们下面要提及的彭罗斯在黑洞领域的杰出贡献进行了准确的论述。为什么当时是彭罗斯，而不是那么多的宇宙物理学家发现了奇点定理及其一系列相关的黑洞性质，索恩的解释尤其值得回味。

罗杰·彭罗斯学贯数理，研究领域主要在广义相对论和宇宙学，其最终目标是要在爱因斯坦广义相对论的基础上，结合量子理论来提出内在自洽的量子引力理论。1965 年，他将拓扑学运用于时空奇点问题研究，提出了著名的（黑洞）奇点定理（Penrose，1965b。1970 年，霍金和彭罗斯对这一定理进行了重新表述，故现称霍金-彭罗斯奇点定理，它的严格证明见霍金和艾利斯合著的《时空的大尺度结构》，湖南科学技术出版社，2006 年版）。在这个定理中，他首创黑洞捕获面概念和能层概念，并发明了描述时空拓扑结构的彭罗斯图来论证这一定理。1967 年，他创立扭量理论（第 33 章）来处理量子引力问题。这一理论是他早先提出的旋量方法的进一步发展。1969 年，他提出宇宙监督假说。这个假说认为，我们不用担心物理定律在时空奇点附近失效，因为每当某个时空区域要出现奇点时，宇宙就会在它的外围形成一个黑洞，由此形成的所谓事件视界会将奇点屏蔽起来，不为外界所见，因此在宇宙"监督"下，我们能达到的任何时空区域都不存在物理学失效问题，即不存在"裸"奇点（§28.8）。1971 年，彭罗斯提出了描述量子物理学中粒子和场相互作用的自旋网络方法（§32.6），后来这一方法被罗威利、斯莫林等人用来表述量子引力的圈变量理论（见第 32 章）。在所有这些成就中，几何化方法无不贯穿其中，由此形成的彭罗斯图和他独创的图示运算成为他无往而不利的有力工具。1984 年和 1986 年，他将这些方法总结为两卷本著作《旋量与时空》（Spinors and Space-time）分别出版。

作为杰出的数学家，彭罗斯于 1974 年发现了我们现在称为彭罗斯镶嵌的平面铺设方式。这是一种仅用两种菱形拼块拼出的非周期性平面，它具有五重旋转对称性。1984 年，人们在准晶

＊ Penrose, Roger, A generalized inverse for matrices. Proceedings of the Cambridge Philosophical Society 51 (1955): 406～413.

＊＊ Moore, E. H., On the reciprocal of the general algebraic matrix. Bulletin of the American Mathematical Society 26(1920): 394～395.

体中观察到这种构形的原子排列，成为这种镶嵌的三维体现。马丁·加特纳曾专门写过一本名为《彭罗斯镶嵌》的科普著作予以介绍。

进入 80 年代后，随着计算机技术的日益成熟，人工智能能否超越人脑的问题凸显出来。1989 年，彭罗斯在工作之余花费大量时间写下了影响深远的经典科普名著《皇帝新脑》来回答这个问题。他从普适图灵机算法语言的局限性和哥德尔不完备定理这些基本真理出发，向人们说明了，尽管我们意识之外的各种物理活动能够用某种算法来操控，但算法本身的不完备性决定了它不可能覆盖人的全部意识活动。这既从根本上批驳了人工智能超越人脑的荒谬性，又与哲学领域的不可知论有着本质区别。这本书也是第一次向人们展示他对当代各种物理学基本问题的看法，这些看法在《通向实在之路》中得到了进一步深化。1994 年和 1997 年，彭罗斯又先后出版了《心灵之影》（*Shadows of the Mind*）和《大世界，小世界和人的心灵世界》（*The Large, the Small and the Human Mind*）两本著作（后一本与他人合著），进一步阐述他关于时空、量子力学和思维的物理基础等方面的思想。

下面来谈谈彭罗斯的这本巨著《通向实在之路》。可以说，这本书是彭罗斯对其一生学术思想的一个总结性记述。他用前 16 章集中阐述了其后物理研究要用到的数学概念，内容非常广泛，而且叙述得十分别致，这是我们在通常的数学学习和科普阅读中难以遇到的。但正如作者在前言中所说，这些数学对于那些只想了解当代物理学前沿问题的读者来说并非是必要的，对于这些读者和那些没多少时间通读全书的读者，我的建议是从后往前读，在读完第 1 章后，先读第 34 章，然后根据自己兴趣按图索骥（文中几乎每个重要概念都以交叉索引的方式交代了出处）挑出自己感兴趣的部分来读。正像彭罗斯前几本一经出版即引起广泛热议的著作一样，本书同样保持着作者鲜明的个性和逆当下物理学潮流而动的风格。这种风格不止是反映在他独特的扭量理论上，而且贯穿于他对全部当代物理学热点问题的解读中，如他对规范场论和标准模型的看法，对宇宙弦论和人存原理的看法，等等。如果你是理论物理学方面的专家，你尽管拾起"板砖""砸"过去。本书不像我们常见的那种，理论周全，叙事圆滑，让你读了除了感到自己渺小之外，想发力都无从下手，它是专门露出"破绽"，跟潮流叫板。当然，如果你只是想了解一些关于当代宇宙学和物质统一性方面的最新见解，本书也具有这方面的点化功能，你不妨去读 25～33 章每章的最后小节。

应当说，彭罗斯通过本书要强调的一点是，弦论并不像人们想象的那样执量子引力理论之牛耳，正确的认识道路很可能由以扭量理论为基础生长出的新概念铺就。关于这一点已有李淼的博客文章《Penrose 的新衣》（http://limiao.net/150）及其续篇给予了讨论。这里想补充的是，2003 年，爱德华·威腾也开始用扭量理论来理解特定的杨－米尔斯场振幅，这里"特定的"是指这些振幅与内嵌于扭量空间的弦论（拓扑 B 模型）相关联，这一研究领域称为扭量弦论（http://en.wikipedia.org/wiki/Twistor#Details#Details）。

最后，容我对本书的翻译做一交代。本书原计划由我和现供职于中国科学院研究生院的黎明博士共同承担，但当时他诸务缠身，初译了前言、引子和第 1 章之后即无法分心，故由我来完成全部后续内容。译程中曾就多处难解的地方向李泳先生和北京大学哲学系张卜天博士求教，在此特表深深的谢意。对 Chan Hong-Mo（陈匡武）、Tsou Sheung-Tsun（周尚真）二位前辈的汉字姓名的确认，曾请中科院理论物理所黄庆国博士提供信息，在此表示感谢。对我来说，翻译这本书的过程实在是一次绝好的学习经历，然毕竟隔行，错讹恐在所难免，诚盼方家不吝指正。

王文浩

2008 年 4 月 7 日

图书在版编目（ＣＩＰ）数据

通向实在之路——宇宙法则的完全指南 /（英）罗杰·彭罗斯著；
王文浩译. — 长沙：湖南科学技术出版社，2013.11（2024.12重印）
　　ISBN 978-7-5357-7842-0
　　Ⅰ. ①通… Ⅱ. ①罗… ②王… Ⅲ. ①宇宙学 Ⅳ.
①P159
　　中国版本图书馆 CIP 数据核字（2013）第 219193 号

通向实在之路——宇宙法则的完全指南

著　　者：[英]罗杰·彭罗斯
译　　者：王文浩
出 版 人：潘晓山
责任编辑：吴　炜
出版发行：湖南科学技术出版社
社　　址：长沙市芙蓉中路一段 416 号泊富国际金融中心
网　　址：http://www.hnstp.com
邮购联系：本社直销科 0731-84375808
印　　刷：长沙市宏发印刷有限公司
　　　　　（印装质量问题请直接与本厂联系）
厂　　址：长沙市开福区捞刀河大星村343号
版　　次：2013 年 6 月第 1 版
印　　次：2024 年 12 月第 10 次印刷
开　　本：787mm×1092mm　1/16
印　　张：51.5
字　　数：653 千字
书　　号：ISBN 978-7-5357-7842-0
定　　价：149.00 元
（版权所有·翻印必究）